2022年版

共通テスト
過去問研究

数学 I·A/II·B

✅ 共通テストってどんな試験？

　大学入学共通テスト（以下，共通テスト）は，大学への入学志願者を対象に，高校における基礎的な学習の達成度を判定し，大学教育を受けるために必要な能力について把握することを目的とする試験です。一般選抜で国公立大学を目指す場合は原則的に，一次試験として共通テストを受験し，二次試験として各大学の個別試験を受験することになります。また，私立大学も9割近くが共通テストを利用します。そのことから，共通テストは50万人近くが受験する，大学入試最大の試験になっています。以前は大学入試センター試験がこの役割を果たしており，共通テストはそれを受け継ぐものです。

✅ どんな特徴があるの？

　共通テストの問題作成方針には「思考力，判断力，表現力等を発揮して解くことが求められる問題を重視する」とあり，「思考力」を問うような目新しい出題が見られます。たとえば，日常的な題材を扱う問題や複数の資料を読み取る問題が，以前のセンター試験に比べて多く出題されています。また，英語では，センター試験の「筆記」が「リーディング」に改称されたほか，リスニングで「1回読み」の問題が出題された等の変更がありました。ただし，高校で履修する内容が変わったわけではありませんので，出題科目や出題範囲はセンター試験と同じです。

✅ どうやって対策すればいいの？

　共通テストで問われるのは，高校で学ぶべき内容をきちんと理解しているかどうかですから，普段の授業を大切にし，教科書に載っている基本事項をしっかりと身につけておくことが重要です。そのうえで出題形式に慣れるために，共通テストやセンター試験の過去問を有効に活用しましょう。共通テストでは思考力が重視されますが，思考力を問うような問題はセンター試験でも出題されてきました。共通テストの問題作成方針にも「これまで問題の評価・改善を重ねてきた大学入試センター試験における良問の蓄積を受け継ぎつつ」と明記されています。本書では，共通テストの内容を詳しく分析し，センター試験の過去問を最大限活用できるよう編集しています。

　本書が十分に活用され，志望校合格の一助になることを願ってやみません。

Contents

共通テストの基礎知識……………………………………………………003
共通テスト対策講座………………………………………………………011
センパイ受験生の声………………………………………………………033
実戦創作問題

● 解答・解説編
● 問題編（別冊）
＜共通テスト＞
　2021年度本試験（第1日程）
　2021年度本試験（第2日程）
　第2回　試行調査
　第1回　試行調査
　　数学Ⅰ／Ⅱ　2021年度本試験（第1日程）
＜センター試験＞
　本試験　6年分（2015～2020年度）
　追試験　3年分（2018～2020年度）
　　数学Ⅰ／Ⅱ　本試験　1年分（2020年度）
　　マークシート解答用紙2回分

＊ 2021年度の共通テストは，新型コロナウイルス感染症の影響に伴う学業の遅れに対応する選択肢を確保するため，本試験が以下の2日程で実施されました。
第1日程：2021年1月16日(土)および17日(日)
第2日程：2021年1月30日(土)および31日(日)
＊ 実戦創作問題は，教学社が独自に作成した，共通テスト対策用の本書オリジナル問題です。
＊ 第2回試行調査は2018年度に，第1回試行調査は2017年度に実施されたものです。
＊ 記述式の出題は見送りとなりましたが，試行調査で出題された記述式問題は参考として掲載しています。

共通テストについてのお問い合わせは…
独立行政法人　大学入試センター
志願者問い合わせ専用（志願者本人がお問い合わせください）03-3465-8600
9：30～17：00（土・日曜，祝日，12月29日～1月3日を除く）
https://www.dnc.ac.jp/

共通テストの基礎知識

> 本書編集段階において，2022年度共通テストの詳細については未定ですので，ここで紹介する内容は，2021年3月時点で文部科学省や大学入試センターから公表されている情報，および2021年度共通テストの「受験案内」に基づいて作成しています。変更等も考えられますので，各人で入手した2022年度共通テストの「受験案内」や，大学入試センターのウェブサイト（https://www.dnc.ac.jp/）で必ず確認してください。

 共通テストのスケジュールは？

A 2022年度共通テストの本試験は，1月15日(土)・16日(日)に実施される予定です。

「受験案内」の配布開始時期や出願期間は未定ですが，共通テストのスケジュールは，次のようになっています。1月なかばの試験実施日に対して出願が10月上旬とかなり早いので，十分注意しましょう。

- **9月初旬** 「受験案内」配布開始
  - 志願票や検定料等の払込書等が添付されています。
- **10月上旬** 出願 （現役生は在籍する高校経由で行います。）
- **1月なかば** 共通テスト
  - 2022年度本試験は1月15日(土)・16日(日)に実施される予定です。
  - 自己採点
- **1月下旬** 国公立大学の個別試験出願
  - 私立大学の出願時期は大学によってまちまちです。
  - 各人で必ず確認してください。

共通テストの出願書類はどうやって入手するの？

A 「受験案内」という試験の案内冊子を入手しましょう。

「受験案内」には、志願票、検定料等の払込書、個人直接出願用封筒等が添付されており、出願の方法等も記載されています。主な入手経路は次のとおりです。

現役生	高校で一括入手するケースがほとんどです。出願も学校経由で行います。
過年度生	共通テストを利用する全国の各大学の窓口で入手できます。 大手予備校に通っている場合は、そこで入手できる場合もあります。

受験する科目の決め方は？

A 志望大学の入試に必要な教科・科目を受験します。

右ページに掲載の6教科30科目のうちから、受験生は最大6教科9科目を受験することができます。どの科目が課されるかは大学・学部・日程によって異なりますので、受験生は志望大学の入試に必要な科目を選択して受験することになります。

共通テストの受験科目が足りないと、大学の個別試験に出願できなくなります。第一志望に限らず、出願する可能性のある大学の入試に必要な教科・科目は早めに調べておきましょう。

● **科目選択の注意点**

地理歴史と公民で2科目受験するときに、選択できない組合せ

✗「世界史A」と「世界史B」　✗「日本史A」と「日本史B」　✗「地理A」と「地理B」　✗「倫理」と「倫理, 政治・経済」　✗「政治・経済」と「倫理, 政治・経済」

● 2022年度の共通テストの出題教科・科目（下線はセンター試験との相違点を示す）

教　科	出題科目	備考（選択方法・出題方法）	試験時間 （配点）
国　語	『国語』	「国語総合」の内容を出題範囲とし，近代以降の文章（2問100点），古典（古文（1問50点），漢文（1問50点））を出題する。	80分 （200点）
地理歴史	「世界史A」 「世界史B」 「日本史A」 「日本史B」 「地理A」 「地理B」	10科目から最大2科目を選択解答（同一名称を含む科目の組合せで2科目選択はできない。受験科目数は出願時に申請）。 『倫理，政治・経済』は，「倫理」と「政治・経済」を総合した出題範囲とする。	1科目選択 60分 （100点） 2科目選択[*1] 解答時間 120分 （200点）
公　民	「現代社会」 「倫理」 「政治・経済」 『倫理，政治・経済』		
数学 ①	「数学Ⅰ」 『数学Ⅰ・数学A』	2科目から1科目を選択解答。 『数学Ⅰ・数学A』は，「数学Ⅰ」と「数学A」を総合した出題範囲とする。「数学A」は3項目（場合の数と確率，整数の性質，図形の性質）の内容のうち，2項目以上を学習した者に対応した出題とし，問題を選択解答させる。	<u>70分</u> （100点）
数学 ②	「数学Ⅱ」 『数学Ⅱ・数学B』 『簿記・会計』 『情報関係基礎』	4科目から1科目を選択解答。 『数学Ⅱ・数学B』は，「数学Ⅱ」と「数学B」を総合した出題範囲とする。「数学B」は3項目（数列，ベクトル，確率分布と統計的な推測）の内容のうち，2項目以上を学習した者に対応した出題とし，問題を選択解答させる。	60分 （100点）
理科 ①	「物理基礎」 「化学基礎」 「生物基礎」 「地学基礎」	8科目から下記のいずれかの選択方法により科目を選択解答（受験科目の選択方法は出願時に申請）。 A　理科①から2科目 B　理科②から1科目 C　理科①から2科目および理科②から1科目 D　理科②から2科目	【理科①】 2科目選択[*2] 60分（100点） 【理科②】 1科目選択 60分（100点） 2科目選択[*1] 解答時間 120分 （200点）
理科 ②	「物理」 「化学」 「生物」 「地学」		
外国語	『英語』 『ドイツ語』 『フランス語』 『中国語』 『韓国語』	5科目から1科目を選択解答。 『英語』は，「コミュニケーション英語Ⅰ」に加えて「コミュニケーション英語Ⅱ」および「英語表現Ⅰ」を出題範囲とし，「リーディング」と「リスニング」を出題する。「リスニング」には，聞き取る英語の音声を2回流す問題と，<u>1回流す</u>問題がある。	『英語』[*3] 【<u>リーディング</u>】 80分（<u>100</u>点） 【リスニング】 解答時間 30分[*4] （<u>100</u>点） 『英語』以外 【筆記】 80分（200点）

*1 「地理歴史および公民」と「理科②」で 2 科目を選択する場合は，解答順に「第 1 解答科目」および「第 2 解答科目」に区分し各 60 分間で解答を行うが，第 1 解答科目と第 2 解答科目の間に答案回収等を行うために必要な時間を加えた時間を試験時間（130 分）とする。

*2 「理科①」については，1 科目のみの受験は認めない。

*3 外国語において『英語』を選択する受験者は，原則として，リーディングとリスニングの双方を解答する。

*4 リスニングは，音声問題を用い 30 分間で解答を行うが，解答開始前に受験者に配付した IC プレーヤーの作動確認・音量調節を受験者本人が行うために必要な時間を加えた時間を試験時間（60 分）とする。

 どのような問題が出題されるの？

A 2022 年度の共通テストについては「問題作成方針」※が発表されています。その中に「センター試験における良問の蓄積を受け継ぎつつ」とあるように，共通テストはセンター試験がベースになっています。また，2017・2018 年度に行われた試行調査の問題作成の方向性もほぼ同じ内容でしたので，共通テストの対策をするうえで，**共通テストの過去問**だけでなく，**試行調査**や**センター試験の問題**が大いに参考になります。本書の「共通テスト対策講座」では 2021 年度の共通テストを詳細に分析し，試行調査やセンター過去問の効果的な活用法も紹介しています。

共通テストでは，多くの科目でセンター試験よりも**問題文の分量が増加**しました。そのため，共通テストの問題は難しく感じられるかもしれません。しかし，**過度に不安になる必要はありません**。各教科の基礎をしっかりと身につけ，センター試験の過去問も十分に活用して，共通テストに臨んでください。

> なお，**数学と国語**では，試行調査実施段階では記述式問題が導入される予定でしたが，試行調査実施後に**見送り**が発表されました（※）。そのため，試行調査で出題された**記述式問題については，共通テストでは出題されません**ので，ご注意ください。

　　　　　　　　　　※2020 年 1 月 29 日，および，2020 年 6 月 30 日に公表されています。

「受験案内」の配布時期や入手方法，出願期間などの情報は，大学入試センターのウェブサイトで公表される予定です。各人で最新情報を確認するようにしてください。

試験データ

※2020年度まではセンター試験の数値です。

共通テストや最近のセンター試験について，志願者数や平均点の推移，科目別の受験状況などを掲載しています。

● 志願者数・受験者数等の推移

	2021年度	2020年度	2019年度	2018年度
志願者数	535,245人	557,699人	576,830人	582,671人
内，高等学校等卒業見込者	449,795人	452,235人	464,950人	473,570人
現役志願率	44.3%	43.3%	44.0%	44.6%
受験者数	484,114人	527,072人	546,198人	554,212人
本試験のみ	482,624人	526,833人	545,588人	553,762人
追試験のみ	1,021人	171人	491人	320人
再試験のみ	10人	—	—	—
本試験＋追試験	407人	59人	102人	94人
本試験＋再試験	51人	9人	17人	36人
受験率	90.45%	94.51%	94.69%	95.12%

※2021年度受験者数は特例追試験（1人）を含む。なお，2021年度の内訳は以下のとおり。
本試験：第1日程（1月16日・17日）と第2日程（1月30日・31日）の合計人数
追試験：第2日程（1月30日・31日）の人数
再試験：第2日程（1月30日・31日）の人数

● 志願者数の推移

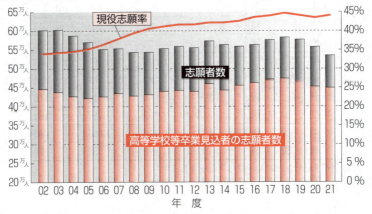

● 科目ごとの受験者数の推移（2018～2021年度本試験）

(人)

教科	科目	2021年度①	2021年度②	2020年度	2019年度	2018年度
国語	国語	457,305	1,587	498,200	516,858	524,724
地理歴史	世界史A	1,544	14	1,765	1,346	1,186
	世界史B	85,690	305	91,609	93,230	92,753
	日本史A	2,363	16	2,429	2,359	2,746
	日本史B	143,363	410	160,425	169,613	170,673
	地理A	1,952	16	2,240	2,100	2,315
	地理B	138,615	395	143,036	146,229	147,026
公民	現代社会	68,983	215	73,276	75,824	80,407
	倫理	19,955	88	21,202	21,585	20,429
	政治・経済	45,324	118	50,398	52,977	57,253
	倫理,政治・経済	42,948	221	48,341	50,886	49,709
数学 数学①	数学Ⅰ	5,750	44	5,584	5,362	5,877
	数学Ⅰ・A	356,493	1,354	382,151	392,486	396,479
数学②	数学Ⅱ	5,198	35	5,094	5,378	5,764
	数学Ⅱ・B	319,697	1,238	339,925	349,405	353,423
	簿記・会計	1,298	4	1,434	1,304	1,487
	情報関係基礎	344	4	380	395	487
理科 理科①	物理基礎	19,094	120	20,437	20,179	20,941
	化学基礎	103,074	301	110,955	113,801	114,863
	生物基礎	127,924	353	137,469	141,242	140,620
	地学基礎	44,320	141	48,758	49,745	48,336
理科②	物理	146,041	656	153,140	156,568	157,196
	化学	182,359	800	193,476	201,332	204,543
	生物	57,878	283	64,623	67,614	71,567
	地学	1,356	30	1,684	1,936	2,011
外国語	英語（R※）	476,174	1,693	518,401	537,663	546,712
	英語（L※）	474,484	1,682	512,007	531,245	540,388
	ドイツ語	109	4	116	118	109
	フランス語	88	3	121	102	109
	中国語	625	14	667	665	574
	韓国語	109	3	135	174	146

・2021年度①は第1日程，2021年度②は第2日程を表す。
※英語のRはリーディング（2020年度までは筆記），Lはリスニングを表す。

● 科目ごとの平均点の推移（2018～2021年度本試験） (点)

教科	科目	2021年度①	2021年度②	2020年度	2019年度	2018年度
国語	国語	58.75	55.74	59.66	60.77	52.34
地理歴史	世界史A	46.14	43.07	51.16	47.57	39.58
地理歴史	世界史B	63.49	54.72	62.97	65.36	67.97
地理歴史	日本史A	49.57	45.56	44.59	50.60	46.19
地理歴史	日本史B	64.26	62.29	65.45	63.54	62.19
地理歴史	地理A	59.98	61.75	54.51	57.11	50.03
地理歴史	地理B	60.06	62.72	66.35	62.03	67.99
公民	現代社会	58.40	58.81	57.30	56.76	58.22
公民	倫理	71.96	63.57	65.37	62.25	67.78
公民	政治・経済	57.03	52.80	53.75	56.24	56.39
公民	倫理, 政治・経済	69.26	61.02	66.51	64.22	73.08
数学 数学①	数学I	39.11	26.11	35.93	36.71	33.82
数学 数学①	数学I・A	57.68	39.62	51.88	59.68	61.91
数学 数学②	数学II	39.51	24.63	28.38	30.00	25.97
数学 数学②	数学II・B	59.93	37.40	49.03	53.21	51.07
数学 数学②	簿記・会計	49.90	—	54.98	58.92	59.15
数学 数学②	情報関係基礎	61.19	—	68.34	49.89	59.35
理科 理科①	物理基礎	75.10	49.82	66.58	61.16	62.64
理科 理科①	化学基礎	49.30	47.24	56.40	62.44	60.84
理科 理科①	生物基礎	58.34	45.94	64.20	61.98	71.24
理科 理科①	地学基礎	67.04	60.78	54.06	59.24	68.26
理科 理科②	物理	62.36	53.51	60.68	56.94	62.42
理科 理科②	化学	57.59	39.28	54.79	54.67	60.57
理科 理科②	生物	72.64	48.66	57.56	62.89	61.36
理科 理科②	地学	46.65	43.53	39.51	46.34	48.58
外国語	英語（R※）	58.80	56.68	58.15	61.65	61.87
外国語	英語（L※）	56.16	55.01	57.56	62.84	45.34
外国語	ドイツ語	59.62	—	73.95	76.10	68.41
外国語	フランス語	64.84	—	69.20	69.32	67.41
外国語	中国語	80.17	80.57	83.70	75.44	77.45
外国語	韓国語	72.43	—	73.75	63.12	66.27

- 各科目の平均点は100点満点に換算した点数。
- 2021年度①の「公民」および「理科②」の科目の数値は，得点調整後のものである。
  得点調整の詳細については大学入試センターのウェブサイト内にある「令和3年度試験」「得点調整について」で確認してください。
- 2021年度②の「—」は，受験者数が少ないため非公表。

● 数学①と数学②の受験状況（2021年度） (人)

受験科目数	数学① 数学Ⅰ	数学① 数学Ⅰ・数学A	数学② 数学Ⅱ	数学② 数学Ⅱ・数学B	数学② 簿記・会計	数学② 情報関係基礎	受験者数
1科目	3,394	33,488	79	330	581	72	37,944
2科目	2,399	324,356	5,154	320,604	721	276	326,755
計	5,793	357,844	5,233	320,934	1,302	348	364,699

● 地理歴史と公民の受験状況（2021年度） (人)

受験科目数	世界史A	世界史B	日本史A	日本史B	地理A	地理B	現代社会	倫理	政治・経済	倫理,政経	受験者数
1科目	814	36,755	1,470	71,254	1,131	111,715	20,658	5,979	17,439	14,199	281,414
2科目	738	49,232	907	72,513	834	27,290	48,538	14,063	28,002	28,967	135,542
計	1,552	85,987	2,377	143,767	1,965	139,005	69,196	20,042	45,441	43,166	416,956

● 理科①の受験状況（2021年度）

区分	物理基礎	化学基礎	生物基礎	地学基礎	延受験者計
受験者数	19,214人	103,375人	128,278人	44,462人	295,329人
科目選択率	6.5%	35.0%	43.4%	15.1%	100.0%

- 2科目のうち一方の解答科目が特定できなかった場合も含む。
- 科目選択率＝各科目受験者数／理科①延受験者計×100

● 理科②の受験状況（2021年度） (人)

受験科目数	物理	化学	生物	地学	受験者数
1科目	16,060	11,872	15,400	417	43,749
2科目	130,633	171,281	42,757	969	172,820
計	146,693	183,153	58,157	1,386	216,569

● 平均受験科目数（2021年度） (人)

受験科目数	8科目	7科目	6科目	5科目	4科目	3科目	2科目	1科目
受験者数	7,021	272,915	21,924	24,496	41,943	100,843	13,025	1,947

平均受験科目数
5.62

- 理科①（基礎の付された科目）は，2科目で1科目と数えている。
- 上記の数値は本試験・追試験・再試験・特例追試験を含む。

共通テスト
対策講座

「大学入試センター試験」に代わるテストとして，2021年1月から「大学入学共通テスト」がスタートしました。ここでは2021年度に実施された試験と2017・2018年度に実施された試行調査（プレテスト）をもとに共通テストについてわかりやすく解説するとともに，具体的にどのような対策をすればよいか考えます。

- ✔ どんな問題が出るの？　012
- ✔ 共通テスト徹底分析　014
- ✔ 形式を知っておくと安心　022
- ✔ ねらいめはココ！　024
- ✔ 過去問の上手な使い方　031

どんな問題が出るの？

まずは，大学入試センターから発表されている資料から，共通テストの作問の方向性を確認しておきましょう。

大学入試センターが発表した，共通テストの「問題作成方針」によると，問題作成の基本的な考え方として，以下の3点が挙げられています。

① 大学入試センター試験における問題評価・改善の蓄積を生かしつつ，共通テストで問いたい力を明確にした問題作成
② 高等学校教育の成果として身に付けた，大学教育の基礎力となる知識・技能や思考力，判断力，表現力を問う問題作成
③ 「どのように学ぶか」を踏まえた問題の場面設定

これまでの**大学入試センター試験における良問の蓄積**を受け継ぎながら，より高校教育と大学教育の接続を意識して，知識の理解の質を問う問題や，思考力，判断力，表現力を発揮して解くことが求められる問題を重視しています。

さらに，**授業において生徒が学習する場面**や，**社会生活や日常生活の中から課題を発見し解決方法を構想する場面**，**資料やデータ等を基に考察する場面**など，学習過程を意識した場面設定を重視し，会話形式や実用的な設定の多用，複数の資料・データの提示など，全体的に「読ませる」「考えさせる」設定になっています。

 ## 数学における作問のねらいと方向性

数学においては，作問のねらいとする主な「思考力・判断力・表現力」として，次の5つが挙げられています。

A.	日常生活や社会の問題を数理的にとらえること 数学の事象における問題を数学的にとらえること
B.	数学を活用した問題解決に向けて，構想・見通しを立てること
C.	焦点化した問題を解決すること
D.	解決過程を振り返り，得られた結果を意味づけたり，活用したりすること 解決過程を振り返るなどして概念を形成したり，体系化したりすること
E.	数学的な表現を用いて表現すること

そして,「問題作成方針」によると,数学においては,下記のような**作問の方向性**が示されています。

- 事象の数量等に着目して数学的な問題を見いだすこと
- 構想・見通しを立てること
- 目的に応じて数・式,図,表,グラフなどを活用し,一定の手順に従って数学的に処理すること
- 解決過程を振り返り,得られた結果を意味付けたり,活用したりすること

さらに,問題として取り扱われる**題材**については,下記のようなものが挙げられています。

- 日常の事象
- 数学のよさを実感できる題材
- 教科書等では扱われていない数学の定理等を既知の知識等を活用しながら導くことのできるような題材等

共通テストで実際に出題された問題を見ても,これらのねらいや方向性が明確に表れた意欲的なものとなっていました。従来のセンター試験よりも難しくなった面もありますが,より数学の本質や実用を意識させるような問い方になっており,**解いてみると楽しい,よく練られた良問**であると実感できます。

記述式問題の導入の見送り

　当初は,国語と数学で記述式問題が出題されることが予定されており,数学では,「数学Ⅰ」の範囲で記述式問題が出題される予定でした。『数学Ⅰ・数学A』の試行調査においても,マーク式の大問の中の一部の小問が記述式問題となっており,計小問3問が出題されました。

　しかし,その後記述式問題の導入が見送られることが発表されたため,本番の共通テストにおいては,**従来通りマーク式問題のみが出題されました**。

　記述式問題といっても,主として数式等を答える形式で,特別難しい問題ではありませんでした。本書では,試行調査で出題された記述式問題についても,参考までに掲載しておりますが(該当の問題には★印を付けています),**本番の共通テストでは,こうした形式の問題は出題されないので**,その点はご注意ください。

共通テスト徹底分析

共通テストではどんな問題が出題されたのでしょうか？ 2021年度の本試験や試行調査の形式を確認しながら、センター試験との共通点と相違点を具体的に見ていきましょう。

 ## 出題教科・科目と試験時間

センター試験と同様に、共通テストでも数学は下表の2つのグループに分かれており、このうち、多くの受験生が『数学Ⅰ・数学A』と『数学Ⅱ・数学B』を選択することが見込まれます。ただし、グループ①の『数学Ⅰ』および『数学Ⅰ・数学A』では、**試験時間が従来の60分から70分に延長されています**ので注意が必要です。

グループ	出題科目	科目選択の方法	試験時間
①	『数学Ⅰ』『数学Ⅰ・数学A』	左記出題科目2科目のうちから1科目を選択し、解答する。	70分
②	『数学Ⅱ』『数学Ⅱ・数学B』『簿記・会計』『情報関係基礎』	左記出題科目4科目のうちから1科目を選択し、解答する。	60分

 ## 配点と大問構成

配点は、いずれもセンター試験と変わらず **100点満点**です。

大問構成は、センター試験とほぼ同じで、『数学Ⅰ・数学A』では、第1問と第2問が「**数学Ⅰ**」の範囲の必答問題（計60点）、第3問～第5問が「**数学A**」の範囲の選択問題で、3問のうち2問を選択する（計40点）というものです。

『数学Ⅱ・数学B』も同様に、第1問と第2問が「**数学Ⅱ**」の範囲の必答問題（計60点）、第3問～第5問が「**数学B**」の範囲の選択問題で、3問のうち2問を選択（計40点）となっています。

なお、試行調査では、『数学Ⅰ・数学A』において、「数学Ⅰ」の分野の記述式問題が3問出題されました。第2回試行調査では1問5点と設定され、「数学Ⅰ」の60点

のうち 15 点が記述式となっていましたが，**本番の共通テストでは，すべてマーク式**の出題となりました。

● 数学Ⅰ・数学A／大問構成の比較

試 験	区 分	大 問	項 目	配 点
2021年度本試験（第1日程）	必 答	第1問	〔1〕2次方程式，数と式 〔2〕図形と計量	10点 20点
		第2問	〔1〕2次関数 〔2〕データの分析	15点 15点
	2問選択	第3問	場合の数と確率	20点
		第4問	整数の性質	20点
		第5問	図形の性質	20点
2021年度本試験（第2日程）	必 答	第1問	〔1〕数と式，集合と論理 〔2〕図形と計量	10点 20点
		第2問	〔1〕2次関数 〔2〕データの分析	15点 15点
	2問選択	第3問	場合の数と確率	20点
		第4問	整数の性質	20点
		第5問	図形の性質	20点
第2回試行調査	必 答	第1問	〔1〕数と式（集合と論理） 〔2〕2次関数 〔3〕図形と計量 〔4〕図形と計量	8点 6点 5点 6点
		第2問	〔1〕図形と計量，2次関数 〔2〕データの分析	16点 19点
	2問選択	第3問	場合の数と確率	20点
		第4問	整数の性質	20点
		第5問	図形の性質	20点
第1回試行調査	必 答	第1問	〔1〕2次関数 〔2〕図形と計量	—
		第2問	〔1〕2次関数 〔2〕データの分析	—
	2問選択	第3問	場合の数と確率	—
		第4問	図形の性質	—
		第5問	整数の性質	—

試　験	区　分	大問	項　目	配　点
センター試験 2020年度 本試験	必　答	第1問	〔1〕1次関数，2次不等式 〔2〕集合と論理 〔3〕2次関数	10点 8点 12点
		第2問	〔1〕図形と計量 〔2〕データの分析	15点 15点
	2問選択	第3問	〔1〕場合の数と確率 〔2〕場合の数と確率	4点 16点
		第4問	整数の性質	20点
		第5問	図形の性質	20点

※第1回試行調査では配点が設定されなかった。

● 数学Ⅰ／大問構成の比較

試　験	区　分	大問	項　目	配　点
2021年度 本試験 (第1日程)	必　答	第1問	〔1〕2次方程式，数と式 〔2〕集合と論理	10点 10点
		第2問	図形と計量	30点
		第3問	〔1〕2次関数 〔2〕2次関数	15点 15点
		第4問	データの分析	20点
センター試験 2020年度 本試験	必　答	第1問	〔1〕1次関数，2次不等式 〔2〕集合と論理	15点 10点
		第2問	〔1〕2次関数 〔2〕2次関数	8点 17点
		第3問	図形と計量	30点
		第4問	データの分析	20点

● 数学Ⅱ・数学B／大問構成の比較

試　験	区　分	大問	項　目	配　点
2021年度 本試験 (第1日程)	必　答	第1問	〔1〕三角関数 〔2〕指数関数，いろいろな式	15点 15点
		第2問	微分・積分	30点
	2問選択	第3問	確率分布と統計的な推測	20点
		第4問	数列	20点
		第5問	ベクトル	20点

2021年度 本試験 (第2日程)	必答	第1問	〔1〕対数関数 〔2〕三角関数	13点 17点
		第2問	〔1〕微分・積分 〔2〕微分・積分	17点 13点
	2問選択	第3問	確率分布と統計的な推測	20点
		第4問	〔1〕数列 〔2〕数列	6点 14点
		第5問	ベクトル	20点
第2回 試行調査	必答	第1問	〔1〕三角関数 〔2〕微分・積分 〔3〕指数・対数関数	6点 11点 13点
		第2問	〔1〕図形と方程式 〔2〕図形と方程式	19点 11点
	2問選択	第3問	確率分布と統計的な推測	20点
		第4問	数列	20点
		第5問	ベクトル	20点
第1回 試行調査	必答	第1問	〔1〕図形と方程式 〔2〕指数・対数関数 〔3〕三角関数 〔4〕いろいろな式	— — — —
		第2問	微分・積分	—
	2問選択	第3問	数列	—
		第4問	ベクトル	—
		第5問	確率分布と統計的な推測	—
センター試験 2020年度 本試験	必答	第1問	〔1〕三角関数 〔2〕指数・対数関数，図形と方程式	15点 15点
		第2問	微分・積分	30点
	2問選択	第3問	数列	20点
		第4問	ベクトル	20点
		第5問	確率分布と統計的な推測	20点

※第1回試行調査では配点が設定されなかった。

● 数学Ⅱ／大問構成の比較

試験	区分	大問	項目	配点
2021年度 本試験 (第1日程)	必　答	第1問	〔1〕三角関数 〔2〕指数関数，いろいろな式	15点 15点
		第2問	微分・積分	30点
		第3問	図形と方程式	20点
		第4問	いろいろな式	20点
センター試験 2020年度 本試験	必　答	第1問	〔1〕三角関数 〔2〕指数・対数関数，図形と方程式	15点 15点
		第2問	微分・積分	30点
		第3問	図形と方程式	20点
		第4問	いろいろな式	20点

🔍 分野の異なる中問，選択問題の選択率

『数学Ⅰ・数学A』『数学Ⅱ・数学B』ともに，第1問と第2問では，**分野の異なる中問に分かれている**ことも，センター試験から引き継がれている傾向です。試行調査では，センター試験ほど中問のフレームや配点が固定されていませんでしたが，2021年度本試験ではいずれの日程もセンター試験に近い中問構成で出題されました。とはいえ，今後より幅広い分野から出題され，年度によって分野ごとの配点の重点が異なることも予想されるので，柔軟に対応する必要があります。

なお，第2回試行調査では，第3問～第5問の選択率は下記のようになっていました。特に「数学B」の「確率分布と統計的な推測」は大学の個別試験での出題が少なく，選択する人が少数派となっていますが，第2回試行調査および2021年度本試験では，学習指導要領の順番に従って第3問に置かれました。

● 第3問～第5問の選択率（第2回試行調査）

科目名	選択パターン	選択率（%）
数学Ⅰ・数学A	第3問・第4問（確率・整数）	51.23
	第3問・第5問（確率・図形）	24.72
	第4問・第5問（整数・図形）	24.04

数学Ⅱ・数学B	第3問・第4問（統計・数列）	13.82
	第3問・第5問（統計・ベクトル）	5.57
	第4問・第5問（数列・ベクトル）	80.61

問題の場面設定

　センター試験との大きな違いが問題の場面設定です。センター試験の数学では，一般的な形式での高校数学の問題が出題されていましたが，共通テストでは，生徒同士や先生と生徒の**会話文の設定**や，教育現場での **ICT（情報通信技術）活用の設定**，社会や日常生活における**実用的な設定**の問題などが目を引きます。また，既知ないし未知の**公式ないし数学的事実の考察・証明**や，**大学で学ぶ高度な数学の内容を背景とする**ような出題も見られます。

　いずれも，そうした内容自体が知識として問われるわけではなく，あくまでも，高校で身につけた内容を駆使して取り組めるように工夫がこらされていますが，設定が目新しく，長めの問題文を読みながら解き進めていく必要もあるので，柔軟な応用力が試されるものとなっています。

● 場面設定の分類

分　類	数学Ⅰ・数学A				数学Ⅱ・数学B			
	2021年度 第1日程	2021年度 第2日程	第2回 試行調査	第1回 試行調査	2021年度 第1日程	2021年度 第2日程	第2回 試行調査	第1回 試行調査
会話文の設定	1〔1〕, 3	2〔1〕	2〔2〕, 3, 5	1〔2〕, 2〔2〕, 4	1〔2〕	1〔1〕	4	1〔4〕
ICT活用の設定		1〔2〕	1〔2〕	1〔1〕, 4				
実用的な設定	2〔1〕, 2〔2〕	2〔1〕, 2〔2〕	1〔3〕, 4	2〔1〕, 2〔2〕, 3	3	3, 4〔2〕	1〔3〕, 2〔1〕, 3	3, 5
考察・証明 高度な数学的背景	3, 4	1〔2〕, 4, 5	1〔4〕, 3, 5	1〔2〕, 4, 5	1〔2〕, 2, 5	1〔2〕	4, 5	1〔4〕, 4

※数字は大問番号，〔　〕は中問。

問題の分量

　場面設定や設問形式の変更にともなって，問題の分量も大幅に増えました。センター試験でも，センター試験導入当初の 1990 年代と比べると，問題の頁数が 3 倍近く増加しており，「試験時間が足りない」という声もよく聞かれましたが，試行調査ではさらに増加しており，センター試験が概ね大問あたり 2～3 頁だとすれば，試行調査ではおよそ大問あたり 4～6 頁以上の分量となっています。2021 年度本試験では，試行調査に比べると分量が抑えられましたが，それでも大問あたり 4～5 頁程度の分量となりました。

　なお，試行調査では問題の分量に比して，**設問数が多い頁と少ない頁**も見受けられましたが，2021 年度本試験では比較的均等に空欄が設けられていました。

● 問題の頁数の比較

問題の頁数	2021 第1日程	2021 第2日程	第2回試行調査	第1回試行調査	2020 本試験	2019 本試験	2018 本試験
数学Ⅰ・数学A	26 頁	21 頁	25 頁	32 頁	18 頁	19 頁	17 頁
数学Ⅱ・数学B	18 頁	20 頁	24 頁	22 頁	14 頁	14 頁	14 頁

※表紙や白紙の頁を除く。

難易度

　センター試験では概ね 60 点台の平均点を目指して作成されていると言われていましたが，実際に，平均点が 50 点台になった年度は「難化した」と言われることが多かったです。特に『数学Ⅱ・数学B』は近年難しく，50 点前後の平均点が続いていました。

　第 2 回試行調査では，いずれの科目も **5 割程度の平均得点率**を目指して作成されましたが，公表された分析結果によると，数学ではそれよりもかなり低い平均点となりました。試行調査は 11 月に実施されたため，実際の試験がある 1 月までに学力が伸びることも考えると，通常よりは低めの平均点になっている面もありますが，「数学的な問題発見・解決の全過程を重視して出題したが，それに伴う認知的な**負荷がまだ高かったものと考えられる**」と発表されました。

　そのため，「共通問題において，**数学的な問題発見・解決の過程の全過程を問う問題は，大問もしくは中問 1 題程度**とし，他の問題は，過程の一部を問うものにする」，

「思考に必要な時間が確保できるよう，**文章を読解するために要する時間を試行調査よりも軽減する**」などとされました。

　2021年度の共通テストでは，難易度がもう少し易しめに調整され，大多数が受験した第1日程の平均点はいずれも50点台となりました。とはいえ，今後も場面設定や設問形式による難化は避けられないものと覚悟して臨む方がよいと思われます。本書で掲載している**「実戦創作問題」**も，それに準じた設定・形式で作成しています。

● 平均点の比較

平均点	2021 第1日程	2021 第2日程	第2回 試行調査	第1回 試行調査	2020 本試験	2019 本試験	2018 本試験
数学Ⅰ・数学A	57.68点	39.62点	30.74点	—	51.88点	59.68点	61.91点
数学Ⅱ・数学B	59.93点	37.40点	35.49点	—	49.03点	53.21点	51.07点

※第2回試行調査は，受検者のうち3年生の平均点（『数学Ⅰ・数学A』は記述式を除く85点を満点とした平均点）。

形式を知っておくと安心

これまで，センター試験と共通テストの内容を比較してきましたが，数学では，センター試験のときから，他科目とは異なる形式の出題があります。これらの解答の形式に慣れておくことは，共通テスト対策においても重要です。

 ## 数学特有の形式と解答用紙

他科目では，選択肢の中から答えのマーク番号を選択する形式がほとんどですが，センター試験の数学では，与えられた枠に当てはまる数字や記号をマークする，穴埋め式が中心でした。

解答用紙には，0～9の数字だけでなく，−の符号と，『数学Ⅰ・数学A』「数学Ⅰ」では±の符号も，『数学Ⅱ・数学B』「数学Ⅱ」では，a～dの記号も設けられており，共通テストでも，解答用紙のマーク欄の構成はセンター試験と同様でした。第1面で第1問と第2問，第2面で第3問～第5問を選択解答するのも変わりませんでした。

試行調査では，選択肢の中から選ぶ形式の出題が大幅に増えましたが，2021年度本試験では，従来の穴埋め式の問題も多く出題されました。分数は既約分数で，根号がある場合は根号の中の数字が最小となる形で解答しなければならないことにも注意が必要です。本番で焦らないよう，こうした形式に慣れておきましょう。問題冊子の裏表紙に「解答上の注意」が印刷されていますので，試験開始前によく読みましょう。

 ## 設問形式

設問形式においては，試行調査では，穴埋め式よりも選択式の占める割合が大きくなり，また，「二つ選べ」や「すべて選べ」など，複数の選択肢を完答しなければならない，より難度の高い問題も出題されましたが，2021年度本試験では解答欄を分けて二つ選ぶ問題が出題されるにとどまりました。

また，選択肢から選ぶ問題については，数字や符号を穴埋めする問題と区別して，☐と二重四角で表され，より解答しやすくなりました。

マーク式の怖さを知る

　マーク式なので，途中の考え方がいかに正しくても最終的な答えが間違っていれば得点にはなりません。また，複数のマークがすべて合っていないと点が与えられない問題もあります。1問1問の配点は決して小さくはないので，本来なら当然解けるはずの問題を取りこぼすことは致命傷になりかねません。**マークの塗り間違い**から，**計算ミス**，**論理ミス**まで，ミスには種々のレベルがありますが，それらを本番の試験会場ですべてクリアするためには，マーク式の試験に対する十分な準備が必要です。

定規・コンパスは使えない

　定規・コンパスを持ち込むことはできません。そこで，ふだんの学習でも**図をフリーハンドできれいに描ける**ように練習しておくことが重要です。問題を解く上で図はとても重要ですので，できるだけきれいに描きましょう。

同冊子や選択問題に注意！

　試験問題は「数学Ⅰ」と『数学Ⅰ・数学A』が同冊子，「数学Ⅱ」と『数学Ⅱ・数学B』が同冊子になっています。問題冊子は「数学Ⅰ」「数学Ⅱ」が先になっているので，特に『数学Ⅰ・数学A』や『数学Ⅱ・数学B』を受験する人が，間違って「数学Ⅰ」や「数学Ⅱ」を解答してしまうケースがあるようです。**本番で慌てて違う科目を解答しないよう十分に注意してください。**

　また，『数学Ⅰ・数学A』と『数学Ⅱ・数学B』では選択問題が出題されており，**選択した問題番号の解答欄にマークする**必要があるので，別の問題の解答欄にマークしないよう注意しましょう。

✓ 受験する大学の募集要項の確認

　大学が指定した科目を受験しなければならないため，**数学のうちどの科目が指定されているか，受験する大学の募集要項であらかじめ確認しておく必要があります。**結果的には，グループ①から『数学Ⅰ・数学A』を，グループ②から『数学Ⅱ・数学B』を選択する受験生が多いでしょう。「数学Ⅰ」と「数学Ⅱ」を選択できる大学は限られているので，受験にあたっては注意が必要です。

ねらいめはココ！

　大問ないし中問が特定の分野から出題されることが多いです。苦手な分野については，その分野の問題を重点的に選んで解いていくのも効果的です。以下では，本書に収載している本試験および試行調査について，分野ごとの学習対策を見ていきます。

 数学Ⅰ

1　数と式

　センター試験では，第1問の〔1〕で根号を含む式の計算や絶対値を含む不等式など，〔2〕で命題の真偽や必要条件と十分条件などについて出題されることが多かったですが，第1回試行調査では，大問・中問での出題はなく，他の分野の大問の中で，「集合と論理」の内容が融合的に問われました。第2回試行調査では，無理数や集合について8点分の独立した中問として出題されました。2021年度の『数学Ⅰ・数学A』では，第1問〔1〕で10点分，「数学Ⅰ」では第1問で20点分が出題されました。

```
→2021年度第1日程：『数学Ⅰ・数学A』第1問〔1〕，「数学Ⅰ」第1問
  2021年度第2日程：『数学Ⅰ・数学A』第1問〔1〕
  第2回試行調査　：『数学Ⅰ・数学A』第1問〔1〕
  第1回試行調査　：『数学Ⅰ・数学A』第1問〔2〕の一部，第4問の一部
  2020年度　　　　：『数学Ⅰ・数学A』第1問〔2〕，「数学Ⅰ」第1問〔2〕
  2019～2016年度　：『数学Ⅰ・数学A』第1問〔1〕〔2〕
  2015年度　　　　：『数学Ⅰ・数学A』第2問〔1〕
```

2　2次関数

　センター試験では，『数学Ⅰ・数学A』では中問1題，「数学Ⅰ」では大問1題が出題されていました。2次関数のグラフ，最大・最小，平行移動，2次不等式などが頻出です。試行調査では最重点項目となっており，グラフ表示ソフトを活用した，2次関数のグラフの様子の考察，売り上げを最大化する価格設定，三角比との融合問題など，他分野と比べても多様な問題設定が採用されました。2021年度は，センター試験と同様，『数学Ⅰ・数学A』では中問1題，「数学Ⅰ」では大問1題が出題されましたが，いずれの日程でも実用的な設定での出題が見られました。

```
→2021 年度第 1 日程：『数学Ⅰ・数学A』第 2 問〔1〕,「数学Ⅰ」第 3 問
 2021 年度第 2 日程：『数学Ⅰ・数学A』第 2 問〔1〕
 第 2 回試行調査    ：『数学Ⅰ・数学A』第 1 問〔2〕, 第 2 問〔1〕
 第 1 回試行調査    ：『数学Ⅰ・数学A』第 1 問〔1〕, 第 2 問〔1〕
 2020 年度         ：『数学Ⅰ・数学A』第 1 問〔3〕,「数学Ⅰ」第 2 問
 2019～2016 年度  ：『数学Ⅰ・数学A』第 1 問〔3〕
 2015 年度         ：『数学Ⅰ・数学A』第 1 問
```

3 図形と計量

　センター試験では，近年は『数学Ⅰ・数学A』第 2 問〔1〕,「数学Ⅰ」の第 3 問で正弦定理・余弦定理，三角形の面積などがよく問われました。試行調査では 2 次関数に並ぶ最頻出項目となっており，特に，第 2 回試行調査では中問 2 題で出題され，さらに 2 次関数の大問の中でも融合的に出題されました。三角比を実生活で活用するような設定や，式の考察や定理の証明など，思考力を問う出題も見られました。2021 年度第 1 日程は三角形の面積や外接円・内接円の半径の大小関係を考察させる，思考力を問われる問題でした。第 2 日程はコンピュータソフトを用いた設定で問題解決の構想を問う出題でしたが，流れに沿って解き進めれば解答しやすいものでした。

```
→2021 年度第 1 日程：『数学Ⅰ・数学A』第 1 問〔2〕,「数学Ⅰ」第 2 問
 2021 年度第 2 日程：『数学Ⅰ・数学A』第 1 問〔2〕
 第 2 回試行調査    ：『数学Ⅰ・数学A』第 1 問〔3〕〔4〕, 第 2 問〔1〕
 第 1 回試行調査    ：『数学Ⅰ・数学A』第 1 問〔2〕
 2020～2016 年度  ：『数学Ⅰ・数学A』第 2 問〔1〕,「数学Ⅰ」第 3 問
 2015 年度         ：『数学Ⅰ・数学A』第 2 問〔2〕
```

4 データの分析

　「データの分析」の分野は，もともと具体的な統計を扱う分野なので，センター試験でも実用的な設定で出題されており，他の分野とは異なり，穴埋め式の問題よりも選択式の問題が中心となっています。共通テストでもこの傾向は変わりませんが，2 回の試行調査では会話文の設定で出題されました。2021 年度は会話文は出題されず，第 2 日程では平均値や分散の式についての出題が見られました。

```
→2021 年度第 1 日程：『数学Ⅰ・数学A』第 2 問〔2〕,「数学Ⅰ」第 4 問
 2021 年度第 2 日程：『数学Ⅰ・数学A』第 2 問〔2〕
 第 2 回試行調査    ：『数学Ⅰ・数学A』第 2 問〔2〕
 第 1 回試行調査    ：『数学Ⅰ・数学A』第 2 問〔2〕
 2020～2017 年度  ：『数学Ⅰ・数学A』第 2 問〔2〕,「数学Ⅰ」第 4 問
 2016 年度         ：『数学Ⅰ・数学A』第 2 問〔2〕〔3〕
 2015 年度         ：『数学Ⅰ・数学A』第 3 問
```

数学A

1 場合の数と確率

　センター試験では，2016〜2020年度と5年連続で条件付き確率が出題されましたが，試行調査と2021年度のいずれの日程でも条件付き確率が出題されました。第2回試行調査では，「ベイズ統計」という考え方の一端にふれる，高度な数学的背景をもつ問題が出題されました。また，第1回試行調査では，高速道路の渋滞状況を考慮して，効率のよい交通量の配分をシミュレーションするという，実用的な設定で出題されました。

→ 2021年度第1日程　：『数学Ⅰ・数学A』第3問
　2021年度第2日程　：『数学Ⅰ・数学A』第3問
　第2回試行調査　　：『数学Ⅰ・数学A』第3問
　第1回試行調査　　：『数学Ⅰ・数学A』第3問
　2020〜2016年度　 ：『数学Ⅰ・数学A』第3問
　2015年度　　　　 ：『数学Ⅰ・数学A』第4問

2 整数の性質

　センター試験では，約数と倍数や1次不定方程式が中心となっており，共通テストでも同様でした。考察的な出題や数学的な背景をもつ出題がされていますが，第2回試行調査では，天秤ばかりと分銅という設定で1次不定方程式を扱うという，実用的な設定の出題も見られました。2021年度第1日程はさいころの目によって円周上の石を動かす設定で，1次不定方程式をどのように利用すれば対処できるかを考えさせる問題でした。

→ 2021年度第1日程　：『数学Ⅰ・数学A』第4問
　2021年度第2日程　：『数学Ⅰ・数学A』第4問
　第2回試行調査　　：『数学Ⅰ・数学A』第4問
　第1回試行調査　　：『数学Ⅰ・数学A』第5問
　2020〜2016年度　 ：『数学Ⅰ・数学A』第4問
　2015年度　　　　 ：『数学Ⅰ・数学A』第5問

3 図形の性質

　センター試験では，方べきの定理やメネラウスの定理を中心とした，平面図形の出題が中心でしたが，第1回試行調査では空間図形が出題されました。第2回試行調査は，シュタイナー点とフェルマー点という高度な数学的背景をもつ出題でした。2回の試行調査はいずれも会話文の設定になっており，また，いずれも証明の一部を補完させる問題が出題されています。2021年度はいずれの日程も平面図形が出題されました。第1日程では，直角三角形と3つの円が絡む，図を正確に描くのが難しい問題が出題されました。第2日程では，作図の手順やその構想が正しいことを確認する問題が出題されました。

> ➡ 2021年度第1日程：『数学Ⅰ・数学A』第5問
>   2021年度第2日程：『数学Ⅰ・数学A』第5問
>   第2回試行調査　　：『数学Ⅰ・数学A』第5問
>   第1回試行調査　　：『数学Ⅰ・数学A』第4問
>   2020～2016年度　 ：『数学Ⅰ・数学A』第5問
>   2015年度　　　　 ：『数学Ⅰ・数学A』第6問

数学Ⅱ

1 いろいろな式

　センター試験では，「数学Ⅱ」で独立した大問が出題されていましたが，『数学Ⅱ・数学B』では他の項目の中で問われるくらいで，独立した大問や中問が出題されたことはありません。2021年度でも同様でした。第1回試行調査の第1問〔4〕では，相加平均と相乗平均の関係について，単独で問われる中問も出題されましたが，第1回試行調査の第1問〔1〕や，第2回試行調査の第1問〔2〕では，「図形と方程式」や「微分・積分」の問題の中で，高次方程式や整式の除法の内容を含む問題が出題されました。

> ➡ 2021年度第1日程：『数学Ⅱ・数学B』第1問〔2〕，「数学Ⅱ」第4問
>   第2回試行調査　　：『数学Ⅱ・数学B』第1問〔2〕
>   第1回試行調査　　：『数学Ⅱ・数学B』第1問〔1〕〔4〕
>   2020年度　　　　 ：「数学Ⅱ」第4問

2 図形と方程式

「いろいろな式」と同様に，センター試験の『数学Ⅱ・数学B』では，単独で出題されることが少なかった分野ですが，「三角関数」の代わりに中問で出題されたことがあります。また，独立した中問がない場合でも，「微分・積分」や「指数・対数関数」の問題に関連して問われることも多いです。第1回試行調査では，第1問〔1〕で円と直線が異なる2点で交わる条件に関する中問が出題され，第2回試行調査では，第2問の〔1〕が領域，〔2〕が軌跡についての出題で，センター試験よりもかなり扱いが大きくなりましたが，2021年度は，従来と同様に「数学Ⅱ」のみで大問が出題されました。

→2021年度第1日程：「数学Ⅱ」第3問
　第2回試行調査　　：『数学Ⅱ・数学B』第2問
　第1回試行調査　　：『数学Ⅱ・数学B』第1問〔1〕
　2020年度　　　　　：「数学Ⅱ」第3問

3 指数・対数関数

センター試験では，中問1題で，指数・対数の方程式・不等式，指数関数・対数関数のグラフなどがよく出題されていました。試行調査や2021年度のいずれの日程でも，中問1題が出題されています。計算だけでなく，指数関数と対数関数のグラフの対称性に関するものなど，選択式で定性的な理解を問う出題も見られ，指数・対数の意味するところをきちんと理解しておく必要があります。

→2021年度第1日程：『数学Ⅱ・数学B』第1問〔2〕,「数学Ⅱ」第1問〔2〕
　2021年度第2日程：『数学Ⅱ・数学B』第1問〔1〕
　第2回試行調査　　：『数学Ⅱ・数学B』第1問〔3〕
　第1回試行調査　　：『数学Ⅱ・数学B』第1問〔2〕
　2020〜2015年度　：『数学Ⅱ・数学B』第1問〔2〕,「数学Ⅱ」第1問〔2〕

4 三角関数

センター試験では，中問1題で，三角関数の方程式や不等式，最大・最小，加法定理や2倍角の公式といった種々の公式，三角関数の合成などが問われてきました。2021年度でも，中問1題が出題されていますが，試行調査では，三角関数のグラフを選ばせる問題が出題され，計算を主体としたものに比べると，定性的な理解に重点が置かれていました。

→ 2021 年度第 1 日程：『数学Ⅱ・数学B』第 1 問〔1〕,「数学Ⅱ」第 1 問〔1〕
　2021 年度第 2 日程：『数学Ⅱ・数学B』第 1 問〔2〕
　第 2 回試行調査　　：『数学Ⅱ・数学B』第 1 問〔1〕
　第 1 回試行調査　　：『数学Ⅱ・数学B』第 1 問〔3〕
　2020〜2015 年度　　：『数学Ⅱ・数学B』第 1 問〔1〕,「数学Ⅱ」第 1 問〔1〕

5　微分・積分

　センター試験では，例年第 2 問で出題され，大問 1 題，配点 30 点分の最重要分野となっており，接線の方程式，極大と極小，面積などを中心に出題されていました。第 1 回試行調査では，センター試験と同様に大問 1 題分が出題されましたが，第 2 回試行調査では，中問 1 題，配点 11 点分と，かなり扱いが小さくなりました。しかし，2021 年度では，いずれの日程でもセンター試験と同様に 30 点分の扱いとなりました。グラフが特に重視されているので，普段からグラフを描く習慣を身につけておきましょう。

→ 2021 年度第 1 日程：『数学Ⅱ・数学B』第 2 問,「数学Ⅱ」第 2 問
　2021 年度第 2 日程：『数学Ⅱ・数学B』第 2 問
　第 2 回試行調査　　：『数学Ⅱ・数学B』第 1 問〔2〕
　第 1 回試行調査　　：『数学Ⅱ・数学B』第 2 問
　2020〜2015 年度　　：『数学Ⅱ・数学B』第 2 問,「数学Ⅱ」第 2 問

数学B

1　確率分布と統計的な推測

　個別試験では，この分野を出題しない大学が多く，授業でも扱わない高校が多いためか，この大問を選択しない受験生が多いようですが，第 2 回試行調査と 2021 年度では学習指導要領の順番に合わせて第 3 問に置かれました。難化しがちな「数列」「ベクトル」に比べると，正規分布表の読み取りなど，内容を理解していれば比較的取り組みやすい問題が多い分野ではあります。ただし，共通テストでは，従来よりも実用的で考察的な出題が増えているので，注意が必要です。

→ 2021 年度第 1 日程：『数学Ⅱ・数学B』第 3 問
　2021 年度第 2 日程：『数学Ⅱ・数学B』第 3 問
　第 2 回試行調査　　：『数学Ⅱ・数学B』第 3 問
　第 1 回試行調査　　：『数学Ⅱ・数学B』第 5 問
　2020〜2015 年度　　：『数学Ⅱ・数学B』第 5 問

2 数　列

　センター試験では，等差数列，等比数列，階差数列，いろいろな数列とその和，漸化式などが中心に問われており，複数の数列が込み入った，計算量の多い問題がよく出題されています。一方，第1回試行調査では薬の有効成分の血中濃度，2021年度第2日程では畳の敷き方という実用的な設定の出題，第2回試行調査では数列の一般項を求める複数の方法を検討するという会話文の設定の出題で，共通テスト的な特徴がよく表れた出題となっています。

> → 2021年度第1日程：『数学Ⅱ・数学B』第4問
>   2021年度第2日程：『数学Ⅱ・数学B』第4問
>   第2回試行調査　 ：『数学Ⅱ・数学B』第4問
>   第1回試行調査　 ：『数学Ⅱ・数学B』第3問
>   2020～2015年度　：『数学Ⅱ・数学B』第3問

3 ベクトル

　センター試験では，内積，位置ベクトル，内分と外分などを中心に，どちらかというと，平面ベクトルの出題が多いですが，2019・2020年度と空間ベクトルが出題されました。試行調査と2021年度本試験でも，いずれも空間ベクトルの出題でした。また，センター試験では計算量の多い出題が中心となっていますが，第1回試行調査では「証明」の空欄を埋めるもの，第2回試行調査では「方針」の空欄を埋めるもの，2021年度第1日程では正十二面体について考察するものが出題され，考察力が問われる出題となっています。

> → 2021年度第1日程：『数学Ⅱ・数学B』第5問
>   2021年度第2日程：『数学Ⅱ・数学B』第5問
>   第2回試行調査　 ：『数学Ⅱ・数学B』第5問
>   第1回試行調査　 ：『数学Ⅱ・数学B』第4問
>   2020～2015年度　：『数学Ⅱ・数学B』第4問

過去問の上手な使い方

共通テストの出題内容をふまえた上で，過去問の効果的な活用法について考えます。

実際に問題を解いてみる

共通テストやセンター試験がどういうものなのか，過去問を実際に解いてみましょう。これらを本番直前の演習用に「とっておく」受験生もいるようですが，**早いうちに問題を解いてみて，出題形式をつかみ，自分の弱点を知っておくべきです**。

時間を意識する

問題は必ず試験時間を計って解いてください。予想以上に時間が足りないと感じる人が多いのではないでしょうか。共通テストでもセンター試験でも，数学は他科目と比べて**時間との勝負**といえます。特に共通テストでは，計算力だけでなく，**問題文の出題の意図をすばやく正確に読み取る力**も必要となります。また，**各大問の時間配分**をあらかじめ決めておいて，難しい問題に時間を取られすぎないようにしましょう。慣れてきたら実際の試験時間よりも少し短めの時間で練習しておくと，本番で余裕をもって取り組めます。

誘導に乗る

出題の意図をくみ取って，**誘導形式にうまく乗って解き進めること**を意識しましょう。共通テストでは，数値の穴埋めだけでなく選択式の問題も出題されていますが，**問題文中の空欄を埋めたり，設問に答えながら読み進めていく**という意味では，従来のセンター試験と変わりません。共通テストでは，実用的な設定や高度な数学的背景をもつものなど，見慣れない設定の問題も多いので，**題意を丁寧に読み進めていく**必要があります。題意をしっかりと理解できれば，むしろセンター試験で見られたような，**煩雑な計算問題が少なく，取り組みやすい**面もあります。また，設問が次の設問

の前提となったり，ヒントとなることもあるので，最初に大問の全体を見渡しておくと見通しがよくなります。

　なお，数値を穴埋めする形式の問題については，空欄に入る桁数もよく確認しておきましょう。例えば，アイウと3桁になっている場合は，3桁の数字が入ることもあれば，アに－（マイナス）が入ってイウに2桁の数字が入ることもあるので，注意が必要です。

図形やグラフを描いて考える

　図形やグラフと関連している問題については，数式だけで解き進めようとせず，図形やグラフを描いてみましょう。数式だけで考えているよりもはるかによく全体が見えてきます。図形やグラフを描かずに計算だけに頼っていると，大局が見えず，視野の狭い解法になる危険性があります。図形やグラフを描いて考える習慣をふだんから身につけるようにし，本番では問題冊子の余白や下書きページを有効に使いましょう。

　計算が必要なものについても，**余白や下書きページに整理して書く**ようにしましょう。下書きだからといって，乱雑に書くと，計算が合わなかったときにどこが間違っているかわかりにくくなったり，計算スペースが足りなくなったりする恐れがあります。

苦手な分野を集中的に

　分野ごとに独立した大問や中問に分かれているので，**苦手な分野の問題をまとめて重点的に取り組む**のも効果的です。試行調査では従来は出題が少なかった分野もバランスよく問われるようになっている一方で，分野ごとの大問・中問の構成や，配点の比率などが予想しにくくなっていましたが，2021年度本試験は概ねセンター試験の出題フレームを引き継いだものとなりました。前述の「ねらいめはココ！」のページも参考にして，弱点補強に取り組みましょう。

センパイ 受験生の声

先輩方がセンター試験攻略のために編み出した「秘訣」の中には，共通テストでも引き続き活用できそうなものがたくさんあります。これをヒントに，あなたも攻略ポイントを見つけ出してください！

✅ 独特の誘導形式に慣れる！

問題文には誘導があり，「次に何をすべきか」が示されています。しかし，その誘導にうまく乗れず解きにくい，という場面はよくあります。自己流の解き方をしようとせず，問題文で何が求められているかをしっかりと読み取っていく必要があります。誘導形式対策を怠らないようにしましょう。

> 誘導に乗る形式に慣れることに加え，問題文を正しく理解し正確に計算することが重要になってきます。過去問演習をするだけでなく，よく復習してミスを分析することが成功への鍵になります。
> Y. I. さん・東京工業大学（工学院）

> 短い時間の中で誘導にうまく乗れるかが，攻略の大きなポイントになってきます。解法がわからないときは一旦飛ばして次の問題を解きましょう。後で戻って落ち着いて考えれば，意外と解けたりするものです。
> N. N. さん・東京都立大学（理学部）

テストの形態が普通の入試問題とは違うので，早めの時期から過去問演習を多くして慣れましょう。最終的には計算力のある人が点数を取れるので，日頃から問題集で計算をしていると大丈夫だと思います。
K. Y. さん・京都大学（薬学部）

時間配分を考える

「時間が足りなかった」という声をよく聞きます。時間不足で手をつけられない問題がないように，計算を省力化できる公式はしっかりと覚えておきましょう。また，各大問の前半の比較的易しい問題を確実に解答して，後半の難しい問題はとばして後で考えるなど，時間配分のコツをつかんでおきましょう。

公式を漏れなくおさえましょう。数学は本当に時間が足りないので，時間を意識した実戦問題を多くやるとよいと思います。大問の最後の問題まで解き切ろうと思うのではなく，落としちゃいけない基本的な問題を取るぞ！という意気込みを持つとよいです。
S. Y. さん・埼玉大学（教育学部）

とにかく時間が足りないので，大問1つで15分経ったら，終わっていなくても次の問題に行く，などと決めておくとよいと思います。また，大問の中で，独立している簡単な問題が含まれていることがあるので，解答に行き詰まったときは，後の方の問題も確認すると，解ける問題を見つけることができると思います。
K. S. さん・横浜国立大学（経済学部）

問題量が多く，迅速に解く能力が必要なので，まずは過去問に当たってみること。また，配点は基礎的な問題から発展的な問題までほぼ同じであるため，標準的な問題まで解いて次へ進む作戦が有効です。とはいえ，個人的には第1問は完答しておきたいと思います。
Y. T. さん・九州大学（工学部）

過去問演習を徹底的に行いましょう。その際，本番よりも短めに時間を設定して解いておくと，本番で余裕を持って解答できます。また，苦手な分野はかなり昔の過去問まで遡って演習しました。
A. N. さん・名古屋大学（医学部）

✅ マークシートを使って練習しよう！

　問題に取り組む際は，時間を計り，巻末のマークシート解答用紙や，赤本ノートや赤本ルーズリーフなどを使って，試験本番と同じ条件で解ききる練習をしましょう。また，計算や図は余白に整理して書き込むよう心がけましょう。

　マークシートを塗るタイミングについては，人それぞれやり方が違うようです。自分はどのような流れで進めるのがよいかを，過去問演習を通して確認しましょう。また，見直しはとても重要です。すばやくできて確実な検算方法を工夫してみましょう。

> 　記述式の試験とは勝手がまるで違うため，過去問をやったりしてマーク式の形式に慣れておかないと，いくら数学が得意な人でも点が取れないことなどが多々あります。そのため，マーク式の練習がとにかく大切です。
> 　　　　　　　　　　　　　　K. H. さん・東京海洋大学（海洋生命科学部）

> 　『数学Ⅰ・数学A』や『数学Ⅱ・数学B』を受験する人は，「数学Ⅰ」や「数学Ⅱ」を解かないように注意してください。また，問題数が多いため，マークに時間がかかります。過去問を解く際は，必ずマークシートを用意して，マークしながら解答する練習をしてください。
> 　　　　　　　　　　　　　　　　　　　　K. T. さん・山梨大学（医学部）

> 　限られた時間の中で正確にマークできるよう，普段から練習しておく必要があります。大問を1つ解き終えたら，ダブルマークがないか，最後の解答欄が問題の最後のカタカナと合っているかを確認するだけでも自分の点数を確実にできます。　　　　E. N. さん・横浜市立大学（国際教養学部）

> 　本番までに計算スピードを上げておきましょう。マークはページごとにまとめてやり，詰まったらすぐに次の問題に行きます。事前におおよその時間配分を決めておき，最後の2分程度は解けていない問題よりもマークミスがないかを確認しましょう。　　　T. O. さん・京都工芸繊維大学（工芸科学部）

対策が手薄になる分野に注意！

「データの分析」「集合と論理」など，個別試験では扱いが少ない分野は，対策が手薄になりがちですので，注意が必要です。「数学A」と「数学B」の範囲は選択問題となっているので，あらかじめ解答する分野を決めて集中して取り組むか，当日問題の難易度を見て取り組みやすそうなものを選ぶか，自分なりに戦略を立てておくとよいでしょう。

> 「データの分析」「集合と論理」など，他の試験ではあまり出題が見られない単元からの出題も多いです。不安な場合は12月頃までに，基礎事項を確認しておくとよいでしょう。また，確率の問題に苦手意識がある場合でも，難易度はそこまで高くなく，図形問題より取り組みやすいこともあります。どの選択問題を解くのかは慎重に検討しましょう。
> H. H. さん・慶應義塾大学（経済学部）

> 選択問題の食わず嫌いに注意してください。直前期ならまだしも，それまでは選択問題をひと通り解いてみて，自分との相性をチェックしてください。マーク式の問題なので，自分の得意分野でも意外と点にならない場合も多いです。
> K. M. さん・三重大学（医学部）

> 選択問題は，どれが簡単か瞬時に判別できないことの方が多いと思うので，あらかじめどれを解くか決めておいた方がよいと思います。「データの分析」はセンター試験特有であり，追試験なども用いて演習するとよいと思います。
> S. S. さん・神戸大学（海事科学部）

> 基本事項を理解した後は，速く解くことに重きを置いて対策をしましょう。選択問題では，「確率分布と統計的な推測」は暗記事項さえマスターすれば，他の大問に比べて取り組みやすく，満点が取れることが多いです。
> T. I. さん・東京海洋大学（海洋工学部）

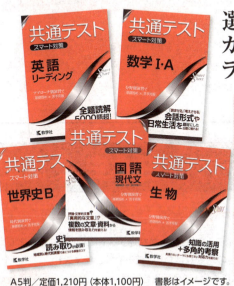

センター試験の大人気シリーズが共通テスト向けにパワーアップ！

満点のコツ シリーズ

目からウロコの コツが満載！

共通テストって，
こんなふうに
解けばいいのか！

共通テストで 満点を狙う 実戦的参考書

- **共通テスト英語〔リスニング〕満点のコツ**
「配点アップ」「一回読み」など，対策必須の共通テストのリスニングも，竹岡広信先生にまかせれば安心！キーワードを聞き逃さない25ヵ条を伝授！

- **共通テスト古文 満点のコツ**
秘伝の読解法で共通テスト古文が解ける！重要単語や和歌修辞のまとめも充実！

- **共通テスト漢文 満点のコツ**
漢文読解に必要な必修単語・重要句法を完全網羅！！

四六判／定価1,375円（本体1,250円）

共通テスト 日本史 文化史

文化史で満点をとろう！

『センター日本史〔文化史〕』が共通テスト向けにリニューアル！
菅野祐孝先生の絶妙な語り口，読みやすいテキスト。
チェックすべき写真・イラストを厳選。
時間をかけずに文化史をマスターできる！

新書判／定価990円（本体900円）

詳細は akahon.net でチェック

大学入試シリーズ

赤本 ウェブサイト

過去問の代名詞として、60年以上の伝統と実績。

新刊案内・特集ページも充実！

赤本の刊行時期は？
どこで買えるの？

受験生の「知りたい」に答える

akahon.netでチェック！

akahon blog 赤本ブログ

今知りたい情報をお届け！
過去問の上手な使い方、
予備校講師による勉強法など
受験に役立つ記事が充実。

ブログ一覧はこちら

合格のカギは自己管理！赤本手帳
2022年度受験用
合格者のアドバイス200本以上
受験までの流れがわかる！
3色展開！ プラムレッド／インディゴブルー／プラチナホワイト ※中身は同じです。

受験生を食事でサポート
奥薗壽子の赤本合格レシピ

難関大の過去問を徹底研究。

《難関校過去問シリーズ》

出題形式・分野別に収録した「入試問題事典」

国公立大学
- 東大の英語27ヵ年
- 東大の英語リスニング20ヵ年 CD
- 東大の文系数学27ヵ年
- 東大の理系数学27ヵ年
- 東大の現代文27ヵ年
- 東大の古典27ヵ年
- 東大の日本史27ヵ年
- 東大の世界史27ヵ年
- 東大の地理27ヵ年
- 東大の物理27ヵ年
- 東大の化学27ヵ年
- 東大の生物27ヵ年
- 東工大の英語20ヵ年
- 東工大の数学20ヵ年
- 東工大の物理20ヵ年
- 東工大の化学20ヵ年
- 一橋大の英語20ヵ年
- 一橋大の数学20ヵ年
- 一橋大の国語20ヵ年
- 一橋大の日本史20ヵ年
- 一橋大の世界史20ヵ年
- 京大の英語27ヵ年
- 京大の文系数学27ヵ年
- 京大の理系数学27ヵ年
- 京大の現代文27ヵ年 NEW※
- 京大の古典27ヵ年 NEW※
- 京大の日本史20ヵ年
- 京大の世界史20ヵ年
- 京大の物理27ヵ年
- 京大の化学27ヵ年
- 北大の英語15ヵ年
- 北大の理系数学15ヵ年
- 東北大の英語15ヵ年
- 東北大の理系数学15ヵ年
- 東北大の物理15ヵ年 NEW
- 東北大の化学15ヵ年 NEW
- 名古屋大の英語15ヵ年
- 名古屋大の理系数学15ヵ年
- 名古屋大の物理15ヵ年 NEW
- 名古屋大の化学15ヵ年 NEW
- 阪大の英語20ヵ年
- 阪大の文系数学20ヵ年
- 阪大の理系数学20ヵ年
- 阪大の国語15ヵ年
- 阪大の物理20ヵ年
- 阪大の化学20ヵ年
- 九大の英語15ヵ年
- 九大の理系数学15ヵ年
- 神戸大の英語15ヵ年
- 神戸大の数学15ヵ年
- 神戸大の国語15ヵ年

私立大学
- 早稲田の英語
- 早稲田の国語
- 早稲田の日本史
- 慶應の英語
- 慶應の小論文
- 明治大の英語
- 中央大の英語
- 法政大の英語
- 同志社大の英語
- 立命館大の英語
- 関西大の英語
- 関西学院大の英語

※2020年までは「京大の国語」として刊行

全63点／A5判
定価 2,178～2,530円（本体 1,980～2,300円）

akahon.net でチェック！
赤本 検索

共通テスト
実戦創作問題

共通テストは，まだ演習用の素材が少ないのが現状です。そこで，独自の分析に基づき，本書オリジナル模試を作成しました。試験時間を意識した演習に役立ててください。

- ✓ 数学Ⅰ・数学A　問題　2
　　　　　　　　　解答　26

数学Ⅰ・数学A：
解答時間 70 分
配点 100 点

- ✓ 数学Ⅱ・数学B　問題　46
　　　　　　　　　解答　68

数学Ⅱ・数学B：
解答時間 60 分
配点 100 点

解答上の注意（数学Ⅰ・数学A）

1 解答は，解答用紙の問題番号に対応した解答欄にマークしなさい．

2 問題の文中の ア ， イウ などには，特に指示がないかぎり，符号($-$，$\pm$)又は数字(0～9)が入ります．ア，イ，ウ，…の一つ一つは，これらのいずれか一つに対応します．それらを解答用紙のア，イ，ウ，…で示された解答欄にマークして答えなさい．

（例1） アイウ に -83 と答えたいとき

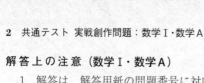

なお，同一の問題文中に ア ， イウ などが2度以上現れる場合，原則として，2度目以降は，ア ，イウ のように細字で表記します．

3 分数形で解答する場合，分数の符号は分子につけ，分母につけてはいけません．

例えば，$\dfrac{オカ}{キ}$ に $-\dfrac{4}{5}$ と答えたいときは，$\dfrac{-4}{5}$ として答えなさい．

また，それ以上約分できない形で答えなさい．

例えば，$\dfrac{3}{4}$ と答えるところを，$\dfrac{6}{8}$ のように答えてはいけません．

4 小数の形で解答する場合，指定された桁数の一つ下の桁を四捨五入して答えなさい．また，必要に応じて，指定された桁まで⓪にマークしなさい．

例えば，ク ． ケコ に 2.5 と答えたいときには，2.50 として答えなさい．

5 根号を含む形で解答する場合，根号の中に現れる自然数が最小となる形で答えなさい．

例えば，サ $\sqrt{シ}$ に $4\sqrt{2}$ と答えるところを，$2\sqrt{8}$ のように答えてはいけません．

数学Ⅰ・数学A

問　題	選　択　方　法
第1問	必　　答
第2問	必　　答
第3問	いずれか2問を選択し，解答しなさい。
第4問	
第5問	

第1問 （必答問題）（配点 30）

〔1〕 整数全体の集合を Z で表すこととし，集合 S を
$$S = \{p\sqrt{2} + q\sqrt{3} \mid p \in Z,\ q \in Z\}$$
で定める。

(1) 集合 $S \cap Z$ について正しく述べた記述を，次の⓪～⑨のうちから一つ選べ。 ア

- ⓪ 集合 $S \cap Z$ は，自然数全体の集合である。
- ① 集合 $S \cap Z$ は，0以上の整数全体の集合である。
- ② 集合 $S \cap Z$ は，負の整数全体の集合である。
- ③ 集合 $S \cap Z$ は，0以下の整数全体の集合である。
- ④ 集合 $S \cap Z$ は，空集合である。
- ⑤ 集合 $S \cap Z$ は，0以上の有理数全体の集合である。
- ⑥ 集合 $S \cap Z$ は，負の有理数全体の集合である。
- ⑦ 集合 $S \cap Z$ は，0以下の有理数全体の集合である。
- ⑧ 集合 $S \cap Z$ は，0のみを要素とする集合である。
- ⑨ 集合 $S \cap Z$ は，無理数全体の集合である。

(2) 集合 T を
$$T = \{ab \mid a \in S,\ b \in S\}$$
で定める。

このとき，実数 x について，$x \in Z$ であることは，$x \in T$ であるための イ 。

イ に当てはまるものを，次の⓪～③のうちから一つ選べ。

- ⓪ 必要十分条件である
- ① 必要条件であるが，十分条件ではない
- ② 十分条件であるが，必要条件ではない
- ③ 必要条件でも十分条件でもない

〔2〕 太郎さんと花子さんは，先生から出された次の課題について話し合っている。会話を読んで，下の問いに答えよ。

> **課題**
> x についての2つの不等式
> $$x^2-2x-1\geq 0 \quad \cdots\cdots ①$$
> と
> $$x^2-ax-2a^2\leq 0 \quad \cdots\cdots ②$$
> について，次の問いに答えよ。ただし，a は正の定数とする。
>
> (i) ①を解け。
> (ii) ②を解け。
> (iii) ①と②をともに満たす実数 x が存在するような a の値の範囲を求めよ。
> (iv) ①と②をともに満たす整数 x が存在するような a の値の範囲を求めよ。
> (v) ①と②をともに満たす整数 x がちょうど2つ存在するような a の値の範囲を求めよ。

花子：まずは(i)と(ii)の問題を考えよう。
　　　不等式①を解くと，$x\leq 1-\sqrt{2}$，$1+\sqrt{2}\leq x$ であり，②を解くと，$-a\leq x\leq 2a$ となるね。
太郎：(iii)，(iv)，(v)の問題は，すべて①かつ②を満たす x の存在や個数についての問題だね。
花子：②を満たす x の値の範囲は，正の定数 a の値によって変化するので，状況を見やすくするために，こんな図を描いてみたよ。白丸印は，格子点（x 座標および a 座標がともに整数である点）だよ。

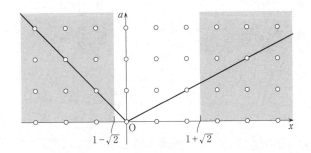

(1) 先生から出された課題の(ⅲ)の答えは，　ウ　である。
　　　ウ　に当てはまるものを，次の⓪〜⑨のうちから一つ選べ。

⓪ $0<a\leqq 1$　　　　　　　　① $0<a<1+\sqrt{2}$
② $a\geqq 1$　　　　　　　　　③ $a\geqq 1+\sqrt{2}$
④ $a\geqq -1+\sqrt{2}$　　　　　⑤ $0<a<-1+\sqrt{2}$
⑥ $a>-1+\sqrt{2}$　　　　　　⑦ $a\geqq 2$
⑧ $a\geqq \dfrac{3}{2}$　　　　　　　⑨ $a>\dfrac{3}{2}$

(2) 先生から出された課題の(ⅳ)の答えは，　エ　である。
　　　エ　に当てはまるものを，次の⓪〜⑨のうちから一つ選べ。

⓪ $0<a\leqq 1$　　　　　　　　① $0<a<1+\sqrt{2}$
② $a\geqq 1$　　　　　　　　　③ $a\geqq 1+\sqrt{2}$
④ $a\geqq -1+\sqrt{2}$　　　　　⑤ $0<a<-1+\sqrt{2}$
⑥ $a>-1+\sqrt{2}$　　　　　　⑦ $a\geqq 2$
⑧ $a\geqq \dfrac{3}{2}$　　　　　　　⑨ $a>\dfrac{3}{2}$

(3) 先生から出された課題の(ⅴ)の答えは，　オ　である。
　　　オ　に当てはまるものを，次の⓪〜⑨のうちから一つ選べ。

⓪ $0<a<1+\sqrt{2}$　　　　　　① $0<a\leqq 1+\sqrt{2}$
② $\sqrt{2}-1<a<\dfrac{\sqrt{2}+1}{2}$　　　③ $\sqrt{2}-1\leqq a<\dfrac{\sqrt{2}+1}{2}$
④ $\sqrt{2}-1<a\leqq \dfrac{\sqrt{2}+1}{2}$　　　⑤ $\sqrt{2}-1\leqq a\leqq \dfrac{\sqrt{2}+1}{2}$
⑥ $\dfrac{3}{2}<a<2$　　　　　　　⑦ $\dfrac{3}{2}\leqq a<2$
⑧ $\dfrac{3}{2}<a\leqq 2$　　　　　　⑨ $\dfrac{3}{2}\leqq a\leqq 2$

〔3〕
(1) 関数 $f(x)$ を $f(x)=x^2-4x+5$ で定める．このとき，1以上の実数 a に対して，$1 \leqq x \leqq a$ における $f(x)$ の最大値を $M(a)$，最小値を $m(a)$ で表すことにする．

$y=M(a)$ のグラフを太線で表したものとして最も適当なものを，次の⓪～⑧のうちから一つ選ぶと カ であり，$y=m(a)$ のグラフを太線で表したものとして最も適当なものを，次の⓪～⑧のうちから一つ選ぶと キ である．

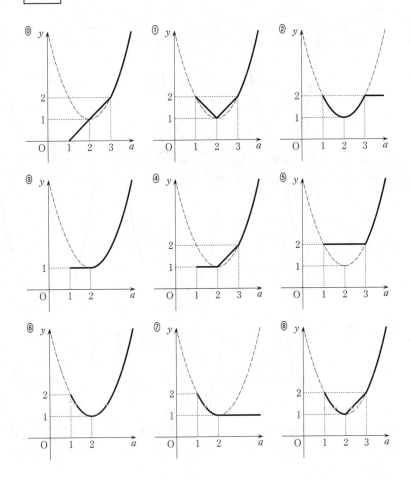

(2) 関数 $f(x)$ を $f(x)=x^2-4x+5$ で定める。このとき，実数 t に対して，$t-1\leqq x\leqq t+3$ における $f(x)$ の最大値を $p(t)$，最小値を $q(t)$ で表すことにする。

(i) 実数 t に対して，$\{f(x)\mid t-1\leqq x\leqq t+3\}=\{f(t-k)\mid -3\leqq k\leqq 1\}$ である。このことに着目して，$y=p(t)$ のグラフを太線で表したものとして最も適当なものを，次の⓪～⑧のうちから一つ選ぶと ク であり，$y=q(t)$ のグラフを太線で表したものとして最も適当なものを，次の⓪～⑧のうちから一つ選ぶと ケ である。

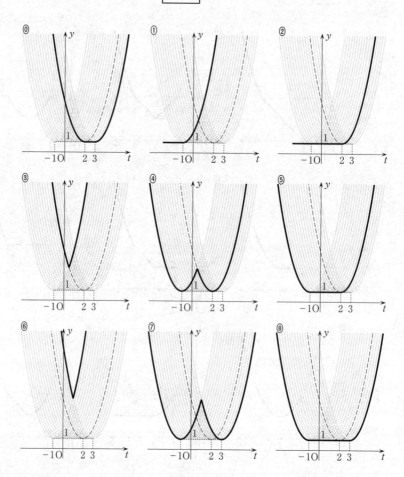

(ii) $p(t)-q(t)\leqq 16$ を満たす t の値の範囲は，

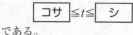

である。

第2問 (必答問題) (配点 30)

〔1〕 太郎さんと花子さんは，プロ野球の成績について話をしている。会話を読んで，下の問いに答えよ。

順位	1	2	3	4	5	6
球団	巨人	DeNA	阪神	広島	中日	ヤクルト

太郎：今年はセ・リーグは巨人が優勝したね。最終的な順位が新聞に載っていたよ。
花子：阪神ファンの私としては，開幕前のスポーツ番組で阪神を最下位予想していた解説者の予想が外れたのがうれしいな。
太郎：そういえば，その番組は僕も見ていたよ。たしかこんな予想をしていたな。

順位	1	2	3	4	5	6
解説者A	巨人	DeNA	阪神	広島	中日	ヤクルト
解説者B	ヤクルト	中日	広島	阪神	DeNA	巨人
解説者C	広島	ヤクルト	巨人	中日	DeNA	阪神
解説者D	DeNA	中日	広島	ヤクルト	巨人	阪神
解説者E	中日	巨人	広島	DeNA	ヤクルト	阪神

花子：解説者Aはズバリ的中だよ！ それに比べて，解説者Bはまるで正反対だね。ここまで真逆をよく言えたものだね。
けれど，私が腹を立てているのは，解説者C，D，Eにだよ。
太郎：解説者C，D，Eは，Bほど外してはいないけど，この3人のうちでは誰が一番的中したといえるのか考えてみよう。
こんなのはどう？ 巨人を1，DeNAを2，阪神を3，広島を4，中日を5，ヤクルトを6と対応付けて表を書き直すと，次のようになるよ。
順位の部分は変量 x とし，それぞれの解説者の名前を変量名として小文字で書くことにしたよ。

変量 x	1	2	3	4	5	6
変量 a	1	2	3	4	5	6
変量 b	6	5	4	3	2	1
変量 c	4	6	1	5	2	3
変量 d	2	5	4	6	1	3
変量 e	5	1	4	2	6	3

花子：なるほど。すると，変量 x と変量 a の相関係数は ア であり，変量 x と変量 b の相関係数は イ だね。

太郎：「x との相関係数の値が大きいほど予想が的中していた」と考えればよさそうだ。

(1) ア ， イ に当てはまるものを，次の ⓪〜⑧ のうちからそれぞれ一つずつ選べ。

⓪ -1 ① -0.6 ② -0.3 ③ -0.1 ④ 0
⑤ 0.1 ⑥ 0.3 ⑦ 0.6 ⑧ 1

花子：一般に，変量 y の分散 s_y^2 は，
$$s_y^2 = \overline{y^2} - (\overline{y})^2$$
で計算できるよ。ここで，記号 $\overline{★}$ は変量 ★ の平均を表す記号だよ。また，一般に，二つの変量 z, w について，z と w の共分散 s_{zw} は，
$$s_{zw} = \overline{zw} - \overline{z} \cdot \overline{w}$$
で計算できるよ。

太郎：ここでのデータでは，
$$\overline{x} = \overline{a} = \overline{b} = \overline{c} = \overline{d} = \overline{e} = \boxed{ウ}$$
であり，
$$s_x^2 = s_a^2 = s_b^2 = s_c^2 = s_d^2 = s_e^2 = \boxed{エ}$$
だね。

花子：すると，xc の平均 $\overline{xc}$ は オ ，xd の平均 $\overline{xd}$ は カ ，xe の平均 $\overline{xe}$ は キ だよ。

太郎：これより，3人の解説者C，D，Eのうち，一番ましな予想をしていたのは ク で，一番ひどい予想をしていたのは ケ といえるね。

(2) ウ ， エ に当てはまるものを，次の⓪〜⑨のうちからそれぞれ一つずつ選べ。

⓪ $\dfrac{8}{3}$ ① $\dfrac{11}{4}$ ② $\dfrac{35}{12}$ ③ 3 ④ $\dfrac{19}{6}$

⑤ $\dfrac{13}{4}$ ⑥ $\dfrac{10}{3}$ ⑦ $\dfrac{7}{2}$ ⑧ $\dfrac{11}{3}$ ⑨ $\dfrac{15}{4}$

(3) オ ， カ ， キ に当てはまるものを，次の⓪〜⑨のうちからそれぞれ一つずつ選べ。

⓪ 11 ① $\dfrac{67}{6}$ ② $\dfrac{34}{3}$ ③ $\dfrac{23}{2}$ ④ $\dfrac{35}{3}$

⑤ $\dfrac{71}{6}$ ⑥ 12 ⑦ $\dfrac{73}{6}$ ⑧ $\dfrac{37}{3}$ ⑨ $\dfrac{25}{2}$

(4) ク ， ケ に当てはまるものを，次の⓪〜②のうちからそれぞれ一つずつ選べ。

⓪ C ① D ② E

〔2〕 図のように，水平な平野上に地点A，B，C，D，E，F，Gがあり，5点A，B，C，D，Eは一直線上に並んでおり，3点E，F，Gも一直線上に並んでいる。

また，AB＝BC＝CDであり，EF＝FGである。

さらに，山の頂上の点Tを各地点から見上げる角（各地点と点Tを結ぶ線分と水平面のなす角）について，山の頂上の点Tから水平面に垂線を下ろし，水平面との交点をHとすると，

$\angle TAH = 30°$, $\angle TBH = 45°$, $\angle TDH = 60°$

であることがわかっている。

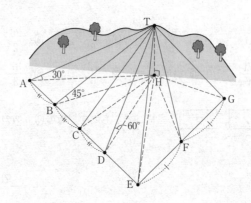

$TE = p$, $TG = q$, $TF = r$, $AB = BC = CD = t$, $EF = FG = s$, $\angle TCH = \theta$ とおき，地点Hと山の頂上の点Tの標高差 TH を h とする。

(1) $\angle TFE + \angle TFG = 180°$ であることに注意し，三角形 TEF と三角形 TFG に余弦定理を適用することで，

$p^2 + q^2 = $ □コ

が成り立つことがわかる。

□コ に当てはまるものを，次の⓪～⑨のうちから一つ選べ。

⓪ $r+s$ ① $2(r+s)$ ② rs ③ $2rs$
④ r^2+s^2 ⑤ r^2+4s^2 ⑥ r^2s^2 ⑦ $2(r^2+s^2)$
⑧ $2(r^2+4s^2)$ ⑨ $3(r^2+4s^2)$

(2) ∠HBA+∠HBC = 180°であることに注意し，三角形 HAB と三角形 HBC に余弦定理を適用することで，$\boxed{サ}$ が成り立つことがわかる。$\boxed{サ}$ に当てはまる式を，次の⓪〜⑧のうちから一つ選べ。

⓪ $h^2\left(1+\dfrac{1}{\sin^2\theta}\right)=2t^2$ ① $h^2\left(1+\dfrac{1}{\cos^2\theta}\right)=2t^2$ ② $h^2\left(1+\dfrac{1}{\tan^2\theta}\right)=2t^2$

③ $h^2\left(2+\dfrac{1}{\sin^2\theta}\right)=2t^2$ ④ $h^2\left(2+\dfrac{1}{\cos^2\theta}\right)=2t^2$ ⑤ $h^2\left(2+\dfrac{1}{\tan^2\theta}\right)=2t^2$

⑥ $h^2\left(3+\dfrac{1}{\sin^2\theta}\right)=2t^2$ ⑦ $h^2\left(3+\dfrac{1}{\cos^2\theta}\right)=2t^2$ ⑧ $h^2\left(3+\dfrac{1}{\tan^2\theta}\right)=2t^2$

(3) ∠HCB+∠HCD = 180°であることに注意し，三角形 HBC と三角形 HCD に余弦定理を適用することで，$\boxed{シ}$ が成り立つことがわかる。$\boxed{シ}$ に当てはまる式を，次の⓪〜⑧のうちから一つ選べ。

⓪ $h^2\left(\dfrac{2}{3}+\dfrac{1}{\sin^2\theta}\right)=t^2$ ① $h^2\left(\dfrac{2}{3}+\dfrac{1}{\cos^2\theta}\right)=t^2$

② $h^2\left(\dfrac{2}{3}+\dfrac{1}{\tan^2\theta}\right)=t^2$ ③ $h^2\left(\dfrac{2}{3}-\dfrac{1}{\sin^2\theta}\right)=t^2$

④ $h^2\left(\dfrac{2}{3}-\dfrac{1}{\cos^2\theta}\right)=t^2$ ⑤ $h^2\left(\dfrac{2}{3}-\dfrac{1}{\tan^2\theta}\right)=t^2$

⑥ $h^2\left(\dfrac{1}{3}+\dfrac{1}{\sin^2\theta}\right)=t^2$ ⑦ $h^2\left(\dfrac{1}{3}+\dfrac{1}{\cos^2\theta}\right)=t^2$

⑧ $h^2\left(\dfrac{1}{3}+\dfrac{1}{\tan^2\theta}\right)=t^2$

(4) 次ページの三角比の表を利用すると，θ はおよそ $\boxed{ス}$ °であることがわかる。$\boxed{ス}$ に当てはまるものとして最も適当なものを，次の⓪〜⑨のうちから一つ選べ。

⓪ 42　① 47　② 52　③ 57　④ 62
⑤ 67　⑥ 72　⑦ 77　⑧ 82　⑨ 87

(5) $\dfrac{\text{AD}}{h}=\sqrt{\boxed{セ}}$ である。

三角比の表

角度	sin	cos	tan	角度	sin	cos	tan
0°	0.0000	1.0000	0.0000	45°	0.7071	0.7071	1.0000
1°	0.0175	0.9998	0.0175	46°	0.7193	0.6947	1.0355
2°	0.0349	0.9994	0.0349	47°	0.7314	0.6820	1.0724
3°	0.0523	0.9986	0.0524	48°	0.7431	0.6691	1.1106
4°	0.0698	0.9976	0.0699	49°	0.7547	0.6561	1.1504
5°	0.0872	0.9962	0.0875	50°	0.7660	0.6428	1.1918
6°	0.1045	0.9945	0.1051	51°	0.7771	0.6293	1.2349
7°	0.1219	0.9925	0.1228	52°	0.7880	0.6157	1.2799
8°	0.1392	0.9903	0.1405	53°	0.7986	0.6018	1.3270
9°	0.1564	0.9877	0.1584	54°	0.8090	0.5878	1.3764
10°	0.1736	0.9848	0.1763	55°	0.8192	0.5736	1.4281
11°	0.1908	0.9816	0.1944	56°	0.8290	0.5592	1.4826
12°	0.2079	0.9781	0.2126	57°	0.8387	0.5446	1.5399
13°	0.2250	0.9744	0.2309	58°	0.8480	0.5299	1.6003
14°	0.2419	0.9703	0.2493	59°	0.8572	0.5150	1.6643
15°	0.2588	0.9659	0.2679	60°	0.8660	0.5000	1.7321
16°	0.2756	0.9613	0.2867	61°	0.8746	0.4848	1.8040
17°	0.2924	0.9563	0.3057	62°	0.8829	0.4695	1.8807
18°	0.3090	0.9511	0.3249	63°	0.8910	0.4540	1.9626
19°	0.3256	0.9455	0.3443	64°	0.8988	0.4384	2.0503
20°	0.3420	0.9397	0.3640	65°	0.9063	0.4226	2.1445
21°	0.3584	0.9336	0.3839	66°	0.9135	0.4067	2.2460
22°	0.3746	0.9272	0.4040	67°	0.9205	0.3907	2.3559
23°	0.3907	0.9205	0.4245	68°	0.9272	0.3746	2.4751
24°	0.4067	0.9135	0.4452	69°	0.9336	0.3584	2.6051
25°	0.4226	0.9063	0.4663	70°	0.9397	0.3420	2.7475
26°	0.4384	0.8988	0.4877	71°	0.9455	0.3256	2.9042
27°	0.4540	0.8910	0.5095	72°	0.9511	0.3090	3.0777
28°	0.4695	0.8829	0.5317	73°	0.9563	0.2924	3.2709
29°	0.4848	0.8746	0.5543	74°	0.9613	0.2756	3.4874
30°	0.5000	0.8660	0.5774	75°	0.9659	0.2588	3.7321
31°	0.5150	0.8572	0.6009	76°	0.9703	0.2419	4.0108
32°	0.5299	0.8480	0.6249	77°	0.9744	0.2250	4.3315
33°	0.5446	0.8387	0.6494	78°	0.9781	0.2079	4.7046
34°	0.5592	0.8290	0.6745	79°	0.9816	0.1908	5.1446
35°	0.5736	0.8192	0.7002	80°	0.9848	0.1736	5.6713
36°	0.5878	0.8090	0.7265	81°	0.9877	0.1564	6.3138
37°	0.6018	0.7986	0.7536	82°	0.9903	0.1392	7.1154
38°	0.6157	0.7880	0.7813	83°	0.9925	0.1219	8.1443
39°	0.6293	0.7771	0.8098	84°	0.9945	0.1045	9.5144
40°	0.6428	0.7660	0.8391	85°	0.9962	0.0872	11.4301
41°	0.6561	0.7547	0.8693	86°	0.9976	0.0698	14.3007
42°	0.6691	0.7431	0.9004	87°	0.9986	0.0523	19.0811
43°	0.6820	0.7314	0.9325	88°	0.9994	0.0349	28.6363
44°	0.6947	0.7193	0.9657	89°	0.9998	0.0175	57.2900
45°	0.7071	0.7071	1.0000	90°	1.0000	0.0000	—

第3問 (選択問題) (配点 20)

二つの袋A, Bがあり, 袋Aには赤球9個, 白球1個の計10個の球が入っており, 袋Bには赤球2個, 白球8個の計10個の球が入っている。袋Aと袋Bは外見がそっくりで, 外から袋の中身は見えない。

太郎さんと花子さんは, 無作為に袋を選び, その選んだ袋から球を無作為に取り出すという試行について議論している。会話を読んで, 下の問いに答えよ。

花子：袋に関しては, AがBが選ばれやすいとかBが選ばれやすいとかという情報が全くない状況では, それぞれの袋が選ばれる確率は等しく$\frac{1}{2}$だね。

太郎：無作為に袋を選び, その選んだ袋から無作為に球を1個取り出す試行を考えよう。この試行で, 赤球を取り出す確率は$\frac{アイ}{ウエ}$だよ。

花子：試しにやってみよう。無作為に袋を選び, その選んだ袋から無作為に球を1個取り出してみると…赤球が出たよ。

太郎：こういうことが確率$\frac{アイ}{ウエ}$で起こるということだね。

花子：赤球が出たということは, 私が選んだ袋はおそらく袋Aだったのではないかな？

太郎：袋Aだった可能性が高いね。もちろん, 袋Bを選んでいる可能性も否定はできないけれども, 袋Bなら赤球を取り出す可能性はわずかだからね。

花子：いま取り出した赤球を元の袋に戻すね。そのうえで, 元に戻した袋からもう一度無作為に球を1個取り出すとき, 再び赤球を取り出す条件付き確率pはいくらかな？

太郎：選んだ袋はAの可能性が高いから, おそらくpは,

$$p > \frac{アイ}{ウエ}$$

を満たすよね。

花子：pの正確な値を計算してみよう。

太郎：1回目に赤球を取り出すという事象をR_1, 袋Aを選ぶという事象をAとすると, 1回目に赤球を取り出したという条件のもとで, 袋Aを選んでいたという条件付き確率$P_{R_1}(A)$は,

$$P_{R_1}(A) = \frac{P(R_1 \cap A)}{P(R_1)} = \frac{オ}{カキ}$$

であり，袋Bを選ぶという事象をBとすると，1回目に赤球を取り出したという条件のもとで，袋Bを選んでいたという条件付き確率 $P_{R_1}(B)$ は，

$$P_{R_1}(B) = \frac{P(R_1 \cap B)}{P(R_1)} = \frac{\boxed{ク}}{\boxed{カキ}}$$

だね。

花子：つまり，私が赤球を取り出したことによって，選んでいた袋についての情報が少し得られたというわけだね。さっき，「選んだ袋はおそらく袋Aだ」という話をしていたけど，それを数学的に表現すると，

$$P_{R_1}(A) > P_{R_1}(B)$$

となるね。

太郎：だったら，選んでいる袋がAかBかということについて得られた情報を加味して考えると，2回目に赤球を取り出すという事象をR_2として，

$$p = P_{R_1}(A) \cdot P_A(R_2) + P_{R_1}(B) \cdot P_B(R_2)$$

でpの値が計算できる気がするよ。感覚的ではあるけれども…。

花子：たしかに，うまく情報を反映できている気がするね。けど，本当に正しいのかな？ いま立てた式の正当性を確認してみようよ。

太郎：そうだね。感覚的なままではなんだかモヤモヤするね。

花子：数学的にきちんと定式化して議論しよう。pは，

$$p = P_{R_1}(R_2)$$

ということだね。

太郎：さらに，2回目に赤球を取り出すのは，2回目に袋Aから赤球を取り出すときと，袋Bから赤球を取り出すときの，同時には起こらない二つの場合に分けられるね。

花子：つまり，∅を空集合を表す記号として，

$$R_2 = (A \cap R_2) \boxed{ケ} (B \cap R_2)$$
$$(A \cap R_2) \boxed{コ} (B \cap R_2) = \emptyset$$

ということだね。

(1) $\boxed{アイ}$ ～ $\boxed{ク}$ に当てはまる数を答えよ。

(2) $\boxed{ケ}$, $\boxed{コ}$ に当てはまるものを，次の⓪～⑥のうちからそれぞれ一つずつ選べ。

⓪ $<$ ① $=$ ② $>$ ③ $\subset$ ④ $\supset$ ⑤ $\cap$ ⑥ $\cup$

太郎：だから，p を書き換えていくと，
$$p = P_{R_1}(R_2) = P_{R_1}(A \cap R_2) + P_{R_1}(B \cap R_2)$$
となるね。

花子：$P_{R_1}(A \cap R_2)$ については，
$$P_{R_1}(A \cap R_2) = \frac{P(R_1 \cap (A \cap R_2))}{P(R_1)} = \frac{P((R_1 \cap A) \cap R_2)}{P(R_1)}$$
$$= \frac{P(R_1 \cap A) \cdot P_{R_1 \cap A}(R_2)}{P(R_1)}$$
であることと，
$$\frac{P(R_1 \cap A)}{P(R_1)} = P_{R_1}(A), \quad P_{R_1 \cap A}(R_2) = P_A(R_2)$$
であることに注意すると，
$$P_{R_1}(A \cap R_2) = P_{R_1}(A) \cdot P_A(R_2)$$
が成り立つね。

太郎：同様に，
$$P_{R_1}(B \cap R_2) = P_{R_1}(B) \cdot P_B(R_2)$$
もいえるよ。

花子：まとめると，
$$p = P_{R_1}(A \cap R_2) + P_{R_1}(B \cap R_2)$$
$$= P_{R_1}(A) \cdot P_A(R_2) + P_{R_1}(B) \cdot P_B(R_2)$$
がいえるね。つまり，感覚的に立てた式は正しかったということだね。これを計算すると，$p = \dfrac{\boxed{サシ}}{\boxed{スセ}}$ となるね。

太郎：直接，p を計算して確認してみるね。つまり，
$$p = P_{R_1}(R_2) = \frac{P(R_1 \cap R_2)}{P(R_1)} = \frac{P(A \cap R_1 \cap R_2) + P(B \cap R_1 \cap R_2)}{P(A \cap R_1) + P(B \cap R_1)}$$
として計算してみよう。

花子：$P(A \cap R_1 \cap R_2) = \dfrac{\boxed{ソタ}}{\boxed{チツテ}}$，$P(B \cap R_1 \cap R_2) = \dfrac{\boxed{ト}}{\boxed{ナニ}}$

であることから，p を計算すると…確かに同じ値になっているね。

太郎：そして，$p > \dfrac{\boxed{アイ}}{\boxed{ウエ}}$ という予想も正しかったね。

(3) $\boxed{サシ}$ ～ $\boxed{ナニ}$ に当てはまる数を答えよ。

第4問 (選択問題) (配点 20)

〔1〕 整数の2乗で表される数を平方数という。平方数を小さい順に左から並べると，

0, 1, 4, 9, 16, 25, 36, ……

となる。平方数 n^2 に対して，0以上の整数 $|n|$ のことを"もとの数"ということにする。

(1) 平方数の性質を述べたものとして正しくないものを，次の⓪～⑨のうちから二つ選べ。ただし，解答の順序は問わない。 ア , イ

⓪ 平方数が3の倍数であるとき，その平方数の"もとの数"も3の倍数である。
① 平方数が4の倍数でないとき，その平方数の"もとの数"は奇数である。
② 平方数が5の倍数であるとき，その平方数の"もとの数"も5の倍数である。
③ 平方数が6の倍数であるとき，その平方数の"もとの数"も6の倍数である。
④ 平方数を3で割るとき，余りが2となることはない。
⑤ 平方数を4で割るとき，余りが2となることはない。
⑥ 平方数を4で割るとき，余りが3となることはない。
⑦ 平方数を8で割るとき，余りが1となることはない。
⑧ 平方数を8で割るとき，余りが4となることはない。
⑨ 平方数を8で割るとき，余りが5となることはない。

二つの平方数の和で表すことのできる整数を"2R"ということにする。たとえば，
$$5 = 1^2 + 2^2, \quad 18 = 3^2 + 3^2, \quad 41 = 4^2 + 5^2, \quad 81 = 0^2 + 9^2$$
であるから，5，18，41，81 などは"2R"である。また，3 や 6 は二つの平方数の和で表すことができないので，"2R"ではない。

(2) "2R"である数を，次の⓪～⑨のうちから二つ選べ。ただし，解答の順序は問わない。 ウ ， エ

⓪ 11　① 14　② 19　③ 21　④ 22
⑤ 23　⑥ 24　⑦ 25　⑧ 26　⑨ 27

一般に，
$$(a^2 + b^2)(c^2 + d^2) = (ac + bd)^2 + (ad - bc)^2$$
が成り立つ。

(3) "2R"である数を，次の⓪～⑨のうちから三つ選べ。ただし，解答の順序は問わない。 オ ， カ ， キ

⓪ 18×81　① 10×31　② 14×19　③ 5×33　④ 11×13
⑤ 41×81　⑥ 12×80　⑦ 18×41　⑧ 26×39　⑨ 27×41

(4) $1105 = 5 \times 13 \times 17$ であることに注意すると，
$$1105 = \boxed{(*)}$$
が成り立つ。
(*) に当てはまるものを，次の⓪～⑨のうちから四つ選べ。ただし，解答の順序は問わない。 ク ， ケ ， コ ， サ

⓪ $21^2 + 22^2$　① $12^2 + 31^2$　② $18^2 + 31^2$　③ $23^2 + 24^2$　④ $1^2 + 38^2$
⑤ $12^2 + 29^2$　⑥ $4^2 + 33^2$　⑦ $13^2 + 26^2$　⑧ $9^2 + 32^2$　⑨ $19^2 + 22^2$

〔2〕 太郎さんと花子さんは，平方数や素数について話をしている。会話を読んで，下の問いに答えよ。

太郎：整数の問題の中には，内容は高校生にもわかるけれど，厳密に証明するとなると大変な問題がたくさんあるね。

花子：フェルマー予想は約360年も未解決だったけど，内容は確かに高校生でもわかるね。

太郎：そのフェルマーなんだけど，整数についての性質をたくさん調べていたらしい。その一つに，こんな定理があるよ。

> **定理**
> 自然数 N が 2 通りの方法で平方数の和で表されるならば，N は素数ではない。

花子：平方数とは，整数の2乗になっている数のことだね。

太郎：さらに，N が 2 通りの方法で平方数の和で表されるというのは，
$$N = x^2 + y^2 = z^2 + w^2, \quad x \neq z \text{ かつ } x \neq w$$
を満たす 0 以上の整数 x, y, z, w が存在するということだね。

花子：たとえば，5 は $1^2 + 2^2$ と平方数の和で表すことができるけれど，足す順序を入れ替えただけの $2^2 + 1^2$ は別の表し方とはみなさないということだね。

太郎：そうだね。2通りの方法で平方数の和で表される数の例として，50 があるよ。50 は $1^2 + 7^2$ あるいは $5^2 + 5^2$ とかけるので，2通りの方法で平方数の和で表される数になっているわけだね。

花子：実際に，定理が成り立っていることを証明してみよう。

太郎：自然数 N が $x \neq z$ かつ $x \neq w$ を満たす 0 以上の整数 x, y, z, w を用いて，
$$N = x^2 + y^2 = z^2 + w^2$$
と表されたとしてみよう。

花子：すると，$x^2 - z^2 = w^2 - y^2$ が成り立つことになるね。

太郎：両辺を因数分解すると，$(x+z)(x-z) = (w+y)(w-y)$ となるね。

花子：ここで，d を $x-z$ と $w-y$ の最大公約数としよう。すると，互いに素な整数 u, v を用いて，$x-z = du$ と $w-y = dv$ と表せるね。

太郎：すると，$(x+z)du = (w+y)dv$ となり，両辺を d で割って，$(x+z)u = (w+y)v$ が得られるよ。

花子：ここで，u と v が互いに素であることから，整数 k を用いて，

$x+z=vk$, $w+y=uk$ と表されるね。

太郎：これより，$2x=du+vk$, $2y=uk-dv$ となるよ。

花子：すると，$4N=(d^2+k^2)(u^2+v^2)$ が成り立つね。

太郎：ここで，平方数の和を次の3つのタイプに分類してみることにするよ。

【Ⅰ型】 (奇数)^2＋(奇数)^2，つまり，奇数の2乗どうしの和

【Ⅱ型】 (偶数)^2＋(偶数)^2，つまり，偶数の2乗どうしの和

【Ⅲ型】 (偶数)^2＋(奇数)^2，つまり，偶数の2乗と奇数の2乗の和

花子：Ⅰ型，Ⅱ型，Ⅲ型の平方数を4で割るとき，余りはそれぞれ シ ， ス ， セ となっているね。

太郎：すると，x^2+y^2 と z^2+w^2 は同じタイプであるはずであり，y と w の偶奇が等しいとしても一般性は失われないね。

花子：では，これ以降は，y と w の偶奇が等しいとして議論しよう。すると，x と z の偶奇も等しくなり，d は ソ ， k は タ といえるね。

太郎：このことから，N が素数でないことがいえるね。さらに，N の約数を見つける方法も与えてくれているよ。

(1) シ ， ス ， セ に当てはまる数を答えよ。

(2) ソ ， タ に当てはまるものを，次の⓪〜④のうちからそれぞれ一つずつ選べ。ただし，同じものを選んでもよい。

⓪ 偶数　　　① 奇数　　　② 3の倍数

③ 4の倍数　　④ 5の倍数

(3) $270349-518^2+45^2=482^2+195^2$ であることに注意して，270349を素因数分解すると，

$270349=$ チツテ $\times$ トナニ

となる。ただし， チツテ ≦ トナニ とする。

第5問 （選択問題） （配点 20）

太郎さんと花子さんはチェバの定理を最近学習した。以下は，職員室での太郎さん，花子さん，先生の3人の会話である。会話を読んで，下の問いに答えよ。

> 太郎：チェバの定理とは，三角形 ABC とその内部の点 P について，直線 BC と直線 AP との交点を A′，直線 CA と直線 BP との交点を B′，直線 AB と直線 CP との交点を C′ とするとき，
>
> $$\frac{AC'}{C'B} \times \frac{BA'}{A'C} \times \frac{CB'}{B'A} = 1 \quad \cdots\cdots(*)$$
>
> が成り立つというものでした。
>
> 花子：そうですね。
>
> $$\frac{AC'}{C'B} = \boxed{ア}, \quad \frac{BA'}{A'C} = \boxed{イ}, \quad \frac{CB'}{B'A} = \boxed{ウ}$$
>
> が成り立つので，これらをかけあわせれば証明できます。
>
> 太郎：面積を考えるというのがポイントでしたね。

(1) $\boxed{ア}$, $\boxed{イ}$, $\boxed{ウ}$ に当てはまるものを，次の ⓪〜⑨ のうちからそれぞれ一つずつ選べ。

⓪ $\dfrac{\triangle PAB}{\triangle PBC}$ ① $\dfrac{\triangle PBC}{\triangle PAB}$ ② $\dfrac{\triangle PBC}{\triangle PAC}$ ③ $\dfrac{\triangle PAC}{\triangle PBC}$ ④ $\dfrac{\triangle PAC'}{\triangle PA'C}$

⑤ $\dfrac{\triangle PBC'}{\triangle PA'B}$ ⑥ $\dfrac{\triangle PB'C}{\triangle PA'C}$ ⑦ $\dfrac{\triangle PA'C}{\triangle PB'C}$ ⑧ $\dfrac{\triangle PAC}{\triangle PAB}$ ⑨ $\dfrac{\triangle PAB}{\triangle PAC}$

先生：授業のときには紹介しなかったが，このチェバの定理には，様々な拡張や変種が考えられているんだよ．今日は，そのうちの二つを紹介しよう．

花子：それは興味深いです．

先生：まずはじめは，三角形でなくても，五角形や七角形などの角の個数が奇数である多角形でも同様の式が成り立つということから始めようか．

太郎：とりあえず，五角形の図を描いてみます．そして，三角形のときと同じように点をとっていくことにします．

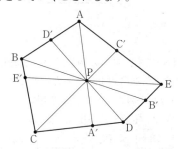

花子：さきほどと同様の式が成り立つということは，この図で，
$$\frac{AD'}{D'B} \times \frac{BE'}{E'C} \times \frac{CA'}{A'D} \times \frac{DB'}{B'E} \times \frac{EC'}{C'A} = 1$$
が成り立つということですか．

先生：そうだね．

太郎：三角形の場合と同様に，面積を用いて証明できそうです．実際，
$$\frac{AD'}{D'B} = \boxed{エ}, \quad \frac{BE'}{E'C} = \boxed{オ}, \quad \frac{CA'}{A'D} = \boxed{カ},$$
$$\frac{DB'}{B'E} = \boxed{キ}, \quad \frac{EC'}{C'A} = \boxed{ク}$$
が成り立つので，これらをかけあわせれば証明できます．

(2) $\boxed{エ}$, $\boxed{オ}$, $\boxed{カ}$, $\boxed{キ}$, $\boxed{ク}$ に当てはまるものを，次の ⓪〜⑨ のうちからそれぞれ一つずつ選べ．

先生：では，二つ目の内容に入ろう。今度は，三角形について，交点を辺上
ではなく，三角形の外接円上にとっても，同様の式が成り立つという
ものだ。図を描いて説明しよう。

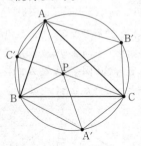

先生：この図においても，最初の関係式(*)が成り立つんだよ。A′，B′，
C′を最初は三角形の辺上にとったけれども，三角形の外接円上にと
っても成り立つわけだ。円の性質を用いて，証明を考えてごらん。
太郎：円周角の定理を用いることで，△PAC′∽ ケ ，
△PBA′∽ コ ，△PCB′∽ サ が成り立つことがわかります。
花子：相似な三角形において，対応する辺の長さの比が等しいことから，

$$\frac{AC'}{CA'} = \boxed{シ} = \boxed{ス}, \quad \frac{BA'}{AB'} = \boxed{セ} = \boxed{ソ},$$

$$\frac{CB'}{BC'} = \boxed{タ} = \boxed{チ}$$

が成り立ちます。

(3) ケ ， コ ， サ に当てはまるものを，次の⓪〜⑨のうちからそ
れぞれ一つずつ選べ。

⓪ △A′B′C′ ① △ABC ② △PBC′ ③ △ABA′ ④ △BCC′
⑤ △PAB′ ⑥ △ACC′ ⑦ △PBC ⑧ △PCA ⑨ △PAB

(4) シ ， ス ， セ ， ソ ， タ ， チ に当てはまるもの
を，次の⓪〜⑨のうちからそれぞれ一つずつ選べ。
ただし， シ と ス ， セ と ソ ， タ と チ はそれぞ
れ解答の順序は問わない。

⓪ $\dfrac{PA}{PC}$ ① $\dfrac{PB}{PA}$ ② $\dfrac{PA}{PA'}$ ③ $\dfrac{PC}{PB}$ ④ $\dfrac{PB'}{PC'}$

⑤ $\dfrac{PC'}{PB'}$ ⑥ $\dfrac{PA'}{PC'}$ ⑦ $\dfrac{PC'}{PA'}$ ⑧ $\dfrac{PA'}{PB'}$ ⑨ $\dfrac{PC}{PA'}$

先生：そこで，$\dfrac{AC'}{CA'} = \sqrt{\boxed{シ} \times \boxed{ス}}$，$\dfrac{BA'}{AB'} = \sqrt{\boxed{セ} \times \boxed{ソ}}$，

$\dfrac{CB'}{BC'} = \sqrt{\boxed{タ} \times \boxed{チ}}$ であることに注目すると，

$$\dfrac{AC'}{C'B} \times \dfrac{BA'}{A'C} \times \dfrac{CB'}{B'A} = \dfrac{AC'}{CA'} \times \dfrac{BA'}{AB'} \times \dfrac{CB'}{BC'}$$

$$= \sqrt{\boxed{シ} \times \boxed{ス} \times \boxed{セ} \times \boxed{ソ} \times \boxed{タ} \times \boxed{チ}}$$

$$= 1 \quad \cdots\cdots(**)$$

が成り立つね。

さらに，このことから，△PAC′，△PBA′，△PCB′の面積の積を S とし，$\boxed{ケ}$，$\boxed{コ}$，$\boxed{サ}$ の面積の積を T とすると，$S = T$ が成り立つことがわかるんだ。

花子：交互に三角形を見ていくとき，面積の積が等しくなるということですね。

太郎：相似な三角形では，面積比が相似比の2乗となっていることから，

$$\dfrac{\triangle PAC'}{\boxed{ケ}} = \left(\boxed{ツ}\right)^2, \quad \dfrac{\triangle PBA'}{\boxed{コ}} = \left(\boxed{テ}\right)^2,$$

$$\dfrac{\triangle PCB'}{\boxed{サ}} = \left(\boxed{ト}\right)^2$$

が成り立ちます。

花子：これらをかけあわせ，(**)を用いると，

$$\dfrac{S}{T} = \left(\boxed{ツ} \times \boxed{テ} \times \boxed{ト}\right)^2 = 1^2 = 1$$

が確かに成り立ちますね。

(5) $\boxed{ツ}$，$\boxed{テ}$，$\boxed{ト}$ に当てはまるものを，次の⓪〜⑦のうちからそれぞれ一つずつ選べ。

⓪ $\dfrac{PA}{PA'}$ ① $\dfrac{PA'}{PA}$ ② $\dfrac{AC'}{CA'}$ ③ $\dfrac{BA'}{AB'}$

④ $\dfrac{PB}{PB'}$ ⑤ $\dfrac{PB'}{PB}$ ⑥ $\dfrac{CB'}{BC'}$ ⑦ $\dfrac{PB'}{PA'}$

共通テスト 実戦創作問題：数学Ⅰ・数学A

問題番号 (配点)	解答記号	正解	配点	チェック
第1問 (30)	ア	⑧	3	
	イ	②	3	
	ウ	④	3	
	エ	②	3	
	オ	⑦	3	
	カ	⑤	3	
	キ	⑦	3	
	ク	⑥	3	
	ケ	⑧	3	
	コサ, シ	−1, 3	3	

問題番号 (配点)	解答記号	正解	配点	チェック
第2問 (30)	ア	⑧	2	
	イ	⓪	2	
	ウ	⑦	1	
	エ	②	2	
	オ	①	2	
	カ	⑤	2	
	キ	⑨	2	
	ク	②	1	
	ケ	⓪	1	
	コ	⑦	3	
	サ	②	3	
	シ	⑤	3	
	ス	⑥	3	
	セ	5	3	

第3問 (20)

解答記号	正解	配点
アイ/ウエ	11/20	2
オ/カキ	9/11	2
ク	2	2
ケ	⑥	1
コ	⑤	1
サシ/スセ	17/22	4
ソタ/チツテ	81/200	4
ト/ナニ	1/50	4

第4問 (20)

解答記号	正解	配点
ア, イ	⑦, ⑧ (解答の順序は問わない)	2
ウ, エ	⑦, ⑧ (解答の順序は問わない)	2
オ, カ, キ	⓪, ⑤, ⑦ (解答の順序は問わない)	3
ク, ケ, コ, サ	①, ③, ⑥, ⑧ (解答の順序は問わない)	4
シ, ス, セ	2, 0, 1	3
ソ, タ	⓪, ⓪	2
チツテ, トナニ	409, 661	4

第5問 (20)

解答記号	正解	配点
ア, イ, ウ	③, ⑨, ①	3
エ, オ, カ, キ, ク	①, ③, ⑧, ⑤, ⑥	5
ケ, コ, サ	⑧, ⑤, ②	3
シ, ス	⓪, ⑦ (解答の順序は問わない)	2
セ, ソ	①, ⑧ (解答の順序は問わない)	2
タ, チ	③, ④ (解答の順序は問わない)	2
ツ, テ, ト	②, ③, ⑥	3

（注）第1問，第2問は必答。第3問～第5問のうちから2問選択。計4問を解答。

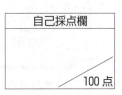
自己採点欄　／100点

第1問 ── 集合と論理，連立不等式，2次関数

〔1〕 **標準** 《集合と論理》

(1) $m \in S \cap Z$ とすると　$m \in S$ かつ $m \in Z$
$m \in S$ より　　$m = p\sqrt{2} + q\sqrt{3}$　……①
と表される。ただし，$m \in Z$, $p \in Z$, $q \in Z$ である。
①より
$$(m - p\sqrt{2})^2 = 3q^2 \quad 2mp\sqrt{2} = m^2 + 2p^2 - 3q^2$$
$mp \neq 0$ と仮定すると
$$\sqrt{2} = \frac{m^2 + 2p^2 - 3q^2}{2mp}$$
m, p, q は整数だから，$\sqrt{2}$ は有理数となり，矛盾。
したがって，$mp = 0$ である。
$m \neq 0$ と仮定すると，$p = 0$ だから，①より　$q\sqrt{3} = m$
このとき，$q \neq 0$ であるから
$$\sqrt{3} = \frac{m}{q}$$
m, q は整数だから，$\sqrt{3}$ は有理数となり，矛盾。
したがって，$m = 0$ であり　　$S \cap Z = \{0\}$
よって，**集合 $S \cap Z$ は，0 のみを要素とする集合である。** ⑧ →ア

(2) 「$x \in Z \Longrightarrow x \in T$」は成り立つ。
（証明）　$x \in Z$ とする。
$$x = x(\sqrt{3} + \sqrt{2})(\sqrt{3} - \sqrt{2}) = (x\sqrt{2} + x\sqrt{3})(\sqrt{3} - \sqrt{2})$$
$x\sqrt{2} + x\sqrt{3} \in S$
$\sqrt{3} - \sqrt{2} = (-1) \times \sqrt{2} + 1 \times \sqrt{3} \in S$
したがって　　$x \in T$ 　　　　　　　　　　　　　　　　　　（証明終）
「$x \in T \Longrightarrow x \in Z$」は成り立たない。
（反例：$x = \sqrt{6}$）
$\sqrt{3} = 0 \times \sqrt{2} + 1 \times \sqrt{3} \in S$, $\sqrt{2} = 1 \times \sqrt{2} + 0 \times \sqrt{3} \in S$
であるから，$\sqrt{6} = \sqrt{2} \times \sqrt{3} \in T$ であるが，$\sqrt{6} \notin Z$ である。
したがって，$x \in Z$ であることは，$x \in T$ であるための**十分条件**であるが，**必要条件
ではない**。 ② →イ

解説

(1) $\sqrt{2}$, $\sqrt{3}$ が無理数（分母・分子がともに整数であるような分数で表されない実

数)であることを用いて，$m = p\sqrt{2} + q\sqrt{3}$ を満たす整数 p, q, m の値を求めればよい。

$\sqrt{2}$ が無理数であることは，次のように背理法を用いて証明できる。

(証明) $\sqrt{2}$ が無理数でないと仮定すると

$$\sqrt{2} = \frac{q}{p} \quad (p, q \text{ は互いに素な自然数})$$

このとき，$2p^2 = q^2$ より，q^2 つまり q は 2 の倍数であり，q^2 は 4 の倍数である。
よって，p^2 つまり p も 2 の倍数となり，p, q が互いに素であることに矛盾する。
したがって，$\sqrt{2}$ は無理数である。　　　　　　　　　　　　　　　(証明終)

また，a, b が有理数，r が無理数のとき

「$a + br = 0$ ならば，$a = b = 0$」

が成り立つことを用いてもよい（証明は，$b \neq 0$ と仮定して矛盾を導けばよい）。

(2) 「$p \Longrightarrow q$」が成り立つとき，p は q であるための十分条件，q は p であるための必要条件という。

$\sqrt{3} \pm \sqrt{2} \in S$ で，$1 = (\sqrt{3} + \sqrt{2})(\sqrt{3} - \sqrt{2})$ であることを利用すれば，「$x \in Z \Longrightarrow x \in T$」が成り立つことを証明できる。

また，$\sqrt{3} \in S$, $\sqrt{2} \in S$ を用いて「$x \in T \Longrightarrow x \in Z$」が成り立たないことも示せる。

〔2〕 標準 《連立不等式》

(1) 　　　① $\Longleftrightarrow x \leq 1 - \sqrt{2}$, $1 + \sqrt{2} \leq x$

　　　② $\Longleftrightarrow -a \leq x \leq 2a$

①と②をともに満たす実数 x が存在するような a の値の範囲は，下図の赤い横線と網目部分が共有部分をもつ a の範囲であるから

$a \geq \sqrt{2} - 1$ 　④ →ウ

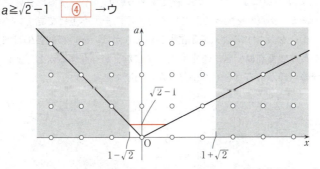

(2) ①と②をともに満たす整数 x が存在するような a の値の範囲は，次図の赤い横線と網目部分の点線が共有点をもつ a の範囲であるから

$a \geqq 1$　②　→エ

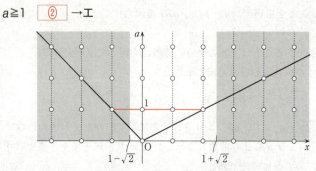

(3) ①と②をともに満たす整数 x がちょうど2つ存在するような a の値の範囲は，下図の赤い横線と網目部分の点線がちょうど2個の共有点をもつ a の範囲であるから

$\dfrac{3}{2} \leqq a < 2$　⑦　→オ

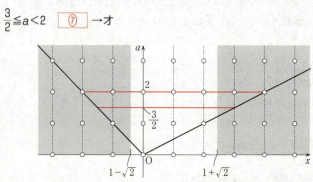

解説

数直線を図示する際，②を満たす x の範囲（赤い横線）は a の値に伴って両端が同時に動く（右に伸びるスピードは左に伸びるスピードの2倍）。

それをふまえて a の値によって，②を満たす x の範囲（赤い横線）を見やすくしたのが，下図である。a の値を大きくしていくと，区間を上へ上げて見ていくことができ，さらに，①をも満たす実数 x が存在するかどうかは，赤い横線と網目部分が共有部分をもつかどうかで判断でき，①をも満たす整数 x が存在するかどうかは，赤い横線と網目部分の点線が共有点をもつかどうかで判断できる。

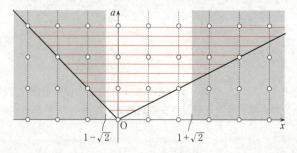

〔3〕 標準 《2次関数》

(1) $f(x) = x^2 - 4x + 5 = (x-2)^2 + 1$ であるから
$$M(a) = \begin{cases} 2 & (1 \leq a \leq 3) \\ f(a) & (a > 3) \end{cases}$$
より，$y = M(a)$ のグラフは ⑤ →カ である。

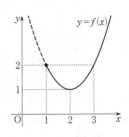

$$m(a) = \begin{cases} f(a) & (1 \leq a \leq 2) \\ 1 & (a > 2) \end{cases}$$
より，$y = m(a)$ のグラフは ⑦ →キ である。

(2)(i) 問題文から，$y = f(t)$ の $t-1 \leq x \leq t+3$ における最大値と最小値は，$y = f(t-k)$ の $-3 \leq k \leq 1$ における最大値と最小値である。

ここで，$y = f(t-k)$ のグラフは，$y = f(t)$ のグラフを x 軸方向に k 平行移動させたグラフであり，与えられた選択肢には，いずれも $y = f(t)$ のグラフを x 軸方向に -3 から 1 まで平行移動させた様子が描かれていることを利用すると，t をある値 t_0 に固定したときに $y = f(t_0 - k)$（$-3 \leq k \leq 1$）のとり得る値の範囲は，右図のように表される。

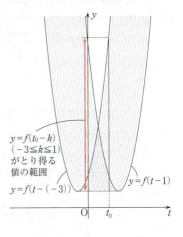

よって，$y = f(t-k)$（$-3 \leq k \leq 1$）の最大値のグラフと最小値のグラフは，$y = f(t-k)$ のグラフが動き得る範囲のなかで最も上側の境界線と最も下側の境界線で表されるので，

最大値 $y = p(t)$ のグラフは ⑥ →ク
最小値 $y = q(t)$ のグラフは ⑧ →ケ

(ii) (i)のグラフから
$$p(t) = \begin{cases} f(t-1) = t^2 - 6t + 10 & (t \leq 1) \\ f(t+3) = t^2 + 2t + 2 & (t \geq 1) \end{cases}$$
$$q(t) = \begin{cases} f(t+3) = t^2 + 2t + 2 & (t \leq -1) \\ 1 & (-1 \leq t \leq 3) \\ f(t-1) = t^2 - 6t + 10 & (t \geq 3) \end{cases}$$

であり，$p(-1) = p(3) = 17$ であるから，右図のように，$-1 \leq t \leq 3$ のとき $p(t) - q(t) \leq 16$ は成り立つ。

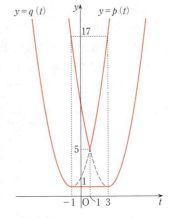

- $t < -1$ のとき
$$p(t) - q(t) = t^2 - 6t + 10 - (t^2 + 2t + 2)$$
$$= -8t + 8 > 16$$
- $t > 3$ のとき
$$p(t) - q(t) = t^2 + 2t + 2 - (t^2 - 6t + 10)$$
$$= 8t - 8 > 16$$

したがって，$p(t) - q(t) \leq 16$ を満たす t の値の範囲は

$$\boxed{-1} \leq t \leq \boxed{3} \quad \rightarrow コサ，シ$$

解説

(1) $y = f(x)$ ($x \geq 1$) のグラフを利用する。

$f(1) = f(3)$ であるから，$M(a)$ は，$1 \leq a \leq 3$，$a > 3$ で場合分けをして求めればよい。

また，$f(x)$ は $x = 2$ で最小値をとるから，$m(a)$ は，$1 \leq a \leq 2$，$a > 2$ で場合分けをして求めればよい。

(2)(i) $t - 1 \leq x \leq t + 3$ のとき，$-3 \leq t - x \leq 1$ だから，$t - x = k$ とおくと

$$x = t - k, \quad -3 \leq k \leq 1$$

したがって

$$\{f(x) | t - 1 \leq x \leq t + 3\} = \{f(t-k) | -3 \leq k \leq 1\}$$

が成り立ち

$$f(x) = x^2 - 4x + 5 \quad (t - 1 \leq x \leq t + 3)$$

と

$$g(k) = f(t - k) \quad (-3 \leq k \leq 1)$$

がとる値の範囲は一致する。

したがって，$g(k) = (k - t + 2)^2 + 1$ の $-3 \leq k \leq 1$ における最大値，最小値を求めればよい。

$g(k)$ を利用せず，$f(x)$ で考える場合は，$f(x)$ の軸は $x = 2$，区間の中央は $t + 1$ だから，$p(t)$ は，$t + 1 \leq 2$，$2 \leq t + 1$ で場合分けをし，$q(t)$ は，$2 \leq t - 1$，$t - 1 \leq 2 \leq t + 3$，$t + 3 \leq 2$ で場合分けをして考えればよい。

(ii) $y = p(t)$，$y = q(t)$ のグラフを利用する。

第2問 —— 相関係数，三角比

〔1〕 標準 《相関係数》

(1) 変量 x と変量 a には $a=x$ という関係があり，相関係数は 1 ⑧ →ア である。
変量 x と変量 b には $b=-x+7$ という関係があり，相関係数は -1 ⓪ →イ である。

(2) $\bar{x} = \dfrac{1}{6}(1+2+3+4+5+6) = \dfrac{7}{2}$ ⑦ →ウ

$\overline{x^2} = \dfrac{1}{6}(1^2+2^2+3^2+4^2+5^2+6^2) = \dfrac{91}{6}$

$s_x^2 = \overline{x^2} - (\bar{x})^2 = \dfrac{91}{6} - \left(\dfrac{7}{2}\right)^2 = \dfrac{35}{12}$ ② →エ

$\bar{x}=\bar{a}=\bar{b}=\bar{c}=\bar{d}=\bar{e}$，$\overline{x^2}=\overline{a^2}=\overline{b^2}=\overline{c^2}=\overline{d^2}=\overline{e^2}$ であるから

$s_x^2 = s_a^2 = s_b^2 = s_c^2 = s_d^2 = s_e^2$

(3) $\overline{xc} = \dfrac{1\cdot 4 + 2\cdot 6 + 3\cdot 1 + 4\cdot 5 + 5\cdot 2 + 6\cdot 3}{6} = \dfrac{67}{6}$ ① →オ

$\overline{xd} = \dfrac{1\cdot 2 + 2\cdot 5 + 3\cdot 4 + 4\cdot 6 + 5\cdot 1 + 6\cdot 3}{6} = \dfrac{71}{6}$ ⑤ →カ

$\overline{xe} = \dfrac{1\cdot 5 + 2\cdot 1 + 3\cdot 4 + 4\cdot 2 + 5\cdot 6 + 6\cdot 3}{6} = \dfrac{25}{2}$ ⑨ →キ

(4) $s_{xc} = \overline{xc} - \bar{x}\cdot\bar{c} = \dfrac{67}{6} - \left(\dfrac{7}{2}\right)^2 = -\dfrac{13}{12}$

よって，変量 x と変量 c の相関係数は

$\dfrac{s_{xc}}{s_x s_c} = \dfrac{-\dfrac{13}{12}}{\sqrt{\dfrac{35}{12}}\sqrt{\dfrac{35}{12}}} = -\dfrac{13}{35}$

同様にして　$s_{xd} = -\dfrac{5}{12}$，$s_{xe} = \dfrac{3}{12}$

変量 x と変量 d の相関係数は　$\dfrac{s_{xd}}{s_x s_d} = -\dfrac{5}{35}$

変量 x と変量 e の相関係数は　$\dfrac{s_{xe}}{s_x s_e} = \dfrac{3}{35}$

よって，3人の解説者C，D，Eのうち
　　一番ましな予想をしていたのはE　② →ク
　　一番ひどい予想をしていたのはC　⓪ →ケ

解説

変量 x と変量 y の相関係数 r は

$$r = \frac{s_{xy}}{s_x s_y}$$

で与えられる。ただし，s_x, s_y はそれぞれ x, y の標準偏差，s_{xy} は x と y の共分散である。

本問では，s_x, s_y は5人の解説者の間で同じ値をとるが，共分散の値が異なる。共分散は

$$s_{xy} = \frac{(x_1 - \bar{x})(y_1 - \bar{y}) + (x_2 - \bar{x})(y_2 - \bar{y}) + \cdots + (x_n - \bar{x})(y_n - \bar{y})}{n}$$

で与えられ，$(x_i - \bar{x})(y_i - \bar{y})$ が大きい正の値になる，すなわち，$x_i - \bar{x}$ と $y_i - \bar{y}$ が同符号でともに絶対値が大きくなるような i が多いほど s_{xy} は大きくなり，逆に，$(x_i - \bar{x})(y_i - \bar{y})$ が小さい負の値（絶対値の大きい負の値）になる，すなわち，$x_i - \bar{x}$ と $y_i - \bar{y}$ が異符号でともに絶対値が大きくなるような i が多いほど s_{xy} は小さくなる。これを言い換えれば，x_i が x の平均より大きい（小さい）ほど y_i も y の平均より大きい（小さい）ようなデータ (x_i, y_i) が多いほど s_{xy} は大きく，逆に x_i が x の平均より大きい（小さい）ほど y_i が y の平均より小さい（大きい）ようなデータ (x_i, y_i) が多いほど s_{xy} は小さくなる。このことから，相関係数の値が大きいとき「x_i が大きければ y_i も大きく，x_i が小さければ y_i も小さい」という傾向が強く，相関係数の値が小さいとき「x_i が大きければ y_i は小さく，x_i が小さければ y_i は大きい」という傾向が強いといえる。これが「『x との相関係数の値が大きいほど予想が的中していた』と考えればよさそうだ」という発言の背景である。

なお，本問のように，順位を変量と考えたときの相関係数は「スピアマンの順位相関係数」と呼ばれている。

[2] 標準 《三角比》

(1) ∠TFE = ϕ とおくと　∠TFG = $180° - \phi$
余弦定理から
$$p^2 = TE^2 = r^2 + s^2 - 2rs\cos\phi$$
$$q^2 = TG^2 = r^2 + s^2 - 2rs\cos(180° - \phi)$$
$\cos(180° - \phi) = -\cos\phi$ であるから
$$p^2 + q^2 = 2(r^2 + s^2) \quad \boxed{⑦} \to コ$$

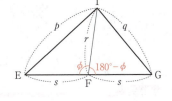

(2) $\tan 30° = \dfrac{TH}{AH}$ より

$$AH = \dfrac{h}{\tan 30°} = \sqrt{3}h$$

同様にして

$$BH = \dfrac{h}{\tan 45°} = h$$

$$CH = \dfrac{h}{\tan\theta}$$

$$DH = \dfrac{h}{\tan 60°} = \dfrac{h}{\sqrt{3}}$$

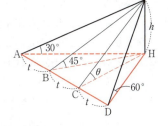

△HAC において，AB = BC = t が成り立つから，(1)と同様にして
$$HA^2 + HC^2 = 2(AB^2 + HB^2)$$
$$(\sqrt{3}h)^2 + \left(\dfrac{h}{\tan\theta}\right)^2 = 2(t^2 + h^2)$$

よって　$h^2\left(1 + \dfrac{1}{\tan^2\theta}\right) = 2t^2$　$\boxed{②} \to サ$

(3) △HBD において，BC = CD = t が成り立つから，(1)と同様にして
$$HB^2 + HD^2 = 2(BC^2 + HC^2)$$
$$h^2 + \dfrac{h^2}{3} = 2\left(t^2 + \dfrac{h^2}{\tan^2\theta}\right) \quad h^2\left(\dfrac{4}{3} - \dfrac{2}{\tan^2\theta}\right) = 2t^2$$

よって　$h^2\left(\dfrac{2}{3} - \dfrac{1}{\tan^2\theta}\right) = t^2$　$\boxed{⑤} \to シ$

(4) (2), (3)の結果から
$$h^2\left(1 + \dfrac{1}{\tan^2\theta}\right) = h^2\left(\dfrac{4}{3} - \dfrac{2}{\tan^2\theta}\right)$$
$$1 + \dfrac{1}{\tan^2\theta} = \dfrac{4}{3} - \dfrac{2}{\tan^2\theta} \quad \tan^2\theta = 9$$

$\tan\theta > 0$ より　$\tan\theta = 3$

三角比の表より，θ はおよそ 72° ⑥ →ス である。

(5) (2), (4)の結果から

$$\frac{t^2}{h^2} = \frac{1}{2}\left(1 + \frac{1}{\tan^2\theta}\right) = \frac{5}{9} \qquad \frac{t}{h} = \frac{\sqrt{5}}{3}$$

よって

$$\frac{\mathrm{AD}}{h} = \frac{3t}{h} = \sqrt{\boxed{5}} \quad \to セ$$

解説

(1) $\cos(180°-\theta) = -\cos\theta$ に注意する。
　結果から，△ABC の辺 BC の中点を M とすると
　　　$AB^2 + AC^2 = 2(BM^2 + AM^2)$
　が成り立つことがわかる。これを**中線定理**という。

(2) △TAH，△TBH，△TCH が直角三角形であることを利用して，AH，BH，CH を θ，h を用いて表し，△HAC で中線定理を用いる。

(4) (2), (3)の結果から，t と h を消去し，$\tan\theta$ が満たす方程式を導く。

(5) $\dfrac{\mathrm{AD}}{h} = \dfrac{3t}{h}$ である。(2)と，(4)で求めた $\tan\theta$ の値を利用して，$\dfrac{t}{h}$ を求める。

第3問 標準 《確率計算》

(1) 1回目に赤球を取り出すのは，袋Aから赤球を取り出すときと，袋Bから赤球を取り出すときの，同時には起こらない二つの場合に分けられるので，確率の加法定理，乗法定理を用いて

$$P(R_1) = P(A \cap R_1) + P(B \cap R_1)$$
$$= P(A) \cdot P_A(R_1) + P(B) \cdot P_B(R_1)$$
$$= \frac{1}{2} \times \frac{9}{10} + \frac{1}{2} \times \frac{2}{10} = \boxed{\frac{11}{20}} \quad \rightarrow ア イ，ウエ$$

したがって

$$P_{R_1}(A) = \frac{P(R_1 \cap A)}{P(R_1)} = \frac{\frac{9}{20}}{\frac{11}{20}} = \boxed{\frac{9}{11}} \quad \rightarrow オ，カキ$$

$$P_{R_1}(B) = \frac{P(R_1 \cap B)}{P(R_1)} = \frac{\frac{2}{20}}{\frac{11}{20}} = \boxed{\frac{2}{11}} \quad \rightarrow ク$$

である。

(2) 2回目に赤球を取り出すのは，袋Aから赤球を取り出すときと，袋Bから赤球を取り出すときの，同時には起こらない二つの場合に分けられるので

$$R_2 = (A \cap R_2) \cup (B \cap R_2) \quad \boxed{⑥} \quad \rightarrow ケ$$
$$(A \cap R_2) \cap (B \cap R_2) = \emptyset \quad \boxed{⑤} \quad \rightarrow コ$$

(3)
$$p = P_{R_1}(A) \cdot P_A(R_2) + P_{R_1}(B) \cdot P_B(R_2)$$
$$= \frac{9}{11} \times \frac{9}{10} + \frac{2}{11} \times \frac{2}{10} = \boxed{\frac{17}{22}} \quad \rightarrow サシ，スセ$$

確率の乗法定理を用いて，直接 p を計算すると

$$P(A \cap R_1 \cap R_2) = P(A) \cdot P_A(R_1 \cap R_2)$$
$$= \frac{1}{2} \times \frac{9}{10} \times \frac{9}{10} = \boxed{\frac{81}{200}} \quad \rightarrow ソタ，チツテ$$

$$P(B \cap R_1 \cap R_2) = P(B) \cdot P_B(R_1 \cap R_2)$$
$$= \frac{1}{2} \times \frac{2}{10} \times \frac{2}{10} = \boxed{\frac{1}{50}} \quad \rightarrow ト，ナニ$$

よって

$$p=\frac{P(A\cap R_1\cap R_2)+P(B\cap R_1\cap R_2)}{P(R_1)}=\frac{\frac{81}{200}+\frac{1}{50}}{\frac{11}{20}}=\frac{17}{22}$$

となり，確かに p は同じ値になっている。

解説

> **ポイント** 確率の加法定理・乗法定理
> 事象 A, B が同時には起こらないとき
> $$P(A\cup B)=P(A)+P(B)$$
> 事象 A が起こったとき，事象 B が起こる確率を $P_A(B)$ とおくと
> $$P(A\cap B)=P(A)\cdot P_A(B) \qquad P_A(B)=\frac{P(A\cap B)}{P(A)}$$

これらを題材にした確率の計算問題である。

$\dfrac{\boxed{アイ}}{\boxed{ウエ}}$ は，確率の加法定理，乗法定理を用いて

$$P(R_1)=P(A\cap R_1)+P(B\cap R_1)$$
$$=P(A)\cdot P_A(R_1)+P(B)\cdot P_B(R_1)$$

$\dfrac{\boxed{ソタ}}{\boxed{チツテ}}$ は，確率の乗法定理を用いて

$$P(A\cap R_1\cap R_2)=P(A)\cdot P_A(R_1\cap R_2)$$

を計算すればよい。

また，会話文から得られる等式

$$P_{R_1}(R_2)=P_{R_1}(A)\cdot P_A(R_2)+P_{R_1}(B)\cdot P_B(R_2) \quad \cdots\cdots(*)$$

は次のように示すことができる。

事象 $R_1\cap R_2$ が起こるのは
 (i) 袋Aを選んで $R_1\cap R_2$ が起こる。
 (ii) 袋Bを選んで $R_1\cap R_2$ が起こる。

の場合があり，これらの事象は互いに排反であるから，確率の加法定理，乗法定理を用いて

$$P(R_1\cap R_2)=P(A\cap R_1\cap R_2)+P(B\cap R_1\cap R_2)$$
$$=P(R_1\cap(A\cap R_2))+P(R_1\cap(B\cap R_2))$$
$$=P(R_1)\cdot P_{R_1}(A\cap R_2)+P(R_1)\cdot P_{R_1}(B\cap R_2)$$
$$=P(R_1)\{P_{R_1}(A\cap R_2)+P_{R_1}(B\cap R_2)\}$$

したがって

$$P_{R_1}(R_2) = \frac{P(R_1 \cap R_2)}{P(R_1)} = P_{R_1}(A \cap R_2) + P_{R_1}(B \cap R_2)$$

ここで
$$P_{R_1}(A \cap R_2) = P_{R_1}(A) \cdot P_{R_1 \cap A}(R_2)$$

であるが
$$P_{R_1 \cap A}(R_2) = \frac{P((A \cap R_1) \cap R_2)}{P(A \cap R_1)} = \frac{P(A \cap (R_1 \cap R_2))}{P(A \cap R_1)}$$
$$= \frac{P(A) \cdot P_A(R_1 \cap R_2)}{P(A) \cdot P_A(R_1)} = \frac{P_A(R_1 \cap R_2)}{P_A(R_1)}$$
$$= \frac{P_A(R_1) \cdot P_A(R_2)}{P_A(R_1)} = P_A(R_2)$$

であるから
$$P_{R_1}(A \cap R_2) = P_{R_1}(A) \cdot P_A(R_2)$$

同様にして
$$P_{R_1}(B \cap R_2) = P_{R_1}(B) \cdot P_B(R_2)$$

したがって, (＊)は成り立つ。

なお, 2021年度本試験第1日程, 第2日程において, ともに条件付き確率の問題が出題されている。本問は条件付き確率をどのように捉えるかという見方を学習する素材として適しているので, 参考にしてもらいたい。

第4問 —— 命題の真偽，平方数の性質，論証

[1] 標準 《命題の真偽，平方数の性質》

(1) n^2 が素数 p の倍数のとき $|n|$ も p の倍数だから，⓪と②は正しい。

また，n^2 が 6 の倍数のとき，n^2 は 2 と 3 の公倍数だから，$|n|$ も 2 と 3 の公倍数で 6 の倍数となり，③は正しい。

①の対偶「$|n|$ が偶数のとき，n^2 は 4 の倍数である」は正しいから，①は正しい。

以下，k は整数とする。

$(3k)^2 = 9k^2$，$(3k \pm 1)^2 = 3(3k^2 \pm 2k) + 1$ より，④は正しい。

$(2k)^2 = 4k^2$，$(2k+1)^2 = 4(k^2+k) + 1$ より，⑤と⑥は正しい。

$(4k)^2 = 8 \cdot 2k^2$，$(4k+1)^2 = 8(2k^2+k)+1$，$(4k+2)^2 = 8(2k^2+2k)+4$，$(4k+3)^2 = 8(2k^2+3k+1)+1$ であるから，⑨は正しく，⑦ と ⑧ が正しくない。→ア，イ

(2) 選択肢のうち，0，1，4，9，16，25 の 2 数の和として表されるのは
$$25 = 9 + 16 = 0 + 25, \quad 26 = 1 + 25$$
であるから，"2R" である数は 25 ⑦，26 ⑧ →ウ，エである。

(3) $$(a^2+b^2)(c^2+d^2) = (ac+bd)^2 + (ad-bc)^2 \quad \cdots\cdots ①$$
が成り立つから，"2R" である二つの整数の積は "2R" である。
$$18 = 3^2 + 3^2, \quad 41 = 4^2 + 5^2, \quad 81 = 0^2 + 9^2$$
より，18，41，81 は "2R" であるから，18×81 ⓪，41×81 ⑤，18×41 ⑦ は "2R" である。→オ，カ，キ

(4) $1105 = 5 \times 13 \times 17 = (1^2+2^2)(2^2+3^2)(1^2+4^2)$

①の等式から
$$(1^2+2^2)(2^2+3^2) = (1 \cdot 2 + 2 \cdot 3)^2 + (1 \cdot 3 - 2 \cdot 2)^2 = 1^2 + 8^2$$
よって
$$1105 = (1^2+8^2)(1^2+4^2) = (1 \cdot 1 + 8 \cdot 4)^2 + (1 \cdot 4 - 8 \cdot 1)^2 = 4^2 + 33^2$$
$$1105 = (1^2+8^2)(4^2+1^2) = (1 \cdot 4 + 8 \cdot 1)^2 + (1 \cdot 1 - 8 \cdot 4)^2 = 12^2 + 31^2$$
また
$$(1^2+2^2)(3^2+2^2) = (1 \cdot 3 + 2 \cdot 2)^2 + (1 \cdot 2 - 2 \cdot 3)^2 = 4^2 + 7^2$$
よって
$$1105 = (4^2+7^2)(1^2+4^2) = (4 \cdot 1 + 7 \cdot 4)^2 + (4 \cdot 4 - 7 \cdot 1)^2 = 9^2 + 32^2$$
$$1105 = (4^2+7^2)(4^2+1^2) = (4 \cdot 4 + 7 \cdot 1)^2 + (4 \cdot 1 - 7 \cdot 4)^2 = 23^2 + 24^2$$
したがって，(*) に当てはまる数式は
①，③，⑥，⑧ →ク，ケ，コ，サ

解説

(1) 0以上の整数 n を自然数 m で割ったときの商を q, 余りを r とおくと, $n = mq + r$ より
$$n^2 = m(mq^2 + 2qr) + r^2$$
よって, 0以上の整数 l に対して, l を m で割った余りを $R_m(l)$ と表すことにすれば, $R_m(n^2) = R_m(r^2)$ が成り立ち, n^2 を m で割った余りは
$$R_m(r^2) \quad (r = 0, 1, \cdots, m-1)$$
を調べればよい。

このことを利用すれば, ⓪と④, ①と⑤と⑥, ⑦と⑧と⑨がそれぞれ同時に真偽の判定ができる。

例えば
$$R_4(0^2) = 0, \quad R_4(1^2) = 1, \quad R_4(2^2) = 0, \quad R_4(3^2) = 1$$
より, ①と⑤と⑥がすべて成り立つことがわかる。

(2) $n^2 = n^2 + 0^2$ より, 平方数はすべて "2R" である。

(3) $(a^2 + b^2)(c^2 + d^2) = (ac + bd)^2 + (ad - bc)^2$ より, "2R" である二つの整数の積は "2R" である。
$$18 = 3^2 + 3^2, \quad 81 = 9^2 + 0^2$$
より, 18 と 81 は "2R" であり, 18×81 は "2R" である。

以下, 18 と 81 が含まれている, 2数の積を調べていけばよい。

(4) $(a^2 + b^2)(d^2 + c^2) = (ad + bc)^2 + (ac - bd)^2$ より, $(a^2 + b^2)(c^2 + d^2)$ から, 2通りの "2R" 表現ができることを利用する。

〔2〕 標準 《論証》

(1) 以下 l, m は整数とする。

【Ⅰ型】の平方数の場合は $(2l+1)^2 + (2m+1)^2 = 4(l^2 + m^2 + l + m) + 2$
4で割った余りは $\boxed{2}$ →シ である。

【Ⅱ型】の平方数の場合は $(2l)^2 + (2m)^2 = 4(l^2 + m^2)$
4で割った余りは $\boxed{0}$ →ス である。

【Ⅲ型】の平方数の場合は $(2l)^2 + (2m+1)^2 = 4(l^2 + m^2 + m) + 1$
4で割った余りは $\boxed{1}$ →セ である。

(2) $w^2 - y^2 = x^2 - z^2$ であるから, y と w の偶奇が等しいとき, $w^2 - y^2$ は偶数であり, $x^2 - z^2$ も偶数である。

したがって, x と z も偶奇が等しく, $x - z$ と $w - y$ はともに2で割り切れる。
$$x - z = du, \quad w - y = dv$$

であるから，du, dv はともに 2 で割り切れる。
u, v は互いに素だから，d が 2 で割り切れ，d は偶数 ⓪ →ソである。
このとき，$vk=2x-du$, $uk=2y+dv$ より，vk, uk は 2 で割り切れるが，u, v が互いに素だから，k が 2 で割り切れ，k は偶数 ⓪ →タである。

(3) $518^2+45^2=482^2+195^2$ より，$x=518$, $y=45$, $z=482$, $w=195$ とおくと
$$x-z=36=6\times 6, \quad w-y=150=6\times 25$$

よって　$d=6$, $u=6$, $v=25$, $k=\dfrac{x+z}{v}=40$

このとき
$$4N=(6^2+40^2)(6^2+25^2)$$
$$N=\boxed{409}\times\boxed{661} \quad \text{→チツテ，トナニ}$$

解説

(1) (奇数)^2 を 4 で割った余りが 1，(偶数)^2 を 4 で割った余りが 0 であることを利用してもよい。

(2) $x^2+y^2=z^2+w^2$ より，x^2+y^2 と z^2+w^2 を 4 で割った余りは等しく，(1)の結果から，x^2+y^2 と z^2+w^2 は同じタイプである。
したがって，y と w の偶奇が等しいとしてもよい。
一般に，正の整数 L, M について
$$L \text{ と } M \text{ の偶奇が等しい} \iff L-M \text{ が 2 の倍数}$$
が成り立つことを利用する。

(3) $(d^2+k^2)(u^2+v^2)=(du+kv)^2+(dv-ku)^2$
$\qquad\qquad\qquad\quad=(2x)^2+(2y)^2=4N$ ……①

$270349=518^2+45^2=482^2+195^2$ であるから，y と w の偶奇が等しくなるように
$$x=518, \quad y=45, \quad z=482, \quad w=195$$
として，d, k, u, v を求めれば，①を用いて 270349 が素因数分解できる。

参考　409 は，$\sqrt{409}$ ($20<\sqrt{409}<21$) より小さい素数
　　　　　　2, 3, 5, 7, 11, 13, 17, 19
で割り切れないから素数であり，
661 は，$\sqrt{661}$ ($25<\sqrt{661}<26$) より小さい素数
　　　　　　2, 3, 5, 7, 11, 13, 17, 19, 23
で割り切れないから素数である。

なお，2021 年度本試験第 2 日程において，平方数の和に関する整数問題が出題されている。本問は余りに着目する見方などを学習する素材として適しているので，参考にしてもらいたい。

第5問 標準 《辺の比と三角形の面積比，相似》

(1) 点A，Bから直線 CC′ に下ろした垂線と直線 CC′ の交点をそれぞれD，Eとおく。
△AC′D∽△BC′E より
$$AD : BE = AC' : BC'$$
$$AD \cdot BC' = BE \cdot AC'$$

よって

$$\frac{\triangle PAC}{\triangle PBC} = \frac{\frac{1}{2} \cdot PC \cdot AD}{\frac{1}{2} \cdot PC \cdot BE} = \frac{AD}{BE} = \frac{AC'}{C'B} \quad \boxed{③} \to ア$$

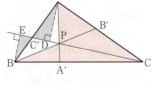

同様にして

$$\frac{BA'}{A'C} = \frac{\triangle PAB}{\triangle PAC} \quad \boxed{⑨} \to イ$$

$$\frac{CB'}{B'A} = \frac{\triangle PBC}{\triangle PAB} \quad \boxed{①} \to ウ$$

(2) △ADB で(1)と同じようにして

$$\frac{AD'}{D'B} = \frac{\triangle PAD}{\triangle PBD} \quad \boxed{①} \to エ$$

以下，同様にして

$$\frac{BE'}{E'C} = \frac{\triangle PBE}{\triangle PCE} \quad \boxed{③} \to オ$$

$$\frac{CA'}{A'D} = \frac{\triangle PAC}{\triangle PAD} \quad \boxed{⑧} \to カ$$

$$\frac{DB'}{B'E} = \frac{\triangle PBD}{\triangle PBE} \quad \boxed{⑤} \to キ$$

$$\frac{EC'}{C'A} = \frac{\triangle PCE}{\triangle PAC} \quad \boxed{⑥} \to ク$$

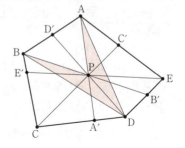

(3)　∠PAC′ = ∠PCA′　（$\overparen{C'A'}$ の円周角）
　　∠APC′ = ∠CPA′　（対頂角）

したがって
　　△PAC′∽△PCA′　$\boxed{⑧} \to ケ$

同様に
　　△PBA′∽△PAB′　$\boxed{⑤} \to コ$
　　△PCB′∽△PBC′　$\boxed{②} \to サ$

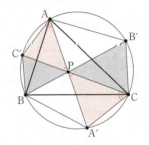

(4) △PAC′∽△PCA′ であるから

$$\frac{AC'}{CA'}=\frac{PA}{PC}=\frac{PC'}{PA'} \quad \boxed{⓪}, \boxed{⑦} →シ, ス$$

同様に

$$\frac{BA'}{AB'}=\frac{PB}{PA}=\frac{PA'}{PB'} \quad \boxed{①}, \boxed{⑧} →セ, ソ$$

$$\frac{CB'}{BC'}=\frac{PC}{PB}=\frac{PB'}{PC'} \quad \boxed{③}, \boxed{④} →タ, チ$$

(5) △PAC′∽△PCA′ であるから

$$\frac{△PAC'}{△PCA'}=\left(\frac{AC'}{CA'}\right)^2 \quad \boxed{②} →ツ$$

同様に

$$\frac{△PBA'}{△PAB'}=\left(\frac{BA'}{AB'}\right)^2 \quad \boxed{③} →テ$$

$$\frac{△PCB'}{△PBC'}=\left(\frac{CB'}{BC'}\right)^2 \quad \boxed{⑥} →ト$$

解説

(1)・(2) (1)の〔解答〕の最初に示したように，右の図において

$$\frac{△PAC}{△PAB}=\frac{DC}{BD}$$

が成り立つことを利用する。

図のように θ を決めれば

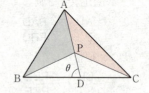

$$△PAB=\frac{1}{2}AP\cdot BD\sin\theta, \quad △PAC=\frac{1}{2}AP\cdot DC\sin(180°-\theta)$$

であることから証明することができる。

(3) 対頂角が等しい三角形に注目する。

(5) △PAC′∽△PCA′，相似比は AC′：CA′ であるから

$$△PAC':△PCA'=(AC')^2:(CA')^2$$

が成り立つ。

解答上の注意（数学Ⅱ・数学B）

1　解答は，解答用紙の問題番号に対応した解答欄にマークしなさい。

2　問題の文中の ア ， イウ などには，特に指示がないかぎり，符号(−)，数字(0～9)，又は文字(a～d)が入ります。ア，イ，ウ，…の一つ一つは，これらのいずれか一つに対応します。それらを解答用紙のア，イ，ウ，…で示された解答欄にマークして答えなさい。

　　（例1） アイウ に $-8a$ と答えたいとき

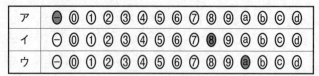

　　なお，同一の問題文中に ア ， イウ などが2度以上現れる場合，原則として，2度目以降は， ア ， イウ のように細字で表記します。

3　分数形で解答する場合，分数の符号は分子につけ，分母につけてはいけません。

　　例えば， $\dfrac{オカ}{キ}$ に $-\dfrac{4}{5}$ と答えたいときは， $\dfrac{-4}{5}$ として答えなさい。

　　また，それ以上約分できない形で答えなさい。

　　例えば， $\dfrac{3}{4}$ と答えるところを， $\dfrac{6}{8}$ のように答えてはいけません。

4　小数の形で解答する場合，指定された桁数の一つ下の桁を四捨五入して答えなさい。また，必要に応じて，指定された桁まで⓪にマークしなさい。

　　例えば， ク ． ケコ に2.5と答えたいときには，2.50として答えなさい。

5　根号を含む形で解答する場合，根号の中に現れる自然数が最小となる形で答えなさい。

　　例えば， サ $\sqrt{シ}$ に $4\sqrt{2}$ と答えるところを，$2\sqrt{8}$ のように答えてはいけません。

数学Ⅱ・数学B

問　題	選　択　方　法
第1問	必　　答
第2問	必　　答
第3問	いずれか2問を選択し，解答しなさい。
第4問	
第5問	

第1問 (必答問題) (配点 30)

〔1〕

(1) 次の⓪〜⑨の等式のうち，任意の実数 α, β について成立するものを四つ選べ。ただし，解答の順序は問わない。 ア ， イ ， ウ ， エ

⓪ $\cos\alpha + \cos\beta = 2\sin\dfrac{\alpha+\beta}{2}\sin\dfrac{\alpha-\beta}{2}$

① $\cos\alpha + \sin\beta = 2\cos\dfrac{\alpha+\beta}{2}\cos\dfrac{\alpha-\beta}{2}$

② $\sin^2\alpha - \sin^2\beta = \sin(\alpha+\beta)\sin(\alpha-\beta)$

③ $\sin(\alpha^2 - \beta^2) = \sin(\alpha+\beta)\sin(\alpha-\beta)$

④ $\sin^2(\alpha+\beta) = \sin^2\alpha + 2\sin\alpha\sin\beta\cos(\alpha+\beta) + \sin^2\beta$

⑤ $\sin(\alpha^3 - \beta^3) = 3\cos^2\alpha\cos\beta + 3\cos\alpha\cos^2\beta$

⑥ $\sin\alpha + \sin\beta = 2\sin\dfrac{\alpha+\beta}{2}\cos\dfrac{\alpha-\beta}{2}$

⑦ $\sin\alpha - \sin\beta = -2\sin\dfrac{\alpha+\beta}{2}\cos\dfrac{\alpha-\beta}{2}$

⑧ $\cos^2\alpha - \sin^2\beta = \cos(\alpha+\beta)\cos(\alpha-\beta)$

⑨ $\cos(\alpha^2 - \beta^2) = \cos(\alpha+\beta)\cos(\alpha-\beta)$

(2) すべての実数 x に対して，

$$(\cos x + \cos 2x + \cos 3x) \times 2\sin\dfrac{x}{2} = \boxed{\text{オ}}$$

が成り立つ。

オ に当てはまるものを，次の⓪〜⑨のうちから一つ選べ。

⓪ $\cos\dfrac{5x}{2} - \sin\dfrac{x}{2}$　　① $\sin\dfrac{5x}{2} - \cos\dfrac{x}{2}$　　② $\sin\dfrac{5x}{2} + \sin\dfrac{x}{2}$

③ $\sin\dfrac{5x}{2} + \cos\dfrac{x}{2}$　　④ $\sin\dfrac{7x}{2} - \sin\dfrac{x}{2}$　　⑤ $\cos\dfrac{7x}{2} + \cos\dfrac{x}{2}$

⑥ $\sin\dfrac{5x}{2} + \cos\dfrac{7x}{2}$　　⑦ $\sin\dfrac{9x}{2} + \sin\dfrac{x}{2}$　　⑧ $\sin\dfrac{9x}{2} - \sin\dfrac{3x}{2}$

⑨ $\sin\dfrac{9x}{2} - \sin\dfrac{x}{2}$

(3) $0 < x < 2\pi$ の範囲で
$$\cos x + \cos 2x + \cos 3x = 0$$
を満たす x は $\boxed{\text{カ}}$ 個ある。

〔2〕

(1) 次の⓪〜⑨の等式のうち，1でない正の実数 a, b および，正の実数 M, N について常に成立するものを三つ選べ。ただし，解答の順序は問わない。

$\boxed{\text{キ}}$, $\boxed{\text{ク}}$, $\boxed{\text{ケ}}$

⓪ $MN = a^{\log_a M + \log_a N}$ ① $MN = a^{\log_a M - \log_a N}$

② $MN = a^{\log_a M \times \log_a N}$ ③ $\dfrac{M}{N} = a^{\log_a M + \log_a N}$

④ $\dfrac{M}{N} = a^{\log_a M - \log_a N}$ ⑤ $\dfrac{M}{N} = a^{\log_a M \times \log_a N}$

⑥ $\dfrac{M}{N} = a^{\frac{\log_a M}{\log_a N}}$ ⑦ $M^b = b^{\log_a M}$

⑧ $M^b = a^{b \log_a M}$ ⑨ $M^b = a^{a \log_b M}$

(2) $1 < b < a$ とするとき，三つの数
$$X = (\log_a b)^2, \quad Y = \log_a b^2, \quad Z = \log_a(\log_a b)$$
の大小を比較すると，

$\boxed{\text{コ}} < \boxed{\text{サ}} < \boxed{\text{シ}}$

となる。
$\boxed{\text{コ}}$, $\boxed{\text{サ}}$, $\boxed{\text{シ}}$ に当てはまるものを，次の⓪〜②のうちからそれぞれ一つずつ選べ。

⓪ X ① Y ② Z

〔3〕 太郎さんと花子さんは，図形と方程式との対応をみるために，コンピュータを用いた学習をしている．2人の会話を読んで，下の問いに答えよ．

> 花子：このソフトでは，中心の座標と半径を入力したり，円の方程式を入力すると，その円を表示することができるよ．
> さらに，指定した2点を通る直線の方程式を計算してくれる機能もあるようだね．
> 太郎：画面に出ているのは，原点を中心とする半径3の円 C_1 と，半径7の円 C_2 なんだ．
> この二つの円の2交点を通る直線の方程式は，$x+2y-5=0$ なのだけれど，円 C_2 の中心の座標を消去してしまったので，C_2 の中心の座標がわからなくなってしまったんだ．
> 花子：$(x^2+y^2-9)+k(x+2y-5)=0$ という方程式で表される図形を D_k として，k に様々な値を入力してみると，D_k は，どうやら円 C_1 と円 C_2 の2交点を通る円を表すようだね．
> 太郎：それらの円の中心は，すべて直線 ス 上にあるようだ．さらに，上手に k の値を決めれば，円 C_2 を表示できそうだよ．
> 花子：円 C_1 との交点を通る直線の方程式が $x+2y-5=0$ で，半径が7であるような円 C_2 の中心として考えられるのは，セ と ソ の二つがあるけど，いま画面に表示されている円の中心は第一象限にあるから，消去してしまった円 C_2 の中心の座標は セ だね．

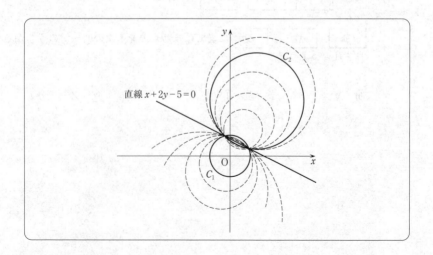

(1) ス に当てはまるものを，次の⓪～⑨のうちから一つ選べ。

⓪ $y=x$ ① $y=x+1$ ② $y=x-1$ ③ $y=2x$
④ $y=2x+1$ ⑤ $y=2x-1$ ⑥ $y=3x$ ⑦ $y=3x+1$
⑧ $y=3x-1$ ⑨ $y=\dfrac{1}{2}x$

(2) セ ， ソ に当てはまるものを，次の⓪～⑨のうちからそれぞれ一つずつ選べ。

⓪ $(1, 1)$ ① $(-1, -1)$ ② $(2, 4)$ ③ $(-2, -4)$
④ $(3, 6)$ ⑤ $(-3, -6)$ ⑥ $(4, 8)$ ⑦ $(-4, -8)$
⑧ $(2, 6)$ ⑨ $(-2, -6)$

第2問 （必答問題）（配点 30）

〔1〕 次の三つの条件を満たす3次式 $f(x)$ を考える。

> （条件1） $f(x)$ の係数はすべて実数で，x^3 の係数は1である。
> （条件2） $f(p+qi)=0$ である。ただし，p，q は実数で，$q \neq 0$ であり，i は虚数単位である。
> （条件3） 曲線 $y=f(x)$ 上の点 $(p, f(p))$ における接線と x 軸との交点の x 座標は r である。

このとき，3次方程式 $f(x)=0$ の実数解は $x=\boxed{\text{ア}}$ であり，曲線 $y=f(x)$ 上の点 $(p, f(p))$ における接線の傾きは $\boxed{\text{イ}}$ である。$\boxed{\text{ア}}$，$\boxed{\text{イ}}$ に当てはまるものを，次の⓪〜⑨のうちからそれぞれ一つずつ選べ。

- ⓪ p
- ① q
- ② r
- ③ p^2
- ④ q^2
- ⑤ r^2
- ⑥ $pq+qr+rp$
- ⑦ pqr
- ⑧ $p^2+q^2+r^2$
- ⑨ $\dfrac{1}{p}+\dfrac{1}{q}+\dfrac{1}{r}$

〔2〕 二つの2次関数 $y=f(x)$ と $y=g(x)$ のグラフが次のように与えられている。

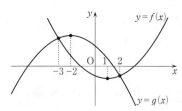

(1) $y=\int_0^x \{f(t)-g(t)\}dt$ のグラフとして最も適当なものを，次の⓪〜⑧のうちから一つ選ぶと ウ であり，$y=\int_1^x |f(t)-g(t)|dt$ のグラフとして最も適当なものを，次の⓪〜⑧のうちから一つ選ぶと エ である。

(2) $f(x)$ の x^2 の係数が 2 であり，$g(x)$ の x^2 の係数が -2 のとき，曲線 $y=f(x)$ と $y=g(x)$ および直線 $x=-2$，$x=1$ で囲まれた部分の面積 S は，

$$S = \boxed{\text{オカ}}$$

である。

(3) $f(x)$ の x^2 の係数が 1 であり，$g(x)$ の x^2 の係数が -1 のとき，曲線 $y=f(x)$ と $y=g(x)$ で囲まれた部分の面積 T は，

$$T = \frac{\boxed{\text{キクケ}}}{\boxed{\text{コ}}}$$

である。

第3問 (選択問題) (配点 20)

二つの数列 $\{a_n\}$, $\{b_n\}$ が与えられたとき，すべての正の整数 n に対して，

$$\sum_{k=1}^{n}(a_{k+1}-a_k)b_{k+1}+\sum_{k=1}^{n}a_k(b_{k+1}-b_k)=\boxed{\text{ア}}-\boxed{\text{イ}} \quad \cdots\cdots(*)$$

が成り立つ。

(1) $\boxed{\text{ア}}$, $\boxed{\text{イ}}$ に当てはまるものを，次の⓪～⑨のうちからそれぞれ一つずつ選べ。

⓪ a_n ① b_n ② a_n+b_n ③ a_nb_n

④ $a_{n+1}+b_{n+1}$ ⑤ $a_{n+1}b_{n+1}$ ⑥ a_1 ⑦ b_1

⑧ a_1+b_1 ⑨ a_1b_1

[i] 二つの数列 $\{a_n\}$, $\{b_n\}$ を
$$a_n=n, \quad b_n=n-1 \quad (n=1, 2, 3, \cdots)$$
で与えるとき，(*)の左辺は $\boxed{\text{ウ}}$ であり，右辺は $\boxed{\text{エ}}$ であることから，$\boxed{\text{オ}}$ が得られる。

(2) $\boxed{\text{ウ}}$, $\boxed{\text{エ}}$ に当てはまるものを，次の⓪～⑨のうちからそれぞれ一つずつ選べ。

⓪ $\sum_{k=1}^{n}k$ ① $\sum_{k=1}^{n}2k$ ② $\sum_{k=1}^{n}k(k-1)$ ③ $\sum_{k=1}^{n}k^2$

④ $\sum_{k=1}^{n}2k^2$ ⑤ n ⑥ $n-1$ ⑦ $n(n-1)$

⑧ n^2 ⑨ $n(n+1)$

(3) $\boxed{\text{オ}}$ に当てはまるものを，次の⓪～⑧のうちから一つ選べ。

⓪ $\sum_{k=1}^{n}k=n$ ① $\sum_{k=1}^{n}k=\frac{1}{2}n-1$ ② $\sum_{k=1}^{n}k=n(n+1)$

③ $\sum_{k=1}^{n}k=n^2$ ④ $\sum_{k=1}^{n}k=\frac{1}{2}n(n+1)$ ⑤ $\sum_{k=1}^{n}k^2=\frac{1}{2}n$

⑥ $\sum_{k=1}^{n}k^2=\frac{1}{2}(n-1)$ ⑦ $\sum_{k=1}^{n}k^2=\frac{1}{2}n(n+1)$ ⑧ $\sum_{k=1}^{n}k^2=\frac{1}{6}n(n+1)(2n+1)$

［ ii ］ 二つの数列 $\{a_n\}$, $\{b_n\}$ を
$$a_n = n^2, \quad b_n = n-1 \quad (n = 1, 2, 3, \cdots)$$
で与えるとき，(∗)の左辺は $\boxed{\text{カ}}$ であり，右辺は $\boxed{\text{キ}}$ であることから，$\boxed{\text{オ}}$ を用いることで $\boxed{\text{ク}}$ が得られる。

(4) $\boxed{\text{カ}}$，$\boxed{\text{キ}}$ に当てはまるものを，次の⓪〜⑨のうちからそれぞれ一つずつ選べ。

⓪ $\sum_{k=1}^{n}(2k+1)k$ ① $\sum_{k=1}^{n}k^2$ ② $\sum_{k=1}^{n}(3k^2+k)$ ③ $\sum_{k=1}^{n}2k^2$

④ $\sum_{k=1}^{n}k^3$ ⑤ $n^2(n-1)$ ⑥ n^2 ⑦ $(n+1)^2$

⑧ n^3 ⑨ $n(n+1)^2$

(5) $\boxed{\text{ク}}$ に当てはまるものを，次の⓪〜⑨のうちから一つ選べ。

⓪ $\sum_{k=1}^{n}k = \dfrac{1}{2}n(n+1)$ ① $\sum_{k=1}^{n}k = n(n+1)$

② $\sum_{k=1}^{n}k^2 = n(n+1)^2$ ③ $\sum_{k=1}^{n}k^2 = n^2(n+1)$

④ $\sum_{k=1}^{n}k^2 = \dfrac{1}{6}n(n+1)(2n+1)$ ⑤ $\sum_{k=1}^{n}k^2 = \dfrac{1}{6}n(n+1)(n+2)$

⑥ $\sum_{k=1}^{n}k^3 = 3n^3$ ⑦ $\sum_{k=1}^{n}k^3 = n^2(n+1)^2$

⑧ $\sum_{k=1}^{n}k^3 = \dfrac{1}{2}n^4$ ⑨ $\sum_{k=1}^{n}k^3 = \dfrac{1}{4}n^2(n+1)^2$

[iii] 二つの数列 $\{a_n\}$, $\{b_n\}$ を
$$a_n = n^2, \quad b_n = (n-1)^2 \quad (n = 1, 2, 3, \cdots)$$
で与えるとき，(∗)の左辺は ケ であり，右辺は コ であることから，サ が得られる。

(6) ケ ， コ に当てはまるものを，次の⓪〜⑨のうちからそれぞれ一つずつ選べ。

⓪ $\sum_{k=1}^{n} k^2$ ① $\sum_{k=1}^{n} 2k^3$ ② $\sum_{k=1}^{n} k(k+1)^2$ ③ $\sum_{k=1}^{n} k^3$

④ $\sum_{k=1}^{n} 4k^3$ ⑤ n^2 ⑥ $(n+1)^2$ ⑦ $n(n+1)^2$

⑧ $n^2(n+1)^2$ ⑨ $n(n+1)^3$

(7) サ に当てはまるものを，次の⓪〜⑨のうちから一つ選べ。

⓪ $\sum_{k=1}^{n} k = \dfrac{1}{2} n(n+1)$ ① $\sum_{k=1}^{n} k = n(n+1)$

② $\sum_{k=1}^{n} k^2 = n(n+1)^2$ ③ $\sum_{k=1}^{n} k^2 = n^2(n+1)$

④ $\sum_{k=1}^{n} k^2 = \dfrac{1}{6} n(n+1)(2n+1)$ ⑤ $\sum_{k=1}^{n} k^2 = \dfrac{1}{6} n(n+1)(n+2)$

⑥ $\sum_{k=1}^{n} k^3 = 3n^3$ ⑦ $\sum_{k=1}^{n} k^3 = n^2(n+1)^2$

⑧ $\sum_{k=1}^{n} k^3 = \dfrac{1}{4} n^2(n+1)^2$ ⑨ $\sum_{k=1}^{n} k^3 = \dfrac{1}{6} n^2(n+1)^2$

[iv] 二つの数列 $\{a_n\}$, $\{b_n\}$ を
$$a_n = (n-1)^3, \quad b_n = (n-1)^2 \quad (n=1, 2, 3, \cdots)$$
で与えるとき，(*)の左辺は $\boxed{シ}$ であり，右辺は $\boxed{ス}$ であることから，
$$\frac{n^5-n}{5} = \sum_{k=1}^{n} (\boxed{セ})$$
が得られる。

(8) $\boxed{シ}$，$\boxed{ス}$ に当てはまるものを，次の⓪〜⑨のうちからそれぞれ一つずつ選べ。

⓪ $\sum_{k=1}^{n}(k^4+2k^3+2k^2+k+1)$ 　　① $\sum_{k=1}^{n}5(k^4+2k^3+2k^2+k)$

② $\sum_{k=1}^{n}(k^4-2k^3+2k^2+k)$ 　　③ $\sum_{k=1}^{n}5(k^4-2k^3+2k^2-k)$

④ $\sum_{k=1}^{n}(5k^4-10k^3+10k^2-5k+1)$ 　　⑤ n^4

⑥ n^5+n^4 　　⑦ n^5-n

⑧ n^5 　　⑨ n^5+n

(9) $\boxed{セ}$ に当てはまるものを，次の⓪〜⑦のうちから一つ選べ。

⓪ $k^4+2k^3+2k^2+k$ 　　① $k^4+2k^3+2k^2+k+1$

② $k^4-2k^3+2k^2+k$ 　　③ $k^4-2k^3+2k^2-k-1$

④ $k^4-2k^3+2k^2-k$ 　　⑤ $k^4-2k^3+2k^2-k+1$

⑥ $5k^4-10k^3+10k^2-5k$ 　　⑦ $k^5-2k^3+2k^2-k+1$

(10) すべての正の整数 n に対して，
$$\sum_{k=1}^{n} k^4 = \frac{1}{\boxed{ソ}}n^5 + \frac{1}{\boxed{タ}}n^4 + \frac{1}{\boxed{チ}}n^3 - \frac{1}{\boxed{ツテ}}n$$
が成り立つ。

第4問 (選択問題) (配点 20)

太郎さんと花子さんは，ベクトルの授業で参考事項として学んだ "cleaver" という直線について話をしている。会話を読んで，下の問いに答えよ。

> 太郎：cleaver とは，三角形の辺の中点を通り三角形の周の長さを二等分するような直線のことをいうんだよね。
>
> 花子：そうすると，一つの三角形には，3本の cleaver が存在することになるね。
>
> 太郎：cleaver は，三角形のある内角の二等分線と平行であり，3本の cleaver は1点で交わるという性質があるそうだね。
>
> 花子：角の二等分線が関係するということは，三角形の内心，つまり，内接円の中心も関わってくるのかな。
>
> 太郎：この前勉強したけど，一般に三角形 ABC において，BC = a，CA = b，AB = c とするとき，点 I が三角形 ABC の内心である条件は，
> $$a\overrightarrow{\mathrm{AI}} + b\overrightarrow{\mathrm{BI}} + c\overrightarrow{\mathrm{CI}} = \vec{0}$$
> が成り立つことなんだよね。
> これはきれいな等式で記憶にも残りやすい形だ。必要に応じてこのことを用いることにしよう。
>
> 花子：cleaver の性質を具体的な三角形で確認してみよう。
> たとえば，BC = 14，CA = 10，AB = 16 であるような三角形 ABC で考えてみることにするね。
>
> 太郎：図を描いてみると，こんな感じになるよ。

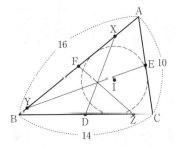

> 花子：XD，YE，ZF の3本が cleaver というわけだね。
> 確かに，図を描いてみると1点で交わっていそうだよ。
>
> 太郎：AX，BY，CZ の長さについて調べてみると ア がいえるね。

(1) ア に当てはまるものを，次の⓪～⑦のうちから一つ選べ。

⓪ AX = 2, BY = 1, CZ = 2   ① AX = 2, BY = 2, CZ = 2
② AX = 3, BY = 2, CZ = 3   ③ AX = 3, BY = 1, CZ = 2
④ AX = 4, BY = 1, CZ = 3   ⑤ AX = 4, BY = 2, CZ = 2
⑥ AX = 4, BY = 2, CZ = 3   ⑦ AX = 4, BY = 1, CZ = 1

花子：cleaver は，三角形の内角の二等分線と平行であるという性質について調べてみよう。

太郎：$\vec{XD} = \boxed{イ}\vec{AB} + \boxed{ウ}\vec{AC}$, $\vec{YE} = \boxed{エ}\vec{BA} + \boxed{オ}\vec{BC}$, $\vec{ZF} = \boxed{カ}\vec{CA} + \boxed{キ}\vec{CB}$

が成り立つね。

花子：さっき話題にした内心をベクトルで表す式を用いると，三角形 ABC の内心 I について，

$\vec{AI} = \boxed{ク}\vec{AB} + \boxed{ケ}\vec{AC}$, $\vec{BI} = \boxed{コ}\vec{BA} + \boxed{サ}\vec{BC}$, $\vec{CI} = \boxed{シ}\vec{CA} + \boxed{ス}\vec{CB}$

が成り立つね。

太郎：すると，$\vec{XD} = \boxed{セ}\vec{AI}$, $\vec{YE} = \boxed{ソ}\vec{BI}$, $\vec{ZF} = \boxed{タ}\vec{CI}$ が成り立つよ。

花子：これで，この三角形について，cleaver が三角形の内角の二等分線と平行であるという性質を確認することができたね。

(2) イ ， ウ ， エ ， オ ， カ ， キ に当てはまるものを，次の⓪～⑨のうちからそれぞれ一つずつ選べ。ただし，同じものを選んでもよい。

⓪ $\frac{1}{2}$ ① $\frac{1}{3}$ ② $\frac{2}{3}$ ③ $\frac{1}{4}$ ④ $\frac{5}{16}$

⑤ $\frac{3}{8}$ ⑥ $\frac{7}{16}$ ⑦ $\frac{2}{7}$ ⑧ $\frac{5}{14}$ ⑨ $\frac{3}{7}$

(3) ク, ケ, コ, サ, シ, ス に当てはまるものを，次の⓪〜⑨のうちからそれぞれ一つずつ選べ。ただし，同じものを選んでもよい。

⓪ $\dfrac{1}{2}$　① $\dfrac{1}{3}$　② $\dfrac{2}{3}$　③ $\dfrac{1}{4}$　④ $\dfrac{3}{4}$

⑤ $\dfrac{1}{5}$　⑥ $\dfrac{2}{5}$　⑦ $\dfrac{3}{10}$　⑧ $\dfrac{7}{20}$　⑨ $\dfrac{9}{20}$

(4) セ, ソ, タ に当てはまるものを，次の⓪〜⑨のうちからそれぞれ一つずつ選べ。ただし，同じものを選んでもよい。

⓪ $\dfrac{1}{2}$　① $\dfrac{3}{2}$　② $\dfrac{1}{3}$　③ $\dfrac{2}{3}$　④ $\dfrac{4}{3}$

⑤ $\dfrac{3}{4}$　⑥ $\dfrac{4}{5}$　⑦ $\dfrac{5}{4}$　⑧ $\dfrac{3}{5}$　⑨ $\dfrac{10}{7}$

太郎：また，XD と YE の交点を S_1，XD と ZF の交点を S_2 とすると，$\overrightarrow{AS_1}$ も $\overrightarrow{AS_2}$ もともに，チ $\overrightarrow{AB}$ + ツ $\overrightarrow{AC}$ と表されることが少し計算することでわかるよ。

花子：これで，この三角形について，3本のcleaverが1点で交わるという性質を確認することができたね。

太郎：すると，3本のcleaverの交点をSとするとき，テ が成り立つよ。

花子：考察した三角形 ABC について，3本のcleaverの交点Sは，三角形 DEF の ト と一致することがわかるね。

---

(5) チ, ツ に当てはまるものを，次の⓪〜⑨のうちからそれぞれ一つずつ選べ。

⓪ $\dfrac{1}{2}$　① $\dfrac{1}{3}$　② $\dfrac{2}{3}$　③ $\dfrac{1}{4}$　④ $\dfrac{3}{4}$

⑤ $\dfrac{3}{5}$　⑥ $\dfrac{3}{7}$　⑦ $\dfrac{3}{8}$　⑧ $\dfrac{3}{10}$　⑨ $\dfrac{7}{10}$

(6) テ に当てはまるものを，次の⓪〜⑨のうちから一つ選べ。

⓪ $3\overrightarrow{SD}+5\overrightarrow{SE}+7\overrightarrow{SF}=\vec{0}$　　① $3\overrightarrow{SD}+7\overrightarrow{SE}+5\overrightarrow{SF}=\vec{0}$

② $5\overrightarrow{SD}+3\overrightarrow{SE}+7\overrightarrow{SF}=\vec{0}$　　③ $5\overrightarrow{SD}+7\overrightarrow{SE}+3\overrightarrow{SF}=\vec{0}$

④ $5\overrightarrow{SD}+7\overrightarrow{SE}+8\overrightarrow{SF}=\vec{0}$　　⑤ $5\overrightarrow{SD}+8\overrightarrow{SE}+7\overrightarrow{SF}=\vec{0}$

⑥ $7\overrightarrow{SD}+5\overrightarrow{SE}+8\overrightarrow{SF}=\vec{0}$　　⑦ $7\overrightarrow{SD}+8\overrightarrow{SE}+5\overrightarrow{SF}=\vec{0}$

⑧ $8\overrightarrow{SD}+5\overrightarrow{SE}+7\overrightarrow{SF}=\vec{0}$　　⑨ $8\overrightarrow{SD}+7\overrightarrow{SE}+5\overrightarrow{SF}=\vec{0}$

(7) ト に当てはまるものを，次の⓪〜③のうちから一つ選べ。

⓪ 外心　　① 内心　　② 重心　　③ 垂心

第5問 （選択問題）（配点 20）

健康診断を終えた太郎さんと花子さんが話をしている。会話を読んで、下の問いに答えよ。必要に応じて67ページの正規分布表を用いてもよい。

太郎：今日の健康診断は検査項目が多くて，かなりのハードスケジュールだったね。

花子：私は体重測定にしか興味がなかったけどね。

太郎：それは聞いてはいけない話かな。僕は，歯科検診のときに，虫歯があるという診断を受けてしまったのがショックだよ。

花子：太郎さんは背が高い方だと思うのだけど，何cmだったの？

太郎：僕は175cmだったよ。

花子：それって，高校3年生の男子の身長としては，高い方なの？

太郎：どうなんだろう？

花子：今日の身体検査で，この学校の高3男子64人の身長の平均は170cmだったらしいよ。さっきのホームルームで公表されたよ。標準偏差が10cmだって。ということは，この学校の中では，太郎さんの身長は平均以上だね。

太郎：この学校の高3男子64人の中では背が高い方でも，全国的にみて背が高い方かどうかはわからないよ。統計的推測の考え方を用いて，日本の高3男子の身長の平均を推定してみよう。

花子：「母平均が m で母標準偏差が σ である母集団から抽出された大きさ n の無作為標本の標本平均 $\overline{X}$ は，n が大きいとき，近似的に正規分布 $N(\boxed{\text{ア}}, \boxed{\text{イ}})$ に従う」ということを習ったよね。n が大きくなると，$\overline{X}$ が従う分布の分散は $\boxed{\text{ウ}}$ ね。

太郎：母集団が正規分布のときには，n が大きくなくても，常に標本平均は正規分布 $N(\boxed{\text{ア}}, \boxed{\text{イ}})$ に従うことが知られているね。以降は，母集団が正規分布に従うと仮定することにしよう。

花子：現実的な仮定だと思うよ。さらに，母標準偏差の代わりに標本標準偏差を代用して考えることにしよう。

太郎：すると，$Z = \dfrac{\overline{X} - \boxed{\text{ア}}}{\boxed{\text{エ}}}$ によって，確率変数 Z を定めると，Z は標準正規分布に従うね。

花子：母平均を信頼度95%で区間推定してみよう。$P(|Z| \leq \boxed{\text{オ}})$ が約

0.95であることが, 正規分布表からわかるよ.

太郎：すると, 母平均に対する信頼度95%の信頼区間は,

[カ - オ × エ , カ + オ × エ] すなわち

[キ , ク] となるね.

(1) ア , イ に当てはまるものを, 次の⓪～⑨のうちからそれぞれ一つずつ選べ.

⓪ 0　　① 1　　② m　　③ n　　④ σ

⑤ σ^2　　⑥ $\dfrac{\sigma^2}{m}$　　⑦ $\dfrac{\sigma^2}{n}$　　⑧ $\dfrac{\sigma}{m^2}$　　⑨ $\dfrac{\sigma}{n^2}$

(2) ウ に当てはまるものを, 次の⓪～②のうちから一つ選べ.

⓪ 大きくなる　　① 変わらない　　② 小さくなる

(3) エ に当てはまるものを, 次の⓪～⑨のうちから一つ選べ.

⓪ n　　① m　　② σ　　③ σ^2　　④ $\sqrt{n}$

⑤ $\sqrt{m}$　　⑥ $\sqrt{\sigma}$　　⑦ $\dfrac{\sigma}{\sqrt{n}}$　　⑧ $\dfrac{\sigma}{n^2}$　　⑨ $\dfrac{\sigma}{\sqrt{m}}$

(4) オ に当てはまるものを, 次の⓪～⑨のうちから一つ選べ.

⓪ 0.10　　① 0.38　　② 0.88　　③ 0.99　　④ 1.38

⑤ 1.88　　⑥ 1.96　　⑦ 2.28　　⑧ 2.58　　⑨ 3.08

(5) カ , キ , ク に当てはまるものを, 次の⓪～⑨のうちからそれぞれ一つずつ選べ.

⓪ 167.55　　① 169.55　　② 170　　③ 171.25　　④ 172

⑤ 172.45　　⑥ 173　　⑦ 174.25　　⑧ 175.45　　⑨ 176.75

花子：太郎さんには虫歯があるようだけど，今日の歯科検診で，高3の全生徒100人のうち，虫歯があったのは25人らしいよ。

太郎：4人に1人の割合だね。日本全体ではどうなのかな？
統計的推測の考え方を用いて，全国の高3の生徒のうち虫歯がある人の割合pを推定してみよう。

花子：「ある特性をもつものの母比率がpである母集団から，大きさnの無作為標本を抽出するとき，nが大きいとき，その特性をもつものの比率Rは近似的に正規分布$N(\boxed{ケ}, \boxed{コ})$に従う」ということを習ったよね。この設定に当てはめて考えよう。

太郎：すると，$z = \dfrac{R - \boxed{ケ}}{\boxed{サ}}$ によって，確率変数zを定めると，zは標準正規分布に従うね。

花子：母比率pを信頼度99%で区間推定してみよう。$P(|z| \leq \boxed{シ})$が約0.99であることが，正規分布表からわかるよ。

太郎：nが十分大きいとき，大数の法則により，Rはpに近いとみなしてよいから，母比率pに対する信頼度99%の信頼区間は，
$[\boxed{ス} - \boxed{シ} \times \boxed{サ}, \boxed{ス} + \boxed{シ} \times \boxed{サ}]$ すなわち
$[\boxed{セ}, \boxed{ソ}]$ となるね。

(6) $\boxed{ケ}$，$\boxed{コ}$に当てはまるものを，次の⓪〜⑨のうちからそれぞれ一つずつ選べ。

⓪ 0　　① 1　　② p　　③ p^2　　④ $1-p$

⑤ $(1-p)^2$　⑥ $p(1-p)$　⑦ $np(1-p)$　⑧ $\dfrac{p(1-p)}{n}$　⑨ $\dfrac{p(1-p)}{n^2}$

(7) $\boxed{サ}$に当てはまるものを，次の⓪〜⑨のうちから一つ選べ。

⓪ $\dfrac{p}{n}$　① $\dfrac{p}{\sqrt{n}}$　② $\dfrac{\sqrt{p}}{n^2}$　③ $\dfrac{1-p}{\sqrt{n}}$

④ $\dfrac{\sqrt{1-p}}{n}$　⑤ $\dfrac{p(1-p)}{n^2}$　⑥ $\dfrac{p(1-p)}{\sqrt{n}}$　⑦ $\dfrac{\sqrt{p(1-p)}}{n^2}$

⑧ $\sqrt{\dfrac{p(1-p)}{n}}$　⑨ $\dfrac{\sqrt{p(1-p)}}{n}$

(8) シ に当てはまるものを，次の⓪〜⑨のうちから一つ選べ。

⓪ 0.10 ① 0.38 ② 0.88 ③ 0.99 ④ 1.38
⑤ 1.88 ⑥ 1.96 ⑦ 2.28 ⑧ 2.58 ⑨ 3.08

(9) ス , セ , ソ に当てはまるものを，次の⓪〜⑨のうちからそれぞれ一つずつ選べ。

⓪ 0.04 ① 0.09 ② 0.14 ③ 0.19 ④ 0.25
⑤ 0.29 ⑥ 0.32 ⑦ 0.36 ⑧ 0.41 ⑨ 0.47

正 規 分 布 表

次の表は，標準正規分布の分布曲線における右図の灰色部分の面積の値をまとめたものである。

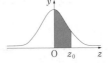

z_0	0.00	0.01	0.02	0.03	0.04	0.05	0.06	0.07	0.08	0.09
0.0	0.0000	0.0040	0.0080	0.0120	0.0160	0.0199	0.0239	0.0279	0.0319	0.0359
0.1	0.0398	0.0438	0.0478	0.0517	0.0557	0.0596	0.0636	0.0675	0.0714	0.0753
0.2	0.0793	0.0832	0.0871	0.0910	0.0948	0.0987	0.1026	0.1064	0.1103	0.1141
0.3	0.1179	0.1217	0.1255	0.1293	0.1331	0.1368	0.1406	0.1443	0.1480	0.1517
0.4	0.1554	0.1591	0.1628	0.1664	0.1700	0.1736	0.1772	0.1808	0.1844	0.1879
0.5	0.1915	0.1950	0.1985	0.2019	0.2054	0.2088	0.2123	0.2157	0.2190	0.2224
0.6	0.2257	0.2291	0.2324	0.2357	0.2389	0.2422	0.2454	0.2486	0.2517	0.2549
0.7	0.2580	0.2611	0.2642	0.2673	0.2704	0.2734	0.2764	0.2794	0.2823	0.2852
0.8	0.2881	0.2910	0.2939	0.2967	0.2995	0.3023	0.3051	0.3078	0.3106	0.3133
0.9	0.3159	0.3186	0.3212	0.3238	0.3264	0.3289	0.3315	0.3340	0.3365	0.3389
1.0	0.3413	0.3438	0.3461	0.3485	0.3508	0.3531	0.3554	0.3577	0.3599	0.3621
1.1	0.3643	0.3665	0.3686	0.3708	0.3729	0.3749	0.3770	0.3790	0.3810	0.3830
1.2	0.3849	0.3869	0.3888	0.3907	0.3925	0.3944	0.3962	0.3980	0.3997	0.4015
1.3	0.4032	0.4049	0.4066	0.4082	0.4099	0.4115	0.4131	0.4147	0.4162	0.4177
1.4	0.4192	0.4207	0.4222	0.4236	0.4251	0.4265	0.4279	0.4292	0.4306	0.4319
1.5	0.4332	0.4345	0.4357	0.4370	0.4382	0.4394	0.4406	0.4418	0.4429	0.4441
1.6	0.4452	0.4463	0.4474	0.4484	0.4495	0.4505	0.4515	0.4525	0.4535	0.4545
1.7	0.4554	0.4564	0.4573	0.4582	0.4591	0.4599	0.4608	0.4616	0.4625	0.4633
1.8	0.4641	0.4649	0.4656	0.4664	0.4671	0.4678	0.4686	0.4693	0.4699	0.4706
1.9	0.4713	0.4719	0.4726	0.4732	0.4738	0.4744	0.4750	0.4756	0.4761	0.4767
2.0	0.4772	0.4778	0.4783	0.4788	0.4793	0.4798	0.4803	0.4808	0.4812	0.4817
2.1	0.4821	0.4826	0.4830	0.4834	0.4838	0.4842	0.4846	0.4850	0.4854	0.4857
2.2	0.4861	0.4864	0.4868	0.4871	0.4875	0.4878	0.4881	0.4884	0.4887	0.4890
2.3	0.4893	0.4896	0.4898	0.4901	0.4904	0.4906	0.4909	0.4911	0.4913	0.4916
2.4	0.4918	0.4920	0.4922	0.4925	0.4927	0.4929	0.4931	0.4932	0.4934	0.4936
2.5	0.4938	0.4940	0.4941	0.4943	0.4945	0.4946	0.4948	0.4949	0.4951	0.4952
2.6	0.4953	0.4955	0.4956	0.4957	0.4959	0.4960	0.4961	0.4962	0.4963	0.4964
2.7	0.4965	0.4966	0.4967	0.4968	0.4969	0.4970	0.4971	0.4972	0.4973	0.4974
2.8	0.4974	0.4975	0.4976	0.4977	0.4977	0.4978	0.4979	0.4979	0.4980	0.4981
2.9	0.4981	0.4982	0.4982	0.4983	0.4984	0.4984	0.4985	0.4985	0.4986	0.4986
3.0	0.4987	0.4987	0.4987	0.4988	0.4988	0.4989	0.4989	0.4989	0.4990	0.4990

共通テスト 実戦創作問題：数学Ⅱ・数学B

問題番号 (配点)	解答記号	正 解	配点	チェック
第1問 (30)	ア, イ, ウ, エ	②, ④, ⑥, ⑧ (解答の順序は問わない)	4	
	オ	④	4	
	カ	6	4	
	キ, ク, ケ	⓪, ④, ⑧ (解答の順序は問わない)	3	
	コ, サ, シ	②, ⓪, ①	4	
	ス	③	3	
	セ	⑥	4	
	ソ	③	4	

問題番号 (配点)	解答記号	正 解	配点	チェック
第2問 (30)	ア	②	5	
	イ	④	5	
	ウ	③	5	
	エ	⑤	5	
	オカ	66	5	
	$\dfrac{キクケ}{コ}$	$\dfrac{125}{3}$	5	

共通テスト 実戦創作問題：数学Ⅱ・数学B〈解答〉

問題番号 （配点）	解答記号	正解	配点	チェック
第3問 (20)	ア, イ	⑤, ⑨	2	
	ウ, エ	①, ⑨	2	
	オ	④	2	
	カ, キ	②, ⑨	2	
	ク	④	2	
	ケ, コ	④, ⑧	2	
	サ	⑧	2	
	シ, ス	④, ⑧	2	
	セ	④	2	
	ソ, タ, チ, ツテ	5, 2, 3, 30	2	
第4問 (20)	ア	③	2	
	イ, ウ	④, ⓪	1	
	エ, オ	⑥, ⓪	1	
	カ, キ	⓪, ⑧	1	
	ク, ケ	③, ⑥	2	
	コ, サ	⑧, ⑥	2	
	シ, ス	⑧, ③	2	
	セ, ソ, タ	⑦, ⑦, ⑨	3	
	チ, ツ	⑦, ⑧	2	
	テ	⑥	2	
	ト	①	2	

問題番号 （配点）	解答記号	正解	配点	チェック
第5問 (20)	ア, イ	②, ⑦	2	
	ウ	②	2	
	エ	⑦	1	
	オ	⑥	1	
	カ, キ, ク	②, ⓪, ⑤	3	
	ケ, コ	②, ⑧	4	
	サ	⑧	2	
	シ	⑧	2	
	ス, セ, ソ	④, ②, ⑦	3	

（注）第1問，第2問は必答。第3問〜第5問のうちから2問選択。計4問を解答。

第1問 —— 三角関数，対数関数，円の方程式

〔1〕 標準 《三角関数》

(1) $\cos 0 = 1$, $\sin 0 = 0$ であるから，$\alpha = \beta = 0$ のとき，⓪と①と⑤は成立しない。
$\sin\dfrac{\pi}{4} = \cos\dfrac{\pi}{4} = \dfrac{\sqrt{2}}{2}$，$\cos\dfrac{\pi}{2} = 0$ であるから，$\alpha = \beta = \dfrac{\pi}{4}$ のとき，⑦と⑨は成立しない。
さらに，$\alpha = \pi$，$\beta = 0$ のとき
$$\sin(\alpha^2 - \beta^2) = \sin\pi^2 \neq 0, \quad \sin(\alpha+\beta)\sin(\alpha-\beta) = 0$$
であるから，③は成立しない。
したがって，任意の実数 α，β について成り立つものは，②，④，⑥，⑧ →ア，イ，ウ，エ である。

(2) 積から和に変形する公式
$$2\sin\alpha\cos\beta = \sin(\alpha+\beta) + \sin(\alpha-\beta)$$
を用いて

$$(\cos x + \cos 2x + \cos 3x) \times 2\sin\dfrac{x}{2}$$
$$= 2\sin\dfrac{x}{2}\cos x + 2\sin\dfrac{x}{2}\cos 2x + 2\sin\dfrac{x}{2}\cos 3x$$
$$= \left\{\sin\dfrac{3x}{2} + \sin\left(-\dfrac{x}{2}\right)\right\} + \left\{\sin\dfrac{5x}{2} + \sin\left(-\dfrac{3x}{2}\right)\right\} + \left\{\sin\dfrac{7x}{2} + \sin\left(-\dfrac{5x}{2}\right)\right\}$$
$$= \left(\sin\dfrac{3x}{2} - \sin\dfrac{x}{2}\right) + \left(\sin\dfrac{5x}{2} - \sin\dfrac{3x}{2}\right) + \left(\sin\dfrac{7x}{2} - \sin\dfrac{5x}{2}\right)$$
$$= \sin\dfrac{7x}{2} - \sin\dfrac{x}{2} \quad ④ →オ$$

(3) $0 < x < 2\pi$ のとき，$0 < \dfrac{x}{2} < \pi$ より，$\sin\dfrac{x}{2} > 0$ であるから

$$\cos x + \cos 2x + \cos 3x = 0 \quad \cdots\cdots ①$$
$$(\cos x + \cos 2x + \cos 3x) \times 2\sin\dfrac{x}{2} = 0$$
$$\sin\dfrac{7x}{2} - \sin\dfrac{x}{2} = 0$$
$$2\sin\dfrac{3x}{2}\cos 2x = 0$$
$$\sin\dfrac{3x}{2} = 0 \quad \cdots\cdots ② \quad \text{または} \quad \cos 2x = 0 \quad \cdots\cdots ③$$

$0 < \dfrac{3x}{2} < 3\pi$ より，②から

$$\frac{3x}{2} = \pi, 2\pi \quad \therefore \quad x = \frac{2\pi}{3}, \frac{4\pi}{3}$$

$0 < 2x < 4\pi$ より，③から

$$2x = \frac{\pi}{2}, \frac{3\pi}{2}, \frac{5\pi}{2}, \frac{7\pi}{2} \quad \therefore \quad x = \frac{\pi}{4}, \frac{3\pi}{4}, \frac{5\pi}{4}, \frac{7\pi}{4}$$

したがって，$0 < x < 2\pi$ の範囲で①を満たす x は $\boxed{6}$ 個 →カ ある。

解説

(1) 成立しないものを6個見つければよい。また，任意の実数 α, β について，②，④，⑥，⑧が成り立つことを示すには，以下の公式を用いればよい。

> **ポイント** 和から積に変形する公式
>
> $$\sin\alpha + \sin\beta = 2\sin\frac{\alpha+\beta}{2}\cos\frac{\alpha-\beta}{2}$$
>
> $$\sin\alpha - \sin\beta = 2\cos\frac{\alpha+\beta}{2}\sin\frac{\alpha-\beta}{2}$$
>
> $$\cos\alpha + \cos\beta = 2\cos\frac{\alpha+\beta}{2}\cos\frac{\alpha-\beta}{2}$$
>
> $$\cos\alpha - \cos\beta = -2\sin\frac{\alpha+\beta}{2}\sin\frac{\alpha-\beta}{2}$$
>
> **半角の公式**
>
> $$\cos^2\theta = \frac{1+\cos 2\theta}{2}, \quad \sin^2\theta = \frac{1-\cos 2\theta}{2}$$

$$\sin^2\alpha + \sin^2\beta = \frac{1-\cos 2\alpha}{2} + \frac{1-\cos 2\beta}{2}$$

$$= 1 - \frac{1}{2}(\cos 2\alpha + \cos 2\beta)$$

$$= 1 - \cos(\alpha+\beta)\cos(\alpha-\beta)$$

であるから，④の右辺は

$$\sin^2\alpha + 2\sin\alpha\sin\beta\cos(\alpha+\beta) + \sin^2\beta$$

$$= 1 - \cos(\alpha+\beta)\cos(\alpha-\beta) + 2\sin\alpha\sin\beta\cos(\alpha+\beta)$$

$$= 1 - \cos(\alpha+\beta)\{\cos(\alpha-\beta) - 2\sin\alpha\sin\beta\}$$

$$= 1 - \cos(\alpha+\beta)(\cos\alpha\cos\beta + \sin\alpha\sin\beta - 2\sin\alpha\sin\beta)$$

$$= 1 - \cos(\alpha+\beta)(\cos\alpha\cos\beta - \sin\alpha\sin\beta)$$

$$= 1 - \cos(\alpha+\beta)\cos(\alpha+\beta) = 1 - \cos^2(\alpha+\beta)$$

$$= \sin^2(\alpha+\beta)$$

となり，④が成立する。②と⑧についても同様である。

なお，2021年度本試験第1日程において，指数を含む数式に関して，常に成り立

つものとそうでないものを判断する問題が出題されている。本問と同じ傾向の問題であるので，参考にしてもらいたい。

(2) k が自然数のとき
$$2\sin\frac{x}{2}\cos kx = \sin\left(\frac{1}{2}+k\right)x + \sin\left(\frac{1}{2}-k\right)x = \sin\left(k+\frac{1}{2}\right)x - \sin\left(k-\frac{1}{2}\right)x$$
が成り立つことを利用する。

(3) (2)の結果を利用する。和から積に変形する公式を用いると
$$\sin\frac{7x}{2} - \sin\frac{x}{2} = 2\sin\frac{3x}{2}\cos 2x$$

〔2〕 易 《対数関数》

(1) $\log_a M + \log_a N = \log_a MN$, $\log_a M - \log_a N = \log_a \frac{M}{N}$
$b\log_a M = \log_a M^b$, $a^{\log_a x} = x$
が成り立つから，⓪，④，⑧ →キ，ク，ケ が成り立つ。

(2) $t = \log_a b$ とおくと
$$X = t^2, \quad Y = 2t, \quad Z = \log_a t$$
$1 < b < a$ より $0 < \log_a b < \log_a a$ ∴ $0 < t < 1$
このとき，$Z < 0 < t^2 < 2t$ が成立し，$Z < X < Y$ ②，⓪，① →コ，サ，シ となる。

解説

(1) $a^{\log_a x} = y$ とおくと，対数の定義より
$$\log_a x = \log_a y \quad \therefore \quad x = y$$
したがって，$a^{\log_a x} = x$ が成り立つ。

(2) $\log_a b = t$ とおいて，X, Y, Z を t で表すと考えやすくなる。

〔3〕 易 《円の方程式》

(1) 円 D_k は，$x^2 + y^2 - 9 + k(x + 2y - 5) = 0$ と表され，これを変形すると
$$\left(x+\frac{k}{2}\right)^2 + (y+k)^2 = \frac{5}{4}k^2 + 5k + 9$$
したがって，円の中心は $\left(-\frac{k}{2}, -k\right)$ で，直線 $y = 2x$ ③ →ス 上にある。

(2) 円 C_2 の半径が 7 であるから

$$\sqrt{\frac{5}{4}k^2+5k+9}=7 \quad k^2+4k-32=0 \quad \therefore \quad k=-8, \ 4$$

よって，第一象限にある中心は，$(4, \ 8)$　⑥　→セ であり，
もう一つの中心は，$(-2, \ -4)$　③　→ソ である．

別解　(1)　2円 C_1 と C_2 の交点を A，B とおき，円 C_2 の中心を O′ とおくと，直線 OO′ は線分 AB の垂直二等分線だから，傾きが 2 であり，O′ は直線 $y=2x$ 上にある．

(2)　円 C_2 の中心を O′$(t, \ 2t)$ とおくと
$$C_2 : (x-t)^2+(y-2t)^2=49$$
$$x^2+y^2-2t(x+2y)+5t^2-49=0$$

C_1，C_2 の交点の一つを $(x_0, \ y_0)$ とおくと
$$x_0{}^2+y_0{}^2=9, \quad x_0+2y_0=5, \quad x_0{}^2+y_0{}^2-2t(x_0+2y_0)+5t^2-49=0$$

x_0，y_0 を消去すると
$$9-10t+5t^2-49=0 \quad 5t^2-10t-40=0$$
$$t^2-2t-8=0 \quad \therefore \quad t=-2, \ 4$$

よって，円 C_2 の中心の座標は，$(-2, \ -4)$，$(4, \ 8)$ で，このうち，第一象限にあるものは $(4, \ 8)$ である．

解説

円 $C : x^2+y^2+ax+by+c=0$ と直線 $l : px+qy+r=0$ が交わるとき，交点の座標を $(x_0, \ y_0)$ とおくと
$$x_0{}^2+y_0{}^2+ax_0+by_0+c=0, \quad px_0+qy_0+r=0$$

このとき
$$x_0{}^2+y_0{}^2+ax_0+by_0+c+k(px_0+qy_0+r)=0+k\cdot 0=0$$

したがって
$$x^2+y^2+ax+by+c+k(px+qy+r)=0 \quad \cdots\cdots(*)$$

は，C と l の交点を通る曲線を表すが
$$(*) \iff x^2+y^2+(a+kp)x+(b+kq)y+c+kr=0$$

より，$(*)$ は C と l の交点を通る円の方程式である．
本問では，C_1 と C_2 の交点は，C_1 と直線 $x+2y-5=0$ の交点だから
$$D_k : x^2+y^2-9+k(x+2y-5)=0$$

と表される．

第2問 ── 3次方程式，接線の方程式，定積分で表された関数，面積

[1] 標準 《3次方程式，接線の方程式》

（条件1）と（条件2）から，方程式 $f(x)=0$ は $x=p-qi$ を解にもつ。
実数解を t とおくと，x^3 の係数が 1 であるから，因数定理より
$$f(x) = \{x-(p+qi)\}\{x-(p-qi)\}(x-t)$$
$$= \{(x-p)-qi\}\{(x-p)+qi\}(x-t)$$
$$= \{(x-p)^2+q^2\}(x-t)$$
と表される。
$$f(x) = (x^2-2px+p^2+q^2)(x-t)$$
$$= x^3 - (2p+t)x^2 + (p^2+q^2+2pt)x - (p^2+q^2)t$$
$$f'(x) = 3x^2 - 2(2p+t)x + p^2+q^2+2pt$$
したがって，$y=f(x)$ 上の点 $(p, f(p))$ における接線の傾きは
$$f'(p) = 3p^2 - 2(2p+t)p + p^2+q^2+2pt = q^2 \quad \boxed{④} \rightarrow \text{イ}$$
また，$f(p)=q^2(p-t)$ であるから，接線の方程式は
$$y = q^2(x-p) + q^2(p-t)$$
$$y = q^2(x-t)$$
であり，x 軸との交点は $x=t$ だから，（条件3）から，$t=r$ である。
よって，$f(x)=0$ の実数解は $x=r$ $\boxed{②} \rightarrow \text{ア}$ である。

解説

実数係数の n 次方程式 $f(x)=0$ が虚数解 $p+qi$ $(q \neq 0)$ をもつとき，$p-qi$ も解である。n が奇数のとき，方程式 $f(x)=0$ は少なくとも一つの実数解をもつ。
このことと，因数定理を利用する。

> **ポイント** 因数定理
> 多項式 $f(x)$ が $f(a)=0$ を満たす。$\iff$ $f(x)$ は $x-a$ で割り切れる。

また，点 $(p, f(p))$ における接線の方程式は
$$y - f(p) = f'(p)(x-p)$$
である。

〔2〕 標準 《定積分で表された関数，面積》

(1) $F(t)=f(t)-g(t)$ とおくと，$f(-3)=g(-3)$，$f(2)=g(2)$ より
$$F(-3)=F(2)=0$$
したがって，因数定理より
$$F(t)=c(t+3)(t-2)$$
と表される。
$f(t)$，$g(t)$ の t^2 の係数は，それぞれ正の数，負の数であるから
$$c>0$$

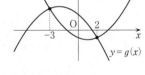

$G(x)=\int_0^x F(t)\,dt$，$H(x)=\int_1^x |F(t)|\,dt$ とおくと
$$G'(x)=F(x)=c(x+3)(x-2)$$
$G(x)$ の増減表は，右のようになり，$G(0)=0$ だから，$y=G(x)$ のグラフは ③ →ウ である。
さらに
$$H'(x)=|F(x)|=|c|(x+3)(x-2)|\geqq 0$$
したがって，$y=H(x)$ は増加関数で，$H(1)=0$ であるから，$y=H(x)$ のグラフは ⑤ →エ である。

x	$\cdots$	-3	$\cdots$	2	$\cdots$
$G'(x)$	$+$	0	$-$	0	$+$
$G(x)$	↗		↘		↗

(2) $f(x)$ の x^2 の係数が 2 であり，$g(x)$ の x^2 の係数が -2 であることより
$$c=4, \quad F(x)=4(x+3)(x-2)$$
よって
$$S=\int_{-2}^1 \{g(x)-f(x)\}dx = -\int_{-2}^1 F(x)\,dx$$
$$=-4\int_{-2}^1 (x+3)(x-2)\,dx = -4\int_{-2}^1 (x^2+x-6)\,dx$$
$$=-4\left[\frac{1}{3}x^3+\frac{1}{2}x^2-6x\right]_{-2}^1 = \boxed{66} \quad →オカ$$

(3) $f(x)$ の x^2 の係数が 1 であり，$g(x)$ の x^2 の係数が -1 であることより
$$c=2, \quad F(x)=2(x+3)(x-2)$$
よって
$$T=\int_{-3}^2 \{g(x)-f(x)\}dx = -\int_{-3}^2 F(x)\,dx$$
$$=-2\int_{-3}^2 (x+3)(x-2)\,dx$$
$$=\frac{2}{6}(2+3)^3 = \boxed{\dfrac{125}{3}} \quad →キクケ，コ$$

解 説

(1) $f(-3)=g(-3)$, $f(2)=g(2)$ より，因数定理から
$$f(x)-g(x)=c(x+3)(x-2)$$
と表される。

a が定数で，$F(t)$ が t の多項式のとき
$$\frac{d}{dx}\int_a^x F(t)\,dt = F(x), \quad \frac{d}{dx}\int_a^x |F(t)|\,dt = |F(x)|$$
が成り立つことを利用して，x の関数
$$\int_0^x \{f(t)-g(t)\}\,dt, \quad \int_1^x |f(t)-g(t)|\,dt$$
の増減を調べればよい。

(2) $a \leq x \leq b$ において，$f(x) \geq g(x)$ が成り立つとき，2曲線 $y=f(x)$, $y=g(x)$ と 2直線 $x=a$, $x=b$ で囲まれた部分の面積 S は

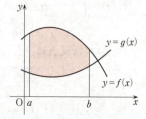

$$S=\int_a^b \{f(x)-g(x)\}\,dx$$
で与えられる。したがって，c の値を求めて
$$S=-\int_{-2}^1 F(x)\,dx$$
を計算すればよい。

(3) c の値を求めて，$T=-\displaystyle\int_{-3}^2 F(x)\,dx$ を計算すればよい。

公式 $\displaystyle\int_\alpha^\beta (x-\alpha)(x-\beta)\,dx = -\frac{1}{6}(\beta-\alpha)^3$ が利用できる。

(証明)
$$\int_\alpha^\beta (x-\alpha)(x-\beta)\,dx = \int_\alpha^\beta (x-\alpha)\{(x-\alpha)-(\beta-\alpha)\}\,dx$$
$$= \int_\alpha^\beta \{(x-\alpha)^2-(\beta-\alpha)(x-\alpha)\}\,dx$$
$$= \left[\frac{1}{3}(x-\alpha)^3-\frac{1}{2}(\beta-\alpha)(x-\alpha)^2\right]_\alpha^\beta$$
$$= \frac{1}{3}(\beta-\alpha)^3-\frac{1}{2}(\beta-\alpha)^3$$
$$= -\frac{1}{6}(\beta-\alpha)^3$$
(証明終)

第3問　標準　《数列の和》

(1) $\sum_{k=1}^{n}(a_{k+1}-a_k)b_{k+1}+\sum_{k=1}^{n}a_k(b_{k+1}-b_k)$

$=\sum_{k=1}^{n}\{(a_{k+1}-a_k)b_{k+1}+a_k(b_{k+1}-b_k)\}$

$=\sum_{k=1}^{n}(a_{k+1}b_{k+1}-a_kb_k)$

$=(a_2b_2+a_3b_3+\cdots+a_nb_n+a_{n+1}b_{n+1})-(a_1b_1+a_2b_2+\cdots+a_nb_n)$

$=a_{n+1}b_{n+1}-a_1b_1$　⑤，⑨　→ア，イ

したがって

$\sum_{k=1}^{n}(a_{k+1}-a_k)b_{k+1}+\sum_{k=1}^{n}a_k(b_{k+1}-b_k)=\sum_{k=1}^{n}(a_{k+1}b_{k+1}-a_kb_k)$

$\phantom{\sum_{k=1}^{n}(a_{k+1}-a_k)b_{k+1}+\sum_{k=1}^{n}a_k(b_{k+1}-b_k)}=a_{n+1}b_{n+1}-a_1b_1$　……（＊）

[i] (2) $a_n=n$, $b_n=n-1$ ($n=1, 2, 3, \cdots$) のとき

$a_{k+1}b_{k+1}-a_kb_k=(k+1)k-k(k-1)=2k$

$a_{n+1}b_{n+1}-a_1b_1=(n+1)n-1\cdot 0=n(n+1)$

よって

（＊）の左辺 $=\sum_{k=1}^{n}2k$　①　→ウ

（＊）の右辺 $=n(n+1)$　⑨　→エ

(3) (2)の結果より　$\sum_{k=1}^{n}2k=n(n+1)$

よって　$\sum_{k=1}^{n}k=\frac{1}{2}n(n+1)$　④　→オ

[ii] (4) $a_n=n^2$, $b_n=n-1$ ($n=1, 2, 3, \cdots$) のとき

$a_{k+1}b_{k+1}-a_kb_k=(k+1)^2k-k^2(k-1)=3k^2+k$

$a_{n+1}b_{n+1}-a_1b_1=(n+1)^2n-1\cdot 0=n(n+1)^2$

よって

（＊）の左辺 $=\sum_{k=1}^{n}(3k^2+k)$　②　→カ

（＊）の右辺 $=n(n+1)^2$　⑨　→キ

(5) (4)の結果より　$\sum_{k=1}^{n}(3k^2+k)=n(n+1)^2$

よって

$3\sum_{k=1}^{n}k^2=n(n+1)^2-\sum_{k=1}^{n}k$

$$= n(n+1)^2 - \frac{1}{2}n(n+1) \quad (オより)$$

$$= n(n+1)\left\{(n+1) - \frac{1}{2}\right\} = \frac{1}{2}n(n+1)(2n+1)$$

$$\sum_{k=1}^{n} k^2 = \frac{1}{6}n(n+1)(2n+1) \quad \boxed{④} \to ク$$

[iii] (6) $a_n = n^2$, $b_n = (n-1)^2$ $(n=1, 2, 3, \cdots)$ のとき

$$a_{k+1}b_{k+1} - a_k b_k = (k+1)^2 k^2 - k^2 (k-1)^2 = 4k^3$$

$$a_{n+1}b_{n+1} - a_1 b_1 = (n+1)^2 n^2 - 1 \cdot 0 = n^2(n+1)^2$$

よって

$$(*)の左辺 = \sum_{k=1}^{n} 4k^3 \quad \boxed{④} \to ケ$$

$$(*)の右辺 = n^2(n+1)^2 \quad \boxed{⑧} \to コ$$

(7) (6)の結果より $\quad \sum_{k=1}^{n} 4k^3 = n^2(n+1)^2$

よって $\quad \sum_{k=1}^{n} k^3 = \frac{1}{4}n^2(n+1)^2 \quad \boxed{⑧} \to サ$

[iv] (8) $a_n = (n-1)^3$, $b_n = (n-1)^2$ $(n=1, 2, 3, \cdots)$ のとき

$$a_{k+1}b_{k+1} - a_k b_k = k^3 \cdot k^2 - (k-1)^3(k-1)^2 = k^5 - (k-1)^5$$

$$= 5k^4 - 10k^3 + 10k^2 - 5k + 1$$

$$a_{n+1}b_{n+1} - a_1 b_1 = n^3 \cdot n^2 - 0 = n^5$$

よって

$$(*)の左辺 = \sum_{k=1}^{n}(5k^4 - 10k^3 + 10k^2 - 5k + 1) \quad \boxed{④} \to シ$$

$$(*)の右辺 = n^5 \quad \boxed{⑧} \to ス$$

(9) (8)の結果から

$$5\sum_{k=1}^{n}(k^4 - 2k^3 + 2k^2 - k) + n = n^5$$

$$\frac{n^5 - n}{5} = \sum_{k=1}^{n}(k^4 - 2k^3 + 2k^2 - k) \quad \boxed{④} \to セ$$

(10) (9)の結果より

$$\sum_{k=1}^{n} k^4 = 2\sum_{k=1}^{n} k^3 - 2\sum_{k=1}^{n} k^2 + \sum_{k=1}^{n} k + \frac{1}{5}(n^5 - n)$$

$$= \frac{1}{2}n^2(n+1)^2 - \frac{1}{3}n(n+1)(2n+1) + \frac{1}{2}n(n+1) + \frac{1}{5}(n^5 - n)$$

$$= \frac{1}{6}n(n+1)\{3n(n+1) - 2(2n+1) + 3\} + \frac{1}{5}(n^5 - n)$$

$$= \frac{1}{6}(n^2 + n)(3n^2 - n + 1) + \frac{1}{5}(n^5 - n)$$

$$= \frac{1}{6}(3n^4+2n^3+n) + \frac{1}{5}(n^5-n)$$

$$= \frac{1}{\boxed{5}}n^5 + \frac{1}{\boxed{2}}n^4 + \frac{1}{\boxed{3}}n^3 - \frac{1}{\boxed{30}}n \quad \rightarrow ソ,タ,チ,ツテ$$

解説

[i] 等式(∗)を利用して，$\sum_{k=1}^{n} k$ を求める問題である。(∗)の左辺が

$$\sum_{k=1}^{n}(a_{k+1}b_{k+1} - a_k b_k)$$

であるから，$a_{k+1}b_{k+1} - a_k b_k$ を求めて，(∗)を書き換えればよい。

[ii]〜[iv] 考え方は[i]と同様であるが，得られた(∗)の式と前問までの結果を利用して，$\sum_{k=1}^{n} k^2$, $\sum_{k=1}^{n} k^3$, $\sum_{k=1}^{n} k^4$ を求めていく。工夫して計算することがポイントである。

第4問 標準 《ベクトル》

(1) $AB + BC + CA = 40$ より

$$AX + AC + CD = 20$$

よって

$$AX = 20 - AC - CD = 20 - 10 - \frac{14}{2} = 3$$

同様に

$$BY = 20 - BC - CE = 20 - 14 - \frac{10}{2} = 1$$

$$CZ = 20 - AC - AF = 20 - 10 - \frac{16}{2} = 2$$

したがって，AX，BY，CZ の長さについて ③ →ア がいえる。

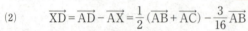

(2) $\overrightarrow{XD} = \overrightarrow{AD} - \overrightarrow{AX} = \frac{1}{2}(\overrightarrow{AB} + \overrightarrow{AC}) - \frac{3}{16}\overrightarrow{AB}$

$$= \frac{5}{16}\overrightarrow{AB} + \frac{1}{2}\overrightarrow{AC} \quad ④，⓪ →イ，ウ$$

$\overrightarrow{YE} = \overrightarrow{BE} - \overrightarrow{BY} = \frac{1}{2}(\overrightarrow{BA} + \overrightarrow{BC}) - \frac{1}{16}\overrightarrow{BA}$

$$= \frac{7}{16}\overrightarrow{BA} + \frac{1}{2}\overrightarrow{BC} \quad ⑥，⓪ →エ，オ$$

$\overrightarrow{ZF} = \overrightarrow{CF} - \overrightarrow{CZ} = \frac{1}{2}(\overrightarrow{CA} + \overrightarrow{CB}) - \frac{1}{7}\overrightarrow{CB}$

$$= \frac{1}{2}\overrightarrow{CA} + \frac{5}{14}\overrightarrow{CB} \quad ⓪，⑧ →カ，キ$$

(3) I が三角形 ABC の内心だから

$$14\overrightarrow{AI} + 10\overrightarrow{BI} + 16\overrightarrow{CI} = \vec{0} \quad 7\overrightarrow{AI} + 5\overrightarrow{BI} + 8\overrightarrow{CI} = \vec{0}$$

A を始点としたベクトルで表すと

$$7\overrightarrow{AI} + 5(\overrightarrow{AI} - \overrightarrow{AB}) + 8(\overrightarrow{AI} - \overrightarrow{AC}) = \vec{0}$$

$$\therefore \overrightarrow{AI} = \frac{5\overrightarrow{AB} + 8\overrightarrow{AC}}{20} = \frac{1}{4}\overrightarrow{AB} + \frac{2}{5}\overrightarrow{AC} \quad ③，⑥ →ク，ケ$$

同様にして

$$\overrightarrow{BI} = \frac{7}{20}\overrightarrow{BA} + \frac{2}{5}\overrightarrow{BC} \quad ⑧，⑥ →コ，サ$$

$$\overrightarrow{CI} = \frac{7}{20}\overrightarrow{CA} + \frac{1}{4}\overrightarrow{CB} \quad ⑧，③ →シ，ス$$

(4) (2), (3) の結果から

$$16\overrightarrow{XD} = 5\overrightarrow{AB} + 8\overrightarrow{AC} = 20\overrightarrow{AI}$$

$$16\overrightarrow{YE} = 7\overrightarrow{BA} + 8\overrightarrow{BC} = 20\overrightarrow{BI}$$
$$14\overrightarrow{ZF} = 7\overrightarrow{CA} + 5\overrightarrow{CB} = 20\overrightarrow{CI}$$

であるから

$$\overrightarrow{XD} = \frac{5}{4}\overrightarrow{AI}, \quad \overrightarrow{YE} = \frac{5}{4}\overrightarrow{BI}, \quad \overrightarrow{ZF} = \frac{10}{7}\overrightarrow{CI} \quad \boxed{⑦}, \boxed{⑦}, \boxed{⑨}$$

→セ, ソ, タ

(5) 以下, $\overrightarrow{AB} = \vec{b}, \overrightarrow{AC} = \vec{c}$ とおく。

$DS_1 : S_1X = k : 1-k, \quad YS_1 : S_1E = l : 1-l$ とおくと

$$\overrightarrow{AS_1} = \overrightarrow{AD} + \overrightarrow{DS_1} = \overrightarrow{AD} + k\overrightarrow{DX} = \overrightarrow{AD} - k\overrightarrow{XD}$$
$$= \frac{1}{2}(\vec{b} + \vec{c}) - k\left(\frac{5}{16}\vec{b} + \frac{1}{2}\vec{c}\right)$$
$$= \left(-\frac{5}{16}k + \frac{1}{2}\right)\vec{b} + \left(-\frac{k}{2} + \frac{1}{2}\right)\vec{c}$$

また

$$\overrightarrow{YE} = \overrightarrow{AE} - \overrightarrow{AY} = -\frac{15}{16}\vec{b} + \frac{1}{2}\vec{c}$$

であるから

$$\overrightarrow{AS_1} = \overrightarrow{AY} + \overrightarrow{YS_1} = \overrightarrow{AY} + l\overrightarrow{YE}$$
$$= \frac{15}{16}\vec{b} + l\left(-\frac{15}{16}\vec{b} + \frac{1}{2}\vec{c}\right)$$
$$= \frac{15(1-l)}{16}\vec{b} + \frac{l}{2}\vec{c}$$

$\vec{b} \not\parallel \vec{c}, \vec{b} \neq \vec{0}, \vec{c} \neq \vec{0}$ であるから

$$-\frac{5}{16}k + \frac{1}{2} = \frac{15(1-l)}{16}, \quad -\frac{k}{2} + \frac{1}{2} = \frac{l}{2}$$

よって, $k = \frac{2}{5}, l = \frac{3}{5}$ であり

$$\overrightarrow{AS_1} = \frac{3}{8}\vec{b} + \frac{3}{10}\vec{c} = \frac{3}{8}\overrightarrow{AB} + \frac{3}{10}\overrightarrow{AC} \quad \boxed{⑦}, \boxed{⑧} \quad →チ, ツ$$

$\overrightarrow{AS_2}$ も同様にして, $\overrightarrow{AS_2} = \frac{3}{8}\overrightarrow{AB} + \frac{3}{10}\overrightarrow{AC}$ となることがわかる。

(6) (5)の結果から, $\overrightarrow{AS} = \frac{3}{8}\vec{b} + \frac{3}{10}\vec{c}$ であるから

$$\overrightarrow{SD} = \overrightarrow{AD} - \overrightarrow{AS} = \frac{1}{2}(\vec{b} + \vec{c}) - \left(\frac{3}{8}\vec{b} + \frac{3}{10}\vec{c}\right) = \frac{1}{8}\vec{b} + \frac{1}{5}\vec{c} \quad \cdots\cdots ①$$

$$\overrightarrow{SE} = \overrightarrow{AE} - \overrightarrow{AS} = \frac{1}{2}\vec{c} - \left(\frac{3}{8}\vec{b} + \frac{3}{10}\vec{c}\right) = -\frac{3}{8}\vec{b} + \frac{1}{5}\vec{c} \quad \cdots\cdots ②$$

$$\overrightarrow{SF} = \overrightarrow{AF} - \overrightarrow{AS} = \frac{1}{2}\vec{b} - \left(\frac{3}{8}\vec{b} + \frac{3}{10}\vec{c}\right) = \frac{1}{8}\vec{b} - \frac{3}{10}\vec{c} \quad \cdots\cdots ③$$

①, ②より
$$\vec{b} = 2(\overrightarrow{SD} - \overrightarrow{SE}), \quad \vec{c} = \frac{5}{4}(3\overrightarrow{SD} + \overrightarrow{SE}) \quad \cdots\cdots ④$$

③, ④より $\vec{b}, \vec{c}$ を消去すると
$$\overrightarrow{SF} = \frac{1}{4}(\overrightarrow{SD} - \overrightarrow{SE}) - \frac{3}{8}(3\overrightarrow{SD} + \overrightarrow{SE})$$

よって
$$7\overrightarrow{SD} + 5\overrightarrow{SE} + 8\overrightarrow{SF} = \vec{0} \quad \boxed{⑥} \to \text{テ} \quad \cdots\cdots ⑤$$

(7) 中点連結定理から
$$DE = \frac{1}{2}AB = 8, \quad EF = \frac{1}{2}BC = 7, \quad FD = \frac{1}{2}AC = 5$$

したがって，⑤から，Sは△DEFの内心 $\boxed{①} \to \text{ト}$ である。

解説

(1) 線分 AX, BY, CZ を含む半周の長さをそれぞれ考えればよい。

(2) $\overrightarrow{XD} = \overrightarrow{AD} - \overrightarrow{AX}$ だから，$\overrightarrow{AD}, \overrightarrow{AX}$ を $\overrightarrow{AB}, \overrightarrow{AC}$ で表せばよい。$\overrightarrow{YE}, \overrightarrow{ZF}$ についても同様である。

(3) Iが△ABCの内心である条件式を，Aを始点としたベクトルで表せば，$\overrightarrow{AI}$ を $\overrightarrow{AB}, \overrightarrow{AC}$ で表せる。$\overrightarrow{BI}, \overrightarrow{CI}$ についても同様である。

(5) $DS_1 : S_1X = k : 1-k$, $YS_1 : S_1E = l : 1-l$ とおくと
$$\overrightarrow{AS_1} = \overrightarrow{AD} + k\overrightarrow{DX}, \quad \overrightarrow{AS_1} = \overrightarrow{AY} + l\overrightarrow{YE}$$
この2式を利用して，$\overrightarrow{AS_1}$ を，$\overrightarrow{AB}, \overrightarrow{AC}$ を用いて2通りに表して
「$a\overrightarrow{AB} + b\overrightarrow{AC} = a'\overrightarrow{AB} + b'\overrightarrow{AC}$ ならば，$a = a', b = b'$」
が成り立つことを用いる。

(6) (5)の結果を用いて，$\overrightarrow{SD}, \overrightarrow{SE}, \overrightarrow{SF}$ を $\overrightarrow{AB}, \overrightarrow{AC}$ で表し，得られた3つの関係式から $\overrightarrow{AB}, \overrightarrow{AC}$ を消去して，$\overrightarrow{SD}, \overrightarrow{SE}, \overrightarrow{SF}$ の関係式を求めればよい。

(7) 中点連結定理を利用して△DEFの各辺の長さを求める。Sが△DEFの内心であることは，三角形の内心についての太郎の発言内容から容易にわかる。

第5問 〈標準〉 《正規分布，母平均の推定，母比率の推定》

(1) 母平均が m，母標準偏差が σ である母集団から抽出された大きさ n の無作為標本の標本平均 $\overline{X}$ は，n が大きいとき，近似的に正規分布

$$N\left(m, \frac{\sigma^2}{n}\right) \quad \boxed{②}, \boxed{⑦} \to ア, イ$$

に従う。

(2) n が大きくなると，$\overline{X}$ の分散 $\dfrac{\sigma^2}{n}$ は小さくなる。 $\boxed{②} \to ウ$

(3) 以下，母集団が正規分布 $N(m, \sigma^2)$ に従うと仮定すると，大きさ n の標本の標本平均 $\overline{X}$ は，正規分布 $N\left(m, \dfrac{\sigma^2}{n}\right)$ に従い

$$Z = \frac{\overline{X} - m}{\dfrac{\sigma}{\sqrt{n}}} \quad \boxed{⑦} \to エ$$

によって，確率変数 Z を定めると，Z は標準正規分布 $N(0, 1)$ に従う。

(4) $P(|Z| \leqq a) = 0.95$ とおくと，Z は標準正規分布に従うから

$$0.95 = P(|Z| \leqq a) = 2P(0 \leqq Z \leqq a)$$
$$P(0 \leqq Z \leqq a) = 0.475$$

これを満たす a の値は，正規分布表から

$$a = 1.96 \quad \boxed{⑥} \to オ$$

(5) $|Z| \leqq 1.96 \iff |\overline{X} - m| \leqq 1.96 \times \dfrac{\sigma}{\sqrt{n}}$

$$\iff m - 1.96 \times \frac{\sigma}{\sqrt{n}} \leqq \overline{X} \leqq m + 1.96 \times \frac{\sigma}{\sqrt{n}}$$

よって，信頼度95％の信頼区間は

$$\left[\overline{X} - 1.96 \times \frac{\sigma}{\sqrt{n}}, \ \overline{X} + 1.96 \times \frac{\sigma}{\sqrt{n}}\right]$$

であり，$\overline{X} = 170$ $\boxed{②} \to カ$，$n = 64$ である。
また，母標準偏差の代わりに標本標準偏差10を代用するので，$\sigma = 10$ より，信頼度95％の信頼区間は

$$\left[170 - 1.96 \times \frac{10}{8}, \ 170 + 1.96 \times \frac{10}{8}\right]$$

すなわち

$$[167.55, 172.45] \quad \boxed{⓪}, \boxed{⑤} \to キ, ク$$

(6) 母比率が p である母集団から，大きさ n の無作為標本を抽出するとき，n が大

きいとき，標本比率 R は近似的に正規分布

$$N\left(p,\ \frac{p(1-p)}{n}\right)\quad \boxed{②},\ \boxed{⑧} \to ケ,\ コ$$

に従う．

(7) $$z = \frac{R-p}{\sqrt{\dfrac{p(1-p)}{n}}}\quad \boxed{⑧} \to サ$$

によって，確率変数 z を定めると，z は標準正規分布に従う．

(8) (7)の結果から，$P(|z|\leq a)=0.99$ とおくと

$0.99 = P(|z|\leq a) = 2P(0\leq z\leq a)$

$P(0\leq z\leq a) = 0.495$

これを満たす a の値は，正規分布表から

$a = 2.58$ $\boxed{⑧} \to シ$

(9) 信頼度 99% の信頼区間は

$$\left[p - 2.58\times\sqrt{\frac{p(1-p)}{n}},\ p + 2.58\times\sqrt{\frac{p(1-p)}{n}}\right]$$

n が十分大きいとき，大数の法則により，R は p に近いとみなしてよいから，

$p = \dfrac{1}{4} = 0.25$ $\boxed{④} \to ス$，$n = 100$ として，信頼度 99% の信頼区間は

$$\left[0.25 - 2.58\times\frac{\sqrt{3}}{40},\ 0.25 + 2.58\times\frac{\sqrt{3}}{40}\right]$$

すなわち

$[0.14,\ 0.36]$ $\boxed{②},\ \boxed{⑦} \to セ,\ ソ$

解説

> **ポイント** 標本平均の分布
>
> 母平均が m，母標準偏差が σ である母集団から抽出された大きさ n の無作為標本の標本平均を $\overline{X}$ で表すと
>
> $\overline{X}$ の平均 $= m$　　$\overline{X}$ の分散 $= \dfrac{\sigma^2}{n}$
>
> n が大きいとき，あるいは，母集団が正規分布に従っているとき，$\overline{X}$ は正規分布 $N\left(m,\ \dfrac{\sigma^2}{n}\right)$ に従い，$Z = \dfrac{\overline{X}-m}{\dfrac{\sigma}{\sqrt{n}}}$ によって，確率変数 Z を定めると，Z は標準正規分布 $N(0,\ 1)$ に従う．

> **ポイント** 標本比率の分布
>
> 母比率 p, 大きさ n の無作為標本の標本比率を R とすると
>
> $$R \text{ の平均} = p \qquad R \text{ の標準偏差} = \sqrt{\frac{p(1-p)}{n}}$$
>
> 標本の大きさ n が大きいとき，標本比率 R は近似的に正規分布 $N\left(p, \dfrac{p(1-p)}{n}\right)$ に従う。

> **ポイント** 信頼区間
>
> $\overline{X}$ が正規分布 $N\left(m, \dfrac{\sigma^2}{n}\right)$ に従っているとき
>
> 信頼度 95 % の信頼区間は $\left[\overline{X} - 1.96 \times \dfrac{\sigma}{\sqrt{n}},\ \overline{X} + 1.96 \times \dfrac{\sigma}{\sqrt{n}}\right]$
>
> 信頼度 99 % の信頼区間は $\left[\overline{X} - 2.58 \times \dfrac{\sigma}{\sqrt{n}},\ \overline{X} + 2.58 \times \dfrac{\sigma}{\sqrt{n}}\right]$
>
> で与えられる。

解答・解説編

Keys & Answers

解答・解説編

＜共通テスト＞
- 2021年度　数学Ⅰ・A／Ⅱ・B　本試験(第1日程)
  　　　　　数学Ⅰ／Ⅱ　　　　本試験(第1日程)
- 2021年度　数学Ⅰ・A／Ⅱ・B　本試験(第2日程)
- 第2回　試行調査　数学Ⅰ・A／Ⅱ・B
- 第1回　試行調査　数学Ⅰ・A／Ⅱ・B

＜センター試験＞
- 2020年度　数学Ⅰ・A／Ⅱ・B　本試験・追試験
  　　　　　数学Ⅰ／Ⅱ　　　　本試験
- 2019年度　数学Ⅰ・A／Ⅱ・B　本試験・追試験
- 2018年度　数学Ⅰ・A／Ⅱ・B　本試験・追試験
- 2017年度　数学Ⅰ・A／Ⅱ・B　本試験
- 2016年度　数学Ⅰ・A／Ⅱ・B　本試験
- 2015年度　数学Ⅰ・A／Ⅱ・B　本試験

✔ 解答・配点に関する注意

本書に掲載している正解および配点は，大学入試センターから公表されたものをそのまま掲載しています。

数学Ⅰ・数学A

問題番号 (配点)	解答記号	正解	配点	チェック
第1問 (30)	$(アx+イ)(x-ウ)$	$(2x+5)(x-2)$	2	
	$\dfrac{-エ\pm\sqrt{オカ}}{キ}$	$\dfrac{-5\pm\sqrt{65}}{4}$	2	
	$\dfrac{ク+\sqrt{ケコ}}{サ}$	$\dfrac{5+\sqrt{65}}{2}$	2	
	シ	6	2	
	ス	3	2	
	$\dfrac{セ}{ソ}$	$\dfrac{4}{5}$	2	
	タチ	12	2	
	ツテ	12	2	
	ト	②	1	
	ナ	⓪	1	
	ニ	①	1	
	ヌ	③	3	
	ネ	②	2	
	ノ	②	2	
	ハ	⓪	2	
	ヒ	③	2	

問題番号 (配点)	解答記号	正解	配点	チェック
第2問 (30)	ア	②	3	
	$イウx+\dfrac{エオ}{5}$	$-2x+\dfrac{44}{5}$	3	
	カ.キク	2.00	2	
	ケ.コサ	2.20	3	
	シ.スセ	4.40	2	
	ソ	③	2	
	タとチ	①と③ (解答の順序は問わない)	4 (各2)	
	ツ	①	2	
	テ	④	3	
	ト	⑤	3	
	ナ	②	3	

2021年度：数学Ⅰ・A／本試験（第1日程）〈解答〉

問題番号 (配点)	解答記号	正解	配点	チェック
第3問 (20)	アイ	$\dfrac{3}{8}$	2	
	ウエ	$\dfrac{4}{9}$	3	
	オカキク	$\dfrac{27}{59}$	3	
	ケコサシ	$\dfrac{32}{59}$	2	
	ス	③	3	
	セソタチツテ	$\dfrac{216}{715}$	4	
	ト	⑧	3	
第4問 (20)	ア	2	1	
	イ	3	1	
	ウ、エ	3、5	3	
	オ	4	2	
	カ	4	2	
	キ	8	1	
	ク	1	2	
	ケ	4	2	
	コ	5	1	
	サ	③	2	
	シ	6	3	

問題番号 (配点)	解答記号	正解	配点	チェック
第5問 (20)	アイ	$\dfrac{3}{2}$	2	
	$\dfrac{ウ\sqrt{エ}}{オ}$	$\dfrac{3\sqrt{5}}{2}$	2	
	カ$\sqrt{キ}$	$2\sqrt{5}$	2	
	$\sqrt{ク}r$	$\sqrt{5}r$	2	
	ケ$-r$	$5-r$	2	
	コサ	$\dfrac{5}{4}$	2	
	シ	1	2	
	$\sqrt{ス}$	$\sqrt{5}$	2	
	セソ	$\dfrac{5}{2}$	2	
	タ	①	2	

（注） 第1問，第2問は必答。第3問～第5問のうちから2問選択。計4問を解答。

（平均点：57.68点）

第1問 ── 数と式, 図形と計量

〔1〕 標準 《2次方程式, 式の値》

(1) $c=1$ のとき, $2x^2+(4c-3)x+2c^2-c-11=0$ ……① に $c=1$ を代入すれば
$$2x^2+x-10=0$$
左辺を因数分解すると
$$(\boxed{2}x+\boxed{5})(x-\boxed{2}) \quad \to \text{ア, イ, ウ}$$
であるから, ①の解は
$$x=-\frac{5}{2},\ 2$$
である。

(2) $c=2$ のとき, ①に $c=2$ を代入すれば
$$2x^2+5x-5=0$$
解の公式を用いると, ①の解は
$$x=\frac{-5\pm\sqrt{5^2-4\cdot 2\cdot(-5)}}{2\cdot 2}=\frac{-\boxed{5}\pm\sqrt{\boxed{65}}}{\boxed{4}} \quad \to \text{エ, オカ, キ}$$
であり, 大きい方の解を α とすると
$$\alpha=\frac{-5+\sqrt{65}}{4}$$
だから
$$\frac{5}{\alpha}=\frac{5}{\frac{-5+\sqrt{65}}{4}}=\frac{20}{\sqrt{65}-5}=\frac{20(\sqrt{65}+5)}{(\sqrt{65}-5)(\sqrt{65}+5)}$$
$$=\frac{20(\sqrt{65}+5)}{40}=\frac{\boxed{5}+\sqrt{\boxed{65}}}{\boxed{2}} \quad \to \text{ク, ケコ, サ}$$
である。
また, $8=\sqrt{64}$, $9=\sqrt{81}$ より
$$8<\sqrt{65}<9 \quad 13<5+\sqrt{65}<14 \quad \frac{13}{2}<\frac{5+\sqrt{65}}{2}<7$$
だから
$$6<\frac{5}{\alpha}<7$$
よって, $m<\dfrac{5}{\alpha}<m+1$ を満たす整数 m は $\boxed{6}$ $\to$ シ である。

(3) 2次方程式①の解の公式の根号の中に着目すると, 根号の中を D とすれば

$$D = (4c-3)^2 - 4 \cdot 2 \cdot (2c^2 - c - 11) = -16c + 97$$

①の解が異なる二つの実数解となるためには，$D>0$ となればよいから

$$D = -16c + 97 > 0 \qquad c < \frac{97}{16} = 6.06\cdots$$

c は正の整数なので　　$c = 1, 2, 3, 4, 5, 6$

さらに，①の解が有理数となるためには，D が平方数となればよいので，$c = 1, 2, 3, 4, 5, 6$ のときの $D = -16c + 97$ の値を計算すると

$$81(=9^2),\ 65,\ 49(=7^2),\ 33,\ 17,\ 1(=1^2)$$

よって，$D = -16c + 97$ が平方数となるのは，$c = 1, 3, 6$ のときだから，①の解が異なる二つの有理数であるような正の整数 c の個数は　　**3**　→ス　個である。

■解　説■

　文字定数 c を含む 2 次方程式の解についての問題である。(3)の有理数をもつための条件を求めさせる問題は，個別試験においても出題されるやや発展的な問題である。太郎さんと花子さんの会話文が誘導となっているので，それを手がかりとして正しい方針を立てられるかどうかがポイントである。

(1)・(2)　計算間違いに気を付けさえすれば，特に問題となる部分はない。

(3)　①に解の公式を用いると，$x = \dfrac{-(4c-3) \pm \sqrt{(4c-3)^2 - 4 \cdot 2 \cdot (2c^2 - c - 11)}}{2 \cdot 2}$

$= \dfrac{-4c + 3 \pm \sqrt{-16c + 97}}{4}$ であるが，太郎さんと花子さんの会話文に従って，根号の中に着目して考える。根号の中が平方数となれば，①の解は有理数となることに気付きたい。

①が異なる二つの実数解をもつための条件は，根号の中の D が $D>0$ となることであるから，$D>0$ を考えることで正の整数 c の値を具体的に絞り込むことができる。そこから c の値が $c = 1, 2, 3, 4, 5, 6$ のいずれかであることがわかるので，c の値を $D = -16c + 97$ に代入して実際に計算することで，根号の中の $D = -16c + 97$ が平方数となるかどうかを調べればよい。

〔2〕 《三角形の面積，辺と角の大小関係，外接円》

(1) $0° < A < 180°$ より，$\sin A > 0$ なので，$\sin^2 A + \cos^2 A = 1$ を用いて

$$\sin A = \sqrt{1 - \cos^2 A} = \sqrt{1 - \left(\frac{3}{5}\right)^2} = \boxed{\frac{4}{5}} \quad →セ，ソ$$

であり，△ABC の面積は

$$\frac{1}{2} \cdot CA \cdot AB \cdot \sin A = \frac{1}{2} bc \sin A = \frac{1}{2} \cdot 6 \cdot 5 \cdot \frac{4}{5} = \boxed{12} \quad →タチ$$

四角形 CHIA，ADEB は正方形より

$$AI = CA = b, \quad DA = AB = c$$

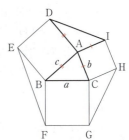

であり

$$\angle DAI = 360° - \angle IAC - \angle BAD - \angle CAB$$
$$= 360° - 90° - 90° - A$$
$$= 180° - A$$

なので

$$\sin \angle DAI = \sin(180° - A) = \sin A$$

よって，△AID の面積は

$$\frac{1}{2} \cdot AI \cdot DA \cdot \sin \angle DAI = \frac{1}{2} bc \sin A = \boxed{12} \quad →ツテ$$

(2) 正方形 BFGC，CHIA，ADEB の面積をそれぞれ S_1，S_2，S_3 とすると

$$S_1 = BC^2 = a^2, \quad S_2 = CA^2 = b^2, \quad S_3 = AB^2 = c^2$$

このとき

$$S_1 - S_2 - S_3 = a^2 - b^2 - c^2 = a^2 - (b^2 + c^2)$$

となる。

• $0° < A < 90°$ のとき

$$a^2 < b^2 + c^2$$

なので，$S_1 - S_2 - S_3 = a^2 - (b^2 + c^2)$ は負の値である。 $\boxed{②}$ →ト

• $A = 90°$ のとき

$$a^2 = b^2 + c^2$$

なので，$S_1 - S_2 - S_3 = a^2 - (b^2 + c^2)$ は 0 である。 $\boxed{⓪}$ →ナ

• $90° < A < 180°$ のとき

$$a^2 > b^2 + c^2$$

なので，$S_1 - S_2 - S_3 = a^2 - (b^2 + c^2)$ は正の値である。 $\boxed{①}$ →ニ

(3) △ABC の面積を T とすると

$$T = \frac{1}{2} bc \sin A = \frac{1}{2} ca \sin B = \frac{1}{2} ab \sin C$$

△AID の面積 T_1 は，(1)より
$$T_1 = \frac{1}{2}bc\sin A = T$$

(1)と同様にして考えると，四角形 ADEB，BFGC，CHIA が正方形より
$$BE = AB = c, \quad FB = BC = a$$
$$CG = BC = a, \quad HC = CA = b$$

であり
$$\angle FBE = 360° - \angle EBA - \angle CBF - \angle ABC$$
$$= 360° - 90° - 90° - B$$
$$= 180° - B$$
$$\angle HCG = 360° - \angle GCB - \angle ACH - \angle BCA$$
$$= 360° - 90° - 90° - C$$
$$= 180° - C$$

なので
$$\sin\angle FBE = \sin(180° - B) = \sin B$$
$$\sin\angle HCG = \sin(180° - C) = \sin C$$

よって，△BEF，△CGH の面積 T_2，T_3 は
$$T_2 = \frac{1}{2} \cdot BE \cdot FB \cdot \sin\angle FBE = \frac{1}{2}ca\sin B = T$$
$$T_3 = \frac{1}{2} \cdot CG \cdot HC \cdot \sin\angle HCG = \frac{1}{2}ab\sin C = T$$

なので
$$T = T_1 = T_2 = T_3$$

したがって，a，b，c の値に関係なく，$T_1 = T_2 = T_3$　③　→ヌ　である。

(4) △ABC，△AID，△BEF，△CGH の外接円の半径をそれぞれ，R，R_1，R_2，R_3 とする。

$0° < A < 90°$ のとき，$\angle DAI = 180° - A$ より　$\angle DAI > 90°$
すなわち　$\angle DAI > A$
△AID と △ABC は
$$AI = CA, \quad DA = AB$$
なので，$\angle DAI > A$ より
ID > BC　②　→ネ　……①

である。
△AID に正弦定理を用いると
$$2R_1 = \frac{ID}{\sin\angle DAI} = \frac{ID}{\sin A} \quad \therefore \quad R_1 = \frac{ID}{2\sin A}$$

△ABC に正弦定理を用いると

$$2R = \frac{BC}{\sin A} \quad \therefore \quad R = \frac{BC}{2\sin A}$$

①の両辺を $2\sin A\,(>0)$ で割って

$$\frac{ID}{2\sin A} > \frac{BC}{2\sin A} \quad \therefore \quad R_1 > R \quad \cdots\cdots ②$$

したがって

　　　(△AIDの外接円の半径)＞(△ABCの外接円の半径)　　②　→ノ

であるから，上の議論と同様にして考えれば
- $0°<A<B<C<90°$ のとき

$0°<B<90°$ なので，$\angle FBE = 180°-B$ より

　　　$\angle FBE > 90°$

すなわち　　$\angle FBE > B$

△BEF と △ABC は

　　　BE＝AB，FB＝BC

なので，$\angle FBE > B$ より

　　　EF＞CA　　……③

である。

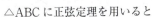

△BEF に正弦定理を用いると

$$2R_2 = \frac{EF}{\sin \angle FBE} = \frac{EF}{\sin B} \quad \therefore \quad R_2 = \frac{EF}{2\sin B}$$

△ABC に正弦定理を用いると

$$2R = \frac{CA}{\sin B} \quad \therefore \quad R = \frac{CA}{2\sin B}$$

$0°<B<180°$ より，$\sin B > 0$ なので，③の両辺を $2\sin B\,(>0)$ で割って

$$\frac{EF}{2\sin B} > \frac{CA}{2\sin B} \quad \therefore \quad R_2 > R \quad \cdots\cdots ④$$

$0°<C<90°$ なので，$\angle HCG = 180°-C$ より

　　　$\angle HCG > 90°$

すなわち　　$\angle HCG > C$

△CGH と △ABC は

　　　CG＝BC，HC＝CA

なので，$\angle HCG > C$ より

　　　GH＞AB　　……⑤

である。

△CGH に正弦定理を用いると

$$2R_3 = \frac{GH}{\sin\angle HCG} = \frac{GH}{\sin C} \qquad \therefore \quad R_3 = \frac{GH}{2\sin C}$$

△ABC に正弦定理を用いると

$$2R = \frac{AB}{\sin C} \qquad \therefore \quad R = \frac{AB}{2\sin C}$$

$0°<C<180°$ より，$\sin C>0$ なので，⑤の両辺を $2\sin C(>0)$ で割って

$$\frac{GH}{2\sin C} > \frac{AB}{2\sin C} \qquad \therefore \quad R_3 > R \quad \cdots\cdots ⑥$$

よって，②，④，⑥より，△ABC，△AID，△BEF，△CGH のうち，外接円の半径が最も小さい三角形は△**ABC** ⓪ →ハ である。

- $0°<A<B<90°<C$ のとき

$90°<C$ なので，$\angle HCG = 180°-C$ より

$$0°<\angle HCG<90°$$

すなわち　　$\angle HCG<C$

△CGH と△ABC は

$$CG=BC,\ HC=CA$$

なので，$\angle HCG<C$ より

$$GH<AB \quad \cdots\cdots ⑦$$

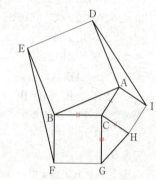

である。

⑦の両辺を $2\sin C(>0)$ で割って

$$\frac{GH}{2\sin C} < \frac{AB}{2\sin C} \qquad \therefore \quad R_3<R \quad \cdots\cdots ⑧$$

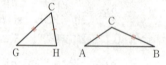

よって，②，④，⑧より，△ABC，△AID，△BEF，△CGH のうち，外接円の半径が最も小さい三角形は△**CGH** ③ →ヒ である。

解説

三角形の外側に，三角形の各辺を1辺とする3つの正方形と，正方形の間にできる3つの三角形を考え，それらの面積の大小関係や，外接円の半径の大小関係について考えさせる問題である。単純に式変形や計算をするだけでなく，辺と角の大小関係と融合させながら考えていく必要があり，思考力の問われる問題である。

(1) △AID の面積が求められるかどうかは，$\angle DAI=180°-A$ となることに気付けるかどうかにかかっている。これがわかれば，$\sin(180°-\theta)=\sin\theta$ を利用することで，(△AID の面積) $=$ (△ABC の面積) $=12$ であることが求まる。

(2) $S_1-S_2-S_3=a^2-(b^2+c^2)$ であることはすぐにわかるので，問題文の $0°<A<90°$，$A=90°$，$90°<A<180°$ から，以下の〔ポイント〕を利用することに気付きたい。

> **ポイント** 三角形の形状
> △ABC において
> $A<90° \iff \cos A>0 \iff a^2<b^2+c^2$
> $A=90° \iff \cos A=0 \iff a^2=b^2+c^2$
> $A>90° \iff \cos A<0 \iff a^2>b^2+c^2$

上の〔ポイント〕は暗記してしまってもよいが，余弦定理を用いることで $\cos A=\dfrac{b^2+c^2-a^2}{2bc}$ となることを考えれば，その場で簡単に導き出すことができる。

(3) △ABC の面積を T とすると，(1)の結果より $T_1=T$ が成り立つので，(1)と同様にすることで，$T_2=T$，$T_3=T$ が示せることも予想がつくだろう。

(4) (1)において ∠DAI = 180°−A であることがわかっているので，$0°<A<90°$ のとき ∠DAI > 90° であり，∠DAI > A であることがわかる。
△AID と △ABC は AI = CA，DA = AB なので，∠DAI > A より，
ID > BC ……① であるといえる。AI = CA，DA = AB が成り立たない場合には，∠DAI > A であっても，ID > BC とはいえない。
△AID，△ABC にそれぞれ正弦定理を用いると，sin∠DAI = sin$A$ より，
$R_1=\dfrac{\text{ID}}{2\sin A}$，$R=\dfrac{\text{BC}}{2\sin A}$ が求まるので，①を利用することで，$R_1>R$ ……② が求まる。
$0°<A<B<C<90°$ のとき，$0°<B<90°$，$0°<C<90°$ なので，$R_1>R$ ……②を求めたときの議論と同様にすることで，$R_2>R$ ……④，$R_3>R$ ……⑥ が求まる。②，④，⑥より，$R_1>R$，$R_2>R$，$R_3>R$ となるから，外接円の半径が最も小さい三角形は△ABC であることがわかる。結果的に，与えられた条件 $A<B<C$ は利用することのない条件となっている。
$0°<A<B<90°<C$ のとき，$0°<A<90°$，$0°<B<90°$ なので，$R_1>R$ ……②，$R_2>R$ ……④ が成り立つ。この場合は 90°<C であるが，$0°<C<90°$ のときと同じように考えていくことにより，$R_3<R$ ……⑧ が導き出せる。②，④，⑧より，$R_1>R$，$R_2>R$，$R>R_3$ となるから，外接円の半径が最も小さい三角形は△CGH であることがわかる。ここでも，与えられた条件 $A<B$ は利用することのない条件である。

第2問 — 2次関数，データの分析

〔1〕 標準 《1次関数，2次関数》

(1) 1秒あたりの進む距離すなわち平均速度は，x と z を用いて

平均速度 = 1秒あたりの進む距離
  = 1秒あたりの歩数 × 1歩あたりの進む距離
  = $z \times x = xz$ [m/秒]　　②　→ア

と表される。
これより，タイムと，ストライド，ピッチとの関係は

$$\text{タイム} = \frac{100 \,[\text{m}]}{\text{平均速度}\,[\text{m/秒}]} = \frac{100}{xz} \quad \cdots\cdots ①$$

と表されるので，xz が最大になるときにタイムが最もよくなる。

(2) ストライドが 0.05 大きくなるとピッチが 0.1 小さくなるという関係があると考えて，ピッチがストライドの1次関数として表されると仮定したとき，そのグラフの傾きは，ストライド x が 0.05 大きくなると，ピッチ z が 0.1 小さくなることより

$$\frac{-0.1}{0.05} = -2$$

これより，グラフの z 軸上の切片を b とすると

$$z = -2x + b$$

とおけるから，表の2回目のデータより，$x = 2.10$，$z = 4.60$ を代入して

$$4.60 = -2 \times 2.10 + b \quad \therefore \quad b = 8.80 = \frac{44}{5}$$

よって，ピッチ z はストライド x を用いて

$$z = \boxed{-2} x + \frac{\boxed{44}}{5} \quad →イウ, エオ \quad \cdots\cdots ②$$

と表される。
②が太郎さんのストライドの最大値 2.40 とピッチの最大値 4.80 まで成り立つと仮定すると，ピッチ z の最大値が 4.80 より，$z \leq 4.80$ だから，②を代入して

$$-2x + \frac{44}{5} \leq 4.80 \quad -2x \leq 4.80 - 8.80 \quad \therefore \quad x \geq 2.00$$

ストライド x の最大値が 2.40 より，$x \leq 2.40$ だから，x の値の範囲は

$$\boxed{2}.\boxed{00} \leq x \leq 2.40 \quad →カ, キク$$

$y = xz$ とおく。②を $y = xz$ に代入すると

$$y = x\left(-2x + \frac{44}{5}\right) = -2x^2 + \frac{44}{5}x = -2\left(x - \frac{11}{5}\right)^2 + \frac{242}{25}$$

太郎さんのタイムが最もよくなるストライドとピッチを求めるためには，$2.00 \leq x \leq 2.40$ の範囲で y の値を最大にする x の値を見つければよい。

このとき，$x = \dfrac{11}{5} = 2.2$ より，y の値が最大になるのは $x = \boxed{2}.\boxed{20}$ →ケ，コサのときであり，y の値の最大値は $\dfrac{242}{25}$ である。

$$y = -2\left(x - \dfrac{11}{5}\right)^2 + \dfrac{242}{25}$$

$x = 2.00 \quad x = 2.40$
$x = 2.20$

よって，太郎さんのタイムが最もよくなるのは，ストライド x が 2.20 のときであり，このとき，ピッチ z は，$x = 2.20$ を②に代入して

$$z = -2 \times 2.20 + 8.80 = \boxed{4}.\boxed{40} \quad →シ，スセ$$

である。

また，このときの太郎さんのタイムは，$y = xz$ の最大値が $\dfrac{242}{25}$ なので，①より

$$タイム = \dfrac{100}{xz} = \dfrac{100}{\dfrac{242}{25}} = 100 \div \dfrac{242}{25} = \dfrac{1250}{121} = 10.330\cdots \fallingdotseq 10.33 \quad \boxed{③} \quad →ソ$$

である。

解説

陸上競技の短距離 100m 走において，タイムが最もよくなるストライドとピッチを，ストライドとピッチの間に成り立つ関係も考慮しながら考察していく，日常の事象を題材とした問題である。問題文で与えられた用語の定義や，その間に成り立つ関係を理解し，数式を立てられるかどうかがポイントとなる。

(1) 問題文に，ピッチ z ＝（1秒あたりの歩数），ストライド x ＝（1歩あたりの進む距離）であることが与えられているので，平均速度＝（1秒あたりの進む距離）であることと合わせて考えれば，平均速度 $= xz$ と表されることがわかる。あるいは

$$ストライド\ x = \dfrac{100\,[m]}{100mを走るのにかかった歩数\,[歩]}$$

$$ピッチ\ z = \dfrac{100mを走るのにかかった歩数\,[歩]}{タイム\,[秒]}$$

であることを利用して

$$平均速度 = 1秒あたりの進む距離 = \dfrac{100\,[m]}{タイム\,[秒]}$$

$$= \dfrac{100\,[m]}{100mを走るのにかかった歩数\,[歩]} \cdot \dfrac{100mを走るのにかかった歩数\,[歩]}{タイム\,[秒]}$$

$$= xz$$

と考えてもよい。

(2) ピッチがストライドの1次関数として表されると仮定したとき，ストライド x が 0.05 大きくなるとピッチ z が 0.1 小さくなることより，変化の割合は $\dfrac{-0.1}{0.05}=-2$ で求められる。

〔解答〕では $z=-2x+b$ とおき，表の2回目のデータ $x=2.10$, $z=4.60$ を代入したが，1回目のデータ $x=2.05$, $z=4.70$, もしくは，3回目のデータ $x=2.15$, $z=4.50$ を代入して b の値を求めてもよい。$z=-2x+\dfrac{44}{5}$ ……② が求まれば，$x\leqq 2.40$, $z\leqq 4.80$ を用いて x の値の範囲が求められる。

$y=xz$ とおいてからは，問題文に丁寧な誘導がついているので，それに従っていけば y の値が最大になる x の値が求まる。このときの z の値は②を利用し，タイムは①が タイム $=\dfrac{100}{xz}=\dfrac{100}{y}$ であることを利用する。

〔2〕 標準 《箱ひげ図，ヒストグラム，データの相関》

(1) 図1から読み取れることとして正しくないものを考えると

⓪ 第1次産業の就業者数割合の四分位範囲は，2000年度までは，後の時点になるにしたがって減少している。よって，正しい。

① 第1次産業の就業者数割合について，左側のひげの長さと右側のひげの長さを比較すると，1990年度，2000年度，2005年度，2010年度において右側の方が長い。よって，正しくない。

② 第2次産業の就業者数割合の中央値は，1990年度以降，後の時点になるにしたがって減少している。よって，正しい。

③ 第2次産業の就業者数割合の第1四分位数は，1975年度から1980年度，1985年度から1990年度では増加している。よって，正しくない。

④ 第3次産業の就業者数割合の第3四分位数は，後の時点になるにしたがって増加している。よって，正しい。

⑤ 第3次産業の就業者数割合の最小値は，後の時点になるにしたがって増加している。よって，正しい。

以上より，正しくないものは ① と ③ →タ，チ （解答の順序は問わない）である。

(2) • 1985年度におけるグラフについて考える。

図1の1985年度の第1次産業の就業者数割合の箱ひげ図より，最大値は25より大きく30より小さいから，1985年度におけるグラフとして適するのは，⓪あるいは

③である。

図1の1985年度の第3次産業の就業者数割合の箱ひげ図より，最小値は45だから，ヒストグラムの各階級の区間は，左側の数値を含み，右側の数値を含まないことに注意すると，①と③の2つのグラフのうち，最小値が45以上50未満の区間にあるのは①である。

よって，1985年度におけるグラフは ① →ツ である。

・1995年度におけるグラフについて考える。

図1の1995年度の第1次産業の就業者数割合の箱ひげ図より，最大値は15より大きく20より小さいから，1995年度におけるグラフとして適するのは，②あるいは④である。

図1の1995年度の第3次産業の就業者数割合の箱ひげ図より，中央値は55より大きく60より小さい。

47個のデータの中央値は，47個のデータを小さいものから順に並べたときの24番目の値であるから，②と④の2つのグラフのうち，24番目の値である中央値が55以上60未満の区間にあるのは④である。

よって，1995年度におけるグラフは ④ →テ である。

(3) 1975年度を基準としたときの，2015年度の変化について考える。

(I) 都道府県別の第1次産業の就業者数割合と第2次産業の就業者数割合の間の相関を考えると，図2の左端の散布図は負の相関がみられるが，図3の左端の散布図は相関がみられない。よって，都道府県別の第1次産業の就業者数割合と第2次産業の就業者数割合の間の相関は，1975年度を基準にしたとき，2015年度は弱くなっているから，誤り。

(II) 都道府県別の第2次産業の就業者数割合と第3次産業の就業者数割合の間の相関を考えると，図2の中央の散布図は相関がみられないが，図3の中央の散布図は負の相関がみられる。よって，都道府県別の第2次産業の就業者数割合と第3次産業の就業者数割合の間の相関は，1975年度を基準にしたとき，2015年度は強くなっているから，正しい。

(III) 都道府県別の第3次産業の就業者数割合と第1次産業の就業者数割合の間の相関を考えると，図2の右端の散布図は負の相関がみられるが，図3の右端の散布図は相関がみられない。よって，都道府県別の第3次産業の就業者数割合と第1次産業の就業者数割合の間の相関は，1975年度を基準にしたとき，2015年度は弱くなっているから，誤り。

以上より，(I), (II), (III)の正誤の組合せとして正しいものは ⑤ →ト である。

(4) 「各都道府県の，男性の就業者数と女性の就業者数を合計すると就業者数の全体となる」とあるので，都道府県別の，第1次産業の就業者数割合（横軸）と，女性の就業者数割合（縦軸）の散布図の各点は，都道府県別の，第1次産業の就業者数割合（横軸）と，男性の就業者数割合（縦軸）の散布図の各点を，縦軸の50％を通る横軸に平行な直線に関して対称移動させた位置にある。
よって，都道府県別の，第1次産業の就業者数割合（横軸）と，女性の就業者数割合（縦軸）の散布図は，図4の散布図を上下逆さまにしたものとなるから， ② →ナ である。

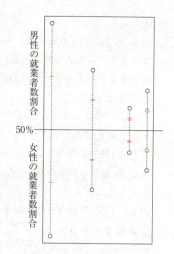

解説

(1) 箱ひげ図から読み取れることとして正しくないものを選ぶ問題である。
（四分位範囲）＝（第3四分位数）−（第1四分位数）で求めることができる。

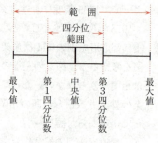

(2) 箱ひげ図に対応するグラフを選択肢の中から選ぶ問題である。まず最大値・最小値に着目し，それで判断できなければ四分位数に着目する。
図1の1985年度の第1次産業の就業者数割合の箱ひげ図の最大値に着目すると，1985年度におけるグラフとして適するのは，①あるいは③となる。さらに，図1の1985年度の第3次産業の就業者数割合の箱ひげ図の最小値は45だから，ヒストグラムの各階級の区間は，左側の数値を含み，右側の数値を含まないことに注意して，①と③の2つのグラフのうち，どちらが1985年度のグラフとして適するかを考えることになる。
図1の1995年度の第1次産業の就業者数割合の箱ひげ図の最大値に着目すると，1995年度におけるグラフとして適するのは，②あるいは④となる。さらに，図1の1995年度の第3次産業の就業者数割合の箱ひげ図の中央値に着目することで，②と④の2つのグラフのうち，どちらが1995年度のグラフとして適するかが判断できる。ここでは，47の都道府県別のデータを扱っているので，データの個数は47個であり，47個のデータを $x_1, x_2, …, x_{47}$（ただし，$x_1 \leq x_2 \leq … \leq x_{47}$）とすると，最小値は x_1，第1四分位数は x_{12}，中央値は x_{24}，第3四分位数は x_{36}，最大値は x_{47} となる。

(3) 散布図に関する記述の正誤の組合せとして正しいものを選択肢の中から選ぶ問題である。
- 相関係数の値が1に近いほど，2つの変量の正の相関関係は強く，散布図の点は右上がりの直線に沿って分布する傾向にある。
- 相関係数の値が-1に近いほど，2つの変量の負の相関関係は強く，散布図の点は右下がりの直線に沿って分布する傾向にある。
- 相関係数の値が0に近いほど，2つの変量の相関関係は弱く，散布図の点に直線的な相関関係はない傾向にある。

この問題で「相関が強くなった」とは，相関係数の絶対値が大きくなったことを意味するので，1975年度の散布図の点の分布を基準にしたとき，2015年度の散布図の点が，直線に沿って分布する傾向がなお一層みられるようになったかどうかにだけ注目すればよい。

(4) 都道府県別の，第1次産業の就業者数割合と，男性の就業者数割合の散布図から，都道府県別の，第1次産業の就業者数割合と，女性の就業者数割合の散布図を，選択肢の中から選ぶ問題である。

「各都道府県の，男性の就業者数と女性の就業者数を合計すると就業者数の全体となる」ということは，男性の就業者数割合と女性の就業者数割合の合計が100％になるということである。したがって，都道府県別の，第1次産業の就業者数割合（横軸）と，女性の就業者数割合（縦軸）の散布図の点は，図4の散布図を，上下逆さまにした位置に分布することがわかる。

第3問 　場合の数と確率 《条件付き確率》

(1) (i) 箱Aにおいて，当たりくじを引く確率は $\frac{1}{2}$，はずれくじを引く確率は

$$1-\frac{1}{2}=\frac{1}{2}$$

3回中ちょうど1回当たるのは，1回目に当たる場合と，2回目に当たる場合と，3回目に当たる場合の ${}_3C_1 = 3$ 通りあり，いずれの確率も $\frac{1}{2} \cdot \left(\frac{1}{2}\right)^2$ である。

よって，箱Aにおいて，3回中ちょうど1回当たる確率は

$$_3C_1 \times \frac{1}{2} \cdot \left(\frac{1}{2}\right)^2 = \boxed{\frac{3}{8}} \quad \rightarrow \text{ア，イ} \quad \cdots\cdots ①$$

箱Bにおいて，当たりくじを引く確率は $\frac{1}{3}$，はずれくじを引く確率は

$$1-\frac{1}{3}=\frac{2}{3}$$

3回中ちょうど1回当たるのは，1回目に当たる場合と，2回目に当たる場合と，3回目に当たる場合の ${}_3C_1 = 3$ 通りあり，いずれの確率も $\frac{1}{3} \cdot \left(\frac{2}{3}\right)^2$ である。

よって，箱Bにおいて，3回中ちょうど1回当たる確率は

$$_3C_1 \times \frac{1}{3} \cdot \left(\frac{2}{3}\right)^2 = \boxed{\frac{4}{9}} \quad \rightarrow \text{ウ，エ} \quad \cdots\cdots ②$$

(ii) 箱Aが選ばれる事象を A，箱Bが選ばれる事象を B，3回中ちょうど1回当たる事象を W とすると，①，②より

$$P(A \cap W) = \frac{1}{2} \times \frac{3}{8}, \quad P(B \cap W) = \frac{1}{2} \times \frac{4}{9}$$

これより

$$P(W) = P(A \cap W) + P(B \cap W) = \frac{1}{2} \times \frac{3}{8} + \frac{1}{2} \times \frac{4}{9} = \frac{1}{2}\left(\frac{3}{8} + \frac{4}{9}\right)$$

$$= \frac{1}{2} \times \frac{27+32}{8 \times 9} = \frac{1}{2} \times \frac{59}{8 \times 9}$$

であるから，3回中ちょうど1回当たったとき，選んだ箱がAである条件付き確率 $P_W(A)$ は

$$P_W(A) = \frac{P(W \cap A)}{P(W)} = \frac{P(A \cap W)}{P(W)} = \left(\frac{1}{2} \times \frac{3}{8}\right) \div \left(\frac{1}{2} \times \frac{59}{8 \times 9}\right)$$

$$= \boxed{\frac{27}{59}} \quad \rightarrow \text{オカ，キク}$$

となる。

また，条件付き確率 $P_W(B)$ は

$$P_W(B) = \frac{P(W \cap B)}{P(W)} = \frac{P(B \cap W)}{P(W)} = \left(\frac{1}{2} \times \frac{4}{9}\right) \div \left(\frac{1}{2} \times \frac{59}{8 \times 9}\right)$$

$$= \boxed{\frac{32}{59}} \quad \to \text{ケコ，サシ}$$

となる。

(2) $P_W(A)$ と $P_W(B)$ について

$$P_W(A) : P_W(B) = \frac{27}{59} : \frac{32}{59} = 27 : 32$$

また，①の確率と②の確率について

$$(①の確率) : (②の確率) = \frac{3}{8} : \frac{4}{9} = 27 : 32$$

よって，$P_W(A)$ と $P_W(B)$ の比 $\boxed{③}$ →ス は，①の確率と②の確率の比に等しい。

(3) 箱Cにおいて，当たりくじを引く確率は $\frac{1}{4}$，はずれくじを引く確率は

$$1 - \frac{1}{4} = \frac{3}{4}$$

よって，箱Cにおいて，3回中ちょうど1回当たる確率は，(1)(i)と同様に考えれば

$$_3C_1 \times \frac{1}{4} \cdot \left(\frac{3}{4}\right)^2 = \frac{27}{64} \quad \cdots\cdots ③$$

箱Aが選ばれる事象を A，箱Bが選ばれる事象を B，箱Cが選ばれる事象を C，3回中ちょうど1回当たる事象を W とすると，①，②，③より

$$P(A \cap W) = \frac{1}{3} \times \frac{3}{8}, \quad P(B \cap W) = \frac{1}{3} \times \frac{4}{9}, \quad P(C \cap W) = \frac{1}{3} \times \frac{27}{64}$$

これより

$$P(W) = P(A \cap W) + P(B \cap W) + P(C \cap W) = \frac{1}{3} \times \frac{3}{8} + \frac{1}{3} \times \frac{4}{9} + \frac{1}{3} \times \frac{27}{64}$$

$$= \frac{1}{3}\left(\frac{3}{8} + \frac{4}{9} + \frac{27}{64}\right) = \frac{1}{3} \times \frac{216 + 256 + 243}{9 \times 64} = \frac{1}{3} \times \frac{715}{9 \times 64}$$

であるから，3回中ちょうど1回当たったとき，選んだ箱がAである条件付き確率は

$$P_W(A) = \frac{P(W \cap A)}{P(W)} = \frac{P(A \cap W)}{P(W)} = \left(\frac{1}{3} \times \frac{3}{8}\right) \div \left(\frac{1}{3} \times \frac{715}{9 \times 64}\right)$$

$$= \boxed{\frac{216}{715}} \quad \to \text{セソタ，チツテ}$$

となる。

(4) 箱Dにおいて，当たりくじを引く確率は $\dfrac{1}{5}$，はずれくじを引く確率は

$$1-\dfrac{1}{5}=\dfrac{4}{5}$$

よって，箱Dにおいて，3回中ちょうど1回当たる確率は，(1)(i)と同様に考えれば

$$_3C_1 \times \left(\dfrac{1}{5}\right) \cdot \left(\dfrac{4}{5}\right)^2 = \dfrac{48}{125} \quad \cdots\cdots ④$$

箱Aが選ばれる事象を A，箱Bが選ばれる事象を B，箱Cが選ばれる事象を C，箱Dが選ばれる事象を D，3回中ちょうど1回当たる事象を W とする。
箱が四つの場合でも，条件付き確率の比は各箱で3回中ちょうど1回当たりくじを引く確率の比になっていることを利用すると，①，②，③，④より

$$P_W(A) : P_W(B) : P_W(C) : P_W(D)$$
$$= (①の確率) : (②の確率) : (③の確率) : (④の確率) = \dfrac{3}{8} : \dfrac{4}{9} : \dfrac{27}{64} : \dfrac{48}{125}$$
$$= 27000 : 32000 : 30375 : 27648$$

すなわち

$$P_W(B) > P_W(C) > P_W(D) > P_W(A)$$

であるから，条件付き確率を用いて，どの箱からくじを引いた可能性が高いかを考え，可能性が高い方から順に並べるとB，C，D，A ⑧ →ト となる。

参考1 $P_W(A) : P_W(B) : P_W(C) : P_W(D)$

$$= (①の確率) : (②の確率) : (③の確率) : (④の確率) = \dfrac{3}{8} : \dfrac{4}{9} : \dfrac{27}{64} : \dfrac{48}{125}$$

ここで，(3)の $P(W)$ の計算過程より

$$\dfrac{3}{8} : \dfrac{4}{9} : \dfrac{27}{64} = 216 : 256 : 243$$

なので

$$\dfrac{4}{9} > \dfrac{27}{64} > \dfrac{3}{8}$$

また

$$\dfrac{27}{64} : \dfrac{48}{125} = \dfrac{9}{64} : \dfrac{16}{125} = 1125 : 1024$$

$$\dfrac{3}{8} : \dfrac{48}{125} = \dfrac{1}{8} : \dfrac{16}{125} = 125 : 128$$

なので

$$\dfrac{27}{64} > \dfrac{48}{125} > \dfrac{3}{8}$$

よって

$$\frac{4}{9} > \frac{27}{64} > \frac{48}{125} > \frac{3}{8}$$

すなわち
$$P_W(B) > P_W(C) > P_W(D) > P_W(A)$$

参考2 $P_W(A) : P_W(B) : P_W(C) : P_W(D)$

= (①の確率):(②の確率):(③の確率):(④の確率) = $\frac{3}{8} : \frac{4}{9} : \frac{27}{64} : \frac{48}{125}$

ここで
$$\frac{3}{8} = 0.375, \quad \frac{4}{9} = 0.\dot{4}, \quad \frac{27}{64} = 0.421875, \quad \frac{48}{125} = 0.384$$

なので
$$\frac{4}{9} > \frac{27}{64} > \frac{48}{125} > \frac{3}{8}$$

すなわち
$$P_W(B) > P_W(C) > P_W(D) > P_W(A)$$

解説

複数の箱からくじを引き，条件付き確率を用いて，どの箱からくじを引いた可能性が高いかを考える問題である。誘導が丁寧に与えられているため解きやすいと思われるが，前問までの計算過程と，比を上手に利用していかないと，計算量が多くなってしまい，時間を浪費してしまうことになりかねない。その点で差のつく問題であったといえるだろう。

(1) (i) 3回中ちょうど1回当たるのは，1回目，2回目，3回目のいずれかで当たる場合である。

(ii) 誘導が丁寧に与えられているので，誘導に従って，条件付き確率を求める。計算もそれほど面倒なものではないので，確実に正解したい問題である。

(2) 正解以外の選択肢⓪和，①2乗の和，②3乗の和，④積については，$P_W(A) = \frac{27}{59}$, $P_W(B) = \frac{32}{59}$, (①の確率)$= \frac{3}{8}$, (②の確率)$= \frac{4}{9}$ の値を使って実際に計算してみれば，適さないことがすぐにわかる。

(3) 花子さんと太郎さんが事実(*)について話している会話文の内容は，以下のことを表している。

$$P_W(A) : P_W(B) = \frac{P(A \cap W)}{P(W)} : \frac{P(B \cap W)}{P(W)} = P(A \cap W) : P(B \cap W)$$
$$= \frac{1}{2} \times \frac{3}{8} : \frac{1}{2} \times \frac{4}{9} = \frac{1}{2} \times (①の確率) : \frac{1}{2} \times (②の確率)$$
$$= (①の確率) : (②の確率)$$

これが理解できると，箱が三つの場合でも，箱が四つの場合でも，同様の結果が成

り立つことがわかる。

(4) 3回中ちょうど1回当たったとき、条件付き確率を用いて、どの箱からくじを引いた可能性が高いかを考えるので、選んだ箱がA、B、C、Dである条件付き確率 $P_W(A)$、$P_W(B)$、$P_W(C)$、$P_W(D)$ の値の大きさを比較すればよい。その際、花子さんと太郎さんの会話文において、条件付き確率の比は各箱で3回中ちょうど1回当たりくじを引く確率の比になっていることが誘導として与えられているので、それを利用して、条件付き確率の値は計算せずにその大きさを比較する。

〔解答〕のように素直に①、②、③、④の確率の比を考えてもよいが、計算量を減らすためにも〔参考1〕のように工夫して考えたい。①、②、③の確率の比は、(3)の $P(W)$ の計算過程 $P(W) = \dfrac{1}{3} \times \dfrac{216 + 256 + 243}{9 \times 64}$ より、216:256:243 であることがわかるので、①、②、③の確率の大きさの大小が求まる。あとは、③、④の確率の比と、①、④の確率の比を考えることで、①、②、③、④の確率の大きさの大小が求まる。また、〔参考2〕のように小数の値に直してから大小を比較するのも速く処理できてよい。

第4問 やや難 整数の性質 《不定方程式》

(1) さいころを5回投げて，偶数の目が x 回，奇数の目が y 回出たとき，点 P_0 にある石を点 P_1 に移動させることができたとすると
$$5x - 3y = 1, \quad x + y = 5$$
なので，これを解けば
$$x = 2, \quad y = 3$$
よって，さいころを5回投げて，偶数の目が $\boxed{2}$ →ア 回，奇数の目が $\boxed{3}$ →イ 回出れば，点 P_0 にある石を点 P_1 に移動させることができる。

このとき，$x = 2, y = 3$ は，不定方程式 $5x - 3y = 1$ の整数解になっているので
$$5 \cdot 2 - 3 \cdot 3 = 1 \quad \cdots\cdots ⓐ$$
が成り立つ。

(2) ⓐの両辺を8倍して
$$5 \cdot 16 - 3 \cdot 24 = 8 \quad \cdots\cdots ⓑ$$
$5x - 3y = 8 \quad \cdots\cdots ①$ の辺々からⓑを引けば
$$5(x - 16) - 3(y - 24) = 0 \quad 5(x - 16) = 3(y - 24)$$
5と3は互いに素だから，不定方程式①のすべての整数解 x, y は，k を整数として
$$x - 16 = 3k, \quad y - 24 = 5k$$
∴ $x = 16 + 3k \quad \cdots\cdots ②$　　　 $y = 24 + 5k \quad \cdots\cdots ③$
$= 2 \times 8 + \boxed{3} k$ →ウ　　　 $= 3 \times 8 + \boxed{5} k$ →エ

と表される。

①の整数解 x, y の中で，$0 \leq y < 5$ を満たすものは，③を $0 \leq y < 5$ に代入すれば
$$0 \leq 24 + 5k < 5 \quad -24 \leq 5k < -19$$
$$(-4.8 =) -\frac{24}{5} \leq k < -\frac{19}{5} \ (= -3.8)$$

なので，$k = -4$ のときであるから，②，③より
$$x = 16 + 3 \cdot (-4) \quad\quad y = 24 + 5 \cdot (-4)$$
$$= \boxed{4} \ →オ \quad\quad\quad = \boxed{4} \ →カ$$
である。

したがって，さいころを $x + y = 4 + 4 = \boxed{8}$ →キ 回投げて，偶数の目が4回，奇数の目が4回出れば，点 P_0 にある石を点 P_8 に移動させることができる。

(3) (2)において，さいころを8回より少ない回数だけ投げて，点 P_0 にある石を点 P_8 に移動させることができないかを考える。

（＊）に注意すると，$8 - 15 = -7$ より，点 P_0 にある石を時計回りに7個先の点（反

時計回りに -7 個先の点）に移動させれば，点 P_8 に移動させることができる。

これより，不定方程式 $5x-3y=-7$ ……④ の 0 以上の整数解 x, y の中で，$x+y<8$ ……⑤ を満たすものを求める。

④より　　$3y=5x+7$

⑤より　　$3x+3y<24$

よって，$3x+(5x+7)<24$ より　　$x<\dfrac{17}{8}$

$x=0$, 1, 2 のときを考えると

・$x=0$ のとき　　$-3y=-7$　これを満たす 0 以上の整数 y は存在しない。
・$x=1$ のとき　　$-3y=-12$　　$y=4$
・$x=2$ のとき　　$-3y=-17$　これを満たす 0 以上の整数 y は存在しない。

以上より　　$x=1$, $y=4$

よって，偶数の目が $\boxed{1}$ →ク 回，奇数の目が $\boxed{4}$ →ケ 回出れば，さいころを投げる回数が $x+y=1+4=\boxed{5}$ →コ 回で，点 P_0 にある石を点 P_8 に移動させることができる。

(4) ⓪　点 P_0 にある石を反時計回りに 10 個先の点に移動させるか，または，$10-15=-5$ より時計回りに 5 個先の点（反時計回りに -5 個先の点）に移動させれば，点 P_{10} に移動させることができる。

これより，不定方程式 $5x-3y=10$ または -5 の 0 以上の整数解 x, y を求めると

・$x=0$ のとき　　$-3y=10$, -5　これを満たす 0 以上の整数 y は存在しない。
・$x=1$ のとき　　$-3y=5$, -10　これを満たす 0 以上の整数 y は存在しない。
・$x=2$ のとき　　$-3y=0$, -15　　$y=0$, 5

$x+y=2+0=2$ となる組 (x, y) が見つかったので，$x+y<2$ となる組 (x, y) のみを考えればよいから，上記以外の組 (x, y) は存在しない。

よって，点 P_{10} の最小回数は $x+y=2+0=2$ 回である。

①　点 P_0 にある石を反時計回りに 11 個先の点に移動させるか，または，$11-15=-4$ より時計回りに 4 個先の点（反時計回りに -4 個先の点）に移動させれば，点 P_{11} に移動させることができる。

これより，不定方程式 $5x-3y=11$ または -4 の 0 以上の整数解 x, y を求めると

・$x=0$ のとき　　$-3y=11$, -4　これを満たす 0 以上の整数 y は存在しない。
・$x=1$ のとき　　$-3y=6$, -9　　$y=3$

$x+y=1+3=4$ となる組 (x, y) が見つかったので，以下，$x+y<4$ となる組 (x, y) のみを考える。

・$x=2$ のとき　　$-3y=1$, -14　これを満たす 0 以上の整数 y は存在しない。
・$x=3$ のとき　　$-3y=-4$, -19　これを満たす 0 以上の整数 y は存在しない。

よって，点 P_{11} の最小回数は $x+y=1+3=4$ 回である。

② 点 P_0 にある石を反時計回りに 12 個先の点に移動させるか，または，$12-15=-3$ より時計回りに 3 個先の点（反時計回りに -3 個先の点）に移動させれば，点 P_{12} に移動させることができる。

これより，不定方程式 $5x-3y=12$ または -3 の 0 以上の整数解 $x,\ y$ を求めると
- $x=0$ のとき　　$-3y=12,\ -3$　　$y=1$

$x+y=0+1=1$ となる組 $(x,\ y)$ が見つかったので，$x+y<1$ となる組 $(x,\ y)$ のみを考えればよいから，上記以外の組 $(x,\ y)$ は存在しない。

よって，点 P_{12} の最小回数は $x+y=0+1=1$ 回である。

③ 点 P_0 にある石を反時計回りに 13 個先の点に移動させるか，または，$13-15=-2$ より時計回りに 2 個先の点（反時計回りに -2 個先の点）に移動させれば，点 P_{13} に移動させることができる。

これより，不定方程式 $5x-3y=13$ または -2 の 0 以上の整数解 $x,\ y$ を求めると
- $x=0$ のとき　　$-3y=13,\ -2$　　これを満たす 0 以上の整数 y は存在しない。
- $x=1$ のとき　　$-3y=8,\ -7$　　これを満たす 0 以上の整数 y は存在しない。
- $x=2$ のとき　　$-3y=3,\ -12$　　$y=4$

$x+y=2+4=6$ となる組 $(x,\ y)$ が見つかったので，以下，$x+y<6$ となる組 $(x,\ y)$ のみを考える。
- $x=3$ のとき　　$-3y=-2,\ -17$　　これを満たす 0 以上の整数 y は存在しない。
- $x=4$ のとき　　$-3y=-7,\ -22$　　これを満たす 0 以上の整数 y は存在しない。
- $x=5$ のとき　　$-3y=-12,\ -27$　　$y=4,\ 9$ となるが，$x+y<6$ に反するので，不適。

よって，点 P_{13} の最小回数は $x+y=2+4=6$ 回である。

④ 点 P_0 にある石を反時計回りに 14 個先の点に移動させるか，または，$14-15=-1$ より時計回りに 1 個先の点（反時計回りに -1 個先の点）に移動させれば，点 P_{14} に移動させることができる。

これより，不定方程式 $5x-3y=14$ または -1 の 0 以上の整数解 $x,\ y$ を求めると
- $x=0$ のとき　　$-3y=14,\ -1$　　これを満たす 0 以上の整数 y は存在しない。
- $x=1$ のとき　　$-3y=9,\ -6$　　$y=2$

$x+y=1+2=3$ となる組 $(x,\ y)$ が見つかったので，以下，$x+y<3$ となる組 $(x,\ y)$ のみを考える。
- $x=2$ のとき　　$-3y=4,\ -11$　　これを満たす 0 以上の整数 y は存在しない。

よって，点 P_{14} の最小回数は $x+y=1+2=3$ 回である。

以上より，最小回数が最も大きいのは点 P_{13}　 ③ →サ であり，その最小回数は 6 →シ 回である。

[別解1] (3) (＊)に注意すると，$15=5\cdot3$ より，偶数の目が3回出ると反時計回りに15個先の点に移動して元の点に戻る。また，$15=3\cdot5$ より，奇数の目が5回出ると時計回りに15個先の点（反時計回りに−15個先の点）に移動して元の点に戻る。

これより，偶数の目の出る回数が3回少ないか，または，奇数の目の出る回数が5回少ないならば，同じ点に移動させることができるので，(2)において，偶数の目が4回，奇数の目が4回出れば，点 P_0 にある石を点 P_8 に移動させることができることより，偶数の目が出る回数を3回減らしたとしても，点 P_0 にある石を点 P_8 に移動させることができる。

よって，偶数の目が $4-3=1$ 回，奇数の目が4回出れば，さいころを投げる回数が $1+4=5$ 回で，点 P_0 にある石を点 P_8 に移動させることができる。

(4) (3)と同様に(＊)に注意して考えれば，偶数の目が3回以上出る場合には，偶数の目の出る回数を3回ずつ減らしたとしても，同じ点に移動させることができるので，偶数の目の出る回数は0回，1回，2回のみを考えればよいことがわかる。同様に，奇数の目が5回以上出る場合には，奇数の目の出る回数を5回ずつ減らしたとしても，同じ点に移動させることができるので，奇数の目の出る回数は0回，1回，2回，3回，4回のみを考えればよいことがわかる。

これより，偶数の目が x 回（$0≦x≦2$ である整数），奇数の目が y 回（$0≦y≦4$ である整数）出たとき，点 P_0 にある石を移動させることができる点を表にまとめると，右のようになる。

よって，各点 P_1, P_2, …, P_{14} の最小回数は，右の表の $x+y$ の値であることに注意すれば，点

x＼y	0	1	2	3	4
0	P_0	P_{12}	P_9	P_6	P_3
1	P_5	P_2	P_{14}	P_{11}	P_8
2	P_{10}	P_7	P_4	P_1	P_{13}

P_1, P_2, …, P_{14} のうち，この最小回数が最も大きいのは点 P_{13} であり，その最小回数は $x+y=2+4=6$ 回である。

[別解2] (4) ・さいころを1回投げて，点 P_0 にある石を移動させることができる点について考える。

さいころを1回投げるとき，偶数の目が出るか，あるいは，奇数の目が出るかのどちらかなので，点 P_5, P_{12} のどちらかに移動させることができる。

よって，点 P_5, P_{12} の最小回数は1回である。

・さいころを2回投げて，点 P_0 にある石を移動させることができる点について考える。

さいころを1回投げるとき，点 P_5, P_{12} のどちらかに移動させることができるから，点 P_5, P_{12} のそれぞれにおいて，さいころを2回目に投げるとき，偶数の目が出た場合と，奇数の目が出た場合を考えれば，点 P_{10}, P_2, P_9 のいずれかに移動させることができる。

よって，点 P_2，P_9，P_{10} の最小回数は 2 回である。

・さいころを 3 回投げて，点 P_0 にある石を移動させることができる点について考える。

さいころを 2 回投げるとき，点 P_{10}，P_2，P_9 のいずれかに移動させることができるから，点 P_{10}，P_2，P_9 のそれぞれにおいて，さいころを 3 回目に投げるとき，偶数の目が出た場合と，奇数の目が出た場合を考えれば，点 P_0，P_7，P_{14}，P_6 のいずれかに移動させることができる。

よって，点 P_6，P_7，P_{14} の最小回数は 3 回である。

・さいころを 4 回投げて，点 P_0 にある石を移動させることができる点について考える。

さいころを 3 回投げるとき，点 P_0，P_7，P_{14}，P_6 のいずれかに移動させることができるから，点 P_0，P_7，P_{14}，P_6 のそれぞれにおいて，さいころを 4 回目に投げるとき，偶数の目が出た場合と，奇数の目が出た場合を考えれば，点 P_5，P_{12}，P_4，P_{11}，P_3 のいずれかに移動させることができる。

よって，点 P_3，P_4，P_{11} の最小回数は 4 回である。

・さいころを 5 回投げて，点 P_0 にある石を移動させることができる点について考える。

さいころを 4 回投げるとき，点 P_5，P_{12}，P_4，P_{11}，P_3 のいずれかに移動させることができるから，点 P_5，P_{12}，P_4，P_{11}，P_3 のそれぞれにおいて，さいころを 5 回目に投げるとき，偶数の目が出た場合と，奇数の目が出た場合を考えれば，点 P_{10}，P_2，P_9，P_1，P_8，P_0 のいずれかに移動させることができる。

よって，点 P_1，P_8 の最小回数は 5 回である。

・さいころを 6 回投げて，点 P_0 にある石を移動させることができる点について考える。

さいころを 5 回投げるとき，点 P_{10}，P_2，P_9，P_1，P_8，P_0 のいずれかに移動させることができるから，点 P_{10}，P_2，P_9，P_1，P_8，P_0 のそれぞれにおいて，さいころを 6 回目に投げるとき，偶数の目が出た場合と，奇数の目が出た場合を考えれば，点 P_0，P_7，P_{14}，P_6，P_{13}，P_5，P_{12} のいずれかに移動させることができる。

よって，点 P_{13} の最小回数は 6 回である。

以上より，各点 P_1，P_2，…，P_{14} の最小回数は，右の表のようになるから，点 P_1，P_2，…，P_{14} のうち，この最小回数が最も大きいのは点 P_{13} であり，その最小回数は 6 回である。

最小回数	点
1	P_5 P_{12}
2	P_2 P_9 P_{10}
3	P_6 P_7 P_{14}
4	P_3 P_4 P_{11}
5	P_1 P_8
6	P_{13}

解 説

円周上に並ぶ15個の点上を，さいころの目によって石を移動させるときに，移動させることができる点について，不定方程式の整数解を用いて考察させる問題である。与えられた1次不定方程式を解いていくだけでなく，1次不定方程式をどのように利用するかを考える必要があり，思考力の問われる問題である。

(1) さいころを5回投げる場合を考えるから，偶数の目が x 回，奇数の目が $(5-x)$ 回出たとき，点 P_0 にある石を点 P_1 に移動させることができたとして，$5x-3(5-x)=1$ と立式することから x の値を求めてもよい。

(2) (1)の結果から，ⓐが成り立つので，ⓐの両辺を8倍した式ⓑをつくることで①－ⓑを考えれば，不定方程式①のすべての整数解 x, y を求めることができる。①の整数解 x, y の中で，$0 \leq y < 5$ を満たすものは，③を $0 \leq y < 5$ に代入することで，$0 \leq y < 5$ を満たすときの k の値が $k=-4$ と求まるので，$k=-4$ を②，③に代入すればよい。あるいは，$y=24+5k$ ……③の k に具体的な値を代入しながら，$0 \leq y < 5$ を満たす k の値を探すことで $k=-4$ を見つけ出す方法も考えられる。

(3) 〔解答〕では，(＊)に注意することで，点 P_0 にある石を反時計回りに -7 個先の点に移動させれば，点 P_8 に移動させることができることを考えた。なぜなら，(＊)より，偶数の目が3回出ると反時計回りに15個先の点に移動して元の点に戻り，奇数の目が5回出ると反時計回りに -15 個先の点に移動して元の点に戻るので，点 P_0 にある石を反時計回りに -7 個先の点に移動させることだけを考えればよいことがわかるからである。

(2)と同様に，不定方程式 $5x-3y=-7$ のすべての整数解 x, y を求めてから，条件に適する0以上の整数 x, y を選んでもよいが，ここでは整数 x, y が0以上の整数であることと，$x+y<8$ であることを考えれば，$5x-3y=-7$ に0以上の整数 x, y の値を順に代入していく方が単純に速く処理できるだろう。

〔別解1〕では，(＊)より，偶数の目が3回出ると反時計回りに15個先の点に移動して元の点に戻り，奇数の目が5回出ると反時計回りに -15 個先の点に移動して元の点に戻るので，偶数の目の出た回数を3回減らすか，または，奇数の目の出た回数を5回減らしたとしても，同じ点に移動させることができることを利用して，偶数の目が1回，奇数の目が4回出ればよいことを求めている。

(4) 〔解答〕では，(3)と同様に(＊)に注意することで，反時計回りに移動する場合と，時計回りに移動する場合を考え，不定方程式に0以上の整数 x, y の値を順に代入する方法で最小回数を求めている。〔別解1〕のような解法を試験中に思いつくことが難しければ，〔解答〕のように整数解 x, y を調べ上げることから正解を導くことも大切である。ちなみに，〔解答〕は サ の解答群に従うことで，最小回数が最も大きいのは点 P_{13} であるとしたが，実際には点 P_{10}，P_{11}，P_{12}，P_{13}，P_{14} の最

小回数を調べただけなので，点 P_1, P_2, …, P_{14} のうち，最小回数が最も大きい点が P_{13} であるといえたわけではない。

〔別解1〕では，(3)と同様に考えることで，偶数の目の出た回数を 3 回減らすか，または，奇数の目の出た回数を 5 回減らしたとしても，同じ点に移動させることができることがわかるから，偶数の目の出る回数は 0 回〜2 回を考えればよく，奇数の目の出る回数は 0 回〜4 回を考えればよいことがわかる。点 P_0 にある石を移動させることができる点をまとめた表から，各点の最小回数は x と y の和 $x+y$ に等しいことに注意することで，点 P_1, P_2, …, P_{14} のうち，最小回数が最も大きいのは点 P_{13} であることがわかる。

〔別解2〕は，さいころを投げる回数から，点 P_0 にある石を移動させることができる点をすべて調べ上げる解法である。円周上に並ぶ 15 個の点 P_0, P_1, …, P_{14} を描いて考えなくとも，点 P の添え字に着目して，偶数の目が出る場合は添え字を $+5$，奇数の目が出る場合は添え字を -3 をすることで，移動させることができる点を求めることができる。ただし，添え字が 15 以上になった場合には -15 をし，添え字が負の数になった場合には $+15$ をする必要がある。実際に手を動かしてみると想像するよりも時間と手間がかからずに済む。この解法も単純に処理できてよい。

第5問 やや難 図形の性質 《角の二等分線と辺の比，方べきの定理》

線分 AD は∠BAC の二等分線なので
$$BD:DC = AB:AC = 3:5$$
であるから
$$BD = \frac{3}{3+5}BC = \frac{3}{8}\cdot 4 = \boxed{\frac{3}{2}} \rightarrow ア, イ$$

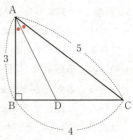

△ABC において
$$AC^2 = AB^2 + BC^2$$
が成り立つので，三平方の定理の逆より，∠B = 90°である。
直角三角形 ABD に三平方の定理を用いて
$$AD^2 = AB^2 + BD^2 = 3^2 + \left(\frac{3}{2}\right)^2 = \frac{45}{4}$$
AD > 0 より
$$AD = \sqrt{\frac{45}{4}} = \frac{\boxed{3}\sqrt{\boxed{5}}}{\boxed{2}} \rightarrow ウ, エ, オ$$

また，∠B = 90°なので，円周角の定理の逆より，△ABC の外接円 O の直径は AC である。
円周角の定理より
$$\angle AEC = 90°$$
なので，△AEC に着目すると，△AEC と △ABD において，∠CAE = ∠DAB，∠AEC = ∠ABD = 90°より，△AEC ∽ △ABD であるから
$$AE : AB = AC : AD$$
$$AE : 3 = 5 : \frac{3\sqrt{5}}{2} \quad \frac{3\sqrt{5}}{2}AE = 15$$
$$\therefore AE = 15 \times \frac{2}{3\sqrt{5}} = \boxed{2}\sqrt{\boxed{5}} \rightarrow カ, キ$$

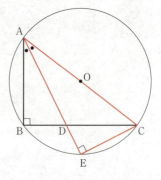

円 P は△ABC の 2 辺 AB，AC の両方に接するので，円 P の中心 P は∠BAC の二等分線 AE 上にある。
円 P と辺 AB との接点を H とすると
$$\angle AHP = 90°, \quad HP = r$$
HP ∥ BD より
$$AP : AD = HP : BD$$
$$AP : \frac{3\sqrt{5}}{2} = r : \frac{3}{2} \quad \frac{3}{2}AP = \frac{3\sqrt{5}}{2}r$$

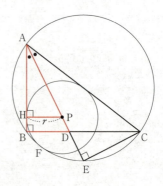

∴ AP = $\sqrt{\boxed{5}}\,r$ →ク

円Pは△ABCの外接円Oに内接するので，円Pと外接円Oとの接点Fと，円Pの中心Pを結ぶ直線PFは，外接円Oの中心Oを通る。
これより，FGは外接円Oの直径なので
 FG = AC = 5
であり
 PG = FG − FP = $\boxed{5} - r$ →ケ
と表せる。

したがって，方べきの定理より
 AP·PE = FP·PG
 AP·(AE − AP) = FP·PG
 $\sqrt{5}\,r(2\sqrt{5} - \sqrt{5}\,r) = r(5 - r)$
 $4r^2 - 5r = 0 \quad r(4r - 5) = 0$

$r > 0$ なので $r = \dfrac{\boxed{5}}{\boxed{4}}$ →コ，サ

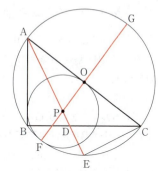

内接円Qの半径をr'とすると，(△ABCの面積) $= \dfrac{1}{2}r'(\text{AB} + \text{BC} + \text{CA})$ が成り立つので

 $\dfrac{1}{2}\cdot 3 \cdot 4 = \dfrac{1}{2}r'(3 + 4 + 5) \quad \therefore \quad r' = 1$

よって，内接円Qの半径は $\boxed{1}$ →シ
内接円Qの中心Qは，△ABCの内心なので，∠BACの二等分線AD上にある。
内接円Qと辺ABとの接点をJとすると
 ∠AJQ = 90°，JQ = r' = 1
なので，JQ∥BD より
 AQ : AD = JQ : BD
 AQ : $\dfrac{3\sqrt{5}}{2}$ = 1 : $\dfrac{3}{2}$ $\quad \dfrac{3}{2}$AQ = $\dfrac{3\sqrt{5}}{2}$
∴ AQ = $\sqrt{\boxed{5}}$ →ス

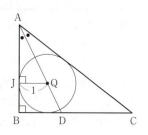

である。
また，点Aから円Pに引いた2接線の長さが等しいことより

 AH = AO = $\dfrac{\text{AC}}{2} = \dfrac{\boxed{5}}{\boxed{2}}$ →セ，ソ

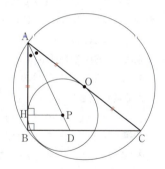

である。このとき

$$AH \cdot AB = \frac{5}{2} \cdot 3 = \frac{15}{2}$$

$$AQ \cdot AD = \sqrt{5} \cdot \frac{3\sqrt{5}}{2} = \frac{15}{2}$$

$$AQ \cdot AE = \sqrt{5} \cdot 2\sqrt{5} = 10$$

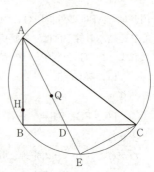

なので，$AH \cdot AB = AQ \cdot AD$ であるから，方べきの定理の逆より，4点H，B，Q，Dは同一円周上にある。よって，点Hは3点B，D，Qを通る円の周上にあるので，(a)は正しい。

また，$AH \cdot AB \neq AQ \cdot AE$ であるから，4点H，B，Q，Eは同一円周上にない。よって，点Hは3点B，E，Qを通る円の周上にないので，(b)は誤り。

以上より，点Hに関する(a)，(b)の正誤の組合せとして正しいものは ① →タ である。

解説

直角三角形の外接円，外接円に内接する円，内接円に関する問題。問題では図が与えられていないため，正確な図を描くだけでも難しい。また，3つの円を考えていくので，設問に合わせた図を何回か描き直す必要があり，時間もかかる。誘導も丁寧に与えられていないので，行間を思考しながら埋めていかなければならず，平面図形において成り立つ図形的な性質を理解していないと解き進められない問題も出題されている。問題文の見た目以上に時間のかかる，難易度の高い問題である。

BDの長さは，線分ADが∠BACの二等分線なので，角の二等分線と辺の比に関する定理を用いる。

△ABCにおいて，$AC^2 = AB^2 + BC^2$ が成り立つので，三平方の定理の逆より，∠B = 90° であるから，直角三角形ABDに三平方の定理を用いれば，ADの長さが求まる。

∠B = 90° なので，円周角の定理の逆より，△ABCの外接円Oの直径はACであることがわかり，円周角の定理より，△AECにおいても∠AEC = 90° であることがわかる。問題文に「△AECに着目する」という誘導が与えられているので，△AEC∽△ABDを利用したが，方べきの定理を用いて $AD \cdot DE = BD \cdot DC$ からDEを求め，$AE = AD + DE$ を考えることでAEの長さを求めることもできる。

一般に，∠YXZの二等分線から，2辺XY，XZへ下ろした垂線の長さは等しい。円Pが△ABCの2辺ABとACの両方に接するので，円Pの中心Pは∠BACの二等分線AE上にあることがわかる。この理解がないと，$AP : AD = HP : BD$ を求めることは難しい。

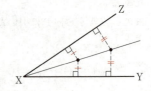

一般に，内接する2円の接点と，2円の中心は一直線上にある。
円Pは△ABCの外接円Oに内接するので，直線PFは外接円Oの
中心Oを通る。この理解がないと，FG＝5を求めることは難しい。

AP，PGの長さが求まれば，方べきの定理を用いることは問題文
の誘導として与えられているので，ここまでに求めてきた線分の長
さも考慮に入れることで，AP・PE＝FP・PGからrを求めることに気付けるだろう。
一般に，内接する2円において，内側の円が外側の円の直径にも接
するとき，その接点は外側の円の中心とは限らない。この問題では，
結果として$r=\frac{5}{4}$が求まるので，円Pが外接円Oの中心Oにおいて

外接円Oの直径ACと接していることがわかる。

内接円Qの半径は，$(\triangle ABCの面積)=\frac{1}{2}r'(AB+BC+CA)$ を利用して求めた。円
外の点から円に引いた2接線の長さが等しいことを利
用して，半径r'を求めることもできる。
AQを求める際に，AQ：AD＝JQ：BDを利用した
が，AJ＝AB－JB＝3－r'＝2，JQ＝r'＝1であること
がわかれば，△AJQに三平方の定理を用いてもよい。
AHを求める際に，点Aから円Pに引いた2接線の長
さが等しいことを利用したが，HP＝r，AP＝$\sqrt{5}r$な
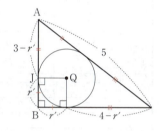
ので，△AHPに三平方の定理を用いる解法も思い付きやすい。
点Hに関する(a)，(b)の正誤を判断する問題は，これまでに得られた結果を念頭におい
て考える。ここまでの設問でAH，AQ，AD，AEの長さは求まっているので，方
べきの定理の逆を用いることに気付きたい。

> **ポイント** 方べきの定理の逆
> 2つの線分VWとXY，または，VWの延長とXYの延長どうしが点Zで
> 交わっているとき
> 　　　ZV・ZW＝ZX・ZY
> が成り立つならば，4点V，W，X，Yは同一円周上にある。

近年のセンター試験でも，方べきの定理の逆を利用する問題が出題されていたので，
過去問演習をしていれば，思い付くことができたのではないかと思われる。
AH・AB，AQ・AD，AQ・AEの値を計算することで，AH・AB＝AQ・ADが成り立
つことがわかるから，方べきの定理の逆より，4点H，B，D，Qは同一円周上にあ
ることがわかる。また，AH・AB≠AQ・AEであるから，方べきの定理の対偶を考え
ることで，4点H，B，E，Qは同一円周上にないことがわかる。

数学Ⅱ・数学B

問題番号 (配点)	解答記号	正解	配点	チェック
第1問 (30)	$\sin\dfrac{\pi}{ア}$	$\sin\dfrac{\pi}{3}$	2	
	イ	2	2	
	$\dfrac{\pi}{ウ}\cdot エ$	$\dfrac{\pi}{6}, 2$	2	
	$\dfrac{\pi}{オ}, カ$	$\dfrac{\pi}{2}, 1$	1	
	キ	⑨	2	
	ク	①	1	
	ケ	③	1	
	コ, サ	①, ⑨	2	
	シ, ス	②, ①	2	
	セ	1	1	
	ソ	0	1	
	タ	0	1	
	チ	1	1	
	$\log_2(\sqrt{ツ}-テ)$	$\log_2(\sqrt{5}-2)$	2	
	ト	⓪	1	
	ナ	③	1	
	ニ	1	2	
	ヌ	2	2	
	ネ	①	3	

問題番号 (配点)	解答記号	正解	配点	チェック
第2問 (30)	ア	3	1	
	イ$x+$ウ	$2x+3$	2	
	エ	④	2	
	オ	c	1	
	カ$x+$キ	$bx+c$	2	
	$\dfrac{クケ}{コ}$	$\dfrac{-c}{b}$	1	
	$\dfrac{ac^{サ}}{シb^{ス}}$	$\dfrac{ac^3}{3b^2}$	4	
	セ	⓪	3	
	ソ	5	1	
	タ$x+$チ	$3x+5$	2	
	ツ	d	1	
	テ$x+$ト	$cx+d$	2	
	ナ	②	3	
	$\dfrac{ニヌ}{ネ}, ノ$	$\dfrac{-b}{a}, 0$	2	
	$\dfrac{ハヒフ}{ヘホ}$	$\dfrac{-2b}{3a}$	3	

2021年度：数学Ⅱ・B／本試験(第Ⅰ日程)〈解答〉 33

問題番号 (配点)	解答記号	正 解	配点	チェック
第3問 (20)	ア	③	2	
	イウ	50	2	
	エ	5	2	
	オ	①	2	
	カ	②	1	
	キクケ	408	2	
	コサ.シ	58.8	2	
	ス	③	2	
	セ	③	1	
	ソ, タ	②, ④ (解答の順序は問わない)	4 (各2)	
第4問 (20)	$ア+(n-1)p$	$3+(n-1)p$	1	
	$イr^{n-1}$	$3r^{n-1}$	1	
	$ウa_{n+1}=r(a_n+エ)$	$2a_{n+1}=r(a_n+3)$	2	
	オ, カ, キ	2, 6, 6	2	
	ク	3	2	
	$\dfrac{ケ}{コ}n(n+サ)$	$\dfrac{3}{2}n(n+1)$	2	
	シ, ス	3, 1	2	
	$\dfrac{セa_{n+1}}{a_n+ソ}c_n$	$\dfrac{4a_{n+1}}{a_n+3}c_n$	2	
	タ	②	2	
	$\dfrac{チ}{q}(d_n+u)$	$\dfrac{2}{q}(d_n+u)$	2	
	$q>ツ$	$q>2$	1	
	$u=テ$	$u=0$	1	

問題番号 (配点)	解答記号	正 解	配点	チェック
第5問 (20)	アイ	36	2	
	ウ	a	2	
	エ-オ	$a-1$	3	
	$\dfrac{カ+\sqrt{キ}}{ク}$	$\dfrac{3+\sqrt{5}}{2}$	2	
	$\dfrac{ケ-\sqrt{コ}}{サ}$	$\dfrac{1-\sqrt{5}}{4}$	3	
	シ	⑨	3	
	ス	⓪	3	
	セ	⓪	2	

(注) 第1問，第2問は必答。第3問〜第5問のうちから2問選択。計4問を解答。

自己採点欄

100点

(平均点：59.93点)

第1問 —— 三角関数,指数関数,いろいろな式

〔1〕 標準 《三角関数の最大値》

(1) 関数 $y = \sin\theta + \sqrt{3}\cos\theta \left(0 \leq \theta \leq \dfrac{\pi}{2}\right)$ ……Ⓐ の最大値を求める。

$$\sin\dfrac{\pi}{\boxed{3}} = \dfrac{\sqrt{3}}{2} \quad \to \text{ア}, \quad \cos\dfrac{\pi}{3} = \dfrac{1}{2}$$

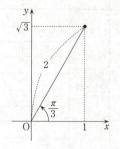

であるから,Ⓐの右辺に対する三角関数の合成により,Ⓐは

$$y = \boxed{2}\sin\left(\theta + \dfrac{\pi}{3}\right) \quad \to \text{イ}$$

と変形できる。$0 \leq \theta \leq \dfrac{\pi}{2}$ より,$\dfrac{\pi}{3} \leq \theta + \dfrac{\pi}{3} \leq \dfrac{5}{6}\pi$ であるから,y は

$$\theta + \dfrac{\pi}{3} = \dfrac{\pi}{2} \quad \text{すなわち} \quad \theta = \dfrac{\pi}{\boxed{6}} \quad \to \text{ウ}$$

で最大値 $\boxed{2}$ →エ をとる。

(2) 関数 $y = \sin\theta + p\cos\theta \left(0 \leq \theta \leq \dfrac{\pi}{2}\right)$ ……Ⓑ の最大値を求める。

(i) $p = 0$ のとき,Ⓑは

$$y = \sin\theta \quad \left(0 \leq \theta \leq \dfrac{\pi}{2}\right)$$

であるから,y は $\theta = \dfrac{\pi}{\boxed{2}}$ →オ で最大値 $\boxed{1}$ →カ をとる。

(ii) $p > 0$ のとき,加法定理

$$\cos(\theta - \alpha) = \cos\theta\cos\alpha + \sin\theta\sin\alpha$$

を用いると

$$r\cos(\theta - \alpha) = (r\sin\alpha)\sin\theta + (r\cos\alpha)\cos\theta \quad (r \text{ は正の定数})$$

が成り立つから,Ⓑは

$$y = \sin\theta + p\cos\theta = r\cos(\theta - \alpha)$$

と表すことができる。

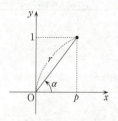

ただし,$r\sin\alpha = 1$,$r\cos\alpha = p$ であるから,右図より

$$r = \sqrt{1 + p^2} \quad \boxed{⑨} \quad \to \text{キ}$$

であり,α は

$$\sin\alpha = \dfrac{1}{\sqrt{1 + p^2}} \quad \boxed{①} \quad \to \text{ク}, \quad \cos\alpha = \dfrac{p}{\sqrt{1 + p^2}} \quad \boxed{③} \quad \to \text{ケ}, \quad 0 < \alpha < \dfrac{\pi}{2}$$

を満たすものとする。

このとき，y は，$\theta-\alpha=0$ すなわち $\theta=\alpha$ ①→コ で最大値 $r=\sqrt{1+p^2}$ ⑨→サ をとる。

(iii) $p<0$ のとき，$0\leqq\theta\leqq\dfrac{\pi}{2}$ より

$$0\leqq\sin\theta\leqq1,\ 0\leqq\cos\theta\leqq1,\ p\leqq p\cos\theta\leqq0$$

であるから，Ⓑの右辺に対して，不等式

$$p\leqq\sin\theta+p\cos\theta\leqq1$$

が成り立つ。すなわち，$p\leqq y\leqq1$ であり，$\theta=\dfrac{\pi}{2}$ のとき，確かに $y=1$ となるから，

y は $\theta=\dfrac{\pi}{2}$ ②→シ で最大値 1 ①→ス をとる。

解説

(1) 三角関数の合成については，次の［Ⅰ］がよく使われるが，［Ⅱ］の形もある。いずれも加法定理から導ける。

> **ポイント** 三角関数の合成
>
> ［Ⅰ］ $a\sin\theta+b\cos\theta=\sqrt{a^2+b^2}\sin(\theta+\alpha)$
>
> $\left(\text{ただし，}\cos\alpha=\dfrac{a}{\sqrt{a^2+b^2}},\ \sin\alpha=\dfrac{b}{\sqrt{a^2+b^2}}\right)$
>
> ［Ⅱ］ $a\sin\theta+b\cos\theta=\sqrt{a^2+b^2}\cos(\theta-\beta)$
>
> $\left(\text{ただし，}\sin\beta=\dfrac{a}{\sqrt{a^2+b^2}},\ \cos\beta=\dfrac{b}{\sqrt{a^2+b^2}}\right)$

(2) (i)は容易である。(ii)は，上の［Ⅱ］を知っていればよいが，［Ⅰ］の作り方を理解していれば対応できるであろう。

$0\leqq\theta\leqq\dfrac{\pi}{2},\ 0<\alpha<\dfrac{\pi}{2}$ より，$-\dfrac{\pi}{2}<\theta-\alpha<\dfrac{\pi}{2}$ であるので，$\cos(\theta-\alpha)=1$ となるのは $\theta-\alpha=0$ のときだけである。

(iii) $y=\sin\theta+p\cos\theta\leqq1$ であるからといって，y の最大値が 1 であるとはかぎらない。例えば，$0\leqq\theta\leqq\dfrac{\pi}{2}$ のとき，$0\leqq\sin\theta\leqq1,\ 0\leqq\cos\theta\leqq1$ から

$$0\leqq\sin\theta+\cos\theta\leqq2$$

は導けるが，この不等式の等号を成り立たせる θ は存在しない。

したがって，$\sin\theta+p\cos\theta\leqq1$ の等号を成り立たせる θ が $0\leqq\theta\leqq\dfrac{\pi}{2}$ の範囲に存在することを確認する必要がある。

[2] 標準 《指数関数の性質》

$$f(x) = \frac{2^x + 2^{-x}}{2}, \quad g(x) = \frac{2^x - 2^{-x}}{2}$$

(1)　　　$f(0) = \dfrac{2^0 + 2^0}{2} = \dfrac{1+1}{2} = \boxed{1}$ →セ

　　　　　$g(0) = \dfrac{2^0 - 2^0}{2} = \dfrac{1-1}{2} = \boxed{0}$ →ソ

である。$2^x > 0$, $2^{-x} > 0$ であるので，相加平均と相乗平均の関係から

$$f(x) = \frac{2^x + 2^{-x}}{2} \geqq \sqrt{2^x \times 2^{-x}} = \sqrt{2^0} = 1$$

が成り立ち，等号は，$2^x = 2^{-x}$ が成り立つとき，すなわち $x = 0$ のときに成り立つから，$f(x)$ は $x = \boxed{0}$ →タ で最小値 $\boxed{1}$ →チ をとる。

$2^{-x} = \dfrac{1}{2^x}$ に注意して，$g(x) = \dfrac{2^x - 2^{-x}}{2} = -2$ となる 2^x の値を求めると

$$2^x - \frac{1}{2^x} = -4 \quad (2^x)^2 + 4(2^x) - 1 = 0$$

$2^x = X$ とおくと　　$X^2 + 4X - 1 = 0$

$X > 0$ より　　$X = -2 + \sqrt{4+1} = -2 + \sqrt{5}$

よって　　$2^x = -2 + \sqrt{5}$

である。したがって，$g(x) = -2$ となる x の値は

$$x = \log_2(\sqrt{\boxed{5}} - \boxed{2}) \quad →ツ，テ$$

である。

(2)　　　$f(-x) = \dfrac{2^{-x} + 2^x}{2} = f(x)$　$\boxed{⓪}$　→ト

　　　　　$g(-x) = \dfrac{2^{-x} - 2^x}{2} = -\dfrac{2^x - 2^{-x}}{2} = -g(x)$　$\boxed{③}$　→ナ

　　　　　$\{f(x)\}^2 - \{g(x)\}^2 = \{f(x) + g(x)\}\{f(x) - g(x)\}$
　　　　　　　　　　　　　　$= 2^x \times 2^{-x} = 2^0 = \boxed{1}$　→ニ

　　　　　$g(2x) = \dfrac{2^{2x} - 2^{-2x}}{2} = \dfrac{(2^x)^2 - (2^{-x})^2}{2} = \dfrac{(2^x + 2^{-x})(2^x - 2^{-x})}{2}$

　　　　　　　　　$= \dfrac{2f(x) \times 2g(x)}{2} = \boxed{2} f(x) g(x)$　→ヌ

(3)　　　$f(\alpha - \beta) = f(\alpha) g(\beta) + g(\alpha) f(\beta)$ ……(A)
　　　　　$f(\alpha + \beta) = f(\alpha) f(\beta) + g(\alpha) g(\beta)$ ……(B)
　　　　　$g(\alpha - \beta) = f(\alpha) f(\beta) + g(\alpha) g(\beta)$ ……(C)
　　　　　$g(\alpha + \beta) = f(\alpha) g(\beta) - g(\alpha) f(\beta)$ ……(D)

$\beta=0$ とおいてみる。

(A)は, $f(\alpha)=f(\alpha)g(0)+g(\alpha)f(0)$ となるが, (1)より, $f(0)=1$, $g(0)=0$ であるから, $f(\alpha)=g(\alpha)$ となり, これは $\alpha=0$ のとき成り立たない。よって, (A)はつねに成り立つ式ではない。

(C)も, $g(\alpha)=f(\alpha)f(0)+g(\alpha)g(0)=f(\alpha)$ となる。よって, (C)はつねに成り立つ式ではない。

(D)は, $g(\alpha)=f(\alpha)g(0)-g(\alpha)f(0)=-g(\alpha)$ すなわち $g(\alpha)=0$ となる。

$g(1)=\dfrac{2-\dfrac{1}{2}}{2}=\dfrac{3}{4}\ne 0$ であるから, これは $\alpha=1$ のとき成り立たない。よって, (D)はつねに成り立つ式ではない。

(B)については

$$f(\alpha)f(\beta)+g(\alpha)g(\beta)=\dfrac{2^{\alpha}+2^{-\alpha}}{2}\times\dfrac{2^{\beta}+2^{-\beta}}{2}+\dfrac{2^{\alpha}-2^{-\alpha}}{2}\times\dfrac{2^{\beta}-2^{-\beta}}{2}$$

$$=\dfrac{2^{\alpha+\beta}+2^{\alpha-\beta}+2^{-\alpha+\beta}+2^{-\alpha-\beta}}{4}$$

$$+\dfrac{2^{\alpha+\beta}-2^{\alpha-\beta}-2^{-\alpha+\beta}+2^{-\alpha-\beta}}{4}$$

$$=\dfrac{2^{\alpha+\beta}+2^{-\alpha-\beta}}{2}=f(\alpha+\beta)$$

となり, つねに成り立つ。

したがって, (B) ① →ネ 以外の三つは成り立たない。

解説

(1) 2数 a, b ($a>0$, $b>0$) の相加平均 $\dfrac{a+b}{2}$, 相乗平均 $\sqrt{ab}$ の間には, つねに次の不等式が成り立つ。

> **ポイント** 相加平均と相乗平均の関係
> $a>0$, $b>0$ のとき
> $\dfrac{a+b}{2}\geqq\sqrt{ab}$ ($a=b$ のとき等号成立)

また, 3数 a, b, c ($a>0$, $b>0$, $c>0$) に対しては

$\dfrac{a+b+c}{3}\geqq\sqrt[3]{abc}$ ($a=b=c$ のとき等号成立)

が成り立つので記憶しておこう。

$g(x)=-2$ は指数方程式になる。まず 2^x の値を求める。$2^x=X$ と置き換えるとよい。

(2) $\{f(x)\}^2 - \{g(x)\}^2$ に $f(x) = \dfrac{2^x + 2^{-x}}{2}$, $g(x) = \dfrac{2^x - 2^{-x}}{2}$ を代入した場合は，$2^x \times 2^{-x} = 2^0 = 1$ に注意して

$$\left(\dfrac{2^x + 2^{-x}}{2}\right)^2 - \left(\dfrac{2^x - 2^{-x}}{2}\right)^2 = \dfrac{2^{2x} + 2 + 2^{-2x}}{4} - \dfrac{2^{2x} - 2 + 2^{-2x}}{4} = \dfrac{2+2}{4} = 1$$

となる。また

$$f(x)g(x) = \dfrac{2^x + 2^{-x}}{2} \times \dfrac{2^x - 2^{-x}}{2} = \dfrac{(2^x)^2 - (2^{-x})^2}{4} = \dfrac{1}{2} \times \dfrac{2^{2x} - 2^{-2x}}{2} = \dfrac{1}{2}g(2x)$$

と計算して $g(2x) = 2f(x)g(x)$ を導いてもよい。

(3) 本問は，式(A)〜(D)のなかに，「つねに成り立つ式」があるかどうかを調べる問題である。$f(x)$ も $g(x)$ も実数全体で定義されているので，「つねに成り立つ式」では，α, β にどんな実数を代入しても成り立つはずである。式が成り立たないような実数が少なくとも一つ見つかれば，その式は「つねに成り立つ式」ではないと判定できる。

花子さんの「β に何か具体的な値を代入して調べてみたら」をヒントにして，〔解答〕では $\beta = 0$ とおいてみたが，$\alpha = \beta$ とおいてもできる。

(A)は，$f(0) = 2f(\alpha)g(\alpha)$ となるが，(1)より，$f(0) = 1$ で，(2)より，$2f(\alpha)g(\alpha) = g(2\alpha)$ であるから，$g(2\alpha) = 1$ となる。

(C)は，$g(0) = \{f(\alpha)\}^2 + \{g(\alpha)\}^2$ となるが，(1)より，$g(0) = 0$，したがって，$f(\alpha) = g(\alpha) = 0$ となる。

(D)は，$g(2\alpha) = f(\alpha)g(\alpha) - g(\alpha)f(\alpha) = 0$ となる。

いずれも $g(x)$ が定数関数となって，矛盾が生じてしまう。

第2問 　標準　 微分・積分 《接線，面積，3次関数のグラフ》

(1) 　　　$y = 3x^2 + 2x + 3$ ……①
　　　　　$y = 2x^2 + 2x + 3$ ……②

①，②はいずれも $x=0$ のとき $y=3$ であるから，①，②の2次関数のグラフと y 軸との交点の y 座標はいずれも $\boxed{3}$ →ア である。

①，②よりそれぞれ $y' = 6x+2$，$y' = 4x+2$ が得られ，いずれも $x=0$ のとき $y' = 2$ であるから，①，②の2次関数のグラフと y 軸との交点における接線の方程式はいずれも $y = \boxed{2}x + \boxed{3}$ →イ，ウ である。

問題の⓪～⑤の2次関数のグラフのうち，y 軸との交点における接線の方程式が $y = 2x+3$（点 $(0, 3)$ を通り，傾きが2の直線）となるものは $\boxed{④}$ →エ である。なぜなら，点 $(0, 3)$ を通るものは，③，④，⑤で，それぞれ $y' = 4x-2$，$y' = -2x+2$，$y' = -2x-2$ であるから，$x=0$ のとき $y' = 2$ となるものは，④のみである。

曲線 $y = ax^2 + bx + c$（a，b，c は0でない実数）上の点 $(0, \boxed{c})$ →オ における接線 ℓ の方程式は，$y' = 2ax + b$（$x=0$ のとき $y' = b$）より

$$y - c = b(x-0) \quad \therefore \quad y = \boxed{b}x + \boxed{c} \quad →カ，キ$$

である。

接線 ℓ と x 軸との交点の x 座標は，$0 = bx + c$ より，$\dfrac{\boxed{-c}}{\boxed{b}}$ →クケ，コ である。

a，b，c が正の実数であるとき，曲線 $y = ax^2 + bx + c$ と接線 ℓ および直線 $x = -\dfrac{c}{b}$ (<0) で囲まれた図形の面積 S は，右図より

$$S = \int_{-\frac{c}{b}}^{0} \{(ax^2 + bx + c) - (bx + c)\} dx$$

$$= \int_{-\frac{c}{b}}^{0} ax^2 dx = \left[\dfrac{a}{3}x^3\right]_{-\frac{c}{b}}^{0}$$

$$= 0 - \dfrac{a}{3}\left(-\dfrac{c}{b}\right)^3$$

$$= \dfrac{ac^{\boxed{3}}}{\boxed{3}b^{\boxed{3}}} \quad →サ，シ，ス \quad ……③$$

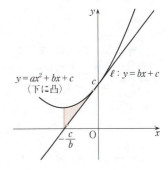

$y = ax^2 + bx + c$
（下に凸）

$\ell : y = bx + c$

である。

③において，$a=1$ とすると，$S = \dfrac{c^3}{3b^3}$ であり，S の値が一定となるように正の実数 b，c の値を変化させるとき，b と c の関係を表す式は

$$c^3 = 3Sb^3 \text{ より } c = \sqrt[3]{3S}\, b$$

となり，$\sqrt[3]{3S}$ は正の定数であるから，このグラフは，原点を通り正の傾きをもつ直線の $b>0$，$c>0$ の部分である。

よって，問題のグラフの概形⓪～⑤のうち，最も適当なものは $\boxed{⓪}$ →セ である。

(2)
$$y = 4x^3 + 2x^2 + 3x + 5 \quad \cdots\cdots ④$$
$$y = -2x^3 + 7x^2 + 3x + 5 \quad \cdots\cdots ⑤$$
$$y = 5x^3 - x^2 + 3x + 5 \quad \cdots\cdots ⑥$$

④，⑤，⑥はいずれも $x=0$ のとき $y=5$ であるから，④，⑤，⑥の3次関数のグラフと y 軸との交点の y 座標は $\boxed{5}$ →ソ である。

④，⑤，⑥よりそれぞれ $y'=12x^2+4x+3$，$y'=-6x^2+14x+3$，$y'=15x^2-2x+3$ が得られ，いずれも $x=0$ のとき $y'=3$ であるから，④，⑤，⑥の3次関数のグラフと y 軸との交点における接線の方程式は $y=\boxed{3}x+\boxed{5}$ →タ，チ である。

曲線 $y=ax^3+bx^2+cx+d$（a, b, c, d は 0 でない実数）上の点 $(0, \boxed{d})$ →ツ における接線の方程式は，$y'=3ax^2+2bx+c$（$x=0$ のとき $y'=c$）より

$$y-d = c(x-0) \quad \therefore \quad y=\boxed{c}x+\boxed{d} \quad →テ，ト$$

である。

次に，$f(x)=ax^3+bx^2+cx+d$，$g(x)=cx+d$ に対し
$$h(x)=f(x)-g(x)=ax^3+bx^2$$
を考える。a, b, c, d が正の実数であるとき，これは
$$y=h(x)=ax^2\left(x+\frac{b}{a}\right)$$

と変形でき，方程式 $h(x)=0$ を解くことで，この関数のグラフと x 軸との交点の x 座標は，0 と $-\dfrac{b}{a}$（<0）であることがわかる。さらに，$x=0$ は方程式 $h(x)=0$ の重解になっているので，この関数のグラフは $x=0$ で x 軸に接していることもわかる。したがって，$y=h(x)$ のグラフの概形として⓪～⑤のうち最も適当なものは $\boxed{②}$ →ナ である。

$y=f(x)$ のグラフと $y=g(x)$ のグラフの共有点の x 座標は，方程式 $f(x)=g(x)$ すなわち $h(x)=0$ の実数解で与えられるから，上で調べた通り

$\boxed{\dfrac{-b}{a}}$ →ニヌ，ネ と $\boxed{0}$ →ノ である。

$-\dfrac{b}{a}<x<0$ を満たす x に対して，$|f(x)-g(x)|=|h(x)|$ の値が最大となる x の値は，次図より，$h'(x)=0 \left(-\dfrac{b}{a}<x<0\right)$ の解である。それは

$$h'(x) = 3ax^2 + 2bx = x(3ax + 2b) = 0$$

より

$$x = \boxed{\dfrac{-2b}{3a}} \quad \to ハヒフ，ヘホ$$

である（$x=0$ は不適）。

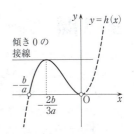

解説

(1) 関数 $y=f(x)$ のグラフと y 軸との交点の y 座標（y 切片という）は $f(0)$ である。

> **ポイント** 接線の方程式
> 関数 $y=f(x)$ のグラフ上の点 $(a, f(a))$ における接線の方程式は
> $$y - f(a) = f'(a)(x-a)$$

⓪〜⑤の2次関数のグラフから正しいものを一つ選ぶ問題は，その次の一般的な問題を先に解く方が時間の節約になる。

関数 $y=f(x)$ のグラフと x 軸との交点の x 座標（x 切片という）は，方程式 $f(x)=0$ の解で与えられる。

面積 S の計算では，図を描くことが第一歩である。$a>0$ であるから，2次関数のグラフは下に凸になる。定積分の計算は容易である。

A，B が実数ならば，$A^3 = B^3 \iff A = B$ である。これは，

$$A^3 - B^3 = (A-B)(A^2 + AB + B^2) = (A-B)\left\{\left(A + \dfrac{1}{2}B\right)^2 + \dfrac{3}{4}B^2\right\}$$

からわかる。

(2) 曲線 $y = ax^3 + bx^2 + cx + d$ 上の点 $(0, d)$ における接線の方程式が

$$y = cx + d$$

となることは，(1)の経験から，計算なしに求まるであろう。

$h(x) = ax^3 + bx^2$（$a>0$，$b>0$）のグラフは，y 切片が $h(0)=0$，x 切片は，$h(x) = ax^3 + bx^2 = 0$ より $x=0$，$-\dfrac{b}{a}$（<0）であるから，$y=h(x)$ のグラフの概形は，①と②にしぼられる。$h'(x) = 3ax^2 + 2bx = 0$ を解くと，$x=0$，$-\dfrac{2b}{3a}$（<0）となり，$x=0$ で極値をもつことがわかる。このことから②であるとすることもできる。

$|f(x) - g(x)| = |h(x)|$ の値が最大となる x の値を求める問題では，グラフ②を見て考える。

第3問　[標準]　確率分布と統計的な推測　《二項分布，正規分布，母平均の推定》

(1) Q高校の生徒全員を対象に100人の生徒を無作為に抽出して，読書時間に関する調査を行った。このとき，全く読書をしなかった生徒の母比率を0.5とするから，100人のそれぞれが，全く読書をしなかった生徒である確率は0.5である。したがって，100人の無作為標本のうちで全く読書をしなかった生徒の数を表す確率変数を X とすれば，X は二項分布 $B(100, 0.5)$ に従う。　③　→ア

X の平均（期待値）$E(X)$，標準偏差 $\sigma(X)$ は

$$E(X) = 100 \times 0.5 = \boxed{50} \quad \to イウ$$

$$\sigma(X) = \sqrt{100 \times 0.5 \times (1-0.5)} = \sqrt{25} = \boxed{5} \quad \to エ$$

である。

(2) 全く読書をしなかった生徒の母比率を0.5とする。標本の大きさ100は十分大きいので，(1)より，確率変数 X は近似的に正規分布 $N(50, 5^2)$ に従うから，$Z = \dfrac{X-50}{5}$ とおくと，確率変数 Z は標準正規分布 $N(0, 1)$ に従う。したがって，全く読書をしなかった生徒が36人以下となる確率 p_5 は

$$p_5 = P(X \leq 36) = P\left(Z \leq \dfrac{36-50}{5}\right) = P(Z \leq -2.8) = P(Z \geq 2.8)$$

$$= P(Z \geq 0) - P(0 \leq Z \leq 2.8) = 0.5 - 0.4974 \quad （正規分布表より）$$

$$= 0.0026 \fallingdotseq 0.003 \quad \boxed{①} \quad \to オ$$

である。

全く読書をしなかった生徒の母比率を0.4とする。X は $B(100, 0.4)$ に従うから，$E(X) = 100 \times 0.4 = 40$，$\sigma(X) = \sqrt{100 \times 0.4 \times (1-0.4)} = \sqrt{24} = 2\sqrt{6}$ より，X は正規分布 $N(40, (2\sqrt{6})^2)$ に従うと考えられ，$Z = \dfrac{X-40}{2\sqrt{6}}$ とおくと，Z は $N(0, 1)$ に従う。したがって，全く読書をしなかった生徒が36人以下となる確率 p_4 は

$$p_4 = P(X \leq 36) = P\left(Z \leq \dfrac{36-40}{2\sqrt{6}}\right) = P\left(Z \leq -\sqrt{\dfrac{2}{3}}\right) = P\left(Z \geq \sqrt{\dfrac{2}{3}}\right)$$

となる。$p_5 = P(Z \geq 2.8)$ であったから，$\sqrt{\dfrac{2}{3}} < 2.8$ に注意すると，正規分布表より $p_4 > p_5$ がわかる。　②　→カ

(3) 1週間の読書時間の母平均 m に対する信頼度95%の信頼区間 $C_1 \leq m \leq C_2$ を求める。

標本の大きさ100は十分大きく，母標準偏差が150であるから，標本平均を $\overline{Y}$ とおくと，$\overline{Y}$ は近似的に正規分布 $N\left(m, \dfrac{150^2}{100}\right)$ に従う。

よって，確率変数 $Z = \dfrac{\overline{Y} - m}{\sqrt{\dfrac{150^2}{100}}} = \dfrac{\overline{Y} - m}{\dfrac{150}{10}} = \dfrac{\overline{Y} - m}{15}$ は近似的に標準正規分布 $N(0, 1)$

に従う。正規分布表より

$$P(|Z| \leq 1.96) \fallingdotseq 0.95 \quad (P(0 \leq Z \leq 1.96) = 0.4750)$$

であるから

$$P\left(-1.96 \leq \dfrac{\overline{Y} - m}{15} \leq 1.96\right) \fallingdotseq 0.95$$

が成り立つ。この式より，$C_1 \leq m \leq C_2$ は

$$\overline{Y} - 15 \times 1.96 \leq m \leq \overline{Y} + 15 \times 1.96$$

となり，$\overline{Y} = 204$ であるから，$204 - 15 \times 1.96 \leq m \leq 204 + 15 \times 1.96$ すなわち

$$C_1 = 204 - 15 \times 1.96, \quad C_2 = 204 + 15 \times 1.96$$

である。よって

$C_1 + C_2 = \boxed{408}$ →キクケ

$C_2 - C_1 = 2 \times 15 \times 1.96 = \boxed{58}.\boxed{8}$ →コサ，シ

であることがわかる。

また，母平均 m と C_1，C_2 については，95％の確率で $C_1 \leq m \leq C_2$ となるとしかいえないので，$C_1 \leq m$ も $m \leq C_2$ も成り立つとは限らない。$\boxed{③}$ →ス

(4) 校長も図書委員会も独立に同じ調査をしたが，それぞれが無作為に100人を選んでいるので，全く読書をしなかった生徒の数（校長の調査では36，図書委員会の調査では n）の大小はわからない。$\boxed{③}$ →セ

(5) 図書委員会が行った調査結果による母平均 m に対する信頼度95％の信頼区間 $D_1 \leq m \leq D_2$ と(3)の $C_1 \leq m \leq C_2$ について，いずれも標本数は100，母標準偏差は150であるから，どちらの標本平均も $N\left(m, \dfrac{150^2}{100}\right)$ に従う。よって，(3)より，$C_2 - C_1 = D_2 - D_1 = 2 \times 15 \times 1.96$ であるから，$C_2 - C_1 = D_2 - D_1$ が必ず成り立つ。ただし，図書委員会が行った調査結果による標本平均は不明であるので，C_1 と D_1，D_2 の大小，C_2 と D_1，D_2 の大小は確定しない。よって，$D_2 < C_1$ または $C_2 < D_1$ となる場合もある。$\boxed{②}$，$\boxed{④}$ →ソ，タ（解答の順序は問わない）

解説

(1) 1回の試行で事象 E の起こる確率が p であるとき，この試行を n 回行う反復試行において，E が起こる回数を X とすれば，確率変数 X は二項分布 $B(n, p)$ に従う。

本問では，1回の試行を1人の生徒を抽出することに，事象 E を「全く読書をしなかった」ことに，n 回行う反復試行を100人の無作為抽出に対応させればよい。

> **ポイント 二項分布の平均,分散,標準偏差**
> 確率変数 X が二項分布 $B(n, p)$ に従うとき
> 　　平均 $E(X)=np$　　分散 $V(X)=np(1-p)$
> 　　標準偏差 $\sigma(X)=\sqrt{V(X)}=\sqrt{np(1-p)}$

(2) 二項分布を正規分布で近似して,正規分布表の利用を考える。

> **ポイント 二項分布の正規分布による近似**
> 二項分布 $B(n, p)$ に従う確率変数 X は,n が大きいとき,近似的に
> 　　正規分布 $N(np, npq)$
> に従う。ただし,$q=1-p$ とする。

正規分布表を使うために,確率変数を変換する。

> **ポイント 標準正規分布**
> 確率変数 X が正規分布 $N(m, \sigma^2)$ に従うとき,$Z=\dfrac{X-m}{\sigma}$ とおくと,確率変数 Z は標準正規分布 $N(0, 1)$ に従う。

$P(Z \leqq -2.8)$ の計算は,正規分布曲線を思い浮かべながら進めるとよい。

(3) 〔解答〕では,母平均 m,母標準偏差 σ の母集団から大きさ n の無作為標本を抽出するとき,標本平均 $\overline{Y}$ は,n が大きいとき,近似的に正規分布 $N\left(m, \dfrac{\sigma^2}{n}\right)$ に従うとみなせることを用いて $C_1 \leqq m \leqq C_2$ を求めているが,次のことを知っていればすぐに結果はわかる。

> **ポイント 母平均の推定**
> 母集団が標準偏差 σ の正規分布をなすとき,この母集団から抽出した大きさ n の標本平均を $\overline{Y}$ とすると,母平均 m に対する信頼度 95% の信頼区間は
> $$\overline{Y}-1.96\times\dfrac{\sigma}{\sqrt{n}} \leqq m \leqq \overline{Y}+1.96\times\dfrac{\sigma}{\sqrt{n}} \quad \left(\begin{array}{l}n \text{ は十分大きいとする。} \sigma \text{ は}\\ \text{標本標準偏差で代用できる}\end{array}\right)$$

「信頼度 95%」の意味は,仮に無作為抽出を 100 回実施し,100 個の信頼区間を作ったとしたとき,95 個程度の信頼区間が m を含む,ということで,すべてが必ず成り立つというわけではない。

(4) 本問はミスできない。

(5) 母平均に対する信頼区間は,標本平均,標本の大きさ,母標準偏差(あるいは標本標準偏差)の 3 要素で決まる。

第4問 標準 数列 《等差数列，等比数列，漸化式》

$$a_n b_{n+1} - 2a_{n+1}b_n + 3b_{n+1} = 0 \quad (n = 1, 2, 3, \cdots) \quad \cdots\cdots ①$$

(1) 数列 $\{a_n\}$ は，初項 3，公差 $p\ (\neq 0)$ の等差数列であるから

$$a_n = \boxed{3} + (n-1)p \quad \to ア \quad \cdots\cdots ②$$

$$a_{n+1} = 3 + np \quad \cdots\cdots ③$$

数列 $\{b_n\}$ は，初項 3，公比 $r\ (\neq 0)$ の等比数列であるから

$$b_n = \boxed{3}\, r^{n-1} \quad \to イ$$

と表される。$r \neq 0$ により，すべての自然数 n について，$b_n \neq 0$ となる。①の両辺を b_n で割ることにより

$$\frac{a_n b_{n+1}}{b_n} - 2a_{n+1} + \frac{3b_{n+1}}{b_n} = 0$$

$\dfrac{b_{n+1}}{b_n} = r$ であるから $\quad ra_n - 2a_{n+1} + 3r = 0$

$$\therefore \boxed{2}\,a_{n+1} = r(a_n + \boxed{3}) \quad \to ウ，エ \quad \cdots\cdots ④$$

が成り立つことがわかる。④に②と③を代入すると

$$2(3 + np) = r\{3 + (n-1)p + 3\}$$

$$6 + 2pn = 6r + rpn - rp$$

$$\therefore (r - \boxed{2})pn = r(p - \boxed{6}) + \boxed{6} \quad \to オ，カ，キ \quad \cdots\cdots ⑤$$

となる。⑤がすべての n で成り立つことおよび $p \neq 0$ により，$r - 2 = 0$ すなわち $r = 2$ を得る。さらに，このことから

$$0 = 2(p - 6) + 6$$

$$\therefore p = \boxed{3} \quad \to ク$$

を得る。

以上から，すべての自然数 n について，a_n と b_n が正であることもわかる。

(2) $p = 3$，$r = 2$ であることから，$\{a_n\}$，$\{b_n\}$ の初項から第 n 項までの和は，それぞれ次の式で与えられる。

$$\sum_{k=1}^{n} a_k = \sum_{k=1}^{n} \{3 + (k-1) \times 3\} = \sum_{k=1}^{n} 3k = 3\sum_{k=1}^{n} k = 3 \times \frac{1}{2}n(n+1)$$

$$= \frac{\boxed{3}}{\boxed{2}} n(n + \boxed{1}) \quad \to ケ，コ，サ$$

$$\sum_{k=1}^{n} b_k = \sum_{k=1}^{n} 3 \times 2^{k-1} = 3\sum_{k=1}^{n} 2^{k-1} = 3(1 + 2 + 2^2 + \cdots + 2^{n-1})$$

$$= 3 \times \frac{2^n - 1}{2 - 1} = \boxed{3}\,(2^n - \boxed{1}) \quad \to シ，ス$$

(3) $a_n c_{n+1} - 4a_{n+1} c_n + 3c_{n+1} = 0$ $(n=1, 2, 3, \cdots)$ ……⑥

⑥を変形して

$$(a_n + 3)c_{n+1} = 4a_{n+1} c_n$$

a_n が正であることから，$a_n + 3 \neq 0$ なので

$$c_{n+1} = \frac{\boxed{4} a_{n+1}}{a_n + \boxed{3}} c_n \quad \to セ, ソ$$

を得る。さらに，$p=3$ であることから，$a_{n+1} = a_n + 3$ であるので

$$c_{n+1} = 4c_n \quad (c_1 = 3)$$

となり，数列 $\{c_n\}$ は公比が1より大きい等比数列である。 $\boxed{②}$ →タ

(4) $d_n b_{n+1} - qd_{n+1} b_n + ub_{n+1} = 0$ $(n=1, 2, 3, \cdots)$ ……⑦

において，q，u は定数で，$q \neq 0$ であり，$d_1 = 3$ である。

$r=2$ であることから，$b_{n+1} = 2b_n$ であるので，⑦は

$$2b_n d_n - qb_n d_{n+1} + 2ub_n = 0$$

となり，$b_n > 0$ であるので，両辺を b_n で割って

$$2d_n - qd_{n+1} + 2u = 0$$

$q \neq 0$ より

$$d_{n+1} = \frac{\boxed{2}}{q}(d_n + u) \quad \to チ$$

を得る。数列 $\{d_n\}$ が，公比 s $(0<s<1)$ の等比数列のとき，$d_{n+1} = sd_n$ $(d_1 = 3)$ であるから，上の式に代入して

$$sd_n = \frac{2}{q}(d_n + u)$$

$$\therefore \left(s - \frac{2}{q}\right)d_n = \frac{2}{q}u$$

となる。$s - \frac{2}{q}$，$\frac{2}{q}u$ は定数であり，$\{d_n\}$ は $d_1 > d_2 > d_3 > \cdots$ となる等比数列であるので，この式が成り立つのは，$s - \frac{2}{q} = 0$ かつ $\frac{2}{q}u = 0$ すなわち $s = \frac{2}{q}$ $(0<s<1$ より $q>2)$ かつ $u=0$ のときである。逆に，$q>2$ かつ $u=0$ であれば，$\{d_n\}$ は公比が0より大きく1より小さい等比数列となる。

したがって，数列 $\{d_n\}$ が，公比が0より大きく1より小さい等比数列となるための必要十分条件は，$q > \boxed{2}$ →ツ かつ $u = \boxed{0}$ →テ である。

解説

(1) 等差数列,等比数列について,それぞれの一般項と,それらの初項から第 n 項までの和についてまとめておく。

> **ポイント　等差数列**
>
> 初項が a, 公差が d の等差数列 $\{a_n\}$ ($a_1=a$) について,
> 漸化式 $a_{n+1}=a_n+d$ が成り立ち, 一般項は $a_n=a+(n-1)d$ と表される。
> 初項から第 n 項までの和 S_n は
> $$S_n=a_1+a_2+\cdots+a_n=\frac{1}{2}n\{2a+(n-1)d\}=\frac{1}{2}n(a_1+a_n)$$

> **ポイント　等比数列**
>
> 初項が b, 公比が r の等比数列 $\{b_n\}$ ($b_1=b$) について,
> 漸化式 $b_{n+1}=rb_n$ が成り立ち, 一般項は $b_n=br^{n-1}$ と表される。
> 初項から第 n 項までの和 T_n は
> $$T_n=b_1+b_2+\cdots b_n=\begin{cases}\dfrac{b(1-r^n)}{1-r}=\dfrac{b(r^n-1)}{r-1} & (r\neq 1)\\ nb & (r=1)\end{cases}$$

⑤の $(r-2)pn=r(p-6)+6$ は自然数 n についての恒等式であるから
$$(r-2)p=0 \quad \text{かつ} \quad r(p-6)+6=0$$
が成り立つ。

(2) $\sum_{k=1}^{n}a_k=a_1+a_2+\cdots+a_n$ は,〔ポイント〕にある和の公式を用いて
$$\frac{1}{2}n\{2\times 3+(n-1)\times 3\}=\frac{3}{2}n(n+1) \quad (\{a_n\} \text{ は初項が } 3, \text{ 公差が } 3)$$
と計算できる。〔解答〕では Σ の性質を用いた。

(3) 問題文の指示に従えばよい。$p=3$ であることは, $a_{n+1}=a_n+3$ を表しているが, $a_n=3n$ であるので, $a_{n+1}=3(n+1)$ として代入してもよい。

(4) $r=2$ であることは, $b_{n+1}=2b_n$ を表しているが, $b_n=3\times 2^{n-1}$ であるから, $b_{n+1}=3\times 2^n$ として代入してもよい(計算ミスには気をつけたい)。
最後の必要十分条件を求める部分は,〔解答〕では,手順通りにまず必要条件を求めて,それが十分条件になることを確かめた。しかし,本問では十分条件 $q>2$, $u=0$ がわかりやすく, 空所補充形式の問題であるから,手早く解答できるであろう。$u\neq 0$ でも $\{d_n\}$ が等比数列になることはあるので注意しよう。$q=4$, $u=3$ とすると $d_1=3$, $d_2=3$, $d_3=3$, …となり, 公比 1 の等比数列である。

第5問　[標準]　ベクトル 《内積，空間のベクトル》

(1) 1辺の長さが1の正五角形 $OA_1B_1C_1A_2$ において，対角線の長さを a とする（右図）。

正五角形の1つの内角の大きさは $\dfrac{180° \times 3}{5} = 108°$ であり，$\triangle A_1B_1C_1$ は $A_1B_1 = C_1B_1 = 1$ の二等辺三角形であるから

$$\angle A_1C_1B_1 = \dfrac{180° - 108°}{2} = \boxed{36}° \quad \to\text{アイ}$$

$$\angle C_1A_1A_2 = 108° - 36° \times 2 = 36°$$

となることから，$\overrightarrow{A_1A_2}$ と $\overrightarrow{B_1C_1}$ は平行である。ゆえに

$$\overrightarrow{A_1A_2} = \boxed{a}\,\overrightarrow{B_1C_1} \quad \to\text{ウ}$$

であるから

$$\overrightarrow{B_1C_1} = \dfrac{1}{a}\overrightarrow{A_1A_2} = \dfrac{1}{a}(\overrightarrow{OA_2} - \overrightarrow{OA_1})$$

また，$\overrightarrow{OA_1}$ と $\overrightarrow{A_2B_1}$ は平行で，さらに，$\overrightarrow{OA_2}$ と $\overrightarrow{A_1C_1}$ も平行であることから

$$\overrightarrow{B_1C_1} = \overrightarrow{B_1A_2} + \overrightarrow{A_2O} + \overrightarrow{OA_1} + \overrightarrow{A_1C_1} = -a\overrightarrow{OA_1} - \overrightarrow{OA_2} + \overrightarrow{OA_1} + a\overrightarrow{OA_2}$$

$$= (a-1)\overrightarrow{OA_2} - (a-1)\overrightarrow{OA_1} = (\boxed{a} - \boxed{1})(\overrightarrow{OA_2} - \overrightarrow{OA_1}) \quad \to\text{エ，オ}$$

となる。したがって，$\dfrac{1}{a} = a - 1$ が成り立つ。

分母を払って整理すると，$a^2 - a - 1 = 0$ となるから

$$a = \dfrac{1 \pm \sqrt{1+4}}{2} = \dfrac{1 \pm \sqrt{5}}{2}$$

$a > 0$ より，$a = \dfrac{1+\sqrt{5}}{2}$ を得る。

(2) 1辺の長さが1の正十二面体（右図）において，面 $OA_1B_1C_1A_2$ に着目する。$\overrightarrow{OA_1}$ と $\overrightarrow{A_2B_1}$ が平行であることから

$$\overrightarrow{OB_1} = \overrightarrow{OA_2} + \overrightarrow{A_2B_1} = \overrightarrow{OA_2} + a\overrightarrow{OA_1}$$

である。また

$$|\overrightarrow{OA_2} - \overrightarrow{OA_1}|^2 = |\overrightarrow{A_1A_2}|^2 = a^2$$

$$= \left(\dfrac{1+\sqrt{5}}{2}\right)^2 = \dfrac{1 + 2\sqrt{5} + 5}{4}$$

$$= \dfrac{\boxed{3} + \sqrt{\boxed{5}}}{\boxed{2}} \quad \to\text{カ，キ，ク}$$

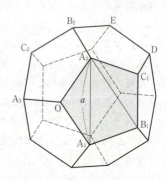

に注意すると

$$|\overrightarrow{OA_2} - \overrightarrow{OA_1}|^2 = (\overrightarrow{OA_2} - \overrightarrow{OA_1}) \cdot (\overrightarrow{OA_2} - \overrightarrow{OA_1}) = |\overrightarrow{OA_2}|^2 - 2\overrightarrow{OA_1} \cdot \overrightarrow{OA_2} + |\overrightarrow{OA_1}|^2$$
$$= 1^2 - 2\overrightarrow{OA_1} \cdot \overrightarrow{OA_2} + 1^2 = 2(1 - \overrightarrow{OA_1} \cdot \overrightarrow{OA_2})$$

より，$2(1 - \overrightarrow{OA_1} \cdot \overrightarrow{OA_2}) = \dfrac{3+\sqrt{5}}{2}$ が成り立ち

$$\overrightarrow{OA_1} \cdot \overrightarrow{OA_2} = 1 - \dfrac{3+\sqrt{5}}{4} = \boxed{\dfrac{1-\sqrt{5}}{4}} \quad →ケ，コ，サ$$

を得る。

次に，面 $OA_2B_2C_2A_3$（右図）に着目すると

$$\overrightarrow{OB_2} = \overrightarrow{OA_3} + \overrightarrow{A_3B_2} = \overrightarrow{OA_3} + a\overrightarrow{OA_2}$$

である。さらに，図の対称性により

$$\overrightarrow{OA_2} \cdot \overrightarrow{OA_3} = \overrightarrow{OA_3} \cdot \overrightarrow{OA_1} = \overrightarrow{OA_1} \cdot \overrightarrow{OA_2} = \dfrac{1-\sqrt{5}}{4}$$

が成り立つことがわかる。ゆえに

$$\overrightarrow{OA_1} \cdot \overrightarrow{OB_2} = \overrightarrow{OA_1} \cdot (\overrightarrow{OA_3} + a\overrightarrow{OA_2})$$
$$= \overrightarrow{OA_1} \cdot \overrightarrow{OA_3} + a\overrightarrow{OA_1} \cdot \overrightarrow{OA_2}$$
$$= \dfrac{1-\sqrt{5}}{4} + \dfrac{1+\sqrt{5}}{2} \times \dfrac{1-\sqrt{5}}{4}$$
$$= \dfrac{1-\sqrt{5}}{4} + \dfrac{1-5}{8} = \dfrac{-1-\sqrt{5}}{4} \quad \boxed{⑨} \quad →シ$$

$$\overrightarrow{OB_1} \cdot \overrightarrow{OB_2} = (\overrightarrow{OA_2} + a\overrightarrow{OA_1}) \cdot (\overrightarrow{OA_3} + a\overrightarrow{OA_2})$$
$$= \overrightarrow{OA_2} \cdot \overrightarrow{OA_3} + a|\overrightarrow{OA_2}|^2 + a\overrightarrow{OA_1} \cdot \overrightarrow{OA_3} + a^2\overrightarrow{OA_1} \cdot \overrightarrow{OA_2}$$
$$= \dfrac{1-\sqrt{5}}{4} + \dfrac{1+\sqrt{5}}{2} \times 1^2 + \dfrac{1+\sqrt{5}}{2} \times \dfrac{1-\sqrt{5}}{4} + \dfrac{3+\sqrt{5}}{2} \times \dfrac{1-\sqrt{5}}{4}$$
$$= \dfrac{1-\sqrt{5}}{4} + \dfrac{1+\sqrt{5}}{2} + \dfrac{1-5}{8} + \dfrac{-2-2\sqrt{5}}{8}$$
$$= \dfrac{3+\sqrt{5}}{4} - \dfrac{1}{2} + \dfrac{-1-\sqrt{5}}{4} = 0 \quad \boxed{⓪} \quad →ス$$

である。これは，$\angle B_1OB_2 = 90°$ であることを意味している。

最後に，面 $A_2C_1DEB_2$（右図）に着目する。

$$\overrightarrow{B_2D} = a\overrightarrow{A_2C_1} = \overrightarrow{OB_1}$$

であることに注意すると，4点 O，B_1，D，B_2 は同一平面上にあり，$OB_1 = OB_2$，$\angle B_1OB_2 = 90°$ であることから，四角形 OB_1DB_2 は**正方形である**ことがわかる。$\boxed{⓪}$ →セ

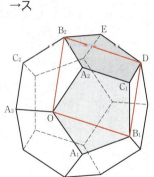

解説

(1) 問題文では、$\overrightarrow{B_1C_1} = \dfrac{1}{a}\overrightarrow{A_1A_2}$ かつ

$\overrightarrow{B_1C_1} = (a-1)\overrightarrow{A_1A_2}$ より、$\dfrac{1}{a} = a-1$ が導かれている。

このことは、右図を見るとわかりやすい。

$\triangle B_1C_1A_1 \infty \triangle TB_1C_1$ より、$TC_1 = \dfrac{1}{a}$ がわかり、

$\triangle A_1B_1T$ が $A_1B_1 = A_1T = 1$ の二等辺三角形であるこ

とより、$TC_1 = a-1$ がわかる。よって、$\dfrac{1}{a} = a-1$,

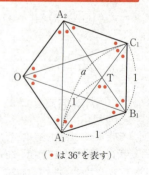

(•は36°を表す)

$a = \dfrac{1+\sqrt{5}}{2}$ である。この値から $\cos 36°$ や $\sin 36°$ の値を知ることができる。

なお、問題文で、$\overrightarrow{B_1C_1} = \overrightarrow{B_1A_2} + \overrightarrow{A_2O} + \overrightarrow{OA_1} + \overrightarrow{A_1C_1}$ としてあるのは、$\overrightarrow{B_1C_1}$ を $\overrightarrow{OA_1}$

と $\overrightarrow{OA_2}$ だけで表そうとしているからで、$\overrightarrow{B_1A_2} = a\overrightarrow{A_1O} = -a\overrightarrow{OA_1}$ などとなる。

(2) ここでは内積の計算がポイントになる。

> **ポイント** 内積の基本性質
>
> ベクトルの大きさと内積の関係 $|\vec{a}|^2 = \vec{a} \cdot \vec{a}$ は重要である。
>
> 計算規則として次のことが成り立つので、整式の展開計算と同様の計算ができる。
>
> $\vec{a} \cdot \vec{b} = \vec{b} \cdot \vec{a}$ （交換法則）
>
> $\vec{a} \cdot (\vec{b} + \vec{c}) = \vec{a} \cdot \vec{b} + \vec{a} \cdot \vec{c}$ （分配法則）
>
> $(m\vec{a}) \cdot \vec{b} = \vec{a} \cdot (m\vec{b}) = m(\vec{a} \cdot \vec{b})$ （m は実数）
>
> また、$\vec{a} \cdot \vec{b} = 0$, $\vec{a} \neq \vec{0}$, $\vec{b} \neq \vec{0}$ のとき $\vec{a} \perp \vec{b}$ である。

$\overrightarrow{OA_1} \cdot \overrightarrow{OA_2}$ の値は、図形的定義に従って求めることもできる。

$$\overrightarrow{OA_1} \cdot \overrightarrow{OA_2} = |\overrightarrow{OA_1}||\overrightarrow{OA_2}|\cos \angle A_2OA_1 = 1 \times 1 \times \cos 108°$$

となるが、$\triangle OA_1A_2$ に余弦定理を用いて、$a^2 = 1^2 + 1^2 - 2 \times 1 \times 1 \times \cos 108°$ であるから、$\cos 108° = \dfrac{2-a^2}{2}$ となるので、$\overrightarrow{OA_1} \cdot \overrightarrow{OA_2} = \dfrac{2-a^2}{2} = \dfrac{1}{2}\left\{2-\left(\dfrac{1+\sqrt{5}}{2}\right)^2\right\} = \dfrac{1-\sqrt{5}}{4}$

が求まる。

以降は空間のベクトルとなるが、図形の対称性を考慮することが大切である。$\overrightarrow{OA_1} \cdot \overrightarrow{OB_2}$, $\overrightarrow{OB_1} \cdot \overrightarrow{OB_2}$ の計算では、ベクトルをすべて $\overrightarrow{OA_1}$, $\overrightarrow{OA_2}$, $\overrightarrow{OA_3}$ で表そうと考えるとよい。

数学Ⅰ

問題番号(配点)	解答記号	正解	配点	チェック
第1問 (20)	$(\text{ア}x+\text{イ})(x-\text{ウ})$	$(2x+5)(x-2)$	2	
	$\dfrac{-\text{エ}\pm\sqrt{\text{オカ}}}{\text{キ}}$	$\dfrac{-5\pm\sqrt{65}}{4}$	2	
	$\dfrac{\text{ク}+\sqrt{\text{ケコ}}}{\text{サ}}$	$\dfrac{5+\sqrt{65}}{2}$	2	
	シ	6	2	
	ス	3	2	
	セ	②	2	
	ソ, タチ	6, 12	2	
	ツ	7	2	
	テト	13	2	
	ナ	⓪	2	
第2問 (30)	$\dfrac{\text{ア}}{\text{イ}}$	$\dfrac{4}{5}$	2	
	ウエ	12	2	
	オカ	12	2	
	キク	25	3	
	ケ	②	1	
	コ	⓪	1	
	サ	①	1	
	シ	③	3	
	ス	①	3	
	セ	②	2	
	ソ	②	2	
	タ	⓪	2	
	チ	③	2	
	ツ	⓪	2	
	テ	③	2	

問題番号(配点)	解答記号	正解	配点	チェック
第3問 (30)	(ア, イ)	(1, 3)	3	
	$k>\text{ウエ}$	$k>-3$	3	
	オ, カ	1, 2	3	
	$\sqrt{\text{キク}}(k+\text{ケ})$	$\sqrt{-2}(k+3)$	3	
	コサシ	-11	2	
	スセ	-3	1	
	ソ	②	3	
	$\text{タチ}x+\dfrac{\text{ツテ}}{5}$	$-2x+\dfrac{44}{5}$	3	
	ト.ナニ	2.00	2	
	ヌ.ネノ	2.20	3	
	ハ.ヒフ	4.40	3	
	ヘ	③	2	
第4問 (20)	ア	③	1	
	イ	③	1	
	ウ	②	1	
	エ	⑤	1	
	オ	⑦	1	
	カとキ	①と③ (解答の順序は問わない)	4 (各2)	
	ク	①	2	
	ケ	④	3	
	コ	⑤	3	
	サ	②	3	

(注) 全問必答。

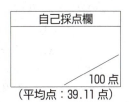

(平均点：39.11 点)

第1問 —— 数と式，集合と論理

〔1〕 —— 「数学Ⅰ・数学A」第1問〔1〕に同じ（p.3〜4参照）

〔2〕 標準 《集合，命題》

(1) $A \cup B$ は図3の斜線部分であり，$\overline{A \cap B}$ は図4の斜線部分である。$C = (A \cup B) \cap (\overline{A \cap B})$ は $A \cup B$ と $\overline{A \cap B}$ の共通部分なので，② →セ の斜線部分である。

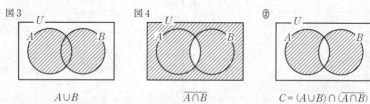

図3　$A \cup B$　　図4　$\overline{A \cap B}$　　②　$C = (A \cup B) \cap (\overline{A \cap B})$

(2) 集合 U, A, C は

$U = \{x \mid x は 15 以下の正の整数\}$
$A = \{x \mid x は 15 以下の正の整数で 3 の倍数\}$
$C = \{2, 3, 5, 7, 9, 11, 13, 15\}$

なので

$A = \{3, 6, 9, 12, 15\}$　　$\overline{C} = \{1, 4, 6, 8, 10, 12, 14\}$

$A \cap B = A \cap \overline{C}$ であることに注意すると

$A \cap B = \{\boxed{6}, \boxed{12}\}$ →ソ，タチ

であることがわかる。また

$A = \{3, 6, 9, 12, 15\}$　　$A \cap B = \{6, 12\}$
$C = \{2, 3, 5, 7, 9, 11, 13, 15\}$

より，ベン図に要素を書き入れると右のようになるから，B の要素は全部で $\boxed{7}$ →ツ 個あり，そのうち最大のものは $\boxed{13}$ →テト である。

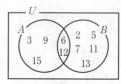

U の要素 x について，条件 p, q を満たす集合をそれぞれ P, Q とすると

$P = \{x \mid x \in U, x \in \overline{A} \cap B\} = \{2, 5, 7, 11, 13\}$
$Q = \{x \mid x \in U, x は 5 以上かつ 15 以下の素数\} = \{5, 7, 11, 13\}$

なので，$P \supset Q$ となる。

よって，$p \Longrightarrow q$ は偽（反例：$x = 2$），$q \Longrightarrow p$ は真だから，p は q であるための必要条件であるが，十分条件ではない。$\boxed{0}$ →ナ

第2問 〔やや難〕 図形と計量 《三角形の面積,余弦定理,辺と角の大小関係,外接円,内接円》

(1) ア〜カ 「数学Ⅰ・数学A」第1問〔2〕の(1)セ〜テに同じ (p. 4〜5参照)

(1) キ・ク また,正方形 BFGC の面積は $BC^2 = a^2$ なので,△ABC に余弦定理を用いれば

$$BC^2 = CA^2 + AB^2 - 2 \cdot CA \cdot AB \cdot \cos A$$
$$a^2 = b^2 + c^2 - 2bc \cos A \quad \cdots\cdots ①$$
$$= 6^2 + 5^2 - 2 \cdot 6 \cdot 5 \cdot \frac{3}{5} = 25$$

よって,正方形 BFGC の面積は $\boxed{25}$ →キク である。

(2)・(3) ケ〜シ 「数学Ⅰ・数学A」第1問〔2〕の(2)・(3)ト〜ヌに同じ (p. 5〜6参照)

(4) 六角形 DEFGHI の面積は

  (△ABC の面積) + (△AID の面積) + (△BEF の面積) + (△CGH の面積)
   + (正方形 BFGC の面積) + (正方形 CHIA の面積) + (正方形 ADEB の面積)
 $= T + T_1 + T_2 + T_3 + S_1 + S_2 + S_3$

(3)の結果より,a, b, c の値に関係なく

$$T_1 = T_2 = T_3 = T = \frac{1}{2} bc \sin A$$

となるので

$$4 \times T + S_1 + S_2 + S_3 = 4 \times \frac{1}{2} bc \sin A + a^2 + b^2 + c^2 = 2bc \sin A + a^2 + b^2 + c^2$$

①を代入すれば

$$2bc \sin A + (b^2 + c^2 - 2bc \cos A) + b^2 + c^2 = 2\{b^2 + c^2 + bc(\sin A - \cos A)\}$$

よって,どのような △ABC に対しても,六角形 DEFGHI の面積は b, c, A を用いて

$$2\{b^2 + c^2 + bc(\sin A - \cos A)\} \quad \boxed{①} \quad →ス$$

と表せる。

(5) セ〜チ 「数学Ⅰ・数学A」第1問〔2〕の(4)ネ〜ヒに同じ (p. 6〜8参照)

(6) ツ・テ △ABC,△AID,△BEF,△CGH の内接円の半径をそれぞれ,r, r_1, r_2, r_3 とする。

△ABC,△AID,△BEF,△CGH の面積 T, T_1, T_2, T_3 は,内接円の半径 r, r_1, r_2, r_3 を用いて

$$T = \frac{1}{2} r (AB + BC + CA) = \frac{1}{2} r (a + b + c)$$

$$T_1 = \frac{1}{2}r_1(\text{AI} + \text{ID} + \text{DA}) = \frac{1}{2}r_1(\text{ID} + b + c)$$

$$T_2 = \frac{1}{2}r_2(\text{BE} + \text{EF} + \text{FB}) = \frac{1}{2}r_2(a + \text{EF} + c)$$

$$T_3 = \frac{1}{2}r_3(\text{CG} + \text{GH} + \text{HC}) = \frac{1}{2}r_3(a + b + \text{GH})$$

と表せるので，$T_1 = T_2 = T_3 = T$ と，$a+b+c>0$，$\text{ID}+b+c>0$，$a+\text{EF}+c>0$，$a+b+\text{GH}>0$ より

$$r = \frac{2T}{a+b+c} \qquad r_1 = \frac{2T_1}{\text{ID}+b+c} = \frac{2T}{\text{ID}+b+c}$$

$$r_2 = \frac{2T_2}{a+\text{EF}+c} = \frac{2T}{a+\text{EF}+c} \qquad r_3 = \frac{2T_3}{a+b+\text{GH}} = \frac{2T}{a+b+\text{GH}}$$

・$0°<A<B<C<90°$ のとき

$0°<A<90°$，$0°<B<90°$，$0°<C<90°$ なので，(5)より

$\text{ID}>\text{BC}=a$, $\text{EF}>\text{CA}=b$, $\text{GH}>\text{AB}=c$

となるから

$\text{ID}+b+c>a+b+c$, $a+\text{EF}+c>a+b+c$, $a+b+\text{GH}>a+b+c$

両辺は正なので，両辺の逆数を考えて

$$\frac{1}{\text{ID}+b+c}<\frac{1}{a+b+c}, \quad \frac{1}{a+\text{EF}+c}<\frac{1}{a+b+c}, \quad \frac{1}{a+b+\text{GH}}<\frac{1}{a+b+c}$$

両辺に $2T$（>0）をかければ

$$\frac{2T}{\text{ID}+b+c}<\frac{2T}{a+b+c}, \quad \frac{2T}{a+\text{EF}+c}<\frac{2T}{a+b+c}, \quad \frac{2T}{a+b+\text{GH}}<\frac{2T}{a+b+c}$$

∴ $r_1<r$ ……ⅱ，$r_2<r$ ……ⅲ，$r_3<r$ ……ⅳ

よって，ⅱ，ⅲ，ⅳより，△ABC，△AID，△BEF，△CGH のうち，内接円の半径が最も大きい三角形は **△ABC** ⓪ →ツ である。

・$0°<A<B<90°<C$ のとき

$90°<C$ なので，(5)より，$\text{GH}<\text{AB}=c$ となるから

$a+b+\text{GH}<a+b+c$

両辺は正なので，両辺の逆数を考えて

$$\frac{1}{a+b+\text{GH}}>\frac{1}{a+b+c}$$

両辺に $2T$（>0）をかければ

$$\frac{2T}{a+b+\text{GH}}>\frac{2T}{a+b+c} \qquad ∴ \quad r_3>r \quad ……ⅴ$$

よって，ⅱ，ⅲ，ⅴより，△ABC，△AID，△BEF，△CGH のうち，内接円の半径が最も大きい三角形は **△CGH** ③ →テ である。

第3問 —— 2次関数

〔1〕 やや難 《2次関数，平行移動》

(1) 2次関数 $y = 2x^2 - 4x + 5$ を平方完成すると
$$y = 2(x-1)^2 + 3$$
なので，グラフ G の頂点の座標は
$$(\boxed{1}, \boxed{3}) \quad \to \text{ア，イ}$$
である。

(2) グラフ G を y 軸方向に k だけ平行移動したグラフが H だから，グラフ H の頂点の座標は
$$(1, 3+k)$$
であり，グラフ G が下に凸の放物線なので，グラフ H も下に凸の放物線である。これより，グラフ H が x 軸と共有点をもたないためには，グラフ H の頂点の y 座標が正となればよいので
$$3+k > 0 \quad \therefore \quad k > -3$$
よって，グラフ H が x 軸と共有点をもたないような k の値の範囲は
$$k > \boxed{-3} \quad \to \text{ウエ}$$
である。

(3) $k = -5$ のとき，グラフ H を x 軸方向に 1 だけ平行移動したグラフの頂点の座標は
$$(1+1, 3+(-5)) \quad \therefore \quad (2, -2)$$
なので，このグラフの方程式は
$$y = 2(x-2)^2 - 2 = 2x^2 - 8x + 6$$
このグラフと x 軸との交点の x 座標は，$y = 0$ として
$$2x^2 - 8x + 6 = 0 \qquad x^2 - 4x + 3 = 0$$
$$(x-1)(x-3) = 0 \quad \therefore \quad x = 1, 3$$
なので，$2 \leq x \leq 6$ の範囲で x 軸と点 $(3, 0)$ の $\boxed{1} \to \text{オ}$ 点で交わる。

また，$k = -5$ のとき，グラフ H を x 軸方向に 3 だけ平行移動したグラフの頂点の座標は
$$(1+3, 3+(-5)) \quad \therefore \quad (4, -2)$$
なので，このグラフの方程式は
$$y = 2(x-4)^2 - 2 = 2x^2 - 16x + 30$$
このグラフと x 軸との交点の x 座標は，$y = 0$ として
$$2x^2 - 16x + 30 = 0 \qquad x^2 - 8x + 15 = 0$$

$(x-3)(x-5)=0$　∴　$x=3, 5$

なので，$2≦x≦6$ の範囲で x 軸と点 $(3, 0)$, $(5, 0)$ の 　2 　→カ 点で交わる。

(4) グラフ H が x 軸と異なる 2 点で交わるとき，グラフ H の頂点の y 座標は負であるから

$$3+k<0 \quad ∴ \quad k<-3$$

グラフ H の頂点の座標は $(1, 3+k)$ なので，グラフ H の方程式は

$$y=2(x-1)^2+3+k=2x^2-4x+(k+5)$$

$k<-3$ のとき，グラフ H と x 軸との交点の x 座標は，$y=0$ として解の公式を用いると，$2x^2-4x+(k+5)=0$ より

$$x=\frac{-(-2)±\sqrt{(-2)^2-2·(k+5)}}{2}=\frac{2±\sqrt{-2(k+3)}}{2}$$

なので，2 点 $\left(\frac{2+\sqrt{-2(k+3)}}{2}, 0\right)$, $\left(\frac{2-\sqrt{-2(k+3)}}{2}, 0\right)$ の間の距離は

$$\frac{2+\sqrt{-2(k+3)}}{2}-\frac{2-\sqrt{-2(k+3)}}{2}=\sqrt{\boxed{-2}(k+\boxed{3})} \quad →キク, ケ$$

である。

したがって，グラフ H を x 軸方向に平行移動して，$2≦x≦6$ の範囲で x 軸と異なる 2 点で交わるようにできるとき，2 点 $(2, 0)$, $(6, 0)$ の間の距離が $6-2=4$ より，グラフ H と x 軸との異なる 2 交点の間の距離 $\sqrt{-2(k+3)}$ （$k<-3$）が 4 以下となっているので

$$\sqrt{-2(k+3)}≦4 \quad -2(k+3)≦16 \quad ∴ \quad k≧-11$$

$k<-3$ より　$-11≦k<-3$

よって，k のとり得る値の範囲は

$$\boxed{-11}≦k<\boxed{-3} \quad →コサシ, スセ$$

〔2〕── ソ〜ヘ 「数学Ⅰ・数学A」第 2 問〔1〕ア〜ソに同じ（p. 10〜11 参照）

第4問 　標準　データの分析　《ヒストグラム，箱ひげ図，データの相関》

(1) ア〜オ　図1のヒストグラムから次のことが読み取れる。

- 最頻値は最も度数が多い階級の値だから，最頻値は階級 22.5 以上 25.0 未満 ③ →ア の階級値である。
- 中央値は 47 個のデータを小さいものから順に並べたときの 24 番目の値だから，中央値が含まれる階級は 22.5 以上 25.0 未満 ③ →イ である。
- 第 1 四分位数は 47 個のデータを小さいものから順に並べたときの 12 番目の値だから，第 1 四分位数が含まれる階級は 20.0 以上 22.5 未満 ② →ウ である。
- 第 3 四分位数は 47 個のデータを小さいものから順に並べたときの 36 番目の値だから，第 3 四分位数が含まれる階級は 27.5 以上 30.0 未満 ⑤ →エ である。
- 最大値は 47 個のデータのうち最も大きな値だから，最大値が含まれる階級は 32.5 以上 35.0 未満 ⑦ →オ である。

(2)〜(5)　カ〜サ　「数学Ⅰ・数学A」第2問〔2〕(1)〜(4)タ〜ナに同じ（p.12〜14参照）

数学II 本試験（第1日程）

問題番号(配点)	解答記号	正解	配点	チェック
第1問 (30)	$\sin\dfrac{\pi}{\text{ア}}$	$\sin\dfrac{\pi}{3}$	2	
	イ	②	2	
	$\dfrac{\pi}{\text{ウ}}$, エ	$\dfrac{\pi}{6}$, ②	2	
	$\dfrac{\pi}{\text{オ}}$, カ	$\dfrac{\pi}{2}$, ①	1	
	キ	⑨	2	
	ク	①	1	
	ケ	③	1	
	コ, サ	①, ⑨	2	
	シ, ス	②, ①	2	
	セ	1	1	
	ソ	0	1	
	タ	0	1	
	チ	1	1	
	$\log_2(\sqrt{\text{ツ}}-\text{テ})$	$\log_2(\sqrt{5}-2)$	2	
	ト	⓪	1	
	ナ	③	1	
	ニ	1	2	
	ヌ	2	2	
	ネ	①	3	

問題番号(配点)	解答記号	正解	配点	チェック
第2問 (30)	ア	3	1	
	イ$x+$ウ	$2x+3$	2	
	エ	④	2	
	オ	c	1	
	カ$x+$キ	$bx+c$	2	
	$\dfrac{\text{クケ}}{\text{コ}}$	$\dfrac{-c}{b}$	1	
	$\dfrac{ac^{\text{サ}}}{\text{シ}b^{\text{ス}}}$	$\dfrac{ac^3}{3b^3}$	4	
	セ	⓪	3	
	ソ	5	1	
	タ$x+$チ	$3x+5$	2	
	ツ	d	1	
	テ$x+$ト	$cx+d$	2	
	ナ	②	3	
	$\dfrac{\text{ニヌ}}{\text{ネ}}$, ノ	$\dfrac{-b}{a}$, 0	2	
	$\dfrac{\text{ハヒフ}}{\text{ヘホ}}$	$\dfrac{-2b}{3a}$	3	

2021年度：数学Ⅱ/本試験(第1日程)〈解答〉 59

問題番号(配点)	解答記号	正 解	配点	チェック
第3問 (20)	アーイ	$a-1$	2	
	$x+\dfrac{ウエ-オ}{カ}$	$x+\dfrac{2a-2}{a}$	3	
	$y-\dfrac{キ+ク}{ケ}$	$y-\dfrac{a+1}{a}$	3	
	$x+コサーシ$	$x+2a-2$	1	
	$y-ス+セ$	$y-a+1$	1	
	$ソ^2$	a^2	1	
	$\sqrt{タ}$	$\sqrt{2}$	2	
	$チ-\sqrt{ツ}$	$1-\sqrt{2}$	2	
	テ	1	1	
	ト	②	2	
	ナ	①	2	

問題番号(配点)	解答記号	正 解	配点	チェック
第4問 (20)	ア	6	2	
	イ	0	3	
	ウ	2	3	
	$エ\pm\sqrt{オ}i$	$1\pm\sqrt{2}i$	3	
	$x^2+カx+キ$	x^2+2x+3	3	
	ク	2	3	
	ケ	1	3	

（注）全問必答。

自己採点欄

100 点
（平均点：39.51 点）

第1問 ──「数学Ⅱ・数学B」第1問に同じ (p.34〜38 参照)

第2問 ──「数学Ⅱ・数学B」第2問に同じ (p.39〜41 参照)

第3問　標準　図形と方程式　《内分・外分，軌跡，円と直線》

(1) 3 点 M(2, −1), P(s, t), Q(x, y) がこの順に同一直線上に並び，線分 MQ の長さが線分 MP の長さの a 倍 ($a>1$) となるから，右図より，点 P は線分 MQ を $1:(\boxed{a}-\boxed{1})$ →ア，イ に内分することがわかる。

よって，内分点の座標の公式を用いれば

$$s = \frac{(a-1)\times 2 + 1\times x}{1+(a-1)} = \frac{x+\boxed{2a}-\boxed{2}}{\boxed{a}}$$

→ウエ，オ，カ

$$t = \frac{(a-1)\times(-1) + 1\times y}{1+(a-1)} = \frac{y-\boxed{a}+\boxed{1}}{\boxed{a}}$$

→キ，ク，ケ

である。

(2) 原点 O を中心とする半径 1 の円 C を表す方程式は $x^2+y^2=1^2$ であるから，点 P(s, t) が C 上にあるとき

$$s^2+t^2=1$$

が成り立つ。

点 Q の座標を (x, y) とすると，(1)より，x, y は

$$\left(\frac{x+2a-2}{a}\right)^2 + \left(\frac{y-a+1}{a}\right)^2 = 1$$

を満たす。両辺に a^2 をかけると

$$(x+\boxed{2a}-\boxed{2})^2 + (y-\boxed{a}+\boxed{1})^2 = \boxed{a}^2 \quad \cdots\cdots ①$$

→コサ，シ，ス，セ，ソ

となるから，点 Q は $(-2a+2, a-1)$ を中心とする半径 a の円上にある。

(3) 直線 $\ell: x+y-k=0$ ($k>0$) と円 $C: x^2+y^2=1$ が接しているとき，C の中心 O と ℓ の距離は C の半径 1 に等しいので，点と直線の距離の公式を用いて

$$\frac{|0+0-k|}{\sqrt{1^2+1^2}} = 1 \quad \text{すなわち} \quad \frac{k}{\sqrt{2}} = 1 \quad (\because \ k>0)$$

が成り立つ。よって，このとき，$k=\sqrt{\boxed{2}}$ →タ である。
点 P(s, t) が ℓ 上を動くとき，$s+t-\sqrt{2}=0$ が成り立つから，(1)より
$$\frac{x+2a-2}{a}+\frac{y-a+1}{a}-\sqrt{2}=0$$
となり，両辺に a をかけ，式を整理して，点 Q(x, y) の軌跡の方程式は
$$x+y+(\boxed{1}-\sqrt{\boxed{2}})a-\boxed{1}=0 \quad →チ，ツ，テ \quad \cdots\cdots②$$
である。点 Q の軌跡は ℓ と平行な直線である。

(4) ①が表す円を C_a，②が表す直線を ℓ_a とするとき，C_a の中心 $(-2a+2,\ a-1)$ と ℓ_a の距離は，点と直線の距離の公式を用いて
$$\frac{|(-2a+2)+(a-1)+(1-\sqrt{2})a-1|}{\sqrt{1^2+1^2}}=\frac{|-\sqrt{2}a|}{\sqrt{2}}=a \quad (\because\ a>1)$$
$$\boxed{②} \quad →ト$$
である。また，C_a と ℓ_a の距離 a は C_a の半径に等しいから，C_a と ℓ_a は a の値によらず，接する。$\boxed{①}$ →ナ

別解 (3) 直線 $\ell: y=-x+k\ (k>0)$ と
円 $C: x^2+y^2=1$ が接するとき，右図を描けば，
すぐに $k=\sqrt{2}$ がわかる。
あるいは，2 式より y を消去した x の 2 次方程
式 $x^2+(-x+k)^2=1$ すなわち
$$2x^2-2kx+k^2-1=0$$
が重解をもつと考えて，判別式 D が 0 となる k
の値を求めてもよい。

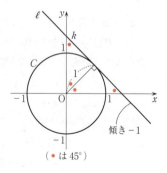

$$\frac{D}{4}=(-k)^2-2(k^2-1)=-k^2+2$$
であるから，$D=0$ とすれば，$k>0$ より
$$k=\sqrt{2}$$
である。

(4) C_a の中心 $(-2a+2,\ a-1)$ を通り，ℓ_a に垂直な直線 ℓ_b の方程式は
$$x-y+3a-3=0$$
と表される。ℓ_a と ℓ_b の交点の座標を求めると
$$\left(-\frac{4-\sqrt{2}}{2}a+2,\ \frac{2+\sqrt{2}}{2}a-1\right)$$
となるから，この交点と C_a の中心の距離を求めればよい。
$$\sqrt{\left(-\frac{4-\sqrt{2}}{2}a+2a\right)^2+\left(\frac{2+\sqrt{2}}{2}a-a\right)^2}=\sqrt{a^2}=a \quad (\because\ a>1)$$

第4問　いろいろな式　《4次式の因数分解，2次方程式》

$$P(x) = x^4 + (k-1)x^2 + (6-2k)x + 3k$$

(1) $k=0$ とするとき

$$P(x) = x^4 - x^2 + 6x = x(x^3 - x + \boxed{6})\quad \to ア$$

である。また

$$P(-2) = -2\{(-2)^3 - (-2) + 6\} = -2(-8+2+6) = \boxed{0}\quad \to イ$$

である。よって，因数定理により

$$P(x) = x(x + \boxed{2})(x^2 - 2x + 3)\quad \to ウ$$

と因数分解できる。
また，方程式 $P(x)=0$ の虚数解は，2次方程式 $x^2-2x+3=0$ の解であるから，解の公式を用いて

$$x = \boxed{1} \pm \sqrt{\boxed{2}}\, i \quad \to エ，オ$$

である。

(2) $k=3$ とすると

$$P(x) = x^4 + 2x^2 + 9$$

となり，これを x^2-2x+3 で割ることにより

$$P(x) = (x^2 + \boxed{2}x + \boxed{3})(x^2 - 2x + 3)\quad \to カ，キ$$

が成り立つことがわかる。

（注）
$$\begin{aligned}x^4 + 2x^2 + 9 &= (x^2+3)^2 - 4x^2 \\ &= \{(x^2+3)+2x\}\{(x^2+3)-2x\} \\ &= (x^2+2x+3)(x^2-2x+3)\end{aligned}$$

と因数分解することもできる。

(3) 　$P(x) = (x^2 + mx + n)(x^2 - 2x + 3)$

となると予想する。右辺の展開式における x^3 の項は

$$-2x^3 + mx^3\quad \text{すなわち}\quad (m-2)x^3$$

となり，x^3 の係数は $m-2$ であるが，$P(x)$ に x^3 の項はないので

$$m-2=0\quad \text{すなわち}\quad m = \boxed{2}\quad \to ク$$

が得られる。また，展開式の定数項 $3n$ は $3k$ に等しいことから

$$n = k$$

が得られる。
$m=2$，$n=k$ のとき

$$\begin{aligned}(x^2+mx+n)(x^2-2x+3) &= \{(x^2+2x)+k\}\{(x^2-2x)+3\} \\ &= (x^2+2x)(x^2-2x) + k(x^2-2x) + 3(x^2+2x) + 3k\end{aligned}$$

$$= x^4 - 4x^2 + (3+k)x^2 + (6-2k)x + 3k$$
$$= x^4 + (k-1)x^2 + (6-2k)x + 3k$$
$$= P(x)$$

であるから，予想が正しいことがわかる。

(4) (1)より，$x^2 - 2x + 3 = 0$ は実数解をもたないから，方程式 $P(x) = 0$ が実数解をもたないための条件は，$x^2 + 2x + k = 0$ が実数解をもたないことである。2次方程式 $x^2 + 2x + k = 0$ の判別式を D とすれば，$D < 0$ が成り立てばよいので，求める k の値の範囲は

$$\frac{D}{4} = 1^2 - k < 0 \quad \therefore \quad k > \boxed{1} \quad \to ケ$$

である。

[参考] $P(x)$ を，定石に従って，最低次の文字について整理すると

$$P(x) = x^4 + (k-1)x^2 + (6-2k)x + 3k$$
$$= x^4 - x^2 + 6x + k(x^2 - 2x + 3)$$
$$= x(x^3 - x + 6) + k(x^2 - 2x + 3)$$
$$= x(x+2)(x^2 - 2x + 3) + k(x^2 - 2x + 3)$$
$$= \{x(x+2) + k\}(x^2 - 2x + 3)$$
$$= (x^2 + 2x + k)(x^2 - 2x + 3)$$

となる。この式変形の途中，$Q(x) = x^3 - x + 6$ については，$Q(-2) = 0$ となることから $Q(x) = (x+2)(x^2 + \boxed{}x + 3)$ とおけて，$Q(x)$ に x^2 の項がないことから，$\boxed{} = -2$ を求めたものである。

数学Ⅰ・数学A 本試験（第2日程）

第1問 (30)

問題番号(配点)	解答記号	正解	配点	チェック
第1問(30)	アイ, ウエ	-2, -1 又は -1, -2	3	
	オ	8	3	
	カ	3	4	
	キ	8	2	
	クケ	90	2	
	コ	4	2	
	サ	4	2	
	シ	①	2	
	ス	①	1	
	セ	⓪	1	
	ソ	⓪	2	
	タ	③	2	
	チ/ツ	$\frac{4}{5}$	2	
	テ	5	2	

第2問 (30)

問題番号(配点)	解答記号	正解	配点	チェック
第2問(30)	アイウ $-x$	$400-x$	3	
	エオカ, キ	560, 7	3	
	クケコ	280	3	
	サシスセ	8400	3	
	ソタチ	250	3	
	ツ	⑤	4	
	テ	③	3	
	トナニ	240	3	
	ヌ, ネ	③, ⓪	2	
	ノ	⑥	2	
	ハ	③	2	

第3問 (20)

解答記号	正解	配点
アイ/ウエ	$\dfrac{11}{12}$	2
オカ/キク	$\dfrac{17}{24}$	2
ケ/コサ	$\dfrac{9}{17}$	3
シ/ス	$\dfrac{1}{3}$	3
セ/ソ	$\dfrac{1}{2}$	3
タチ/ツテ	$\dfrac{17}{36}$	3
トナ/ニヌ	$\dfrac{12}{17}$	4

第4問 (20)

解答記号	正解	配点
ア, イ, ウ, エ	3, 2, 1, 0	3
オ	3	3
カ	8	3
キ	4	3
クケ, コ, サ, シ	12, 8, 4, 0	4
ス	3	2
セソタ	448	2

第5問 (20)

解答記号	正解	配点
ア	⑤	2
イ, ウ, エ	②, ⑥, ⑦	2
オ	①	1
カ	②	2
キ	2	1
ク√ケコ	$2\sqrt{15}$	2
サシ	15	3
ス√セソ	$3\sqrt{15}$	2
タ/チ	$\dfrac{4}{5}$	2
ツ/テ	$\dfrac{5}{3}$	3

（注）第1問，第2問は必答。第3問〜第5問のうちから2問選択。計4問を解答。

自己採点欄 / 100点
（平均点：39.62点）

第1問 — 数と式，図形と計量

〔1〕 標準 《絶対値を含む不等式で定められる集合》

$$|ax-b-7|<3 \quad \cdots\cdots ①$$

(1) $a=-3$, $b=-2$ のとき，①を解くと

$$|-3x-(-2)-7|<3 \quad |-3x-5|<3 \quad \left|x+\frac{5}{3}\right|<1$$

$$-1<x+\frac{5}{3}<1 \quad -\frac{8}{3}<x<-\frac{2}{3}$$

したがって

$$P=\{x \mid x \text{ は整数}, x \text{ は①を満たす}\}$$
$$=\left\{x \mid x \text{ は整数}, -\frac{8}{3}<x<-\frac{2}{3}\right\}$$
$$=\{\boxed{-2}, \boxed{-1}\} \quad \to \text{ア，ウエ}$$

となる（解答の順序は問わない）。

(2) (i) $a=\dfrac{1}{\sqrt{2}}$, $b=1$ のとき，①を解くと

$$\left|\frac{1}{\sqrt{2}}x-1-7\right|<3 \quad |x-8\sqrt{2}|<3\sqrt{2}$$
$$-3\sqrt{2}<x-8\sqrt{2}<3\sqrt{2} \quad 5\sqrt{2}<x<11\sqrt{2}$$

である。ここで

$$\sqrt{49}<5\sqrt{2}=\sqrt{50}<\sqrt{64} \quad \text{より} \quad 7<5\sqrt{2}<8$$

であり，また

$$\sqrt{225}<11\sqrt{2}=\sqrt{242}<\sqrt{256} \quad \text{より} \quad 15<11\sqrt{2}<16$$

であることに注意すると，①を満たす整数は全部で

$$8, 9, 10, 11, 12, 13, 14, 15$$

の $\boxed{8}$ 個である。 →オ

(ii) $a=\dfrac{1}{\sqrt{2}}$ のとき，①を解くと

$$\left|\frac{1}{\sqrt{2}}x-b-7\right|<3 \quad |x-(b+7)\sqrt{2}|<3\sqrt{2}$$
$$-3\sqrt{2}<x-(b+7)\sqrt{2}<3\sqrt{2} \quad (b+4)\sqrt{2}<x<(b+10)\sqrt{2}$$

これより，正の整数 b が2のとき，①を満たす整数は $6\sqrt{2}<x<12\sqrt{2}$ を満たす整数である。

ここで

$$\sqrt{64} < 6\sqrt{2} = \sqrt{72} < \sqrt{81} \quad \text{より} \quad 8 < 6\sqrt{2} < 9$$

であり，また

$$\sqrt{256} < 12\sqrt{2} = \sqrt{288} < \sqrt{289} \quad \text{より} \quad 16 < 12\sqrt{2} < 17$$

であることに注意すると，①を満たす整数は全部で

9, 10, 11, 12, 13, 14, 15, 16

の 8 個である。

次に，正の整数 b が 3 のとき，①を満たす整数は $7\sqrt{2} < x < 13\sqrt{2}$ を満たす整数である。

ここで

$$\sqrt{81} < 7\sqrt{2} = \sqrt{98} < \sqrt{100} \quad \text{より} \quad 9 < 7\sqrt{2} < 10$$

であり，また

$$\sqrt{324} < 13\sqrt{2} = \sqrt{338} < \sqrt{361} \quad \text{より} \quad 18 < 13\sqrt{2} < 19$$

であることに注意すると，①を満たす整数は全部で

10, 11, 12, 13, 14, 15, 16, 17, 18

の 9 個である。

したがって，求める最小の正の整数 b は

$b = \boxed{3} \quad \rightarrow \text{カ}$

である。

解説

(1) 絶対値記号を含む不等式を満たす整数を求める問題である。P は集合として定義されているが，実質は不等式を満たす整数を考えるだけの問題で，集合がメインテーマとなっているわけではない。「整数」という文言を見落とさないように注意したい。なお，〔解答〕では，絶対値についての性質

$$|ab| = |a||b|, \quad \left|\frac{a}{b}\right| = \frac{|a|}{|b|} \quad (b \neq 0)$$

を用いて

$$|-3x - 5| = \left|-3\left(x + \frac{5}{3}\right)\right| = |-3|\left|x + \frac{5}{3}\right| = 3\left|x + \frac{5}{3}\right|$$

と考えて処理した。

また，絶対値を含む不等式を考える際には，絶対値が距離という図形的な意味をもっていることに注目すると，見通しよく処理できることがある。具体的には，$|z - w|$ が数直線上で z, w が表す 2 点間の距離を意味しており，$\left|x + \frac{5}{3}\right| < 1$ を解く際，$\left|x - \left(-\frac{5}{3}\right)\right| < 1$ とみて，x が表す点の $-\frac{5}{3}$ が表す点からの距離が 1 未満であるような x の値の範囲を考えれば

2021年度：数学Ⅰ・A/本試験(第2日程)〈解答〉 69

$$-\frac{5}{3}-1<x<-\frac{5}{3}+1 \quad \text{すなわち} \quad -\frac{8}{3}<x<-\frac{2}{3}$$

と解くことができる。

(2) $\sqrt{2}$ を含む値の評価をする問題である。$\sqrt{2}$ を含む値を連続する整数で挟むことが要求される。

(i)で①を解くと，$5\sqrt{2}<x<11\sqrt{2}$ が得られるが，ここで，$1<\sqrt{2}<2$ であるから，$5<5\sqrt{2}<10$，$11<11\sqrt{2}<22$ より，$5<x<22$ とし，①を満たす整数が $21-5=16$ 個とするのは正しくない。$5\sqrt{2}<x<11\sqrt{2}$ を満たす x は $5<x<22$ を満たすが，$5\sqrt{2}<x<11\sqrt{2}$ を満たす x のとり得る値の範囲が $5<x<22$ というわけではないことに注意しよう。

もっとわかりやすく説明すると，$5\sqrt{2}<x<11\sqrt{2}$ を満たす整数 x を考えることは，$5\sqrt{2}$ と $11\sqrt{2}$ を近似する整数を調べることに帰着されるが，$1<\sqrt{2}<2$ だから $5<5\sqrt{2}<10$ であるという不等式を考えても，この不等式自体は誤りではないが，これでは $5\sqrt{2}$ を近似する整数が把握できない。$1<\sqrt{2}<2$ という不等式自体が"大雑把な評価"であるので，それを5倍すると誤差も5倍されるので，精密性が失われる。精密に評価するには，$\sqrt{2}$ だけを評価するのではなく，$5\sqrt{2}$ 自体を評価しなければならず

$$5\sqrt{2}=\sqrt{5^2\cdot 2}=\sqrt{50}$$

として，根号内の50を平方数（整数の2乗）で挟むことを考えることで，$7^2<50<8^2$ より $7<5\sqrt{2}<8$ が得られるわけである。

(ii)は，条件を満たす正の整数 b のうち最小のものを求める問題であり，$b=1$ のときは(i)で計算しているので，$b=2$，$b=3$，… と小さい順に試していくことになる。あらかじめ，$16^2=256$，$17^2=289$，$18^2=324$，$19^2=361$ を確認しておくと考えやすい。

[2] 標準 《外接円の半径が最小となる三角形》

(1) △ABP に正弦定理を適用すると

$$\frac{AB}{\sin\angle APB}=2R \quad \text{すなわち} \quad 2R=\frac{\boxed{8}}{\sin\angle APB} \quad \to \text{キ}$$

を得る。
よって，R が最小となるのは $\sin\angle APB$ が最大になるとき，つまり

$$\angle APB=\boxed{90}° \quad \to \text{クケ}$$

のときである。

このとき

$$R = \frac{8}{2\sin 90°} = \boxed{4} \quad \rightarrow コ$$

である。

(2) 円Cの半径が $\frac{8}{2} = 4$ であるから

　　　直線 ℓ が円Cと共有点をもつ $\iff h \leq \boxed{4}$ 　→サ

　　　直線 ℓ が円Cと共有点をもたない $\iff h > 4$

である。

R が最小となるのは $\sin\angle APB$ が最大になるときであり，点Pを直線 ℓ 上にとるという制約のもとで考えることになる。

(i) $h \leq 4$ のとき，直線 ℓ が円Cと共有点をもち，$h < 4$ のとき，直線 ℓ と円Cの2交点がPと一致するときに $\angle APB$ は90°となり，直線 ℓ と円Cの2交点以外の位置にPがあるとき，$\angle APB$ は90°ではない。具体的には，直線 ℓ 上の点のうち円の内部にある点とPが一致するとき $\angle APB$ は鈍角になり，直線 ℓ 上の点のうち円の外部にある点とPが一致するとき $\angle APB$ は鋭角になる。

したがって，R が最小となる $\triangle ABP$ は

　　　直角三角形　$\boxed{①}$ 　→シ

である。

また，$h = 4$ のとき，直線 ℓ と円Cは接する。直線 ℓ と円Cの接点がPと一致するときに $\angle APB$ は90°となり，直線 ℓ 上の点のうち円の外部にある点とPが一致するとき $\angle APB$ は鋭角になる。

したがって，R が最小となる $\triangle ABP$ は直角二等辺三角形である。

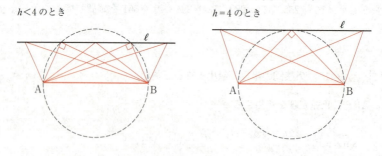

(ii) $h>4$ のとき，直線 ℓ は円 C と共有点をもたない。

円周角の定理より
$$\angle AP_3B = \angle AP_2B \quad \boxed{①} \quad \to \text{ス}$$
である。

また，$\angle AP_3B < \angle AP_1B < 90°$ より
$$\sin\angle AP_3B < \sin\angle AP_1B \quad \boxed{⓪} \quad \to \text{セ}$$
である。

このとき
(△ABP₁ の外接円の半径) <
(△ABP₂ の外接円の半径)
$\boxed{⓪} \quad \to \text{ソ}$

であり，R が最小となるのは，P が P_1 のときであり，そのとき，△ABP は
二等辺三角形 $\boxed{③} \quad \to \text{タ}$
である。

(3) $h=8$ のとき，△ABP の外接円の半径 R が最小であるのは，P が P_1 と一致するときである。

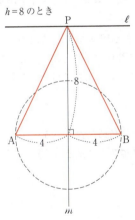
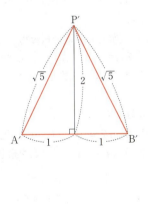

このとき，二等辺三角形 ABP と相似である二等辺三角形 A′B′P′ を考えると，△A′P′B′ の面積に着目することで
$$\frac{1}{2}\cdot(\sqrt{5})\cdot(\sqrt{5})\cdot\sin\angle A'P'B' = \frac{1}{2}\cdot 2\cdot 2$$
より

$$\sin\angle A'P'B' = \frac{4}{5}$$

∠APB = ∠A′P′B′ より

$$\sin\angle APB = \boxed{\frac{4}{5}} \quad \to チ,ツ$$

である。また

$$R = \frac{8}{2\sin\angle APB} = \boxed{5} \quad \to テ$$

である。

解説

 2頂点が固定された三角形において，もう一つの頂点をどうとるかによって変化する三角形の外接円の半径 R が最小になるときを考える問題である。この主題自体は有名なものであり，結論を知っている人もいるかもしれないが，本問は誘導が丁寧についているので，初見であったとしてもじっくり文章を読み進めていけば，それほど難しくはないと思われる。ただ，補助線や補助点がたくさん登場し，(2)の(ii)では文章から自分で図を描くことが要求されるので，「流れに乗って議論についていけるか」が重要なポイントになる。

 本問で用いる図形と計量の知識としては，正弦定理と三角形の面積の公式を知っていれば十分である。その他の図形の知識としては，中学で学ぶ三平方の定理と円周角の定理である。

 最後の(3)は，〔解答〕では面積を用いて $\sin\angle APB$ の値を求めたが，2倍角の公式（「数学Ⅱ」で学習する）を知っていると容易に計算することができる。二等辺三角形が関連する構図では使えることも多く，知っておいても損ではないと思われるので，ここで解説しておこう。

任意の角 θ に対して

$\quad\sin 2\theta = 2\sin\theta\cos\theta$ 　（これを正弦の2倍角の公式という）

$\quad\cos 2\theta = \cos^2\theta - \sin^2\theta$ 　（これを余弦の2倍角の公式という）

が成り立つ。

これを用いると，∠APB $= 2\theta$ とおくと，$\sin\theta = \dfrac{1}{\sqrt{5}}$，$\cos\theta = \dfrac{2}{\sqrt{5}}$ であることから

$$\sin\angle APB = \sin 2\theta = 2\sin\theta\cos\theta = 2\cdot\frac{1}{\sqrt{5}}\cdot\frac{2}{\sqrt{5}} = \frac{4}{5}$$

と求めることができる。

第2問 —— 1次関数，2次関数，データの分析

[1] 標準 《1次関数，2次関数》

(1) 1皿あたりの価格を x 円とし，売り上げ数を d 皿とすると，d が x の1次関数であるという仮定から，定数 a, b を用いて

$$d = ax + b$$

と表せる。$x = 200$ のとき $d = 200$，$x = 250$ のとき $d = 150$，$x = 300$ のとき $d = 100$ より，$a = -1$，$b = 400$ である。したがって，売り上げ数は

$$\boxed{400} - x \quad \rightarrow \text{アイウ} \quad \cdots\cdots ①$$

と表される。

(2) $y = (売り上げ金額) - (必要な経費)$
$= (1皿あたりの価格) \times (売り上げ数)$
$\qquad - \{(たこ焼き用器具の賃貸料) + (材料費)\}$
$= (1皿あたりの価格) \times (売り上げ数)$
$\qquad - \{(たこ焼き用器具の賃貸料) + (1皿あたりの材料費) \times (売り上げ数)\}$
$= x \times (400 - x) - \{6000 + 160 \times (400 - x)\}$
$= -x^2 + 560x - 70000$
$= -x^2 + \boxed{560}x - \boxed{7} \times 10000 \quad \rightarrow \text{エオカ，キ} \quad \cdots\cdots ②$

である。

(3) $-x^2 + 560x - 70000 = -(x - 280)^2 + 8400$

より，利益 y は

$$x = \boxed{280} \text{ 円} \quad \rightarrow \text{クケコ}$$

のときに最大となる。このとき，売り上げ数は $400 - 280 = 120$ 皿であり，利益は

$$\boxed{8400} \text{ 円} \quad \rightarrow \text{サシスセ}$$

である。

(4) $-(x - 280)^2 + 8400 \geqq 7500$ を解くと

$$(x - 280)^2 \leqq 900 \quad -30 \leqq x - 280 \leqq 30 \quad 250 \leqq x \leqq 310$$

したがって，利益 y が $y \geqq 7500$ を満たすもとで，x の最小値は

$$x = \boxed{250} \text{ 円} \quad \rightarrow \text{ソタチ}$$

となる。

解説

文化祭でたこ焼き店を出店するという現実生活設定の問題であるが，数学的に定式化すると，1次関数，2次関数の問題に帰着される。変量の設定は問題文に書かれて

いる通りであるので，文章通りに式を立てていけばよい．情報が整理しきれず，一度に文字式による立式が困難なようであれば，〔解答〕のように日本語を含む数式を用いて考えていけばよい．すべて問題文に書かれている内容から立式できる．(3)・(4)では，(2)で定式化した式②に基づいて考えればよい．

〔2〕 標準 《散布図，ヒストグラム，平均値，分散》

(1) 図1の散布図に関して考える．

(I)の内容について．黒丸の縦軸の目盛りと白丸の縦軸の目盛りをみて，小学生数の四分位範囲は外国人数の四分位範囲より小さいと判断できるので，誤りである．

(II)の内容について．横軸の目盛りをみると，旅券取得者数の範囲は

　　約 $530 - 135 = 395$

であるのに対し，白丸の縦軸の目盛りをみると，外国人数の範囲は

　　約 $240 - 30 = 210$

であるから，旅券取得者数の範囲は外国人数の範囲より大きいと判断できるので，正しい．

(III)の内容について．黒丸の分布の仕方と比べて，白丸の分布の仕方には右上がりの傾向がみられるので，旅券取得者数と小学生数の相関係数は，旅券取得者数と外国人数の相関係数より小さいと判断できるので，誤りである．

したがって，(I)，(II)，(III)の正誤の組合せとして正しいものは ⑤ →ツ である．

(2) 仮定のもとで，x の平均値 $\bar{x}$ は

$$\bar{x} = \frac{1}{n}(x_1 f_1 + x_2 f_2 + x_3 f_3 + x_4 f_4 + \cdots + x_k f_k)$$

$$= \frac{1}{n}[x_1 f_1 + (x_1 + h) f_2 + (x_1 + 2h) f_3 + (x_1 + 3h) f_4 + \cdots + \{x_1 + (k-1)h\} f_k]$$

$$= \frac{1}{n}[x_1(f_1 + f_2 + f_3 + f_4 + \cdots + f_k) + h\{f_2 + 2f_3 + 3f_4 + \cdots + (k-1)f_k\}]$$

$$= \frac{1}{n} \cdot x_1 \cdot n + \frac{h}{n}\{f_2 + 2f_3 + 3f_4 + \cdots + (k-1)f_k\}$$

$$= x_1 + \frac{h}{n}\{f_2 + 2f_3 + 3f_4 + \cdots + (k-1)f_k\} \quad ③ \rightarrow テ$$

と変形できる．

図2および問題の仮定から，次の度数分布表を得る．

階級値	100	200	300	400	500	計
度数	4	25	14	3	1	47

テの式で，$x_1=100$，$h=100$，$n=47$，$k=5$，$f_2=25$，$f_3=14$，$f_4=3$，$f_5=1$ として

$$\bar{x} = 100 + \frac{100}{47}(25 + 2\cdot 14 + 3\cdot 3 + 4\cdot 1)$$

$$= 100\left(1 + \frac{66}{47}\right) = 100 \times \frac{113}{47} = 240.4\cdots$$

であり，この小数第1位を四捨五入すると

　　　240　→トナニ

である。

(3) 仮定のもとで，x の分散 s^2 は

$$s^2 = \frac{1}{n}\{(x_1-\bar{x})^2 f_1 + (x_2-\bar{x})^2 f_2 + \cdots + (x_k-\bar{x})^2 f_k\}$$

$$= \frac{1}{n}[\{x_1{}^2 - 2x_1\bar{x} + (\bar{x})^2\}f_1 + \{x_2{}^2 - 2x_2\bar{x} + (\bar{x})^2\}f_2 + \cdots + \{x_k{}^2 - 2x_k\bar{x} + (\bar{x})^2\}f_k]$$

$$= \frac{1}{n}\{(x_1{}^2 f_1 + x_2{}^2 f_2 + \cdots + x_k{}^2 f_k) - 2\bar{x}(x_1 f_1 + x_2 f_2 + \cdots + x_k f_k)$$

$$+ (\bar{x})^2 \times (f_1 + f_2 + \cdots + f_k)\}$$

$$= \frac{1}{n}\{(x_1{}^2 f_1 + x_2{}^2 f_2 + \cdots + x_k{}^2 f_k) - 2\bar{x} \cdot n\bar{x} + (\bar{x})^2 \times n\}$$

　　　　　　　　　　　　　　　　　　　　　　　③ →ヌ，⓪ →ネ

と変形できる。

これより

$$s^2 = \frac{1}{n}(x_1{}^2 f_1 + x_2{}^2 f_2 + \cdots + x_k{}^2 f_k) - (\bar{x})^2 \quad \boxed{⑥} \quad →ノ \quad \cdots\cdots ①$$

である。

図3のヒストグラムについて，(2)で得た $\bar{x}=240$ と式①を用いると，$x_1=100$，$x_2=200$，$x_3=300$，$x_4=400$，$x_5=500$，$n=47$，$k=5$，$f_1=4$，$f_2=25$，$f_3=14$，$f_4=3$，$f_5=1$ として，分散 s^2 は

$$s^2 = \frac{1}{47}(100^2 \times 4 + 200^2 \times 25 + 300^2 \times 14 + 400^2 \times 3 + 500^2 \times 1) - 240^2$$

$$= \frac{100^2}{47}(4 + 100 + 126 + 48 + 25) - 240^2$$

$$= \frac{100^2}{47} \times 303 - 240^2 = \frac{322800}{47} \fallingdotseq 6868$$

であり，この値に最も近い選択肢は

　　　6900　③　→ハ

である。

解　説

　データの分析では，得られたデータを一見して特徴がわかるように視覚的に整理したり，1つの値に代表させて特徴を代表値として抽出することを行う。視覚的な整理の方法として，ヒストグラム，箱ひげ図，散布図などがある。

(1) 図をみて，特徴的な値を読み取る設問である。記述(I)，(II)は一つの変量に関する四分位範囲（＝第3四分位数－第1四分位数）や範囲（＝最大値－最小値）について考える問題である。(I)では散布図を一方の軸の目盛りに注目して箱ひげ図のような見方をすることで，第3四分位数と第1四分位数を正確に求めなくても判断できるであろう。(III)は二つの変量間の相関を読み取る問題であり，散布図で点の分布傾向を読み取れば判断できる。具体的に計算するべき設問なのか，定性的に判断する問題なのかを適切に判断し，なるべく時間をかけずに対処したい。

(2)・(3)　定量的な議論の問題である。「ヒストグラムに関して，各階級に含まれるデータの値がすべてその階級値に等しい」という仮定のもと，(2)は平均値に関する公式を導き，それを用いて具体的に計算する問題，(3)は分散に関する公式を導き，それを用いて具体的に計算する問題である。公式の導出部分は定義と仮定をもとに，誘導にしたがって式変形を進めていけば自然に答えにたどり着く。(3)は分散に関する有名な公式 $s^2 = \overline{(x^2)} - (\overline{x})^2$ を度数分布で考えた題材であり，この公式の証明を経験したことがあれば解きやすかったであろう。

第3問 場合の数と確率 《条件付き確率》

(1) (i) 余事象が「箱の中の2個の球がともに白球である」ことに着目すると，求める確率は

$$1 - \frac{1}{3} \times \frac{1}{4} = \boxed{\frac{11}{12}} \quad \to \text{アイ，ウエ}$$

である。

(ii) それぞれの袋から取り出される球の色によって分けて考えると，次の表の4通りある。

	Aの袋から取り出される球	Bの袋から取り出される球	箱から赤球が取り出される確率
(I)	赤球	赤球	$\frac{2}{3} \times \frac{3}{4} \times 1 = \frac{1}{2}$
(II)	赤球	白球	$\frac{2}{3} \times \frac{1}{4} \times \frac{1}{2} = \frac{1}{12}$
(III)	白球	赤球	$\frac{1}{3} \times \frac{3}{4} \times \frac{1}{2} = \frac{1}{8}$
(IV)	白球	白球	0

したがって，取り出した球が赤球である確率は

$$\frac{1}{2} + \frac{1}{12} + \frac{1}{8} + 0 = \boxed{\frac{17}{24}} \quad \to \text{オカ，キク}$$

である。
また，Bの袋からの赤球を箱から取り出す確率は，(I)，(III)の場合でBの袋由来の赤球に着目して

$$\frac{2}{3} \times \frac{3}{4} \times \frac{1}{{}_2C_1} + \frac{1}{3} \times \frac{3}{4} \times \frac{1}{{}_2C_1} = \frac{1}{4} + \frac{1}{8} = \frac{3}{8}$$

であるから，取り出した球が赤球であったときに，それがBの袋に入っていたものである条件付き確率は

$$\frac{\frac{3}{8}}{\frac{17}{24}} = \boxed{\frac{9}{17}} \quad \to \text{ケ，コサ}$$

である。

(2) (i) Aの袋とBの袋にはともに白球が1個しか入っていないことに注意すると，箱の中の4個の球のうち，ちょうど2個が赤球となる場合は，Aの袋，Bの袋からともに赤球と白球を1個ずつ取り出す場合しかない。したがって，その確率は

$$\frac{2}{{}_3C_2} \times \frac{3}{{}_4C_2} = \boxed{\frac{1}{3}} \quad \to \text{シ，ス}$$

である。

また，箱の中の 4 個の球のうち，ちょうど 3 個が赤球となる場合は，白球 1 個をAかBのどちらの袋から取り出すかで分けて考えると，その確率は

$$\frac{2}{{}_3C_2} \times \frac{3}{{}_4C_2} + \frac{1}{{}_3C_2} \times \frac{3}{{}_4C_2} = \frac{1}{3} + \frac{1}{6} = \boxed{\frac{1}{2}} \quad \to セ, ソ$$

である。

(ii) 箱の中の 4 個の球がすべて赤球となる確率は

$$\frac{1}{{}_3C_2} \times \frac{3}{{}_4C_2} = \frac{1}{6}$$

である。したがって，箱の中をよくかき混ぜてから球を 2 個同時に取り出すとき，どちらの球も赤球である確率は，箱の中の赤球の個数で分けて考えると

$$\frac{1}{3} \times \frac{1}{{}_4C_2} + \frac{1}{2} \times \frac{3}{{}_4C_2} + \frac{1}{6} \times 1 = \frac{1}{18} + \frac{1}{4} + \frac{1}{6} = \boxed{\frac{17}{36}} \quad \to タチ, ツテ$$

である。

また，箱からAの袋由来の赤球とBの袋由来の赤球を 1 個ずつ取り出す確率は

$$\frac{1}{3} \times \frac{1}{{}_4C_2} + \frac{1}{2} \times \frac{2}{{}_4C_2} + \frac{1}{6} \times \frac{4}{{}_4C_2} = \frac{1}{18} + \frac{1}{6} + \frac{1}{9} = \frac{1}{3}$$

であるから，取り出した 2 個の球がどちらも赤球であったときに，それらのうちの 1 個のみがBの袋に入っていたものである条件付き確率は

$$\frac{\frac{1}{3}}{\frac{17}{36}} = \boxed{\frac{12}{17}} \quad \to トナ, ニヌ$$

である。

解説

2 段階の操作を組み合わせて事象を考える確率の問題が扱われている。(1)と(2)では取り出す球の個数が異なるだけで，考えている問題意識は同じである。A，Bどちらの袋にも白球が 1 個しか入っていないおかげで，若干数えやすくなっている。条件付き確率の設問では，箱から取り出された球がどちらの袋由来の球であるかを考えるという「時系列を逆転させる条件付き確率」，いわゆる「原因の確率」が問われている。

(1)(ii)では，「取り出した球が赤球であったときに，それがBの袋に入っていたものである条件付き確率」が問われているが，これは

$$\frac{P(箱からBの袋由来の赤球を取り出す)}{P(箱から赤球を取り出す)}$$

を計算することになる。また，(2)(ii)では，「取り出した 2 個の球がどちらも赤球であったときに，それらのうちの 1 個のみがBの袋に入っていたものである条件付き確率」が問われているが，これは

$$\frac{P(\text{箱から A の袋由来の赤球と B の袋由来の赤球を 1 個ずつ取り出す})}{P(\text{箱から赤球を 2 個取り出す})}$$

を計算することになる。ともに分母は直前の設問で求めているが，そこでは球の色にしか注目していないため，分子を計算する際には，球の色だけでなく，その球がどちらの袋に入っていたものなのかという由来まで考えなければならないところが本問の難しさである。

(1)(ii)の〔解答〕での「B の袋からの赤球を箱から取り出す確率は，(I), (III)の場合で B の袋由来の赤球に着目して，$\frac{2}{3} \times \frac{3}{4} \times \frac{1}{{}_2C_1} + \frac{1}{3} \times \frac{3}{4} \times \frac{1}{{}_2C_1} = \frac{1}{4} + \frac{1}{8} = \frac{3}{8}$」とした部分の $\frac{1}{{}_2C_1}$ という確率が，B の袋由来であることを考えている計算に対応している。また，(2)(ii)の〔解答〕での「箱から A の袋由来の赤球と B の袋由来の赤球を 1 個ずつ取り出す確率は，$\frac{1}{3} \times \frac{1}{{}_4C_2} + \frac{1}{2} \times \frac{2}{{}_4C_2} + \frac{1}{6} \times \frac{4}{{}_4C_2} = \frac{1}{3}$」とした部分の $\frac{1}{{}_4C_2}, \frac{2}{{}_4C_2}, \frac{4}{{}_4C_2}$ という確率が，由来する袋を考えている計算に対応している。

第4問 やや難 整数の性質 《平方数の和》

$$a^2 + b^2 + c^2 + d^2 = m, \quad a \geq b \geq c \geq d \geq 0 \quad \cdots\cdots ①$$

(1) $m = 14$ のとき，①は

$$a^2 + b^2 + c^2 + d^2 = 14, \quad a \geq b \geq c \geq d \geq 0$$

であり，$4^2 = 16 > 14$ であることに注意すると，①を満たす整数 a, b, c, d の組 (a, b, c, d) は

$$(a, b, c, d) = (\boxed{3}, \boxed{2}, \boxed{1}, \boxed{0}) \quad \to \text{ア，イ，ウ，エ}$$

のただ一つである。

また，$m = 28$ のとき，①は

$$a^2 + b^2 + c^2 + d^2 = 28, \quad a \geq b \geq c \geq d \geq 0$$

であり，$6^2 = 36 > 28$ であることに注意すると，①を満たす整数 a, b, c, d の組 (a, b, c, d) は

$$(a, b, c, d) = (5, 1, 1, 1), (4, 2, 2, 2), (3, 3, 3, 1)$$

の $\boxed{3}$ 個である。 →オ

(2) a が奇数のとき，n を整数として $a = 2n + 1$ と表すことにすると

$$a^2 - 1 = (a+1)(a-1) = (2n+2) \cdot 2n = 4n(n+1)$$

であり，正の整数 h のうち，すべての n に対する $4n(n+1)$ の値を割り切る最大のものは

$$h = \boxed{8} \quad \to \text{カ}$$

である。実際，$n(n+1)$ は偶数であるから，$4n(n+1)$ は 8 の倍数であり，$n = 1$ のときに $4n(n+1)$ は 8 の倍数のうち正で最小の値である 8 をとる。

(3) (2)により，a, b, c, d のうち，偶数であるものの個数と，$a^2 + b^2 + c^2 + d^2$ を 8 で割った余りとしてとり得る値の対応は次の表のようになる。

a, b, c, d のうち，偶数であるものの個数	$a^2 + b^2 + c^2 + d^2$ を 8 で割った余りとしてとり得る値
0	4
1	3, 7
2	2, 6
3	1, 5
4	0, 4

これより，$a^2 + b^2 + c^2 + d^2$ が 8 の倍数ならば，整数 a, b, c, d のうち，偶数であるものの個数は $\boxed{4}$ 個である。 →キ

(4) $m = 224 = 8 \times 28$ のとき，①は

$$a^2+b^2+c^2+d^2=224,\ a\geqq b\geqq c\geqq d\geqq 0$$

であり，(3)を用いて，これを満たす a, b, c, d はすべて偶数でなければならないことに注意すると

$$a=2a_1,\ b=2b_1,\ c=2c_1,\ d=2d_1$$

(a_1, b_1, c_1, d_1 は $a_1\geqq b_1\geqq c_1\geqq d_1\geqq 0$ を満たす整数)

とおけ，①は

$$a_1{}^2+b_1{}^2+c_1{}^2+d_1{}^2=56=8\times 7$$

となる。再び(3)を用いて，これを満たす a_1, b_1, c_1, d_1 はすべて偶数でなければならないことに注意すると

$$a_1=2a_2,\ b_1=2b_2,\ c_1=2c_2,\ d_1=2d_2$$

(a_2, b_2, c_2, d_2 は $a_2\geqq b_2\geqq c_2\geqq d_2\geqq 0$ を満たす整数)

とおけ

$$a_2{}^2+b_2{}^2+c_2{}^2+d_2{}^2=14$$

を考えることに帰着されるが，これは(1)ですでに考えており

$$(a_2,\ b_2,\ c_2,\ d_2)=(3,\ 2,\ 1,\ 0)$$

のみであるから，$m=224$ のとき，①を満たす整数 a, b, c, d の組 (a, b, c, d) は

$$(a,\ b,\ c,\ d)=(4a_2,\ 4b_2,\ 4c_2,\ 4d_2)$$
$$=(\boxed{12},\ \boxed{8},\ \boxed{4},\ \boxed{0})\quad \to クケ，コ，サ，シ$$

のただ一つであることがわかる。

(5) $896=2^7\times 7$ より，7 の倍数で 896 の約数である正の整数は

$$7,\ 2\times 7,\ 2^2\times 7,\ 2^3\times 7,\ 2^4\times 7,\ 2^5\times 7,\ 2^6\times 7,\ 2^7\times 7\ \cdots\cdots(*)$$

の8個あり，これらを m の値としたときの①を満たす整数 a, b, c, d の組 (a, b, c, d) の個数が3個であるようなものの個数を考える。

ここで，(*)のうち，$2^3\times 7$, $2^4\times 7$, $2^5\times 7$, $2^6\times 7$, $2^7\times 7$ は 8 の倍数であるから，(3)を（必要があれば繰り返し）用いることで

$$a^2+b^2+c^2+d^2=2^3\times 7\ \text{は}\ a^2+b^2+c^2+d^2=2^1\times 7\ \text{へ}$$
$$a^2+b^2+c^2+d^2=2^4\times 7\ \text{は}\ a^2+b^2+c^2+d^2=2^2\times 7\ \text{へ}$$
$$a^2+b^2+c^2+d^2=2^5\times 7\ \text{は}\ a^2+b^2+c^2+d^2=2^1\times 7\ \text{へ}$$
$$a^2+b^2+c^2+d^2=2^6\times 7\ \text{は}\ a^2+b^2+c^2+d^2=2^2\times 7\ \text{へ}$$
$$a^2+b^2+c^2+d^2=2^7\times 7\ \text{は}\ a^2+b^2+c^2+d^2=2^1\times 7\ \text{へ}$$

と帰着されることがわかる。

また，$a^2+b^2+c^2+d^2=7$, $a\geqq b\geqq c\geqq d\geqq 0$ を満たす整数 a, b, c, d の組 (a, b, c, d) は

$$(a,\ b,\ c,\ d)=(2,\ 1,\ 1,\ 1)$$

の 1 個だけであり，$a^2+b^2+c^2+d^2=2\times 7$，$a\geq b\geq c\geq d\geq 0$ を満たす整数 a, b, c, d の組 (a, b, c, d) は，(1)より 1 個だけであり，$a^2+b^2+c^2+d^2=2^2\times 7$，$a\geq b\geq c\geq d\geq 0$ を満たす整数 a, b, c, d の組 (a, b, c, d) は，(1)より 3 個のみであるから，(＊)を m の値としたときの①を満たす整数 a, b, c, d の組 (a, b, c, d) の個数が 3 個であるようなものは

$$m=2^2\times 7,\ 2^4\times 7,\ 2^6\times 7$$

の $\boxed{3}$ →ス 個であり，そのうち最大のものは

$$m=2^6\times 7=\boxed{448}\ →セソタ$$

である。

解説

正の整数を 4 つの平方数（整数の 2 乗）の和で表す題材を扱った問題である。なお，このテーマは歴史的にもラグランジュ，ガウス，ヤコビなどの数学者が取り組んできた有名なものである。大学入学共通テストの問題作成方針で「教科書等では扱われていない数学の定理等を既知の知識等を活用しながら導くことのできるような題材等」を取り扱うという方向性を体現したものと考えられる。具体的には「降下法」と呼ばれる考え方を誘導を通して活用することが本問のメインテーマとなっている。

(1) 具体的に m の値が 14 と 28 のときに整数解 (a, b, c, d) を考える問題である。平方数が 0 以上の値であることに着目し，大小関係で絞り込んで候補をチェックしていくことで漏れなく調べることができる。実は，ここで求めた整数解は(4)・(5)で活かされる。

(2)・(3) 平方数を 8 で割った剰余についての設問である。平方数の剰余については，3 や 4 で割ったときの剰余がよく扱われるが，本問では 8 で割った剰余に関する議論が要求された。「連続する 2 つの整数の積が偶数になる」ことなど，誘導が丁寧につけられており，その議論に乗ることができれば難しくはないだろうが，整数問題の考え方に不慣れだと難しく感じるかもしれない。

(4)・(5) いわゆる「降下法」と呼ばれる整数の議論で現れる特有の考え方を具体的な形で理解し，問題の中でその発想を活かせるかが問われている。扱っているテーマとしてはかなり高級なものである。さらに，(1)からの小問がすべて(5)の解決に使われる流れになっており，構想や見通しを立てることなど，思考力および判断力が要求される問題である。解けなかった人もぜひ最後の設問まで理解しておいてもらいたい。

(3)では「m が 8 の倍数のとき，①を満たす整数 a, b, c, d はすべて偶数である」ということを議論した。すると，m が 8 の倍数のとき，$m=2^M N$（M は 3 以上の整数，N は正の奇数）とおき，①を満たす整数 a, b, c, d を $a=2a_1$, $b=2b_1$, $c=2c_1$, $d=2d_1$ と整数 a_1, b_1, c_1, d_1 を用いて表すことで，①は

$$2^2(a_1{}^2+b_1{}^2+c_1{}^2+d_1{}^2)=2^M N$$

すなわち

$$a_1{}^2+b_1{}^2+c_1{}^2+d_1{}^2=2^{M-2}N$$

を考えることに帰着される。つまり，$a^2+b^2+c^2+d^2=m$ の整数解を求める問題が $a^2+b^2+c^2+d^2=\dfrac{m}{4}$ の整数解を求める問題に帰着されるわけであり，右辺の値を小さくできることで整数解が求めやすくなるのである。ここで，仮に $M-2\geqq 3$ であれば，いま行った議論を再びもち出すことで，さらに右辺の値を小さくできる。これは右辺が 8 の倍数でなくなるまで繰り返し行うことができ，右辺の値や整数解が段階的に小さくなることから，このようなアプローチは「降下法」と呼ばれている。この考え方を具体的に $m=224=2^5\times 7$ のときにみるのが(4)であった。2 回降下が実行され，その結果，(1)での $m=14$ の場合に帰着されたわけである。(5)では，7 の倍数で 896 の約数である正の整数を m の値として考えた不定方程式①が，(1)での $m=14$，28 の場合に帰着されるという大団円を迎える問題であった。

第5問　やや難　図形の性質　《作図の手順》

(1) 円Oが点Sを通り，半直線ZXと半直線ZYの両方に接する円であることを示すには，点Oが∠XZYの二等分線ℓ上にあること，OHとZXが垂直であることを踏まえると，OH＝OS　⑤　→ア　が成り立つことを示せばよい。

上の構想に基づいて，手順で作図した円Oが求める円であることを説明しよう（下図では，円Cと直線ZSとの2つの交点のうち，Zに近い側をGとしているが，Zから遠い側をGとしても同様の議論ができる）。

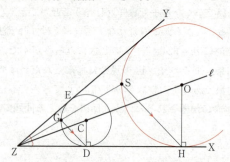

作図の手順より，△ZDGと△ZHSが相似であるので

　　　DG：HS＝ZD：ZH　②　→イ，　⑥　→ウ，　⑦　→エ

であり，△ZDCと△ZHOが相似であるので

　　　DC：HO＝ZD：ZH　①　→オ

であるから

　　　DG：HS＝DC：HO

となる。

ここで，3点S，O，Hが一直線上にない場合は

　　　∠CDG＝∠OHS　②　→カ

であるので，△CDGと△OHSとの関係に着目すると，CD＝CGよりOH＝OSであることがわかる。

なお，3点S，O，Hが一直線上にある場合は

　　　DG＝ 2 DC　→キ

となり，DG：HS＝DC：HOよりOH＝OSであることがわかる。

(2) 点Sが∠XZYの二等分線ℓ上にある場合を考える。このとき，2円O_1，O_2は点Sで外接する。

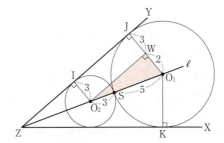

点 O_2 を通り IJ と平行な直線と JO_1 との交点を上図のように W とすると,四角形 IO_2WJ は長方形であり,$\triangle O_1WO_2$ は直角三角形である。
$IO_2 = JW = 3$,$JO_1 = 5$ より,$WO_1 = 2$ であり,$O_1O_2 = 3 + 5 = 8$ である。直角三角形 O_1WO_2 で三平方の定理より

$$O_2W^2 = O_1O_2{}^2 - O_1W^2 = 8^2 - 2^2 = 2^2 \cdot 15$$

より $O_2W = 2\sqrt{15}$
四角形 IO_2WJ は長方形であるから

$$IJ = O_2W = \boxed{2}\sqrt{\boxed{15}} \quad \rightarrow \text{ク, ケコ}$$

である。

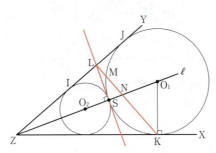

L から円 O_2 に引いた接線の長さとして $LI = LS$ がわかり,L から円 O_1 に引いた接線の長さとして $LJ = LS$ がわかるので

$$LI = LS = LJ = \frac{IJ}{2} = \sqrt{15}$$

である。円 O_1 に関して,方べきの定理により

$$LM \cdot LK = LS^2 = (\sqrt{15})^2 = \boxed{15} \quad \rightarrow \text{サシ}$$

である。
また,$\triangle ZIO_2$ と $\triangle O_2WO_1$ が相似であることに着目することで

$$ZI : O_2W = IO_2 : WO_1$$

より

$$ZI = O_2W \times \frac{IO_2}{WO_1} = 2\sqrt{15} \times \frac{3}{2} = \boxed{3}\sqrt{\boxed{15}} \quad \rightarrow \text{ス, セソ}$$

がわかる。
これより，ZL = ZI + IL = $3\sqrt{15} + \sqrt{15} = 4\sqrt{15}$，ZK = ZJ = ZL + LJ = $4\sqrt{15} + \sqrt{15} = 5\sqrt{15}$ であるから，角の二等分線の性質により

$$\frac{LN}{NK} = \frac{ZL}{ZK} = \frac{4\sqrt{15}}{5\sqrt{15}} = \boxed{\frac{4}{5}} \quad \to \text{タ，チ}$$

である。
直角三角形 LZS で三平方の定理により，ZS = 15 とわかる。JK と ℓ との交点を P とすると，2 つの直角三角形 LZS と JZP の相似に注目することで，

$$ZP = 15 \times \frac{5\sqrt{15}}{4\sqrt{15}} = \frac{75}{4}$$ であるので

$$SP = ZP - ZS = \frac{15}{4}$$

である。

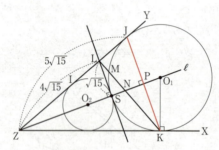

さらに，△NLS と △NKP の相似に注目することで
SN : PN = NL : NK = 4 : 5
がわかるので

$$SN = SP \times \frac{4}{4+5} = \frac{15}{4} \times \frac{4}{9} = \boxed{\frac{5}{3}} \quad \to \text{ツ，テ}$$

である。

解説

(1)では作図の**手順**とそれが正しいことについて，**構想**に基づく説明を考える問題である。**イ～カ**は選択肢から選んで答えるので，判断に迷ったときには，自分の候補が選択肢に入っているかどうかを確認することで可能性を絞り込むこともできる。時間的な余裕の少ない試験であることを踏まえると，このようなテクニックも必要であれば活用していきたい。

また，第1問〔2〕と同様に，文章を読んで自分で図を描いて考えていかなければならない。普段から図を描く訓練もしておかなければならないだろう。与えられた図を見て解いているだけでは対応できないかもしれない。(2)でも自分で図を描くことが

要求される。「点Sが二等分線 ℓ 上にある」などの設定をきちんと把握し，正しく図を描かなくてはならない。共通接線の長さについての問題，方べきの定理を用いる問題，角の二等分線の性質を用いる問題，三角形の相似を利用する問題など出題内容の幅は広く，たくさんの点や線が登場する図の中から必要な構図を見抜く力が要求される問題である。

数学Ⅱ・数学B 本試験（第2日程）

問題番号 (配点)	解答記号	正解	配点	チェック
第1問 (30)	ア	1	1	
	イ$\log_{10}2+$ウ	$-\log_{10}2+1$	2	
	エ$\log_{10}2+\log_{10}3+$オ	$-\log_{10}2+\log_{10}3+1$	2	
	カキ	23	2	
	クケ	24	2	
	$\log_{10}$コ	$\log_{10}3$	2	
	サ	3	2	
	シ	2	1	
	ス	4	1	
	セ	⑦	2	
	ソ	④	2	
	タ	0	1	
	$\dfrac{\sqrt{チ}}{ツ}$	$\dfrac{\sqrt{2}}{2}$	1	
	$\sqrt{テ}\sin\left(\alpha+\dfrac{\pi}{ト}\right)$	$\sqrt{2}\sin\left(\alpha+\dfrac{\pi}{4}\right)$	1	
	ナニ	11	2	
	ヌネ	19	1	
	$\dfrac{ノハ}{ヒ}$	$\dfrac{-1}{2}$	2	
	$\dfrac{フ}{ヘ}\pi$	$\dfrac{2}{3}\pi$	1	
	ホ	⓪	2	

問題番号 (配点)	解答記号	正解	配点	チェック
第2問 (30)	ア	2	2	
	イ	2	2	
	ウ	0	1	
	エ	①	2	
	オ,カ	①,③	2	
	キ	2	2	
	ク	a	2	
	ケ	0	1	
	コ*	2	3	
	サ	1	3	
	シス	$-c$	2	
	セ	c	2	
	ソ,タ,チ,ツ	$-$,3,3,6	3	
	テ	2	3	

2021年度：数学Ⅱ・B／本試験(第2日程)〈解答〉

問題番号 (配点)	解答記号	正解	配点	チェック
第3問 (20)	アイ	45	2	
	ウエ	15	2	
	オカ	47	2	
	$\dfrac{キ}{ク}$	$\dfrac{a}{5}$	1	
	$\dfrac{ケ\sqrt{コサ}}{シ}$	$\dfrac{3\sqrt{11}}{8}$	3	
	ス	①	2	
	セ	4	2	
	ソタチ.ツテ	112.16	1	
	トナニ.ヌネ	127.84	1	
	ノ	②	2	
	ハ.ヒ	1.5	2	
第4問 (20)	ア	4	1	
	イ・ウ$^{n-1}$	4・5^{n-1}	2	
	$\dfrac{エ}{オカ}$	$\dfrac{5}{16}$	2	
	キ	5	1	
	ク	4	2	
	ケ, コ	1, 1	3	
	サシ	15	2	
	ス, セ	1, 2	3	
	ソタ	41	2	
	チツテ	153	2	

問題番号 (配点)	解答記号	正解	配点	チェック
第5問 (20)	ア	5	2	
	$\dfrac{イ}{ウエ}$	$\dfrac{9}{10}$	2	
	$\dfrac{オ}{カ}, \dfrac{キ}{ク}$	$\dfrac{2}{5}, \dfrac{1}{2}$	2	
	ケ	4	2	
	コ, $\sqrt{サ}$	3, $\sqrt{7}$	2	
	シ	—	2	
	$\dfrac{ス}{セ}$	$\dfrac{1}{3}$	3	
	$\dfrac{ソ}{タチ}$	$\dfrac{7}{12}$	3	
	ツ	①	2	

(注) 第1問, 第2問は必答。第3問～第5問のうちから2問選択。計4問を解答。
＊第2問コで b と解答した場合、第2問キで2と解答しているときにのみ3点を与える。

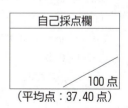

自己採点欄

100点

(平均点：37.40点)

第1問 ── 対数関数，三角関数

[1] 標準 《桁数と最高位の数字》

(1) $\log_{10}10 = \boxed{1}$ →ア

$\log_{10}5$，$\log_{10}15$ をそれぞれ $\log_{10}2$ と $\log_{10}3$ を用いて表すと

$$\log_{10}5 = \log_{10}\frac{10}{2} = \log_{10}10 - \log_{10}2 = \boxed{-}\log_{10}2 + \boxed{1} \quad →イ，ウ \quad \cdots\cdots ①$$

$$\log_{10}15 = \log_{10}(3 \cdot 5) = \log_{10}3 + \log_{10}5$$

ここで，①を用いると

$$\log_{10}15 = \log_{10}3 + (-\log_{10}2 + 1)$$
$$= \boxed{-}\log_{10}2 + \log_{10}3 + \boxed{1} \quad →エ，オ \quad \cdots\cdots ②$$

(2) $\log_{10}15^{20} = 20\log_{10}15$

と表されるから，②を用いると

$$\log_{10}15^{20} = 20(-\log_{10}2 + \log_{10}3 + 1)$$
$$= 20(-0.3010 + 0.4771 + 1)$$
$$= 20 \times 1.1761$$
$$= 23.522 \quad \cdots\cdots ③$$

よって，$\log_{10}15^{20}$ は

$$\boxed{23} < \log_{10}15^{20} < 23 + 1 \quad →カキ$$

を満たす．

$$23 < \log_{10}15^{20} < 24$$

ここで，$23 = 23 \cdot 1 = 23\log_{10}10 = \log_{10}10^{23}$，同様にして，$24 = \log_{10}10^{24}$ であるから

$$\log_{10}10^{23} < \log_{10}15^{20} < \log_{10}10^{24}$$

底が 10 で，1 より大きいので，真数を比較すると

$$10^{23} < 15^{20} < 10^{24}$$

したがって，15^{20} は $\boxed{24}$ 桁の数である． →クケ

次に，$N \cdot 10^{23} < 15^{20} < (N+1) \cdot 10^{23}$ を満たすような正の整数 N に着目することで 15^{20} の最高位の数字を求める．

③より，$\log_{10}15^{20}$ の整数部分は 23 なので，小数部分は

$$\log_{10}15^{20} - 23 = 23.522 - 23 = 0.522$$

これと，$\log_{10}3 = 0.4771$，$\log_{10}4 = \log_{10}2^2 = 2\log_{10}2 = 2 \times 0.3010 = 0.6020$ の各数で，$0.4771 < 0.522 < 0.6020$ が成り立つから

$$\log_{10}3 < \log_{10}15^{20} - 23 < \log_{10}4$$

したがって

$$\log_{10}\boxed{3} < \log_{10}15^{20} - 23 < \log_{10}(3+1) \quad \to \mathrm{コ}$$
$$23 + \log_{10}3 < \log_{10}15^{20} < 23 + \log_{10}4$$
$$\log_{10}10^{23} + \log_{10}3 < \log_{10}15^{20} < \log_{10}10^{23} + \log_{10}4$$
$$\log_{10}(3 \times 10^{23}) < \log_{10}15^{20} < \log_{10}(4 \times 10^{23})$$

底が10で，1より大きいので，真数を比較すると
$$3 \times 10^{23} < 15^{20} < 4 \times 10^{23}$$

よって，15^{20}の最高位の数字は $\boxed{3}$ である。 $\to \mathrm{サ}$

解説

(1)は対数の基本的な計算問題である。この計算結果は(2)の計算過程で利用することになる。(2)は15^{20}の桁数と最高位の数字を求める典型的な問題であるが，このような問題は各人，普段解答している自分自身のスタイルがあると思われるので，かえって誘導に従うことが面倒に感じることもあるだろう。誘導に乗りつつも，自分の解法にも対応づけながら，解答につなげていくことが肝要である。ぜひ，完答しておきたい問題の一つである。

[2] 標準 《三角関数に関わる図形についての命題》

(1) **考察1** △PQRが正三角形である場合を考える。

△PQRが正三角形のとき，$\angle \mathrm{PRQ} = \dfrac{\pi}{3}$である。中心角は円周角の2倍であるという関係があるので

$$\angle \mathrm{POQ} = \dfrac{2}{3}\pi$$

同様にして，$\angle \mathrm{QPR} = \dfrac{\pi}{3}$であるから

$$\angle \mathrm{QOR} = \dfrac{2}{3}\pi$$

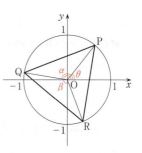

したがって

$$\alpha = \theta + \boxed{\dfrac{2}{3}}\pi \quad \to \mathrm{シ}, \quad \beta = \theta + \boxed{\dfrac{4}{3}}\pi \quad \to \mathrm{ス}$$

であり，加法定理により

$$\cos\alpha = \cos\left(\theta + \dfrac{2}{3}\pi\right) = \cos\theta\cos\dfrac{2}{3}\pi - \sin\theta\sin\dfrac{2}{3}\pi$$
$$= -\dfrac{\sqrt{3}}{2}\sin\theta - \dfrac{1}{2}\cos\theta \quad \boxed{⑦} \quad \to \mathrm{セ}$$

$$\sin\alpha = \sin\left(\theta + \dfrac{2}{3}\pi\right) = \sin\theta\cos\dfrac{2}{3}\pi + \cos\theta\sin\dfrac{2}{3}\pi$$

$$= -\frac{1}{2}\sin\theta + \frac{\sqrt{3}}{2}\cos\theta \quad \boxed{④} \quad \rightarrow \text{ソ}$$

同様にして

$$\cos\beta = \cos\left(\theta + \frac{4}{3}\pi\right) = \cos\theta\cos\frac{4}{3}\pi - \sin\theta\sin\frac{4}{3}\pi$$

$$= \frac{\sqrt{3}}{2}\sin\theta - \frac{1}{2}\cos\theta$$

$$\sin\beta = \sin\left(\theta + \frac{4}{3}\pi\right) = \sin\theta\cos\frac{4}{3}\pi + \cos\theta\sin\frac{4}{3}\pi$$

$$= -\frac{1}{2}\sin\theta - \frac{\sqrt{3}}{2}\cos\theta$$

これらのことから

$$s = \cos\theta + \cos\alpha + \cos\beta$$

$$= \cos\theta + \left(-\frac{\sqrt{3}}{2}\sin\theta - \frac{1}{2}\cos\theta\right) + \left(\frac{\sqrt{3}}{2}\sin\theta - \frac{1}{2}\cos\theta\right)$$

$$= 0$$

$$t = \sin\theta + \sin\alpha + \sin\beta$$

$$= \sin\theta + \left(-\frac{1}{2}\sin\theta + \frac{\sqrt{3}}{2}\cos\theta\right) + \left(-\frac{1}{2}\sin\theta - \frac{\sqrt{3}}{2}\cos\theta\right)$$

$$= 0$$

よって $s = t = \boxed{0} \quad \rightarrow \text{タ}$

考察2 △PQR が PQ＝PR となる二等辺三角形である場合を考える。

例えば，点Ｐが直線 $y=x$ 上にあり，点Ｑ，Ｒが直線 $y=x$ に関して対称である場合を考える。このとき，$\theta = \frac{\pi}{4}$ であり，α は $\alpha < \frac{5}{4}\pi$, β は $\frac{5}{4}\pi < \beta$ を満たす。

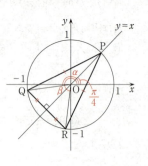

点 Q $(\cos\alpha, \sin\alpha)$, R $(\cos\beta, \sin\beta)$ が直線 $y=x$ に関して対称であるから

$$\sin\beta = \cos\alpha, \quad \cos\beta = \sin\alpha$$

が成り立つ。よって

$$s = \cos\theta + \cos\alpha + \cos\beta = \cos\frac{\pi}{4} + \cos\alpha + \sin\alpha$$

$$= \frac{\sqrt{2}}{2} + \sin\alpha + \cos\alpha$$

$$t = \sin\theta + \sin\alpha + \sin\beta = \sin\frac{\pi}{4} + \sin\alpha + \cos\alpha$$

$$= \frac{\sqrt{2}}{2} + \sin\alpha + \cos\alpha$$

したがって

$$s = t = \sqrt{\frac{\boxed{2}}{\boxed{2}}} + \sin\alpha + \cos\alpha \quad →チ，ツ$$

ここで，三角関数の合成により

$$\sin\alpha + \cos\alpha = \sqrt{2}\left\{(\sin\alpha)\frac{1}{\sqrt{2}} + (\cos\alpha)\frac{1}{\sqrt{2}}\right\}$$

$$= \sqrt{2}\left(\sin\alpha\cos\frac{\pi}{4} + \cos\alpha\sin\frac{\pi}{4}\right)$$

$$= \sqrt{\boxed{2}}\sin\left(\alpha + \frac{\pi}{\boxed{4}}\right) \quad →テ，ト$$

である。$s=t=0$ となる α，β を求める。

$$s = t = \frac{\sqrt{2}}{2} + \sin\alpha + \cos\alpha$$

$$= \frac{\sqrt{2}}{2} + \sqrt{2}\sin\left(\alpha + \frac{\pi}{4}\right)$$

$s=t=0$ のとき

$$\sin\left(\alpha + \frac{\pi}{4}\right) = -\frac{1}{2}$$

$0<\alpha<\frac{5}{4}\pi$ より，$\frac{\pi}{4}<\alpha+\frac{\pi}{4}<\frac{3}{2}\pi$ であるから $\alpha+\frac{\pi}{4}=\frac{7}{6}\pi$

よって $\alpha = \frac{\boxed{11}}{12}\pi$ →ナニ

α，β が $\alpha<\frac{5}{4}\pi<\beta$ を満たし，点Q，Rが直線 $y=x$ に関して対称であるので

$$\frac{\alpha+\beta}{2} = \frac{5}{4}\pi$$

よって

$$\beta = \frac{5}{2}\pi - \alpha = \frac{5}{2}\pi - \frac{11}{12}\pi = \frac{\boxed{19}}{12}\pi \quad →ヌネ$$

このとき，$s=t=0$ である。

(2) **考察3** $s=t=0$ の場合を考える。

$$\begin{cases} \cos\theta + \cos\alpha + \cos\beta = 0 \\ \sin\theta + \sin\alpha + \sin\beta = 0 \end{cases} \cdots\cdots①$$

$$\begin{cases} \cos\theta = -\cos\alpha - \cos\beta \\ \sin\theta = -\sin\alpha - \sin\beta \end{cases}$$

これらを $\sin^2\theta+\cos^2\theta=1$ に代入すると

$(-\sin\alpha-\sin\beta)^2+(-\cos\alpha-\cos\beta)^2=1$

$(\sin^2\alpha+2\sin\alpha\sin\beta+\sin^2\beta)+(\cos^2\alpha+2\cos\alpha\cos\beta+\cos^2\beta)=1$

$2+2(\cos\alpha\cos\beta+\sin\alpha\sin\beta)=1$

$\cos\alpha\cos\beta+\sin\alpha\sin\beta=\boxed{\dfrac{-1}{2}}$ →ノハ，ヒ

$\cos(\beta-\alpha)=-\dfrac{1}{2}$ ……②

同様にして，①より

$\begin{cases}\cos\beta=-\cos\theta-\cos\alpha\\ \sin\beta=-\sin\theta-\sin\alpha\end{cases}$

これらを $\sin^2\beta+\cos^2\beta=1$ に代入すると

$(-\sin\theta-\sin\alpha)^2+(-\cos\theta-\cos\alpha)^2=1$

$(\sin^2\theta+2\sin\theta\sin\alpha+\sin^2\alpha)+(\cos^2\theta+2\cos\theta\cos\alpha+\cos^2\alpha)=1$

$2+2(\cos\theta\cos\alpha+\sin\theta\sin\alpha)=1$

$\cos\theta\cos\alpha+\sin\theta\sin\alpha=-\dfrac{1}{2}$

$\cos(\alpha-\theta)=-\dfrac{1}{2}$ ……③

$0\leqq\theta<\alpha<\beta<2\pi$ より，$\alpha-\theta$，$\beta-\alpha$ はそれぞれ $0<\alpha-\theta<2\pi$，$0<\beta-\alpha<2\pi$ を満たす角度である。よって，②，③を満たす $\alpha-\theta$，$\beta-\alpha$ はともに $\dfrac{2}{3}\pi$ または $\dfrac{4}{3}\pi$ である。

ここで，少なくとも一方が $\dfrac{4}{3}\pi$ であるとすると

$(\alpha-\theta)+(\beta-\alpha)\geqq 2\pi$

$\beta-\theta\geqq 2\pi$

となり，$0\leqq\theta<\alpha<\beta<2\pi$ である条件を満たさなくなるので

$\beta-\alpha=\alpha-\theta=\boxed{\dfrac{2}{3}}\pi$ →フ，ヘ

(3) 考察1でわかったこと：△PQR が正三角形ならば $s=t=0$

考察2でわかったこと：△PQR が PQ=PR となる二等辺三角形 $\left(\text{特に }\theta=\dfrac{\pi}{4}\right)$ のとき，$\alpha=\dfrac{11}{12}\pi$，$\beta=\dfrac{19}{12}\pi$ ならば $s=t=0$

考察3でわかったこと：$s=t=0$ ならば $\beta-\alpha=\alpha-\theta=\dfrac{2}{3}\pi$

さらに補足する。

考察2について

$\theta = \dfrac{\pi}{4}$, $\alpha = \dfrac{11}{12}\pi$ より $\angle POQ = \alpha - \theta = \dfrac{11}{12}\pi - \dfrac{\pi}{4} = \dfrac{2}{3}\pi$

円周角は中心角の $\dfrac{1}{2}$ 倍であるという関係があるので $\angle PRQ = \dfrac{\pi}{3}$

$\beta = \dfrac{19}{12}\pi$ より $\angle QOR = \beta - \alpha = \dfrac{19}{12}\pi - \dfrac{11}{12}\pi = \dfrac{2}{3}\pi$

同様にして，$\angle QPR = \dfrac{\pi}{3}$ である。残りの内角も $\dfrac{\pi}{3}$ となり，$\theta = \dfrac{\pi}{4}$, $\alpha = \dfrac{11}{12}\pi$, $\beta = \dfrac{19}{12}\pi$ であるときのPQ＝PRである二等辺三角形PQRは正三角形であることがわかる。

考察3について

$\beta - \alpha = \alpha - \theta = \dfrac{2}{3}\pi$ から続ける。

$\beta - \alpha = \dfrac{2}{3}\pi$ より $\angle QOR = \dfrac{2}{3}\pi$

円周角は中心角の $\dfrac{1}{2}$ 倍であるという関係があるので $\angle QPR = \dfrac{\pi}{3}$

$\alpha - \theta = \dfrac{2}{3}\pi$ より $\angle POQ = \dfrac{2}{3}\pi$

同様にして，$\angle PRQ = \dfrac{\pi}{3}$ である。残りの内角も $\dfrac{\pi}{3}$ となり，△PQRは正三角形であることがわかる。

⓪，①，②，③の真偽を判断する観点から，各考察を再度，整理すると次のようになる。

考察1：△PQRが正三角形ならば $s = t = 0$

考察2：△PQRがPQ＝PRとなる二等辺三角形で，$\theta = \dfrac{\pi}{4}$, $\alpha = \dfrac{11}{12}\pi$, $\beta = \dfrac{19}{12}\pi$
（このとき△PQRは正三角形である）ならば $s = t = 0$
　　　　　　　　　　　　　（考察1の θ, α, β についての一つの例である）

考察3：$s = t = 0$ ならば△PQRは正三角形である。

したがって，⓪～③のうち正しいものは ⓪ である。→ホ

解 説

　三角形の形状と定義された式の値との関係について考察する問題である。図形に対する条件は二等辺三角形，正三角形であることで，問題なく把握できる基本的なものであるから，三角関数の加法定理，合成などの計算処理が中心のテーマとなる。

　考察1，2，3についてはそれぞれ仮定と結論を明確にして考えることが肝心である。考察1では加法定理を用いた計算から s, t それぞれの値を求めることになる。

　考察2では三角関数の合成により式を整理し，α, β の値がいくらのときに $s=t=0$ であるのかを求める。$\theta = \dfrac{\pi}{4}$ のときは，α と β を，$\alpha = \dfrac{11}{12}\pi$, $\beta = \dfrac{19}{12}\pi$ と定めると，$s=t=0$ となることがわかる。この条件では，二等辺三角形 PQR は特に正三角形であることを確認しておくこと。

　考察3では $s=t=0$ を仮定して，そのときの三角形の形状を求める。式の展開，三角関数の相互関係，加法定理を用いて計算，整理をしていく。

　これらの考察から得られたことを正確に読み解いて，(3)を答えよう。

第2問 —— 微分・積分

〔1〕 **標準** 《2次関数の増減と極大・極小》

(1) $a=1$ のとき $f(x)=(x-1)(x-2)$

$$F(x)=\int_0^x f(t)\,dt$$

の両辺を x で微分すると

$$F'(x)=f(x) \quad \text{つまり} \quad F'(x)=(x-1)(x-2)$$

となるので，$F'(x)=0$ となるのは $x=1$，2 のときであり，$F(x)$ の増減は次のようになる。

x	$\cdots$	1	$\cdots$	2	$\cdots$
$F'(x)(f(x))$		+	0	−	0	+
$F(x)$		↗	極大	↘	極小	↗

したがって，$F(x)$ は $x=\boxed{2}$ で極小になる。 →ア

(2) $$F(x)=\int_0^x f(t)\,dt$$

の両辺を x で微分すると

$$F'(x)=f(x) \quad \text{つまり} \quad F'(x)=(x-a)(x-2)$$

$F(x)$ がつねに増加するための条件は，すべての実数 x に対して，$F'(x)$ つまり $f(x)$ がつねに0以上であることである。それは，右のグラフのように，$f(x)=(x-a)(x-2)$ において，$a=\boxed{2}$ →イ のときの，$f(x)=(x-2)^2$ となることである。

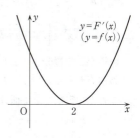

さらに，$F(0)=\int_0^0 f(t)\,dt$ となり，上端と下端の値が一致することから

$$F(0)=\boxed{0} \quad \text{→ウ}$$

これは $y=F(x)$ のグラフが原点 $(0,0)$ を通ることを示す。よって，$y=F(x)$ のグラフは，原点 $(0,0)$ を通り，単調に増加することになるので，右のグラフのようになり，$a=2$ のとき，$F(2)$ の値は正となる。 $\boxed{①}$ →エ

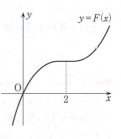

(3) $a>2$ とする。

$$G(x)=\int_b^x f(t)\,dt=\Big[F(x)\Big]_b^x=F(x)-F(b) \quad \cdots\cdots ①$$

よって，$y=G(x)$ のグラフは，$y=F(x)$ のグラフを y 軸 ① →オ 方向に $-F(b)$ ③ →カ だけ平行移動したものと一致する。

$$G'(x) = \{F(x) - F(b)\}' = F'(x)$$

となるので，$F'(x) = (x-a)(x-2)$ において，$F'(x) = 0$ となるのは $x = 2, a$ のときであり，$a > 2$ より，$G(x)$ の増減は次のようになる。

x	$\cdots$	2	$\cdots$	a	$\cdots$
$G'(x)$	+	0	−	0	+
$G(x)$	↗	極大	↘	極小	↗

したがって，$G(x)$ は $x=$ 2 で極大になり，$x=$ a で極小になる。

→キ，ク

$G(b)$ の値を求めるには，①の定積分 $G(x)$ において $x=b$ とし，上端と下端の値を一致させればよいから

$$G(b) = F(b) - F(b) = \boxed{0} \quad →ケ$$

となる。
$b=2$ のとき，上の $G(x)$ の増減表で極大値は $G(2) = 0$ なので，曲線 $y=G(x)$ と x 軸との共有点の個数は 2 個である。→コ

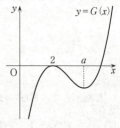

参考 $F(x) = \int_0^x f(t)\,dt$ において，$f(t)$ の不定積分の一つを $P(t)$ とおくと

$$F(x) = \Big[P(t)\Big]_0^x = P(x) - P(0)$$

両辺を x で微分する。$f(t)$ の不定積分の一つを $P(t)$ と定義しているので，t と x の違いがあるだけで，$P(x)$ を x で微分した $P'(x)$ は $f(x)$ に戻る。$P(0)$ は定数なので，定数を x で微分すると 0 になる。よって

$$F'(x) = f(x) - 0 = f(x)$$

となる。
したがって，$F'(x) = (x-a)(x-2)$ となる。
このような手順を踏んでもよいが，このプロセスが理解できていたら，スマートに $F(x) = \int_0^x f(t)\,dt$ を x で微分したいところである。

解説

本問では $f(x), F(x), G(x)$ といろいろな関数を扱うことになるので，それぞれの関係を正しく読み取り，上手に誘導に乗って解き進めていこう。問題を通して，計算だけに頼るのではなく，グラフを描くこともうまく織り交ぜながら確認していくとスムーズな流れで解答できる。

(1)・(2)　$F(x)=\int_0^x f(t)dt$ より，$F'(x)=f(x)$ の関係を得る。$f(x)=(x-a)(x-2)$ とわかっているので，$F'(x)$ の符号をみることで $F(x)$ の増減がわかる。

(3)　$G(x)=\int_b^x f(t)dt$ より，$G(x)=F(x)-F(b)$ の関係を得る。$F(b)$ が定数であることから，両辺を x で微分して $G'(x)=F'(x)$ となる。

〔2〕　**標準**　《絶対値を含む関数のグラフと図形の面積》

$$|x|=\begin{cases} x & (x\geq 0 \text{ のとき}) \\ -x & (x<0 \text{ のとき}) \end{cases}$$

であるから

$$g(x)=\begin{cases} x(x+1) & (x\geq 0 \text{ のとき}) \\ -x(x+1) & (x<0 \text{ のとき}) \end{cases}$$

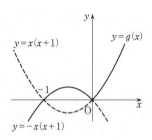

曲線 $y=g(x)$ は右図のようになる。
点 P$(-1, 0)$ は曲線 $y=g(x)$ 上の点である。$g(x)$ は $x=-1$ のとき，$x<0$ の場合にあたるので

$$g(x)=-x(x+1)=-x^2-x$$

であるから，このとき

$$g'(x)=-2x-1$$

よって　　$g'(-1)=-2(-1)-1=\boxed{1}$　→サ

したがって，曲線 $y=g(x)$ 上の点 P における接線の傾きは 1 であり，その接線の方程式は

$$y-0=1\{x-(-1)\} \quad \text{より} \quad y=x+1$$

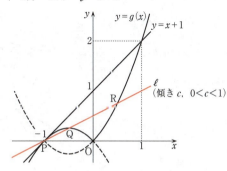

グラフより，$0<c<1$ のとき，曲線 $y=g(x)$ と直線 ℓ は3点で交わる。
直線 ℓ の方程式は

$$y-0=c\{x-(-1)\} \quad より \quad y=cx+c$$

曲線 $y=g(x)$ と直線 ℓ の共有点の x 座標を求める。

$x<0$ のとき

$$\begin{cases} y=-x^2-x \\ y=cx+c \end{cases}$$

より，y を消去して

$$cx+c=-x^2-x \quad x^2+(c+1)x+c=0$$
$$(x+c)(x+1)=0 \quad x=-c, -1$$

$x=-1$ は点 P の x 座標であるから，求める点 Q の x 座標は

$$x=\boxed{-c} \quad →シス$$

$x\geqq 0$ のとき

$$\begin{cases} y=x^2+x \\ y=cx+c \end{cases}$$

より，y を消去して

$$x^2+x=cx+c \quad x^2+(-c+1)x-c=0$$
$$(x+1)(x-c)=0 \quad x=-1, c$$

$x=-1$ は点 P の x 座標であるから，求める点 R の x 座標は

$$x=\boxed{c} \quad →セ$$

また，$0<c<1$ のとき，線分 PQ と曲線 $y=g(x)$ で囲まれた図形（下図の赤色の網かけ部分）の面積を S とし，線分 QR と曲線 $y=g(x)$ で囲まれた図形（下図の灰色の網かけ部分）の面積を T とすると

$$S=\int_{-1}^{-c}\{(-x^2-x)-(cx+c)\}dx$$
$$=-\int_{-1}^{-c}\{x^2+(c+1)x+c\}dx$$
$$=-\int_{-1}^{-c}(x+1)(x+c)\,dx$$
$$=-\frac{-1}{6}\{-c-(-1)\}^3$$
$$=\frac{1}{6}(-c+1)^3$$
$$=\frac{\boxed{-}c^3+\boxed{3}c^2-\boxed{3}c+1}{\boxed{6}} \quad →ソ，タ，チ，ツ$$

$$T = \int_{-c}^{0} \{(cx+c) - (-x^2-x)\} dx + \int_{0}^{c} \{(cx+c) - (x^2+x)\} dx$$

$$= \int_{-c}^{c} (cx+c) dx + \int_{-c}^{0} (x^2+x) dx - \int_{0}^{c} (x^2+x) dx$$

$$= \left[\frac{1}{2}cx^2 + cx\right]_{-c}^{c} + \left[\frac{1}{3}x^3 + \frac{1}{2}x^2\right]_{-c}^{0} - \left[\frac{1}{3}x^3 + \frac{1}{2}x^2\right]_{0}^{c}$$

$$= 2c^2 - \frac{1}{3}(-c)^3 - \frac{1}{2}(-c)^2 - \frac{1}{3}c^3 - \frac{1}{2}c^2$$

$$= c^{\boxed{2}} \to \text{テ}$$

参考 T の求め方

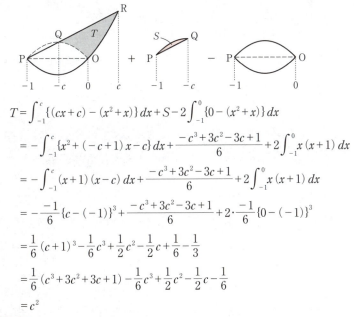

$$T = \int_{-1}^{c} \{(cx+c) - (x^2+x)\} dx + S - 2\int_{-1}^{0} \{0 - (x^2+x)\} dx$$

$$= -\int_{-1}^{c} \{x^2 + (-c+1)x - c\} dx + \frac{-c^3+3c^2-3c+1}{6} + 2\int_{-1}^{0} x(x+1) dx$$

$$= -\int_{-1}^{c} (x+1)(x-c) dx + \frac{-c^3+3c^2-3c+1}{6} + 2\int_{-1}^{0} x(x+1) dx$$

$$= -\frac{-1}{6}\{c-(-1)\}^3 + \frac{-c^3+3c^2-3c+1}{6} + 2 \cdot \frac{-1}{6}\{0-(-1)\}^3$$

$$= \frac{1}{6}(c+1)^3 - \frac{1}{6}c^3 + \frac{1}{2}c^2 - \frac{1}{2}c + \frac{1}{6} - \frac{1}{3}$$

$$= \frac{1}{6}(c^3+3c^2+3c+1) - \frac{1}{6}c^3 + \frac{1}{2}c^2 - \frac{1}{2}c - \frac{1}{6}$$

$$= c^2$$

解説

$g(x)$ は絶対値を含む関数である。場合分けをして正しくグラフを描こう。計算だけでは曲線 $y=g(x)$ と直線 ℓ が 3 点で交わる状況が正しく把握できない。基準となる点 P での接線を描き，3 点で交わる仕組みを読み取ろう。図形の面積 S, T は容易に求めることができる。面積を求める段階では

$$\int_{\alpha}^{\beta} (x-\alpha)(x-\beta) dx = -\frac{1}{6}(\beta-\alpha)^3$$

の公式を使うことで計算の過程をかなり省略できるので，積極的に利用すること。〔解答〕の T を求めるところでは，定積分の計算だけで処理したが，点 Q, R から x 軸に垂線を下ろし，台形の面積から余分な部分の面積を除いてもよい。三角形，台形

の面積など基本的な図形に関するものは定積分の計算から求めようとせず,各図形の面積の公式を利用してもよい.

また,〔参考〕のように,公式である $\int_{\alpha}^{\beta}(x-\alpha)(x-\beta)\,dx=-\dfrac{1}{6}(\beta-\alpha)^3$ だけをつなげて用いて計算することもできる。説明のために行数が多くなっているが,実際の計算では暗算で処理できるところもあるので簡単である.

第3問 　標準　確率分布と統計的な推測　《二項分布，正規分布》

(1) すべての留学生が三つのコースのうち，いずれか一つのコースのみに登録することになっているので，留学生全体における上級コースに登録した留学生の割合は

$$100 - 20 - 35 = \boxed{45} \text{〔%〕} \rightarrow \text{アイ}$$

留学生の人数を N 人とすると

初級コースで1週間に10時間の日本語の授業を受講する留学生の人数は $0.20N$ 人，中級コースで1週間に8時間の日本語の授業を受講する留学生の人数は $0.35N$ 人，上級コースで1週間に6時間の日本語の授業を受講する留学生の人数は $0.45N$ 人であるから，1週間に受講する日本語学習コースの授業の時間数を表す確率変数 X の平均（期待値）は

$$\frac{10 \times 0.20N + 8 \times 0.35N + 6 \times 0.45N}{N} = \frac{\boxed{15}}{2} \rightarrow \text{ウエ}$$

X の分散は

$$\frac{\left(10 - \frac{15}{2}\right)^2 \times 0.20N + \left(8 - \frac{15}{2}\right)^2 \times 0.35N + \left(6 - \frac{15}{2}\right)^2 \times 0.45N}{N} = \frac{\boxed{47}}{20} \rightarrow \text{オカ}$$

次に，留学生全体を母集団とし，a 人を無作為に抽出したとき，初級コースに登録した人数を表す確率変数を Y とすると，Y は二項分布に従い，Y の平均 $E(Y)$ は

$$E(Y) = a \times 0.20 = \frac{\boxed{a}}{\boxed{5}} \rightarrow \text{キ，ク}$$

Y の標準偏差 $\sigma(Y)$ は

$$\sigma(Y) = \sqrt{a \cdot \frac{20}{100} \cdot \frac{80}{100}} = \frac{40}{100}\sqrt{a}$$

また，上級コースに登録した人数を表す確率変数を Z とすると，Z は二項分布に従い，Z の標準偏差 $\sigma(Z)$ は

$$\sigma(Z) = \sqrt{a \cdot \frac{45}{100} \cdot \frac{55}{100}} = \frac{15\sqrt{11}}{100}\sqrt{a}$$

したがって

$$\frac{\sigma(Z)}{\sigma(Y)} = \frac{\frac{15\sqrt{11}}{100}\sqrt{a}}{\frac{40}{100}\sqrt{a}} = \frac{15\sqrt{11}}{40} = \frac{\boxed{3}\sqrt{\boxed{11}}}{\boxed{8}} \rightarrow \text{ケ，コサ，シ}$$

ここで，$a = 100$ としたとき，$a = 100$ は十分大きいので，Y は近似的に正規分布 $N(E(Y), \sigma(Y))$ に従い

$$E(Y) = \frac{100}{5} = 20, \quad \sigma(Y) = \frac{40}{100}\sqrt{100} = 4$$

であるから
$$W = \frac{Y-20}{4}$$
とすると，W は平均 0，標準偏差 1 の正規分布 $N(0, 1)$ に従う。

$Y \geqq 28$ のとき，$W \geqq \dfrac{28-20}{4}$ つまり，$W \geqq 2$ なので，求める確率 p は
$$p = P(W \geqq 2.0) = P(W \geqq 0) - P(0 \leqq W \leqq 2.0) = 0.5 - 0.4772$$
$$= 0.0228$$

ゆえに，p の近似値について最も適当なものは選択肢の中では 0.023 ① →ス である。

(2) 母平均 m，母分散 $\sigma^2 = 640$ の母集団から大きさ 40 の無作為標本を復元抽出するとき，標本平均の標準偏差は
$$\frac{\sqrt{640}}{\sqrt{40}} = \sqrt{16} = 4 \quad →セ$$

標本平均が近似的に正規分布 $N\left(120, \dfrac{640}{40}\right)$ つまり $N(120, 16)$ に従うとして，母平均 m に対する信頼度 95% の信頼区間は
$$120 - 1.96 \times \frac{\sqrt{640}}{\sqrt{40}} \leqq m \leqq 120 + 1.96 \times \frac{\sqrt{640}}{\sqrt{40}}$$
$$120 - 1.96 \times 4 \leqq m \leqq 120 + 1.96 \times 4$$
$$112.16 \leqq m \leqq 127.84$$

よって
$C_1 = $ 112 . 16 →ソタチ，ツテ
$C_2 = $ 127 . 84 →トナニ，ヌネ

(3) (2)での母平均 m に対する信頼度 95% の信頼区間
$$120 - 1.96 \times \frac{\sqrt{640}}{\sqrt{40}} \leqq m \leqq 120 + 1.96 \times \frac{\sqrt{640}}{\sqrt{40}}$$
において，$\sqrt{40}$ のところを $\sqrt{50}$ に置き換えると
$$120 - 1.96 \times \frac{\sqrt{640}}{\sqrt{50}} \leqq m \leqq 120 + 1.96 \times \frac{\sqrt{640}}{\sqrt{50}}$$
となり，$\dfrac{\sqrt{640}}{\sqrt{40}} > \dfrac{\sqrt{640}}{\sqrt{50}}$ であるから
$$120 - 1.96 \times \frac{\sqrt{640}}{\sqrt{50}} > 120 - 1.96 \times \frac{\sqrt{640}}{\sqrt{40}}$$
$$120 + 1.96 \times \frac{\sqrt{640}}{\sqrt{50}} < 120 + 1.96 \times \frac{\sqrt{640}}{\sqrt{40}}$$

となり，$D_1 > C_1$ かつ $D_2 < C_2$ が成り立つ。　②　→ノ
また
$$D_2 - D_1 = \left(120 + 1.96 \times \frac{\sqrt{640}}{\sqrt{50}}\right) - \left(120 - 1.96 \times \frac{\sqrt{640}}{\sqrt{50}}\right) = 1.96 \times 2 \times \frac{\sqrt{640}}{\sqrt{50}}$$

$D_2 - D_1 = E_2 - E_1$ のとき
$$1.96 \times 2 \times \frac{\sqrt{640}}{\sqrt{50}} = 1.96 \times 2 \times \frac{\sqrt{960}}{\sqrt{50x}}$$

$$x = \frac{960}{640} = 1.5$$

よって，標本の大きさを 50 の　1 . 5 　倍にする必要がある。　→ハ，ヒ

解　説

　問われている事項はすべて教科書で扱われている基本的な公式，考え方で解答できてしまうレベルである。面倒な計算にならないようにするための配慮として，$\sqrt{}$ の中の数も処理しやすいように値が調整されており，比較的楽に解答を得ることができる。解答したあとで，よく理解できなかった箇所に関してはしっかり復習しておこう。

　「数学B」の「確率分布と統計的な推測」は学校の授業では扱われない場合が多い。よって，本問を選択し解答する多くの受験生は自学自習しており，他の分野と比べて理解が浅く，対策が手薄になっている傾向がある。そのような場合，実際には標準レベルの問題なのに，難しめに感じるかもしれない。対策としては，まず，教科書を丁寧に読んで，用語，公式，考え方を理解すること。基本事項を正しく覚えて理解を深めておくことが，特にこの分野で肝心なことである。一番丁寧に説明がついているものは有名な参考書ではなく，意外に思うかもしれないが教科書である。内容の理解に努める際にはぜひ教科書を利用してほしい。用いる公式，考え方は限られているので，一つ一つを正しく理解すること。ただし，教科書は授業で使用されることが前提なので，例題を除く練習問題の解説が略されている。そこが教科書を自学自習で用いる際の唯一のネックであるから，それを補うために詳しい解答が付属している教科書傍用問題集で問題演習をしよう。

第4問 — 数 列

〔1〕 **標準** 《数列の和と一般項との関係，等比数列の和》

$S_n = 5^n - 1$ ……① が数列 $\{a_n\}$ の初項から第 n 項までの和であるとすると，$n=1$ のときに S_1 は初項を表すので

$$a_1 = S_1 = 5^1 - 1 = 5 - 1 = \boxed{4} \quad \to \text{ア}$$

また，①は $n=1, 2, 3, \cdots$ で成り立つことから，$S_{n-1} = 5^{n-1} - 1$ ……② は，$n=2, 3, 4, \cdots$ で成り立ち，①，②の辺々を引くと

$$S_n - S_{n-1} = (5^n - 1) - (5^{n-1} - 1) = 5^n - 5^{n-1}$$
$$= (5-1)5^{n-1} = 4 \cdot 5^{n-1}$$

が①と②の共通の n の値の範囲である $n=2, 3, 4, \cdots$ で成り立つ。

よって，$n \geq 2$ のとき

$$a_n = S_n - S_{n-1} = \boxed{4} \cdot \boxed{5}^{n-1} \quad \to \text{イ，ウ}$$

これは，$n=1$ のときに $a_1 = 4 \cdot 5^{1-1} = 4 \cdot 5^0 = 4 \cdot 1 = 4$ となり，アで求めた値 4 に一致するので，$n=1$ のときにも成り立つ。

したがって $a_n = 4 \cdot 5^{n-1} \quad (n=1, 2, 3, \cdots)$

このとき $\dfrac{1}{a_n} = \dfrac{1}{4 \cdot 5^{n-1}} = \dfrac{1}{4}\left(\dfrac{1}{5}\right)^{n-1}$

よって

$$\sum_{k=1}^{n} \dfrac{1}{a_k} = \left(\text{初項 } \dfrac{1}{4}, \text{公比 } \dfrac{1}{5}, \text{項数 } n \text{ の等比数列の和}\right)$$

$$= \dfrac{\dfrac{1}{4}\left\{1 - \left(\dfrac{1}{5}\right)^n\right\}}{1 - \dfrac{1}{5}} = \dfrac{5}{16}\{1 - (5^{-1})^n\}$$

$$= \dfrac{\boxed{5}}{\boxed{16}}(1 - \boxed{5}^{-n}) \quad \to \text{エ，オカ，キ}$$

解説

前半は，数列の和から数列の一般項を読み解く問題である。n の値を1だけずらして辺々を引き，$S_n - S_{n-1}$ より a_n を導き出すところがポイントになる。n の値を操作した際には，取り得る n の値も考えておくこと。後半は等比数列の和を求める問題である。いずれも基本的な内容の問題である。

〔2〕 やや難 《部屋に畳を敷き詰める方法の総数》

(1) $(3n+1)$ 枚のタイルを用いた T_n 内の配置の総数を t_n とすると，$n=1$ のときは次のようになる。

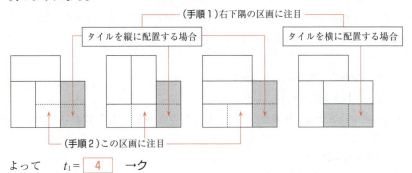

よって　　$t_1 = \boxed{4}$ →ク

- 太郎さんが T_n 内の配置について，右下隅のタイルに注目して描いた図

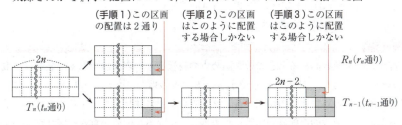

よって，2以上の自然数 n に対して

$$t_n = r_n + t_{n-1}$$

したがって，$t_n = Ar_n + Bt_{n-1}$ が成り立つときに，$A = \boxed{1}$ →ケ，$B = \boxed{1}$ →コ

である。

以上から　　$t_2 = r_2 + t_1 = 11 + 4 = \boxed{15}$ →サシ

であることがわかる。

- 太郎さんが R_n 内の配置について，右下隅のタイルに注目して描いた図

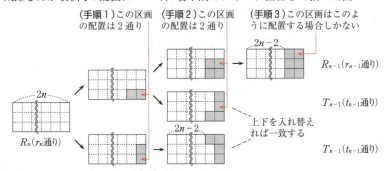

よって，2以上の自然数 n に対して
$$r_n = r_{n-1} + 2t_{n-1}$$
したがって，$r_n = Cr_{n-1} + Dt_{n-1}$ が成り立つときに，$C = \boxed{1}$ →ス，$D = \boxed{2}$ →セ である。

(2) 畳を(1)でのタイルとみなし，縦の長さが3，横の長さが6の長方形の部屋を図形 R_n において $n = 3$ の場合と考えると
$$r_3 = r_2 + 2t_2$$
が成り立つから，敷き詰め方の総数は
$$r_3 = 11 + 2 \cdot 15 = \boxed{41} \quad \text{→ソタ}$$
また，縦の長さが3，横の長さが8の長方形の部屋を図形 R_n において $n = 4$ の場合と考えると
$$r_4 = r_3 + 2t_3$$
が成り立つから，敷き詰め方の総数は
$$r_4 = r_3 + 2(r_2 + t_2) = 3r_2 + 2t_2 = 3 \cdot 41 + 2 \cdot 15$$
$$= \boxed{153} \quad \text{→チツテ}$$

解説

部屋に畳を敷き詰めるときの敷き詰め方の総数を求める問題である。最初は，取り組みやすいように，具体的な n で小さなモデルの場合について考察する。次に，タイルを配置するプロセスの中でできる2通りの配置に注目して，漸化式を作り，それをもとにして一般的な配置の総数を求めることになる。配置を重複や漏れがないように求める工夫として，一つの区画に注目すること。そこをタイルを縦，横のどちらにして埋めるのかを考えて，順に場合分けしていく。決して思いついたものからかき出したりしないようにしよう。

漸化式から一般項を求める問題も多いが，本問はその類いの問題ではないことに注意しよう。一般項がわからないままに，帰納的に求めていく。推移を考察する段階では，漏れがないように，また重複がないように自分で考えなければならないところが，本問ではその目の付け所をすべて誘導で教えてくれているので助かる。記述式の問題を解答する際の考え方としてもこの解法を追いかけて学ぶとよい。

第5問 標準 ベクトル 《空間における点の位置の考察》

(1) 点Aの座標が $(-1, 2, 0)$ なので
$$\overrightarrow{OA} = (-1, 2, 0)$$
したがって
$$|\overrightarrow{OA}|^2 = (-1)^2 + 2^2 + 0^2 = \boxed{5} \quad \to \text{ア} \quad \cdots\cdots(*)$$

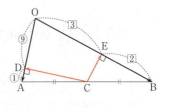

点Dは線分OAを9:1に内分する点なので
$$\overrightarrow{OD} = \frac{\boxed{9}}{\boxed{10}}\overrightarrow{OA} \quad \to \text{イ, ウエ}$$

また, 点Cは線分ABの中点なので
$$\overrightarrow{OC} = \frac{\overrightarrow{OA} + \overrightarrow{OB}}{2}$$

よって
$$\overrightarrow{CD} = \overrightarrow{OD} - \overrightarrow{OC} = \frac{9}{10}\overrightarrow{OA} - \frac{\overrightarrow{OA} + \overrightarrow{OB}}{2}$$
$$= \frac{\boxed{2}}{\boxed{5}}\overrightarrow{OA} - \frac{\boxed{1}}{\boxed{2}}\overrightarrow{OB} \quad \to \text{オ, カ, キ, ク}$$

と表される。これを用いることにより, $\overrightarrow{OA} \perp \overrightarrow{CD}$ から
$$\overrightarrow{OA} \cdot \overrightarrow{CD} = 0 \quad \overrightarrow{OA} \cdot \left(\frac{2}{5}\overrightarrow{OA} - \frac{1}{2}\overrightarrow{OB}\right) = 0$$
$$\frac{2}{5}|\overrightarrow{OA}|^2 - \frac{1}{2}\overrightarrow{OA} \cdot \overrightarrow{OB} = 0$$

(*)より
$$\frac{2}{5} \cdot 5 - \frac{1}{2}\overrightarrow{OA} \cdot \overrightarrow{OB} = 0 \quad \overrightarrow{OA} \cdot \overrightarrow{OB} = \boxed{4} \quad \to \text{ケ} \quad \cdots\cdots ①$$

同様にして, $\overrightarrow{CE}$ を $\overrightarrow{OA}$, $\overrightarrow{OB}$ を用いて表す。

点Eは線分OBを3:2に内分する点なので $\overrightarrow{OE} = \frac{3}{5}\overrightarrow{OB}$

よって
$$\overrightarrow{CE} = \overrightarrow{OE} - \overrightarrow{OC} = \frac{3}{5}\overrightarrow{OB} - \frac{\overrightarrow{OA} + \overrightarrow{OB}}{2}$$
$$= -\frac{1}{2}\overrightarrow{OA} + \frac{1}{10}\overrightarrow{OB}$$

と表される。これを用いることにより, $\overrightarrow{OB} \perp \overrightarrow{CE}$ から
$$\overrightarrow{OB} \cdot \overrightarrow{CE} = 0 \quad \overrightarrow{OB} \cdot \left(-\frac{1}{2}\overrightarrow{OA} + \frac{1}{10}\overrightarrow{OB}\right) = 0$$

$$-\frac{1}{2}\vec{OA}\cdot\vec{OB}+\frac{1}{10}|\vec{OB}|^2=0$$

①より

$$-\frac{1}{2}\cdot 4+\frac{1}{10}|\vec{OB}|^2=0 \qquad |\vec{OB}|^2=20 \quad \cdots\cdots ②$$

が得られる。

点Bの座標が $(2, p, q)$ なので $\vec{OB}=(2, p, q)$

$\vec{OA}\cdot\vec{OB}$ の値をベクトルの成分で求めると

$$\vec{OA}\cdot\vec{OB}=(-1)\cdot 2+2\cdot p+0\cdot q=2p-2$$

となり、①より $2p-2=4 \qquad p=3$

また、$|\vec{OB}|^2=2^2+p^2+q^2=p^2+q^2+4$ であるから、②より

$$p^2+q^2+4=20 \qquad p^2+q^2=16$$

これに、$p=3$ を代入すると $q^2=7$

$q>0$ であるから $q=\sqrt{7}$

したがって、Bの座標は $(2, \boxed{3}, \sqrt{\boxed{7}}) \to$ コ、サ

(2) 点Hがα上にあることから、実数 s, t を用いて

$$\vec{OH}=s\vec{OA}+t\vec{OB}$$

と表される。よって

$$\vec{GH}=\vec{OH}-\vec{OG}=(s\vec{OA}+t\vec{OB})-\vec{OG}$$
$$=\boxed{-}\vec{OG}+s\vec{OA}+t\vec{OB} \to シ$$

これと、$\vec{GH}\perp\vec{OA}$ および $\vec{GH}\perp\vec{OB}$ が成り立つことから

$$\begin{cases}\vec{GH}\cdot\vec{OA}=0\\ \vec{GH}\cdot\vec{OB}=0\end{cases}$$

$$\begin{cases}(-\vec{OG}+s\vec{OA}+t\vec{OB})\cdot\vec{OA}=0\\ (-\vec{OG}+s\vec{OA}+t\vec{OB})\cdot\vec{OB}=0\end{cases}$$

$$\begin{cases}-\vec{OA}\cdot\vec{OG}+s|\vec{OA}|^2+t\vec{OA}\cdot\vec{OB}=0\\ -\vec{OB}\cdot\vec{OG}+s\vec{OA}\cdot\vec{OB}+t|\vec{OB}|^2=0\end{cases} \cdots\cdots ③$$

ここで、点Gの座標が $(4, 4, -\sqrt{7})$ なので、$\vec{OG}=(4, 4, -\sqrt{7})$ であるから

$$\begin{cases}\vec{OA}\cdot\vec{OG}=-1\cdot 4+2\cdot 4+0\cdot(-\sqrt{7})=4\\ \vec{OB}\cdot\vec{OG}=2\cdot 4+3\cdot 4+\sqrt{7}\cdot(-\sqrt{7})=13\end{cases}$$

よって、③より

$$\begin{cases}-4+5s+4t=0\\ -13+4s+20t=0\end{cases}$$

これを解いて

$$s = \frac{1}{3} \quad →ス, セ$$

$$t = \frac{7}{12} \quad →ソ, タチ$$

となるので

$$\overrightarrow{OH} = \frac{1}{3}\overrightarrow{OA} + \frac{7}{12}\overrightarrow{OB} = \frac{4\overrightarrow{OA} + 7\overrightarrow{OB}}{12}$$

$$= \frac{11}{12} \cdot \frac{4\overrightarrow{OA} + 7\overrightarrow{OB}}{7+4}$$

ここで，$\overrightarrow{OF} = \dfrac{4\overrightarrow{OA} + 7\overrightarrow{OB}}{7+4}$ とおくとき，点Fは線分 AB を 7：4 に内分する点であり

$$\overrightarrow{OH} = \frac{11}{12}\overrightarrow{OF}$$

と表されて，点Hは線分 OF を 11：1 に内分する点であり，右のような図を得る。

よって，Hは三角形 OBC の内部の点 ① →ツ である。

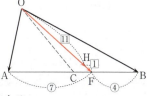

解説

選択問題 3 題の中では最も典型的で完答しやすい問題であろう。まずは条件を図にしてみよう。(1)・(2)の誘導も自然でマークしやすい。(2)で「α 上に点Hを $\overrightarrow{GH} \perp \overrightarrow{OA}$ と $\overrightarrow{GH} \perp \overrightarrow{OB}$ が成り立つようにとる」とあるが，これは $\overrightarrow{GH} \perp$ 平面 OAB となるための条件であるから，「点Gから平面 α 上に垂線を下ろし，垂線と平面 α の交点を点Hとする」などという表現で点Hを定義する場合もある。仮にそのような条件の与えられ方をしても，それを $\overrightarrow{GH} \perp \overrightarrow{OA}$ かつ $\overrightarrow{GH} \perp \overrightarrow{OB}$ と置き換えて解答を進めることができるようにしておこう。

ツについては，点Hは三角形 OAB 内の点であることはわかるが，その選択肢がない。候補は ⓪・① に絞られるので，どちらを選択するかを考える。$\overrightarrow{OF} = \dfrac{4\overrightarrow{OA} + 7\overrightarrow{OB}}{7+4}$ とおくとき，点Fは線分 AB を 7：4 に内分する点であることと，さらに $\overrightarrow{OH} = \dfrac{11}{12}\overrightarrow{OF}$ と表されることにより，点Hは線分 OF を 11：1 に内分する点であることから，点Hの位置が定まる。わかったことを図示し，解き進めていくとよい。

第２回 試行調査：数学Ⅰ・数学Ａ

問題番号 （配点）	解答記号	正 解	配点	チェック
第１問 (25)	あ	（次ページを参照）	5	
	ア，イ	①，④ (解答の順序は問わない)	3	
	ウ	①	2	
	エ	③	2	
	オ	①	2	
	い	（次ページを参照）	5	
	カ	①	2	
	キ	⑤	2	
	ク	⑤	2	
第２問 (35)	ア√イウ	$2\sqrt{57}$	2	
	エ√オ	$8\sqrt{3}$	2	
	カ キ ク	⓪ ①，④ ②，③ (それぞれマークして正解)	4	
	う	（次ページを参照）	5	
	ケコ±サ√シ ス	$\dfrac{30 \pm 6\sqrt{5}}{5}$	3	
	セ	⑧	2	
	ソ	⑥	2	
	タ	①	3	
	チ	③	3	
	ツ	②	3	
	テ	④	3	
	ト	③	3	

（注）第１問，第２問は必答。第３問～第５問のうちから２問選択。計４問を解答。

問題番号 （配点）	解答記号	正 解	配点	チェック
第３問 (20)	ア イウ	$\dfrac{1}{20}$	2	
	エ オカ	$\dfrac{3}{40}$	2	
	キ ク	$\dfrac{2}{3}$	2	
	ケ	④	1	
	コ サシ	$\dfrac{2}{27}$	2	
	ス セソ	$\dfrac{1}{15}$	3	
	タ チツ	$\dfrac{4}{51}$	4	
	テ	①	4	
第４問 (20)	ア，イ	1, 5	1	
	ウ	7	1	
	エ	1	1	
	オ，カ	①，④	2	
	キ，ク	4, 4	2	
	$x=$ケコ$+$サn	$x = -4 + 8n$	2	
	$-$シn	$-3n$	2	
	ス	①，② (2つマークして正解)	2	
	セ通り	7 通り	2	
	ソタ	13	2	
	チツテト	4033	3	
第５問 (20)	ア，イ	⓪，⑦ (解答の順序は問わない)	3	
	ウ	⑤	2	
	エ，オ	②，③ (解答の順序は問わない)	2	
	カ	③	2	
	キ	④	3	
	ク	③	4	
	ケ	⑥	4	

★ (あ) 《正答例》 $\{1\} \subset A$
　　《留意点》
　　・正答例とは異なる記述であっても題意を満たしているものは正答とする。

(い) 《正答例》 $26 \leq x \leq \dfrac{18}{\tan 33°}$
　　《留意点》
　　・「≦」を「＜」と記述しているものは誤答とする。
　　・33°の三角比を用いずに記述しているものは誤答とする。
　　・正答例とは異なる記述であっても題意を満たしているものは正答とする。

(う) 《正答例1》 時刻によらず，$S_1 = S_2 = S_3$ である。
　　《正答例2》 移動を開始してからの時間を t とおくとき，移動の間におけるすべての t について $S_1 = S_2 = S_3$ である。
　　《留意点》
　　・時刻によって面積の大小関係が変化しないことについて言及していないものは誤答とする。
　　・S_1 と S_2 と S_3 の値が等しいことについて言及していないものは誤答とする。
　　・移動を開始してからの時間を表す文字を説明せずに用いているものは誤答とする。
　　・前後の文脈により正しいと判断できる書き間違いは基本的に許容するが，正誤の判断に影響するような誤字・脱字は誤答とする。

(注) 記述式問題については，導入が見送られることになりました。本書では，出題内容や場面設定の参考としてそのまま掲載しています（該当の問題には★印を付けています）。

● 正解および配点は，大学入試センターから公表されたものをそのまま掲載しています。

※ 2018年11月の試行調査の受検者のうち，3年生の平均点を示しています（記述式を除く85点を満点とした平均点）。

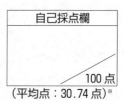
自己採点欄
100点
（平均点：30.74点）※

第1問 — 集合，命題，2次関数，2次方程式，2次不等式，三角比，正弦定理

〔1〕 標準 《集合，命題》

★(1) 1のみを要素にもつ集合は $\{1\}$ で表される。
よって，「1のみを要素にもつ集合は集合 A の部分集合である」という命題を，記号を用いて表すと
$$\{1\} \subset A \quad \rightarrow \text{あ}$$
となる。

(2) 条件 p, q を
$$p : x \in B,\ y \in B \qquad q : x+y \in B$$
とする。

⓪ $y=0$ は有理数であるので，$x=\sqrt{2}$, $y=0$ は p を満たさない。よって，反例とならない。

① $x=3-\sqrt{3}$, $y=\sqrt{3}-1$ は無理数であり，$x+y=2$ は有理数であるので，p を満たすが，q を満たさない。よって，反例となる。

② $x=\sqrt{3}+1$, $y=\sqrt{2}-1$ は無理数であり，$x+y=\sqrt{2}+\sqrt{3}$ は無理数であるので，p を満たし，q も満たす。よって，反例とならない。

③ $x=\sqrt{4}=2$, $y=-\sqrt{4}=-2$ は有理数であるので，$x=\sqrt{4}$, $y=-\sqrt{4}$ は p を満たさない。よって，反例とならない。

④ $x=\sqrt{8}=2\sqrt{2}$, $y=1-2\sqrt{2}$ は無理数であり，$x+y=1$ は有理数であるので，p を満たすが，q を満たさない。よって，反例となる。

⑤ $x=\sqrt{2}-2$, $y=\sqrt{2}+2$ は無理数であり，$x+y=2\sqrt{2}$ は無理数であるので，p を満たし，q も満たす。よって，反例とならない。

以上より，命題「$x \in B$, $y \in B$ ならば，$x+y \in B$ である」が偽であることを示すための反例となる x, y の組は ①，④ →ア，イ である。

解 説

(1)は集合についての命題を，記号を用いて表す問題であり，(2)は命題 $p \Longrightarrow q$ が偽であることを示すための反例を，選択肢の中から選ぶ問題である。普段から教科書に載っている用語や記号について，しっかりと確認し，慣れていないと，悩んでしまう部分があったのではないかと思われる。

★(1) 1のみを要素にもつ集合を $\{1\}$ と表すことに慣れていなければ，$C=\{x|x=1\}$ とおいて，$C \subset A$ と解答することも考えられる。

(2) 命題 $p \Longrightarrow q$ が偽であることを示すためには，仮定 p を満たすが，結論 q を満たさないような例を1つ挙げればよい。このような例を反例という。この問題では，

命題「$x \in B$, $y \in B$ ならば, $x+y \in B$ である」が偽であることを示すための反例となる x, y の組を選びたいので,「x, y はともに無理数であるが, $x+y$ は無理数でない」すなわち「x, y はともに無理数であるが, $x+y$ は有理数である」ような x, y の組を選べればよい。

〔2〕 易 《2次関数, 2次方程式, 2次不等式》

(1) 図1の放物線は, x 軸の負の部分と2点で交わっている。よって, 図1の放物線を表示させる a, p, q の値に対して, 方程式 $f(x)=0$ の解について正しく記述したものは

方程式 $f(x)=0$ は異なる二つの負の解をもつ。

① →ウ

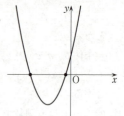

である。

(2) 関数 $y=a(x-p)^2+q$ のグラフは, 図1より, 下に凸なので $a>0$ であり, 頂点は第3象限にあるから

(頂点の x 座標)$=p<0$, (頂点の y 座標)$=q<0$

である。
不等式 $f(x)>0$ の解がすべての実数となるための条件は

$a \geqq 0$ かつ (頂点の y 座標)$=q>0$

であるから, 図1の状態から a の値は変えず, q の値だけを変化させればよい。
よって,「不等式 $f(x)>0$ の解がすべての実数となること」が起こり得る操作は操作Qだけである。 ③ →エ

不等式 $f(x)>0$ の解がないための条件は

$a \leqq 0$ かつ (頂点の y 座標)$=q \leqq 0$

であるから, 図1の状態から q の値は変えず, a の値だけを変化させればよい。
よって,「不等式 $f(x)>0$ の解がないこと」が起こり得る操作は操作Aだけである。 ① →オ

解説

2次方程式 $f(x)=0$ の実数解と2次不等式 $f(x)>0$ の解を, $y=f(x)$ のグラフと x 軸との位置関係から考えさせる問題である。問われていることは頻出の内容なので, 特に難しい部分は見当たらない。

(1) 方程式 $f(x)=0$ の実数解 x は, $y=f(x)$ のグラフと x 軸の共有点の x 座標と一致する。

(2) 不等式 $f(x)>0$ の解がすべての実数となるための条件は，$a≧0$，$q>0$ であるから，p の値については，図1の状態から変化があってもなくてもどちらでもよいが，$a≧0$，$q>0$ となり得る操作は操作Qだけである。

不等式 $f(x)>0$ の解がないための条件は，$a≦0$，$q≦0$ であるから，p の値については，図1の状態から変化があってもなくてもどちらでもよいが，$a≦0$，$q≦0$ となり得る操作は操作Aだけである。

★〔3〕 標準 《三角比》

階段の傾斜をちょうど 33° とするとき，踏面を x〔cm〕とすると，蹴上げは $x\tan 33°$〔cm〕だから，蹴上げを 18cm 以下にするためには

$$x\tan 33°≦18$$

$\tan 33°>0$ より $\quad x≦\dfrac{18}{\tan 33°}$

踏面は 26cm 以上だから $\quad 26≦x≦\dfrac{18}{\tan 33°}$

よって，x のとり得る値の範囲を求めるための不等式を，33° の三角比と x を用いて表すと

$$26≦x≦\dfrac{18}{\tan 33°} \quad →\text{(い)}$$

解 説

三角比を用いて，建築基準法を満たす踏面の範囲を求めさせる問題である。問題文に 33° の三角比と x を用いることは書かれているので，$\sin 33°$，$\cos 33°$，$\tan 33°$ のいずれかを用いるが，踏面 x と蹴上げが 18cm 以下という条件が生かせる $\tan 33°$ を利用する。

高等学校の階段では，蹴上げが 18cm 以下，踏面が 26cm 以上となっているので，$x≧26$ の条件が付加されることに注意が必要である。

〔4〕 易 《正弦定理》

(1) 点Aを含む弧 BC 上に点 A′ をとると，円周角の定理より

$$∠CAB = ∠CA′B$$

が成り立つ。

特に，直線 BO と円 O との交点のうち点Bと異なる点 ① →カ を点 A′ とし，三角形 A′BC に対して $C=90°$ の場合の考察の結果を利用すれば

$$\sin A = \sin\angle\text{CAB} = \sin\angle\text{CA}'\text{B} = \sin A' = \frac{\text{BC}}{\text{A}'\text{B}} = \frac{a}{2R}$$

であるから

$$\frac{a}{\sin A} = 2R$$

が成り立つことを証明できる。

$\dfrac{b}{\sin B} = 2R$, $\dfrac{c}{\sin C} = 2R$ についても同様に証明できる。

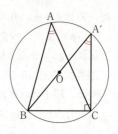

(2) 右図のように，線分 BD が円 O の直径となるように点 D をとると，三角形 BCD において，円周角の定理より，∠BCD = 90° だから

$$\sin\angle\text{BDC} = \frac{\text{BC}}{\text{BD}} = \frac{a}{2R} \quad \boxed{⑤} \rightarrow \text{キ}$$

である。

このとき，四角形 ABDC は円 O に内接するから

$$\angle\text{CAB} = 180° - \angle\text{BDC} \quad \boxed{⑤} \rightarrow \text{ク}$$

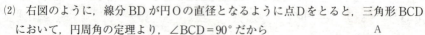

であり

$$\sin\angle\text{CAB} = \sin(180° - \angle\text{BDC}) = \sin\angle\text{BDC}$$

となることを用いる。
したがって

$$\sin A = \sin\angle\text{CAB} = \sin\angle\text{BDC} = \frac{a}{2R}$$

であるから

$$\frac{a}{\sin A} = 2R$$

が成り立つことが証明できる。

解説

正弦定理の証明問題である。教科書で一度は目にしたことがあるだろう。証明方法を覚えていなかったとしても，誘導が丁寧に与えられているので，その場で考えれば正解が導き出せるようになっている。

(1) 問題文に「直角三角形の場合に（*）の関係が成り立つことをもとにして」とあり，太郎さんの証明の構想においても「特に， カ を点 A′ とし，三角形 A′BC に対して C = 90° の場合の考察の結果を利用すれば」と書かれているので， カ に当てはまる最も適当なものとして①を選ぶことは難しくないはずである。

(2) 円周角の定理より，∠BCD = 90° となることに気付けるかどうかがポイントとなる。このことに気付けさえすれば，特に難しい部分はないだろう。

第2問 —— 余弦定理，三角形の面積，データの相関，共分散，相関係数

〔1〕 標準 《余弦定理，三角形の面積》

(1) 図1の直角三角形 ABC は，∠ABC = 30°，∠CAB = 60°，∠ACB = 90° なので，
CA：BC：AB = $1:\sqrt{3}:2$ であるから，AB = 20 より
$$CA = 10, \quad BC = 10\sqrt{3}$$
点 P は毎秒1の速さで移動するから，CA = 10 より，10 秒後に点 C の位置に到達するので，点 Q，R もそれぞれ点 A，B の位置に 10 秒後に到達する。
これより

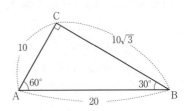

点 Q の移動する速さは，$\dfrac{AB}{10} = \dfrac{20}{10} = 2$ より，毎秒 2

点 R の移動する速さは，$\dfrac{BC}{10} = \dfrac{10\sqrt{3}}{10} = \sqrt{3}$ より，毎秒 $\sqrt{3}$

となる。
したがって，移動を開始してから t 秒後（$0 \leqq t \leqq 10$）の点 P，Q，R は，それぞれ辺 AC，BA，CB 上の AP = t，BQ = $2t$，CR = $\sqrt{3}t$ の位置にある。

(i) 移動を開始してから2秒後の点 P，Q は，$t = 2$ より
$$AP = 2, \quad BQ = 4$$
の位置にあるから，三角形 APQ に余弦定理を用いて

$$PQ^2 = AP^2 + AQ^2 - 2 \cdot AP \cdot AQ \cdot \cos 60°$$
$$= 2^2 + 16^2 - 2 \cdot 2 \cdot 16 \cdot \dfrac{1}{2}$$
$$= 2^2(1 + 8^2 - 8)$$
$$= 2^2 \cdot 57$$

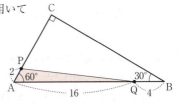

PQ ≧ 0 なので，各点が移動を開始してから2秒後の線分 PQ の長さは
$$PQ = \sqrt{2^2 \cdot 57} = \boxed{2}\sqrt{\boxed{57}} \quad →ア，イウ$$
また，三角形 APQ の面積 S は
$$S = \dfrac{1}{2} \cdot AP \cdot AQ \cdot \sin 60° = \dfrac{1}{2} \cdot 2 \cdot 16 \cdot \dfrac{\sqrt{3}}{2}$$
$$= \boxed{8}\sqrt{\boxed{3}} \quad →エ，オ$$

(ii) 移動を開始してから t 秒後（$0 \leqq t \leqq 10$）の点 P，R は
$$AP = t, \quad CR = \sqrt{3}t$$

の位置にあるから，∠ACB＝90°より，三角形CPRに三平方の定理を用いて

$$PR^2 = CP^2 + CR^2$$
$$= (10-t)^2 + (\sqrt{3}t)^2$$
$$= 4t^2 - 20t + 100$$
$$= 4\left(t-\frac{5}{2}\right)^2 + 75 \quad (0 \leq t \leq 10)$$

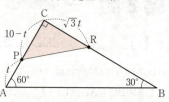

$PR \geq 0$ より，$PR = \sqrt{PR^2}$ であり，⓪～④の値は

⓪ $5\sqrt{2} = \sqrt{5^2 \cdot 2} = \sqrt{50}$　① $5\sqrt{3} = \sqrt{5^2 \cdot 3} = \sqrt{75}$
② $4\sqrt{5} = \sqrt{4^2 \cdot 5} = \sqrt{80}$　③ $10 = \sqrt{10^2} = \sqrt{100}$
④ $10\sqrt{3} = \sqrt{10^2 \cdot 3} = \sqrt{300}$

だから，$PR^2 = 4\left(t-\frac{5}{2}\right)^2 + 75 \ (0 \leq t \leq 10)$ のグラフを利用し，PR^2 の値に着目すれば

$PR^2 = 50$ は，とり得ない値
$PR^2 = 75$ は，一回だけとり得る値
$PR^2 = 80$ は，二回だけとり得る値
$PR^2 = 100$ は，二回だけとり得る値
$PR^2 = 300$ は，一回だけとり得る値

である。

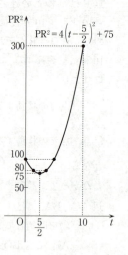

よって，各点が移動する間の線分PRの長さとして

とり得ない値は，$5\sqrt{2}$　　⓪　→カ
一回だけとり得る値は，$5\sqrt{3}, 10\sqrt{3}$　①, ④　→キ
二回だけとり得る値は，$4\sqrt{5}, 10$　②, ③　→ク

★ (iii) 移動を開始してから t 秒後 $(0 \leq t \leq 10)$ の点P，Q，Rは

$AP = t$,　$BQ = 2t$,　$CR = \sqrt{3}t$

の位置にあるから，三角形APQの面積 S_1 は

$$S_1 = \frac{1}{2} \cdot AP \cdot AQ \cdot \sin 60°$$
$$= \frac{1}{2} \cdot t \cdot (20-2t) \cdot \frac{\sqrt{3}}{2}$$
$$= \frac{1}{2} \cdot t \cdot 2(10-t) \cdot \frac{\sqrt{3}}{2} = \frac{\sqrt{3}}{2}t(10-t)$$

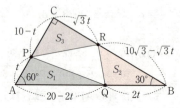

三角形BQRの面積 S_2 は

$$S_2 = \frac{1}{2} \cdot BQ \cdot BR \cdot \sin 30° = \frac{1}{2} \cdot 2t \cdot (10\sqrt{3} - \sqrt{3}t) \cdot \frac{1}{2}$$
$$= \frac{1}{2} \cdot 2t \cdot \sqrt{3}(10-t) \cdot \frac{1}{2} = \frac{\sqrt{3}}{2}t(10-t)$$

三角形 CRP の面積 S_3 は，$\angle\mathrm{ACB}=90°$ より
$$S_3=\frac{1}{2}\cdot\mathrm{CR}\cdot\mathrm{CP}=\frac{1}{2}\cdot\sqrt{3}\,t\cdot(10-t)=\frac{\sqrt{3}}{2}t(10-t)$$
よって，時刻によらず，$S_1=S_2=S_3$ である。→(う)

(2) 点 P は毎秒 1 の速さで移動するから，$\mathrm{CA}=12$ より，12 秒後に点 C の位置に到達するので，点 Q，R もそれぞれ点 A，B の位置に 12 秒後に到達する。

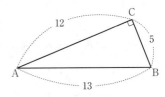

これより

点 Q の移動する速さは，$\dfrac{\mathrm{AB}}{12}=\dfrac{13}{12}$ より，毎秒 $\dfrac{13}{12}$

点 R の移動する速さは，$\dfrac{\mathrm{BC}}{12}=\dfrac{5}{12}$ より，毎秒 $\dfrac{5}{12}$

となる。

したがって，移動を開始してから t 秒後 $(0\leqq t\leqq 12)$ の点 P，Q，R は，それぞれ辺 AC，BA，CB 上の $\mathrm{AP}=t$，$\mathrm{BQ}=\dfrac{13}{12}t$，$\mathrm{CR}=\dfrac{5}{12}t$ の位置にある。

三角形 APQ の面積を T_1 とすると，直角三角形 ABC において
$$\sin\angle\mathrm{CAB}=\frac{\mathrm{BC}}{\mathrm{AB}}=\frac{5}{13}$$
より

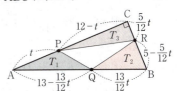

$$T_1=\frac{1}{2}\cdot\mathrm{AP}\cdot\mathrm{AQ}\cdot\sin\angle\mathrm{CAB}$$
$$=\frac{1}{2}\cdot t\cdot\left(13-\frac{13}{12}t\right)\cdot\frac{5}{13}$$
$$=\frac{1}{2}\cdot t\cdot\frac{13}{12}(12-t)\cdot\frac{5}{13}=\frac{5}{24}t(12-t)$$

三角形 BQR の面積を T_2 とすると，直角三角形 ABC において
$$\sin\angle\mathrm{ABC}=\frac{\mathrm{CA}}{\mathrm{AB}}=\frac{12}{13}$$
より
$$T_2=\frac{1}{2}\cdot\mathrm{BQ}\cdot\mathrm{BR}\cdot\sin\angle\mathrm{ABC}=\frac{1}{2}\cdot\frac{13}{12}t\cdot\left(5-\frac{5}{12}t\right)\cdot\frac{12}{13}$$
$$=\frac{1}{2}\cdot\frac{13}{12}t\cdot\frac{5}{12}(12-t)\cdot\frac{12}{13}=\frac{5}{24}t(12-t)$$

三角形 CRP の面積を T_3 とすると，$\angle\mathrm{ACB}=90°$ より
$$T_3=\frac{1}{2}\cdot\mathrm{CR}\cdot\mathrm{CP}=\frac{1}{2}\cdot\frac{5}{12}t\cdot(12-t)=\frac{5}{24}t(12-t)$$

また，三角形 ABC の面積を T_0 とすると

$$T_0 = \frac{1}{2} \cdot BC \cdot CA = \frac{1}{2} \cdot 5 \cdot 12 = 30$$

三角形 PQR の面積は

(三角形PQRの面積) $= T_0 - (T_1 + T_2 + T_3)$
$$= 30 - 3 \times \frac{5}{24} t(12-t) = 30 - \frac{5}{8} t(12-t)$$

だから，三角形 PQR の面積が 12 のとき

$$12 = 30 - \frac{5}{8} t(12-t) \qquad \frac{5}{8} t(12-t) = 18$$

$$5t(12-t) = 144 \qquad 5t^2 - 60t + 144 = 0$$

$$t = \frac{-(-30) \pm \sqrt{(-30)^2 - 5 \cdot 144}}{5} = \frac{30 \pm \sqrt{180}}{5}$$

$$= \frac{30 \pm 6\sqrt{5}}{5} \quad (これらは 0 \leq t \leq 12 を満たす)$$

よって，三角形 PQR の面積が 12 となるのは，各点が移動を開始してから

$$\frac{\boxed{30} \pm \boxed{6} \sqrt{\boxed{5}}}{\boxed{5}} \text{ 秒後} \quad \rightarrow ケコ，サ，シ，ス$$

別解 (2) 移動を開始してから t 秒後 $(0 \leq t \leq 12)$ の点 P，Q，R は

$$AP = t, \quad BQ = \frac{13}{12} t, \quad CR = \frac{5}{12} t$$

であるから

$AP : CP = t : (12 - t)$

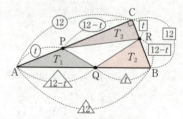

$BQ : AQ = \frac{13}{12} t : \left(13 - \frac{13}{12} t\right)$

$\qquad = \frac{13}{12} t : \frac{13}{12} (12 - t)$

$\qquad = t : (12 - t)$

$CR : BR = \frac{5}{12} t : \left(5 - \frac{5}{12} t\right) = \frac{5}{12} t : \frac{5}{12} (12 - t)$

$\qquad = t : (12 - t)$

これより，三角形 ABC，三角形 APQ，三角形 BQR，三角形 CRP の面積をそれぞれ，T_0，T_1，T_2，T_3 とすれば

$$T_1 : T_0 = AP \cdot AQ : AC \cdot AB = t \cdot (12-t) : 12 \cdot 12$$

すなわち $\quad T_1 = \dfrac{t(12-t)}{144} T_0$

$$T_2 : T_0 = BQ \cdot BR : BA \cdot BC = t \cdot (12-t) : 12 \cdot 12$$

すなわち $\quad T_2 = \dfrac{t(12-t)}{144} T_0$

$$T_3 : T_0 = \mathrm{CR} \cdot \mathrm{CP} : \mathrm{CB} \cdot \mathrm{CA} = t \cdot (12-t) : 12 \cdot 12$$

すなわち $\quad T_3 = \dfrac{t(12-t)}{144} T_0$

ここで，三角形 ABC の面積 T_0 は

$$T_0 = \dfrac{1}{2} \cdot \mathrm{BC} \cdot \mathrm{CA} = \dfrac{1}{2} \cdot 5 \cdot 12 = 30$$

であり，三角形 PQR の面積は

$$(三角形 PQR の面積) = T_0 - (T_1 + T_2 + T_3) = T_0 - 3 \times \dfrac{t(12-t)}{144} T_0$$

$$= 30 - 3 \times \dfrac{t(12-t)}{144} \times 30 = 30 - \dfrac{5}{8} t(12-t)$$

（以下，〔解答〕に同じ）

解説

直角三角形の辺上を移動する 3 点が，ある規則に従って移動するときの，線分の長さや，三角形の面積を求める問題である。

(1) (i) 3 点 P，Q，R の規則より，点 Q は毎秒 2 の速さで辺 BA 上を移動し，点 R は毎秒 $\sqrt{3}$ の速さで辺 CB 上を移動することがわかるかどうかがポイントになる。これがわかれば，三角形 APQ に余弦定理と面積の公式を用いることに気付くのは容易である。

(ii) $\mathrm{PR} = \sqrt{\mathrm{PR}^2}$ と，⓪ $\sqrt{50}$，① $\sqrt{75}$，② $\sqrt{80}$，③ $\sqrt{100}$，④ $\sqrt{300}$ より，$\mathrm{PR}^2 = 50$，75，80，100，300 となる t の値がそれぞれ何個ずつ存在するのかを，

$\mathrm{PR}^2 = 4\left(t - \dfrac{5}{2}\right)^2 + 75 \ (0 \leq t \leq 10)$ のグラフから読み取る。

★ (iii) 三角形の面積の公式を用いて S_1，S_2，S_3 を求めることで，時刻によらず，$S_1 = S_2 = S_3$ となっていることを示す。

(2) (1)と同様に，3 点 P，Q，R の規則より，点 Q は毎秒 $\dfrac{13}{12}$ の速さで辺 BA 上を移動し，点 R は毎秒 $\dfrac{5}{12}$ の速さで辺 CB 上を移動することがわかる。また，〔別解〕では，一般に成り立つ以下の性質を用いている。

ポイント 1つの角が等しい2つの三角形の面積比

右図のような，1つの角が等しい2つの三角形 OVW と OXY において，OV : OX $= a : x$，OW : OY $= b : y$ であるとき

(三角形 OVW の面積) : (三角形 OXY の面積)
$= ab : xy$

が成り立つ。

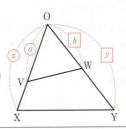

最後に $t=\dfrac{30\pm6\sqrt{5}}{5}$ が $0\leqq t\leqq 12$ を満たすかどうかを調べなければならないが，$2<\sqrt{5}<3$ より

$$12<6\sqrt{5}<18 \qquad 42<30+6\sqrt{5}<48$$

∴ $(8.4=)\dfrac{42}{5}<\dfrac{30+6\sqrt{5}}{5}<\dfrac{48}{5}(=9.6)$

$$-18<-6\sqrt{5}<-12 \qquad 12<30-6\sqrt{5}<18$$

∴ $(2.4=)\dfrac{12}{5}<\dfrac{30-6\sqrt{5}}{5}<\dfrac{18}{5}(=3.6)$

となって，$0\leqq t\leqq 12$ を満たすことがわかる。

[2] 標準 《データの相関，共分散，相関係数》

(1) 変量 x の平均値は $\dfrac{1+2}{2}=1.50$ ⑧ →セ

変量 x の分散は $\dfrac{(1-1.5)^2+(2-1.5)^2}{2}=\dfrac{0.5^2+0.5^2}{2}=\dfrac{0.5^2\times 2}{2}=0.5^2$

なので，変量 x の標準偏差は $\sqrt{0.5^2}=0.50$ ⑥ →ソ

変量 y の平均値は $\dfrac{2+1}{2}=1.50$

変量 y の分散は $\dfrac{(2-1.5)^2+(1-1.5)^2}{2}=\dfrac{0.5^2+0.5^2}{2}=0.5^2$

なので，変量 y の標準偏差は $\sqrt{0.5^2}=0.50$

変量 x と変量 y の共分散は

$$\dfrac{(1-1.5)(2-1.5)+(2-1.5)(1-1.5)}{2}=\dfrac{-0.5^2-0.5^2}{2}=\dfrac{-0.5^2\times 2}{2}=-0.5^2$$

なので，変量 x と変量 y の相関係数は $\dfrac{-0.5^2}{0.5\times 0.5}=-1.00$ ① →タ

(2) 3行目の変量 y の値を 0 に変えたときの相関係数の値を求める。

変量 x の平均値と標準偏差はそれぞれ，(1)より，1.5，0.5

変量 y の平均値と分散はそれぞれ，(1)と同様にして求めれば，1，1 なので，変量 y の標準偏差は 1

変量 x と変量 y の共分散は，(1)と同様にして求めれば，-0.5 なので，変量 x と変量 y の相関係数は -1.00

3行目の変量 y の値を -1 に変えたときの相関係数の値を求める。

変量 x の平均値と標準偏差はそれぞれ，(1)より，1.5，0.5

変量 y の平均値と分散はそれぞれ，(1)と同様にして求めれば，0.5，1.5^2 なので，

変量 y の標準偏差は 1.5
変量 x と変量 y の共分散は，(1)と同様にして求めれば，-0.5×1.5 なので，変量 x と変量 y の相関係数は -1.00
今度は，3行目の変量 y の値を 2 に変えたときを考える。
変量 x の平均値と標準偏差はそれぞれ，(1)より，1.5，0.5
変量 y の平均値と分散はそれぞれ，(1)と同様にして求めれば，2，0 なので，変量 y の標準偏差は 0
変量 x と変量 y の共分散は，(1)と同様にして求めれば，0
変量 x と変量 y の値の組を変更して，$(x, y) = (1, 2)，(2, 2)$ としたときには相関係数が計算できなかった。その理由として最も適当なものを選ぶ。

⓪ (1)において $(x, y) = (1, 2)，(2, 1)$ としたとき，相関係数は計算できるので，値の組の個数が 2 個しかないからというのは理由として適さない。

① 3行目の変量 y の値を 0 に変えたとき，変量 x の平均値は 1.5，変量 y の平均値は 1 となり，両者の値は異なるが，相関係数は計算できるので，変量 x の平均値と変量 y の平均値が異なるからというのは理由として適さない。

② 3行目の変量 y の値を 0 に変えたとき，変量 x の標準偏差の値は 0.5，変量 y の標準偏差の値は 1 となり，両者の値は異なるが，相関係数は計算できるので，変量 x の標準偏差の値と変量 y の標準偏差の値が異なるからというのは理由として適さない。

③ $(x, y) = (1, 2)，(2, 2)$ としたとき，変量 y の標準偏差の値は 0 となるから，相関係数を求める式において変量 x と変量 y の共分散を 0 で割ることになる。このため，相関係数は計算できないので，**変量 y の標準偏差の値が 0 であるから**というのは理由として適する。

よって，理由として最も適当なものは ③ →**チ** である。

(3) 3行目の変量 y の値を 3 に変えたときの相関係数の値を求める。
変量 x の平均値と標準偏差はそれぞれ，(1)より，1.5，0.5
変量 y の平均値と分散はそれぞれ，(1)と同様にして求めれば，2.5，0.5^2 なので，変量 y の標準偏差は 0.5
変量 x と変量 y の共分散は，(1)と同様にして求めれば，0.5^2 なので，変量 x と変量 y の相関係数は 1.00

3行目の変量 y の値を 4 に変えたときの相関係数の値を求める。
変量 x の平均値と標準偏差はそれぞれ，(1)より，1.5，0.5
変量 y の平均値と分散はそれぞれ，(1)と同様にして求めれば，3，1 なので，変量 y の標準偏差は 1
変量 x と変量 y の共分散は，(1)と同様にして求めれば，0.5 なので，変量 x と変量

y の相関係数は 1.00

3 行目の変量 y の値を 5 に変えたときの相関係数の値を求める。

変量 x の平均値と標準偏差はそれぞれ，(1)より，1.5，0.5

変量 y の平均値と分散はそれぞれ，(1)と同様にして求めれば，3.5，1.5^2 なので，

変量 y の標準偏差は 1.5

変量 x と変量 y の共分散は，(1)と同様にして求めれば，0.5・1.5 なので，変量 x と変量 y の相関係数は 1.00

次に値の組の個数を 3 とする。

$(x, y) = (1, 1)$，$(2, 2)$，$(3, 3)$ とするときの相関係数の値を求める。

変量 x の平均値は $\dfrac{1+2+3}{3} = 2$

変量 x の分散は $\dfrac{(1-2)^2 + (2-2)^2 + (3-2)^2}{3} = \dfrac{2}{3}$

なので，変量 x の標準偏差は $\sqrt{\dfrac{2}{3}}$

変量 x と変量 y は同じ値だから，変量 y の平均値と分散と標準偏差はそれぞれ，2，$\dfrac{2}{3}$，$\sqrt{\dfrac{2}{3}}$

変量 x と変量 y の共分散は $\dfrac{(1-2)(1-2) + (2-2)(2-2) + (3-2)(3-2)}{3} = \dfrac{2}{3}$

なので，変量 x と変量 y の相関係数は $\dfrac{\dfrac{2}{3}}{\sqrt{\dfrac{2}{3}} \times \sqrt{\dfrac{2}{3}}} = 1.00$

$(x, y) = (1, 1)$，$(2, 2)$，$(3, 1)$ とするときの相関係数の値を求める。

変量 x の平均値と分散はそれぞれ，上と同様にして求めれば，2，$\dfrac{2}{3}$ なので，変量 x の標準偏差は $\sqrt{\dfrac{2}{3}}$

変量 y の平均値と分散はそれぞれ，上と同様にして求めれば，$\dfrac{4}{3}$，$\dfrac{2}{9}$ なので，変量 y の標準偏差は $\sqrt{\dfrac{2}{9}}$

変量 x と変量 y の共分散は，上と同様にして求めれば，0 なので，変量 x と変量 y の相関係数は 0.00

$(x, y) = (1, 1)$，$(2, 2)$，$(2, 2)$ とするときの相関係数の値を求める。

変量 x の平均値と分散はそれぞれ，上と同様にして求めれば，$\dfrac{5}{3}$，$\dfrac{2}{9}$ なので，変量

x の標準偏差は $\sqrt{\dfrac{2}{9}}$

変量 x と変量 y は同じ値だから,変量 y の平均値と分散と標準偏差はそれぞれ,$\dfrac{5}{3}$,$\dfrac{2}{9}$,$\sqrt{\dfrac{2}{9}}$

変量 x と変量 y の共分散は,上と同様にして求めれば,$\dfrac{2}{9}$ なので,変量 x と変量 y の相関係数は 1.00

値の組の個数を 100 にして,1 個だけ $(x, y) = (1, 1)$ で,99 個は $(x, y) = (2, 2)$ としたときの相関係数の値を求める。

変量 x の平均値は $\dfrac{1+2+\cdots+2}{100} = \dfrac{1+2\times 99}{100} = \dfrac{199}{100} = 1.99$

変量 x の分散は

$$\dfrac{(1-1.99)^2+(2-1.99)^2+\cdots+(2-1.99)^2}{100} = \dfrac{0.99^2+0.01^2+\cdots+0.01^2}{100}$$

$$= \dfrac{0.99^2+0.01^2\times 99}{100} = \dfrac{0.99^2+0.01\times 0.99}{100} = \dfrac{0.99(0.99+0.01)}{100}$$

$$= \dfrac{0.99}{100} = 0.0099$$

なので,変量 x の標準偏差は $\sqrt{0.0099}$

変量 x と変量 y は同じ値だから,変量 y の平均値と分散と標準偏差はそれぞれ,1.99, 0.0099, $\sqrt{0.0099}$

変量 x と変量 y の共分散は

$$\dfrac{(1-1.99)(1-1.99)+(2-1.99)(2-1.99)+\cdots+(2-1.99)(2-1.99)}{100}$$

$$= \dfrac{0.99^2+0.01^2+\cdots+0.01^2}{100} = \dfrac{0.99^2+0.01^2\times 99}{100} = 0.0099$$

なので,変量 x と変量 y の相関係数は $\dfrac{0.0099}{\sqrt{0.0099}\times\sqrt{0.0099}} = 1.00$

相関係数の値についての記述として誤っているものを選ぶ。

⓪ $(x, y) = (x_1, y_1), (x_2, y_2)$ としたとき,標準偏差はデータの散らばりの度合いを表す量だから,$x_1 = x_2$ であると変量 x の標準偏差は 0 となり,$y_1 = y_2$ であると変量 y の標準偏差は 0 となってしまうため,相関係数は計算できない。したがって,$x_1 \neq x_2$ かつ $y_1 \neq y_2$ である場合を考えると,散布図において 2 点 (x_1, y_1),(x_2, y_2) を通る直線はただ一つ存在し,この直線の傾きは正か負のどちらかとなるから,相関係数の値が 0 になることはない。よって,値の組の個数が 2 のときには相関係数の値が 0.00 になることはないので,正しい。

① 例えば，$(x, y) = (1, 2), (2, 1), (2, 1)$ としたとき，変量 x の平均値と分散はそれぞれ，上と同様にして求めれば，$\dfrac{5}{3}, \dfrac{2}{9}$ なので，変量 x の標準偏差は $\sqrt{\dfrac{2}{9}}$

変量 y の平均値と分散はそれぞれ，上と同様にして求めれば，$\dfrac{4}{3}, \dfrac{2}{9}$ なので，変量 y の標準偏差は $\sqrt{\dfrac{2}{9}}$

変量 x と変量 y の共分散は，上と同様にして求めれば，$-\dfrac{2}{9}$ なので，変量 x と変量 y の相関係数は -1

よって，値の組の個数が 3 のときには相関係数の値が -1.00 となることがあるので，正しい。

② 例えば，$(x, y) = (1, 1), (1, 1), (2, 2), (2, 2)$ としたとき，変量 x の平均値は

$$\dfrac{1+1+2+2}{4} = 1.5$$

変量 x の分散は

$$\dfrac{(1-1.5)^2 + (1-1.5)^2 + (2-1.5)^2 + (2-1.5)^2}{4} = \dfrac{0.5^2 + 0.5^2 + 0.5^2 + 0.5^2}{4}$$
$$= \dfrac{0.5^2 \times 4}{4} = 0.5^2$$

なので，変量 x の標準偏差は $\sqrt{0.5^2} = 0.5$

変量 x と変量 y は同じ値だから，変量 y の平均値と分散と標準偏差はそれぞれ，$1.5, 0.5^2, 0.5$

変量 x と変量 y の共分散は

$$\dfrac{(1-1.5)(1-1.5) + (1-1.5)(1-1.5) + (2-1.5)(2-1.5) + (2-1.5)(2-1.5)}{4}$$
$$= \dfrac{0.5^2 + 0.5^2 + 0.5^2 + 0.5^2}{4} = \dfrac{0.5^2 \times 4}{4} = 0.5^2$$

なので，変量 x と変量 y の相関係数は $\dfrac{0.5^2}{0.5 \times 0.5} = 1$

よって，値の組の個数が 4 のときには相関係数の値が 1.00 となることがあるので，誤りである。

③ 変量 x の平均値は $\dfrac{1+2+\cdots+2}{50} = \dfrac{1+2\times 49}{50} = \dfrac{99}{50} = 1.98$

変量 x の分散は

$$\dfrac{(1-1.98)^2 + (2-1.98)^2 + \cdots + (2-1.98)^2}{50} = \dfrac{0.98^2 + 0.02^2 + \cdots + 0.02^2}{50}$$

$$= \frac{0.98^2 + 0.02^2 \times 49}{50} = \frac{0.98^2 + 0.02 \times 0.98}{50} = \frac{0.98(0.98 + 0.02)}{50} = \frac{0.98}{50}$$

$$= 0.0196$$

なので，変量 x の標準偏差は $\sqrt{0.0196}$

変量 y の平均値は $\quad \dfrac{1 + 0 + \cdots + 0}{50} = \dfrac{1}{50} = 0.02$

変量 y の分散は

$$\frac{(1-0.02)^2 + (0-0.02)^2 + \cdots + (0-0.02)^2}{50} = \frac{0.98^2 + 0.02^2 + \cdots + 0.02^2}{50}$$

$$= \frac{0.98^2 + 0.02^2 \times 49}{50} = 0.0196$$

なので，変量 y の標準偏差は $\sqrt{0.0196}$

変量 x と変量 y の共分散は

$$\frac{(1-1.98)(1-0.02) + (2-1.98)(0-0.02) + \cdots + (2-1.98)(0-0.02)}{50}$$

$$= \frac{-0.98^2 - 0.02^2 - \cdots - 0.02^2}{50} = \frac{-(0.98^2 + 0.02^2 \times 49)}{50} = -0.0196$$

なので，変量 x と変量 y の相関係数は $\quad \dfrac{-0.0196}{\sqrt{0.0196} \times \sqrt{0.0196}} = -1$

よって，値の組の個数が 50 であり，1 個の値の組が $(x, y) = (1, 1)$，残りの 49 個の値の組が $(x, y) = (2, 0)$ のときは相関係数の値は -1.00 であるので，正しい。

④　変量 x の平均値は $\quad \dfrac{1 + \cdots + 1 + 2 + \cdots + 2}{100} = \dfrac{1 \times 50 + 2 \times 50}{100} = \dfrac{150}{100} = 1.5$

変量 x の分散は

$$\frac{(1-1.5)^2 + \cdots + (1-1.5)^2 + (2-1.5)^2 + \cdots + (2-1.5)^2}{100}$$

$$= \frac{0.5^2 + \cdots + 0.5^2 + 0.5^2 + \cdots + 0.5^2}{100} = \frac{0.5^2 \times 100}{100} = 0.5^2$$

なので，変量 x の標準偏差は　　$\sqrt{0.5^2} = 0.5$

変量 x と変量 y は同じ値だから，変量 y の平均値と分散と標準偏差はそれぞれ，1.5，0.5^2，0.5

変量 x と変量 y の共分散は

$$\frac{(1-1.5)(1-1.5) + \cdots + (1-1.5)(1-1.5) + (2-1.5)(2-1.5) + \cdots + (2-1.5)(2-1.5)}{100}$$

$$= \frac{0.5^2 + \cdots + 0.5^2 + 0.5^2 + \cdots + 0.5^2}{100} = \frac{0.5^2 \times 100}{100} = 0.5^2$$

なので，変量xと変量yの相関係数は $\dfrac{0.5^2}{0.5 \times 0.5} = 1$

よって，値の組の個数が100であり，50個の値の組が $(x, y) = (1, 1)$，残りの50個の値の組が $(x, y) = (2, 2)$ のときは相関係数の値は1.00であるので，正しい。
以上より，相関係数の値についての記述として誤っているものは ② →ツ である。

(4) 値の組の個数が2のときは，相関係数の値は1.00か−1.00，または計算できない場合の3通りしかない。
値の組を散布図に表したとき，相関係数の値はあくまで散布図の点が**直線に沿って分布する程度**を表していて ④ →テ，値の組の個数が2の場合に，花子さんが言った3通りに限られるのは**平面上の異なる2点は必ずある直線上にある**からである ③ →ト。

解 説

与えられた二つの変量の平均値，標準偏差，相関係数の値を求めさせることで，相関係数について考察させる問題である。

(1) 平均値，標準偏差，相関係数を定義に従って求めていけばよい。
(2) ⓪は(1)の結果から理由として適さないことがわかり，①と②は3行目の変量yの値を0に変えた場合の平均値，標準偏差，相関係数を計算することで理由として適さないことがわかる。
(3) ⓪ (変量xと変量yの相関係数) $= \dfrac{\text{変量}x\text{と変量}y\text{の共分散}}{(\text{変量}x\text{の標準偏差}) \times (\text{変量}y\text{の標準偏差})}$

だから，$(x, y) = (x_1, y_1), (x_2, y_2)$ において，$x_1 = x_2$ または $y_1 = y_2$ のとき，変量xの標準偏差または変量yの標準偏差は0となってしまい，相関係数の値は計算できない。したがって，ここでは $x_1 \neq x_2$ かつ $y_1 \neq y_2$ のときを考えている。
相関係数の値が0となるのは，散布図の点に直線的な相関関係がないときであり，相関係数の値が1に近いとき，散布図の点は右上がりの直線に沿って分布する傾向が強く，相関係数の値が−1に近いとき，散布図の点は右下がりの直線に沿って分布する傾向が強くなる。
散布図において，2点 $(x_1, y_1), (x_2, y_2)$（$x_1 \neq x_2$ かつ $y_1 \neq y_2$）を通る直線を考えると，相関係数の値が0にならないだけでなく，この直線の傾きは，$x_1 \neq x_2$ かつ $y_1 \neq y_2$ より，正か負のどちらかになるから，この直線の傾きが正のときには相関係数の値は1，この直線の傾きが負のときには相関係数の値は−1であることまでわかってしまう。
① (3)にむけた会話文の中で，まったく同じ値の組が含まれていても相関係数の値は計算できることがあると書かれているので，相関係数の値が−1となった(1)の $(x, y) = (1, 2), (2, 1)$ を利用することを考えて，$(x, y) = (1, 2), (2, 1)$,

(2, 1) を例に選んでいる。

② ここでは，$(x, y) = (1, 1)$，$(1, 1)$，$(2, 2)$，$(2, 2)$ を例に選んだが，$(x, y) = (1, 1)$，$(1, 1)$，$(-1, -1)$，$(-1, -1)$ も非常に計算しやすい。ちなみに，このとき，変量 x，変量 y はともに平均値と標準偏差がそれぞれ 0 と 1，変量 x と変量 y の共分散は 1，変量 x と変量 y の相関係数は 1 となる。

(4) 値の組の個数が 2 のときは，相関係数の値は 1.00 か -1.00，または計算できない場合の 3 通りしかないことは，〔解説〕(3)の⓪のように散布図で考えて示すこともできるが，計算で以下のように示すこともできる。

$(x, y) = (x_1, y_1)$，(x_2, y_2) としたとき，変量 x の平均値は $\dfrac{x_1 + x_2}{2}$

変量 x の分散は $\dfrac{\left(x_1 - \dfrac{x_1+x_2}{2}\right)^2 + \left(x_2 - \dfrac{x_1+x_2}{2}\right)^2}{2} = \dfrac{(x_1 - x_2)^2}{4}$

なので，変量 x の標準偏差は $\sqrt{\dfrac{(x_1-x_2)^2}{4}} = \dfrac{|x_1 - x_2|}{2}$

同様にして，変量 y の平均値と分散と標準偏差はそれぞれ，$\dfrac{y_1+y_2}{2}$，$\dfrac{(y_1-y_2)^2}{4}$，$\dfrac{|y_1-y_2|}{2}$

ここで，$x_1 = x_2$ または $y_1 = y_2$ のとき，変量 x の標準偏差または変量 y の標準偏差は 0 となるので，相関係数の値は計算できない。

$x_1 \neq x_2$ かつ $y_1 \neq y_2$ のとき，変量 x と変量 y の共分散は

$$\dfrac{\left(x_1 - \dfrac{x_1+x_2}{2}\right)\left(y_1 - \dfrac{y_1+y_2}{2}\right) + \left(x_2 - \dfrac{x_1+x_2}{2}\right)\left(y_2 - \dfrac{y_1+y_2}{2}\right)}{2} = \dfrac{(x_1-x_2)(y_1-y_2)}{4}$$

なので，変量 x と変量 y の相関係数は

$$\dfrac{\dfrac{(x_1-x_2)(y_1-y_2)}{4}}{\dfrac{|x_1-x_2|}{2} \times \dfrac{|y_1-y_2|}{2}} = \dfrac{(x_1-x_2)(y_1-y_2)}{|(x_1-x_2)(y_1-y_2)|} = \dfrac{(x_1-x_2)(y_1-y_2)}{\pm(x_1-x_2)(y_1-y_2)} = \pm 1$$

よって，値の組の個数が 2 のときは，相関係数の値は 1.00 か -1.00，または計算できない場合の 3 通りしかない。

また，(4)は，この問題で相関係数について考察してきたことの結論が述べられており，(1)～(3)の結果をふまえずとも，テ，トに当てはまる選択肢が選べてしまうような内容となっているため，出題者の意図とは逆行するが，(4)を読んでから (3)を解いた方が，(3)の正解を選びやすくなっている。

第3問　やや難　《条件付き確率》

(1) 箱Aには当たりくじが10本入っていて，箱Bには当たりくじが5本入っている場合を考える。

1番目の人がくじを引いた箱が箱Aであったという条件の下で，当たりくじを引く条件付き確率 $P_A(W)$ は

$$P_A(W) = \frac{10}{100} = \frac{1}{10}$$

なので，1番目の人が引いた箱が箱Aで，かつ当たりくじを引く確率は

$$P(A \cap W) = P(A) \cdot P_A(W) = \frac{1}{2} \cdot \frac{1}{10} = \boxed{\frac{1}{20}} \quad \rightarrow \text{ア, イウ}$$

である。

一方で，1番目の人が当たりくじを引く事象 W は，箱Aから当たりくじを引くか箱Bから当たりくじを引くかのいずれかであるので，その確率は

$$P(W) = P(A \cap W) + P(B \cap W)$$

ここで，1番目の人がくじを引いた箱が箱Bであったという条件の下で，当たりくじを引く条件付き確率 $P_B(W)$ は

$$P_B(W) = \frac{5}{100} = \frac{1}{20}$$

なので，1番目の人が引いた箱が箱Bで，かつ当たりくじを引く確率は

$$P(B \cap W) = P(B) \cdot P_B(W) = \frac{1}{2} \cdot \frac{1}{20} = \frac{1}{40}$$

である。したがって

$$P(W) = P(A \cap W) + P(B \cap W) = \frac{1}{20} + \frac{1}{40} = \boxed{\frac{3}{40}} \quad \rightarrow \text{エ, オカ}$$

である。

よって，1番目の人が当たりくじを引いたという条件の下で，その箱が箱Aであるという条件付き確率 $P_W(A)$ は

$$P_W(A) = \frac{P(A \cap W)}{P(W)} = \frac{\frac{1}{20}}{\frac{3}{40}} = \frac{1}{20} \div \frac{3}{40} = \boxed{\frac{2}{3}} \quad \rightarrow \text{キ, ク}$$

と求められる。

また，1番目の人が当たりくじを引いた後，同じ箱から2番目の人がくじを引くとき，そのくじが当たりくじであるのは

(i) 1番目の人が当たりくじを引いた後，その箱が箱Aであるとき，箱Aから2番目の人が当たりくじを引く。

(ii) 1番目の人が当たりくじを引いた後,その箱が箱Bであるとき,箱Bから2番目の人が当たりくじを引く.

のいずれかだから,(i),(ii)の確率をそれぞれ求めると

(i) 1番目の人が当たりくじを引いた後,その箱が箱Aであるときの確率は

$$P_W(A) = \frac{2}{3}$$

箱Aから2番目の人が当たりくじを引く確率は,引いたくじはもとに戻さないことに注意して

$$\frac{9}{99}$$

したがって,このときの確率は

$$P_W(A) \times \frac{9}{99} = \frac{2}{3} \times \frac{9}{99} = \frac{18}{3 \cdot 99}$$

(ii) 1番目の人が当たりくじを引いた後,その箱が箱Bであるときの確率は

$$P_W(B) = \frac{P(B \cap W)}{P(W)} = \frac{\frac{1}{40}}{\frac{3}{40}} = \frac{1}{40} \div \frac{3}{40} = \frac{1}{3}$$

箱Bから2番目の人が当たりくじを引く確率は,引いたくじはもとに戻さないことに注意して

$$\frac{4}{99}$$

したがって,このときの確率は

$$P_W(B) \times \frac{4}{99} = \frac{1}{3} \times \frac{4}{99} = \frac{4}{3 \cdot 99}$$

よって,1番目の人が当たりくじを引いた後,同じ箱から2番目の人がくじを引くとき,そのくじが当たりくじである確率は,(i),(ii)より

$$P_W(A) \times \frac{9}{99} + P_W(B) \times \frac{\boxed{4}}{99} = \frac{18}{3 \cdot 99} + \frac{4}{3 \cdot 99} = \frac{22}{3 \cdot 99}$$

$$= \frac{\boxed{2}}{\boxed{27}} \quad \rightarrow \text{ケ,コ,サシ} \quad \cdots\cdots ①$$

それに対して,1番目の人が当たりくじを引いた後,異なる箱から2番目の人がくじを引くとき,そのくじが当たりくじであるのは

(iii) 1番目の人が当たりくじを引いた後,その箱が箱Aであるとき,箱Bから2番目の人が当たりくじを引く.

(iv) 1番目の人が当たりくじを引いた後,その箱が箱Bであるとき,箱Aから2番目の人が当たりくじを引く.

のいずれかだから，(iii)，(iv)の確率をそれぞれ求めると

(iii) 1番目の人が当たりくじを引いた後，その箱が箱Aであるときの確率は

$$P_W(A) = \frac{2}{3}$$

箱Bから2番目の人が当たりくじを引く確率は

$$\frac{5}{100}$$

したがって，このときの確率は

$$P_W(A) \times \frac{5}{100} = \frac{2}{3} \times \frac{5}{100} = \frac{1}{30}$$

(iv) 1番目の人が当たりくじを引いた後，その箱が箱Bであるときの確率は

$$P_W(B) = \frac{1}{3}$$

箱Aから2番目の人が当たりくじを引く確率は

$$\frac{10}{100}$$

したがって，このときの確率は

$$P_W(B) \times \frac{10}{100} = \frac{1}{3} \times \frac{10}{100} = \frac{1}{30}$$

よって，1番目の人が当たりくじを引いた後，異なる箱から2番目の人がくじを引くとき，そのくじが当たりくじである確率は，(iii)，(iv)より

$$P_W(A) \times \frac{5}{100} + P_W(B) \times \frac{10}{100} = \frac{1}{30} + \frac{1}{30} = \boxed{\frac{1}{15}} \rightarrow ス，セソ \quad \cdots\cdots ②$$

(2) 今度は箱Aには当たりくじが10本入っていて，箱Bには当たりくじが7本入っている場合を考える。
1番目の人がくじを引いた箱が箱Aであったという条件の下で，当たりくじを引く条件付き確率 $P_A(W)$ は

$$P_A(W) = \frac{10}{100} = \frac{1}{10}$$

なので，1番目の人が引いた箱が箱Aで，かつ当たりくじを引く確率は

$$P(A \cap W) = P(A) \cdot P_A(W) = \frac{1}{2} \cdot \frac{1}{10} = \frac{1}{20}$$

また，1番目の人がくじを引いた箱が箱Bであったという条件の下で，当たりくじを引く条件付き確率 $P_B(W)$ は

$$P_B(W) = \frac{7}{100}$$

なので，1番目の人が引いた箱が箱Bで，かつ当たりくじを引く確率は

$$P(B \cap W) = P(B) \cdot P_B(W) = \frac{1}{2} \cdot \frac{7}{100} = \frac{7}{200}$$

一方で，1番目の人が当たりくじを引く事象 W は，箱Aから当たりくじを引くか，箱Bから当たりくじを引くかのいずれかであるので，その確率は

$$P(W) = P(A \cap W) + P(B \cap W) = \frac{1}{20} + \frac{7}{200} = \frac{17}{200}$$

よって，1番目の人が当たりくじを引いたという条件の下で，その箱が箱Aであるという条件付き確率 $P_W(A)$ は

$$P_W(A) = \frac{P(A \cap W)}{P(W)} = \frac{\frac{1}{20}}{\frac{17}{200}} = \frac{1}{20} \div \frac{17}{200} = \frac{10}{17} \quad \cdots\cdots ③$$

また，1番目の人が当たりくじを引いたという条件の下で，その箱が箱Bであるという条件付き確率 $P_W(B)$ は

$$P_W(B) = \frac{P(B \cap W)}{P(W)} = \frac{\frac{7}{200}}{\frac{17}{200}} = \frac{7}{200} \div \frac{17}{200} = \frac{7}{17} \quad \cdots\cdots ④$$

以上より，1番目の人が当たりくじを引いた後，同じ箱から2番目の人がくじを引くとき，そのくじが当たりくじであるのは

- 1番目の人が当たりくじを引いた後，その箱が箱Aであるとき，箱Aから2番目の人が当たりくじを引く．
- 1番目の人が当たりくじを引いた後，その箱が箱Bであるとき，箱Bから2番目の人が当たりくじを引く．

のいずれかだから，(1)の(i)・(ii)と同様に考えれば，その確率は

$$P_W(A) \times \frac{9}{99} + P_W(B) \times \frac{6}{99} = \frac{10}{17} \times \frac{9}{99} + \frac{7}{17} \times \frac{6}{99}$$

$$= \frac{132}{17 \cdot 99} = \boxed{\frac{4}{51}} \quad \to \text{タ，チツ} \quad \cdots\cdots ⑤$$

それに対して，1番目の人が当たりくじを引いた後，異なる箱から2番目の人がくじを引くとき，そのくじが当たりくじであるのは

- 1番目の人が当たりくじを引いた後，その箱が箱Aであるとき，箱Bから2番目の人が当たりくじを引く．
- 1番目の人が当たりくじを引いた後，その箱が箱Bであるとき，箱Aから2番目の人が当たりくじを引く．

のいずれかだから，(1)の(iii)・(iv)と同様に考えれば，その確率は

$$P_W(A) \times \frac{7}{100} + P_W(B) \times \frac{10}{100} = \frac{10}{17} \times \frac{7}{100} + \frac{7}{17} \times \frac{10}{100} = \frac{140}{17 \cdot 100} = \frac{7}{85} \quad \cdots\cdots ⑥$$

(3) 箱Aに当たりくじが10本入っている場合，1番目の人が当たりくじを引いたとき，2番目の人が当たりくじを引く確率を大きくするためには，1番目の人が引いた箱と同じ箱，異なる箱のどちらを選ぶべきかを考察する。

(1)より，箱Aには当たりくじが10本入っていて，箱Bには当たりくじが5本入っている場合，1番目の人が当たりくじを引いたとき，2番目の人が1番目の人が引いた箱と同じ箱から当たりくじを引く確率①と，2番目の人が1番目の人が引いた箱と異なる箱から当たりくじを引く確率②を大小比較すると，$\frac{2}{27} = \frac{10}{135} > \frac{9}{135} = \frac{1}{15}$

だから，1番目の人が引いた箱と同じ箱を選ぶ方が，2番目の人が当たりくじを引く確率は大きくなる。

(2)より，箱Aには当たりくじが10本入っていて，箱Bには当たりくじが7本入っている場合，1番目の人が当たりくじを引いたとき，2番目の人が1番目の人が引いた箱と同じ箱から当たりくじを引く確率⑤と，2番目の人が1番目の人が引いた箱と異なる箱から当たりくじを引く確率⑥を大小比較すると，$\frac{4}{51} = \frac{20}{255} < \frac{21}{255} = \frac{7}{85}$

だから，1番目の人が引いた箱と異なる箱を選ぶ方が，2番目の人が当たりくじを引く確率は大きくなる。

したがって，箱Aには当たりくじが10本入っていて，箱Bには当たりくじが6本入っている場合を考える。

1番目の人がくじを引いた箱が箱Aであったという条件の下で，当たりくじを引く条件付き確率 $P_A(W)$ は

$$P_A(W) = \frac{10}{100} = \frac{1}{10}$$

なので，1番目の人が引いた箱が箱Aで，かつ当たりくじを引く確率は

$$P(A \cap W) = P(A) \cdot P_A(W) = \frac{1}{2} \cdot \frac{1}{10} = \frac{1}{20}$$

また，1番目の人がくじを引いた箱が箱Bであったという条件の下で，当たりくじを引く条件付き確率 $P_B(W)$ は

$$P_B(W) = \frac{6}{100} = \frac{3}{50}$$

なので，1番目の人が引いた箱が箱Bで，かつ当たりくじを引く確率は

$$P(B \cap W) = P(B) \cdot P_B(W) = \frac{1}{2} \cdot \frac{3}{50} = \frac{3}{100}$$

一方で，1番目の人が当たりくじを引く事象 W は，箱Aから当たりくじを引くか，箱Bから当たりくじを引くかのいずれかであるので，その確率は

$$P(W) = P(A \cap W) + P(B \cap W) = \frac{1}{20} + \frac{3}{100} = \frac{2}{25}$$

よって，1番目の人が当たりくじを引いたという条件の下で，その箱が箱Aであるという条件付き確率 $P_W(A)$ は

$$P_W(A) = \frac{P(A \cap W)}{P(W)} = \frac{\frac{1}{20}}{\frac{2}{25}} = \frac{1}{20} \div \frac{2}{25} = \frac{5}{8}$$

また，1番目の人が当たりくじを引いたという条件の下で，その箱が箱Bであるという条件付き確率 $P_W(B)$ は

$$P_W(B) = \frac{P(B \cap W)}{P(W)} = \frac{\frac{3}{100}}{\frac{2}{25}} = \frac{3}{100} \div \frac{2}{25} = \frac{3}{8}$$

以上より，1番目の人が当たりくじを引いた後，同じ箱から2番目の人がくじを引くとき，そのくじが当たりくじであるのは

- 1番目の人が当たりくじを引いた後，その箱が箱Aであるとき，箱Aから2番目の人が当たりくじを引く．
- 1番目の人が当たりくじを引いた後，その箱が箱Bであるとき，箱Bから2番目の人が当たりくじを引く．

のいずれかだから，(1)の(i)・(ii)と同様に考えれば，その確率は

$$P_W(A) \times \frac{9}{99} + P_W(B) \times \frac{5}{99} = \frac{5}{8} \times \frac{9}{99} + \frac{3}{8} \times \frac{5}{99} = \frac{60}{8 \cdot 99} = \frac{5}{66} \quad \cdots\cdots \text{⑦}$$

それに対して，1番目の人が当たりくじを引いた後，異なる箱から2番目の人がくじを引くとき，そのくじが当たりくじであるのは

- 1番目の人が当たりくじを引いた後，その箱が箱Aであるとき，箱Bから2番目の人が当たりくじを引く．
- 1番目の人が当たりくじを引いた後，その箱が箱Bであるとき，箱Aから2番目の人が当たりくじを引く．

のいずれかだから，(1)の(iii)・(iv)と同様に考えれば，その確率は

$$P_W(A) \times \frac{6}{100} + P_W(B) \times \frac{10}{100} = \frac{5}{8} \times \frac{6}{100} + \frac{3}{8} \times \frac{10}{100} = \frac{60}{8 \cdot 100} = \frac{3}{40} \quad \text{⑧}$$

これより，1番目の人が当たりくじを引いたとき，2番目の人が1番目の人が引いた箱と同じ箱から当たりくじを引く確率⑦と，2番目の人が1番目の人が引いた箱と異なる箱から当たりくじを引く確率⑧を大小比較すると，$\dfrac{5}{66} = \dfrac{100}{1320} > \dfrac{99}{1320} = \dfrac{3}{40}$

だから，1番目の人が引いた箱と同じ箱を選ぶ方が，2番目の人が当たりくじを引く確率は大きくなる．

よって，箱Bに入っている当たりくじの本数が4本，5本，6本，7本のそれぞれの場合において選ぶべき箱の組み合わせとして正しいものは $\boxed{0}$ → テ である．

解　説

　1番目の人が一方の箱からくじを1本引いたところ，当たりくじであったとするとき，2番目の人が当たりくじを引く確率を大きくするためには，1番目の人が引いた箱と同じ箱，異なる箱のどちらを選ぶべきかを考察する問題である。

　普段から確率の問題に取り組む際に，求めたい確率が何であるかをしっかりと考えたり，記号の表す意味についてよく考えたりしていないと，何を求めてよいかわからなくなってしまったであろう。

(1) 丁寧な誘導が与えられているので，それに従って確率を求めていけばよい。その際，2番目の人がくじを引くとき，1番目の人が引いたくじはもとに戻さないことに注意する必要がある。

(2) (2)にむけた会話文「花子：やっぱり1番目の人が当たりくじを引いた場合は，同じ箱から引いた方が当たりくじを引く確率が大きいよ」は，(確率①)＝$\dfrac{2}{27}$＞$\dfrac{1}{15}$＝(確率②) であることを意味している。

(2)は，(1)と同様に考えて，箱Aに当たりくじが10本入っていて，箱Bに当たりくじが7本入っている場合の確率を求めればよい。

(3) (3)にむけた会話文「太郎：今度は異なる箱から引く方が当たりくじを引く確率が大きくなったね」は，(確率⑤)＝$\dfrac{4}{51}$＜$\dfrac{7}{85}$＝(確率⑥) であることを意味している。

また，「花子：最初に当たりくじを引いた箱の方が箱Aである確率が大きいのに不思議だね」は，(確率③)＝$P_W(A)$＝$\dfrac{10}{17}$＞$\dfrac{7}{17}$＝$P_W(B)$＝(確率④) であることを意味している。

(1)の結果から，箱Bに入っている当たりくじの本数が5本の場合，1番目の人が引いた箱と同じ箱を選ぶべきであり，(2)の結果から，箱Bに入っている当たりくじの本数が7本の場合，1番目の人が引いた箱と異なる箱を選ぶべきであることがわかるので，選ぶべき箱の組み合わせとして正しい選択肢は①，②のどちらかになる。したがって，箱Bに入っている当たりくじの本数が6本の場合を考えることになる。正解を選ぶ上では，箱Bに入っている当たりくじの本数が4本の場合を考える必要はないが，実際に求めてみると，(1)と同様に考えれば

$$P_A(W) = \dfrac{10}{100} = \dfrac{1}{10}, \quad P(A \cap W) = \dfrac{1}{2} \cdot \dfrac{1}{10} = \dfrac{1}{20}$$

$$P_B(W) = \dfrac{4}{100} = \dfrac{1}{25}, \quad P(B \cap W) = \dfrac{1}{2} \cdot \dfrac{1}{25} = \dfrac{1}{50}$$

$$P(W) = \dfrac{1}{20} + \dfrac{1}{50} = \dfrac{7}{100}$$

$$P_W(A) = \frac{1}{20} \div \frac{7}{100} = \frac{5}{7}, \quad P_W(B) = \frac{1}{50} \div \frac{7}{100} = \frac{2}{7}$$

となり，1番目の人が引いた箱と同じ箱から2番目の人が当たりくじを引く確率は

$$P_W(A) \times \frac{9}{99} + P_W(B) \times \frac{3}{99} = \frac{5}{7} \times \frac{9}{99} + \frac{2}{7} \times \frac{3}{99} = \frac{51}{7 \cdot 99} = \frac{17}{231}$$

1番目の人が引いた箱と異なる箱から2番目の人が当たりくじを引く確率は

$$P_W(A) \times \frac{4}{100} + P_W(B) \times \frac{10}{100} = \frac{5}{7} \times \frac{4}{100} + \frac{2}{7} \times \frac{10}{100} = \frac{40}{7 \cdot 100} = \frac{2}{35}$$

となるから，$\frac{17}{231} = \frac{85}{1155} > \frac{66}{1155} = \frac{2}{35}$ より，1番目の人が引いた箱と同じ箱を選ぶべきであることがわかる。

第4問 やや難 《不定方程式》

(1) 天秤ばかりの皿Aに M〔g〕(M：自然数)の物体Xと8gの分銅1個をのせ, 皿Bに3gの分銅5個をのせると天秤ばかりは釣り合う。このとき, 皿A, Bにのせているものの質量を比較すると

$$M+8\times\boxed{1}=3\times\boxed{5} \quad \to \text{ア, イ}$$

が成り立ち, この式を解けば

$$M=3\times5-8\times1=\boxed{7} \quad \to \text{ウ}$$

である。上の式は

$$3\times5+8\times(-1)=M$$

と変形することができ, $x=5$, $y=-1$ は, 方程式 $3x+8y=M$ の整数解の一つである。

(2) $M=1$ のとき

$$M+8\times1=3\times3 \quad \cdots\cdots ①$$

が成り立つから, 皿Aに物体Xと8gの分銅 $\boxed{1} \to \text{エ}$ 個をのせ, 皿Bに3gの分銅3個をのせると釣り合う。

①は $1+8\times1=3\times3$ なので, 両辺に M をかけると

$$M+8\times M=3\times3M$$

よって, M がどのような自然数であっても, 皿Aに物体Xと8gの分銅 M $\boxed{①} \to \text{オ}$ 個をのせ, 皿Bに3gの分銅 $3M$ $\boxed{④} \to \text{カ}$ 個をのせることで釣り合うことになる。

(3) $M=20$ のとき, 皿Aに物体Xと3gの分銅 p 個を, 皿Bに8gの分銅 q 個をのせたところ, 天秤ばかりが釣り合ったとする。このとき

$$20+3\times p=8\times q \quad \cdots\cdots ②$$

が成り立つから, 自然数 p に $p=1$, 2, 3, … の順に値を代入して, ②を満たす自然数の組 (p, q) を調べていけば, このような自然数の組 (p, q) のうちで, p の値が最小であるものは

$$p=\boxed{4} \to \text{キ}, \quad q=\boxed{4} \to \text{ク}$$

である。

$p=4$, $q=4$ のとき, ②より $\quad 20+3\times4=8\times4$

すなわち $\quad 3\times(-4)+8\times4=20 \quad \cdots\cdots ③$

が成り立つから, 方程式 $3x+8y=20$ ……④ から③の辺々をそれぞれ引いて

$$3(x+4)+8(y-4)=0 \quad \therefore \quad -3(x+4)=8(y-4)$$

3と8は互いに素なので, 整数 n を用いて

$$x+4=8n, \quad y-4=-3n$$

と表せるから，④のすべての整数解は，整数 n を用いて
$$x = \boxed{-4} + \boxed{8}\,n \quad \to \text{ケコ, サ,} \quad y = 4 - \boxed{3}\,n \quad \to \text{シ}$$
と表すことができる。

(4) $M=7$ とする。3g と 8g の分銅を，他の質量の分銅の組み合わせに変えると，分銅をどのようにのせても天秤ばかりが釣り合わない場合がある。この場合の分銅の質量の組み合わせを選ぶ。

⓪ 3g の分銅 x 個と 14g の分銅 y 個をのせて天秤ばかりが釣り合うためには
$$3x + 14y = 7$$
を満たす整数 x, y が存在すればよい。
$x=7, y=-1$ のとき，$3\cdot 7 + 14\cdot(-1) = 7$ が成り立つから
$$3\cdot 7 = 7 + 14\cdot 1$$
と変形できる。
よって，一方の皿に 3g の分銅 7 個をのせ，もう一方の皿に 7g の物体 X と 14g の分銅 1 個をのせると天秤ばかりは釣り合う。

① 3g の分銅 x 個と 21g の分銅 y 個をのせて天秤ばかりが釣り合うためには
$$3x + 21y = 7$$
を満たす整数 x, y が存在すればよい。$3x+21y=7$ を変形すると
$$3(x+7y) = 7$$
x, y が整数のとき，左辺は 3 の倍数，右辺は 7 となるから，$3x+21y=7$ を満たす整数 x, y は存在しない。
よって，分銅をどのようにのせても天秤ばかりは釣り合わない。

② 8g の分銅 x 個と 14g の分銅 y 個をのせて天秤ばかりが釣り合うためには
$$8x + 14y = 7$$
を満たす整数 x, y が存在すればよい。$8x+14y=7$ を変形すると
$$2(4x+7y) = 7$$
x, y が整数のとき，左辺は 2 の倍数，右辺は 7 となるから，$8x+14y=7$ を満たす整数 x, y は存在しない。
よって，分銅をどのようにのせても天秤ばかりは釣り合わない。

③ 8g の分銅 x 個と 21g の分銅 y 個をのせて天秤ばかりが釣り合うためには
$$8x + 21y = 7$$
を満たす整数 x, y が存在すればよい。
8 と 21 にユークリッドの互除法を用いると
$$8\cdot 8 + 21\cdot(-3) = 1$$
が成り立つから，両辺を 7 倍すれば
$$8\cdot 56 + 21\cdot(-21) = 7 \quad \text{すなわち} \quad 8\cdot 56 = 7 + 21\cdot 21$$

と変形できる。

よって，一方の皿に 8g の分銅 56 個をのせ，もう一方の皿に 7g の物体 X と 21g の分銅 21 個をのせると天秤ばかりは釣り合う。

以上より，分銅をどのようにのせても天秤ばかりが釣り合わない場合の分銅の質量の組み合わせは ①，② →ス である。

(5) 皿 A には物体 X のみをのせ，皿 B には 3g の分銅 x 個と 8g の分銅 y 個のみをのせて，天秤ばかりが釣り合うためには

$$M = 3x + 8y$$

を満たす 0 以上の整数 x, y が存在すればよい。

x を 0 以上の整数とするとき

(i) $y = 0$ のとき

$M = 3x + 8 \times 0 = 3x$ $(x = 0, 1, 2, \cdots)$ は 0 以上であって，$M = 3x$ より，3 の倍数である。

(ii) $y = 1$ のとき

$M = 3x + 8 \times 1 = 3x + 8$ $(x = 0, 1, 2, \cdots)$ は 8 以上であって，$M = 3x + (3 \cdot 2 + 2)$ $= 3(x+2) + 2$ より，3 で割ると 2 余る整数である。

(iii) $y = 2$ のとき

$M = 3x + 8 \times 2 = 3x + 16$ $(x = 0, 1, 2, \cdots)$ は 16 以上であって，$M = 3x + (3 \cdot 5 + 1)$ $= 3(x+5) + 1$ より，3 で割ると 1 余る整数である。

よって，3g の分銅 x 個と 8g の分銅 y 個を皿 B にのせることでは M の値を量ることができない場合，このような自然数 M の値は

$$M = 1, 2, 4, 5, 7, 10, 13$$

の 7 →セ 通りあり，そのうち最も大きい値は 13 →ソタ である。

このような考え方で，0 以上の整数 x, y を用いて $3x + 2018y$ と表すことができないような自然数の最大値を求める。

$N = 3x + 2018y$ (N：自然数) とおけば，x を 0 以上の整数とするとき

(iv) $y = 0$ のとき

$N = 3x + 2018 \times 0 = 3x$ $(x = 0, 1, 2, \cdots)$ は 0 以上であって，$N = 3x$ より，3 の倍数である。

(v) $y = 1$ のとき

$N = 3x + 2018 \times 1 = 3x + 2018$ $(x = 0, 1, 2, \cdots)$ は 2018 以上であって，$N = 3x + (3 \cdot 672 + 2) = 3(x + 672) + 2$ より，3 で割ると 2 余る整数である。

(vi) $y = 2$ のとき

$N = 3x + 2018 \times 2 = 3x + 4036$ $(x = 0, 1, 2, \cdots)$ は 4036 以上であって，

$N = 3x + (3 \cdot 1345 + 1) = 3(x + 1345) + 1$ より，3 で割ると 1 余る整数である。

4033 より大きな M の値は，(iv), (v), (vi)のいずれかに当てはまることから，0 以上の整数 x, y を用いて $N=3x+2018y$ と表すことができる。

よって，0 以上の整数 x, y を用いて $3x+2018y$ と表すことができないような自然数の最大値は $\boxed{4033}$ →**チツテト** である。

解説

ある物体の質量を天秤ばかりと分銅を用いて量るときに，使用する分銅の個数や質量，量ることのできない質量などについて，1 次不定方程式を解くことから考察させる問題である。(5)は 2 次試験で見かけるような問題であり，丁寧な誘導はついているものの，こういった問題に触れた経験がないと，なかなか難しいと思われる。

(1) 誘導に従って解いていけば，特に難しい部分は見当たらない。
(2) $M=1$ のとき，①が成り立つから，①の両辺を M 倍することで，M がどのような自然数であっても，皿 A に物体 X と 8g の分銅 M 個，皿 B に 3g の分銅 $3M$ 個をのせることで天秤ばかりが釣り合うことがわかる。
(3) ②を満たすような自然数の組 (p, q) のうちで，p の値が最小であるものを求めたいので，p に 1 から順に値を代入していくことで $(p, q)=(4, 4)$ を求めた。この方法で自然数の組 (p, q) を見つけづらい場合には，②のすべての整数解を求めてから，自然数 p の値が最小となるものを選ぶこともできる。

方程式④のすべての整数解を求める際には，$x=\boxed{ケコ}+\boxed{サ}n$, $y=4-\boxed{シ}n$ の形に合うように，$x+4=8n$, $y-4=-3n$ と表した。$x+4=-8n$, $y-4=3n$ と表した場合には，空欄の形に合わせるために n に $(-n)$ を代入することになる。

(4) a〔g〕の分銅 x 個と b〔g〕の分銅 y 個をのせて天秤ばかりが釣り合うためには，$ax+by=7$ を満たす整数 x, y が存在すればよい。仮に，x, y が負の整数となった場合には，移項することで，天秤ばかりが釣り合う分銅の個数 x, y が求まることになる。

⓪ $x=7$, $y=-1$ が $3x+14y=7$ を満たすことに気付かなければ，3 と 14 にユークリッドの互除法を用いることで

$14=3\cdot 4+2$ ∴ $2=14-3\cdot 4$
$3=2\cdot 1+1$ ∴ $1=3-2\cdot 1$

すなわち

$1=3-2\cdot 1$
 $=3-(14-3\cdot 4)\cdot 1$
 $=3\cdot 5+14\cdot(-1)$

と変形できるから，両辺を 7 倍して

$7=3\cdot 35+14\cdot(-7)$

とすることで，$x=35$, $y=-7$ を求めることができる。

③ 8 と 21 にユークリッドの互除法を用いると

$21 = 8 \cdot 2 + 5$ ∴ $5 = 21 - 8 \cdot 2$
$8 = 5 \cdot 1 + 3$ ∴ $3 = 8 - 5 \cdot 1$
$5 = 3 \cdot 1 + 2$ ∴ $2 = 5 - 3 \cdot 1$
$3 = 2 \cdot 1 + 1$ ∴ $1 = 3 - 2 \cdot 1$

すなわち

$1 = 3 - 2 \cdot 1$
$= 3 - (5 - 3 \cdot 1) \cdot 1$
$= 3 \cdot 2 + 5 \cdot (-1)$
$= (8 - 5 \cdot 1) \cdot 2 + 5 \cdot (-1)$
$= 8 \cdot 2 + 5 \cdot (-3)$
$= 8 \cdot 2 + (21 - 8 \cdot 2) \cdot (-3)$
$= 8 \cdot 8 + 21 \cdot (-3)$

が成り立つ。また，ユークリッドの互除法を用いずに，x，y に順に値を代入することで，$8x + 21y = 7$ を満たす整数 x，y を求めることもできる。この方法であれば，$x = -7$，$y = 3$ などが見つけやすい。

(5) 皿 A には物体 X のみをのせ，皿 B には 3g の分銅 x 個と 8g の分銅 y 個のみをのせるので，天秤ばかりが釣り合うためには，(4)とは違って，$M = 3x + 8y$ を満たす 0 以上の整数 x，y が存在すればよいことになる。

0 以上の整数 x，y を用いて $M = 3x + 8y$ と表すことができないような自然数 M は，(i)，(ii)，(iii)より，以下のように値を書き出すとわかりやすい。□で囲んだ数が $M = 3x + 8y$ の形に表すことができない自然数である。

(iii) ⃞1⃞，⃞4⃞，⃞7⃞，⃞10⃞，⃞13⃞，16，19，22，…
(ii) ⃞2⃞，⃞5⃞，8，11，14，17，20，23，…
(i) 3，6，9，12，15，18，21，24，…

13 より大きな M の値は，(i)，(ii)，(iii)のいずれかに当てはまることがわかる。

同様に，0 以上の整数 x，y を用いて $N = 3x + 2018y$ と表すことができないような自然数 N は，(iv)，(v)，(vi)より，以下のように値を書き出すとわかりやすい。□で囲んだ数が $N = 3x + 2018y$ の形に表すことができない自然数である。

(vi) ⃞1⃞，⃞4⃞，…，⃞2011⃞，⃞2014⃞，⃞2017⃞，⃞2020⃞，…，⃞4030⃞，4033，4036，…
(v) ⃞2⃞，⃞5⃞，…，⃞2012⃞，⃞2015⃞，2018，2021，…，4031，4034，4037，…
(iv) 3，6，…，2013，2016，2019，2022，…，4032，4035，4038，…

4033 より大きな M の値は，(iv)，(v)，(vi)のいずれかに当てはまることから，$N = 3x + 2018y$ と表すことができないような自然数の最大値は 4033 であることがわかる。

第5問　《合同，円周角の定理，三角形の3辺の大小関係》

(1) 問題1は次のような構想をもとにして証明できる。

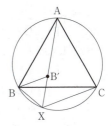

線分 AX 上に BX = B'X となる点 B' をとり，B と B' を結ぶ。
AX = AB' + B'X なので，AX = BX + CX を示すには，
BX = B'X より，AB' = CX を示せばよく，AB' = CX を示す
には，二つの三角形 △ABB' と △CBX ⓪, ⑦ →ア，イ
が合同であることを示せばよい。
以下，△ABB' ≡ △CBX を示す。
△ABC は正三角形なので　　AB = CB　……①
弧 AB に対して円周角の定理を用いれば，△ABC が正三角形であることより
　　　∠BXB' = ∠BCA = 60°
これと，BX = B'X より，△XB'B は正三角形であるから　　BB' = BX　……②
また，△XB'B が正三角形であることより，∠B'BX = 60° なので
　　　(60° =) ∠ABC = ∠B'BX
だから
　　　∠ABB' = ∠ABC − ∠B'BC = ∠B'BX − ∠B'BC
　　　　　　 = ∠CBX　……③
よって，①，②，③ より，△ABB' と △CBX は，2辺とその間の角が等しいから
　　　△ABB' ≡ △CBX

が成り立つ。　　　　　　　　　　　　　　　　　　　　　　　　　　（証明終）

(2) (i) 右図の三角形 PQR を考える。ただし，
辺 QR を最も長い辺とする。辺 PQ に関して点
R とは反対側に点 S をとって，正三角形 PSQ
をかき，その外接円をかく。

正三角形 PSQ の外接円の弧 PQ 上に点 T をと
ると，問題1より，PT と QT の長さの和は線
分 ST　⑤　→ウ の長さに置き換えられるから
　　　PT + QT + RT = ST + RT

(ii)・(iii) 点 Y が弧 PQ 上にあるとき，(i)の結果より
　　　PY + QY + RY = SY + RY
SY + RY ≧ SR なので

　　　PY + QY + RY = SY + RY ≧ SR
SY + RY = SR となるとき
　　　PY + QY + RY = SR

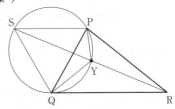

また，点Yが弧PQ上にないとき，定理より
　　　PY+QY>SY
となるので
　　　PY+QY+RY>SY+RY
SY+RY≧SRなので
　　　PY+QY+RY>SY+RY≧SR
∴　PY+QY+RY>SR

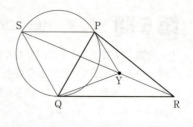

よって，三角形PQRについて，各頂点からの距離の和PY+QY+RYが最小になる点Yは，弧PQ上にあり，SY+RY=SRとなる点である。
したがって，定理と問題1で証明したことを使うと，問題2の点Yは，点Rと点S ②，③ →エ，オを通る直線と弧PQ ③ →カとの交点になることが示せる。

(iv) 三角形PSQは正三角形であるから，∠SPQ=60°なので，∠QPRが120° ④ →キより大きいときは，点Rと点Sを通る直線と弧PQが交わらない。

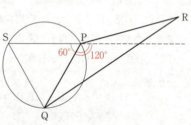

(v) (I) ∠QPR<120°のとき
(i)～(iv)の結果より，三角形PQRについて，各頂点からの距離の和PY+QY+RYが最小になる点Yは，点Rと点Sを通る直線と弧PQとの交点である。
弧SPに対して円周角の定理を用いれば，三角形PSQは正三角形であるから
　　　∠PYS=∠PQS=60°
弧QSに対して円周角の定理を用いれば，三角形PSQは正三角形であるから
　　　∠SYQ=∠SPQ=60°

これより
　　　∠PYR=180°-∠PYS=180°-60°=120°
　　　∠QYP=∠PYS+∠SYQ=60°+60°=120°
　　　∠RYQ=180°-∠SYQ=180°-60°=120°
なので
　　　∠PYR=∠QYP=∠RYQ（=120°）

よって，∠QPRが120°より小さいときの点Yは，∠PYR=∠QYP=∠RYQとなる点である。 ③ →ク

(II) ∠QPR=120°のとき
点Pは弧PQ上の点なので，Y=Pであるときも，問題1より

$$SY = PY + QY$$

が成り立つから，(i)〜(iii)と同様にすれば，三角形PQRについて，各頂点からの距離の和 PY+QY+RY が最小となる点Yは，Y=Pである。

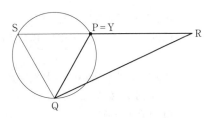

(III) ∠QPR>120°のとき
Y=Pならば
$$PY + QY + RY = PP + QP + RP$$
$$= QP + RP$$
∴ $PY + QY + RY = PQ + PR$

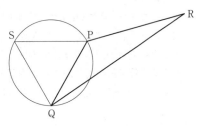

となる。
以下，Y≠Pならば
$$PY + QY + RY > PQ + PR$$
となることを示す。

三角形PQRについて，∠QPR（>120°）が最大角なので，対辺であるQRが最大辺となるから，まず，点YがQY≦QPかつRY≦RPとなる領域内にないときには
$$PY + QY + RY > PQ + PR$$
であることを示す。

(ア) QY>QPのとき
$$PY + QY + RY > PY + QP + RY$$
$$= (PY + RY) + QP$$

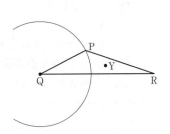

PY+RY≧PR（等号はYが線分PR上にあるとき成立）なので
$$PY + QY + RY > (PY + RY) + QP$$
$$\geqq PR + QP$$
∴ $PY + QY + RY > PR + QP$

これより $PY + QY + RY > PQ + PR$
となる。

(イ) RY>RPのとき
$$PY + QY + RY > PY + QY + RP$$
$$= (PY + QY) + RP$$

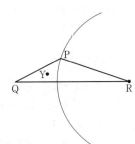

PY+QY≧PQ（等号はYが線分PQ上にあるとき成立）なので
$$PY + QY + RY > (PY + QY) + RP$$
$$\geqq PQ + RP$$

∴　PY＋QY＋RY＞PQ＋RP

これより　　PY＋QY＋RY＞PQ＋PR

となる。

(ア), (イ)より，点Yが QY≦QP かつ RY≦RP となる領域内にないときには，PY＋QY＋RY＞PQ＋PR である。

次に，点Yが QY≦QP かつ RY≦RP となる領域内にある場合，すなわち，点Yが，点Qを中心とする半径 QP の円の周または内部と，点Rを中心とする半径 RP の円の周または内部との共通部分にある場合を考える（ただし，Y≠P より，点Pは除く）。

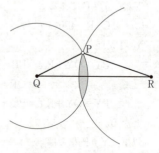

右図のように，2つの領域を領域 D, E とする。ここで，点Yが領域 E 内にあるとき，線分 QR に関して点Yと対称な点を Y′ とすると，点Y′ は領域 D 内にあり，QY＝QY′, RY＝RY′, PY＞PY′ より

　　　PY＋QY＋RY＞PY′＋QY′＋RY′

となるから，点Yが領域 E 内にあるとき，PY＋QY＋RY が最小となることはなく，領域 D 内の点Y′ に対して PY′＋QY′＋RY′＞PQ＋PR であることが示せれば，領域 E 内の点Yに対して PY＋QY＋RY＞PQ＋PR が示せたことになる。

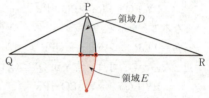

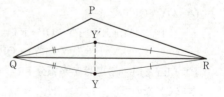

したがって，点Yが領域 D 内にある場合を考えればよい。（※）

点Yが領域 D 内にあるとき，∠RPK＝120°となるように点Kを辺 QR 上にとり，QYと PK の交点をLとする。ただし，点Yが辺 QR 上にあるときは L＝K とする。

このとき

　　PY＋QY＋RY

　＝PY＋QL＋LY＋RY

　＝(PY＋LY＋RY)＋QL

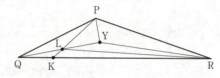

三角形 PLR は∠LPR＝120°なので，(II)の結果より，三角形 PLR について，各頂

点からの距離の和 PY + LY + RY が最小になる点 Y は，Y = P であるから
$$PY + LY + RY > PL + PR$$
となるので
$$PY + QY + RY = (PY + LY + RY) + QL$$
$$> (PL + PR) + QL$$
$$= (QL + PL) + PR$$
三角形 PQL において，QL + PL > PQ なので
$$PY + QY + RY > (QL + PL) + PR$$
$$> PQ + PR$$
∴ $PY + QY + RY > PQ + PR$

これより，点 Y が領域 D 内にあるとき
$$PY + QY + RY > PQ + PR$$
となる。よって，Y ≠ P ならば
$$PY + QY + RY > PQ + PR$$
となることが示せた。

以上より，三角形 PQR について，各頂点からの距離の和 PY + QY + RY が最小になる点 Y は，Y = P である。

したがって，∠QPR が 120° より大きいときの点 Y は，三角形 PQR の三つの辺のうち，最も長い辺を除く二つの辺の交点である。　⑥　→ケ

別解　(2) (v) (Ⅲ) の (※) 印以下は次のように考えてもよい。

点 Y が領域 D 内にあるとき，三角形 PQY を，点 P を中心に時計回りに 60° 回転させる。そのとき，点 Q の移動した点は点 S であり，点 Y の移動した点を Y″ とする。また，直線 PR と線分 SY″ の交点を M とする。

このとき，PQ = PS なので
$$PQ + PR = PS + PR$$
三角形 PSM において，PS < SM + MP なので
$$PQ + PR = PS + PR$$
$$< (SM + MP) + PR$$
$$= SM + (MP + PR)$$
$$= SM + MR$$
三角形 RMY″ において，MR < MY″ + Y″R なので
$$PQ + PR < SM + MR$$
$$< SM + (MY″ + Y″R)$$
$$= (SM + MY″) + Y″R$$

$$= SY'' + Y''R$$

$Y''R \leqq Y''Y + YR$（等号はYが線分 Y''R 上にあるとき成立）なので

$$PQ + PR < SY'' + Y''R$$
$$\leqq SY'' + (Y''Y + YR)$$

$PY = PY''$, $\angle Y''PY = 60°$ より，三角形 $PY''Y$ は正三角形であるから

$$Y''Y = PY$$

また，$QY = SY''$ なので

$$PQ + PR < SY'' + Y''Y + YR$$
$$= QY + PY + YR$$

∴ $PQ + PR < QY + PY + YR$

これより，点 Y が領域 D 内にあるとき

$$PY + QY + RY > PQ + PR$$

となる。

（以下，〔解答〕に同じ）

解 説

　三角形の各頂点からの距離の和が最小になる点について考察させる問題である。この点はフェルマー点やシュタイナー点とよばれており，2次試験で時折出題されるテーマである。

(1)　$AX = BX + CX$ を示すには，$AX = AB' + B'X$, $BX = B'X$ より，$AX = AB' + B'X = AB' + BX$ だから，$AB' = CX$ を示せばよいことがわかる。
　$AB' = CX$ を示すために，線分 AB' を1辺にもつ三角形と，線分 CX を1辺にもつ三角形が合同であることを示すことになるが，選択肢の中で，線分 AB' を1辺にもつ三角形は⓪△ABB' と①△AB'C，線分 CX を1辺にもつ三角形は③△AXC と⑥△B'XC と⑦△CBX だから，この中から一つずつ三角形を選ぶことになる。
　また，**問題1** は〔解答〕の証明以外にも，トレミーの定理を用いる証明や，正弦定理を用いる証明などが知られている。

(2)（ i ）問題で与えられた図の三角形 PQR は，鋭角三角形である。
　△PSQ は正三角形であり，弧 PQ 上に点 T をとるので，**問題1** が利用できて，$PT + QT = ST$ が成り立つ。
　(ii)・(iii)　点 Y が弧 PQ 上にある場合と，弧 PQ 上にない場合で，場合分けをしている。
　点 Y が弧 PQ 上にあるとき，(i)の結果より，$PY + QY + RY = SY + RY$ となり，$SY + RY \geqq SR$ が成り立つので，$PY + QY + RY \geqq SR$ となる。$SY + RY = SR$ となるとき，$PY + QY + RY = SR$ が成り立つ。
　点 Y が弧 PQ 上にないとき，**定理**より，$PY + QY > SY$ となるので，$PY + QY + RY$

>SY+RY となる．SY+RY≧SR が成り立つので，PY+QY+RY>SY+RY≧SR，すなわち，PY+QY+RY>SR となるから，SY+RY=SR となるときでも，PY+QY+RY>SR である．

(iv) 点 R の位置を変化させることで，∠QPR の角度を変化させていけば，∠SPQ=60° より，∠QPR が 120° より大きいときは，点 R と点 S を通る直線と弧 PQ が交わらないことがわかる．

(v) 三角形 PQR について，各頂点からの距離の和 PY+QY+RY が最小になる点 Y は，∠QPR が 120° より小さいときは，∠PYR=∠QYP=∠RYQ=120° となる点であり，∠QPR が 120° より大きいときは，三角形 PQR の三つの辺のうち，最も長い辺 QR を除く二つの辺 PQ，RP の交点 P であることは，このテーマにおいてよく知られた結果である．

しかし，∠QPR>120° の場合を厳密に証明することは難しいため，試験本番では，点 R の位置を変化させていくことで，点 Y の位置がどのように変化していくかをみて，Y=P となることを予想して解答することになるだろう．

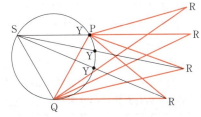

(I) 4 点 P，S，Q，Y が同一円周上にある場合を考えるので，円周角の定理を用いることに気付けるとよい．

(II) (i)～(iii)と同様の証明をすることで，PY+QY+RY が最小になる点 Y は，Y=P であることが示せる．

この問題の中で，∠QPR=120° であるときの点 Y がどのような位置にあるかは問われていないが，この結果を(III)の中で利用している．

(III) 結果として

　　　Y=P ならば，PY+QY+RY=PQ+PR

　　　Y≠P ならば，PY+QY+RY>PQ+PR

となることが示せるので，PY+QY+RY が最小となる点 Y は，Y=P である．

Y≠P であるときの証明の大まかな流れは，まず，三角形 PQR の内部と周の一部である領域 D 内に点 Y がないときには，PY+QY+RY>PQ+PR であることを示し，次に，点 Y が領域 D 内にあるときには，〔解答〕では(II)の結果を利用し，〔別解〕では三角形 PQY を，点 P を中心に時計回りに 60° 回転させた三角形 PSY″ を考えることで，PY+QY+RY>PQ+PR を示した．

また，〔解答〕と〔別解〕の中で，以下のような三角形の辺の長さの関係式（三角不等式）を多用している．

> **ポイント** 三角形の3辺の大小関係
> 三角形の2辺の長さの和は，残りの1辺の長さより大きい。

〔別解〕で，三角形PQYを，点Pを中心に時計回りに60°回転させた三角形PSY″を考えたが，この手法はこのテーマのときによく使われる証明方法である。(1)において，点B′をBX=B′Xとなる点としてとったが，点B′は三角形BXCを点Bを中心に反時計回りに60°回転させたときの三角形を三角形BB′Aとしたと考えることもできるのである。

点Yが領域D内にあるとき，点Rを中心とする半径RPの円周上の点Pにおける接線を考えると，線分RPと接線が直交することより，∠RPYが90°より大きくなることはない。したがって，〔別解〕において，点Y″が直線PRに関して，点Yの反対側の位置にくることはない。

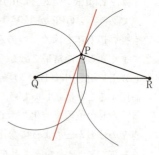

範囲外の内容であるが，トレミーの定理を一般化したトレミーの不等式を用いることで，問題の中で与えられた**定理**の証明をすることができる。

> **ポイント** トレミーの不等式
> 四角形FGHIに対して
> $$FG \cdot HI + FI \cdot GH \geq FH \cdot GI$$
> が成り立つ。等号が成り立つのは，四角形FGHIが円に内接する四角形となるときである。

トレミーの不等式において，等号が成立するとき，トレミーの定理と一致する。**定理**の正三角形ABCと，正三角形ABCの外接円の弧BC上にない点Xにトレミーの不等式を適用すると

$$AB \cdot XC + AC \cdot BX > AX \cdot BC$$

が成り立ち，AB=BC=CAより，両辺をAB（=BC=CA>0）で割れば

$$XC + BX > AX$$

すなわち，AX<BX+CXが成り立つ。

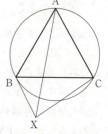

第2回 試行調査：数学Ⅱ・数学B

問題番号 (配点)	解答記号	正 解	配点	チェック
第1問 (30)	ア, イ	①, ⓪	1	
	ウ, エ	⓪, ④	2	
	オ	②	3	
	カ	2	1	
	$(x+キ)(x-ク)$	$(x+1)(x-3)$	2	
	$f(x)=\dfrac{ケコ}{サ}x^3$ $+シx^2+スx+セ$	$f(x)=\dfrac{-2}{3}x^3$ $+2x^2+6x+2$	3	
	ソ	2	2	
	タ	⑦	3	
	チ	①	1	
	ツ	⑤	1	
	テ	②	2	
	ト	①	3	
	ナ	②	3	
	ニ	②, ③, ④, ⑤ (4つマークして正解)	3	

問題番号 (配点)	解答記号	正 解	配点	チェック
第2問 (30)	ア	⓪	1	
	イ	②	1	
	ウ, エ	①, ③ (解答の順序は問わない)	2	
	オカキ	575	3	
	$\dfrac{ク}{ケ}, \dfrac{コ}{サ}$	$\dfrac{9}{4}, \dfrac{7}{2}$	2	
	シスセ	500	2	
	ソ	4	3	
	タ, チ	3, 3	2	
	ツテ	18	3	
	ト	①	2	
	ナ	⓪	3	
	ニ	①, ④, ⑤ (3つマークして正解)	3	
	ヌ	③	3	

第2回 試行調査：数学Ⅱ・数学B〈解答〉

問題番号 (配点)	解答記号	正解	配点	チェック
第3問 (20)	アイウ	200	1	
	0.エ	0.5	1	
	0.オカキ	0.025	2	
	クケ	24	2	
	$\dfrac{\sigma}{コサ}$	$\dfrac{\sigma}{20}$	2	
	0.シスセソ	0.0013	3	
	タ	④	3	
	チ	④	3	
	ツ	④	3	
第4問 (20)	ア	4	1	
	$a_n = $ イ・ウ$^{n-1}$+エ	$a_n = 2 \cdot 3^{n-1}+4$	2	
	オ	6	1	
	$p_{n+1}=$ カp_n-キ	$p_{n+1}=3p_n-8$	2	
	$p_n=$ ク・ケ$^{n-1}$+コ	$p_n = 2 \cdot 3^{n-1}+4$	2	
	サ, シ	③, ⓪	2	
	スセ, ソ	$-4, 1$	3	
	$b_n=$ タ$^{n-1}+$チn 　　　　$-$ツ	$b_n = 3^{n-1}+4n$ 　　　　-1	3	
	$c_n=$ テ・ト$^{n-1}$ $+$ナn^2+ニ$n+$ヌ	$c_n = 2 \cdot 3^{n-1}$ $+2n^2+4n+8$	4	

問題番号 (配点)	解答記号	正解	配点	チェック
第5問 (20)	$\dfrac{ア}{イ}$	$\dfrac{1}{2}$	1	
	$\dfrac{ウ}{エ}$	$\dfrac{1}{2}$	1	
	$k=\dfrac{オ}{カ}$	$k=\dfrac{2}{3}$	2	
	$\vec{d}=\dfrac{キ}{ク}\vec{a}$ $+\dfrac{ケ}{コ}\vec{b}-\vec{c}$	$\vec{d}=\dfrac{2}{3}\vec{a}$ $+\dfrac{2}{3}\vec{b}-\vec{c}$	3	
	$\dfrac{サ}{シ}$	$\dfrac{1}{2}$	2	
	$\dfrac{スセ}{ソ}$	$\dfrac{-1}{3}$	3	
	タ	①	4	
	$\alpha=$ チツ°	$\alpha = 90°$	2	
	テ	①	2	

(注) 第1問，第2問は必答。第3問～第5問のうちから2問選択。計4問を解答。

● 正解および配点は，大学入試センターから公表されたものをそのまま掲載しています。

※ 2018年11月の試行調査の受検者のうち，3年生の平均点を示しています。

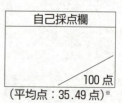

（平均点：35.49 点）※

第1問 — 三角関数, 微・積分法, 指数・対数関数

〔1〕 **易** 《三角関数のグラフ》

(1) 右図より, P, Qの座標は

$$P(\cos\theta,\ \sin\theta)\quad \boxed{①},\ \boxed{⓪} \to \text{ア, イ}$$

$$Q\left(\cos\left(\theta-\frac{\pi}{2}\right),\ \sin\left(\theta-\frac{\pi}{2}\right)\right)$$

であり

$$\cos\left(\theta-\frac{\pi}{2}\right) = \cos\left(\frac{\pi}{2}-\theta\right) = \sin\theta \quad \boxed{⓪} \to \text{ウ}$$

$$\sin\left(\theta-\frac{\pi}{2}\right) = -\sin\left(\frac{\pi}{2}-\theta\right) = -\cos\theta \quad \boxed{④} \to \text{エ}$$

$$\begin{pmatrix} (\text{P の } y \text{ 座標})>0 \\ (\text{Q の } x \text{ 座標})>0 \\ 0<\theta<\pi,\ \angle \text{POQ}=\dfrac{\pi}{2} \end{pmatrix}$$

(2) $0<\theta<\pi$ であるから, $\angle \text{AOQ} = \left(\dfrac{\pi}{2}+\theta\right) - \dfrac{\pi}{2} = \theta$ である。OA=OQ の二等辺三角形 AOQ の頂点 O から辺 AQ に垂線 OH を下ろすと, H は辺 AQ の中点であり,

$$\angle \text{AOH} = \frac{1}{2}\angle \text{AOQ} = \frac{\theta}{2}$$

であるので

$$\text{AQ} = 2\text{AH} = 2\text{OA}\sin\angle \text{AOH} = 2\times 1\times \sin\frac{\theta}{2} \quad (0<\theta<\pi)$$

である。よって, 線分 AQ の長さ ℓ は θ の関数として $\ell = 2\sin\dfrac{\theta}{2}$ $(0<\theta<\pi)$ と表される。関数 ℓ のグラフは, $\ell = \sin\theta$ のグラフを θ 軸方向に 2 倍 $\left(\text{周期が } \dfrac{2\pi}{\frac{1}{2}} = 4\pi\right)$,

ℓ 軸方向に 2 倍だけ拡大したグラフの $0<\theta<\pi$ の部分であるから, 最も適当なグラフは $\boxed{②} \to$ オ である。

(注) AQ の長さ ℓ は次のように求めてもよい。
△AOQ に余弦定理を用いると

$$\text{AQ}^2 = \text{OA}^2 + \text{OQ}^2 - 2\times \text{OA}\times \text{OQ}\cos\angle \text{AOQ} = 1^2 + 1^2 - 2\times 1\times 1\times \cos\theta$$
$$= 2(1-\cos\theta)$$

となり, 半角の公式より, $1-\cos\theta = 2\sin^2\dfrac{\theta}{2}$ であるから

$$\text{AQ}^2 = 4\sin^2\frac{\theta}{2}$$

$0<\theta<\pi$ より $\sin\dfrac{\theta}{2}>0$ であるから $\quad \text{AQ} = 2\sin\dfrac{\theta}{2}$

また，2点 A$(0, -1)$, Q$(\sin\theta, -\cos\theta)$ の距離として求めることもできる。

$$AQ = \sqrt{(\sin\theta - 0)^2 + (-\cos\theta + 1)^2} = \sqrt{\sin^2\theta + \cos^2\theta - 2\cos\theta + 1}$$
$$= \sqrt{2(1-\cos\theta)} \quad \text{（以下，省略）}$$

解説

(1) 原点Oを中心とする半径 $r(>0)$ の円周上の点 P(x, y) に対して，動径 OP が x 軸の正の部分（始線）となす角（動径 OP の表す角）を θ とするとき，$\cos\theta = \dfrac{x}{r}$, $\sin\theta = \dfrac{y}{r}$ であるから，Pの座標は $(r\cos\theta, r\sin\theta)$ と表せる。

> **ポイント** 単位円周上の点の座標
> 原点Oを中心とする半径1の円（単位円）の周上の点の座標は，その点とOを結ぶ動径の表す角を θ とすれば，$(\cos\theta, \sin\theta)$ と表せる。

Qの座標は $\left(\cos\left(\theta - \dfrac{\pi}{2}\right), \sin\left(\theta - \dfrac{\pi}{2}\right)\right)$ となるが，三角関数の次の性質を用いて，簡単な表し方にする。

$$\sin(-\theta) = -\sin\theta, \quad \cos(-\theta) = \cos\theta$$
$$\sin\left(\dfrac{\pi}{2} - \theta\right) = \cos\theta, \quad \cos\left(\dfrac{\pi}{2} - \theta\right) = \sin\theta$$

(2) 線分 AQ の長さ ℓ を求めるには，(注)のようにしてもよいが，その際には半角の公式 $\sin^2\dfrac{\theta}{2} = \dfrac{1-\cos\theta}{2}$ を用いなければならない。〔解答〕のように図形的に考えると簡単である。

また，正弦曲線（サインカーブ）の概形はいつでも描けるようにしておきたい。

> **ポイント** 正弦曲線
>
>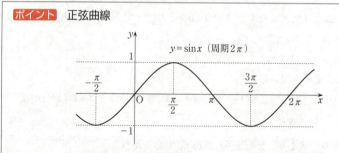
>
> $y = a\sin px$ のグラフは，$y = \sin x$ のグラフを x 軸方向に $\dfrac{1}{|p|}$ 倍，y 軸方向に $|a|$ 倍したもので，関数 $y = a\sin px$ の周期は $\dfrac{2\pi}{|p|}$ となる。

[2] 易 《3次関数の決定, 定積分と面積》

(1) $f(x)$ は3次関数であるから, その導関数 $f'(x)$ は $\boxed{2}$ →カ 次関数である。
$f(x)$ が $x=-1$ と $x=3$ で極値をもつことから, $f'(-1)=f'(3)=0$ であるので, $f'(x)$ は $\{x-(-1)\}$ と $(x-3)$ を因数にもつ。すなわち, $f'(x)$ は
$$(x+\boxed{1})(x-\boxed{3}) \quad →キ, ク$$
で割り切れる。

(2) (1)より, 定数 a を用いて
$$f'(x)=a(x+1)(x-3)=a(x^2-2x-3)$$
とおけるから, 積分して $f(x)$ を求めると, 積分定数を C として
$$f(x)=a\left(\frac{x^3}{3}-x^2-3x\right)+C$$
となる。$x=-1$ で極小値 $-\dfrac{4}{3}$ をとることから, $f(-1)=-\dfrac{4}{3}$, また, 曲線 $y=f(x)$ が点 $(0, 2)$ を通ることから, $f(0)=2$ である。よって
$$\begin{cases} f(-1)=a\left(-\dfrac{1}{3}-1+3\right)+C=-\dfrac{4}{3} \\ f(0)=C=2 \end{cases}$$
より, $C=2$, $a=-2$ が求まる。したがって
$$f(x)=-2\left(\frac{x^3}{3}-x^2-3x\right)+2$$
$$=\frac{\boxed{-2}}{\boxed{3}}x^3+\boxed{2}x^2+\boxed{6}x+\boxed{2} \quad →ケコ, サ, シ, ス, セ$$
である。

(3) (2)より, $f'(x)=-2(x+1)(x-3)$ であるので, $f(x)$ の増減表は右のようになる。
条件 $f(0)=2$ に注意して $y=f(x)$ のグラフを描けば次図のようになる。このグラフから, 方程式 $f(x)=0$ は, 三つの実数解をもち, そのうち負の解は $\boxed{2}$ →ソ 個であることがわかる。

x	$\cdots$	-1	$\cdots$	3	$\cdots$
$f'(x)$	$-$	0	$+$	0	$-$
$f(x)$	↘	$-\dfrac{4}{3}$	↗	20	↘

$f(x)=0$ の解を a, b, c $(a<b<c)$ とし, 曲線 $y=f(x)$ の $a\leqq x\leqq b$ の部分と x 軸とで囲まれた図形の面積を S, 曲線 $y=f(x)$ の $b\leqq x\leqq c$ の部分と x 軸とで囲まれた図形の面積を T とすると

$$S = \int_a^b \{-f(x)\}\,dx = -\int_a^b f(x)\,dx$$

$$T = \int_b^c f(x)\,dx$$

であり

$$\int_a^c f(x)\,dx = \int_a^b f(x)\,dx + \int_b^c f(x)\,dx$$

であるから

$$\int_a^c f(x)\,dx = (-S) + T = -S + T \quad \boxed{⑦} \to タ$$

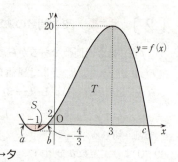

解説

(1) 与えられた条件を式で表すと

「$x=-1$ で極小値 $-\dfrac{4}{3}$ をとる」は $f'(-1)=0$, $f(-1)=-\dfrac{4}{3}$

「$x=3$ で極大値をとる」は $f'(3)=0$

「点 $(0,\ 2)$ を通る」は $f(0)=2$

となる。

方程式 $g(x)=0$ が $x=\alpha,\ \beta$ を解にもてば，$g(x)=(x-\alpha)(x-\beta)h(x)$ と書ける。$g(x)$ は $(x-\alpha)(x-\beta)$ で割り切れることになる。

(2) $a \leq x \leq b$ で $f(x) \leq 0$，$b \leq x \leq c$ で $f(x) \geq 0$ であるから，S と T を合わせた面積は

$$S+T = \int_a^c |f(x)|\,dx = \int_a^b |f(x)|\,dx + \int_b^c |f(x)|\,dx$$

$$= \int_a^b \{-f(x)\}\,dx + \int_b^c f(x)\,dx = -\int_a^b f(x)\,dx + \int_b^c f(x)\,dx$$

となる。

> **ポイント** 定積分の性質
> $$\int_\alpha^\beta f(x)\,dx = \int_\alpha^\gamma f(x)\,dx + \int_\gamma^\beta f(x)\,dx \quad (\gamma は任意)$$

これは，$F'(x)=f(x)$ とおいてみると，次のように示せる。

$$(右辺) = \Big[F(x)\Big]_\alpha^\gamma + \Big[F(x)\Big]_\gamma^\beta = \{F(\gamma)-F(\alpha)\} + \{F(\beta)-F(\gamma)\}$$

$$= F(\beta) - F(\alpha)$$

となって（左辺）と等しくなる。これは γ の値に無関係に成り立つ。

〔3〕 やや難 《常用対数の性質》

(1) $\log_{10}2 = 0.3010$ は $10^{0.3010} = 2$ ① →チ と表される。

したがって，$2^{\frac{1}{0.3010}} = 10$ ⑤ →ツ である。

(2)(i) 対数ものさしAにおいて，3の目盛りと4の目盛りの間隔は

$$\log_{10}4 - \log_{10}3 = \log_{10}\frac{4}{3}$$

であり，1の目盛りと2の目盛りの間隔は

$$\log_{10}2 - \log_{10}1 = \log_{10}2$$

である。

$$\log_{10}\frac{4}{3} < \log_{10}2 \quad \left(\text{底の10は1より大，}\frac{4}{3}<2 \text{より}\right)$$

であるから，前者は後者より小さい。 ② →テ

(ii) 対数ものさしAの2の目盛りとaの目盛りの間隔は，$\log_{10}a - \log_{10}2 = \log_{10}\frac{a}{2}$ であり，対数ものさしBの1の目盛りとbの目盛りの間隔は，$\log_{10}b - \log_{10}1 = \log_{10}b$ である。与えられた条件は，これらの間隔が等しいことを表しているので

$$\log_{10}\frac{a}{2} = \log_{10}b \quad \text{すなわち} \quad a = 2b \quad ① →ト$$

がいつでも成り立つ。

(iii) 対数ものさしAの1の目盛りとdの目盛りの間隔は，$\log_{10}d - \log_{10}1 = \log_{10}d$ であり，ものさしCの0の目盛りとcの目盛りの間隔は $c\log_{10}2$ である。与えられた条件は，これらの間隔が等しいことを表しているので，$\log_{10}d = c\log_{10}2$ より

$$\log_{10}d = \log_{10}2^c \quad \text{すなわち} \quad d = 2^c \quad ② →ナ$$

がいつでも成り立つ。

(iv) 対数ものさしAと対数ものさしBの目盛りを一度だけ合わせるか，対数ものさしAとものさしCの目盛りを一度だけ合わせることにするとき，適切な箇所の目盛りを読み取るだけで実行できる計算は，(ii)，(iii)より，かけ算や割り算および累乗の計算のみである。したがって，⓪の $17+9$，①の $23-15$ は実行できない。

② $13 \times 4 = x$ とすると，$\log_{10}(13 \times 4) = \log_{10}x$ が成り立ち，変形すると，$\log_{10}13 + \log_{10}4 = \log_{10}x$ となるから，$\log_{10}13 - \log_{10}1 = \log_{10}x - \log_{10}4$ より，下図のように目盛りを合わせて x を読めばよい。

③ $63 \div 9 = y$ とすると，$\log_{10}\dfrac{63}{9} = \log_{10}y$ が成り立ち，変形すると，$\log_{10}63 - \log_{10}9 = \log_{10}y$ となるから，$\log_{10}63 - \log_{10}9 = \log_{10}y - \log_{10}1$ より，下図のように目盛りを合わせて y を読めばよい。

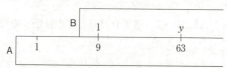

④ $2^4 = z$ とすると，$\log_{10}2^4 = \log_{10}z$ が成り立ち，変形すると，$4\log_{10}2 = \log_{10}z - \log_{10}1$ となるから，下図のように目盛りを合わせて z を読めばよい。

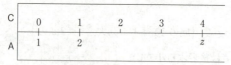

⑤ $\log_2 64 = w$ とすると，$\dfrac{\log_{10}64}{\log_{10}2} = w$ となるから，分母を払って整理すると，$\log_{10}64 - \log_{10}1 = w\log_{10}2$ となるから，下図のように目盛りを合わせて w を読めばよい。

したがって，適切な箇所の目盛りを読み取るだけで実行できるものは ②，③，④，⑤ →ニ である。

―― 解説 ――

(1) $a^m = M$ $(a>0,\ a \neq 1)$ であるような m を，a を底とする M の対数といい，$m = \log_a M$ と表す。このとき，M を対数 m の真数という。$M>0$ である。

(2) 次のことは必須である。

> **ポイント** 対数の性質
> $a>0,\ a \neq 1,\ b>0,\ b \neq 1,\ M>0,\ N>0$ とする。
> $\log_a a = 1,\quad \log_a 1 = 0$
> $\log_a MN = \log_a M + \log_a N,\quad \log_a \dfrac{M}{N} = \log_a M - \log_a N$
> $\log_a M^p = p\log_a M$ （p は実数）
> $\log_a M = \dfrac{\log_b M}{\log_b a}$ （底の変換公式）

(i) 対数の大小については，底に注意する。

　　$a>1$ のとき　　　$\log_a M > \log_a N \iff M > N$

　　$0<a<1$ のとき　　$\log_a M > \log_a N \iff M < N$

(ii) 対数ものさしA，Bは目盛りの間隔が次第に狭くなっている。

下図のように，対数ものさしA，Bの目盛りを合わせると

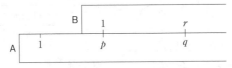

$$\log_{10}q - \log_{10}p = \log_{10}r - \log_{10}1 \qquad \log_{10}\frac{q}{p} = \log_{10}r$$

すなわち　　$\dfrac{q}{p} = r$　あるいは　$q = pr$

が成り立つ。よって，p, q, r のうち2つに数値を与えれば，残りの1つの値は，目盛りを読むことによって得られることになる。したがって，(iv)の②，③の計算は可能である。

(iii) ものさしCの目盛りの間隔は一定（$\log_{10}2$）である。

右図のように，対数ものさしAとものさしCの目盛りを合わせると

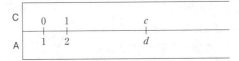

$$\log_{10}d = c\log_{10}2 \qquad \log_{10}d = \log_{10}2^c$$

すなわち　　$d = 2^c$　あるいは　$c = \log_2 d$

が成り立つ。よって，2の累乗，2を底とする対数の値は求めることができる。(iv)の④，⑤の計算は可能である。

(iv) 「すべて選ぶ」問題であるだけに，理解が不十分であると正解できない。限られた時間では難しいかもしれない。

第2問 —— 図形と方程式

[1] 標準 《線形計画法》

(1) 100gずつ袋詰めされている食品AとBの1袋あたりのエネルギーと脂質の含有量は右表のようになる。

食品	エネルギー	脂質
A (100 g)	200 kcal	4 g
B (100 g)	300 kcal	2 g

(i) 食品Aをx袋分，食品Bをy袋分だけ食べるとすると，与えられた条件より，x，yは不等式

$200x+300y \leq 1500$　　⓪ →ア　（エネルギーは1500kcal以下）　……①

$4x+2y \leq 16$　　② →イ　（脂質は16g以下）　……②

$x \geq 0$，$y \geq 0$　（一方のみを食べる場合もある）　……③

を満たさなければならない。

(ii) 不等式①は両辺を100で割り，②は両辺を2で割り，改めて①〜③を書き出すと

$2x+3y \leq 15$　……①

$2x+y \leq 8$　……②

$x \geq 0$，$y \geq 0$　……③

となり，これらを同時に満たす点(x, y)の存在する範囲は右図の網かけ部分（境界はすべて含む）となる。右図より，点$(0, 5)$，$(3, 2)$は網かけ部分に含まれるので，これらは①も②も満たす。点$(5, 0)$，$(4, 1)$は①を満たすが，②を満たさない。したがって，⓪，②は誤りで，正しいものは ①，③ →ウ，エである。

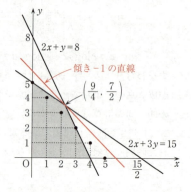

(iii) 2直線

$$\begin{cases} 2x+3y=15 \\ 2x+y=8 \end{cases}$$

の交点の座標は，この連立方程式を解いて，$(x, y) = \left(\dfrac{9}{4}, \dfrac{7}{2}\right)$である。

食べる量の合計は$100x+100y = 100(x+y)$ 〔g〕であるから，食べる量の合計が最大となるのは，$x+y$が最大となるときである。

$x+y=k$すなわち$y=-x+k$とおくと，これは傾き-1の直線を表す。2直線$2x+3y=15$，$2x+y=8$の傾きはそれぞれ$-\dfrac{2}{3}$，-2であるから，直線$x+y=k$が，

先に求めた交点を通るとき，すなわち $x=\dfrac{9}{4}$，$y=\dfrac{7}{2}$ のとき，y 切片の k は最大となる。

よって，x，y のとり得る値が実数の場合，食べる量の合計の最大値は

$$100\left(\dfrac{9}{4}+\dfrac{7}{2}\right)=100\times\dfrac{23}{4}=\boxed{575}\text{ g} \rightarrow \textbf{オカキ}$$

である。このときの (x, y) の組は

$$(x, y) = \left(\dfrac{\boxed{9}}{\boxed{4}},\ \dfrac{\boxed{7}}{\boxed{2}}\right) \rightarrow \textbf{ク，ケ，コ，サ}$$

である。

x，y のとり得る値が整数の場合は，$(x, y) = (0, 5)$，$(1, 4)$，$(2, 3)$，$(3, 2)$ のとき $x+y$ が最大となることが上図よりわかり，最大値は 5 である。よって，食べる量の最大値は $100\times 5=\boxed{500} \rightarrow \textbf{シスセ}$ g であり，このときの (x, y) の組は $\boxed{4} \rightarrow \textbf{ソ}$ 通りある。

(2) (1)と同様に考えれば

$$100(x+y) \geqq 600 \quad \text{すなわち} \quad x+y \geqq 6 \quad \cdots\cdots ④$$
$$200x+300y \leqq 1500 \quad \text{すなわち} \quad 2x+3y \leqq 15 \quad \cdots\cdots ⑤$$
$$x \geqq 0,\ y \geqq 0 \quad \cdots\cdots ⑥$$

の条件のもとで，$4x+2y$ の最小値を求めることになる。ただし，x，y は整数である。

2直線 $x+y=6$，$2x+3y=15$ の交点の座標は $(3, 3)$ であり，④～⑥を同時に満たす点 (x, y) の存在する範囲は右図の網かけ部分（境界はすべて含む）となる。

$4x+2y=\ell$ すなわち $y=-2x+\dfrac{\ell}{2}$ とおくと，

この直線が点 $(3, 3)$ を通るとき y 切片 $\dfrac{\ell}{2}$ が最小となることがわかる。つまり，このとき ℓ は最小である。このときの x，y は整数であるので条件を満たす。

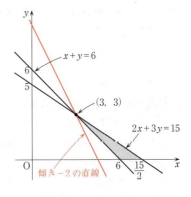

したがって，A を $\boxed{3} \rightarrow \textbf{タ}$ 袋，B を $\boxed{3} \rightarrow \textbf{チ}$ 袋食べるとき，脂質を最も少なくできる。そのときの脂質は，$4\times 3+2\times 3=\boxed{18} \rightarrow \textbf{ツテ}$ g である。

解説

(1) (i) 文章で表された条件を式で表現する。食品ごとのエネルギーと脂質の含有量を表にまとめておくとよい。

(ii) $(x, y) = (0, 5)$ 以下各組を式①，②に代入してチェックしてもよいが，後のことを考えれば，ここで不等式①〜③を同時に満たす点の存在範囲（領域）を図示しておきたい。

(iii) 食べる量の合計は $100(x+y)$ 〔g〕となるが，この x, y は，点 (x, y) として，(ii)で描いた領域に含まれていなければ意味がない。点 (x_0, y_0) が領域に含まれていれば，$100(x_0+y_0)$ 〔g〕が食べる量の合計になる。領域内の各点に対していちいち $x+y$ の値を調べていては大変であるし，説得性もない。そこで，直線 $x+y=k$ を考える。k の値はこの直線の y 切片となって現れるから，図の上で，傾き -1 の直線を，領域を通過するように（x, y が意味をもつように）動かしてみれば，y 切片が最も大きくなるのは，交点 $\left(\dfrac{9}{4}, \dfrac{7}{2}\right)$ を通るときであることがわかる。ただし，x, y がともに整数であるときは，x, y がともに整数である点（格子点）を通過するように，直線を動かさなければならない。

(2) (1)とほとんど同じ問題である。領域を正しく図示することが大切である。

〔2〕 標準 《軌跡の方程式》

(1) (i) 点Aの座標は $(0, -2)$ である。点Pは放物線 $y=x^2$ 上を動くから，点Pの座標を (u, v) とすれば，$v=u^2$ の関係が成り立つ。線分 AP の中点Mの座標を (x, y) とおくと

$$x = \dfrac{0+u}{2}, \quad y = \dfrac{-2+v}{2} \quad \text{すなわち} \quad u=2x, \quad v=2(y+1)$$

が成り立ち，$v=u^2$ に代入することで

$$2(y+1) = 2^2 x^2 \quad \text{すなわち} \quad y = 2x^2 - 1$$

が得られる。これが点Mの軌跡の方程式であるから，正しいものは $y=2x^2-1$ ①→ト である。

(ii) 点Aの座標が $(p, -2)$ のとき，(i)の点Mの座標が

$$x = \dfrac{p+u}{2}, \quad y = \dfrac{-2+v}{2} \quad \text{すなわち} \quad u=2\left(x-\dfrac{p}{2}\right), \quad v=2(y+1)$$

となるから，$v=u^2$ を用いて，点Mの軌跡の方程式は

$$2(y+1) = 2^2\left(x-\dfrac{p}{2}\right)^2 \quad \text{すなわち} \quad y = 2\left(x-\dfrac{p}{2}\right)^2 - 1$$

となる。このグラフが $y=2x^2-1$ のグラフを x 軸方向に $\dfrac{1}{2}p$ ⓪→ナ だけ平行

移動したものである。

(iii) 点Aの座標が (p, q) のとき，(i)の点Mの座標が

$$x = \frac{p+u}{2}, \quad y = \frac{q+v}{2} \quad \text{すなわち} \quad u = 2\left(x - \frac{p}{2}\right), \quad v = 2\left(y - \frac{q}{2}\right)$$

となるから，点Mの軌跡の方程式は，$v = u^2$ より

$$2\left(y - \frac{q}{2}\right) = 2^2\left(x - \frac{p}{2}\right)^2 \quad \text{すなわち} \quad y = 2\left(x - \frac{p}{2}\right)^2 + \frac{q}{2} = 2x^2 - 2px + \frac{p^2 + q}{2}$$

である。この放物線と放物線 $y = x^2$ の共有点の個数は，両式から y を消去してできる2次方程式

$$2x^2 - 2px + \frac{p^2 + q}{2} = x^2 \quad \text{すなわち} \quad x^2 - 2px + \frac{p^2 + q}{2} = 0$$

の異なる実数解の個数に等しい。この2次方程式の判別式を D とおけば

$$\frac{D}{4} = (-p)^2 - \frac{p^2 + q}{2} = \frac{p^2 - q}{2}$$

であるから，$q = 0$ のとき，$D = 2p^2$ である。このとき

$p = 0$ ならば $D = 0$ で，実数解は1個（重解）だから共有点は1個

$p \neq 0$ ならば $D > 0$ で，異なる2つの実数解をもつから共有点は2個

である。ゆえに，⓪，②は誤りで，①は正しい。

次に，$q < p^2$ のとき，$D > 0$ であるから，2次方程式は異なる2つの実数解をもつ。よって，共有点は2個である。③は誤りである。

$q = p^2$ のとき，$D = 0$ であるから，2次方程式は実数解を1つ（重解）もつので，共有点は1個である。④は正しい。

$q > p^2$ のとき，$D < 0$ であるから，2次方程式は実数解をもたない。よって，共有点は0個である。⑤は正しい。

以上から，正しいものは ①，④，⑤ →ニ である。

(2) 点 $C_0(c, d)$ を中心とする半径 r （>0）の円 $C' : (x-c)^2 + (y-d)^2 = r^2$ と定点 $A'(a, b)$ を考える。C' を動く点 Q' の座標を (u, v)，$A'Q'$ の中点 M' の座標を (x, y) とすれば

$$x = \frac{a+u}{2}, \quad y = \frac{b+v}{2} \quad \text{すなわち} \quad u = 2\left(x - \frac{a}{2}\right), \quad v = 2\left(y - \frac{b}{2}\right)$$

と表され，u, v は $(u-c)^2 + (v-d)^2 = r^2$ を満たすから

$$\left\{2\left(x - \frac{a+c}{2}\right)\right\}^2 + \left\{2\left(y - \frac{b+d}{2}\right)\right\}^2 = r^2$$

すなわち

$$\left(x - \frac{a+c}{2}\right)^2 + \left(y - \frac{b+d}{2}\right)^2 = \left(\frac{r}{2}\right)^2$$

となる。これが点 M' の軌跡の方程式である。つまり，点 M' の軌跡は中心が

$\left(\dfrac{a+c}{2},\ \dfrac{b+d}{2}\right)$, 半径が $\dfrac{r}{2}$ の円である。これは，次のことを意味している。

「ある円上を動く点と定点の中点の軌跡は，ある円の半径の $\dfrac{1}{2}$ を半径とし，ある円の中心と定点の中点を中心とする円になる」 ……(*)

このことより，円 C の半径は 4 である（問題文の図中の 5 つの円の半径はすべて 2 であるから）。よって，選択肢は③と⑦だけ調べればよい。

③の円の中心は $(0,\ 0)$ であるから，軌跡の円の中心は，O に対して $(0,\ 0)$，A_1 に対して $\left(-\dfrac{9}{2},\ 0\right)$，$A_2$ に対して $\left(-\dfrac{5}{2},\ -\dfrac{5}{2}\right)$，$A_3$ に対して $\left(\dfrac{5}{2},\ -\dfrac{5}{2}\right)$，$A_4$ に対して $\left(\dfrac{9}{2},\ 0\right)$ となり，5 つの円の中心に一致している。

⑦の円の中心は $(0,\ -1)$ であるが，軌跡の円の中心は，O に対して $\left(0,\ -\dfrac{1}{2}\right)$ となる。しかし，この点を中心にもつ円は図中の 5 つの円のなかにないので，⑦は不適である。

したがって，円 C の方程式として最も適当なものは ③ →ヌ である。

別解 (2) 選択肢⓪〜⑦のそれぞれについて，C 上に任意の点 Q をとり，点 Q と点 O$(0,\ 0)$ との中点を通る円が，図中の 5 つの円のなかにあるかどうかを調べる。

⓪ Q$(1,\ 0)$ とすると，OQ の中点 $\left(\dfrac{1}{2},\ 0\right)$ を通る円はない。

① Q$(\sqrt{2},\ 0)$ とすると，OQ の中点 $\left(\dfrac{\sqrt{2}}{2},\ 0\right)$ を通る円はない。

② Q$(2,\ 0)$ とすると，OQ の中点 $(1,\ 0)$ を通る円はない。

③ Q$(4,\ 0)$ とすると，OQ の中点 $(2,\ 0)$ を通る円はある。

④ Q$(1,\ -1)$ とすると，OQ の中点 $\left(\dfrac{1}{2},\ -\dfrac{1}{2}\right)$ を通る円はない。

⑤ Q$(\sqrt{2},\ -1)$ とすると，OQ の中点 $\left(\dfrac{\sqrt{2}}{2},\ -\dfrac{1}{2}\right)$ を通る円はない。

⑥ Q$(2,\ -1)$ とすると，OQ の中点 $\left(1,\ -\dfrac{1}{2}\right)$ を通る円はない。

⑦ Q$(4,\ -1)$ とすると，OQ の中点 $\left(2,\ -\dfrac{1}{2}\right)$ を通る円はない。

よって，⓪〜②および④〜⑦は不適である。そこで，③について調べてみる。$C:x^2+y^2=16$ 上の点 Q の座標を $(u,\ v)$ とおき，点 Q と定点 A$(a,\ b)$ との中点 M の座標を $(x,\ y)$ とすれば

$$u^2+v^2=16,\quad x=\dfrac{u+a}{2},\quad y=\dfrac{v+b}{2}$$

が成り立ち，u，v を消去することによって
$$2^2\left(x-\frac{a}{2}\right)^2+2^2\left(y-\frac{b}{2}\right)^2=16 \quad \text{すなわち} \quad \left(x-\frac{a}{2}\right)^2+\left(y-\frac{b}{2}\right)^2=2^2$$
を得る。$A(a,\ b)$ を $O(0,\ 0)$，$A_1(-9,\ 0)$，$A_2(-5,\ 5)$，$A_3(5,\ -5)$，$A_4(9,\ 0)$ に置き換えれば，図の5つの円がすべて得られる。

以上のことから，円 C の方程式として最も適当なものは ③ である。

解説

(1) (i) 点Mの軌跡の方程式を求めるには，点Mの座標を $(x,\ y)$ とおいて，x と y の関係式を求めればよい。動点Pの座標を $(u,\ v)$ とおいてみると，点Aに対して，線分APの中点がMであることから，u，v は x，y を用いて表せる。Pは放物線 $y=x^2$ 上にあるので，u と v の間には $v=u^2$ の関係がある。これで x と y の関係が求まる。これは定型的な解法である。

点 $M(x,\ y)$ の満たすべき方程式はこれで求められるが，一般に，条件 E を満たす点の軌跡が図形 F であることをいうには

〈1〉条件 E を満たす点は図形 F 上にある（必要条件）

〈2〉図形 F 上の点はすべて条件 E を満たす（十分条件）

の2点を示す必要がある。本問は記述式の問題ではないので，〔解答〕では〈1〉だけ示してある。

(ii) $y=f(x)$ のグラフの平行移動については次のことをおさえておく。

ポイント $y=f(x)$ のグラフの平行移動

関数 $y=f(x)$ のグラフを x 軸方向に p，y 軸方向に q だけ平行移動したグラフを表す方程式は

$$y-q=f(x-p) \quad \text{すなわち} \quad y=f(x-p)+q$$

となる（x を $x-p$ で，y を $y-q$ で置き換えればよい）。

(iii) $y=f(x)$ のグラフと $y=g(x)$ のグラフの共有点の x 座標は，方程式

$$f(x)=g(x) \quad \text{すなわち} \quad f(x)-g(x)=0$$

の実数解で与えられる。この方程式が2次方程式の場合，判別式を D とすると

$D>0$ ならば異なる2つの実数解をもつから，共有点は2個

$D=0$ ならば1つの実数解（重解）をもつから，共有点は1個

$D<0$ ならば実数解をもたないから，共有点は0個

と分類できる。

(2) 〔解答〕において，計算で求めた内容（＊）は，下図より簡単に導き出せる。

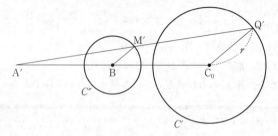

線分 A′C₀ の中点を B とする。

$A'B = \frac{1}{2}A'C_0$, $A'M' = \frac{1}{2}A'Q'$ より　　$BM' /\!/ C_0Q'$

よって　　$BM' = \frac{1}{2}C_0Q' = \frac{1}{2}r$

つまり，点 Q′ を円 C' 上のどこにとっても，それに応じて BM′ はつねに $\frac{1}{2}r$ となるから，点 M′ は点 B を中心とする半径 $\frac{1}{2}r$ の円（C''）上にある（必要条件）。

逆に，円 C'' 上の任意の点 M′ に対し，$2A'M' = A'Q'$ となる点 Q′ は $C_0Q' = r$ の円 C' 上にある（十分条件）。

これで（＊）が示せた。（＊）に気付けば，選択肢はすぐに③と⑦に絞れる。

〔別解〕のように⓪～⑦を逐次チェックしても，説明を書く必要はないので，そう時間はかからないだろう。

第3問 　標準　《二項分布，正規分布，母平均の推定》

(1) P大学生のうち全く読書をしない学生の母比率が50％すなわち0.5であるとき，標本400人のうち全く読書をしない学生の人数 T は二項分布 $B(400,\ 0.5)$ に従う。よって，T の平均は $E(T) = 400 \times 0.5 = \boxed{200}$ →アイウ 人であり，分散は $V(T) = 400 \times 0.5 \times (1 - 0.5) = 100$ である。

また，標本の大きさ400は十分に大きいので，標本のうち全く読書をしない学生の比率 $\dfrac{T}{400}$ の分布は，平均 $E\left(\dfrac{T}{400}\right) = \dfrac{1}{400}E(T) = \dfrac{200}{400} = \dfrac{1}{2} = 0.\boxed{5}$ →エ，分散 $V\left(\dfrac{T}{400}\right) = \dfrac{1}{400^2}V(T) = \dfrac{100}{400^2} = \dfrac{1}{1600}$，標準偏差 $\sigma\left(\dfrac{T}{400}\right) = \sqrt{V\left(\dfrac{T}{400}\right)} = \sqrt{\dfrac{1}{1600}} = \dfrac{1}{40}$ $= 0.\boxed{025}$ →オカキ の正規分布 $N(0.5,\ 0.025^2)$ で近似できる。

(2) P大学生の読書時間は，母平均が24分であるとし，母標準偏差を σ 分とおく。

(i) 標本の大きさ400は十分に大きいので，読書時間の標本平均 $\overline{X}$ の分布は，平均（期待値）$\boxed{24}$ →クケ 分，標準偏差 $\dfrac{\sigma}{\sqrt{400}} = \dfrac{\sigma}{\boxed{20}}$ →コサ 分の正規分布 $N\left(24,\ \left(\dfrac{\sigma}{20}\right)^2\right)$ で近似できる。

(ii) $\sigma = 40$ として，読書時間の標本平均 $\overline{X}$ が30分以上となる確率 $P(\overline{X} \geq 30)$ を求める。確率変数 $\overline{X}$ を $Z = \dfrac{\overline{X} - 24}{2}$ $\left(\dfrac{\sigma}{20} = \dfrac{40}{20} = 2\right)$ に変換すれば，Z は標準正規分布 $N(0,\ 1)$ に従う。よって

$$P(\overline{X} \geq 30) = P(Z \geq 3) = P(Z \geq 0) - P(0 \leq Z \leq 3)$$
$$= 0.5 - 0.4987 = 0.\boxed{0013} \rightarrow シスセソ \quad （正規分布表より）$$

である。

また，選択肢⓪～⑤のうち，確率がおよそ0.1587となるのは，④以外ではない。⓪，①については，P大学の全学生の読書時間の分布がわかっていないので，確率を求めることはできない。②，③については，P大学の全学生の読書時間の平均，すなわち母平均を24分と仮定しているので，26分以上となる確率は0，64分以下となる確率は1である。⑤は，母平均が24分，標本平均が30分以上となる確率が0.0013であることを考えると，64分以下の確率は0.5より大きいはずで0.1587はあり得ない。

そこで，④を確認すると

$$P(\overline{X} \geq 26) = P(Z \geq 1) = P(Z \geq 0) - P(0 \leq Z \leq 1)$$
$$= 0.5 - 0.3413 = 0.1587$$

となるから，当てはまる最も適当なものは ④ →タ である。

(3) (i) P大学生の読書時間の母標準偏差を σ とし，標本平均を $\overline{X}$ とするとき，P大学生の読書時間の母平均 m に対する信頼度95％の信頼区間 $A \leq m \leq B$ を求める。標本平均 $\overline{X}$ は，標本の大きさ400が十分に大きいので，近似的に正規分布 $N\left(m, \dfrac{\sigma^2}{400}\right)$ に従う。すなわち，$Z = \dfrac{\overline{X} - m}{\dfrac{\sigma}{20}}$ は，近似的に標準正規分布 $N(0, 1)$ に従う。

正規分布表より

$$P(0 \leq Z \leq 1.96) = 0.4750 = \dfrac{0.95}{2} \quad \text{すなわち} \quad P(|Z| \leq 1.96) = 0.95$$

であるから，求める $A \leq m \leq B$ は $\left|\dfrac{\overline{X} - m}{\dfrac{\sigma}{20}}\right| \leq 1.96$ を変形して

$$\overline{X} - 1.96 \times \dfrac{\sigma}{20} \leq m \leq \overline{X} + 1.96 \times \dfrac{\sigma}{20}$$

となる。

よって　$A = \overline{X} - 1.96 \times \dfrac{\sigma}{20}$　　④ →チ

(ii) 母平均 m に対する信頼度95％の信頼区間 $A \leq m \leq B$ とは，無作為抽出を繰り返し，その都度得られる標本平均 $\overline{X}$ に対して区間 $A \leq m \leq B$ を作ると，100回中95回程度は，それが正しい不等式になることを意味している。したがって，最も適当なものは ④ →ツ である。

解説

(1) 400人の学生から1人を無作為に選んだとき，その学生が，全く読書をしない学生である確率は $\dfrac{1}{2}$ である。ゆえに，400人のうち全く読書をしない学生の人数 T は，二項分布 $B\left(400, \dfrac{1}{2}\right)$ に従う。

> **ポイント** 二項分布の平均・分散・標準偏差
>
> 確率変数 X が二項分布 $B(n, p)$ に従うとき
>
> 　　平均　$E(X) = np$
>
> 　　分散　$V(X) = npq$　$(p + q = 1)$
>
> 　　標準偏差　$\sigma(X) = \sqrt{V(X)} = \sqrt{npq}$

また，二項分布は，n が大きいとき，正規分布で近似できる。

> **ポイント** 二項分布と正規分布
>
> 二項分布 $B(n, p)$ に従う確率変数 X は，n が大きいとき，近似的に
> $$\text{正規分布 } N(np, npq) \quad (p+q=1)$$
> に従う。

(2) 大きな標本の無作為抽出を何度も繰り返し，その標本平均 $\overline{X}$ を集めると，$\overline{X}$ は近似的に正規分布に従う。

> **ポイント** 標本平均の分布
>
> 母平均が m，母標準偏差が σ の母集団から大きさ n の標本を無作為抽出するとき，n が大きいならば，標本平均 $\overline{X}$ は，近似的に
> $$\text{正規分布 } N\left(m, \frac{\sigma^2}{n}\right)$$
> に従う。

(ii)の選択肢 ⓪〜⑤ から 1 つ選ぶ問題で，正規分布表を見ながら

$$0.1587 = 0.5 - 0.3413$$
$$= \begin{cases} P(Z \geq 0) - P(0 \leq Z \leq 1.00) = P(Z \geq 1) = P(\overline{X} \geq 26) \\ P(Z \leq 0) - P(-1.00 \leq Z \leq 0) = P(Z \leq -1) = P(\overline{X} \leq 22) \end{cases}$$

とすると，④が $P(\overline{X} \geq 26)$ であるので正解が得られる。しかし，$0.1587 = 0.5 - 0.3413$ とするところに必然性はないので，いつでも使える解法ではない。

(3) 次のことを覚えておくとよい。

> **ポイント** 母平均の推定
>
> 標本の大きさ n が大きいとき，母平均 m に対する信頼度 95％ の信頼区間は
> $$\overline{X} - 1.96 \times \frac{\sigma}{\sqrt{n}} \leq m \leq \overline{X} + 1.96 \times \frac{\sigma}{\sqrt{n}} \quad \begin{pmatrix} \overline{X} \text{ は標本平均} \\ \sigma \text{ は母標準偏差} \end{pmatrix}$$
> 母標準偏差は標本標準偏差で代用できる。

信頼区間の意味は正確に覚えておかなければならない。

第4問 標準 《2項間の漸化式》

(1) (i) $a_1=6$, $a_{n+1}=3a_n-8$ $(n=1, 2, 3, \cdots)$ ……Ⓐ

$a_{n+1}-k=3(a_n-k)$ は, $a_{n+1}=3a_n-2k$ と変形され, これがⒶに一致しなければならないから, $2k=8$ すなわち $k=\boxed{4}$ →ア である。

(ii) 漸化式 $a_{n+1}-4=3(a_n-4)$ は, 数列 $\{a_n-4\}$ が公比を3とする等比数列であることを表し, 初項が $a_1-4=6-4=2$ (Ⓐより) であるので

$$a_n-4=2\times 3^{n-1} \quad \therefore \quad a_n = \boxed{2} \cdot \boxed{3}^{n-1} + \boxed{4} \quad →イ, ウ, エ$$

である。

(2) (i) $b_1=4$, $b_{n+1}=3b_n-8n+6$ $(n=1, 2, 3, \cdots)$ ……Ⓑ

数列 $\{b_n\}$ の階差数列 $\{p_n\}$ を, $p_n=b_{n+1}-b_n$ $(n=1, 2, 3, \cdots)$ と定めると

$$\begin{aligned} p_1 &= b_2-b_1 = (3b_1-8\times 1+6)-b_1 \quad (Ⓑより) \\ &= 2b_1-2 = 2\times 4-2 \quad (Ⓑより) \\ &= \boxed{6} \quad →オ \end{aligned}$$

である。

(ii) Ⓑより

$$b_{n+2}=3b_{n+1}-8(n+1)+6$$
$$b_{n+1}=3b_n-8n+6$$

となるから, 辺々引くと

$$b_{n+2}-b_{n+1}=3(b_{n+1}-b_n)-8$$

すなわち

$$p_{n+1}=\boxed{3}p_n-\boxed{8} \quad →カ, キ$$

となる。

(iii) $p_1=6$, $p_{n+1}=3p_n-8$ は(1)の数列 $\{a_n\}$ の漸化式と全く同一であるから

$$p_n=a_n=\boxed{2}\cdot\boxed{3}^{n-1}+\boxed{4} \quad →ク, ケ, コ$$

である。

(3) (i) 漸化式Ⓑを, ある数列 $\{q_n\}$ を用いて, $q_{n+1}=3q_n$ と変形する。それには, Ⓑの n の1次式の部分を一般化して

$$q_n=b_n+sn+t \quad (s, t \text{ は定数})$$

とおくと

$$q_{n+1}=b_{n+1}+s(n+1)+t$$

となるから, $q_{n+1}=3q_n$ は

$$b_{n+1}+s(n+1)+t=3(b_n+sn+t) \quad \boxed{③} →サ, \boxed{⓪} →シ$$

と表せる。

(ii) 上の式を変形すれば
$$b_{n+1} = 3b_n + 2sn + 2t - s$$
となり，これがⒷと一致するようにすれば
$$2s = -8, \quad 2t - s = 6$$
を得るから，$s = \boxed{-4}$ →スセ，$t = \boxed{1}$ →ソ である。

(4) 漸化式Ⓑを(2)の方法で解くと，次のようになる。

$n \geq 2$ のとき
$$b_n = b_1 + \sum_{k=1}^{n-1} p_k = 4 + \sum_{k=1}^{n-1}(2 \times 3^{k-1} + 4) = 4 + 2\sum_{k=1}^{n-1} 3^{k-1} + \sum_{k=1}^{n-1} 4$$
$$= 4 + 2 \times \frac{3^{n-1} - 1}{3 - 1} + 4(n-1)$$
$$= 3^{n-1} + 4n - 1$$

これは，$b_1 = 4$ も成立させるから，$n = 1, 2, 3, \cdots$ に対して
$$b_n = \boxed{3}^{n-1} + \boxed{4}n - \boxed{1} \quad →タ，チ，ツ$$
である。

漸化式Ⓑを(3)の方法で解くと，次のようになる。

数列 $\{q_n\}$ は，初項が $q_1 = b_1 + s + t = 4 - 4 + 1 = 1$，公比が 3 の等比数列であるから，$q_n = 1 \times 3^{n-1} = 3^{n-1}$ である。$q_n = b_n + sn + t = b_n - 4n + 1$ であったから
$$b_n = q_n + 4n - 1 = 3^{n-1} + 4n - 1$$
である。

(5) $c_1 = 16, \quad c_{n+1} = 3c_n - 4n^2 - 4n - 10 \quad (n = 1, 2, 3, \cdots) \quad \cdots\cdots Ⓒ$

(3)の方法を用いることにする。$r_n = c_n + kn^2 + \ell n + m$ とおいて，$r_{n+1} = 3r_n$ となるような定数 k, ℓ, m を求めたい。
$$c_{n+1} + k(n+1)^2 + \ell(n+1) + m = 3(c_n + kn^2 + \ell n + m)$$
変形して $\quad c_{n+1} = 3c_n + 2kn^2 + (2\ell - 2k)n + 2m - k - \ell$
これがⒸと一致するためには
$$2k = -4, \quad 2\ell - 2k = -4, \quad 2m - k - \ell = -10$$
が成り立てばよいので，$k = -2, \ell = -4, m = -8$ が得られる。
よって，数列 $\{c_n - 2n^2 - 4n - 8\}$ は公比が 3 の等比数列である。この数列の初項は $c_1 - 2 \times 1^2 - 4 \times 1 - 8 = 16 - 2 - 4 - 8 = 2$（Ⓒより）であるから，数列 $\{c_n\}$ の一般項は，次のようになる。
$$c_n - 2n^2 - 4n - 8 = 2 \times 3^{n-1}$$
$$\therefore \quad c_n = \boxed{2} \cdot \boxed{3}^{n-1} + \boxed{2}n^2 + \boxed{4}n + \boxed{8} \quad →テ，ト，ナ，ニ，ヌ$$

解 説

(1) 教科書で学習する基本形である。

> **ポイント** 2項間の漸化式 $a_{n+1}=pa_n+q$ $(pq\neq 0,\ p\neq 1)$ の解法
>
> $$\begin{array}{r}a_{n+1}=pa_n+q\\ -)\alpha=p\alpha+q\hphantom{aaaa}\\\hline a_{n+1}-\alpha=p(a_n-\alpha)\end{array}$$
>
> $\cdots\to \alpha=\dfrac{q}{1-p}$
>
> $\cdots\to$ 数列 $\{a_n-\alpha\}$ は公比が p の等比数列
>
> ∴ $a_n-\alpha=(a_1-\alpha)\times p^{n-1}$ すなわち $a_n=\alpha+(a_1-\alpha)p^{n-1}$

(2) 階差数列の一般項からもとの数列 $\{a_n\}$ の一般項を得るには，等式

$$a_n=a_1+(a_2-a_1)+(a_3-a_2)+\cdots+(a_n-a_{n-1})\quad (n\geqq 2)$$

を利用する。階差数列 $\{a_{n+1}-a_n\}$ の初項 (a_2-a_1) から，第 $(n-1)$ 項 (a_n-a_{n-1}) までの和に a_1 を加えたものが a_n となる。

(3) 「等比化」とよばれる解法である。この方法は身に付けておきたい。

(4) (2)の方法，(3)の方法をどちらも〔解答〕に載せておいた。(3)の方法の方が簡単である。

(5) ここでも(2)の方法と(3)の方法が考えられるが，〔解答〕では(3)の方法を用いた。(2)の方法を用いた場合はかなり面倒になるだろう。

第5問 《空間ベクトル》

(1) 右図において，$\vec{OA}=\vec{a}$, $\vec{OB}=\vec{b}$, $\vec{OC}=\vec{c}$, $\vec{OD}=\vec{d}$ とおく。

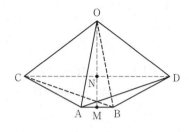

(i) 点Mは線分 AB の中点であるから

$$\vec{OM} = \frac{\vec{OA}+\vec{OB}}{2} = \boxed{\frac{1}{2}}(\vec{a}+\vec{b}) \quad \rightarrow ア，イ$$

であり，点Nは線分 CD の中点であるから

$$\vec{ON} = \frac{\vec{OC}+\vec{OD}}{2} = \frac{1}{2}(\vec{c}+\vec{d})$$

である。6つの面 OAC，OBC，OAD，OBD，ABC，ABD は1辺の長さが1の正三角形であるから，△OAB も1辺の長さが1の正三角形で

$$\vec{a}\cdot\vec{b} = \vec{OA}\cdot\vec{OB} = |\vec{OA}||\vec{OB}|\cos\angle AOB = 1\times 1\times\cos 60° = \frac{1}{2}$$

である。$\vec{a}\cdot\vec{c}$, $\vec{a}\cdot\vec{d}$, $\vec{b}\cdot\vec{c}$, $\vec{b}\cdot\vec{d}$ も同様であるので

$$\vec{a}\cdot\vec{b} = \vec{a}\cdot\vec{c} = \vec{a}\cdot\vec{d} = \vec{b}\cdot\vec{c} = \vec{b}\cdot\vec{d} = \boxed{\frac{1}{2}} \quad \rightarrow ウ，エ$$

となる。

(ii) $\vec{OA}\cdot\vec{CN} = \vec{OA}\cdot(\vec{ON}-\vec{OC}) = \vec{a}\cdot\left\{\frac{1}{2}(\vec{c}+\vec{d})-\vec{c}\right\} = \vec{a}\cdot\left(-\frac{1}{2}\vec{c}+\frac{1}{2}\vec{d}\right)$

$= -\frac{1}{2}\vec{a}\cdot\vec{c} + \frac{1}{2}\vec{a}\cdot\vec{d} = -\frac{1}{2}\times\frac{1}{2}+\frac{1}{2}\times\frac{1}{2} = 0 \quad \left(\vec{a}\cdot\vec{c}=\vec{a}\cdot\vec{d}=\frac{1}{2} より\right)$

である。3点 O，N，M は同一直線上にあるから，$\vec{ON} = k\vec{OM}$（kは実数）とおけるので，$\vec{CN} = \vec{ON}-\vec{OC} = k\vec{OM}-\vec{OC} = k\times\frac{1}{2}(\vec{a}+\vec{b})-\vec{c}$ と表される。これを，$\vec{OA}\cdot\vec{CN}=0$ に代入すると

$$\vec{a}\cdot\left\{\frac{k}{2}(\vec{a}+\vec{b})-\vec{c}\right\} = 0 \qquad \frac{k}{2}\vec{a}\cdot\vec{a} + \frac{k}{2}\vec{a}\cdot\vec{b} - \vec{a}\cdot\vec{c} = 0$$

となり，$\vec{a}\cdot\vec{a}=|\vec{a}|^2=1$, $\vec{a}\cdot\vec{b}=\vec{a}\cdot\vec{c}=\frac{1}{2}$ より

$$\frac{k}{2}\times 1 + \frac{k}{2}\times\frac{1}{2} - \frac{1}{2} = 0 \quad \therefore \quad k = \boxed{\frac{2}{3}} \quad \rightarrow オ，カ$$

である。つまり，$\vec{ON} = \frac{2}{3}\vec{OM}$ である。

(iii) 〔方針1〕 $\vec{d}$ を $\vec{a}, \vec{b}, \vec{c}$ を用いて表すと，次のようになる。

$\overrightarrow{ON} = \dfrac{2}{3}\overrightarrow{OM}$ より $\dfrac{1}{2}(\vec{c}+\vec{d}) = \dfrac{2}{3} \times \dfrac{1}{2}(\vec{a}+\vec{b})$

∴ $\vec{d} = \dfrac{2}{3}(\vec{a}+\vec{b}) - \vec{c} = \boxed{\dfrac{2}{3}}\vec{a} + \boxed{\dfrac{2}{3}}\vec{b} - \vec{c}$ →キ，ク，ケ，コ

〔方針2〕 ∠COD = θ であるから

$|\overrightarrow{ON}|^2 = \overrightarrow{ON}\cdot\overrightarrow{ON} = \left\{\dfrac{1}{2}(\vec{c}+\vec{d})\right\}\cdot\left\{\dfrac{1}{2}(\vec{c}+\vec{d})\right\} = \dfrac{1}{4}(|\vec{c}|^2 + 2\vec{c}\cdot\vec{d} + |\vec{d}|^2)$

$= \dfrac{1}{4}(|\vec{c}|^2 + 2|\vec{c}||\vec{d}|\cos\theta + |\vec{d}|^2) = \dfrac{1}{4}(1^2 + 2\times 1\times 1\times\cos\theta + 1^2)$

$= \boxed{\dfrac{1}{2}} + \dfrac{1}{2}\cos\theta$ →サ，シ

である。

(iv) 〔方針1〕を用いて $\cos\theta$ の値を求める。

$\vec{c}\cdot\vec{d} = \vec{c}\cdot\left(\dfrac{2}{3}\vec{a} + \dfrac{2}{3}\vec{b} - \vec{c}\right) = \dfrac{2}{3}\vec{a}\cdot\vec{c} + \dfrac{2}{3}\vec{b}\cdot\vec{c} - |\vec{c}|^2$

$= \dfrac{2}{3}\times\dfrac{1}{2} + \dfrac{2}{3}\times\dfrac{1}{2} - 1^2 = -\dfrac{1}{3}$

であり，$\vec{c}\cdot\vec{d} = |\vec{c}||\vec{d}|\cos\theta = 1\times 1\times\cos\theta = \cos\theta$ であるから

$\cos\theta = \boxed{\dfrac{-1}{3}}$ →スセ，ソ

である。

〔方針2〕を用いて $\cos\theta$ の値を求める。

$\overrightarrow{OM}$ と $\overrightarrow{ON}$ のなす角は $0°$ であるから，$\overrightarrow{OM}\cdot\overrightarrow{ON} = |\overrightarrow{OM}||\overrightarrow{ON}|$ が成り立つ。

$\overrightarrow{OM}\cdot\overrightarrow{ON} = \left\{\dfrac{1}{2}(\vec{a}+\vec{b})\right\}\cdot\left\{\dfrac{1}{2}(\vec{c}+\vec{d})\right\} = \dfrac{1}{4}(\vec{a}\cdot\vec{c} + \vec{a}\cdot\vec{d} + \vec{b}\cdot\vec{c} + \vec{b}\cdot\vec{d})$

$= \dfrac{1}{4}\left(\dfrac{1}{2} + \dfrac{1}{2} + \dfrac{1}{2} + \dfrac{1}{2}\right) = \dfrac{1}{2}$

$|\overrightarrow{OM}|^2 = \overrightarrow{OM}\cdot\overrightarrow{OM} = \left\{\dfrac{1}{2}(\vec{a}+\vec{b})\right\}\cdot\left\{\dfrac{1}{2}(\vec{a}+\vec{b})\right\} = \dfrac{1}{4}(|\vec{a}|^2 + 2\vec{a}\cdot\vec{b} + |\vec{b}|^2)$

$= \dfrac{1}{4}\left(1^2 + 2\times\dfrac{1}{2} + 1^2\right) = \dfrac{3}{4}$

これらを，$(\overrightarrow{OM}\cdot\overrightarrow{ON})^2 = |\overrightarrow{OM}|^2|\overrightarrow{ON}|^2$ に代入すると

$\left(\dfrac{1}{2}\right)^2 = \dfrac{3}{4}|\overrightarrow{ON}|^2$ すなわち $|\overrightarrow{ON}|^2 = \dfrac{1}{3}$

となる。これを，上で求めた $|\overrightarrow{ON}|^2 = \dfrac{1}{2} + \dfrac{1}{2}\cos\theta$ に代入すると

$\dfrac{1}{3} = \dfrac{1}{2} + \dfrac{1}{2}\cos\theta$ より $\cos\theta = -\dfrac{1}{3}$

となる。

(2) 右図において，4 つの面 OAC，OBC，OAD，OBD は 1 辺の長さが 1 の正三角形である。面 ABC，ABD は合同な二等辺三角形である（AC＝BC＝AD＝BD）。

$\angle AOB = \alpha$，$\angle COD = \beta$ $(\alpha > 0,\ \beta > 0)$

とする。

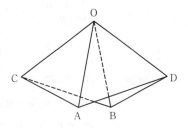

線分 AB の中点 M′ と線分 CD の中点 N′ および点 O は一直線上にある。

(i) $\overrightarrow{OM'} = \dfrac{1}{2}(\vec{a}+\vec{b})$，$\overrightarrow{ON'} = \dfrac{1}{2}(\vec{c}+\vec{d})$ であるから，〔方針 2〕と同様に考えて

$$|\overrightarrow{OM'}|^2 = \overrightarrow{OM'} \cdot \overrightarrow{OM'} = \left\{\dfrac{1}{2}(\vec{a}+\vec{b})\right\} \cdot \left\{\dfrac{1}{2}(\vec{a}+\vec{b})\right\} = \dfrac{1}{4}(|\vec{a}|^2 + 2\vec{a}\cdot\vec{b} + |\vec{b}|^2)$$

$$= \dfrac{1}{4}(1^2 + 2\times 1\times 1\times \cos\alpha + 1^2) = \dfrac{1}{2}(1+\cos\alpha)$$

同様に，$|\overrightarrow{ON'}|^2 = \dfrac{1}{2}(1+\cos\beta)$ が得られる。

$\overrightarrow{OM'}\cdot\overrightarrow{ON'} = |\overrightarrow{OM'}||\overrightarrow{ON'}|$ であるから

$$(\overrightarrow{OM'}\cdot\overrightarrow{ON'})^2 = |\overrightarrow{OM'}|^2|\overrightarrow{ON'}|^2 = \dfrac{1}{2}(1+\cos\alpha)\times\dfrac{1}{2}(1+\cos\beta)$$

$$= \dfrac{1}{4}(1+\cos\alpha)(1+\cos\beta)$$

であり，$\overrightarrow{OM'}\cdot\overrightarrow{ON'} = \left\{\dfrac{1}{2}(\vec{a}+\vec{b})\right\}\cdot\left\{\dfrac{1}{2}(\vec{c}+\vec{d})\right\} = \overrightarrow{OM}\cdot\overrightarrow{ON} = \dfrac{1}{2}$ であるから

$$\left(\dfrac{1}{2}\right)^2 = \dfrac{1}{4}(1+\cos\alpha)(1+\cos\beta)$$

すなわち $(1+\cos\alpha)(1+\cos\beta) = 1$ ① →タ

が成り立つ。

(ii) $\alpha = \beta$ のとき，$(1+\cos\alpha)(1+\cos\beta) = 1$ から β を消去すると

$(1+\cos\alpha)^2 = 1$ $1+2\cos\alpha+\cos^2\alpha = 1$

$\cos\alpha(\cos\alpha+2) = 0$

となり，$\cos\alpha+2>0$ より，$\cos\alpha=0$ を得る。

$0°<\alpha<180°$ より，$\alpha = \boxed{90}$ °→チツ である。

また，$\alpha=\beta$ のとき，$|\overrightarrow{OM'}|^2 = |\overrightarrow{ON'}|^2$ より OM′＝ON′ であるから，線分 AB と線分 CD は同一平面上にあることになる。つまり，点 D は**平面 ABC** 上にある。

① →テ

解説

(1) (i) 線分 AB を $m:n$ に内分する点を P,外分する点を Q とすると

$$\overrightarrow{OP} = \frac{n\overrightarrow{OA} + m\overrightarrow{OB}}{m+n}, \quad \overrightarrow{OQ} = \frac{-n\overrightarrow{OA} + m\overrightarrow{OB}}{m-n}$$

特に,線分 AB の中点を M とすれば,$\overrightarrow{OM} = \dfrac{\overrightarrow{OA} + \overrightarrow{OB}}{2}$ ($m=n=1$) となる。

> **ポイント** 内積の定義
>
> 2つのベクトル $\vec{a},\vec{b}$ のなす角を θ とするとき,内積 $\vec{a}\cdot\vec{b}$ は
>
> $$\vec{a}\cdot\vec{b} = |\vec{a}||\vec{b}|\cos\theta \quad (\theta=0°\text{のときは}\vec{a}\cdot\vec{b}=|\vec{a}||\vec{b}|\text{となる})$$
>
> と定義される。ただし,$\vec{a}=\vec{0}$ または $\vec{b}=\vec{0}$ のときは $\vec{a}\cdot\vec{b}=0$ とする。

(ii) $\vec{a}\neq\vec{0},\vec{b}\neq\vec{0}$ のとき,「2つのベクトル $\vec{a},\vec{b}$ が平行であること」は,「$\vec{b}=k\vec{a}$ を満たす実数 k が存在すること」と同値である。特に,O,M,N が同一直線上にあるときは

$$\overrightarrow{ON} = k\overrightarrow{OM} \quad (\overrightarrow{OM}/\!/\overrightarrow{ON} \quad \text{かつ} \quad \text{点Oを共有})$$

と表せる。

> **ポイント** 内積の基本性質
>
> $\vec{a}\cdot\vec{b} = \vec{b}\cdot\vec{a}$ (交換法則)
> $(\vec{a}+\vec{b})\cdot\vec{c} = \vec{a}\cdot\vec{c} + \vec{b}\cdot\vec{c},\quad \vec{a}(\vec{b}+\vec{c}) = \vec{a}\cdot\vec{b} + \vec{a}\cdot\vec{c}$ (分配法則)
> $(k\vec{a})\cdot\vec{b} = \vec{a}\cdot(k\vec{b}) = k(\vec{a}\cdot\vec{b})$ (k は実数)
> $\vec{a}\cdot\vec{a} = |\vec{a}|^2$ (重要)

(iii) 〔方針1〕の $\vec{d}$ を $\vec{a},\vec{b},\vec{c}$ を用いて表す部分は,$\overrightarrow{ON}=\dfrac{2}{3}\overrightarrow{OM}$ を〔解答〕のように用いる。

$$\vec{d} = \overrightarrow{OD} = \overrightarrow{OC} + \overrightarrow{CD} = \overrightarrow{OC} + 2\overrightarrow{CN} = \overrightarrow{OC} + 2(\overrightarrow{ON} - \overrightarrow{OC})$$
$$= -\overrightarrow{OC} + 2\times\frac{2}{3}\overrightarrow{OM} = -\vec{c} + \frac{4}{3}\times\frac{1}{2}(\vec{a}+\vec{b}) = \frac{2}{3}\vec{a} + \frac{2}{3}\vec{b} - \vec{c}$$

としてもよいが,やや迂遠である。

〔方針2〕の $|\overrightarrow{ON}|^2$ は,$\vec{c}\cdot\vec{d} = |\vec{c}||\vec{d}|\cos\theta = \cos\theta$ を念頭におく。

(iv) (2)の設問を読むと,ここでは〔方針2〕に従って解きたいところである。

(2) 〔解答〕では線分 AB,CD の中点を M′,N′ とおいているが,(1)では,条件 AB=1 が使われていないので,ここでも,線分 AB の中点を M,線分 CD の中点を N としても差し支えない。

第1回 試行調査：数学Ⅰ・数学A

問題番号	解答記号	正解	チェック
第1問	ア	③	
	イ	②	
	ウ	①	
	エ	⑤	
	あ	（次ページを参照）	
	オ	⓪	
	カ	③	
	キ	④	
	ク	②	
	ケ	③	
	$\sqrt{コ}R$	$\sqrt{3}R$	
	サ, シ	⑤, ①	
	ス, セ	③, ⑤	
	い	（次ページを参照）	
	ソ	②	
第2問	ア	①	
	イ	⑤	
	ウ	⑥	
	エオカキ	1250	
	クケコサ	1300	
	シ	④	
	う	（次ページを参照）	
	ス	⑧	
	セ	②, ③（2つマークして正解）	
	ソ	④	

問題番号	解答記号	正解	チェック
第3問	アイ/ウエ	12/13	
	オカ/キク	11/13	
	ケ/コサ	1/22	
	シス/セソ	19/26	
	タチツテ	1440	
	トナニ	960	
	ヌ	③	
第4問	ア	③	
	イ	③	
	ウ	⓪	
	エ, オ	②, ③（解答の順序は問わない）	
	カ	①	
	キ	①, ②（2つマークして正解）	
	ク	⓪	
第5問	ア	2	
	イ列目	5列目	
	ウ	③	
	エ	⓪	
	オカ列目	27列目	
	キ	7	
	ク	7	
	ケコ行目	28行目	
	サ	①, ②, ④, ⑤（4つマークして正解）	

（注）第1問，第2問は必答。第3問〜第5問のうちから2問選択。計4問を解答。

自己採点欄

● 設問ごとの配点は非公表。

★ (あ) 《正答の条件》

次の(a)と(b)の両方について正しく記述している。
 (a) 頂点の y 座標 $-\dfrac{b^2-4ac}{4a}<0$ であること。
 (b) (a)の根拠として，$a>0$ かつ $c<0$ であること。

《正答例1》 $a>0$，$c<0$ であることにより，頂点の y 座標について，つねに $-\dfrac{b^2-4ac}{4a}<0$ となるから。

《正答例2》 a は正で，c は負なので，頂点の y 座標 $-\dfrac{b^2}{4a}+c<0$ となるから第1象限，第2象限には移動しない。

《正答例3》 グラフが下に凸なので $a>0$，y 切片が負なので $c<0$。よって $-4ac>0$ となるので，$b^2-4ac>0$ である。
 したがって，頂点の y 座標 $-\dfrac{b^2-4ac}{4a}<0$ となる。

※ 頂点の y 座標に関する不等式を使っていないものは不可とする。

(い) 《正答の条件》

②，③の両方について，次のように正しく記述している。
 ②について，$BC\cos(180°-B)$ またはそれと同値な式。
 ③について，$AH-BH$ またはそれと同値な式。

《正答例1》　$AH=$ _____ ①
　　　　　　　$BH=\underline{\ BC\cos(180°-B)\ }$ ②
　　　　　　　$AB=\underline{\ AH-BH\ }$ ③

《正答例2》　$AH=$ _____ ①
　　　　　　　$BH=\underline{\ -BC\cos B\ }$ ②
　　　　　　　$AB=\underline{\ -BH+AH\ }$ ③

※ ①については，修正の必要がないと判断したことが読み取れるものは可とする。

(う) 《正答の条件》

「直線」という単語を用いて，次の(a)と(b)の両方について正しく記述している。
 (a) 用いる直線が各県を表す点と原点を通ること。
 (b) (a)の直線の傾きが最も大きい点を選ぶこと。

《正答例1》 各県を表す点のうち，その点と原点を通る直線の傾きが最も大きい点を選ぶ。

《正答例2》 各県を表す点と原点を通る直線のうち，x 軸とのなす角が最も大きい点を選ぶ。

《正答例3》 各点と $(0,0)$ を通る直線のうち，直線の上側に他の点がないような点を探す。

※ 「傾きが急」のように，数学の表現として正確でない記述は不可とする。

(注) 記述式問題については，導入が見送られることになりました。本書では，出題内容や場面設定の参考としてそのまま掲載しています（該当の問題には★印を付けています）。

第1問 ── 2次関数，三角比，正弦定理，命題

〔1〕 標準 《2次関数》

(1) 2次関数 $y=ax^2+bx+c$ ……① のグラフは下に凸だから
$$a>0 \quad \cdots\cdots ②$$
①のグラフの y 切片は正だから
$$c>0 \quad \cdots\cdots ③$$
①を平方完成すると
$$y=a\left(x^2+\frac{b}{a}x\right)+c=a\left\{\left(x+\frac{b}{2a}\right)^2-\frac{b^2}{4a^2}\right\}+c$$
$$=a\left(x+\frac{b}{2a}\right)^2-\frac{b^2}{4a}+c=a\left(x+\frac{b}{2a}\right)^2-\frac{b^2-4ac}{4a}$$

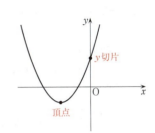

だから，①のグラフの頂点の座標は $\left(-\dfrac{b}{2a},\ -\dfrac{b^2-4ac}{4a}\right)$ ……(*)

頂点が第3象限にあることより，（頂点の x 座標）<0，（頂点の y 座標）<0 となるから
$$-\frac{b}{2a}<0 \quad \cdots\cdots ④,\quad -\frac{b^2-4ac}{4a}<0 \quad \cdots\cdots ⑤$$

②より $a>0$ なので，④の両辺を $-2a$（<0）倍して
$$b>0 \quad \cdots\cdots ⑥$$

⑤の両辺を $-4a$（<0）倍して
$$b^2-4ac>0 \quad \cdots\cdots ⑦$$

②，③，⑥より，$a>0$，$b>0$，$c>0$ となるから，これらを満たす a，b，c の値の組合せとして適当なものは，⓪あるいは③である。

⓪は $a=2$，$b=1$，$c=3$ なので，これらを⑦の左辺に代入すると
$$(⑦の左辺)=1^2-4\cdot 2\cdot 3=-23<0$$
となるので，⑦を満たさない。

③は $a=\dfrac{1}{2}$，$b=3$，$c=3$ なので，これらを⑦の左辺に代入すると
$$(⑦の左辺)=3^2-4\cdot\frac{1}{2}\cdot 3=3>0$$
となるので，⑦を満たす。

よって，a，b，c の値の組合せとして最も適当なものは ③ →ア である。

(2) a，b の値は(1)のまま変えないので，$a=\dfrac{1}{2}$，$b=3$ だから，(*) より，①のグラフの頂点の座標は

$\left(-3,\ c-\dfrac{9}{2}\right)$

c の値だけを変化させたとき

　　（頂点の x 座標）$= -3$，（頂点の y 座標）$= c - \dfrac{9}{2}$

より，頂点の y 座標の値は単調に増加し，頂点は直線 $x = -3$ 上を動く。よって，頂点は y 軸方向に移動するので，頂点の移動について正しく述べたものは ② →イ である。

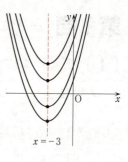

(3) $b,\ c$ の値は(1)のまま変えないので，$b = 3,\ c = 3$ だから，($*$) より，①のグラフの頂点の座標は

$$\left(-\dfrac{3}{2a},\ -\dfrac{9}{4a} + 3\right)$$

a の値だけをグラフが下に凸の状態を維持するように変化させたとき，$a > 0$ であり，$a = \dfrac{b^2}{4c} = \dfrac{3^2}{4 \cdot 3} = \dfrac{3}{4}$ のときは，①のグラフの頂点の座標は $(-2,\ 0)$ となるから，①のグラフの頂点は x 軸上にある。 ① →ウ

$a \neq \dfrac{b^2}{4c} = \dfrac{3}{4}$，すなわち，$0 < a < \dfrac{3}{4},\ \dfrac{3}{4} < a$ のときは

　　（頂点の x 座標）$= -\dfrac{3}{2a}\ (<0)$，（頂点の y 座標）$= -\dfrac{9}{4a} + 3$

より，頂点の x 座標は常に負の値をとり，頂点の y 座標は正の値も負の値もとるから，①のグラフの頂点は第2象限と第3象限を移動する。 ⑤ →エ

★(4) ①のグラフは下に凸だから　　$a > 0$

①のグラフの y 切片は負だから　　$c < 0$

①のグラフの頂点の座標は　　$\left(-\dfrac{b}{2a},\ -\dfrac{b^2 - 4ac}{4a}\right)$

$a,\ c$ の値を $a > 0,\ c < 0$ のまま変えずに，b の値だけを変化させるとき，

$a > 0,\ c < 0$ より　　$-4ac > 0$

$b^2 \geqq 0$ なので　　$b^2 - 4ac > 0$

両辺を $-4a\ (<0)$ で割れば　　$-\dfrac{b^2 - 4ac}{4a} < 0$

したがって　　（頂点の y 座標）$= -\dfrac{b^2 - 4ac}{4a} < 0$

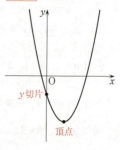

よって，$a,\ c$ の値を $a > 0,\ c < 0$ のまま変えずに，b の値だけを変化させても，（頂点の y 座標）$= -\dfrac{b^2 - 4ac}{4a} < 0$ であるから，頂点は第1象限および第2象限には移動しない。 →(あ)

解 説

2次関数 $y=ax^2+bx+c$ ……① のグラフの座標平面上の位置から，a, b, c の値として最も適当なものを選んだり，①の a, b, c の値の変化に応じて，①のグラフが座標平面上のどの位置にくるかを考えさせたりする問題である。

(1) ①のグラフが下に凸であること，y 切片が正であること，頂点が第3象限にあることより，a, b, c の条件②，③，⑥，⑦が得られる。

②，③，⑥，⑦だけでは，具体的な a, b, c の値が決定できないので，②，③，⑥より，a, b, c の値の組合せとして適当なものの候補として⓪と③だけを残し，⓪と③の a, b, c の値の組合せが⑦を満たすかどうかを⑦に代入して調べる。

(2) a と b の値は(1)のまま変えないので，$a=\dfrac{1}{2}$, $b=3$ であるから，（＊）に代入すれば①のグラフの頂点の座標は求まる。

①のグラフの頂点の座標が $\left(-3, c-\dfrac{9}{2}\right)$ であることより，c の値を変化させても頂点の x 座標は常に $x=-3$ の値をとる。さらに，頂点の y 座標は c を変数とする c の1次関数 $y=c-\dfrac{9}{2}$ であり，グラフは右上がりの直線となるから，c の値の増加にともない y の値も増加する。したがって，頂点は直線 $x=-3$ 上を動く。

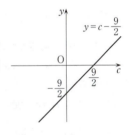

(3) b と c の値は(1)のまま変えないので，$b=3$, $c=3$ であるから，（＊）に代入すれば①のグラフの頂点の座標は求まる。

$a=\dfrac{b^2}{4c}$ のときは，$b=3$, $c=3$ なので，$a=\dfrac{b^2}{4c}=\dfrac{3}{4}$ の値を求めることで，①のグラフの頂点の座標 $(-2, 0)$ を求め，頂点が x 軸上にあることを導き出してもよいが，$a=\dfrac{b^2}{4c}$ は変形すると $b^2-4ac=0$ となるので，（①の判別式）$=0$ であることを表すから，そこから頂点が x 軸上にあることを導き出すこともできる。

$a\neq\dfrac{b^2}{4c}$ のとき，頂点の x 座標 $x=-\dfrac{3}{2a}$ は，$a>0$ より，常に負の値をとる。頂点の y 座標 $y=-\dfrac{9}{4a}+3$ は，$a=\dfrac{b^2}{4c}=\dfrac{3}{4}$ のときの議論で，$a=\dfrac{3}{4}$ のとき $y=-\dfrac{9}{4a}+3=0$ となることはわかっているので，それを考慮すれば，$a>\dfrac{3}{4}$ のときは $y=-\dfrac{9}{4a}+3>0$，$0<a<\dfrac{3}{4}$ のときは $y=-\dfrac{9}{4a}+3<0$ となることがわかる。

また，$y=-\dfrac{9}{4a}+3$ は，反比例の曲線 $y=-\dfrac{9}{4a}=\dfrac{-\dfrac{9}{4}}{a}$ を y 軸方向に 3 だけ平行移動した曲線と考えて，右のようなグラフを利用して y のとりうる値の範囲を求めてもよい。

したがって，頂点は第 2 象限と第 3 象限を移動することがわかる。

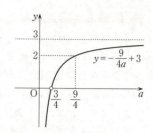

★(4) ①のグラフが下に凸であること，y 切片が負であることより，$a>0$，$c<0$ の条件が得られる。a，c の値はこのまま変えないので，$a>0$，$c<0$ であり，b の値は変化させたとしても常に $b^2 \geq 0$ が成り立つ。

[2] 標準 《三角比，正弦定理，命題》

(1) $B=90°$ であるとすると
$$C=180°-(A+B)=180°-(60°+90°)=180°-150°=30°$$
だから
$$\cos B = \cos 90° = 0 \quad \boxed{0} \to \text{オ}$$
$$\sin C = \sin 30° = \dfrac{1}{2} \quad \boxed{3} \to \text{カ}$$

したがって，この場合の X の値を計算すると
$$X = 4\cos^2 B + 4\sin^2 C - 4\sqrt{3}\cos B \sin C$$
$$= 4 \cdot 0^2 + 4 \cdot \left(\dfrac{1}{2}\right)^2 - 4\sqrt{3} \cdot 0 \cdot \dfrac{1}{2} = 1$$

になる。

(2) $B=13°$ にすると，数学の教科書の三角比の表より，$\cos B = 0.9744$ であり
$$C = 180° - (A+B) = 180° - (60°+13°) = 180° - 73° = 107°$$
だから，$\sin(180°-\theta) = \sin\theta$ $\boxed{4} \to$ キ という関係を利用すれば
$$\sin C = \sin 107° = \sin(180°-73°) = \sin 73°$$
ここで，$0 < \sin 73° < 1$ より，⓪，①，③は不適。よって
$$\sin C = \sin 73° = 0.9563 \quad \boxed{2} \to \text{ク}$$
だとわかる。

(注) この場合の X の値を，$\sqrt{3}=1.732$ として電卓を使って計算すると
$$X = 4\cos^2 B + 4\sin^2 C - 4\sqrt{3}\cos B \sin C$$
$$= 4 \times (0.9744)^2 + 4 \times (0.9563)^2 - 4 \times 1.732 \times 0.9744 \times 0.9563$$
$$= 3.79782144 + 3.65803876 - 6.45564009216$$

$$= 1.00022010784$$

小数第4位を四捨五入すると

$$X = 1.000$$

(3) 下線部(a)において，$A = 60°$，$B = 13°$のときの $\cos B$，$\sin C$ の値は，三角比の表から求めているので近似値である。また，X の値を計算する際，$\sqrt{3} = 1.732$ としているが，これも近似値であり，X の値も小数第4位を四捨五入している。したがって，$A = 60°$，$B = 13°$のときに，X の近似値が1となることがわかっただけで，$X = 1$ となることが証明できたわけではない。

また，下線部(b)において，(1)より $A = 60°$，$B = 90°$ のときに $X = 1$ となることが証明できたが，B が $90°$ 以外の角度のときにも $X = 1$ となるかどうかはわからないので，「$A = 60°$ ならば $X = 1$」という命題が真であると証明できたことにはならない。

よって，太郎さんが言った下線部(a)，(b)について，**下線部(a)，(b)ともに誤りである**から，その正誤の組合せとして正しいものは ③ →ケ である。

(4) △ABC の外接円の半径を R とすると，$A = 60°$ だから，△ABC に正弦定理を用いて

$$\frac{BC}{\sin A} = 2R$$

$$\therefore BC = 2R \cdot \sin 60° = 2R \cdot \frac{\sqrt{3}}{2}$$

$$= \sqrt{\boxed{3}} R \rightarrow \text{コ}$$

同様に，△ABC に正弦定理を用いれば

$$\frac{AB}{\sin C} = 2R, \quad \frac{AC}{\sin B} = 2R$$

$$\therefore AB = 2R \sin C \quad \boxed{⑤} \rightarrow \text{サ}, \quad AC = 2R \sin B \quad \boxed{①} \rightarrow \text{シ}$$

(5) まず，B が鋭角の場合を考える。

点C から直線 AB に垂線 CH を引くと

$$AH = AC \cos 60°_{①} = AC \cdot \frac{1}{2} = \frac{1}{2} AC$$

$$BH = \underline{BC \cos B}_{②}$$

$BC = \sqrt{3} R$，$AC = 2R \sin B$ なので

$$AH = \frac{1}{2} AC = \frac{1}{2} \cdot 2R \sin B = R \sin B$$

$$BH = BC \cos B = \sqrt{3} R \cos B$$

AB を AH，BH を用いて表すと

$$AB = \underline{AH + BH}_{③}$$

であるから

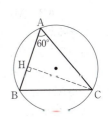

$$\text{AB} = R\sin B + \sqrt{3}R\cos B_{④} \quad (\boxed{③}\sin B + \boxed{⑤}\cos B) \to ス, セ$$

が得られる。

$\text{AB} = 2R\sin C$ なので，④の式とあわせると

$$2R\sin C = R\sin B + \sqrt{3}R\cos B$$

両辺を $R\ (>0)$ で割って

$$2\sin C = \sin B + \sqrt{3}\cos B$$

よって，この式を X の式に代入すれば

$$\begin{aligned}X &= 4\cos^2 B + 4\sin^2 C - 4\sqrt{3}\cos B\sin C \\ &= 4\cos^2 B + (2\sin C)^2 - 2\sqrt{3}\cos B \cdot 2\sin C \\ &= 4\cos^2 B + (\sin B + \sqrt{3}\cos B)^2 - 2\sqrt{3}\cos B(\sin B + \sqrt{3}\cos B) \\ &= 4\cos^2 B + (\sin^2 B + 2\sqrt{3}\cos B\sin B + 3\cos^2 B) - 2\sqrt{3}\cos B\sin B - 6\cos^2 B \\ &= \cos^2 B + \sin^2 B = 1\end{aligned}$$

となることが証明できる。

★(6) B が鈍角の場合を考える。

点 C から直線 AB に垂線 CH を引くと

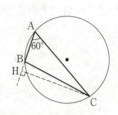

$$\text{AH} = \text{AC}\cos 60° = \text{AC} \cdot \frac{1}{2} = \frac{1}{2}\text{AC}$$

$$\text{BH} = \text{BC}\cos(180° - B) = \text{BC}(-\cos B) = -\text{BC}\cos B$$

$\text{BC} = \sqrt{3}R$，$\text{AC} = 2R\sin B$ なので

$$\text{AH} = \frac{1}{2}\text{AC} = \frac{1}{2} \cdot 2R\sin B = R\sin B$$

$$\text{BH} = -\text{BC}\cos B = -\sqrt{3}R\cos B$$

AB を AH，BH を用いて表すと

$$\text{AB} = \text{AH} - \text{BH}$$

であるから

$$\begin{aligned}\text{AB} &= R\sin B - (-\sqrt{3}R\cos B) \\ &= R\sin B + \sqrt{3}R\cos B\end{aligned}$$

が得られる。

$\text{AB} = 2R\sin C$ なので，以下，B が鋭角の場合と同様の式変形をすれば，$X = 1$ となることが証明できる。

よって，下線部(c)について，B が鈍角のときには下線部①〜③の式のうち修正が必要なものは，②と③であり，修正した式は

$$\text{BH} = \underline{\text{BC}\cos(180° - B)}_{②} \qquad \text{AB} = \underline{\text{AH} - \text{BH}}_{③} \quad \to \text{(い)}$$

である。

(7) 条件 q は

$$\lceil q : 4\cos^2 B + 4\sin^2 C - 4\sqrt{3}\cos B \sin C = 1 \iff X = 1 \rfloor$$

であるから，(4)〜(6)の議論より，$p \Longrightarrow q$ は真である。

また，$A = 120°$，$B = 30°$ のとき

$$C = 180° - (A + B) = 180° - (120° + 30°) = 180° - 150° = 30°$$

より

$$\cos B = \cos 30° = \frac{\sqrt{3}}{2}$$

$$\sin C = \sin 30° = \frac{1}{2}$$

だから

$$X = 4\cos^2 B + 4\sin^2 C - 4\sqrt{3}\cos B \sin C$$

$$= 4 \cdot \left(\frac{\sqrt{3}}{2}\right)^2 + 4 \cdot \left(\frac{1}{2}\right)^2 - 4\sqrt{3} \cdot \frac{\sqrt{3}}{2} \cdot \frac{1}{2} = 1$$

したがって，$q \Longrightarrow p$ は偽（反例：$A = 120°$，$B = 30°$）である。

よって，これまでの太郎さんと花子さんが行った考察をもとに，正しいと判断できるものは

p は q であるための十分条件であるが，必要条件でない。 ② →ソ

である。

解説

図形と計量についての問題だけでなく，命題についての理解も問われる問題となっている。

(2) $\sin C = \sin 107°$ なので，$0°$ から $90°$ までの角度で表す形に変形することを中心に考えていけば， キ の解答群も考慮に入れると，$\sin(180° - \theta) = \sin\theta$ が選択できる。

また，問題文では，「教科書の三角比の表から」となっているが，問題には三角比の表が掲載されていないので，$\sin C$ の値として最も適当なものを選ぶことになる。$0 \leq \sin 73° \leq 1$ であることがわかっていれば， ク の解答群の中から ② を選択することはたやすい。

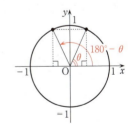

(3) 数学の教科書の三角比の表は，小数第5位を四捨五入して小数第4位までを示したものとなっている。

(5) 問題文に，$AB = 2R\sin C$ を用いることが誘導として与えられているので，$AB = 2R\sin C$ だけでなく，$BC = \sqrt{3}R$，$AC = 2R\sin B$ もあわせて利用することを考える。

★(6) B が鈍角の場合に，修正が必要となる可能性のある式は①〜③だけなので，証明のそれ以外の部分に関しては，鋭角の場合と同じであることを認識しておく必要がある。教科書内の定理の証明においても，鋭角と鈍角の場合を分けて証明することは多々あるので，普段から鋭角の場合の証明だけを理解して満足するのではなく，鋭角と鈍角の場合をそれぞれどのように証明するか理解していないと，本問に解答することは難しいかもしれない。

(7) (4)〜(6)より，$p \Longrightarrow q$ が真であることはわかる。$q \Longrightarrow p$ の真偽については，$A=120°$，$B=30°$ の場合に $X=1$ となることが，$q \Longrightarrow p$ の反例となっていることに気付けるかどうかがポイントになる。$A=120°$，$B=30°$（，$C=30°$）は「$q：X=1$」を満たすが，「$p：A=60°$」を満たさないので，$q \Longrightarrow p$ は偽であり，$A=120°$，$B=30°$ はその反例となる。

第2問 ── 1次関数，2次関数，データの相関，箱ひげ図

[1] 標準 《1次関数，2次関数》

(1) 販売数は，Tシャツ1枚の価格に対し，それ以上の金額を回答した生徒の累積人数なので，表1のTシャツ1枚の価格と累積人数 ①→ア の値の組を (x, y) として座標平面上に表すと，その4点が直線に沿って分布しているように見えたので，この直線を，Tシャツ1枚の価格 x と販売数 y の関係を表すグラフとみなすことにした。

このとき，y は x の1次関数 ⑤→イ であるので，$y=ax+b$ $(a \neq 0)$ と表せるから，売上額を $S(x)$ とおくと，(売上額)＝(Tシャツ1枚の価格)×(販売数) より

$$S(x)=x \times y=x \times (ax+b)=ax^2+bx \quad (a \neq 0)$$

すなわち，$S(x)$ は x の2次関数 ⑥→ウ である。

(2) 表1を用いて座標平面上にとった4点のうち x の値が最小の点 $(500, 200)$ と最大の点 $(2000, 50)$ を通る直線の方程式を求めると，$(500, 200)$，$(2000, 50)$ を $y=ax+b$ に代入して

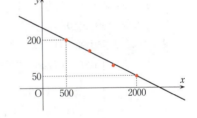

$500a+b=200$ ……①
$2000a+b=50$ ……②

②－①より

$$1500a=-150 \quad \therefore \quad a=-\frac{1}{10}$$

これを①に代入すれば $b=250$

すなわち $y=-\frac{1}{10}x+250$ ……③

これより，売上額 $S(x)$ は

$$S(x)=x \times y=x \times \left(-\frac{1}{10}x+250\right)$$

$$=-\frac{1}{10}x^2+250x$$

$$=-\frac{1}{10}(x-1250)^2+156250 \quad \cdots\cdots④$$

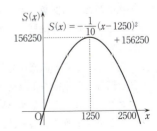

なので，$x=1250$ のとき，$S(x)$ は最大となる（この x は，50の倍数の金額となっている）。

よって，売上額 $S(x)$ が最大になる x の値は 1250 →エオカキ である。

(3) 製作費用は 400円×120枚＝48000円 で一定なので，(利益)＝(売上額)－(製作費用) より，利益を最大にするためには，売上額 $S(x)$ を最大にすればよい。
業者に 120 枚を依頼するので，販売数 y は $0 \leq y \leq 120$ であるから，$y=120$ のときのＴシャツ１枚の価格 x を求めると，③より

$$120 = -\frac{1}{10}x + 250 \quad \therefore \quad x = 1300$$

(a) $0 \leq x \leq 1300$ のとき，製作した 120 枚すべてが売れるので，販売数 y は $y=120$ だから，$S(x)$ は

$$S(x) = x \times y = x \times 120 = 120x$$

(b) $1300 \leq x \leq 2500$ のとき，販売数 y は $y = -\frac{1}{10}x + 250$ だから，$S(x)$ は④より

$$S(x) = x \times y = -\frac{1}{10}(x-1250)^2 + 156250$$

(c) $x \geq 2500$ のとき，販売数 y は $y=0$ だから，$S(x)$ は

$$S(x) = x \times y = 0$$

(a)〜(c)より，売上額 $S(x)$ は

$$S(x) = \begin{cases} 120x & (0 \leq x \leq 1300) \\ -\frac{1}{10}(x-1250)^2 + 156250 & (1300 \leq x \leq 2500) \\ 0 & (x \geq 2500) \end{cases}$$

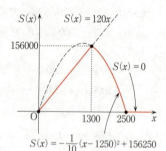

となるので，$x=1300$ のとき，$S(x)$ は最大となる（この x は，50 の倍数の金額となっている）。
よって，利益が最大になるＴシャツ１枚の価格は 1300 →**クケコサ** 円である。

解 説

１次関数と２次関数のグラフを用いて，売上額や利益を最大にすることを考える問題である。計算自体は易しいので，問われていることが何であるかを読み間違えなければよい。

(1) Ｔシャツ１枚の価格に対し，その金額を回答した生徒だけでなく，それ以上の金額を回答した生徒も１枚購入すると考えているので，販売数はＴシャツ１枚の価格に対し，それ以上の金額を回答した生徒の累積人数である。

(2) Ｔシャツ１枚の価格 x は，価格決定の手順(ⅲ)より，50 の倍数の金額としている。この問題では，売上額 $S(x)$ が最大となる x の値は $x=1250$ であり，50 の倍数であったために特に問題とはならなかったが，x の２次関数 $S(x)$ のグラフの頂点の

x 座標が 50 の倍数でなかった場合には，頂点の x 座標に最も近い 50 の倍数の値を答えとして選ぶことになる．

(3) Tシャツ1枚当たりの製作費用が 400 円なので，業者に 120 枚を依頼するとき，製作費用の総額は変化せず一定だから，利益を最大にするためには，**売上額 $S(x)$ を最大にすればよい**ことがわかる．

業者に 120 枚を依頼するので，販売数 y が 120 より大きくなることはないから，$0 \leq y \leq 120$ となる．したがって，(2)とは異なり，販売数 y にとりうる値の範囲が付加された問題ということになる．③のグラフを参考にして考えれば，販売数 y は，

(a) $0 \leq x \leq 1300$ のとき $y = 120$, (b) $1300 \leq x \leq 2500$ のとき $y = -\dfrac{1}{10}x + 250$,

(c) $x \geq 2500$ のとき $y = 0$, のように変化することがわかるので，これに応じて x の値で(a)〜(c)に場合分けすることになる．

[2] 標準 《データの相関，箱ひげ図》

(1) 観光客数と消費総額の間には強い正の相関があることが読み取れるので，相関係数は1に近い値となる．よって，図1の観光客数と消費総額の間の相関係数に最も近い値は **0.83** ④ →シ である．

★(2) 消費額単価は，消費総額 y を観光客数 x で割ればよいから，$\dfrac{消費総額}{観光客数} = \dfrac{y}{x}$, すなわち，各県を表す点 (x, y) と原点を通る直線の傾きに等しい．よって，図1の散布図から消費額単価が最も高い県を表す点 (x, y) を特定するためには，**各点と原点を結んだときの直線の傾きが最も大きい点 (x, y) を選べばよい．**→(う)

(3) (2)より，各県を表す点 (x, y) と原点を通る直線の中で，直線の傾きが最も大きい点 (x, y) を選べばよいから，消費額単価が最も高い県を表す点は **⑧** →ス である．

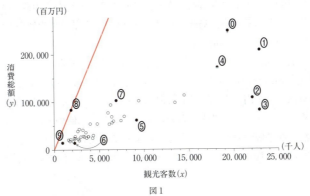

図1

(4) ⓪ 図2の上の観光客数についての箱ひげ図では，それぞれの県の県内からの観光客数と県外からの観光客数を比較することはできない。よって，正しいか正しくないかを読み取ることができない。
① 図2の下の消費総額についての箱ひげ図では，それぞれの県の県内からの観光客の消費総額と県外からの観光客の消費総額を比較することはできない。よって，正しいか正しくないかを読み取ることができない。
② 図3の散布図において，点 (2, 2) と点 (10, 10) を通る傾き1の直線を引くと，直線よりも上の領域に分布する点は，県外からの観光客の消費額単価の方が県内からの観光客の消費額単価より高く，44県の4分の3以上の県が含まれている。これより，44県の4分3以上の県では，県外からの観光客の消費額単価の方が県内からの観光客の消費額単価より高い。よって，正しい。

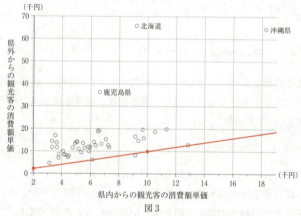

図3

③ 図3の散布図において，北海道，鹿児島県，沖縄県の県外からの観光客の消費額単価は，北海道，鹿児島県，沖縄県を除いた41県の県外からの観光客の消費額単価よりも高いから，北海道，鹿児島県，沖縄県を除いた41県の県外からの観光客の消費額単価の平均値よりも高くなる。これより，県外からの観光客の消費額単価の平均値は，北海道，鹿児島線，沖縄県を除いた41県の平均値の方が44県の平均値より小さい。よって，正しい。
④ 図3の散布図において，北海道，鹿児島県，沖縄県を除いて考えるとき，県内からの観光客の消費額単価は3千円から13千円の間に分布し，県外からの観光客の消費額単価は4千円から20千円の間に分布する。これより，北海道，鹿児島県，沖縄県を除いて考えると，県内からの観光客の消費額単価の分散よりも県外からの観光客の消費額単価の分散の方が大きい。よって，正しくない。
以上より，図2，図3から読み取れる事柄として正しいものは，②，③ →セ である。

(5) ⓪ 44県のうち，行祭事・イベントの開催数が30回以下の県が23県あるので，開催数の中央値は30回以下である。一方，開催数が30回以上の県が半数の22県あり，そのうち7県は60回から150回の間に分布しているので，開催数の平均値は30回より大きい。よって，正しくない。

① 行祭事・イベントの開催数が80回未満の県では，開催数が増えると県外からの観光客数が増える傾向がある。開催数が80回以上になると，開催数が60回から79回である県に比べて県外からの観光客数は減るが，開催数が80回以上の県だけで見ると開催数が増えると県外からの観光客数が増える傾向がある。よって，正しいとは言えない。

② 県外からの観光客数が多い県は，行祭事・イベントを多く開催している傾向にあるが，県外からの観光客数が多い上位5県の行祭事・イベントの開催数は必ずしも多いわけではない。したがって，県外からの観光客数を増やすには行祭事・イベントの開催数を増やせばよいとは断定できない。よって，正しいとは言えない。

③ 行祭事・イベントの開催数が最も多い県の，行祭事・イベントの開催数は140回より多く150回より少なく，県外からの観光客数は6000千人より多く6500千人より少ない。行祭事・イベントの開催一回当たりの県外からの観光客数は，(県外からの観光客数)÷(行祭事・イベントの開催数)で求めればよいから，行祭事・イベントの開催数が最も多い県では，行祭事・イベントの開催一回当たりの県外からの観光客数は6,000千人を超えない。よって，正しくない。

④ 県外からの観光客数が多い県ほど，行祭事・イベントを多く開催している傾向があることは，図4から読み取れる。よって，正しい。

以上より，図4から読み取れることとして最も適切な記述は ④ →ソ である。

解説

(1) 図1の散布図から，観光客数 x が増えると消費総額 y も増える強い傾向がみられるので，相関係数は1に近い値となる。

★(2) 問題文に，「「直線」という単語を用いて」という指示があるので，「直線」を利用することから考えれば，(消費額単価) $= \dfrac{消費総額}{観光客数} = \dfrac{y}{x}$ であることに気付けるだろう。

(3) 原点と⓪・⑦，⑨のそれぞれの点を通る直線の傾きは，原点と⑧の点を通る直線の傾きよりも小さい。

(4) ⓪ 箱ひげ図では，各県が箱ひげ図のどの部分に含まれているかはわからないので，各県の県内からの観光客数と県外からの観光客数を比較することはできない。

① 箱ひげ図では，各県が箱ひげ図のどの部分に含まれているかはわからないので，各県の県内からの観光客の消費総額と県外からの観光客の消費総額を比較することはできない。

② 点 (2, 2) と点 (10, 10) を通る傾き 1 の直線上の点は，横軸の県内からの観光客の消費額単価の値と，縦軸の県外からの観光客の消費額単価の値が等しい。したがって，この直線よりも上の領域に分布する点は，横軸の県内からの観光客の消費額単価の値よりも，縦軸の県外からの観光客の消費額単価の値の方が大きいことがわかる。

③ 北海道，鹿児島県，沖縄県の県外からの観光客の消費額単価は，北海道，鹿児島県，沖縄県を除いた 41 県の県外からの観光客の消費額単価よりも高い。また，北海道，鹿児島県，沖縄県を除いた 41 県の県外からの観光客の消費額単価の平均値は，北海道，鹿児島県，沖縄県を除いた 41 県の県外からの観光客の消費額単価の最大値よりも大きくなることはない。したがって，北海道，鹿児島県，沖縄県を除いた 41 県の県外からの観光客の消費額単価の平均値よりも，44 県の県外からの観光客の消費額単価の平均値の方が高いことがわかる。

④ 分散は，データの散らばりの度合いを表す量である。縦軸と横軸では目盛りの縮尺が異なるので，点の分布の散らばり具合を見るだけでは不十分であることに注意しなければならない。

(5) ⓪ 行祭事・イベントの開催数と県の数の関係は下表のようになる。

行祭事・イベントの開催数(回)	0~	10~	20~	30~	40~	50~	60~	70~	80~	90~	100~	110~	120~	130~	140~
県の数	5	5	12	8	6	1	1	2	1	0	1	1	0	0	1

これより，開催数の平均値は

$$（平均値）≧ \frac{1}{44}(0×5+10×5+20×12+30×8+40×6+50×1+60×1$$
$$+70×2+80×1+100×1+110×1+140×1)$$
$$=\frac{1450}{44}=32.9\cdots 回$$

となる。

② 県外からの観光客数が多い上位 5 県の行祭事・イベントの開催数は，必ずしも多くはない。したがって，県外からの観光客数を増やすには行祭事・イベントの開催数を増やせばよいとは断言できない。

④ それほど強い傾向ではないが，県外からの観光客数が多い県ほど，行祭事・イベントを多く開催している傾向があるといえる。

第3問 《確率》

(1) すべての道路に渋滞中の表示がない場合，A地点の分岐において運転手が①の道路を選択する確率は，④の道路を選択する事象の余事象の確率を用いて

$$1 - \frac{1}{13} = \boxed{\frac{12}{13}} \to \text{アイ，ウエ} \quad \cdots\cdots ⑦$$

(2) すべての道路に渋滞中の表示がない場合，C地点の分岐において運転手が⑦の道路を選択する確率は

$$\frac{126}{1008} = \frac{1}{8} \quad \cdots\cdots ④$$

C地点の分岐において運転手が②の道路を選択する確率は，⑦の道路を選択する事象の余事象の確率を用いて

$$1 - \frac{1}{8} = \frac{7}{8} \quad \cdots\cdots ⑦$$

E地点の分岐において運転手が⑤の道路を選択する確率と⑥の道路を選択する確率は，ともに

$$\frac{248}{496} = \frac{1}{2} \quad \cdots\cdots ㊤$$

A地点からB地点に向かう車がD地点を通過するのは

(a) $\boxed{A} \xrightarrow{①} \boxed{C} \xrightarrow{②} \boxed{D} \xrightarrow{③} \boxed{B}$

(b) $\boxed{A} \xrightarrow{④} \boxed{E} \xrightarrow{⑤} \boxed{D} \xrightarrow{③} \boxed{B}$

のいずれかの場合で，これらは互いに排反である。(a)，(b)のときの確率をそれぞれ求めると

(a) ⑦，⑦より $\quad \dfrac{12}{13} \times \dfrac{7}{8} = \dfrac{21}{26}$

(b) ④の道路を選択する確率が $\dfrac{1}{13}$ であるのと，㊤より $\quad \dfrac{1}{13} \times \dfrac{1}{2} = \dfrac{1}{26}$

よって，(a)，(b)より，A地点からB地点に向かう車がD地点を通過する確率は

$$\frac{21}{26} + \frac{1}{26} = \boxed{\frac{11}{13}} \to \text{オカ，キク}$$

(3) すべての道路に渋滞中の表示がない場合，A地点からB地点に向かう車がD地点を通過する確率は，(2)より

$$\frac{11}{13}$$

A地点からB地点に向かう車でD地点とE地点を通過する確率は，(2)の(b)より

$$\frac{1}{26}$$

よって，A地点からB地点に向かう車でD地点を通過した車が，E地点を通過していた確率は

$$\dfrac{\dfrac{1}{26}}{\dfrac{11}{13}} = \dfrac{1}{26} \div \dfrac{11}{13} = \boxed{\dfrac{1}{22}} \rightarrow ケ，コサ$$

(4) ①の道路にのみ渋滞中の表示がある場合，A地点の分岐において運転手が①の道路を選択する確率は，㋐$\times \dfrac{2}{3}$ より

$$\dfrac{12}{13} \times \dfrac{2}{3} = \dfrac{8}{13} \quad \cdots\cdots ㋒$$

A地点の分岐において運転手が④の道路を選択する確率は，①の道路を選択する事象の余事象の確率を用いて

$$1 - \dfrac{8}{13} = \dfrac{5}{13} \quad \cdots\cdots ㋕$$

A地点からB地点に向かう車がD地点を通過するのは

(c) $\boxed{A} \xrightarrow{渋滞①} \boxed{C} \xrightarrow{②} \boxed{D} \xrightarrow{③} \boxed{B}$

(d) $\boxed{A} \xrightarrow{④} \boxed{E} \xrightarrow{⑤} \boxed{D} \xrightarrow{③} \boxed{B}$

のいずれかの場合で，これらは互いに排反である。(c)，(d)のときの確率をそれぞれ求めると

(c) ㋒，㋒ より $\quad \dfrac{8}{13} \times \dfrac{7}{8} = \dfrac{7}{13}$

(d) ㋕，㋔ より $\quad \dfrac{5}{13} \times \dfrac{1}{2} = \dfrac{5}{26}$

よって，(c)，(d)より，A地点からB地点に向かう車がD地点を通過する確率は

$$\dfrac{7}{13} + \dfrac{5}{26} = \boxed{\dfrac{19}{26}} \rightarrow シス，セソ$$

(5) すべての道路に渋滞中の表示がない場合，①を通過する台数は，㋐より

$$1560 \times \dfrac{12}{13} = \boxed{1440} \text{ 台} \rightarrow タチツテ$$

となる。

よって，①の通過台数を1000台以下にするには，①に渋滞中の表示を出す必要がある。

①に渋滞中の表示を出した場合，①の通過台数は，㋒より

$$1560 \times \dfrac{8}{13} = \boxed{960} \text{ 台} \rightarrow トナニ$$

となる。

(6) **⓪**〜**③**のいずれの場合も，①に渋滞中の表示が出ているので

①の通過台数は，(5)より　　960 台

④の通過台数は　　1560 − 960 = 600 台

まず，①を 960 台が通過する中で，⑦に渋滞中の表示が出ているとき

・⑦の通過台数は，㋑ × $\frac{2}{3}$ より　　$960 \times \left(\frac{1}{8} \times \frac{2}{3}\right) = 80$ 台

・②の通過台数は　　960 − 80 = 880 台

②に渋滞中の表示が出ているとき

・②の通過台数は，㋒ × $\frac{2}{3}$ より　　$960 \times \left(\frac{7}{8} \times \frac{2}{3}\right) = 560$ 台

・⑦の通過台数は　　960 − 560 = 400 台

次に，④を 600 台が通過する中で，⑤に渋滞中の表示が出ているとき

・⑤の通過台数は，㋓ × $\frac{2}{3}$ より　　$600 \times \left(\frac{1}{2} \times \frac{2}{3}\right) = 200$ 台

・⑥の通過台数は　　600 − 200 = 400 台

⑥に渋滞中の表示が出ているとき

・⑥の通過台数は，㋓ × $\frac{2}{3}$ より　　$600 \times \left(\frac{1}{2} \times \frac{2}{3}\right) = 200$ 台

・⑤の通過台数は　　600 − 200 = 400 台

これより，**⓪**〜**③**のそれぞれの場合の，③の通過台数は

　　⓪　880 + 200 = 1080 台

　　①　880 + 400 = 1280 台

　　②　560 + 200 = 760 台

　　③　560 + 400 = 960 台

となるので，**⓪**と**①**の場合は，③の通過台数が 1000 台を超えてしまい，適さない。**②**と**③**はどちらの場合も，①の通過台数は 960 台，②の通過台数は 560 台であるから，①，②，③をそれぞれ通過する台数の合計が最大となるのは，**③**である。

よって，各道路の通過台数が 1000 台を超えない範囲で，①，②，③をそれぞれ通過する台数の合計を最大にするには，渋滞中の表示を $\boxed{\text{③}}$ →ヌ のようにすればよい。

解説

選択の割合を確率とみなすことで，各分岐点を通過する確率を求め，最も効率が上がる通過台数となるように渋滞中の表示を出すことを考える問題である。確率と通過台数の計算自体は，とても簡単なものとなっているので，題意をしっかりと把握しさえすれば，手が止まることなく解き進められるだろう。

(1) 問題文に④の道路を選択する確率が $\frac{1}{13}$ と与えられているので，これを利用し，

余事象の確率を用いて，①の道路を選択する確率を求めた。

(2) 表1で②と⑦の道路を選択する割合を比べてみると，⑦の割合 $\frac{126}{1008}$ の方が，②の割合 $\frac{882}{1008}$ よりも小さいから，まず⑦の道路を選択する確率を求め，それを利用して余事象の確率を用いることで，②の道路を選択する確率を求めた。

また，A地点からB地点に向かう車がD地点を通過するのは，(a)C地点を経由するか，(b)E地点を経由するか，のいずれかである。

(3) 問題文に「条件付き確率」と明記されていないが，求める確率が条件付き確率であることに気付けるかどうかがポイントとなる。

(4) 渋滞中の表示がある場合の確率は，渋滞中の表示がない場合の確率の $\frac{2}{3}$ 倍になる。また，分岐点において一方の道路に渋滞中の表示がある場合，渋滞中の表示がないもう一方の道路を選択する確率にも変化が生じることに注意が必要である。実際には，渋滞中の表示がない場合，①の道路を選択する確率が $\frac{12}{13}$，④の道路を選択する確率が $\frac{1}{13}$ であるのに対して，①の道路にのみ渋滞中の表示がある場合，①の道路を選択する確率が $\frac{8}{13}$，④の道路を選択する確率が $\frac{5}{13}$ となる。

(5) (1)～(4)では選択の割合を確率とみなしたので，それぞれの道路に進む車の台数の割合は，(1)～(4)で求めた確率がそのまま利用できる。

(6) 選択肢⓪～③の中で違いがある点は，C地点の分岐において②と⑦の道路のどちらかに渋滞中の表示がある点と，E地点の分岐において⑤と⑥の道路のどちらかに渋滞中の表示がある点だから，それぞれの場合における各道路の通過台数を求めることで，①，②，③をそれぞれ通過する台数の合計を最大にする場合が⓪～③のいずれであるかを調べた。

ちなみに，⓪～③の通過台数をすべて書き出すと，以下のようになる。

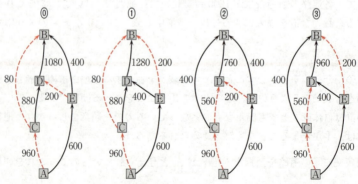

第4問 《中点連結定理，命題，直線と平面の位置関係》

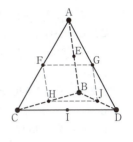

(1) (i)・(ii) △ACD において，点 F，G はそれぞれ辺 AC，DA の中点であるから，中点連結定理により

$$FG = \frac{1}{2}CD$$

△CBA，△BCD，△DAB においても同様にすれば

$$HF = \frac{1}{2}BA, \quad HJ = \frac{1}{2}CD, \quad GJ = \frac{1}{2}AB$$

正四面体 ABCD はすべての辺の長さが等しいことより

$$FG = HF = HJ = GJ$$

よって，**中点連結定理** ③ →ア により，四角形 FHJG の各辺の長さはいずれも正四面体 ABCD の1辺の長さの $\frac{1}{2}$ ③ →イ 倍であるから，4辺の長さが等しくなる。

(2) (i) 条件 p，q を

p：四角形において，4辺の長さが等しい

q：正方形である

とすると，$p \Longrightarrow q$ は偽（反例：正方形ではないひし形），$q \Longrightarrow p$ は真なので，p は q であるための必要条件であるが十分条件でない。

よって，四角形において，4辺の長さが等しいことは正方形であるための**必要条件であるが十分条件でない。** ⓪ →ウ

さらに，対角線 FJ と GH の長さが等しいことがいえれば，四角形 FHJG が正方形であることの証明となるので，△FJC と △GHD が合同であることを示したい。

しかし，この二つの三角形が合同であることの証明は難しいので，別の三角形の組に着目する。

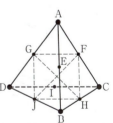

(ii) 点 F，点 G はそれぞれ AC，AD の中点なので，二つの三角形△AJC ② と △AHD ③ →エ，オ に着目する。

正四面体 ABCD はすべての辺の長さが等しいので

$$CA = DA$$

正四面体 ABCD の各面は合同な正三角形であり，点 F，点 G はそれぞれ AC，AD の中点なので，合同な正三角形の頂点から対辺の中点へ下ろした中線の長さは等しいことから

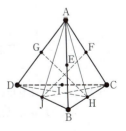

　　　　　　AJ＝AH，JC＝HD

よって，△AJCと△AHDは3辺の長さがそれぞれ等しいので合同である。

(iii) このとき，AJ，AH，JC，HDは合同な正三角形の中線なので，すべて長さは等しいから

　　　　　　AJ＝AH＝JC＝HD

も成り立つ。

したがって，△AJCと△AHDはそれぞれ，AJ＝JC，AH＝HDである**二等辺三角形 ①** →カ で，FとGはそれぞれAC，ADの中点なので，合同な二等辺三角形の頂点から底辺の中点へ下ろした線分の長さは等しいことから

　　　　　　FJ＝GH

である。

よって，四角形FHJGは，4辺の長さが等しく対角線の長さが等しいので正方形である。

(3) ⓪ この命題は正しいが，下線部(a)から下線部(b)を導く過程で用いることはない。
① この命題は正しく，下線部(a)から下線部(b)を導く過程で用いる。
② この命題は正しく，下線部(a)から下線部(b)を導く過程で用いる。
③ この命題は正しくない。平面 α 上にある直線 ℓ，m が平行であるとき，直線 ℓ，m がともに平面 α 上にない直線 n に垂直であっても，$\alpha \perp n$ とはならない場合が存在する。
④ この命題は正しくない。平面 α 上に直線 ℓ，平面 β 上に直線 m があるとき，$\alpha \perp \beta$ であっても，$\ell \perp m$ とはならない場合が存在する。

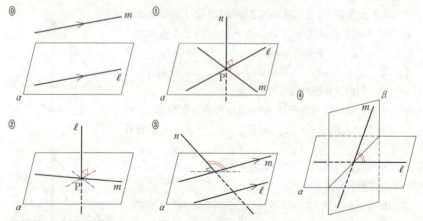

実際に，①と②を用いて下線部(a)から下線部(b)を導くと，△ACD，△BCDにおいて，それぞれ線分AI，線分BIは正三角形の中線なので，底辺CDと垂直である。

まず，命題①において，平面 α を平面 ABI，直線 ℓ を線分 AI，直線 m を線分 BI，点 P を点 I，直線 n を辺 CD として考えれば，(辺 CD)⊥(線分 AI)，(辺 CD)⊥(線分 BI) なので

(平面 ABI)⊥(辺 CD)

である。

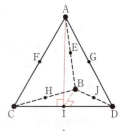

次に命題②において，平面 α を平面 ABI，直線 ℓ を辺 CD，点 P を点 I として考えれば，(平面 ABI)⊥(辺 CD) なので，平面 ABI 上の点 I を通る線分 EI に対して

(辺 CD)⊥(線分 EI)

である。

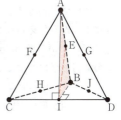

以上より，下線部(a)から下線部(b)を導く過程で用いる性質として正しいものは，①，② →キ である。

(4) **太郎さんが考えた条件**：AC＝AD，BC＝BD が成り立つときを考える。

AC＝AD より，△ACD は二等辺三角形であり，点 I は底辺 CD の中点なので

(線分 AI)⊥(辺 CD)

BC＝BD より，△BCD は二等辺三角形であり，点 I は底辺 CD の中点なので

(線分 BI)⊥(辺 CD)

よって，(線分 AI)⊥(辺 CD)，(線分 BI)⊥(辺 CD) なので，(3)の議論により

(線分 EI)⊥(辺 CD)

が成り立つ。

花子さんが考えた条件：BC＝AD，AC＝BD が成り立つときを考える。

△ABC と △BAD において，BC＝AD，AC＝BD，AB が共通より，3辺の長さがそれぞれ等しいので

△ABC≡△BAD

△ABC と △BAD は合同であり，点 E は AB の中点なので

EC＝ED

△ECD は EC＝ED である二等辺三角形であり，点 I は底辺 CD の中点なので

(線分 EI)⊥(辺 CD)

が成り立つ。

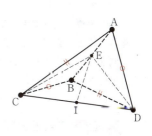

以上より，四面体 ABCD において，下線部(b)が成り立つ条件について正しく述べているものは

太郎さんが考えた条件，花子さんが考えた条件のどちらにおいても常に成り立つ。⓪ →ク

である。

解説

正四面体において成り立つ性質について証明し，さらに一般の四面体に拡張した条件について考察させる問題となっている。この問題では，具体的に何を証明・検討すればよいかが与えられていないため，証明・検討の道筋についても，ある程度自分自身で考えながら進めていかなければならず，難しい。また，「空間図形」の直線と平面の位置関係に関する知識が問われる問題も含まれている。

(1) (i)・(ii) 中点連結定理を用いることに気付ければよい。

(2) (i) 四角形において，4辺の長さが等しい場合でも，正方形ではないひし形となる場合が存在する。また，四角形において，4辺の長さが等しく，さらに2つの対角線の長さが等しければ，四角形は正方形であるといえる。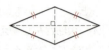

(ii) 三角形の組に着目するので，対比できる関係にある三角形の組を選ぶ。選択肢の中で AC または AD を辺とする合同な三角形の組として，△AJC (②) と △AHD (③)，△AHC (④) と △AJD (⑤) の組が考えられるが，FJ＝GH を証明したいので，FJ と GH が絡められるものでなければならないことを考慮に入れると，△AJC (②) と △AHD (③) の組に着目することがわかる。

(iii) (ii)において，二つの三角形△AJC と△AHD の組に着目することがわかっていれば，特に悩むことなく進められるはずである。

(3) ⓪～④の中には，正しくない命題が含まれ，また正しい命題でも下線部(a)から下線部(b)を導く過程で用いる性質として正しくない命題が含まれているので，吟味を重ねることが必要となり，悩ましい上に時間もかかる問題となっている。特に，この問題では，直線と平面の位置関係に関する知識が必要となる。

(4) 太郎さんが考えた条件においても，花子さんが考えた条件においても，二等辺三角形について成立する定理を用いることがポイントとなる。

> **ポイント 二等辺三角形**
> 二等辺三角形の頂点から底辺に引いた中線は，底辺を垂直に2等分する。
>

太郎さんが考えた条件においては，(3)における議論を用いればよいことに気付ければよいが，花子さんが考えた条件においては，証明について自分自身で考えていかなければならないので，なかなか難しかったのではなかろうか。

第5問 《剰余，1次不定方程式》 やや難

(1) $n=8$ のとき，図3において，上から6行目，左から3列目のAには，$6\times 3=18$ を8で割った余りである2が書かれている。

よって，図3の方盤のAに当てはまる数は $\boxed{2}$ →ア である。

また，図3において，上から5行目には

$5\cdot 1=5$, $5\cdot 2=10$, $5\cdot 3=15$, $5\cdot 4=20$, $5\cdot 5=25$, $5\cdot 6=30$, $5\cdot 7=35$

をそれぞれ8で割った余りである

5, 2, 7, 4, 1, 6, 3

が左から順に書かれている。

よって，図3の方盤の上から5行目に並ぶ数のうち，1が書かれているのは左から $\boxed{5}$ →イ 列目である。

(2) 方盤のいずれのマスにも0が現れないための，n に関する必要十分条件は，n が素数であることと予想されるので

「方盤のいずれのマスにも0が現れない $\Longleftrightarrow$ n が素数である」 ……①

を示す。

n が素数であるとき，n は1から $(n-1)$ までの整数とそれぞれ互いに素だから，k, ℓ を整数として，方盤の上から k 行目 ($1\leqq k\leqq n-1$)，左から ℓ 列目 ($1\leqq \ell\leqq n-1$) を考えたとき，1以上 $(n-1)$ 以下のすべての整数 k, ℓ に対して，積 $k\ell$ は n で割り切れない。

これより，方盤のいずれのマスにも0が現れない。

したがって

「n が素数である $\Longrightarrow$ 方盤のいずれのマスにも0が現れない」 ……②

が成り立つ。

n が素数でないとき，n は $n\geqq 3$ の整数であるから，2以上 $(n-1)$ 以下のある整数 p, q を用いて

$n=pq$

と表せる。

これより，方盤の上から p 行目，左から q 列目のマスには0が現れる。

したがって

「n が素数でない $\Longrightarrow$ 方盤のいずれかのマスには0が現れる」 ……③

が成り立つ。

以上より，②，③が成り立つので，転換法により②，③の逆も成り立つから，①が成り立つ。

よって，方盤のいずれのマスにも0が現れないための，n に関する必要十分条件は，

n が素数であることである。 ③ →ウ

(3) $n=56$ のとき,方盤の上から 27 行目に並ぶ数のうち,1 は左から何列目にあるかを考える。

(i) 方盤の上から 27 行目,左から ℓ 列目 ($1\leqq\ell\leqq 55$) の数が 1 であるとすると,27ℓ は 56 で割った余りが 1 だから,整数 m を用いて

$$27\ell = 56m+1 \quad \text{すなわち} \quad 27\ell - 56m = 1 \quad \cdots\cdots ④$$

と表せる。

よって,ℓ を求めるためには,1 次不定方程式 $27\ell - 56m = 1$ の整数解のうち,$1\leqq\ell\leqq 55$ を満たすものを求めるとよい。 ⓪ →エ

(ii) 27 と 56 にユークリッドの互除法を用いると

$$27\cdot 27 - 56\cdot 13 = 1 \quad \cdots\cdots ⑤$$

が成り立つから,④－⑤より

$$27(\ell-27) - 56(m-13) = 0$$
$$27(\ell-27) = 56(m-13)$$

27 と 56 は互いに素だから,④の整数解は,整数 t を用いて

$$\ell-27 = 56t, \quad m-13 = 27t \quad \text{すなわち} \quad \ell = 56t+27, \quad m = 27t+13$$

と表せる。

1 次不定方程式④の整数解のうち,$1\leqq\ell\leqq 55$ を満たすのは,$t=0$ のときで

$$\ell = 56\cdot 0 + 27 = 27$$

よって,方盤の上から 27 行目に並ぶ数のうち,1 は左から 27 →オカ 列目にある。

(4) $n=56$ のとき,方盤の各行にそれぞれ何個の 0 があるか考える。

(i) 方盤の上から 24 行目には 0 が何個あるか考える。

左から ℓ 列目 ($1\leqq\ell\leqq 55$) が 0 であるための必要十分条件は,24ℓ が 56 の倍数であることだから,整数 m を用いて

$$24\ell = 56m \quad \text{すなわち} \quad 3\ell = 7m$$

と表せる。

3 と 7 は互いに素だから,ℓ は 7 の倍数となる。

よって,左から ℓ 列目が 0 であるための必要十分条件は,24ℓ が 56 の倍数であること,すなわち,ℓ が 7 →キ の倍数であることである。

したがって,$1\leqq\ell\leqq 55$ を満たす整数 ℓ は

$$\ell = 7,\ 14,\ 21,\ \cdots,\ 49$$

の 7 個あるので,上から 24 行目には 0 が 7 →ク 個ある。

(ii) 方盤の上から k 行目 ($1\leqq k\leqq 55$),左から ℓ 列目 ($1\leqq\ell\leqq 55$) が 0 であるための必要十分条件は,$k\ell$ が 56 の倍数であることだから,整数 m を用いて

$k\ell = 56m$　すなわち　$k\ell = 2^3 \cdot 7m$　……⑥

と表せる。

$1 \leqq \ell \leqq 55$ を満たす整数 ℓ の個数が最も多くなるような k は，$1 \leqq k \leqq 55$ で⑥を満たす最大の k を考えて

$k = 2^2 \cdot 7 = 28$

であり，このとき⑥は

$28\ell = 56m$　すなわち　$\ell = 2m$

となるから，$1 \leqq \ell \leqq 55$ を満たす整数 ℓ は

$\ell = 2, 4, 6, \cdots, 54$

の 27 個ある。

よって，上から1行目から55行目までのうち，0の個数が最も多いのは上から $\boxed{28}$ →ケコ 行目である。

(5)　$n = 56$ のときの方盤について考える。

⓪　方盤の上から5行目，左から ℓ 列目（$1 \leqq \ell \leqq 55$）に0があるとすると，5ℓ は 56 の倍数であるから，整数 m を用いて

$5\ell = 56m$

と表せる。

5と56は互いに素だから，ℓ は 56 の倍数となるが，$1 \leqq \ell \leqq 55$ を満たす整数 ℓ は存在しない。

よって，正しくない。

①　方盤の上から6行目，左から ℓ 列目（$1 \leqq \ell \leqq 55$）に0があるとすると，6ℓ は 56 の倍数であるから，整数 m を用いて

$6\ell = 56m$　すなわち　$3\ell = 28m$

と表せる。

3と28は互いに素だから，ℓ は 28 の倍数となり，$1 \leqq \ell \leqq 55$ を満たす整数 ℓ は

$\ell = 28$

の1個ある。

よって，上から6行目，左から28列目には0があるから，正しい。

②　方盤の上から9行目，左から ℓ 列目（$1 \leqq \ell \leqq 55$）に1があるとすると，9ℓ は 56 で割った余りが1だから，整数 m を用いて

$9\ell = 56m + 1$　すなわち　$9\ell - 56m = 1$　……⑦

と表せる。

9と56にユークリッドの互除法を用いると

$9 \cdot 25 - 56 \cdot 4 = 1$　……⑧

が成り立つから，⑦－⑧より

$$9(\ell-25)-56(m-4)=0$$
$$9(\ell-25)=56(m-4)$$
9 と 56 は互いに素だから，⑦の整数解は，整数 t を用いて
$$\ell-25=56t, \quad m-4=9t \quad \text{すなわち} \quad \ell=56t+25, \quad m=9t+4$$
と表せる。
1 次不定方程式⑦の整数解のうち，$1\leq\ell\leq55$ を満たすのは，$t=0$ のときで
$$\ell=56\cdot0+25=25$$
の 1 個である。
よって，上から 9 行目，左から 25 列目には 1 があるから，正しい。

③　方盤の上から 10 行目，左から ℓ 列目（$1\leq\ell\leq55$）に 1 があるとすると，10ℓ は 56 で割った余りが 1 だから，整数 m を用いて
$$10\ell=56m+1 \quad \text{すなわち} \quad 2(5\ell-28m)=1 \quad \cdots\cdots ⑨$$
と表せる。
⑨の左辺は偶数，⑨の右辺は奇数となるから，⑨を満たす整数 ℓ, m は存在しない。
よって，正しくない。

④　方盤の上から 15 行目，左から ℓ 列目（$1\leq\ell\leq55$）に 7 があるとすると，15ℓ は 56 で割った余りが 7 だから，整数 m を用いて
$$15\ell=56m+7 \quad \text{すなわち} \quad 15\ell-56m=7 \quad \cdots\cdots ⑩$$
と表せる。
15 と 56 にユークリッドの互除法を用いると
$$15\cdot15-56\cdot4=1$$
が成り立つから，両辺を 7 倍して
$$15\cdot105-56\cdot28=7 \quad \cdots\cdots ⑪$$
⑩ー⑪より
$$15(\ell-105)-56(m-28)=0$$
$$15(\ell-105)=56(m-28)$$
15 と 56 は互いに素だから，⑩の整数解は，整数 t を用いて
$$\ell-105=56t, \quad m-28=15t \quad \text{すなわち} \quad \ell=56t+105, \quad m=15t+28$$
と表せる。
1 次不定方程式⑩の整数解のうち，$1\leq\ell\leq55$ を満たすのは，$t=-1$ のときで
$$\ell=56\cdot(-1)+105=49$$
の 1 個ある。
よって，上から 15 行目，左から 49 列目には 7 があるから，正しい。

⑤　方盤の上から 21 行目，左から ℓ 列目（$1\leq\ell\leq55$）に 7 があるとすると，21ℓ は 56 で割った余りが 7 だから，整数 m を用いて

$$21\ell = 56m + 7$$

すなわち　　$3\ell - 8m = 1$　……⑫

と表せる。

3と8にユークリッドの互除法を用いると

$$3 \cdot 3 - 8 \cdot 1 = 1 \quad \cdots\cdots ⑬$$

が成り立つから，⑫－⑬より

$$3(\ell - 3) - 8(m - 1) = 0$$
$$3(\ell - 3) = 8(m - 1)$$

3と8は互いに素だから，⑫の整数解は，整数 t を用いて

$$\ell - 3 = 8t, \quad m - 1 = 3t$$

すなわち　　$\ell = 8t + 3, \quad m = 3t + 1$

と表せる。

1次不定方程式⑫の整数解のうち，$1 \leq \ell \leq 55$ を満たすのは，$t = 0, 1, 2, \cdots, 6$ のとき

$$\ell = 8 \cdot 0 + 3, \ 8 \cdot 1 + 3, \ 8 \cdot 2 + 3, \ \cdots, \ 8 \cdot 6 + 3$$
$$= 3, \ 11, \ 19, \ \cdots, \ 51$$

の7個ある。

よって，上から21行目，左から3列目，11列目，19列目，…，51列目には7があるから，正しい。

以上より，$n = 56$ のときの方盤について，正しいものは，⑩，②，④，⑤ →サ
である。

解　説

ルールに従って剰余を書き込んだ方盤において，1次不定方程式を利用することで，どの数字がどのマスにあるかや，記入されている数字の個数を求めさせる問題である。何を根拠に解答していくべきなのかがわかりづらく，なんとなく解き進めてしまうと，なかなか正解にはたどり着かないだろう。

(2)　方盤のいずれのマスにも 0 が現れないための，n に関する必要十分条件を，ウ の選択肢を考慮しながら調べると，「③ n が素数であること。」以外は求める条件として不適であることがわかる。

まず，$n = 4$ のときの図2から，「④ n が素数ではないこと。」が求める条件として適さないことがわかる。

「③ n が素数であること。」との重複を避けるために，n に素数でない奇数を選ぶと，$n = 9$ のとき，方盤の上から3行目，左から3列目に 0 が現れるから，「⑩ n が奇数であること。」が求める条件として適さないことがわかる。

「③ n が素数であること。」との重複を避けるために，n に素数でなく4で割って

3余る整数を選ぶと，$n=15$ のとき，方盤の上から3行目，左から5列目に0が現れるから，「① n が4で割って3余る整数であること。」が求める条件として適さないことがわかる。

「③ n が素数であること。」との重複を避けるために，n に素数でなく2の倍数でも5の倍数でもない整数を選ぶと，$n=9$ のとき，上の議論と同様にして，「② n が2の倍数でも5の倍数でもない整数であること。」が求める条件として適さないことがわかる。

また，$n-1$ と n にユークリッドの互除法を用いると，$n=(n-1)\cdot 1+1$ より，$n-1$ と n は互いに素であり，これは常に成り立つから，「⑤ $n-1$ と n が互いに素であること。」が求める条件として適さないことがわかる。

以上より，方盤のいずれのマスにも0が現れないための，n に関する必要十分条件は，「③ n が素数であること。」と予想される。

①が成り立つことを示す際に利用した転換法は，円周角の定理の逆を証明する際に用いられる証明法である。転換法が理解しづらければ，③の対偶「方盤のいずれのマスにも0が現れない $\Longrightarrow n$ が素数である」が②の逆と一致するから，①が成り立つと考えてもよい。

(3) (ii) 27 と 56 にユークリッドの互除法を用いると

$56=27\cdot 2+2$ ∴ $2=56-27\cdot 2$
$27=2\cdot 13+1$ ∴ $1=27-2\cdot 13$

すなわち

$1=27-2\cdot 13$
$\quad =27-(56-27\cdot 2)\cdot 13$
$\quad =27\cdot 27-56\cdot 13$

と変形できるから，⑤が成り立つ。

(4) (i) 方盤の上から 24 行目に 0 が何個あるかを求めるためには，$24\ell=56m$ ($1\leqq \ell \leqq 55$) を満たす整数 ℓ の個数が求まればよい。

(ii) 方盤の上から1行目から55行目までのうち，0の個数が最も多い行を求めるためには，⑥と $1\leqq \ell \leqq 55$ を満たす整数 ℓ の個数が最大となるような k が求まればよい。(4)の(i)と同様の考え方をして ℓ の個数を考えるわけだから，$56=2^3\cdot 7$ より，ℓ が2の倍数となるとき，ℓ の個数が最大となることがわかるので，$k=2^2\cdot 7$ となる。

(5) ② 9 と 56 にユークリッドの互除法を用いると

$56=9\cdot 6+2$ ∴ $2=56-9\cdot 6$
$9=2\cdot 4+1$ ∴ $1=9-2\cdot 4$

すなわち

$$1 = 9 - 2 \cdot 4$$
$$= 9 - (56 - 9 \cdot 6) \cdot 4$$
$$= 9 \cdot 25 - 56 \cdot 4$$

と変形できるから，⑧が成り立つ。

④　15 と 56 にユークリッドの互除法を用いると

$56 = 15 \cdot 3 + 11$　　∴　$11 = 56 - 15 \cdot 3$
$15 = 11 \cdot 1 + 4$　　∴　$4 = 15 - 11 \cdot 1$
$11 = 4 \cdot 2 + 3$　　∴　$3 = 11 - 4 \cdot 2$
$4 = 3 \cdot 1 + 1$　　∴　$1 = 4 - 3 \cdot 1$

すなわち

$$1 = 4 - 3 \cdot 1$$
$$= 4 - (11 - 4 \cdot 2) \cdot 1$$
$$= 4 \cdot 3 - 11$$
$$= (15 - 11 \cdot 1) \cdot 3 - 11$$
$$= 15 \cdot 3 - 11 \cdot 4$$
$$= 15 \cdot 3 - (56 - 15 \cdot 3) \cdot 4$$
$$= 15 \cdot 15 - 56 \cdot 4$$

と変形できるから，両辺を 7 倍することで⑪が得られる。

⑤　3 と 8 にユークリッドの互除法を用いると

$8 = 3 \cdot 2 + 2$　　∴　$2 = 8 - 3 \cdot 2$
$3 = 2 \cdot 1 + 1$　　∴　$1 = 3 - 2 \cdot 1$

すなわち

$$1 = 3 - 2 \cdot 1$$
$$= 3 - (8 - 3 \cdot 2) \cdot 1$$
$$= 3 \cdot 3 - 8 \cdot 1$$

と変形できるから，⑬が成り立つ。

第1回 試行調査：数学Ⅱ・数学B

問題番号	解答記号	正解	チェック
第1問	$-ア\sqrt{イ}$	$-5\sqrt{2}$	
	$\dfrac{a^2-ウエ}{オ}$	$\dfrac{a^2-25}{2}$	
	カ	⓪	
	キ	①	
	ク	③	
	ケ	④	
	コ	⑥	
	サ	①, ⑤, ⑥ (3つマークして正解)	
	シ	②	
	ス	9	
第2問	$(x+ア)(x-イ)^2$	$(x+1)(x-2)^2$	
	$S(a)=エ$	$S(a)=0$	
	$a=オカ$	$a=-1$	
	キ, ク	0, 2	
	ケ	⓪	
	コ	⓪	
	サ	②	
	シ	①	
	ス	①, ④ (2つマークして正解)	

（注）第1問，第2問は必答。第3問〜第5問のうちから2問選択。計4問を解答。

問題番号	解答記号	正解	チェック
第3問	$a_1=ア$	$a_1=5$	
	$\dfrac{イ}{ウ}a_n+エ$	$\dfrac{1}{2}a_n+5$	
	$d=オカ$	$d=10$	
	$\dfrac{キ}{ク}$	$\dfrac{1}{2}$	
	$\dfrac{ケ}{コ}$	$\dfrac{1}{2}$	
	$サシ-ス\left(\dfrac{セ}{ソ}\right)^{n-1}$	$10-5\left(\dfrac{1}{2}\right)^{n-1}$	
	タ	②, ③ (2つマークして正解)	
	$\dfrac{チ}{ツ}$	$\dfrac{1}{3}$	
	$k=テ$	$k=3$	
	ト	③	
第4問	$\vec{a}\cdot\vec{b}=ア$	$\vec{a}\cdot\vec{b}=1$	
	$\overrightarrow{OA}\cdot\overrightarrow{BC}=イ$	$\overrightarrow{OA}\cdot\overrightarrow{BC}=0$	
	ウ	①	
	エ	②	
	オ, カ	⓪, ③	
	キ	①	
	ク	⓪	
第5問	0.アイウ	0.819	
	0.エオカ	0.001	
	キ	②	
	$m_Y=クケコ$	$m_Y=218$	
	サ	①	
	シ	③	
	ス	②	
	セ	4	
	ソタ.チ	67.3	

自己採点欄

● 設問ごとの配点は非公表。

第 1 問 ── 図形と方程式，指数・対数関数，三角関数，式と証明

〔1〕 標準 《円と直線》

原点を中心とする半径 5 の円 C と，直線 $\ell : x+y-a=0$ が異なる 2 点で交わるための条件は

　　　（円 C の中心と ℓ の距離）＜（円 C の半径）

が成り立つことであるから，点と直線の距離の公式を用いて

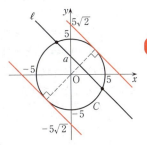

$$\frac{|-a|}{\sqrt{1^2+1^2}} < 5 \quad \text{すなわち}$$

$$-\boxed{5}\sqrt{\boxed{2}} < a < 5\sqrt{2} \to \text{ア，イ} \quad \cdots\cdots ①$$

である。①の条件を満たすとき，C と ℓ の交点の一つを $\mathrm{P}(s, t)$ とすれば，P は C 上にあるから，C の方程式 $x^2+y^2=5^2$ を満たし，同時に ℓ 上にもあるから，ℓ の方程式 $x+y=a$ も満たす。よって，次の 2 式を得る。

$$\begin{cases} s^2+t^2=5^2 \quad \text{すなわち} \quad (s+t)^2-2st=25 \\ s+t=a \end{cases}$$

2 番目の式を 1 番目の式に代入すれば

$$a^2-2st=25 \quad \therefore \quad st=\frac{a^2-\boxed{25}}{\boxed{2}} \quad (-5\sqrt{2} < a < 5\sqrt{2}) \to \text{ウエ，オ}$$

である。

解説

円の半径が r，円の中心と直線の距離が d のとき

$$\begin{cases} d < r \iff \text{円と直線は異なる 2 点で交わる} \\ d = r \iff \text{円と直線は接する} \\ d > r \iff \text{円と直線は共有点をもたない} \end{cases}$$

と分類できる。d を求めるには次の公式を用いるとよい。

ポイント　点と直線の距離の公式

点 (x_0, y_0) から直線 $ax+by+c=0$ へ下ろした垂線の長さ d は

$$d = \frac{|ax_0+by_0+c|}{\sqrt{a^2+b^2}}$$

と表される。これを点 (x_0, y_0) と直線 $ax+by+c=0$ の距離という。

本問の場合，C と ℓ が接するような図を描いてみれば，原点 O と，ℓ の x 切片および y 切片の 3 点を頂点とする直角二等辺三角形が見つかるので，その辺の長さの比を用

いて，C と ℓ が接するときの a の値（y 切片）を簡単に知ることができる。
また，本問の C と ℓ の方程式，$C: x^2+y^2=5^2$，$\ell: x+y=a$ から y を消去すると
$$x^2+(a-x)^2=5^2 \quad \text{すなわち} \quad 2x^2-2ax+a^2-25=0 \quad \cdots\cdots(*)$$
となるが，この 2 次方程式（判別式を D とする）の実数解が，C と ℓ の共有点の x 座標を表すから

$$\begin{cases} D>0 \iff C \text{ と } \ell \text{ は異なる 2 点で交わる} \\ D=0 \iff C \text{ と } \ell \text{ は接する} \\ D<0 \iff C \text{ と } \ell \text{ は共有点をもたない} \end{cases}$$

と分類することもできる。
$$\frac{D}{4}=(-a)^2-2\times(a^2-25)=-a^2+50>0 \qquad a^2<50=(5\sqrt{2})^2$$
のとき，すなわち $-5\sqrt{2}<a<5\sqrt{2}$ のとき C と ℓ は異なる 2 点で交わる。
また，$x+y=a$ より，$y=a-x$ であるから
$$xy=x(a-x)=-x^2+ax=\frac{a^2-25}{2} \quad ((*) \text{の両辺を 2 で割って整理した})$$
となり，$P(s, t)$ は交点であるから，$st=\dfrac{a^2-25}{2}$ となる。

〔2〕 標準 《指数・対数方程式》

a を 1 でない正の実数とする。

(i) $\sqrt[4]{a^3}\times a^{\frac{2}{3}}=a^2$ を変形して
$$a^{\frac{3}{4}}\times a^{\frac{2}{3}}=a^2 \qquad a^{\frac{3}{4}+\frac{2}{3}}=a^2 \qquad a^{\frac{17}{12}}=a^2$$
両辺を 12 乗すると
$$(a^{\frac{17}{12}})^{12}=(a^2)^{12} \qquad a^{17}=a^{24} \qquad a^{24}-a^{17}=0$$
$$a^{17}(a^7-1)=0$$
a は 1 でない正の実数であるから，$a^{17}\neq 0$ かつ $a^7-1\neq 0$ であるので，式を満たす a の値は存在しない。 ⓪ →カ

(ii) $\dfrac{(2a)^6}{(4a)^2}=\dfrac{a^3}{2}$ より
$$\frac{64a^6}{16a^2}=\frac{a^3}{2} \qquad 4a^4=\frac{a^3}{2} \qquad 8a^4-a^3=0$$
$$a^3(8a-1)=0$$
a は 1 でない正の実数であるから，$a=\dfrac{1}{8}$ のみが式を満たし，式を満たす a の値はちょうど一つである。 ① →キ

(iii) $4(\log_2 a - \log_4 a) = \log_{\sqrt{2}} a$ において

$$\log_4 a = \frac{\log_2 a}{\log_2 4} = \frac{\log_2 a}{2}, \quad \log_{\sqrt{2}} a = \frac{\log_2 a}{\log_2 \sqrt{2}} = \frac{\log_2 a}{\frac{1}{2}} = 2\log_2 a \quad \text{(底の変換公式)}$$

であるから

$$\text{(与式の左辺)} = 4\left(\log_2 a - \frac{\log_2 a}{2}\right) = 2\log_2 a$$

$$\text{(与式の右辺)} = 2\log_2 a$$

となる。これは，どのような a の値を代入しても成り立つ式である。　③ →ク

解説

a を実数，m，n を正の整数とし，次のように定める。

$$a^0 = 1, \quad a^{-n} = \frac{1}{a^n} \quad (a \neq 0)$$

$$a^{\frac{m}{n}} = \sqrt[n]{a^m}, \quad a^{-\frac{m}{n}} = \frac{1}{\sqrt[n]{a^m}} \quad (a > 0)$$

> **ポイント　指数法則**
>
> $a > 0$，$b > 0$ とし，r，s を任意の実数とするとき
>
> $$a^r \times a^s = a^{r+s}, \quad (a^r)^s = a^{rs}, \quad (ab)^r = a^r b^r$$
>
> が成り立つ。よって，次のことが成り立つ。
>
> $$a^r \div a^s = \frac{a^r}{a^s} = a^r \times a^{-s} = a^{r-s}, \quad \left(\frac{a}{b}\right)^r = (ab^{-1})^r = a^r b^{-r} = \frac{a^r}{b^r}$$

$a > 0$，$a \neq 1$ のとき，$a^m = M \iff m = \log_a M$（指数 m を a を底とする M の対数といい，M を対数 m の真数という）より，次の基本性質を得る。

> **ポイント　対数の基本性質**
>
> $a > 0$，$a \neq 1$，$b > 0$，$b \neq 1$，$M > 0$，$N > 0$ とし，r を実数とする。
>
> $$\log_a a = 1, \quad \log_a 1 = 0$$
>
> $$\log_a MN = \log_a M + \log_a N, \quad \log_a \frac{M}{N} = \log_a M - \log_a N$$
>
> $$\log_a M^r = r \log_a M$$
>
> $$\log_a M = \frac{\log_b M}{\log_b a} \quad \text{(底の変換公式)}$$

〔3〕 標準 《三角関数のグラフ》

(1) (i) $y=\sin 2x$ $\left(\text{周期は}\dfrac{2\pi}{2}=\pi\right)$ のグラフは，$y=\sin x$（周期 2π）のグラフを x 軸方向に $\dfrac{1}{2}$ 倍したものであるから，当てはまるグラフは ④ →ケ である。

(ii) $y=\sin\left(x+\dfrac{3}{2}\pi\right)=\sin\left(x-\dfrac{\pi}{2}+2\pi\right)=\sin\left(x-\dfrac{\pi}{2}\right)$ のグラフは，$y=\sin x$ のグラフを x 軸方向に $\dfrac{\pi}{2}$ だけ平行移動したものであるから，当てはまるグラフは ⑥ →コ である。

(2) 与えられたグラフから，ある三角関数の周期は π であるから，$y=2\sin 2x$ または $y=2\cos 2x$ のグラフを x 軸方向に平行移動したものである。したがって，③と⑦は除外できる。また，y 軸との交点の y 座標が -2 であることから，⓪ ($y=2$)，② ($y=0$)，④ ($y=0$) も除外できる。よって，①，⑤，⑥を調べればよい。

与えられたグラフは，$y=2\sin 2x$ のグラフを x 軸方向に $\dfrac{\pi}{4}$ だけ平行移動したものであり，また，$y=2\cos 2x$ のグラフを x 軸方向に $\dfrac{\pi}{2}$ または $-\dfrac{\pi}{2}$ だけ平行移動したものでもある。

① $y=2\sin\left(2x-\dfrac{\pi}{2}\right)=2\sin 2\left(x-\dfrac{\pi}{4}\right)$

⑤ $y=2\cos 2\left(x-\dfrac{\pi}{2}\right)$

⑥ $y=2\cos 2\left(x+\dfrac{\pi}{2}\right)$

であるから，これらのグラフは，与えられたグラフになる。よって，関数の式として正しいものは ①，⑤，⑥ →サ である。

解説

(1)・(2) $y=A\sin kx$ $(A\neq 0,\ k>0)$ のグラフは，$y=\sin x$（周期は 2π）のグラフを x 軸方向に $\dfrac{1}{k}$ 倍にして，y 軸方向に A 倍（$A<0$ のときは，x 軸に関して対称に移動してから $|A|$ 倍）することで得られる。周期は $\dfrac{2\pi}{k}$ となる。

$y=A\sin k(x-p)$ のグラフは，$y=A\sin kx$ のグラフを x 軸方向に p だけ平行移動して得られる。さらに，y 軸方向に q だけ平行移動すると，式は $y=A\sin k(x-p)+q$ となる。$y=\sin\left(x+\dfrac{3}{2}\pi\right)$ のグラフは，$y=\sin x$ のグラフを x 軸方向に $-\dfrac{3}{2}\pi$ だ

け平行移動したものである。これは，〔解答〕にあるように，$y = \sin\left(x - \dfrac{\pi}{2}\right)$ のグラフと同じである。

$\theta + 2n\pi$，$-\theta$，$\pi - \theta$，$\dfrac{\pi}{2} - \theta$ それぞれの三角関数と，θ の三角関数の関係をまとめておく。

> **ポイント** 三角関数の性質 （n を整数とする）
>
> $\begin{cases} \sin(\theta + 2n\pi) = \sin\theta \\ \cos(\theta + 2n\pi) = \cos\theta \\ \tan(\theta + 2n\pi) = \tan\theta \end{cases}$
> $\begin{cases} \sin(-\theta) = -\sin\theta \\ \cos(-\theta) = \cos\theta \\ \tan(-\theta) = -\tan\theta \end{cases}$
>
> $\begin{cases} \sin(\pi - \theta) = \sin\theta \\ \cos(\pi - \theta) = -\cos\theta \\ \tan(\pi - \theta) = -\tan\theta \end{cases}$
> $\begin{cases} \sin\left(\dfrac{\pi}{2} - \theta\right) = \cos\theta \\ \cos\left(\dfrac{\pi}{2} - \theta\right) = \sin\theta \\ \tan\left(\dfrac{\pi}{2} - \theta\right) = \dfrac{1}{\tan\theta} \end{cases}$

$\sin(\theta + \pi) = -\sin\theta$，$\sin\left(\theta + \dfrac{\pi}{2}\right) = \cos\theta$ などについては，〔ポイント〕で，θ を $-\theta$ に置き換えると導くことができる。加法定理から導いてもよいが，式変形の見通しを得るためにも，〔ポイント〕は覚えておきたい。

〔4〕 易 《相加平均と相乗平均の関係》

(1) 以下，x，y は正の実数である。

【解答A】の不等式①において，等号が成り立つのは

$$x = \dfrac{1}{y} \quad \text{すなわち} \quad xy = 1$$

のときであり，不等式②において，等号が成り立つのは

$$y = \dfrac{4}{x} \quad \text{すなわち} \quad xy = 4$$

のときである。よって，不等式①，②の等号を同時に成り立たせる x，y は存在しない。したがって，①，②の辺々（いずれも正）をかけて作られた不等式

$$\left(x + \dfrac{1}{y}\right)\left(y + \dfrac{4}{x}\right) \geq 2\sqrt{\dfrac{x}{y}} \cdot 4\sqrt{\dfrac{y}{x}} = 8 \quad \cdots\cdots ③$$

自体は正しいが，この不等式の等号を成り立たせる x，y は存在しない。

よって，$x + \dfrac{1}{y} = 2\sqrt{\dfrac{x}{y}}$ かつ $y + \dfrac{4}{x} = 4\sqrt{\dfrac{y}{x}}$ を満たす x，y の値がない。 ② →シ

(2) 【解答B】の不等式

$$xy + \frac{4}{xy} \geq 2\sqrt{xy \cdot \frac{4}{xy}} = 4$$

において，等号が成り立つのは，$xy = \frac{4}{xy}$ すなわち $(xy)^2 = 4$ $(x>0,\ y>0)$ のときである。$x=1,\ y=2$ はこれを満たすから，この不等式の等号は成り立つ。よって

$$\left(x + \frac{1}{y}\right)\left(y + \frac{4}{x}\right) = xy + \frac{4}{xy} + 5 \geq 4 + 5 = 9$$

より，正しい最小値は $\boxed{9}$ →ス である。

解説

(1) 2つの正の実数 $a,\ b$ に対して，$\frac{a+b}{2},\ \sqrt{ab}$ をそれぞれ $a,\ b$ の相加平均，相乗平均という。

$\sqrt{a},\ \sqrt{b}$ は実数であるので，$\sqrt{a} - \sqrt{b}$ は実数であり，実数の平方は 0 以上であるから

$$(\sqrt{a} - \sqrt{b})^2 \geq 0 \quad \text{すなわち} \quad a + b \geq 2\sqrt{ab}$$

である。この不等式は常に（$a,\ b$ が正の実数であれば）成り立つ。ただし，等号が成り立つ $a,\ b$ が存在するかどうかは別問題である。

> **ポイント** 相加平均と相乗平均の関係
>
> $a > 0,\ b > 0$ のとき，次の不等式が常に成り立つ。
>
> $$\frac{a+b}{2} \geq \sqrt{ab} \quad (a+b \geq 2\sqrt{ab} \text{ の形でもよく使われる})$$
>
> 等号は $a = b$ のとき成り立つ。

$A \geq B \iff (A > B \text{ または } A = B)$ であるから，不等式③自体は正しい。

(2) 【解答B】は，$xy = \frac{4}{xy}$ $(x>0,\ y>0)$ を満たす $x,\ y$ が存在するから正しいことになる。この場合 $x,\ y$ の値は無数にあるが，1組でもあればよいので，〔解答〕では，$x=1,\ y=2$ を例示しておいた。

また，$A \geq 9 \implies A \geq 8$ は正しい命題である。

第2問　標準　《定積分で表された関数と被積分関数のグラフ》

(1) $S(x)$ は 3 次関数であり，$y=S(x)$ のグラフは点 $(-1, 0)$ を通り，かつ点 $(2, 0)$ で x 軸に接しているから，3 次方程式 $S(x)=0$ は，$x=-1, 2$ を解にもち，そのうち $x=2$ は重解になる。よって，A を定数とすれば，$S(x)$ は

$$S(x)=A(x+1)(x-2)^2$$

と表せる。また，$y=S(x)$ のグラフは点 $(0, 4)$ を通るので，$S(0)=4$ すなわち

$$A(0+1)(0-2)^2=4 \quad \therefore \quad A=1$$

である。したがって

$$S(x)=(x+\boxed{1})(x-\boxed{2})^{\boxed{2}} \rightarrow ア，イ，ウ$$

である。

関数 $f(x)$ に対し，$S(x)=\int_a^x f(t)\,dt$ （a は定数）とおかれているから，

$S(a)=\boxed{0} \rightarrow エ$ である。よって，$S(a)=(a+1)(a-2)^2=0$ が成り立ち，a が負の定数のとき，$a=\boxed{-1} \rightarrow オカ$ である。

$y=S(x)$ のグラフを見ると，関数 $S(x)$ は $x=\boxed{0} \rightarrow キ$ を境に増加から減少に移り，$x=\boxed{2} \rightarrow ク$ を境に減少から増加に移っている。このことと，$S(0)=4$，$S(2)=0$ から，$S(x)$ の増減は右表のようになる。

x	$\cdots$	0	$\cdots$	2	$\cdots$
$S'(x)$	+	0	−	0	+
$S(x)$	↗	4	↘	0	↗

いま，$S(x)=\int_a^x f(t)\,dt$ より　$S'(x)=f(x)$

であるから，$f(0)=S'(0)=0$，$f(2)=S'(2)=0$，$0<x<2$ のとき $f(x)=S'(x)<0$ である。したがって，関数 $f(x)$ について，$x=0$ のとき $f(x)$ の値は 0 $\boxed{⓪}$ $\rightarrow ケ$ であり，$x=2$ のとき $f(x)$ の値は 0 $\boxed{⓪}$ $\rightarrow コ$ である。また，$0<x<2$ の範囲では $f(x)$ の値は負 $\boxed{②}$ $\rightarrow サ$ である。

$S(x)$ は 3 次関数であるから，$S'(x)=f(x)$ は 2 次関数であり，x の値の増加にともなって $f(x)$ の値は 正→0→負→0→正 と変化するから，$y=f(x)$ のグラフは下に凸である。したがって，$y=f(x)$ のグラフの概形として最も適当なものは $\boxed{①} \rightarrow シ$ である。

(2) $S(x)=\int_0^x f(t)\,dt$ より $S'(x)=f(x)$，$S(0)=0$ である。選択肢 ⓪〜④ の左側のグラフはすべて $S(0)=0$ （原点を通る）を満たしているから，⓪〜④ のそれぞれについて，右側の $y=f(x)$（$=S'(x)$）のグラフをもとに増減表を作ってみる。その際，$y=f(x)$ のグラフと x 軸の共有点の x 座標を t, t_1, t_2, t_3 で表す。

⓪

x	$\cdots$	t	$\cdots$
$S'(x)$	$-$	0	$+$
$S(x)$	$\searrow$	$S(t)$	$\nearrow$

$(0<t<1)$

①

x	$\cdots$	t	$\cdots$
$S'(x)$	$+$	0	$-$
$S(x)$	$\nearrow$	$S(t)$	$\searrow$

$(t<0)$

②

x	$\cdots$
$S'(x)$	$+$
$S(x)$	$\nearrow$

$\begin{pmatrix} S'(x)=f(x) \text{ が正の値 } m \text{ をとるから,} \\ y=S(x) \text{ のグラフは, 傾き } m \text{ の直線になる。} \end{pmatrix}$

③

x	$\cdots$	t	$\cdots$
$S'(x)$	$+$	0	$+$
$S(x)$	$\nearrow$	$S(t)$	$\nearrow$

$(0<t<1)$

④

x	$\cdots$	t_1	$\cdots$	t_2	$\cdots$	t_3	$\cdots$
$S'(x)$	$+$	0	$-$	0	$+$	0	$-$
$S(x)$	$\nearrow$	$S(t_1)$	$\searrow$	$S(t_2)$	$\nearrow$	$S(t_3)$	$\searrow$

$(t_1<0<t_2<t_3<1)$

①については,$S(x)$ は $x=t$ $(t<0)$ で極大になるが,左側の $y=S(x)$ の図では,極大となる x の値が正であるから矛盾する。

④については,$x<t_1$ のとき $S'(x)>0$ であるから,このとき $S(x)$ は増加のはずであるが,$y=S(x)$ の図では $x<t_1$ で減少しているから矛盾する。

他の⓪,②,③については矛盾点はない。

したがって,矛盾するものは $\boxed{①, ④}$ →ス である。

解説

(1) 3次関数 $y=ax^3+bx^2+cx+d$ $(a\neq 0)$ のグラフが x 軸上の異なる3点 $(\alpha, 0)$,$(\beta, 0)$,$(\gamma, 0)$ を通るとき,この式の右辺は $y=a(x-\alpha)(x-\beta)(x-\gamma)$ と因数分解される。$\alpha\neq\beta=\gamma$ のときには,$(\beta, 0)$ は接点となり,$y=a(x-\alpha)(x-\beta)^2$ と因数分解される。

上端と下端の等しい定積分の値は 0 である。つまり $\displaystyle\int_a^a f(t)\,dt=0$

$F'(x)=f(x)$ とおくと,$\displaystyle\int_a^x f(t)\,dt=\Big[F(t)\Big]_a^x=F(x)-F(a)$ であるから

$$\frac{d}{dx}\int_a^x f(t)\,dt=\frac{d}{dx}\{F(x)-F(a)\}=F'(x)-F'(a)$$

$$=f(x) \quad (F(a) \text{ は定数であるから,} F'(a)=0)$$

ポイント 定積分で表された関数の微分

$$\frac{d}{dx}\int_a^x f(t)\,dt=f(x)$$

(2) $S'(x)=f(x)$ であることをしっかり頭に入れて,$f(x)$ すなわち $S'(x)$ の正,0,負に着目する。$f(x)$ が正になる範囲で $S(x)$ は増加,負になる範囲で減少となる。このことが理解できていれば,増減表を作るまでもないだろう。

第3問　やや難　《2項間の漸化式》

(1) 薬Dを $T=12$ 時間ごとに1錠ずつ服用したとき，自然数 n に対して，a_n は n 回目の服用直後の血中濃度を表す。血中濃度は第 n 回目の服用直後から時間の経過に応じて減少しており，第 $(n+1)$ 回目の服用直前までには T 時間経過しているから，血中濃度は $\frac{1}{2}a_n$ となっている。ここで第 $(n+1)$ 回目の服用が行われるから血中濃度は P だけ上昇する。したがって

$$a_1 = P, \quad a_{n+1} = \frac{1}{2}a_n + P \quad (n=1,\ 2,\ 3,\ \cdots)$$

となる。$P=5$ を代入して，数列 $\{a_n\}$ の初項と漸化式は次のようになる。

$$a_1 = \boxed{5}, \quad a_{n+1} = \boxed{\frac{1}{2}}a_n + \boxed{5} \quad (n=1,\ 2,\ 3,\ \cdots) \quad \cdots\cdots(*)$$

→ア，イ，ウ，エ

【考え方1】では，数列 $\{a_n - d\}$ が等比数列になるように $(*)$ を変形するのであるから，公比を r とすれば

$$a_{n+1} - d = r(a_n - d) \quad \text{すなわち} \quad a_{n+1} = ra_n + (1-r)d$$

が $(*)$ と一致するように d と r を定めればよい。

このとき，$r = \frac{1}{2}$ であり，$(1-r)d = 5$ より，$d=10$ であるから，$d = \boxed{10}$ →オカ

に対して，数列 $\{a_n - d\}$ が公比 $\boxed{\frac{1}{2}}$ →キ，ク の等比数列になる。

【考え方2】では，階差数列 $\{a_{n+1} - a_n\}$ が等比数列になることを利用する。$(*)$ より

$$a_{n+2} = \frac{1}{2}a_{n+1} + 5$$

$$a_{n+1} = \frac{1}{2}a_n + 5$$

が成り立つから，辺々引くと

$$a_{n+2} - a_{n+1} = \frac{1}{2}(a_{n+1} - a_n)$$

となる。よって，数列 $\{a_{n+1} - a_n\}$ は公比 $\boxed{\frac{1}{2}}$ →ケ，コ の等比数列となる。

【考え方1】の方法で数列 $\{a_n\}$ の一般項を求める。初項 $a_1 - 10$，公比 $\frac{1}{2}$ の等比数列 $\{a_n - 10\}$ の第 n 項は，$a_n - 10 = (a_1 - 10) \times \left(\frac{1}{2}\right)^{n-1}$ であるから，$a_1 = 5$ を代入し

て

$$a_n = \boxed{10} - \boxed{5}\left(\boxed{\dfrac{1}{2}}\right)^{n-1} \quad (n=1,\ 2,\ 3,\ \cdots) \quad \to \text{サシ，ス，セ，ソ}$$

である．

【考え方 2】の方法で数列 $\{a_n\}$ の一般項を求める．数列 $\{a_{n+1}-a_n\}$ は初項が (a_2-a_1)，公比が $\dfrac{1}{2}$ の等比数列であるから

$$a_{n+1}-a_n = (a_2-a_1)\times\left(\dfrac{1}{2}\right)^{n-1}$$

となり，(*) より，$a_2-a_1 = \dfrac{1}{2}a_1+5-a_1 = 5-\dfrac{1}{2}a_1 = 5-\dfrac{5}{2} = \dfrac{5}{2}$ であるから

$$a_{n+1}-a_n = \dfrac{5}{2}\times\left(\dfrac{1}{2}\right)^{n-1} = 5\times\left(\dfrac{1}{2}\right)^n$$

となる．したがって，$n\geqq 2$ のとき

$$a_n = a_1 + \sum_{k=1}^{n-1}(a_{k+1}-a_k) = 5 + \sum_{k=1}^{n-1}\left\{5\times\left(\dfrac{1}{2}\right)^k\right\} = 5 + 5\sum_{k=1}^{n-1}\left(\dfrac{1}{2}\right)^k$$

$$= 5 + 5\times\dfrac{\dfrac{1}{2}\left\{1-\left(\dfrac{1}{2}\right)^{n-1}\right\}}{1-\dfrac{1}{2}} = 5 + 5\left\{1-\left(\dfrac{1}{2}\right)^{n-1}\right\} = 10 - 5\left(\dfrac{1}{2}\right)^{n-1}$$

であり，これは $a_1=5$ を満たすから，$n=1,\ 2,\ 3,\ \cdots$ に対して $a_n = 10-5\left(\dfrac{1}{2}\right)^{n-1}$ である．

(2) 薬 D の服用について，適切な効果が得られる血中濃度の最小値が M，副作用を起こさない血中濃度の最大値が L であり，いま，$M=2$，$L=40$ である．

$n=1,\ 2,\ 3,\ \cdots$ に対して $\left(\dfrac{1}{2}\right)^{n-1} > 0$ であるから

$$a_n = 10 - 5\left(\dfrac{1}{2}\right)^{n-1} < 10 < 40 = L$$

となり，血中濃度 a_n が L を超えることはない．よって，選択肢の ⓪，① は誤りであり，② は正しい．また

$$a_n - P = \left\{10-5\left(\dfrac{1}{2}\right)^{n-1}\right\} - 5 = 5\left\{1-\left(\dfrac{1}{2}\right)^{n-1}\right\} \quad \begin{pmatrix}\text{第 } n \text{ 回目の服用直前}\\ \text{の血中濃度}\end{pmatrix}$$

より，$a_1-P=0$，$n\geqq 2$ のとき $\left(\dfrac{1}{2}\right)^{n-1} \leqq \dfrac{1}{2}$ より，$a_n-P \geqq \dfrac{5}{2} > 2 = M$ であるので，1 回目の服用の後は，a_n-P が M を下回ることはない．よって，③ は正しいが，④，⑤ は誤りである．したがって，正しいものは $\boxed{②,\ ③} \to \text{タ}$ である．

(3) 薬Dの血中濃度は24時間経過すると $\left(\dfrac{1}{2}\right)^2 = \dfrac{1}{4}$ 倍になるから,24時間ごとに1錠ずつ服用するとき,n回目の服用直後の血中濃度 b_n については,(1)と同様に考えて

$$b_1 = 5, \quad b_{n+1} = \dfrac{1}{4}b_n + 5$$

が成り立つ。これを【考え方1】で変形すると

$$b_{n+1} - \dfrac{20}{3} = \dfrac{1}{4}\left(b_n - \dfrac{20}{3}\right)$$

となる。数列 $\left\{b_n - \dfrac{20}{3}\right\}$ は,初項が $b_1 - \dfrac{20}{3} = 5 - \dfrac{20}{3} = -\dfrac{5}{3}$,公比が $\dfrac{1}{4}$ の等比数列であるから

$$b_n - \dfrac{20}{3} = -\dfrac{5}{3}\left(\dfrac{1}{4}\right)^{n-1} \quad \therefore \quad b_n = \dfrac{20}{3} - \dfrac{5}{3}\left(\dfrac{1}{4}\right)^{n-1} \quad (n = 1, 2, 3, \cdots)$$

である。したがって

$$\dfrac{b_{n+1} - P}{a_{2n+1} - P} = \dfrac{\left\{\dfrac{20}{3} - \dfrac{5}{3}\left(\dfrac{1}{4}\right)^n\right\} - 5}{\left\{10 - 5\left(\dfrac{1}{2}\right)^{2n}\right\} - 5} \quad (P = 5)$$

$$= \dfrac{\dfrac{5}{3}\left\{1 - \left(\dfrac{1}{2}\right)^{2n}\right\}}{5\left\{1 - \left(\dfrac{1}{2}\right)^{2n}\right\}} = \boxed{\dfrac{1}{3}} \to \text{チ,ツ}$$

となる。

(4) 薬Dを24時間ごとに k 錠ずつ服用する場合,最初の服用直後の血中濃度は $kP = 5k$ となるから,このとき,n回目の服用直後の血中濃度を c_n とすれば

$$c_1 = 5k, \quad c_{n+1} = \dfrac{1}{4}c_n + 5k \quad (n = 1, 2, 3, \cdots)$$

が成り立ち,変形して

$$c_{n+1} - \dfrac{20k}{3} = \dfrac{1}{4}\left(c_n - \dfrac{20k}{3}\right)$$

となる。$c_1 - \dfrac{20k}{3} = 5k - \dfrac{20k}{3} = -\dfrac{5k}{3}$ であるから

$$c_n - \dfrac{20k}{3} = -\dfrac{5k}{3}\left(\dfrac{1}{4}\right)^{n-1} \quad \text{すなわち} \quad c_n = \dfrac{20k}{3} - \dfrac{5k}{3}\left(\dfrac{1}{4}\right)^{n-1}$$

である。このとき

$$\dfrac{c_{n+1} - kP}{a_{2n+1} - P} = \dfrac{\dfrac{5k}{3}\left\{1 - \left(\dfrac{1}{2}\right)^{2n}\right\}}{5\left\{1 - \left(\dfrac{1}{2}\right)^{2n}\right\}} = \dfrac{k}{3} \quad (P = 5)$$

であるから，薬Dを12時間ごとに1錠ずつ服用した場合と24時間ごとにk錠ずつ服用した場合の血中濃度を比較して，最初の服用から$24n$時間経過後の各服用直前の血中濃度が等しくなるのは，$\dfrac{k}{3}=1$ すなわち $k=$ ボックス3 →テ のときである。

また，24時間ごとの服用量を3錠にするとき，$n=1, 2, 3, \cdots$ に対して $\left(\dfrac{1}{4}\right)^{n-1} > 0$ より

$$c_n = \dfrac{20 \times 3}{3} - \dfrac{5 \times 3}{3}\left(\dfrac{1}{4}\right)^{n-1} = 20 - 5\left(\dfrac{1}{4}\right)^{n-1} < 20 < 40 = L$$

であるから，どれだけ継続して服用しても血中濃度がLを超えることはない。③ →ト

解説

(1) 2項間の漸化式 $a_{n+1} = pa_n + q$ $(pq \neq 0, \ p \neq 1)$ を解くには，【考え方1】，【考え方2】のほかに，一般項を類推して数学的帰納法を用いて証明する，という方法もあるが，一般には，次の【考え方1】が最も簡単である。

> **ポイント** 2項間の漸化式 $a_{n+1} = pa_n + q$ $(pq \neq 0, \ p \neq 1)$ の解法
>
> $a_{n+1} = a_n = \alpha$ とおくと，$\alpha = p\alpha + q$ すなわち $\alpha = \dfrac{q}{1-p}$ となるが，このとき
>
> $$a_{n+1} = pa_n + q \iff a_{n+1} - \alpha = p(a_n - \alpha)$$
>
> が成り立っている。これは，数列 $\{a_n - \alpha\}$ が，初項 $a_1 - \alpha$，公比 p の等比数列であることを表しているので
>
> $$a_n - \alpha = (a_1 - \alpha)p^{n-1} \quad \text{すなわち} \quad a_n = \alpha + (a_1 - \alpha)p^{n-1} \quad \left(\alpha = \dfrac{q}{1-p}\right)$$
>
> となる（$a_{n+1} = a_n = \alpha$ とおくのは，あくまで形式的である）。

〔解答〕の(3), (4)の数列 $\{b_n\}$, $\{c_n\}$ については，いずれもこの方法を用いて一般項を求めてある。(1)では，【考え方2】の方法を用いて一般項 a_n を求める計算も〔解答〕に記しておいた。

$$a_n = a_1 + (a_2 - a_1) + (a_3 - a_2) + \cdots + (a_n - a_{n-1}) \quad (n \geq 2)$$

であるから，$n \geq 2$ のとき

$$a_n = a_1 + \{階差数列の初項から第 (n-1) 項までの和\} = a_1 + \sum_{k=1}^{n-1}(a_{k+1} - a_k)$$

である。最後に $n=1$ のときも成り立つことを確認する。

(2) 問題文の(1)の図（ギザギザのグラフ）において，$a_1 = 5$, $a_2 = \dfrac{15}{2}$, $a_3 = \dfrac{35}{4}$, $\cdots$ である。2回目の最小値は $a_2 - 5 = \dfrac{5}{2}$, 3回目の最小値は $a_3 - 5 = \dfrac{15}{4}$, $\cdots$ である。

1回目の服用の後では，血中濃度が $M=2$ を下回ることはないようである。
$a_1 < a_2 < a_3 < \cdots$ となっているから，$L=40$ を超えてしまうことがあるかもしれない。〔解答〕のように不等式を用いると明確になる。

(3) 薬Dを12時間ごとに服用する場合(ア)と，24時間ごとに服用する場合(イ)において，$24n$ 時間経過後の服用直前の血中濃度は次図のようになる。

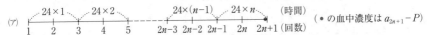

（●の血中濃度は $a_{2n+1}-P$）

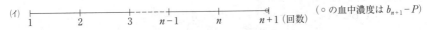

（○の血中濃度は $b_{n+1}-P$）

(4) 数列 $\{c_n\}$ の一般項を求める計算（2項間の漸化式の解法）について，〔解答〕では簡単に書いてあるが，$\{a_n\}$ や $\{b_n\}$ の場合と全く同様である。
$\{b_n\}$ と $\{c_n\}$ を比較して k の影響を観察すれば，計算は省略できるだろう。

第4問 　標準　《空間ベクトル》

四面体 OABC において，$\vec{OA}=\vec{a}$，$\vec{OB}=\vec{b}$，$\vec{OC}=\vec{c}$ とおく。

(1) O(0, 0, 0)，A(1, 1, 0)，B(1, 0, 1)，C(0, 1, 1) のとき，
$\vec{OA}=(1, 1, 0)$，$\vec{OB}=(1, 0, 1)$ であるから
$$\vec{a}\cdot\vec{b}=\vec{OA}\cdot\vec{OB}=1\times 1+1\times 0+0\times 1=\boxed{1} \to ア$$
となる。$\vec{OA}\ne\vec{0}$，$\vec{BC}=\vec{OC}-\vec{OB}=(0, 1, 1)-(1, 0, 1)=(-1, 1, 0)\ne\vec{0}$ であることに注意すると
$$\vec{OA}\cdot\vec{BC}=1\times(-1)+1\times 1+0\times 0=\boxed{0} \to イ$$
により OA⊥BC である。

(2) 四面体 OABC については，$\vec{OA}\ne\vec{0}$，$\vec{OB}\ne\vec{0}$ であるから，OA⊥BC となるための必要十分条件は
$$\vec{OA}\cdot\vec{BC}=0 \iff \vec{a}\cdot(\vec{c}-\vec{b})=0 \iff \vec{a}\cdot\vec{c}-\vec{a}\cdot\vec{b}=0$$
$$\iff \vec{a}\cdot\vec{b}=\vec{a}\cdot\vec{c} \quad \boxed{①} \to ウ$$
である。

(3) OA⊥BC であることは，(2)より，$\vec{a}\cdot\vec{b}=\vec{a}\cdot\vec{c}$ と同値であるが，
$\vec{a}\cdot\vec{b}=|\vec{OA}||\vec{OB}|\cos\angle AOB$，$\vec{a}\cdot\vec{c}=|\vec{OA}||\vec{OC}|\cos\angle AOC$ であるから，これは
$$|\vec{OA}||\vec{OB}|\cos\angle AOB=|\vec{OA}||\vec{OC}|\cos\angle AOC$$
∴ $|\vec{OB}|\cos\angle AOB=|\vec{OC}|\cos\angle AOC$ 　($|\vec{OA}|\ne 0$ より)

と同値となる。これは，$|\vec{OB}|=|\vec{OC}|$ かつ $\cos\angle AOB=\cos\angle AOC$，すなわち，
OB=OC かつ ∠AOB=∠AOC $\boxed{②} \to エ$ ならば常に成り立つ。つまり，このとき常に OA⊥BC である。

(4) OC=OB=AB=AC を満たす四面体 OABC について，OA⊥BC が成り立つことを証明する。

【証明】 線分 OA の中点を D とすると
$$\vec{BD}=\frac{1}{2}(\vec{BA}+\vec{BO}), \quad \vec{OA}=\vec{BA}-\vec{BO}$$
$$\boxed{⓪} \to オ, \quad \boxed{③} \to カ$$
$$\vec{BD}\cdot\vec{OA}=\frac{1}{2}(\vec{BA}+\vec{BO})\cdot(\vec{BA}-\vec{BO})$$
$$=\frac{1}{2}(\vec{BA}\cdot\vec{BA}-\vec{BA}\cdot\vec{BO}+\vec{BO}\cdot\vec{BA}-\vec{BO}\cdot\vec{BO})$$
$$=\frac{1}{2}(|\vec{BA}|^2-|\vec{BO}|^2)$$

である。また，条件 OB = AB すなわち $|\vec{BO}| = |\vec{BA}|$ により，$\vec{OA} \cdot \vec{BD} = 0$ である。
同様に

$$\vec{CD} = \frac{1}{2}(\vec{CA} + \vec{CO}), \quad \vec{OA} = \vec{CA} - \vec{CO}$$

$$\vec{CD} \cdot \vec{OA} = \frac{1}{2}(\vec{CA} + \vec{CO}) \cdot (\vec{CA} - \vec{CO}) = \frac{1}{2}(|\vec{CA}|^2 - |\vec{CO}|^2)$$

である。また，条件 OC = AC すなわち $|\vec{CO}| = |\vec{CA}|$　⓪　→キ　により，
$\vec{OA} \cdot \vec{CD} = 0$ である。

このことから，$\vec{OA} \neq \vec{0}$, $\vec{BC} \neq \vec{0}$ であることに注意すると

$$\vec{OA} \cdot \vec{BC} = \vec{OA} \cdot (\vec{DC} - \vec{DB}) = \vec{OA} \cdot (\vec{BD} - \vec{CD}) = \vec{OA} \cdot \vec{BD} - \vec{OA} \cdot \vec{CD} = 0 - 0 = 0$$

により，OA⊥BC である。

(5) (4)の証明は，条件 OC = OB = AB = AC のうち，OB = AB と OC = AC を用いているが，OB = OC は用いていない。このことに注意すると，OA⊥BC が成り立つ四面体は

OC＝AC かつ OB＝AB かつ OB≠OC であるような四面体 OABC　⓪
→ク

解説

(1) 成分で表示されたベクトルの内積は次のように計算される。

> **ポイント** 内積と成分
> $\vec{a} = (a_1, a_2, a_3)$, $\vec{b} = (b_1, b_2, b_3)$ のとき
> $\vec{a} \cdot \vec{b} = a_1 \times b_1 + a_2 \times b_2 + a_3 \times b_3$

また，内積の図形への応用として，次のことは特に重要である。

> **ポイント** ベクトルの垂直条件
> $\vec{AB} \neq \vec{0}$, $\vec{CD} \neq \vec{0}$ のとき
> AB⊥CD $\iff$ $\vec{AB} \cdot \vec{CD} = 0$

本問の四面体 OABC は，OA = OB = OC = AB = BC = CA = $\sqrt{2}$ であるから，正四面体である。正四面体では OA⊥BC が成り立っていることがわかった。

(2) 内積の基本性質をまとめておく。

> **ポイント　内積の基本性質**
> $\vec{a}\cdot\vec{b}=\vec{b}\cdot\vec{a}$　（交換法則）
> $(\vec{a}+\vec{b})\cdot\vec{c}=\vec{a}\cdot\vec{c}+\vec{b}\cdot\vec{c},\quad \vec{a}\cdot(\vec{b}+\vec{c})=\vec{a}\cdot\vec{b}+\vec{a}\cdot\vec{c}$　（分配法則）
> $(k\vec{a})\cdot\vec{b}=\vec{a}\cdot(k\vec{b})=k(\vec{a}\cdot\vec{b})$　（k は実数）
> $\vec{a}\cdot\vec{a}=|\vec{a}|^2$　（重要）

(3) 内積の図形的定義を確認しておく。

> **ポイント　内積の定義**
> 2つのベクトル $\vec{a},\ \vec{b}$ のなす角を θ とするとき，内積 $\vec{a}\cdot\vec{b}$ を
> $\vec{a}\cdot\vec{b}=|\vec{a}||\vec{b}|\cos\theta$　（$\vec{b}=\vec{a}$ のとき $\theta=0$ となって $\vec{a}\cdot\vec{a}=|\vec{a}|^2$）
> と定義する。ただし，$\vec{a}=\vec{0}$ または $\vec{b}=\vec{0}$ のときは $\vec{a}\cdot\vec{b}=0$ とする。

四面体 OABC において，OA⊥BC となるための必要十分条件が

$$|\overrightarrow{OB}|\cos\angle AOB=|\overrightarrow{OC}|\cos\angle AOC\ \cdots\cdots(*)$$

と求められた。（選択肢②）⟹(*) はたしかに成り立つが，(*)⟹②は正しくない。②以外にも，たとえば(5)の選択肢⓪でも(*)が成り立つからである。

(4) OA⊥BC が成り立つことを証明するのであるから，$\overrightarrow{OA}\cdot\overrightarrow{BC}=0$ を示すことが目標となる。問題文の【証明】の最後を見ると，$\overrightarrow{BC}=\overrightarrow{BD}-\overrightarrow{CD}$ と分解してあるが，これは $\overrightarrow{OA}\cdot\overrightarrow{BD}=0$，$\overrightarrow{OA}\cdot\overrightarrow{CD}=0$ を用いるためである。つまり，OA⊥BD かつ OA⊥CD であればよいのだから，直線 OA 上に点 E を，OA⊥BE かつ OA⊥CE となるようにとれば OA⊥BC となる。条件 OB＝AB，OC＝AC のもとでは，E は D と一致するのである。よって，OA⊥BC となるための条件はもっと一般化できそうである。

(5) ここでは，条件 OB＝OC が(4)の証明に使われなかったことに気付かなければならない。△OAB が OB＝AB の二等辺三角形，△OAC が OC＝AC の二等辺三角形であれば，それらの大きさは異なっていても OA⊥BC となるのである。
右図のように，直線 OA を平面 α に垂直になるように置けば，α 上の任意の線分 BC（ただし，OA と α の交点 E を通らないようにする）に対して，四面体 OABC は，OA⊥BC の成り立つ四面体である。

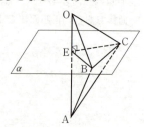

第5問 標準 《正規分布，母平均の推定，信頼区間の幅》

(1) ポップコーン1袋の内容量を表す確率変数 X は，平均 104 g，標準偏差 2 g の正規分布 $N(104, 2^2)$ に従うから，確率変数 $Z = \dfrac{X - 104}{2}$ は標準正規分布 $N(0, 1)$ に従う。したがって

$$P(100 \leqq X \leqq 106) = P(-2 \leqq Z \leqq 1) = P(-2 \leqq Z \leqq 0) + P(0 \leqq Z \leqq 1)$$
$$= P(0 \leqq Z \leqq 2) + P(0 \leqq Z \leqq 1)$$
$$= 0.4772 + 0.3413 \quad (\text{正規分布表より})$$
$$= 0.8185$$
$$P(X \leqq 98) = P(Z \leqq -3) = P(Z \geqq 3) = P(Z \geqq 0) - P(0 \leqq Z \leqq 3)$$
$$= 0.5 - 0.4987 \quad (\text{正規分布表より})$$
$$= 0.0013$$

より，X が 100 g 以上 106 g 以下となる確率は 0.819 →**アイウ** であり，X が 98 g 以下となる確率は 0.001 →**エオカ** である。

コインを n 枚同時に投げたとき，すべて表が出る確率は $\left(\dfrac{1}{2}\right)^n = \dfrac{1}{2^n}$ である。これが，X が 98 g 以下となる確率 $0.001 = \dfrac{1}{1000}$ に近いとすれば，$2^9 = 512$，$2^{10} = 1024$ より，$n = 10$ ② →**キ** である。

ポップコーン2袋のそれぞれの内容量を表す確率変数を X_1，X_2 とする。袋は1袋あたり 5 g であるから，ポップコーン2袋分の重さを表す確率変数 Y は

$$Y = (X_1 + 5) + (X_2 + 5) = X_1 + X_2 + 10$$

と表され，X_1，X_2 はともに正規分布 $N(104, 2^2)$ に従うとしてよい。このとき，Y の平均 m_Y は

$$m_Y = E(Y) = E(X_1 + X_2 + 10) = E(X_1) + E(X_2) + 10$$
$$= 104 + 104 + 10 = \boxed{218} \quad \rightarrow \textbf{クケコ}$$

である。また，X の標準偏差は 2 g であるから，X の分散は 2^2 すなわち $V(X) = V(X_1) = V(X_2) = 2^2 = 4$ である。X_1，X_2 は互いに独立であるから

$$V(Y) = V(X_1 + X_2 + 10) = V(X_1) + V(X_2) = 4 + 4 = 8$$

である。よって，Y の標準偏差 σ は，$\sigma = \sqrt{V(Y)} = \sqrt{8} = 2\sqrt{2}$ である。したがって，選択肢 ⓪〜⑤ のうち，⓪，③，④，⑤ は誤りである。

Y は $N(m_Y, \sigma^2)$ ($m_Y = 218$，$\sigma = 2\sqrt{2}$) に従うから，$m_Y - \sigma \leqq Y \leqq m_Y + \sigma$ となる確率 p_Y は，$Z_Y = \dfrac{Y - m_Y}{\sigma}$ とおけば，$-1 \leqq Z_Y \leqq 1$ となる確率に等しい。

X について，$102 \leqq X \leqq 106$ となる確率 p_X は，(1) より，$Z = \dfrac{X - 104}{2}$ とおけば，

$-1 ≦ Z ≦ 1$ となる確率に等しい。

Z_Y, Z ともに $N(0, 1)$ に従うから, $-1 ≦ Z_Y ≦ 1$ となる確率と $-1 ≦ Z ≦ 1$ となる確率は等しいので, $p_Y = p_X$ である。よって, 正しいものは ① →サ である。

(2) ポップコーン 1 袋の内容量の母平均 m を, 100 袋の標本平均 104g, 標本の標準偏差 2g をもとに, 信頼度 95% で推定する。

標本の大きさを n, 母標準偏差を s とすれば, 標本平均 $\overline{X}$ は, n が大きいとき, 近似的に正規分布 $N\left(m, \dfrac{s^2}{n}\right)$ に従うから, このとき $Z = \dfrac{\overline{X} - m}{\dfrac{s}{\sqrt{n}}}$ は標準正規分布 $N(0, 1)$ に従う。

$P(0 ≦ Z ≦ α) = \dfrac{0.95}{2} = 0.4750$ となる $α$ に対し, $P(|Z| ≦ α) = 0.95$ であるから

$$\left|\dfrac{\overline{X} - m}{\dfrac{s}{\sqrt{n}}}\right| ≦ α \iff \overline{X} - α × \dfrac{s}{\sqrt{n}} ≦ m ≦ \overline{X} + α × \dfrac{s}{\sqrt{n}} \quad \cdots\cdots ①$$

となる。これが, m の信頼度 95% の信頼区間である。n が大きいとき, 母標準偏差の値の代わりに標本標準偏差の値を用いてもよいから, 上式で $s = 2$ とし, $n = 100$, $\overline{X} = 104$ を代入し, さらに正規分布表より $α = 1.96$ を得て

$$104 - 1.96 × \dfrac{2}{10} ≦ m ≦ 104 + 1.96 × \dfrac{2}{10}, \quad 1.96 × \dfrac{2}{10} = 0.392$$

∴ $103.608 ≦ m ≦ 104.392$

と計算される。小数第 2 位を四捨五入して, $103.6 ≦ m ≦ 104.4$ ③ →シ である。信頼度を 99% にするときの信頼区間は①の $α$ を, 次の $β$ で置き換えたものになる。

$$P(0 ≦ Z ≦ β) = \dfrac{0.99}{2} = 0.495 \quad \text{すなわち} \quad P(|Z| ≦ β) = 0.99$$

を満たす $β$ は, 正規分布表より $β = 2.58$ で, $β > α$ である。したがって, ①より

$$\overline{X} - β × \dfrac{s}{\sqrt{n}} < \overline{X} - α × \dfrac{s}{\sqrt{n}} ≦ m ≦ \overline{X} + α × \dfrac{s}{\sqrt{n}} < \overline{X} + β × \dfrac{s}{\sqrt{n}}$$

となるから, 信頼度 99% の信頼区間は, **信頼度 95% の信頼区間より広い範囲になる。** ② →ス

母平均 m に対する信頼度 D% の信頼区間 $A ≦ m ≦ B$ の幅 $B - A$ は, $P(|Z| ≦ γ)$ $= \dfrac{D}{100}$ を満たす $γ$ に対して, 標本の大きさを n' とすると

$$\overline{X} - γ × \dfrac{s}{\sqrt{n'}} ≦ m ≦ \overline{X} + γ × \dfrac{s}{\sqrt{n'}} \quad \text{より} \quad B - A = 2γ × \dfrac{s}{\sqrt{n'}}$$

となる。標本の大きさか信頼度のいずれか一方を変えて，$2\gamma \times \dfrac{s}{\sqrt{n'}}$ を，①のときの幅 $2\alpha \times \dfrac{s}{\sqrt{n}}$ の半分にするには，$\sqrt{n'}=2\sqrt{n}$ とするか $\gamma = \dfrac{\alpha}{2}$ とするかである。

$\sqrt{n'}=2\sqrt{n}$ は $n'=4n$ であるから，標本の大きさを $\boxed{4}$ →セ 倍にすることであり，$\gamma = \dfrac{\alpha}{2} = \dfrac{1.96}{2} = 0.98$ のとき

$$P(|Z| \leq 0.98) = 2P(0 \leq Z \leq 0.98) = 2 \times 0.3365 = 0.6730$$

であるから，信頼度を $\boxed{67}$. $\boxed{3}$ →ソタ，チ ％にすることである。

解説

(1) 正規分布表を用いるために，確率変数を変換する。

> **ポイント** 標準正規分布
> 確率変数 X が正規分布 $N(m, \sigma^2)$ に従うとき
> $$確率変数 Z = \dfrac{X-m}{\sigma}$$
> は標準正規分布 $N(0, 1)$ に従う。

確率変数を変換したときや，確率変数の和・積などの平均・分散についてまとめておく。

> **ポイント** $aX+b$ や $X+Y$ の平均・分散
> 確率変数 X に対して，$Y=aX+b$ （a, b は定数）と変換すると
> 　　平均　$E(Y) = aE(X) + b$
> 　　分散　$V(Y) = a^2 V(X)$，　標準偏差 $\sigma(Y) = |a|\sigma(X)$
> 2つの確率変数 X, Y に対して
> 　　平均　$E(aX+bY) = aE(X) + bE(Y)$　（a, b は定数）
> X, Y が互いに独立ならば
> 　　平均　$E(XY) = E(X)E(Y)$
> 　　分散　$V(aX+bY) = a^2 V(X) + b^2 V(Y)$　（a, b は定数）

(2) 標本平均の分布については次のことが重要である。

> **ポイント** 標本平均の分布
> 母平均 m，母標準偏差 σ の母集団から大きさ n の標本を無作為に抽出するとき，標本平均 $\overline{X}$ は，n が大きいとき，近似的に
> $$正規分布 N\left(m, \left(\dfrac{\sigma}{\sqrt{n}}\right)^2\right) \quad \left(\begin{array}{l}標本平均をたくさんとれば\\それらは正規分布をなす。\end{array}\right)$$
> に従うとみなせる。

よって，このとき，$Z = \dfrac{\overline{X} - m}{\dfrac{\sigma}{\sqrt{n}}}$ は標準正規分布 $N(0, 1)$ に従う。

このことから，〔解答〕のようにして

　　95％の信頼区間　$\overline{X} - 1.96 \times \dfrac{\sigma}{\sqrt{n}} \leq m \leq \overline{X} + 1.96 \times \dfrac{\sigma}{\sqrt{n}}$

　　99％の信頼区間　$\overline{X} - 2.58 \times \dfrac{\sigma}{\sqrt{n}} \leq m \leq \overline{X} + 2.58 \times \dfrac{\sigma}{\sqrt{n}}$

が得られる。σは標本標準偏差で代用できる。これらを公式として覚えておくとよい。

99％の信頼区間の方が95％の信頼区間より広くなるのは当然であろう（的を大きくすれば当たりやすくなる）。

数学Ⅰ・数学A 本試験（センター試験）2020年度

問題番号 (配点)	解答記号	正 解	配点	チェック
第1問 (30)	アイ $< a <$ ウ	$-2 < a < 4$	3	
	エ $< a <$ オ	$0 < a < 4$	2	
	カキ	-2	2	
	$\dfrac{\text{ク}\sqrt{\text{ケ}}-\text{コ}}{\text{サシ}}$	$\dfrac{5\sqrt{3}-6}{13}$	3	
	ス	②	2	
	セソ	12	2	
	タ	④	2	
	チ	③	2	
	$x^2 - 2(c+\text{ツ})x$ $+ c(c+\text{テ})$	$x^2 - 2(c+2)x$ $+ c(c+4)$	2	
	$-$ト $\leqq c \leqq$ ナ	$-1 \leqq c \leqq 0$	2	
	ニ $\leqq c \leqq$ ヌ	$2 \leqq c \leqq 3$	2	
	ネ $+\sqrt{\text{ノ}}$	$3 + \sqrt{3}$	2	
	ハヒ	-4	2	
	フ $+$ ヘ$\sqrt{\text{ホ}}$	$8 + 6\sqrt{3}$	2	

問題番号 (配点)	解答記号	正 解	配点	チェック
第2問 (30)	ア	2	3	
	$\dfrac{\sqrt{\text{イウ}}}{\text{エ}}$	$\dfrac{\sqrt{14}}{4}$	3	
	$\sqrt{\text{オ}}$	$\sqrt{2}$	3	
	カ	1	3	
	$\dfrac{\text{キ}\sqrt{\text{ク}}}{\text{ケ}}$	$\dfrac{4\sqrt{7}}{7}$	3	
	コ，サ	③，⑤ (解答の順序は問わない)	6 (各3)	
	シ	⑥	3	
	ス	④	3	
	セ	③	3	

2020年度：数学Ⅰ・A／本試験〈解答〉

問題番号 (配点)	解答記号	正解	配点	チェック
第3問 (20)	ア, イ	⓪, ② (解答の順序は問わない)	4 (各2)	
	ウ/エ	$\dfrac{1}{4}$	2	
	オ/カ	$\dfrac{1}{2}$	2	
	キ	3	2	
	ク/ケ	$\dfrac{3}{8}$	3	
	コ/サシ	$\dfrac{7}{32}$	4	
	ス/セ	$\dfrac{4}{7}$	3	
第4問 (20)	アイ/ウエ	$\dfrac{26}{11}$	3	
	オカ+7×a+b / キク	$\dfrac{96+7\times a+b}{48}$	3	
	ケ	9	2	
	コサ	11	2	
	シス	36	3	
	セ, ソ	5, 1	3	
	タ	6	4	

問題番号 (配点)	解答記号	正解	配点	チェック
第5問 (20)	ア	1	2	
	イ/ウ	$\dfrac{1}{8}$	2	
	エ/オ	$\dfrac{2}{7}$	2	
	カ/キク	$\dfrac{9}{56}$	4	
	ケコ	12	4	
	サシ	72	2	
	ス	②	4	

（注）　第1問，第2問は必答。第3問〜第5問のうちから2問選択。計4問を解答。

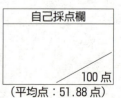

自己採点欄

100点

（平均点：51.88点）

第1問 — 1次関数，2次不等式，式の値，集合，反例，2次関数，平行移動

〔1〕 **標準** 《1次関数，2次不等式，式の値》

(1) 直線 $\ell : y = (a^2 - 2a - 8)x + a$ ……① の傾きが負となるのは
$$a^2 - 2a - 8 < 0$$
となるときだから，これを解くと
$$(a+2)(a-4) < 0 \quad \therefore \quad -2 < a < 4$$
よって，直線 ℓ の傾きが負となるのは，a の値の範囲が
$$\boxed{-2} < a < \boxed{4}$$
のときである。

(2) $a^2 - 2a - 8 \neq 0$ とすると，(1)の直線 ℓ と x 軸との交点の x 座標 b は，①に $y=0$ を代入して
$$0 = (a^2 - 2a - 8)x + a$$
$$x = -\frac{a}{a^2 - 2a - 8} \quad (\because \quad a^2 - 2a - 8 \neq 0)$$
すなわち $\quad b = -\dfrac{a}{a^2 - 2a - 8} = \dfrac{-a}{(a+2)(a-4)}$

・$a > 0$ の場合，$b = \dfrac{-a}{(a+2)(a-4)} > 0$ となるのは，$-a < 0$ より
$$(a+2)(a-4) < 0$$
となるときであるから $\quad -2 < a < 4$
$a > 0$ なので，$b > 0$ となるのは
$$\boxed{0} < a < \boxed{4}$$
のときである。

・$a \leq 0$ の場合，$b = \dfrac{-a}{(a+2)(a-4)} > 0$ となるのは，$-a \geq 0$ より
$$(a+2)(a-4) > 0$$
となるときであるから $\quad a < -2, \; 4 < a$
$a \leq 0$ なので，$b > 0$ となるのは
$$a < \boxed{-2}$$
のときである。

また，$a = \sqrt{3}$ のとき，$b = -\dfrac{a}{a^2 - 2a - 8}$ に代入すれば

$$b = -\frac{\sqrt{3}}{3-2\sqrt{3}-8} = \frac{\sqrt{3}}{5+2\sqrt{3}} = \frac{\sqrt{3}(5-2\sqrt{3})}{25-12} = \frac{\boxed{5}\sqrt{\boxed{3}} - \boxed{6}}{\boxed{13}}$$

である。

解説

1次関数の傾きと，x軸との交点について考察させる問題である。
(2)において分数式の不等式を解くことになるため，最初は驚いてしまうかもしれないが，誘導に従えば2次不等式を解くことに帰着するので，落ち着いて考えたい。

(1) 直線 $\ell : y = (a^2 - 2a - 8)x + a$ の傾きは $a^2 - 2a - 8$ だから，直線 ℓ の傾きが負となるのは $a^2 - 2a - 8 < 0$ となるときである。

(2) 直線 ℓ と x 軸との交点の x 座標 b は，①に $y = 0$ を代入した式である $(a^2 - 2a - 8)x + a = 0$ を x について解けば求まるが，$x = -\dfrac{a}{a^2 - 2a - 8}$ と変形する際に，$a^2 - 2a - 8 \neq 0$ の条件を使用している。

問題文で，$a > 0$ の場合と $a \leq 0$ の場合の場合分けは与えられているので，

$$b = -\frac{a}{a^2 - 2a - 8} = \frac{-a}{(a+2)(a-4)} > 0$$

となるときの a の値の範囲は，(b の分母) $= (a+2)(a-4)$ の正負で決定できる。

[2]　標準　《集合，反例》

$P = \{n \mid n \text{ は自然数}, n \text{ は 4 の倍数}\} = \{4, 8, 12, 16, 20, \cdots\}$

$Q = \{n \mid n \text{ は自然数}, n \text{ は 6 の倍数}\} = \{6, 12, 18, 24, 30, \cdots\}$

$R = \{n \mid n \text{ は自然数}, n \text{ は 24 の倍数}\} = \{24, 48, 72, 96, 120, \cdots\}$

(1) $32 \in P$, $32 \in \overline{Q}$, $32 \in \overline{R}$ なので

　　$32 \in P \cap \overline{Q}$　（ ② ）

(2) 条件 (p かつ q) は

「(p かつ q)：n は 4 の倍数かつ 6 の倍数である $\iff n$ は 12 の倍数である」

なので

　　$P \cap Q = \{n \mid n \text{ は自然数}, n \text{ は 12 の倍数}\}$

だから，$P \cap Q$ に属する自然数のうち最小のものは $\boxed{12}$ である。

また，$12 \in \overline{R}$（ ④ ）である。

(3) (2)より，$12 \in P \cap Q$ だから，$12 \in P \cup Q$ となる。

また，$12 \in \overline{R}$ だから，$12 \in \overline{R}$ となる。

⓪ 自然数 12 は，条件 (p かつ q) を満たし，条件 $\overline{r}$ も満たす。よって，この命

題の反例とならない。

① 自然数 12 は，条件 (p または q) を満たし，条件 $\bar{r}$ も満たす。よって，この命題の反例とならない。

② 自然数 12 は，条件 r を満たさない。よって，この命題の反例とならない。

③ 自然数 12 は，条件 (p かつ q) を満たすが，条件 r を満たさない。よって，この命題の反例となる。

以上より，自然数 12 は，命題「(p かつ q)$\Longrightarrow r$」（ ③ ）の反例である。

解説

倍数の条件を満たす自然数全体の集合に関する問題である。

(3)は自然数 12 が反例となる命題を選択肢の中から選ぶ問題であり，センター試験では珍しい出題となっている。

(1)・(2) 集合 P, Q, R の要素を書き出して考えていけば特に問題はないが，ベン図を用いて考えることもできる。$P \cap Q = \{n \mid n$ は自然数, n は 12 の倍数$\}$, $R = \{n \mid n$ は自然数, n は 24 の倍数$\}$ なので，$(P \cap Q) \supset R$ であることを考慮すると，ベン図は右のようになる。

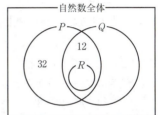

(3) 命題「$s \Longrightarrow t$」において，仮定 s を満たすが，結論 t を満たさないような例を反例という。

(2)の結果より，$12 \in P \cap Q$, $12 \in \overline{R}$ であるから，$12 \in P \cup Q$, $12 \in \overline{R}$ であることもわかるので，自然数 12 は，条件 (p かつ q) と条件 (p または q) と条件 $\bar{r}$ を満たし，条件 r を満たさない。したがって，自然数 12 は，命題「(p かつ q)$\Longrightarrow r$」の反例となることがわかる。

[3] 標準 《2次関数，平行移動》

(1) G は 2 次関数 $y = x^2$ のグラフを平行移動したグラフなので，G の x^2 の係数は 1 であり，G は 2 点 $(c, 0)$, $(c+4, 0)$ を通るから，G をグラフにもつ 2 次関数は

$$y = 1 \cdot (x-c)\{x-(c+4)\}$$
$$= x^2 - 2(c + \boxed{2})x + c(c + \boxed{4}) \quad \cdots\cdots ①$$

と表せる。

2 点 $(3, 0)$, $(3, -3)$ を両端とする線分と G が共有点をもつためには，G の $x = 3$ のときの y の値が -3 以上 0 以下となればよい。

G の $x = 3$ のときの y の値は，①に $x = 3$ を代入すれば

$y = 9 - 2(c+2)\cdot 3 + c(c+4)$
$ = c^2 - 2c - 3$

となるので，$-3 \leqq y \leqq 0$ より
$$-3 \leqq c^2 - 2c - 3 \leqq 0$$

すなわち $-3 \leqq c^2 - 2c - 3$

かつ $c^2 - 2c - 3 \leqq 0$

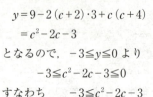

- $-3 \leqq c^2 - 2c - 3$ を解くと
  $c^2 - 2c \geqq 0$ $c(c-2) \geqq 0$ ∴ $c \leqq 0, \ 2 \leqq c$ ……②

- $c^2 - 2c - 3 \leqq 0$ を解くと
  $(c+1)(c-3) \leqq 0$
  ∴ $-1 \leqq c \leqq 3$ ……③

よって，求める c の値の範囲は，②かつ③より
$-\boxed{1} \leqq c \leqq \boxed{0}, \ \boxed{2} \leqq c \leqq \boxed{3}$

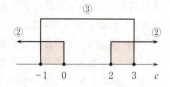

(2) $2 \leqq c \leqq 3$ の場合を考える。

G が点 $(3, -1)$ を通るとき，①に $x = 3, \ y = -1$ を代入すると
$-1 = c^2 - 2c - 3$ $c^2 - 2c - 2 = 0$

なので，解の公式を用いて
$$c = -(-1) \pm \sqrt{(-1)^2 - 1\cdot(-2)} = 1 \pm \sqrt{3}$$

$2 \leqq c \leqq 3$ なので $c = 1 + \sqrt{3}$

ここで，①を平方完成すると
$$y = \{x - (c+2)\}^2 - (c+2)^2 + c(c+4) = \{x - (c+2)\}^2 - 4 \quad \cdots\cdots ④$$

なので，$c = 1 + \sqrt{3}$ を代入すれば
$$y = \{x - (3+\sqrt{3})\}^2 - 4 \quad \cdots\cdots ⑤$$

よって，G は2次関数 $y = x^2$ のグラフを x 軸方向に $\boxed{3} + \sqrt{\boxed{3}}$，$y$ 軸方向に $\boxed{-4}$ だけ平行移動したものである。

また，このとき G と y 軸との交点の y 座標は，⑤に $x = 0$ を代入して
$$y = \{0 - (3+\sqrt{3})\}^2 - 4 = (3+\sqrt{3})^2 - 4 = (12 + 6\sqrt{3}) - 4$$
$$= \boxed{8} + \boxed{6}\sqrt{\boxed{3}}$$

別解 (1) G は2次関数 $y = x^2$ のグラフを平行移動したグラフなので，G の x^2 の係数は1であり，G は2点 $(c, 0), \ (c+4, 0)$ を通るから，G の頂点は2点 $(c, 0), \ (c+4, 0)$ を両端とする線分の中点 $(c+2, 0)$ を通る x 軸に垂直な直線 $x = c + 2$ 上にある。

したがって，G をグラフにもつ 2 次関数は
$$y = \{x-(c+2)\}^2 + q \quad \cdots\cdots ⑥$$
とおける。

G は点 $(c, 0)$ を通るから，⑥に $x = c$，$y = 0$ を代入して
$$0 = (-2)^2 + q \quad \therefore \quad q = -4$$

よって，⑥より
$$y = \{x-(c+2)\}^2 - 4 \quad \cdots\cdots ④$$
$$ = x^2 - 2(c+2)x + c(c+4) \quad \cdots\cdots ①$$

と表せる。

解 説

2 次関数の平行移動と，2 次関数が y 軸に平行な線分と共有点をもつための条件を考えさせる問題である。

(1)において G をグラフにもつ 2 次関数が正しく立式できないと，それ以降の問題を解き進めることができなくなる。また，y 軸に平行な線分と 2 次関数のグラフが共有点をもつための条件を考えさせる問題は，センター試験では見慣れない出題であり，戸惑った受験生も多かっただろう。

(1) 〔解答〕では，x 軸上の 2 点 $(\alpha, 0)$，$(\beta, 0)$ $(\alpha \neq \beta)$ を通る 2 次関数のグラフの方程式は，$y = a(x-\alpha)(x-\beta)$ と表せることを用いた。

〔別解〕では，x 軸上の 2 点 $(\alpha, 0)$，$(\beta, 0)$ $(\alpha \neq \beta)$ を通る 2 次関数のグラフの軸は，$x = \dfrac{\alpha+\beta}{2}$ であることを利用している。

2 点 $(3, 0)$，$(3, -3)$ を両端とする y 軸に平行な線分と G が共有点をもつための条件設定は，図を描きながら考えるとよいだろう。G の $x = 3$ のときの y の値が -3 以上 0 以下となりさえすればよいことに気付きたい。

(2) G が点 $(3, -1)$ を通るので，$x = 3$，$y = -1$ を①に代入すれば，解の公式を用いることで，$c = 1 + \sqrt{3}$ が求まる。

〔解答〕では，①を平方完成してから，$c = 1 + \sqrt{3}$ を代入したが，文字 c が残ったままで平方完成するのが難しければ，$c = 1 + \sqrt{3}$ を①に代入してから平方完成してもよい。

また，〔解答〕では，G と y 軸との交点の y 座標を，⑤に $x = 0$ を代入することで求めたが，①より，G の y 切片が $y = c(c+4)$ であることに着目して，$y = c(c+4)$ に $c = 1 + \sqrt{3}$ を代入することで求めることもできる。

第2問 — 余弦定理，正弦定理，角の二等分線，外接円の半径，四分位数，箱ひげ図，ヒストグラム，データの相関

〔1〕 やや難 《余弦定理，正弦定理，角の二等分線，外接円の半径》

△BCD に余弦定理を用いると

$$BD^2 = BC^2 + CD^2 - 2 \cdot BC \cdot CD \cdot \cos\angle BCD$$
$$= (2\sqrt{2})^2 + (\sqrt{2})^2 - 2 \cdot 2\sqrt{2} \cdot \sqrt{2} \cdot \frac{3}{4}$$
$$= 4$$

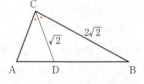

BD>0 なので　　BD = **2**

$\sin\angle BCD > 0$ なので，$\sin^2\angle BCD + \cos^2\angle BCD = 1$ より

$$\sin\angle BCD = \sqrt{1 - \cos^2\angle BCD} = \sqrt{1 - \left(\frac{3}{4}\right)^2} = \frac{\sqrt{7}}{4}$$

△BCD に正弦定理を用いれば

$$\frac{BD}{\sin\angle BCD} = \frac{BC}{\sin\angle CDB} \qquad \frac{2}{\frac{\sqrt{7}}{4}} = \frac{2\sqrt{2}}{\sin\angle CDB}$$

$$\therefore \quad \sin\angle CDB = 2\sqrt{2} \times \frac{\frac{\sqrt{7}}{4}}{2} = \frac{\sqrt{14}}{4}$$

なので，$\angle ADC + \angle CDB = 180°$ より

$$\sin\angle ADC = \sin(180° - \angle CDB) = \sin\angle CDB = \frac{\sqrt{\boxed{14}}}{\boxed{4}}$$

線分 CD は∠ACB の二等分線なので

$$AC : BC = AD : BD \qquad AC : 2\sqrt{2} = AD : 2$$

$$\therefore \quad \frac{AC}{AD} = \sqrt{\boxed{2}}$$

であるから

$$AC : AD = \sqrt{2} : 1$$

となることより

$$AC = \sqrt{2}k, \quad AD = k \quad (k>0)$$

とおける。

∠ACD = ∠BCD より

$$\cos\angle ACD = \cos\angle BCD = \frac{3}{4}$$

なので，△ADC に余弦定理を用いれば

$$AD^2 = CD^2 + AC^2 - 2 \cdot CD \cdot AC \cdot \cos\angle ACD$$

$$k^2 = (\sqrt{2})^2 + (\sqrt{2}k)^2 - 2 \cdot \sqrt{2} \cdot \sqrt{2}k \cdot \frac{3}{4}$$

$$k^2 - 3k + 2 = 0 \quad (k-1)(k-2) = 0$$

$$\therefore \quad k = 1, \ 2$$

ここで，$k=2$ のとき，$AC = 2\sqrt{2}$，$AD = 2$ となり，△ABC は $AC = BC = 2\sqrt{2}$，$AB = 4$，$\angle ACB = 90°$ の直角二等辺三角形となるから，$\cos\angle BCD = \cos 45° = \frac{1}{\sqrt{2}}$ となってしまい，$\cos\angle BCD = \frac{3}{4}$ であることに反する。

($k = 2$ のとき)

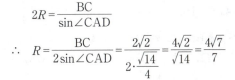

したがって，$k = 1$ だから

$$AC = \sqrt{2}, \quad AD = \boxed{1}$$

また，△ADC は $AC = CD = \sqrt{2}$ の二等辺三角形となるので，$\angle CAD = \angle ADC$ より

$$\sin\angle CAD = \sin\angle ADC = \frac{\sqrt{14}}{4}$$

だから，△ABC の外接円の半径を R として，△ABC に正弦定理を用いると

$$2R = \frac{BC}{\sin\angle CAD}$$

$$\therefore \quad R = \frac{BC}{2\sin\angle CAD} = \frac{2\sqrt{2}}{2 \cdot \frac{\sqrt{14}}{4}} = \frac{4\sqrt{2}}{\sqrt{14}} = \frac{4\sqrt{7}}{7}$$

よって，△ABC の外接円の半径は $\dfrac{\boxed{4}\sqrt{\boxed{7}}}{\boxed{7}}$ である。

解説

正弦定理と余弦定理を用いて，辺の長さや，外接円の半径などを求める問題。

丁寧な誘導が与えられていないため，自分自身で行間を埋めていく必要があり，なかなか難しかったと思われる。〔解答〕の解法以外にも様々な解法が考えられるが，すばやく処理できる解法をなるべく選択したい。

BD の長さは，△BCD に余弦定理を用いれば求まる。

$\sin\angle ADC$ は，$\angle ADC = 180° - \angle CDB$ であることに気付くかどうかがポイントとなる。それに気付けば，$\sin^2\angle BCD + \cos^2\angle BCD = 1$ より $\sin\angle BCD$ を求め，△BCD に正弦定理を用いて $\sin\angle CDB$ を求めることで，$\sin(180° - \theta) = \sin\theta$ を利用すれば

sin∠ADC が求まる。

$\dfrac{AC}{AD}$ は，〔解答〕では，数学Aで学習する角の二等分線の性質を利用した。角の二等分線の性質を利用せずに，∠ACD＝∠BCD より，sin∠ACD＝sin∠BCD＝$\dfrac{\sqrt{7}}{4}$ なので，△ADC に正弦定理 $\dfrac{AD}{\sin∠ACD}=\dfrac{AC}{\sin∠ADC}$ を用いて求めることもできる。

ポイント 角の二等分線と辺の比

△ABC の辺 AB 上の点Dについて

　　線分 CD が∠C の二等分線

　　⟺ AC：BC＝AD：BD

次に，$\dfrac{AC}{AD}=\sqrt{2}$ を利用して AD の長さを求めたが，これは方針が立てにくい問題であった。$\dfrac{AC}{AD}=\sqrt{2}$ より，AC と AD の比がわかるので，AC＝$\sqrt{2}k$，AD＝k（$k>0$）とおいて，△ADC に余弦定理を用いることで $k=1,\ 2$ が求まる。〔解答〕では，$k=2$ のとき cos∠BCD＝$\dfrac{3}{4}$ であることに反することから，$k=2$ が適さないことを導き出したが，∠ADC＝90°より sin∠ADC＝1 となってしまい，sin∠ADC＝$\dfrac{\sqrt{14}}{4}$ であることに反することから，$k=2$ が不適としてもよい。

△ABC の外接円の半径を求める際に，〔解答〕では△ADC が∠CAD＝∠ADC の二等辺三角形となることを利用して，sin∠CAD＝$\dfrac{\sqrt{14}}{4}$ を求めた。△ADC が二等辺三角形であることに気付かなければ，(△ABC の面積)＝(△ADC の面積)＋(△BCD の面積) であることを利用して sin∠ACB を求めたり，△ABC における余弦定理と $\sin^2\theta+\cos^2\theta=1$ を利用したりして，△ABC の外接円の半径を求めることもできる。

〔2〕 標準 《四分位数，箱ひげ図，ヒストグラム，データの相関》

(1) 99 個の観測値からなるデータを $x_1, x_2, x_3, \cdots, x_{99}$（ただし，$x_1 \leq x_2 \leq x_3 \leq \cdots \leq x_{99}$）とすると

　　　　最小値は x_1，第 1 四分位数は x_{25}，中央値は x_{50}，
　　　　第 3 四分位数は x_{75}，最大値は x_{99}

となる。

⓪ 98 個の観測値が 0，1 個の観測値が 99 の 99 個の観測値からなるデータを考えると，平均値は

$$\frac{0 + \cdots + 0 + 99}{99} = \frac{0 \times 98 + 99}{99} = 1$$

第 1 四分位数と第 3 四分位数はともに 0。
よって，平均値は第 1 四分位数と第 3 四分位数の間にないので，正しくない。

① ⓪と同様に，98 個の観測値が 0，1 個の観測値が 99 の 99 個の観測値からなるデータを考えると，第 1 四分位数と第 3 四分位数はともに 0 となるから，四分位範囲は

　　　　$0 - 0 = 0$

平均値は，⓪より，1 となるから，標準偏差は

$$\sqrt{\frac{(0-1)^2 + \cdots + (0-1)^2 + (99-1)^2}{99}} = \sqrt{\frac{1 + \cdots + 1 + 98^2}{99}}$$

$$= \sqrt{\frac{1 \times 98 + 98^2}{99}} = \sqrt{\frac{98(1+98)}{99}} = \sqrt{\frac{98 \cdot 99}{99}} = \sqrt{98}$$

よって，四分位範囲は標準偏差より小さいので，正しくない。

② ⓪と同様に，98 個の観測値が 0，1 個の観測値が 99 の 99 個の観測値からなるデータを考えると，中央値は 0。
よって，中央値より小さい観測値の個数は 0 個なので，正しくない。

③ 最大値に等しい観測値を 1 個削除した 98 個の観測値からなるデータ $x_1, x_2, x_3, \cdots, x_{98}$（ただし，$x_1 \leq x_2 \leq x_3 \leq \cdots \leq x_{98}$）の第 1 四分位数は x_{25} となる。
よって，最大値に等しい観測値を 1 個削除しても第 1 四分位数は変わらないので，正しい。

④ ⓪と同様に，98 個の観測値が 0，1 個の観測値が 99 の 99 個の観測値からなるデータを考えると，第 1 四分位数の 0 より小さい観測値は 0 個であり，第 3 四分位数の 0 より大きい観測値は 99 の 1 個だけである。
よって，第 1 四分位数より小さい観測値と，第 3 四分位数より大きい観測値とをすべて削除すると，残りの観測値の個数は 98 個なので，正しくない。

⑤ 第1四分位数より小さい観測値と，第3四分位数より大きい観測値とをすべて削除すると，残りの観測値からなるデータの最大値，最小値は，それぞれ，もとの99個の観測値からなるデータの第3四分位数，第1四分位数に等しい。

よって，第1四分位数より小さい観測値と，第3四分位数より大きい観測値とをすべて削除すると，残りの観測値からなるデータの範囲はもとのデータの四分位範囲に等しいので，正しい。

以上より，どのようなデータでも成り立つものは ③ と ⑤ である。

(2) (I) P10の四分位範囲は1より大きいから，四分位範囲はどの都道府県においても1以下とはならない。よって，誤り。

(II) P7の中央値は，P8の中央値より大きいから，箱ひげ図は中央値が小さい値から大きい値の順に上から下へ並んでいない。よって，誤り。

(III) P1のデータの最大値とP47のデータの最小値の差は1.5より大きいから，P1のデータのどの値とP47のデータのどの値とを比較しても1.5以上の差がある。よって，正しい。

以上より，(I)，(II)，(III)の正誤の組合せとして正しいものは ⑥ である。

(3) ある県の20の市区町村の男の平均寿命を小さい方から順に並べると，図2のヒストグラムより，最大値は81.5以上82.0未満の階級に含まれる。また，第1四分位数は小さい方から5番目と6番目の値の平均値であるから，図2のヒストグラムより，小さい方から5番目と6番目の値は80.0以上80.5未満の階級に含まれるので，第1四分位数は80.0から80.5の区間にある。

よって，図2のヒストグラムに対応する箱ひげ図は ④ である。

(4) 切片が7.0で傾きが1の直線 ℓ_1 と，切片が7.5で傾きが1の直線 ℓ_2 を考慮すると，この2本の直線の間の領域（ℓ_1 は含み，ℓ_2 は含まない）にある点は3点あり，これらの点の女の平均寿命と男の平均寿命の差は7.0以上7.5未満である。

よって，7.0以上7.5未満の階級に含まれるデータの個数は3であるから，都道府県ごとに男女の平均寿命の差をとったデータに対するヒストグラムは ③ である。

解説

(1) 四分位数について述べた記述の中で，どのようなデータに対しても成り立つものを選ばせる問題である。一般的なデータについて考察しなければならず，受験生にとっては解きにくい問題であったと思われる。

どのようなデータでも成り立つ記述を選び出したいので，一般的なデータで考えるだけでなく，極端なデータを例にとって考えると，成り立つかどうかの判断がつきやすい。

⓪ 98個の観測値が0，1個の観測値が99の99個の観測値からなるデータを例にとって考えたが，考えやすいデータであれば，これ以外のデータを例にとって

考えても一向にかまわない。

① 四分位範囲は，(四分位範囲) = (第 3 四分位数) − (第 1 四分位数) で求められる。

② 99 個の観測値からなるデータ $x_1, x_2, x_3, \cdots, x_{99}$ (ただし，$x_1 \leqq x_2 \leqq x_3 \leqq \cdots \leqq x_{99}$) で考えた場合，$x_1, x_2, x_3, \cdots, x_{49}$ の中に中央値 x_{50} と等しい観測値が 1 個以上あれば，中央値より小さい観測値の個数は 48 個以下である。

③ 98 個の観測値からなるデータ $x_1, x_2, x_3, \cdots, x_{98}$ (ただし，$x_1 \leqq x_2 \leqq x_3 \leqq \cdots \leqq x_{98}$) では

  最小値は x_1，第 1 四分位数は x_{25}，中央値は $\dfrac{x_{49} + x_{50}}{2}$，

  第 3 四分位数は x_{74}，最大値は x_{98}

となる。

④ 99 個の観測値からなるデータ $x_1, x_2, x_3, \cdots, x_{99}$ (ただし，$x_1 \leqq x_2 \leqq x_3 \leqq \cdots \leqq x_{99}$) で考えた場合，$x_1, x_2, x_3, \cdots, x_{24}$ の中に第 1 四分位数 x_{25} と等しい観測値，あるいは，$x_{76}, x_{77}, x_{78}, \cdots, x_{99}$ の中に第 3 四分位数 x_{75} と等しい観測値が 1 個以上あれば，第 1 四分位数より小さい観測値と，第 3 四分位数より大きい観測値とをすべて削除すると，残りの観測値の個数は 52 個以上である。

⑤ (範囲) = (最大値) − (最小値)，(四分位範囲) = (第 3 四分位数) − (第 1 四分位数) で求められる。

(2) 箱ひげ図に関する記述の正誤の組合せを選ぶ問題である。(I)，(II)，(III)の正誤は判定しやすい。

(I) (四分位範囲) = (第 3 四分位数) − (第 1 四分位数) である。

(II) 〔解答〕では P7 と P8 の中央値に着目したが，これ以外にも，P10 と P11，P17 と P18，P27 と P28 などの中央値も注目しやすい。

(III) P1 のデータの最大値と P47 のデータの最小値の差を考えれば，P1 のデータのどの値と P47 のデータのどの値とを比較してもそれ以上の差があることがわかる。

(3) ヒストグラムに対応する箱ひげ図を選択肢の中から選ぶ問題であり，考えやすい問題である。

20 個のデータを $y_1, y_2, y_3, \cdots, y_{20}$ (ただし，$y_1 \leqq y_2 \leqq y_3 \leqq \cdots \leqq y_{20}$) とすると

  最小値は y_1，第 1 四分位数は $\dfrac{y_5 + y_6}{2}$，中央値は $\dfrac{y_{10} + y_{11}}{2}$，

  第 3 四分位数は $\dfrac{y_{15} + y_{16}}{2}$，最大値は y_{20}

となる。

図2のヒストグラムより，最大値が81.5以上82.0未満の階級に含まれることがわかるから，図2のヒストグラムに対応する箱ひげ図は④～⑦のいずれかであることがわかる。さらに，図2のヒストグラムより，第1四分位数が80.0から80.5の区間にあることがわかるから，図2のヒストグラムに対応する箱ひげ図は④であると決定できる。

(4) 都道府県ごとに散布図で与えられた男女の平均寿命の差をとったデータに対するヒストグラムを，選択肢の中から選ばせる問題である。差をとったデータに対するヒストグラムを考えさせる問題は目新しい。

この問題は，切片が7.0で傾きが1の直線を $\ell_1 : y = x + 7.0$，切片が7.5で傾きが1の直線を $\ell_2 : y = x + 7.5$ として考えるとわかりやすい。この2本の直線の間の領域にある点は下図の○の3点であり，下図の点Aを例にとって考える。

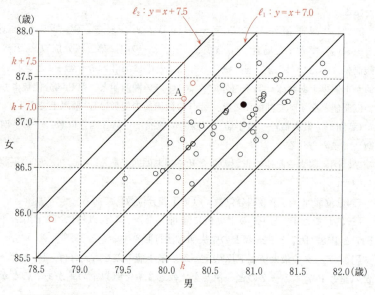

点Aの横軸の値を k とすれば，点Aの縦軸の値は $k + 7.0$ より大きく $k + 7.5$ より小さい。したがって，点Aの縦軸の値と横軸の値の差，すなわち，点Aの女の平均寿命と男の平均寿命の差は7.0より大きく7.5より小さいことがわかる。

このことから，切片が7.0で傾きが1の直線と，切片が7.5で傾きが1の直線の間の領域にある3点の女の平均寿命と男の平均寿命の差は，7.0より大きく7.5より小さいこともわかる。

したがって，7.0以上7.5未満の階級に含まれるデータの個数が3であるヒストグラムを選択すればよい。

第3問 —— 確率，条件付き確率

〔1〕 標準 《確率，条件付き確率》

⓪ 1枚のコインを投げる試行を5回繰り返すとき，1回も表が出ないのは，裏が5回出る場合だから，1回も表が出ない確率は

$$\left(\frac{1}{2}\right)^5 = \frac{1}{32}$$

これより，少なくとも1回は表が出る確率 p は，余事象の確率を用いて

$$p = 1 - \frac{1}{32} = \frac{31}{32} = 0.96875$$

よって，$p > 0.95$ だから，正しい。

① 袋の中に入っている赤球と白球のそれぞれの個数がわからないので，1回の試行で赤球が出る確率を求めることはできない。

よって，1回の試行で赤球が出る確率は $\frac{3}{5}$ かどうかわからないから，正しくない。

② 箱の中から同時に2枚のカードを取り出すとき，すべての場合の数は

$$_5C_2 = \frac{5 \cdot 4}{2 \cdot 1} = 10 \text{ 通り}$$

書かれた文字が同じになるのは，「ろ」と書かれたカードを2枚取り出す場合と，「は」と書かれたカードを2枚取り出す場合の2通りだから，書かれた文字が同じ確率は

$$\frac{2}{10} = \frac{1}{5}$$

これより，書かれた文字が異なる確率は，余事象の確率を用いて

$$1 - \frac{1}{5} = \frac{4}{5}$$

よって，正しい。

③ ある人が1枚のコインを投げるとき，表が出る事象を A，コインの出た面を見た2体のロボットがともに「オモテ」と発言する事象を B とする。

事象 B が起こるのは

(i) コインの表が出て，2体のロボットがともに「オモテ」と発言する。
（コインの表が出て，2体のロボットがともに正しく発言する）

(ii) コインの裏が出て，2体のロボットがともに「オモテ」と発言する。
（コインの裏が出て，2体のロボットがともに正しく発言しない）

のいずれかだから，(i), (ii) の確率をそれぞれ求めると

(ⅰ) $\dfrac{1}{2} \times 0.9 \times 0.9 = \dfrac{81}{200}$

(ⅱ) $\dfrac{1}{2} \times 0.1 \times 0.1 = \dfrac{1}{200}$

(ⅰ), (ⅱ)より, 事象 B が起こる確率は

$$P(B) = \dfrac{81}{200} + \dfrac{1}{200} = \dfrac{82}{200}$$

また, 事象 $A \cap B$ が起こる確率は, (ⅰ)の場合だから

$$P(A \cap B) = \dfrac{81}{200}$$

これより, 出た面を見た2体が, ともに「オモテ」と発言したときに, 実際に表が出ている確率 p は

$$p = P_B(A) = \dfrac{P(B \cap A)}{P(B)} = \dfrac{P(A \cap B)}{P(B)} = \dfrac{\dfrac{81}{200}}{\dfrac{82}{200}}$$

$$= \dfrac{81}{82} = 0.98\cdots$$

よって, $p > 0.9$ だから, 正しくない。
以上より, 正しい記述は ⓪ と ② である。

解説

異なる題材の確率を考えさせる問題が選択肢として与えられ, その中から正しい記述を選ぶ目新しい問題である。初めての出題形式であるため, 戸惑った受験生も多かっただろう。
③以外の問題はどれも基本的であり, 計算量も多くないが, それぞれの問題設定をしっかりと理解しながら正誤を確認していかなければならないため, 少し時間がかかってしまったかもしれない。

⓪ 少なくとも1回は表が出る確率 p を求めるので, 余事象の確率を利用すればよい。

① 試行を5回繰り返したときに赤球が3回出たからといって, 1回の試行で赤球が出る確率は $\dfrac{3}{5}$ となるかどうかわからない。

袋の中に赤球が a 個, 白球が $(8-a)$ 個 (a は0以上8以下の整数) 入っているとすると, 1回の試行で赤球が出る確率は $\dfrac{a}{8}$ である。

② 〔解答〕では余事象の確率を利用したが, 箱の中から同時に2枚のカードを取り

出すときのすべての場合の数は 10 通りなので，書かれた文字が異なる場合をすべて書き出して数え上げても，それほど手間はかからない。

③ 問題設定が単純ではないため，設定の理解に手間取ると，必要以上に時間を要してしまうかもしれない。

求める確率 p は，出た面を見た 2 体が，ともに「オモテ」と発言したときに，実際に表が出ている条件付き確率であるから，$p = P_B(A) = \dfrac{P(B \cap A)}{P(B)} = \dfrac{P(A \cap B)}{P(B)}$

で求められる。

〔2〕 標準 《確率，条件付き確率》

(1) コインを 2 回投げ終わって持ち点が -2 点であるのは，裏が 2 回出る場合だから，その確率は

$$\left(\dfrac{1}{2}\right)^2 = \boxed{\dfrac{1}{4}}$$

また，コインを 2 回投げ終わって持ち点が 1 点であるのは，表が 1 回，裏が 1 回出る場合だから，その確率は

$$_2C_1 \left(\dfrac{1}{2}\right)^1 \left(\dfrac{1}{2}\right)^1 = \boxed{\dfrac{1}{2}}$$

(2) コインを n 回投げたとき，表が k 回，裏が $(n-k)$ 回出るとする（n は 1 以上 5 以下の整数，k は 0 以上 n 以下の整数）。

このとき，持ち点が 0 点となるのは

$$2 \times k + (-1) \times (n-k) = 0 \quad 3k - n = 0 \quad \therefore \quad n = 3k$$

となる場合だから，これを満たす $1 \leq n \leq 5$，$0 \leq k \leq n$ の整数 n，k は

$$n = 3, \ k = 1$$

よって，持ち点が再び 0 点になることが起こるのは，コインを $\boxed{3}$ 回投げ終わったときである。

コインを 3 回投げ終わって持ち点が 0 点になるのは，表が 1 回，裏が 2 回出る場合だから，その確率は

$$_3C_1 \left(\dfrac{1}{2}\right)^1 \left(\dfrac{1}{2}\right)^2 = \boxed{\dfrac{3}{8}}$$

(3) ゲームが終了した時点で持ち点が 4 点であるのは，持ち点が再び 0 点にならなくて，かつ，コインを 5 回投げ終わった時点で持ち点が 4 点となる場合である。コインを 5 回投げ終わった時点で持ち点が 4 点になるのは，表が 3 回，裏が 2 回出る場

合だから，コインを3回投げ終わった時点で持ち点が再び0点にならないことを考慮すれば

(i) コインを3回投げ終わった時点で表が3回出て，その後4回目と5回目にコインを投げて裏が2回出る．

(ii) コインを3回投げ終わった時点で表が2回，裏が1回出て，その後，4回目と5回目にコインを投げて表が1回，裏が1回出る．

のいずれかの場合である．(i), (ii)の確率をそれぞれ求めると

(i) $\left(\dfrac{1}{2}\right)^3 \times \left(\dfrac{1}{2}\right)^2 = \dfrac{1}{32}$

(ii) ${}_3C_2\left(\dfrac{1}{2}\right)^2\left(\dfrac{1}{2}\right)^1 \times {}_2C_1\left(\dfrac{1}{2}\right)^1\left(\dfrac{1}{2}\right)^1 = \dfrac{6}{32}$

よって，(i), (ii)より，ゲームが終了した時点で持ち点が4点である確率は

$$\dfrac{1}{32} + \dfrac{6}{32} = \boxed{\dfrac{7}{32}}$$

(4) ゲームが終了した時点で持ち点が4点で，かつ，コインを2回投げ終わって持ち点が1点であるのは，コインを3回投げ終わった時点で持ち点が再び0点にならないことを考慮すれば，コインを2回投げ終わった時点で表が1回，裏が1回出て，3回目にコインを投げて表が出て，その後，4回目と5回目にコインを投げて表が1回，裏が1回出る場合である．

したがって，このときの確率は，(1)の結果を利用して

$$\dfrac{1}{2} \times \dfrac{1}{2} \times {}_2C_1\left(\dfrac{1}{2}\right)^1\left(\dfrac{1}{2}\right)^1 = \dfrac{1}{8}$$

よって，ゲームが終了した時点で持ち点が4点であるとき，コインを2回投げ終わって持ち点が1点である条件付き確率は

$$\dfrac{\dfrac{1}{8}}{\dfrac{7}{32}} = \dfrac{1}{8} \div \dfrac{7}{32} = \boxed{\dfrac{4}{7}}$$

別解 (3) ゲームが終了した時点で持ち点が4点であるのは，持ち点が再び0点にならなくて，かつ，コインを5回投げ終わった時点で持ち点が4点となる場合である．また，コインを5回投げ終わった時点で持ち点が4点になるのは，表が3回，裏が2回出る場合である．コインを5回投げたとき，表が3回，裏が2回出る場合の数は

$${}_5C_3 = {}_5C_2 = \dfrac{5\cdot 4}{2\cdot 1} = 10 \text{ 通り}$$

となるので，表が出ることを○，裏が出ることを×で表し，表が3回，裏が2回出

る場合をすべて書き出せば，右のようになる。

	1	2	3	4	5
(ア)	○	○	○	×	×
(イ)	○	○	×	○	×
(ウ)	○	○	×	×	○
(エ)	○	×	○	○	×
(オ)	○	×	○	×	○
(カ)	○	×	×	○	○
(キ)	×	○	○	○	×
(ク)	×	○	○	×	○
(ケ)	×	○	×	○	○
(コ)	×	×	○	○	○

この中で，コインを3回投げ終わった時点で持ち点が再び0点になるのは，(カ)・(ケ)・(コ)の3通りであり，(ア)〜(コ)のそれぞれの起こる確率は $\left(\dfrac{1}{2}\right)^5 = \dfrac{1}{32}$ だから，ゲームが終了した時点で持ち点が4点である確率は

$$(10-3) \times \dfrac{1}{32} = \dfrac{7}{32}$$

(4) ゲームが終了した時点で持ち点が4点であるのは，(3)より，(ア)〜(オ)・(キ)・(ク)の7通りである。

また，ゲームが終了した時点で持ち点が4点で，かつ，コインを2回投げ終わって持ち点が1点であるのは，(エ)・(オ)・(キ)・(ク)の4通りである。

よって，ゲームが終了した時点で持ち点が4点であるとき，コインを2回投げ終わって持ち点が1点である条件付き確率は，$\dfrac{4}{7}$ である。

解説

1枚のコインを最大で5回投げるゲームに関する問題。典型的な問題ではあるが，「持ち点が再び0点になった場合は，その時点で終了する」というルールがあるため，簡単な問題ではない。問題の誘導は丁寧に与えられているので，その意図をうまく汲み取れるかどうかがポイントとなる。

(1) 反復試行の基本的な問題なので，特に難しい部分はないだろう。

(2) 持ち点が再び0点になることが起こるのは，表裏の出方を考えて点数の推移を調べていけば，コインを3回投げ終わったときであることがわかるはずである。〔解答〕では，コインを n 回投げたとき，表が k 回，裏が $(n-k)$ 回出るとして，条件 $n=3k$ を導き出した。このことから，持ち点が再び0点になることが起こるのは，コインを投げた回数が3の倍数となるときのみであることがわかる。

また，コインを投げ終わって持ち点が0点になるのは，表が k 回，裏が $(n-k)$ 回出るとしたとき，$n=3$，$k=1$ と求まったので，表が1回，裏が $3-1=2$ 回出る場合だとわかる。

(3) 〔解答〕において，コインを5回投げ終わった時点で持ち点が4点になるのは，表が3回，裏が2回出る場合だから，表が3回，裏が2回出るという条件の中で，コインを3回投げ終わった時点で持ち点が再び0点にならない，すなわち，コインを3回投げ終わった時点で表が1回，裏が2回出てはいけないことを加味して考えると，1回目から3回目までの表裏の出方は，(i)表が3回出る場合か，または，(ii)

表が2回,裏が1回出る場合のいずれかを考えればよいことがわかる。

〔別解〕では,表が3回,裏が2回出る場合をすべて書き出して,ゲームが終了した時点で持ち点が4点である確率を求めた。

(4) 〔解答〕において,(3)と同様に考えて,コインを3回投げ終わった時点で持ち点が再び0点にならないこと,すなわち,コインを3回投げ終わった時点で表が1回,裏が2回出てはいけないことを考慮すれば,1回目から3回目までの表裏の出方は,1回目と2回目にコインを投げて表が1回,裏が1回出て,3回目にコインを投げて表が出る場合のみを考えればよいことがわかる。

また,1回目と2回目にコインを投げて表が1回,裏が1回出る確率は,(1)の結果を利用することができる。

〔別解〕では,ゲームが終了した時点で持ち点が4点であるときの場合の数と,ゲームが終了した時点で持ち点が4点で,かつ,コインを2回投げ終わって持ち点が1点であるときの場合の数がそれぞれ求められるので,求める条件付き確率を直接求めることができる。

第4問 やや難 《n進法》

(1) xを循環小数$2.\dot{3}\dot{6}$とする。すなわち，$x = 2.\dot{3}\dot{6}$とする。
このとき
$$100 \times x = 100 \times 2.\dot{3}\dot{6} \quad 100x = 236.\dot{3}\dot{6}$$
なので
$$100x - x = 236.\dot{3}\dot{6} - 2.\dot{3}\dot{6} \quad 99x = 234$$
であるから，xを分数で表すと
$$x = \frac{234}{99} = \frac{\boxed{26}}{\boxed{11}}$$

(2) 有理数yは，7進法で表すと，二つの数字の並びabが繰り返し現れる循環小数$2.\dot{a}\dot{b}_{(7)}$になるとする。すなわち，$y = 2.\dot{a}\dot{b}_{(7)}$ ……① とする。ただし，a, bは0以上6以下の異なる整数である。

このとき，49を7進法で表すと，$49 = 7^2 = 100_{(7)}$であることより，これを①の辺々にかければ
$$49 \times y = 100_{(7)} \times 2.\dot{a}\dot{b}_{(7)} \quad 49y = 2ab.\dot{a}\dot{b}_{(7)}$$
なので
$$49y - y = 2ab.\dot{a}\dot{b}_{(7)} - 2.\dot{a}\dot{b}_{(7)} \quad \cdots\cdots(*)$$
すなわち
$$48y = 2ab_{(7)} - 2_{(7)} = (2 \times 7^2 + a \times 7^1 + b) - 2 = 96 + 7 \times a + b$$
であるから
$$y = \frac{\boxed{96} + 7 \times a + b}{\boxed{48}}$$
と表せる。

(i) $y = \dfrac{96 + 7a + b}{48}$の分子・分母をそれぞれ12で割れば，$y = \dfrac{8 + \dfrac{7a+b}{12}}{4}$となるから，$y = \dfrac{8 + \dfrac{7a+b}{12}}{4}$が，分子が奇数で分母が4である分数で表されるとき，$7a + b$は12の奇数倍となる。

ここで，a, bは0以上6以下の異なる整数であるから
$$1 \leqq 7a + b \leqq 47$$
なので
$$7a + b = 12 \times 1 = 12 \quad \text{または} \quad 7a + b = 12 \times 3 = 36$$

よって，y が，分子が奇数で分母が4である分数で表されるのは

$$y = \frac{8 + \frac{12}{12}}{4} = \frac{\boxed{9}}{4} \quad \text{または} \quad y = \frac{8 + \frac{36}{12}}{4} = \frac{\boxed{11}}{4}$$

のときである。$y = \frac{11}{4}$ のときは，$7 \times a + b = \boxed{36}$ であるから，これを満たす0以上6以下の異なる整数 a, b は

$$a = \boxed{5}, \quad b = \boxed{1}$$

(ii) $y - 2$ を計算すると

$$y - 2 = \frac{96 + 7a + b}{48} - 2 = \left(2 + \frac{7a + b}{48}\right) - 2 = \frac{7a + b}{48}$$

となるから，$y - 2$ が，分子が1で分母が2以上の整数である分数で表されるとき，$7a + b$ は48未満の48の正の約数となる。
$48 = 2^4 \times 3$ より，48未満の48の正の約数は

　　1, 2, 3, 4, 6, 8, 12, 16, 24

であるから，a, b が0以上6以下の異なる整数であることに注意すれば

- $7a + b = 1$ のとき，$a = 0$, $b = 1$
- $7a + b = 2$ のとき，$a = 0$, $b = 2$
- $7a + b = 3$ のとき，$a = 0$, $b = 3$
- $7a + b = 4$ のとき，$a = 0$, $b = 4$
- $7a + b = 6$ のとき，$a = 0$, $b = 6$
- $7a + b = 8$ のとき，$a = 1$, $b = 1$ となるが，$a \neq b$ に反するので，不適。
- $7a + b = 12$ のとき，$a = 1$, $b = 5$
- $7a + b = 16$ のとき，$a = 2$, $b = 2$ となるが，$a \neq b$ に反するので，不適。
- $7a + b = 24$ のとき，$a = 3$, $b = 3$ となるが，$a \neq b$ に反するので，不適。

よって，$y - 2$ が，分子が1で分母が2以上の整数である分数で表されるような y の個数は，全部で $\boxed{6}$ 個である。

解説

n 進法の循環小数に関する問題である。10進法以外の循環小数は，なかなか見かけない問題であるので対策が手薄になりがちであるが，センター試験「数学Ⅰ・数学A」の2018年度追試験第4問〔2〕で出題されているので，過去問演習でしっかりと対策をしていた受験生にとっては，有利に働いただろう。

(1) 10進法の循環小数を10進法の分数で表す基本的な問題である。
(2) (1)の手法を，7進法の循環小数に適用する問題である。やや丁寧な誘導は与えられているので，その誘導の意図を読み取り，10進法と7進法が混在した式(*)を

正確に処理できるかどうかがポイントとなる。

(i) $y=2.\dot{a}\dot{b}_{(7)}$ が，分子が奇数で分母が4である分数で表されるとき，問題文の空欄 $y=\dfrac{\boxed{ケ}}{4}$ または $y=\dfrac{\boxed{コサ}}{4}$ を考慮すれば，$2=2_{(7)}$，$3=3_{(7)}$ より，$\dfrac{8}{4}=2<y<3=\dfrac{12}{4}$ となるので，$y=\dfrac{9}{4}$ または $y=\dfrac{11}{4}$ にしかならない。これに気付くと，$y=\dfrac{11}{4}$ のときは，$y=\dfrac{96+7a+b}{48}$ より，$\dfrac{11}{4}=\dfrac{96+7a+b}{48}$ となるから，この式を変形することで，$7a+b=36$ も求まり，すばやく処理することができる。

〔解答〕では，y が，分母が4である分数で表される場合を考えるので，$y=\dfrac{96+7a+b}{48}$ の分子・分母をそれぞれ12で割り，$y=\dfrac{8+\dfrac{7a+b}{12}}{4}$ の形に変形して考えた。また，(分子)$=8+\dfrac{7a+b}{12}$ が奇数となるのは，$\dfrac{7a+b}{12}$ が奇数となるときだから，$7a+b$ が12の奇数倍とならなければならないことがわかる。

a，b が0以上6以下の異なる整数であることを考慮すると，$7a+b$ が最小となるのは，$a=0$，$b=1$ のとき $7a+b=1$ であり，$7a+b$ が最大となるのは，$a=6$，$b=5$ のとき $7a+b=47$ である。したがって，$1\leqq 7a+b\leqq 47$ であるから，$7a+b$ が12の奇数倍となるのは，$7a+b=12\times 1$ または 12×3 のときである。

$y=\dfrac{11}{4}$ のときは，$7a+b=36$ であるから，これを満たす0以上6以下の異なる整数 a，b は，$7a+b=36$ に具体的な値を代入しながら考えればよいが，$7a+b$ の形から，係数の値が大きい文字 a から決定していくとよい。

(ii) $y-2=\dfrac{7a+b}{48}$ が，分子が1である分数で表される場合を考えるので，$7a+b$ が48の正の約数でなければならないことがわかる。また，分母が2以上の整数であるので，$7a+b$ が48となる場合は適さないから，$7a+b$ が48未満の48の正の約数となればよいことがわかる。これがわかれば，$7a+b=1$，2，3，4，6，8，12，16，24 となる0以上6以下の整数 a，b の組を，a と b が異なる整数であるという条件に注意して，決定していけばよい。

第5問 《チェバの定理，メネラウスの定理，方べきの定理，円に内接する四角形》

△ABC にチェバの定理を用いて

$$\frac{GB}{AG} \cdot \frac{DC}{BD} \cdot \frac{EA}{CE} = 1 \qquad \frac{GB}{AG} \cdot \frac{1}{7} \cdot \frac{7}{1} = 1$$

$$\therefore \quad \frac{GB}{AG} = \boxed{1} \quad \cdots\cdots ①$$

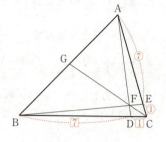

△ADC と直線 BE にメネラウスの定理を用いて

$$\frac{FD}{AF} \cdot \frac{BC}{DB} \cdot \frac{EA}{CE} = 1 \qquad \frac{FD}{AF} \cdot \frac{8}{7} \cdot \frac{7}{1} = 1$$

$$\therefore \quad \frac{FD}{AF} = \boxed{\frac{1}{8}} \quad \cdots\cdots ②$$

△BCG と直線 AD にメネラウスの定理を用いると，①より，AG：GB＝1：1 なので

$$\frac{AG}{BA} \cdot \frac{FC}{GF} \cdot \frac{DB}{CD} = 1 \qquad \frac{1}{2} \cdot \frac{FC}{GF} \cdot \frac{7}{1} = 1$$

$$\therefore \quad \frac{FC}{GF} = \boxed{\frac{2}{7}} \quad \cdots\cdots ③$$

したがって，△BCG の面積を S とすると

$$(\triangle CDG \text{ の面積}) = (\triangle BCG \text{ の面積}) \times \frac{CD}{BC}$$

$$= S \times \frac{1}{8} = \frac{S}{8}$$

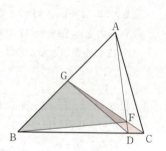

また，③より，GF：FC＝7：2 なので

$$(\triangle BFG \text{ の面積}) = (\triangle BCG \text{ の面積}) \times \frac{GF}{CG}$$

$$= S \times \frac{7}{9} = \frac{7S}{9}$$

であるから

$$\frac{\triangle CDG \text{ の面積}}{\triangle BFG \text{ の面積}} = \frac{\frac{S}{8}}{\frac{7S}{9}} = \frac{S}{8} \div \frac{7S}{9} = \boxed{\frac{9}{56}}$$

4点 B，D，F，G が同一円周上にあり，かつ FD＝1 のとき，②より

$$\frac{1}{AF} = \frac{1}{8} \qquad \therefore \quad AF = 8$$

なので

$AD = AF + FD = 8 + 1 = 9$

だから，方べきの定理を用いれば

$AF \cdot AD = AG \cdot AB \qquad 8 \cdot 9 = AG \cdot AB$

∴ $AG \cdot AB = 72$ ……④

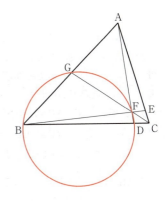

$AG : AB = 1 : 2$ なので

$AG = k, \quad AB = 2k \quad (k > 0)$

とおけるから，④に代入して

$k \cdot 2k = 72 \qquad k^2 = 36$

$k > 0$ より $\quad k = 6$

したがって $\quad AB = 2k = \boxed{12}$

さらに，$AE = 3\sqrt{7}$ とするとき，$AE : EC = 7 : 1$ より

$AC = \dfrac{8}{7} AE = \dfrac{8}{7} \times 3\sqrt{7} = \dfrac{24\sqrt{7}}{7}$

だから

$AE \cdot AC = 3\sqrt{7} \cdot \dfrac{24\sqrt{7}}{7} = \boxed{72}$ ……⑤

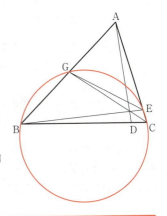

④，⑤より，$AG \cdot AB = AE \cdot AC \; (= 72)$ となるので，方べきの定理の逆より，4点B，C，E，Gは同一円周上にある。

よって，四角形BCEGは円に内接するので，円に内接する四角形の性質より

$\angle AEG = \angle ABC \quad (\boxed{②})$

解説

まず，チェバの定理，メネラウスの定理を利用して，線分比と面積比を求め，次に，方べきの定理を用いることで，円に内接する四角形についての性質を利用する問題である。誘導が与えられてはいるが，方べきの定理の逆を利用することに気付くことは，受験生にとってなかなか難しかったと思われる。

最初に線分比を求める際，問題で与えられた条件から，チェバの定理とメネラウスの定理を利用することは気付くだろう。チェバの定理とメネラウスの定理は「図形の性質」の分野では頻出であるから，試験中に混乱してしまわないように，しっかりと使いこなせるようにしておきたい。

次に，△CDGの面積と△BFGの面積の面積比を求める際に，△BCGの面積を S とおくことで，△CDGの面積と△BFGの面積を S で表した。この考え方が思い付かなければ，△ABCの面積を S とおいて，△CDGの面積と△BFGの面積を S で表し

てもよい。

また，4点B，D，F，Gが同一円周上にある場合，直接的な誘導は与えられていないが，方べきの定理を用いることに気付きたい。方べきの定理も「図形の性質」の分野ではよく使われるので，問題の中で円を扱っている場合には，常に頭の片隅に留めておくべき定理である。

FD=1と②より，AF=8となるから，方べきの定理より，AG・AB=72 ……④ が求まる。①より，AG：AB=1：2となることがわかっているので，AG=k，AB=2k（$k>0$）とおくことで，ABの長さが求まる。さらに，AE=$3\sqrt{7}$とするき，AE：EC=7：1より，AC=$\dfrac{24\sqrt{7}}{7}$ が求まるので，AE・AC=72 ……⑤ が求められる。

ここで，④，⑤から，AG・AB=AE・ACとなるので，方べきの定理の逆より，4点B，C，E，Gが同一円周上にあることがわかる。

> **ポイント　方べきの定理の逆**
> 2つの線分XYとZW，または，XYの延長とZWの延長どうしが点Pで交わるとき
>   PX・PY=PZ・PW
> が成り立つならば，4点X，Y，Z，Wは同一円周上にある。

④と⑤に着目することはなかなか難しいが，過去問の演習を通して，方べきの定理を利用することに慣れていたり，近年，センター試験では定理の逆を利用する問題が出題されていたことが意識できていたりすると，思い付きやすかったのではないかと思われる。

四角形BCEGが円に内接することがわかれば，円に内接する四角形の内角は，それに向かい合う角の外角に等しいことを利用して，∠AEG=∠ABCであることがわかる。

数学Ⅱ・数学Ｂ 本試験

問題番号(配点)	解答記号	正解	配点	チェック
第1問 (30)	$\dfrac{\sqrt{ア}}{イ}$, ウ	$\dfrac{\sqrt{3}}{2}$, 3	2	
	$\sin\left(\theta+\dfrac{\pi}{エ}\right)$	$\sin\left(\theta+\dfrac{\pi}{3}\right)$	2	
	$\dfrac{オ}{カ}$, $\dfrac{キ}{ク}$	$\dfrac{2}{3}$, $\dfrac{5}{3}$	3	
	ケコ	12	2	
	$\dfrac{サ}{シ}$	$\dfrac{4}{5}$	2	
	$\dfrac{ス}{セ}$	$\dfrac{3}{5}$	2	
	ソ	③	2	
	タチ	11	3	
	$\sqrt{ツテ}$	$\sqrt{13}$	2	
	トナニ	-36	2	
	ヌ$X+Y \leqq$ ネノ	$2X+Y \leqq 10$	2	
	ハ$X-Y \geqq$ ヒフ	$3X-Y \geqq -4$	2	
	ヘ	7	2	
	ホ	5	2	

問題番号(配点)	解答記号	正解	配点	チェック
第2問 (30)	ア$t+$イ	$2t+2$	2	
	ウ	1	2	
	エ$s-$オ$a+$カ	$2s-4a+2$	2	
	キa^2+ク	$4a^2+1$	2	
	ケ, コ	0, 2	3	
	サ$x+$シ	$2x+1$	2	
	ス	a	2	
	$\dfrac{a^{セ}}{ソ}$	$\dfrac{a^3}{3}$	3	
	タ	1	2	
	$\dfrac{チ}{ツ}$	$\dfrac{1}{3}$	3	
	テ, ト, ナ, $\dfrac{ニ}{ヌ}$	2, 4, 2, $\dfrac{1}{3}$	3	
	$\dfrac{ネ}{ノ}$	$\dfrac{2}{3}$	3	
	$\dfrac{ハ}{ヒフ}$	$\dfrac{2}{27}$	1	

2020年度：数学Ⅱ・B／本試験〈解答〉

問題番号 (配点)	解答記号	正 解	配点
第3問 (20)	ア	6	2
	イ	0	1
	$\dfrac{ウ}{(n+エ)(n+オ)}$	$\dfrac{1}{(n+1)(n+2)}$	2
	カ	3	1
	キ	1	1
	ク, ケ, コ	2, 1, 1	2
	$\dfrac{1}{シ}$, $\dfrac{1}{セ}$ (サ, ス)	$\dfrac{1}{6}$, $\dfrac{1}{2}$	2
	$\dfrac{n-ソ}{タ(n+チ)}$	$\dfrac{n-2}{3(n+1)}$	2
	ツ, テ, ト	3, 1, 4	2
	$\dfrac{(n+ナ)(n+ニ)}{ヌ}$	$\dfrac{(n+1)(n+2)}{2}$	2
	ネ, ノ, ハ	1, 0, 0	1
	ヒ	1	2
第4問 (20)	ア$\sqrt{イ}$	$3\sqrt{6}$	2
	ウ$\sqrt{エ}$	$4\sqrt{3}$	2
	オカ	36	2
	$\dfrac{キク}{ケ}$	$\dfrac{-2}{3}$	1
	コ	1	1
	サ$\sqrt{シ}$	$2\sqrt{6}$	2
	(ス, セ, ソタ)	(2, 2, −4)	1
	チ	③	2
	ツテ	30	2
	ト+$\dfrac{\sqrt{ナ}}{ニ}$, ヌ−$\dfrac{\sqrt{ネ}}{ノ}$	$1+\dfrac{\sqrt{2}}{2}$, $1-\dfrac{\sqrt{2}}{2}$	2
	ハヒ	60	1
	$\sqrt{フ}$	$\sqrt{3}$	1
	ヘ$\sqrt{ホ}$	$4\sqrt{3}$	1

問題番号 (配点)	解答記号	正 解	配点
第5問 (20)	$\dfrac{ア}{イ}$	$\dfrac{1}{4}$	2
	$\dfrac{ウ}{エ}$	$\dfrac{1}{2}$	2
	$\dfrac{\sqrt{オ}}{カ}$	$\dfrac{\sqrt{7}}{4}$	2
	キクケ	240	2
	コサ	12	2
	0.シス	0.02	2
	セ	2	2
	$\sqrt{ソ}$	$\sqrt{6}$	2
	タチ	60	1
	ツテ	30	1
	トナ.ニ	44.1	1
	ヌネ.ノ	55.9	1

（注）第1問，第2問は必答。第3問〜第5問のうちから2問選択。計4問を解答。

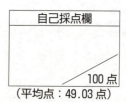

（平均点：49.03点）

第1問 — 三角関数，指数・対数関数，図形と方程式

〔1〕 標準 《三角不等式，三角方程式》

(1) $\sin\theta > \sqrt{3}\cos\left(\theta - \dfrac{\pi}{3}\right)$ $(0 \leqq \theta < 2\pi)$ ……①

において，①の右辺は，加法定理を用いると

$$\sqrt{3}\cos\left(\theta - \dfrac{\pi}{3}\right) = \sqrt{3}\left(\cos\theta\cos\dfrac{\pi}{3} + \sin\theta\sin\dfrac{\pi}{3}\right)$$

$$= \sqrt{3}\left(\dfrac{1}{2}\cos\theta + \dfrac{\sqrt{3}}{2}\sin\theta\right)$$

$$= \dfrac{\sqrt{\boxed{3}}}{\boxed{2}}\cos\theta + \dfrac{\boxed{3}}{2}\sin\theta$$

となるから，①は

$$\sin\theta > \dfrac{\sqrt{3}}{2}\cos\theta + \dfrac{3}{2}\sin\theta \quad \dfrac{1}{2}\sin\theta + \dfrac{\sqrt{3}}{2}\cos\theta < 0$$

すなわち，$\sin\theta + \sqrt{3}\cos\theta < 0$ $(0 \leqq \theta < 2\pi)$ となり，三角関数の合成を用いると

$$\sqrt{1^2 + (\sqrt{3})^2}\sin\left(\theta + \dfrac{\pi}{3}\right) < 0$$

$$\sin\left(\theta + \dfrac{\pi}{\boxed{3}}\right) < 0$$

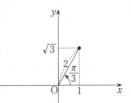

と変形できる。

$0 \leqq \theta < 2\pi$ より，$\dfrac{\pi}{3} \leqq \theta + \dfrac{\pi}{3} < 2\pi + \dfrac{\pi}{3}$ であるから，①の解は

$$\pi < \theta + \dfrac{\pi}{3} < 2\pi \quad \text{より} \quad \dfrac{\boxed{2}}{\boxed{3}}\pi < \theta < \dfrac{\boxed{5}}{\boxed{3}}\pi$$

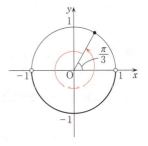

である。

(2) $\sin\theta$ と $\cos\theta$ $\left(0 \leqq \theta \leqq \dfrac{\pi}{2}\right)$ は x の2次方程式

$$25x^2 - 35x + k = 0 \quad (k \text{ は実数}) \quad \text{……}㋐$$

の解であるから，解と係数の関係により

$$\begin{cases} \sin\theta + \cos\theta = -\dfrac{-35}{25} = \dfrac{7}{5} & \text{……}㋑ \\ \sin\theta\cos\theta = \dfrac{k}{25} & \text{……}㋒ \end{cases}$$

が成り立つ。

㋑の両辺を平方すると

$$\sin^2\theta + 2\sin\theta\cos\theta + \cos^2\theta = \frac{49}{25}$$

であるが，$\sin^2\theta + \cos^2\theta = 1$ であるから，$\sin\theta\cos\theta = \frac{1}{2}\left(\frac{49}{25} - 1\right) = \frac{12}{25}$ である。

したがって，㋒より，$k = \boxed{12}$ であることがわかる。このとき，㋐を解くと

$$25x^2 - 35x + 12 = 0 \quad (5x - 4)(5x - 3) = 0$$

$$\therefore \quad x = \frac{4}{5}, \frac{3}{5}$$

となる。この解の一方が $\sin\theta$ で他方が $\cos\theta$ であるが，$\sin\theta \geqq \cos\theta$ を満たすとすると

$$\sin\theta = \boxed{\frac{4}{5}}, \quad \cos\theta = \boxed{\frac{3}{5}}$$

である。

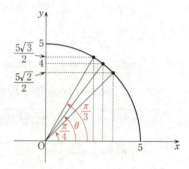

$$\sin\theta = \frac{4}{5} = \sqrt{\frac{16}{25}} = \sqrt{\frac{64}{100}} \quad \left(0 \leqq \theta \leqq \frac{\pi}{2}\right)$$

$$\sin\frac{\pi}{4} = \frac{\sqrt{2}}{2} = \sqrt{\frac{2}{4}} = \sqrt{\frac{50}{100}}$$

$$\sin\frac{\pi}{3} = \frac{\sqrt{3}}{2} = \sqrt{\frac{3}{4}} = \sqrt{\frac{75}{100}}$$

より，$\sin\frac{\pi}{4} < \sin\theta < \sin\frac{\pi}{3}$ であることがわかり，$0 \leqq \theta \leqq \frac{\pi}{2}$ において，θ が増加すると $\sin\theta$ の値も増加するから，$\frac{\pi}{4} < \theta < \frac{\pi}{3}$ である。したがって，$\boxed{ソ}$ に当てはまるものは $\boxed{③}$ である。

解 説

(1) 次の加法定理は重要な基本公式である。必ず覚えておかなければならない。

> **ポイント　三角関数の加法定理**
>
> $$\sin(\alpha \pm \beta) = \sin\alpha\cos\beta \pm \cos\alpha\sin\beta$$
> $$\cos(\alpha \pm \beta) = \cos\alpha\cos\beta \mp \sin\alpha\sin\beta$$
> $$\tan(\alpha \pm \beta) = \frac{\tan\alpha \pm \tan\beta}{1 \mp \tan\alpha\tan\beta}$$
>
> （複号同順）

三角関数の合成は，上の加法定理を応用すればよいが，次の公式を覚えておくとよい。

> **ポイント** 三角関数の合成
>
> $$a\sin\theta + b\cos\theta = \sqrt{a^2+b^2}\sin(\theta+\alpha)$$
> $$\left(\cos\alpha = \frac{a}{\sqrt{a^2+b^2}},\quad \sin\alpha = \frac{b}{\sqrt{a^2+b^2}}\right)$$

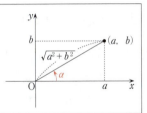

三角不等式 $\sin\left(\theta+\dfrac{\pi}{3}\right)<0$ $(0\leqq\theta<2\pi)$ において，$\theta+\dfrac{\pi}{3}=X$ とおけば

$$\sin X<0 \quad \left(\dfrac{\pi}{3}\leqq X<\dfrac{7}{3}\pi\right)$$

を解くことになり，解は $\pi<X<2\pi$ である。つまり

$$\pi<\theta+\dfrac{\pi}{3}<2\pi \quad \text{より} \quad \dfrac{2}{3}\pi<\theta<\dfrac{5}{3}\pi$$

が得られる。

(2) 2次方程式 $ax^2+bx+c=0$ $(a\neq 0)$ の解を $\alpha,\ \beta$ とすると，解と係数の関係

$$\alpha+\beta=-\dfrac{b}{a},\quad \alpha\beta=\dfrac{c}{a}$$

が成り立つ。このことを用いると，題意より

$$\sin\theta+\cos\theta=\dfrac{7}{5},\quad \sin\theta\cos\theta=\dfrac{k}{25}$$

が得られるが，$\sin\theta$ と $\cos\theta$ の間には，いつでも，基本的であるが重要な関係

$$\sin^2\theta+\cos^2\theta=1$$

が成り立っている。このことを忘れてはならない。

⓪〜⑤の6つの区間には共通部分はなく，全部合わせれば $0\leqq\theta\leqq\dfrac{\pi}{2}$ となるから，$\sin\theta=\dfrac{4}{5}$ $\left(0\leqq\theta\leqq\dfrac{\pi}{2}\right)$ を満たす θ は，⓪〜⑤のいずれかに含まれる。〔解答〕のような図を描いてみれば容易に見当がつけられるであろう。

〔2〕 標準 《指数の計算, 対数不等式, 不等式の表す領域》

(1) 条件式 $t^{\frac{1}{3}} - t^{-\frac{1}{3}} = -3$ (t は正の実数) の両辺を平方して
$$(t^{\frac{1}{3}} - t^{-\frac{1}{3}})^2 = (-3)^2$$
$$(t^{\frac{1}{3}})^2 - 2t^{\frac{1}{3}}t^{-\frac{1}{3}} + (t^{-\frac{1}{3}})^2 = 9$$
$(t^{\frac{1}{3}})^2 = t^{\frac{2}{3}}$, $t^{\frac{1}{3}}t^{-\frac{1}{3}} = t^{\frac{1}{3}-\frac{1}{3}} = t^0 = 1$, $(t^{-\frac{1}{3}})^2 = t^{-\frac{2}{3}}$ であるから
$$t^{\frac{2}{3}} - 2 + t^{-\frac{2}{3}} = 9$$
$$t^{\frac{2}{3}} + t^{-\frac{2}{3}} = 9 + 2 = \boxed{11}$$

である。このとき
$$(t^{\frac{1}{3}} + t^{-\frac{1}{3}})^2 = t^{\frac{2}{3}} + 2 + t^{-\frac{2}{3}} = 11 + 2 = 13$$
であり, $t^{\frac{1}{3}} > 0$, $t^{-\frac{1}{3}} > 0$ より, $t^{\frac{1}{3}} + t^{-\frac{1}{3}} > 0$ であるから
$$t^{\frac{1}{3}} + t^{-\frac{1}{3}} = \sqrt{\boxed{13}}$$

である。また
$$t - t^{-1} = (t^{\frac{1}{3}})^3 - (t^{-\frac{1}{3}})^3$$
$$= (t^{\frac{1}{3}} - t^{-\frac{1}{3}})\{(t^{\frac{1}{3}})^2 + t^{\frac{1}{3}}t^{-\frac{1}{3}} + (t^{-\frac{1}{3}})^2\}$$
$$= (t^{\frac{1}{3}} - t^{-\frac{1}{3}})(t^{\frac{2}{3}} + 1 + t^{-\frac{2}{3}})$$
$$= -3(11+1) = \boxed{-36}$$

である。

(2) $\begin{cases} \log_3(x\sqrt{y}) \leq 5 & \cdots\cdots② \\ \log_{81}\dfrac{y}{x^3} \leq 1 & \cdots\cdots③ \end{cases}$ (x, y は正の実数)

②を変形すると, $\log_3(x\sqrt{y}) = \log_3(xy^{\frac{1}{2}}) = \log_3 x + \log_3 y^{\frac{1}{2}} = \log_3 x + \dfrac{1}{2}\log_3 y$ より

$$\log_3 x + \dfrac{1}{2}\log_3 y \leq 5$$

となる。③の左辺に底の変換公式を用いれば

$$\log_{81}\dfrac{y}{x^3} = \dfrac{\log_3 \dfrac{y}{x^3}}{\log_3 81} = \dfrac{\log_3 y - \log_3 x^3}{\log_3 3^4} = \dfrac{\log_3 y - 3\log_3 x}{4}$$

となるので

$$\dfrac{\log_3 y - 3\log_3 x}{4} \leq 1$$

となる。よって，$X = \log_3 x$，$Y = \log_3 y$ とおくと，②は

$$X + \frac{1}{2}Y \leq 5 \quad \text{すなわち} \quad \boxed{2}X + Y \leq \boxed{10} \quad \cdots\cdots ④$$

と変形でき，③は

$$\frac{Y - 3X}{4} \leq 1 \quad \text{すなわち} \quad \boxed{3}X - Y \geq \boxed{-4} \quad \cdots\cdots ⑤$$

と変形できる。

X，Yが④と⑤を満たすとき，点(X, Y)は右図の網かけ部分（境界はすべて含む）に含まれている。2直線

$$\begin{cases} 2X + Y = 10 \\ 3X - Y = -4 \end{cases}$$

の交点の座標は $\left(\dfrac{6}{5}, \dfrac{38}{5}\right)$ であるから

$$Y \leq \frac{38}{5}$$

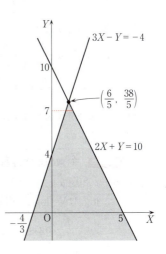

である。よって，Yのとり得る最大の整数の値は $\boxed{7}$ である。

$Y = 7$のとき，④より $X \leq \dfrac{3}{2}$，⑤より $X \geq 1$，すなわち $1 \leq X \leq \dfrac{3}{2}$ である。これは

$$1 \leq \log_3 x \leq \frac{3}{2} \quad \text{すなわち} \quad 3 \leq x \leq 3^{\frac{3}{2}} = 3\sqrt{3}$$

を表しているから，$25 < 27 < 36$ より $5 < 3\sqrt{3} < 6$ に注意すれば，xのとり得る最大の整数の値は $\boxed{5}$ である。

解説

(1) 基本問題である。計算ミスをしないように注意しよう。

> **ポイント** 指数法則
>
> $a > 0$，$b > 0$，m，nを任意の実数とするとき
>
> $$a^m \times a^n = a^{m+n}, \quad a^m \div a^n = a^{m-n}, \quad (a^m)^n = a^{mn}$$
>
> $$(ab)^n = a^n b^n, \quad \left(\frac{a}{b}\right)^n = \frac{a^n}{b^n}$$

$t^{\frac{1}{3}}=a$ $(t>0)$ と置き換えてもよい。$a>0$ であり

$$t^{-\frac{1}{3}}=(t^{\frac{1}{3}})^{-1}=a^{-1}=\frac{1}{a}, \quad t^{\frac{2}{3}}=(t^{\frac{1}{3}})^2=a^2, \quad t^{-\frac{2}{3}}=(t^{-\frac{1}{3}})^2=\left(\frac{1}{a}\right)^2=\frac{1}{a^2}$$

であるから、条件式 $t^{\frac{1}{3}}-t^{-\frac{1}{3}}=-3$ は $a-\frac{1}{a}=-3$ となり

$$t^{\frac{2}{3}}+t^{-\frac{2}{3}}=a^2+\frac{1}{a^2}=\left(a-\frac{1}{a}\right)^2+2=(-3)^2+2=11$$

と計算できる。また

$$t^{\frac{1}{3}}+t^{-\frac{1}{3}}=a+\frac{1}{a}=\sqrt{\left(a+\frac{1}{a}\right)^2}=\sqrt{\left(a-\frac{1}{a}\right)^2+4}=\sqrt{(-3)^2+4}=\sqrt{13} \quad \left(a+\frac{1}{a}>0\right)$$

$$t-t^{-1}=(t^{\frac{1}{3}})^3-(t^{-\frac{1}{3}})^3=a^3-\left(\frac{1}{a}\right)^3=\left(a-\frac{1}{a}\right)\left\{a^2+1+\left(\frac{1}{a}\right)^2\right\}=-3(11+1)=-36$$

となる。因数分解の公式 $A^3-B^3=(A-B)(A^2+AB+B^2)$ を間違わないように。

(2) ②、③を次のことを用いて④、⑤に変形する。

> **ポイント** 対数の基本性質と底の変換公式
> $a>0$, $b>0$, $a \neq 1$, $b \neq 1$, $M>0$, $N>0$ のとき
> $$\log_a MN = \log_a M + \log_a N$$
> $$\log_a \frac{M}{N} = \log_a M - \log_a N$$
> $$\log_a M^p = p \log_a M \quad (p \text{ は実数})$$
> 底の変換公式 $\log_a M = \dfrac{\log_b M}{\log_b a}$

連立不等式④、⑤を満たす X, Y のとり得る値の範囲を知るには、XY 座標平面を利用するのが一般的である。

④の両辺を3倍した式と、⑤の両辺を -2 倍した式を辺々加えて

$$6X+3Y \leq 30$$
$$\underline{+)-6X+2Y \leq 8}$$
$$5Y \leq 38 \quad \therefore \quad Y \leq \frac{38}{5}$$

とすることも可能であるが、このように式を操作する方法は、思わぬミスを引き起こしやすいので勧められない。〔解答〕のように考える方がよいであろう。

なお、$Y=7$ のとき、$\log_3 y=7$ より $y=3^7$ となるが、これを②、③に戻すのはあまりに遠回りである。連立不等式②、③と連立不等式④、⑤は同値であるから、X の範囲を求めるべきである。

第2問 《共通接線，面積，最大値》 [標準]

$C: y = x^2 + 2x + 1 = (x+1)^2$
$D: y = f(x) = x^2 - (4a-2)x + 4a^2 + 1 \quad (a>0)$

(1) 放物線 C と D の両方に接する直線 ℓ の方程式を求める。

ℓ と C は点 (t, t^2+2t+1) において接するとすると
$$y = x^2 + 2x + 1 \quad \text{より} \quad y' = 2x + 2$$
であるから，ℓ の方程式は
$$y - (t^2 + 2t + 1) = (2t + 2)(x - t)$$
すなわち
$$y = (\boxed{2}t + \boxed{2})x - t^2 + \boxed{1} \quad \cdots\cdots ①$$
である。また，ℓ と D は点 $(s, f(s))$ において接するとすると
$$f(x) = x^2 - (4a-2)x + 4a^2 + 1 \quad \text{より} \quad f'(x) = 2x - (4a-2)$$
であるから，ℓ の方程式は
$$y - \{s^2 - (4a-2)s + 4a^2 + 1\} = \{2s - (4a-2)\}(x - s)$$
すなわち
$$y = (\boxed{2}s - \boxed{4}a + \boxed{2})x - s^2 + \boxed{4}a^2 + \boxed{1} \quad \cdots\cdots ②$$
である。ここで，①と②は同じ直線を表しているので
$$\begin{cases} 2t + 2 = 2s - 4a + 2 \\ -t^2 + 1 = -s^2 + 4a^2 + 1 \end{cases} \quad \therefore \quad \begin{cases} t = s - 2a & \cdots\cdots ③ \\ t^2 = s^2 - 4a^2 & \cdots\cdots ④ \end{cases}$$
が成り立つ。③より $s = t + 2a$，これを④に代入すると
$$t^2 = (t + 2a)^2 - 4a^2 \quad t^2 = t^2 + 4at$$
$a>0$ より $a \neq 0$ であるから，$t = \boxed{0}$ を得て，このとき③より $s = \boxed{2}a$ が成り立つ。

したがって，ℓ の方程式は
$$\ell: y = \boxed{2}x + \boxed{1}$$
である。

(2) 二つの放物線 C, D の交点の x 座標は
$$x^2 + 2x + 1 = x^2 - (4a-2)x + 4a^2 + 1$$
の実数解で与えられる。これを変形すると
$$4ax = 4a^2$$
となり，$a>0$ より $a \neq 0$ であるので，$x = a$ を得るから，C と D の交点の x 座標は $\boxed{a}$ である。

C と直線 ℓ，および直線 $x=a$ で囲まれた図形は右図の赤色の部分であり，この部分の面積 S は

$$S = \int_0^a \{(x^2+2x+1)-(2x+1)\}dx$$
$$= \int_0^a x^2 dx = \left[\frac{x^3}{3}\right]_0^a = \frac{a^{\boxed{3}}}{\boxed{3}}$$

である。

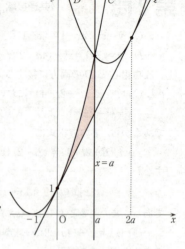

(3) 二つの放物線 C, D と直線 ℓ で囲まれた図形の中で $0 \leq x \leq 1$ を満たす部分の面積 T は，右図でわかるように，$0 \leq x < a$ の範囲では D が C の上側にあることから，$a > \boxed{1}$ のとき，a の値によらず

$$T = \int_0^1 \{(x^2+2x+1)-(2x+1)\}dx$$
$$= \frac{\boxed{1}}{\boxed{3}} \quad (上の\ S\ の計算を利用)$$

である。

$\frac{1}{2} \leq a \leq 1$ のとき，右図の赤色の部分の面積が T であるので

$$T = S + \int_a^1 \{x^2-(4a-2)x+4a^2+1-(2x+1)\}dx$$
$$= \frac{a^3}{3} + \left[\frac{x^3}{3}-2ax^2+4a^2x\right]_a^1$$
$$= \frac{a^3}{3} + \frac{1^3-a^3}{3} - 2a(1^2-a^2) + 4a^2(1-a)$$
$$= -\boxed{2}a^3 + \boxed{4}a^2 - \boxed{2}a + \frac{\boxed{1}}{\boxed{3}}$$

である。

(4)
$$U = 2T - 3S$$
$$= 2\left(-2a^3+4a^2-2a+\frac{1}{3}\right)-3\times\frac{a^3}{3}$$
$$= -5a^3+8a^2-4a+\frac{2}{3} \quad \left(\frac{1}{2} \leq a \leq 1\right)$$

を $U(a)$ と表すと

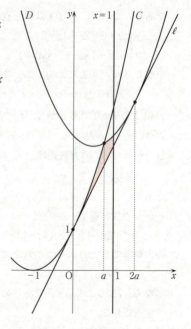

$$U'(a) = -15a^2 + 16a - 4$$
$$= -(15a^2 - 16a + 4)$$
$$= -(3a-2)(5a-2)$$

であるから，$\frac{1}{2} \leq a \leq 1$ における $U(a)$ の増減表は右のようになる。よって

a	$\frac{1}{2}$	…	$\frac{2}{3}$	…	1
$U'(a)$		$+$	0	$-$	
$U(a)$		↗	$U\left(\frac{2}{3}\right)$	↘	

$$U\left(\frac{2}{3}\right) = -5 \times \frac{8}{27} + 8 \times \frac{4}{9} - 4 \times \frac{2}{3} + \frac{2}{3}$$
$$= \frac{-40 + 96 - 72 + 18}{27} = \frac{2}{27}$$

より，U は

$$a = \boxed{\frac{2}{3}} \text{ で最大値 } \boxed{\frac{2}{27}} \text{ をとる。}$$

解 説

(1) $f(x)$ の係数に文字 a が含まれているので計算ミスに注意しよう。

> **ポイント** 接線の方程式
> 曲線 $y = f(x)$ 上の点 $(t, f(t))$ における，この曲線の接線の方程式は
> $$y - f(t) = f'(t)(x - t)$$

2直線 $y = mx + n$，$y = m'x + n'$ が一致するのは
$$m = m' \quad \text{かつ} \quad n = n'$$
が成り立つときである。

(2) 二つの曲線（直線の場合も含む）$y = f(x)$，$y = g(x)$ の交点の x 座標は，方程式 $f(x) = g(x)$ の実数解で与えられる。

面積 S を求める計算は基本的であるが，図を描いて考察することを忘らないようにしよう。

(3) $a \geq \frac{1}{2}$ としてあるから，$2a \geq 1$ であり，ℓ と D の接点の x 座標 $2a$ は 1 より小さくなることはないが，C と D の交点の x 座標 a は，$0 \leq x \leq 1$ の範囲に入らないことも入ることもある。入らない場合の T の計算は簡単である。入る場合は

$$T = \int_0^a (C - \ell)\, dx + \int_a^1 (D - \ell)\, dx \quad \begin{pmatrix} C \text{ は } x^2 + 2x + 1, \; D \text{ は } f(x), \\ \ell \text{ は } 2x + 1 \text{ を表す} \end{pmatrix}$$

となる。図が微妙であるので慎重に対処しなければならない。

(4) $U = 2T - 3S$ は a の3次関数になる。$\frac{1}{2} \leq a \leq 1$ の範囲での最大値を求めればよい。微分法を用いる典型的な問題である。

第3問 やや難 《特殊な漸化式，整数の性質》

$$\begin{cases} a_1 = 0 \\ a_{n+1} = \dfrac{n+3}{n+1}\{3a_n + 3^{n+1} - (n+1)(n+2)\} \end{cases} \quad (n = 1, 2, 3, \cdots) \quad \cdots\cdots ①$$

(1) ①において，$n=1$ とすると

$$a_2 = \frac{4}{2}(3a_1 + 3^2 - 2 \times 3)$$

$$= 2(3 \times 0 + 9 - 6) = \boxed{6} \quad (a_1 = 0)$$

である．

(2) $b_n = \dfrac{a_n}{3^n(n+1)(n+2)}$ とおくと

$$b_1 = \frac{a_1}{3 \times 2 \times 3} = \frac{0}{18} = \boxed{0} \quad (a_1 = 0)$$

である．

①の両辺を $3^{n+1}(n+2)(n+3)$ で割ると

$$\frac{a_{n+1}}{3^{n+1}(n+2)(n+3)} = \frac{(n+3)\{3a_n + 3^{n+1} - (n+1)(n+2)\}}{(n+1) \times 3^{n+1}(n+2)(n+3)}$$

$$= \frac{3a_n + 3^{n+1} - (n+1)(n+2)}{3^{n+1}(n+1)(n+2)}$$

$$= \frac{a_n}{3^n(n+1)(n+2)} + \frac{1}{(n+1)(n+2)} - \left(\frac{1}{3}\right)^{n+1}$$

となるから

$$b_{n+1} = b_n + \frac{\boxed{1}}{(n+\boxed{1})(n+\boxed{2})} - \left(\frac{1}{\boxed{3}}\right)^{n+1}$$

を得る．

$\dfrac{1}{(n+1)(n+2)} = \dfrac{1}{n+1} - \dfrac{1}{n+2}$ と分解できるから

$$b_{n+1} - b_n = \left(\frac{\boxed{1}}{n+1} - \frac{1}{n+2}\right) - \left(\frac{1}{3}\right)^{n+1}$$

である．

n を2以上の自然数とするとき

$$\sum_{k=1}^{n-1}\left(\frac{1}{k+1} - \frac{1}{k+2}\right) = \left(\frac{1}{2} - \frac{1}{3}\right) + \left(\frac{1}{3} - \frac{1}{4}\right) + \cdots + \left(\frac{1}{n} - \frac{1}{n+1}\right)$$

$$= \frac{1}{2} - \frac{1}{n+1} = \frac{(n+1) - 2}{2(n+1)}$$

$$= \frac{1}{\boxed{2}}\left(\frac{n-\boxed{1}}{n+\boxed{1}}\right)$$

$$\sum_{k=1}^{n-1}\left(\frac{1}{3}\right)^{k+1} = \left(\frac{1}{3}\right)^2 + \left(\frac{1}{3}\right)^3 + \cdots + \left(\frac{1}{3}\right)^n \quad \left(\text{初項}\frac{1}{9}, \text{公比}\frac{1}{3}, \text{項数}\ n-1\right)$$

$$= \frac{\frac{1}{9}\left\{1-\left(\frac{1}{3}\right)^{n-1}\right\}}{1-\frac{1}{3}} = \frac{1}{6}\left\{1-\left(\frac{1}{3}\right)^{n-1}\right\}$$

$$= \frac{\boxed{1}}{\boxed{6}} - \frac{\boxed{1}}{\boxed{2}}\left(\frac{1}{3}\right)^n \quad \left(\frac{1}{6}\times\left(\frac{1}{3}\right)^{-1}=\frac{1}{2}\right)$$

が成り立つことを利用すると

$$b_n = b_1 + \sum_{k=1}^{n-1}(b_{k+1}-b_k) = 0 + \sum_{k=1}^{n-1}\left\{\left(\frac{1}{k+1}-\frac{1}{k+2}\right)-\left(\frac{1}{3}\right)^{k+1}\right\}$$

$$= \sum_{k=1}^{n-1}\left(\frac{1}{k+1}-\frac{1}{k+2}\right) - \sum_{k=1}^{n-1}\left(\frac{1}{3}\right)^{k+1}$$

$$= \frac{1}{2}\left(\frac{n-1}{n+1}\right) - \left\{\frac{1}{6}-\frac{1}{2}\left(\frac{1}{3}\right)^n\right\}$$

$$= \frac{n-1}{2(n+1)} - \frac{1}{6} + \frac{1}{2}\left(\frac{1}{3}\right)^n = \frac{3(n-1)-(n+1)}{6(n+1)} + \frac{1}{2}\left(\frac{1}{3}\right)^n$$

$$= \frac{n-\boxed{2}}{\boxed{3}(n+\boxed{1})} + \frac{1}{2}\left(\frac{1}{3}\right)^n$$

が得られ,これは $n=1$ のときも成り立つから,これが数列 $\{b_n\}$ の一般項である。

(3) (2)により,数列 $\{a_n\}$ の一般項は

$$a_n = 3^n(n+1)(n+2)b_n = 3^n(n+1)(n+2)\left\{\frac{n-2}{3(n+1)}+\frac{1}{2}\left(\frac{1}{3}\right)^n\right\}$$

$$= \boxed{3}^{n-\boxed{1}}(n^2-\boxed{4}) + \frac{(n+\boxed{1})(n+\boxed{2})}{\boxed{2}} \quad \cdots\cdots ②$$

で与えられる。$(n+1)$,$(n+2)$ は連続する2自然数であるから,一方は偶数であるので,すべての自然数 n について,a_n は整数となることがわかる。

(4) $a_1=0$,$a_2=6$ であるから,a_1,a_2 ともに3で割った余りは0である。

$n \geqq 3$ のとき,②の $3^{n-1}(n^2-4)$ は3の倍数であるから,a_n を3で割った余りは,整数 $\dfrac{(n+1)(n+2)}{2}$($=f(n)$ とおく)を3で割った余りに等しい。自然数 k に対して,$f(3k) = \dfrac{(3k+1)(3k+2)}{2} = \dfrac{9k^2+9k+2}{2} = \dfrac{9k(k+1)}{2}+1$ を3で割った余りは

1 である（$k(k+1)$ は 2 の倍数）。

$$f(3k+1) = \frac{(3k+2)(3k+3)}{2} = \frac{3(3k+2)(k+1)}{2}$$ は整数で，3 を因数にもつから，3 で割った余りは 0 である。

$$f(3k+2) = \frac{(3k+3)(3k+4)}{2} = \frac{3(k+1)(3k+4)}{2}$$ は整数で，3 を因数にもつから，3 で割った余りは 0 である。

以上のことから，a_{3k}, a_{3k+1}, a_{3k+2} を 3 で割った余りはそれぞれ，$\boxed{1}$，$\boxed{0}$，$\boxed{0}$ である。$a_1=0$, $a_2=6$ を考慮しても a_n を 3 で割った余りは，n が 3 の倍数のときに限り 1 となり，3 の倍数でないときは 0 である。

和 $a_1+a_2+\cdots+a_{2020}$ を 3 で割った余りは，a_1, a_2, …, a_{2020} それぞれを 3 で割った余りの和を 3 で割った余りに等しい。$2020=3\times673+1$ であるから，a_1, a_2, …, a_{2020} のうち，3 で割った余りが 1 になるのは 673 個ある。したがって，a_1, a_2, …, a_{2020} それぞれを 3 で割った余りの和は 673 である。$673=3\times224+1$ より，求める余りは $\boxed{1}$ である。

解説

(1) ①に $n=1$ を代入するだけだが，計算ミスをしないように注意しよう。

(2) 漸化式①は見慣れない形であるが，誘導に従えば必ずできる，と自信をもって落ち着いて対処したい。

$$b_n = \frac{a_n}{3^n(n+1)(n+2)}$$ とおくと $$b_{n+1} = \frac{a_{n+1}}{3^{n+1}(n+2)(n+3)}$$

であるから，問題文の指示がなくても，①の両辺を $3^{n+1}(n+2)(n+3)$ で割るという考えが浮かぶであろう。

> **ポイント** 階差数列
>
> 数列 $\{b_n\}$ の階差数列とは
>
> $$b_2-b_1,\ b_3-b_2,\ \cdots,\ b_n-b_{n-1},\ b_{n+1}-b_n,\ \cdots$$
> （初項）（第 2 項） （第 $n-1$ 項）（第 n 項）
>
> のことで，等式
>
> $$b_n = b_1 + (b_2-b_1) + (b_3-b_2) + \cdots + (b_n-b_{n-1})$$
>
> が成り立つので，$n\geqq 2$ のとき
>
> $$b_n = b_1 + \sum_{k=1}^{n-1}(b_{k+1}-b_k) = (\{b_n\}\text{ の初項}) + \begin{pmatrix}\text{階差数列の初項から}\\ \text{第 }n-1\text{ 項までの和}\end{pmatrix}$$
>
> と表せる。$n=1$ の場合に成り立つことを付記しておく。

$\sum_{k=1}^{n-1}(b_{k+1}-b_k)$ の計算では，部分分数分解，等比数列の和を用いている。いずれも基本的な知識である。

(3) $b_n = \dfrac{a_n}{3^n(n+1)(n+2)}$ とおいたのだから，$a_n = 3^n(n+1)(n+2)b_n$ である（b_n が求まれば a_n が求まる）。

(4) 整数 a_n を3で割ったとき，商を q_n，余りを r_n とすると，$a_n = 3q_n + r_n$ で，r_n は 0 または 1 または 2 である。本問の場合

$$\sum_{n=1}^{2020} a_n = \sum_{n=1}^{2020}(3q_n + r_n) = 3\sum_{n=1}^{2020} q_n + \sum_{n=1}^{2020} r_n = (3\text{の倍数}) + \sum_{n=1}^{2020} r_n$$

であるから，$\sum_{n=1}^{2020} a_n$ を3で割った余りは，$\sum_{n=1}^{2020} r_n$ を3で割った余りに等しい。

$$\sum_{n=1}^{2020} r_n = 0 + 0 + \underset{(r_3)}{1} + 0 + 0 + \underset{(r_6)}{1} + 0 + 0 + \cdots + 0 + \underset{(r_{2019})}{1} + 0 \quad (\text{1が673個})$$

となっている。

連続2整数の積は必ず2の倍数であり，連続3整数の積は必ず6の倍数である。連続2整数は一方が偶数であり他方が奇数であるし，連続3整数は必ず3の倍数を1個含み，偶数を少なくとも1つ含むからである。

なお，自然数を3で割った余りを求めるには，自然数の各桁の和を3で割った余りを求めればよい。673では，$6+7+3=16$ を3で割って余りは1となる。桁数が大きいときには便利な方法である。4桁の自然数 $d_1 d_2 d_3 d_4$（d_1, d_2, d_3, d_4 は0以上9以下の整数で，$d_1 \neq 0$ とする）を例にして考えると

$$d_1 \times 10^3 + d_2 \times 10^2 + d_3 \times 10^1 + d_4 \times 10^0$$
$$= 1000d_1 + 100d_2 + 10d_3 + d_4$$
$$= 999d_1 + 99d_2 + 9d_3 + (d_1 + d_2 + d_3 + d_4)$$
$$= 3^2(111d_1 + 11d_2 + d_3) + (d_1 + d_2 + d_3 + d_4)$$

となるから，3で割った余りは，$d_1 + d_2 + d_3 + d_4$ を3で割った余りに等しい。9で割る場合もこの方法が使えることがわかる。

第4問 標準 《空間ベクトル》

3点 O$(0, 0, 0)$, A$(3, 3, -6)$, B$(2+2\sqrt{3}, 2-2\sqrt{3}, -4)$ の定める平面 α 上の点Cに対して

$$\overrightarrow{OA} \perp \overrightarrow{OC}, \quad \overrightarrow{OB} \cdot \overrightarrow{OC} = 24 \quad \cdots\cdots ①$$

が成り立つ。

(1) $\overrightarrow{OA} = (3, 3, -6)$, $\overrightarrow{OB} = (2+2\sqrt{3}, 2-2\sqrt{3}, -4)$ であるから

$$|\overrightarrow{OA}| = \sqrt{3^2 + 3^2 + (-6)^2} = \sqrt{54} = \boxed{3}\sqrt{\boxed{6}}$$

$$|\overrightarrow{OB}| = \sqrt{(2+2\sqrt{3})^2 + (2-2\sqrt{3})^2 + (-4)^2} = \sqrt{48} = \boxed{4}\sqrt{\boxed{3}}$$

$$\overrightarrow{OA} \cdot \overrightarrow{OB} = 3(2+2\sqrt{3}) + 3(2-2\sqrt{3}) + (-6) \times (-4) = \boxed{36}$$

である。

(2) 点Cは平面 α 上にあるので,実数 s, t を用いて,$\overrightarrow{OC} = s\overrightarrow{OA} + t\overrightarrow{OB}$ と表すことができる。①より,$\overrightarrow{OA} \cdot \overrightarrow{OC} = 0$, $\overrightarrow{OB} \cdot \overrightarrow{OC} = 24$ であるから

$$\overrightarrow{OA} \cdot \overrightarrow{OC} = \overrightarrow{OA} \cdot (s\overrightarrow{OA} + t\overrightarrow{OB}) = s|\overrightarrow{OA}|^2 + t\overrightarrow{OA} \cdot \overrightarrow{OB} = 54s + 36t = 0$$

∴ $6s + 4t = 0 \quad \cdots\cdots ②$

$$\overrightarrow{OB} \cdot \overrightarrow{OC} = \overrightarrow{OB} \cdot (s\overrightarrow{OA} + t\overrightarrow{OB}) = s\overrightarrow{OA} \cdot \overrightarrow{OB} + t|\overrightarrow{OB}|^2 = 36s + 48t = 24$$

∴ $3s + 4t = 2 \quad \cdots\cdots ③$

連立方程式②,③を解くと

$$s = \frac{\boxed{-2}}{\boxed{3}}, \quad t = \boxed{1}$$

である。したがって

$$|\overrightarrow{OC}|^2 = \left| -\frac{2}{3}\overrightarrow{OA} + \overrightarrow{OB} \right|^2 = \left(-\frac{2}{3}\overrightarrow{OA} + \overrightarrow{OB} \right) \cdot \left(-\frac{2}{3}\overrightarrow{OA} + \overrightarrow{OB} \right)$$

$$= \frac{4}{9}|\overrightarrow{OA}|^2 - \frac{4}{3}\overrightarrow{OA} \cdot \overrightarrow{OB} + |\overrightarrow{OB}|^2$$

$$= \frac{4}{9} \times 54 - \frac{4}{3} \times 36 + 48 = 24 - 48 + 48 = 24$$

$|\overrightarrow{OC}| \geq 0$ より,$|\overrightarrow{OC}| = \sqrt{24} = \boxed{2}\sqrt{\boxed{6}}$ である。

(3) $\overrightarrow{OC} = -\frac{2}{3}\overrightarrow{OA} + \overrightarrow{OB} = -\frac{2}{3}(3, 3, -6) + (2+2\sqrt{3}, 2-2\sqrt{3}, -4)$

$= (-2, -2, 4) + (2+2\sqrt{3}, 2-2\sqrt{3}, -4) = (2\sqrt{3}, -2\sqrt{3}, 0)$

であるから

$\overrightarrow{CB} = \overrightarrow{OB} - \overrightarrow{OC} = (2+2\sqrt{3}, 2-2\sqrt{3}, -4) - (2\sqrt{3}, -2\sqrt{3}, 0)$

$= (\boxed{2}, \boxed{2}, \boxed{-4})$

である。よって，$\vec{CB} = \dfrac{2}{3}\vec{OA}$ となる。

したがって，4点 O，A，B，C の平面 α 上の配置は右図のようになる。

つまり，四角形 OABC は，正方形でも，長方形でも，平行四辺形でもなく，台形である。$\boxed{チ}$ に当てはまるものは $\boxed{③}$ である。

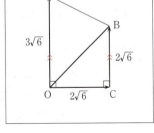

$\vec{OA} \perp \vec{OC}$ であるので，四角形 OABC の面積は

$$\dfrac{1}{2}(OA + CB) \times OC = \dfrac{1}{2}\left(OA + \dfrac{2}{3}OA\right) \times OC$$
$$= \dfrac{5}{6}OA \times OC = \dfrac{5}{6} \times 3\sqrt{6} \times 2\sqrt{6} = \boxed{30}$$

である。

(4) $\vec{OA} \perp \vec{OD}$，$\vec{OC} \cdot \vec{OD} = 2\sqrt{6}$ かつ z 座標が 1 であるような点 D の座標を $(x, y, 1)$ とおくと，$\vec{OA} \perp \vec{OD}$ より $\vec{OA} \cdot \vec{OD} = 0$ であるから

$3x + 3y - 6 = 0$ $\quad \therefore \quad x + y = 2$ ……④

が成り立ち，また，$\vec{OC} \cdot \vec{OD} = 2\sqrt{6}$ より

$2\sqrt{3}x - 2\sqrt{3}y = 2\sqrt{6}$ $\quad \therefore \quad x - y = \sqrt{2}$ ……⑤

が成り立つ。連立方程式④，⑤を解くと

$$x = \dfrac{1}{2}(2 + \sqrt{2}), \quad y = \dfrac{1}{2}(2 - \sqrt{2})$$

が得られるので，点 D の座標は

$$\left(\boxed{1} + \dfrac{\sqrt{\boxed{2}}}{\boxed{2}},\ \boxed{1} - \dfrac{\sqrt{\boxed{2}}}{\boxed{2}},\ 1\right)$$

である。このとき，$|\vec{OD}| = \sqrt{\left(1+\dfrac{\sqrt{2}}{2}\right)^2 + \left(1-\dfrac{\sqrt{2}}{2}\right)^2 + 1^2} = 2$ であるから

$\vec{OC} \cdot \vec{OD} = |\vec{OC}||\vec{OD}|\cos\angle COD$ より $2\sqrt{6} = 2\sqrt{6} \times 2 \times \cos\angle COD$

を得て，$\cos\angle COD = \dfrac{1}{2}$ がわかる。$0° \leq \angle COD \leq 180°$ より，$\angle COD = \boxed{60}°$ である。

$\vec{OA} \perp \vec{OC}$，$\vec{OA} \perp \vec{OD}$，$\vec{OC} \not\parallel \vec{OD}$ であるから，OA は3点 O，C，D の定める平面 β に垂直である。平面 α は OA を含むから，α と β は垂直である。点 D から OC に下ろした垂線を DH とすると

$$DH = OD \sin \angle COD$$
$$= 2\sin 60° = \sqrt{3}$$

で，OC は α 上にあるので DH⊥α であるから，三角形 ABC を底面とする四面体 DABC の高さは $\sqrt{\boxed{3}}$ である。また

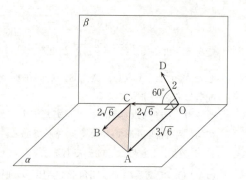

　　（三角形 ABC の面積）
　＝（四角形 OABC の面積）
　　－（三角形 OAC の面積）
$$= 30 - \frac{1}{2} \times OA \times OC$$
$$= 30 - \frac{1}{2} \times 3\sqrt{6} \times 2\sqrt{6} = 30 - 18 = 12$$

であるから，四面体 DABC の体積は
$$\frac{1}{3} \times （三角形 ABC の面積） \times DH = \frac{1}{3} \times 12 \times \sqrt{3} = \boxed{4}\sqrt{\boxed{3}}$$

である。

解 説

(1) 次のことを知っていれば十分に対応できる。

> **ポイント** ベクトルの大きさと内積
> $\vec{a} = (a_1, a_2, a_3)$, $\vec{b} = (b_1, b_2, b_3)$ のとき
> $|\vec{a}| = \sqrt{a_1{}^2 + a_2{}^2 + a_3{}^2}$, $\vec{a} \cdot \vec{b} = a_1 b_1 + a_2 b_2 + a_3 b_3$

(2) ある平面上に二つのベクトル $\vec{a}$, $\vec{b}$ があり，$\vec{a} \neq \vec{0}$, $\vec{b} \neq \vec{0}$, $\vec{a} \not\parallel \vec{b}$ であれば，この平面上の任意のベクトルは，$s\vec{a} + t\vec{b}$（s, t は実数）の形に表せる。このことは非常に重要である。

$|\overrightarrow{OC}|$ を求めるとき，〔解答〕では $|\overrightarrow{OC}|^2 = \left|-\dfrac{2}{3}\overrightarrow{OA} + \overrightarrow{OB}\right|^2$ を用いたが，$\overrightarrow{OC}$ を成分で表してから成分の計算で求めると，(3)で少し楽ができる。

(3) $\overrightarrow{CB} = \dfrac{2}{3}\overrightarrow{OA}$ であることに気付くことがポイントになる。これは，$\overrightarrow{CB}$ と $\overrightarrow{OA}$ が同じ向きに平行であることと，$|\overrightarrow{CB}| = \dfrac{2}{3}|\overrightarrow{OA}|$ であることを同時に表している。条件 $\overrightarrow{OA} \perp \overrightarrow{OC}$ とあわせて〔解答〕のような図が描けることになる。四角形 OABC が台形であることは一目瞭然であろう。

(4) (2)と同じように連立方程式を解くことで，点Dの座標を求めることができる。ベクトルのなす角については，次の内積の幾何的定義を想起する。

> **ポイント** 内積の定義
> $\vec{a}, \vec{b}$ のなす角を θ とすると，内積 $\vec{a}\cdot\vec{b}$ は
> $$\vec{a}\cdot\vec{b}=|\vec{a}||\vec{b}|\cos\theta$$
> と定義される。ただし，$\vec{a}=\vec{0}$ または $\vec{b}=\vec{0}$ のときは $\vec{a}\cdot\vec{b}=0$ とする。

2平面 α, β が垂直であることは，問題文に書かれているが，なぜそうなるかをよく理解しておこう。誘導が親切であるから，図さえ描ければ四面体 DABC の体積計算は容易であろう。

第5問　《平均，標準偏差，二項分布，正規分布表，信頼区間》

(1) ある高校の全生徒 720 人から 1 人を無作為に選んだとき，その生徒が借りた本の冊数を表す確率変数 X は，題意より，右の分布に従う。したがって，X の平均 $E(X)$，X^2 の平均 $E(X^2)$，X の標準偏差 $\sigma(X)$ は次のようになる。

X	0	1	2	3	計
P	$\dfrac{612}{720}$	$\dfrac{54}{720}$	$\dfrac{36}{720}$	$\dfrac{18}{720}$	1

$$E(X) = 0 \times \frac{612}{720} + 1 \times \frac{54}{720} + 2 \times \frac{36}{720} + 3 \times \frac{18}{720} = \frac{1}{720}(54 + 72 + 54)$$

$$= \frac{180}{720} = \boxed{\frac{1}{4}}$$

$$E(X^2) = 0^2 \times \frac{612}{720} + 1^2 \times \frac{54}{720} + 2^2 \times \frac{36}{720} + 3^2 \times \frac{18}{720} = \frac{1}{720}(54 + 4 \times 36 + 9 \times 18)$$

$$= \frac{360}{720} = \boxed{\frac{1}{2}}$$

$$\sigma(X) = \sqrt{E(X^2) - \{E(X)\}^2} = \sqrt{\frac{1}{2} - \left(\frac{1}{4}\right)^2} = \sqrt{\frac{1}{2} - \frac{1}{16}} = \sqrt{\frac{7}{16}} = \boxed{\frac{\sqrt{7}}{4}}$$

(2) 母集団が市内の高校生全員であり，ある 1 週間に市立図書館を利用した生徒の割合（母比率）が p，この母集団から 600 人を無作為に選んだとき，その 1 週間に市立図書館を利用した生徒の数が Y であるのだから，確率変数 Y は二項分布 $B(600, p)$ に従う。Y の平均は $E(Y) = 600p$，標準偏差 $\sigma(Y) = \sqrt{600p(1-p)}$ である。

$p = 0.4$ のとき，Y の平均と標準偏差は次のようになる。

$$E(Y) = 600 \times 0.4 = \boxed{240}$$

$$\sigma(Y) = \sqrt{600 \times 0.4 \times (1 - 0.4)} = \sqrt{144} = \boxed{12}$$

標本数 600 は十分に大きいので，Y は近似的に正規分布 $N(240, 12^2)$ に従うから，確率変数 $Z = \dfrac{Y - 240}{12}$ は標準正規分布 $N(0, 1)$ に従う。よって，Y が 215 以下となる確率は

$$P(Y \leqq 215) = P\left(Z \leqq \frac{215 - 240}{12}\right) = P\left(Z \leqq -\frac{25}{12}\right) \fallingdotseq P(Z \leqq -2.08)$$

$$= P(Z \geqq 2.08) = P(Z \geqq 0) - P(0 \leqq Z \leqq 2.08)$$

$$= 0.5 - 0.4812 \quad \text{（正規分布表より）}$$

$$= 0.0188 \fallingdotseq 0.\boxed{02}$$

になる。

また，$p=0.2$ のとき，Y の平均は $600\times 0.2=120$ で，これは，240 の $\dfrac{1}{\boxed{2}}$ 倍，標準偏差は $\sqrt{600\times 0.2\times(1-0.2)}=\sqrt{600\times 0.2\times 0.8}=\sqrt{96}=4\sqrt{6}$ で，これは 12 の $\dfrac{\sqrt{\boxed{6}}}{3}$ 倍である。

(3) 1回あたりの利用時間（分）を表す確率変数 W が，母平均 m，母標準偏差 30 の分布に従うとき，この母集団から大きさ n の標本 W_1，W_2，$\cdots$，W_n を無作為に抽出すれば，各 W_k $(k=1, 2, \cdots, n)$ は大きさ 1 の標本の確率変数と考えてよいから，それぞれ母集団分布に従い，平均 $E(W_k)=m$，標準偏差 $\sigma(W_k)=30$ である。したがって，確率変数の変換 $U_k=W_k-60$ $(k=1, 2, \cdots, n)$ を行うとき，平均，標準偏差は

$$E(U_k)=E(W_k-60)=E(W_k)-60=m-\boxed{60}$$
$$\sigma(U_k)=\sigma(W_k-60)=\sigma(W_k)=\boxed{30}$$

である。

母平均 $m-60$，母標準偏差 30 をもつ母集団から抽出された大きさ 100 の無作為標本の標本平均 $\overline{U}$ は，近似的に正規分布 $N\left(m-60, \dfrac{30^2}{100}\right)$ に従うから，$t=m-60$ とおくとき，確率変数 $V=\dfrac{\overline{U}-t}{\sqrt{\dfrac{30^2}{100}}}=\dfrac{\overline{U}-t}{3}$ は標準正規分布 $N(0, 1)$ に従う。

正規分布表より，$P(|V|\leqq 1.96)\fallingdotseq 0.95$ であるから

$$P\left(\left|\dfrac{\overline{U}-t}{3}\right|\leqq 1.96\right)\fallingdotseq 0.95 \quad P(|\overline{U}-t|\leqq 1.96\times 3)\fallingdotseq 0.95$$
$$P(-1.96\times 3\leqq \overline{U}-t\leqq 1.96\times 3)\fallingdotseq 0.95$$
$$P(\overline{U}-5.88\leqq t\leqq \overline{U}+5.88)\fallingdotseq 0.95$$

となり，いま，$\overline{U}=50$ であるから

$$P(44.12\leqq t\leqq 55.88)\fallingdotseq 0.95$$

となる。求める信頼区間は

$$\boxed{44}.\boxed{1}\leqq t\leqq \boxed{55}.\boxed{9}$$

になる。

解 説

(1) 度数分布表は右のようになる。この表から平均を求めると

$$\frac{1}{720}(0 \times 612 + 1 \times 54 + 2 \times 36 + 3 \times 18)$$

となる。これは，$0 \times \dfrac{612}{720} + 1 \times \dfrac{54}{720} + 2 \times \dfrac{36}{720} + 3 \times \dfrac{18}{720}$ と変形できるから，〔解答〕の確率分布と同じであると考えられる。

階級値	度数
0	612
1	54
2	36
3	18
計	720

ポイント　標準偏差

$$\sigma(X) = \sqrt{E(X^2) - \{E(X)\}^2}$$

($\sqrt{(2 乗の平均) - (平均の 2 乗)}$ と覚える)

(2) 600 人のうち r 人が「ある 1 週間に市立図書館を利用した」とすれば，その確率は ${}_{600}C_r p^r (1-p)^{600-r}$ (ある 1 人が利用する確率が p，しない確率が $1-p$) となるから，値 r をとる確率変数 Y は二項分布 $B(600, p)$ に従う。

ポイント　二項分布の平均と標準偏差

確率変数 Y が二項分布 $B(n, p)$ に従うとき

　　平均　$E(Y) = np$

　　標準偏差　$\sigma(Y) = \sqrt{np(1-p)}$

二項分布 $B(n, p)$ に従う確率変数 Y は，n が十分に大きいとき，近似的に正規分布 $N(np, npq)$ ($q = 1-p$) に従うから，次のことが使える。

ポイント　標準正規分布

確率変数 Y が正規分布 $N(m, \sigma^2)$ に従うとき，$Z = \dfrac{Y-m}{\sigma}$ とおくと，確率変数 Z は標準正規分布 $N(0, 1)$ に従う。

(3) ここで，確率変数 W_k を $U_k = W_k - 60$ ($k = 1, 2, \cdots, n$) に変換している。

ポイント　確率変数の変換

確率変数 W と定数 a, b に対して，$U = aW + b$ とおくと，U も確率変数で

　　平均　$E(U) = aE(W) + b$

　　標準偏差　$\sigma(U) = |a|\sigma(W)$

母平均の推定については，次のことを記憶しておくとよい。

> **ポイント** 母平均の推定（信頼度 95％）
>
> 母標準偏差 σ をもつ母集団から抽出された大きさ n の無作為標本の標本平均 $\overline{X}$ に対して，n が十分に大きいとき，母平均 m に対する信頼度 95％ の信頼区間は
>
> $$\overline{X} - 1.96 \times \frac{\sigma}{\sqrt{n}} \leq m \leq \overline{X} + 1.96 \times \frac{\sigma}{\sqrt{n}}$$
>
> である。σ の代わりに標本標準偏差を用いることも可能である。

数学Ⅰ 本試験

第1問 (25)

解答記号	正解	配点
アイ < a < ウ	$-2 < a < 4$	3
エ < a < オ	$0 < a < 4$	2
カキ	-2	2
$\frac{ク\sqrt{ケ}-コ}{サシ}$	$\frac{5\sqrt{3}-6}{13}$	3
$\frac{スセ}{ソ}$	$\frac{-1}{2}$	2
タチツ ≦ f(x) ≦ テト	$-14 \leq f(x) \leq 13$	3
ナ	②	2
ニ	⑤	2
ヌネ	12	2
ノ	④	2
ハ	③	2

第2問 (25)

解答記号	正解	配点
ア, イ	①, ③ (解答の順序は問わない)	4 (各2)
ウ	④	4
$x^2 - 2(c+エ)x + c(c+オ)$	$x^2 - 2(c+2)x + c(c+4)$	2
$(c-カ)^2 - キ$	$(c-1)^2 - 4$	3
クケ	-4	2
$-$コ ≦ c ≦ サ	$-1 \leq c \leq 0$	2
シ ≦ c ≦ ス	$2 \leq c \leq 3$	2
セ + $\sqrt{ソ}$	$3 + \sqrt{3}$	2
タチ	-4	2
ツ + テ$\sqrt{ト}$	$8 + 6\sqrt{3}$	2

第3問 (30)

解答記号	正解	配点
$\frac{ア}{イ}$	$\frac{2}{3}$	3
$\frac{\sqrt{ウ}}{エ}$	$\frac{\sqrt{5}}{3}$	3
オ$\sqrt{カ}$	$5\sqrt{5}$	3
キ, ク	③, ①	5
ケ	①	2
コ	③	3
サ	5	3
シ$\sqrt{ス}$ − セ	$3\sqrt{5} - 5$	3
ソタ$\sqrt{チ}$	$20\sqrt{5}$	2
$\frac{ツ\sqrt{テ}}{ト}$	$\frac{8\sqrt{5}}{5}$	3

第4問 (20)

解答記号	正解	配点
ア, イ	③, ⑤ (解答の順序は問わない)	6 (各3)
ウ	⑥	3
エ	④	3
オ	③	3
カ	②	1
キ	①	2
ク	⓪	2

(注) 全問必答。

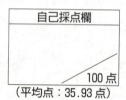

(平均点：35.93点)

第1問 — 1次関数，2次不等式，式の値，絶対値，最大・最小，集合，反例

〔1〕 **標準** 《1次関数，2次不等式，式の値，絶対値，最大・最小》

(1)・(2)は「数学Ⅰ・数学A」第1問〔1〕に同じ（p.3-4参照）

(3) $f(x) = (a^2 - 2a - 8)x + a$ とおくと

$$f(1) = (a^2 - 2a - 8) \cdot 1 + a = a^2 - a - 8$$
$$f(-1) = (a^2 - 2a - 8) \cdot (-1) + a = -a^2 + 3a + 8$$

より

$$f(1) + f(-1) = (a^2 - a - 8) + (-a^2 + 3a + 8) = 2a$$

だから，$|f(1) + f(-1)| = 1$ を解くと

$$|2a| = 1 \quad 2a = \pm 1 \quad \therefore \quad a = \pm \frac{1}{2}$$

$a < 0$ なので $a = -\dfrac{1}{2}$

よって，$a < 0$ かつ $|f(1) + f(-1)| = 1$ を満たす a の値は $a = \boxed{-\dfrac{1}{2}}$

また，$a = -\dfrac{1}{2}$ のとき

$$f(x) = \left\{\left(-\frac{1}{2}\right)^2 - 2\left(-\frac{1}{2}\right) - 8\right\}x + \left(-\frac{1}{2}\right) = -\frac{27}{4}x - \frac{1}{2}$$

だから

$x = 2$ のとき，$f(2) = -\dfrac{27}{4} \cdot 2 - \dfrac{1}{2} = -14$

$x = -2$ のとき，$f(-2) = -\dfrac{27}{4} \cdot (-2) - \dfrac{1}{2} = 13$

よって，$-2 \leqq x \leqq 2$ における $f(x)$ のとり得る値の範囲は

$$\boxed{-14} \leqq f(x) \leqq \boxed{13}$$

〔2〕 **標準** 《集合，反例》

(1)のナ，(2)・(3)は「数学Ⅰ・数学A」第1問〔2〕に同じ（p.4-5参照）

(1)のニ $50 \in \overline{P}$，$50 \in \overline{Q}$，$50 \in \overline{R}$ なので

$50 \in \overline{P} \cap \overline{Q} \cap \overline{R}$ （ ⑤ ）

第2問 ── 2次関数,最大・最小,平行移動

〔1〕 **易** 《2次関数,最大・最小》

(1) $F: y = x^2 + ax + b$ の x^2 の係数は 1 なので,F は下に凸の放物線である。
 また,$x^2 + ax + b = 0$ の判別式を D とすると
$$D = a^2 - 4 \cdot 1 \cdot b = a^2 - 4b$$
なので
- $D > 0$,すなわち,$a^2 > 4b$ のとき,F と x 軸は異なる 2 点で交わる。
- $D < 0$,すなわち,$a^2 < 4b$ のとき,F と x 軸は共有点をもたない。

よって,F について述べた文として正しいものは

　　F は,下に凸の放物線である。(①)

　　$a^2 < 4b$ のとき,F と x 軸は共有点をもたない。

　　(③)

である。

(2) $y = x^2 + 2x - 1$ を平方完成すると
$$y = (x+1)^2 - 2$$
なので,$-3 \leqq x \leqq 2$ における最小値と最大値は

　　最小値:$x = -1$ のとき,$y = -2$

　　最大値:$x = 2$ のとき,$y = 2^2 + 2 \cdot 2 - 1 = 7$

よって,$-3 \leqq x \leqq 2$ における最小値と最大値の組合せとして正しいものは ⑥ である。

〔2〕 標準 《2次関数，平行移動》

(1)のエ・オ，コ～ス，(2)は「数学Ⅰ・数学A」第1問〔3〕に同じ（p.5-7参照）

(1)のカ～ケ　G が点 $(3, k)$ を通るとき，① : $y = x^2 - 2(c+2)x + c(c+4)$ に $x=3$，$y=k$ を代入すると，k は c を用いて

$$k = 9 - 2(c+2) \cdot 3 + c(c+4)$$
$$= c^2 - 2c - 3$$
$$= (c - \boxed{1})^2 - \boxed{4}$$

と表せる。

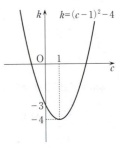

したがって，c が実数全体を動くとき，k のとり得る値の最小値は $\boxed{-4}$ である。

また，$-3 \leq k \leq 0$ であるためには

$$-3 \leq c^2 - 2c - 3 \leq 0$$

すなわち

$$-3 \leq c^2 - 2c - 3 \quad \text{かつ} \quad c^2 - 2c - 3 \leq 0$$

となればよい。

第3問 標準 《余弦定理，正弦定理，三角形の面積，三角比，相似，外接円，内接円，四面体》

(1) △ABC に余弦定理を用いて

$$\cos\angle ABC = \frac{AB^2+BC^2-CA^2}{2\cdot AB\cdot BC}$$

$$=\frac{5^2+6^2-(\sqrt{21})^2}{2\cdot 5\cdot 6}=\frac{40}{60}$$

$$=\boxed{\frac{2}{3}}$$

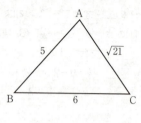

$\sin\angle ABC>0$ なので，$\sin^2\angle ABC+\cos^2\angle ABC=1$ より

$$\sin\angle ABC=\sqrt{1-\cos^2\angle ABC}=\sqrt{1-\left(\frac{2}{3}\right)^2}=\sqrt{\frac{5}{9}}$$

$$=\boxed{\frac{\sqrt{5}}{3}}$$

であり，△ABC の面積は

$$\frac{1}{2}\cdot AB\cdot BC\cdot \sin\angle ABC=\frac{1}{2}\cdot 5\cdot 6\cdot\frac{\sqrt{5}}{3}=\boxed{5}\sqrt{\boxed{5}}$$

である。

(2) (i) $\sin\angle DIG>0$ なので，$\sin^2\angle DIG+\cos^2\angle DIG=1$ より

$$\sin\angle DIG=\sqrt{1-\cos^2\angle DIG}=\sqrt{1-\left(\frac{3}{5}\right)^2}=\sqrt{\frac{16}{25}}$$

$$=\frac{4}{5}$$

△DIG において，$\sin\angle DIG=\dfrac{DG}{DI}$ だから

$$\frac{4}{5}=\frac{8}{DI}$$

∴ DI = 10 　( )

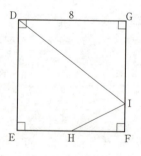

△DIG において，$\cos\angle DIG=\dfrac{IG}{DI}$ だから

$$\frac{3}{5}=\frac{IG}{10} \quad ∴\ IG=6$$

なので

$$FI=FG-IG=8-6=2$$

△FIH において，$\tan\angle FIH=\dfrac{HF}{FI}$ だから

$$2=\frac{HF}{2} \quad \therefore \quad HF=4$$

なので，△FIH に三平方の定理を用いて
$$HI=\sqrt{HF^2+FI^2}=\sqrt{4^2+2^2}=\sqrt{20}$$
$$=2\sqrt{5} \quad (\boxed{①})$$

(ii) $EH=EF-HF=8-4=4$ より，△DEH に三平方の定理を用いて
$$DH=\sqrt{DE^2+EH^2}=\sqrt{8^2+4^2}=\sqrt{80}$$
$$=4\sqrt{5}$$

△HFI は 3 辺の比が $HF:FI:HI=4:2:2\sqrt{5}$
$=2:1:\sqrt{5}$ であり

- △DEH は 3 辺の比が
$$DE:EH:DH=8:4:4\sqrt{5}=2:1:\sqrt{5}$$
- △DGI は 3 辺の比が
$$DG:GI:DI=8:6:10=4:3:5$$
- △DHI は 3 辺の比が
$$DH:HI:DI=4\sqrt{5}:2\sqrt{5}:10=2:1:\sqrt{5}$$

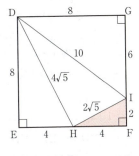

なので，△DEH，△DGI，△DHI のうち △HFI と相似なものは，3 組の辺の比がすべて等しいことにより，△DEH と △DHI（$\boxed{①}$）の二つのみである。
また，△DHI∽△HFI より，∠DHI＝∠HFI＝90° なので，△DHI において
$$\cos\angle DIH=\frac{HI}{DI}=\frac{2\sqrt{5}}{10}=\frac{\sqrt{5}}{5}$$

$\cos\angle DIG=\dfrac{3}{5}$ なので，$(\sqrt{9}=)3>\sqrt{5}$ より

$$\cos\angle DIG\left(=\frac{3}{5}\right)>\left(\frac{\sqrt{5}}{5}=\right)\cos\angle DIH$$

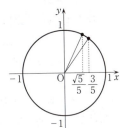

だから，$0°<\angle DIG<180°$，$0°<\angle DIH<180°$ より
$$\angle DIG<\angle DIH \quad (\boxed{③})$$

(iii) △DHI の外接円を考えると，△DHI は ∠DHI＝90°の直角三角形なので，円周角の定理の逆より，線分 DI は外接円の直径である。
したがって，△DHI の外接円の半径は
$$\frac{DI}{2}=\frac{10}{2}=\boxed{5}$$

△DHI の内接円を考えると，内接円の半径を r とすれば

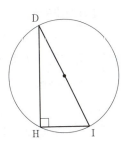

$$(\triangle\text{DHI の面積}) = \frac{1}{2}r(\text{DH} + \text{HI} + \text{DI})$$

が成り立つ。

ここで，$\triangle$DHI の面積は，$\angle$DHI $= 90°$ より

$$\frac{1}{2} \cdot \text{HI} \cdot \text{DH} = \frac{1}{2} \cdot 2\sqrt{5} \cdot 4\sqrt{5} = 20$$

なので

$$20 = \frac{1}{2}r(4\sqrt{5} + 2\sqrt{5} + 10)$$

$$(3\sqrt{5} + 5)r = 20$$

$$\therefore\ r = \frac{20}{3\sqrt{5} + 5} = \frac{20(3\sqrt{5} - 5)}{45 - 25} = 3\sqrt{5} - 5$$

よって，$\triangle$DHI の内接円の半径は

$\boxed{3}\sqrt{\boxed{5}} - \boxed{5}$

(3) HJ$\perp$HD より，$\triangle$JHD に三平方の定理を用いて

$$\text{DJ} = \sqrt{\text{JH}^2 + \text{HD}^2} = \sqrt{8^2 + (4\sqrt{5})^2} = \sqrt{144}$$
$$= 12$$

HJ$\perp$HI より，$\triangle$JIH に三平方の定理を用いて

$$\text{JI} = \sqrt{\text{IH}^2 + \text{HJ}^2} = \sqrt{(2\sqrt{5})^2 + 8^2} = \sqrt{84}$$
$$= 2\sqrt{21}$$

$\triangle$IDJ は 3 辺の比が ID : DJ : JI $= 10 : 12 : 2\sqrt{21} = 5 : 6 : \sqrt{21}$，(1)の $\triangle$ABC は 3 辺の比が AB : BC : CA $= 5 : 6 : \sqrt{21}$ だから，3 組の辺の比がすべて等しいことにより

$$\triangle\text{ABC} \backsim \triangle\text{IDJ}$$

であり，$\triangle$ABC と $\triangle$IDJ の相似比は $1 : 2$ である。

これより，$\triangle$ABC と $\triangle$IDJ の面積比は $1^2 : 2^2 = 1 : 4$ なので，(1)を考慮すると，$\triangle$IDJ の面積は

$$4 \times (\triangle\text{ABC の面積}) = 4 \times 5\sqrt{5} = \boxed{20}\sqrt{\boxed{5}}$$

したがって，点 H から $\triangle$IDJ に下ろした垂線を HK とすると

$$(\text{四面体 JDHI の体積}) = \frac{1}{3} \times (\triangle\text{IDJ の面積}) \times \text{HK}$$

が成り立つ。

ここで，四面体 JDHI の体積は，HJ$\perp$HD，HJ$\perp$HI より

$$(\text{四面体 JDHI の体積}) = \frac{1}{3} \times (\triangle\text{DHI の面積}) \times \text{HJ}$$
$$= \frac{1}{3} \times 20 \times 8$$
$$= \frac{160}{3}$$

なので

$$\frac{160}{3} = \frac{1}{3} \times 20\sqrt{5} \times \text{HK}$$

$$\therefore \quad \text{HK} = \frac{8}{\sqrt{5}} = \frac{8\sqrt{5}}{5}$$

よって，点Hから $\triangle$IDJ に下ろした垂線 HK の長さは

$$\frac{8\sqrt{5}}{5}$$

[別解] (2) (iii) $\triangle$DHI の内接円の半径を求める。

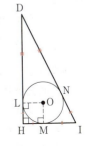

$\triangle$DHI の内接円の半径を r とし，内接円の中心を O，内接円と3辺 DH，HI，DI との接点をそれぞれ，L，M，N とすれば，円外の点から円に引いた2接線の長さは等しいことより

$$\text{DL} = \text{DN}, \quad \text{HM} = \text{HL}, \quad \text{IN} = \text{IM}$$

DH$\perp$OL，HI$\perp$OM より

$$\text{HM} = \text{HL} = r$$

だから

$$\text{IN} = \text{IM} = \text{HI} - \text{HM} = 2\sqrt{5} - r$$
$$\text{DN} = \text{DL} = \text{DH} - \text{HL} = 4\sqrt{5} - r$$

DI $=$ DN $+$ IN なので

$$10 = (4\sqrt{5} - r) + (2\sqrt{5} - r)$$
$$2r = 6\sqrt{5} - 10$$
$$\therefore \quad r = 3\sqrt{5} - 5$$

よって，$\triangle$DHI の内接円の半径は $\quad 3\sqrt{5} - 5$

第4問 　標準　《四分位数，箱ひげ図，ヒストグラム，データの相関》

(1)～(4)は「数学Ⅰ・数学A」第2問〔2〕に同じ（p.11-14参照）

(5) 昭和25年の変動係数 V は表1より

$$V = \frac{標準偏差}{平均値} = \frac{20.1}{27.2} = 0.738\cdots$$

なので，昭和25年の変動係数 V と平成27年の変動係数 0.509 との大小関係は $V > 0.509$（　②　）である。

次に，

- 平成27年の年齢データの値すべてを100倍する。

  平均値はデータの値の総和をデータの総数で割った値だから，データの値すべてを100倍した後の平均値は，もとの平均値の100倍になる。また，偏差はデータの値から平均値を引いた値だから，データの値すべてを100倍した後の偏差は，もとの偏差の100倍になる。さらに，分散は偏差の2乗の平均値だから，データの値すべてを100倍した後の分散は，もとの分散の 100^2 倍になる。標準偏差は $\sqrt{(分散)}$ だから，データの値すべてを100倍した後の標準偏差は，もとの標準偏差の $\sqrt{100^2} = 100$ 倍になる。

  よって，平成27年の年齢データの値すべてを100倍するとき，平均値はもとの平均値の100倍になり，標準偏差ももとの標準偏差の100倍になるから，

  変動係数 $= \dfrac{標準偏差}{平均値}$ は変わらない（　①　）。

- 平成27年の年齢データの値すべてに100を加える。

  平均値はデータの値の総和をデータの総数で割った値だから，データの値すべてに100を加えた後の平均値は，もとの平均値に100を加えた値になる。また，偏差はデータの値から平均値を引いた値だから，データの値すべてに100を加えた後の偏差は，もとの偏差と変わらない。さらに，分散は偏差の2乗の平均値だから，データの値すべてに100を加えた後の分散は，もとの分散と変わらない。標準偏差は $\sqrt{(分散)}$ だから，データの値すべてに100を加えた後の標準偏差は，もとの標準偏差と変わらない。

  よって，平成27年の年齢データの値すべてに100を加えるとき，平均値はもとの平均値に100を加えた値になり，標準偏差はもとの標準偏差と変わらないから，

  変動係数 $= \dfrac{標準偏差}{平均値}$ は小さくなる（　⓪　）。

数学Ⅱ 本試験

第1問 (30)

解答記号	正解	配点
$\dfrac{\sqrt{ア}}{イ}$, ウ	$\dfrac{\sqrt{3}}{2}$, 3	2
$\sin\left(\theta+\dfrac{\pi}{エ}\right)$	$\sin\left(\theta+\dfrac{\pi}{3}\right)$	2
$\dfrac{オ}{カ}$, $\dfrac{キ}{ク}$	$\dfrac{2}{3}$, $\dfrac{5}{3}$	3
ケコ	12	2
$\dfrac{サ}{シ}$	$\dfrac{4}{5}$	2
$\dfrac{ス}{セ}$	$\dfrac{3}{5}$	2
ソ	③	2
タチ	11	3
$\sqrt{ツテ}$	$\sqrt{13}$	2
トナニ	-36	2
$ヌX+Y\leqq ネノ$	$2X+Y\leqq 10$	2
$ハX-Y\geqq ヒフ$	$3X-Y\geqq -4$	2
ヘ	7	2
ホ	5	2

第2問 (30)

解答記号	正解	配点
$アt+イ$	$2t+2$	2
ウ	1	2
$エs-オa+カ$	$2s-4a+2$	2
$キa^2+ク$	$4a^2+1$	2
ケ, コ	0, 2	3
$サx+シ$	$2x+1$	2
ス	a	2
$\dfrac{a^{セ}}{ソ}$	$\dfrac{a^3}{3}$	3
タ	1	2
$\dfrac{チ}{ツ}$	$\dfrac{1}{3}$	3
テ, ト, ナ, $\dfrac{ニ}{ヌ}$	2, 4, 2, $\dfrac{1}{3}$	3
$\dfrac{ネ}{ノ}$	$\dfrac{2}{3}$	3
$\dfrac{ハ}{ヒフ}$	$\dfrac{2}{27}$	1

問題番号 (配点)	解答記号	正解	配点	チェック
第3問 (20)	ア	6	1	
	イ, ウ	2, 4	2	
	$\sqrt{エ}$	$\sqrt{3}$	2	
	$(\sqrt{オ}, カ)$	$(\sqrt{3}, 3)$	2	
	キ	2	2	
	クケ	-2	2	
	$\left(\dfrac{コ}{サ}, \dfrac{シス}{セ}\right)$	$\left(\dfrac{6}{5}, \dfrac{18}{5}\right)$	2	
	(ソ, タ)	(2, 2)	2	
	チ	9	1	
	ツ, テ	6, 4	2	
	$\dfrac{トナ}{ニ}$	$\dfrac{12}{5}$	2	

問題番号 (配点)	解答記号	正解	配点	チェック
第4問 (20)	アt^2-イ$t-$ウ	$2t^2-7t-4$	3	
	エ, $\dfrac{オカ}{キ}$	$4, \dfrac{-1}{2}$	2	
	ク, ケ	1, 3	1	
	$\dfrac{コサ \pm \sqrt{シス}i}{セ}$	$\dfrac{-1 \pm \sqrt{47}i}{4}$	2	
	ソタ	-3	2	
	α^2-チ$\alpha+$ツ	$\alpha^2-2\alpha+4$	3	
	テx^2-トx$-$ナ	$2x^2-3x-6$	2	
	ニヌネ$(x-$ノ$)$	$-21(x-2)$	2	
	ハヒ$($フ$+\sqrt{3}i)$	$21(1+\sqrt{3}i)$	3	

（注）全問必答。

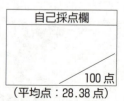

（平均点：28.38 点）

第1問 —— 「数学Ⅱ・数学B」第1問に同じ（p.29-34 参照）

第2問 —— 「数学Ⅱ・数学B」第2問に同じ（p.35-37 参照）

第3問 【標準】《円と直線，三角形の面積》

(1) 直線 ℓ は点 A$(0, 6)$ を通り，傾きが m であるから，ℓ の方程式は
$$y - 6 = m(x - 0) \quad \text{より} \quad y = mx + \boxed{6}$$
である。また，円 C は，中心が点 $(0, 2)$ で，x 軸に接することから半径は2である。よって，C の方程式は
$$(x-0)^2 + (y-2)^2 = 2^2 \quad \text{より} \quad x^2 + (y - \boxed{2})^2 = \boxed{4}$$

(2) 直線 ℓ と円 C が接するのは，連立方程式 $\begin{cases} y = mx + 6 \\ x^2 + (y-2)^2 = 4 \end{cases}$
から y を消去して得られる x の2次方程式
$$x^2 + (mx+4)^2 = 4 \quad \text{すなわち} \quad (1+m^2)x^2 + 8mx + 12 = 0 \quad \cdots\cdots ①$$
が重解をもつときである。それは，①の判別式を D とすると，$D = 0$ が成り立つときであるから，m の値は
$$\frac{D}{4} = (4m)^2 - (1+m^2) \times 12 = 4m^2 - 12 = 4(m^2 - 3) = 0 \quad \text{より} \quad m = \pm\sqrt{3}$$
である。したがって，$m = \pm\sqrt{\boxed{3}}$ のとき，ℓ と C は接する。

①の重解は，解の公式で $D = 0$ を考慮することにより $x = \dfrac{-8m}{2(1+m^2)} = \dfrac{-4m}{1+m^2}$ であるから，$m = -\sqrt{3}$ のとき，$x = \dfrac{-4(-\sqrt{3})}{1+(-\sqrt{3})^2} = \dfrac{4\sqrt{3}}{4} = \sqrt{3}$ となり，これが接点の x 座標である。接点は直線 $\ell : y = -\sqrt{3}x + 6$ 上にあるから，接点の y 座標は $y = -\sqrt{3} \times \sqrt{3} + 6 = 3$ である。つまり，接点の座標は $(\sqrt{\boxed{3}}, \boxed{3})$ である。

(3) 直線 ℓ と円 C が異なる2点で交わるのは，①が異なる二つの実数解をもつとき，すなわち $D > 0$ のときであるから
$$\frac{D}{4} = 4(m^2 - 3) > 0 \quad \text{より} \quad m < -\sqrt{3}, \ \sqrt{3} < m$$
のときである。$1 < 3 < 4$ より $1 < \sqrt{3} < 2$ であるから，この不等式を満たす m のうち，最小の正の整数は $\boxed{2}$ である。

(注) 点と直線の距離の公式を用いると，円 C の中心 $(0, 2)$ と直線 ℓ：$mx - y + 6 = 0$ の距離は，$\dfrac{|m \times 0 - 2 + 6|}{\sqrt{m^2 + (-1)^2}} = \dfrac{4}{\sqrt{m^2 + 1}}$ であるから

〔ℓ と C が接する〕 $\iff \dfrac{4}{\sqrt{m^2 + 1}} = 2$ （円 C の半径）$\iff \sqrt{m^2 + 1} = 2$

〔ℓ と C が異なる 2 点で交わる〕 $\iff \dfrac{4}{\sqrt{m^2 + 1}} < 2 \iff \sqrt{m^2 + 1} > 2$

と表されるので，接するとき $m = \pm\sqrt{3}$，異なる 2 点で交わるとき $m < -\sqrt{3}$，$\sqrt{3} < m$ が求まる。(2)の接点の座標は，相似な三角形の辺の比を利用して図形的に求めることもできる。もっとも，本問は図形が数値的に特殊であるため，(2)はすべて図形的に考察できる。

(4) 直線 $\ell : y = mx + 6$ が点 B$(3, 0)$ を通るとき，$0 = m \times 3 + 6$ が成り立つから，$m = \boxed{-2}$ である。このとき，①は

$$5x^2 - 16x + 12 = 0$$

となり，これを解くと

$(5x - 6)(x - 2) = 0$ より $x = \dfrac{6}{5}, 2$

を得る。$\ell : y = -2x + 6$ に代入することにより

$x = \dfrac{6}{5}$ のとき，$y = \dfrac{18}{5}$

$x = 2$ のとき，$y = 2$

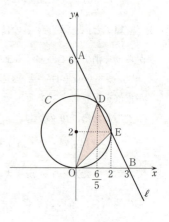

となる。ℓ と C の二つの交点を点 A に近い方から順に点 D，点 E とするので，D，E の座標は

D$\left(\boxed{\dfrac{6}{5}}, \boxed{\dfrac{18}{5}}\right)$，E$(\boxed{2}, \boxed{2})$

である。

△OAB の面積は，$\dfrac{1}{2} \times 3 \times 6 = \boxed{9}$ である。また，点 A，D，E，B の各 x 座標の値により，三つの線分 AD，DE，EB の長さの比は

AD : DE : EB $= \dfrac{6}{5} : \left(2 - \dfrac{6}{5}\right) : (3 - 2) = \dfrac{6}{5} : \dfrac{4}{5} : 1 = \boxed{6} : \boxed{4} : 5$

であることがわかる。このことから，△ODE の面積 S は

$$S = \dfrac{4}{6 + 4 + 5} \times (\triangle\text{OAB の面積}) = \dfrac{4}{15} \times 9 = \boxed{\dfrac{12}{5}}$$

である。

第4問 標準 《4次方程式，式の値》

$$P(x) = 2x^4 - 7x^3 + 8x^2 - 21x + 18$$

(1) $P(0) = 18 \neq 0$ であるから，$x=0$ は $P(x)=0$ の解ではない。そこで，$P(x)=0$ の両辺を x^2 で割ると

$$2x^2 - 7x + 8 - \frac{21}{x} + \frac{18}{x^2} = 0 \quad \cdots\cdots ①$$

を得る。この式を変形すると

$$2\left(x^2 + \frac{9}{x^2}\right) - 7\left(x + \frac{3}{x}\right) + 8 = 0$$

となり，$x^2 + \dfrac{9}{x^2} = \left(x + \dfrac{3}{x}\right)^2 - 6$ であることを用いると，$t = x + \dfrac{3}{x}$ の置き換えにより①は

$$2(t^2 - 6) - 7t + 8 = 0$$

すなわち

$$\boxed{2}\, t^2 - \boxed{7}\, t - \boxed{4} = 0$$

となる。これを解くと

$$(t-4)(2t+1) = 0 \quad \text{より} \quad t = \boxed{4},\ \boxed{\dfrac{-1}{2}}$$

となる。
$t = 4$ のとき

$$x + \frac{3}{x} = 4 \quad x^2 - 4x + 3 = 0 \quad (x-1)(x-3) = 0$$

より，$x = \boxed{1},\ \boxed{3}$ である。

$t = -\dfrac{1}{2}$ のとき

$$x + \frac{3}{x} = -\frac{1}{2} \quad 2x^2 + x + 6 = 0$$

より，解の公式を用いて

$$x = \frac{-1 \pm \sqrt{1^2 - 4 \times 2 \times 6}}{2 \times 2} = \frac{\boxed{-1} \pm \sqrt{\boxed{47}}\, i}{\boxed{4}}$$

である。

(2) $\alpha = 1 - \sqrt{3}\, i$ より $\alpha - 1 = -\sqrt{3}\, i$
両辺を平方して

$(\alpha-1)^2 = (-\sqrt{3}i)^2 = \boxed{-3}$

であるから，整理すると

$\alpha^2 - \boxed{2}\alpha + \boxed{4} = 0$

である。

$P(x)$ を $x^2 - 2x + 4$ で割ると，商は

$\boxed{2}x^2 - \boxed{3}x - \boxed{6}$

で，余りは

$-21x + 42 = \boxed{-21}(x - \boxed{2})$

$$\begin{array}{r} 2x^2 - 3x - 6 \\ x^2-2x+4 \overline{\smash{)}\, 2x^4 - 7x^3 + 8x^2 - 21x + 18} \\ \underline{2x^4 - 4x^3 + 8x^2} \\ -3x^3 - 21x + 18 \\ \underline{-3x^3 + 6x^2 - 12x} \\ -6x^2 - 9x + 18 \\ \underline{-6x^2 + 12x - 24} \\ -21x + 42 \end{array}$$

である。

したがって

$P(\alpha) = 2\alpha^4 - 7\alpha^3 + 8\alpha^2 - 21\alpha + 18$

$ = (\alpha^2 - 2\alpha + 4)(2\alpha^2 - 3\alpha - 6) - 21(\alpha - 2)$

$ = -21(\alpha - 2) \quad (\because \alpha^2 - 2\alpha + 4 = 0)$

$ = -21\{(1 - \sqrt{3}i) - 2\} = -21(-1 - \sqrt{3}i) = \boxed{21}(\boxed{1} + \sqrt{3}i)$

である。

数学Ⅰ・数学A　追試験

2020年度

第1問 (30)

問題番号(配点)	解答記号	正解	配点	チェック
第1問 (30)	アイ	36	2	
	ウエ	38	1	
	オ	6	1	
	カキ	50	1	
	クケ	26	1	
	$\dfrac{コ\sqrt{サ}+\sqrt{シス}}{セ}$	$\dfrac{5\sqrt{2}+\sqrt{26}}{2}$	4	
	ソタ, チ	$-4, 6$	2	
	ツ	3	3	
	テ	⓪	3	
	$\dfrac{トナ}{ニ}a^2+ヌa$	$\dfrac{-1}{4}a^2+2a$	3	
	ネ	2	3	
	ノ	8	3	
	ハヒa+フヘ	$-2a+16$	3	

第2問 (30)

問題番号(配点)	解答記号	正解	配点	チェック
第2問 (30)	ア	4	3	
	イ	②	3	
	ウ, エ	9, 5	3	
	$\dfrac{オカ\sqrt{キ}}{ク}$	$\dfrac{51\sqrt{2}}{8}$	3	
	ケコ	36	3	
	サ	③	2	
	シ	①	2	
	ス, セ	①, ③	4	
	ソ	②	3	
	タ.チ	6.4	2	
	ツ	②	2	

2020年度：数学Ⅰ・A/追試験〈解答〉

問題番号 (配点)	解答記号	正解	配点	チェック
第3問 (20)	アイ	$\dfrac{1}{3}$	2	
	ウエオ	210	1	
	カキ	70	1	
	クケ	$\dfrac{1}{3}$	2	
	コサ	$\dfrac{1}{3}$	2	
	シスセソ	$\dfrac{37}{42}$	3	
	タチツテ	$\dfrac{14}{37}$	3	
	トナニヌネ	$\dfrac{53}{185}$	3	
	ノハヒ	$\dfrac{1}{45}$	3	
第4問 (20)	ア, イ	9, 2	3	
	ウエ, オ	31, 7	2	
	カ, キ	3, 4 (解答の順序は問わない)	3	
	ク, ケコ	9, 16	2	
	サシス, セソタ	100, 121	3	
	チツテト	1280	4	
	ナニヌ	527	3	

問題番号 (配点)	解答記号	正解	配点	チェック
第5問 (20)	ア	4	3	
	イ	6	3	
	ウ$\sqrt{エ}$	$2\sqrt{6}$	3	
	$\dfrac{オカ}{キク}$	$\dfrac{19}{35}$	3	
	$\dfrac{ケコ}{サ}$	$\dfrac{19}{7}$	2	
	$\dfrac{シス}{セ}$	$\dfrac{19}{5}$	2	
	$\dfrac{ソ\sqrt{タ}}{チツ}$	$\dfrac{5\sqrt{6}}{12}$	4	

(注) 第1問，第2問は必答。第3問～第5問のうちから2問選択。計4問を解答。

第1問 —— 平方根,集合,命題,2次関数,最大値,最小値

〔1〕 標準 《平方根》

$$(19+5\sqrt{13})(19-5\sqrt{13}) = 19^2 - (5\sqrt{13})^2 = 361 - 325$$
$$= \boxed{36}$$

であるから

$$(19+5\sqrt{13})(19-5\sqrt{13}) > 0, \quad 19+5\sqrt{13} > 0$$

より,$19-5\sqrt{13}$ は正の実数である。

$19+5\sqrt{13}$ の正の平方根を α とし,$19-5\sqrt{13}$ の正の平方根を β とすると

$$\alpha = \sqrt{19+5\sqrt{13}}, \quad \beta = \sqrt{19-5\sqrt{13}}$$

このとき

$$\alpha^2 + \beta^2 = (19+5\sqrt{13}) + (19-5\sqrt{13}) = \boxed{38}$$

$$\alpha\beta = \sqrt{19+5\sqrt{13}}\sqrt{19-5\sqrt{13}} = \sqrt{(19+5\sqrt{13})(19-5\sqrt{13})} = \sqrt{36}$$
$$= \boxed{6}$$

であり

$$(\alpha+\beta)^2 = (\alpha^2+\beta^2) + 2\alpha\beta = 38 + 2\cdot 6 = \boxed{50} \quad \cdots\cdots ①$$

$$(\alpha-\beta)^2 = (\alpha^2+\beta^2) - 2\alpha\beta = 38 - 2\cdot 6 = \boxed{26} \quad \cdots\cdots ②$$

である。

$\alpha > 0$,$\beta > 0$ より,$\alpha+\beta > 0$ なので,①から

$$\alpha + \beta = \sqrt{50} = 5\sqrt{2} \quad \cdots\cdots ③$$

$19+5\sqrt{13} > 19-5\sqrt{13}$ より,$\alpha = \sqrt{19+5\sqrt{13}} > \sqrt{19-5\sqrt{13}} = \beta$ なので,$\alpha-\beta > 0$ であるから,②から

$$\alpha - \beta = \sqrt{26} \quad \cdots\cdots ④$$

したがって,③+④,③-④ より

$$2\alpha = 5\sqrt{2} + \sqrt{26} \quad \therefore \quad \alpha = \frac{\boxed{5}\sqrt{\boxed{2}} + \sqrt{\boxed{26}}}{\boxed{2}}$$

$$2\beta = 5\sqrt{2} - \sqrt{26} \quad \therefore \quad \beta = \frac{5\sqrt{2}-\sqrt{26}}{2}$$

解　説

平方根の定義をしっかりと理解しているかどうかが試される問題である。

> **ポイント　平方根**
> 2乗するとaになる数を，aの平方根という。
> 正の数aの平方根は，正と負の2つあり，正の平方根を$\sqrt{a}$，負の平方根を$-\sqrt{a}$で表す。
> 負の数aの平方根は，実数の範囲には存在しない。
> また，0の平方根は0だけであり，$\sqrt{0}=0$と定める。

$(19+5\sqrt{13})(19-5\sqrt{13})$の値を計算することで，$(19+5\sqrt{13})(19-5\sqrt{13})>0$であることがわかるから，$19+5\sqrt{13}>0$と合わせて考えれば，$19-5\sqrt{13}>0$であることがわかる。$19-5\sqrt{13}<0$であれば，$19-5\sqrt{13}$の平方根は実数の範囲には存在しない。
$19+5\sqrt{13}$の正の平方根をαとし，$19-5\sqrt{13}$の正の平方根をβとすると，$\alpha=\sqrt{19+5\sqrt{13}}$，$\beta=\sqrt{19-5\sqrt{13}}$である。$\alpha$と$\beta$がこのように表されることがわからないと，これ以降の設問を解き進めることはできない。逆に，αとβの式の形がわかれば，これ以降の部分を解くことは容易である。
$\alpha\beta=\sqrt{19+5\sqrt{13}}\sqrt{19-5\sqrt{13}}$の値を求める際，平方根の積の公式「$a>0$，$b>0$のとき，$\sqrt{a}\sqrt{b}=\sqrt{ab}$」を利用した。
$(\alpha+\beta)^2$，$(\alpha-\beta)^2$の値を求めさせる誘導があるので，$\alpha+\beta$，$\alpha-\beta$の値を求めればα，βの値を求められることがわかる。$\alpha-\beta$の値を求める際，$\alpha-\beta$の正負を判断するために，αとβの大小比較をすることになるが，平方根の大小関係「$a>b>0$ならば，$\sqrt{a}>\sqrt{b}$」を利用した。
発展的な内容となるが，2重根号の式は，以下のことを用いて簡単な形に変形することもできる。

> **ポイント　2重根号**
> $a>0$，$b>0$のとき　　$\sqrt{(a+b)+2\sqrt{ab}}=\sqrt{a}+\sqrt{b}$
> $a>b>0$のとき　　$\sqrt{(a+b)-2\sqrt{ab}}=\sqrt{a}-\sqrt{b}$

ちなみに，$\alpha=\sqrt{19+5\sqrt{13}}$，$\beta=\sqrt{19-5\sqrt{13}}$は以下のように変形して求めることもできる。

$$\sqrt{19\pm5\sqrt{13}}=\sqrt{\dfrac{38\pm2\cdot5\sqrt{13}}{2}}=\sqrt{\dfrac{38\pm2\sqrt{5^2\cdot13}}{2}}=\dfrac{\sqrt{(25+13)\pm2\sqrt{25\cdot13}}}{\sqrt{2}}$$

$$=\frac{\sqrt{25}\pm\sqrt{13}}{\sqrt{2}}=\frac{5\pm\sqrt{13}}{\sqrt{2}}=\frac{5\sqrt{2}\pm\sqrt{26}}{2} \quad \text{(複号同順)}$$

〔2〕 易 《集合，命題》

$|x-a|>3$ を x について解くと
$$x-a<-3,\ 3<x-a$$
∴ $x<a-3,\ a+3<x$

なので
「$q:|x-a|>3 \iff x<a-3,\ a+3<x$」 ……①

(1) 命題「$p \Longrightarrow q$」が真であるような a の値の範囲は
$$a+3<-1 \quad \text{または} \quad 3<a-3$$
∴ $a<\boxed{-4},\ \boxed{6}<a$

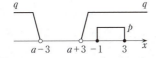
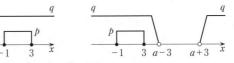

(2) $a=6$ のとき，①より
「$q:|x-6|>3 \iff x<3,\ 9<x$」

なので，$x=\boxed{3}$ は命題「$p \Longrightarrow q$」の反例である。

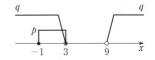

(3) $a=1$ のとき，①より
「$q:|x-1|>3 \iff x<-2,\ 4<x$」

なので
「$\overline{q}:-2\leqq x\leqq 4$」

また，「$p:-1\leqq x\leqq 3$」より
「$\overline{p}:x<-1,\ 3<x$」

であるから
「$(\overline{p}\text{かつ}\overline{q}):-2\leqq x<-1,\ 3<x\leqq 4$」

これより，$(\overline{p}\text{かつ}\overline{q}) \Longrightarrow r$ は偽（反例：$x=-2$），$r \Longrightarrow (\overline{p}\text{かつ}\overline{q})$ は真だから，$a=1$ のとき，条件「$\overline{p}$ かつ $\overline{q}$」は条件 r であるための必要条件であるが，十分条件ではない $\boxed{0}$。

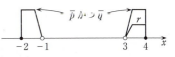

解説

x についての数直線を利用しながら,命題について考えさせる問題である。まず,条件 q は,「$c>0$ のとき,$|X|>c \iff X<-c, c<X$」を用いて式変形して考える必要がある。

(1) 命題と集合について,次のことがいえる。

> **ポイント** 命題と集合について
> 全体集合を U とする命題「$s \Longrightarrow t$」において,条件 s を満たす U の要素全体の集合を S,条件 t を満たす U の要素全体の集合を T とすると,命題「$s \Longrightarrow t$」が真であることと,$S \subset T$ であることは同じである。

条件 p, q を数直線上に表し,〔ポイント〕を利用して考える。

(2) 命題「$s \Longrightarrow t$」において,仮定 s を満たすが,結論 t を満たさないような例を反例という。したがって,条件 p を満たすが,条件 q を満たさない x が,命題「$p \Longrightarrow q$」の反例となる。

(3) 条件 $\bar{q}$ は,ド・モルガンの法則より

$$\lceil \bar{q} : \overline{x<-2 \text{ または } 4<x} \iff (\overline{x<-2} \text{ かつ } \overline{4<x})$$
$$\iff (x \geqq -2 \text{ かつ } 4 \geqq x)$$
$$\iff -2 \leqq x \leqq 4 \rfloor$$

となる。また,条件 $\bar{p}$ は,同様に

$$\lceil \bar{p} : \overline{-1 \leqq x \leqq 3} \iff \overline{-1 \leqq x \text{ かつ } x \leqq 3}$$
$$\iff (\overline{-1 \leqq x} \text{ または } \overline{x \leqq 3})$$
$$\iff (-1>x \text{ または } x>3) \rfloor$$

となる。

〔3〕 標準 《2次関数,最大値,最小値》

(1) $f(x)=(x-a)(x-4)+4$ ($a \geqq 4$) を x について整理して,平方完成すれば

$$f(x) = x^2 - (a+4)x + (4a+4)$$
$$= \left(x - \frac{a+4}{2}\right)^2 - \frac{(a+4)^2}{4} + (4a+4)$$
$$= \left(x - \frac{a+4}{2}\right)^2 - \frac{1}{4}a^2 + 2a$$

なので,$y=f(x)$ のグラフの頂点の座標は

$\left(\dfrac{a+4}{2},\ -\dfrac{1}{4}a^2+2a\right)$

よって，2次関数 $y=f(x)$ は，$x=\dfrac{a+4}{2}$ において最小となり，最小値は

$$f\left(\dfrac{a+4}{2}\right)=\dfrac{\boxed{-1}}{\boxed{4}}a^2+\boxed{2}\,a$$

$x=\dfrac{a+4}{2}$

(2) 定義域の両端の x の値 $a-2$ と $a+2$ の中央の値である

$\dfrac{(a-2)+(a+2)}{2}=a$ と，軸の x の値 $\dfrac{a+4}{2}$ との大小比較をすると

$$a-\dfrac{a+4}{2}=\dfrac{1}{2}(a-4)\geqq 0\quad(\because\ a\geqq 4)$$

すなわち $\quad a\geqq\dfrac{a+4}{2}$

よって，2次関数 $y=f(x)$ の $a-2\leqq x\leqq a+2$ における最大値は，$x=a+2$ のとき

$$f(a+2)=\{(a+2)-a\}\{(a+2)-4\}+4$$
$$=2(a-2)+4$$
$$=\boxed{2}\,a$$

である。
また，2次関数 $y=f(x)$ の $a-2\leqq x\leqq a+2$ における最小値は，$\dfrac{a+4}{2}\leqq a$ であることに注意して

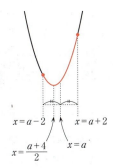

$x=a-2\quad x=a+2$
$x=\dfrac{a+4}{2}\quad x=a$

(i) $a-2\leqq\dfrac{a+4}{2}\ (\leqq a<a+2)$ のとき，この式を解けば

$$2(a-2)\leqq a+4$$

$\therefore\ a\leqq 8$

$a\geqq 4$ なので，$4\leqq a\leqq 8$ のとき，$x=\dfrac{a+4}{2}$ において最小となり

$$f\left(\dfrac{a+4}{2}\right)=-\dfrac{1}{4}a^2+2a$$

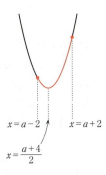

$x=a-2\quad x=a+2$
$x=\dfrac{a+4}{2}$

(ii) $\dfrac{a+4}{2}<a-2$ のとき，この式を解けば $\quad 8<a$

このとき，$x=a-2$ において最小となり

$$f(a-2) = \{(a-2)-a\}\{(a-2)-4\}+4$$
$$= -2(a-6)+4$$
$$= -2a+16$$

よって，(i)，(ii)より，求める最小値は

$4 \leqq a \leqq \boxed{8}$ のとき，$-\dfrac{1}{4}a^2+2a$ であり，

$8 < a$ のとき，$\boxed{-2}a+\boxed{16}$ である。

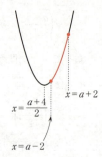

解説

軸と定義域に定数 a を含む2次関数の最大値，最小値を求める問題である。

(1) $f(x)=(x-a)(x-4)+4$ を x について整理し，平方完成する。その際，文字 a が含まれた式になっているので，計算間違いに気をつけたい。

2次関数 $y=f(x)$ のグラフは下に凸なので，x をすべての実数の範囲で考えたとき，$y=f(x)$ の最小値は，頂点の y 座標となる。

(2) グラフが下に凸である2次関数 $y=f(x)$ の $a-2 \leqq x \leqq a+2$ における最大値を求めるためには，定義域の両端の x の値 $a-2$ と $a+2$ の中央の値である $\dfrac{(a-2)+(a+2)}{2}=a$ より，軸が右側にあるか，または，左側にあるかで場合分けをすべきであるが，$a \geqq 4$ より，$a \geqq \dfrac{a+4}{2}$ であることが示せるので，軸が定義域の中央の値より右側にあることはない。したがって，最大値は $f(a+2)$ である。

また，グラフが下に凸である2次関数 $y=f(x)$ の $a-2 \leqq x \leqq a+2$ における最小値を求めるためには，軸が定義域内にあるか，または，定義域外の右側にあるか，または，定義域外の左側にあるかで場合分けをすべきであるが，軸が定義域の中央の値より右側にあることはないので，軸が定義域内にある場合と，定義域外の左側にある場合で場合分けをする。

$x=a-2$，$a+2$ のときの $y=f(x)$ の値は，$f(x)=(x-a)(x-4)+4$ に代入すると簡単に求められる。問題において，$f(x)=(x-a)(x-4)+4$ の形で与えられた意味を考えれば，そのことにも気付けるだろう。

第2問 —— 余弦定理,三角比,正弦定理,外接円の半径,ヒストグラム,箱ひげ図,データの相関,共分散

〔1〕 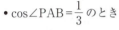 《余弦定理,三角比,正弦定理,外接円の半径》

$\sin \angle PAB = \dfrac{2\sqrt{2}}{3}$ なので,$\sin^2 \angle PAB + \cos^2 \angle PAB = 1$ より

$\cos^2 \angle PAB = 1 - \sin^2 \angle PAB = 1 - \left(\dfrac{2\sqrt{2}}{3}\right)^2 = \dfrac{1}{9}$

∴ $\cos \angle PAB = \pm\sqrt{\dfrac{1}{9}} = \pm\dfrac{1}{3}$

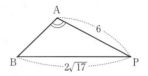

△ABP に余弦定理を用いると

・$\cos \angle PAB = \dfrac{1}{3}$ のとき

$BP^2 = AP^2 + AB^2 - 2 \cdot AP \cdot AB \cdot \cos \angle PAB$

$(2\sqrt{17})^2 = 6^2 + AB^2 - 2 \cdot 6 \cdot AB \cdot \dfrac{1}{3}$

$AB^2 - 4AB - 32 = 0$

$(AB+4)(AB-8) = 0$

AB>0 なので   AB=8

これは AB<AP を満たさないので不適。

・$\cos \angle PAB = -\dfrac{1}{3}$ のとき

$BP^2 = AP^2 + AB^2 - 2 \cdot AP \cdot AB \cdot \cos \angle PAB$

$(2\sqrt{17})^2 = 6^2 + AB^2 - 2 \cdot 6 \cdot AB \cdot \left(-\dfrac{1}{3}\right)$

$AB^2 + 4AB - 32 = 0$

$(AB-4)(AB+8) = 0$

AB>0 なので   AB=4

これは AB<AP を満たすので適する。

よって,AB= **4** であり,$\cos \angle PAB \left(= -\dfrac{1}{3}\right) < 0$ なので,$90° < \angle PAB < 180°$ であるから,∠PAB は**鈍角**(**②**)である。

△ACP に余弦定理を用いると

$CP^2 = AP^2 + AC^2 - 2 \cdot AP \cdot AC \cdot \cos \angle PAB$

$(3\sqrt{17})^2 = 6^2 + AC^2 - 2 \cdot 6 \cdot AC \cdot \left(-\dfrac{1}{3}\right)$

$$AC^2 + 4AC - 117 = 0$$
$$(AC - 9)(AC + 13) = 0$$

AC>0 なので　　AC = 9

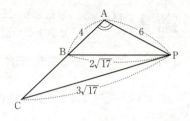

BC = AC - AB だから
$$BC = 9 - 4 = 5$$

△ACP に正弦定理を用いると
$$\frac{CP}{\sin \angle PAB} = \frac{AP}{\sin \angle ACP}$$

$$\sin \angle ACP = AP \cdot \frac{\sin \angle PAB}{CP} = 6 \cdot \frac{\frac{2\sqrt{2}}{3}}{3\sqrt{17}} = \frac{4\sqrt{2}}{3\sqrt{17}}$$

したがって，△PBC に正弦定理を用いれば，△PBC の外接円の半径 R は

$$2R = \frac{BP}{\sin \angle ACP}$$

$$\therefore R = \frac{BP}{2\sin \angle ACP} = \frac{2\sqrt{17}}{2 \cdot \frac{4\sqrt{2}}{3\sqrt{17}}} = \frac{51\sqrt{2}}{8}$$

この外接円の中心を O とすると，中心 O から線分 BC に下ろした垂線と線分 BC との交点を M とすれば，点 M は線分 BC の中点と一致するので

$$BM = CM = \frac{1}{2}BC = \frac{5}{2}$$

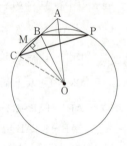

△OBM に三平方の定理を用いれば
$$OB^2 = BM^2 + MO^2$$
$$\therefore R^2 = \left(\frac{5}{2}\right)^2 + MO^2 \quad \cdots\cdots ①$$

△OAM に三平方の定理を用いれば

$$AM = AB + BM = 4 + \frac{5}{2} = \frac{13}{2} \text{ より}$$

$$AO^2 = AM^2 + MO^2$$
$$\therefore AO^2 = \left(\frac{13}{2}\right)^2 + MO^2 \quad \cdots\cdots ②$$

よって，② - ①より
$$AO^2 - R^2 = \left(\frac{13}{2}\right)^2 - \left(\frac{5}{2}\right)^2 = \frac{144}{4} = 36$$

別解 △PBC の外接円の中心を O とすると

AB・AC = 4・9 = 36
AP² = 6² = 36

より

AP² = AB・AC

が成り立つので，方べきの定理の逆より，直線 AP は △PBC の外接円の接線である。

これより，∠OPA = 90° なので，直角三角形 AOP に三平方の定理を用いれば

AO² = OP² + AP² = R² + 6²

すなわち

AO² − R² = 6² = 36

である。

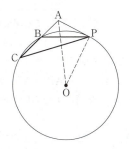

解説

正弦定理と余弦定理を用いて，辺の長さや，外接円の半径などを求める問題である。丁寧な誘導が与えられていないため，自分自身で行間を埋めていく必要がある。最後の空欄は，「数学 A」で学習する方べきの定理の逆を用いると速く処理することができるが，思い付くのは難しいかもしれない。

AB の長さは，sin∠PAB と sin²∠PAB + cos²∠PAB = 1 より，cos∠PAB の値が求まるので，△ABP に余弦定理を用いれば求まる。その際，$\cos\angle PAB = \dfrac{1}{3}$ の場合と，$\cos\angle PAB = -\dfrac{1}{3}$ の場合を分けて考えるが，AB < AP を満たさなければならないことに注意する。このことから，$\cos\angle PAB = -\dfrac{1}{3} < 0$ であることがわかるので，∠PAB は鈍角である。

次に，AC の長さと BC の長さは，$\cos\angle PAB = -\dfrac{1}{3}$ の値を利用して，△ACP に余弦定理を用いればよい。

また，$\sin\angle PAB = \dfrac{2\sqrt{2}}{3}$ の値を利用して，△ACP に正弦定理を用いれば，sin∠BCP = sin∠ACP の値が求まるので，△PBC に正弦定理を用いることで，△PBC の外接円の半径 R が求まる。

△PBC の外接円の中心を O とするとき，AO² − R² の値は，〔別解〕では次の方べきの定理の逆を用いた。

> **ポイント** 方べきの定理の逆
> 円外の点Aを通る直線がこの円と2点B，Cで交わっているとき，この円上の点Pが
> $$AP^2 = AB \cdot AC$$
> を満たすならば，直線 AP はこの円の接線である。

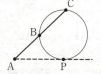

方べきの定理の逆を利用することが思い付かなければ，〔解答〕のように，三平方の定理を用いて求めることになる。△PBC の外接円の中心Oから線分 BC に下ろした垂線と線分 BC との交点Mは，OM が OB = OC (= R) である二等辺三角形 OBC の中線になるので，線分 BC の中点と一致する。

〔2〕 標準 《ヒストグラム，箱ひげ図，データの相関，共分散》

(1) 図1の進学率のヒストグラムより，35以上40未満の階級に含まれるデータの個数は1個であるから，都道府県別の進学率（横軸）と就職率（縦軸）の散布図として適するのは，⓪あるいは③である。

図2の就職率の箱ひげ図より，第1四分位数は 15 より大きく 20 より小さい。散布図⓪と散布図③の点はそれぞれ 47 個あるから，複数の点が重なっていることはないと考えられる。47 個のデータの第1四分位数は，47 個のデータを小さいものから順に並べたときの 12 番目の値であるから，散布図⓪と散布図③の就職率（縦軸）に着目すると，小さいものから順に並べたときの 12 番目の値は下図の○で示した点である。

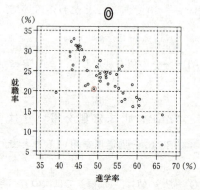

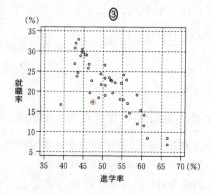

散布図 ⓪ の就職率の 12 番目の値は 20 より大きく 25 より小さいので，都道府県別の進学率（横軸）と就職率（縦軸）の散布図として適さない。散布図 ③ の就職率の 12 番目の値は 15 より大きく 20 より小さいので，都道府県別の進学率（横軸）と就職率（縦軸）の散布図として適する。

よって，2016 年度における都道府県別の進学率（横軸）と就職率（縦軸）の散布図は ③ である。

(2) ⓪ 1998 年度，2003 年度の 2 時点において，進学率の左側のひげの長さと右側のひげの長さを比較すると，左側の方が長い。よって，正しくない。

① 2003 年度，2008 年度，2013 年度，2018 年度の 4 時点すべてにおいて，就職率の左側のひげの長さと右側のひげの長さを比較すると，左側の方が長い。よって，正しい。

② 2008 年度において，就職率の四分位範囲は，直前の 2003 年度の時点より増加している。よって，正しくない。

③ 1978 年度，2003 年度，2008 年度，2013 年度の 4 時点において，進学率と就職率の四分位範囲を比較すると，就職率の方が小さい。よって，正しくない。

④ 1973 年度の時点において，就職率の最小値はおよそ 34〜35 の値をとり，就職率の最大値はおよそ 67 以下の値をとるので，最大値は最小値の 2 倍以上でない。よって，正しくない。

以上より，図 3 から読み取れることとして，正しい記述は ① である。

(3) 図 4 の散布図の点は 47 個あるから，複数の点が重なっていることはないと考えられる。47 個のデータの中央値は，47 個のデータを小さいものから順に並べたときの 24 番目の値であるから，図 4 の散布図の就職率（縦軸）に着目すると，小さいものから順に並べたときの 24 番目の値は右図の ○ で示した点である。よって，1993 年度における就職率の中央値（ ① ）は 34.8 % である。

また，図 4 の散布図の進学率（横軸）に着目すると，小さいものから順に並べたときの 24 番目の値は右図の □ で示した点である。よって，1993 年度における進学率の中央値は 34.5（ ③ ）% である。

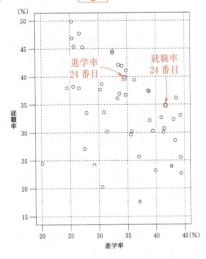

(4) 図5において就職率が45%を超えている5都道府県の黒丸を除外したときの散布図を考えれば，図4に示した1993年度における都道府県別の進学率と就職率の相関関係よりも負の相関関係が弱くなっていると考えられる。したがって，図4に示した1993年度における都道府県別の進学率と就職率の相関係数が -0.41 であるから，相関係数 r は -0.41 よりも0に近い値をとる。
よって，就職率が45%を超えている5都道府県を除外したときの相関係数 r は，$-0.41 < r < 0$ （②）である。

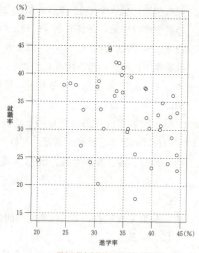

図5の黒丸を除外したときの散布図

(5) X と Y の相関係数は

$$（X と Y の相関係数）= \frac{（X と Y の共分散）}{（X の標準偏差）\times（Y の標準偏差）}$$

なので，表1の数値を代入して

$$-0.41 = \frac{-20}{（X の標準偏差）\times 7.6}$$

∴ $（X の標準偏差）= \dfrac{1}{0.41} \times \dfrac{20}{7.6} = \dfrac{20 \times 1000}{41 \times 76} = \dfrac{5 \times 1000}{41 \times 19} = 6.41\cdots$

よって，X の標準偏差は，小数第2位を四捨五入すると，6 . 4 である。
次に，問題文で与えられた事実を用いると

$$（X の分散）=（X^2 の平均値）-（X の平均値）^2$$

と表せるので，$（X の分散）=（X の標準偏差）^2$ であることに注意して，表1の数値と，$（X の標準偏差）= 6.4$ を代入すれば

$$6.4^2 = 1223 -（X の平均値）^2$$

∴ $（X の平均値）^2 = 1223 - 6.4^2 = 1223 - 40.96 = 1182.04$

よって，X の平均値の2乗の値として最も近いものは1182（②）である。

解説

(1) 47個のデータを $x_1, x_2, \cdots, x_{47}$（ただし，$x_1 \leqq x_2 \leqq \cdots \leqq x_{47}$）とすると，最小値は x_1，第1四分位数は x_{12}，中央値は x_{24}，第3四分位数は x_{36}，最大値は x_{47} となる。

(2) ②・③ 四分位範囲は，（第3四分位数）−（第1四分位数）であるから，四分位範囲を比較するには，箱ひげ図の箱の長さに着目すればよい。

(3) 念のため，ス の解答群の⑤四分位範囲について考えておく。

47個のデータの第1四分位数，第3四分位数はそれぞれ，47個のデータを小さいものから順に並べたときの12番目，36番目の値であるから，図4の散布図の就職率（縦軸）に着目すると，小さいものから順に並べたときの12番目，36番目の値はそれぞれ，右図のA，Bで示した点である。第1四分位数（点A）はおよそ29～30の値をとり，第3四分位数（点B）はおよそ39～40の値をとるので，四分位範囲はおよそ9～11の値をとる。

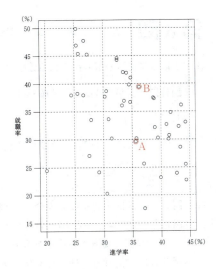

よって，⑤四分位範囲は ス の解答として適さない。

(4) 相関係数の値が1に近いほど，2つの変量の正の相関関係が強く，散布図の点は右上がりの直線に沿って分布する傾向にある。

相関係数の値が-1に近いほど，2つの変量の負の相関関係が強く，散布図の点は右下がりの直線に沿って分布する傾向にある。

相関係数の値が0に近いほど，2つの変量の相関関係は弱く，散布図の点に直線的な相関関係はない傾向にある。

(5) 問題文で与えられた事実は，受験に向けて，証明も含めて知っておかなければならない事柄である。問題文で与えられた事実の証明は，以下のようになる。

$$s^2 = \frac{(u_1-\overline{u})^2+(u_2-\overline{u})^2+\cdots+(u_n-\overline{u})^2}{n}$$

$$= \frac{(u_1^2+u_2^2+\cdots+u_n^2)-2\overline{u}(u_1+u_2+\cdots+u_n)+n\times(\overline{u})^2}{n}$$

$$= \frac{u_1^2+u_2^2+\cdots+u_n^2}{n} - 2\overline{u}\cdot\frac{u_1+u_2+\cdots+u_n}{n}+(\overline{u})^2$$

$$= \frac{u_1^2+u_2^2+\cdots+u_n^2}{n} - 2\overline{u}\cdot\overline{u}+(\overline{u})^2 = \frac{u_1^2+u_2^2+\cdots+u_n^2}{n}-(\overline{u})^2$$

また，実数値のデータ u_1, u_2, $\cdots$, u_n のそれぞれの値の2乗である u_1^2, u_2^2, $\cdots$, u_n^2 の平均値を $\overline{u^2}$ とおくと

$$s^2 = \frac{u_1^2+u_2^2+\cdots+u_n^2}{n}-(\overline{u})^2 = \overline{u^2}-(\overline{u})^2$$

と表すこともできる。

第3問 《確率，条件付き確率》

(1) 1回目に赤玉が取り出される確率は $\dfrac{6}{10}$

2回目に赤玉が取り出される確率は，一度取り出した玉はもとに戻さないことに注意して $\dfrac{5}{9}$

よって，1回目と2回目に連続して赤玉が取り出される確率は

$$\dfrac{6}{10}\times\dfrac{5}{9}=\boxed{\dfrac{1}{3}}$$

(2) 同じ色の玉は区別しない場合，10個すべての玉の取り出し方は，1回目から10回目までの10個の場所を考えると，10個の場所から白玉を入れる4個の場所を選ぶ選び方は $_{10}C_4$ 通り，残りの6個の場所から赤玉を入れる6個の場所を選ぶ選び方は 1（$=_6C_6$）通りだから

$$_{10}C_4\times 1=\dfrac{10\cdot 9\cdot 8\cdot 7}{4\cdot 3\cdot 2\cdot 1}=\boxed{210}\ 通り\ \cdots\cdots①$$

それらのうち，8回目の取り出しを終えた時点で白玉がすべて取り出されている取り出し方は，1回目から8回目までに4個の白玉と4個の赤玉が取り出され，9回目と10回目は残りの2個の赤玉が取り出される取り出し方である。

1回目から8回目までの8個の場所から白玉を入れる4個の場所を選ぶ選び方は $_8C_4$ 通り，残りの4個の場所から赤玉を入れる4個の場所を選ぶ選び方は 1（$=_4C_4$）通り。9回目と10回目の2個の場所から赤玉を入れる2個の場所を選ぶ選び方は 1（$=_2C_2$）通り。

よって，8回目の取り出しを終えた時点で白玉がすべて取り出されている取り出し方は

$$_8C_4\times 1\times 1=\dfrac{8\cdot 7\cdot 6\cdot 5}{4\cdot 3\cdot 2\cdot 1}=\boxed{70}\ 通り\ \cdots\cdots②$$

p_9 は，9回目と10回目に連続して赤玉が取り出される確率である。9回目と10回目に連続して赤玉が取り出される取り出し方は，8回目の取り出しを終えた時点で白玉がすべて取り出されている取り出し方に等しいので，②より，70通りである。よって，p_9 の値は，①より

$$\dfrac{70}{210}=\boxed{\dfrac{1}{3}}$$

また，p_3 は，3回目と4回目に連続して赤玉が取り出される確率である．3回目と4回目に連続して赤玉が取り出される取り出し方は，3回目と4回目に赤玉が取り出され，1回目と2回目と5回目から10回目までに4個の赤玉と4個の白玉が取り出される取り出し方である．

1回目と2回目と5回目から10回目までの8個の場所から赤玉を入れる4個の場所を選ぶ選び方は $_8C_4$ 通り，残りの4個の場所から白玉を入れる4個の場所を選ぶ選び方は1（$=_4C_4$）通

りだから，3回目と4回目に連続して赤玉が取り出される取り出し方は

$_8C_4 \times 1 = 70$ 通り

よって，p_3 の値は，①より

$$\frac{70}{210} = \boxed{\frac{1}{3}}$$

(3) 4回目の取り出しを終えた時点で赤玉が2個以上取り出されている確率を，余事象の確率を用いて求める．

(i) 4回目の取り出しを終えた時点で赤玉が1個も取り出されていない取り出し方は，1回目から4回目までに4個の白玉が取り出され，5回目から10回目までに6個の赤玉が取り出される取り出し方である．

1回目から4回目までの4個の場所から白玉を入れる4個の場所を選ぶ選び方は1（$=_4C_4$）通り．5回目から10回目までの6個の場所から赤玉を入れる6個の場所を選ぶ

選び方は1（$=_6C_6$）通りだから，4回目の取り出しを終えた時点で赤玉が1個も取り出されていない確率は，①より

$$\frac{1 \times 1}{210} = \frac{1}{210}$$

(ii) 4回目の取り出しを終えた時点で赤玉が1個取り出されている取り出し方は，1回目から4回目までに1個の赤玉と3個の白玉が取り出され，5回目から10回目までに5個の赤玉と1個の白玉が取り出される取り出し方である．

1回目から4回目までの4個の場所から赤玉を入れる1個の場所を選ぶ選び方は $_4C_1$ 通り，残りの3個の場所から白玉を入れる3個の場所を選ぶ選び方は1（$=_3C_3$）通り．5回目

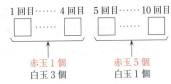

から10回目までの6個の場所から白玉を入れる1個の場所を選ぶ選び方は $_6C_1$ 通り，残りの5個の場所から赤玉を入れる5個の場所を選ぶ選び方は $1 \ (=\ _5C_5)$ 通りだから，4回目の取り出しを終えた時点で赤玉が1個取り出されている確率は，①より

$$\frac{_4C_1 \times 1 \times _6C_1 \times 1}{210} = \frac{4 \times 6}{210} = \frac{24}{210}$$

(i)，(ii)の取り出し方は互いに排反であるから，4回目の取り出しを終えた時点で赤玉が2個以上取り出されている確率は，余事象の確率を用いて

$$1 - \left(\frac{1}{210} + \frac{24}{210}\right) = 1 - \frac{5}{42} = \boxed{\frac{37}{42}} \quad \cdots\cdots ③$$

また，4回目の取り出しを終えた時点で赤玉が2個以上取り出されていて，かつ，1回目と2回目に連続して赤玉が取り出されている確率は，(1)の結果を用いて

$$\frac{1}{3} \quad \cdots\cdots ④$$

よって，4回目の取り出しを終えた時点で赤玉が2個以上取り出されていたとき，1回目と2回目に連続して赤玉が取り出されている条件付き確率は，③，④より

$$\frac{\frac{1}{3}}{\frac{37}{42}} = \frac{1}{3} \div \frac{37}{42} = \boxed{\frac{14}{37}}$$

(4) 4回目の取り出しを終えた時点で赤玉が2個以上取り出されていて，かつ，9回目と10回目に連続して赤玉が取り出されるのは

(iii) 4回目の取り出しを終えた時点で赤玉が2個取り出されていて，かつ，9回目と10回目に連続して赤玉が取り出される。

(iv) 4回目の取り出しを終えた時点で赤玉が3個取り出されていて，かつ，9回目と10回目に連続して赤玉が取り出される。

(v) 4回目の取り出しを終えた時点で赤玉が4個取り出されていて，かつ，9回目と10回目に連続して赤玉が取り出される。

のいずれかの場合で，(iii)，(iv)，(v)は互いに排反である。

(iii)，(iv)，(v)の確率をそれぞれ求めると

(iii) 4回目の取り出しを終えた時点で赤玉が2個取り出されていて，かつ，9回目と10回目に連続して赤玉が取り出される取り出し方は，1回目から4回目までに2個の赤玉と2個の白玉が取り出され，9回目と10回目に赤玉が取り出され，5回目から8回目までに2個の赤玉と2個の白玉が取り出される取り出し方である。

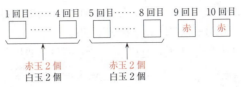

1回目から4回目までの4個の場所から赤玉を入れる2個の場所を選ぶ選び方は $_4C_2$ 通り，残りの2個の場所から白玉を入れる2個の場所を選ぶ選び方は1 $(=_2C_2)$ 通り．5回目から8回目までの4個の場所から赤玉を入れる2個の場所を選ぶ選び方は $_4C_2$ 通り，残りの2個の場所から白玉を入れる2個の場所を選ぶ選び方は1 $(=_2C_2)$ 通りだから，4回目の取り出しを終えた時点で赤玉が2個取り出されていて，かつ，9回目と10回目に連続して赤玉が取り出される確率は，①より

$$\frac{_4C_2 \times 1 \times _4C_2 \times 1}{210} = \frac{\frac{4\cdot3}{2\cdot1} \times \frac{4\cdot3}{2\cdot1}}{210} = \frac{6 \times 6}{210} = \frac{36}{210}$$

(iv) 4回目の取り出しを終えた時点で赤玉が3個取り出されていて，かつ，9回目と10回目に連続して赤玉が取り出される取り出し方は，1回目から4回目までに3個の赤玉と1個の白玉が取り出され，9回目と10回目に赤玉が取り出され，5回目から8回目までに1個の赤玉と3個の白玉が取り出される取り出し方である．

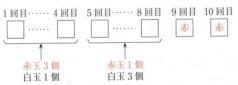

1回目から4回目までの4個の場所から白玉を入れる1個の場所を選ぶ選び方は $_4C_1$ 通り，残りの3個の場所から赤玉を入れる3個の場所を選ぶ選び方は1 $(=_3C_3)$ 通り．5回目から8回目までの4個の場所から赤玉を入れる1個の場所を選ぶ選び方は $_4C_1$ 通り，残りの3個の場所から白玉を入れる3個の場所を選ぶ選び方は1 $(=_3C_3)$ 通りだから，4回目の取り出しを終えた時点で赤玉が3個取り出されていて，かつ，9回目と10回目に連続して赤玉が取り出される確率は，①より

$$\frac{_4C_1 \times 1 \times _4C_1 \times 1}{210} = \frac{4 \times 4}{210} = \frac{16}{210}$$

(v) 4回目の取り出しを終えた時点で赤玉が4個取り出されていて，かつ，9回目と10回目に連続して赤玉が取り出される取り出し方は，1回目から4回目まで

に4個の赤玉が取り出され，9回目と10回目に赤玉が取り出され，5回目から8回目までに4個の白玉が取り出される取り出し方である。

1回目から4回目までの4個の場所から赤玉を入れる4個の場所を選ぶ選び方は1（＝ $_4C_4$）通り。5回目から8回目までの4個の場所から白玉を入れる4個の場所を選ぶ選び方は1（＝ $_4C_4$）通りだから，4回目の取り出しを終えた時点で赤玉が4個取り出されていて，かつ，9回目と10回目に連続して赤玉が取り出される確率は，①より

$$\frac{1 \times 1}{210} = \frac{1}{210}$$

(ⅲ)～(ⅴ)より，4回目の取り出しを終えた時点で赤玉が2個以上取り出されていて，かつ，9回目と10回目に連続して赤玉が取り出される確率は

$$\frac{36}{210} + \frac{16}{210} + \frac{1}{210} = \frac{53}{210} \quad \cdots\cdots ⑤$$

よって，4回目の取り出しを終えた時点で赤玉が2個以上取り出されていたとき，9回目と10回目に連続して赤玉が取り出される条件付き確率は，③，⑤より

$$\frac{\frac{53}{210}}{\frac{37}{42}} = \frac{53}{210} \div \frac{37}{42} = \boxed{\frac{53}{185}}$$

(5) 9回目と10回目に連続して印のついた赤玉が取り出されるのは

(ⅵ) つぼからまず2個の赤玉と1個の白玉が取り出され，印をつけてつぼに戻したのち，改めて玉を1個ずつ10回続けて取り出すとき，9回目と10回目に印のついた赤玉が取り出され，1回目から8回目までに1個の印のついた白玉と4個の印のついていない赤玉と3個の印のついていない白玉が取り出される。

(ⅶ) つぼからまず3個の赤玉が取り出され，印をつけてつぼに戻したのち，改めて玉を1個ずつ10回続けて取り出すとき，9回目と10回目に印のついた赤玉が取り出され，1回目から8回目までに1個の印のついた赤玉と3個の印のついていない赤玉と4個の印のついていない白玉が取り出される。

のいずれかの場合で，(ⅵ)，(ⅶ)は互いに排反である。

(ⅵ)，(ⅶ)の確率をそれぞれ求めると

(ⅵ) 6個の赤玉と4個の白玉が入っているつぼから3個の玉を同時に取り出すときのすべての場合の数は

$$_{10}C_3 = \frac{10 \cdot 9 \cdot 8}{3 \cdot 2 \cdot 1} = 120 \text{ 通り}$$

つぼから2個の赤玉と1個の白玉が取り出されるときの場合の数は

$$_{6}C_2 \times {}_4C_1 = \frac{6 \cdot 5}{2 \cdot 1} \times 4 = 60 \text{ 通り}$$

したがって，つぼからまず2個の赤玉と1個の白玉が取り出されるときの確率は

$$\frac{60}{120} = \frac{1}{2} \quad \cdots\cdots ⑥$$

玉に印をつけてつぼに戻したのち，改めて玉を1個ずつ10回続けて取り出す。2個の印のついた赤玉と残りの8個の玉をそれぞれ区別しない場合，10個すべての玉の取り出し方は，1回目から10回目までの10個の場所から印のついた赤玉を入れる2個の場所を選ぶ選び方は $_{10}C_2$ 通り，残りの8個の場所から残りの玉を入れる8個の場所を選ぶ選び方は 1（$= {}_8C_8$）通りだから

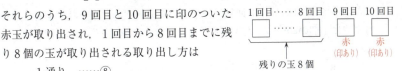

$$_{10}C_2 \times 1 = \frac{10 \cdot 9}{2 \cdot 1} = 45 \text{ 通り} \quad \cdots\cdots ⑦$$

それらのうち，9回目と10回目に印のついた赤玉が取り出され，1回目から8回目までに残り8個の玉が取り出される取り出し方は

1 通り $\cdots\cdots ⑧$

したがって，9回目と10回目に印のついた赤玉が取り出され，1回目から8回目までに残りの8個の玉が取り出される確率は，⑦，⑧より

$$\frac{1}{45} \quad \cdots\cdots ⑨$$

よって，このときの確率は，⑥，⑨より

$$\frac{1}{2} \times \frac{1}{45} = \frac{1}{90}$$

(vii) 6個の赤玉と4個の白玉が入っているつぼから3個の玉を同時に取り出すときのすべての場合の数は

$$_{10}C_3 = 120 \text{ 通り}$$

つぼから3個の赤玉が取り出されるときの場合の数は

$$_{6}C_3 = \frac{6 \cdot 5 \cdot 4}{3 \cdot 2 \cdot 1} = 20 \text{ 通り}$$

したがって，つぼからまず3個の赤玉が取り出されるときの確率は

$$\frac{20}{120} = \frac{1}{6} \quad \cdots\cdots ⑩$$

玉に印をつけてつぼに戻したのち，改めて玉を1個ずつ10回続けて取り出す。3個の印のついた赤玉と残りの7個の玉をそれぞれ区別しない場合，10個すべての玉の取り出し方は，1回目から10回目までの10個の場所から印のついた赤玉を入れる3個の場所を選ぶ選び方は $_{10}C_3$ 通り，残りの7個の場所から残りの玉を入れる7個の場所を選ぶ選び方は 1（＝ $_7C_7$）通りだから

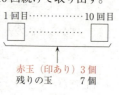

$$_{10}C_3 \times 1 = 120 \text{ 通り} \quad \cdots\cdots ⑪$$

それらのうち，9回目と10回目に印のついた赤玉が取り出され，1回目から8回目までに1個の印のついた赤玉と残りの7個の玉が取り出される取り出し方は，1回目から8回目までの8個の場所から印のついた赤玉を入れる1個の場所を選ぶ選び方は $_8C_1$ 通り，残りの7個の場所から残りの玉を入れる7個の場所を選ぶ選び方は 1（＝ $_7C_7$）通りだから

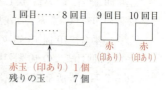

$$_8C_1 \times 1 = 8 \text{ 通り} \quad \cdots\cdots ⑫$$

したがって，9回目と10回目に印のついた赤玉が取り出され，1回目から8回目までに1個の印のついた赤玉と残りの7個の玉が取り出される確率は，⑪，⑫より

$$\frac{8}{120} = \frac{1}{15} \quad \cdots\cdots ⑬$$

よって，このときの確率は，⑩，⑬より

$$\frac{1}{6} \times \frac{1}{15} = \frac{1}{90}$$

(vi)，(vii)より，9回目と10回目に連続して印のついた赤玉が取り出される確率は

$$\frac{1}{90} + \frac{1}{90} = \boxed{\frac{1}{45}}$$

解説

同じ色の玉を区別せずに場合の数を求めていくことを促す誘導のついた問題である。誘導に従わずに，同じ色の玉を区別して場合の数を求めていくこともできるが，ここでは誘導に従って解答をしている。問題全体の作業量が多く，(5)においては，焦ったり難しく考えたりすると，正解になかなかたどり着かないこともあるだろう。

(1) ここでは，同じ色の玉を区別しないで場合の数を求めていく誘導は与えられていないので，同じ色の玉を区別して確率を求めている。

(2) 問題文中に同じ色の玉を区別しないで場合の数を求めていく誘導が与えられてい

るので，(2)からはその誘導に従って確率を求めている。

同じ色の玉は区別しない場合，同じ色の玉の順序を考える必要がないから，取り出した玉を1列に並べる並べ方の総数に等しく，その総数は n 個から r 個取る組合せ ${}_nC_r$ を用いて求めることができる。同じものを含む順列 $\dfrac{n!}{p!q!r!\cdots}$ (ただし，$n = p+q+r+\cdots$)を用いて求めることもできる。

p_i ($i = 2, 3, \cdots, 9$) は，i 回目と ($i+1$) 回目に連続して赤玉が取り出される確率である。ちなみに，この問題では求める必要のないことだが，p_9 と p_3 を求めたときと同様の考え方をすれば，$p_i = \dfrac{1}{3}$ ($i = 2, 3, \cdots, 9$) であることもわかる。なぜなら，i 回目と ($i+1$) 回目に連続して赤玉が取り出される取り出し方は，i 回目と ($i+1$) 回目以外の8個の場所を考えると，8個の場所から赤玉を入れる4個の場所を選ぶ選び方は ${}_8C_4$ 通り，残りの4個の場所から白玉を入れる4個の場所を選ぶ選び方は 1 ($= {}_4C_4$) 通りだから，①より，$p_i = \dfrac{{}_8C_4 \times 1}{210} = \dfrac{1}{3}$ となるからである。

(3) 4回目の取り出しを終えた時点で赤玉が2個以上取り出されている確率を，余事象の確率を用いて求めるためには
 (i) 4回目の取り出しを終えた時点で赤玉が1個も取り出されていない。
 (ii) 4回目の取り出しを終えた時点で赤玉が1個取り出されている。
のいずれかである確率を求め，全事象の確率1から引けばよい。

また，4回目の取り出しを終えた時点で赤玉が2個以上取り出されていて，かつ，1回目と2回目に連続して赤玉が取り出されていることを考えると，1回目と2回目に連続して赤玉が取り出されれば，4回目の取り出しを終えた時点で赤玉が2個以上取り出されていることになるので，(1)の結果を利用することができる。

(4) 4回目の取り出しを終えた時点で赤玉が2個以上取り出されていて，かつ，9回目と10回目に連続して赤玉が取り出されるのは，(iii)，(iv)，(v)のいずれかの場合であることがわかれば，(iii)，(iv)，(v)の確率の求め方は(2)・(3)と変わらない。

(5) 9回目と10回目に連続して印のついた赤玉が取り出される確率を求めるので，印のついた赤玉が2個以上である場合を考える必要がある。したがって，つぼから(vi)赤玉2個と白玉1個，(vii)赤玉3個を，それぞれ同時に取り出す2つの場合を考える。

玉に印をつけてつぼに戻したのち，改めて玉を1個ずつ10回続けて取り出すとき，玉に印をつけたことを難しく考えるのではなく，2種類の玉，すなわち，赤玉（印あり）とその他の玉があると考えれば，(1)～(4)の問題設定と同様だから，つぼから玉を1個ずつ10回続けて取り出すときの確率の求め方は(2)～(4)と変わらない。その際，すべての場合の数が(2)～(4)とは異なることに注意する必要がある。

第4問　《不定方程式，剰余，倍数》

(1) 不定方程式 $7x-31y=1$ ……① において，y が最小のとき x も最小であるから
   $y=1$ のとき　　$7x-31=1$　　これを満たす自然数 x は存在しない。
   $y=2$ のとき　　$7x-62=1$　　$x=9$

よって，不定方程式①を満たす自然数 $x,\ y$ の組の中で，x の値が最小のものは
$$x=\boxed{9},\ y=\boxed{2}$$

不定方程式①は，$x=9,\ y=2$ のとき，$7\cdot 9-31\cdot 2=1$ ……② が成り立つから，①－②より
$$7(x-9)-31(y-2)=0$$
$$7(x-9)=31(y-2)$$

7 と 31 は互いに素だから，不定方程式①のすべての整数解は，k を整数として
$$x-9=31k,\ y-2=7k$$
$\therefore\ x=\boxed{31}k+9,\ y=\boxed{7}k+2$
と表せる。

(2) 自然数 n に対し，n を 7 で割った余りを r $(r=0,\ 1,\ \cdots,\ 6)$ とすると
$$n=7\ell+r\quad (\ell は 0 以上の整数)$$
と表せるから
$$n^2=(7\ell+r)^2$$
$$=49\ell^2+14\ell r+r^2$$
$$=7(7\ell^2+2\ell r)+r^2$$

ℓ：0 以上の整数，$r=0,\ 1,\ \cdots,\ 6$ より，$7(7\ell^2+2\ell r)$ は 7 の倍数だから，n^2 を 7 で割った余りが 2 となるのは，r^2 を 7 で割ったときの余りが 2 となるときである。
$r=0,\ 1,\ 2,\ 3,\ 4,\ 5,\ 6$ より
$$r^2=0,\ 1,\ 4,\ 9,\ 16,\ 25,\ 36$$
なので，r^2 を 7 で割ったときの余りが 2 となるのは
$$r^2=9,\ 16$$
すなわち　　$r=3,\ 4$
よって，n^2 を 7 で割った余りが 2 となるのは，n を 7 で割った余りが，$\boxed{3}$ または $\boxed{4}$ のときである。

(3) 不定方程式①の整数解 y は，(1)より，$y=7k+2$ (k：整数) と表せるので，y を 7 で割った余りは 2 となる。
不定方程式①の整数解 y のうち，ある自然数 n を用いて $y=n^2$ と表せるものを考

えると，(2)の結果より，n を 7 で割った余りは 3 または 4 となるので，n を小さい方から四つ並べると

$n = 3, 4, 10, 11$

したがって　　$y = n^2 = 9, 16, 100, 121$

よって，不定方程式①の整数解 y のうち，ある自然数 n を用いて $y = n^2$ と表せるものを小さい方から四つ並べると

　　　　$\boxed{9}$，$\boxed{16}$，$\boxed{100}$，$\boxed{121}$

である。

(4) $\sqrt{31(7x-1)}$　(x：自然数) が整数であるためには，$31(7x-1)$ がある自然数の 2 乗になればよいので

$$7x - 1 = 31y \quad (y \text{ は平方数}) \quad \cdots\cdots ③$$

となればよい。

③を変形すると

$$7x - 31y = 1 \quad \cdots\cdots ①$$

となるので，(1)の結果より，①のすべての整数解は

$$x = 31k + 9, \; y = 7k + 2 \quad (k: \text{整数})$$

と表せる。

また，y は平方数であるから，ある自然数 n を用いて，$y = n^2$ と表せるので，(2)の結果より，n を 7 で割った余りが 3 または 4 となる。

ここで，$x \geqq 1000$ を満たすのは

$$(x =) \; 31k + 9 \geqq 1000 \quad \therefore \; k \geqq \frac{991}{31} = 31.9\cdots$$

より，k が 32 以上の自然数となるときである。

したがって

$$y = 7k + 2 \geqq 7 \cdot 32 + 2 = 226$$

より，y は 226 以上の自然数となるから，$x \geqq 1000$ を満たす最小の自然数 x を求めるためには，226 以上の最小の自然数 y を求めればよい。

ある自然数 n は 7 で割った余りが 3 または 4 であるから，n を小さい方から順に書き並べていくと，$y = n^2 \geqq 226$ となる最小の y は

$n = 3, 4, 10, 11, 17$

$y = n^2 = 9, 16, 100, 121, 289$

より

$$y = n^2 = 289$$

このときの k の値を求めると，$y = 7k + 2$ より

$(y=)7k+2=289$ ∴ $k=41$

なので

$x = 31k+9 = 31 \cdot 41 + 9 = 1280$

よって，$\sqrt{31(7x-1)}$ が整数であるような自然数 x のうち，$x \geq 1000$ を満たす最小のものは $\boxed{1280}$ である。

$x=1280$ のとき，$y=289=17^2$ であり

$7x-1 = 31y = 31 \cdot 289 = 31 \cdot 17^2$

なので，$\sqrt{31(7x-1)}$ の値は

$\sqrt{31(7x-1)} = \sqrt{31 \cdot (31 \cdot 17^2)} = \sqrt{(31 \cdot 17)^2} = 31 \cdot 17$

$= \boxed{527}$

である。

解説

1次不定方程式と剰余を考えることで，$\sqrt{31(7x-1)}$ が整数であるような $x \geq 1000$ を満たす最小の自然数 x を求める問題である。前の小問が誘導となっているので，それをうまく活かせるかどうかが完答への鍵となる。

(1) 不定方程式①を満たす自然数 x，y の組の中で，x が最小のものを，①の y に $y=1$，2，… と順に代入することで $x=9$，$y=2$ を求めている。

$7x-31y=1$ ……① は，座標平面上で右図のような右上がりの直線を表すから，①を満たす自然数 x，y の中で最小の y を考えれば，x が最小となるものを求めたことになる。同じように，①の x に $x=1$，2，… と順に代入することで $x=9$，$y=2$ を求めることもできる。

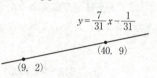

$x=9$，$y=2$ の値を用いれば②が成り立つので，①−②を考えることで，不定方程式①のすべての整数解 x，y が求まる。

(2) 自然数 n を7で割った余りを r とすれば，$n=7\ell+r$ と表せるので，n^2 を計算することで，n^2 を7で割った余りが2となるための条件が「r^2 を7で割ったときの余りが2」であることが求まる。その際，$r=0$，1，…，6 であることに注意すれば，r^2 の値が具体的に求まるので，求める r の値もすぐに求まる。

(3) 不定方程式①の整数解 y は，(1)の結果より，$y=7k+2$ と表せるので，y を7で割った余りは2であり，不定方程式①の整数解 y のうち，ある自然数 n を用いて $y=n^2$ と表せるものを考えるから，(2)の結果を利用することができる。(2)の結果より，n を7で割った余りは3または4となるので，n を小さい方から四つ並べると，$n=3$，4，10，11 となるから，$y=n^2$ と表せるものを小さい方から四つ並べると，

$y = n^2 = 9, 16, 100, 121$ となる。

(4) $\sqrt{31(7x-1)}$ が整数であるためには，$7x-1 = 31y$ （y は平方数）……③ と表せればよいので，(1)と(2)の結果が利用できることに気付きたい。③を変形すれば $7x - 31y = 1$ ……① の形になるので，(1)の結果を利用することができる。また，y は平方数であるから，ある自然数 n を用いて，$y = n^2$ と表せるので，(1)の結果より $y = 7k + 2$ と表せることと合わせれば，(2)の結果を利用することができる。

$x \geq 1000$ を満たすのは，$x = 31k + 9$ より，k が 32 以上の自然数となるときであることがわかるから，上の議論より，$y = n^2$ が満たすべき条件が得られているので，まず k が 32 以上の自然数となるときの y を求めることを考える。k が 32 以上の自然数のとき，$y \geq 7 \cdot 32 + 2 = 226$ がわかるので，$x \geq 1000$ を満たす最小の自然数 x を求めるために，226 以上である最小の自然数 $y = n^2$ を求める。226 以上の最小の自然数 $y = n^2$ が求まれば，そのときの k の値を使って求めた自然数 x は，$\sqrt{31(7x-1)}$ が整数であるような $x \geq 1000$ を満たす最小の自然数である。

ある自然数 n は 7 で割った余りが 3 または 4 であるので，(3)のときと同様に，n を小さい方から順に書き並べて $y = n^2$ を考えていけば，226 以上の最小の自然数 y は，$y = n^2 = 17^2 = 289$ となる。

y の値が求まれば，$y = 7k + 2 = 289$ となるときの k の値が求まるので，その k の値を $x = 31k + 9$ に代入することで，$x \geq 1000$ を満たす最小の自然数 x が求まる。$\sqrt{31(7x-1)}$ の値は，$7x - 1 = 31y$ に $y = 17^2$ を代入すれば，$7x - 1 = 31 \cdot 17^2$ となるので，$\sqrt{31(7x-1)} = 527$ と求まる。

第5問 〈やや難〉 《方べきの定理，余弦定理，三角比，三平方の定理の逆，メネラウスの定理》

PB = PA + AB = PA + 2 なので，方べきの定理を用いて

PA・PB = PC・PD

PA・(PA + 2) = 2・12

$PA^2 + 2PA - 24 = 0$

(PA − 4)(PA + 6) = 0

PA > 0 なので　PA = $\boxed{4}$

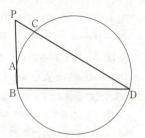

点Mを線分 AB の中点とすると，線分 AB を直径とする円の中心は点M，半径は

AM = BM = $\frac{1}{2}$AB = 1

なので

ME = 1

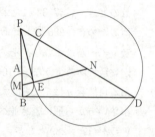

点Nを線分 CD の中点とすると，線分 CD を直径とする円の中心は点N，半径は

CN = DN = $\frac{1}{2}$CD = 5

なので

NE = 5

3点 M，E，N が一直線上にこの順に並んでいるので

MN = ME + NE = 1 + 5 = $\boxed{6}$

△PMN に余弦定理を用いると

$\cos\angle PMN = \dfrac{PM^2 + MN^2 - NP^2}{2\cdot PM\cdot MN} = \dfrac{5^2 + 6^2 - 7^2}{2\cdot 5\cdot 6} = \dfrac{12}{60} = \dfrac{1}{5}$

なので，△PME に余弦定理を用いれば

$PE^2 = PM^2 + ME^2 - 2\cdot PM\cdot ME\cdot \cos\angle PMN$

$= 5^2 + 1^2 - 2\cdot 5\cdot 1\cdot \dfrac{1}{5} = 24$

PE > 0 なので

PE = $\sqrt{24}$ = $\boxed{2}\sqrt{\boxed{6}}$

また，△PMN に余弦定理を用いて

$\cos\angle MPN = \dfrac{PM^2 + NP^2 - MN^2}{2\cdot PM\cdot NP} = \dfrac{5^2 + 7^2 - 6^2}{2\cdot 5\cdot 7} = \dfrac{38}{70} = \dfrac{\boxed{19}}{\boxed{35}}$

△PMF において

$$PF = PM \cdot \cos\angle MPN = 5 \cdot \frac{19}{35} = \boxed{\frac{19}{7}}$$

△PGN において

$$PG = NP \cdot \cos\angle MPN = 7 \cdot \frac{19}{35} = \boxed{\frac{19}{5}}$$

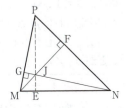

さらに，△PME において

$PM^2 = 5^2 = 25$

$ME^2 = 1^2 = 1$

$PE^2 = (2\sqrt{6})^2 = 24$

なので

$PM^2 = ME^2 + PE^2$

が成り立つから，三平方の定理の逆より，∠MEP = 90° である。

これより，点 J は △PMN の垂心なので，線分 PE 上にあることがわかる。

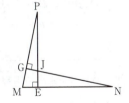

$GM = PM - PG = 5 - \frac{19}{5} = \frac{6}{5}$ で，△PME と直線 NG にメネラウスの定理を用いて

$$\frac{PG}{GM} \cdot \frac{MN}{NE} \cdot \frac{EJ}{JP} = 1 \qquad \frac{\frac{19}{5}}{\frac{6}{5}} \cdot \frac{6}{5} \cdot \frac{EJ}{JP} = 1$$

$$\therefore \frac{JP}{EJ} = \frac{19}{5}$$

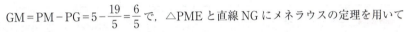

JP : EJ = 19 : 5 なので　　PE : JE = (19 + 5) : 5 = 24 : 5

よって　　$JE = \frac{5}{24}PE = \frac{5}{24} \cdot 2\sqrt{6} = \boxed{\frac{5\sqrt{6}}{12}}$

解説

「数学Ⅰ」の「図形と計量」で扱う余弦定理や三角比を利用する融合問題である。問題全体を通して，問題文を正確に把握し，正しい図が描けるかどうかが試されている。図を描くことに手間どったり，正確な図が描けなかったりすると，最後まで解き切ることができなくなってしまう。普段の問題演習時から，正しい図を描くことを意識しておきたい。

4点 A，B，C，D が同一円周上にあり，AB，PC，PD の長さが与えられているので，PA の長さを求めるために方べきの定理を利用することは，すぐに気付くだろう。MN の長さは，3点 M，E，N が一直線上にこの順に並んでいるので，2円の半径 ME と NE の和から求まる。

1つの角 PMN を共有する2つの三角形 PMN と PME において，線分 PE の長さは，外側の三角形 PMN に余弦定理を用いて cos∠PMN の値を求め，その値を利用して内側の三角形 PME に余弦定理を用いることで求まる。

cos∠MPN は，△PMN に余弦定理を用いればよい。この値を利用することで，直角三角形 PMF，PGN にそれぞれ着目すれば，PF，PG の長さは簡単に求まる。

JE を求める際，3点 P，J，E が一直線上にあればメネラウスの定理が利用できるので，3点 P，J，E が一直線上にあるかどうかの位置関係が知りたい。点 J は，△PMN における辺 NP への垂線 MF と，辺 PM への垂線 NG の交点だから，△PMN の垂心なので，PE⊥MN が成り立てば，3点 P，J，E は一直線上にあることがわかる。

> **ポイント** 垂心
> 三角形の3つの頂点から対辺またはその延長に下ろした3つの垂線は1点で交わり，その交点を三角形の垂心という。

PE⊥MN であることは，〔解答〕では，三平方の定理の逆を用いて示した。

> **ポイント** 三平方の定理の逆
> △ABC において，BC=a，CA=b，AB=c のとき
> $a^2+b^2=c^2 \Longrightarrow \angle C=90°$
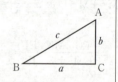

PE の長さを求める過程で，$\cos\angle PMN = \dfrac{1}{5}$ を求めたが，この結果からも PE⊥MN であることが示せる。点 P から線分 MN に下ろした垂線と線分 MN との交点を H とすると，$\dfrac{1}{5} = \cos\angle PMN = \dfrac{MH}{PM} = \dfrac{MH}{5}$ なので，MH=1 となるから，

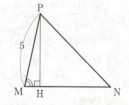

ME=1 より，H=E であることがわかる。したがって，PE⊥MN が成り立つ。
3点 P，J，E が一直線上にあることがわかれば，メネラウスの定理を用いることで，JE の長さは求まる。

3点 P，J，E が一直線上にあることがわからない場合，△PMF において MF=PM·sin∠MPN により MF の長さを求め，メネラウスの定理により MJ：JF を求めることから MJ の長さを求め，△MNF において $\cos\angle FMN = \dfrac{MF}{MN}$ より cos∠FMN の値を求め，その値を利用して△JME に余弦定理を用いることにより JE の長さを求めることもできる。

数学Ⅱ・数学B 追試験

第1問 (30)

解答記号	正解	配点
ア$(t-$イ$)^2+$ウエ	$-(t-8)^2+16$	2
オカキ	-20	2
ク	3	1
ケコ	16	1
$\log_2$サシ	$\log_2 14$	3
ス	3	2
セ	2	1
ソ	⑥	3
$\dfrac{タ}{チ}$	$\dfrac{3}{2}$	2
ツ$\sqrt{テ}$	$3\sqrt{3}$	2
ト	3	1
$\dfrac{ナ}{ニ}$	$\dfrac{2}{3}$	2
ヌ	3	1
$\dfrac{ネ}{ノ}$	$\dfrac{2}{3}$	2
ハ	0	1
ヒ	3	1
フ	7	1
ヘ	6	1
ホ	3	1

第2問 (30)

解答記号	正解	配点
ア	3	2
イ$x+$ウ	$3x+1$	2
$\sqrt{エオ}$	$\sqrt{10}$	3
カ	3	2
キ	2	3
ク$-$ケ	$a-1$	3
$\dfrac{コサ}{シ}$	$\dfrac{-2}{3}$	2
$\dfrac{スセソ}{タチ}$	$\dfrac{-41}{27}$	2
ツ	2	2
テトナ	-11	2
ニ	③	4
ヌネ	-3	3

2020年度：数学Ⅱ・B／追試験〈解答〉

問題番号 (配点)	解答記号	正 解	配点	チェック
第3問 (20)	ア	1	1	
	イ	3	1	
	ウ	2	1	
	エ	3	1	
	オ	4	1	
	カ	7	1	
	キ	2	2	
	ク, ケ, コ	2, ②, 2	2	
	サ	1	1	
	シ	③	1	
	ス, セ	3, 9	1	
	ソ, タ	6, 3	1	
	チ	⓪	1	
	ツ	④	1	
	テ	⑧	1	
	ト	⑨	1	
	ナ	⑤	1	
	ニ	①	1	
第4問 (20)	アーイx	$2-2x$	2	
	ウエ$x+$オ	$-2x+1$	3	
	$\dfrac{カー\sqrt{キ}}{ク}$	$\dfrac{1-\sqrt{5}}{4}$	3	
	$\dfrac{ケ+\sqrt{コ}}{サ}$	$\dfrac{1+\sqrt{5}}{2}$	1	
	$\dfrac{シ+\sqrt{ス}}{セ}$	$\dfrac{1+\sqrt{5}}{2}$	3	
	$\dfrac{ソタ+\sqrt{チ}}{ツ}$	$\dfrac{-1+\sqrt{5}}{2}$	1	
	$\dfrac{テ+\sqrt{ト}}{ナ}$	$\dfrac{1+\sqrt{5}}{2}$	2	
	ニ	1	2	
	$\dfrac{ヌ+\sqrt{ネ}}{ノハ}$	$\dfrac{5+\sqrt{5}}{10}$	3	

問題番号 (配点)	解答記号	正 解	配点	チェック
第5問 (20)	アイ	12	2	
	0.ウエ	0.60	2	
	0.オカ	0.55	2	
	0.キク	0.10	2	
	ケコ	90	2	
	サ.シ	9.0	2	
	0.スセ	0.05	2	
	ソ	⑤	2	
	タチツ	384	2	
	テ	①	2	

(注) 第1問，第2問は必答。第3問〜第5問のうちから2問選択。計4問を解答。

第1問 —— 指数・対数関数，三角関数

[1] 標準 《指数関数を含む関数，指数方程式》

(1) $t=2^x$ とおくと，$2^{2x}=(2^x)^2=t^2$，$2^{x+4}=2^x \times 2^4 = 16t$ であるから

$$y = -2^{2x} + 2^{x+4} - 48$$
$$= -t^2 + 16t - 48$$
$$= -(t^2 - 16t) - 48$$
$$= -\{(t-8)^2 - 64\} - 48$$
$$= \boxed{-}(t-\boxed{8})^2 + \boxed{16}$$

となる。

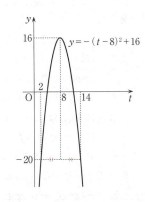

$x=1$ のとき，$t=2^1=2$ より

$$y = -(2-8)^2 + 16 = -36 + 16 = \boxed{-20}$$

である。$x \geqq 1$ のとき，すなわち $t \geqq 2$ のとき，右図より，y は，$t=8$ すなわち $x=\boxed{3}$ で最大値 $\boxed{16}$ をとる。

(2) x が $1 \leqq x \leqq k$ $(k>1)$ の範囲を動くとき，$2^1 \leqq 2^x \leqq 2^k$ より，$t=2^x$ は，$2 \leqq t \leqq 2^k$ の範囲を動く。このとき y の最小値が -20 であるためには，上図より，$2^k \leqq 14$ でなければならないから，求める k の値の範囲は

$$1 < k \leqq \log_2 \boxed{14}$$

である。この範囲に含まれる最大の整数の値は

$$2^3 = 8 < 14 < 16 = 2^4 \quad \text{より} \quad 3 < \log_2 14 < 4$$

であるので，$\boxed{3}$ である。

(3) $y=0$ を満たす t の値を求めると

$$-(t-8)^2 + 16 = 0 \quad (t-8)^2 = 16 \quad t-8 = \pm 4$$

∴ $t = 4, 12$

であるから，$y=0$ を満たす x は，$2^x = 4$，$2^x = 12$ を満たす2つであり，そのうち小さい方は，$2^x = 4$ より $x = \boxed{2}$ である。また，大きい方は，$2^x = 12$ より

$$x = \log_2 12 = \log_2 (3 \times 4) = \log_2 3 + \log_2 4 = \log_2 3 + 2$$

$$= \frac{\log_{10} 3}{\log_{10} 2} + 2 = \frac{0.4771}{0.3010} + 2 \fallingdotseq 1.59 + 2 = 3.59$$

となるので，$\boxed{ソ}$ に当てはまるものは $3.5 < x < 3.6$ ($\boxed{6}$) である。

解説

(1) $x=1$ のときの y の値は，t を介さずに直接
$$y = -2^{2\times 1} + 2^{1+4} - 48 = -2^2 + 2^5 - 48$$
$$= -4 + 32 - 48 = -20$$
と計算でき，結果の確認ができる。

$t=2^x$ のとき，右図（底を 2 とする指数関数のグラフ）を見れば

 $x=1$ のとき，$t=2$
 $x \geqq 1$ のとき，$t \geqq 2$
 $t=8$ のとき，$x=3$

となることがすぐにわかる。

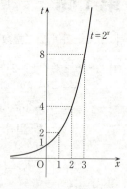

(2) 2 次関数 $y = f(t) = -(t-8)^2 + 16$ のグラフは，直線 $t=8$ に関して対称であるから，$f(2) = -20$ から $f(14) = -20$ がわかる（2 と 14 の相加平均が 8）。このグラフを見れば，$2 \leqq t \leqq 2^k$ における最小値は，$2^k > 14$ のとき -20 より小さくなってしまうことがわかる。なお，$y = -20$ となる t の値は，2 次方程式
$-20 = -(t-8)^2 + 16$ を解いてもよい。

(3) $\log_{10}2 = 0.3010$, $\log_{10}3 = 0.4771$ を用いて，$2^x = 12$ から x の近似値を求めるには，$x = \log_2 12$ としてから，次の対数の性質を使う。

ポイント 対数の基本性質

$a > 0$, $a \neq 1$, $b > 0$, $b \neq 1$, $M > 0$, $N > 0$ のとき

 $\log_a a = 1$, $\log_a 1 = 0$

 $\log_a MN = \log_a M + \log_a N$, $\log_a \dfrac{M}{N} = \log_a M - \log_a N$

 $\log_a M^r = r \log_a M$ （r は実数）

 $\log_a M = \dfrac{\log_b M}{\log_b a}$ （底の変換公式）

[2] 標準 《三角関数のグラフと三角方程式の解の個数》

$$f(x) = \sqrt{3}\cos\left(3x + \frac{\pi}{3}\right) + \sqrt{3}\cos 3x$$

(1) 三角関数の加法定理および合成を用いると
$$f(x) = \sqrt{3}\left(\cos 3x \cos\frac{\pi}{3} - \sin 3x \sin\frac{\pi}{3}\right) + \sqrt{3}\cos 3x$$

$$= \sqrt{3}\left(\frac{1}{2}\cos 3x - \frac{\sqrt{3}}{2}\sin 3x\right) + \sqrt{3}\cos 3x$$

$$= -\boxed{\frac{3}{2}}\sin 3x + \frac{\boxed{3}\sqrt{\boxed{3}}}{2}\cos 3x$$

$$= \frac{3}{2}(-\sin 3x + \sqrt{3}\cos 3x) = \frac{3}{2}\times 2\sin\left(3x + \frac{2}{3}\pi\right)$$

$$= \boxed{3}\sin\left(3x + \boxed{\frac{2}{3}}\pi\right)$$

と表される。

$$-1 \leq \sin\left(3x + \frac{2}{3}\pi\right) \leq 1 \quad \text{より} \quad -3 \leq 3\sin\left(3x + \frac{2}{3}\pi\right) \leq 3$$

であり，$3x + \frac{2}{3}\pi = 2n\pi + \frac{\pi}{2}$（$n$ は整数）となる実数 x は存在するので，$f(x)$ の最大値は $\boxed{3}$ である。また，$f(x)$ の正の周期のうち最小のものは $\boxed{\frac{2}{3}}\pi$ である。

(2) t は実数である。方程式 $f(x) = t$（$0 \leq x \leq 2\pi$），すなわち

$$3\sin\left(3x + \frac{2}{3}\pi\right) = t \quad (0 \leq x \leq 2\pi)$$

は，$3x + \frac{2}{3}\pi = \theta$ とおくと，$\frac{2}{3}\pi \leq \theta \leq \frac{20}{3}\pi$ であるから

$$3\sin\theta = t \quad \left(\frac{2}{3}\pi \leq \theta \leq \frac{20}{3}\pi\right) \quad \cdots\cdots ①$$

と同値である。よって，$f(x) = t$（$0 \leq x \leq 2\pi$）となる x の値の個数 N は，①を満たす θ の値の個数に一致する。①を満たす θ の値の個数は，$y = 3\sin\theta$ $\left(\frac{2}{3}\pi \leq \theta \leq \frac{20}{3}\pi\right)$ のグラフ（下図の太実線）と θ 軸に平行な直線 $y = t$ の異なる共有点の個数に等しいので，図より，次のことがわかる。

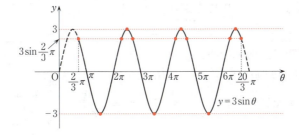

$|t|>3$ のとき，$N=\boxed{0}$ である。

$t=3$ のとき，$N=\boxed{3}$ である。

$t=f(0)=3\sin\dfrac{2}{3}\pi$ のとき，$N=\boxed{7}$ である。

$|t|<3$ かつ $t \neq f(0)$ のとき，$N=\boxed{6}$ である。

$t=-3$ のとき，$N=\boxed{3}$ である。

参考 $y=f(x)=3\sin\left\{3\left(x+\dfrac{2}{9}\pi\right)\right\}$ のグラフは，$y=\sin 3x$ のグラフ（周期は $\dfrac{2}{3}\pi$，下図の破線）を，x 軸方向に $-\dfrac{2}{9}\pi$ だけ平行移動し（下図の細実線），さらに，x 軸を基準にして y 軸方向に 3 倍に拡大したものである。したがって，$0 \leqq x \leqq 2\pi$ における $y=f(x)$ のグラフは下図の太実線のようになる。

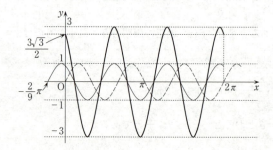

解説

(1) 三角関数の加法定理および合成に関する公式をまとめておく。

ポイント 三角関数の加法定理

$$\left. \begin{array}{l} \sin(\alpha \pm \beta) = \sin\alpha\cos\beta \pm \cos\alpha\sin\beta \\ \cos(\alpha \pm \beta) = \cos\alpha\cos\beta \mp \sin\alpha\sin\beta \\ \tan(\alpha \pm \beta) = \dfrac{\tan\alpha \pm \tan\beta}{1 \mp \tan\alpha\tan\beta} \end{array} \right\}$$ （複号同順）

ポイント 三角関数の合成

$$a\sin\theta + b\cos\theta = \sqrt{a^2+b^2}\sin(\theta+\alpha)$$

$$\left(\text{ただし，}\cos\alpha = \dfrac{a}{\sqrt{a^2+b^2}},\ \sin\alpha = \dfrac{b}{\sqrt{a^2+b^2}}\right)$$

$y=\sin x$, $y=\cos x$ の基本周期（正の周期のうち最小のもの）は 2π であり，$y=\tan x$ の基本周期は π である。周期といえば普通この基本周期を指す。

> **ポイント** 三角関数の周期
>
> 関数 $y=\sin ax$, $y=\cos ax$ の周期は $\dfrac{2\pi}{|a|}$
>
> 関数 $y=\tan ax$ の周期は $\dfrac{\pi}{|a|}$ $\quad (a\neq 0)$

(2) グラフを活用する問題である。問題文に，「$3x+\dfrac{2}{3}\pi$ のとり得る値の範囲に注意すると」とあるから，$3x+\dfrac{2}{3}\pi=\theta$ の置き換えが想起される。

$y=f(x)$ のグラフは〔参考〕に示してあるが，これは x 軸方向への平行移動があるので，やや描きにくい。それに比べると $y=3\sin\theta$ のグラフはわかりやすい。出題者の意図を汲み取りたい。

一般に，関数 $y=f(x)$ のグラフを x 軸方向に p，y 軸方向に q だけ平行移動したとき，そのグラフを表す関数は

$$y-q=f(x-p) \quad (x を x-p で, y を y-q で置き換えればよい)$$

と書ける。三角関数の平行移動についてまとめておこう。

> **ポイント** 三角関数の平行移動
>
> $y=A\sin(ax+b)+q$ （A, a, b, q は定数，$A\neq 0$, $a\neq 0$）のグラフは
>
> $$y-q=A\sin a\left\{x-\left(-\dfrac{b}{a}\right)\right\}$$
>
> より，$y=A\sin ax$ のグラフを x 軸方向に $-\dfrac{b}{a}$，y 軸方向に q だけ平行移動したものである。
>
> 値域は $-|A|+q\leqq y\leqq |A|+q$，周期は $\dfrac{2\pi}{|a|}$ である。

第2問 標準 《共通接線，極大・極小，面積》

$C_1 : y = f(x) = x^3 - 1$

$C_2 : y = g(x) = x^3 + ax^2 + bx + c$ （a, b, c は実数）

(1) 曲線 C_1 の点 A$(-1, -2)$ における接線 ℓ の方程式は，$y - (-2) = f'(-1)\{x - (-1)\}$ と表せるから，$f'(x) = 3x^2$，$f'(-1) = 3 \times (-1)^2 = \boxed{3}$ により

$\ell : y = \boxed{3}\,x + \boxed{1}$　　すなわち　$3x - y + 1 = 0$

である。また，原点Oと直線 ℓ の距離は，点と直線の距離の公式により

$$\frac{|3 \times 0 - 0 + 1|}{\sqrt{3^2 + (-1)^2}} = \frac{1}{\sqrt{10}} = \frac{\sqrt{\boxed{10}}}{10}$$

である。

（注）この距離は図形の性質を利用して求めることもできる。
右図の直角三角形 OAB に対して，三平方の定理から

$$AB^2 = OA^2 + OB^2 = 1^2 + \left(\frac{1}{3}\right)^2 = \frac{10}{9} \quad \therefore \quad AB = \frac{\sqrt{10}}{3}$$

であり，△HAO∽△OAB より，$\dfrac{OH}{OA} = \dfrac{BO}{BA}$ が成り立つから

$$OH = \frac{OA \times BO}{BA} = 1 \times \frac{1}{3} \times \frac{3}{\sqrt{10}} = \frac{1}{\sqrt{10}} = \frac{\sqrt{10}}{10}$$

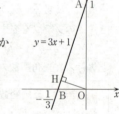

となる。

(2) 曲線 C_2 が点 A$(-1, -2)$ を通ることから

$g(-1) = -2$　すなわち　$-1 + a - b + c = -2$ ……①

が成り立つ。また，C_2 の点Aにおける接線（傾きは $g'(-1)$）が直線 ℓ（傾きは 3）と一致することと，$g'(x) = 3x^2 + 2ax + b$ より

$g'(-1) = \boxed{3}$　すなわち　$3 - 2a + b = 3$ ……②

が成り立つ。

②より，$b = \boxed{2}\,a$ であり，①に代入して，$c = \boxed{a} - \boxed{1}$ となる。

(3) $a = -2$ のとき，(2)より，$b = 2 \times (-2) = -4$，$c = (-2) - 1 = -3$ であるから

$g(x) = x^3 - 2x^2 - 4x - 3$

である。

$g'(x) = 3x^2 - 4x - 4 = (3x + 2)(x - 2)$

より，$g(x)$ の増減表は右のようになる。

x	$\cdots$	$-\dfrac{2}{3}$	$\cdots$	2	$\cdots$
$g'(x)$	$+$	0	$-$	0	$+$
$g(x)$	↗	極大 $g\left(-\dfrac{2}{3}\right)$	↘	極小 $g(2)$	↗

$$g\left(-\frac{2}{3}\right) = -\frac{8}{27} - 2 \times \frac{4}{9} - 4 \times \left(-\frac{2}{3}\right) - 3$$
$$= \frac{-8 - 24 + 72 - 81}{27} = -\frac{41}{27}$$
$$g(2) = 8 - 8 - 8 - 3 = -11$$

であるから，関数 $g(x)$ は

$x = \dfrac{\boxed{-2}}{\boxed{3}}$ で極大値 $\dfrac{\boxed{-41}}{\boxed{27}}$ をとり，$x = \boxed{2}$ で極小値 $\boxed{-11}$ をとる。

(4) (2)より，$b = 2a$，$c = a - 1$ であるから
$$g(x) = x^3 + ax^2 + 2ax + a - 1$$
と表せる。このとき
$$f(x) - g(x) = (x^3 - 1) - (x^3 + ax^2 + 2ax + a - 1)$$
$$= -ax^2 - 2ax - a$$
$$= -a(x^2 + 2x + 1)$$
$$= -a(x + 1)^2$$

であるが，いま，$a<0$ とするから，$-a(x+1)^2 \geqq 0$ である。等号は $x = -1$ に対してのみ成り立つ。よって，$-2 \leqq x \leqq -1$ において，曲線 C_1 と C_2 および直線 $x = -2$ で囲まれた図形の面積 S_1 は，$S_1 = \int_{-2}^{-1} \{f(x) - g(x)\}dx$ と表せる。また，$-1 \leqq x \leqq 1$ において，曲線 C_1 と C_2 および直線 $x = 1$ で囲まれた図形の面積 S_2 は，$S_2 = \int_{-1}^{1} \{f(x) - g(x)\}dx$ と表せる。このとき，$S = S_1 + S_2$ とおくと

$$S = \int_{-2}^{-1} \{f(x) - g(x)\}dx + \int_{-1}^{1} \{f(x) - g(x)\}dx = \int_{-2}^{1} \{f(x) - g(x)\}dx$$

となるから，$\boxed{\text{ニ}}$ に当てはまるものは $\boxed{③}$ である。
これを計算すると
$$S = \int_{-2}^{1} \{f(x) - g(x)\}dx = \int_{-2}^{1} \{-a(x^2 + 2x + 1)\}dx$$
$$= -a\left[\frac{x^3}{3} + x^2 + x\right]_{-2}^{1} = -a\left\{\frac{1 - (\boxed{8})}{3} + (-3) + 3\right\}$$
$$= \boxed{3}\,a$$

となる。

解説

(1) 接線の方程式，点と直線の距離の公式，いずれも重要かつ頻出である。

> **ポイント** 接線の方程式
> 曲線 $y=f(x)$ 上の点 $(t, f(t))$ におけるこの曲線の接線の方程式は
> $$y-f(t)=f'(t)(x-t)$$

> **ポイント** 点と直線の距離の公式
> 点 $P(x_0, y_0)$ と直線 $ax+by+c=0$ の距離 d は
> $$d=\frac{|ax_0+by_0+c|}{\sqrt{a^2+b^2}}$$

(2) $g(x)=x^3+ax^2+bx+c$ の係数には，a, b, c の 3 つの未知数があるが，それに対し，条件は

- $y=g(x)$ は点 $A(-1, -2)$ を通る。
- $y=g(x)$ の点Aにおける接線の傾きは 3 である。

の 2 つしかないので，a, b, c は決定されない。しかし，b, c それぞれを a で表すことはできる。

(3) $a=-2$ とするから，$g(x)$ の係数がすべて決まる。手順に従って，極大・極小を調べればよい。分数計算をミスしないよう気を付けよう。

(4) $y=f(x)$ と $y=g(x)$ のグラフを描いて，面積を求める図形を確認するのが基本であるが，$g(x)$ には文字係数 a が含まれている（$a=-2$ は(3)だけのこと，ここでは $a<0$ のみが条件）ので，$y=g(x)$ のグラフは描きにくい。$-2 \leq x \leq -1$, $-1 \leq x \leq 1$ のそれぞれの区間で，$y=f(x)$ と $y=g(x)$ にはさまれた部分の面積を求めるのであるから，$y=f(x)$ と $y=g(x)$ でどちらが上にあるかが問題である。そこで，〔解答〕のように，$f(x)-g(x)$ を計算してみることになる。これで必要な情報が得られる。ちなみに，$a=-2$ として $y=g(x)$ のグラフを描くと，右図のようになり，$a<0$ の場合の一般的な形が想像できるであろう。

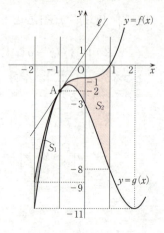

第3問 標準 《漸化式，群数列》

$a_1 = 1$
$a_{2n} = a_n$　　　$(n = 1, 2, 3, \cdots)$ ……①
$a_{2n+1} = a_n + a_{n+1}$　　　$(n = 1, 2, 3, \cdots)$ ……②

(1) $a_2 = 1$, $a_3 = 2$ である。

$n = 2$ とすると，①より $a_4 = a_2 = \boxed{1}$，②より $a_5 = a_2 + a_3 = 1 + 2 = \boxed{3}$，

$n = 3$ とすると，①より $a_6 = a_3 = \boxed{2}$，②より $a_7 = a_3 + a_4 = 2 + 1 = \boxed{3}$ である。

同様に，$a_{18} = a_9 = a_4 + a_5 = 1 + 3 = \boxed{4}$ であり，

$a_{38} = a_{19} = a_9 + a_{10} = 4 + a_5 = 4 + 3 = \boxed{7}$ である。

(2) 自然数 k に対して，①を連続的に用いると

$$a_{3 \cdot 2^k} = a_{3 \cdot 2^{k-1}} = a_{3 \cdot 2^{k-2}} = \cdots = a_{3 \cdot 2} = a_3 = 2$$

となるから，$\{a_n\}$ の第 $3 \cdot 2^k$ 項は $\boxed{2}$ である。

(3) 数列 $\{a_n\}$ の第3項以降を，第 k 群は 2^k 個の項からなるものとして

$\underbrace{a_3, a_4}_{\text{第1群}} | \underbrace{a_5, a_6, a_7, a_8}_{\text{第2群}} | \underbrace{a_9, \cdots, a_{16}}_{\text{第3群}} | a_{17}, \cdots$

のように群に分けるとき，第1群から第 $(k-1)$ 群（k は2以上の自然数）までの項数の和は

$$2^1 + 2^2 + \cdots + 2^{k-1} \quad \text{すなわち} \quad \sum_{j=1}^{k-1} 2^j = \frac{2(2^{k-1} - 1)}{2 - 1} = \boxed{2}^k - \boxed{2}$$

である。よって，第 k 群の最初の項の直前までに $\{a_n\}$ の項は，$2 + (2^k - 2) = 2^k$ 個あることになるから，第 k 群の最初の項は，$\{a_n\}$ の第 $(2^k + \boxed{1})$ 項である。

また，第 k 群の最後の項は，$\{a_n\}$ の $2^k + 2^k = 2 \times 2^k = 2^{k+1}$ 番目の項，すなわち第 2^{k+1} 項である（これらは，$k = 1$ に対しても成り立つ）。

$\boxed{ケ}$，$\boxed{シ}$ に当てはまるものは，順に $\boxed{②}$，$\boxed{③}$ である。

第 k 群に含まれるすべての項の和を S_k，第 k 群に含まれるすべての奇数番目の項の和を T_k，第 k 群に含まれるすべての偶数番目の項の和を U_k とするとき

$S_1 = a_3 + a_4 = 2 + 1 = \boxed{3}$

$S_2 = a_5 + a_6 + a_7 + a_8 = 3 + 2 + 3 + a_4 = 8 + 1 = \boxed{9}$　　（①より，$a_8 = a_4$）

$T_2 = a_5 + a_7 = 3 + 3 = \boxed{6}$

$U_2 = S_2 - T_2 = 9 - 6 = \boxed{3}$

である。

(4) (3)より，第 $(k+1)$ 群の最初の項は $a_{2^{k+1}+1}$ であり，最後の項は $a_{2^{k+2}}$ である。
よって，①を用いると

$$U_{k+1} = a_{2^{k+1}+2} + a_{2^{k+1}+4} + \cdots + a_{2^{k+2}}$$
$$= a_{2^k+1} + a_{2^k+2} + \cdots + a_{2^{k+1}} = S_k$$

となる。また，$a_{2^k} = a_{2^{k+1}}$ であることに注意して，②を用いると

$$T_{k+1} = a_{2^{k+1}+1} + a_{2^{k+1}+3} + \cdots + a_{2^{k+2}-3} + a_{2^{k+2}-1}$$
$$= (a_{2^k} + a_{2^{k+1}}) + (a_{2^k+1} + a_{2^k+2}) + \cdots + (a_{2^{k+1}-2} + a_{2^{k+1}-1}) + (a_{2^{k+1}-1} + a_{2^{k+1}})$$
$$= 2(a_{2^{k+1}} + a_{2^k+2} + \cdots + a_{2^{k+1}-1} + a_{2^{k+1}}) = 2S_k$$

となる。したがって，$S_{k+1} = T_{k+1} + U_{k+1}$ を用いると

$$S_{k+1} = 2S_k + S_k = 3S_k$$

となる。 チ ， ツ ， テ に当てはまるものは，順に ⓪ ， ④ ， ⑧ である。

$S_1 = 3$，$S_{k+1} = 3S_k$ より，数列 $\{S_n\}$ は，初項 3，公比 3 の等比数列であるので

$$S_k = 3 \times 3^{k-1} = 3^k$$

である。

$k \geqq 2$ のとき，$T_k = 2S_{k-1} = 2 \cdot 3^{k-1}$，$U_k = S_{k-1} = 3^{k-1}$ であり，これらは，$T_1 = a_3 = 2$，$U_1 = a_4 = 1$ を満たす。

ト ， ナ ， ニ に当てはまるものは，順に ⑨ ， ⑤ ， ① である。

解説

(1) 漸化式①，②の意味を理解し，①，②の運用に慣れるための設問である。うっかりミスをしないよう気を付ける。

(2) 数列 $\{a_n\}$ の第 $3 \cdot 2^k$ 項は $a_{3 \cdot 2^k}$ である。①により，これは $a_{3 \cdot 2^{k-1}}$ に等しい。このことを繰り返せば，結局 a_3 に等しくなる。例えば，$a_{24} = a_{12} = a_6 = a_3$ である。

(3) 群数列では，次のことに着目するとよい。

> **ポイント　群数列**
>
> 数列 $\{a_n\}$ を a_1 から，いくつかずつまとめて群を作り，第 1 群には m_1 個，第 2 群には m_2 個，…，第 k 群には m_k 個，… の項が含まれるようにするとき
>
> 〈1〉 第 k 群の最初の項は，$\{a_n\}$ の $(m_1 + m_2 + \cdots + m_{k-1}) + 1$ 番目の項となり，最後の項は，$\{a_n\}$ の $m_1 + m_2 + \cdots + m_k$ 番目の項となる。
>
> 〈2〉 $\{a_n\}$ の初項から第 n 項までの和を S_n と表すとき，第 k 群に含まれる数の和は，$S_{m_1+m_2+\cdots+m_k} - S_{m_1+m_2+\cdots+m_{k-1}}$ である。

本問では，〈1〉の考え方が使われているが，a_1，a_2 は群に含まれていないので，

番号にずれが生じるから注意しなければならない。

$S_1 \sim U_2$ の計算はとくに問題ないであろう。ここで，$U_2 = a_6 + a_8 = a_3 + a_4 = S_1$ は気付くかもしれないが，$T_2 = a_5 + a_7 = a_2 + a_3 + a_3 + a_4 = a_4 + a_3 + a_3 + a_4 = 2(a_3 + a_4) = 2S_1$ に気付くことは難しいだろう。

(4) 第 $(k+1)$ 群は，次のように 2^{k+1} 個の項が並ぶ。

$$\underline{a_{2^{k+1}+1}},\ a_{2^{k+1}+2},\ \underline{a_{2^{k+1}+3}},\ \cdots,\ a_{2^{k+2}-2},\ \underline{a_{2^{k+2}-1}},\ a_{2^{k+2}}$$

奇数番目の項には──を，偶数番目の項には┄┄を付した。

①を用いて，$a_{2^{k+1}+2} = a_{2^k+1}$，$a_{2^{k+2}-2} = a_{2^{k+1}-1}$，$a_{2^{k+2}} = a_{2^{k+1}}$ とするのは容易であろう（$2^{k+1}+2$ を 2 で割ると 2^k+1 となる，他も同様）。

②を用いて，$a_{2^{k+1}+1} = a_{2^k} + a_{2^k+1}$，$a_{2^{k+1}+3} = a_{2^k+1} + a_{2^k+2}$，$a_{2^{k+2}-1} = a_{2^{k+1}-1} + a_{2^{k+1}}$ とするには

$a_{2n+1} = a_n + a_{n+1}$
$\boxed{1}$ 1 を引いて $\boxed{2}$ 1 を加える
　　から 2 で割る

$a_{2^{k+2}-1} = a_{2^{k+1}-1} + a_{2^{k+1}}$
$\boxed{1}\dfrac{(2^{k+2}-1)-1}{2}$　$\boxed{2}(2^{k+1}-1)+1$

と考えて変形するとよい。

本問で必要となる数列の公式は意外と少ない。

> **ポイント　等比数列の一般項と和**
>
> 初項が a，公比が r の等比数列の一般項（第 n 項）は ar^{n-1} と表され，この数列の初項から第 n 項までの和 S_n は
>
> $$S_n = a + ar + \cdots + ar^{n-1} = \begin{cases} \dfrac{a(r^n-1)}{r-1} = \dfrac{a(1-r^n)}{1-r} & (r \neq 1 \text{ のとき}) \\ na & (r=1 \text{ のとき}) \end{cases}$$

なお，本問では，a_n の n の部分に複雑な式が入るので，a_n を $a(n)$ と書くことにすれば，$a_{2^{k+1}+1}$ は $a(2^{k+1}+1)$ となり，見間違いが防げるかもしれない。

第4問 標準 《平面ベクトル》

右図のひし形 ABCD および直線 BC 上の点 E において，
AB＝BC＝CD＝DA＝DE＝1 であり，∠BAD＞90°である。また，$\vec{AB}=\vec{p}$, $\vec{AD}=\vec{q}$ とし，$\vec{p}\cdot\vec{q}=x$ とおく。
cos∠BAD＜0 より，$x<0$ である。

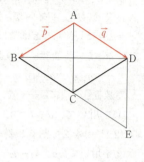

(1) $|\vec{BD}|^2 = |\vec{AD}-\vec{AB}|^2 = |\vec{q}-\vec{p}|^2 = (\vec{q}-\vec{p})\cdot(\vec{q}-\vec{p})$
$= \vec{q}\cdot\vec{q} - \vec{q}\cdot\vec{p} - \vec{p}\cdot\vec{q} + \vec{p}\cdot\vec{p}$
$= |\vec{q}|^2 - 2\vec{p}\cdot\vec{q} + |\vec{p}|^2 = 1 - 2x + 1$
$= \boxed{2} - \boxed{2}\,x$

である。

(2) $\vec{AD}/\!/\vec{BE}$ より，実数 s を用いて $\vec{BE}=s\vec{AD}$ と書けるから
$\vec{AE} = \vec{AB} + \vec{BE} = \vec{AB} + s\vec{AD} = \vec{p} + s\vec{q}$
と表せる。このとき
$|\vec{DE}|^2 = |\vec{AE}-\vec{AD}|^2 = |(\vec{p}+s\vec{q})-\vec{q}|^2 = |\vec{p}+(s-1)\vec{q}|^2$
$= |\vec{p}|^2 + 2(s-1)\vec{p}\cdot\vec{q} + (s-1)^2|\vec{q}|^2$
$= 1 + 2(s-1)x + (s-1)^2$

となり，$|\vec{DE}|=1$ であることから
$1 + 2(s-1)x + (s-1)^2 = 1$　　$2(s-1)x + (s-1)^2 = 0$
$(s-1)\{2x+(s-1)\} = 0$　　$(s-1)\{s-(-2x+1)\} = 0$
∴　$s=1,\ -2x+1$

が得られる。点 E は点 C と異なる点であるので，$s\ne 1$ である。よって
$s = \boxed{-2}\,x + \boxed{1}$

である。

(3) $|\vec{BD}|=|\vec{BE}|$ を満たす x の値を求める。
(2)により，$\vec{BE}=s\vec{AD}=(-2x+1)\vec{q}$ であり
$|\vec{BE}| = |-2x+1||\vec{q}| = -2x+1$　……Ⓐ　　(∵ $x<0$, $|\vec{q}|=1$)
であるので，(1)の $|\vec{BD}|^2=2-2x$ を用いて
$|\vec{BD}|=|\vec{BE}|$　すなわち　$|\vec{BD}|^2=|\vec{BE}|^2$
から，次のように x の値が求まる。
$2-2x = (-2x+1)^2$　　$4x^2 - 2x - 1 = 0$

$x<0$ であるから　　$x=\dfrac{1-\sqrt{1+4}}{4}=\dfrac{\boxed{1}-\sqrt{\boxed{5}}}{\boxed{4}}$

(2)により，$\vec{AE}=\vec{p}+(-2x+1)\vec{q}$ であるから

$$\vec{AE}=\vec{p}+\left(-2\times\dfrac{1-\sqrt{5}}{4}+1\right)\vec{q}=\vec{p}+\dfrac{\boxed{1}+\sqrt{\boxed{5}}}{\boxed{2}}\vec{q} \quad\cdots\cdots ①$$

である。

(4) 直線 AC に関して点 E と対称な点が F のとき，点 B と点 D が直線 AC に関して対称な点であることに注意すると，①により

$$\vec{AF}=\dfrac{\boxed{1}+\sqrt{\boxed{5}}}{\boxed{2}}\vec{p}+\vec{q}$$

と表せる。したがって

$$\vec{EF}=\vec{AF}-\vec{AE}=\left(\dfrac{1+\sqrt{5}}{2}\vec{p}+\vec{q}\right)-\left(\vec{p}+\dfrac{1+\sqrt{5}}{2}\vec{q}\right)$$

$$=\left(\dfrac{1+\sqrt{5}}{2}-1\right)\vec{p}-\left(-1+\dfrac{1+\sqrt{5}}{2}\right)\vec{q}=\dfrac{-1+\sqrt{5}}{2}(\vec{p}-\vec{q})$$

$$=\dfrac{\boxed{-1}+\sqrt{\boxed{5}}}{\boxed{2}}\vec{DB}$$

である。x を(3)で求めた値 $\dfrac{1-\sqrt{5}}{4}$ とするから，$|\vec{BD}|=|\vec{BE}|$ であり，Ⓐより

$$|\vec{BD}|=|\vec{BE}|=-2x+1=-2\times\dfrac{1-\sqrt{5}}{4}+1=\dfrac{\boxed{1}+\sqrt{\boxed{5}}}{\boxed{2}}$$

を得る。ゆえに，$|\vec{EF}|=\dfrac{-1+\sqrt{5}}{2}|\vec{DB}|=\dfrac{-1+\sqrt{5}}{2}\times\dfrac{1+\sqrt{5}}{2}=\boxed{1}$ である。

(注) (1)の $|\vec{BD}|^2=2-2x$ に $x=\dfrac{1-\sqrt{5}}{4}$ を代入すると

$$|\vec{BD}|^2=2-2\times\dfrac{1-\sqrt{5}}{4}=2-\dfrac{1-\sqrt{5}}{2}=\dfrac{3+\sqrt{5}}{2}=\dfrac{6+2\sqrt{5}}{4}$$

$$=\dfrac{(\sqrt{5}+1)^2}{2^2}=\left(\dfrac{1+\sqrt{5}}{2}\right)^2$$

より，$|\vec{BD}|=\dfrac{1+\sqrt{5}}{2}$ となる。

(5)　$x=\dfrac{1-\sqrt{5}}{4}$ とする。△ABD は AB＝AD を満たす二等辺三角形であるから，

△ABD の外接円の中心 R は直線 AC 上にある。線分 AD の中点を M とするとき，(4)で定めた点 F に対し

$$\vec{AD} \cdot \vec{FM} = \vec{AD} \cdot (\vec{AM} - \vec{AF}) = \vec{AD} \cdot \left(\frac{1}{2}\vec{AD} - \vec{AF}\right)$$

$$= \vec{q} \cdot \left\{\frac{1}{2}\vec{q} - \left(\frac{1+\sqrt{5}}{2}\vec{p} + \vec{q}\right)\right\} = \vec{q} \cdot \left(-\frac{1+\sqrt{5}}{2}\vec{p} - \frac{1}{2}\vec{q}\right)$$

$$= -\frac{1+\sqrt{5}}{2}\vec{p} \cdot \vec{q} - \frac{1}{2}|\vec{q}|^2 = -\frac{1+\sqrt{5}}{2} \times \frac{1-\sqrt{5}}{4} - \frac{1}{2} \quad \left(\vec{p} \cdot \vec{q} = x = \frac{1-\sqrt{5}}{4}\right)$$

$$= \frac{4}{8} - \frac{1}{2} = 0$$

となるので，$\vec{AD} \perp \vec{FM}$ である。よって，点 R は直線 AC と直線 FM の交点である。実数 t を用いて $\vec{AR} = t\vec{AF} + (1-t)\vec{AM}$ と表すことができるから，

$\vec{AF} = \dfrac{1+\sqrt{5}}{2}\vec{p} + \vec{q}$，$\vec{AM} = \dfrac{1}{2}\vec{q}$ を代入すると

$$\vec{AR} = t\left(\frac{1+\sqrt{5}}{2}\vec{p} + \vec{q}\right) + (1-t) \cdot \frac{1}{2}\vec{q} = \frac{1+\sqrt{5}}{2}t\vec{p} + \frac{1+t}{2}\vec{q}$$

となるが，点 R は直線 AC 上にあるから，$\vec{AR}$ は $\vec{p} + \vec{q}$ の実数倍であるので

$$\frac{1+\sqrt{5}}{2}t = \frac{1+t}{2} \qquad t = \frac{1}{\sqrt{5}} = \frac{\sqrt{5}}{5}$$

が求まる。したがって

$$\vec{AR} = \frac{1+\sqrt{5}}{2} \times \frac{\sqrt{5}}{5}\vec{p} + \frac{1+\frac{\sqrt{5}}{5}}{2}\vec{q} = \frac{\boxed{5} + \sqrt{\boxed{5}}}{\boxed{10}}(\vec{p} + \vec{q})$$

が得られる。

別解 (5) (4) までのことから，AB = BF = FE = ED = DA = 1 となり，5 つの内角 A，B，F，E，D がすべて等しいので，五角形 ABFED は正五角形である（等脚台形 ABED の対角線 BD，EA は等しく，条件より BD = BE であるので，DB = BE = EA となり，図形の直線 AC に関する対称性を考慮すれば，AF = BE = FD = EA = DB がわかる。よって，5 つの三角形 ABF，BFE，FED，EDA，DAB はすべて 3 辺の長さが等しくなり合同である）。

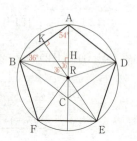

よって，△ABD の外接円の中心 R は，この正五角形の中心であるから，

$\angle ARB = \dfrac{360°}{5} = 72°$ であり，AR = BR より，$\angle BAR = \dfrac{180° - 72°}{2} = 54°$ である。

ひし形の対角線は互いの中点で直交するから，線分 AC と BD の交点を H とすると，$\angle ABH = 90° - 54° = 36°$ である。$BD = \dfrac{1+\sqrt{5}}{2}$ であるから

$$\cos 36° = \cos\angle ABH = \dfrac{BH}{AB} = \dfrac{\dfrac{1}{2}BD}{AB} = \dfrac{\dfrac{1}{2} \times \dfrac{1+\sqrt{5}}{2}}{1} = \dfrac{1+\sqrt{5}}{4}$$

がわかる。R から辺 AB に下ろした垂線と辺 AB との交点を K とすると

$$AR\sin\angle ARK = AK \qquad AR = \dfrac{AK}{\sin\angle ARK} = \dfrac{1}{2\sin 36°}$$

$$\left(AR = BR \ \text{より}, \ AK = \dfrac{1}{2}AB, \ \angle ARK = \dfrac{1}{2}\angle ARB\right)$$

$$AC = 2AH = 2AB\sin\angle ABH = 2\sin 36°$$

となるので

$$\dfrac{AC}{AR} = 2\sin 36° \times 2\sin 36° = 4\sin^2 36° = 4(1-\cos^2 36°)$$

$$= 4\left\{1 - \left(\dfrac{1+\sqrt{5}}{4}\right)^2\right\} = 4\left(1 - \dfrac{6+2\sqrt{5}}{16}\right) = \dfrac{5-\sqrt{5}}{2}$$

すなわち

$$AR = \dfrac{2}{5-\sqrt{5}}AC = \dfrac{2(5+\sqrt{5})}{20}AC = \dfrac{5+\sqrt{5}}{10}AC$$

が得られる。3 点 A，R，C はこの順に一直線上に並ぶ（$\angle ARB > \angle ACB$）ので

$$\overrightarrow{AR} = \dfrac{5+\sqrt{5}}{10}\overrightarrow{AC} = \dfrac{5+\sqrt{5}}{10}(\vec{p}+\vec{q})$$

がいえる。

解説

(1) $|\overrightarrow{BD}|^2$ の計算には，次の内積の基本性質が使われる。

> **ポイント　内積の基本性質**
>
> (i) $\vec{a}\cdot\vec{b} = \vec{b}\cdot\vec{a}$
>
> (ii) $(\vec{a}+\vec{b})\cdot\vec{c} = \vec{a}\cdot\vec{c} + \vec{b}\cdot\vec{c}, \ \vec{a}\cdot(\vec{b}+\vec{c}) = \vec{a}\cdot\vec{b} + \vec{a}\cdot\vec{c}$
>
> (iii) $(k\vec{u})\cdot\vec{b} = \vec{u}\cdot(k\vec{b}) = k(\vec{u}\ \vec{b})$ 　（k は実数）
>
> (iv) $\vec{a}\cdot\vec{a} = |\vec{a}|^2$

$|\vec{p}-\vec{q}|^2 = |\vec{p}|^2 - 2\vec{p}\cdot\vec{q} + |\vec{q}|^2$ は，文字式の展開 $(p-q)^2 = p^2 - 2pq + q^2$ とほぼ同様にできる。こうした計算は(2)にも出てくるが，基本であるから習熟しておかなければならない。

(2) $\overrightarrow{AD} /\!/ \overrightarrow{BE}$ であるから，$\overrightarrow{BE} = s\overrightarrow{AD}$（$s$ は実数）とおける。$\overrightarrow{DE}$ を $\vec{p}$ と $\vec{q}$ を用いて表すと s が含まれ，$|\overrightarrow{DE}|^2$ を(1)のように計算すると $\vec{p} \cdot \vec{q}$ すなわち x が含まれるから，方程式 $|\overrightarrow{DE}| = 1$ には s と x が含まれ，s と x の関係式が求まる。

(3) さらに条件 $|\overrightarrow{BD}| = |\overrightarrow{BE}|$ を加えて，問題文の誘導に従えば，s と x が決まり，$\overrightarrow{AE}$ が $\vec{p}$ と $\vec{q}$ で表せることになる。ただし，このとき x の値が2つ求まってしまう。

> **ポイント** 内積の定義
>
> 2つのベクトル $\vec{a}$, $\vec{b}$ のなす角を θ とするとき，内積 $\vec{a} \cdot \vec{b}$ を
> $$\vec{a} \cdot \vec{b} = |\vec{a}||\vec{b}|\cos\theta$$
> と定義する。$\vec{a} = \vec{0}$ または $\vec{b} = \vec{0}$ のときは $\vec{a} \cdot \vec{b} = 0$ とする。
> $\theta = 0$ のとき $\cos\theta = 1$ であるから，上の(iv) $\vec{a} \cdot \vec{a} = |\vec{a}|^2$ が導かれる。
> $\vec{a} \neq \vec{0}$, $\vec{b} \neq \vec{0}$, $\vec{a} \cdot \vec{b} = 0$ ならば，$\cos\theta = 0$ より $\theta = 90°$ であるから $\vec{a} \perp \vec{b}$ であり，$\vec{a} \perp \vec{b}$ ならば，$\vec{a} \cdot \vec{b} = 0$ である。

$x = \vec{p} \cdot \vec{q} = |\vec{p}||\vec{q}|\cos\angle BAD$ において，$\angle BAD > 90°$ であるから，$\cos\angle BAD < 0$ すなわち $x < 0$ であるので，x の値は1つに決まる。

(4) 図形が直線 AC に関して対称であるから，これまでの議論は，$\vec{p}$ と $\vec{q}$，B と D，F と E，それぞれを同時に入れ替えても成り立つ。つまり，①の E を F に，$\vec{p}$ を $\vec{q}$ に，$\vec{q}$ を $\vec{p}$ に置き換えて
$$\overrightarrow{AF} = \vec{q} + \frac{1+\sqrt{5}}{2}\vec{p} = \frac{1+\sqrt{5}}{2}\vec{p} + \vec{q}$$
も正しい式になる。

(5) 本問では $\overrightarrow{AD} \perp \overrightarrow{FM}$ を確かめる必要はないが，〔解答〕では内積の計算をして確認した。〔別解〕のように図形的な考察をすれば，△AFD が AF = DF の二等辺三角形とわかり，当然のことと思える。なお，一般に △ABC において，3辺 AB, BC, CA の垂直二等分線は1点で交わる。この交点が △ABC の外接円の中心（外心）である。このことは基本事項であるので，しっかり記憶しておこう。

点 R は直線 AC 上にあるから，$\overrightarrow{AR} = k\overrightarrow{AC} = k(\overrightarrow{AB} + \overrightarrow{AD}) = k(\vec{p} + \vec{q}) = k\vec{p} + k\vec{q}$ と表せるので，$\vec{p} \neq \vec{0}$, $\vec{q} \neq \vec{0}$, $\vec{p} \not/\!/ \vec{q}$ に注意すれば，$\overrightarrow{AR}$ の $\vec{p}$ の係数と $\vec{q}$ の係数は等しいことになる。〔解答〕の $\dfrac{1+\sqrt{5}}{2}t = \dfrac{1+t}{2}$ はこの意味である。

第5問 易 《二項分布, 正規分布, 母比率の推定》

(1) ここでの調査は全数調査であり, 全員が, 調査項目
　ⅰ) 今回投票, 今回棄権
　ⅱ) 前回投票, 前回棄権, 前回選挙権なし
のいずれにも, 必ずただ1つだけ該当するから, 調査の結果をまとめた表の各欄の数値の総和は100になる。したがって, 今回投票かつ前回棄権の人の割合は

$$100 - (45 + 10 + 29 + 3 + 1) = 100 - 88 = \boxed{12} \%$$

である。
有権者全体から無作為に1人を選ぶとき, 今回投票の人が選ばれる確率は, 表より, $45 + 12 + 3 = 60\%$ すなわち $0.\boxed{60}$ であり, 前回投票の人が選ばれる確率は, $45 + 10 = 55\%$ すなわち $0.\boxed{55}$ である。
また, 今回棄権かつ前回投票の人が選ばれる確率は, 10%すなわち0.1である。よって, 今回の有権者全体から900人を無作為に抽出したとき, その中で, 今回棄権かつ前回投票の人数を表す確率変数を X とすると, X は二項分布 $B(900, 0.\boxed{10})$ に従う。X の平均 $E(X)$, 標準偏差 $\sigma(X)$ は

$$E(X) = 900 \times 0.1 = \boxed{90}$$

$$\sigma(X) = \sqrt{900 \times 0.1 \times (1 - 0.1)} = \sqrt{81} = \boxed{9}.\boxed{0}$$

である。標本数900は十分に大きいので, X は正規分布 $N(90, 9.0^2)$ に従う。
よって, $Z = \dfrac{X - 90}{9.0}$ とおくと, 確率変数 Z は近似的に標準正規分布 $N(0, 1)$ に従うから

$$\begin{aligned} P(X \geq 105) &= P\left(Z \geq \dfrac{105 - 90}{9.0}\right) \fallingdotseq P(Z \geq 1.66) \\ &= 0.5 - P(0 \leq Z \leq 1.66) \\ &= 0.5 - 0.4515 \quad (正規分布表より) \\ &= 0.0485 \end{aligned}$$

となるので, X が105以上になる確率は $0.\boxed{05}$ である。

(2) 今回の有権者全体からなる母集団から n 人を無作為に抽出したとき, その中で, 支持する政党がある人の割合 (標本比率) を確率変数 R で表すと, 母比率を p として, R は近似的に正規分布 $N\left(p, \dfrac{p(1-p)}{n}\right)$ に従う。確率変数 $Z = \dfrac{R - p}{\sqrt{\dfrac{p(1-p)}{n}}}$

は標準正規分布 $N(0, 1)$ に従い, 正規分布表から $P(|Z| \leq 1.96) \fallingdotseq 0.95$ がわかる

ので，これから

$$\left|\frac{R-p}{\sqrt{\frac{p(1-p)}{n}}}\right| \leq 1.96 \quad -1.96 \leq \frac{R-p}{\sqrt{\frac{p(1-p)}{n}}} \leq 1.96$$

$$-1.96\sqrt{\frac{p(1-p)}{n}} \leq R-p \leq 1.96\sqrt{\frac{p(1-p)}{n}}$$

$$\therefore \quad R-1.96\sqrt{\frac{p(1-p)}{n}} \leq p \leq R+1.96\sqrt{\frac{p(1-p)}{n}}$$

が得られる。$R=r$ のとき，n が十分に大きいとすれば，$\sqrt{\frac{p(1-p)}{n}}$ を $\sqrt{\frac{r(1-r)}{n}}$ としてよいから，p に対する信頼度 95％の信頼区間 $C \leq p \leq D$ は

$$r-1.96\sqrt{\frac{r(1-r)}{n}} \leq p \leq r+1.96\sqrt{\frac{r(1-r)}{n}}$$

となる。したがって，信頼区間の幅 $L=D-C$ は

$$L = \left(r+1.96\sqrt{\frac{r(1-r)}{n}}\right) - \left(r-1.96\sqrt{\frac{r(1-r)}{n}}\right) = 1.96 \times 2\sqrt{\frac{r(1-r)}{n}}$$

となる。 ソ に当てはまる最も適当なものは ⑤ である。
$r=0.5$，$L=0.1$ のとき，この式は

$$0.1 = 1.96 \times 2\sqrt{\frac{0.5(1-0.5)}{n}}$$

となるから，両辺を平方して，$1.96^2 = 3.84$ に注意すると，n の値は

$$\left(\frac{1}{10}\right)^2 = 1.96^2 \times 4 \times \frac{0.5^2}{n}$$

$$n = 1.96^2 \times 4 \times 0.5^2 \times 10^2 = 3.84 \times 100 = \boxed{384}$$

である。$n=384$ のとき，p に対する信頼度 95％の信頼区間の幅 L は

$$L = 1.96 \times 2\sqrt{\frac{r(1-r)}{384}} = 1.96 \times 2\sqrt{\frac{r(1-r)}{3.84 \times 10^2}} = 1.96 \times 2\sqrt{\frac{r(1-r)}{1.96^2 \times 10^2}}$$

$$= \frac{1.96 \times 2}{1.96 \times 10}\sqrt{r(1-r)} = \frac{1}{5}\sqrt{r(1-r)} \quad (0 \leq r \leq 1)$$

となり，L は r の値によって変化することがわかる。$r(1-r) = -\left(r-\frac{1}{2}\right)^2 + \frac{1}{4}$ $(0 \leq r \leq 1)$ は，$r=\frac{1}{2}$ のとき最大であるから，L は $r=0.5$ のとき最大となる。
テ に当てはまる最も適当なものは ① である。

解説

(1) 1回の試行で事象 E の起こる確率が p である試行を n 回行うとき，事象 E の起こる回数を確率変数 X で表せば，X の確率分布が二項分布 $B(n, p)$ である。

> **ポイント** 二項分布の平均，分散，標準偏差
>
> 確率変数 X が二項分布 $B(n, p)$ に従うとき，X の平均 $E(X)$，分散 $V(X)$，標準偏差 $\sigma(X)$ は
>
> $$E(X) = np, \quad V(X) = np(1-p), \quad \sigma(X) = \sqrt{np(1-p)}$$

本問では，上記の〈1回の試行〉を〈無作為に1人を抽出〉と考え，〈事象 E〉を〈今回棄権かつ前回投票の人数〉と解釈すれば，E の起こる確率 p は 0.1 であり，試行回数 n は抽出人数 900，回数 X は人数 X となる。

n が大きいとき，二項分布は正規分布で近似できる。

> **ポイント** 二項分布の正規分布による近似
>
> 二項分布 $B(n, p)$ に従う確率変数 X は，n が十分に大きいとき，近似的に
>
> 正規分布 $N(np, np(1-p))$
>
> に従う。

さらに，次のことを用いれば，正規分布表が利用できるようになる。

> **ポイント** 標準正規分布
>
> 確率変数 X が正規分布 $N(m, \sigma^2)$ に従うとき，$Z = \dfrac{X - m}{\sigma}$ とおくと，確率変数 Z は近似的に標準正規分布 $N(0, 1)$ に従う。

(2) 本問の前半は，次のことを記憶していれば十分に対処できる。

> **ポイント** 母比率の推定
>
> 標本の大きさ n が十分に大きいとき，標本比率を r とすると，母比率 p に対する信頼度 95% の信頼区間は
>
> $$r - 1.96\sqrt{\dfrac{r(1-r)}{n}} \leq p \leq r + 1.96\sqrt{\dfrac{r(1-r)}{n}}$$

本問の問題文に，「R は近似的に平均 p，標準偏差 $\sqrt{\dfrac{p(1-p)}{n}}$ の正規分布に従う」とあるが，この意味は次の通りである。

〈支持する政党がある〉を特性 A とすると，A をもつ人の母比率が p である大きな母集団から，無作為に大きさ n の標本を抽出するとき，標本の中で A をもつ人の

人数を Y とすれば，(1)と同じように考えて，Y は近似的に二項分布 $B(n, p)$ に従うことがわかる。また，(1)の2つめの〔ポイント〕から，Y は近似的に正規分布 $N(np, np(1-p))$ に従う。A をもつ人の標本比率を R とすると，$R = \dfrac{Y}{n}$ である。確率変数 R も近似的に正規分布に従い，R の平均，分散は

$$E(R) = E\left(\dfrac{Y}{n}\right) = \dfrac{1}{n}E(Y) = \dfrac{1}{n} \times np = p$$

$$V(R) = V\left(\dfrac{Y}{n}\right) = \dfrac{1}{n^2}V(Y) = \dfrac{1}{n^2} \times np(1-p) = \dfrac{p(1-p)}{n}$$

となり，標準偏差は $\sigma(R) = \sqrt{\dfrac{p(1-p)}{n}}$ である。ここで，確率変数の変換に関する次の公式が使われている。

一般に，確率変数 X と定数 a, b に対して

$$E(aX+b) = aE(X) + b, \quad V(aX+b) = a^2 V(X)$$

後半の設問は解きやすい問題になっている。

$L = 1.96 \times 2\sqrt{\dfrac{r(1-r)}{n}}$ において，L と r の値を与えれば n の値が決まるし，n の値のみを与えれば，L と r の関係がわかる。

$y = r(1-r)$ $(0 \leqq r \leqq 1)$ のグラフは右図になる。

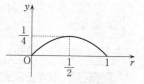

数学Ⅰ・数学A 本試験

2019年度

問題番号(配点)	解答記号	正解	配点	チェック
第1問(30)	$(アa-イ)^2$	$(3a-1)^2$	2	
	$ウa+エ$	$4a+1$	2	
	$オカa+キ$	$-2a+3$	2	
	$ク$	6	2	
	$\dfrac{ケコ}{サ}$	$\dfrac{-7}{3}$	2	
	シ	⓪	2	
	ス	②	2	
	セ	⓪	2	
	ソ	②	2	
	タ	③	2	
	$\dfrac{b}{チ}$	$\dfrac{b}{2}$	2	
	$-\dfrac{b^2}{ツ}+ab+テ$	$-\dfrac{b^2}{4}+ab+1$	2	
	ト,ナ	5, 1	2	
	$\dfrac{ニ}{ヌ}$	$\dfrac{3}{2}$	2	
	$\dfrac{ネノ}{ハ}$	$\dfrac{-1}{4}$	2	

問題番号(配点)	解答記号	正解	配点	チェック
第2問(30)	$\dfrac{アイ}{ウ}$, エ	$\dfrac{-1}{4}$, ②	4	
	$\dfrac{\sqrt{オカ}}{キ}$	$\dfrac{\sqrt{15}}{4}$	3	
	$\dfrac{ク}{ケ}$	$\dfrac{1}{4}$	2	
	コ	4	3	
	$\dfrac{サ\sqrt{シス}}{セ}$	$\dfrac{7\sqrt{15}}{4}$	3	
	ソ	③	3	
	タ	④	3	
	チ,ツ	④, ⑦ (解答の順序は問わない)	4(各2)	
	テ	⓪	1	
	ト	⓪	1	
	ナ	①	1	
	ニ	②	2	

第3問 (20)

解答記号	正解	配点
$\dfrac{アイ}{ウ}$	$\dfrac{4}{9}$	2
$\dfrac{ウ}{エ}$	$\dfrac{1}{6}$	2
$\dfrac{オ}{カキ}$	$\dfrac{7}{18}$	3
$\dfrac{ク}{ケ}$	$\dfrac{1}{6}$	2
$\dfrac{コサ}{シスセ}$	$\dfrac{43}{108}$	2
$\dfrac{ソタチ}{ツテト}$	$\dfrac{259}{648}$	3
$\dfrac{ナニ}{ヌネ}$	$\dfrac{21}{43}$	3
$\dfrac{ノハ}{ヒフヘ}$	$\dfrac{88}{259}$	3

第4問 (20)

解答記号	正解	配点
ア, イウ	8, 17	3
エオ, カキ	23, 49	2
ク, ケコ	8, 17	3
サ, シス	7, 15	3
セ	2	2
ソ	6	2
タ, チ, ツテ	3, 2, 23	2
トナニ	343	3

第5問 (20)

解答記号	正解	配点
$\dfrac{\sqrt{ア}}{イ}$	$\dfrac{\sqrt{6}}{2}$	4
ウ	1	3
$\dfrac{エ\sqrt{オカ}}{キ}$	$\dfrac{2\sqrt{15}}{5}$	3
$\dfrac{ク}{ケ}$	$\dfrac{3}{4}$	2
コ	3	2
$\dfrac{\sqrt{サ}}{シ}$	$\dfrac{\sqrt{6}}{2}$	3
$\dfrac{\sqrt{スセ}}{ソ}$	$\dfrac{\sqrt{15}}{5}$	3

（注）第1問，第2問は必答。第3問〜第5問のうちから2問選択。計4問を解答。

（平均点：59.68点）

第1問 —— 平方根，絶対値，命題，2次関数，最大値，平行移動

〔1〕 標準 《平方根，絶対値》

$9a^2 - 6a + 1 = (\boxed{3}a - \boxed{1})^2$ である。

次に，$A = \sqrt{9a^2 - 6a + 1} + |a+2|$ とおくと

$$A = \sqrt{(3a-1)^2} + |a+2| = |3a-1| + |a+2|$$

なので，次の三つの場合に分けて考える。

- $a > \dfrac{1}{3}$ のとき，$3a-1 > 0$，$a+2 > 0$ なので

  $A = (3a-1) + (a+2) = \boxed{4}a + \boxed{1}$

- $-2 \leq a \leq \dfrac{1}{3}$ のとき，$3a-1 \leq 0$，$a+2 \geq 0$ なので

  $A = -(3a-1) + (a+2) = \boxed{-2}a + \boxed{3}$

- $a < -2$ のとき，$3a-1 < 0$，$a+2 < 0$ なので

  $A = -(3a-1) - (a+2) = -4a - 1$

$A = 2a + 13$ となるのは

- $a > \dfrac{1}{3}$ のとき，$A = 4a + 1$ なので

  $4a + 1 = 2a + 13$ ∴ $a = 6$

  これは $a > \dfrac{1}{3}$ を満たす。

- $-2 \leq a \leq \dfrac{1}{3}$ のとき，$A = -2a + 3$ なので

  $-2a + 3 = 2a + 13$ ∴ $a = -\dfrac{5}{2}$

  これは $-2 \leq a \leq \dfrac{1}{3}$ を満たさないので不適。

- $a < -2$ のとき，$A = -4a - 1$ なので

  $-4a - 1 = 2a + 13$ ∴ $a = -\dfrac{7}{3}$

  これは $a < -2$ を満たす。

よって，求める a の値は

$$a = \boxed{6}, \boxed{\dfrac{-7}{3}}$$

解説

根号を，絶対値を用いて処理する問題である。誘導が丁寧であるため，計算間違いに注意して進めてゆけば，容易な問題である。

$9a^2-6a+1=(3a-1)^2$ より，根号の中が平方の形になるので，x が実数のとき $\sqrt{x^2}=|x|$ となることを用いて，$A=|3a-1|+|a+2|$ と変形すればよい。

通常であれば，A の絶対値をはずすための a の値の場合分けを考えさせられてもおかしくない問題ではあるが，a の値の三つの場合分けも問題の中に示されているので，絶対値の中身である $3a-1$ と $a+2$ が 0 以上となるか，あるいは 0 以下となるかに注意して絶対値をはずしてゆけばよい。$A=2a+13$ となる a の値は，$a>\frac{1}{3}$, $-2\leqq a\leqq\frac{1}{3}$, $a<-2$ の三つの場合で A の式が異なるので，この三つの場合に場合分けをして求める。その際，求めた a の値が，場合分けの a の値の範囲に含まれるか否かを吟味し忘れないようにしなければならない。

[2] 易 《命題》

(1)「p：m と n はともに奇数である」
より
「$\bar{p}$：m と n の少なくとも一方は偶数である」
なので，二つの自然数 m, n が条件 $\bar{p}$ を満たすとき，m が奇数ならば n は偶数である。(⓪)
また，m が偶数ならば n は偶数でも奇数でもよい。(②)

(2)「q：$3mn$ は奇数である $\Longleftrightarrow$ m と n はともに奇数である」
なので，$p\Longrightarrow q$, $q\Longrightarrow p$ はいずれも真だから，p は q であるための必要十分条件である。(⓪)
また
「r：$m+5n$ は偶数である $\Longleftrightarrow$ (m と $5n$ はともに偶数) または
(m と $5n$ はともに奇数)
$\Longleftrightarrow$ (m と n はともに偶数) または
(m と n はともに奇数)」
なので，$p\Longrightarrow r$ は真，$r\Longrightarrow p$ は偽 (反例：m と n はともに偶数) だから，p は r であるための十分条件であるが，必要条件ではない。(②)
$\bar{p}\Longrightarrow r$ は偽 (反例：m は偶数，n は奇数)，$r\Longrightarrow\bar{p}$ は偽 (反例：m と n はとも

に奇数）だから，$\bar{p}$ は r であるための必要条件でも十分条件でもない。（ ③ ）

解　説

二つの自然数の偶数，奇数に関する問題であり，偶数，奇数で分類しさえすれば，難しい部分は見当たらない。

偶数，奇数の積と和について考えると

　　　　（偶数）×（偶数）＝（偶数）　　（偶数）＋（偶数）＝（偶数）
　　　　（偶数）×（奇数）＝（偶数）　　（偶数）＋（奇数）＝（奇数）
　　　　（奇数）×（奇数）＝（奇数）　　（奇数）＋（奇数）＝（偶数）

となる。

〔3〕 《2次関数，最大値，平行移動》

(1) $y = x^2 + (2a - b)x + a^2 + 1$　（a, b：正の実数）　……①

を平方完成すると

$$y = \left(x + \frac{2a-b}{2}\right)^2 - \left(\frac{2a-b}{2}\right)^2 + a^2 + 1$$

$$= \left(x + a - \frac{b}{2}\right)^2 - \frac{4a^2 - 4ab + b^2}{4} + a^2 + 1$$

$$= \left\{x - \left(\frac{b}{2} - a\right)\right\}^2 - \frac{b^2}{4} + ab + 1$$

なので，グラフ G の頂点の座標は

$$\left(\boxed{\frac{b}{2}} - a,\ -\boxed{\frac{b^2}{4}} + ab + \boxed{1}\right)\ \ \cdots\cdots②$$

(2) グラフ G が点 $(-1, 6)$ を通るとき，$x = -1$，$y = 6$ を①に代入して

$$6 = 1 - (2a - b) + a^2 + 1$$

すなわち

$$b = -a^2 + 2a + 4$$
$$= -(a-1)^2 + 5$$

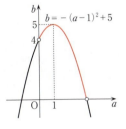

a, b は正の実数なので，b のとり得る値の最大値は $\boxed{5}$ であり，そのときの a の値は $\boxed{1}$ である。

$b = 5$，$a = 1$ のとき，グラフ G の頂点の座標は，②より

$$\left(\frac{5}{2} - 1,\ -\frac{25}{4} + 5 + 1\right)\quad \therefore\quad \left(\frac{3}{2},\ -\frac{1}{4}\right)$$

なので，グラフ G は 2 次関数 $y=x^2$ のグラフを x 軸方向に $\dfrac{3}{2}$，y 軸方向に $\dfrac{-1}{4}$ だけ平行移動したものである。

解説

教科書でも扱われるような基本的な内容であり，取り組みやすい問題である。定数が 2 文字含まれているので，計算間違いにさえ注意しておけばよい。

(1) ①を平方完成すれば，グラフ G の頂点②が求まる。

(2) グラフ G が点 $(-1, 6)$ を通る条件から，b を a の 2 次関数で表して b の最大値を求める。そのとき，a と b はともに正の実数であることを意識しておかなければならないが，仮にこの条件を忘れてしまっていても，グラフから b のとり得る値の最大値と，そのときの a の値を求めることはできてしまう。

$b=5$，$a=1$ が求まれば，グラフ G の頂点②に代入することで，グラフ G の頂点が具体的に求まるので，グラフ G が 2 次関数 $y=x^2$ のグラフを x 軸方向と y 軸方向にどれだけ平行移動したものであるかがわかる。

第2問 ― 余弦定理，三角比，三角形の面積，箱ひげ図，ヒストグラム，データの相関

〔1〕 標準 《余弦定理，三角比，三角形の面積》

△ABC に余弦定理を用いれば

$$\cos\angle BAC = \frac{3^2 + 2^2 - 4^2}{2 \cdot 3 \cdot 2} = \boxed{\frac{-1}{4}}$$

であり，$\cos\angle BAC < 0$ より，$\angle BAC > 90°$ なので，$\angle BAC$ は鈍角である。

(②)

また，$\sin\angle BAC > 0$ なので，$\sin^2\angle BAC + \cos^2\angle BAC = 1$ より

$$\sin\angle BAC = \sqrt{1 - \cos^2\angle BAC} = \sqrt{1 - \left(-\frac{1}{4}\right)^2} = \sqrt{\frac{15}{16}}$$

$$= \frac{\sqrt{\boxed{15}}}{\boxed{4}}$$

である。
線分 AC の垂直二等分線と直線 AB の交点を D とすると，
∠BAC は鈍角なので，点 D は右図のように辺 AB の端点
A の側の延長上にあり

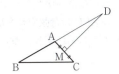

$$\angle CAD = 180° - \angle BAC$$

より

$$\cos\angle CAD = \cos(180° - \angle BAC)$$

$$= -\cos\angle BAC = -\left(-\frac{1}{4}\right)$$

$$= \boxed{\frac{1}{4}}$$

線分 AC の垂直二等分線と線分 AC の交点を M とすると，∠AMD = 90° より，
△AMD において

$$\cos\angle CAD = \frac{AM}{AD}$$

すなわち $\quad AD = \dfrac{AM}{\cos\angle CAD} = \dfrac{1}{\dfrac{1}{4}} = \boxed{4}$

ここで，△ABC の面積を求めると

$$(\triangle ABC \text{ の面積}) = \frac{1}{2} \cdot AB \cdot AC \cdot \sin \angle BAC$$
$$= \frac{1}{2} \cdot 3 \cdot 2 \cdot \frac{\sqrt{15}}{4} = \frac{3\sqrt{15}}{4}$$

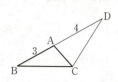

であり，$AB:AD = 3:4$ より

$$BD:AB = (3+4):3 = 7:3$$

なので

$$(\triangle DBC \text{ の面積}):(\triangle ABC \text{ の面積}) = BD:AB$$
$$= 7:3$$

よって，$\triangle DBC$ の面積は

$$(\triangle DBC \text{ の面積}) = \frac{7}{3}(\triangle ABC \text{ の面積}) = \frac{7}{3} \cdot \frac{3\sqrt{15}}{4}$$
$$= \frac{\boxed{7}\sqrt{\boxed{15}}}{\boxed{4}}$$

解　説

誘導の意図がわかりやすく，誘導に従いやすい問題である。

$\triangle ABC$ に余弦定理を用いれば $\cos \angle BAC$ の値が求まるので，$\cos \angle BAC$ の値が正，0，負のいずれになるかで，$\angle BAC$ が鋭角，直角，鈍角のいずれであるかが決定できる。

線分 AC の垂直二等分線と直線 AB の交点Dが，辺 AB の端点Aの側の延長上にあるか，端点Bの側の延長上にあるかを判断しなければならないが，$\angle BAC$ が鈍角であるから，端点Aの側の延長上にあることがわかる。このことから，$\angle CAD = 180° - \angle BAC$ であることがわかるので，$\cos(180° - \theta) = -\cos\theta$ を利用して $\cos \angle CAD$ の値が求まり，$\triangle AMD$ は直角三角形なので，$\cos \angle CAD$ の値を利用することで AD の長さも求まる。$\triangle DBC$ の面積と $\triangle ABC$ の面積は，点Cから直線 BD に下ろした垂線を高さと考えれば高さは共通なので，$\triangle DBC$ と $\triangle ABC$ の面積の比は，底辺の比 $BD:AB$ と一致する。したがって，$\triangle ABC$ の面積を求めさえすれば，$\triangle DBC$ の面積は求まる。

[2] 《箱ひげ図, ヒストグラム, データの相関》

(1) 図1より, 2013年の箱ひげ図の最大値に着目すると, 最大値は135より大きく140より小さい値をとる。図2より, ヒストグラムの最大値が135以上140未満の階級にあるのは③のみである。

よって, 2013年のヒストグラムは ③ である。

図1より, 2017年の箱ひげ図の最大値に着目すると, 最大値は120より大きく125より小さい値をとる。図2より, ヒストグラムの最大値が120以上125未満の階級にあるのは④のみである。

よって, 2017年のヒストグラムは ④ である。

(2) 図3, 図4から読み取れることとして正しくないものを考えると

⓪ 図4より, モンシロチョウの初見日の最小値である点と, ツバメの初見日の最小値である点は一致し, その点は原点を通り傾き1の直線上にあるので, モンシロチョウの初見日の最小値はツバメの初見日の最小値と同じである。よって, 正しい。

① 図3より, モンシロチョウの初見日の最大値はツバメの初見日の最大値より大きい。よって, 正しい。

② 図3より, モンシロチョウの初見日の中央値はツバメの初見日の中央値より大きい。よって, 正しい。

③ 図3より, モンシロチョウの初見日の第1四分位数はおよそ83, 第3四分位数はおよそ103だから, 四分位範囲は $103-83=20$ より, およそ20。また, 図3より, ツバメの初見日の第1四分位数はおよそ88, 第3四分位数はおよそ97だから, 四分位範囲は $97-88=9$ より, およそ9。これより, モンシロチョウの初見日の四分位範囲はツバメの初見日の四分位範囲の3倍より小さい。よって, 正しい。

④ 図3より, モンシロチョウの初見日の第1四分位数は85より小さく, 第3四分位数は100より大きいから, 四分位範囲は15日より大きい。よって, 正しくない。

⑤ 図3より, ツバメの初見日の第1四分位数は85より大きく, 第3四分位数は100より小さいから, 四分位範囲は15日より小さい。よって, 正しい。

⑥ 図4より, 原点を通り傾き1の直線上にある点は4点であり, 散布図の点には重なった点が2点あることを考慮すれば, モンシロチョウとツバメの初見日が同じ所が少なくとも4地点ある。よって, 正しい。

⑦ 図4より, 次図の2点A, Bについて考える。

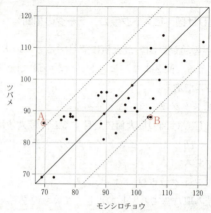

点Aの横軸の値を k とすると，原点を通り傾き1の直線と切片が15で傾きが1の直線を考慮すれば，縦軸の値は $k+15$ より大きい。点Bの横軸の値を ℓ とすると，原点を通り傾き1の直線と切片が -15 で傾きが1の直線を考慮すれば，縦軸の値は $\ell-15$ より小さい。これより，同一地点でのモンシロチョウの初見日とツバメの初見日の差が15日より大きい地点がある。よって，正しくない。

以上より，正しくないものは，④，⑦ である。

(3) ・X の偏差 $x_1-\bar{x},\ x_2-\bar{x},\ \cdots,\ x_n-\bar{x}$ の平均値は

$$\frac{1}{n}\{(x_1-\bar{x})+(x_2-\bar{x})+\cdots+(x_n-\bar{x})\}$$

$$=\frac{1}{n}\{(x_1+x_2+\cdots+x_n)-n\bar{x}\}$$

$$=\frac{1}{n}(x_1+x_2+\cdots+x_n)-\bar{x}$$

$$=\bar{x}-\bar{x}=0 \quad (⓪)$$

・X' の平均値を $\bar{x'}$ とすると，上の結果を用いて

$$\bar{x'}=\frac{1}{n}(x_1'+x_2'+\cdots+x_n')$$

$$=\frac{1}{n}\left(\frac{x_1-\bar{x}}{s}+\frac{x_2-\bar{x}}{s}+\cdots+\frac{x_n-\bar{x}}{s}\right)$$

$$=\frac{1}{s}\cdot\frac{1}{n}\{(x_1-\bar{x})+(x_2-\bar{x})+\cdots+(x_n-\bar{x})\}$$

$$=\frac{1}{s}\cdot 0=0 \quad (⓪)$$

・X' の分散を s'^2，標準偏差を s' とすると，分散 s'^2 は $\bar{x'}=0$ より

$$s'^2 = \frac{1}{n}\{(x_1'-\overline{x'})^2 + (x_2'-\overline{x'})^2 + \cdots + (x_n'-\overline{x'})^2\}$$

$$= \frac{1}{n}\{(x_1')^2 + (x_2')^2 + \cdots + (x_n')^2\} \quad \cdots\cdots (*)$$

$$= \frac{1}{n}\left\{\left(\frac{x_1-\overline{x}}{s}\right)^2 + \left(\frac{x_2-\overline{x}}{s}\right)^2 + \cdots + \left(\frac{x_n-\overline{x}}{s}\right)^2\right\}$$

$$= \frac{1}{s^2} \cdot \frac{1}{n}\{(x_1-\overline{x})^2 + (x_2-\overline{x})^2 + \cdots + (x_n-\overline{x})^2\}$$

$$= \frac{1}{s^2} \cdot s^2 = 1$$

よって,X' の標準偏差 s' は

$$s' = \sqrt{s'^2} = \sqrt{1} = 1 \quad (\boxed{①})$$

$x_i' = \dfrac{x_i - \overline{x}}{s} = \dfrac{1}{s}(x_i - \overline{x})$ $(i=1, 2, \cdots, n)$ ……(**) より,X' の平均値が $\overline{x'}=0$ なので,x_i' は $\overline{x'}=0$ を中心に $(x_i-\overline{x})$ を $\dfrac{1}{s}$ 倍だけ拡大・縮小された形で分布する。M' と T' は,データ M とデータ T について変換(**)をそれぞれ行ったものであり,同様の変換(**)をしているため,M' と T' の散布図の各点の配置と,M と T の散布図の各点の配置は同じになる。これに適するのは図5の ⓪と②である。

また,M' と T' の標準偏差の値 $s'=1$ を考慮すると,(*) より

$$\frac{1}{n}\{(x_1')^2 + (x_2')^2 + \cdots + (x_n')^2\} = 1 \quad (= s'^2) \quad \cdots\cdots(***)$$

となり,$(x_1')^2, (x_2')^2, \cdots, (x_n')^2$ の平均が1なので,$(x_1')^2, (x_2')^2, \cdots, (x_n')^2$ がすべて1より小さい値をとることはない。図5の⓪と②において,$|x_j'|<1$ すなわち $(x_j')^2<1$ となる x_j' が存在するから,$(x_i')^2>1$ すなわち $|x_i'|>1$ となる x_i' が少なくとも1つ存在し,M' と T' の散布図において,縦軸と横軸で1より大きい値,あるいは,-1 より小さい値をとる点が存在するはずである。図5の⓪と②のうちで,これに適するのは②である。

よって,M' と T' の散布図は,$\boxed{②}$ である。

解説

(1) 図2のヒストグラム⓪〜⑤は各々の違いがはっきりしているので,図1の特徴のある点に着目すれば,2013年,2017年の箱ひげ図に対応するヒストグラムはすぐに見つけることができる。

〔解答〕では,2013年のヒストグラムを決定する際,2013年の箱ひげ図の最大値に

着目したが，最小値に着目することで解答を選択することもできる。

(2) ⓪・⑥図4の散布図上に実線で描かれた傾き1の直線は，原点を通るから，この直線上にある点は横軸の値と縦軸の値が等しい。

⑦原点を通り傾き1の直線を $y=x$，切片が15および-15で傾きが1の2本の直線をそれぞれ $y=x+15$，$y=x-15$ として考えるとわかりやすい。

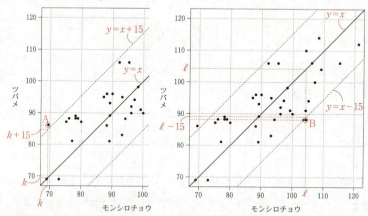

点Aの横軸の値を k とすれば，上図より，縦軸の値は $k+15$ より大きいことがわかる。したがって，点Aの地点でのモンシロチョウの初見日とツバメの初見日の差は15日より大きい。

点Bの横軸の値を ℓ とすれば，上図より，縦軸の値は $\ell-15$ より小さいことがわかる。したがって，点Bの地点でのモンシロチョウの初見日とツバメの初見日の差は15日より大きい。

これらのことから，切片が-15で傾きが1の直線と切片が15で傾きが1の直線の間の領域にある点は，モンシロチョウの初見日とツバメの初見日の差が15日より小さいこともわかる。

(3) 変換 $x_i'=\dfrac{x_i-\bar{x}}{s}$ ……(**) は「標準化」と呼ばれる変換であり，変換されたデータの平均は0，分散は1となる。

X の偏差の平均値，X' の平均値，X' の標準偏差は，偏差，平均値，標準偏差の定義式が理解できていれば求めることは難しくないが，M と T を変換(**)によってそれぞれ変換したときの M' と T' の散布図が図5のどの散布図になるのかを答える問題は難しい。

$x_i'=\dfrac{1}{s}(x_i-\bar{x})$ ……(**) より，X' の平均値が $\overline{x'}=0$ なので，x_i' は $(\overline{x'}=)0$ を

中心に $(x_i - \bar{x})$ が $\dfrac{1}{s}$ 倍だけ拡大・縮小された形で分布し，M' と T' は M と T に同様の変換（＊＊）をしているため，M' と T' の散布図と M と T の散布図の各点の配置は同じになる。例えば，図 4 の散布図のモンシロチョウの初見日が 70 より大きく 80 以下の区間にあり，ツバメの初見日が 80 より大きく 90 より小さい区間にある 6 つの密集した点が，図 5 の散布図のどこの位置に変換されているかに着目すると，図 5 の⓪と②を選び出しやすい。

問題の誘導から，M' と T' の標準偏差の値を考慮することはわかるが，標準偏差の値をどのように活かすべきかがわかりづらい。（＊＊＊）より，$(x_1')^2$, $(x_2')^2$, …, $(x_n')^2$ の平均が 1 なので，$(x_1')^2$, $(x_2')^2$, …, $(x_n')^2$ がすべて 1 より小さい値をとることはなく，$(x_1')^2$, $(x_2')^2$, …, $(x_n')^2$ の値がすべて 1 となるか，あるいは，$(x_j')^2 < 1$ となる x_j' が存在するときには $(x_i')^2 > 1$ となる x_i' が存在するか，のどちらかである。（＊＊＊）に着目することを思い付くことも難しく，（＊＊＊）から $|x_i'| > 1$ となる x_i' が少なくとも 1 つ存在することに気付くこともなかなか難しいだろう。

第3問 《確率，条件付き確率》

(1) 1回目の操作で，赤い袋が選ばれるのは，さいころ1個を投げて，3の倍数以外の目1，2，4，5が出たときだから，その確率は $\frac{4}{6}$。赤い袋から赤球が取り出される確率は $\frac{2}{3}$。

よって，1回目の操作で，赤い袋が選ばれ赤球が取り出される確率は

$$\frac{4}{6} \times \frac{2}{3} = \boxed{\frac{4}{9}}$$

1回目の操作で，白い袋が選ばれるのは，さいころ1個を投げて，3の倍数の目3，6が出たときだから，その確率は $\frac{2}{6}$。白い袋から赤球が取り出される確率は $\frac{1}{2}$。

よって，1回目の操作で，白い袋が選ばれ赤球が取り出される確率は

$$\frac{2}{6} \times \frac{1}{2} = \boxed{\frac{1}{6}}$$

(2) 2回目の操作が赤い袋で行われるのは，1回目の操作で赤球が取り出されるときだから，2回目の操作が赤い袋で行われる確率は，(1)の結果より

$$\frac{4}{9} + \frac{1}{6} = \frac{11}{18} \quad \cdots\cdots ①$$

よって，2回目の操作が白い袋で行われる確率は，余事象の確率を用いて

$$1 - \frac{11}{18} = \boxed{\frac{7}{18}}$$

(3) 2回目の操作で白球が取り出されるのは

(i) 1回目の操作で白球を取り出し，2回目の操作で白い袋から白球を取り出す。
(ii) 1回目の操作で赤球を取り出し，2回目の操作で赤い袋から白球を取り出す。

のいずれかだから，1回目の操作で白球を取り出す確率を p で表し，(i)と(ii)のそれぞれの確率を求めると

(i) $p \times \frac{1}{2} = \frac{1}{2}p \quad \cdots\cdots ②$ (ii) $(1-p) \times \frac{1}{3} = \frac{1}{3}(1-p)$

(i)，(ii)より，2回目の操作で白球が取り出される確率は

$$\frac{1}{2}p + \frac{1}{3}(1-p) = \boxed{\frac{1}{6}}p + \frac{1}{3}$$

よって，2回目の操作で白球が取り出される確率は，$p = \frac{7}{18}$ を代入して

$$\frac{1}{6} \cdot \frac{7}{18} + \frac{1}{3} = \frac{7+2\cdot 18}{6\cdot 18} = \boxed{\frac{43}{108}} \quad \cdots\cdots ③$$

同様に考えると，2回目の操作で白球を取り出す確率を q で表すと，3回目の操作で白球が取り出される確率は $\frac{1}{6}q + \frac{1}{3}$ で表される。

よって，3回目の操作で白球が取り出される確率は，$q = \frac{43}{108}$ を代入して

$$\frac{1}{6} \cdot \frac{43}{108} + \frac{1}{3} = \frac{43 + 2\cdot 108}{6 \cdot 108} = \boxed{\frac{259}{648}} \quad \cdots\cdots ④$$

(4) 2回目の操作で取り出した球が白球である事象を A，2回目の操作が白い袋で行われる事象を B とすると，②，③より

$$P(A) = \frac{43}{108}, \quad P(A\cap B) = P(B\cap A) = \frac{1}{2}p = \frac{1}{2}\cdot\frac{7}{18}$$

よって，求める条件付き確率は

$$P_A(B) = \frac{P(A\cap B)}{P(A)} = \frac{\frac{1}{2}\cdot\frac{7}{18}}{\frac{43}{108}} = \frac{1}{2}\cdot\frac{7}{18}\cdot\frac{108}{43}$$

$$= \boxed{\frac{21}{43}}$$

また，3回目の操作で取り出した球が白球である事象を C，はじめて白球が取り出されたのが3回目の操作である事象を D とすると，④より

$$P(C) = \frac{259}{648}$$

$P(C\cap D)$ は，1回目と2回目の操作で赤球を取り出し，3回目の操作で白球を取り出す確率だから，①の結果を用いて

$$P(C\cap D) = \frac{11}{18}\cdot\frac{2}{3}\cdot\frac{1}{3}$$

よって，求める条件付き確率は

$$P_C(D) = \frac{P(C\cap D)}{P(C)} = \frac{\frac{11}{18}\cdot\frac{2}{3}\cdot\frac{1}{3}}{\frac{259}{648}} = \frac{11}{18}\cdot\frac{2}{3}\cdot\frac{1}{3}\cdot\frac{648}{259}$$

$$= \boxed{\frac{88}{259}}$$

解説

2次試験でみられるような設定であり，なかなか難しい問題である。問題設定を把握し，考えてゆく時間を必要とするため，時間がかかる問題であっただろう。また，1回前の操作での確率 p を用いて確率を求めさせる設問は目新しく，「数学B」で学習する「漸化式」との融合問題に触れたことのある受験生には有利であったと思われる。

(1) 問題設定をしっかりと理解すれば，特に問題はない。

(2) (1)の結果を利用して，2回目の操作が赤い袋で行われる確率を求め，余事象の確率を用いて求める。

(3) 2回目の操作で白球が取り出されるのは，2回目の操作で白い袋から白球を取り出す場合と，赤い袋から白球を取り出す場合のいずれかだから，1回目の操作で白球を取り出す場合と，赤球を取り出す場合に分けて考える必要がある。1回目の操作で白球を取り出す確率を p で表すので，赤球を取り出す確率は $1-p$ となる。これに気付けたかどうかがポイントになっただろう。

同様に考えると，3回目の操作で白球が取り出されるのは
(iii) 2回目の操作で白球を取り出し，3回目の操作で白い袋から白球を取り出す。
(iv) 2回目の操作で赤球を取り出し，3回目の操作で赤い袋から白球を取り出す。
のいずれかだから，2回目の操作で白球を取り出す確率を q で表すと，(i)・(ii)のときと同様に，$q \times \dfrac{1}{2} + (1-q) \times \dfrac{1}{3} = \dfrac{1}{6}q + \dfrac{1}{3}$ が得られる。

(4) $P(A)$，$P(A \cap B)$，$P(C)$，$P(C \cap D)$ を求める際，(1)〜(3)の結果を利用することができる。このことに気付けたかどうかが，この後の処理を簡略化できたかどうかの鍵となる。

第4問 やや難 《不定方程式，約数，倍数》

(1) 49 と 23 にユークリッドの互除法を用いると

$49 = 23 \cdot 2 + 3$　　∴　$3 = 49 - 23 \cdot 2$
$23 = 3 \cdot 7 + 2$　　∴　$2 = 23 - 3 \cdot 7$
$3 = 2 \cdot 1 + 1$　　∴　$1 = 3 - 2 \cdot 1$

すなわち

$1 = 3 - 2 \cdot 1$
$ = 3 - (23 - 3 \cdot 7) \cdot 1$
$ = 23 \cdot (-1) + 3 \cdot 8$
$ = 23 \cdot (-1) + (49 - 23 \cdot 2) \cdot 8$
$ = 23 \cdot (-17) + 49 \cdot 8$
$ = 49 \cdot 8 - 23 \cdot 17$

不定方程式 $49x - 23y = 1$ ……① は，$49 \cdot 8 - 23 \cdot 17 = 1$ ……② が成り立つから，
① - ② より

$49(x - 8) - 23(y - 17) = 0$

すなわち　　$49(x - 8) = 23(y - 17)$

49 と 23 は互いに素なので，k を整数として

$x - 8 = 23k,\ y - 17 = 49k$

と表されるから

$x = 23k + 8,\ y = 49k + 17$

よって，①の解となる自然数 x，y の中で，x の値が最小のものは，$k = 0$ のときで

$x = 23 \cdot 0 + 8 = \boxed{8},\ y = 49 \cdot 0 + 17 = \boxed{17}$

であり，すべての整数解は，k を整数として

$x = \boxed{23}k + 8,\ y = \boxed{49}k + 17$

と表せる。

(2) 49 の倍数である自然数 A と 23 の倍数である自然数 B は

$A = 49x,\ B = 23y$　　($x,\ y$：自然数)

と表せるから，A と B の差の絶対値が 1 となるのは

$|A - B| = 1$　　$A - B = \pm 1$　　∴　$49x - 23y = \pm 1$

$A = 49x$ が最小になるのは，x の値が最小になるときだから

　(i) $49x - 23y = 1$ のとき

　　(1)の結果より，x の値が最小のものは

$x = 8,\ y = 17$

なので，このときの組 (A, B) は
$$(A, B) = (49 \times 8,\ 23 \times 17)$$

(ii) $49x - 23y = -1$ ……③のとき

②の両辺を (-1) 倍して
$$49 \cdot (-8) - 23 \cdot (-17) = -1$$
不定方程式③と辺々引き算して
$$49(x+8) - 23(y+17) = 0$$
すなわち $\quad 49(x+8) = 23(y+17)$

49 と 23 は互いに素なので，不定方程式③のすべての整数解は，ℓ を整数として
$$x + 8 = 23\ell,\quad y + 17 = 49\ell$$
すなわち
$$x = 23\ell - 8,\quad y = 49\ell - 17$$
と表せる。

これを満たす x の値が最小のものは，$\ell = 1$ のときで
$$x = 23 \cdot 1 - 8 = 15,\quad y = 49 \cdot 1 - 17 = 32$$
なので，このときの組 (A, B) は
$$(A, B) = (49 \times 15,\ 23 \times 32)$$

よって，(i), (ii) より，A と B の差の絶対値が 1 となる組 (A, B) の中で，A が最小になるのは
$$(A, B) = (49 \times \boxed{8},\ 23 \times \boxed{17})$$

また，A と B の差の絶対値が 2 となるのは
$$|A - B| = 2 \quad A - B = \pm 2 \quad \therefore\ 49x - 23y = \pm 2$$
$A = 49x$ が最小になるのは，x の値が最小になるときだから

(iii) $49x - 23y = 2$ ……④のとき

②の両辺を 2 倍した式と不定方程式④の辺々引き算をして，(ii)と同様に変形することを考えれば，不定方程式④のすべての整数解は，s を整数として
$$x - 8 \cdot 2 = 23s,\quad y - 17 \cdot 2 = 49s$$
$$\therefore\ x = 23s + 16,\quad y = 49s + 34$$
と表せる。

これを満たす x の値が最小のものは，$s = 0$ のときで
$$x = 23 \cdot 0 + 16 = 16,\quad y = 49 \cdot 0 + 34 = 34$$
なので，このときの組 (A, B) は
$$(A, B) = (49 \times 16,\ 23 \times 34)$$

(iv) $49x - 23y = -2$ ……⑤のとき

②の両辺を（−2）倍した式と不定方程式⑤の辺々引き算をして，(ii)と同様に変形することを考えれば，不定方程式⑤のすべての整数解は，t を整数として
$$x-8\cdot(-2)=23t,\ y-17\cdot(-2)=49t$$
$$\therefore\ x=23t-16,\ y=49t-34$$
と表せる。

これを満たす x の値が最小のものは，$t=1$ のときで
$$x=23\cdot1-16=7,\ y=49\cdot1-34=15$$
なので，このときの組 $(A,\ B)$ は
$$(A,\ B)=(49\times7,\ 23\times15)$$
よって，(iii), (iv)より，A と B の差の絶対値が 2 となる組 $(A,\ B)$ の中で，A が最小になるのは
$$(A,\ B)=(49\times\boxed{7},\ 23\times\boxed{15})$$

(3) a と $a+2$（a：自然数）の最大公約数について考えると
- $a=1$ のとき
  $a=1,\ a+2=3$ だから，a と $a+2$ の最大公約数は 1。
- $a=2$ のとき
  $a=2,\ a+2=4$ だから，a と $a+2$ の最大公約数は 2。
- $a\geq3$ のとき
  a と $a+2$ にユークリッドの互除法を用いると
  $$a+2=a\cdot1+2$$
  より，$a+2$ を a で割った余りは 2 だから，a と $a+2$ の最大公約数は，a と 2 の最大公約数に一致する。

  したがって，a と 2 の最大公約数は，a が奇数のとき 1，a が偶数のとき 2 だから，a と $a+2$ の最大公約数は 1 または 2。

以上より，a と $a+2$ の最大公約数は 1 または $\boxed{2}$ である。

また，$a,\ a+1,\ a+2$（a：自然数）は連続する三つの自然数だから，この三つの自然数のうちの一つが 3 の倍数であり，少なくとも一つが 2 の倍数である。

したがって，$a(a+1)(a+2)$ は $2\times3=6$ の倍数である。

ここで，$a=1$ のとき
$$a(a+1)(a+2)=1\cdot2\cdot3=6$$
なので，すべての自然数 a に対して，$a(a+1)(a+2)$ が 6 より大きな自然数の倍数になることはない。

よって，「条件：$a(a+1)(a+2)$ は m の倍数である」がすべての自然数 a で成り立つような自然数 m のうち，最大のものは $m=\boxed{6}$ である。

(4) 6762 を素因数分解すると
$$6762 = 2 \times \boxed{3} \times 7^{\boxed{2}} \times \boxed{23}$$
である。

b を，$b(b+1)(b+2)$ が 6762 の倍数となる最小の自然数とすると，(3)の結果より

$$\left.\begin{array}{l} b \text{ と } b+1 \text{ の最大公約数は } 1 \\ b+1 \text{ と } b+2 \text{ の最大公約数は } 1 \\ b \text{ と } b+2 \text{ の最大公約数は } 1 \text{ または } 2 \end{array}\right\} \cdots\cdots(*)$$

となるから，$b, b+1, b+2$ のいずれかは $7^2 = 49$ の倍数であり，また，$b, b+1, b+2$ のいずれかは 23 の倍数である。このとき，$b(b+1)(b+2)$ は 6 の倍数であるから，$b(b+1)(b+2)$ は 6762 の倍数となる。

$b, b+1, b+2$ のうちの，49 の倍数であるものを $A = 49x$ (x：自然数)，23 の倍数であるものを $B = 23y$ (y：自然数) とおくと，$b, b+1, b+2$ のうちの 2 つの数の差は，$0, \pm 1, \pm 2$ のいずれかだから

$$|A - B| = 0 \text{ または } 1 \text{ または } 2$$

を考えればよいことがわかる。

したがって

(ア) $|A - B| = 0$ のとき

$$A - B = 0 \text{ すなわち } A = B$$

よって，$A = 49x = 23y = B$ で，49 と 23 は互いに素であるから，$A = B$ が最小になるのは

$$A = B = 49 \cdot 23 = 1127$$

$A = B$ が $b+2$ と一致するとき，b は最小になるから

$$b + 2 = 1127 \quad \therefore \quad b = 1125$$

(イ) $|A - B| = 1$ のとき

$$A - B = 1 \text{ または } A - B = -1$$

(2)の(i), (ii)の結果より，A が最小になるのは，$A - B = 1$ のときで，そのときの組 (A, B) は

$$(A, B) = (49 \times 8, 23 \times 17)$$

$A - B = 1$ より，$A > B$ なので，A が $b+2$ と一致するとき，b は最小になるから

$$b + 2 = 49 \times 8 = 392 \quad \therefore \quad b = 390$$

(ウ) $|A - B| = 2$ のとき

$$A - B = 2 \text{ または } A - B = -2$$

(2)の(iii), (iv)の結果より，A が最小になるのは，$A - B = -2$ のときで，そのときの組 (A, B) は

$(A, B) = (49×7, 23×15)$

$A-B=-2$ より，$B>A$ なので，B が $b+2$ と一致するとき，b は最小になるから

$b+2=23×15=345$　∴　$b=343$

よって，(ア)～(ウ)より，求める b の値は

$b=\boxed{343}$

解説

1次不定方程式を利用して，三つの連続する整数の積を決定する問題である。(2)の二つの自然数の差の絶対値に関する問題は，見慣れた出題形式ではないため，受験生にとっては難しく感じられたのではないだろうか。(4)の問題は，(1)～(3)とのつながりが見えづらく相当難度が高い。

(1) 問題文の誘導では，①の解となる自然数 x, y の中で，x の値が最小のものを求めてから，①のすべての整数解を求める流れになっているが，x の値が最小となる①の解 $x=8, y=17$ が求めやすい数値ではないので，①のすべての整数解を先に求め，その解を使って，x の値が最小となる x, y を求めた。

(2) $A=49x, B=23y$（x, y：自然数）とおくことで，(1)と同様の方法で，$49x-23y=-1, 49x-23y=±2$ のときのすべての整数解 x, y を求めることができる。その解を利用して，A が最小となる組 (A, B) を求めればよい。

(3) a と $a+2$ の最大公約数を求める際，次の互除法の原理を利用している。

> **ポイント**　互除法の原理
> 二つの自然数 a, b（$a>b$）について，a を b で割ったときの余りを r（$r≠0$）とすると，a と b の最大公約数は，b と r の最大公約数に等しい。

$a=1, 2$ のときも，$a+2=a・1+2$ の形に変形することはできるが，$a=1, 2$ のとき「$a+2$ を a で割ったときの余りが2」とは言えないので，$a=1, a=2, a≧3$ の三つの場合に場合分けをして考えた。

連続する三つの整数が6の倍数となるのは有名な事実であり，大学入試でも頻出である。ここでは，「条件：$a(a+1)(a+2)$ は m の倍数である」がすべての自然数 a で成り立つような最大の自然数 m を求めたいので，$a(a+1)(a+2)$ が最も小さい数となる $a=1$ のときを調べ，$m=6$ が最大であることを述べた。

(4) (3)の結果より，(＊)が成り立つから，$b, b+1, b+2$ のいずれかは 7^2 の倍数であり，また，$b, b+1, b+2$ のいずれかは23の倍数であることがわかる。$b, b+1, b+2$ のうちの49の倍数であるものを $A=49x$（x：自然数），23の倍数であるものを $B=23y$（y：自然数）とおけば，$b, b+1, b+2$ のうちの2数の差が，0，±1，

±2 のいずれかだから，$|A-B|=0$ または 1 または 2 と表せるので，(2)の結果を利用することができる。

(ア)では，$A=B$ が最小になるのは，$A=B$ が 49 の倍数で，かつ，23 の倍数なので，49 と 23 が互いに素より，$A=B=49\cdot 23$ となるときで，$A=B$ が $b+2$ と一致すれば，b，$b+1$，$b+2=A=B$ となって，b は最小となる。

(イ)では，A が最小になるのは，(2)の(i)，(ii)の結果より，$A-B=1$ のときだから，$A>B$ より，A が $b+2$ と一致すれば，b，$b+1=B$，$b+2=A$ となって，b は最小となる。本来(イ)であれば，$A-B=1$ $(A>B)$ のときの $A=49\cdot(23k+8)$ と $A-B=-1$ $(B>A)$ のときの $B=23\cdot(49\ell-17)$ を大小比較してどちらの方が小さいかを考えるべきである。しかし，$A-B=-1$ のときの A と B の差は 1 であり，$A-B=1$ のときの A と $A-B=-1$ のときの A を大小比較した場合，(2)の(i)，(ii)の結果と $A=49x$ の形より，$A-B=1$ のときの A の方が 49 以上小さくなるから，$A-B=1$ のときの A と $A-B=-1$ のときの B を大小比較するのでなく，$A-B=1$ のときの A と $A-B=-1$ のときの A を大小比較すればよいことになる。したがって，(2)の(i)，(ii)の結果が利用できる。

(ウ)では，(イ)と同様に，A が最小になるのは，(2)の(iii)，(iv)の結果より，$A-B=-2$ のときだから，$B>A$ より，B が $b+2$ と一致すれば，$b=A$，$b+1$，$b+2=B$ となって，b は最小となる。本来(ウ)であれば，$A-B=2$ $(A>B)$ のときの A と $A-B=-2$ $(B>A)$ のときの B を大小比較してどちらの方が小さいかを考えるべきである。しかし，$A-B=-2$ のときの A と B の差は 2 であり，$A-B=2$ のときの A と $A-B=-2$ のときの A を大小比較した場合，(2)の(iii)，(iv)の結果と $A=49x$ の形より，$A-B=-2$ のときの A の方が 49 以上小さくなるから，$A-B=2$ のときの A と $A-B=-2$ のときの B を大小比較するのでなく，$A-B=2$ のときの A と $A-B=-2$ のときの A を大小比較すればよいことになる。したがって，(2)の(iii)，(iv)の結果が利用できる。

第5問　標準　《内接円，余弦定理，チェバの定理，正弦定理》

△ABC の面積を S とすると

$$S = \frac{1}{2} \cdot AB \cdot AC \cdot \sin\angle BAC$$
$$= \frac{1}{2} \cdot 4 \cdot 5 \cdot \frac{2\sqrt{6}}{5}$$
$$= 4\sqrt{6}$$

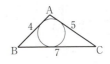

△ABC の内接円の半径を r とすると，$S = \frac{1}{2}r(AB + BC + AC)$ と表せるから

$$4\sqrt{6} = \frac{1}{2}r(4 + 7 + 5) \quad \therefore \quad r = \frac{\sqrt{6}}{2}$$

よって，△ABC の内接円の半径は $\dfrac{\sqrt{\boxed{6}}}{\boxed{2}}$ である。

この内接円と辺 BC との接点を G とし，AD = AE = x，BD = BG = y，CG = CE = z とおくと

$$\begin{cases} AD + BD = AB \\ BG + CG = BC \\ CE + AE = AC \end{cases} \therefore \begin{cases} x + y = 4 & \cdots\cdots ① \\ y + z = 7 & \cdots\cdots ② \\ z + x = 5 & \cdots\cdots ③ \end{cases}$$

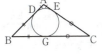

① + ② + ③ より

$$2(x + y + z) = 16 \quad \therefore \quad x + y + z = 8 \quad \cdots\cdots ④$$

④に①，②，③をそれぞれ代入すれば

$$z = 4, \quad x = 1, \quad y = 3$$

よって　AD = x = $\boxed{1}$

したがって，△ADE に余弦定理を用いれば

$$DE^2 = x^2 + x^2 - 2 \cdot x \cdot x \cdot \cos\angle BAC$$
$$= 1^2 + 1^2 - 2 \cdot 1 \cdot 1 \cdot \left(-\frac{1}{5}\right)$$
$$= \frac{12}{5}$$

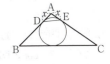

DE > 0 なので

$$DE = \sqrt{\frac{12}{5}} = \frac{2\sqrt{3}}{\sqrt{5}} = \frac{\boxed{2}\sqrt{\boxed{15}}}{\boxed{5}}$$

△ABC にチェバの定理を用いれば

$$\frac{AD}{DB}\cdot\frac{BQ}{QC}\cdot\frac{CE}{EA}=1 \qquad \frac{1}{3}\cdot\frac{BQ}{CQ}\cdot\frac{4}{1}=1$$

$$\therefore \quad \frac{BQ}{CQ}=\boxed{\frac{3}{4}}$$

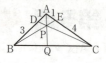

であるから

$$BQ:BC = 3:(3+4) = 3:7$$

より

$$BQ = \frac{3}{7}BC = \boxed{3}$$

これより，BQ＝BG＝3 なので，Q と G は同じ点になるから，△ABC の内心を I とすると

$$IQ = IG = r = \frac{\sqrt{\boxed{6}}}{\boxed{2}}$$

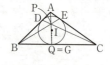

△DEF の外接円と △ABC の内接円は一致するから，△DEF の外接円の半径は r なので，△DEF に正弦定理を用いて

$$2r = \frac{DE}{\sin\angle DFE}$$

すなわち

$$\sin\angle DFE = \frac{DE}{2r} = \frac{\frac{2\sqrt{15}}{5}}{2\cdot\frac{\sqrt{6}}{2}} = \frac{2\sqrt{15}}{5\sqrt{6}} = \frac{\sqrt{10}}{5}$$

$\cos\angle BAC = -\frac{1}{5} < 0$ より，∠BAC は鈍角なので，△ADE において ∠DEA は鋭角となるから，接弦定理を用いて

$$\angle DFE = \angle DEA$$

より，∠DFE は鋭角であることがわかる。
したがって，$\cos\angle DFE > 0$ なので，$\sin^2\angle DFE + \cos^2\angle DFE = 1$ より

$$\cos\angle DFE = \sqrt{1-\sin^2\angle DFE} = \sqrt{1-\left(\frac{\sqrt{10}}{5}\right)^2} = \sqrt{\frac{15}{25}}$$

$$=\frac{\sqrt{\boxed{15}}}{\boxed{5}}$$

解　説

「数学Ⅰ」の「図形と計量」との融合問題である。旧課程では「平面図形」と「図形と計量」との融合問題として出題されていたが，現行課程となってからは珍しい形式

での出題である。

初めに正弦の値が与えられているので，$S=\dfrac{1}{2}r(AB+BC+AC)$ を利用することで，△ABC の内接円の半径が求まることに気付けるだろう。

三角形と内接円が絡む問題では頻繁に利用するが，円外の点から円に引いた2接線の長さは等しいので，AD＝AE，BD＝BG，CG＝CE が成り立つから，それを x, y, z とおき，AD の長さを求めた。ここでは，x, y, z の3文字で表したが，AD＝AE，BD＝BG，CG＝CE を1文字だけで表す解法も考えられる。実際には，AD＝AE＝x, BD＝BG＝$4-x$, CG＝CE＝$5-x$ とおいて，BG＋CG＝BC＝7 を利用して求める。AD＝AE＝x の長さがわかれば，初めに与えられた余弦の値を利用して，△ADE に余弦定理を用いることで DE の長さも求まる。

AD の長さを求める誘導から，BD，AE，CE の長さも求まるので，$\dfrac{BQ}{CQ}$ の値は，チェバの定理を用いればよいことに気付ける。そこから，BQ の長さが求まるが，BQ＝BG＝3 となるので，Q＝G が成り立つ。このことに気付くかどうかが，この問題を完答できるかどうかの分かれ目となる。それがわかれば，IQ の長さは，IQ＝IG＝r から求めることができ，△DEF の外接円と△ABC の内接円が一致するので，△ABC の内接円の半径 r を利用して△DEF に正弦定理を用いることができる。

数学Ⅱ・数学B 本試験

第1問（30）

解答記号	正解	配点
アイ	-1	1
ウ$+\sqrt{エ}$	$2+\sqrt{3}$	2
$\dfrac{\cos 2\theta + オ}{カ}$	$\dfrac{\cos 2\theta + 1}{2}$	2
キ, ク, ケ	2, 2, 1	3
コ, サ, シ	2, 2, 4	3
ス	3	2
$\dfrac{\pi}{セ}, \dfrac{\pi}{ソ}$	$\dfrac{\pi}{4}, \dfrac{\pi}{2}$	2
タ	②	2
チ	2	2
ツ$x+$テ	$2x+1$	2
t^2-トナ$t+$ニヌ	$t^2-11t+18$	2
ネ	0	1
ノ	9	1
ハ	2	1
$\log_3 \dfrac{ヒ}{フ}$	$\log_3 \dfrac{1}{2}$	2
$\log_3 \dfrac{ヘ}{ホ}$	$\log_3 \dfrac{3}{4}$	2

第2問（30）

解答記号	正解	配点
ア	0	1
イ	0	1
ウエ	-3	1
オ	1	2
カキ	-2	1
クケ	-2	2
$ka^{コ}$	ka^2	1
$\dfrac{サ}{シ}$	$\dfrac{a}{2}$	2
$\dfrac{k}{ス}a^{セ}$	$\dfrac{k}{3}a^3$	2
ソタ	12	2
$\dfrac{チ}{ツ}-$テ	$\dfrac{3}{a}-a$	3
ト$(b^2-$ナ$)x$	$3(b^2-1)x$	2
ニb^3	$2b^3$	1
$(x-$ヌ$)^2$	$(x-b)^2$	1
$x+$ネb	$x+2b$	2
$\dfrac{ノハ}{ヒ}$	$\dfrac{12}{5}$	3
$\dfrac{フ}{ヘホ}$	$\dfrac{3}{25}$	3

2019年度：数学Ⅱ・B／本試験〈解答〉　**27**

問題番号 (配点)	解答記号	正　解	配点	チェック
第3問 (20)	アイ	15	2	
	ウ	2	2	
	エ, オ, カ	4, ①, 1	2	
	キ, ク, ケ, コ, サ	4, ①, 3, 4, 3	3	
	シス	-5	1	
	セT_n+ソ$n+$タ	$4T_n+3n+3$	3	
	チb_n+ツ	$4b_n+6$	2	
	テト, ナ, ニ	-3, ⓪, 2	2	
	ヌ, ネ, ノ, ハ, ヒ	$-$, 9, 8, 8, 3	3	
第4問 (20)	アイ°	90°	1	
	$\dfrac{\sqrt{ウ}}{エ}$	$\dfrac{\sqrt{5}}{2}$	1	
	オカ	-1	1	
	$\sqrt{キ}$	$\sqrt{2}$	1	
	$\sqrt{ク}$	$\sqrt{2}$	1	
	ケコサ°	120°	1	
	シス°	60°	1	
	セ	2	1	
	$\vec{a}-$ソ$\vec{b}+$タ$\vec{c}$	$\vec{a}-2\vec{b}+2\vec{c}$	1	
	$\dfrac{チ\sqrt{ツ}}{テ}$	$\dfrac{3\sqrt{3}}{2}$	2	
	ト	0	1	
	ナ, $\dfrac{ニ}{ヌ}$	1, $\dfrac{3}{5}$	2	
	$\dfrac{\sqrt{ネ}}{ノ}$	$\dfrac{\sqrt{5}}{5}$	2	
	$\dfrac{ハ}{ヒ}$	$\dfrac{1}{6}$	1	
	フ	3	1	
	$\dfrac{\sqrt{ヘ}}{ホ}$	$\dfrac{\sqrt{3}}{3}$	2	

問題番号 (配点)	解答記号	正　解	配点	チェック
第5問 (20)	アイ	74	2	
	-7×10^{ウ}	-7×10^3	2	
	$5^{エ}\times10^{オ}$	$5^2\times10^6$	2	
	カ.キ	1.4	2	
	0.クケ	0.08	2	
	コ.サ	4.0	2	
	$\sqrt{シ.ス}$	$\sqrt{3.7}$	2	
	セ.ソ	0.6	2	
	0.タチ	0.90	2	
	ツ	②	2	

(注)　第1問，第2問は必答。第3問〜第5問の
うちから2問選択。計4問を解答。

自己採点欄

100点

（平均点：53.21点）

第1問 ── 三角関数，指数・対数関数

〔1〕 標準 《三角関数の値域》

$$f(\theta) = 3\sin^2\theta + 4\sin\theta\cos\theta - \cos^2\theta \quad \cdots\cdots(*)$$

(1) （*）より

$$f(0) = 3\sin^2 0 + 4\sin 0\cos 0 - \cos^2 0 = 3\times 0^2 + 4\times 0\times 1 - 1^2 = \boxed{-1}$$

$$f\left(\frac{\pi}{3}\right) = 3\sin^2\frac{\pi}{3} + 4\sin\frac{\pi}{3}\cos\frac{\pi}{3} - \cos^2\frac{\pi}{3}$$

$$= 3\left(\frac{\sqrt{3}}{2}\right)^2 + 4\times\frac{\sqrt{3}}{2}\times\frac{1}{2} - \left(\frac{1}{2}\right)^2 = \frac{9}{4} + \sqrt{3} - \frac{1}{4} = \boxed{2} + \sqrt{\boxed{3}}$$

である。

(2) 余弦の2倍角の公式 $\cos 2\theta = 2\cos^2\theta - 1$ より

$$\cos^2\theta = \frac{\cos 2\theta + \boxed{1}}{\boxed{2}}$$

となる。また，正弦の2倍角の公式 $\sin 2\theta = 2\sin\theta\cos\theta$ も用いると，（*）は

$$f(\theta) = 3(1-\cos^2\theta) + 4\sin\theta\cos\theta - \cos^2\theta \quad (\sin^2\theta + \cos^2\theta = 1)$$

$$= 3 + 4\sin\theta\cos\theta - 4\cos^2\theta$$

$$= 3 + 2\sin 2\theta - 4\times\frac{\cos 2\theta + 1}{2}$$

$$= \boxed{2}\sin 2\theta - \boxed{2}\cos 2\theta + \boxed{1} \quad \cdots\cdots①$$

となる。

(3) 三角関数の合成を用いると，右図より，①は

$$f(\theta) = 2\sqrt{2}\sin\left\{2\theta + \left(-\frac{\pi}{4}\right)\right\} + 1$$

$$= \boxed{2}\sqrt{\boxed{2}}\sin\left(2\theta - \frac{\pi}{\boxed{4}}\right) + 1$$

と変形できる。

θ が $0 \leqq \theta \leqq \pi$ の範囲を動くとき，$-\frac{\pi}{4} \leqq 2\theta - \frac{\pi}{4} \leqq \frac{7}{4}\pi$ であるから

$$-1 \leqq \sin\left(2\theta - \frac{\pi}{4}\right) \leqq 1$$

で，このとき，$f(\theta)$ は

$$-2\sqrt{2} + 1 \leqq f(\theta) \leqq 2\sqrt{2} + 1$$

の範囲を動く。$4 < 8 < 9$ より $2 < 2\sqrt{2} < 3$ であるから

$$-2 < -2\sqrt{2}+1 < -1, \quad 3 < 2\sqrt{2}+1 < 4$$

が成り立つので，関数 $f(\theta)$ のとり得る最大の整数の値 m は

$$m = \boxed{3}$$

である。

$0 \leq \theta \leq \pi$ において，$f(\theta) = 3$ となる θ の値を求める。

$$2\sqrt{2}\sin\left(2\theta - \frac{\pi}{4}\right) + 1 = 3 \quad \text{より} \quad \sin\left(2\theta - \frac{\pi}{4}\right) = \frac{1}{\sqrt{2}}$$

$-\dfrac{\pi}{4} \leq 2\theta - \dfrac{\pi}{4} \leq \dfrac{7}{4}\pi$ であるから，右図より

$$2\theta - \frac{\pi}{4} = \frac{\pi}{4}, \ \frac{3}{4}\pi$$

$$2\theta = \frac{\pi}{2}, \ \pi$$

よって，θ の値は，小さい順に，$\dfrac{\pi}{\boxed{4}}$, $\dfrac{\pi}{\boxed{2}}$ である。

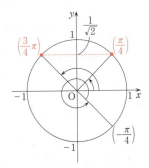

解説

(1) $\sin 0 = 0$, $\cos 0 = 1$, $\sin\dfrac{\pi}{3} = \dfrac{\sqrt{3}}{2}$, $\cos\dfrac{\pi}{3} = \dfrac{1}{2}$ である。ていねいに計算しよう。

(2) 2倍角の公式は加法定理からすぐ導けるが，次の公式は覚えておきたい。

> **ポイント** 2倍角の公式
> $$\sin 2\theta = 2\sin\theta\cos\theta$$
> $$\cos 2\theta = \cos^2\theta - \sin^2\theta$$
> $$\qquad = 2\cos^2\theta - 1 \quad (\sin^2\theta = 1 - \cos^2\theta)$$
> $$\qquad = 1 - 2\sin^2\theta \quad (\cos^2\theta = 1 - \sin^2\theta)$$

$\cos 2\theta = 1 - 2\sin^2\theta$ から $\sin^2\theta = \dfrac{1 - \cos 2\theta}{2}$ を得るから，これを用いて $f(\theta)$ を変形してもよい。

(3) 三角関数の合成も加法定理の応用である。

> **ポイント**　三角関数の合成
>
> $$a\sin\theta + b\cos\theta = \sqrt{a^2+b^2}\sin(\theta+\alpha)$$
>
> 右辺を加法定理を用いて展開すれば，この等式が次の条件で成立することを確認できる。
>
> $$a = \sqrt{a^2+b^2}\cos\alpha, \quad b = \sqrt{a^2+b^2}\sin\alpha$$
>
> すなわち　$\cos\alpha = \dfrac{a}{\sqrt{a^2+b^2}}, \quad \sin\alpha = \dfrac{b}{\sqrt{a^2+b^2}}$

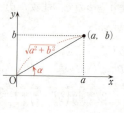

$2\sqrt{2}+1 \fallingdotseq 2 \times 1.4 + 1 = 3.8$ と考えても $m=3$ はわかる。

三角関数の方程式 $f(\theta)=3$ を解く際には，$2\theta - \dfrac{\pi}{4}$ のとり得る値の範囲に注意する。

〔2〕　**標準**　《指数・対数方程式》

$$\begin{cases} \log_2(x+2) - 2\log_4(y+3) = -1 & \cdots\cdots ② \\ \left(\dfrac{1}{3}\right)^y - 11\left(\dfrac{1}{3}\right)^{x+1} + 6 = 0 & \cdots\cdots ③ \end{cases}$$

真数の条件により

$\quad x+2>0, \ y+3>0 \quad$ すなわち $\quad x>-2, \ y>-3$

であるから，$\boxed{タ}$ に当てはまるものは $\boxed{②}$ である。

底の変換公式により

$$\log_4(y+3) = \dfrac{\log_2(y+3)}{\log_2 4} = \dfrac{\log_2(y+3)}{\boxed{2}}$$

である。よって，②から，x と y の関係は次のようになる。

$\log_2(x+2) - 2 \times \dfrac{\log_2(y+3)}{2} = -1$

$\log_2(x+2) - \log_2(y+3) = -1$

$\log_2(x+2) + 1 = \log_2(y+3)$

$\log_2(x+2) + \log_2 2 = \log_2(y+3) \quad (\log_2 2 = 1)$

$\log_2 2(x+2) = \log_2(y+3)$

$2(x+2) = y+3$

∴ $\quad y = \boxed{2}x + \boxed{1} \quad \cdots\cdots ④$

$t = \left(\dfrac{1}{3}\right)^x$ とおくと，④より

$$\left(\frac{1}{3}\right)^y = \left(\frac{1}{3}\right)^{2x+1} = \left(\frac{1}{3}\right)^{2x} \times \left(\frac{1}{3}\right)^1 = \left\{\left(\frac{1}{3}\right)^x\right\}^2 \times \frac{1}{3} = \frac{1}{3}t^2$$

となり，また

$$\left(\frac{1}{3}\right)^{x+1} = \left(\frac{1}{3}\right)^x \times \left(\frac{1}{3}\right)^1 = \frac{1}{3}t$$

であるから，③より

$$\frac{1}{3}t^2 - 11 \times \frac{1}{3}t + 6 = 0$$

すなわち　　$t^2 - \boxed{11}\,t + \boxed{18} = 0$ ……⑤

が得られる。

いま，$x > -2$（真数の条件）であるから，右図より

$$\boxed{0} < t < \boxed{9} \quad \cdots\cdots ⑥$$

である。

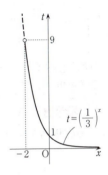

⑥の範囲で方程式⑤を解くと

$$(t-2)(t-9) = 0 \quad (0 < t < 9)$$

より，$t = \boxed{2}$　（$t=9$ は不適）となる。したがって，連立方程式②，③を満たす実数 x，y の値は次のように求められる。

$$\left(\frac{1}{3}\right)^x = 2 \quad \text{より} \quad 3^{-x} = 2 \quad -x = \log_3 2$$

$$\therefore \quad x = -\log_3 2 = \log_3 2^{-1} = \log_3 \boxed{\dfrac{1}{2}}$$

④より

$$y = 2 \times \log_3 \frac{1}{2} + 1 = \log_3\left(\frac{1}{2}\right)^2 + \log_3 3 \quad (\log_3 3 = 1)$$

$$= \log_3\left\{\left(\frac{1}{2}\right)^2 \times 3\right\} = \log_3 \boxed{\dfrac{3}{4}}$$

解説

実数 m に対して $a^m = M$（$a > 0$, $a \neq 1$）のとき $M > 0$ である。この式を m について解くために記号 $\log$ が作られ，$m = \log_a M$ と表せるようになった。m すなわち $\log_a M$ を a を底とする M の対数という。このとき M は真数と呼ばれ，$M > 0$ でなければならない（真数の条件）。当然，$a^{\log_a M} = M$ であり，$\log_a a = 1$，$\log_a 1 = 0$ である。対数の基本性質は指数法則から導かれる。

> **ポイント** 対数の基本性質（☐内が指数法則）
> $a>0$, $a \neq 1$, $M>0$, $N>0$ とする。
> $\log_a M = m$, $\log_a N = n$ とおくと, $M=a^m$, $N=a^n$ である。
> $$\log_a MN = \log_a M + \log_a N \longleftarrow MN = \boxed{a^m \times a^n = a^{m+n}} = a^{\log_a M + \log_a N}$$
> $$\log_a \frac{M}{N} = \log_a M - \log_a N \longleftarrow \frac{M}{N} = \boxed{\frac{a^m}{a^n} = a^{m-n}} = a^{\log_a M - \log_a N}$$
> $$\log_a M^p = p \log_a M \longleftarrow M^p = \boxed{(a^m)^p = a^{pm}} = a^{p \log_a M} \quad (p \text{ は実数})$$

対数 $\log_a M$ を, b ($b>0$, $b \neq 1$) を底とする対数で表したい場合には，次の底の変換公式を用いる。

> **ポイント** 底の変換公式
> $a>0$, $a \neq 1$, $b>0$, $b \neq 1$, $M>0$ とする。
> $$\log_a M = \frac{\log_b M}{\log_b a} \longleftarrow \begin{pmatrix} \log_a M = m \text{ のとき} & M=a^m \\ \text{よって,} \log_b M = \log_b a^m = m \log_b a \\ \qquad\qquad\qquad = (\log_a M)(\log_b a) \end{pmatrix}$$

②から④を導く計算は次のようにしてもよい。

$$\log_2 (x+2) - \log_2 (y+3) = -1 \qquad \log_2 \frac{x+2}{y+3} = -1$$

$$\frac{x+2}{y+3} = 2^{-1} = \frac{1}{2} \quad \therefore \quad y = 2x+1$$

指数関数 $t = \left(\dfrac{1}{3}\right)^x$ はつねに正の減少関数である。〔解答〕に図を示しておいた。

$x>-2$ のとき，$0<t<9$ となることは，その図を見ればよいが，$\dfrac{1}{3}=3^{-1}$ として，次のように考えてもよい。

$$0<t=3^{-x}<3^2=9 \quad (x>-2 \text{ より } -x<2)$$

第2問 標準 《極値，共通接線，面積》

$C: y = f(x) = x^3 + px^2 + qx$ （p, q は実数）
$D: y = -kx^2$
$A:$ 点 $(a, -ka^2)$ （$k>0$, $a>0$）

(1) 関数 $f(x)$ が $x = -1$ で極値をとるので，$f'(-1) = \boxed{0}$ である。その極値は 2 であるから $f(-1) = 2$ である。

$$f'(x) = 3x^2 + 2px + q \quad \text{より} \quad f'(-1) = 3 - 2p + q = 0 \quad \therefore \quad 2p - q = 3$$

また

$$f(-1) = -1 + p - q = 2 \quad \therefore \quad p - q = 3$$

この 2 式より，$p = \boxed{0}$，$q = \boxed{-3}$ である。したがって

$$f(x) = x^3 - 3x = x(x^2 - 3) = x(x+\sqrt{3})(x-\sqrt{3})$$
$$f'(x) = 3x^2 - 3 = 3(x^2 - 1) = 3(x+1)(x-1)$$

となるから，右の増減表が得られ，$f(x)$ は $x = \boxed{1}$ で極小値 $\boxed{-2}$ をとる。また，$y = f(x)$ のグラフと x 軸の交点の x 座標が $-\sqrt{3}$, 0, $\sqrt{3}$ であることを考慮すれば，$y = f(x)$ のグラフは右図のようになる。

x	$\cdots$	-1	$\cdots$	1	$\cdots$
$f'(x)$	$+$	0	$-$	0	$+$
$f(x)$	↗	2	↘	-2	↗

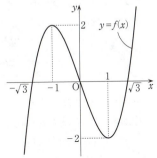

(2) 点 $A(a, -ka^2)$ （$k>0$, $a>0$）における放物線 $D: y = -kx^2$ （$y' = -2kx$）の接線 ℓ の方程式は

$$y - (-ka^2) = -2ka(x - a)$$

$$\therefore \quad \ell: y = \boxed{-2}kax + ka^2 \quad \cdots\cdots ①$$

と表せる。ℓ と x 軸の交点の x 座標は

$$0 = -2kax + ka^2 \quad 2kax = ka^2$$

$$\therefore \quad x = \frac{ka^2}{2ka} = \boxed{\frac{a}{2}} \quad (k \neq 0, \ a \neq 0)$$

であり，D と x 軸および直線 $x = a$ で囲まれた図形の面積は

$$\int_0^a \{-(-kx^2)\} dx = \int_0^a kx^2 dx = \left[\frac{k}{3}x^3\right]_0^a$$

$$= \frac{k}{\boxed{3}} a^{\boxed{3}}$$

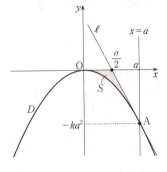

である。よって，D と ℓ および x 軸で囲まれた図形の面積 S は，上の面積から三角形 $\left(底辺\ a-\dfrac{a}{2}=\dfrac{a}{2},\ 高さ\ ka^2\right)$ の面積を差し引くことによって

$$S=\dfrac{k}{3}a^3-\dfrac{1}{2}\times\dfrac{a}{2}\times ka^2=\dfrac{k}{3}a^3-\dfrac{k}{4}a^3=\dfrac{k}{\boxed{12}}a^3$$

である。

(3) 点 $A(a, -ka^2)$ が $C: y=x^3-3x$ 上にあるとき

$$-ka^2=a^3-3a$$

が成り立つから

$$k=\dfrac{a^3-3a}{-a^2}=-a+\dfrac{3}{a}=\dfrac{\boxed{3}}{\boxed{a}}-\boxed{a}\quad (a\neq 0)$$

である。(2)の接線 ℓ が C にも接するとき，ℓ と C の接点の x 座標を b とすると，ℓ の方程式は b を用いて

$$y-f(b)=f'(b)(x-b)$$
$$y-(b^3-3b)=(3b^2-3)(x-b)$$
$$\therefore\ \ell: y=\boxed{3}(b^2-\boxed{1})x-\boxed{2}b^3\ \cdots\cdots ②$$

と表される。②の右辺を $g(x)$ とおくと，$f(x)=g(x)$ は重解 b をもつので，$f(x)-g(x)$ は $(x-b)^2=x^2-2bx+b^2$ を因数にもつ。これを用いて

$$f(x)-g(x)=x^3-3x-\{3(b^2-1)x-2b^3\}$$
$$=x^3-3b^2x+2b^3$$
$$=(x^2-2bx+b^2)(x+2b)$$
$$=(x-\boxed{b})^2(x+\boxed{2}b)$$

と因数分解されるので，$a=-2b$ となる（点 A の x 座標は a であり，同時に $-2b$ である）。①と②の表す直線の傾きを比較することにより

$$-2ka=3(b^2-1)$$

が成り立ち，$k=\dfrac{3}{a}-a,\ b=-\dfrac{1}{2}a$ を代入すれば

$$-2(3-a^2)=3\left(\dfrac{a^2}{4}-1\right)\quad \dfrac{5}{4}a^2=3\quad \therefore\ a^2=\dfrac{\boxed{12}}{\boxed{5}}$$

である。したがって

$$S=\dfrac{k}{12}a^3=\dfrac{1}{12}\left(\dfrac{3}{a}-a\right)a^3=\dfrac{1}{12}(3a^2-a^4)$$
$$=\dfrac{a^2}{12}(3-a^2)=\dfrac{1}{12}\times\dfrac{12}{5}\left(3-\dfrac{12}{5}\right)=\dfrac{1}{5}\times\dfrac{3}{5}=\dfrac{\boxed{3}}{\boxed{25}}$$

である。

解説

(1) $f(x) = x^3 - 3x$ は，$f(-x) = (-x)^3 - 3(-x) = -x^3 + 3x = -(x^3 - 3x) = -f(x)$ が成り立つから奇関数である。奇関数のグラフは原点対称であるので，$x = -1$ で極値 2 をとるならば，増減表を見るまでもなく，$x = 1$ で極値 -2 をとることがわかる。

(2) 接線の方程式に関する出題は毎年のようにある。

> **ポイント** 接線の方程式
> 曲線 $y = f(x)$ 上の点 $(t, f(t))$ におけるこの曲線の接線の方程式は
> $$y - f(t) = f'(t)(x - t)$$

面積については，図を見ながら考える習慣をつけておきたい。

(3) C と D と ℓ を図示すると右図のようになる。この図を見れば，ℓ と C が $x = b$ で接し，$x = a$ で交わることがよくわかるであろう。つまり，3 次方程式 $f(x) = g(x)$ は $x = b$ を重解にもち，他の解は $x = a$ となるのであるから
$$f(x) - g(x) = (x - b)^2 (x - a)$$
とならなければならないのである。それで $a = -2b$ となるのである。

なお，$f(x) - g(x)$ の因数分解では，
$x^3 - 3b^2 x + 2b^3$ を $(x - b)^2$ で割って，商を求めてもよい。

ℓ の方程式を $y = h(x) = -2kax + ka^2 = (2a^2 - 6)x + 3a - a^3$ $\left(①と k = \dfrac{3}{a} - a \text{ より}\right)$ とおいても
$$f(x) - h(x) = (x - b)^2 (x - a)$$
とならなければならない。実際
$$\begin{aligned}
f(x) - h(x) &= x^3 - 3x - \{(2a^2 - 6)x + 3a - a^3\} \\
&= x^3 - (2a^2 - 3)x - 3a + a^3 \\
&= (x - a)(x^2 + ax - a^2 + 3)
\end{aligned}$$
となり，$x^2 + ax - a^2 + 3 = 0$ が重解 $b \left(= -\dfrac{a}{2}\right)$ をもつことから，判別式を 0 とおくことにより
$$a^2 - 4(-a^2 + 3) = 0 \qquad 5a^2 = 12 \qquad \therefore \quad a^2 = \dfrac{12}{5}$$
が得られる。

第3問　《等比数列，階差数列，漸化式》

(1) S_n は，初項が 3，公比が 4 の等比数列の初項から第 n 項までの和であるから

$$S_2 = 3 + 3 \times 4 = 3 + 12 = \boxed{15}$$

数列 $\{T_n\}$ は，初項が -1 であり，$\{T_n\}$ の階差数列が数列 $\{S_n\}$ であるような数列ゆえ

$$T_2 - T_1 = S_1 \quad \text{より} \quad T_2 = T_1 + S_1 = -1 + 3 = \boxed{2}$$

である。

(2) $\{S_n\}$ と $\{T_n\}$ の一般項は，それぞれ

$$S_n = \sum_{k=1}^{n}(3 \times 4^{k-1}) = 3\sum_{k=1}^{n} 4^{k-1} = 3 \times \frac{4^n - 1}{4 - 1} = \boxed{4}^n - \boxed{1}$$

$n \geq 2$ のとき

$$T_n = T_1 + \sum_{k=1}^{n-1} S_k = -1 + \sum_{k=1}^{n-1}(4^k - 1) = -1 + \sum_{k=1}^{n-1} 4^k - \sum_{k=1}^{n-1} 1$$

$$= -1 + \frac{4(4^{n-1} - 1)}{4 - 1} - (n - 1) = -1 + \frac{4^n}{3} - \frac{4}{3} - (n - 1)$$

$$= \frac{\boxed{4}^n}{\boxed{3}} - n - \frac{\boxed{4}}{\boxed{3}} \quad (n = 1 \text{のときも成り立つ})$$

である。ただし，オ と ク に当てはまるものは，順に $\boxed{①}$，$\boxed{①}$ である。

(3) 数列 $\{a_n\}$ は，初項が -3 であり，次の漸化式 $(*)$ を満たす。

$$na_{n+1} = 4(n+1)a_n + 8T_n \quad (n = 1, 2, 3, \cdots) \quad \cdots\cdots(*)$$

数列 $\{b_n\}$ は，$b_n = \dfrac{a_n + 2T_n}{n}$ で定められており，$\{b_n\}$ の初項 b_1 は

$$b_1 = \frac{a_1 + 2T_1}{1} = -3 + 2 \times (-1) = \boxed{-5}$$

である。

$\{T_n\}$ は漸化式

$$T_{n+1} = \frac{4^{n+1}}{3} - (n+1) - \frac{4}{3} = 4 \times \frac{4^n}{3} - n - \frac{7}{3}$$

$$= 4\left(T_n + n + \frac{4}{3}\right) - n - \frac{7}{3} \quad \left(T_n = \frac{4^n}{3} - n - \frac{4}{3} \text{ より} \quad \frac{4^n}{3} = T_n + n + \frac{4}{3}\right)$$

$$= \boxed{4}\, T_n + \boxed{3}\, n + \boxed{3} \quad (n = 1, 2, 3, \cdots)$$

を満たすから，$\{b_n\}$ は漸化式

$$b_{n+1} = \frac{a_{n+1} + 2T_{n+1}}{n+1}$$

$$= \frac{1}{n+1}\left\{\frac{4}{n}(n+1)a_n + \frac{8}{n}T_n + 2(4T_n + 3n + 3)\right\}$$

$\quad\quad\quad\quad\quad\quad\quad\quad$ ((∗)および $\{T_n\}$ の漸化式を用いた)

$$= \frac{1}{n+1}\left\{\frac{4}{n}(n+1)a_n + \frac{8(n+1)T_n}{n} + 6(n+1)\right\}$$

$$= \frac{4}{n}a_n + \frac{8}{n}T_n + 6 = 4 \times \frac{a_n + 2T_n}{n} + 6$$

$$= \boxed{4}\,b_n + \boxed{6} \quad (n = 1, 2, 3, \cdots)$$

を満たすことがわかる。この $\{b_n\}$ の漸化式は

$$b_{n+1} + 2 = 4(b_n + 2)$$

と変形できる。これは，数列 $\{b_n + 2\}$ が，初項が $b_1 + 2 = -5 + 2 = -3$，公比が 4 の等比数列であることを示しているので

$$b_n + 2 = -3 \times 4^{n-1}$$

となり，$\{b_n\}$ の一般項は

$$b_n = \boxed{-3} \cdot 4^{n-1} - \boxed{2}$$

である。ただし，$\boxed{ナ}$ に当てはまるものは $\boxed{⓪}$ である。

$b_n = \dfrac{a_n + 2T_n}{n}$ であったから

$$\frac{a_n + 2T_n}{n} = -3 \times 4^{n-1} - 2 \quad \text{より} \quad a_n = -3n \times 4^{n-1} - 2n - 2T_n$$

$T_n = \dfrac{4^n}{3} - n - \dfrac{4}{3}$ を用いて

$$a_n = -3n \times 4^{n-1} - 2n - 2\left(\frac{4^n}{3} - n - \frac{4}{3}\right) = -3n \times 4^{n-1} - \frac{8}{3} \times 4^{n-1} + \frac{8}{3}$$

$$= \frac{\boxed{-}(\boxed{9}\,n + \boxed{8})4^{n-1} + \boxed{8}}{\boxed{3}}$$

である。

参考 $\{b_n\}$ が与えられていないときは，(∗) の両辺を $n(n+1)$ で割るとよい。

$$\frac{na_{n+1}}{n(n+1)} = \frac{4(n+1)a_n + 8T_n}{n(n+1)}$$

$$\frac{a_{n+1}}{n+1} = \frac{4a_n}{n} + 8T_n\left(\frac{1}{n} - \frac{1}{n+1}\right) \quad \left(\frac{1}{n(n+1)} = \frac{1}{n} - \frac{1}{n+1}\right)$$

$$\frac{a_{n+1}+8T_n}{n+1}=\frac{4a_n+8T_n}{n}$$

$\{T_n\}$ は漸化式 $T_{n+1}=4T_n+3n+3$ を満たすから，$8T_n=2T_{n+1}-6(n+1)$ であるので

$$\frac{a_{n+1}+2T_{n+1}-6(n+1)}{n+1}=\frac{4(a_n+2T_n)}{n}$$

$$\frac{a_{n+1}+2T_{n+1}}{n+1}=4\times\frac{a_n+2T_n}{n}+6$$

これが，$b_n=\dfrac{a_n+2T_n}{n}$ を考える理由である。

解説

(1) (2)を先に求めて，それに $n=2$ を代入してもよい。

(2) 等比数列の和の公式は基本中の基本である。

> **ポイント** 等比数列の和
>
> 初項 a，公比 r の等比数列の初項から第 n 項までの和は
>
> $r\neq 1$ のとき，$\displaystyle\sum_{k=1}^{n}ar^{k-1}=a\sum_{k=1}^{n}r^{k-1}=a(\underbrace{1+r+\cdots+r^{n-1}}_{n\text{項}})=\frac{a(1-r^n)}{1-r}=\frac{a(r^n-1)}{r-1}$
>
> $r=1$ のとき，$\displaystyle\sum_{k=1}^{n}a=a\sum_{k=1}^{n}1=a(\underbrace{1+1+\cdots+1}_{n\text{項}})=a\times n=na$

数列 $\{c_n\}$ の階差数列とは

$$c_2-c_1,\ c_3-c_2,\ \cdots,\ c_{n+1}-c_n,\ \cdots$$

のことである。$d_n=c_{n+1}-c_n$ とおいて，$d_1+d_2+\cdots+d_{n-1}$ $(n\geq 2)$ を計算すると

$$d_1=c_2-c_1$$
$$d_2=c_3-c_2$$
$$\cdots\quad\cdots$$
$$+)\ \underline{\qquad d_{n-1}=c_n-c_{n-1}}$$
$$d_1+d_2+\cdots+d_{n-1}=c_n-c_1$$

∴ $c_n=c_1+(d_1+d_2+\cdots+d_{n-1})$ $(n\geq 2)$

となる。これは次のことを意味する。

(もとの数列の第 $\underline{n}$ 項) = (もとの数列の初項) + $\begin{pmatrix}\text{階差数列の初項から}\\ \text{第 }\underline{n-1}\text{ 項までの和}\end{pmatrix}$

> **ポイント　階差数列**
> 数列 $\{c_n\}$ の階差数列を $\{d_n\}$ とすると，$n \geq 2$ のとき
> $$c_n = c_1 + \sum_{k=1}^{n-1} d_k \quad (n=1 \text{ の場合についても成り立つことを確認しておく})$$

(3) $\{T_n\}$ の漸化式を求めることは難しくない。

$$T_n = \frac{4^n}{3} - n - \frac{4}{3} \quad \cdots\cdots\text{(A)}$$

$$T_{n+1} = \frac{4^{n+1}}{3} - (n+1) - \frac{4}{3} \quad \cdots\cdots\text{(B)}$$

をながめて，(B)$-4\times$(A) を計算してもよい。指数の部分が消える。

$$T_{n+1} - 4T_n = 3n + 3 \quad \therefore \quad T_{n+1} = 4T_n + 3n + 3$$

本題は，誘導に従って漸化式（*）を解く問題である。

$b_n = \dfrac{a_n + 2T_n}{n}$ と置くとうまくいくはずである。$\{T_n\}$ の一般項は求まっているから，$\{b_n\}$ の一般項が求まれば，$\{a_n\}$ の一般項が求まる（$a_n = nb_n - 2T_n$）のである。

$b_{n+1} = \dfrac{a_{n+1} + 2T_{n+1}}{n+1}$ において，まず T_{n+1} を T_n で表し，次に，（*）を用いて a_{n+1} を a_n で表せば，b_{n+1} が b_n の単純な形で表せるのであろう。このような見通しをもって解き進めることが大切である。b_n が与えられていないと，〔参考〕のように難しい問題になる。2項間の漸化式の解き方は確実にしておかなければならない。

> **ポイント　2項間の漸化式 $b_{n+1}=pb_n+q$ の解法**
> $$b_{n+1} = pb_n + q \quad (p \neq 0, \ p \neq 1, \ q \neq 0)$$
> $$\underline{-)\quad \alpha = p\alpha + q} \longrightarrow \alpha = \frac{q}{1-p} \quad (b_{n+1} \text{ も } b_n \text{ も形式的に } \alpha \text{ とおく})$$
> $$b_{n+1} - \alpha = p(b_n - \alpha) \longleftarrow q \text{ が消える（等比化）}$$
> 数列 $\{b_n - \alpha\}$ は，公比が p，初項が $b_1 - \alpha$ の等比数列である。
> $$b_n - \alpha = (b_1 - \alpha)p^{n-1} \quad \therefore \quad b_n = (b_1 - \alpha)p^{n-1} + \alpha$$

第4問　《空間ベクトル》

(1) 右図の四角錐 OABCD において
$$\vec{OA}=\vec{a},\ \vec{OB}=\vec{b},\ \vec{OC}=\vec{c}$$
$$|\vec{a}|=1,\ |\vec{b}|=\sqrt{3},\ |\vec{c}|=\sqrt{5}$$
$$\vec{a}\cdot\vec{b}=1,\ \vec{b}\cdot\vec{c}=3,\ \vec{a}\cdot\vec{c}=0$$

である。

$\begin{pmatrix}AD /\!/ BC,\ AB=CD \\ \angle ABC=\angle BCD\end{pmatrix}$

$\vec{a}\cdot\vec{c}=0$ より，$\angle AOC=\boxed{90}°$ であるから，三角形 OAC の面積は

$$\frac{1}{2}\times OA\times OC=\frac{1}{2}|\vec{a}||\vec{c}|=\frac{1}{2}\times 1\times \sqrt{5}=\frac{\sqrt{5}}{\boxed{2}}$$

である。

(2) $\vec{BA}=\vec{OA}-\vec{OB}=\vec{a}-\vec{b}$
$\vec{BC}=\vec{OC}-\vec{OB}=\vec{c}-\vec{b}$

であるから

$\vec{BA}\cdot\vec{BC}=(\vec{a}-\vec{b})\cdot(\vec{c}-\vec{b})=\vec{a}\cdot\vec{c}-\vec{a}\cdot\vec{b}-\vec{b}\cdot\vec{c}+|\vec{b}|^2$
$\qquad\qquad =0-1-3+(\sqrt{3})^2=\boxed{-1}$

$|\vec{BA}|^2=\vec{BA}\cdot\vec{BA}=(\vec{a}-\vec{b})\cdot(\vec{a}-\vec{b})=|\vec{a}|^2-2\vec{a}\cdot\vec{b}+|\vec{b}|^2$
$\qquad\quad =1^2-2\times 1+(\sqrt{3})^2=2$

∴ $|\vec{BA}|=\sqrt{\boxed{2}}$

$|\vec{BC}|^2=\vec{BC}\cdot\vec{BC}=(\vec{c}-\vec{b})\cdot(\vec{c}-\vec{b})=|\vec{c}|^2-2\vec{b}\cdot\vec{c}+|\vec{b}|^2$
$\qquad\quad =(\sqrt{5})^2-2\times 3+(\sqrt{3})^2=2$

∴ $|\vec{BC}|=\sqrt{\boxed{2}}$

である。よって

$$\cos\angle ABC=\frac{\vec{BA}\cdot\vec{BC}}{|\vec{BA}||\vec{BC}|}=\frac{-1}{\sqrt{2}\times\sqrt{2}}=-\frac{1}{2}\quad (0°<\angle ABC<180°)$$

となるから，$\angle ABC=\boxed{120}°$ である。

さらに，$\angle ABC=\angle BCD$ であり，辺 AD と辺 BC が平行であるから

$$\angle BAD=\angle ADC=\boxed{60}°$$

である。よって，次図より

$$AD = \frac{\sqrt{2}}{2} + \sqrt{2} + \frac{\sqrt{2}}{2} = 2\sqrt{2} = 2BC$$

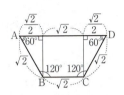

であるから，$\overrightarrow{AD} = \boxed{2}\overrightarrow{BC}$ であり

$$\overrightarrow{OD} = \overrightarrow{OA} + \overrightarrow{AD} = \overrightarrow{OA} + 2\overrightarrow{BC}$$
$$= \overrightarrow{OA} + 2(\overrightarrow{OC} - \overrightarrow{OB})$$
$$= \overrightarrow{OA} - 2\overrightarrow{OB} + 2\overrightarrow{OC} = \vec{a} - \boxed{2}\vec{b} + \boxed{2}\vec{c}$$

と表される。また，四角形 ABCD の面積は，台形の面積の公式を用いて

$$\frac{1}{2}(AD + BC) \times AB \sin 60° = \frac{1}{2}(2\sqrt{2} + \sqrt{2}) \times \sqrt{2} \times \frac{\sqrt{3}}{2} = \frac{\boxed{3}\sqrt{\boxed{3}}}{\boxed{2}}$$

である。

(3) 3点 O，A，C の定める平面 α 上に，点 H を $\overrightarrow{BH} \perp \vec{a}$ と $\overrightarrow{BH} \perp \vec{c}$ が成り立つようにとると，$\overrightarrow{BH} \perp \alpha$ となるから，$|\overrightarrow{BH}|$ は三角錐 BOAC の高さ（三角形 OAC を底面とするときの）である。

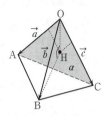

H は α 上の点であるから，実数 s, t を用いて，$\overrightarrow{OH} = s\vec{a} + t\vec{c}$ の形に表される。よって

$$\overrightarrow{BH} = \overrightarrow{OH} - \overrightarrow{OB} = s\vec{a} + t\vec{c} - \vec{b}$$

であり，$\overrightarrow{BH} \perp \vec{a}$，$\overrightarrow{BH} \perp \vec{c}$ より $\overrightarrow{BH} \cdot \vec{a} = \boxed{0}$，$\overrightarrow{BH} \cdot \vec{c} = 0$ であるから

$$\overrightarrow{BH} \cdot \vec{a} = (s\vec{a} + t\vec{c} - \vec{b}) \cdot \vec{a}$$
$$= s|\vec{a}|^2 + t\vec{a} \cdot \vec{c} - \vec{a} \cdot \vec{b} = s \times 1^2 + t \times 0 - 1 = s - 1 = 0$$
$$\overrightarrow{BH} \cdot \vec{c} = (s\vec{a} + t\vec{c} - \vec{b}) \cdot \vec{c}$$
$$= s\vec{a} \cdot \vec{c} + t|\vec{c}|^2 - \vec{b} \cdot \vec{c} = s \times 0 + t \times (\sqrt{5})^2 - 3 = 5t - 3 = 0$$

より，$s = \boxed{1}$，$t = \dfrac{\boxed{3}}{\boxed{5}}$ である。

よって，$\overrightarrow{OH} = \vec{a} + \dfrac{3}{5}\vec{c}$ であるので

$$|\overrightarrow{OH}|^2 = \overrightarrow{OH} \cdot \overrightarrow{OH} = \left(\vec{a} + \frac{3}{5}\vec{c}\right) \cdot \left(\vec{a} + \frac{3}{5}\vec{c}\right) = |\vec{a}|^2 + \frac{6}{5}\vec{a} \cdot \vec{c} + \frac{9}{25}|\vec{c}|^2$$
$$= 1^2 + \frac{6}{5} \times 0 + \frac{9}{25} \times (\sqrt{5})^2 = 1 + \frac{9}{5} = \frac{14}{5}$$

すなわち，$OH^2 = \dfrac{14}{5}$ である。三角形 BOH に三平方の定理を用いると

$$BH^2 = OB^2 - OH^2 = (\sqrt{3})^2 - \frac{14}{5} = \frac{1}{5}$$

$$\therefore \ |\overrightarrow{BH}| = BH = \sqrt{\frac{1}{5}} = \frac{\sqrt{\boxed{5}}}{\boxed{5}}$$

が得られる。したがって，(1)より，三角錐 BOAC の体積 V は

$$V = \frac{1}{3} \times (\text{三角形 OAC の面積}) \times (\text{高さ BH}) = \frac{1}{3} \times \frac{\sqrt{5}}{2} \times \frac{\sqrt{5}}{5} = \frac{\boxed{1}}{\boxed{6}}$$

である。

(4) (2)の図を見ると，三角形 ACD の面積は三角形 ABC の面積の 2 倍であることがわかる（AD∥BC，AD＝2BC）。よって，四角形 ABCD の面積は三角形 ABC の面積の 3 倍である（四角形ABCD＝△ABC＋△ACD）。したがって，四角錐 OABCD の体積は三角錐 OABC（三角錐 BOAC）の体積 V の 3 倍である。つまり，四角錐 OABCD の体積は $\boxed{3}\,V$ と表せる。

四角形 ABCD を底面とする四角錐 OABCD の高さを h とすると

$$(\text{四角錐 OABCD の体積}) = \frac{1}{3} \times (\text{四角形 ABCD の面積}) \times h$$

と表され，$3V = 3 \times \frac{1}{6} = \frac{1}{2}$ および(2)の結果を用いれば

$$\frac{1}{2} = \frac{1}{3} \times \frac{3\sqrt{3}}{2} h \quad \therefore \quad h = \frac{\sqrt{\boxed{3}}}{\boxed{3}}$$

である。

解説

(1) 条件 $\vec{a} \cdot \vec{c} = 0$ に着目すれば簡単に答えられる。

(2) $\overrightarrow{BA}$，$\overrightarrow{BC}$ を $\vec{a}$，$\vec{b}$，$\vec{c}$ で表し，内積の計算を実行すればよい。

内積 $(\vec{a} - \vec{b}) \cdot (\vec{c} - \vec{b})$ の計算と整式 $(a-b)(c-b)$ の展開はほぼ同様にできる。

$$(\vec{a} - \vec{b}) \cdot (\vec{c} - \vec{b}) = \vec{a} \cdot \vec{c} - \vec{a} \cdot \vec{b} - \vec{b} \cdot \vec{c} + |\vec{b}|^2, \quad \text{交換法則}\ \vec{a} \cdot \vec{c} = \vec{c} \cdot \vec{a}$$

$$(a - b)(c - b) = ac - ab - bc + b^2, \quad \text{交換法則}\ ac = ca$$

注意することは，内積の記号・を忘れないことと，$\vec{b} \cdot \vec{b} = |\vec{b}|^2$ とすることである。

なお，(3)の $|\overrightarrow{BH}|$ も，〔解答〕では三平方の定理を用いたが，$\overrightarrow{BH} = \vec{a} + \frac{3}{5}\vec{c} - \vec{b}$ から直接求めることもできる。公式 $(A + B + C)^2 = A^2 + B^2 + C^2 + 2AB + 2BC + 2CA$ を利用して

$$|\overrightarrow{BH}|^2 = \left|\vec{a} + \frac{3}{5}\vec{c} - \vec{b}\right|^2 = |\vec{a}|^2 + \frac{9}{25}|\vec{c}|^2 + |\vec{b}|^2 - \frac{6}{5}\vec{c} \cdot \vec{b} - 2\vec{b} \cdot \vec{a} + \frac{6}{5}\vec{a} \cdot \vec{c}$$

$$= 1^2 + \frac{9}{25}(\sqrt{5})^2 + (\sqrt{3})^2 - \frac{6}{5} \times 3 - 2 \times 1 + \frac{6}{5} \times 0 = 1 + \frac{9}{5} + 3 - \frac{18}{5} - 2 = \frac{1}{5}$$

∴ $|\overrightarrow{BH}| = \dfrac{\sqrt{5}}{5}$

> **ポイント** 内積の図形的定義
>
> $\overrightarrow{BA} \cdot \overrightarrow{BC} = |\overrightarrow{BA}||\overrightarrow{BC}|\cos\angle ABC$

四角形 ABCD の面積の求め方はいろいろあるだろう。

(3) $\vec{a} \neq \vec{0}$, $\vec{b} \neq \vec{0}$, $\vec{c} \neq \vec{0}$, かつ, $\vec{a}$, $\vec{b}$, $\vec{c}$ が同じ平面上にないとき, $\vec{a}$, $\vec{b}$, $\vec{c}$ の3つのみで, 空間内のすべてのベクトルを表す($l\vec{a} + m\vec{b} + n\vec{c}$ の形；l, m, n は実数)ことができる。また, 平面 α 上では, $\vec{a} \neq \vec{0}$, $\vec{c} \neq \vec{0}$, $\vec{a} \not\parallel \vec{c}$ であるから, $\vec{a}$ と $\vec{c}$ の2つだけで, α 上のすべてのベクトルを表すことができる。$\overrightarrow{OH}$ は平面 α 上にあるから, $\overrightarrow{OH} = s\vec{a} + t\vec{c}$ (s, t は実数) と表すことができ, $\overrightarrow{BH}$ は α 上にないから, $\vec{b}$ の実数倍も必要になる。

> **ポイント** 直線と平面の垂直
>
> 直線 L と平面 α に対し
>
> $L \perp \alpha \Longrightarrow L \perp$ (α 上の任意の直線)
>
> α 上の平行でない2直線 p, q に対し
>
> $L \perp p$ かつ $L \perp q \Longrightarrow L \perp \alpha$

このことから, BH$\perp \alpha$ ならば $\overrightarrow{BH} \perp \vec{a}$ かつ $\overrightarrow{BH} \perp \vec{c}$ であり, $\vec{a} \not\parallel \vec{c}$ であるから逆もいえる。このことは重要である。未知数は s, t の2つであるから, $\overrightarrow{BH} \cdot \vec{a} = 0$, $\overrightarrow{BH} \cdot \vec{c} = 0$ の2つの条件で s, t は決定できる。

なお, 〔解答〕の図では模式的に点Hを△OAC上においたが, 実際には点Hは△OACの外にある (△OACの周および内部にあるのは, $0 \leq s \leq 1$, $0 \leq t \leq 1$, $0 \leq s+t \leq 1$ が満たされる場合である)。

(4) 三角錐 BOAC の底面を三角形 OAC とみたとき, その高さは, 四角錐 OABCD の高さ h になっている。視点を変えることが必要である。

第5問 《平均と分散，正規分布，二項分布，母平均の推定》

(1) 問題の確率変数 X の期待値（平均）は $E(X) = -7$，標準偏差は $\sigma(X) = 5$ であるから，等式 $\sigma(X) = \sqrt{E(X^2) - \{E(X)\}^2}$ より

$$E(X^2) = \{\sigma(X)\}^2 + \{E(X)\}^2 = 5^2 + (-7)^2 = \boxed{74}$$

である。また，確率変数 W を，$W = 1000X$ とするとき，期待値 $E(W)$，分散 $V(W)$ は

$$E(W) = E(1000X) = 1000E(X) = 1000 \times (-7) = -7 \times 10^{\boxed{3}}$$

$$V(W) = V(1000X) = 1000^2 V(X) = (10^3)^2 \times \{\sigma(X)\}^2 = 5^{\boxed{2}} \times 10^{\boxed{6}}$$

となる。

(2) X が正規分布 $N(-7, 5^2)$ に従うとするとき，$X \geq 0 \iff \dfrac{X+7}{5} \geq 1.4$ より

$$P(X \geq 0) = P\left(\dfrac{X+7}{5} \geq \boxed{1}.\boxed{4}\right)$$

$Z = \dfrac{X+7}{5}$ とおくと，Z は標準正規分布に従い

$$P(X \geq 0) = P(Z \geq 1.4) = P(Z \geq 0) - P(0 \leq Z \leq 1.4)$$
$$= 0.5 - 0.4192 = 0.0808 \quad \text{（正規分布表より）}$$
$$\fallingdotseq 0.\boxed{08}$$

である。

無作為に抽出された50人のうち，$X \geq 0$ となる人数を表す確率変数を M とするとき，M は二項分布 $B(50, 0.08)$ に従う。このとき期待値 $E(M)$，標準偏差 $\sigma(M)$ は

$$E(M) = 50 \times 0.08 = \boxed{4}.\boxed{0}$$

$$\sigma(M) = \sqrt{50 \times 0.08 \times (1-0.08)} = \sqrt{50 \times 0.08 \times 0.92} = \sqrt{3.68}$$
$$\fallingdotseq \sqrt{\boxed{3}.\boxed{7}}$$

となる。

(3) 問題の確率変数 Y の母集団分布は母平均 m，母標準偏差 6 をもつ。母集団から無作為に抽出された100人の標本平均 $\overline{Y}$ の値は -10.2 である。このとき，$\overline{Y}$ の期待値は $E(\overline{Y}) = m$ であり，標準偏差 $\sigma(\overline{Y})$ は

$$\sigma(\overline{Y}) = \dfrac{6}{\sqrt{100}} = \dfrac{6}{10} = \boxed{0}.\boxed{6}$$

である。$\overline{Y}$ の分布が正規分布で近似できるとすれば，$Z=\dfrac{\overline{Y}-m}{0.6}$ が近似的に標準正規分布 $N(0, 1)$ に従うとみなすことができる。

正規分布表を用いて $|Z|\leqq 1.64$ となる確率を求めると

$$0.4495\times 2=0.8990\fallingdotseq 0.\boxed{90}$$

となる。このことを利用して，母平均 m に対する信頼度 90％の信頼区間を求めると，$\overline{Y}=-10.2$ より

$$-1.64\leqq \dfrac{-10.2-m}{0.6}\leqq 1.64$$

$$-1.64\times 0.6+10.2\leqq -m\leqq 1.64\times 0.6+10.2$$

$$9.216\leqq -m\leqq 11.184 \quad \therefore\quad -11.184\leqq m\leqq -9.216$$

となるから，$\boxed{ツ}$ に当てはまるものは $\boxed{②}$ である。

解説

(1) 次の公式を知っていれば難なくできる。

> **ポイント** 分散と標準偏差，確率変数の変換
>
> 確率変数 X の期待値（平均）を $E(X)$，分散を $V(X)$，標準偏差を $\sigma(X)$ とする。
>
> $$V(X)=E(X^2)-\{E(X)\}^2 \quad ((2乗の平均)-(平均)^2)$$
>
> $$\sigma(X)=\sqrt{E(X^2)-\{E(X)\}^2} \quad (\sigma(X)=\sqrt{V(X)})$$
>
> 確率変数 Y が，$Y=aX+b$（a，b は定数）と表されるとする。
>
> $$E(Y)=aE(X)+b$$
>
> $$V(Y)=a^2V(X),\ \sigma(Y)=|a|\sigma(X)$$

(2) 正規分布表を利用する確率の計算は基本である。

> **ポイント** 標準正規分布
>
> 確率変数 X が正規分布 $N(m, \sigma^2)$ に従うとき
>
> $$Z=\dfrac{X-m}{\sigma}$$
>
> とおくと，確率変数 Z は標準正規分布 $N(0, 1)$ に従う。

$P(Z\geqq 1.4)$ は右図の赤い網かけ部分の面積（確率）であるから，それを計算すると

$$1-(0.5+0.4192)=0.0808$$

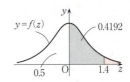

となる $\left(y=f(z)=\dfrac{1}{\sqrt{2\pi}}e^{-\frac{z^2}{2}}\right.$ と z 軸で囲まれる部分の面積が $1\left.\right)$。

二項分布 $B(n, p)$ とは，1 回の試行で事象 A の起こる確率が p であるとき，この試行を独立に n 回繰り返すうちに，A の起こる回数 N（確率変数）の分布のことである。

本問では，無作為に抽出された 50 人の試行（50 回の独立な試行）において，$X \geqq 0$ となる（確率は 0.08）人数が M（50 回のうち M 回だけ $X \geqq 0$ となる）であるから，M は二項分布 $B(50, 0.08)$ に従うことになる。

> **ポイント** 二項分布の平均，分散，標準偏差
> 確率変数 X が二項分布 $B(n, p)$ に従うとき
> $$E(X)=np, \quad V(X)=npq, \quad \sigma(X)=\sqrt{npq} \quad (q=1-p)$$

(3) 次のことを知っていなければならない。

> **ポイント** 標本平均の期待値と標準偏差
> 母平均 m，母標準偏差 σ の母集団から大きさ n の無作為標本を抽出するとき，標本平均 $\overline{X}$ の期待値と標準偏差は
> $$E(\overline{X})=m, \quad \sigma(\overline{X})=\dfrac{\sigma}{\sqrt{n}}$$

後半は信頼度 90％の信頼区間を求める問題であるが，不等式

$$|Z|=\left|\dfrac{-10.2-m}{0.6}\right| \leqq 1.64$$

を m について解くだけである。小数の計算に注意しよう。

数学Ⅰ・数学A 追試験

第1問 (30)

問題番号 (配点)	解答記号	正解	配点	チェック
第1問 (30)	アイ√ウ	$-2\sqrt{3}$	2	
	エ√オ + カ√キ	$2\sqrt{3}+2\sqrt{6}$ 又は $2\sqrt{6}+2\sqrt{3}$	2	
	ク	6	2	
	ケ	6	2	
	√コ + サ√シ	$\sqrt{6}+2\sqrt{3}$	2	
	ス	⑤	2	
	セ	②	2	
	ソ	4	2	
	タ	⓪	2	
	チ	①	2	
	ツ/テ	$\dfrac{4}{3}$	2	
	ト	2	2	
	ナ<a<ニ	1<a<3	2	
	ヌ	0	2	
	ネ	3	2	

第2問 (30)

問題番号 (配点)	解答記号	正解	配点	チェック
第2問 (30)	アイ	12	3	
	ウ/エ	$\dfrac{2}{3}$	3	
	オ	8	3	
	カキ	12	3	
	ク√ケコ	$2\sqrt{17}$	3	
	サ	③	3	
	シ	②	3	
	ス	⓪	3	
	セ	⓪	2	
	ソ	⑥	2	
	タ	⑦	2	

2019年度：数学Ⅰ・A／追試験〈解答〉

問題番号 (配点)	解答記号	正 解	配点	チェック
第3問 (20)	$\dfrac{ア}{イウ}$	$\dfrac{1}{27}$	2	
	$\dfrac{エ}{オカ}$	$\dfrac{8}{27}$	2	
	$\dfrac{キ}{ク}$	$\dfrac{1}{3}$	2	
	$\dfrac{ケ}{コ}$	$\dfrac{2}{3}$	2	
	$\dfrac{サ}{シ}$	$\dfrac{2}{9}$	4	
	$\dfrac{ス}{セソ}$	$\dfrac{7}{27}$	4	
	$\dfrac{タ}{チツ}$	$\dfrac{7}{10}$	4	
第4問 (20)	アイ	35	1	
	ウエ	43	1	
	オカ, キク	13, 16	3	
	ケコ	16	2	
	サ	1	2	
	シス	13	2	
	セ, ソタ	0, 64	4	
	チツ	12	3	
	テト, ナニヌ	24, 144	2	

問題番号 (配点)	解答記号	正 解	配点	チェック
第5問 (20)	ア	4	3	
	$\dfrac{イ\sqrt{ウ}}{エ}$	$\dfrac{2\sqrt{6}}{3}$	2	
	$\dfrac{オ}{カ}$	$\dfrac{2}{3}$	3	
	$\dfrac{\sqrt{キク}}{ケ}$	$\dfrac{\sqrt{51}}{3}$	3	
	$\dfrac{\sqrt{コサ}}{シ}$	$\dfrac{\sqrt{51}}{5}$	2	
	$\dfrac{\sqrt{スセ}}{ソタ}$	$\dfrac{\sqrt{51}}{51}$	2	
	チ	4	2	
	ツ$\sqrt{テ}$	$5\sqrt{2}$	3	

（注） 第1問，第2問は必答。第3問～第5問のうちから2問選択。計4問を解答。

第1問 —— 1次不等式，絶対値，命題，集合，2次方程式，解の配置

〔1〕 **標準** 《1次不等式，絶対値》

(1) $f(x)=(1+\sqrt{2})x-\sqrt{3}a$ より，$f(0)\leqq 6$ となる条件は
$$(1+\sqrt{2})\cdot 0-\sqrt{3}a\leqq 6 \quad -\sqrt{3}a\leqq 6$$
$$a\geqq -\frac{6}{\sqrt{3}}=-\frac{6\sqrt{3}}{3}=-2\sqrt{3}$$

よって，$f(0)\leqq 6$ となるような a の値の範囲は
$$a\geqq \boxed{-2}\sqrt{\boxed{3}} \quad \cdots\cdots ①$$

$f(6)\geqq 0$ となる条件は
$$(1+\sqrt{2})\cdot 6-\sqrt{3}a\geqq 0 \quad -\sqrt{3}a\geqq -6(1+\sqrt{2})$$
$$a\leqq \frac{6(1+\sqrt{2})}{\sqrt{3}}=\frac{6(1+\sqrt{2})\cdot\sqrt{3}}{3}=2\sqrt{3}+2\sqrt{6}$$

よって，$f(6)\geqq 0$ となるような a の値の範囲は
$$a\leqq \boxed{2}\sqrt{\boxed{3}}+\boxed{2}\sqrt{\boxed{6}} \quad (\text{または } 2\sqrt{6}+2\sqrt{3}) \quad \cdots\cdots ②$$

(2) 線分 PQ の中点に対応する実数は
$$\frac{-2\sqrt{3}+(2\sqrt{3}+2\sqrt{6})}{2}=\sqrt{\boxed{6}}$$

(3) $f(0)\leqq 6$ かつ $f(6)\geqq 0$ となるような a の値の範囲は，①，② より
$$a\geqq -2\sqrt{3} \quad \text{かつ} \quad a\leqq 2\sqrt{3}+2\sqrt{6}$$
すなわち $-2\sqrt{3}\leqq a\leqq 2\sqrt{3}+2\sqrt{6} \quad \cdots\cdots ③$

(2)を図示すると右のようになるから，線分 PQ の中点に対応する実数 $\sqrt{6}$ を表す点をMとすると
$$PM=MQ=(2\sqrt{3}+2\sqrt{6})-\sqrt{6}=2\sqrt{3}+\sqrt{6}$$

これより，③の辺々から $\sqrt{6}$ を引けば
$$-2\sqrt{3}-\sqrt{6}\leqq a-\sqrt{6}\leqq 2\sqrt{3}+\sqrt{6}$$
$$-(\sqrt{6}+2\sqrt{3})\leqq a-\sqrt{6}\leqq \sqrt{6}+2\sqrt{3}$$
$$\therefore \quad |a-\sqrt{6}|\leqq \sqrt{6}+2\sqrt{3}$$

よって，③は，絶対値を含む不等式
$$|a-\sqrt{\boxed{6}}|\leqq \sqrt{\boxed{6}}+\boxed{2}\sqrt{\boxed{3}} \quad \cdots\cdots(*)$$
を満たす a の値の範囲に一致する。

解 説

1次不等式を解くことで a の値の範囲を求め,その a の値の範囲を絶対値を含む不等式で表す問題である。

(1) 計算間違いに気を付ければ,特に問題となる箇所はない。

(2) 数直線において,実数 p を表す点と実数 q を表す点の中点に対応する実数は $\dfrac{p+q}{2}$ で求めることができる。

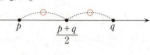

(3) 絶対値 $|u|$ は u を表す点と原点の距離であるから,誘導に従って
$$|u| \leqq r \iff -r \leqq u \leqq r \quad \cdots\cdots(**)$$
を利用することを考えて図示すれば,u の範囲は右のようになる。

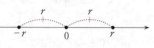

(2)を合わせて図示すると,$(**)$ の r に相当するのは,$PM = MQ = (2\sqrt{3} + 2\sqrt{6}) - \sqrt{6} = 2\sqrt{3} + \sqrt{6}$ であると考えられる。したがって,③の辺々から $\sqrt{6}$ を引くことを思い付くことになる。

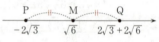

ちなみに,(*)は,$|a| \leqq \sqrt{6} + 2\sqrt{3}$ を満たす a の値の範囲を正の方向に $\sqrt{6}$ だけ平行移動した範囲を表す式になっている。

〔2〕 **標準** 《命題,集合》

$n^2 - 8n + 15 = 0$ を解くと
$$(n-3)(n-5) = 0 \quad \therefore \quad n = 3,\ 5$$
なので
「$p : n^2 - 8n + 15 = 0 \iff (n = 3\ \text{または}\ 5)$」

また,c は 4 以上の整数なので
「$q : (n > 2\ \text{かつ}\ n < c) \iff 2 < n < c$」

(1) 命題「$p \Longrightarrow q$」の逆は「$q \Longrightarrow p$」なので
「$(n > 2\ \text{かつ}\ n < c) \Longrightarrow n^2 - 8n + 15 = 0$」 (⑤)
である。

また,命題「$p \Longrightarrow q$」の対偶は「$\overline{q} \Longrightarrow \overline{p}$」なので
「$\overline{p} : n^2 - 8n + 15 \neq 0$」
「$\overline{q} : \overline{n > 2\ \text{かつ}\ n < c} \iff (n \leqq 2\ \text{または}\ n \geqq c)$」
より

「$(n≦2$ または $n≧c) \implies n^2-8n+15 ≠ 0$」（ ② ）

である。

(2) 「$q \implies p$」が偽であるとき，p は q であるための必要条件ではない。

整数 c が 5 以上のとき

「$q:2<n<c \implies p:n=3$ または 5」 ……①

において，$n=4$ は，「$q:2<n<c$」を満たすが，「$p:n=3$ または 5」を満たさないので，①は偽となる。

よって，整数 c が 5 以上のとき，p は q であるための必要条件ではない。なぜならば，整数 c が 5 以上のとき，整数 $n=$ 4 はつねに命題「$q \implies p$」の反例となるからである。

(3) 「$p \implies q$」が偽であるとき，p は q であるための十分条件ではない。

「$p:n=3$ または $5 \implies q:2<n<c$」 ……②

において，整数 c が $c=4$ を満たすとき，$n=5$ は，「$p:n=3$ または 5」を満たすが，「$q:2<n<c(=4)$」を満たさないので，②は偽となる。

よって，整数 c が $c=4$（ ⓪ ）を満たすとき，p は q であるための十分条件ではない。

(4) 部分集合 $A=\{k|k>2\}$，$B=\{k|k≧c\}$ より

$\overline{A}=\{k|k≦2\}$，$\overline{B}=\{k|k<c\}$

なので，整数 n に関する条件のうち，「$q:n>2$ かつ $n<c$」と同値である条件は，$n∈A∩\overline{B}$（ ① ）である。

解 説

問われていることは難しいわけではないが，(2)，(3)では普段あまり考えることのない「p が q であるための必要条件ではない」条件と，「p が q であるための十分条件ではない」条件を求めるので，焦らずに落ち着いて考えたい。

(1) 命題「$p \implies q$」の逆は「$q \implies p$」であり，対偶は「$\overline{q} \implies \overline{p}$」である。

また，条件 $\overline{q}$ は，ド・モルガンの法則より

「$q:n>2$ かつ $n<c \iff (n>2$ または $n<c)$

$\iff (n≦2$ または $n≧c)$」

となる。

(2) p が q であるための必要条件ではないのは，「$q \implies p$」が偽のときであるから，整数 c が 5 以上のとき，「$q:2<n<c$」は満たすが，「$p:n=3$ または 5」を満たさない整数 n が反例となる。ここでは，つねに命題「$q \implies p$」の反例となる整数 n を求めたいので，c が 5 以上のいかなる整数であっても反例となる $n=4$ が答えと

なる。

(3) p が q であるための十分条件ではないのは，「$p \Longrightarrow q$」が偽のときであるから，「$p:n=3$ または 5」は満たすが，「$q:2<n<c$」は満たさない反例 n が考えられるような整数 c の条件を求めればよい。ちなみに，整数 c が $c>5$，$c=6$，$c>7$ のいずれの場合でも，$n=3$ と $n=5$ は「$q:2<n<c$」を満たしてしまい，$n=3$ と $n=5$ は反例とはならない。

(4) 整数 n に関する与えられた条件は，部分集合 A，B とその補集合 $\overline{A}$，$\overline{B}$ の共通部分あるいは和集合が整数 n を要素にもつ形になっているので，補集合 $\overline{A}$，$\overline{B}$ を実際に求めることで，「$q:n>2$ かつ $n<c$」と同値となる条件 $n \in A \cap \overline{B}$ $=\{k \mid k>2$ かつ $k<c\}$ が選択できればよい。

[3] 標準 《2次方程式，解の配置》

(1) 方程式①が異なる二つの実数解をもつのは，①の判別式を D とすると，$\dfrac{D}{4}>0$ となるときだから

$$\dfrac{D}{4} = (2a-b)^2 - b(b-4a+3) > 0$$

$$4a^2 - 3b > 0 \quad \therefore \quad b < \dfrac{4}{3}a^2$$

したがって，$b < \dfrac{\boxed{4}}{\boxed{3}} a^2$ のときである。

このとき，二つの実数解は，①に解の公式を用いて

$$x = \dfrac{-(2a-b) \pm \sqrt{(2a-b)^2 - b \cdot (b-4a+3)}}{b}$$

$$= \dfrac{b - \boxed{2}a \pm \sqrt{4a^2 - 3b}}{b} \quad \cdots\cdots ②$$

(2) $b = a^2 < \dfrac{4}{3}a^2 \ (a \neq 0)$ より，方程式①は異なる二つの実数解をもち，その解は，$b=a^2$ を②に代入して

$$x = \dfrac{a^2 - 2a \pm \sqrt{4a^2 - 3a^2}}{a^2} = \dfrac{a^2 - 2a \pm \sqrt{a^2}}{a^2} = \dfrac{a^2 - 2a \pm a}{a^2}$$

$$= \dfrac{a^2 - a}{a^2}, \ \dfrac{a^2 - 3a}{a^2}$$

$$= \dfrac{a-1}{a}, \ \dfrac{a-3}{a}$$

ここで，$a-1>a-3$ なので，方程式①の二つの実数解の大小は

$a>0$ のとき　　$\dfrac{a-1}{a}>\dfrac{a-3}{a}$

$a<0$ のとき　　$\dfrac{a-1}{a}<\dfrac{a-3}{a}$

であるから，方程式①が異なる二つの実数解をもち，それらの一方が正の解で他方が負の解である条件は

(ア)　$a>0$ のとき

$\dfrac{a-1}{a}>0$　かつ　$\dfrac{a-3}{a}<0$

であるから，両辺に a（>0）をかけて

$a-1>0$　かつ　$a-3<0$　∴　$a>1$　かつ　$a<3$

$a>0$ なので　　$1<a<3$

(イ)　$a<0$ のとき

$\dfrac{a-1}{a}<0$　かつ　$\dfrac{a-3}{a}>0$

であるから，両辺に a（<0）をかけて

$a-1>0$　かつ　$a-3<0$　∴　$a>1$　かつ　$a<3$

$a<0$ なので，これを満たす a の値は存在しない。

よって，(ア)，(イ)より，求める a の値の範囲は

$\boxed{1}<a<\boxed{3}$

また，方程式①が異なる二つの実数解をもち，それらがいずれも正の解である条件は

(ウ)　$a>0$ のとき

$\left(\dfrac{a-1}{a}>\right)\dfrac{a-3}{a}>0$

であるから，両辺に a（>0）をかけて

$a-3>0$　∴　$a>3$

$a>0$ なので　　$a>3$

(エ)　$a<0$ のとき

$\left(\dfrac{a-3}{a}>\right)\dfrac{a-1}{a}>0$

であるから，両辺に a（<0）をかけて

$a-1<0$　∴　$a<1$

$a<0$ なので　　$a<0$

よって，(ウ)，(エ)より，求める a の値の範囲は
$$a < \boxed{0}, \ a > \boxed{3}$$

別解 (2) $b = a^2$ なので，方程式①に代入すれば
$$a^2 x^2 + 2(2a - a^2)x + a^2 - 4a + 3 = 0 \quad \cdots\cdots(*)$$
$f(x) = a^2 x^2 + 2(2a - a^2)x + a^2 - 4a + 3$ とおくと，方程式①が異なる二つの実数解をもち，それらの一方が正の解で他方が負の解である条件は，$a^2 > 0$ より，$y = f(x)$ のグラフが下に凸であることに注意して
$$f(0) < 0$$
である。これより
$$f(0) = a^2 - 4a + 3 < 0$$
$$(a-1)(a-3) < 0 \quad \therefore \quad 1 < a < 3$$
よって，求める a の値の範囲は $\quad 1 < a < 3$

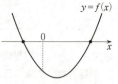

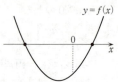

また，方程式①が異なる二つの実数解をもち，それらがいずれも正の解である条件は，$a^2 > 0$ より，$y = f(x)$ のグラフが下に凸であることに注意して

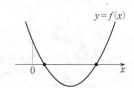

$$\begin{cases} \text{(i)} \ \dfrac{D}{4} > 0 \quad (D \text{ は①の判別式}) \\ \text{(ii)} \ (y = f(x) \text{ の軸}) > 0 \\ \text{(iii)} \ f(0) > 0 \end{cases}$$

である。これより

(i) $\dfrac{D}{4} > 0$ となるのは，(1)より，$b < \dfrac{4}{3}a^2$ のときであるから，$b = a^2$ を代入して
$$a^2 < \dfrac{4}{3} a^2 \quad 3a^2 < 4a^2 \quad a^2 > 0$$
すなわち，0でないすべての実数 a に対して成り立つ。

(ii) $y = f(x) = a^2 x^2 + 2(2a - a^2)x + a^2 - 4a + 3$ の軸は
$$x = -\dfrac{2(2a - a^2)}{2 \cdot a^2} = -\dfrac{a(2-a)}{a^2} = \dfrac{a-2}{a}$$
であるから，$(y = f(x) \text{ の軸}) > 0$ となるのは
$$\dfrac{a-2}{a} > 0 \quad \cdots\cdots(**)$$
両辺に $a^2 \ (>0)$ をかけて
$$a(a-2) > 0 \quad \therefore \quad a < 0, \ 2 < a$$

(iii) $f(0)>0$ となるのは
$$f(0)=(a-1)(a-3)>0$$
$\therefore\ a<1,\ 3<a$

よって，(i)，(ii)，(iii) より，求める a の値の範囲は

$\quad a<0,\ a>3$

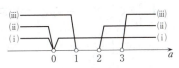

解説

2次方程式の解の配置の問題である。

(1) 方程式①が異なる二つの実数解をもつのは，(①の判別式)>0 のときであり，このときの二つの実数解は，解の公式を用いれば求まる。

(2) 問題の誘導の流れを見ると，出題者の意図としては〔解答〕の解法を想定していると思われるが，〔別解〕の解法の方が教科書や問題集でよく扱われているため，やりやすいかもしれない。

〔解答〕では，$b=a^2$ を②に代入することで，方程式①の解 $x=\dfrac{a-1}{a},\ \dfrac{a-3}{a}$ を求めた。$b=a^2$ を方程式①に代入すると〔別解〕の(*)が得られるので，(*)を $\{ax-(a-1)\}\{ax-(a-3)\}=0$ と因数分解することで，$x=\dfrac{a-1}{a},\ \dfrac{a-3}{a}$ を求めることもできる。

方程式①の二つの実数解が具体的な形で求まれば，$a-1>a-3$ が成立することより，$a>0$ と $a<0$ で場合分けすることで，二つの実数解 $\dfrac{a-1}{a},\ \dfrac{a-3}{a}$ の大小関係がわかるから，一方が正の解で他方が負の解である条件設定と，いずれも正の解である条件設定は容易となる。

〔別解〕では，まず2次関数 $y=f(x)$ のグラフが下に凸であることを認識しておく必要がある。上に凸であった場合には条件設定が変わってしまう。

方程式①が異なる二つの実数解をもち，それらの一方が正の解で他方が負の解であるためには，$f(0)<0$ となりさえすればよい。このとき，判別式の条件はつける必要がなく，軸の条件はつけることができない。

また，(ii) において，一般に2次関数 $y=\alpha x^2+\beta x+\gamma$ のグラフの軸は $x=-\dfrac{\beta}{2\alpha}$ である。

不等式(**)を解く際に，両辺に $a^2\ (>0)$ をかけたが，この手法を用いると，a の正負による場合分けをせずに分母を払うことができる。ただし，a^2 をかけることで不等式の次数が上がってしまうことに注意する。もちろん，$a>0$ と $a<0$ で場合分けをして分母 a を払うことで(**)を解くこともできる。

第2問 — 三角比，余弦定理，正弦定理，ヒストグラム，箱ひげ図，データの相関，共分散

〔1〕 標準 《三角比，余弦定理，正弦定理》

$\cos\angle ABC \left(=\dfrac{1}{3}\right)>0$, $\cos\angle ACB \left(=\dfrac{7}{9}\right)>0$ より，
$\angle ABC$, $\angle ACB$ は鋭角であるから，△ABC を図示すると右のようになる。

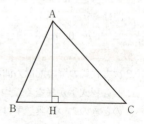

点Aから辺BCに下ろした垂線をAHとすると
直角三角形ABHにおいて $AB\cdot\cos\angle ABC = BH$
直角三角形ACHにおいて $AC\cdot\cos\angle ACB = CH$
なので
$$AB\cdot\cos\angle ABC + AC\cdot\cos\angle ACB = BH + CH$$
$$= BC$$
$$= \boxed{12} \quad \cdots\cdots ①$$

また
直角三角形ABHにおいて $AB\cdot\sin\angle ABC = AH$
直角三角形ACHにおいて $AC\cdot\sin\angle ACB = AH$
であるから
$$(AH=)\ AB\cdot\sin\angle ABC = AC\cdot\sin\angle ACB$$
$$\therefore\ \dfrac{AB}{AC} = \dfrac{\sin\angle ACB}{\sin\angle ABC}$$

ここで，$\cos\angle ABC = \dfrac{1}{3}$, $\cos\angle ACB = \dfrac{7}{9}$ より，$\sin^2\theta + \cos^2\theta = 1$ を用いれば，$\sin\angle ABC>0$, $\sin\angle ACB>0$ に注意して

$$\sin\angle ABC = \sqrt{1-\cos^2\angle ABC} = \sqrt{1-\left(\dfrac{1}{3}\right)^2} = \sqrt{\dfrac{8}{9}} = \dfrac{2\sqrt{2}}{3}$$

$$\sin\angle ACB = \sqrt{1-\cos^2\angle ACB} = \sqrt{1-\left(\dfrac{7}{9}\right)^2} = \sqrt{\dfrac{32}{81}} = \dfrac{4\sqrt{2}}{9}$$

となるので

$$\dfrac{AB}{AC} = \dfrac{4\sqrt{2}}{9} \div \dfrac{2\sqrt{2}}{3} = \dfrac{\boxed{2}}{\boxed{3}}$$

これより，$AB:AC = 2:3$ なので
$$AB = 2k,\ AC = 3k \quad (k \neq 0)$$

とおけるから，これらと $\cos\angle ABC = \dfrac{1}{3}$, $\cos\angle ACB = \dfrac{7}{9}$ を①に代入して

$$2k\cdot\dfrac{1}{3} + 3k\cdot\dfrac{7}{9} = 12$$

$$3k = 12 \quad \therefore \quad k = 4$$

したがって　　$AB = 2k = \boxed{8}$, $AC = 3k = \boxed{12}$

辺 BC の中点を D とすると，△ABD に余弦定理を用いて

$$AD^2 = AB^2 + BD^2 - 2\cdot AB\cdot BD\cdot \cos\angle ABC$$
$$= 8^2 + 6^2 - 2\cdot 8\cdot 6\cdot \dfrac{1}{3} = 68$$

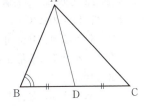

AD > 0 なので

$$AD = \sqrt{68} = \boxed{2}\sqrt{\boxed{17}}$$

別解 $\dfrac{AB}{AC}$ の値は次のように求めてもよい。

△ABC に正弦定理を用いれば

$$\dfrac{AC}{\sin\angle ABC} = \dfrac{AB}{\sin\angle ACB}$$

$$\therefore \quad \dfrac{AB}{AC} = \dfrac{\sin\angle ACB}{\sin\angle ABC}$$

なので　　$\dfrac{AB}{AC} = \dfrac{4\sqrt{2}}{9} \div \dfrac{2\sqrt{2}}{3} = \dfrac{2}{3}$

解説

〔解答〕で求めた関係式 $AB\cdot\cos\angle ABC + AC\cdot\cos\angle ACB = BC$ は，第一余弦定理とよばれる。これに対し，教科書で学習する余弦定理は，第二余弦定理とよばれる。①を求める際に，第一余弦定理についての知識があれば言うことはないが，なかったとしても図を利用しながら，与えられた条件を使用することを考えれば十分対応できる。

$\dfrac{AB}{AC}$ の値を求める際，〔解答〕では三角比，〔別解〕では正弦定理を用いた。$\dfrac{AB}{AC}$ の値がわかれば，AB と AC の比がわかるので，①を利用することで AB と AC の長さを求めることができる。

AB と AC の長さが求まれば，△ABD あるいは△ADC に余弦定理を用いることで AD の長さが求まる。また，中線定理 $AB^2 + AC^2 = 2(AD^2 + BD^2)$ を用いて AD の長さを求めることもできる。

〔2〕 易 《ヒストグラム，箱ひげ図，データの相関，共分散》

(1) 47個のデータの中央値は，47個のデータを小さいものから順に並べたときの24番目の値である。

32以上36未満の階級のデータの個数は1個，36以上40未満の階級のデータの個数は7個，40以上44未満の階級のデータの個数は16個であり，これらの合計が24個であるから，中央値は40以上44未満の階級に含まれる。

よって，図1のヒストグラムと矛盾しないものは43.4（ ③ ）である。

(2) (I) 図2より，1996年から2009年までの間における各年のYの中央値は，前年より小さくなる年もあるが，この間は全体として増加する傾向にある。よって，正しい。

(II) Yの最大値が最も大きい年は2011年であり，その値は15。Yの最大値が最も小さい年は1996年であり，その値は11より大きく12より小さい。これより，これら二つの年における最大値の差は3より大きい。よって，正しくない。

(III) 1996年において，中央値が9より小さいので，Yが9以下の都道府県数は全体の$\frac{1}{2}$以上である。2014年において，第1四分位数が9より大きいので，Yが9以下の都道府県数は全体の$\frac{1}{4}$以下である。これより，Yが9以下の都道府県数を比べると，2014年は1996年の$\frac{1}{2}$以下である。よって，正しい。

以上より，(I)，(II)，(III)の記述の正誤について正しい組合せは ② である。

(3) 図3の散布図より，Yが8以上9未満の区間にデータは8個あるから，Yのヒストグラムとして最も適切なものは ⓪ である。

(4) 表1より，$\bar{x}=9.6$, $\bar{y}=10.2$, $s_X{}^2=4.8$, $s_{XY}=1.75$なので，関係式($*$)は

$$y-10.2=\frac{1.75}{4.8}(x-9.6) \qquad y-10.2=\frac{1.75}{4.8}x-3.5$$

$$\therefore \quad y=\frac{35}{96}x+6.7$$

$\frac{35}{96}=0.364\cdots$であるから，セ，ソに当てはまる数値として最も近いものを選ぶと，図3の散布図に対する関係式($*$)は

$$y=0.36x+6.74 \quad (y=\boxed{⓪}x+\boxed{⑥}) \quad \cdots\cdots ①$$

である。

喫煙率Xが3％から20％の間では同じ傾向があると考えたとき，喫煙率が4％で

あれば，①に $x=4$ を代入して
$$y = 0.36 \times 4 + 6.74 = 8.18$$
よって，喫煙率が4％であれば調整済み死亡数は 8.18（ ⑦ ）である。

解説

47個のデータを $x_1, x_2, \cdots, x_{47}$（ただし，$x_1 \leq x_2 \leq \cdots \leq x_{47}$）とすると，最小値は x_1，第1四分位数は x_{12}，中央値は x_{24}，第3四分位数は x_{36}，最大値は x_{47} となる。

(1) 47個のデータの中央値は，47個のデータを小さいものから順に並べたときの24番目の値だから，24番目の値がヒストグラムのどの階級に含まれているかを探せばよい。

(2) (Ⅲ) 1996年は中央値，2014年は第1四分位数に着目すれば，それぞれの年度で Y が9以下の都道府県数が全体のどの程度の割合を占めるかがわかる。

(3) 〔解答〕では，図3の散布図において，Y が8以上9未満の区間に着目することで，Y のヒストグラムとして最も適切なものを選択したが，Y が12以上13未満の区間にデータが2個，13以上14未満の区間にデータが3個であることに着目しても正解を選び出すことができる。

(4) 関係式（＊）は回帰直線とよばれる式である。

表1において，$\bar{x}, \bar{y}, s_X^2, s_{XY}$ の値はすべて与えられているので，その値を関係式（＊）に代入して整理し，当てはまる数値として最も近いものを選べばよい。

また，喫煙率が4％であれば，①に $x=4$ を代入して，調整済み死亡数 Y を求めることができる。

教科書で見かけないような関係式が与えられた場合でも，動揺せずに落ち着いて取り組めるかどうかがポイントとなる。

第3問 《確率，条件付き確率》

三つの机のそれぞれにおいて，机の上の1枚のカードと，箱の中の3枚のカードを合計すると，白のカード2枚，青のカード2枚の合計4枚のカードがある。そのうち，箱の中には机の上のカードと同色のカードが1枚，別の色のカードが2枚ある。机の下に置かれた箱の中から無作為に取り出したカード1枚と，同じ机の上に置かれたカードとを交換する操作を1回行ったとき，机の上のカードの色が変化しない確率は $\frac{1}{3}$，机の上のカードの色が変化する確率は $\frac{2}{3}$ である。

以下では，例えば，すべての机の上に白のカードが置かれている状態を，白白白と表すことにする。

(1) 1回目の終了時に白白白となるのは，最初の白白白の状態から，三つの机のすべてのカードの色が白のまま変化しないときである。

よって，1回目の終了時にすべての机の上に白のカードが置かれている確率は

$$\frac{1}{3} \times \frac{1}{3} \times \frac{1}{3} = \boxed{\frac{1}{27}}$$

1回目の終了時に青青青となるのは，最初の白白白の状態から，三つの机のすべてのカードの色が青に変化するときである。

よって，1回目の終了時にすべての机の上に青のカードが置かれている確率は

$$\frac{2}{3} \times \frac{2}{3} \times \frac{2}{3} = \boxed{\frac{8}{27}}$$

(2) 1回目の終了時に状態 A になるのは，1回目の終了時に白白白となるか，または，青青青となるか，のいずれかである。

よって，(1)の結果より，1回目の終了時に状態 A になる確率は

$$\frac{1}{27} + \frac{8}{27} = \boxed{\frac{1}{3}}$$

1回目の終了時に状態 B になるのは

　　白白青，白青白，青白白，青青白，青白青，白青青

となるときであり，これは1回目の終了時に状態 A（白白白，青青青）になるときの余事象である。

よって，1回目の終了時に状態 B になる確率は，余事象の確率を用いて

$$1 - \frac{1}{3} = \boxed{\frac{2}{3}}$$

(3) 1回目の終了時に二つの机の上に白のカードが置かれ，残りの一つの机の上に青のカードが置かれているのは

　　　白白青，白青白，青白白

となるときのいずれかであり，いずれの場合も，最初の白白白の状態から，三つの机のうちのどれか一つの机のカードの色が青に変化し，残り二つの机のカードの色が白のまま変化しないときであるから，それぞれの確率は

$$\frac{2}{3} \times \frac{1}{3} \times \frac{1}{3} = \frac{2}{27} \quad \cdots\cdots ①$$

最初の白白白の状態から，三つの机のうち，カードの色が青に変化する机をどれか一つ選ぶ選び方が $_3C_1$ 通りだから，1回目の終了時に二つの机の上に白のカードが置かれ，残りの一つの机の上に青のカードが置かれている確率は

$$_3C_1 \times \frac{2}{27} = 3 \times \frac{2}{27} = \frac{6}{27} = \frac{2}{9} \quad \cdots\cdots ②$$

さらに，1回目の終了時に二つの机の上に白のカードが置かれ，残りの一つの机の上に青のカードが置かれていて，かつ，2回目の終了時に状態 A になるのは，2回目の終了時に白白白となるか，または，青青青となるか，のいずれかである。

1回目の終了時に白白青，白青白，青白白となる確率はそれぞれ，①より $\dfrac{2}{27}$

2回目の終了時に白白白となるのは，1回目の終了時に白白青，白青白，青白白のいずれの場合であっても，一つの机の青のカードの色が白に変化し，二つの机の白のカードの色が白のまま変化しないときであるから，それぞれの確率は

$$\frac{2}{27} \times \left(\frac{2}{3} \times \frac{1}{3} \times \frac{1}{3}\right) = \frac{4}{27^2}$$

したがって，このときの確率は

$$\frac{4}{27^2} \times 3 = \frac{12}{27^2}$$

2回目の終了時に青青青となるのは，1回目の終了時に白白青，白青白，青白白のいずれの場合であっても，二つの机の白のカードの色が青に変化し，一つの机の青のカードの色が青のまま変化しないときであるから，それぞれの確率は

$$\frac{2}{27} \times \left(\frac{2}{3} \times \frac{2}{3} \times \frac{1}{3}\right) = \frac{8}{27^2}$$

したがって，このときの確率は

$$\frac{8}{27^2} \times 3 = \frac{24}{27^2}$$

よって，1回目の終了時に二つの机の上に白のカードが置かれ，残りの一つの机の上に青のカードが置かれていて，かつ，2回目の終了時に状態 A になる確率は

$$\frac{12}{27^2} + \frac{24}{27^2} = \frac{36}{27^2} \quad \cdots\cdots ③$$

以上より，1回目の終了時に二つの机の上に白のカードが置かれ，残りの一つの机の上に青のカードが置かれていたとき，2回目の終了時には状態 A になる条件付き確率は，②，③より

$$\frac{\frac{36}{27^2}}{\frac{6}{27}} = \frac{36}{27^2} \div \frac{6}{27} = \frac{6}{27} = \boxed{\frac{2}{9}}$$

また，1回目の終了時に二つの机の上に青のカードが置かれ，残りの一つの机の上に白のカードが置かれているのは

　　青青白，青白青，白青青

となるときのいずれかであり，いずれの場合も，最初の白白白の状態から，三つの机のうちのどれか二つの机のカードの色が青に変化し，残り一つの机のカードの色が白のまま変化しないときであるから，それぞれの確率は

$$\frac{2}{3} \times \frac{2}{3} \times \frac{1}{3} = \frac{4}{27} \quad \cdots\cdots ④$$

最初の白白白の状態から，三つの机のうち，カードの色が青に変化する机をどれか二つ選ぶ選び方が ${}_3C_2$ 通りだから，1回目の終了時に二つの机の上に青のカードが置かれ，残りの一つの机の上に白のカードが置かれている確率は

$${}_3C_2 \times \frac{4}{27} = 3 \times \frac{4}{27} = \frac{12}{27} = \frac{4}{9} \quad \cdots\cdots ⑤$$

さらに，1回目の終了時に二つの机の上に青のカードが置かれ，残りの一つの机の上に白のカードが置かれていて，かつ，2回目の終了時に状態 A になるのは，2回目の終了時に白白白となるか，または，青青青となるか，のいずれかである。

1回目の終了時に青青白，青白青，白青青となる確率はそれぞれ，④より $\dfrac{4}{27}$

2回目の終了時に白白白となるのは，1回目の終了時に青青白，青白青，白青青のいずれの場合であっても，二つの机の青のカードの色が白に変化し，一つの机の白のカードの色が白のまま変化しないときであるから，それぞれの確率は

$$\frac{4}{27} \times \left(\frac{2}{3} \times \frac{2}{3} \times \frac{1}{3} \right) = \frac{16}{27^2}$$

したがって，このときの確率は

$$\frac{16}{27^2} \times 3 = \frac{48}{27^2}$$

2回目の終了時に青青青となるのは，1回目の終了時に青青白，青白青，白青青の

いずれの場合であっても，一つの机の白のカードの色が青に変化し，二つの机の青のカードの色が青のまま変化しないときであるから，それぞれの確率は

$$\frac{4}{27} \times \left(\frac{2}{3} \times \frac{1}{3} \times \frac{1}{3}\right) = \frac{8}{27^2}$$

したがって，このときの確率は

$$\frac{8}{27^2} \times 3 = \frac{24}{27^2}$$

よって，1回目の終了時に二つの机の上に青のカードが置かれ，残りの一つの机の上に白のカードが置かれていて，かつ，2回目の終了時に状態Aになる確率は

$$\frac{48}{27^2} + \frac{24}{27^2} = \frac{72}{27^2} \quad \cdots\cdots ⑥$$

以上より，1回目の終了時に二つの机の上に青のカードが置かれ，残りの一つの机の上に白のカードが置かれていたとき，2回目の終了時には状態Aになる条件付き確率は，⑤，⑥より

$$\frac{\frac{72}{27^2}}{\frac{12}{27}} = \frac{72}{27^2} \div \frac{12}{27} = \frac{6}{27} = \frac{2}{9}$$

(4) 2回目の終了時に状態Aになるのは
 (i) 1回目の終了時に二つの机の上に白のカードが置かれ，残りの一つの机の上に青のカードが置かれていて，かつ，2回目の終了時に状態Aになる
 (ii) 1回目の終了時に二つの机の上に青のカードが置かれ，残りの一つの机の上に白のカードが置かれていて，かつ，2回目の終了時に状態Aになる
 (iii) 1回目の終了時にすべての机の上に白のカードが置かれていて，かつ，2回目の終了時に状態Aになる
 (iv) 1回目の終了時にすべての机の上に青のカードが置かれていて，かつ，2回目の終了時に状態Aになる
のいずれかである。

 (i) このときの確率は，③より $\dfrac{36}{27^2}$

 (ii) このときの確率は，⑥より $\dfrac{72}{27^2}$

 (iii) 1回目の終了時にすべての机の上に白のカードが置かれていて，かつ，2回目の終了時に状態Aになるのは，2回目の終了時に白白白となるか，または，青青青となるか，のいずれかである。

1回目の終了時に白白白となる確率は，(1)の結果より $\dfrac{1}{27}$

2回目の終了時に白白白となるのは，三つの机のすべてのカードの色が白のまま変化しないときであるから，このときの確率は

$$\dfrac{1}{27} \times \left(\dfrac{1}{3} \times \dfrac{1}{3} \times \dfrac{1}{3}\right) = \dfrac{1}{27^2}$$

2回目の終了時に青青青となるのは，三つの机のすべてのカードの色が青に変化するときであるから，このときの確率は

$$\dfrac{1}{27} \times \left(\dfrac{2}{3} \times \dfrac{2}{3} \times \dfrac{2}{3}\right) = \dfrac{8}{27^2}$$

よって，1回目の終了時にすべての机の上に白のカードが置かれていて，かつ，2回目の終了時に状態Aになる確率は

$$\dfrac{1}{27^2} + \dfrac{8}{27^2} = \dfrac{9}{27^2}$$

(iv) 1回目の終了時にすべての机の上に青のカードが置かれていて，かつ，2回目の終了時に状態Aになるのは，2回目の終了時に白白白となるか，または，青青青となるか，のいずれかである。

1回目の終了時に青青青となる確率は，(1)の結果より $\dfrac{8}{27}$

2回目の終了時に白白白となるのは，三つの机のすべてのカードの色が白に変化するときであるから，このときの確率は

$$\dfrac{8}{27} \times \left(\dfrac{2}{3} \times \dfrac{2}{3} \times \dfrac{2}{3}\right) = \dfrac{64}{27^2}$$

2回目の終了時に青青青となるのは，三つの机のすべてのカードの色が青のまま変化しないときであるから，このときの確率は

$$\dfrac{8}{27} \times \left(\dfrac{1}{3} \times \dfrac{1}{3} \times \dfrac{1}{3}\right) = \dfrac{8}{27^2}$$

よって，1回目の終了時にすべての机の上に青のカードが置かれていて，かつ，2回目の終了時に状態Aになる確率は

$$\dfrac{64}{27^2} + \dfrac{8}{27^2} = \dfrac{72}{27^2}$$

以上，(i)～(iv)より，2回目の終了時に状態Aになる確率は

$$\dfrac{36}{27^2} + \dfrac{72}{27^2} + \dfrac{9}{27^2} + \dfrac{72}{27^2} = \dfrac{189}{27^2} = \boxed{\dfrac{7}{27}}$$

(5) 2回目の終了時に状態Bになるのは

　　白白青，白青白，青白白，青青白，青白青，白青青

となるときであり，2回目の終了時に状態 A（白白白，青青青）になるときの余事象である。

よって，2回目の終了時に状態 B になる確率は，(4)の結果を用いて

$$1-\frac{7}{27}=\frac{20}{27} \quad \cdots\cdots\text{⑦}$$

また，1回目の終了時に状態 B で，かつ，2回目の終了時に状態 B であるのは

(v) 1回目の終了時に二つの机の上に白のカードが置かれ，残りの一つの机の上に青のカードが置かれていて，かつ，2回目の終了時に状態 B になる

(vi) 1回目の終了時に二つの机の上に青のカードが置かれ，残りの一つの机の上に白のカードが置かれていて，かつ，2回目の終了時に状態 B になる

のいずれかである。

(v) 1回目の終了時に白白青，白青白，青白白となる確率はそれぞれ，①より $\dfrac{2}{27}$

2回目の終了時に状態 B となるのは，1回目の終了時に白白青，白青白，青白白のいずれの場合であっても

- 三つの机のすべてのカードの色が変化する
- 三つの机のすべてのカードの色が変化しない
- 白のカードが置かれた二つの机のどちらか一方のカードの色が青に変化し，それ以外の二つの机のカードの色が変化しない
- 白のカードが置かれた二つの机のどちらか一方のカードの色が白のまま変化せず，それ以外の二つの机のカードの色が変化する

のいずれかである。

1回目の終了時に白白青，白青白，青白白のいずれの場合であっても，2回目の終了時に状態 B となる確率はそれぞれ

$$\frac{2}{27}\times\left(\frac{2}{3}\times\frac{2}{3}\times\frac{2}{3}\right)+\frac{2}{27}\times\left(\frac{1}{3}\times\frac{1}{3}\times\frac{1}{3}\right)$$
$$+\frac{2}{27}\times\left({}_2C_1\times\frac{2}{3}\times\frac{1}{3}\times\frac{1}{3}\right)+\frac{2}{27}\times\left({}_2C_1\times\frac{1}{3}\times\frac{2}{3}\times\frac{2}{3}\right)$$

$$=\frac{2}{27}\left(\frac{8}{27}+\frac{1}{27}+\frac{4}{27}+\frac{8}{27}\right)$$

$$=\frac{42}{27^2}$$

したがって，1回目の終了時に二つの机の上に白のカードが置かれ，残りの一つの机の上に青のカードが置かれていて，かつ，2回目の終了時に状態 B になる確率は

$$\frac{42}{27^2}\times 3=\frac{126}{27^2}$$

(vi) 1回目の終了時に青青白，青白青，白青青となる確率はそれぞれ，④より $\dfrac{4}{27}$

2回目の終了時に状態 B となるのは，1回目の終了時に青青白，青白青，白青青のいずれの場合であっても
- 三つの机のすべてのカードの色が変化する
- 三つの机のすべてのカードの色が変化しない
- 青のカードが置かれた二つの机のどちらか一方のカードの色が白に変化し，それ以外の二つの机のカードの色が変化しない
- 青のカードが置かれた二つの机のどちらか一方のカードの色が青のまま変化せず，それ以外の二つの机のカードの色が変化する

のいずれかである。

1回目の終了時に青青白，青白青，白青青のいずれの場合であっても，2回目の終了時に状態 B となる確率はそれぞれ

$$\dfrac{4}{27} \times \left(\dfrac{2}{3} \times \dfrac{2}{3} \times \dfrac{2}{3}\right) + \dfrac{4}{27} \times \left(\dfrac{1}{3} \times \dfrac{1}{3} \times \dfrac{1}{3}\right)$$
$$+ \dfrac{4}{27} \times \left({}_2C_1 \times \dfrac{2}{3} \times \dfrac{1}{3} \times \dfrac{1}{3}\right) + \dfrac{4}{27} \times \left({}_2C_1 \times \dfrac{1}{3} \times \dfrac{2}{3} \times \dfrac{2}{3}\right)$$

$$= \dfrac{4}{27}\left(\dfrac{8}{27} + \dfrac{1}{27} + \dfrac{4}{27} + \dfrac{8}{27}\right)$$

$$= \dfrac{84}{27^2}$$

したがって，1回目の終了時に二つの机の上に青のカードが置かれ，残りの一つの机の上に白のカードが置かれていて，かつ，2回目の終了時に状態 B になる確率は

$$\dfrac{84}{27^2} \times 3 = \dfrac{252}{27^2}$$

よって，(v)，(vi)より，1回目の終了時に状態 B で，かつ，2回目の終了時に状態 B である確率は

$$\dfrac{126}{27^2} + \dfrac{252}{27^2} = \dfrac{378}{27^2} = \dfrac{14}{27} \quad \cdots\cdots ⑧$$

以上より，2回目の終了時に状態 B になったとき，1回目の終了時も状態 B である条件付き確率は，⑦，⑧より

$$\dfrac{\dfrac{14}{27}}{\dfrac{20}{27}} = \dfrac{14}{27} \div \dfrac{20}{27} = \boxed{\dfrac{7}{10}}$$

[別解] (3) 1回目の終了時に二つの机の上に白のカードが置かれ，残りの一つの机の上に青のカードが置かれていたとき，2回目の終了時に状態 A になるのは，2回目の終了時に白白白となるか，または，青青青となるか，のいずれかである。

2回目の終了時に白白白となるのは，一つの机の青のカードの色が白に変化し，二つの机の白のカードの色が白のまま変化しないときであるから，このときの確率は

$$\frac{2}{3} \times \frac{1}{3} \times \frac{1}{3} = \frac{2}{27}$$

2回目の終了時に青青青となるのは，二つの机の白のカードの色が青に変化し，一つの机の青のカードの色が青のまま変化しないときであるから，このときの確率は

$$\frac{2}{3} \times \frac{2}{3} \times \frac{1}{3} = \frac{4}{27}$$

よって，1回目の終了時に二つの机の上に白のカードが置かれ，残りの一つの机の上に青のカードが置かれていたとき，2回目の終了時には状態 A になる条件付き確率は

$$\frac{2}{27} + \frac{4}{27} = \frac{6}{27} = \frac{2}{9}$$

また，1回目の終了時に二つの机の上に青のカードが置かれ，残りの一つの机の上に白のカードが置かれていたとき，2回目の終了時に状態 A になるのは，2回目の終了時に白白白となるか，または，青青青となるか，のいずれかである。

2回目の終了時に白白白となるのは，二つの机の青のカードの色が白に変化し，一つの机の白のカードの色が白のまま変化しないときであるから，このときの確率は

$$\frac{2}{3} \times \frac{2}{3} \times \frac{1}{3} = \frac{4}{27}$$

2回目の終了時に青青青となるのは，一つの机の白のカードの色が青に変化し，二つの机の青のカードの色が青のまま変化しないときであるから，このときの確率は

$$\frac{2}{3} \times \frac{1}{3} \times \frac{1}{3} = \frac{2}{27}$$

よって，1回目の終了時に二つの机の上に青のカードが置かれ，残りの一つの机の上に白のカードが置かれていたとき，2回目の終了時には状態 A になる条件付き確率は

$$\frac{4}{27} + \frac{2}{27} = \frac{6}{27} = \frac{2}{9}$$

(4) 状態 A と状態 B に着目して考える。

(3)の結果より，状態 B から操作 S によって状態 A になる確率は $\dfrac{2}{9}$

状態 A と状態 B は互いに排反だから，状態 B から操作 S によって状態 B になる確率は，余事象の確率を用いて

$$1 - \frac{2}{9} = \frac{7}{9}$$

また，すべての机の上に青のカードが置かれているとき，操作 S によって状態 A になるのは，三つの机のすべてのカードの色が白に変化するか，または，青のまま変化しないか，のいずれかだから，すべての机の上に青のカードが置かれているとき，操作 S によって状態 A になる確率は

$$\frac{2}{3} \times \frac{2}{3} \times \frac{2}{3} + \frac{1}{3} \times \frac{1}{3} \times \frac{1}{3} = \frac{9}{27} = \frac{1}{3} \quad \cdots\cdots ⑨$$

状態 A と状態 B は互いに排反だから，すべての机の上に青のカードが置かれているとき，操作 S によって状態 B になる確率は，余事象の確率を用いて

$$1 - \frac{1}{3} = \frac{2}{3} \quad \cdots\cdots ⑩$$

⑨，⑩と(2)の結果を合わせれば，状態 A から操作 S によって状態 A になる確率は $\frac{1}{3}$，状態 A から操作 S によって状態 B になる確率は $\frac{2}{3}$ である。

これより，2回目の終了時に状態 A になるのは
- 1回目の終了時に状態 A になり，2回目の終了時に状態 A になる
- 1回目の終了時に状態 B になり，2回目の終了時に状態 A になる

のいずれかだから，2回目の終了時に状態 A になる確率は

$$\frac{1}{3} \times \frac{1}{3} + \frac{2}{3} \times \frac{2}{9} = \frac{7}{27}$$

(5) 状態 A と状態 B は互いに排反だから，2回目の終了時に状態 B になる確率は，(4)の結果より，余事象の確率を用いて

$$1 - \frac{7}{27} = \frac{20}{27}$$

1回目の終了時に状態 B になり，2回目の終了時に状態 B になる確率は

$$\frac{2}{3} \times \frac{7}{9} = \frac{14}{27}$$

よって，2回目の終了時に状態 B になったとき，1回目の終了時も状態 B である条件付き確率は

$$\frac{\frac{14}{27}}{\frac{20}{27}} = \frac{14}{27} \div \frac{20}{27} = \frac{7}{10}$$

解 説

2次試験で見かけるような問題設定であり，難しい問題である。〔解答〕のやり方で考えると，場合分けが多く煩雑になるが，入試本番でこの解法以外のやり方が思い付かなければ，多少面倒でも計算力で押し通すくらいの心構えは必要である。また，難しい考え方ではあるが，同じような問題設定の問題にも応用がきくので，〔別解〕の考え方ができるようになっておくとよい。

(1) 机の下に置かれた箱の中から無作為に取り出したカード1枚と，同じ机の上に置かれたカードとを交換する操作を1回行ったとき，机の上のカードの色が白色と青色のどちらであっても，机の上のカードの色が変わらない確率は $\dfrac{1}{3}$，机の上のカードの色が変わる確率は $\dfrac{2}{3}$ である。最初の白白白の状態から，カードの色が変わるか，変わらないかを中心に考えていけばよい。

(2) 三つの机の上のカードの色は，全部で $2 \times 2 \times 2 = 8$ 通りあり，具体的には，状態 A：(白白白，青青青)，状態 B：(白白青，白青白，青白白，青青白，青白青，白青青)，であるから，状態 A と状態 B は互いに排反である。したがって，1回目の終了時に状態 B になる確率は，余事象の確率を用いて求めることになる。

(3) 〔解答〕は，三つの机の上のカードの色が白と青のどちらになっているかをすべて考え，丁寧に場合分けしていく解法となっている。

〔別解〕では，1回目の終了時に白白青，白青白，青白白となるいずれの場合も，最初に白白白の状態から始めたとき三つの白のうちのどこが青になるかの違いがあるだけだから，それぞれの確率は等しく，1回目の終了時に二つの机の上に白のカードが置かれ，残りの一つの机の上に青のカードが置かれているときの確率を p （実際には②より $p = \dfrac{2}{9}$）とすると，1回目の終了時に白白青，白青白，青白白となる確率はそれぞれ $\dfrac{1}{3}p$ （実際には①より $\dfrac{1}{3}p = \dfrac{2}{27}$）である。2回目の終了時に状態 A となるのは，1回目の終了時が白白青，白青白，青白白のいずれの場合も，同じ色のカードが置かれた二つの机のカードの色が変化し，残りの一つの机のカードの色が変化しないか，または，同じ色のカードが置かれた二つの机のカードの色が変化せず，残りの一つの机のカードの色が変化するか，のいずれかだから，1回目の終了時に二つの机の上に白のカードが置かれ，残りの一つの机の上に青のカードが置かれていたとき，2回目の終了時には状態 A になる条件付き確率は

$$\dfrac{\left\{\dfrac{1}{3}p \times \left(\dfrac{2}{3} \times \dfrac{2}{3} \times \dfrac{1}{3}\right) + \dfrac{1}{3}p \times \left(\dfrac{1}{3} \times \dfrac{1}{3} \times \dfrac{2}{3}\right)\right\} \times 3}{p} = \dfrac{2}{3} \times \dfrac{2}{3} \times \dfrac{1}{3} + \dfrac{1}{3} \times \dfrac{1}{3} \times \dfrac{2}{3} = \dfrac{2}{9}$$

となって，1回目の終了時に白白青，白青白，青白白となる確率 $\frac{1}{3}p$ を考える必要はなく，三つの机のどの机が青のカードかを考える必要もない。

特にこの問題では，最初に白白白の状態から始めた場合を考えているが，最初に青青青から始めた場合にも，上と同様の考え方で，1回目の終了時に二つの机の上に白のカードが置かれ，残りの一つの机の上に青のカードが置かれていたとき，2回目の終了時には状態 A になる条件付き確率は，$\frac{2}{3} \times \frac{2}{3} \times \frac{1}{3} + \frac{1}{3} \times \frac{1}{3} \times \frac{2}{3} = \frac{2}{9}$ と求まる。

したがって，1回目の終了時に二つの机の上に白のカードが置かれ，残りの一つの机の上に青のカードが置かれていたとき，操作 S によって状態 A になる条件付き確率は $\frac{2}{9}$ であることがわかる。

また，上の議論と同様に考えれば，1回目の終了時に二つの机の上に青のカードが置かれ，残りの一つの机の上に白のカードが置かれていたとき，操作 S によって状態 A になる条件付き確率は，同じ色のカードが置かれた二つの机のカードの色が変化し，残りの一つの机のカードの色が変化しないか，または，同じ色のカードが置かれた二つの机のカードの色が変化せず，残りの一つの机のカードの色が変化するか，のいずれかだから，$\frac{2}{3} \times \frac{2}{3} \times \frac{1}{3} + \frac{1}{3} \times \frac{1}{3} \times \frac{2}{3} = \frac{2}{9}$ であることもわかる。

(4) 〔解答〕は，1回目の終了時に三つの机の上のカードの色がどのようになっているかで(i)〜(iv)に場合分けして考えた。

〔別解〕では，状態 A と状態 B が互いに排反であるから，状態 A と状態 B に着目して確率を考えている。

(3)の結果より，二つの机の上に同色のカードが置かれ，残りの一つの机の上には別の色のカードが置かれていたとき，操作 S によって状態 A になる条件付き確率は $\frac{2}{9}$ であることがわかるから，状態 B から操作 S によって状態 A になる確率は $\frac{2}{9}$ であることがわかる。さらに，余事象の確率を用いて，状態 B から操作 S によって状態 B になる確率は $\frac{7}{9}$ であることもわかる。

また，すべての机の上に青のカードが置かれているときも，(1)と(2)と同様の計算をすることで，⑨，⑩が得られるから，(2)の結果と合わせれば，すべての机の上に同色のカードが置かれていたとき，操作 S によって状態 A になる条件付き確率は $\frac{1}{3}$，状態 B になる条件付き確率は $\frac{2}{3}$ であることがわかる。すなわち，状態 A から操作

S によって状態 A になる確率が $\frac{1}{3}$, 状態 B になる確率が $\frac{2}{3}$ であることがわかったことになる。

これより，2回目の終了時に状態 A になる確率は，最初の白白白の状態が状態 A であることに注意すれば，状態 $A \xrightarrow{\frac{1}{3}}$ 状態 $A \xrightarrow{\frac{1}{3}}$ 状態 A，または，状態 $A \xrightarrow{\frac{2}{3}}$ 状態 $B \xrightarrow{\frac{2}{9}}$ 状態 A を考えることになる。

(5) 2回目の終了時に状態 B になる確率は，(4)の結果の余事象を考えて求めた。

1回目の終了時に状態 B になり，かつ，2回目の終了時に状態 B になる確率は，〔解答〕では1回目の終了時に三つの机の上のカードの色がどのようになっているかで(v), (vi)に場合分けし，〔別解〕では状態 $A \xrightarrow{\frac{2}{3}}$ 状態 $B \xrightarrow{\frac{7}{9}}$ 状態 B を考えた。

第4問 　標準　《不定方程式，倍数判定》

560を素因数分解すると
$$560 = 2^4 \cdot 5 \cdot 7$$
なので，560の約数で2の累乗であるもののうち，最大のものは16であり
$$560 = 16 \times \boxed{35} \quad \cdots\cdots ①$$
である。また
$$560 = 13 \times \boxed{43} + 1 \quad \cdots\cdots ②$$
である。

(1) ①と②より
$$(560 =) 16 \times 35 = 13 \times 43 + 1 \quad \cdots\cdots ③$$
なので，$x = 35$，$y = 43$ は不定方程式 $16x = 13y + 1$ の一つの整数解となる。
c を整数とするとき，③の両辺を c 倍して
$$16 \times 35c = 13 \times 43c + c \quad \cdots\cdots ④$$
不定方程式 $16x = 13y + c \quad \cdots\cdots ⑤$ から④の辺々をそれぞれ引けば
$$16(x - 35c) = 13(y - 43c)$$
16と13は互いに素なので，⑤のすべての整数解は，s を整数として
$$x - 35c = 13s, \quad y - 43c = 16s$$
∴ $x = \boxed{13}s + 35c$, $y = \boxed{16}s + 43c$

と表せる。

以下の(2), (3), (4)では，560^2 で割った商が1であるような自然数 k を考え，k を 560^2 で割った余りを ℓ とする。このとき
$$k = 560^2 \cdot 1 + \ell \quad (\ell は 0 \leqq \ell < 560^2 を満たす整数) \quad \cdots\cdots ⑥$$
さらに ℓ を560で割った商を q，余りを r とすると
$$\ell = 560 \cdot q + r \quad (q は 0 \leqq q < 560 を満たす整数，r は 0 \leqq r < 560 を満たす整数)$$
$$\cdots\cdots ⑦$$
このとき，⑥に⑦を代入して
$$k = 560^2 + 560q + r$$
と表せる。

(2) $k = 560^2 + 560q + r$ を変形すると
$$k = 560(560 + q) + r$$
①より，560は16の倍数なので，$560(560 + q)$ は16の倍数であるから，k が16の倍数であるのは，r が $\boxed{16}$ の倍数のときである。

また，②より，$560 = 13 \cdot 43 + 1$ なので
$$560^2 = (13 \cdot 43 + 1)^2$$
$$= (13 \cdot 43)^2 + 2 \cdot (13 \cdot 43) \cdot 1 + 1^2$$
$$= 13(13 \cdot 43^2 + 2 \cdot 43) + 1 \quad \cdots\cdots ⑧$$

$13(13 \cdot 43^2 + 2 \cdot 43)$ は 13 の倍数であるから，560^2 を 13 で割った余りは $\boxed{1}$ である。

これより，②，⑧を用いれば
$$k = 560^2 + 560q + r$$
$$= \{13(13 \cdot 43^2 + 2 \cdot 43) + 1\} + (13 \cdot 43 + 1)q + r$$
$$= 13(13 \cdot 43^2 + 2 \cdot 43 + 43q) + (1 + q + r)$$

$13(13 \cdot 43^2 + 2 \cdot 43 + 43q)$ は 13 の倍数であるから，k が 13 の倍数であるのは，$1 + q + r$ が $\boxed{13}$ の倍数のときである。

(3) 16 と 13 は互いに素なので，k が 16 でも 13 でも割り切れるのは，(2)の結果より
r が 16 の倍数 $\cdots\cdots ⑨$ かつ $1 + q + r$ が 13 の倍数 $\cdots\cdots ⑩$
のときである。

$k = 560^2 + 560q + r$ は，⑨，⑩を満たす最小のものなので，まず $q = 0$ として考えると

⑨より $r = 16t$ (t は $0 \leq t < 35$ を満たす整数) $\cdots\cdots ⑪$
⑩より $1 + r = 13u$ (u は $1 \leq u \leq 43$ を満たす整数) $\cdots\cdots ⑫$

とおける。⑪を⑫に代入すれば
$$1 + 16t = 13u$$
∴ $16t = 13u - 1 \quad \cdots\cdots ⑬$

不定方程式⑬のすべての整数解は，(1)の結果を用いて $c = -1$ とすれば，s を整数として
$$t = 13s - 35, \quad u = 16s - 43$$

と表せる。
t は 0 以上の整数，u は 1 以上の整数であり，r を最小にするには t を最小にすればよいので，それらを満たすような s は $s = 3$ のときで
$$t = 13s - 35 = 13 \cdot 3 - 35 = 4$$
$$u = 16s - 43 = 16 \cdot 3 - 43 = 5$$

したがって
$$r = 16t = 16 \cdot 4 = 64$$

次に，$q \geq 1$ の場合を考えると
$$k = 560^2 + 560q + r \geq 560^2 + 560 \cdot 1 + r > 560^2 + 560 \cdot 0 + 64$$

となるので，$q=0$，$r=64$ のときよりも k が小さくなることはない。
したがって，k は最小とはならない。
よって，k が 16 でも 13 でも割り切れるような最小のものとするとき，$q=\boxed{0}$，$r=\boxed{64}$ である。

(4) $\sqrt{k}$ が自然数となるとき，k は平方数であり
$$k=560^2+560q+r\geqq 560^2$$
なので，k は 0 以上のある整数 m により，$k=(560+m)^2$ と表せる。
16 と 13 は互いに素なので，$k=(560+m)^2$ が 16（$=4^2$）で割り切れるのは
$$560+m \text{ が 4 の倍数}$$
のときで，さらに，560 は 4 の倍数であるから
$$m \text{ が 4 の倍数}\quad \cdots\cdots ⑭$$
のときである。
また，$k=(560+m)^2$ が 13 で割り切れるのは
$$560+m \text{ が 13 の倍数}$$
のときで，さらに，②より，$560+m=13\cdot 43+(1+m)$ となるから
$$1+m \text{ が 13 の倍数}\quad \cdots\cdots ⑮$$
のときである。
$k=(560+m)^2$ は，⑭，⑮を満たす最小のものなので，m を最小にすればよい。⑭，⑮を満たす最小の m は
$$m=12$$
よって，k が 16 でも 13 でも割り切れ，かつ $\sqrt{k}$ が自然数となるような最小のものとするとき，$m=\boxed{12}$ であり
$$\begin{aligned}k=(560+m)^2&=(560+12)^2\\&=560^2+2\cdot 560\cdot 12+12^2\\&=560^2+560\cdot 24+144\end{aligned}$$
となるから，$q=\boxed{24}$，$r=\boxed{144}$ である。

解説

16 と 13 で割り切れる最小の自然数 k と，k が 16 と 13 で割り切れ，かつ $\sqrt{k}$ が自然数となるような最小の自然数 k を，問題の誘導に従って求める問題である。

(1) ①，②より③が得られるので，③の両辺を c 倍することで，不定方程式⑤の一つの整数解 $x=35c$，$y=43c$ が求まった形である④が得られる。④が求まれば，⑤のすべての整数解を求めることは容易である。
k を $k=560^2+560q+r$ の形で表す際，⑦において $0\leqq q<560$ の条件を付加したが，

$q \geq 560$ となってしまうと $\ell < 560^2$ の条件に反してしまう。本問の(3), (4)では最小の自然数 k を求めるということもあって，$q \geq 0$ であることさえ意識できていれば特に問題となることはないが，注意しておきたい。

(2) ①と②を利用することに気付ければよい。

(3) 16 と 13 は互いに素なので，k が 16 でも 13 でも割り切れるための条件は，(2)の結果⑨, ⑩が利用できる。

ここでは最小の自然数 $k = 560^2 + 560q + r$ を求めたいから，まず $q = 0$ として考えている。結果として，$q \geq 1$ の場合では k が最小となることはない。

$q = 0$ とすると，⑨, ⑩より⑪と⑫の形におくことで(1)の結果を利用することができる。⑪と⑫における t と u は，$0 \leq r < 560$ を満たすようにとることで $0 \leq t \leq 35$, $1 \leq u \leq 43$ とした。⑦で q の範囲をつけたときと同様に，最小の自然数 k を求めたいということもあり，解答する上では $t \geq 0$, $u \geq 1$ であることが認識できていれば特に問題はない。⑬と⑤を見比べると，⑬のすべての整数解は(1)の結果において $c = -1$ としたときに相当するから，t と u を整数 s を用いて表してから，t が 0 以上の整数，u が 1 以上の整数であるという条件に合うように整数 s を選べばよい。

また，(1)の結果を利用せずに，$k = 560^2 + 560q + r$ の形から(2)の結果⑨, ⑩に適するように，$q = 0, 1, 2, \cdots, r = 0, 16, 32, \cdots$ の順に値を代入していくことで q と r を求める解法も考えられる。求める q と r の値は $q = 0, r = 64$ であるから，意外と速く見つかる上に，代入していくだけの単純な作業なので，こちらの解法の方がやり易いかもしれない。

(4) $\sqrt{k}$ が自然数となるときには，0 以上のある整数 m により，$k = (560 + m)^2$ と表せることは問題文で与えられているので，$k = (560 + m)^2$ が 16 でも 13 でも割り切れる条件を求めていけばよい。

$16 = 4^2$ であるから，$k = (560 + m)^2$ が 16 で割り切れるのは，$560 + m$ が 4 の倍数のときである。このことに気付けるかどうかがポイントになる。これがわかれば，560 が 4 の倍数であることより，m の条件⑭が得られるので，非常に考えやすくなる。

13 は素数であるから，$k = (560 + m)^2$ が 13 で割り切れるのは，$560 + m$ が 13 の倍数のときであるので，②を利用することで⑮が得られる。

⑭と⑮が求まれば，$k = (560 + m)^2$ を最小にするために m を最小にすればよいので，⑭, ⑮を満たすような最小の m は，⑮からすぐに $m = 12$ とわかる。

第5問 《方べきの定理，メネラウスの定理，余弦定理，方べきの定理の逆，三角比》

方べきの定理を用いると

$$BE \cdot BA = BD \cdot BC = 1 \cdot 4 = \boxed{4}$$

であるから，$AB = \sqrt{6}$ より

$$BE \cdot \sqrt{6} = 4$$

$$\therefore BE = \frac{4}{\sqrt{6}} = \frac{4\sqrt{6}}{6} = \boxed{\frac{2\sqrt{6}}{3}}$$

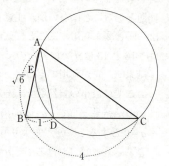

線分 AD と線分 EC の交点を P とすると，△ABD と直線 EC にメネラウスの定理を用いれば

$$\frac{AE}{EB} \cdot \frac{BC}{CD} \cdot \frac{DP}{PA} = 1 \quad \cdots\cdots ①$$

ここで

$$AE = AB - BE = \sqrt{6} - \frac{2\sqrt{6}}{3} = \frac{\sqrt{6}}{3}$$

より

$$AE : EB = \frac{\sqrt{6}}{3} : \frac{2\sqrt{6}}{3} = 1 : 2$$

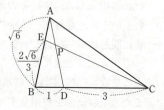

だから，①は

$$\frac{1}{2} \cdot \frac{4}{3} \cdot \frac{PD}{AP} = 1 \quad \therefore \frac{AP}{PD} = \boxed{\frac{2}{3}}$$

△ABD に余弦定理を用いて

$$AD^2 = AB^2 + BD^2 - 2 \cdot AB \cdot BD \cdot \cos\angle ABC$$

$$= (\sqrt{6})^2 + 1^2 - 2 \cdot \sqrt{6} \cdot 1 \cdot \frac{\sqrt{6}}{9} = \frac{17}{3}$$

AD > 0 なので

$$AD = \sqrt{\frac{17}{3}} = \sqrt{\boxed{\frac{51}{3}}}$$

$\frac{AP}{PD} = \frac{2}{3}$ より，PD : AD = PD : (AP + PD) = 3 : 5 であるから

$$PD = \frac{3}{5}AD = \frac{3}{5} \cdot \frac{\sqrt{51}}{3} = \sqrt{\boxed{\frac{51}{5}}}$$

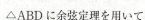

$$\cos\angle ADB = \frac{AD^2 + BD^2 - AB^2}{2\cdot AD\cdot BD} = \frac{\left(\frac{\sqrt{51}}{3}\right)^2 + 1^2 - (\sqrt{6})^2}{2\cdot \frac{\sqrt{51}}{3}\cdot 1} = \frac{\frac{2}{3}}{\frac{2\sqrt{51}}{3}}$$

$$= \frac{1}{\sqrt{51}} = \frac{\sqrt{\boxed{51}}}{\boxed{51}}$$

次に，△AEP の外接円と直線 BP の交点で，点 P とは異なる点を L とすると，方べきの定理を用いて

BP・BL = BE・BA

$$= \frac{2\sqrt{6}}{3}\cdot \sqrt{6} = \boxed{4} \quad \cdots\cdots ②$$

BD・BC = 4　……③　であるから，②，③より

(4 =) BP・BL = BD・BC

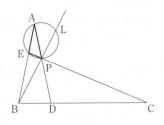

となるので，方べきの定理の逆より，4点 L，P，D，C は同一円周上にある。四角形 LPDC は円に内接するので，∠BLC は，向かい合う角の外角∠BDP に等しいから

cos∠BLC = cos∠BDP = cos∠ADB

$$= \frac{\sqrt{51}}{51} = \frac{1}{\sqrt{51}}$$

cos∠BLC > 0 より，∠BLC は鋭角だから，

tan∠BLC > 0 に注意して，$1 + \tan^2\theta = \dfrac{1}{\cos^2\theta}$ を用いれば

$$\tan\angle BLC = \sqrt{\frac{1}{\cos^2\angle BLC} - 1} = \sqrt{\frac{1}{\left(\frac{1}{\sqrt{51}}\right)^2} - 1}$$

$$= \sqrt{51 - 1} = \sqrt{50} = \boxed{5}\sqrt{\boxed{2}}$$

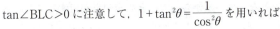

別解　tan∠BLC は次のように求めてもよい。

cos∠BLC > 0 より，∠BLC は鋭角だから，点 C から線分 BL に下ろした垂線を CH とすると，直角三角形 CLH において，

$\cos\angle BLC = \dfrac{1}{\sqrt{51}}$ なので，LH = k，CL = $\sqrt{51}k$（k > 0）とおけば

$$\tan\angle BLC = \frac{HC}{LH} = \frac{\sqrt{(\sqrt{51}k)^2 - k^2}}{k} = \sqrt{50} = 5\sqrt{2}$$

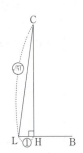

解 説

「数学Ⅰ」の「図形と計量」で扱う余弦定理や三角比を利用する融合問題である。現行課程となってからは珍しい形式ではあるが，2019年度本試験第5問，2017年度本試験第5問でも出題されているので，今後も注意しておくべきだろう。

点Bを通る2直線ABとBCがそれぞれ円と2点で交わっているから，方べきの定理を用いることができる。BE·BAの値を求めさせるのも誘導としては直接的だから，方べきの定理を利用することにはすぐに気付けるはずである。

BE·BAの値が求まれば，AB = $\sqrt{6}$ より，BEの長さが求まる。

線分ADと線分ECの交点をPとするとき，$\dfrac{AP}{PD}$ の値を求めるから，図を描いて考えれば，メネラウスの定理を使うことはすぐにわかる。メネラウスの定理は頻出であるから，しっかりと使いこなせるようにしておきたい。

ADの長さは，「数学A」の「図形の性質」の単元にしぼって考えるのではなく，「数学Ⅰ」の「図形と計量」の単元も考慮に入れながら柔軟に考えたい。△ABDに余弦定理を用いれば，あっさりと求まる。

ADの長さが求まれば，$\dfrac{AP}{PD} = \dfrac{2}{3}$ より，PDとADの比が求まるので，PDの長さも求まる。

また，cos∠ADBの値も余弦定理を利用する。

次に，△AEPの外接円と直線BPの交点で，点Pとは異なる点をLとするとき，BP·BLの求値は直接的な誘導となっているから，方べきの定理を利用することに気付けなければならない。BD·BC = 4 であることと合わせれば，BP·BL = BD·BC が成り立つので，方べきの定理の逆より，4点L，P，D，Cが同一円周上にあることがわかる。

> **ポイント** 方べきの定理の逆
> 2つの線分VWとXYまたはそれらの延長が点Zで交わっているとき
>   ZV·ZW = ZX·ZY
> が成り立つならば，4点V，W，X，Yは同一円周上にある。

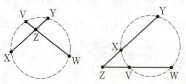

4点L，P，D，Cが同一円周上にあることがわかれば，四角形LPDCが円に内接することより，∠BLC = ∠ADB が成り立つので，三角比を利用することで tan∠BLC が求まる。

数学Ⅱ・数学B 追試験

第1問 (30)

解答記号	正解	配点
$x^2+y^2-ア x-イ y+ウ$	$x^2+y^2-6x-2y+9$	2
エ	0	1
$\dfrac{オ}{カ}$	$\dfrac{3}{4}$	2
$\dfrac{キク}{ケ}$	$\dfrac{-4}{3}$	2
コ	5	2
サ, シ, ス	2, 6, 8	4
$\dfrac{セ}{ソ}$	$\dfrac{1}{3}$	2
$\log_2 タ$	$\log_2 1$	1
$\log_2 チ$	$\log_2 2$	1
ツ	7	1
テ$r+$ト	$3r+1$	2
ナ	②	2
ニ	⓪	2
ヌ	0	1
ネ	④	2
ノ	3	1
ハヒ	11	2

第2問 (30)

解答記号	正解	配点
ア	0	1
イウ	-3	2
エ, オ, カ	3, 3, 2	3
キ	0	2
クケ	-3	1
コサ	-1	2
シ	1	1
ス	3	1
セ	1	2
$\dfrac{ソ}{タ}$	$\dfrac{1}{3}$	2
チ, ツ, テ	3, 1, 3	3
ト	2	1
ナ, ニ, ヌ	6, 2, 3	3
$\dfrac{ネ}{ノ}$	$\dfrac{1}{3}$	3
$\sqrt{ハ}$	$\sqrt{3}$	3

2019年度：数学Ⅱ・B／追試験〈解答〉

問題番号 (配点)	解答記号	正 解	配点	チェック
第3問 (20)	アイ／ウ	−5／2	2	
	エ，オ	4，2	2	
	カ	2	1	
	キ，ク，ケ	3，2，1	3	
	コ，サ，シ	7，4，2	2	
	スセソ	−34	1	
	タ，チ，ツテ	1，3，20	3	
	ト	6	1	
	ナニ	−2	3	
	ヌネノ	428	2	
第4問 (20)	ア√イ	3√5	1	
	ウ√エ	3√5	1	
	(オ，カ，キク)	(6，6，−3)	2	
	(2，ケコ，サ)	(2，−1，2)	2	
	シ	0	1	
	ス	2	2	
	(セ，ソ，タチ)	(8，2，−7)	2	
	ツ	6	2	
	テ	6	1	
	√トナ	√85	3	
	ニ／ヌ	7／6	1	
	ネノ，ハ，ヒフ，ヘホ	17，3，20，−7	2	

問題番号 (配点)	解答記号	正 解	配点	チェック
第5問 (20)	アイ	95	1	
	ウエ	20	1	
	オ．カキ	0.25	2	
	クケ %	40 %	2	
	コ	①	2	
	サ．シ	1.9	2	
	ス．セソ	1.71	2	
	タ	②	2	
	チツ	95	1	
	テトナ	103	1	
	ニ	8	2	
	ヌ	6	2	

(注) 第1問，第2問は必答。第3問〜第5問のうちから2問選択。計4問を解答。

第1問 ── 図形と方程式，指数・対数関数

〔1〕 **標準** 《円と直線》

(1) 点 $(3, 1)$ を中心とする半径 1 の円 C の方程式は
$$(x-3)^2 + (y-1)^2 = 1^2$$
すなわち $x^2 + y^2 - \boxed{6}x - \boxed{2}y + \boxed{9} = 0$
である。

(2) 円 C の中心 $(3, 1)$ と直線 $\ell : y = ax$ $(ax - y = 0)$ の距離を d とすると
$$d = \frac{|a \times 3 - 1|}{\sqrt{a^2 + (-1)^2}} = \frac{|3a-1|}{\sqrt{a^2+1}}$$
である。C と ℓ が接するのは，$d = 1$（円 C の半径）のとき，すなわち
$$\frac{|3a-1|}{\sqrt{a^2+1}} = 1$$
が成り立つときである。よって，C と ℓ が接するのは，$|3a-1| = \sqrt{a^2+1}$ より
$$(3a-1)^2 = a^2 + 1 \quad 8a^2 - 6a = 0 \quad 8a\left(a - \frac{3}{4}\right) = 0$$
よって $a = \boxed{0}, \boxed{\dfrac{3}{4}}$
のときである。

$a = \dfrac{3}{4}$ すなわち ℓ の傾きが $\dfrac{3}{4}$ のとき，ℓ に垂直な直線の傾きは $-\dfrac{4}{3}$ である。C と ℓ の接点を通り，ℓ に垂直な直線は C の中心 $(3, 1)$ を通るから，求める直線の方程式は
$$y - 1 = -\frac{4}{3}(x - 3)$$
すなわち $y = \boxed{\dfrac{-4}{3}}x + \boxed{5}$

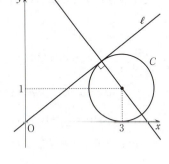

である。

(3) 円 C と直線 ℓ が異なる 2 点 A，B で交わるとき，$0 \leq d < 1$ である。C の中心を C_0 とし，線分 AB の中点を H とすれば，$C_0H = d$ であるから，$0 < d < 1$ のとき，$\triangle AHC_0$ に三平方の定理を用いることによって

$$AB = 2AH = 2\sqrt{C_0A^2 - C_0H^2} = 2\sqrt{1^2 - d^2}$$
$$= 2\sqrt{1 - \left(\frac{|3a-1|}{\sqrt{a^2+1}}\right)^2}$$
$$= 2\sqrt{\frac{(a^2+1) - (3a-1)^2}{a^2+1}}$$
$$= \boxed{2}\sqrt{\frac{\boxed{6}a - \boxed{8}a^2}{a^2+1}}$$

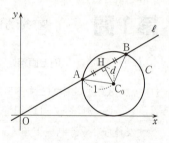

である（これは，$d = 0$ のときも成り立つ）。また，AB = 2 のとき，AB は C の直径であるから，ℓ は $C_0(3, 1)$ を通ることになるので，ℓ の傾きは $\frac{1}{3}$ である。

よって，AB = 2 のとき $a = \boxed{\dfrac{1}{3}}$

である。

別解 (2) a の値は次のように求めてもよい。

円 $C : x^2 + y^2 - 6x - 2y + 9 = 0$ ……①

直線 $\ell : y = ax$ ……②

C と ℓ の共有点の x 座標は，①と②より y を消去した x の 2 次方程式

$$x^2 + a^2x^2 - 6x - 2ax + 9 = 0$$

すなわち $(a^2 + 1)x^2 - 2(a+3)x + 9 = 0$ ……③

の実数解として与えられる。

C と ℓ が接するのは，③が重解をもつときであるから，③の判別式を D とすると

$$\frac{D}{4} = \{-(a+3)\}^2 - (a^2+1) \times 9 = 0$$

が成り立つときである。この a の 2 次方程式を解いて，求める a の値は次のようになる。

$(a^2 + 6a + 9) - (9a^2 + 9) = 0$ $-8a^2 + 6a = 0$

$-8a\left(a - \dfrac{3}{4}\right) = 0$ ∴ $a = 0, \dfrac{3}{4}$

(3) 円 C と直線 ℓ が異なる 2 点 A，B で交わるとき，A，B の x 座標をそれぞれ α，β とおく。このとき，$D > 0$ より $0 < a < \dfrac{3}{4}$ であり，③は実数解 α，β をもつ。解と係数の関係により

$$\alpha + \beta = -\frac{-2(a+3)}{a^2+1} = \frac{2(a+3)}{a^2+1}, \quad \alpha\beta = \frac{9}{a^2+1} \quad \cdots\cdots ④$$

が成り立つ。A，B は $\ell : y = ax$ 上にあるから，A，B の座標はそれぞれ $(\alpha, a\alpha)$，

$(\beta, a\beta)$ であるので

$$\begin{aligned}
AB &= \sqrt{(\beta-\alpha)^2 + (a\beta-a\alpha)^2} = \sqrt{(\beta-\alpha)^2 + a^2(\beta-\alpha)^2} \\
&= \sqrt{(a^2+1)(\beta-\alpha)^2} = \sqrt{(a^2+1)\{(\alpha+\beta)^2 - 4\alpha\beta\}} \\
&= \sqrt{(a^2+1)\left\{\frac{2^2(a+3)^2}{(a^2+1)^2} - 4\times\frac{9}{a^2+1}\right\}} \quad (\text{④より}) \\
&= 2\sqrt{\frac{(a+3)^2}{a^2+1} - 9} = 2\sqrt{\frac{6a-8a^2}{a^2+1}} \quad \left(0<a<\frac{3}{4}\right)
\end{aligned}$$

である。また，AB=2 となるのは

$$2\sqrt{\frac{6a-8a^2}{a^2+1}} = 2 \qquad 6a-8a^2 = a^2+1$$

$$9a^2 - 6a + 1 = 0 \qquad (3a-1)^2 = 0 \qquad \therefore \quad a = \frac{1}{3}$$

のときである。

解説

(1) 点 (a, b) を中心とする半径 r の円の方程式は

$$(x-a)^2 + (y-b)^2 = r^2$$

と表される。本問は，この式（標準形）を展開・整理した式（一般形）にすればよい。また，方程式 $x^2+y^2+cx+dy+e=0$ は

$$\left(x+\frac{c}{2}\right)^2 + \left(y+\frac{d}{2}\right)^2 = \frac{c^2}{4} + \frac{d^2}{4} - e = \frac{1}{4}(c^2+d^2-4e)$$

と変形されるので，$c^2+d^2-4e>0$ のとき，$\left(-\dfrac{c}{2}, -\dfrac{d}{2}\right)$ を中心とする円である。

このとき，円の半径は $\dfrac{1}{2}\sqrt{c^2+d^2-4e}$ である。

(2) 次の公式が効果的である。

> **ポイント** 点と直線の距離の公式
> 点 (x_0, y_0) から直線 $ax+by+c=0$ に下ろした垂線の長さ（点と直線の距離）を d とすると，d は次の式で求められる。
> $$d = \frac{|ax_0+by_0+c|}{\sqrt{a^2+b^2}}$$

〔別解〕は2次方程式に関する知識を用いている。a を求めるだけならば〔解答〕の方が時間はかからないが，接点の座標もあわせて知りたいときには〔別解〕の方法の方が簡単である。ちなみに，接点の x 座標は③の重解であり

$$x = \frac{-\{-2(a+3)\}}{2(a^2+1)} = \frac{a+3}{a^2+1} \quad (\text{解の公式において } D=0 \text{ とした})$$

となるから，$a=0$ のとき $x=3$，$a=\dfrac{3}{4}$ のとき $x=\dfrac{12}{5}$ が求まる．よって，接点の x 座標は 3，$\dfrac{12}{5}$ である．y 座標の方は，接点が直線 $y=ax$ 上にあるので，$a=0$ のとき $y=0\times 3=0$，$a=\dfrac{3}{4}$ のとき $y=\dfrac{3}{4}\times\dfrac{12}{5}=\dfrac{9}{5}$ と求まり，接点の座標は，$(3,\ 0)$，$\left(\dfrac{12}{5},\ \dfrac{9}{5}\right)$ であることがわかる．

(3) 〔解答〕は図形的な解法，〔別解〕は計算主体の解法である．解答時間のことを考えると，〔解答〕のように解きたい．また，AB＝2 の場合，ℓ が C の中心を通ることにも気付きたい．

〔2〕 やや難 《対数関数の性質》

(1) $2^0=1$ より $\log_2\boxed{1}=0$，$2^1=2$ より $\log_2\boxed{2}=1$ である．
対数関数 $y=\log_2 x$（$x>0$）は，底の 2 が 1 より大であるから増加関数である．よって，$1\leqq x\leqq 100$（x は整数）の各辺の 2 を底とする対数をとれば
$$\log_2 1\leqq\log_2 x\leqq\log_2 100$$
が成り立つ．$\log_2 1=0$，$2^6=64<100<128=2^7$ より，$6<\log_2 100<7$ であるから，$\log_2 x$ が整数のとき，それは，0，1，2，…，6 である．このとき，$x=2^0$，2^1，2^2，…，2^6 であるから，100 以下の自然数 x で $\log_2 x$ が整数になるものは全部で $\boxed{7}$ 個ある．

(2) $r=\log_2 3$ とおくとき
$$\log_2 54=\log_2(2\times 3^3)=\log_2 2+\log_2 3^3=1+3\log_2 3=\boxed{3}r+\boxed{1}$$

$$\log_2 5-\dfrac{r+3}{2}=\dfrac{1}{2}(2\log_2 5-r-3)$$
$$=\dfrac{1}{2}(\log_2 5^2-\log_2 3-\log_2 8)\quad(3=3\log_2 2=\log_2 2^3=\log_2 8)$$
$$=\dfrac{1}{2}(\log_2 25-\log_2 3-\log_2 8)$$
$$=\dfrac{1}{2}\log_2\dfrac{25}{3\times 8}=\dfrac{1}{2}\log_2\dfrac{25}{24}>0\quad\left(\because\ \dfrac{25}{24}>1\right)$$
$$\therefore\ \log_2 5>\dfrac{r+3}{2}$$

底の変換公式を用いると

$$\log_{\frac{1}{2}}\frac{1}{\sqrt{3}}-r=\frac{\log_2\frac{1}{\sqrt{3}}}{\log_2\frac{1}{2}}-\log_2 3=\frac{-\frac{1}{2}\log_2 3}{-1}-\log_2 3 \quad \left(\frac{1}{\sqrt{3}}=3^{-\frac{1}{2}},\ \frac{1}{2}=2^{-1}\right)$$

$$=\frac{1}{2}\log_2 3-\log_2 3=-\frac{1}{2}\log_2 3<0 \quad (\because\ \log_2 3>0)$$

∴ $\log_{\frac{1}{2}}\frac{1}{\sqrt{3}}<r$

よって，ナ，ニに当てはまるものは，順に②，⓪である。

(3) k を 3 以上の整数とするとき，$1<2<k$ が成り立つから，各辺の k を底とする対数をとれば

$$\log_k 1<\log_k 2<\log_k k$$

より　$0<\log_k 2<1$　……①

である。よって，$n\leqq\log_k 2<n+1$ を満たす整数 n は ⓪ である。

また，不等式 $\dfrac{m}{10}\leqq\log_k 2$ を変形すると

$$m\leqq 10\log_k 2=\log_k 2^{10} \quad \log_k k^m\leqq\log_k 2^{10} \quad (m=m\log_k k=\log_k k^m)$$

$k>1$ であるから　$k^m\leqq 2^{10}$　……②

となる。したがって，ネ に当てはまるものは ④ である。

$\log_7 2$ の小数第 1 位の数字を α（α は 0 以上 9 以下の整数）で表すと，$0<\log_7 2<1$ であるから（①より）

$$\alpha\leqq 10\log_7 2<\alpha+1 \quad \text{すなわち} \quad \frac{\alpha}{10}\leqq\log_7 2<\frac{\alpha+1}{10}$$

が成り立つ。②より，これは，$7^\alpha\leqq 2^{10}<7^{\alpha+1}$ を表す。

$$7^3=343,\ 2^{10}=1024,\ 7^4=2401$$

より，$\alpha=3$ を得るので，$\log_7 2$ の小数第 1 位の数字は 3 である。

$\log_k 2$ の小数第 1 位の数字が 2 となるとき

$$2\leqq 10\log_k 2<3 \quad \text{すなわち} \quad k^2\leqq 2^{10}<k^3$$

が成り立つ。k が 3 以上の整数であることに注意すると

$k^2\leqq 2^{10}=(2^5)^2$　より　$3\leqq k\leqq 2^5=32$

$2^{10}<k^3$　より　$k\geqq 11$　（$2^{10}=1024,\ 10^3=1000,\ 11^3=1331$）

よって，$11\leqq k\leqq 32$ となるから，$\log_k 2$ の小数第 1 位の数字が 2 となる k の値のうち，最小のものは 11 である。

解説

(1) $\log_2 x$ が整数 n に等しいとき，$\log_2 x = n$ より，$x = 2^n$ であり，x は 100 以下の自然数であるから，$2^6 = 64$，$2^7 = 128$ に注意すれば，x は，2^0，2^1，…，2^6 の 7 個であることがわかる。

(2) 次の基本性質・公式が使われる。

> **ポイント** 対数の基本性質と底の変換公式
>
> $a>0$，$a \neq 1$，$b>0$，$b \neq 1$，$M>0$，$N>0$，p は実数とする。
>
> $$\log_a MN = \log_a M + \log_a N \qquad \log_a \frac{M}{N} = \log_a M - \log_a N$$
>
> $$\log_a M^p = p \log_a M \quad (\log_a a = 1 \text{ より } p = \log_a a^p)$$
>
> $$\log_a M = \frac{\log_b M}{\log_b a} \quad (底の変換公式)$$

対数の大小については，次のことが基本となる。

> **ポイント** 対数の大小
>
> $M>0$，$N>0$ とする。
>
> $a>1$ のとき，$y=\log_a x$ は増加関数で $\quad \log_a M > \log_a N \iff M > N$
>
> $0<a<1$ のとき，$y=\log_a x$ は減少関数で $\quad \log_a M > \log_a N \iff M < N$

(3) k を 3 以上の整数とするとき，$0 \leq \log_k 2 < 1$（等号はなくても成り立つ）である。

このことは，底の変換公式を用いて，$\log_k 2 = \dfrac{\log_2 2}{\log_2 k} = \dfrac{1}{\log_2 k}$ と表せば，

$\log_2 k \geq \log_2 3 > \log_2 2 = 1$ であることより納得できるであろう。

$\log_k 2 \ (k \geq 3)$ は 0 と 1 の間の数であるから，これを小数で表せば

$\qquad \log_k 2 = 0.\alpha\beta\gamma\delta\cdots \quad (\alpha, \ \beta, \ \gamma, \ \delta, \ \cdots は 0 以上 9 以下の整数)$

となる。両辺を 10 倍すると，$10\log_k 2 = \alpha.\beta\gamma\delta\cdots$ となるから，$\alpha \leq 10\log_k 2 < \alpha+1$ すなわち $\log_k k^\alpha \leq \log_k 2^{10} < \log_k k^{\alpha+1}$ である。底が 1 より大であるから，不等式 $k^\alpha \leq 2^{10} < k^{\alpha+1}$ が得られる。

$\log_7 2$ の小数第 1 位の数字を求めるには，$7^\alpha \leq 2^{10} < 7^{\alpha+1}$ を満たす α を求めればよく，$\log_k 2$ の小数第 1 位の数字が 2 となる k の値は，$k^2 \leq 2^{10} < k^3$ を満たす k の値を求めればよい。前半の α は，簡単に $\alpha = 3$ と求まるであろう。後半の k は 1 つに決まらないが，最小のものを求めるのであるから，小さい方から調べていけばよい。

$\qquad k=10$ とすると，$10^2 \leq 2^{10} < 10^3$ は，$2^{10} > 10^3$ だから成り立たない。

$\qquad k=11$ とすると，$11^2 \leq 2^{10} < 11^3$ となり，これは成立する。

よって，求める k の値は 11 とわかる。

第2問 標準 《曲線と直線の共有点の個数，面積》

$$C : y = f(x) = px^3 + qx \quad (p, q \text{ は実数で}, p > 0)$$
$$\ell : y = -x + r \quad (r \text{ は実数})$$

(1) 関数 $f(x)$ は $x = 1$ で極値をとるから，$f'(1) = \boxed{0}$ である。

$f'(x) = 3px^2 + q$ より　　$f'(1) = 3p + q$

であるので，$f'(1) = 0$ より，$3p + q = 0$ すなわち $q = \boxed{-3}\,p$ である。

点 $(s, f(s))$ における曲線 C の接線の方程式は
$$y - f(s) = f'(s)(x - s)$$
であり，$f(s) = ps^3 + qs = ps^3 - 3ps$, $f'(s) = 3ps^2 + q = 3ps^2 - 3p$ であるから
$$y - (ps^3 - 3ps) = (3ps^2 - 3p)(x - s)$$

すなわち　　$y = (\boxed{3}\,ps^2 - \boxed{3}\,p)x - \boxed{2}\,ps^3$ ……①

と表せる。C の接線の傾きは $3ps^2 - 3p$ であり，$p > 0$ であるから，これは，

$s = \boxed{0}$ のとき，最小値 $\boxed{-3}\,p$ をとる。

(2) 曲線 C は3次関数 $y = f(x) = px^3 - 3px$ のグラフである。

$$f'(x) = 3px^2 - 3p = 3p(x+1)(x-1) \quad (p > 0)$$

より，$f(x)$ の増減は右表のようになる。
また

$$f(x) = px(x + \sqrt{3})(x - \sqrt{3})$$

x	$\cdots$	-1	$\cdots$	1	$\cdots$
$f'(x)$	$+$	0	$-$	0	$+$
$f(x)$	↗	$2p$	↘	$-2p$	↗

より，$y = f(x)$ のグラフは，$(-\sqrt{3}, 0)$,

$(0, 0)$, $(\sqrt{3}, 0)$ を通るから，C の概形は下のようになる。なお，原点における C の接線の傾きは $f'(0) = -3p$ であり，(1)より，C の接線の傾きの最も小さい場合となっている。

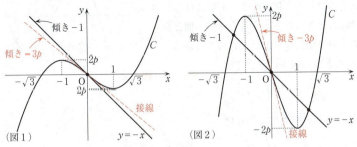

（図1）　　　　　　　　　　　　　　（図2）

直線 $y = -x$ は原点を通り，傾きが -1 であるから，C と直線 $y = -x$ の共有点の個数は

$-3p ≧ \boxed{-1}$ のとき　$\boxed{1}$ 個　(図1)
$-3p < -1$ のとき　$\boxed{3}$ 個　(図2)

となる。
Cと直線ℓ（直線$y=-x$をy軸方向にrだけ平行移動したもの）の共有点の個数を考える。

図1で，$y=-x$をy軸方向に平行移動すると，共有点の個数はつねに1個である。

図2で，$y=-x$をy軸方向に平行移動すると，共有点の個数は1個，2個および3個の場合がある。

よって，Cとℓの共有点の個数が，rの値によらず $\boxed{1}$ 個となるのは

$$-3p ≧ -1 \quad \text{すなわち} \quad 0 < p ≦ \boxed{\dfrac{1}{3}}$$

のときである。$p > \dfrac{1}{3}$ のときはCとℓの共有点の個数が，rの値によって1個，2個および3個の場合がある。

(3) $p > \dfrac{1}{3}$ とし，曲線Cと直線ℓが3個の共有点をもつようなrの値の範囲をpを用いて表す。

点$(s, f(s))$におけるCの接線の傾きが-1となるのは，①より
$$3ps^2 - 3p = -1 \quad \text{すなわち} \quad 3ps^2 = 3p - 1$$

よって　$s = ±\sqrt{\dfrac{\boxed{3}p - \boxed{1}}{\boxed{3}p}}$　(負の方をs_1, 正の方をs_2で表す)

のときである。したがって，傾きが-1となるCの接線は2本あり（右図），ℓがこれらの接線のどちらかと一致するとき，Cとℓの共有点は $\boxed{2}$ 個となる。ℓがこれら2本の接線にはさまれるとき共有点が3個となる。接線①のy切片が$-2ps^3$であることから $s = s_1$のときの接線のy切片は

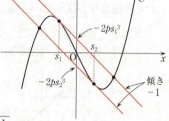

$$-2ps_1^3 = -2p\left(-\sqrt{\dfrac{3p-1}{3p}}\right)^3 = \dfrac{6p-2}{3}\sqrt{\dfrac{3p-1}{3p}}$$

$s = s_2$のときの接線のy切片は

$$-2ps_2^3 = -2p\left(\sqrt{\dfrac{3p-1}{3p}}\right)^3 = -\dfrac{6p-2}{3}\sqrt{\dfrac{3p-1}{3p}}$$

である。したがって，共有点を3個もつようなrの値の範囲は

$$-\frac{6p-2}{3}\sqrt{\frac{3p-1}{3p}} < r < \frac{6p-2}{3}\sqrt{\frac{3p-1}{3p}}$$

すなわち $|r| < \dfrac{\boxed{6}\,p - \boxed{2}}{\boxed{3}}\sqrt{\dfrac{3p-1}{3p}}$

である。

(4) t が $t > u$（u は 1 以上の実数）の範囲を動くとき，曲線 $y = x^2 - 1$ と x 軸および 2 直線 $x = u$，$x = t$ で囲まれた図形（右図の網かけ部分）の面積 $S(t)$ は

$$S(t) = \int_u^t (x^2 - 1)\,dx = \left[\frac{x^3}{3} - x\right]_u^t$$
$$= \frac{t^3 - u^3}{3} - (t - u)$$

である。これが，つねに $f(t)$ に等しいのであるから

$$\frac{t^3 - u^3}{3} - (t - u) = pt^3 - 3pt \quad (\because\ q = -3p)$$

が t の値にかかわらず成り立つことになる。よって，t について整理した式

$$\left(\frac{1}{3} - p\right)t^3 + (3p - 1)\,t - \frac{1}{3}u^3 + u = 0$$

において

$$\frac{1}{3} - p = 0 \quad \text{かつ} \quad 3p - 1 = 0 \quad \text{かつ} \quad -\frac{1}{3}u^3 + u = 0 \quad (u \geq 1)$$

が成り立つことから

$$p = \dfrac{\boxed{1}}{\boxed{3}}$$

$$u = \sqrt{\boxed{3}} \quad \left(-\frac{1}{3}u^3 + u = -\frac{1}{3}u(u + \sqrt{3})(u - \sqrt{3}) = 0,\ u \geq 1\right)$$

となる。

[別解] (2) 曲線 C と直線 $y = -x$ の共有点の個数は，連立方程式

$$\begin{cases} y = px^3 - 3px & (p > 0) \\ y = -x \end{cases}$$

の異なる実数解の個数に一致する。この 2 式から y を消去すると

$$px^3 - 3px = -x \qquad px^3 - (3p - 1)x = 0$$
$$x\{px^2 - (3p - 1)\} = 0 \quad (p > 0)$$

となるが，$3p - 1 < 0$ のとき $px^2 - (3p - 1) > 0$ となるから，この 3 次方程式の実数解は $x = 0$ の 1 個のみであり，$3p - 1 = 0$ のときも実数解は $x = 0$（3 重解）のみであ

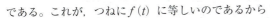
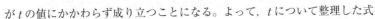

る。また，$3p-1>0$ のときには，$x=0$，$\pm\sqrt{\dfrac{3p-1}{p}}$ の異なる3つの実数解をもつ。

よって，C と $y=-x$ の共有点の個数は，$-3p \geqq -1$ のとき1個で，$-3p<-1$ のとき3個となる。

C と ℓ の共有点の個数は，連立方程式

$$\begin{cases} C: y=f(x)=px^3-3px & (p>0) \\ \ell: y=-x+r \end{cases}$$

の異なる実数解の個数に一致する。この2式から y を消去すると

$$px^3-3px=-x+r$$

すなわち　　$px^3-(3p-1)x=r$　　$(p>0)$　……Ⓐ

となる。ここで，$g(x)=px^3-(3p-1)x$ とおくと，$g(x)=f(x)+x$ であり，Ⓐの実数解は，曲線 $y=g(x)$ と直線 $y=r$ の共有点の x 座標で表される。

$$g(-x)=p(-x)^3-(3p-1)(-x)=-\{px^3-(3p-1)x\}=-g(x)$$

が成り立つから，$g(x)$ は奇関数であり，$y=g(x)$ のグラフは原点に関して対称である。よって，$y=g(x)$ のグラフは，$x\geqq 0$ の部分がわかれば全体がわかる。

$$g'(x)=3px^2-(3p-1) \quad (p>0)$$

(ⅰ) $3p-1 \leqq 0$ すなわち $0<p\leqq\dfrac{1}{3}$ のとき，$g'(x)\geqq 0$ となり，$y=g(x)$ は増加関数であるから，右図より，Ⓐの実数解の個数は，r の値によらず1個である。

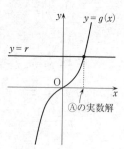

(ⅱ) $3p-1>0$ すなわち $p>\dfrac{1}{3}$ のとき，$g'(x)=0$ の解

$$x=\pm\sqrt{\dfrac{3p-1}{3p}} \quad \cdots\cdots Ⓑ$$

の正の方を α とおくと，$g(x)$ の $x\geqq 0$ における増減は右表のようになる。この表をもとに，グラフが原点対称であることを考慮して，$y=g(x)$ のグラフの概形を描いたものが右図である。

x	0	$\cdots$	α	$\cdots$
$g'(x)$	$-$	$-$	0	$+$
$g(x)$	0	$\searrow$	$g(\alpha)$	$\nearrow$

この図より，Ⓐの異なる実数解の個数は

$|r|>g(-\alpha)$ のとき　　1個
$|r|=g(-\alpha)$ のとき　　2個
$|r|<g(-\alpha)$ のとき　　3個

であることがわかる。

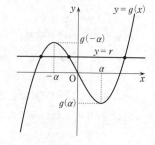

(i), (ii)より，C と ℓ の共有点の個数が，r の値によらず 1 個となるのは，$0 < p \leqq \dfrac{1}{3}$ のときであり，$p > \dfrac{1}{3}$ のときは C と ℓ の共有点の個数が，r の値によって 1 個，2 個および 3 個の場合がある。ちなみに

$$g(-\alpha) = g\left(-\sqrt{\dfrac{3p-1}{3p}}\right) = p\left(-\sqrt{\dfrac{3p-1}{3p}}\right)^3 - (3p-1)\left(-\sqrt{\dfrac{3p-1}{3p}}\right)$$

$$= -p \times \dfrac{3p-1}{3p}\sqrt{\dfrac{3p-1}{3p}} + (3p-1)\sqrt{\dfrac{3p-1}{3p}}$$

$$= \dfrac{2(3p-1)}{3}\sqrt{\dfrac{3p-1}{3p}} = \dfrac{6p-2}{3}\sqrt{\dfrac{3p-1}{3p}} \quad \cdots\cdots\text{Ⓒ}$$

である。

(3) $p > \dfrac{1}{3}$ とするから，(2)の(ii)の場合を考えればよい。

点 $(s, f(s))$ における曲線 C の接線の傾きが -1 となる s を求める。
それには，$f'(s) = -1$ を満たす s を求めればよいが，$g(x) = f(x) + x$ すなわち $g'(x) = f'(x) + 1$ より，$g'(s) = f'(s) + 1 = -1 + 1 = 0$ を満たす s を求めればよい。それは，Ⓑより

$$s = \pm\sqrt{\dfrac{3p-1}{3p}}$$

である。C と直線 ℓ が接するとき，Ⓐは重解をもつから，曲線 $y = g(x)$ と直線 $y = r$ も接することになる。(2)の(ii)より，それは，$|r| = g(-\alpha)$ の場合で，異なる実数解の個数は 2 個，すなわち，C と ℓ の共有点は 2 個となる。C と ℓ が 3 個の共有点をもつのは，(2)の(ii)より，$|r| < g(-\alpha)$ の場合である。Ⓒを用いると，r の絶対値の範囲は次のようになる。

$$|r| < \dfrac{6p-2}{3}\sqrt{\dfrac{3p-1}{3p}}$$

解 説

(1) 基本的な問題であるが，$q = -3p$ を代入する際，計算ミスに注意しよう。
接線の傾き $3ps^2 - 3p$ は s の 2 次関数であり，$p > 0$ であるから，$y = 3ps^2 - 3p$ のグラフは下に凸である。あるいは，$s^2 \geqq 0$，$p > 0$ より，$3ps^2 - 3p \geqq -3p$（$s = 0$ のとき等号成立）としてもよいだろう。

> **ポイント** 接線の方程式
> 曲線 $y = f(x)$ 上の点 $(a, f(a))$ におけるこの曲線の接線の方程式は
> $$y - f(a) = f'(a)(x - a)$$

(2) 曲線 C の概形を描くことで問題の流れに沿うことができるだろう。
$f(-x) = -px^3 + 3px = -(px^3 - 3px) = -f(x)$ が成り立つから，$f(x)$ は奇関数であり，$y = f(x)$ のグラフは原点対称である。$x = 1$ で極値をとることを考慮すれば，グラフは簡単に描ける。原点における接線 $y = -3px$ と $y = -x$ の傾きを比較するとき，傾きが負であるから，慎重に対処する必要がある。直線 ℓ は，$y = -x$ を上下に動かしたものなので，共有点の個数の観察はしやすいだろう。

(3) 問題文の誘導に従って考えを進めることが大切である。
$y = f(x)$ のグラフが原点対称であることを用いれば

$$|r| < |-2ps^3| \quad \left(s = \pm\sqrt{\frac{3p-1}{3p}}, \ p > \frac{1}{3}\right)$$

$$= 2p \times \frac{3p-1}{3p}\sqrt{\frac{3p-1}{3p}} = \frac{6p-2}{3}\sqrt{\frac{3p-1}{3p}}$$

と簡単に書ける。

(2)・(3)の〔別解〕は本問の流れには沿わないかもしれないが，解法を研究する価値はある。解の個数を検討する際，Ⓐのように定数である r を分離することは定石である。

(4) t についての恒等式 $\dfrac{t^3 - u^3}{3} - (t - u) = pt^3 - 3pt$ は，t の値にかかわりなく成り立つのであるから，$t = 0$ としても成り立つ。したがって，$-\dfrac{u^3}{3} + u = 0$，$u \geq 1$ から $u = \sqrt{3}$ が求まる。また，$t = 1$ としても成り立つので，$\dfrac{1 - (\sqrt{3})^3}{3} - (1 - \sqrt{3}) = -2p$ から $p = \dfrac{1}{3}$ が求まる。空所補充形式の解答であるので，十分性の確認は省略してよい。

第3問 《漸化式，階差数列，数列の和と一般項の関係》

$$\begin{cases} a_1 = -5 \\ na_{n+1} = (n+2)a_n + 4(n+1) \quad (n=1,2,3,\cdots) \end{cases} \cdots\cdots(*)$$

(1) $b_n = \dfrac{a_n}{n(n+1)}$ とおくと，$b_1 = \dfrac{a_1}{1\times 2} = \dfrac{\boxed{-5}}{\boxed{2}}$ であり，b_n と b_{n+1} は，関係式

$$b_{n+1} - b_n = \dfrac{a_{n+1}}{(n+1)(n+2)} - \dfrac{a_n}{n(n+1)}$$

$$= \dfrac{na_{n+1} - (n+2)a_n}{n(n+1)(n+2)} = \dfrac{4(n+1)}{n(n+1)(n+2)} \quad ((*) \text{ より})$$

$$= \dfrac{\boxed{4}}{n(n+\boxed{2})}$$

を満たす。

$$\dfrac{4}{k(k+2)} = 2 \times \dfrac{2}{k(k+2)} = \boxed{2}\left(\dfrac{1}{k} - \dfrac{1}{k+2}\right)$$

より，2以上の自然数 n に対して

$$\sum_{k=1}^{n-1} \dfrac{4}{k(k+2)} = \sum_{k=1}^{n-1} 2\left(\dfrac{1}{k} - \dfrac{1}{k+2}\right)$$

$$= 2\left\{\left(\dfrac{1}{1} - \dfrac{1}{3}\right) + \left(\dfrac{1}{2} - \dfrac{1}{4}\right) + \left(\dfrac{1}{3} - \dfrac{1}{5}\right) + \cdots \right.$$
$$\left. + \left(\dfrac{1}{n-3} - \dfrac{1}{n-1}\right) + \left(\dfrac{1}{n-2} - \dfrac{1}{n}\right) + \left(\dfrac{1}{n-1} - \dfrac{1}{n+1}\right)\right\}$$

$$= 2\left(\dfrac{1}{1} + \dfrac{1}{2} - \dfrac{1}{n} - \dfrac{1}{n+1}\right) = 2\left\{\dfrac{3}{2} - \dfrac{2n+1}{n(n+1)}\right\}$$

$$= 3 - \dfrac{4n+2}{n(n+1)} = \dfrac{3n(n+1) - (4n+2)}{n(n+1)}$$

$$= \dfrac{\boxed{3}n^2 - n - \boxed{2}}{n(n+\boxed{1})}$$

である。よって，$n \geq 2$ のとき

$$b_n = b_1 + \sum_{k=1}^{n-1}(b_{k+1} - b_k) \quad (\text{階差数列の和を利用})$$

$$= -\dfrac{5}{2} + \sum_{k=1}^{n-1} \dfrac{4}{k(k+2)} = -\dfrac{5}{2} + \dfrac{3n^2 - n - 2}{n(n+1)}$$

$$= \dfrac{-5n(n+1) + 2(3n^2 - n - 2)}{2n(n+1)}$$

$$= \frac{n^2 - 7n - 4}{2n(n+1)}$$

となる。これは，$b_1 = -\dfrac{5}{2}$ を満たすので，数列 $\{b_n\}$ の一般項は

$$b_n = \frac{n^2 - 7n - 4}{2n(n+1)}$$

である。したがって，数列 $\{a_n\}$ の一般項は

$$a_n = n(n+1)b_n = n(n+1) \times \frac{n^2 - 7n - 4}{2n(n+1)} = \frac{n^2 - \boxed{7}n - \boxed{4}}{\boxed{2}}$$

である。

(2) 数列 $\{c_n\}$ の初項から第 n 項までの和 S_n が

$$S_n = n(2a_n - 24) = n\{(n^2 - 7n - 4) - 24\} = n^3 - 7n^2 - 28n$$

で与えられるとき

$$c_1 = S_1 = 1^3 - 7 \times 1^2 - 28 \times 1 = \boxed{-34}$$

である。また，$n \geq 2$ のとき

$$\begin{aligned}
c_n &= S_n - S_{n-1} = (n^3 - 7n^2 - 28n) - \{(n-1)^3 - 7(n-1)^2 - 28(n-1)\} \\
&= \{n^3 - (n-1)^3\} - 7\{n^2 - (n-1)^2\} - 28\{n - (n-1)\} \\
&= (3n^2 - 3n + 1) - 7(2n - 1) - 28 \times 1 \\
&= 3n^2 - 17n - 20 \\
&= (n + \boxed{1})(\boxed{3}n - \boxed{20}) \quad \cdots\cdots ①
\end{aligned}$$

である。①は $n=1$ のときにも成り立つから，$\{c_n\}$ の一般項は①である。

$c_n < 0$ を解くと，$-1 < n < \dfrac{20}{3}$ となるから，$1 \leq n \leq \boxed{6}$ のとき $c_n < 0$ であり，$n > 6$ のとき $c_n > 0$ である。よって

$$\begin{aligned}
\sum_{n=1}^{10}|c_n| &= |c_1| + |c_2| + |c_3| + |c_4| + |c_5| + |c_6| + |c_7| + |c_8| + |c_9| + |c_{10}| \\
&= -(c_1 + c_2 + c_3 + c_4 + c_5 + c_6) + (c_7 + c_8 + c_9 + c_{10}) \\
&= -2(c_1 \text{から} c_6 \text{までの和}) + (c_1 \text{から} c_{10} \text{までの和}) \\
&= -2\sum_{n=1}^{6}c_n + \sum_{n=1}^{10}c_n = \boxed{-2}S_6 + S_{10} \\
&= -2(6^3 - 7 \times 6^2 - 28 \times 6) + (10^3 - 7 \times 10^2 - 28 \times 10) \\
&= -12(36 - 42 - 28) + 10(100 - 70 - 28) = -12 \times (-34) + 10 \times 2 \\
&= 408 + 20 = \boxed{428}
\end{aligned}$$

である。

解　説

(1) 誘導に従って解き進めることが大切である。

$b_n = \dfrac{a_n}{n(n+1)}$ とおくと，$a_n = n(n+1)b_n$ であるから，b_n が求まれば a_n が求まる。

これを漸化式(*)に代入すると（$a_{n+1} = (n+1)(n+2)b_{n+1}$ に注意）

$$n(n+1)(n+2)b_{n+1} = (n+2)n(n+1)b_n + 4(n+1)$$

となるから，両辺を $n(n+1)(n+2)$ で割ると

$$b_{n+1} = b_n + \dfrac{4}{n(n+2)} = b_n + \left(\dfrac{2}{n} - \dfrac{2}{n+2}\right)$$

より　　$b_{n+1} - b_n = 2\left(\dfrac{1}{n} - \dfrac{1}{n+2}\right)$

となる。これで b_n が求められる。$n \geq 2$ のとき

$$b_n = (b_n - b_{n-1}) + (b_{n-1} - b_{n-2}) + \cdots + (b_2 - b_1) + b_1$$

とすればよい。

> **ポイント**　階差数列
>
> 数列 $\{b_n\}$ に対して
>
> $$b_2 - b_1,\ b_3 - b_2,\ b_4 - b_3,\ \cdots,\ b_n - b_{n-1},\ b_{n+1} - b_n,\ \cdots$$
>
> を数列 $\{b_n\}$ の階差数列という。初項が $b_2 - b_1$，第 n 項が $b_{n+1} - b_n$ である。$n \geq 2$ のとき
>
> $$b_n = b_1 + \sum_{k=1}^{n-1} (b_{k+1} - b_k)$$
>
> $\qquad = (\{b_n\}$ の初項$) + ($階差数列の第 $(n-1)$ 項までの和$)$
>
> と表せる。結果が $n = 1$ のときも成り立つ場合は，そのことを書き添えておく。

(2) 数列の和と一般項の関係では次のことが基本である。

> **ポイント**　数列の和と一般項
>
> $S_n = c_1 + c_2 + \cdots + c_{n-1} + c_n$ のとき，$S_n = S_{n-1} + c_n$ であるから，$n \geq 2$ のとき
>
> $$c_n = S_n - S_{n-1} \quad (S_{n-1}\text{ は }n=1\text{ のとき意味をもたない})$$
>
> である。c_1 は $c_1 = S_1$ より求まる。

一般に，$A \geq 0$ のとき $|A| = A$，$A < 0$ のとき $|A| = -A$ である。本問では $c_1 < 0$ であるから，$|c_1| = -c_1$ である。$c_7 > 0$ であるから $|c_7| = c_7$ である。他も同様。

また，$-B + C = -2B + (B + C)$ であるから，$B = c_1 + \cdots + c_6$，$C = c_7 + \cdots + c_{10}$ とおけばよい。$B + C = c_1 + \cdots + c_{10}$ となる。

第4問 標準 《空間ベクトル》

(1) 3点 O(0, 0, 0), P(0, 6, 3), Q(4, -2, -5) に対して, $\overrightarrow{OP}=(0, 6, 3)$, $\overrightarrow{OQ}=(4, -2, -5)$ であるから

$$|\overrightarrow{OP}|=\sqrt{0^2+6^2+3^2}=\sqrt{45}=\boxed{3}\sqrt{\boxed{5}}$$

$$|\overrightarrow{OQ}|=\sqrt{4^2+(-2)^2+(-5)^2}=\sqrt{45}=\boxed{3}\sqrt{\boxed{5}}$$

である。$|\overrightarrow{OP}|=|\overrightarrow{OQ}|$ であるから, O, P, Q の定める平面 α 上の, ∠POQ の二等分線 ℓ 上に点 A をとると

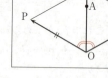

$$\overrightarrow{OA}=t(\overrightarrow{OP}+\overrightarrow{OQ}) \quad (t \text{ は実数})$$

と表せる。

$$\overrightarrow{OP}+\overrightarrow{OQ}=(0, 6, 3)+(4, -2, -5)$$
$$=(4, 4, -2)$$

であるから

$$\overrightarrow{OA}=t(4, 4, -2)=(4t, 4t, -2t)$$

となり, 条件 $|\overrightarrow{OA}|=9$ より, 次のように t の値が求められる。

$$\sqrt{(4t)^2+(4t)^2+(-2t)^2}=9 \quad 6|t|=9$$

A の x 座標 $4t$ は正であるから, $t>0$ であるので $t=\dfrac{9}{6}=\dfrac{3}{2}$

よって, A の座標は ($\boxed{6}$, $\boxed{6}$, $\boxed{-3}$) である。

(2) $\overrightarrow{OP}\perp\vec{n}$, $\overrightarrow{OQ}\perp\vec{n}$ であるベクトル $\vec{n}$ を求める。$\overrightarrow{OP}\cdot\vec{n}=0$, $\overrightarrow{OQ}\cdot\vec{n}=0$ であるから, $\vec{n}=(2, y, z)$ とおくと

$0\times2+6\times y+3\times z=0$ より $2y+z=0$
$4\times2+(-2)y+(-5)z=0$ より $8-2y-5z=0$

が成り立ち, この2式より $y=-1$, $z=2$ を得るから

$$\vec{n}=(2, \boxed{-1}, \boxed{2})$$

である。

点 R(12, 0, -3) に対し, 平面 α 上の点 H は, $\overrightarrow{HR}\perp\overrightarrow{OP}$, $\overrightarrow{HR}\perp\overrightarrow{OQ}$ となるから, $\overrightarrow{HR}/\!/\vec{n}$ すなわち $\overrightarrow{HR}=k\vec{n}$ (k は実数) とおける。このとき, $\overrightarrow{OH}=\overrightarrow{OR}-\overrightarrow{HR}$ $=\overrightarrow{OR}-k\vec{n}$ であり, $\overrightarrow{OH}\perp\vec{n}$ すなわち $\overrightarrow{OH}\cdot\vec{n}=\boxed{0}$ が成り立つから

$$(\overrightarrow{OR}-k\vec{n})\cdot\vec{n}=0$$

$$\overrightarrow{OR} - k\vec{n} = (12,\ 0,\ -3) - k(2,\ -1,\ 2) = (12-2k,\ k,\ -3-2k)$$

であるから

$$(12-2k)\times 2 + k(-1) + (-3-2k)\times 2 = 0 \qquad 18-9k=0$$

より，$k = \boxed{2}$ である。したがって，Hの座標は

$$\overrightarrow{OH} = \overrightarrow{OR} - 2\vec{n} = (12,\ 0,\ -3) - 2(2,\ -1,\ 2) = (8,\ 2,\ -7)$$

より，($\boxed{8}$, $\boxed{2}$, $\boxed{-7}$) である。また

$$|\vec{n}| = \sqrt{2^2 + (-1)^2 + 2^2} = \sqrt{9} = 3,\quad |\overrightarrow{HR}| = 2|\vec{n}| = 6$$

より，HRの長さは $\boxed{6}$ である。

（注） $(\overrightarrow{OR} - k\vec{n})\cdot \vec{n} = 0$ は次のように変形してもよい。

$$\overrightarrow{OR}\cdot\vec{n} - k|\vec{n}|^2 = 0 \quad (\vec{n}\cdot\vec{n} = |\vec{n}|^2)$$

$$12\times 2 + 0\times(-1) + (-3)\times 2 - k\times 9 = 0 \quad (|\vec{n}|^2 = 2^2 + (-1)^2 + 2^2 = 9)$$

$$18 - 9k = 0 \quad \therefore \quad k = 2$$

(3)
$$\overrightarrow{HA} = \overrightarrow{OA} - \overrightarrow{OH}$$
$$= (6,\ 6,\ -3) - (8,\ 2,\ -7)$$
$$= (-2,\ 4,\ 4)$$

であるから

$$|\overrightarrow{HA}| = \sqrt{(-2)^2 + 4^2 + 4^2} = \sqrt{36} = 6$$

より，AとHの間の距離は $\boxed{6}$ である。
平面 α 上の点Aを中心とする半径1の円 C 上を動く点Bに対し，$\overrightarrow{HR} \perp \overrightarrow{HB}$ が成り立つから，三平方の定理により

$$RB^2 = HR^2 + HB^2$$

が成り立つ。Bは C 上の点であるから

$$HB \leq HA + 1 = 6 + 1 = 7$$

　　　　　　　(H，A，Bがこの順に一直線上に並ぶとき等号が成立する)

が成り立つ。したがって

$$RB^2 = HR^2 + HB^2 \leq HR^2 + 7^2 = 6^2 + 7^2 = 36 + 49 = 85$$

が成り立つ。よって，RBの長さの最大値は $\sqrt{\boxed{85}}$ である。また，RBの長さが最大となるBは $\overrightarrow{HB} = \dfrac{\boxed{7}}{\boxed{6}}\overrightarrow{HA}$ を満たすから（上図），このときのBに対して

$$\overrightarrow{OB} = \overrightarrow{OH} + \overrightarrow{HB} = \overrightarrow{OH} + \frac{7}{6}\overrightarrow{HA} = (8,\ 2,\ -7) + \frac{7}{6}(-2,\ 4,\ 4)$$

$$= \left(8 - \frac{7}{3},\ 2 + \frac{14}{3},\ -7 + \frac{14}{3}\right) = \left(\frac{17}{3},\ \frac{20}{3},\ -\frac{7}{3}\right)$$

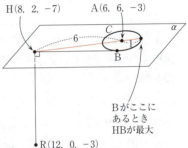

となるので，求めるBの座標は $\left(\dfrac{17}{3},\ \dfrac{20}{3},\ \dfrac{-7}{3}\right)$ である。

解説

(1) ∠POQ の二等分線上にある点Aに対し，$\overrightarrow{OA}$ を $\overrightarrow{OP}$, $\overrightarrow{OQ}$ を用いて表すには，OP＝OQ であるときには，$\overrightarrow{OA} = t(\overrightarrow{OP} + \overrightarrow{OQ})$（$t$ は実数）とすればよい。$\overrightarrow{OP}$ と $\overrightarrow{OQ}$ の張る平行四辺形がひし形になるからである。OP≠OQ のときには，次のように考える。

> **ポイント** 角の二等分線
>
> ∠POQ の二等分線上の点Aに対し，$\overrightarrow{OA}$ は次のように表せる。
>
> $$\overrightarrow{OA} = t\left(\dfrac{\overrightarrow{OP}}{|\overrightarrow{OP}|} + \dfrac{\overrightarrow{OQ}}{|\overrightarrow{OQ}|}\right) \quad (t\ は実数)$$
>
> なお，$\dfrac{\vec{a}}{|\vec{a}|}$ は $\vec{a}$ と同じ向きのベクトルで，大きさは1である。

(2) 3点 O, P, Q が平面 α 上にあり，$\overrightarrow{OP} \neq \vec{0}$, $\overrightarrow{OQ} \neq \vec{0}$, $\overrightarrow{OP} \not\parallel \overrightarrow{OQ}$ であるから，$\overrightarrow{OP} \perp \vec{n}$, $\overrightarrow{OQ} \perp \vec{n}$ となる $\vec{n}$ は α に垂直である。よって，α 上のベクトルはすべて $\vec{n}$ に垂直である。

α 上の点Hに対して，$\overrightarrow{HR} \perp \overrightarrow{OP}$, $\overrightarrow{HR} \perp \overrightarrow{OQ}$ であれば，$\overrightarrow{HR}$ も α に垂直である。したがって，$\overrightarrow{HR} \parallel \vec{n}$ であるから，$\overrightarrow{HR} = k\vec{n}$（$k$ は実数）とおける。$\overrightarrow{OH}$ は α 上にあるから，$\overrightarrow{OH} \perp \vec{n}$ すなわち $\overrightarrow{OH} \cdot \vec{n} = 0$ が成り立つ。

なお，$\overrightarrow{OP} \perp \vec{n}$, $\overrightarrow{OQ} \perp \vec{n}$ となる $\vec{n}$ は無数にある。$\vec{n} = (x, y, z)$ とおいてみると，3つの未知数 x, y, z に対し，方程式は $\overrightarrow{OP} \cdot \vec{n} = 0$, $\overrightarrow{OQ} \cdot \vec{n} = 0$ の2つしかないから，x, y, z は不定である。$x = 2$ と定めれば，$\vec{n}$ が1つに決まるのである。

(3) AとHの間の距離は，2点間の距離の公式を用いて求めてもよい。

〔解答〕に示した程度でよいから図を描いてみると解きやすい。α 上の点Bに対して，△RHB は，∠RHB＝90°の直角三角形になるから，RB の長さを最大にするには，HB の長さを最大にすればよいことがわかる。Bは円 C 上を動くので，HB≦HA＋1 であることが図からわかる。

本問には座標を問う設問が多く，(1)ではA，(2)ではH，(3)ではBとあるが，いずれもOを始点とするベクトル $\overrightarrow{OA}$, $\overrightarrow{OH}$, $\overrightarrow{OB}$ の成分を求めることになる。うっかり間違えないようにしたい。

第5問 標準 《正規分布,二項分布,母平均の推定》

(1) 第1回目の試験の受験者全体での平均点が95点,標準偏差が20点であり,試験の点数の分布は正規分布とみなせるから,試験の点数を表す確率変数 X は,正規分布 $N(95, 20^2)$ に従う。点数が100点以上の人が合格となるので,確率 $P(X \geq 100)$ の値を求めれば合格率がわかる。

$$Z = \frac{X - \boxed{95}}{\boxed{20}}$$

とすると,確率変数 Z は標準正規分布 $N(0, 1)$ に従うから

$$\begin{aligned}P(X \geq 100) &= P\left(Z \geq \frac{100-95}{20}\right) = P(Z \geq \boxed{0}.\boxed{25}) \\ &= 0.5 - P(0 \leq Z \leq 0.25) \\ &= 0.5 - 0.0987 \quad (正規分布表より) \\ &= 0.4013\end{aligned}$$

により,合格率は $\boxed{40}$ %である。

また,点数が受験者全体の上位10%の中に入る受験者の最低点を x 点とすると,$P(X \geq x) = 0.1$ である。したがって

$$P(X \geq x) = P\left(Z \geq \frac{x-95}{20}\right) = 0.5 - P\left(0 \leq Z \leq \frac{x-95}{20}\right) = 0.1$$

より $\quad P\left(0 \leq Z \leq \frac{x-95}{20}\right) = 0.4$

となるが,正規分布表より,$P(0 \leq Z \leq 1.28) = 0.3997$ であるから,$\frac{x-95}{20} \fallingdotseq 1.28$

より

$$x \fallingdotseq 1.28 \times 20 + 95 = 120.6$$

である。ゆえに,$\boxed{コ}$ に当てはまるものは $\boxed{⓪}$ である。

(2) 受験者全体から無作為に1名を選んだとき,その1名が受験者全体の上位10%に入る確率は $\frac{1}{10}$ であり,そうでない確率は $1 - \frac{1}{10} = \frac{9}{10}$ である。

受験者全体から無作為に19名を選んだとき,その中で点数が受験者全体の上位10%に入る人数を表す確率変数を Y とすると,Y は二項分布に従うから

Y の期待値は $\quad 19 \times \frac{1}{10} = \boxed{1}.\boxed{9}$

Y の分散は $\quad 19 \times \frac{1}{10} \times \frac{9}{10} = \boxed{1}.\boxed{71}$

である。

また，$Y=1$ となる確率 p_1，$Y=2$ となる確率 p_2 は，次のようになる．

$$p_1 = {}_{19}C_1\left(\frac{1}{10}\right)^1\left(\frac{9}{10}\right)^{18} = 19 \times \frac{9^{18}}{10^{19}}$$

$$p_2 = {}_{19}C_2\left(\frac{1}{10}\right)^2\left(\frac{9}{10}\right)^{17} = \frac{19 \times 18}{2 \times 1} \times \frac{9^{17}}{10^{19}}$$

したがって

$$\frac{p_1}{p_2} = \frac{19 \times 9^{18}}{10^{19}} \times \frac{2 \times 1 \times 10^{19}}{19 \times 18 \times 9^{17}} = \frac{9^{18}}{9^{18}} = 1$$

であるから，▢夕 に当てはまるものは ② である．

(3) 第2回目の試験の受験者全体を母集団としたときの母平均 m に対する信頼度 95 ％の信頼区間を求める．無作為に抽出された 96 名の点数の標本平均の値は 99 点であり，母標準偏差の値を 20 点とする．標本平均 $\overline{X'}$ は近似的に正規分布 $N\left(m, \frac{20^2}{96}\right)$ に従うとみなせるから，$Z = \dfrac{\overline{X'} - m}{\frac{20}{\sqrt{96}}}$ は標準正規分布 $N(0, 1)$ に従う．

正規分布表により，$P(|Z| \leq 1.96) = 0.4750 \times 2 = 0.95$ であるから

$$\left|\frac{\overline{X'} - m}{\frac{20}{\sqrt{96}}}\right| \leq 1.96 \quad \text{すなわち} \quad -1.96 \times \frac{20}{\sqrt{96}} \leq \overline{X'} - m \leq 1.96 \times \frac{20}{\sqrt{96}}$$

である．この不等式を m について解くと

$$\overline{X'} - 1.96 \times \frac{20}{\sqrt{96}} \leq m \leq \overline{X'} + 1.96 \times \frac{20}{\sqrt{96}}$$

となる．$1.96 \times \dfrac{20}{\sqrt{96}} = 1.96 \times \dfrac{20}{4\sqrt{6}} = 1.96 \times \dfrac{5}{\sqrt{6}} = \dfrac{1.96 \times 5}{2.45} = 4.00$ であるから，$\overline{X'} = 99$ を用いれば，求める信頼区間は，$99 - 4 \leq m \leq 99 + 4$ より

$$\boxed{95} \leq m \leq \boxed{103}$$

となり，信頼区間の幅は，$2 \times 1.96 \times \dfrac{20}{\sqrt{96}} = 2 \times 4 = \boxed{8}$ ……① である．

また，母標準偏差の値が 15 点であるとすると，m に対する信頼度 95％の信頼区間の幅は，$8 \times \dfrac{15}{20} = \boxed{6}$ となる（①で 20 を 15 に代えた値と同じ）．

解説

(1) 確率変数 X の期待値（平均）が $E(X)=m$, 標準偏差が $\sigma(X)=\sigma$ であるとき, X が正規分布 $N(m, \sigma^2)$ に従うならば, 確率変数 $Z=\dfrac{X-m}{\sigma}$ は標準正規分布に従う。

$P(X\geqq100)=P(Z\geqq0.25)$ の値は, 図1の網かけ部分の面積（確率）となる。

$\dfrac{x-95}{20}=z_0$ とおくとき, $P(X\geqq x)=P(Z\geqq z_0)=0.1$ となる z_0 の値を求めるには, 図2の網かけ部分の面積（確率）が 0.4 となるような z_0 を正規分布表から見出す。$z_0=1.28$ のとき 0.3997, $z_0=1.29$ のとき 0.4015 が読み取れる。

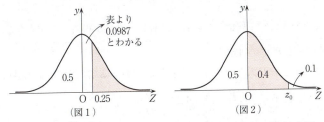

(2) 1回の試行で事象 E の起こる確率が p であるとき, n 回の反復試行において, 事象 E がちょうど r 回起こる確率は, ${}_nC_r p^r (1-p)^{n-r}$ である。E の起こる回数を X とするとき, 確率変数 X の確率分布が二項分布 $B(n, p)$ である。

> **ポイント** 二項分布の期待値（平均）と分散
>
> 確率変数 X が二項分布 $B(n, p)$ に従うとき
>
>   期待値（平均）：$E(X)=np$
>
>   分散：$V(X)=npq$　$(q=1-p)$
>
> なお, この X は, n が大きいとき, 近似的に正規分布 $N(np, npq)$ に従う。

本問では, 無作為に選んだ1名が上位 10% に入る事象（事象 E）の確率が $\dfrac{1}{10}$ $\left(p=\dfrac{1}{10}\right)$ である。無作為に19名選ぶことは試行が19回であることに当たる $(n=19)$。この19名の中で上位 10% に入る人数（E の起こる回数）が Y であるから, 確率変数 Y は, 二項分布 $B\left(19, \dfrac{1}{10}\right)$ に従う。

(3) 標本平均の分布に関しては次のことがいえる。

> **ポイント** 標本平均の分布
> 母平均 m,母標準偏差 σ の母集団から大きさ n の標本を無作為に抽出するとき,標本平均 $\overline{X}$ は,n が大きいとき,近似的に
> $$\text{正規分布 } N\left(m,\ \left(\frac{\sigma}{\sqrt{n}}\right)^2\right)$$
> に従うとみてよい。

このことから,$Z = \dfrac{\overline{X} - m}{\dfrac{\sigma}{\sqrt{n}}}$ は $N(0,\ 1)$ に従う。

次のことを公式として記憶していれば,容易に結果を得ることができる。

> **ポイント** 母平均の推定
> 標本の大きさ n が大きいとき,母平均 m に対する信頼度 95% の信頼区間は
> $$\overline{X} - 1.96 \times \frac{\sigma}{\sqrt{n}} \leq m \leq \overline{X} + 1.96 \times \frac{\sigma}{\sqrt{n}}$$
> と表され,信頼区間の幅は $2 \times 1.96 \times \dfrac{\sigma}{\sqrt{n}}$ である(n が一定ならば σ に比例する)。

数学Ⅰ・数学A 本試験

2018年度

問題番号 (配点)	解答記号	正解	配点	チェック
第1問 (30)	ア	5	2	
	イ, ウエ	6, 14	4	
	オ	2	2	
	カ	8	2	
	キ	②	3	
	ク	⓪	3	
	ケ	②	2	
	コ	⓪	2	
	サ+$\frac{シ}{a}$	$1+\frac{3}{a}$	2	
	ス	1	2	
	セ	1	2	
	$\frac{ソ}{タ}$	$\frac{4}{5}$	2	
	$\frac{チ+\sqrt{ツテ}}{ト}$	$\frac{7+\sqrt{13}}{4}$	2	

問題番号 (配点)	解答記号	正解	配点	チェック
第2問 (30)	$\frac{ア}{イ}$	$\frac{7}{9}$	3	
	$\frac{ウ\sqrt{エ}}{オ}$	$\frac{4\sqrt{2}}{9}$	3	
	カ, キ	⓪, ④	5	
	ク$\sqrt{ケコ}$	$2\sqrt{33}$	4	
	サ, シ	①, ⑥ (解答の順序は問わない)	6 (各3)	
	ス, セ	④, ⑤ (解答の順序は問わない)	6 (各3)	
	ソ	②	3	

2018年度：数学Ⅰ・A/本試験〈解答〉

問題番号 (配点)	解答記号	正解	配点	チェック
第3問 (20)	ア/イ	$\frac{1}{6}$	2	
	ウ/エ	$\frac{1}{6}$	2	
	オ/カ	$\frac{1}{9}$	2	
	キ/ク	$\frac{1}{4}$	2	
	ケ/コ	$\frac{1}{6}$	2	
	サ	①	2	
	シ	②	2	
	ス/セソタ	$\frac{1}{432}$	3	
	チ/ツテ	$\frac{1}{81}$	3	
第4問 (20)	ア, イ, ウ	4, 3, 2	3	
	エオ	15	3	
	カ	2	2	
	キク	41	2	
	ケ	7	2	
	コサシ	144	2	
	ス	2	3	
	セソ	23	3	

問題番号 (配点)	解答記号	正解	配点	チェック
第5問 (20)	ア$\sqrt{イ}$/ウ	$\frac{2\sqrt{5}}{3}$	3	
	エオ/カ	$\frac{20}{9}$	3	
	キク/ケ	$\frac{10}{9}$	2	
	コ, サ	⓪, ④	4	
	シ/ス	$\frac{5}{8}$	3	
	セ/ソ	$\frac{5}{3}$	2	
	タ	①	3	

（注） 第1問，第2問は必答。第3問～第5問のうちから2問選択。計4問を解答。

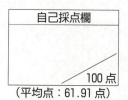

自己採点欄

100点

（平均点：61.91点）

第1問 ── 式の値，集合，命題，2次関数，最小値

〔1〕 標準 《式の値》

整数 n に対して
$$(x+n)(n+5-x) = (x+n)\{n+(5-x)\}$$
$$= x(5-x) + n^2 + \{x+(5-x)\}n$$
$$= x(5-x) + n^2 + \boxed{5}\,n$$

であり，したがって，$X = x(5-x)$ とおくと
$$(x+n)(n+5-x) = X + n^2 + 5n \quad \cdots\cdots ①$$

これより，①に $n=1, 2$ を代入した式を考えれば
$$(x+1)(6-x) = X + 1^2 + 5\cdot 1 = X + 6$$
$$(x+2)(7-x) = X + 2^2 + 5\cdot 2 = X + 14$$

なので
$$A = x(x+1)(x+2)(5-x)(6-x)(7-x)$$
$$= x(5-x)\cdot(x+1)(6-x)\cdot(x+2)(7-x)$$
$$= X(X + \boxed{6})(X + \boxed{14}) \quad \cdots\cdots ②$$

と表せる。

$x = \dfrac{5+\sqrt{17}}{2}$ のとき

$$X = \frac{5+\sqrt{17}}{2}\left(5 - \frac{5+\sqrt{17}}{2}\right) = \frac{5+\sqrt{17}}{2}\cdot\frac{5-\sqrt{17}}{2}$$
$$= \frac{25-17}{4} = \boxed{2}$$

であり，②に代入して
$$A = X(X+6)(X+14) = 2\cdot(2+6)\cdot(2+14)$$
$$= 2^1\cdot 2^3\cdot 2^4 = 2^{1+3+4} = 2^{\boxed{8}}$$

解説

まず始めに，$(x+n)(n+5-x)$ を整理することが求められているので，誘導の意図がわかりづらい形になっているが，誘導の意図が理解できれば，これ以降は誘導に従って解いていくだけになるため，難しくはない。

$A = x(x+1)(x+2)(5-x)(6-x)(7-x)$ を $X = x(5-x)$ で表す際，設問の形が $A = X(X+\boxed{イ})(X+\boxed{ウエ})$ となっているから，A の $X = x(5-x)$ 以外の部分である $(x+1)(x+2)(6-x)(7-x)$ が①を用いて表せればよいので，①に $n = 1, 2$ を

代入することを考える。

$x=\dfrac{5+\sqrt{17}}{2}$ のとき，単純に $x=\dfrac{5+\sqrt{17}}{2}$ を $X=x(5-x)$ に代入すれば，和と差の積 $(a+b)(a-b)=a^2-b^2$ が使える形になるから，容易に $X=2$ が求まり，$X=2$ を②に代入することで $A=2^8$ が求まる。

〔2〕 標準 《集合，命題》

(1) 集合 U, A, B, C の要素を書き並べて表すと

$U=\{x|x$ は 20 以下の自然数$\}$
　$=\{1, 2, 3, \cdots, 20\}$
$A=\{x|x\in U$ かつ x は 20 の約数$\}$
　$=\{1, 2, 4, 5, 10, 20\}$
$B=\{x|x\in U$ かつ x は 3 の倍数$\}$
　$=\{3, 6, 9, 12, 15, 18\}$
$C=\{x|x\in U$ かつ x は偶数$\}$
　$=\{2, 4, 6, 8, 10, 12, 14, 16, 18, 20\}$

$1\notin C$, $5\notin C$ なので，$A\subset C$ は誤り。
A の要素はいずれも 3 の倍数でないので，$A\cap B=\varnothing$ は正しい。
よって，集合の関係(a)，(b)の正誤の組合せとして正しいものは ② である。
$A\cup C=\{1, 2, 4, 5, 6, 8, 10, 12, 14, 16, 18, 20\}$ だから，$A\cup C$ の要素のうち 3 の倍数であるものは $\{6, 12, 18\}$ なので，$(A\cup C)\cap B=\{6, 12, 18\}$ は正しい。
$\overline{A}=\{3, 6, 7, 8, 9, 11, 12, 13, 14, 15, 16, 17, 18, 19\}$ であり，
$\overline{A}\cap C=\{6, 8, 12, 14, 16, 18\}$ だから
　$(\overline{A}\cap C)\cup B=\{3, 6, 8, 9, 12, 14, 15, 16, 18\}$
また，$B\cup C=\{2, 3, 4, 6, 8, 9, 10, 12, 14, 15, 16, 18, 20\}$ だから
　$\overline{A}\cap(B\cup C)=\{3, 6, 8, 9, 12, 14, 15, 16, 18\}$
したがって，$(\overline{A}\cap C)\cup B=\overline{A}\cap(B\cup C)$ は正しい。
よって，集合の関係(c)，(d)の正誤の組合せとして正しいものは ⓪ である。

(2) $|x-2|>2$ を変形すると
　　　$x-2<-2$, $2<x-2$　　∴　$x<0$, $4<x$
なので

「$p : |x-2|>2 \iff x<0,\ 4<x$」

さらに，$\sqrt{x^2}>4$ を変形すると

$|x|>4 \quad \therefore \quad x<-4,\ 4<x$

なので

「$s : \sqrt{x^2}>4 \iff x<-4,\ 4<x$」

したがって，「(q または r)：$x<0,\ 4<x$」なので，(q または r) $\Longrightarrow p$，$p \Longrightarrow$ (q または r) はいずれも真だから，q または r であることは，p であるための**必要十分条件**である。（ ② ）

また，$s \Longrightarrow r$ は偽（反例：$x=-5$），$r \Longrightarrow s$ は真だから，s が r であるための**必要条件であるが，十分条件ではない**。（ ⓪ ）

解 説

(1)・(2)のどちらも，作業としては基本的な処理を行うだけである。

(1) 全体集合 U の要素が高々20個なので，部分集合 A, B, C についても丁寧に要素を書き出していけば，問題となる部分はない。実戦的にはベン図を用いて処理した方が速くすむだろう。集合の関係(b)で求めることになるが，$A \cap B = \emptyset$ が成り立つので，実際にベン図を描くと図1のようになる。特に，3つの集合 A, B, C 間の和集合と共通部分を考える集合の関係(d)については，要素を書き並べると時間がかかってしまうので，この正誤判定だけでもベン図を用いて考えたい（図2）。

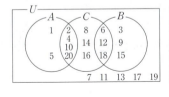

図1　　　　　　　　　　図2

(2) 条件 p, s を適切に言い換えて考えればよいが，$\sqrt{x^2}=x$ としてしまわないように注意が必要である。正しい変形は，$\sqrt{x^2}=|x|$ である。この変形さえできれば，あとは落ち着いて取り組めばよいだろう。

〔3〕 標準 《2次関数，最小値》

$f(x)=ax^2-2(a+3)x-3a+21\ (a>0)$ を平方完成すると

$$f(x)=a\left\{x^2-\frac{2(a+3)}{a}x\right\}-3a+21$$

$$= a\left\{\left(x - \frac{a+3}{a}\right)^2 - \frac{(a+3)^2}{a^2}\right\} - 3a + 21$$

$$= a\left(x - \frac{a+3}{a}\right)^2 - \frac{(a+3)^2}{a} - 3a + 21$$

なので，$y=f(x)$ のグラフの頂点の x 座標を p とおくと

$$p = \frac{a+3}{a} = \boxed{1} + \frac{\boxed{3}}{a}$$

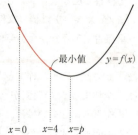

$a>0$ より，$y=f(x)$ は下に凸の2次関数だから，$0 \leq x \leq 4$ における関数 $y=f(x)$ の最小値が $f(4)$ となるためには，右図より

$$p \geq 4$$

となればよい。これを解いて

$$1 + \frac{3}{a} \geq 4 \quad \frac{1}{a} \geq 1$$

両辺に a（>0）をかけて

$$1 \geq a$$

これと，$a>0$ をあわせて，求める a の値の範囲は

$$0 < a \leq \boxed{1}$$

また，$0 \leq x \leq 4$ における関数 $y=f(x)$ の最小値が $f(p)$ となるためには，右図より

$$0 \leq p \leq 4$$

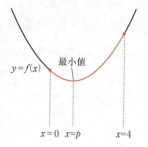

ここで，$p = 1 + \frac{3}{a} > 1$（∵ $a>0$）なので，$p \geq 0$ は常に成り立つから

$$p \leq 4$$

となればよい。これを解いて

$$1 + \frac{3}{a} \leq 4 \quad \frac{1}{a} \leq 1$$

両辺に a（>0）をかけて

$$1 \leq a$$

よって，求める a の値の範囲は

$$\boxed{1} \leq a$$

$a>0$ より $p>1$ なので，$p \leq 0$ となる場合は存在しないから，$0 \leq x \leq 4$ における関数 $y=f(x)$ の最小値が1であるのは

・$0 < a \leq 1$ のとき，最小値は $f(4)$ なので

$$f(4) = 1$$

$16a - 8(a+3) - 3a + 21 = 1$

∴ $a = \dfrac{4}{5}$ （これは，$0 < a \leq 1$ を満たす）

- $a \geq 1$ のとき，最小値は $f(p)$ なので

$f(p) = 1$

$-\dfrac{(a+3)^2}{a} - 3a + 21 = 1$

両辺に a をかけて

$-(a+3)^2 - 3a^2 + 21a = a$　　$4a^2 - 14a + 9 = 0$

∴ $a = \dfrac{7 \pm \sqrt{13}}{4}$

$a \geq 1$ なので，$3 < \sqrt{13} < 4$ より

$a = \dfrac{7 + \sqrt{13}}{4}$

したがって

$a = \boxed{\dfrac{4}{5}}$　または　$a = \dfrac{\boxed{7} + \sqrt{\boxed{13}}}{\boxed{4}}$

解説

2次関数の最小値を，軸の場合分けをすることで求める問題である。
$f(x)$ の2次の係数に文字 a が入っているので，平方完成をする際にも計算間違いをしないように，慎重に計算しなければならない。それ以外にも，軸が $x\,(=p)$ $= 1 + \dfrac{3}{a}$ の形となるので，この問題全体を通して計算は複雑になる。

軸の場合分けに関しては，要求されているのは典型的な場合分けなので，2次関数の最大・最小の場合分けに慣れていれば問題のないレベルであるし，誘導も丁寧である。また，$a>0$ であることを認識しておかないと，2次関数 $y=f(x)$ が下に凸なのか，上に凸なのかがわからないので，最小値をとる x の値が決定できない。

$0 \leq x \leq 4$ における関数 $y = f(x)$ の最小値を求めるためには，軸 $x = p$ を $p \leq 0$，$0 \leq p \leq 4$，$4 \leq p$ で場合分けする必要があるが，$a > 0$ より $p > 1$ なので，軸が $p \leq 0$ となる場合は存在しないことに注意が必要である。したがって，最小値が $f(4)$ になる場合と，最小値が $f(p)$ になる場合を考えることで，最小値を求めるためのすべての場合分けをしたことになる。

$f(p) = 1$ から，2通りの a の値 $a = \dfrac{7 \pm \sqrt{13}}{4}$ が求まるが，$\sqrt{9} < \sqrt{13} < \sqrt{16}$ より

$3<\sqrt{13}<4$　　$10<7+\sqrt{13}<11$　　$\therefore$　$\dfrac{5}{2}<\dfrac{7+\sqrt{13}}{4}<\dfrac{11}{4}$

$-4<-\sqrt{13}<-3$　　$3<7-\sqrt{13}<4$　　$\therefore$　$\dfrac{3}{4}<\dfrac{7-\sqrt{13}}{4}<1$

となるので，$a\geqq 1$ を満たすのは，$a=\dfrac{7+\sqrt{13}}{4}$ である。

第2問 — 余弦定理，三角比，ヒストグラム，箱ひげ図，データの相関，共分散

〔1〕 やや難 《余弦定理，三角比》

△ABC に余弦定理を用いて

$$\cos\angle ABC = \frac{AB^2 + BC^2 - AC^2}{2\cdot AB\cdot BC} = \frac{5^2 + 9^2 - 6^2}{2\cdot 5\cdot 9}$$

$$= \frac{70}{2\cdot 5\cdot 9} = \boxed{\frac{7}{9}}$$

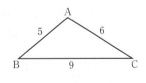

$\sin\angle ABC > 0$ なので，$\cos^2\angle ABC + \sin^2\angle ABC = 1$ より

$$\sin\angle ABC = \sqrt{1 - \cos^2\angle ABC} = \sqrt{1 - \left(\frac{7}{9}\right)^2} = \sqrt{\frac{32}{81}}$$

$$= \boxed{\frac{4\sqrt{2}}{9}}$$

ここで

$$AB\cdot \sin\angle ABC = 5\cdot \frac{4\sqrt{2}}{9} = \frac{20\sqrt{2}}{9}$$

$$CD = 3 = \frac{27}{9}$$

だから，$\sqrt{2} = 1.4\cdots$ より，$20\sqrt{2} = 28.\cdots$ なので

$$\frac{27}{9} < \frac{20\sqrt{2}}{9}$$

すなわち

$$CD < AB\cdot \sin\angle ABC \quad \cdots\cdots ① \quad (\boxed{カ} \text{ は } \boxed{0})$$

である。
点Aから辺BCに下ろした垂線の足をHとすると

$$AH = AB\cdot \sin\angle ABC$$

だから，①は

$$CD < AH \quad \cdots\cdots ②$$

となる。
四角形 ABCD は台形だから，AD∥BC または
AB∥CD が成り立つが，仮に辺 AD と辺 BC が平
行ならば，線分 AD と線分 BC の間の距離が AH
となるから，CD≧AH となり，②に反する。

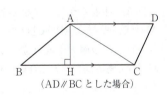

（AD∥BC とした場合）

したがって，辺 AB と辺 CD が平行である。(キ は ④)

辺 AB と辺 CD が平行だから，右図より
$$\angle BCD = 180° - \angle ABC$$
なので
$$\cos \angle BCD = \cos(180° - \angle ABC)$$
$$= -\cos \angle ABC$$
$$= -\frac{7}{9}$$

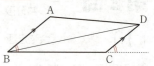

△BCD に余弦定理を用いれば
$$BD^2 = BC^2 + CD^2 - 2 \cdot BC \cdot CD \cdot \cos \angle BCD$$
$$= 9^2 + 3^2 - 2 \cdot 9 \cdot 3 \cdot \left(-\frac{7}{9}\right)$$
$$= 132$$

BD > 0 なので
$$BD = \sqrt{132} = 2\sqrt{33}$$

解説

前半部分は易しいが，後半は キ の正解を選ぶ設問が目新しい上に，BD の長さを求める部分は誘導が与えられていないので，難しく感じ，戸惑う受験生も多かっただろう。

$\frac{20\sqrt{2}}{9}$ と 3 の大小比較をする際，$\sqrt{2} = 1.4\cdots$ を覚えていなければ
$$\frac{20\sqrt{2}}{9} = \frac{\sqrt{20^2 \cdot 2}}{9} = \frac{\sqrt{800}}{9}, \quad 3 = \frac{27}{9} = \frac{\sqrt{27^2}}{9} = \frac{\sqrt{729}}{9}$$
なので $\frac{\sqrt{800}}{9} > \frac{\sqrt{729}}{9}$ となるから，$\frac{20\sqrt{2}}{9} > 3$ がわかる。

①を求めることができれば，①を根拠にして キ に当てはまるものを選択する形になっているので，まずは，①の右辺である AB·sin∠ABC がどのような長さを表すのかを考える必要がある。$\sin \angle ABC = \frac{AH}{AB}$ より AB·sin∠ABC が点 A から辺 BC に下ろした垂線 AH の長さを表していることがわかれば，②が得られる。

台形は，対辺のうちの少なくとも 1 組の対辺が互いに平行である四角形なので，AD∥BC または AB∥CD のどちらか一方か，あるいは，この両方が成り立つが，辺 AD と辺 BC が平行である場合を考えれば，右図より，点 D がどの位置にあったとしても CD<AH となることはな

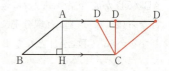

く，CD≧AH が成り立つから，②に反することがわかる。普段から，図をある程度正確に描くことを心掛けていないと，こういったことを考えるのは厳しいだろう。
BD の長さを求めるためには，∠BCD に関する情報がほしいので，AB∥CD から同位角が等しいことを利用して，∠BCD＝180°−∠ABC を導けばよい。cos∠ABC の値はすでに求めているので，$\cos(180°-\theta) = -\cos\theta$ を利用して，cos∠BCD の値を求めることができる。

〔2〕 標準 《ヒストグラム，箱ひげ図，データの相関，共分散》

(1) 図1および図2から読み取れる内容として正しいものを考えると

⓪ 図2より，四つのグループのうちで範囲が最も大きいのは，男子短距離グループである。よって，正しくない。

① 図2より，男子短距離グループの四分位範囲は10であり，四つのグループのうちで四分位範囲が最も大きいのは男子短距離グループだから，四つのグループのすべてにおいて，四分位範囲は12未満である。よって，正しい。

② 図1の男子長距離グループのヒストグラムより，度数最大の階級は170〜175である。図2の男子長距離グループの箱ひげ図より，男子長距離グループの中央値は176だから，男子長距離グループのヒストグラムでは，度数最大の階級に中央値が入っていない。よって，正しくない。

③ 図1の女子長距離グループのヒストグラムより，度数最大の階級は165〜170である。図2の女子長距離グループの箱ひげ図より，女子長距離グループの第1四分位数は160〜162の階級にあるから，女子長距離グループのヒストグラムでは，度数最大の階級に第1四分位数が入っていない。よって，正しくない。

④ 図2より，すべての選手の中で最も身長の高い選手は202cmであり，男子短距離グループの中にいる。よって，正しくない。

⑤ 図2より，すべての選手の中で最も身長の低い選手は144〜146の階級にいて，女子短距離グループの中にいる。よって，正しくない。

⑥ 図2の男子短距離グループの箱ひげ図より，男子短距離グループの中央値は180〜182の階級にあり，図2の男子長距離グループの箱ひげ図より，男子長距離グループの第3四分位数は180〜182の階級にあるから，男子短距離グループの中央値と男子長距離グループの第3四分位数は，ともに180以上182未満である。よって，正しい。

以上より，正しいものは， ① ， ⑥ である。

(2) 図3において，散布図の各点の Z の値は，$Z = \dfrac{W}{X}$ より原点と散布図の各点を結

ぶ線分の傾きに等しいから，傾きが 15, 20, 25, 30 である四つの直線 l_1, l_2, l_3, l_4 を基準にして考えて，四つのグループの Z の最大値に着目すると
- 男子短距離グループの最大値は，l_4 よりも上の領域に分布する点があるから，30 よりも大きい値をとる。
- 男子長距離グループの最大値は，l_3 と l_4 の間の領域に分布する点があるから，25〜30 の値をとる。
- 女子短距離グループの最大値は，l_3 と l_4 の間の領域に分布する点があるから，25〜30 の値をとる。
- 女子長距離グループの最大値は，l_2 と l_3 の間の領域に分布する点があるから，20〜25 の値をとる。

ここで，男子長距離グループと女子短距離グループの Z の最大値の大小を比較すると，男子長距離グループの最大値をとる点の方が，女子短距離グループの最大値をとる点よりも，l_4 の近くに分布するから，この二つのグループの Z の最大値の大小は

　　　　(女子短距離) ＜ (男子長距離)

である。
以上の考察より，四つのグループの Z の最大値の大小は

　　　　(女子長距離) ＜ (女子短距離) ＜ (男子長距離) ＜ (男子短距離)

であることがわかるから，図 4 の(a), (b), (c), (d)で示す Z の四つの箱ひげ図は
　(a) 男子短距離　(b) 女子短距離　(c) 男子長距離　(d) 女子長距離
に対応していることがわかる。
これより，図 3 および図 4 から読み取れる内容として正しいものを考えると
⓪　図 3 より，四つのグループはすべて右上がりに分布しているので，四つのグループのすべてにおいて，X と W には正の相関があると考えられる。よって，正しくない。
①　図 4 より，四つのグループのうちで Z の中央値が一番大きいのは，(a)の男子短距離グループである。よって，正しくない。
②　図 4 より，四つのグループのうちで Z の範囲が最小なのは，(d)の女子長距離グループである。よって，正しくない。
③　図 4 の(a)より，男子短距離グループの Z の四分位範囲は，四つのグループのうちで最大だから，四つのグループのうちで Z の四分位範囲が最小なのは，男子短距離グループではない。よって，正しくない。
④　図 4 の(d)より，女子長距離グループのすべての Z の値は 25 より小さい。よって，正しい。

⑤ 男子長距離グループの Z の箱ひげ図は(c)である。よって，正しい。

以上より，正しいものは， ④ ， ⑤ である。

(3) $k=1, 2, \cdots, n$ のとき

$$(x_k - \bar{x})(w_k - \bar{w}) = x_k w_k - x_k \bar{w} - \bar{x} w_k + \bar{x}\bar{w}$$

なので

$$(x_1 - \bar{x})(w_1 - \bar{w}) + (x_2 - \bar{x})(w_2 - \bar{w}) + \cdots + (x_n - \bar{x})(w_n - \bar{w})$$
$$= (x_1 w_1 + x_2 w_2 + \cdots + x_n w_n) - (x_1 + x_2 + \cdots + x_n)\bar{w} - \bar{x}(w_1 + w_2 + \cdots + w_n) + n\bar{x}\bar{w}$$

ここで

$$(x_1 + x_2 + \cdots + x_n)\bar{w} = n \cdot \frac{1}{n}(x_1 + x_2 + \cdots + x_n) \cdot \bar{w}$$
$$= n \cdot \bar{x} \cdot \bar{w}$$

$$\bar{x}(w_1 + w_2 + \cdots + w_n) = \bar{x} \cdot n \cdot \frac{1}{n}(w_1 + w_2 + \cdots + w_n)$$
$$= \bar{x} \cdot n \cdot \bar{w}$$
$$= n \cdot \bar{x} \cdot \bar{w}$$

だから

$$(x_1 - \bar{x})(w_1 - \bar{w}) + (x_2 - \bar{x})(w_2 - \bar{w}) + \cdots + (x_n - \bar{x})(w_n - \bar{w})$$
$$= (x_1 w_1 + x_2 w_2 + \cdots + x_n w_n) - n\bar{x}\bar{w} - n\bar{x}\bar{w} + n\bar{x}\bar{w}$$
$$= (x_1 w_1 + x_2 w_2 + \cdots + x_n w_n) - n\bar{x}\bar{w}$$

よって， ソ に当てはまるものは ② である。

解 説

範囲は，(範囲) = (最大値) − (最小値) で求めることができ，四分位範囲は，(四分位範囲) = (第3四分位数) − (第1四分位数) で求めることができる。

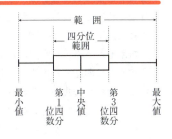

(1) ⓪〜⑥が正しいかどうかを判断する際に，ヒストグラム（図1）と箱ひげ図（図2）のどちらを見るべきなのかを瞬時に判断できないと余計な時間をとられてしまうことになる。その判断が的確に下せれば，⓪〜⑥で問われていることは難しくない。

(2) まず，散布図（図3）と箱ひげ図（図4）(a)〜(d)のいずれが対応しているかが決定できないと，①〜⑤が正しいかどうか判断できない。逆に，その決定さえできれば，①〜⑤で問われていることは易しい。

四つの直線 l_1, l_2, l_3, l_4 が補助的に描かれている理由を考えれば，$Z = \dfrac{W}{X}$ の意味

を理解する糸口になるだろう。散布図の横軸が X，縦軸が W だから，散布図のそれぞれの点の $Z=\dfrac{W}{X}$ の値は，原点と散布図のそれぞれの点 (X, W) を結ぶ線分の傾きに等しい。例えば，l_3 と l_4 の間の領域に分布する点の Z の値はすべて 25～30 の間の値をとることがわかり，各点の分布している位置が l_4 の近くになればなるほど 30 に近い値をとっていることがわかる。

図 4 の(a)～(d)で示す Z の四つの箱ひげ図は，〔解答〕のように，Z の最大値のみで四つのグループのいずれに対応しているかが決定できるが，実際に解く場合には，四つのグループの Z の中央値にも着目したい。理解の助けになるだろう。実際に四つのグループの Z の中央値について考察すると，図3より，以下のようになる。

- 男子短距離グループの多くの点は，l_2 と l_3 の間の領域に分布するから，男子短距離グループの中央値は 20～25 の間の値をとると考えられる。
- 男子長距離グループの多くの点は，l_2 付近に分布するから，男子長距離グループの中央値は約 20 の値をとると考えられる。
- 女子短距離グループの半数以上の点は，l_2 と l_3 の間の領域に分布し，半数未満の点は，l_1 と l_2 の間の領域の l_2 近辺に分布するから，女子短距離グループの中央値は 20 よりも大きい 20 に近い値をとると考えられる。
- 女子長距離グループの多くの点は，l_1 と l_2 の間の領域に分布するから，女子長距離グループの中央値は 15～20 の間の値をとると考えられる。

Z の中央値だけを考えた場合でも，図 4 の(a)～(d)で示す Z の箱ひげ図は，(a)男子短距離，(d)女子長距離に対応していることがわかるが，(b)女子短距離，(c)男子長距離に対応していることは，おそらく正しいだろうとは考えられても，散布図から目分量で判断しているため断定はできない。この場合には，女子短距離グループと男子長距離グループの Z の最小値の大小についても合わせて考察することで，(b)女子短距離，(c)男子長距離に対応していることが決定できる。

(3) データに関して，平均，分散，共分散，相関係数などの数値計算をするだけではなく，それらの式や，それらに関連して成り立つ等式についての証明に触れたことがないと，こういった問題には対応できないだろう。難しくはないが，そういった経験があるかどうかで差のつく問題である。

第3問 　標準　《積事象，条件付き確率》

(1) 大小2個のさいころを同時に投げる試行において，すべての場合の数は

$6×6=36$ 通り

大小2個のさいころを同時に投げる試行において，大きいさいころの出る目が a，小さいさいころの出る目が b であることを (a, b) で表すと，事象 A が起こるのは，$(4, 1)$，$(4, 2)$，$(4, 3)$，$(4, 4)$，$(4, 5)$，$(4, 6)$ の6通りだから，事象 A の確率は

$$P(A) = \frac{6}{36} = \boxed{\frac{1}{6}}$$

事象 B が起こるのは，$(1, 6)$，$(2, 5)$，$(3, 4)$，$(4, 3)$，$(5, 2)$，$(6, 1)$ の6通りだから，事象 B の確率は

$$P(B) = \frac{6}{36} = \boxed{\frac{1}{6}}$$

事象 C が起こるのは，$(3, 6)$，$(4, 5)$，$(5, 4)$，$(6, 3)$ の4通りだから，事象 C の確率は

$$P(C) = \frac{4}{36} = \boxed{\frac{1}{9}}$$

(2) 事象 C が起こったときの事象 A が起こる条件付き確率は，$P_C(A) = \dfrac{P(C \cap A)}{P(C)}$ であり，事象 $C \cap A$ が起こるのは，$(4, 5)$ の1通りだから，事象 $C \cap A$ の確率は

$$P(C \cap A) = \frac{1}{36}$$

よって，求める確率は，(1)の結果を用いて

$$P_C(A) = \frac{P(C \cap A)}{P(C)} = \frac{1}{36} \div \frac{1}{9} = \boxed{\frac{1}{4}}$$

事象 A が起こったときの事象 C が起こる条件付き確率は，$P_A(C) = \dfrac{P(A \cap C)}{P(A)}$ だから

$$P(A \cap C) = P(C \cap A) = \frac{1}{36}$$

よって，求める確率は，(1)の結果を用いて

$$P_A(C) = \frac{P(A \cap C)}{P(A)} = \frac{1}{36} \div \frac{1}{6} = \boxed{\frac{1}{6}}$$

(3) 事象 $A\cap B$ が起こるのは，(4, 3) の1通りだから，事象 $A\cap B$ の確率は

$$P(A\cap B)=\frac{1}{36}$$

(1)の結果より

$$P(A)P(B)=\frac{1}{6}\cdot\frac{1}{6}=\frac{1}{36}$$

だから

$$P(A\cap B)=P(A)P(B) \quad (\boxed{サ} は \boxed{①})$$

また，(2)より，事象 $A\cap C$ の確率は

$$P(A\cap C)=\frac{1}{36}$$

(1)の結果より

$$P(A)P(C)=\frac{1}{6}\cdot\frac{1}{9}=\frac{1}{54}$$

だから

$$P(A\cap C)>P(A)P(C) \quad (\boxed{シ} は \boxed{②})$$

(4) (3)より，事象 $A\cap B$ の確率は

$$P(A\cap B)=\frac{1}{36}$$

事象 $\overline{A}\cap C$ が起こるのは，(3, 6)，(5, 4)，(6, 3) の3通りだから，事象 $\overline{A}\cap C$ の確率は

$$P(\overline{A}\cap C)=\frac{3}{36}$$

よって，大小2個のさいころを同時に投げる試行を2回繰り返すとき，1回目に事象 $A\cap B$ が起こり，2回目に事象 $\overline{A}\cap C$ が起こる確率は，反復試行の確率を用いて

$$P(A\cap B)\times P(\overline{A}\cap C)=\frac{1}{36}\times\frac{3}{36}=\boxed{\frac{1}{432}} \quad \cdots\cdots ①$$

また，2回の試行で，3つの事象 A, B, C がいずれもちょうど1回ずつ起こるのは，事象 B と事象 C が同時に起こらないことに注意すると

(i) 2回の試行のうちのいずれか1回の試行で事象 A と事象 B が同時に起こり ($A\cap B$)，もう1回の試行で事象 C のみ (事象 A は起こらない) が起こる ($\overline{A}\cap C$)。

(ii) 2回の試行のうちのいずれか1回の試行で事象 A と事象 C が同時に起こり ($A\cap C$)，もう1回の試行で事象 B のみ (事象 A は起こらない) が起こる

$(\overline{A} \cap B)$。

のいずれかであるから，2回の試行で起こる順番も考慮すると，(i)・(ii)の確率は

(i) ①の結果を用いて　$\{P(A \cap B) \times P(\overline{A} \cap C)\} \times 2 = \left(\dfrac{1}{36} \times \dfrac{3}{36}\right) \times 2 = \dfrac{6}{36^2}$

(ii) (3)より，事象 $A \cap C$ の確率は

$$P(A \cap C) = \dfrac{1}{36}$$

事象 $\overline{A} \cap B$ が起こるのは，(1, 6), (2, 5), (3, 4), (5, 2), (6, 1) の 5 通りだから，事象 $\overline{A} \cap B$ の確率は

$$P(\overline{A} \cap B) = \dfrac{5}{36}$$

よって　$\{P(A \cap C) \times P(\overline{A} \cap B)\} \times 2 = \left(\dfrac{1}{36} \times \dfrac{5}{36}\right) \times 2 = \dfrac{10}{36^2}$

(i), (ii)より，求める確率は

$$\dfrac{6}{36^2} + \dfrac{10}{36^2} = \dfrac{16}{36^2} = \left(\dfrac{4}{36}\right)^2 = \left(\dfrac{1}{9}\right)^2 = \boxed{\dfrac{1}{81}}$$

解説

大小 2 個のさいころを同時に投げる試行において，出る目は $6 \times 6 = 36$ 通りしかないので，すべての場合を表にまとめて考えても，手間や時間はそれほどかからないだろう。そのやり方の方がわかりやすく感じるかもしれない。

(2) 一般に，事象 X が起こったときに事象 Y が起こる条件付き確率 $P_X(Y)$ は

$$P_X(Y) = \dfrac{P(X \cap Y)}{P(X)}$$

で与えられる。ここでは，(1)の結果と，$P(C \cap A) = P(A \cap C)$ が利用できるので，やりやすい問題となっている。

(3) 一般に，2つの事象 X, Y について $P(X \cap Y) = P(X)P(Y)$ が成り立つとき，事象 X, Y は独立であるという。

ここでは，左辺と右辺の確率の大小を比較することで，A と B, A と C の事象がそれぞれ独立かどうかを考えさせる問題となっている。しかし，2つの事象の独立に関する理解がなくとも正解を選択できる形になっており，(4)においても，この知識を求められることはないので，心配する必要はない。なお，本問の結果から事象 A と事象 B は独立であるが，事象 A と事象 C は独立でないことがわかる。

(4) 3つの事象 A, B, C がいずれもちょうど 1 回ずつ起こる状況がどのようなものであるか，正しく把握できたかどうかで差がついたであろう。その際，1回目に事象 $A \cap B$ が起こり，2回目に事象 $\overline{A} \cap C$ が起こる確率を求める部分が誘導となっ

ていることに気付きたい。事象 B と事象 C が同時に起こることはないから，2 回の試行の中で 2 つの事象が同時に起こるとすれば，事象 A と事象 B，あるいは，事象 A と事象 C であるので，(i)・(ii)のように場合分けすることになる。

(i)・(ii)の確率を求めるには，試行を 2 回繰り返すので，反復試行の確率となるから，1 回目の試行の確率と 2 回目の試行の確率をそれぞれ求めて掛け合わせ，2 回の試行で起こる順番も考慮して，その値を 2 倍すればよい。

第4問　《約数の個数，不定方程式》

(1) 144 を素因数分解すると
$$144 = 2^{\boxed{4}} \times \boxed{3}^{\boxed{2}}$$
であり，144 の正の約数の個数は
$$(4+1) \times (2+1) = 5 \times 3 = 15$$
より，$\boxed{15}$ 個である。

```
2)144
2) 72
2) 36
2) 18
3)  9
    3
```

(2) $144x - 7y = 1$ ……① において
- $x = 0$ のとき　$7y = -1$　これを満たす整数 y は存在しない。
- $x = 1$ のとき　$7y = 143$　これを満たす整数 y は存在しない。
- $x = -1$ のとき　$7y = -145$　これを満たす整数 y は存在しない。
- $x = 2$ のとき　$7y = 287$　$y = 41$
- $x = -2$ のとき　$7y = -289$　これを満たす整数 y は存在しない。

以上より，不定方程式①の整数解 x, y の中で，x の絶対値が最小になるのは
$$x = \boxed{2},\ y = \boxed{41}$$
よって，不定方程式①は，$144 \cdot 2 - 7 \cdot 41 = 1$ ……② が成り立つから，①－② より
$$144(x-2) - 7(y-41) = 0$$
すなわち　$144(x-2) = 7(y-41)$
144 と 7 は互いに素なので，k を整数として
$$x - 2 = 7k,\ y - 41 = 144k$$
と表せるから，すべての整数解は，k を整数として
$$x = \boxed{7}k + 2,\ y = \boxed{144}k + 41$$
と表される。

(3) 144 の倍数で，7 で割ったら余りが 1 となる自然数を n とすると，x を自然数，y を 0 以上の整数として
$$n = 144x,\ n = 7y + 1$$
とおける。すなわち
$$144x = 7y + 1$$
この式を変形すれば
$$144x - 7y = 1$$
となるから，(2)の結果より，k を 0 以上の整数として
$$x = 7k + 2,\ y = 144k + 41$$
と表されるので，求める自然数 n は
$$n = 144x = 144 \times (7k + 2)$$

$$= 2^4 \times 3^2 \times (7k+2)$$

となる。

$k=0,\ 1,\ 2,\ \cdots$ の順に代入して，正の約数の個数を調べていけば，正の約数の個数が 18 個である最小のものは，$k=0$ のときで

$$n = 2^4 \times 3^2 \times (7 \cdot 0 + 2) = 2^4 \times 3^2 \times 2 = 2^5 \times 3^2$$

となり，確かに正の約数の個数は

$$(5+1) \times (2+1) = 6 \times 3 = 18 \text{ 個}$$

だから，$n = 144 \times \boxed{2}$ であり，正の約数の個数が 30 個である最小のものは，$k=3$ のときで

$$n = 2^4 \times 3^2 \times (7 \cdot 3 + 2) = 2^4 \times 3^2 \times 23$$

となり，確かに正の約数の個数は

$$(4+1) \times (2+1) \times (1+1) = 5 \times 3 \times 2 = 30 \text{ 個}$$

だから，$n = 144 \times \boxed{23}$ である。

解 説

(1) 一般に，自然数 N の素因数分解が $N = \alpha^p \cdot \beta^q \cdot \gamma^r \cdots$ （$\alpha,\ \beta,\ \gamma$ は相異なる素数，$p,\ q,\ r$ は自然数）となるとき，N の約数の個数は $(p+1)(q+1)(r+1)\cdots$ である。

(2) 〔解答〕では，①を満たす整数解 $x,\ y$ の中で，x の絶対値が最小になるものを，①の x に絶対値が小さい順に $x=0,\ \pm 1,\ \pm 2,\ \cdots$ と代入することで求め（すなわち，$x=2,\ y=41$ が求まる），その値を用いて②をつくることで，①のすべての整数解 $x,\ y$ を求めた。やり慣れた方法として，まず①を満たす整数解 $x,\ y$ を 1 つ見いだし，①のすべての整数解 $x,\ y$ を，整数 k を用いて表してから，x の絶対値が最小になる $x,\ y$ を求めてもよい。このとき，②をつくる際に，$x=2,\ y=41$ が①を満たすことに気付けなければ，144 と 7 にユークリッドの互除法を用いることで求めることができる。実際には

$$\begin{aligned}
144 &= 7 \cdot 20 + 4 \quad &\therefore\quad 4 &= 144 - 7 \cdot 20 \\
7 &= 4 \cdot 1 + 3 \quad &\therefore\quad 3 &= 7 - 4 \cdot 1 \\
4 &= 3 \cdot 1 + 1 \quad &\therefore\quad 1 &= 4 - 3 \cdot 1
\end{aligned}$$

すなわち

$$\begin{aligned}
1 &= 4 - 3 \cdot 1 \\
&= 4 - (7 - 4 \cdot 1) \cdot 1 \\
&= 4 \cdot 2 - 7 \cdot 1 \\
&= (144 - 7 \cdot 20) \cdot 2 - 7 \cdot 1 \\
&= 144 \cdot 2 - 7 \cdot 41
\end{aligned}$$

と変形することで，$x=2,\ y=41$ を求めることができる。

(3) ここでは，(1)と(2)の結果が利用できることに気付きたい。

144 の倍数で，7 で割ったら余りが 1 となる自然数 n を考えたいので，$144x - 7y = 1$ という形で表す。ここで x を自然数，y を 0 以上の整数としたが，(2) は不定方程式①を満たす整数解 x, y を求めたので，x を自然数，y を 0 以上の整数に制限しても当然成り立つから，(2)の結果を用いて，$x = 7k + 2$, $y = 144k + 41$ と表すことができる。x が自然数，y が 0 以上の整数であるという条件が満たされるように，k は 0 以上の整数とした。

x と y がこの形に表されることがわかれば，求める自然数 n は，$n = 144 \times (7k + 2)$ または $n = 7 \times (144k + 41) + 1$ の形にかけるが，いずれも $n = 144 \times (7k + 2)$ となる。

(1)より，144 の正の約数の個数が 15 個であることがわかっているので，正の約数の個数が 18 個であるものと，正の約数の個数が 30 個であるものを求めるのに，k に 0 から順に値を代入していっても，それほど時間がかからないことは容易に想像がつく。特にこの問題は，その中でも最小のものを求めたいので，k に 0 から順に値を代入していく方針が得策であることもわかる。

〔解答〕では $k = 0$, 3 の場合のみを示したが，$k = 1$, 2 の場合も実際に調べれば

- $k = 1$ のとき
$$n = 2^4 \times 3^2 \times (7 \cdot 1 + 2) = 2^4 \times 3^2 \times 9 = 2^4 \times 3^4$$
だから，正の約数の個数は
$$(4 + 1) \times (4 + 1) = 5 \times 5 = 25 \text{ 個}$$

- $k = 2$ のとき
$$n = 2^4 \times 3^2 \times (7 \cdot 2 + 2) = 2^4 \times 3^2 \times 16 = 2^8 \times 3^2$$
だから，正の約数の個数は
$$(8 + 1) \times (2 + 1) = 9 \times 3 = 27 \text{ 個}$$

となって，どちらも適さない。

第5問　〈角の二等分線と辺の比，方べきの定理，メネラウスの定理〉

直角三角形 ABC に三平方の定理を用いて
$$BC = \sqrt{AB^2 + AC^2} = \sqrt{2^2 + 1^2} = \sqrt{5}$$
線分 AD は∠A の二等分線なので
$$BD : DC = AB : AC$$
$$= 2 : 1$$
となるから
$$BD = \frac{2}{2+1}BC = \frac{2}{3}\cdot\sqrt{5} = \frac{2\sqrt{5}}{3}$$

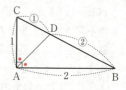

方べきの定理を用いると
$$AB \cdot BE = BD^2$$
ここで
$$BD^2 = \left(\frac{2\sqrt{5}}{3}\right)^2 = \frac{20}{9}$$

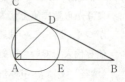

であるから，これと AB = 2 より
$$2 \cdot BE = \frac{20}{9} \quad \therefore \quad BE = \frac{10}{9}$$

これより
$$\frac{BE}{BD} = \frac{10}{9} \div \frac{2\sqrt{5}}{3} = \frac{5}{3\sqrt{5}} = \frac{\sqrt{5}}{3} = \frac{5\sqrt{5}}{15}$$
$$\frac{AB}{BC} = \frac{2}{\sqrt{5}} = \frac{2\sqrt{5}}{5} = \frac{6\sqrt{5}}{15}$$

なので
$$\frac{BE}{BD} < \frac{AB}{BC} \quad \cdots\cdots ① \quad (\boxed{コ} は \boxed{0})$$

点 E を通り辺 AB に垂直な直線と辺 BC との交点を G とおくと，AC∥EG より
$$\frac{AB}{BC} = \frac{BE}{BG}$$

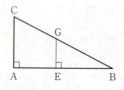

となるから，これと①より
$$\frac{BE}{BD} < \left(\frac{AB}{BC} = \right) \frac{BE}{BG} \quad \cdots\cdots (※)$$
両辺を BE（>0）で割って

$$\frac{1}{\mathrm{BD}} < \frac{1}{\mathrm{BG}}$$

両辺に BD・BG（>0）をかければ

$$\mathrm{BG} < \mathrm{BD} \quad \cdots\cdots ②$$

②より，点Dは点Gよりも点Bから離れた位置にあるので，直線 AC と直線 DE の交点は辺 AC の端点Cの側の延長上にある。（ サ は ④ ）

その交点をFとすると，△ABC と直線 EF についてメネラウスの定理を用いれば

$$\frac{\mathrm{FC}}{\mathrm{AF}} \cdot \frac{\mathrm{DB}}{\mathrm{CD}} \cdot \frac{\mathrm{EA}}{\mathrm{BE}} = 1$$

ここで

$$\mathrm{BD} : \mathrm{DC} = 2 : 1$$

$$\mathrm{AE} = \mathrm{AB} - \mathrm{BE} = 2 - \frac{10}{9} = \frac{8}{9}$$

なので

$$\frac{\mathrm{CF}}{\mathrm{AF}} \cdot \frac{2}{1} \cdot \frac{\frac{8}{9}}{\frac{10}{9}} = 1$$

$$\therefore \quad \frac{\mathrm{CF}}{\mathrm{AF}} = \frac{5}{8}$$

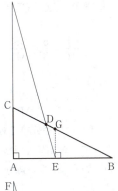

であるから

$$\mathrm{CF} : \mathrm{AF} = 5 : 8$$

これより

$$\mathrm{AC} : \mathrm{CF} = (\mathrm{AF} - \mathrm{CF}) : \mathrm{CF} = (8-5) : 5 = 3 : 5$$

となるので

$$\mathrm{CF} = \frac{5}{3}\mathrm{AC} = \frac{5}{3} \cdot 1 = \frac{5}{3}$$

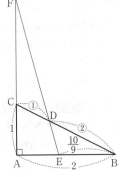

したがって，直角三角形 ABF に三平方の定理を用いれば

$$\mathrm{AF} = \mathrm{AC} + \mathrm{CF} = 1 + \frac{5}{3} = \frac{8}{3} \text{ より}$$

$$\mathrm{BF} = \sqrt{\mathrm{AB}^2 + \mathrm{AF}^2} = \sqrt{2^2 + \left(\frac{8}{3}\right)^2}$$

$$= \sqrt{\frac{100}{9}} = \frac{10}{3}$$

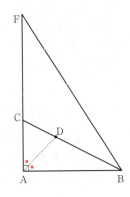

が求まり，AC：CF＝3：5，AB＝2なので

$$\frac{CF}{AC}=\frac{5}{3}, \quad \frac{BF}{AB}=\frac{\frac{10}{3}}{2}=\frac{5}{3}$$

すなわち，$\frac{CF}{AC}=\frac{BF}{AB}$ であることがわかる。

したがって，△ABFにおいて，AC：CF＝AB：BFが成り立つから，線分BCは∠ABFの二等分線である。

よって，△ABFにおいて，点Dは，∠FABの二等分線である線分ADと，∠ABFの二等分線である線分BCの交点であるから，点Dは△ABFの内心である。（ タ は ① ）

解 説

「角の二等分線と辺の比」「方べきの定理」「メネラウスの定理」「内心の性質」を用いる問題である。角の二等分線が出てきた場合には，次の定理をよく利用するので，すぐに思いつくようにしておかなければならない。

ポイント　角の二等分線と辺の比
△ABCの辺BC上の点Dについて
　　線分ADが∠Aの二等分線
　　⟺ AB：AC＝BD：DC

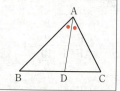

線分BCは点Dで円に接し，線分ABは円と2点A，Eで交わるから，方べきの定理を用いることができる。AB・BEの値を求めさせるという直接的な誘導になっているので，方べきの定理を利用することは気付きたい。この定理も「図形の性質」の分野ではよく使うので，しっかりと覚えておくべきである。

サ は，辺の比の大小関係から点の位置関係を探る問題であるが，目新しい出題である。ある程度正確に図を描くことで，正解を推測することはできるが，きちんとした手順で正解を導くことはなかなか難しい。

①は，別々の三角形である△ABCの辺の比と，△EBDの辺の比の形になっているからわかりづらいので，①をとらえやすくするために，△ABCと相似な△EBGを用意して，共通の長さを使って考えられるようにした。AC∥EGより，
BE：BG＝AB：BC すなわち $\frac{AB}{BC}=\frac{BE}{BG}$ が成り立つので，これと①の結果をあわせて（※）を得た。（※）は共通の長さBEを用いて表されているので，（※）を変形することで，BGとBDの長さの大小関係②が得られるから，直線ACと直線DEの交点は辺ACの端点Cの側の延長上にあることがわかる。

その交点をFとした後は，$\dfrac{CF}{AF}$ の形がわかりやすい誘導となっているから，メネラウスの定理を用いることは気付けるだろう。

メネラウスの定理を用いて $\dfrac{CF}{AF}$ の値が求まれば，そこから先は誘導に従っていけば $\dfrac{CF}{AC}=\dfrac{BF}{AB}$ であることがわかるから，角の二等分線と辺の比の定理の「△ABF において，AC：CF＝AB：BF ⟹ 線分 BC が∠ABF の二等分線」を用いる。すると，△ABF において，点Dは2つの内角の二等分線の交点であることがわかるので，△ABF の内心であるといえる。

問題の最初の部分で，点Dは∠A の二等分線と辺 BC との交点として与えられているのだから，このことを糸口にして考えていけば，点Dが△ABF の内心であることはある程度想像がつくはずである。

数学Ⅱ・数学B 本試験

第1問 (30)

解答記号	正解	配点
ア	②	1
$\frac{イ}{ウ}\pi$	$\frac{4}{5}\pi$	2
エオカ°	345°	2
$\frac{\pi}{キ}$	$\frac{\pi}{6}$	2
$\sqrt{ク}$	$\sqrt{3}$	2
ケ, コ	3, 2	3
$\frac{サシ}{スセ}\pi$	$\frac{29}{30}\pi$	3
$t^{ソ}-タt$	t^2-3t	3
$t \leq チ, t \geq ツ$	$t \leq 1, t \geq 2$	2
テ	0	1
$x \leq ト, x \geq ナ$	$x \leq 3, x \geq 9$	1
ニ	②	2
$\frac{ヌ}{ネ}$	$\frac{3}{4}$	3
$\sqrt[ハ]{ヒ}$	$\sqrt[4]{27}$	3

第2問 (30)

解答記号	正解	配点
ア	2	1
イウp+エ	$-2p+2$	2
オ	1	2
カ, キ, ク, ケ	3, 3, 3, 1	4
コ	2	2
サ	3	3
$\frac{シ+\sqrt{ス}}{セ}$	$\frac{3+\sqrt{5}}{2}$	3
ソ	③	2
タチ	-1	3
ツ	⑦	1
テ	④	3
トナt^2+ヌ	$-6t^2+2$	4

2018年度:数学Ⅱ・B/本試験〈解答〉

問題番号(配点)	解答記号	正解	配点	チェック
第3問 (20)	アイ	-6	2	
	ウエ	12	2	
	オn^2-カキn	$6n^2-12n$	2	
	クケ	12	2	
	コ	3	2	
	サ($3^{シ}-$ス)	$6(3^n-1)$	2	
	セ	⑤	2	
	ソ$n^2-2\cdot$タ$^{n+チ}$	$6n^2-2\cdot 3^{n+2}$	2	
	ツテト	-18	1	
	ナ, ニ, ヌ, ネ	$2, 3, 9, 2$	3	
第4問 (20)	ア	②	1	
	イ $\vec{p}\cdot\vec{q}$	$2\vec{p}\cdot\vec{q}$	1	
	$\frac{ウ}{エ}\vec{p}+\frac{オ}{カ}\vec{q}$	$\frac{3}{4}\vec{p}+\frac{1}{4}\vec{q}$	2	
	キク$\vec{p}+$ケ$s\vec{r}$	$-3\vec{p}+4s\vec{r}$	2	
	コ$-$サ, シ	$1-a, a$	4	
	ス セ, ソ	$-a, 4$	2	
	タチ	-3	2	
	ツ, テ	$9, 6$	3	
	$\frac{トナ-ニ}{ヌ}$	$\frac{3a-2}{2}$	3	

問題番号(配点)	解答記号	正解	配点	チェック
第5問 (20)	$\frac{ア}{イ}$	$\frac{1}{a}$	2	
	ウ	6	1	
	エ	8	1	
	オ	2	1	
	カ	8	1	
	$0.$キ	0.6	1	
	$\frac{ク}{ケ}$	$\frac{1}{6}$	2	
	コサ	30	1	
	シス	25	1	
	$-$セ.ソタ	-2.40	1	
	チ.ツテ	1.20	1	
	$0.$トナ	0.88	2	
	$0.$ニ	0.8	1	
	$0.$ヌネ	0.76	1	
	$0.$ノハ	0.84	1	
	ヒ	④	2	

(注) 第1問, 第2問は必答。第3問~第5問のうちから2問選択。計4問を解答。

自己採点欄

100点

(平均点:51.07点)

第1問 —— 三角関数，指数・対数関数

〔1〕 **標準** 《弧度法，三角方程式》

(1) 1ラジアンとは，半径 r の円において，長さが r の弧に対する中心角の大きさのことであるから，$r=1$ とすると ア に当てはまるものは ② である。

(2) 半径1の円の半円周の長さは π であるから，180°は π ラジアン，すなわち1°は $\dfrac{\pi}{180}$ ラジアンである。したがって，144°を弧度で表すと $144 \times \dfrac{\pi}{180}$ ラジアン，つまり $\dfrac{4}{5}\pi$ ラジアンである。また，$\dfrac{23}{12}\pi$ ラジアンを度で表すと $\dfrac{23}{12} \times 180°$ = 345 °である。

(3) $\dfrac{\pi}{2} \leqq \theta \leqq \pi$ の範囲で

$$2\sin\left(\theta+\dfrac{\pi}{5}\right) - 2\cos\left(\theta+\dfrac{\pi}{30}\right) = 1 \quad \cdots\cdots ①$$

を満たす θ の値を求めるために，$x = \theta + \dfrac{\pi}{5}$ とおくと

$$\theta + \dfrac{\pi}{30} = \theta + \dfrac{\pi}{5} - \dfrac{\pi}{6} = x - \dfrac{\pi}{6}$$

となるから，①は

$$2\sin x - 2\cos\left(x - \dfrac{\pi}{6}\right) = 1$$

と表せる。加法定理を用いると

$$\cos\left(x - \dfrac{\pi}{6}\right) = \cos x \cos\dfrac{\pi}{6} + \sin x \sin\dfrac{\pi}{6} = \dfrac{\sqrt{3}}{2}\cos x + \dfrac{1}{2}\sin x$$

であるから，先の式は

$$2\sin x - 2\left(\dfrac{\sqrt{3}}{2}\cos x + \dfrac{1}{2}\sin x\right) = 1$$

∴ $\sin x - \sqrt{3}\cos x = 1$

となる。さらに，三角関数の合成を用いると

$$2\sin\left(x - \dfrac{\pi}{3}\right) = 1$$

すなわち $\sin\left(x - \dfrac{\pi}{3}\right) = \dfrac{1}{2}$ ……(*)

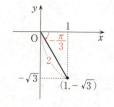

と変形できる。$x = \theta + \dfrac{\pi}{5}$, $\dfrac{\pi}{2} \leqq \theta \leqq \pi$ であるから

$$\dfrac{\pi}{2} + \dfrac{\pi}{5} \leqq \theta + \dfrac{\pi}{5} \leqq \pi + \dfrac{\pi}{5} \quad \text{すなわち} \quad \dfrac{7}{10}\pi \leqq x \leqq \dfrac{6}{5}\pi$$

であり

$$\dfrac{7}{10}\pi - \dfrac{\pi}{3} \leqq x - \dfrac{\pi}{3} \leqq \dfrac{6}{5}\pi - \dfrac{\pi}{3}$$

すなわち $\dfrac{11}{30}\pi \leqq x - \dfrac{\pi}{3} \leqq \dfrac{13}{15}\pi$

であるから，右図より，(∗)を満たす x の値は

$$x - \dfrac{\pi}{3} = \dfrac{5}{6}\pi \quad \text{すなわち} \quad x = \dfrac{5}{6}\pi + \dfrac{\pi}{3} = \dfrac{7}{6}\pi$$

である。したがって

$$\theta = x - \dfrac{\pi}{5} = \dfrac{7}{6}\pi - \dfrac{\pi}{5} = \dfrac{35 - 6}{30}\pi = \boxed{\dfrac{29}{30}}\pi$$

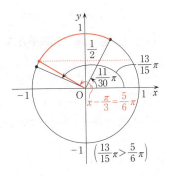

$\left(\dfrac{13}{15}\pi > \dfrac{5}{6}\pi\right)$

である。

解　説

(1)「180°＝πラジアン」だけ覚えて，弧度法の定義をおろそかにしてはいけない。定義をしっかり理解し記憶することは何より大事なことである。次の公式も自分で導けるようにしておきたい。

半径 r の円において，中心角 θ（ラジアン）に対する円弧の長さを l, そのときの扇形の面積を S とすると

$$l = r\theta, \quad S = \dfrac{1}{2}r^2\theta = \dfrac{1}{2}rl$$

が成り立つ。

ちなみに，選択肢⓪での中心角の大きさは2ラジアン，①での中心角の大きさは $\dfrac{2}{\pi^2}$ ラジアン，③での中心角の大きさは $\dfrac{1}{\pi}$ ラジアンである。

(2)「180°＝πラジアン」だけで解ける。

(3) 誘導が丁寧なので，それに従えばよい。(∗)から x, θ の値を求める部分が少し面倒である。整数 n を用いて一般解を利用する方法もある。

ポイント　三角関数の加法定理

$$\left.\begin{array}{l} \sin(\alpha \pm \beta) = \sin\alpha\cos\beta \pm \cos\alpha\sin\beta \\ \cos(\alpha \pm \beta) = \cos\alpha\cos\beta \mp \sin\alpha\sin\beta \\ \tan(\alpha \pm \beta) = \dfrac{\tan\alpha \pm \tan\beta}{1 \mp \tan\alpha\tan\beta} \end{array}\right\} \text{（複号同順）}$$

> **ポイント** 三角関数の合成
> $$a\sin\theta + b\cos\theta = \sqrt{a^2+b^2}\sin(\theta+\alpha)$$
> $$\left(\cos\alpha = \frac{a}{\sqrt{a^2+b^2}},\ \sin\alpha = \frac{b}{\sqrt{a^2+b^2}}\right)$$
> ※右辺を加法定理で展開すれば左辺になる。

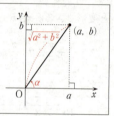

〔2〕 標準 《指数不等式》

$$x^{\log_3 x} \geq \left(\frac{x}{c}\right)^3 \quad (c>0) \quad \cdots\cdots ②$$

$\log_3 x$ についての真数条件より $x>0$ であるので,②の両辺はともに正であるから,3 を底とする両辺の対数をとると

$$\log_3 x^{\log_3 x} \geq \log_3\left(\frac{x}{c}\right)^3$$

$$(\log_3 x)(\log_3 x) \geq 3\log_3 \frac{x}{c}$$

$$(\log_3 x)^2 \geq 3(\log_3 x - \log_3 c)$$

となるから,$t = \log_3 x$ とおくと

$$t^2 \geq 3(t - \log_3 c) \quad \text{すなわち} \quad t^{\boxed{2}} - \boxed{3}t + 3\log_3 c \geq 0 \quad \cdots\cdots ③$$

となる。

$c = \sqrt[3]{9}$ のとき,②を満たす x の範囲を求めるには,$c = \sqrt[3]{3^2} = 3^{\frac{2}{3}}$ より

$$3\log_3 c = 3 \times \frac{2}{3} = 2$$

であるから,③により

$$t^2 - 3t + 2 \geq 0$$
$$(t-1)(t-2) \geq 0$$

∴ $t \leq \boxed{1}$, $t \geq \boxed{2}$

である。このことから

$\log_3 x \leq 1 = \log_3 3$ より $x \leq 3$

$\log_3 x \geq 2 = \log_3 3^2 = \log_3 9$ より $x \geq 9$

これらと,真数の条件 $x>0$ より

$\boxed{0} < x \leq \boxed{3}$, $x \geq \boxed{9}$

となる。

次に，②が$x>0$の範囲でつねに成り立つようなcの値の範囲を求める。
xが$x>0$の範囲を動くとき，t（$=\log_3 x$）のとり得る値の範囲は実数全体であるから，　二　に当てはまるものは　②　である。
tが実数全体を動くとき，③の左辺は

$$t^2 - 3t + 3\log_3 c = \left(t - \frac{3}{2}\right)^2 - \frac{9}{4} + 3\log_3 c \geq 3\log_3 c - \frac{9}{4} \quad \left(t = \frac{3}{2}\text{のとき等号成立}\right)$$

であるから，③がつねに成り立つための必要十分条件は

$$3\log_3 c - \frac{9}{4} \geq 0$$

$$\therefore \quad \log_3 c \geq \frac{3}{4} = \log_3 3^{\frac{3}{4}} = \log_3 \sqrt[4]{3^3} = \log_3 \sqrt[4]{27}$$

である。すなわち，$c \geq \sqrt[4]{27}$である。

解説

与えられた不等式②は，式中に$\log_3 x$を含むから，②は$x>0$（真数条件）の範囲でのみ意味をもつ。さらに，$c>0$であるから，②は両辺ともに正である。②の両辺に3を底とする対数をとったとき，$3>1$より不等号の向きはもとの式と同じである。また，関数$Y = \log_3 X$は，定義域が$X>0$，値域は実数全体である。

> **ポイント　対数の性質**
>
> $a>0$，$a \neq 1$，$M>0$，$N>0$とする。
>
> $\log_a MN = \log_a M + \log_a N$
>
> $\log_a \dfrac{M}{N} = \log_a M - \log_a N$
>
> $\log_a M^k = k\log_a M$　（kは実数）

後半は2次関数の問題である。③が任意の実数tに対して成り立つのは，③の左辺の最小値$3\log_3 c - \dfrac{9}{4}$が0以上のときである。あるいは，2次方程式（③の左辺）$=0$の判別式が0以下になると考えてもよい。

$$(\text{判別式}) = (-3)^2 - 4 \times 1 \times 3\log_3 c \leq 0 \quad \text{より} \quad \log_3 c \geq \frac{3}{4}$$

第2問 — 微分・積分

〔1〕 標準 《接線，面積，最小値》

$$C : y = px^2 + qx + r \quad (p > 0)$$
$$\ell : y = 2x - 1$$

放物線 C は点 $A(1, 1)$ において直線 ℓ に接しているから，C の A における接線は ℓ ということになる。

(1) $y' = 2px + q$ より，C 上の点 A における C の接線の傾きは $2p \times 1 + q$ であり，その接線すなわち ℓ の傾きは $\boxed{2}$ であることから，$2p + q = 2$ が成り立つ。よって，$q = \boxed{-2}\,p + \boxed{2}$ がわかる。さらに，C は A を通ることから，$1 = p + q + r$ が成り立つので，$r = 1 - p - q = 1 - p - (-2p + 2) = p - \boxed{1}$ となる。

(2) (1)の結果 $q = -2p + 2$，$r = p - 1$ を用いると

$$C : y = px^2 + (-2p + 2)x + (p - 1) \quad (p > 0)$$

であるから，放物線 C ($p > 0$ より下に凸) と直線 ℓ および直線 $x = v$ ($v > 1$) で囲まれた図形（右図の赤色部分）の面積 S は

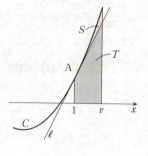

$$S = \int_1^v \{px^2 + (-2p + 2)x + (p - 1) - (2x - 1)\}\,dx$$
$$= \int_1^v (px^2 - 2px + p)\,dx$$
$$= p\int_1^v (x-1)^2\,dx = p\left[\frac{(x-1)^3}{3}\right]_1^v$$
$$= \frac{p}{3}(v-1)^3 = \frac{p}{\boxed{3}}(v^3 - \boxed{3}\,v^2 + \boxed{3}\,v - \boxed{1})$$

である。また，x 軸と ℓ および2直線 $x = 1$，$x = v$ で囲まれた図形（上図の灰色部分）の面積 T は

$$T = \int_1^v (2x - 1)\,dx = \left[x^2 - x\right]_1^v = v^{\boxed{2}} - v$$

である。

$$U = S - T = \frac{p}{3}(v^3 - 3v^2 + 3v - 1) - (v^2 - v)$$

が $v = 2$ で極値をとるのであるから，$v = 2$ のとき $U' = S' - T' = 0$ である。

$$U' = S' - T' = \frac{p}{3}(3v^2 - 6v + 3) - (2v - 1)$$

となるから，ここで $v=2$ として

$$\frac{p}{3}(12-12+3)-(4-1)=0 \quad p-3=0$$

∴ $p=\boxed{3}$

である。$p=3$ のとき

$$\begin{aligned}U&=v^3-4v^2+4v-1\\&=(v^3-1)-4v(v-1)\\&=(v-1)(v^2+v+1)-4v(v-1)\\&=(v-1)(v^2-3v+1)\end{aligned}$$

であるから，$U=0$ となるのは，$v-1=0$，$v^2-3v+1=0$ より

$$v=1,\ \frac{3\pm\sqrt{5}}{2}$$

したがって，$v>1$ の範囲で $U=0$ となる v の値 v_0 は，$v^2-3v+1=0$ の解の1つで

$$v_0=\frac{\boxed{3}+\sqrt{\boxed{5}}}{\boxed{2}}\quad\left(\frac{3-\sqrt{5}}{2}<1\right)$$

である。

$U=(v-1)(v^2-3v+1)$ のグラフの概略は，v^3 の係数が正であることと，v 軸との交点の v 座標が小さい順に $\frac{3-\sqrt{5}}{2}$，1，$v_0=\frac{3+\sqrt{5}}{2}$（>2）であ

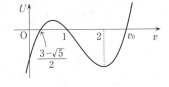

ることから右図のようになり，$v=2$ における極値は極小値であることがわかる。

この図を見ると，$1<v<v_0$ の範囲では $U<0$ であるから，$\boxed{ソ}$ に当てはまるものは $\boxed{③}$ である。

また，$p=3$ のとき，$v>1$ における U は $v=2$ のとき最小で，最小値は

$$(2-1)(2^2-3\times 2+1)=4-6+1=\boxed{-1}$$

である。

■解説■

(1) 3個の未知数 p，q，r に対して，条件が2つ（C が点 A を通ること，C の A における接線の傾きが2であること）あるから，q，r は p で表せる。

(2) S の計算は次のようにしてもよい。

$$\begin{aligned}S&=\int_1^v\{px^2+(-2p+2)x+(p-1)-(2x-1)\}dx\\&=p\int_1^v(x^2-2x+1)\,dx\end{aligned}$$

$$= p\left[\frac{1}{3}x^3 - x^2 + x\right]_1^v$$
$$= p\left\{\left(\frac{1}{3}v^3 - v^2 + v\right) - \left(\frac{1}{3} - 1 + 1\right)\right\}$$
$$= \frac{p}{3}(v^3 - 3v^2 + 3v - 1)$$

〔解答〕では $\int (x-1)^2 dx = \frac{1}{3}(x-1)^3$（積分定数省略）を用いている。

一般には，$a \neq 0$ のとき $\int (ax+b)^2 dx = \frac{1}{3a}(ax+b)^3$（積分定数省略）となる。知っておくと便利である。

T の計算は，台形の面積の公式を利用してもよい。

$$T = \frac{1}{2} \times (高さ) \times (上底 + 下底) = \frac{v-1}{2}\{1 + (2v-1)\} = v^2 - v$$

$U = v^3 - 4v^2 + 4v - 1$，$U' = 3v^2 - 8v + 4 = (v-2)(3v-2)$
から右の増減表が得られる。この表があれば終盤ははっきりわかるであろう。なお，極値が存在する場合の3次関数のグラフの形は，3次の係数が正であるときは〜，負のときは〜が標準的である。覚えておきたい。

v	…	$\frac{2}{3}$	…	2	…
U'	+	0	−	0	+
U	↗	$\frac{5}{27}$	↘	−1	↗

〔2〕 標準 《関数の決定》

関数 $f(x)$ は $x \geq 1$ の範囲でつねに $f(x) \leq 0$ を満たすから，$t > 1$ のとき，曲線 $y = f(x)$ と x 軸および2直線 $x = 1$，$x = t$ で囲まれた図形の面積 W は

$$W = \int_1^t |f(x)| dx = -\int_1^t f(x) dx$$

と表される。

$F(x)$ を $f(x)$ の不定積分とすると，$F'(x) = f(x)$ であり

$$W = -\Big[F(x)\Big]_1^t = -\{F(t) - F(1)\} = -F(t) + F(1) \quad \cdots\cdots ①$$

であるから，ツ，テ に当てはまるものは，順に ⑦，④ である。
底辺の長さが $2t^2 - 2$ $(t > 1)$，他の2辺の長さがそれぞれ $t^2 + 1$ の二等辺三角形の面積は，その高さが，三平方の定理により

$$\sqrt{(t^2+1)^2 - (t^2-1)^2} = \sqrt{4t^2} = 2t \quad (t > 1)$$

と求まることから

$$\frac{1}{2} \times (2t^2 - 2) \times 2t = 2t^3 - 2t$$

である。したがって，題意より

$$W = 2t^3 - 2t$$

が成り立つ。よって，①より，$t > 1$ において

$$-F(t) + F(1) = 2t^3 - 2t$$

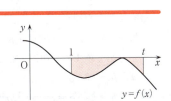

が成り立つ。$F(1)$ が定数であることと，$F'(t) = f(t)$ であることに注意して，両辺を t で微分すると

$$-f(t) + 0 = 6t^2 - 2 \quad \therefore \quad f(t) = \boxed{-6}\, t^{\boxed{2}} + \boxed{2}$$

である。よって，$x > 1$ において $f(x) = -6x^2 + 2$ である。

解 説

関数 $f(x)$ は $x \geq 1$ の範囲でつねに $f(x) \leq 0$ を満たすのであるから，例えば，右のような図を描いてみればよい。$W = -\int_1^t f(x)\,dx$ はすぐにわかるであろう。目新しい問題ではあるが，特に難しい問題ではない。$f(x)$ とその原始関数 $F(x)$ の間の関係をよく理解しておこう。

$$f(x) \underset{微分}{\overset{積分}{\rightleftarrows}} F(x)$$

第3問 やや難 《等差数列，等比数列，階差数列》

(1) 等差数列 $\{a_n\}$ の初項を a $(a_1 = a)$，公差を d とする。第4項が30，初項から第8項までの和が288であるから，次の2式が成り立つ。

$$a_4 = a + (4-1)d = a + 3d = 30$$

$$a_1 + a_2 + \cdots + a_8 = \frac{1}{2} \times 8 \times \{2a + (8-1)d\} = 4(2a + 7d) = 288$$

第1式より $2a + 6d = 60$，第2式より $2a + 7d = 72$
これら2式より $d = 12$, $a = -6$
$\{a_n\}$ の初項は $\boxed{-6}$，公差は $\boxed{12}$ であり，初項から第 n 項までの和 S_n は

$$S_n = \frac{1}{2}n\{2a + (n-1)d\} = \frac{n}{2}(-12 + 12n - 12) = \boxed{6}n^2 - \boxed{12}n$$

である。

(2) 等比数列 $\{b_n\}$ の初項を b $(b_1 = b)$，公比を r $(r \neq 0)$ とする。第2項が36，初項から第3項までの和が156であるから，次の2式が成り立つ。

$$b_2 = br = 36$$

$$b_1 + b_2 + b_3 = b + br + br^2 = b(1 + r + r^2) = 156$$

第2式を第1式で辺々割ると

$$\frac{b(1 + r + r^2)}{br} = \frac{156}{36} \quad \frac{1}{r} + 1 + r = \frac{13}{3} \quad r - \frac{10}{3} + \frac{1}{r} = 0$$

両辺に $3r$ をかけて

$$3r^2 - 10r + 3 = 0 \quad (3r - 1)(r - 3) = 0$$

公比 r は1より大きいから $r = 3$，このとき $b = 12$ であるから，$\{b_n\}$ の初項は $\boxed{12}$，公比は $\boxed{3}$ であり，初項から第 n 項までの和 T_n は

$$T_n = \frac{b(r^n - 1)}{r - 1} = \frac{12(3^n - 1)}{3 - 1} = \boxed{6}(\boxed{3}^n - \boxed{1})$$

である。

(3) 数列 $\{c_n\}$ の定義は

$$c_n = \sum_{k=1}^{n}(n - k + 1)(a_k - b_k)$$

$$= n(a_1 - b_1) + (n-1)(a_2 - b_2) + \cdots + 2(a_{n-1} - b_{n-1}) + (a_n - b_n)$$

$$(n = 1, 2, 3, \cdots)$$

である。このとき $\{c_n\}$ の階差数列 $\{d_n\}$ は

$$d_n = c_{n+1} - c_n = \sum_{k=1}^{n+1}\{(n+1) - k + 1\}(a_k - b_k) - \sum_{k=1}^{n}(n - k + 1)(a_k - b_k)$$

$$= \{(n+1)-(n+1)+1\}(a_{n+1}-b_{n+1}) + \sum_{k=1}^{n}(n+1-k+1)(a_k-b_k)$$
$$- \sum_{k=1}^{n}(n-k+1)(a_k-b_k)$$
$$= (a_{n+1}-b_{n+1}) + \sum_{k=1}^{n}\{(n+1-k+1)-(n-k+1)\}(a_k-b_k)$$
$$= (a_{n+1}-b_{n+1}) + \sum_{k=1}^{n}(a_k-b_k) = \sum_{k=1}^{n+1}(a_k-b_k) = \sum_{k=1}^{n+1}a_k - \sum_{k=1}^{n+1}b_k$$
$$= S_{n+1} - T_{n+1}$$

となるから，セ に当てはまるものは ⑤ である。

したがって，(1)と(2)により
$$d_n = 6(n+1)^2 - 12(n+1) - 6(3^{n+1}-1)$$
$$= 6(n+1)\{(n+1)-2\} - 6 \times 3^{n+1} + 6$$
$$= 6(n+1)(n-1) - 2 \times 3^{n+2} + 6$$
$$= \boxed{6}n^2 - 2 \cdot \boxed{3}^{n+\boxed{2}}$$

である。$c_1 = a_1 - b_1 = -6 - 12 = \boxed{-18}$ であるから，$n \geq 2$ のとき $\{c_n\}$ の一般項は
$$c_n = c_1 + (c_2-c_1) + (c_3-c_2) + \cdots + (c_n-c_{n-1})$$
$$= c_1 + (d_1 + d_2 + \cdots + d_{n-1})$$
$$= -18 + \sum_{k=1}^{n-1}(6k^2 - 2 \cdot 3^{k+2}) = -18 + 6\sum_{k=1}^{n-1}k^2 - 2\sum_{k=1}^{n-1}3^{k+2}$$
$$= -18 + 6 \times \frac{1}{6}(n-1)n(2n-1) - 2 \times \frac{3^3(3^{n-1}-1)}{3-1}$$
$$= -18 + 2n^3 - 3n^2 + n - 3^3 \times 3^{n-1} + 27$$
$$= \boxed{2}n^3 - \boxed{3}n^2 + n + \boxed{9} - 3^{n+\boxed{2}}$$

である。$n=1$ のときの $c_1 = -18$ はこの式に含まれる。

解 説

(1) 等差数列については，次の基本事項を知っていなければならない。

> **ポイント** 等差数列の一般項と初項から第 n 項までの和
>
> 初項 a，公差 d の等差数列 $\{a_n\}$ の一般項 a_n，初項から第 n 項までの和 S_n は
> $$a_n = a + (n-1)d \quad (a_1 = a)$$
> $$S_n = \frac{1}{2}n(a_1 + a_n) = \frac{1}{2}n\{a + a + (n-1)d\} = \frac{1}{2}n\{2a + (n-1)d\}$$

(2) 等比数列については，次の基本事項を知っていなければならない。

> **ポイント** 等比数列の一般項と初項から第 n 項までの和
>
> 初項 b, 公比 r ($r \neq 0$) の等比数列 $\{b_n\}$ の一般項 b_n, 初項から第 n 項までの和 T_n は
>
> $$b_n = br^{n-1} \quad (b_1 = b)$$
>
> $$T_n = \frac{b(r^n - 1)}{r-1} = \frac{b(1-r^n)}{1-r} \quad (r \neq 1 \text{ のとき})$$
>
> ($r = 1$ のときは, $T_n = nb$ となる)

なお, 本問の T_n は初項から第 3 項の和で項数が少ないので, 上の公式を用いずに $T_n = b + br + br^2$ として計算した。

(3) 問題文の中で例示された

$$c_1 = a_1 - b_1, \quad c_2 = 2(a_1 - b_1) + (a_2 - b_2), \quad c_3 = 3(a_1 - b_1) + 2(a_2 - b_2) + (a_3 - b_3)$$

から

$$c_2 - c_1 = (a_1 - b_1) + (a_2 - b_2), \quad c_3 - c_2 = (a_1 - b_1) + (a_2 - b_2) + (a_3 - b_3)$$

と計算されるから

$$c_{n+1} - c_n = (a_1 - b_1) + (a_2 - b_2) + \cdots + (a_{n+1} - b_{n+1})$$

となることは予測できるであろう。

なお

$$c_{n+1} = \sum_{k=1}^{n+1}(n+1-k+1)(a_k - b_k)$$

は, $k = n+1$ の項を独立させて

$$c_{n+1} = \{n+1-(n+1)+1\}(a_{n+1} - b_{n+1}) + \sum_{k=1}^{n}(n+1-k+1)(a_k - b_k)$$

と変形してある。

> **ポイント** 階差数列
>
> 数列 $\{c_n\}$ の階差数列を $\{d_n\}$ とすると, $d_n = c_{n+1} - c_n$ で定義される。
>
> $$c_n = c_1 + (\{d_n\} \text{ の初項から第 } \underline{n-1} \text{ 項までの和}) \quad (n \geq 2)$$

$\sum_{k=1}^{n-1} k^2$ の計算は, 公式 $\sum_{k=1}^{N} k^2 = \frac{1}{6}N(N+1)(2N+1)$ を用いる。

$\sum_{k=1}^{n-1} 3^{k+2}$ は, 初項が $3^{1+2} = 3^3$, 公比が 3 の等比数列の初項から第 $n-1$ 項までの和であるから, 等比数列の和の公式を用いて

$$\frac{3^3(3^{n-1}-1)}{2} = \frac{3^{n+2}-27}{2}$$

と計算される。

第4問 　標準　《平面ベクトル》

(1) 右図において

$$\vec{AB} = \vec{FB} - \vec{FA} = \vec{q} - \vec{p}$$

であるから，アに当てはまるものは ② であり

$$|\vec{AB}|^2 = \vec{AB} \cdot \vec{AB} = (\vec{q} - \vec{p}) \cdot (\vec{q} - \vec{p})$$
$$= \vec{q} \cdot \vec{q} - \vec{q} \cdot \vec{p} - \vec{p} \cdot \vec{q} + \vec{p} \cdot \vec{p}$$
$$= |\vec{p}|^2 - \boxed{2}\,\vec{p} \cdot \vec{q} + |\vec{q}|^2 \quad \cdots\cdots ①$$

である。

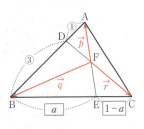

(2) AD：DB＝1：3 であるから，$\vec{FD}$ を $\vec{p}$ と $\vec{q}$ を用いて表すと

$$\vec{FD} = \frac{3\vec{FA} + 1\vec{FB}}{1+3} = \boxed{\frac{3}{4}}\vec{p} + \boxed{\frac{1}{4}}\vec{q} \quad \cdots\cdots ②$$

である。

(3) 実数 s，t を用いて $\vec{FD} = s\vec{r}$，$\vec{FE} = t\vec{p}$ と表すと，まず②により

$$\vec{FD} = s\vec{r} = \frac{3}{4}\vec{p} + \frac{1}{4}\vec{q}$$

$$\therefore \quad \vec{q} = \boxed{-3}\,\vec{p} + \boxed{4}\,s\vec{r} \quad \cdots\cdots ③$$

である。また，BE：EC＝a：$(1-a)$ $(0<a<1)$ であるから

$$\vec{FE} = t\vec{p} = (1-a)\vec{q} + a\vec{r}$$

$$\therefore \quad \vec{q} = \frac{t}{\boxed{1} - \boxed{a}}\vec{p} - \frac{\boxed{a}}{1-a}\vec{r} \quad \cdots\cdots ④$$

である。③と④により

$$-3\vec{p} + 4s\vec{r} = \frac{t}{1-a}\vec{p} - \frac{a}{1-a}\vec{r}$$

が成り立つから，$\vec{p} \neq \vec{0}$，$\vec{r} \neq \vec{0}$，$\vec{p} \nparallel \vec{r}$ であることより

$$-3 = \frac{t}{1-a}, \quad 4s = \frac{-a}{1-a}$$

であるので

$$s = \frac{\boxed{-a}}{\boxed{4}\,(1-a)}, \quad t = \boxed{-3}\,(1-a)$$

である。

(4) $|\vec{p}| = 1$ のとき，①により

$$|\vec{AB}|^2 = 1 - 2\vec{p} \cdot \vec{q} + |\vec{q}|^2$$

であり，また，$\overrightarrow{BE} = \overrightarrow{FE} - \overrightarrow{FB} = t\vec{p} - \vec{q}$ であるから

$$|\overrightarrow{BE}|^2 = \overrightarrow{BE} \cdot \overrightarrow{BE} = (t\vec{p} - \vec{q}) \cdot (t\vec{p} - \vec{q})$$
$$= t^2|\vec{p}|^2 - 2t\vec{p} \cdot \vec{q} + |\vec{q}|^2$$
$$= \{-3(1-a)\}^2 \times 1 - 2\{-3(1-a)\}\vec{p} \cdot \vec{q} + |\vec{q}|^2 \quad ((3)より t = -3(1-a))$$
$$= \boxed{9}(1-a)^2 + \boxed{6}(1-a)\vec{p} \cdot \vec{q} + |\vec{q}|^2$$

であるから，$|\overrightarrow{AB}| = |\overrightarrow{BE}|$ であれば，$|\overrightarrow{AB}|^2 = |\overrightarrow{BE}|^2$ より

$$1 - 2\vec{p} \cdot \vec{q} + |\vec{q}|^2 = 9(1-a)^2 + 6(1-a)\vec{p} \cdot \vec{q} + |\vec{q}|^2$$
$$1 - 9(1-a)^2 = \{2 + 6(1-a)\}\vec{p} \cdot \vec{q}$$
$$-8 + 18a - 9a^2 = (8 - 6a)\vec{p} \cdot \vec{q} \quad (0 < a < 1)$$

$$\therefore \vec{p} \cdot \vec{q} = \frac{-8 + 18a - 9a^2}{8 - 6a} = \frac{9a^2 - 18a + 8}{6a - 8} = \frac{(3a-2)(3a-4)}{2(3a-4)}$$

$$= \frac{\boxed{3a} - \boxed{2}}{\boxed{2}}$$

である。

解 説

(1) まず，与えられた条件を図にしてみる。$\overrightarrow{AB} = \overrightarrow{FB} - \overrightarrow{FA}$ は基本である。内積の計算については，次の基本性質を知っていなければならない。

> **ポイント** 内積の基本性質
> - 交換法則　　$\vec{a} \cdot \vec{b} = \vec{b} \cdot \vec{a}$
> - 分配法則　　$\vec{a} \cdot (\vec{b} + \vec{c}) = \vec{a} \cdot \vec{b} + \vec{a} \cdot \vec{c}$
> 　　　　　　　$(\vec{a} + \vec{b}) \cdot \vec{c} = \vec{a} \cdot \vec{c} + \vec{b} \cdot \vec{c}$
> - 結合法則　　$(m\vec{a}) \cdot \vec{b} = \vec{a} \cdot (m\vec{b}) = m(\vec{a} \cdot \vec{b})$ 　(m は実数)
> - ベクトルの大きさと内積の関係　$|\vec{a}|^2 = \vec{a} \cdot \vec{a}$

内積の計算は整式の計算とほぼ同様にできるので，慣れれば簡単である。特に重要なことは最後の $|\vec{a}|^2 = \vec{a} \cdot \vec{a}$ である。$|\overrightarrow{AB}|^2$ の計算は $\overrightarrow{AB} \cdot \overrightarrow{AB}$ と直してから始める。

(2) 線分の分点の位置ベクトルについては，次のことを確実に使えるようにしておく。

> **ポイント** 分点の位置ベクトル
> 線分 AB を $m:n$ の比に分ける点を P とすると，任意の点 O に対して
> $$\overrightarrow{OP} = \frac{n\overrightarrow{OA} + m\overrightarrow{OB}}{m+n} \quad \begin{pmatrix} mn > 0 \text{ のとき内分を表し，} \\ mn < 0 \text{ のとき外分を表す} \end{pmatrix}$$

(3) 次のことは特に重要である。

> **ポイント** 平面ベクトルの１次独立性
> 同一平面上の２つのベクトル $\vec{a}$, $\vec{b}$ が実数 m, n に対して
> $$m\vec{a} + n\vec{b} = \vec{0} \iff m = n = 0$$
> を満たすとき,「$\vec{a}$ と $\vec{b}$ は１次独立である」という。
> 図形的にいえば, $\vec{a} \neq \vec{0}$ かつ $\vec{b} \neq \vec{0}$ かつ $\vec{a} \nparallel \vec{b}$ が成り立つとき, $\vec{a}$ と $\vec{b}$ は１次独立である。このとき実数 m, n, m', n' に対して
> $$m\vec{a} + n\vec{b} = m'\vec{a} + n'\vec{b} \iff m = m' \text{ かつ } n = n'$$
> が成り立つ。

(4) 問題の流れに従って計算を進めればよい。$|\overrightarrow{BE}|^2$ は $\overrightarrow{BE} \cdot \overrightarrow{BE}$ に直す。$\overrightarrow{BE}$ は $\overrightarrow{FE} - \overrightarrow{FB}$ と表せる。$\overrightarrow{FE}$ の方は(3)を利用すればよい。

第5問 《平均，分散，二項分布，正規分布表，信頼区間》

(1) $2, 4, 6, \cdots, 2a$（a は正の整数）の数字がそれぞれ1つずつ書かれた a 枚のカードが入った箱から1枚のカードを無作為に取り出すとき，そこに書かれた数字を表す確率変数 X に対し，$X = 2a$ となる確率 $P(X = 2a)$ は，a 枚のカードから，数字 $2a$ の書かれたカード（1枚しかない）を取り出す確率のことであるから

$$P(X = 2a) = \boxed{\dfrac{1}{a}}$$

である。

$a = 5$ のとき，カードは5枚（それぞれ $2, 4, 6, 8, 10$ の数字が書かれている）であるので，X の確率分布は右表のようになる。したがって，X の平均 $E(X)$，X の分散 $V(X)$ は

X	2	4	6	8	10	計
P	$\dfrac{1}{5}$	$\dfrac{1}{5}$	$\dfrac{1}{5}$	$\dfrac{1}{5}$	$\dfrac{1}{5}$	1

$$E(X) = 2 \times \dfrac{1}{5} + 4 \times \dfrac{1}{5} + 6 \times \dfrac{1}{5} + 8 \times \dfrac{1}{5} + 10 \times \dfrac{1}{5}$$

$$= \dfrac{2}{5}(1 + 2 + 3 + 4 + 5) = \boxed{6}$$

$$V(X) = (2-6)^2 \times \dfrac{1}{5} + (4-6)^2 \times \dfrac{1}{5} + (6-6)^2 \times \dfrac{1}{5} + (8-6)^2 \times \dfrac{1}{5} + (10-6)^2 \times \dfrac{1}{5}$$

$$= \dfrac{1}{5}(16 + 4 + 0 + 4 + 16) = \boxed{8}$$

である。

定数 s, t ($s > 0$) に対し，$sX + t$ の平均が20，分散が32であるとき

$$E(sX + t) = sE(X) + t = 6s + t = 20 \quad (E(X) = 6)$$
$$V(sX + t) = s^2 V(X) = 8s^2 = 32 \quad (V(X) = 8)$$

が成り立つ。第2式より $s^2 = 4$，$s > 0$ であるから $s = \boxed{2}$，よって，第1式より $t = \boxed{8}$ である。

このとき，$sX + t = 2X + 8$ が20以上である確率 $P(2X + 8 \geqq 20)$ は，上の表より

$$P(2X + 8 \geqq 20) = P(X \geqq 6) = \dfrac{1}{5} + \dfrac{1}{5} + \dfrac{1}{5} = \dfrac{3}{5} = 0.\boxed{6}$$

である。

(2) (1)の箱（$a \geqq 3$）から3枚のカードを同時に取り出し，それらのカードを横1列に並べるとき，カードの数字が左から小さい順に並んでいる事象を A とするのであるから，事象 A の起こる場合はただ1通りに定まり，その確率 $P(A)$ は，カードの並び方が $3! = 6$ 通りあることから

$$P(A) = \boxed{\dfrac{1}{6}}$$

である。
この試行を180回繰り返すとき，事象 A が起こる回数を表す確率変数 Y は，二項分布 $B\left(180, \dfrac{1}{6}\right)$ に従うとみてよい。したがって，Y の平均 m，Y の分散 σ^2 は

$$m = 180 \times \dfrac{1}{6} = \boxed{30}$$

$$\sigma^2 = 180 \times \dfrac{1}{6} \times \left(1 - \dfrac{1}{6}\right) = \dfrac{180 \times 5}{36} = \boxed{25}$$

である。
試行回数180は大きいことから，Y は近似的に平均 $m = 30$，標準偏差 $\sigma = \sqrt{25} = 5$ の正規分布 $N(30, 25)$ に従うと考えられる。ここで，$Z = \dfrac{Y - 30}{5}$ とおくと，Z は標準正規分布 $N(0, 1)$ に従うから，事象 A が18回以上36回以下起こる確率の近似値は次のようになる。

$$\begin{aligned}
P(18 \leqq Y \leqq 36) &= P\left(-\dfrac{12}{5} \leqq Z \leqq \dfrac{6}{5}\right) \\
&= P(-\boxed{2}.\boxed{40} \leqq Z \leqq \boxed{1}.\boxed{20}) \\
&= P(-2.40 \leqq Z \leqq 0) + P(0 \leqq Z \leqq 1.20) \\
&= P(0 \leqq Z \leqq 2.40) + P(0 \leqq Z \leqq 1.20) \\
&= 0.4918 + 0.3849 \quad (\text{正規分布表より}) \\
&= 0.8767 \fallingdotseq 0.\boxed{88}
\end{aligned}$$

(3) ある都市での世論調査において，無作為に400人の有権者を選び，ある政策に対する賛否を調べたところ，320人が賛成であったので，この調査での賛成者の比率（標本比率）R は，$R = \dfrac{320}{400} = \dfrac{4}{5} = 0.\boxed{8}$ である。標本の大きさが400と大きいので，二項分布の正規分布による近似を用いると，この都市の有権者全体のうち，この政策の賛成者の母比率 p に対する信頼度95％の信頼区間は

$$R - 1.96\sqrt{\dfrac{R(1-R)}{400}} \leqq p \leqq R + 1.96\sqrt{\dfrac{R(1-R)}{400}}$$

で表される。ここで

$$\sqrt{\dfrac{R(1-R)}{400}} = \sqrt{\dfrac{0.8 \times (1-0.8)}{400}} = \sqrt{\dfrac{0.16}{400}} = \dfrac{0.4}{20} = 0.02$$

であるから

$0.8 - 1.96 \times 0.02 \leq p \leq 0.8 + 1.96 \times 0.02$

$0.8 - 0.0392 \leq p \leq 0.8 + 0.0392$

$0.7608 \leq p \leq 0.8392$

∴ $0.\boxed{76} \leq p \leq 0.\boxed{84}$

である。ここで求めた信頼区間の幅 L_1 は

$$L_1 = 2 \times 1.96 \sqrt{\frac{R(1-R)}{400}} = 2 \times 1.96 \sqrt{\frac{0.8 \times 0.2}{400}}$$

であり，標本の大きさが 400 の場合に $R=0.6$ が得られたときの信頼区間の幅 L_2 は

$$L_2 = 2 \times 1.96 \sqrt{\frac{R(1-R)}{400}} = 2 \times 1.96 \sqrt{\frac{0.6 \times 0.4}{400}}$$

であり，標本の大きさが 500 の場合に $R=0.8$ が得られたときの信頼区間の幅 L_3 は

$$L_3 = 2 \times 1.96 \sqrt{\frac{R(1-R)}{500}} = 2 \times 1.96 \sqrt{\frac{0.8 \times 0.2}{500}}$$

である。

$0.8 \times 0.2 < 0.6 \times 0.4$ であるから，$L_1 < L_2$ である。

$\frac{1}{400} > \frac{1}{500}$ であるから，$L_1 > L_3$ である。

したがって，$L_3 < L_1 < L_2$ が成り立つので，ヒ に当てはまるものは ④ 。

解 説

(1) 確率変数 X が右の表に示された確率分布に従うとき，X の平均（期待値）$E(X)$，分散 $V(X)$ は

X	x_1	x_2	$\cdots$	x_n	計
P	p_1	p_2	$\cdots$	p_n	1

$$E(X) = \sum_{k=1}^{n} x_k p_k = x_1 p_1 + x_2 p_2 + \cdots + x_n p_n$$

$$V(X) = \sum_{k=1}^{n} (x_k - m)^2 p_k \quad (m = E(X))$$

$$= (x_1 - m)^2 p_1 + (x_2 - m)^2 p_2 + \cdots + (x_n - m)^2 p_n$$

と定義される。基本中の基本である。

確率変数の変換については次のことを知っておく必要がある。

ポイント 確率変数の変換

確率変数 X と定数 a，b に対して，確率変数 Y が，$Y = aX + b$ と表されるとき，Y の平均 E，分散 V は次のようになる。

$$E(Y) = E(aX + b) = aE(X) + b$$

$$V(Y) = V(aX + b) = a^2 V(X)$$

(2) 1回の試行において，事象 A の起こる確率が $\frac{1}{6}$，起こらない確率が $\frac{5}{6}$ である。この試行を180回繰り返すとき，事象 A が起こる回数 Y は，二項分布 $B\left(180, \frac{1}{6}\right)$ に従うと考えられる。

> **ポイント** 二項分布の平均，分散
> 確率変数 X が二項分布 $B(n, p)$ に従うとき，X の平均 E，分散 V は次の通り。
> $$E(X) = np, \quad V(X) = np(1-p)$$

二項分布 $B(n, p)$ に従う確率変数 X は，n が大きいとき，近似的に正規分布 $N(np, np(1-p))$ に従う。（標準）正規分布表を利用するためには，確率変数を
$$Z = \frac{X - np}{\sqrt{np(1-p)}}$$
に変換しなければならない。

(3) この調査での賛成者の数を T とすると，標本比率 R は $R = \frac{T}{400}$ と表される。母比率が p であるから，T は二項分布 $B(400, p)$ に従う。このとき
$$E(R) = E\left(\frac{T}{400}\right) = \frac{1}{400} E(T) = \frac{1}{400} \times 400 \times p = p$$
$$V(R) = V\left(\frac{T}{400}\right) = \frac{1}{400^2} V(T) = \frac{1}{400^2} \times 400 \times p(1-p) = \frac{p(1-p)}{400}$$

となるから，R は近似的に正規分布 $N\left(p, \frac{p(1-p)}{400}\right)$ に従う。したがって，確率変数 $Z = \frac{R - p}{\sqrt{\frac{p(1-p)}{400}}}$ は標準正規分布 $N(0, 1)$ に従う。

正規分布表により
$$P(|Z| \leq 1.96) \fallingdotseq 0.95$$
であるから，これを変形して

$$P\left(-1.96 \leq \frac{R - p}{\sqrt{\frac{p(1-p)}{400}}} \leq 1.96\right) \fallingdotseq 0.95$$

$$P\left(R - 1.96\sqrt{\frac{p(1-p)}{400}} \leq p \leq R + 1.96\sqrt{\frac{p(1-p)}{400}}\right) \fallingdotseq 0.95$$

400は十分大きいので，R は p に近いとみなしてよい（大数の法則）から，根号の

中の p を R に書き換えて, p に対する信頼度 95％ の信頼区間が次のように求まる。

$$R - 1.96\sqrt{\frac{R(1-R)}{400}} \leq p \leq R + 1.96\sqrt{\frac{R(1-R)}{400}}$$

標本の大きさを n のままにすると

$$R - 1.96\sqrt{\frac{R(1-R)}{n}} \leq p \leq R + 1.96\sqrt{\frac{R(1-R)}{n}}$$

であり, 信頼区間の幅 L は, $L = 2 \times 1.96\sqrt{\frac{R(1-R)}{n}}$ と表せる。問題の L_1 と L_2 は R だけが異なり, L_1 と L_3 は n だけが異なるから, 数値計算はしないで, 式の形から大小を判断する。

数学Ⅰ・数学A 追試験

2018年度

第1問 (30)

問題番号(配点)	解答記号	正解	配点	チェック
第1問 (30)	$\dfrac{アイ+ウ\sqrt{エ}}{オ}$	$\dfrac{16+4\sqrt{7}}{9}$	3	
	カ	0	2	
	キ	5	2	
	$\dfrac{ク}{ケ}, \dfrac{コ}{サ}$	$\dfrac{4}{3}, \dfrac{5}{3}$ 又は $\dfrac{5}{3}, \dfrac{4}{3}$	3	
	シ	①	2	
	ス	③	2	
	$\dfrac{セ}{ソ}$	$\dfrac{3}{2}$	2	
	$\dfrac{タ}{チ}$	$\dfrac{7}{2}$	2	
	$\dfrac{ツ}{テ}$	$\dfrac{5}{4}$	2	
	$\dfrac{ト-\sqrt{ナニ}}{ヌ}$	$\dfrac{1-\sqrt{13}}{2}$	3	
	ネ≦a≦$\sqrt{ノ}$	0≦a≦$\sqrt{3}$	3	
	$\dfrac{ハヒ+\sqrt{フヘ}}{ホ}$	$\dfrac{-1+\sqrt{13}}{2}$	4	

第2問 (30)

問題番号(配点)	解答記号	正解	配点	チェック
第2問 (30)	$\dfrac{\sqrt{ア}}{イ}$	$\dfrac{\sqrt{3}}{2}$	3	
	ウ	1	3	
	エ	2	3	
	$\dfrac{オ\sqrt{カ}}{キ}$	$\dfrac{4\sqrt{3}}{3}$	3	
	$\dfrac{クケ\sqrt{コ}}{サ}$	$\dfrac{22\sqrt{3}}{3}$	3	
	シ	⑤	3	
	ス, セ	④, ⑤ (解答の順序は問わない)	6 (各3)	
	ソ	④	3	
	タ	⑤	3	

問題番号 (配点)	解答記号	正解	配点	チェック
第3問 (20)	アイウ	420	3	
	エオ	30	4	
	$\dfrac{カ}{キク}$	$\dfrac{5}{14}$	2	
	$\dfrac{ケコ}{サシ}$	$\dfrac{15}{28}$	2	
	$\dfrac{ス}{セソ}$	$\dfrac{3}{28}$	2	
	$\dfrac{タ}{チツ}$	$\dfrac{5}{28}$	2	
	$\dfrac{テ}{トナ}$	$\dfrac{1}{14}$	2	
	$\dfrac{ニ}{ヌ}$	$\dfrac{2}{7}$	3	
第4問 (20)	アイ，ウエ	23, 17	4	
	オカ	15	4	
	キ	5	2	
	クケ	12	2	
	コサ	10	2	
	シ	2	1	
	$\dfrac{ス}{セ}$	$\dfrac{2}{3}$	2	
	ソタチ	101	3	

問題番号 (配点)	解答記号	正解	配点	チェック
第5問 (20)	$\sqrt{アイ}x-ウ$	$\sqrt{10}x-1$	4	
	$\dfrac{エ\sqrt{オカ}}{キ}$	$\dfrac{2\sqrt{10}}{5}$	4	
	ク	2	2	
	ケコ	24	2	
	サシ	60	2	
	スセソ	120	2	
	タチ	32	2	
	ツ	5	2	

(注) 第1問，第2問は必答。第3問〜第5問のうちから2問選択。計4問を解答。

第1問 ── 式の値，背理法，集合，命題，2次関数，最大値，最小値

〔1〕 標準 《式の値，背理法》

$\alpha = \dfrac{4}{4-\sqrt{7}}$ の分母を有理化すると

$$\alpha = \dfrac{4(4+\sqrt{7})}{(4-\sqrt{7})(4+\sqrt{7})} = \dfrac{4(4+\sqrt{7})}{16-7} = \dfrac{\boxed{16} + \boxed{4}\sqrt{\boxed{7}}}{\boxed{9}}$$

となる。

(1) $p + q\sqrt{7} = 0$ のとき，$q \neq 0$ と仮定すると，$p + q\sqrt{7} = 0$ を変形して

$$\sqrt{7} = -\dfrac{p}{q} \quad \cdots\cdots ①$$

p，q は有理数であるから，$\dfrac{p}{q}$ は有理数なので，①の右辺は有理数，①の左辺は無理数となり，矛盾する。よって

$$q = 0$$

$q = 0$ を $p + q\sqrt{7} = 0$ に代入して

$$p = 0$$

よって

$$p + q\sqrt{7} = 0 \Longrightarrow p = q = 0$$

逆に，$p = q = 0$ のとき，$p = q = 0$ を $p + q\sqrt{7}$ に代入して

$$p + q\sqrt{7} = 0 + 0 \cdot \sqrt{7} = 0$$

よって

$$p = q = 0 \Longrightarrow p + q\sqrt{7} = 0$$

したがって，一般に，$\sqrt{7}$ が無理数であることから，有理数 p，q に対して

$$p + q\sqrt{7} = 0 \Longleftrightarrow p = q = \boxed{0} \quad \cdots\cdots(*)$$

が成り立つ。

(2) $\alpha - \beta = \dfrac{16 + 4\sqrt{7}}{9} - \dfrac{9 - (r^2 - 3r)\sqrt{7}}{5}$

$= -\dfrac{1}{45} + \left(\dfrac{4}{9} + \dfrac{r^2 - 3r}{5}\right)\sqrt{7}$

なので，$\alpha - \beta$ が有理数ならば，a を有理数として，$\alpha - \beta = a$ とおくと

$$-\dfrac{1}{45} + \left(\dfrac{4}{9} + \dfrac{r^2 - 3r}{5}\right)\sqrt{7} = a$$

∴ $\left(-a-\dfrac{1}{45}\right)+\left(\dfrac{4}{9}+\dfrac{r^2-3r}{5}\right)\sqrt{7}=0$ ……(＊＊)

a, r は有理数であるから，$-a-\dfrac{1}{45}$，$\dfrac{4}{9}+\dfrac{r^2-3r}{5}$ は有理数なので，(1)の結果より

$$-a-\dfrac{1}{45}=0 \quad かつ \quad \dfrac{4}{9}+\dfrac{r^2-3r}{5}=0 \quad ……②$$

が成り立つ。

よって，②より，$\alpha-\beta$ が有理数ならば，r は

$$\dfrac{4}{9}+\dfrac{r^2-3r}{\boxed{5}}=0$$

を満たす。このとき，②を変形して

$20+9(r^2-3r)=0$

$9r^2-27r+20=0$

$(3r-4)(3r-5)=0$

∴ $r=\dfrac{\boxed{4}}{\boxed{3}}$ または $r=\dfrac{\boxed{5}}{\boxed{3}}$

（これらは r が有理数であることを満たす）

である。

解説

(1) ここで示すことになる(＊)は，結果として利用することも多いので，証明することができるだけでなく，結果も覚えておくべき事柄である。

(＊)の「$p+q\sqrt{7}=0 \Longrightarrow p=q=0$」を示す際には，$q \neq 0$ と仮定することで①が得られるから，$\sqrt{7}$ が無理数，p と q が有理数であることを利用して，矛盾を導く。背理法により，$q=0$ である。$q=0$ が得られれば，$p+q\sqrt{7}=0$ に代入することで，$p=0$ も得られる。

(＊)の「$p+q\sqrt{7}=0 \Longleftarrow p=q=0$」を示す際には，$p=q=0$ を $p+q\sqrt{7}$ に直接代入すれば，$p+q\sqrt{7}=0$ が求まる。

(2) (1)の結果を利用すればよいことはすぐに気付けるだろうが，どのように利用するかがなかなか難しい。$\alpha-\beta$ が有理数という条件から，$\alpha-\beta=a$（a：有理数）という数式の形におけるかどうかが鍵となる。$\alpha-\beta=a$ という形におければ，数式を整理することで(＊＊)が得られるので，(1)の結果を用いればよい。その際，$-a-\dfrac{1}{45}$，$\dfrac{4}{9}+\dfrac{r^2-3r}{5}$ が有理数であることを調べ忘れないようにしなければならない。この

条件が成立していなければ，(1)の結果は使えない。

〔2〕 標準 《集合，命題》

$|x-1| \leqq a$ (a：正の実数) を x について解くと

$$-a \leqq x-1 \leqq a \quad \therefore \quad 1-a \leqq x \leqq 1+a$$

なので

「$p : |x-1| \leqq a \iff 1-a \leqq x \leqq 1+a$」

また，$|x| \leqq \dfrac{5}{2}$ を x について解くと

$$-\dfrac{5}{2} \leqq x \leqq \dfrac{5}{2}$$

なので

「$q : |x| \leqq \dfrac{5}{2} \iff -\dfrac{5}{2} \leqq x \leqq \dfrac{5}{2}$」

さらに，$x^2-2x \leqq a$ を x について解くと

$$x^2-2x-a \leqq 0$$
$$\therefore \quad 1-\sqrt{1+a} \leqq x \leqq 1+\sqrt{1+a} \quad (a>0)$$

なので

「$r : x^2-2x \leqq a \iff 1-\sqrt{1+a} \leqq x \leqq 1+\sqrt{1+a}$」

(1) $a=1$ のとき

「$p : |x-1| \leqq 1 \iff 0 \leqq x \leqq 2$」

なので，$p \Longrightarrow q$ は真，$q \Longrightarrow p$ は偽（反例：$x=-1$）だから，p は q であるための十分条件であるが，必要条件ではない。（ ① ）

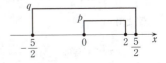

また，$a=3$ のとき

「$p : |x-1| \leqq 3 \iff -2 \leqq x \leqq 4$」

なので，$p \Longrightarrow q$ は偽（反例：$x=4$），$q \Longrightarrow p$ は偽 $\left(反例 : x=-\dfrac{5}{2}\right)$ だから，p は q であるための必要条件でも十分条件でもない。（ ③ ）

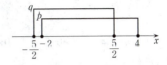

(2) 命題「$p \Longrightarrow q$」が真となるような a の範囲は

$$-\dfrac{5}{2} \leqq 1-a \quad かつ \quad 1+a \leqq \dfrac{5}{2} \quad \cdots\cdots (*)$$

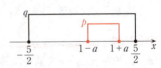

∴ $a \leq \dfrac{7}{2}$ かつ $a \leq \dfrac{3}{2}$

これと $a>0$ より　$0<a\leq\dfrac{3}{2}$

したがって，命題「$p \Longrightarrow q$」が真となるような a の最大値は $\boxed{\dfrac{3}{2}}$ である。

また，命題「$q \Longrightarrow p$」が真となるような a の範囲は

$$1-a \leq -\dfrac{5}{2} \ \text{かつ}\ \dfrac{5}{2} \leq 1+a\ \cdots\cdots(**)$$

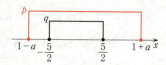

∴ $a \geq \dfrac{7}{2}$ かつ $a \geq \dfrac{3}{2}$

これと $a>0$ より　$a \geq \dfrac{7}{2}$

したがって，命題「$q \Longrightarrow p$」が真となるような a の最小値は $\boxed{\dfrac{7}{2}}$ である。

(3) 命題「$r \Longrightarrow q$」が真となるような a の範囲は

$$-\dfrac{5}{2} \leq 1-\sqrt{1+a}\ \cdots\cdots① \ \text{かつ}\ 1+\sqrt{1+a} \leq \dfrac{5}{2}\ \cdots\cdots②\ \cdots\cdots(***)$$

①より

$$\sqrt{1+a} \leq \dfrac{7}{2}$$

両辺は正なので，両辺を2乗して

$$1+a \leq \dfrac{49}{4} \quad \therefore\ a \leq \dfrac{45}{4}\ \cdots\cdots①'$$

②より

$$\sqrt{1+a} \leq \dfrac{3}{2}$$

両辺は正なので，両辺を2乗して

$$1+a \leq \dfrac{9}{4} \quad \therefore\ a \leq \dfrac{5}{4}\ \cdots\cdots②'$$

①' かつ ②' と $a>0$ より　$0<a\leq\dfrac{5}{4}$

したがって，命題「$r \Longrightarrow q$」が真となるような a の最大値は $\boxed{\dfrac{5}{4}}$ である。

まず，条件 p, q, r を適切に言い換えて考える必要がある。条件 p, q に関しては，

一般に

$$c>0 \text{ のとき } \quad |X|\leq c \iff -c\leq X\leq c$$

が成り立つことを用いればよい。条件 r に関しては，$x^2-2x-a=0$ の判別式を D とするとき，$\dfrac{D}{4}=(-1)^2-1\cdot(-a)=1+a>0$（∵ $a>0$）となるので，$x^2-2x-a=0$ は異なる2つの実数解をもつから，解の公式を用いて考えることができる。

本問における命題と集合について，次のことがいえる。

> **ポイント** 命題と集合
> 全体集合を U とする命題「$p \Longrightarrow q$」において，条件 p を満たす U の要素全体の集合を P，条件 q を満たす U の要素全体の集合を Q とすると，命題「$p \Longrightarrow q$」が真であることと，$P \subset Q$ であることは同じである。

条件 p，q，r の言い換えができれば，条件 p，q，r を数直線上に表して，上の〔ポイント〕を利用すればよい。

(2)・(3)の命題が真となる a の範囲を求める際，条件設定(*)，(**)，(***)において，等号（＝）を含めるか否かが問題となる。一般に，2つの集合 A，B において，「$A=B$」が成り立つことは，「$A\subset B$ かつ $A\supset B$」が成り立つことと同じであるから，$A\subset B$ となるように条件設定をする場合には，$A=B$ となることも含めて考える。したがって，条件設定(*)，(**)，(***)では，等号（＝）を含めなければならないのである。

〔3〕 標準 《2次関数，最大値，最小値》

実数 a が2次不等式 $a^2-3<a$ を満たすとき，a のとり得る値の範囲は

$$a^2-a-3<0$$

∴ $\dfrac{\boxed{1}-\sqrt{\boxed{13}}}{\boxed{2}}<a<\dfrac{1+\sqrt{13}}{2}$ ……①

である。

x の2次関数 $f(x)=-x^2+1$ のグラフは上に凸であり，頂点の座標は $(0, 1)$ であるから，$a^2-3\leq x\leq a$ における関数 $y=f(x)$ の最大値が1であるための条件は

$$a^2-3\leq 0\leq a \quad \text{……②}$$

である。②は

$$a^2-3\leq 0 \quad \text{……③} \quad \text{かつ} \quad 0\leq a \quad \text{……④}$$

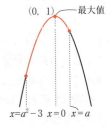

であるから，③を解けば
$$(a+\sqrt{3})(a-\sqrt{3})\leqq 0$$
$$\therefore \quad -\sqrt{3}\leqq a\leqq\sqrt{3} \quad \cdots\cdots ③'$$
よって，③'かつ④より，求める a の値の範囲は
$$\boxed{0}\leqq a\leqq\sqrt{\boxed{3}} \quad \cdots\cdots ⑤ \quad (これは①を満たす)$$
また，$a^2-3\leqq x\leqq a$ における関数 $y=f(x)$ の最小値が $f(a)$ であるための条件は
$$0\leqq\frac{(a^2-3)+a}{2} \quad \cdots\cdots ⑥$$

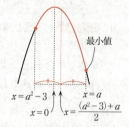

である。⑥を解けば
$$a^2+a-3\geqq 0$$
$$\therefore \quad a\leqq\frac{-1-\sqrt{13}}{2},\ \frac{-1+\sqrt{13}}{2}\leqq a \quad \cdots\cdots ⑥'$$
$a^2-3\leqq x\leqq a$ における関数 $y=f(x)$ の最大値が 1 であるような a の値の範囲は⑤だから，$a^2-3\leqq x\leqq a$ における関数 $y=f(x)$ の最大値が 1 で，最小値が $f(a)$ であるような a の値の範囲は，⑤かつ⑥' より
$$\frac{\boxed{-1}+\sqrt{\boxed{13}}}{\boxed{2}}\leqq a\leqq\sqrt{3} \quad (これは①を満たす)$$

解説

2 次関数の最大値・最小値を，軸の位置によって場合分けをすることで求める問題である。
x の 2 次関数 $f(x)=-x^2+1$ のグラフが上に凸であることを意識しておかないと，軸の位置によって場合分けをする際に誤った条件設定をしてしまうことになるので，注意が必要である。
関数 $y=f(x)$ の最大値が $f(0)$ であるためには，$y=f(x)$ の軸 $x=0$ が $a^2-3\leqq x\leqq a$ の範囲に含まれるように条件設定すればよい。
関数 $y=f(x)$ の最小値が $f(a)$ であるためには，$y=f(x)$ の軸 $x=0$ の位置が，$x=a^2-3$ と $x=a$ の中央を通る直線 $x=\frac{(a^2-3)+a}{2}$ よりも左側になるように条件設定すればよい。
また，関数 $y=f(x)$ の最大値が 1 で，最小値が $f(a)$ であるためには，最大値が 1 である a の値の範囲⑤は求めているので，最小値が $f(a)$ である a の値の範囲⑥' を求めて，共通範囲⑤かつ⑥' を考えればよい。
2 次関数の最大・最小を求めるための場合分けに慣れていれば，これらの条件設定はそれほど難しくない。

この問題では，まず，実数 a が 2 次不等式 $a^2-3<a$ を満たすときの a のとり得る値の範囲を求めるが，$a^2-3 \leqq x \leqq a$ における最大値，最小値を考える上では，実数 a が $a^2-3<a$ を満たさないと $a^2-3 \leqq x \leqq a$ を満たす x が存在しなくなってしまうため，求めた a の値の範囲が①を満たすかどうかをつねに調べる必要がある。

$3<\sqrt{13}<4$ より

$$2<\frac{1+\sqrt{13}}{2}<\frac{5}{2}, \quad -\frac{3}{2}<\frac{1-\sqrt{13}}{2}<-1$$

$$1<\frac{-1+\sqrt{13}}{2}<\frac{3}{2}, \quad -\frac{5}{2}<\frac{-1-\sqrt{13}}{2}<-2$$

なので，$\frac{3}{2}<\sqrt{3}<2$ と合わせて考えれば

$$\frac{-1-\sqrt{13}}{2}<\frac{1-\sqrt{13}}{2}<0<\frac{-1+\sqrt{13}}{2}<\sqrt{3}<\frac{1+\sqrt{13}}{2}$$

となるから，①，⑤，⑥′ を数直線上に表すと，右のようになる。

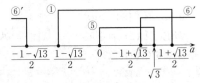

第2問 ── 余弦定理，正弦定理，外接円の半径，相関係数，ヒストグラム，箱ひげ図，データの相関

〔1〕 標準 《余弦定理，正弦定理，外接円の半径》

(1) △ABC に余弦定理を用いれば

$$\cos\angle B = \frac{AB^2 + BC^2 - AC^2}{2AB \cdot BC}$$

$$= \frac{4^2 + (10\sqrt{3})^2 - 14^2}{2 \cdot 4 \cdot 10\sqrt{3}}$$

$$= \frac{2 \cdot 2 + 5 \cdot 5 \cdot 3 - 7 \cdot 7}{1 \cdot 2 \cdot 10\sqrt{3}}$$

$$= \frac{30}{20\sqrt{3}} = \frac{\sqrt{\boxed{3}}}{\boxed{2}}$$

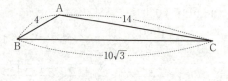

$0° < \angle B < 180°$ なので $\angle B = 30°$

辺 BC 上に点 D を取り，△ABD の外接円の半径を R とするとき，△ABD に正弦定理を用いれば

$$\frac{AD}{\sin\angle B} = 2R$$

∴ $\dfrac{AD}{R} = 2\sin 30° = 2 \cdot \dfrac{1}{2} = \boxed{1}$

であり

$R = AD$

となるから，R の最小値を求めるためには，AD の最小値を求めればよい。

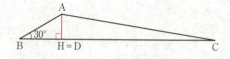

点 A から辺 BC に下ろした垂線を AH とすると，点 D を点 B から点 C まで移動させるとき，AD の長さが最小となるのは D = H となるときだから，AD の最小値は

$$AH = AB \sin 30° = 4 \cdot \frac{1}{2} = 2$$

よって，R の最小値は $\boxed{2}$ である。

(2) △ABD の外接円の中心を E とすると

AE = BE = DE

となるから，点 E が辺 BC 上にあるとき，点 E は線分 BD 上にあることがわかる。このとき，△ABD の外接円の直径は BD だから

$$R = \frac{1}{2}BD$$

である。ここで，円周角の定理より，∠DAB = 90°だから

$$\cos \angle B = \frac{AB}{BD}$$

すなわち

$$BD = \frac{AB}{\cos \angle B} = \frac{4}{\cos 30°}$$

$$= 4 \div \frac{\sqrt{3}}{2} = \frac{8}{\sqrt{3}} = \frac{8\sqrt{3}}{3}$$

したがって

$$R = \frac{1}{2}BD = \boxed{\frac{4\sqrt{3}}{3}}$$

△ACDの面積は，辺CDを底辺と考えれば，高さは(1)より AH = 2 だから

$$CD = BC - BD = 10\sqrt{3} - \frac{8\sqrt{3}}{3}$$

$$= \frac{22\sqrt{3}}{3}$$

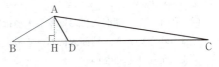

より

$$(\triangle ACD \text{の面積}) = \frac{1}{2} \cdot CD \cdot AH = \frac{1}{2} \cdot \frac{22\sqrt{3}}{3} \cdot 2$$

$$= \boxed{\frac{22\sqrt{3}}{3}}$$

解説

(1) △ABCに余弦定理を用いて cos∠B の値を求めることで，∠B = 30° であることがわかるから，△ABDに正弦定理を用いれば，$R = AD$ が求まる。したがって，点Dを点Bから点Cまで移動させるとき，R の最小値を求めるためには，ADの最小値を求めればよいので，点Aから辺BCに下ろした垂線AHの長さがR の最小値となる。

(2) △ABDの外接円の中心Eが辺BC上にあるとき，点Eが線分BD上にある場合と，線分CD上にある場合の2通りが考えられるが，点Eは△ABDの外接円の中心なので，AE = BE = DE が成り立つ。点Eが線分CD上にある場合はBE = DEとはならないので，点Eは線分BD上にあることがわかる。これより，△ABDの外接円の直径が $2R = BD$ であり，円周角の定理より∠DAB = 90° がわかるので，∠ABD = 30°，∠DAB = 90°の直角三角形ABDにおいて，三角比 $\cos \angle B = \frac{AB}{BD}$

を考えれば BD が求まり，$R\left(=\dfrac{1}{2}\text{BD}\right)$ が求まる。

△ACD の面積は，辺 CD を底辺と考えれば，高さは(1)の過程で求めた AH＝2 が利用できるから，CD＝BC－BD より，CD の長さを求めれば計算できる。

〔2〕 標準 《相関係数，ヒストグラム，箱ひげ図，データの相関》

(1) 全期間における X と Y の相関係数を r とすると，表1より
$$r=\dfrac{0.0263}{0.105\times 0.260}=0.9633\cdots$$
となり，$0.91<r$ である。（⑤）

(2) 図3および図4から U のデータについて読み取れることとして正しいものを考える。

⓪ 図4より，期間Aにおける最大値は3より大きく，期間Bにおける最大値は2より小さいから，期間Aにおける最大値は，期間Bにおける最大値より大きい。よって，正しくない。

① 図4より，期間Aにおける第1四分位数と期間Bにおける第1四分位数を見比べると，期間Aにおける第1四分位数の方が，期間Bにおける第1四分位数よりも右に位置しているから，期間Aにおける第1四分位数は，期間Bにおける第1四分位数より大きい。よって，正しくない。

② 図4より，期間Aにおける四分位範囲と期間Bにおける四分位範囲はともに 0.6 より大きく 0.8 より小さいから，期間Aにおける四分位範囲と期間Bにおける四分位範囲の差は 0.2 より小さい。よって，正しくない。

③ 図4より，期間Aにおける範囲は5より大きく，期間Bにおける範囲は4より小さいから，期間Aにおける範囲は，期間Bにおける範囲より大きい。よって，正しくない。

④ 図4より，期間Aにおける四分位範囲と期間Bにおける四分位範囲はともに 0.6 より大きく 0.8 より小さい。期間Aにおける中央値は 0.0584 だから，中央値の絶対値の8倍は，$0.0584\times 8=0.4672$ であり，期間Bにおける中央値は 0.0252 だから，中央値の絶対値の8倍は，$0.0252\times 8=0.2016$ なので，期間A，期間Bの両方において，四分位範囲は中央値の絶対値の8倍より大きい。よって，正しい。

⑤ 図3より，期間Aにおける度数が最大の階級は 0～0.5 であり，図4より，期間Aにおける第3四分位数は 0.4 であるから，期間Aにおいて，第3四分位数は度数が最大の階級に入っている。よって，正しい。

⑥ 図3より，期間Bにおける度数が最大の階級は0〜0.5であり，図4より，期間Bにおける第1四分位数は-0.4より大きく-0.2より小さいから，期間Bにおいて，第1四分位数は度数が最大の階級に入っていない。よって，正しくない。

以上より，正しいものは，④，⑤である。

(3) X，Y，X'，Y'の平均をそれぞれ$\overline{X}$，$\overline{Y}$，$\overline{X'}$，$\overline{Y'}$とすると
$$\overline{X'} = a\overline{X} + b, \quad \overline{Y'} = c\overline{Y} + d$$
だから，偏差$X' - \overline{X'}$，$Y' - \overline{Y'}$は
$$X' - \overline{X'} = (aX + b) - (a\overline{X} + b) = a(X - \overline{X})$$
$$Y' - \overline{Y'} = (cY + d) - (c\overline{Y} + d) = c(Y - \overline{Y})$$
分散は，偏差の2乗の平均値だから，X，Y，X'，Y'の分散をそれぞれs_X^2，s_Y^2，$s_{X'}^2$，$s_{Y'}^2$とすれば
$$s_{X'}^2 = a^2 s_X^2, \quad s_{Y'}^2 = c^2 s_Y^2$$
共分散は，偏差の積の平均値だから，XとYの共分散をs_{XY}，X'とY'の共分散を$s_{X'Y'}$とすれば
$$s_{X'Y'} = ac s_{XY}$$
XとYの相関係数をr_{XY}，X'とY'の相関係数を$r_{X'Y'}$とすれば
$$r_{X'Y'} = \frac{s_{X'Y'}}{s_{X'} s_{Y'}} = \frac{ac s_{XY}}{\sqrt{a^2 s_X^2} \sqrt{c^2 s_Y^2}} = \frac{ac s_{XY}}{|a| s_X \cdot |c| s_Y}$$
$$= \frac{ac}{|ac|} \cdot \frac{s_{XY}}{s_X s_Y} = \frac{ac}{|ac|} r_{XY}$$

よって，X'とY'の相関係数は，XとYの相関係数の$\dfrac{ac}{|ac|}$倍である。（ ④ ）

(4) 散布図1において，VとWの間には正の相関関係があり，散布図2において，V'とW'の間には相関関係が認められず，散布図3において，V''とW''の間には負の相関関係があると考えられる。

よって，r_1，r_2およびr_3の値の組合せとして正しいものは ⑤ である。

解 説

(1) 全期間におけるXとYの相関係数は
$$\frac{（全期間におけるXとYの共分散）}{（全期間におけるXの標準偏差）\times（全期間におけるYの標準偏差）}$$
で求められる。

(2) この設問では，変数u_tを$u_t = \dfrac{x_{t+1} - x_t}{x_t} \times 100$として定義しているが，問題を解く上で，この定義式を必要とすることはない。ヒストグラム（図3）と箱ひげ図（図

4) のどちらを見るべきかを適切に判断して，⓪〜⑥のうちから正しいものを選択できればよい。
　四分位範囲は，（四分位範囲）＝（第3四分位数）−（第1四分位数）で求めることができ，範囲は，（範囲）＝（最大値）−（最小値）で求めることができる。

(3) 変量 X が $x_1, x_2, \cdots, x_n$ の n 個の値をとるとし，$X' = aX + b$ によって算出される $x_1, x_2, \cdots, x_n$ に対する変量 X' の値を $x_1', x_2', \cdots, x_n'$ とすると

$$\overline{X'} = \frac{1}{n}(x_1' + x_2' + \cdots + x_n')$$

$$= \frac{1}{n}\{(ax_1 + b) + (ax_2 + b) + \cdots + (ax_n + b)\}$$

$$= \frac{1}{n}\{a(x_1 + x_2 + \cdots + x_n) + nb\}$$

$$= a \times \frac{1}{n}(x_1 + x_2 + \cdots + x_n) + b$$

$$= a\overline{X} + b$$

なので

$$X' - \overline{X'} = (aX + b) - (a\overline{X} + b) = a(X - \overline{X})$$

が成り立つから

$$s_{X'}^2 = \frac{1}{n}\{(x_1' - \overline{X'})^2 + (x_2' - \overline{X'})^2 + \cdots + (x_n' - \overline{X'})^2\}$$

$$= \frac{1}{n}[\{a(x_1 - \overline{X})\}^2 + \{a(x_2 - \overline{X})\}^2 + \cdots + \{a(x_n - \overline{X})\}^2]$$

$$= a^2 \times \frac{1}{n}\{(x_1 - \overline{X})^2 + (x_2 - \overline{X})^2 + \cdots + (x_n - \overline{X})^2\}$$

$$= a^2 s_X^2$$

となる。
同様に，変量 Y が $y_1, y_2, \cdots, y_n$ の n 個の値をとるとし，$Y' = cY + d$ によって算出される $y_1, y_2, \cdots, y_n$ に対する変量 Y' の値を $y_1', y_2', \cdots, y_n'$ とすると

$$\overline{Y'} = c\overline{Y} + d$$

なので

$$Y' - \overline{Y'} = c(Y - \overline{Y})$$

が成り立つから

$$s_{Y'}^2 = c^2 s_Y^2$$

となる。また

$$\begin{aligned}
s_{X'Y'} &= \frac{1}{n}\{(x_1' - \overline{X'})(y_1' - \overline{Y'}) + (x_2' - \overline{X'})(y_2' - \overline{Y'}) \\
&\qquad\qquad\qquad\qquad\qquad + \cdots + (x_n' - \overline{X'})(y_n' - \overline{Y'})\} \\
&= \frac{1}{n}\{a(x_1 - \overline{X})\cdot c(y_1 - \overline{Y}) + a(x_2 - \overline{X})\cdot c(y_2 - \overline{Y}) \\
&\qquad\qquad\qquad\qquad\qquad + \cdots + a(x_n - \overline{X})\cdot c(y_n - \overline{Y})\} \\
&= ac \times \frac{1}{n}\{(x_1 - \overline{X})(y_1 - \overline{Y}) + (x_2 - \overline{X})(y_2 - \overline{Y}) + \cdots + (x_n - \overline{X})(y_n - \overline{Y})\} \\
&= ac\, s_{XY}
\end{aligned}$$

となる。

第3問　《同じものを含む順列，条件付き確率》

(1) 8枚のカードを一列に並べて8桁の整数をつくるとき，できる8桁の整数の個数は，同じものを含む順列を考えて

$$\frac{8!}{4!2!2!} = \frac{8\cdot 7\cdot 6\cdot 5}{2\cdot 1\cdot 2\cdot 1} = \boxed{420} \text{ 個}$$

さらに，数字2が書かれたカード2枚，数字5が書かれたカード2枚，合計4枚のカードを一列に並べる並べ方は，同じものを含む順列を考えて

$$\frac{4!}{2!2!} = \frac{4\cdot 3}{2\cdot 1} = 6 \text{ 通り}$$

この4枚のカードの両端または間の5箇所（∧）から異なる4箇所を選んで，数字1が書かれたカードを入れる入れ方は

$$_5C_4 = {_5C_1} = 5 \text{ 通り}$$

よって，条件（＊）が満たされるときにできる8桁の整数の個数は全部で

$$5\times 6 = \boxed{30} \text{ 個}$$

(2) 試行 T_1 において，8枚のカードからでたらめに3枚を取り出して袋に入れるときのすべての場合の数は

$$_8C_3 = \frac{8\cdot 7\cdot 6}{3\cdot 2\cdot 1} = 56 \text{ 通り}$$

事象 A_0 が起こるのは，数字5以外が書かれた6枚のカードから3枚取り出すときであるから

$$_6C_3 = \frac{6\cdot 5\cdot 4}{3\cdot 2\cdot 1} = 20 \text{ 通り}$$

よって

$$P(A_0) = \frac{20}{56} = \boxed{\frac{5}{14}}$$

事象 A_1 が起こるのは，数字5が書かれた2枚のカードから1枚，数字5以外が書かれた6枚のカードから2枚取り出すときであるから

$$_2C_1 \times {_6C_2} = 2\times \frac{6\cdot 5}{2\cdot 1} = 30 \text{ 通り}$$

よって

$$P(A_1) = \frac{30}{56} = \boxed{\frac{15}{28}} \quad \cdots\cdots ①$$

事象 A_2 が起こるのは，数字5が書かれた2枚のカードから2枚，数字5以外が書かれた6枚のカードから1枚取り出すときであるから

$$_2C_2 \times {_6}C_1 = 1 \times 6 = 6 \text{ 通り}$$

よって

$$P(A_2) = \frac{6}{56} = \boxed{\frac{3}{28}} \quad \cdots\cdots ②$$

事象 $A_1 \cap B$ が起こるのは，試行 T_1 において事象 A_1 が起こり，試行 T_2 において数字 5 が書かれたカード 1 枚，数字 5 以外が書かれたカード 2 枚が入った袋の中から，数字 5 が書かれたカードを取り出すときである。試行 T_2 において，この袋の中から数字 5 が書かれたカードを取り出す確率は $\frac{1}{3}$ なので，①を利用して

$$P(A_1 \cap B) = \frac{15}{28} \times \frac{1}{3} = \boxed{\frac{5}{28}}$$

事象 $A_2 \cap B$ が起こるのは，試行 T_1 において事象 A_2 が起こり，試行 T_2 において数字 5 が書かれたカード 2 枚，数字 5 以外が書かれたカード 1 枚が入った袋の中から，数字 5 が書かれたカードを取り出すときである。試行 T_2 において，この袋の中から数字 5 が書かれたカードを取り出す確率は $\frac{2}{3}$ なので，②を利用して

$$P(A_2 \cap B) = \frac{3}{28} \times \frac{2}{3} = \boxed{\frac{1}{14}}$$

以上のことから，試行 T_2 において数字 5 が書かれたカードが取り出される確率 $P(B)$ は

$$P(B) = P(A_1 \cap B) + P(A_2 \cap B) = \frac{5}{28} + \frac{1}{14}$$

$$= \frac{1}{4}$$

このとき，袋の中にもう 1 枚の数字 5 が書かれたカードが入っているのは，事象 $A_2 \cap B$ が起こるときだから，求める条件付き確率は

$$\frac{P(A_2 \cap B)}{P(B)} = \frac{\frac{1}{14}}{\frac{1}{4}} = \boxed{\frac{2}{7}}$$

解説

(1)は「場合の数」，(2)は「確率」からの出題となっており，同じ問題設定からの出題ではあるが，問題内容としては関連のない設問となっている。

(1) 条件（＊）が満たされるときにできる 8 桁の整数は，数字 2 が書かれたカード 2 枚，数字 5 が書かれたカード 2 枚，合計 4 枚のカードを一列に並べて，この 4 枚のカー

ドの両端または間の 5 箇所から異なる 4 箇所を選んで数字 1 が書かれたカードを入れることでつくることができる。この考え方が思いつかなければ，8 個の □ を用意して，数字 1 が書かれた 4 枚のカードのどの 2 枚のカードも隣り合わないように具体的に 1 を配置してから，2 と 5 の順列を考えることで求めることもできる。1 の並べ方は右の図の(i)〜(v) の 5 通りがあり，どの場合も 2 と 5 の並べ方は $\dfrac{4!}{2!2!}=6$ 通りとなるので，$5\times 6=30$ 通りとして解答を得ることもできる。

(i) ｜1｜ ｜ ｜1｜ ｜1｜ ｜1｜ ｜
(ii) ｜1｜ ｜1｜ ｜1｜ ｜ ｜1｜
(iii) ｜1｜ ｜1｜ ｜ ｜1｜ ｜1｜
(iv) ｜ ｜1｜ ｜1｜ ｜1｜ ｜1｜
(v) ｜ ｜1｜ ｜1｜ ｜1｜ ｜1｜

(2) $P(A_0)$，$P(A_1)$，$P(A_2)$ は，基本的な問題なので，苦労することなく求めることができるだろう。

$P(A_1\cap B)$，$P(A_2\cap B)$ に関しても，試行 T_1 において起こる事象によって，試行 T_2 における袋の中の数字 5 が書かれたカードの枚数が変わることさえ注意できていれば特に難しいところはない。

また，$P(A_1\cap B)$ と $P(A_2\cap B)$ を求める流れから，試行 T_2 において数字 5 が書かれたカードが取り出される確率 $P(B)$ が $P(B)=P(A_1\cap B)+P(A_2\cap B)$ で求められることもすぐに気付けるだろう。

さらに，試行 T_2 において数字 5 が書かれたカードが取り出されたとき，袋の中にもう 1 枚の数字 5 が書かれたカードが入っているのは，数字 5 が書かれたカードが 2 枚が入った袋の中から，試行 T_2 において数字 5 が書かれたカードを取り出すときだけだから，事象 $A_2\cap B$ が起こる場合だけを考えればよいこともわかるだろう。最後の条件付き確率に関しても難しいところはない。

第4問 ── 不定方程式, 剰余, n 進法

〔1〕 **標準** 《不定方程式, 剰余》

23 と 31 にユークリッドの互除法を用いて

$$31 = 23 \cdot 1 + 8 \quad \therefore \quad 8 = 31 - 23 \cdot 1$$
$$23 = 8 \cdot 2 + 7 \quad \therefore \quad 7 = 23 - 8 \cdot 2$$
$$8 = 7 \cdot 1 + 1 \quad \therefore \quad 1 = 8 - 7 \cdot 1$$

すなわち

$$\begin{aligned}1 &= 8 - 7 \cdot 1 \\ &= 8 - (23 - 8 \cdot 2) \cdot 1 \\ &= 23 \cdot (-1) + 8 \cdot 3 \\ &= 23 \cdot (-1) + (31 - 23 \cdot 1) \cdot 3 \\ &= 23 \cdot (-4) + 31 \cdot 3 \\ &= 23 \cdot (-4) - 31 \cdot (-3)\end{aligned}$$

と変形できるので

$$23 \cdot (-4) - 31 \cdot (-3) = 1 \quad \cdots\cdots ①$$

①の両辺を2倍して

$$23 \cdot (-8) - 31 \cdot (-6) = 2 \quad \cdots\cdots ②$$

不定方程式 $23x - 31y = 2$ ……③ から②の辺々をそれぞれ引いて

$$23(x+8) - 31(y+6) = 0$$

すなわち $\quad 23(x+8) = 31(y+6)$

23 と 31 は互いに素なので, ③の整数解は

$$x + 8 = 31k, \quad y + 6 = 23k$$

$$\therefore \quad x = 31k - 8, \quad y = 23k - 6 \quad (k：整数)$$

と表せる。

不定方程式③の解となる自然数 x, y の組で, x が最小になるのは, 整数 k に値を代入して考えれば, $k=1$ のときだから

$$x = 31 \cdot 1 - 8 = \boxed{23}$$
$$y = 23 \cdot 1 - 6 = \boxed{17}$$

$x = 23, y = 17$ は③を満たすので

$$23 \cdot 23 - 31 \cdot 17 = 2$$

$$\therefore \quad 31 \cdot 17 = 23^2 - 2$$

より

$n = 31 \times 17 = 23^2 - 2$

だから

$n^3 = (23^2 - 2)^3$
$= (23^2)^3 - 3 \cdot (23^2)^2 \cdot 2 + 3 \cdot 23^2 \cdot 2^2 - 2^3$
$= 23^6 - 6 \cdot 23^4 + 12 \cdot 23^2 - 8$ ……（＊）
$= 23^6 - 6 \cdot 23^4 + 12 \cdot 23^2 + \{23 \cdot (-1) + 15\}$
$= 23(23^5 - 6 \cdot 23^3 + 12 \cdot 23 - 1) + 15$ ……（＊＊）

$23^5 - 6 \cdot 23^3 + 12 \cdot 23 - 1$ は整数であるから，$23(23^5 - 6 \cdot 23^3 + 12 \cdot 23 - 1)$ は 23 の倍数なので，自然数 n^3 を 23 で割ると余りは $\boxed{15}$ である。

解説

不定方程式③は，$23x - 31y = 2$ の形になっているので，不定方程式 $23x - 31y = 1$ ……（☆）を用意して，（☆）を満たす x, y を求めてから①をつくり，①の両辺を 2 倍することで②を用意する。不定方程式（☆）を満たす $x = -4$, $y = -3$ は，（☆）に具体的に値を代入することで求めることもできるが，求めやすくはないので，〔解答〕ではユークリッドの互除法を用いて $x = -4$, $y = -3$ を求めている。

③－②より，不定方程式③の整数解 x, y が整数 k を用いた形で表せるので，x, y が自然数の組であり，x が最小となるような整数 k の値を求めればよい。具体的に整数 k に値を代入して考えれば，$x = 31k - 8$, $y = 23k - 6$ より，x, y が自然数となるのは k が 1 以上のときであり，x が最小となることをあわせて考えれば，求める k の値は $k = 1$ である。

n^3 を 23 で割った余りは，$x = 23$, $y = 17$ が③を満たすことを利用して，$n^3 = (31 \cdot 17)^3 = (23^2 - 2)^3$ と変形すれば，23 の倍数となる部分がつくりやすくなる。$n^3 = (23^2 - 2)^3$ を展開する際，教科書の発展的な内容である 3 次の展開公式 $(a - b)^3 = a^3 - 3a^2b + 3ab^2 - b^3$ が利用できるが，この展開公式を知らなくとも単純に展開していくことで処理できる。

自然数 n^3 を 23 で割る割り算を考えたとき，余りは 0 以上 23 未満の整数である。（＊）を $n^3 = 23^2(23^4 - 6 \cdot 23^2 + 12) - 8$ と変形しても -8 は余りとはならないので，0 以上 23 未満の整数が出てくるように $-8 = 23 \cdot (-1) + 15$ と変形した。また，（＊＊）において $23(23^5 - 6 \cdot 23^3 + 12 \cdot 23 - 1)$ が 23 の倍数となるかどうかを判断する場合，$23^5 - 6 \cdot 23^3 + 12 \cdot 23 - 1$ が整数でなければ 23 の倍数とはならないので，$23^5 - 6 \cdot 23^3 + 12 \cdot 23 - 1$ が整数となるかどうかを調べておくことは非常に大切である。

〔2〕 やや難 《n進法》

(1) $X = 0.\dot{5}$ ……① とおくと，①の両辺に10をかけて
$$10X = 5.\dot{5} \quad \cdots\cdots ②$$
だから，②-① より
$$10X - X = 5 \quad 9X = 5$$
$$\therefore \quad X = \frac{5}{9}$$

よって，10進法の分数 $\dfrac{\boxed{5}}{9}$ を10進法の小数で表すと循環小数 $0.\dot{5}$ となる。

また，$X = \dfrac{5}{9}$ は
$$X = \frac{5}{9} = 1 \cdot \frac{1}{3^1} + 2 \cdot \frac{1}{3^2}$$
$$= 0.12_{(3)}$$

となるから，10進法の分数 $\dfrac{5}{9}$ を3進法の小数で表すと有限小数 $0.\boxed{12}_{(3)}$ となる。

(2) ある有理数 x を2進法で表すと循環小数 $0.1\dot{0}_{(2)}$ となるので
$$x = 0.1\dot{0}_{(2)} \quad \cdots\cdots ③$$
4を2進法で表すと，$4 = 100_{(2)}$ なので，これを③の辺々にかければ
$$4 \times x = 100_{(2)} \times 0.1\dot{0}_{(2)}$$
$$\therefore \quad 4x = 10.\dot{1}\dot{0}_{(2)} \quad \cdots\cdots ④$$

よって，$4x$ を2進法で表すと，$\boxed{10}.\dot{1}\dot{0}_{(2)}$ となる。

④-③ より
$$4x - x = 10_{(2)}$$

2進法の $10_{(2)}$ を10進法で表すと
$$10_{(2)} = 1 \cdot 2^1 + 0 = \boxed{2}$$

となるので，$4x - x$ を10進法で表すと2となる。
したがって
$$4x - x = 2$$
$$3x = 2$$
$$\therefore \quad x = \frac{2}{3}$$

だから，x を10進法の分数で表すと $\dfrac{\boxed{2}}{\boxed{3}}$ となる。

(3) $x = 0.abc_{(3)}$ (a, b, c は $0 \leq a \leq 2$, $0 \leq b \leq 2$, $0 \leq c \leq 2$ を満たす整数) とおくと

$$x = a \cdot \frac{1}{3^1} + b \cdot \frac{1}{3^2} + c \cdot \frac{1}{3^3}$$

$$= \frac{9a + 3b + c}{27} \quad \cdots\cdots ⑤$$

$x^2 < \frac{1}{7}$ を満たすためには

$$\left(\frac{9a + 3b + c}{27}\right)^2 < \frac{1}{7}$$

$$\frac{(9a + 3b + c)^2}{27^2} < \frac{1}{7}$$

∴ $(9a + 3b + c)^2 < \frac{27^2}{7} = \frac{729}{7} = 104.\cdots$

$9a + 3b + c$ は 0 以上の整数なので,$10^2 = 100$, $11^2 = 121$ より

$$9a + 3b + c < 11 \quad \cdots\cdots ⑥$$

最大の x を求めるためには,⑤より,$9a + 3b + c$ を最大にすればよいから,⑥を満たす最大の $9a + 3b + c$ を,整数 a, b, c が $0 \leq a \leq 2$, $0 \leq b \leq 2$, $0 \leq c \leq 2$ であることを考慮して求めれば

$$a = 1, \ b = 0, \ c = 1$$

したがって

$$x = 0.\boxed{101}_{(3)}$$

<u>解 説</u>

(1) 10 進法の循環小数を 10 進法の分数の形で表すには,循環する数値が揃うように 10^n 倍(n:自然数)した式を用意して,辺々の引き算を考えればよい。例えば,$Y = 0.\dot{1}\dot{2}$ であれば 100 倍した $100Y = 12.\dot{1}\dot{2}$,$Z = 3.\dot{4}5\dot{6}$ であれば 1000 倍した $1000Z = 3456.\dot{4}5\dot{6}$,$W = 0.7\dot{8}\dot{9}$ であれば 100 倍した $100W = 78.\dot{9}8\dot{9}$ を考えて,辺々をそれぞれ引き算すればよい。

$X = \frac{5}{9}$ を 3 進法の小数で表すには,$X = \frac{5}{9}$ に 3 をかけて,$\frac{5}{3} = 1 + \frac{2}{3}$ だから,整数部分 1 が $\frac{1}{3^1}$ の位の数。$\frac{2}{3}$ に 3 をかけて,2 だから,整数部分 2 が $\frac{1}{3^2}$ の位の数。したがって,$X = \frac{5}{9} = 1 \cdot \frac{1}{3^1} + 2 \cdot \frac{1}{3^2} = 0.12_{(3)}$ である。

(2) 10 進法の循環小数を 10 進法の分数で表した(1)での手法を,2 進法の循環小数に適用する問題である。問題文の誘導の意図が読み取れるかどうかが鍵となるが,(1)の 10 進法での手法が身についていなければ意図を読み取ることは困難であっただ

ろう。また，n 進法では，数の右下に $_{(n)}$ と書くが，10 進法では通常 $_{(10)}$ を省略する。
③と④は 10 進法と 2 進法が混在した式になっており，これらの式を使って式変形していくので，混乱もしやすい。なかなか難しい問題であったと思われる。
③の辺々に $4=100_{(2)}$ をかけるが，10 進法で表した数を 100 倍すると小数点の位置が位 2 つ分だけ右に移動するのと同様に，2 進法で表した数を $100_{(2)}$ 倍すると小数点の位置が位 2 つ分だけ右に移動する。このことは，2 進法のかけ算を実際にいくつか行ってみればわかることだが，試験中に利用するには，2 進法でのかけ算に精通していなければ難しい。
④の式をつくることができれば，あとは誘導の流れに従うことで，x の値は求められるだろう。

(3) 二次試験で出題されるような内容であり，難しい問題である。

〔解答〕では空欄の形から $x=0.abc_{(3)}$ とおいたが，空欄の形がなくとも $x^2<\dfrac{1}{7}$ を満たす最大の有理数 x を求めるわけだから，$y=x^2$ のグラフを利用すれば，$x\geqq 0$ として考えてよいことがわかる。

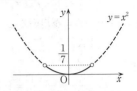

$x=0.abc_{(3)}$ の形におければ，x を 10 進法で表すことで，$x^2<\dfrac{1}{7}$ を満たすための条件から不等式 $(9a+3b+c)^2<104.\cdots$ が得られる。$9a+3b+c$ が 0 以上の整数であることに注意すれば，$9a+3b+c<11$ ……⑥ であることがわかる。10 進法で表した x は⑤だから，x を最大にするには，$9a+3b+c$ を最大にすればよいので，不等式⑥の整数 a, b, c ($0\leqq a\leqq 2$, $0\leqq b\leqq 2$, $0\leqq c\leqq 2$) に具体的に値を代入しながら，$9a+3b+c$ を最大にする a, b, c の値を決定すればよい。$9a+3b+c$ の形から，係数の値が大きい文字から決定していけばよいことがわかるので，まず $a=1$ が決まり，次に $b=0$ が決まり，最終的に $c=1$ が決まる。

第5問 — 方べきの定理，チェバの定理，オイラーの多面体定理

〔1〕 **易** 《方べきの定理，チェバの定理》

方べきの定理を用いると
$$PA \cdot PB = PD \cdot PC$$
$PA = x$, $PB = \sqrt{10}$, $PD = 1$ より
$$x \cdot \sqrt{10} = 1 \cdot PC$$
∴ $PC = \sqrt{10}\,x$

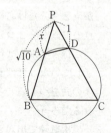

よって
$$CD = PC - PD = \sqrt{\boxed{10}}\,x - \boxed{1}$$

チェバの定理を用いると
$$\frac{PA}{AB} \cdot \frac{BR}{RC} \cdot \frac{CD}{DP} = 1$$
$$\frac{PA}{AB} \cdot \frac{1}{\dfrac{RC}{BR}} \cdot \frac{CD}{DP} = 1$$

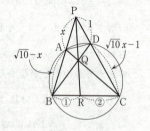

$PA = x$, $PD = 1$, $CD = \sqrt{10}\,x - 1$, $\dfrac{RC}{BR} = 2$ より
$$\frac{x}{AB} \cdot \frac{1}{2} \cdot \frac{\sqrt{10}\,x - 1}{1} = 1$$

ここで
$$AB = PB - PA = \sqrt{10} - x$$
なので
$$\frac{x}{\sqrt{10} - x} \cdot \frac{1}{2} \cdot \frac{\sqrt{10}\,x - 1}{1} = 1$$
$$x(\sqrt{10}\,x - 1) = 2(\sqrt{10} - x)$$
$$\sqrt{10}\,x^2 + x - 2\sqrt{10} = 0 \quad \cdots\cdots (\ast)$$

解の公式を用いれば
$$x = \frac{-1 \pm \sqrt{1^2 - 4\sqrt{10} \cdot (-2\sqrt{10})}}{2 \cdot \sqrt{10}}$$
$$= \frac{-1 \pm \sqrt{81}}{2\sqrt{10}} = \frac{-1 \pm 9}{2\sqrt{10}}$$
$$= \frac{-1 + 9}{2\sqrt{10}},\ \frac{-1 - 9}{2\sqrt{10}} = \frac{4}{\sqrt{10}},\ -\frac{5}{\sqrt{10}}$$

$$= \frac{2\sqrt{10}}{5}, \quad -\frac{\sqrt{10}}{2}$$

$x>0$ なので

$$x = \frac{\boxed{2}\sqrt{\boxed{10}}}{\boxed{5}}$$

全体を通して難しいと感じられる箇所はなく，やるべきことがはっきりしている易しい問題である。

方べきの定理は「図形の性質」の分野では頻出なので，図を描いて考えれば，方べきの定理を使うことはすぐに気付けるだろう。

チェバの定理もメネラウスの定理と並んで「図形の性質」の分野では頻出であるから，図を用いて考えることで，チェバの定理を使うことはすぐに思い付くはずである。

（＊）は $\sqrt{10}x^2+x-2\sqrt{10}=(\sqrt{2}x+\sqrt{5})(\sqrt{5}x-2\sqrt{2})=0$ と因数分解できるが，無理に因数分解しなくとも，〔解答〕のように解の公式を用いれば x の値は求まる。（＊）を因数分解するのであれば，（＊）の両辺を $\sqrt{10}$ 倍した式 $10x^2+\sqrt{10}x-20=0$ において，$X=\sqrt{10}x$ とおくと，$X^2=10x^2$ であるから

$$\begin{aligned}10x^2+\sqrt{10}x-20 &= X^2+X-20\\ &= (X+5)(X-4)\\ &= (\sqrt{10}x+5)(\sqrt{10}x-4)\end{aligned}$$

と因数分解する方が考えやすいかもしれない。

[2] 標準 《オイラーの多面体定理》

頂点の数 v，辺の数 e，面の数 f について，立方体の場合で考えると

$v=8, \ e=12, \ f=6$

なので

$v-e+f=8-12+6=\boxed{2}$

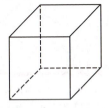

以下では，$v:e=2:5$ かつ $f=38$ であるような凸多面体について考える。

$v:e=2:5$ より

$v=2k, \ e=5k \quad (k：自然数)$

とおけるので，オイラーの多面体定理により $v-e+f=2$ であるから，$v=2k$，$e=5k$，$f=38$ を代入して

$$2k - 5k + 38 = 2$$
$$-3k = -36$$
$$\therefore \quad k = 12$$

よって

$$v = 2k = 2 \cdot 12 = \boxed{24}$$
$$e = 5k = 5 \cdot 12 = \boxed{60}$$

さらに，この凸多面体は x 個の正三角形の面と y 個の正方形の面で構成されているから，凸多面体の面の数 f（$=38$）は

$$f = x + y$$
$$\therefore \quad x + y = 38 \quad \cdots\cdots ①$$

また，正三角形 x 個と正方形 y 個の辺の数の合計は

$$3 \times x + 4 \times y = 3x + 4y \quad \cdots\cdots ②$$

凸多面体において1つの辺に集まる面の数は2個なので，凸多面体の各辺は2つの面が共有する。よって，凸多面体の辺の数 e（$=60$）は，②÷2 に等しいので

$$e = \frac{3x + 4y}{2}$$
$$\therefore \quad 3x + 4y = \boxed{120} \quad \cdots\cdots ③$$

①，③より

$$x = \boxed{32}, \quad y = 6$$

さらに，この凸多面体の各頂点に集まる辺の数はすべて同じ ℓ であるから，v 個の頂点に集まる辺の数の合計は

$$v \times \ell = 24 \times \ell = 24\ell \quad \cdots\cdots ④$$

凸多面体において1つの辺上にある頂点の数は2個なので，凸多面体の各辺は2つの頂点が共有する。よって，凸多面体の辺の数 e（$=60$）は，④÷2 に等しいので

$$e = \frac{24\ell}{2} \qquad 60 = \frac{24\ell}{2}$$
$$\therefore \quad \ell = \boxed{5}$$

解説

オイラーの多面体定理に関する問題である。教科書や問題集で一度は触れた経験のある問題だと思われるが，頻繁に演習を重ねることが多い問題ではないので，どれだけ記憶に残っていたかが勝負の分かれ目になっただろう。オイラーの多面体定理については，暗記していなくても，問題の中で立方体の場合について考えさせることで，オイラーの多面体定理を導けるようになっている。また，問題の中で問われていることも基本的なことである。

$v:e=2:5$ より，$v=2k$，$e=5k$（k：自然数）とおけるから，オイラーの多面体定理より，k の値が求まり，$v=24$，$e=60$ であることがわかる。また，凸多面体のそれぞれの辺を2つの面が共有するから，②は辺の数を2回ずつ数えていることになる。このことに注意すれば，凸多面体の辺の数 e は ②÷2 に等しいので，③が得られる。同様に考えて，凸多面体のそれぞれの辺を2つの頂点が共有するから，④は辺の数を2回ずつ数えていることになる。このことに注意すれば，凸多面体の辺の数 e は ④÷2 に等しいので，$\ell=5$ が得られる。

数学Ⅱ・数学Ｂ 追試験

問題番号(配点)	解答記号	正解	配点	チェック
第1問 (30)	アイ $\cos 2\theta$	$2-2\cos 2\theta$	2	
	ウエ $\cos^2\theta$	$4-4\cos^2\theta$	3	
	オカ $\cos\theta$	$5-4\cos\theta$	3	
	キク $<\cos\theta\leqq\dfrac{ケ}{コ}$	$-1<\cos\theta\leqq\dfrac{1}{2}$	1	
	$\dfrac{サ}{シ}\pi$	$\dfrac{2}{3}\pi$	1	
	スセ	10	2	
	$\dfrac{\pi}{ソ}$	$\dfrac{\pi}{3}$	1	
	タ	6	2	
	チ	①	1	
	$2^{ツ}X^2-2^{ト}X+a$	$2^{2a}X^2-2^aX+a$	2	
	ナニ a	$1-4a$	3	
	$\dfrac{ヌネ}{ノ}$	$\dfrac{-5}{4}$	3	
	ハ	③	2	
	ヒ$a-$フ, ヘ	$-a-1$, 1	4	

問題番号(配点)	解答記号	正解	配点	チェック
第2問 (30)	(ア, イa^2)	$(a, 3a^2)$	2	
	エ$sx-$オ$s^{カ}$	$6sx-3s^2$	3	
	キ, ク	4, 2	3	
	$\dfrac{\sqrt{ケ}}{コ}$	$\dfrac{\sqrt{6}}{3}$	2	
	サ	2	1	
	$\dfrac{シ\sqrt{ス}-セ}{ソ}a^{タ}$	$\dfrac{7\sqrt{6}-6}{9}a^3$	5	
	チ	3	2	
	ツテト	-24	2	
	ナ	0	1	
	ニヌネ	-28	3	
	ノ$\sqrt{ハ}$	$2\sqrt{6}$	3	
	(ヒフ, ヘホ)	$(-1, 26)$	3	

2018年度:数学Ⅱ・B/追試験〈解答〉

問題番号 (配点)	解答記号	正解	配点	チェック
第3問 (20)	ア	2	1	
	イ	2	1	
	ウ	2	1	
	$\frac{エ}{オ}$	$\frac{1}{2}$	2	
	$\frac{カ}{n+キ}$	$\frac{2}{n+3}$	2	
	ク	3	1	
	ケ, コ, サ, シ	1, 2, 3, ②	4	
	$\frac{スセ}{ソ}(タ^n-1)$	$\frac{27}{8}(9^n-1)$	3	
	チ(a_n-a_{n+1})+ツ	$2(a_n-a_{n+1})+1$	2	
	テ, ト, ナ, ニ	①, 4, ③, 1	3	
第4問 (20)	$\sqrt{ア}$	$\sqrt{6}$	1	
	$\sqrt{イ}$	$\sqrt{2}$	1	
	ウエ°	90°	2	
	(1, オ, カ)	(1, 1, 1)	2	
	キ	6	1	
	ク	3	1	
	ケ	2	1	
	コ	2	1	
	サシ	−1	1	
	ス	3	2	
	(セ, ソタ, チツ)	(2, −5, −3)	2	
	テ	2	2	
	$(\frac{トナ}{ナ}, \frac{-ニヌ}{ネ}, ノハ)$	$(\frac{8}{5}, \frac{-3}{5}, -1)$	3	

問題番号 (配点)	解答記号	正解	配点	チェック
第5問 (20)	−ア.イ	−0.5	2	
	0.ウエ	0.31	2	
	−オ.カキ	−1.75	2	
	クケ.コ	50.7	2	
	サシス.セ	531.8	2	
	ソ.タ	1.2	2	
	$\frac{0.4}{チ}$	$\frac{0.4}{3}$	1	
	0.ツテ	0.07	2	
	50.トナ	50.06	1	
	50.ニヌ	50.14	1	
	ネ	⑤	3	

(注) 第1問,第2問は必答。第3問〜第5問のうちから2問選択。計4問を解答。

自己採点欄

100点

第1問 ── 三角関数，図形と方程式，指数・対数関数

〔1〕 標準 《三角関数の最大・最小》

3点 A (1, 0)，P (cos 2θ, sin 2θ)，Q (2cos 3θ, 2sin 3θ) に対して

$$\begin{aligned}
AP^2 &= (\cos 2\theta - 1)^2 + (\sin 2\theta - 0)^2 \\
&= \cos^2 2\theta - 2\cos 2\theta + 1 + \sin^2 2\theta \\
&= \boxed{2} - \boxed{2}\cos 2\theta \quad (\sin^2\alpha + \cos^2\alpha = 1) \\
&= 2 - 2(2\cos^2\theta - 1) \quad (\cos 2\alpha = 2\cos^2\alpha - 1) \\
&= \boxed{4} - \boxed{4}\cos^2\theta
\end{aligned}$$

$$\begin{aligned}
PQ^2 &= (2\cos 3\theta - \cos 2\theta)^2 + (2\sin 3\theta - \sin 2\theta)^2 \\
&= 4\cos^2 3\theta - 4\cos 3\theta \cos 2\theta + \cos^2 2\theta + 4\sin^2 3\theta - 4\sin 3\theta \sin 2\theta + \sin^2 2\theta \\
&= 4(\cos^2 3\theta + \sin^2 3\theta) + (\cos^2 2\theta + \sin^2 2\theta) - 4(\cos 3\theta \cos 2\theta + \sin 3\theta \sin 2\theta) \\
&= 5 - 4\cos(3\theta - 2\theta) \quad (\cos(\alpha - \beta) = \cos\alpha\cos\beta + \sin\alpha\sin\beta) \\
&= \boxed{5} - \boxed{4}\cos\theta
\end{aligned}$$

である。

$\dfrac{\pi}{3} \leqq \theta < \pi$ であるから，$\boxed{-1} < \cos\theta \leqq \boxed{\dfrac{1}{2}}$ である。

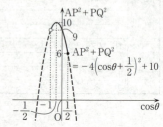

このとき

$$\begin{aligned}
AP^2 + PQ^2 &= (4 - 4\cos^2\theta) + (5 - 4\cos\theta) \\
&= -4\cos^2\theta - 4\cos\theta + 9 \\
&= -4(\cos^2\theta + \cos\theta) + 9 \\
&= -4\left\{\left(\cos\theta + \dfrac{1}{2}\right)^2 - \dfrac{1}{4}\right\} + 9 \\
&= -4\left(\cos\theta + \dfrac{1}{2}\right)^2 + 10
\end{aligned}$$

となるから，右図より，$AP^2 + PQ^2$ は

$\cos\theta = -\dfrac{1}{2}$ すなわち $\theta = \dfrac{\boxed{2}}{\boxed{3}}\pi$ のとき　　最大値 $\boxed{10}$

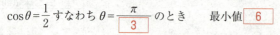

$\cos\theta = \dfrac{1}{2}$ すなわち $\theta = \dfrac{\pi}{\boxed{3}}$ のとき　　最小値 $\boxed{6}$

をとる。

(注) 右の図は，$\dfrac{2}{3}\pi \leq 2\theta < \pi$ として，3点 A，P，Q を作図したものである。この図で，△OAP に余弦定理を用いると

$$AP^2 = OA^2 + OP^2 - 2 \times OA \times OP \cos\angle AOP$$
$$= 1 + 1 - 2 \times 1 \times 1 \times \cos 2\theta$$
$$= 2 - 2\cos 2\theta$$

となり，△OPQ に余弦定理を用いると

$$PQ^2 = OP^2 + OQ^2 - 2 \times OP \times OQ \cos\angle POQ$$
$$= 1 + 4 - 2 \times 1 \times 2 \times \cos\theta$$
$$= 5 - 4\cos\theta$$

となる。

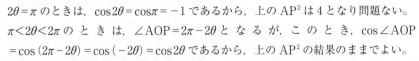

$2\theta = \pi$ のときは，$\cos 2\theta = \cos \pi = -1$ であるから，上の AP^2 は 4 となり問題ない。
$\pi < 2\theta < 2\pi$ のときは，$\angle AOP = 2\pi - 2\theta$ となるが，このとき，$\cos \angle AOP = \cos(2\pi - 2\theta) = \cos(-2\theta) = \cos 2\theta$ であるから，上の AP^2 の結果のままでよい。

解 説

AP^2，PQ^2 の計算では，まず 2 点間の距離の公式を用い，式変形には三角関数の性質 $\sin^2\alpha + \cos^2\alpha = 1$ や 2 倍角の公式，加法定理を用いる。

> **ポイント　2 点間の距離の公式**
> 2 点 (x_1, y_1)，(x_2, y_2) の間の距離は
> $\sqrt{(x_2-x_1)^2 + (y_2-y_1)^2} = \sqrt{(x座標の差)^2 + (y座標の差)^2}$

> **ポイント　余弦の 2 倍角の公式，加法定理**
> $\cos 2\alpha = \cos^2\alpha - \sin^2\alpha = 2\cos^2\alpha - 1 = 1 - 2\sin^2\alpha$
> $\cos(\alpha \pm \beta) = \cos\alpha\cos\beta \mp \sin\alpha\sin\beta$　（複号同順）
> 加法定理で β を α とおくと 2 倍角の公式となる（$\cos(\alpha+\alpha) = \cos 2\alpha$）。

$\dfrac{\pi}{3} \leq \theta < \pi$ のときの $\cos\theta$ のとり得る値の範囲を求めるには，〔解答〕のようにグラフを用いるとよいが，右図に示した単位円で考えてもよい。余弦の値は x 座標として表されるから，右図で $\cos\dfrac{\pi}{3} = \dfrac{1}{2}$，$\cos\dfrac{\pi}{2} = 0$，$\cos\pi = -1$ がわかる。

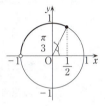

$AP^2 + PQ^2$ の最大・最小を調べる部分は，2 次関数

$$y = -4\left(x+\dfrac{1}{2}\right)^2 + 10 \quad \left(-1 < x \leqq \dfrac{1}{2}\right) \quad \left(\begin{array}{l} y = \mathrm{AP}^2 + \mathrm{PQ}^2 \\ x = \cos\theta \end{array}\right)$$

の最大・最小を調べることと同じである。

〔2〕 標準 《指数方程式》

$$4^{x+a} - 2^{x+a} + a = 0 \quad \cdots\cdots ①$$

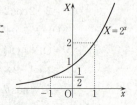

(1) $X = 2^x$ とおくと，右図より $X > 0$ であるから，| チ |に当てはまるものは | ⓪ | である。また，このとき

$$4^{x+a} = 4^x \times 4^a = (2^2)^x \times (2^2)^a = (2^x)^2 \times 2^{2a} = 2^{2a} X^2$$
$$2^{x+a} = 2^x \times 2^a = 2^a X$$

となるから，①を X を用いて表すと，X の 2 次方程式

$$2^{\boxed{2a}} X^2 - 2^{\boxed{a}} X + a = 0 \quad \cdots\cdots ②$$

となる。この 2 次方程式の判別式を D とすると

$$D = (-2^a)^2 - 4 \times 2^{2a} \times a = 2^{2a} - 2^{2a} \times 4a$$
$$= 2^{2a}(\boxed{1} - \boxed{4}a)$$

である。

(2) $a = \dfrac{1}{4}$ のとき，$D = 0$ であるから，②は重解

$$X = \dfrac{-(-2^a)}{2 \times 2^{2a}} = \dfrac{1}{2 \times 2^a} = \dfrac{1}{2^{a+1}} = 2^{-(a+1)} = 2^{-\left(\frac{1}{4}+1\right)} = 2^{-\frac{5}{4}}$$

をもち，これは条件 $X > 0$ を満たす。したがって，①もただ 1 つの解をもち，それは

$$2^x = X = 2^{-\frac{5}{4}} \quad \text{より} \quad x = \boxed{\dfrac{-5}{4}}$$

である。

(3) $a \neq \dfrac{1}{4}$ のとき，$2^{2a} \neq 0$ より，$D \neq 0$ である。$D < 0$ のとき②は実数解をもたないから，②が実数解をもつならば $D > 0$ つまり $a < \dfrac{1}{4}$ でなければならない。

$a < \dfrac{1}{4}$ のとき，②は異なる 2 つの実数解をもつから，それを $\alpha, \beta \ (\alpha < \beta)$ とする。
②が $X > 0$ の範囲でただ 1 つの解をもつための条件は

$$\alpha \leqq 0 \quad \text{かつ} \quad \beta > 0 \quad \left(a < \dfrac{1}{4}\right)$$

である。
解と係数の関係によれば

$$\alpha + \beta = -\frac{-2^a}{2^{2a}} = \frac{1}{2^a} > 0$$

であるから，$\beta > 0$ はわかる。このとき

$\alpha \leqq 0$ かつ $\beta > 0 \iff \alpha\beta \leqq 0$

がいえるから，解と係数の関係より

$$\alpha\beta = \frac{a}{2^{2a}} \leqq 0$$

すなわち　　$a \leqq 0$　$\left(a < \dfrac{1}{4}\right.$ を満たす$\left.\right)$

が求める必要十分条件である。したがって，ハ に当てはまるものは ③ である。

$a \leqq 0$ のとき，②を解の公式を用いて解くと

$$\beta = \frac{-(-2^a) + \sqrt{2^{2a}(1-4a)}}{2 \times 2^{2a}} = \frac{1 + \sqrt{1-4a}}{2 \times 2^a}$$

$$= \frac{1}{2^{a+1}}(1 + \sqrt{1-4a}) = 2^{-(a+1)}(1 + \sqrt{1-4a})$$

となるから，①のただ１つの解は，$2^x = \beta$ より

$$x = \log_2 \beta$$
$$= \log_2\{2^{-(a+1)}(1 + \sqrt{1-4a})\}$$
$$= \log_2 2^{-(a+1)} + \log_2(1 + \sqrt{1-4a})$$
$$= -(a+1) + \log_2(1 + \sqrt{1-4a})$$
$$= \boxed{-}a - \boxed{1} + \log_2(\boxed{1} + \sqrt{1-4a})$$

である。

(注)　②の両辺を 2^{2a} (>0) で割って，$X^2 - \dfrac{1}{2^a}X + \dfrac{a}{2^{2a}} = 0$ とし，２次関数

$$Y = X^2 - \frac{1}{2^a}X + \frac{a}{2^{2a}} = \left(X - \frac{1}{2 \times 2^a}\right)^2 - \frac{1}{4 \times 2^{2a}} + \frac{a}{2^{2a}}$$

$$= \left(X - \frac{1}{2^{a+1}}\right)^2 - \frac{1-4a}{4 \times 2^{2a}}$$

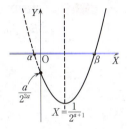

のグラフを用いて考察してもよい。

軸は $X = \dfrac{1}{2^{a+1}} > 0$ であるから，右図より

$(Y 切片) = \dfrac{a}{2^{2a}} \leq 0$　すなわち　$a \leq 0$

のとき，X 切片の大きい方（β）は正となり，小さい方（α）は 0 以下となる。

解 説

(1) 指数関数 $X = 2^x$ の定義域は実数全体であり，値域は正の数全体（$X > 0$）である。グラフを理解し，記憶しておこう。

(2) 2 次方程式 $ax^2 + bx + c = 0$（$a \neq 0$）……（＊）の判別式は $D = b^2 - 4ac$ である。また，（＊）の解は

$$x = \dfrac{-b \pm \sqrt{D}}{2a}　（2 次方程式の解の公式）$$

であるから，$D = 0$ のとき，$x = \dfrac{-b}{2a}$（重解）である。重解の公式として覚えておこう。

(3) （＊）の解を α, β とするとき，解と係数の関係は

$$\alpha + \beta = -\dfrac{b}{a}, \ \alpha\beta = \dfrac{c}{a} = \dfrac{ac}{a^2}　（a^2 > 0）$$

であるから，$\alpha\beta \leq 0$ のとき $ac \leq 0$ である。このとき

$$D = b^2 - 4ac \geq 0$$

が自動的に成り立つ（②では $b \neq 0$ であるから，$D > 0$ である）。つまり，〔解答〕での $a \leq 0$ は $D > 0$ となる条件 $a < \dfrac{1}{4}$ を当然満たしている。このことは，（注）のグラフの Y 切片が 0 以下のとき，頂点の Y 座標 $-\dfrac{1-4a}{4 \times 2^{2a}}$ が自動的に負になっている $\left(a < \dfrac{1}{4}\right)$ ことに対応している。

②を解の公式を用いて解くと β が求まるが，$2^x = \beta \iff x = \log_2 \beta$ であるから，次の性質が使えるように，β は積の形にしておかなければならない。

> **ポイント**　対数の性質
> $\log_a MN = \log_a M + \log_a N$　（$M > 0$, $N > 0$, $a > 0$, $a \neq 1$）

第2問　《接線，面積，極値，関数の決定》

$C_1 : y = 3x^2$ ……①
$C_2 : y = 2x^2 + a^2$ $(a > 0)$ ……②

のグラフ，C_1 と C_2 の共有点 A，B，共通接線 ℓ は右図のようになる。

(1) 共有点 A，B の x 座標は，①，②より y を消去した x の2次方程式

$$3x^2 = 2x^2 + a^2 \quad \text{すなわち} \quad x^2 = a^2$$

の解であるから，A，B の x 座標はそれぞれ $-a$，a ($a > 0$ より $-a < a$) である。よって，B の座標を a を用いて表すと ($\boxed{a}$, $\boxed{3}a^{\boxed{2}}$) である。

ℓ は $x = s$ で C_1 と接するので，①より $y' = 6x$ であることから，ℓ の方程式は

$$y - 3s^2 = 6s(x - s)$$

すなわち $\quad y = \boxed{6}sx - \boxed{3}s^{\boxed{2}}$

と表せる。同様に，ℓ は $x = t$ で C_2 と接するので，②より $y' = 4x$ であることから，ℓ の方程式は

$$y - (2t^2 + a^2) = 4t(x - t)$$

すなわち $\quad y = \boxed{4}tx - \boxed{2}t^2 + a^2$

とも表せる。これらは一致しなければならないので

$$6s = 4t \quad \text{かつ} \quad -3s^2 = -2t^2 + a^2$$

が成り立つ。

前者より $\quad t = \dfrac{3}{2}s$

これを後者に代入して，$s > 0$ に注意すると

$$-3s^2 = -2\left(\dfrac{3}{2}s\right)^2 + a^2 \quad \dfrac{3}{2}s^2 = a^2$$

$$s^2 = \dfrac{2}{3}a^2 = \dfrac{6}{9}a^2 \quad (a > 0)$$

∴ $s = \sqrt{\dfrac{6}{9}a^2} = \dfrac{\sqrt{\boxed{6}}}{\boxed{3}}a$

また $\quad t = \dfrac{3}{2}s = \dfrac{3}{2} \times \dfrac{\sqrt{6}}{3}a = \dfrac{\sqrt{6}}{\boxed{2}}a$

である。

C_1 の $s \leqq x \leqq a$ の部分，C_2 の $a \leqq x \leqq t$ の部分，x 軸，および 2 直線 $x=s$, $x=t$ で囲まれた図形（冒頭の図の網かけ部分）の面積 S は

$$S = \int_s^a 3x^2 dx + \int_a^t (2x^2 + a^2) dx$$

$$= \left[x^3\right]_s^a + \left[\frac{2}{3}x^3 + a^2 x\right]_a^t$$

$$= (a^3 - s^3) + \frac{2}{3}(t^3 - a^3) + a^2(t - a)$$

と表せる。ここに，$s^3 = \dfrac{6\sqrt{6}}{27}a^3 = \dfrac{2\sqrt{6}}{9}a^3$, $t^3 = \dfrac{6\sqrt{6}}{8}a^3 = \dfrac{3\sqrt{6}}{4}a^3$, $t = \dfrac{\sqrt{6}}{2}a$ を代入すると

$$S = \left(1 - \frac{2\sqrt{6}}{9}\right)a^3 + \frac{2}{3}\left(\frac{3\sqrt{6}}{4} - 1\right)a^3 + \left(\frac{\sqrt{6}}{2} - 1\right)a^3$$

$$= \left(\frac{9 - 2\sqrt{6}}{9} + \frac{3\sqrt{6} - 4}{6} + \frac{\sqrt{6} - 2}{2}\right)a^3$$

$$= \frac{18 - 4\sqrt{6} + 9\sqrt{6} - 12 + 9\sqrt{6} - 18}{18}a^3 = \frac{14\sqrt{6} - 12}{18}a^3$$

$$= \frac{\boxed{7}\sqrt{\boxed{6}} - \boxed{6}}{\boxed{9}}a^{\boxed{3}}$$

である。

(2) $f(x) = x^3 + px^2 + qx + r$ （p, q, r は実数）

$f'(x) = 3x^2 + 2px + q$

$f(x)$ は $x = -4$ で極値をとるから $f'(-4) = 0$ である。

$f'(-4) = 48 - 8p + q = 0$ ……③

$y = f(x)$ は A$(-a, 3a^2)$, B$(a, 3a^2)$ および原点 $(0, 0)$ を通るから

$f(-a) = -a^3 + pa^2 - qa + r = 3a^2$ ……④

$f(a) = a^3 + pa^2 + qa + r = 3a^2$ ……⑤

$f(0) = r = 0$ ……⑥

が成り立つ。④+⑤と⑥より

$2pa^2 = 6a^2 \quad 2a^2(p - 3) = 0$

$a \neq 0$ より $p = \boxed{3}$

これを③に代入して

$q = 8p - 48 = 8 \times 3 - 48 = \boxed{-24}$

また，⑥より $r = \boxed{0}$

したがって
$$f(x) = x^3 + 3x^2 - 24x$$
$$f'(x) = 3x^2 + 6x - 24 = 3(x^2 + 2x - 8) = 3(x-2)(x+4)$$
より，$f(x)$ の増減表は右のようになる。ゆえに，$f(x)$ の極小値は
$$f(2) = 8 + 12 - 48 = \boxed{-28}$$

x	$\cdots$	-4	$\cdots$	2	$\cdots$
$f'(x)$	$+$	0	$-$	0	$+$
$f(x)$	↗	極大	↘	極小	↗

である。
また，⑤－④より $\quad 2a^3 + 2qa = 0$
これと $q = -24$ より
$$a^3 - 24a = 0$$
$$a(a^2 - 24) = 0$$
$a > 0$ より $\quad a = \sqrt{24} = \boxed{2}\sqrt{\boxed{6}}$
である。
$y = f(x) = x^3 + 3x^2 - 24x$ と $C_2 : y = 2x^2 + 24$ の共有点の x 座標は
$$x^3 + 3x^2 - 24x = 2x^2 + 24$$
の解であるから
$$x^3 + x^2 - 24x - 24 = 0 \quad x^2(x+1) - 24(x+1) = 0$$
$$(x+1)(x^2 - 24) = 0$$
$\therefore \quad x = -1,\ \pm 2\sqrt{6} \ (= \pm a)$
となる。よって，$y = f(x)$ と C_2 の共有点のうち，A，B と異なる点の座標は，$f(-1) = -1 + 3 + 24 = 26$ より
$$(\boxed{-1},\ \boxed{26})$$
である。

解 説

(1) 接線の方程式については，次のことが基本である。

> **ポイント** 接線の方程式
> 曲線 $y = f(x)$ 上の点 $(a, f(a))$ における接線の方程式は
> $$y - f(a) = f'(a)(x - a)$$

ℓ の方程式は，$y = 6sx - 3s^2$ と $y = 4tx - 2t^2 + a^2$ の 2 通りに表されるが，これらは任意の $x = x_0$ に対して同じ値 $y = y_0$ をとる。y_0 を消去した式
$$(6s - 4t)x_0 - (3s^2 - 2t^2 + a^2) = 0$$
がすべての実数 x_0 に対して成り立たなければならないから

$$6s - 4t = 0 \quad \text{かつ} \quad 3s^2 - 2t^2 + a^2 = 0$$

が成り立たなければならない。つまり，2通りに表した接線の方程式の右辺（xの1次式）において，xの係数と定数項がそれぞれ等しいと考えればよい。

共通接線 ℓ の方程式は $y = 2\sqrt{6}ax - 2a^2$ となるが，面積を求める図形にはこの ℓ は登場しない。面積計算は，放物線と x 軸の間の面積であるので，比較的容易である。ただし，s, t の値を始めから用いるのは得策ではない。

(2) $f(x)$ は係数 p, q, r が未知数である。通る点が3つわかれば p, q, r は決定される。すなわち，④，⑤，⑥だけで p, q, r は求まる。実際，$p = 3$, $q = -a^2$, $r = 0$ と求まる。ここで a の値を知るために③が必要になる。結局，未知数が a, p, q, r の4つで，条件式が③，④，⑤，⑥の4つということになっている。

$f(x)$ の極小値を求めるところでは，次のことを知っていれば，増減表を作らなくても，$f(2)$ を計算すればよいことがわかる。

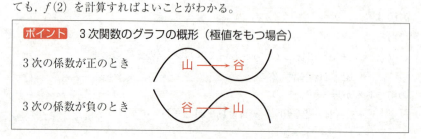

第3問 《分数型の漸化式，いろいろな数列の和》

$$a_1 = \frac{1}{2}, \quad a_{n+1} = \frac{2a_n + s}{a_n + 2} \quad (n = 1, 2, 3, \cdots) \quad \cdots\cdots ①$$

(1) $s = 4$ のとき，①は

$$a_1 = \frac{1}{2}, \quad a_{n+1} = \frac{2a_n + 4}{a_n + 2} = \frac{2(a_n + 2)}{a_n + 2} = 2$$

となるから

$$a_2 = \boxed{2}, \quad a_{100} = \boxed{2} \quad (n \geq 2 \text{ のとき } a_n = 2)$$

である。

(2) $s = 0$ のとき，①は，$a_1 = \frac{1}{2}, \; a_{n+1} = \frac{2a_n}{a_n + 2}$ となる。漸化式の両辺の逆数をとると

$$\frac{1}{a_{n+1}} = \frac{a_n + 2}{2a_n} = \frac{1}{2} + \frac{1}{a_n}$$

となるから，$b_n = \dfrac{1}{a_n}$ とおくと

$$b_1 = \frac{1}{a_1} = \frac{1}{\frac{1}{2}} = \boxed{2}$$

であり，b_n と b_{n+1} は，関係式

$$b_{n+1} = b_n + \boxed{\frac{1}{2}}$$

を満たす。これは，数列 $\{b_n\}$ が，初項が $b_1 = 2$，公差が $\dfrac{1}{2}$ の等差数列であることを表している。よって

$$b_n = 2 + (n-1) \times \frac{1}{2} = \frac{n+3}{2}$$

である。したがって，$\{a_n\}$ の一般項は

$$a_n = \frac{1}{b_n} = \frac{\boxed{2}}{n + \boxed{3}}$$

である。

(3) $s = 1$ のとき，①は，$a_1 = \dfrac{1}{2}, \; a_{n+1} = \dfrac{2a_n + 1}{a_n + 2}$ となる。

$c_n = \dfrac{1 + a_n}{1 - a_n}$ とおくと

$$c_1 = \frac{1+a_1}{1-a_1} = \frac{1+\frac{1}{2}}{1-\frac{1}{2}} = \frac{\frac{3}{2}}{\frac{1}{2}} = \boxed{3}$$

である。さらに，c_n と c_{n+1} の関係式は

$$c_{n+1} = \frac{1+a_{n+1}}{1-a_{n+1}} = \frac{1+\frac{2a_n+1}{a_n+2}}{1-\frac{2a_n+1}{a_n+2}} = \frac{a_n+2+(2a_n+1)}{a_n+2-(2a_n+1)}$$

$$= \frac{3a_n+3}{-a_n+1} = 3 \times \frac{1+a_n}{1-a_n}$$

$$= 3c_n$$

となる。これは，数列 $\{c_n\}$ が，初項が $c_1=3$，公比が 3 の等比数列であることを表している。よって，$c_n = 3 \times 3^{n-1} = 3^n$ である。すなわち

$$c_n = \frac{1+a_n}{1-a_n} = 3^n$$

であるから，これを a_n について解くと

$$3^n(1-a_n) = 1+a_n \quad 3^n-1 = (3^n+1)a_n$$

$$\therefore \quad a_n = \frac{3^n-1}{3^n+1} = \frac{(3^n+1)-2}{3^n+1} = \boxed{1} - \frac{\boxed{2}}{\boxed{3}^n+1}$$

であることがわかる。$\boxed{シ}$ に当てはまるものは $\boxed{②}$ である。

(4) 数列 $\{c_n\}$ の一般項は，(3)より，$c_n = 3^n$ であるから

$$\sum_{k=1}^{n} c_k c_{k+1} = \sum_{k=1}^{n} 3^k \times 3^{k+1} = \sum_{k=1}^{n} 3^{2k+1} = 3\sum_{k=1}^{n} 9^k$$

$$= 3 \times \frac{9(9^n-1)}{9-1} = \frac{\boxed{27}}{\boxed{8}}(\boxed{9}^n - 1)$$

である。

次に，(3)の数列 $\{a_n\}$ の漸化式 $a_{n+1} = \frac{2a_n+1}{a_n+2}$ $\left(a_1 = \frac{1}{2}\right)$ を変形すると

$$a_{n+1}(a_n+2) = 2a_n+1$$
$$a_n a_{n+1} = 2a_n - 2a_{n+1}+1$$
$$= \boxed{2}(a_n - a_{n+1}) + \boxed{1}$$

である。ゆえに

$$\sum_{k=1}^{n} a_k a_{k+1} = \sum_{k=1}^{n} \{2(a_k - a_{k+1}) + 1\}$$

$$= 2\sum_{k=1}^{n}(a_k - a_{k+1}) + \sum_{k=1}^{n}1$$
$$= 2\{(a_1 - a_2) + (a_2 - a_3) + \cdots + (a_n - a_{n+1})\} + n$$
$$= 2(a_1 - a_{n+1}) + n$$
$$= 2\left\{\frac{1}{2} - \left(1 - \frac{2}{3^{n+1}+1}\right)\right\} + n \quad \left((3)より\ a_{n+1} = 1 - \frac{2}{3^{n+1}+1}\right)$$
$$= n - 1 + \frac{4}{3^{n+1}+1}$$

である。テ，ナ に当てはまるものは，それぞれ ①，③ である。

解説

(1) 漸化式を用いて

$$a_2 = \frac{2a_1+4}{a_1+2} = \frac{2 \times \frac{1}{2}+4}{\frac{1}{2}+2} = \frac{5}{\frac{5}{2}} = 2,\ a_3 = \frac{2a_2+4}{a_2+2} = \frac{2 \times 2+4}{2+2} = \frac{8}{4} = 2$$

としても $a_n = 2$（$n \geq 2$）はわかるが，漸化式をよく見るべきである。

(2) b_n と b_{n+1} の関係式を求めるには，a_n と a_{n+1} の関係式を用いて

$$b_{n+1} = \frac{1}{a_{n+1}} = \frac{a_n+2}{2a_n} = \frac{2}{2a_n} + \frac{a_n}{2a_n} = \frac{1}{a_n} + \frac{1}{2} = b_n + \frac{1}{2}$$

とすればよい。(3)の c_n と c_{n+1} の関係式も，計算は少し複雑になるが，同様である。

$a_{n+1} = \frac{2a_n}{a_n+2}$ より，$a_n = 0 \iff a_{n+1} = 0$ がいえるが，$a_1 = \frac{1}{2} \neq 0$ であるから，$a_n \neq 0$ がわかる。

> **ポイント** 等差数列の一般項
> 初項が p_1，公差が d の等差数列 $\{p_n\}$ の一般項 p_n は
> $$p_n = p_1 + (n-1)d$$

(3) (2)は，$b_n = \frac{1}{a_n}$ とおく指示がなくても，〔解答〕のように考えれば何とか漸化式が解けそうであるが，$c_n = \frac{1+a_n}{1-a_n}$ を自力で見出すことは難しい。漸化式 $a_{n+1} = \frac{2a_n+1}{a_n+2}$ が $\frac{a_{n+1}-\alpha}{a_{n+1}-\beta} = k\frac{a_n-\alpha}{a_n-\beta}$ と変形できたら，と考えることができれば先が見えてくる。

なお，$a_n \neq 1$ かどうかについては，$a_{n+1} = \frac{2a_n+1}{a_n+2}$ より

$$a_n = 1 \iff a_{n+1} = 1$$

がいえるが，$a_1 = \dfrac{1}{2} \neq 1$ であるから，$a_n \neq 1$ がわかる。したがって，$c_n = \dfrac{1+a_n}{1-a_n}$ とおいても問題ない。

> **ポイント** 等比数列の一般項
>
> 初項が p_1，公比が r の等比数列 $\{p_n\}$ の一般項 p_n は
> $$p_n = p_1 r^{n-1}$$

(4) $c_k = 3^k$, $c_{k+1} = 3^{k+1}$ より
$$c_k c_{k+1} = 3^k \times 3^{k+1} = 3^k \times 3^k \times 3^1 = 3 \times (3^k)^2 = 3 \times (3^2)^k = 3 \times 9^k$$
ここで計算ミスをしないよう慎重に対処しよう。

> **ポイント** 等比数列の和
>
> 初項が p_1，公比が r の等比数列 $\{p_n\}$ の p_1 から p_n までの和は，$r \neq 1$ のとき
> $$p_1 + p_2 + \cdots + p_n = p_1 + p_1 r + \cdots + p_1 r^{n-1} = \dfrac{p_1(r^n - 1)}{r - 1} = \dfrac{p_1(1 - r^n)}{1 - r}$$

$a_n a_{n+1} = 2(a_n - a_{n+1}) + 1$ で $\sum_{k=1}^{n} a_k a_{k+1} = a_1 a_2 + a_2 a_3 + \cdots + a_n a_{n+1}$ を求めるには

$$a_1 a_2 = 2(a_1 - a_2) + 1$$
$$a_2 a_3 = 2(a_2 - a_3) + 1$$
$$\vdots$$
$$a_n a_{n+1} = 2(a_n - a_{n+1}) + 1$$

の辺々を加えればよい。左辺の和が $\sum_{k=1}^{n} a_k a_{k+1}$ のことで，右辺の和が

$$2(a_1 - a_{n+1}) + n$$

となる。

第4問　標準　《空間ベクトル》

(1) $O(0, 0, 0)$, $P(2, -1, -1)$, $Q(0, 1, -1)$ に対して

$$|\vec{p}| = |\overrightarrow{OP}| = \sqrt{2^2 + (-1)^2 + (-1)^2} = \sqrt{\boxed{6}}$$

$$|\vec{q}| = |\overrightarrow{OQ}| = \sqrt{0^2 + 1^2 + (-1)^2} = \sqrt{\boxed{2}}$$

である。また

$$\vec{p} \cdot \vec{q} = (2, -1, -1) \cdot (0, 1, -1) = 2 \times 0 + (-1) \times 1 + (-1) \times (-1) = 0$$

であるから，$\vec{p}$ と $\vec{q}$ のなす角は $\boxed{90}$ °である。

(2) $\vec{p}$ および $\vec{q}$ と垂直であるベクトルの1つを $\vec{n} = (1, y, z)$ とおくとき

$\vec{p} \cdot \vec{n} = 0$ より

$$(2, -1, -1) \cdot (1, y, z) = 2 \times 1 + (-1) \times y + (-1) \times z = 0$$

∴ $y + z = 2$

$\vec{q} \cdot \vec{n} = 0$ より

$$(0, 1, -1) \cdot (1, y, z) = 0 \times 1 + 1 \times y + (-1) \times z = 0$$

∴ $y = z$

が成り立ち，この2式から，$y = z = 1$ を得るから

$$\vec{n} = (1, \boxed{1}, \boxed{1})$$

である。

$A(6, -1, 1)$ に対して，$\overrightarrow{OA} = r\vec{n} + s\vec{p} + t\vec{q}$ （r, s, t は実数）と表すとき

$$\overrightarrow{OA} \cdot \vec{n} = (6, -1, 1) \cdot (1, 1, 1) = 6 - 1 + 1 = \boxed{6}$$

$$\vec{n} \cdot \vec{n} = |\vec{n}|^2 = 1 + 1 + 1 = \boxed{3}$$

であり，$\vec{n} \perp \vec{p}$, $\vec{n} \perp \vec{q}$ より $\vec{n} \cdot \vec{p} = \vec{p} \cdot \vec{n} = 0$, $\vec{n} \cdot \vec{q} = \vec{q} \cdot \vec{n} = 0$ であることから

$$\overrightarrow{OA} \cdot \vec{n} = (r\vec{n} + s\vec{p} + t\vec{q}) \cdot \vec{n}$$
$$= r\vec{n} \cdot \vec{n} + s\vec{p} \cdot \vec{n} + t\vec{q} \cdot \vec{n}$$
$$= r \times 3 + s \times 0 + t \times 0$$
$$= 3r$$

よって　$3r = 6$

∴ $r = \boxed{2}$

となる。また

$$\overrightarrow{OA} \cdot \vec{p} = (6, -1, 1) \cdot (2, -1, -1) = 12 + 1 - 1 = 12$$

$$\overrightarrow{OA} \cdot \vec{p} = (r\vec{n} + s\vec{p} + t\vec{q}) \cdot \vec{p}$$

$$= r\vec{n}\cdot\vec{p} + s\vec{p}\cdot\vec{p} + t\vec{q}\cdot\vec{p}$$
$$= r\times 0 + s\times 6 + t\times 0 \quad (\vec{n}\cdot\vec{p}=0,\ \vec{p}\cdot\vec{p}=|\vec{p}|^2=6,\ \vec{q}\cdot\vec{p}=0)$$
$$= 6s$$

よって $6s = 12$

∴ $s = \boxed{2}$

である。さらに
$$\overrightarrow{OA}\cdot\vec{q} = (6,\ -1,\ 1)\cdot(0,\ 1,\ -1) = 0 - 1 - 1 = -2$$
$$\overrightarrow{OA}\cdot\vec{q} = (r\vec{n} + s\vec{p} + t\vec{q})\cdot\vec{q}$$
$$= r\vec{n}\cdot\vec{q} + s\vec{p}\cdot\vec{q} + t\vec{q}\cdot\vec{q}$$
$$= r\times 0 + s\times 0 + t\times 2 \quad (\vec{n}\cdot\vec{q}=0,\ \vec{p}\cdot\vec{q}=0,\ \vec{q}\cdot\vec{q}=|\vec{q}|^2=2)$$
$$= 2t$$

よって $2t = -2$

∴ $t = \boxed{-1}$

である。

B$(1,\ 6,\ 2)$ に対して,$\overrightarrow{OB} = u\vec{n} + v\vec{p} + w\vec{q}$ ($u,\ v,\ w$ は実数)と表すとき
$$\overrightarrow{OB}\cdot\vec{n} = (1,\ 6,\ 2)\cdot(1,\ 1,\ 1) = 1 + 6 + 2 = 9$$

であり,$\vec{n}\cdot\vec{n}=3,\ \vec{p}\cdot\vec{n}=0,\ \vec{q}\cdot\vec{n}=0$ であることから
$$\overrightarrow{OB}\cdot\vec{n} = (u\vec{n} + v\vec{p} + w\vec{q})\cdot\vec{n}$$
$$= u\vec{n}\cdot\vec{n} + v\vec{p}\cdot\vec{n} + w\vec{q}\cdot\vec{n}$$
$$= u\times 3 + v\times 0 + w\times 0$$
$$= 3u$$

よって $3u = 9$

∴ $u = \boxed{3}$

である。

(3) $r=2,\ s=2,\ t=-1$ に対して
$$\overrightarrow{OC} = -r\vec{n} + s\vec{p} + t\vec{q}$$
$$= -2(1,\ 1,\ 1) + 2(2,\ -1,\ -1) - (0,\ 1,\ -1)$$
$$= (-2+4-0,\ -2-2-1,\ -2-2+1) = (2,\ -5,\ -3)$$

であるから,点Cの座標は ($\boxed{2}$, $\boxed{-5}$, $\boxed{-3}$) である。

3点O,P,Qを通る平面 α は,$\overrightarrow{OP}=\vec{p}$,$\overrightarrow{OQ}=\vec{q}$ を含むから
$$s\vec{p} + t\vec{q} = \overrightarrow{OE},\ v\vec{p} + w\vec{q} = \overrightarrow{OF}$$

で表される点E,Fは平面α上にある。このとき
$$\vec{OA} = 2\vec{n} + \vec{OE},\ \vec{OB} = 3\vec{n} + \vec{OF},\ \vec{OC} = -2\vec{n} + \vec{OE}$$
と表され,$\vec{n} \perp \vec{p}$,$\vec{n} \perp \vec{q}$ より $\vec{n} \perp \alpha$ であるから,点A,B,C,E,Fは右図のような位置関係にある。

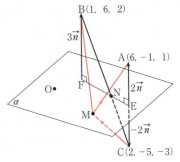

線分BCと平面αとの交点をNとおくと
$$BN : NC = FB : EC$$
$$= |3\vec{n}| : |-2\vec{n}| = 3 : 2$$
であるので,NはBCを$3 : \boxed{2}$に内分する。

平面α上の点Mについて,$|\vec{AM}| = |\vec{CM}|$ であるから
$$|\vec{AM}| + |\vec{MB}| = |\vec{CM}| + |\vec{MB}| \geqq |\vec{BC}|\quad (\triangle BCM に三角不等式を適用した)$$
が成り立つ。等号が成立するのは,Mが線分BC上にあるときだから,$|\vec{AM}| + |\vec{MB}|$ が最小となるのは,MがNに一致する場合である。

$$\vec{ON} = \frac{2\vec{OB} + 3\vec{OC}}{3+2} = \frac{2}{5}\vec{OB} + \frac{3}{5}\vec{OC}$$
$$= \frac{2}{5}(1,\ 6,\ 2) + \frac{3}{5}(2,\ -5,\ -3) = \left(\frac{8}{5},\ -\frac{3}{5},\ -1\right)$$

であるから,求めるMの座標は $\left(\boxed{\dfrac{8}{5}},\ \boxed{\dfrac{-3}{5}},\ \boxed{-1}\right)$ である。

(注) $\vec{OB} = 3\vec{n} + v\vec{p} + w\vec{q}$ の v,w を求める。
$$\vec{OB} \cdot \vec{p} = (1,\ 6,\ 2) \cdot (2,\ -1,\ -1) = 2 - 6 - 2 = -6$$
$$\vec{OB} \cdot \vec{p} = (3\vec{n} + v\vec{p} + w\vec{q}) \cdot \vec{p}$$
$$= 3\vec{n} \cdot \vec{p} + v\vec{p} \cdot \vec{p} + w\vec{q} \cdot \vec{p}$$
$$= 6v \quad (\vec{n} \cdot \vec{p} = 0,\ \vec{p} \cdot \vec{p} = |\vec{p}|^2 = 6,\ \vec{q} \cdot \vec{p} = 0)$$
より,$6v = -6$ が成り立ち,$v = -1$ が求まる。
$$\vec{OB} \cdot \vec{q} = (1,\ 6,\ 2) \cdot (0,\ 1,\ -1) = 0 + 6 - 2 = 4$$
$$\vec{OB} \cdot \vec{q} = (3\vec{n} + v\vec{p} + w\vec{q}) \cdot \vec{q}$$
$$= 3\vec{n} \cdot \vec{q} + v\vec{p} \cdot \vec{q} + w\vec{q} \cdot \vec{q}$$
$$= 2w \quad (\vec{n} \cdot \vec{q} = 0,\ \vec{p} \cdot \vec{q} = 0,\ \vec{q} \cdot \vec{q} = |\vec{q}|^2 = 2)$$
より,$2w = 4$ が成り立ち,$w = 2$ が求まる。したがって

$$\overrightarrow{OB} = 3\vec{n} - \vec{p} + 2\vec{q}$$

となる。これを用いて テ ～ ノ・ハ を解答すると以下のようになる。

$$\overrightarrow{BC} = \overrightarrow{OC} - \overrightarrow{OB} = (-2\vec{n} + 2\vec{p} - \vec{q}) - (3\vec{n} - \vec{p} + 2\vec{q})$$
$$= -5\vec{n} + 3\vec{p} - 3\vec{q}$$

であるから，実数 k を用いれば

$$\overrightarrow{ON} = \overrightarrow{OB} + k\overrightarrow{BC}$$
$$= (3\vec{n} - \vec{p} + 2\vec{q}) + k(-5\vec{n} + 3\vec{p} - 3\vec{q})$$
$$= (3 - 5k)\vec{n} + (3k - 1)\vec{p} + (2 - 3k)\vec{q}$$

と表され，$\overrightarrow{ON}$ が α に含まれることから

$$3 - 5k = 0 \quad \text{つまり} \quad k = \frac{3}{5}$$

がわかる。これより，N は BC を 3 : 2 に内分していることがわかる。
また，このとき

$$\overrightarrow{ON} = (3k-1)\vec{p} + (2-3k)\vec{q} = \frac{4}{5}\vec{p} + \frac{1}{5}\vec{q}$$
$$= \frac{4}{5}(2, -1, -1) + \frac{1}{5}(0, 1, -1) = \left(\frac{8}{5}, -\frac{3}{5}, -1\right)$$

と計算され，N の座標がわかる。

解説

(1) $\vec{p}$ と $\vec{q}$ のなす角を θ ($0° \leq \theta \leq 180°$) とすると，内積の定義より，$\cos\theta = \dfrac{\vec{p} \cdot \vec{q}}{|\vec{p}||\vec{q}|}$

と表される。$\vec{p} \cdot \vec{q} = 0$ であれば $\theta = 90°$ である。

(2) $\vec{p}, \vec{q}$ ($\vec{p} \neq \vec{0}, \vec{q} \neq \vec{0}, \vec{p} \not\parallel \vec{q}$) の両方に垂直なベクトルは無数にある。大きさを決めれば（方向が逆の）2 つに決まり，成分を 1 つ与えれば 1 つに限定される。
$\overrightarrow{OA} = (6, -1, 1)$ を $\vec{n} = (1, 1, 1), \vec{p} = (2, -1, -1), \vec{q} = (0, 1, -1)$ で表すには

$$(6, -1, 1) = r(1, 1, 1) + s(2, -1, -1) + t(0, 1, -1)$$
$$= (r + 2s, r - s + t, r - s - t)$$

とおいて，成分を比較すればよい（u, v, w を求める場合も同様である）。

$$\begin{cases} r + 2s = 6 \\ r - s + t = -1 \\ r - s - t = 1 \end{cases} \quad \text{これを解くと} \quad \begin{cases} r = 2 \\ s = 2 \\ t = -1 \end{cases}$$

(3) 右図の点Aを出発して，壁 α 上の点Mにタッチして，点Bへ至るとき，それが最短距離であるためにはMをどこにとればよいか，というクイズがある。α に関してAと対称な点をCとすれば，直線CBと α の交点NをMとすればよい，というのが答えである。理由は AM＋MB＝CM＋MB≧CB（三角不等式）と明

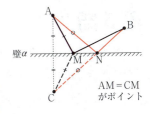

快である。このことを知っていると本問の流れがよくわかるであろう。

(2)で $\overrightarrow{OB} = u\vec{n} + v\vec{p} + w\vec{q}$ の u だけが求められている。それは，v，w を知らなくても以後の解答に差し支えがないからである。もちろん，(注)のように，v，w の値も求めてから解いてもよいが，時間は余計にかかるであろう。

> **ポイント** 平面上の1次独立なベクトル
>
> 同一平面上にある2つのベクトル $\vec{p}$，$\vec{q}$ が，実数 m，n に対し
> $$m\vec{p} + n\vec{q} = \vec{0} \iff m = n = 0$$
> を満たすとき，$\vec{p}$ と $\vec{q}$ は1次独立であるという。
> 言い換えれば，$\vec{p} \neq \vec{0}$，$\vec{q} \neq \vec{0}$，$\vec{p} \not\parallel \vec{q}$ のとき，$\vec{p}$ と $\vec{q}$ は1次独立であるという。
> 1次独立なベクトル $\vec{p}$，$\vec{q}$ を用いれば，この平面上の任意のベクトルを
> $$m\vec{p} + n\vec{q} \quad (m, n は実数)$$
> の形に書き表すことができ，m，n は1通りに決まる。

本問での $\overrightarrow{OA} = 2\vec{n} + 2\vec{p} - \vec{q}$ では，$2\vec{p} - \vec{q}$ は平面 α 上のベクトルを表し，〔解答〕ではこれを $\overrightarrow{OE}$ とおいた。つまり，$\overrightarrow{OA} = \overrightarrow{OE} + \overrightarrow{EA}$（$\overrightarrow{EA} = 2\vec{n} \perp \alpha$）となっていて，$\overrightarrow{EA} \perp \alpha$ であるから，点Aから平面 α に下ろした垂線が AE となる。$\overrightarrow{OB}$ の方も同様の考え方であって，点Bから平面 α に下ろした垂線が BF ということで，v，w の値は知らなくてもよいのである。2点A，Bが平面 α の同じ側，Cは反対側であることも明らかであろう。

第5問 標準 《正規分布表，平均，標準偏差，母平均の推定》

(1) 確率変数 X は平均 m，標準偏差 σ の正規分布 $N(m, \sigma^2)$ に従うから，$m=50.2$，$\sigma=0.4$ のとき，X は正規分布 $N(50.2, 0.4^2)$ に従う。このとき，$Z=\dfrac{X-50.2}{0.4}$ とおくと，確率変数 Z は標準正規分布 $N(0, 1)$ に従うので

$$P(X<50)=P\left(Z<\dfrac{50-50.2}{0.4}\right)=P(Z<-\boxed{0}.\boxed{5})$$
$$=P(Z>0.5)$$
$$=P(Z\geqq 0)-P(0\leqq Z\leqq 0.5)$$
$$=0.5-0.1915 \quad (\text{正規分布表より})$$
$$=0.3085\fallingdotseq 0.\boxed{31}$$

である。

(2) 標準正規分布に従う確率変数 Z について，$P(Z<z)$ が最も 0.04 に近い値をとる z を正規分布表から求める。$z\geqq 0$ とすると $P(Z<z)\geqq 0.5$ であるから，$z<0$ である。このとき

$$P(Z<z)=P(Z>-z)$$
$$=P(Z\geqq 0)-P(0\leqq Z\leqq -z)$$
$$=0.5-P(0\leqq Z\leqq -z)$$

となるから，これが 0.0401 に等しいとき，$P(0\leqq Z\leqq -z)=0.5-0.0401=0.4599$ である。正規分布表より $-z=1.75$ がわかるから，$z=-1.75$ である。ゆえに

$$P(Z<-\boxed{1}.\boxed{75})=0.0401$$

である。

$\sigma=0.4$ のとき，$P(X<50)=0.0401$ となる m の値を求める。$Z=\dfrac{X-m}{0.4}$ が $N(0, 1)$ に従うので

$$P(X<50)=P\left(Z<\dfrac{50-m}{0.4}\right)=0.0401$$

および

$$P(Z<-1.75)=0.0401$$

から，$\dfrac{50-m}{0.4}=-1.75$ が成り立つ。これを解くと

$$50-m=-1.75\times 0.4$$
$$m=50+1.75\times 0.4=50+0.7=50.7$$

となるから，m を $\boxed{50}.\boxed{7}$ とすればよい。

(3) 確率変数 Y は，$Y = X_1 + X_2 + \cdots + X_9 + 80$ と表される。確率変数 $X_1, X_2, \cdots, X_9$ はすべて正規分布 $N(50.2, 0.4^2)$ に従うから

　　平均　$E(X_1) = E(X_2) = \cdots = E(X_9) = 50.2$
　　分散　$V(X_1) = V(X_2) = \cdots = V(X_9) = 0.4^2$

が成り立っている。

$$E(Y) = E(X_1) + E(X_2) + \cdots + E(X_9) + 80$$
$$= 9 \times 50.2 + 80 = 451.8 + 80 = 531.8$$

$X_1, X_2, \cdots, X_9$ が互いに独立であることに注意すれば

$$V(Y) = V(X_1) + V(X_2) + \cdots + V(X_9)$$
$$= 9 \times 0.4^2 = 9 \times 0.16 = 1.44$$

となり，Y の平均は $\boxed{531}.\boxed{8}$，分散は 1.44 である。Y の標準偏差は

$$\sqrt{V(Y)} = \sqrt{1.44} = \boxed{1}.\boxed{2}$$

である。

標本平均 $\overline{X}$ は，$\overline{X} = \dfrac{1}{9}(X_1 + X_2 + \cdots + X_9)$ で与えられるから，Y の場合と同様に

$$E(\overline{X}) = \dfrac{1}{9}\{E(X_1) + E(X_2) + \cdots + E(X_9)\}$$
$$= \dfrac{1}{9} \times 9 \times 50.2 = 50.2$$

$$V(\overline{X}) = \dfrac{1}{9^2}\{V(X_1) + V(X_2) + \cdots + V(X_9)\}$$
$$= \dfrac{1}{9^2} \times 9 \times 0.4^2 = \dfrac{0.4^2}{9}$$

と計算され，$\overline{X}$ の標準偏差は

$$\sqrt{V(\overline{X})} = \sqrt{\dfrac{0.4^2}{9}} = \dfrac{0.4}{\boxed{3}}$$

である。

$\overline{X}$ は正規分布 $N\left(50.2, \left(\dfrac{0.4}{3}\right)^2\right)$ に従うから，$Z = \dfrac{\overline{X} - 50.2}{\dfrac{0.4}{3}}$ は標準正規分布 $N(0, 1)$ に従う。

$$P(\overline{X} < 50) = P\left(Z < \dfrac{50 - 50.2}{\dfrac{0.4}{3}}\right) = P(Z < -1.5)$$
$$= P(Z > 1.5) = P(Z \geq 0) - P(0 \leq Z \leq 1.5)$$

$$= 0.5 - 0.4332 \quad (\text{正規分布表より})$$
$$= 0.0668$$

より，$\overline{X}$ が 50 未満である確率は 0.$\boxed{07}$ となる．

(4) 母平均 m，母標準偏差 σ の母集団（分布は正規分布）から大きさ n の標本を抽出したとき，その標本平均 $\overline{X}$ は正規分布 $N\left(m, \dfrac{\sigma^2}{n}\right)$ に従う．よって，$Z = \dfrac{\overline{X} - m}{\dfrac{\sigma}{\sqrt{n}}}$

は標準正規分布に従う．
正規分布表より
$$P(|Z| \leq 1.96) = 0.4750 \times 2 = 0.95$$
であり，これを書き換えると
$$P\left(-1.96 \leq \dfrac{\overline{X} - m}{\dfrac{\sigma}{\sqrt{n}}} \leq 1.96\right) = 0.95$$

となる．

$$-1.96 \leq \dfrac{\overline{X} - m}{\dfrac{\sigma}{\sqrt{n}}} \leq 1.96 \iff \overline{X} - 1.96 \times \dfrac{\sigma}{\sqrt{n}} \leq m \leq \overline{X} + 1.96 \times \dfrac{\sigma}{\sqrt{n}}$$

より

$$P\left(\overline{X} - 1.96 \times \dfrac{\sigma}{\sqrt{n}} \leq m \leq \overline{X} + 1.96 \times \dfrac{\sigma}{\sqrt{n}}\right) = 0.95$$

であるから，m に対する信頼度 95％の信頼区間は

$$\overline{X} - 1.96 \times \dfrac{\sigma}{\sqrt{n}} \leq m \leq \overline{X} + 1.96 \times \dfrac{\sigma}{\sqrt{n}}$$

である．$\sigma = 0.2$，$n = 100$，$\overline{X} = 50.10$ のとき

$$\overline{X} \pm 1.96 \times \dfrac{\sigma}{\sqrt{n}} = 50.10 \pm 1.96 \times \dfrac{0.2}{\sqrt{100}} = 50.10 \pm 0.0392$$

$50.10 - 0.0392 = 50.0608$，$50.10 + 0.0392 = 50.1392$ であるから，求める信頼区間は

$$50.\boxed{06} \leq m \leq 50.\boxed{14}$$

となる．
平均 m に対する信頼区間 $A \leq m \leq B$ において，信頼区間の幅 $B - A$ は，信頼度が 95％のとき

$$B - A = \left(\overline{X} + 1.96 \times \dfrac{\sigma}{\sqrt{n}}\right) - \left(\overline{X} - 1.96 \times \dfrac{\sigma}{\sqrt{n}}\right) = 2 \times 1.96 \times \dfrac{\sigma}{\sqrt{n}}$$

である。σの値を変えないとき，この幅を半分にするには，$\sqrt{n}$ を $2\sqrt{n}=\sqrt{4n}$ に変えればよい。すなわち，標本の大きさを 100 から 400 に変えればよい。ネ に当てはまるものは ⑤ である。

解説

(1) 問題文に書かれていることであるが，正規分布表を用いるためには，次のように確率変数を変換しなければならない。基本であるから必ず記憶しておこう。

> **ポイント** 標準正規分布
>
> 確率変数 X が正規分布 $N(m, \sigma^2)$ に従うとき，$Z=\dfrac{X-m}{\sigma}$ とおくと，確率変数 Z は標準正規分布 $N(0, 1)$ に従う。

(2) (1)は $P(X<50)$ の値を求める問題であったが，(2)は逆に，$P(X<50)=0.0401$ となるように m を決める問題である。$0.5-0.0401=0.4599$ としてから表を見る。

(3) $Y=X_1+X_2+\cdots+X_9+80$ や $\overline{X}=\dfrac{1}{9}(X_1+X_2+\cdots+X_9)$ の平均・分散については，次のことを理解しておかなければならない。

> **ポイント** 確率変数 X, Y の和の平均 E, 分散 V
>
> a, b は定数とする。
> $$E(X+Y)=E(X)+E(Y)$$
> $$E(aX+bY)=aE(X)+bE(Y)$$
> X と Y が独立であるとき
> $$V(X+Y)=V(X)+V(Y)$$
> $$V(aX+bY)=a^2V(X)+b^2V(Y)$$
> とくに，$Y=aX+b$ のときは次のことが成り立つ。
> $$E(Y)=aE(X)+b,\ V(Y)=a^2V(X)$$

なお，X の標準偏差 $\sigma(X)$ は，$\sigma(X)=\sqrt{V(X)}$ で定義される。注意しよう。
また，次のことを知っていると有利であろう。

> **ポイント** 標本平均の分布
>
> 母平均 m，母標準偏差 σ の母集団の分布が正規分布のときは，標本の大きさ n が大きくなくても，標本平均 $\overline{X}$ は，正規分布 $N\left(m, \dfrac{\sigma^2}{n}\right)$ に従う。

このことから，問題の後半の $\overline{X}$ の標準偏差は $\sqrt{\dfrac{\sigma^2}{n}}=\sqrt{\dfrac{0.4^2}{9}}=\dfrac{0.4}{3}$ とわかる。

(4) 次のことを公式として覚えていれば，前半は容易に答えられる。

> **ポイント** 母平均の推定
> 標本の大きさ n が大きいとき，母平均 m に対する信頼度 95％の信頼区間は
> $$\overline{X} - 1.96 \times \frac{\sigma}{\sqrt{n}} \leq m \leq \overline{X} + 1.96 \times \frac{\sigma}{\sqrt{n}} \quad \left(\begin{array}{l}\overline{X}\text{ は標本平均} \\ \sigma \text{ は母標準偏差}\end{array}\right)$$

数学Ⅰ・数学A 本試験

2017年度

問題番号 (配点)	解答記号	正 解	配点	チェック
第1問 (30)	アイ	13	3	
	ウ	2	1	
	エ$\sqrt{}$オカ	$7\sqrt{13}$	3	
	キク	73	3	
	ケ	⓪	1	
	コ	③	2	
	サ	③	2	
	シ	①	2	
	ス	②	3	
	セ, ソ	3, 5	2	
	タ, チツ, テト	9, 24, 16	2	
	$-\dfrac{ナニ}{ヌネ}$	$-\dfrac{25}{12}$	3	
	ノハ	16	3	

問題番号 (配点)	解答記号	正 解	配点	チェック
第2問 (30)	$\sqrt{ア}$	$\sqrt{6}$	3	
	$\sqrt{イ}$	$\sqrt{2}$	3	
	$\dfrac{\sqrt{ウ}+\sqrt{エ}}{オ}$	$\dfrac{\sqrt{2}+\sqrt{6}}{4}$ または $\dfrac{\sqrt{6}+\sqrt{2}}{4}$	3	
	$\dfrac{カ\sqrt{キ}-ク}{ケ}$	$\dfrac{2\sqrt{3}-2}{3}$	3	
	$\dfrac{コ}{サ}$	$\dfrac{2}{3}$	3	
	シ, ス, セ	①, ④, ⑥ (解答の順序は問わない)	6 (各2)	
	ソ	④	2	
	タ	③	2	
	チ	②	2	
	ツ	⓪	1	
	テ	①	2	

問題番号 (配点)	解答記号	正解	配点	チェック
第3問 (20)	ア/イ	5/6	2	
	ウ,エ,オ	①, ③, ⑤ (解答の順序は問わない)	3	
	カ/キ	1/2	2	
	ク/ケ	3/5	2	
	コ,サ,シ	⓪, ③, ⑤ (解答の順序は問わない)	3	
	ス/セ	5/6	2	
	ソ/タ	5/6	2	
	チ	⑥	4	
第4問 (20)	ア,イ	2, 6 (解答の順序は問わない)	2 (各1)	
	ウ	3	2	
	エ,オ	0, 6	2	
	カ,キ	9, 6	2	
	ク,ケ,コサ	0, 6, 14	3	
	シス	24	2	
	セソ	16	2	
	タ	8	2	
	チツ	24	3	

問題番号 (配点)	解答記号	正解	配点	チェック
第5問 (20)	アイ	28	3	
	ウ/エ	7/2	3	
	オカ/キ	12/7	3	
	クケ/コ	21/5	3	
	サシ°	60°	2	
	ス√セ/ソ	2√3/3	3	
	タ√チ/ツ	4√3/3	3	

(注) 第1問，第2問は必答。第3問～第5問のうちから2問選択。計4問を解答。

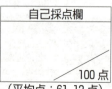

(平均点：61.12点)

第1問 ── 式の値，命題，2次関数，最小値

〔1〕 標準 《式の値》

$x^2 + \dfrac{4}{x^2} = 9$ を満たすとき

$$\left(x + \dfrac{2}{x}\right)^2 - 2 \cdot x \cdot \dfrac{2}{x} = 9$$

$$\left(x + \dfrac{2}{x}\right)^2 - 4 = 9$$

$$\left(x + \dfrac{2}{x}\right)^2 = \boxed{13}$$

であるから，x が正の実数より，$x + \dfrac{2}{x} > 0$ なので

$$x + \dfrac{2}{x} = \sqrt{13}$$

さらに

$$x^3 + \dfrac{8}{x^3} = \left(x + \dfrac{2}{x}\right)\left(x^2 + \dfrac{4}{x^2} - a\right)$$

とおけば，右辺を展開して

$$x^3 + \dfrac{8}{x^3} = x^3 + (2-a)x + \dfrac{2(2-a)}{x} + \dfrac{8}{x^3}$$

両辺の係数を比較すると

$$2 - a = 0, \quad 2(2-a) = 0$$

すなわち $a = 2$

したがって

$$x^3 + \dfrac{8}{x^3} = \left(x + \dfrac{2}{x}\right)\left(x^2 + \dfrac{4}{x^2} - \boxed{2}\right)$$

$$= \sqrt{13}(9 - 2)$$

$$= \boxed{7}\sqrt{\boxed{13}}$$

また

$$x^4 + \dfrac{16}{x^4} = (x^2)^2 + \left(\dfrac{4}{x^2}\right)^2$$

$$= \left(x^2 + \dfrac{4}{x^2}\right)^2 - 2 \cdot x^2 \cdot \dfrac{4}{x^2}$$

$$= 9^2 - 8$$

$$= \boxed{73}$$

別解 ウ～カは3次の因数分解の公式を利用して，次のように解くこともできる。

$$x^3 + \frac{8}{x^3} = x^3 + \left(\frac{2}{x}\right)^3$$

$$= \left(x + \frac{2}{x}\right)\left\{x^2 - x \cdot \frac{2}{x} + \left(\frac{2}{x}\right)^2\right\}$$

$$= \left(x + \frac{2}{x}\right)\left(x^2 + \frac{4}{x^2} - 2\right)$$

$$= \sqrt{13}\,(9 - 2)$$

$$= 7\sqrt{13}$$

解 説

$x^2 + \dfrac{4}{x^2} = x^2 + \left(\dfrac{2}{x}\right)^2$ と考えることで，乗法公式 $(a+b)^2 = a^2 + 2ab + b^2$ を利用する。分数式を含むので扱いづらいかもしれないが，よく目にする問題なので，さほど難しくはないだろう。

$x + \dfrac{2}{x}$ の値を求める際には，x が正の実数であることに注意すれば，$x + \dfrac{2}{x} > 0$ であることがわかる。

さらに，教科書の発展的な内容である3次の因数分解を利用する問題が出題されているが，公式 $a^3 + b^3 = (a+b)(a^2 - ab + b^2)$ の扱いに慣れていれば，〔別解〕のように処理した方が速いだろう。この公式を覚えていなくとも，問題文の誘導が丁寧な形で与えられているので，〔解答〕のように空欄の部分を文字で置き換えることで処理することもできる。

最後は，$x^4 + \dfrac{16}{x^4} = (x^2)^2 + \left(\dfrac{4}{x^2}\right)^2$ と考えることで，$\left(x + \dfrac{2}{x}\right)^2$ の値を求めたときと同様に式変形できる。

〔2〕 易 《命題》

「$p : x = 1$」
「$q : x^2 = 1 \iff x = 1$ または $x = -1$」

より

「$\bar{p} : x \neq 1$」
「$\bar{q} : x \neq 1$ かつ $x \neq -1$」

(1) $q \Longrightarrow p$ は偽（反例：$x = -1$），$p \Longrightarrow q$ は真だから，q は p であるための**必要**

条件だが十分条件でない。（ ⓪ ）

$\bar{p} \Longrightarrow q$ は偽（反例：$x=2$），$q \Longrightarrow \bar{p}$ は偽（反例：$x=1$）だから，$\bar{p}$ は q であるための必要条件でも十分条件でもない。（ ③ ）

「(p または $\bar{q}$)：$x \neq -1$」なので，(p または $\bar{q}$) $\Longrightarrow q$ は偽（反例：$x=2$），$q \Longrightarrow$ (p または $\bar{q}$) は偽（反例：$x=-1$）だから，(p または $\bar{q}$) は q であるための必要条件でも十分条件でもない。（ ③ ）

「($\bar{p}$ かつ q)：$x=-1$」なので，($\bar{p}$ かつ q) $\Longrightarrow q$ は真，$q \Longrightarrow$ ($\bar{p}$ かつ q) は偽（反例：$x=1$）だから，($\bar{p}$ かつ q) は q であるための十分条件だが必要条件でない。（ ① ）

(2)　「r：$x>0$」であり，「(p かつ q)：$x=1$」なので

　　　A：「(p かつ q) $\Longrightarrow r$」は真
　　　B：「$q \Longrightarrow r$」は偽（反例：$x=-1$）
　　　C：「$\bar{q} \Longrightarrow \bar{p}$」は真

よって，真偽について正しいものはAは真，Bは偽，Cは真である。（ ② ）

解　説

条件 q を「$x=1$ または $x=-1$」としてから否定を考えれば，ド・モルガンの法則より，条件 $\bar{q}$ は「$x \neq 1$ かつ $x \neq -1$」であることが求まる。しかし，条件 $\bar{q}$ を「$x^2 \neq 1$」から考えた場合，「$x \neq 1$ または $x \neq -1$」としてしまうケースが見受けられるので，十分注意しておきたい。

また

　　　「$\bar{p}$：$x \neq 1 \Longleftrightarrow x<1,\ 1<x$」
　　　「$\bar{q}$：$x \neq 1$ かつ $x \neq -1 \Longleftrightarrow x<-1,\ -1<x<1,\ 1<x$」

と考えることもできるので

(p または $\bar{q}$) は

　　　$x=1$ または $(x<-1,\ -1<x<1,\ 1<x)$
　　　$\Longleftrightarrow x<-1,\ -1<x$
　　　$\Longleftrightarrow x \neq -1$

($\bar{p}$ かつ q) は

　　　$(x<1,\ 1<x)$ かつ $(x=1$ または $x=-1)$
　　　$\Longleftrightarrow x=-1$

として考えることもできる。

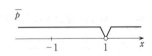

〔3〕 標準 《2次関数, 最小値》

$g(x) = x^2 - 2(3a^2+5a)x + 18a^4 + 30a^3 + 49a^2 + 16$ を平方完成すると
$$g(x) = \{x-(3a^2+5a)\}^2 - (3a^2+5a)^2 + 18a^4 + 30a^3 + 49a^2 + 16$$
$$= \{x-(3a^2+5a)\}^2 + 9a^4 + 24a^2 + 16$$

なので, $y = g(x)$ のグラフの頂点は
($\boxed{3}a^2 + \boxed{5}a$, $\boxed{9}a^4 + \boxed{24}a^2 + \boxed{16}$)

頂点の x 座標を X とすると
$$X = 3a^2 + 5a$$
$$= 3\left(a^2 + \frac{5}{3}a\right)$$
$$= 3\left(a + \frac{5}{6}\right)^2 - \frac{25}{12}$$

だから, a が実数全体を動くとき, 右のグラフより, 頂点の x 座標の最小値は $-\dfrac{\boxed{25}}{\boxed{12}}$ である。

次に, 頂点の y 座標を Y とすると
$$Y = 9a^4 + 24a^2 + 16$$

$t = a^2$ とおけば, $t\ (=a^2) \geqq 0$ であり
$$Y = 9t^2 + 24t + 16$$
$$= 9\left(t^2 + \frac{8}{3}t\right) + 16$$
$$= 9\left(t + \frac{4}{3}\right)^2 \quad (t \geqq 0)$$

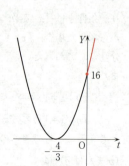

したがって, a が実数全体を動くとき, 右のグラフより, 頂点の y 座標の最小値は $\boxed{16}$ である。

解説

2次関数 $y = g(x)$ の頂点の座標を定数 a で表し, a が実数全体を動くときの頂点の x 座標と y 座標の最小値を求める問題であるが, 頻出の問題なので, 計算間違いに注意しながら解き進めれば, 特に難しい部分は見当たらない。ただし, $t = a^2$ とおくと, $t \geqq 0$ の条件が付加されることを忘れないようにしなければならない。

また, $Y = 9t^2 + 24t + 16$ を平方完成することで, $Y = 9\left(t + \dfrac{4}{3}\right)^2$ の形に変形したが,
$Y = 9t^2 + 24t + 16 = (3t+4)^2 = \left\{3\left(t + \dfrac{4}{3}\right)\right\}^2 = 9\left(t + \dfrac{4}{3}\right)^2$ と因数分解してもよい。

第2問 — 余弦定理，正弦定理，三角形の面積，データの相関，ヒストグラム，箱ひげ図

〔1〕 **標準** 《余弦定理，正弦定理，三角形の面積》

(1) △ABC に余弦定理を用いて

$$AC^2 = (\sqrt{3}-1)^2 + (\sqrt{3}+1)^2 - 2(\sqrt{3}-1)(\sqrt{3}+1)\cos 60°$$

$$= (4-2\sqrt{3}) + (4+2\sqrt{3}) - 2(3-1)\cdot\frac{1}{2}$$

$$= 6$$

AC>0 なので

$$AC = \sqrt{\boxed{6}}$$

△ABC の外接円の半径を R とすると，正弦定理より

$$R = \frac{AC}{2\sin\angle ABC} = \frac{\sqrt{6}}{2\sin 60°} = \frac{\sqrt{6}}{2\cdot\frac{\sqrt{3}}{2}} = \frac{\sqrt{6}}{\sqrt{3}}$$

$$= \sqrt{\boxed{2}}$$

また，正弦定理より，$2R = \dfrac{BC}{\sin\angle BAC}$ なので

$$\sin\angle BAC = \frac{BC}{2R} = \frac{\sqrt{3}+1}{2\sqrt{2}} = \frac{\sqrt{\boxed{6}}+\sqrt{\boxed{2}}}{\boxed{4}}$$

(2) △ABD の面積が $\dfrac{\sqrt{2}}{6}$ となるので

$$\frac{1}{2}\cdot AB\cdot AD\cdot\sin\angle BAC = \frac{\sqrt{2}}{6}$$

$$AB\cdot AD = \frac{2}{\sin\angle BAC}\cdot\frac{\sqrt{2}}{6} = \frac{2}{\frac{\sqrt{6}+\sqrt{2}}{4}}\cdot\frac{\sqrt{2}}{6}$$

$$= \frac{4}{\sqrt{6}+\sqrt{2}}\cdot\frac{\sqrt{2}}{3} = \frac{4(\sqrt{6}-\sqrt{2})}{6-2}\cdot\frac{\sqrt{2}}{3}$$

$$= \frac{\boxed{2}\sqrt{\boxed{3}}-\boxed{2}}{\boxed{3}}$$

であるから，$AB=\sqrt{3}-1$ より

$$AD = \frac{1}{AB}\cdot\frac{2\sqrt{3}-2}{3} = \frac{1}{\sqrt{3}-1}\cdot\frac{2(\sqrt{3}-1)}{3} = \frac{\boxed{2}}{\boxed{3}}$$

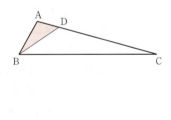

解 説

(1) △ABC に余弦定理を用いれば AC は求まり，正弦定理を用いれば外接円の半径と sin∠BAC は求まる。

(2) △ABD の面積は $\frac{1}{2}\cdot AB\cdot AD\cdot \sin\angle BAC$ で求めることができるので，この公式がしっかりと頭に入っていれば，△ABD の面積が $\frac{\sqrt{2}}{6}$ となることより，AB·AD が求まることはすぐに気付けるだろう。AB·AD が求まれば，AB=$\sqrt{3}-1$ だから，AD はすぐに求まる。

[2] 標準 《データの相関，ヒストグラム，箱ひげ図》

(1) ⓪ X と V の散布図から，X と V の間には相関はみられないが，X と Y の散布図から，X と Y の間には正の相関がみられる。よって，正しくない。
 ① X と Y の散布図から，X と Y の間には正の相関がみられる。よって，正しい。
 ② X と V の散布図から，V が最大のとき，X は 60 未満だから，X は最大ではない。よって，正しくない。
 ③ Y と V の散布図から，V が最大のとき，Y は 55 未満だから，Y は最大ではない。よって，正しくない。
 ④ X と Y の散布図から，Y が最小のとき，X は 55 以上だから，X は最小ではない。よって，正しい。
 ⑤ X と V の散布図から，X が 80 以上のとき，93 未満である V が 1 つあるから，V はすべて 93 以上ではない。よって，正しくない。
 ⑥ Y と V の散布図から，Y が 55 以上のとき，V は 94 未満だから，Y が 55 以上かつ V が 94 以上のジャンプはない。よって，正しい。

以上より，正しいものは，①，④，⑥ である。

(2) X の平均を $\overline{X}$，D の平均を $\overline{D}$ とすると

$$X = 1.80 \times (D - 125.0) + 60.0$$
$$= 1.80D - 225.0 + 60.0$$
$$= 1.80D - 165.0$$

より

$$\overline{X} = 1.80\overline{D} - 165.0$$

だから

$$X - \overline{X} = (1.80D - 165.0) - (1.80\overline{D} - 165.0)$$
$$= 1.80(D - \overline{D})$$

分散は，偏差の2乗の平均値だから，X の分散を $s_X{}^2$，D の分散を $s_D{}^2$ とすれば
$$s_X{}^2 = (1.80)^2 s_D{}^2 = 3.24 s_D{}^2$$

よって，X の分散は，D の分散の 3.24 倍になる。（ ソ は ④ ）

共分散は，偏差の積の平均値だから，Y の平均を $\overline{Y}$，X と Y の共分散を s_{XY}，D と Y の共分散を s_{DY} とすれば，$(X - \overline{X})(Y - \overline{Y}) = 1.80(D - \overline{D})(Y - \overline{Y})$ より
$$s_{XY} = 1.80 s_{DY}$$

よって，X と Y の共分散は，D と Y の共分散の 1.80 倍である。
（ タ は ③ ）

X と Y の相関係数を r_{XY}，D と Y の相関係数を r_{DY}，Y の分散を $s_Y{}^2$ とすれば
$$r_{XY} = \frac{s_{XY}}{s_X s_Y} = \frac{1.80 s_{DY}}{\sqrt{(1.80)^2 s_D{}^2} s_Y} = \frac{1.80 s_{DY}}{1.80 s_D s_Y} = \frac{s_{DY}}{s_D s_Y}$$
$$= r_{DY}$$

よって，X と Y の相関係数は，D と Y の相関係数の 1 倍である。
（ チ は ② ）

(3) 1回目の $X + Y$ の最小値が 108.0 だから，1回目の $X + Y$ の値に対するヒストグラムはA，箱ひげ図はaである。よって，1回目の $X + Y$ の値について，ヒストグラムおよび箱ひげ図の組合せとして正しいものは ⓪ である。

また，図3から読み取れることとして正しいものを考えると

⓪ 1回目の $X + Y$ の四分位範囲は 15 未満，2回目の $X + Y$ の四分位範囲は 15 以上であるから，1回目の $X + Y$ の四分位範囲は 2回目の $X + Y$ の四分位範囲より小さい。よって，正しくない。

① 1回目の $X + Y$ の中央値は，2回目の $X + Y$ の中央値より大きい。よって，正しい。

② 1回目の $X + Y$ の最大値は，2回目の $X + Y$ の最大値より大きい。よって，正しくない。

③ 1回目の $X + Y$ の最小値は，2回目の $X + Y$ の最小値より大きい。よって，正しくない。

以上より，正しいものは ① である。

解説

(2) 飛距離 D についての値を $D_1, D_2, \cdots, D_{58}$ とし，$X = 1.80D - 165.0$ によって算出される $D_1, D_2, \cdots, D_{58}$ に対する得点 X についての値を $X_1, X_2, \cdots, X_{58}$ とすると

$$\overline{X} = \frac{1}{58}(X_1 + X_2 + \cdots + X_{58})$$

$$= \frac{1}{58}\{(1.80D_1 - 165.0) + (1.80D_2 - 165.0) + \cdots + (1.80D_{58} - 165.0)\}$$

$$= \frac{1}{58}\{1.80(D_1 + D_2 + \cdots + D_{58}) - 58 \times 165.0\}$$

$$= 1.80 \times \frac{1}{58}(D_1 + D_2 + \cdots + D_{58}) - 165.0$$

$$= 1.80\overline{D} - 165.0$$

したがって

$$X - \overline{X} = (1.80D - 165.0) - (1.80\overline{D} - 165.0)$$

$$= 1.80(D - \overline{D})$$

が成り立つから

$$s_X{}^2 = \frac{1}{58}\{(X_1 - \overline{X})^2 + (X_2 - \overline{X})^2 + \cdots + (X_{58} - \overline{X})^2\}$$

$$= \frac{1}{58}[\{1.80(D_1 - \overline{D})\}^2 + \{1.80(D_2 - \overline{D})\}^2 + \cdots + \{1.80(D_{58} - \overline{D})\}^2]$$

$$= (1.80)^2 \times \frac{1}{58}\{(D_1 - \overline{D})^2 + (D_2 - \overline{D})^2 + \cdots + (D_{58} - \overline{D})^2\}$$

$$= (1.80)^2 s_D{}^2$$

また，得点 Y についての値を $Y_1, Y_2, \cdots, Y_{58}$ とすると

$$s_{XY} = \frac{1}{58}\{(X_1 - \overline{X})(Y_1 - \overline{Y}) + (X_2 - \overline{X})(Y_2 - \overline{Y}) + \cdots + (X_{58} - \overline{X})(Y_{58} - \overline{Y})\}$$

$$= \frac{1}{58}\{1.80(D_1 - \overline{D})(Y_1 - \overline{Y}) + 1.80(D_2 - \overline{D})(Y_2 - \overline{Y})$$

$$+ \cdots + 1.80(D_{58} - \overline{D})(Y_{58} - \overline{Y})\}$$

$$= 1.80 \times \frac{1}{58}\{(D_1 - \overline{D})(Y_1 - \overline{Y}) + (D_2 - \overline{D})(Y_2 - \overline{Y})$$

$$+ \cdots + (D_{58} - \overline{D})(Y_{58} - \overline{Y})\}$$

$$= 1.80 s_{DY}$$

(3) 1 回目の最小値が 108.0 であることから，1 回目の $X + Y$ の値に対するヒストグラムは A，箱ひげ図は a であることがわかる。ヒストグラムの B と箱ひげ図の b は，最小値が 105 未満であるから適さない。

また，四分位範囲は，(四分位範囲) = (第 3 四分位数) − (第 1 四分位数) である。

第3問　やや難　《排反事象，和事象，条件付き確率》

(1) A，Bの少なくとも一方があたりのくじを引く事象E_1の余事象は，A，Bがともにはずれのくじを引く事象であり，その確率は，Cがあたりのくじを引くことに注意して

$$\frac{2}{4} \times \frac{1}{3} \times \frac{2}{2} = \frac{1}{6}$$

よって，事象E_1の確率$P(E_1)$は，余事象の確率を用いれば

$$P(E_1) = 1 - \frac{1}{6} = \boxed{\frac{5}{6}}$$

(2) あたりのくじは2本しかないので，A，B，Cの3人で2本のあたりのくじを引く事象Eは，A，B，Cの3人の中で1人だけがはずれのくじを引く事象に等しい。

よって，事象Eは，3つの排反な事象，Aだけがはずれのくじを引く事象（ $\boxed{①}$ ），Bだけがはずれのくじを引く事象（ $\boxed{③}$ ），Cだけがはずれのくじを引く事象（ $\boxed{⑤}$ ）の和事象である。

また，Aだけがはずれのくじを引く事象の確率は，B，Cがあたりのくじを引くことに注意して

$$\frac{2}{4} \times \frac{2}{3} \times \frac{1}{2} = \frac{1}{6}$$

同様にして考えれば，Bだけがはずれのくじを引く事象の確率と，Cだけがはずれのくじを引く事象の確率は，それぞれ

$$\frac{2}{4} \times \frac{2}{3} \times \frac{1}{2} = \frac{1}{6} \qquad \frac{2}{4} \times \frac{1}{3} \times \frac{2}{2} = \frac{1}{6}$$

これらの事象は排反だから，これらの事象の和事象の確率$P(E)$は

$$P(E) = \frac{1}{6} + \frac{1}{6} + \frac{1}{6} = \boxed{\frac{1}{2}}$$

(3) 事象E_1が起こったときの事象Eの起こる条件付き確率$P_{E_1}(E)$は

$$P_{E_1}(E) = \frac{P(E_1 \cap E)}{P(E_1)}$$

ここで，A，B，Cの3人で2本のあたりのくじを引くとき，A，Bの少なくとも一方はあたりのくじを必ず引くことになることに注意すると，$E_1 \cap E = E$だから
（……(*)）

$$P_{E_1}(E) = \frac{P(E)}{P(E_1)} = \frac{\frac{1}{2}}{\frac{5}{6}} = \boxed{\frac{3}{5}}$$

(4) Aがはずれのくじを引くとき，残りのくじは，あたりのくじが2本，はずれのくじが1本だから，B，Cの少なくとも一方はあたりのくじを必ず引くことになる。よって，事象 E_2 が起こる。

Aがあたりのくじを引くとき，残りのくじは，あたりのくじが1本，はずれのくじが2本だから，事象 E_2 が起こるためには，B，Cのどちらか一方はあたりのくじを引き，他方ははずれのくじを引かなければならない。すなわち，B，Cのどちらか一方だけがはずれのくじを引くことになる。

よって，B，Cの少なくとも一方があたりのくじを引く事象 E_2 は，3つの排反な事象，Aがはずれのくじを引く事象（ ⓪ ），Bだけがはずれのくじを引く事象（ ③ ），Cだけがはずれのくじを引く事象（ ⑤ ）の和事象である。

また，Aがはずれのくじを引く事象の確率は，B，Cがあたりのくじとはずれのくじのどちらを引いてもよいことに注意して

$$\frac{2}{4} \times \frac{3}{3} \times \frac{2}{2} = \frac{1}{2}$$

Bだけがはずれのくじを引く事象の確率と，Cだけがはずれのくじを引く事象の確率は，(2)より，それぞれ $\frac{1}{6}$, $\frac{1}{6}$ となる。

これらの事象は排反だから，これらの事象の和事象の確率 $P(E_2)$ は

$$P(E_2) = \frac{1}{2} + \frac{1}{6} + \frac{1}{6} = \boxed{\frac{5}{6}}$$

他方，(1)と同様にすれば，A，Cの少なくとも一方があたりのくじを引く事象 E_3 の余事象の確率は，Bだけがあたりのくじを引くことに注意して

$$\frac{2}{4} \times \frac{2}{3} \times \frac{1}{2} = \frac{1}{6}$$

よって，事象 E_3 の確率 $P(E_3)$ は，余事象の確率を用いれば

$$P(E_3) = 1 - \frac{1}{6} = \boxed{\frac{5}{6}}$$

(5) (3)より

$$p_1 = P_{E_1}(E) = \frac{P(E)}{P(E_1)}$$

また，(*)と同様にして $E_2 \cap E = E$, $E_3 \cap E = E$ だから

$$p_2 = P_{E_2}(E) = \frac{P(E_2 \cap E)}{P(E_2)} = \frac{P(E)}{P(E_2)}$$

$$p_3 = P_{E_3}(E) = \frac{P(E_3 \cap E)}{P(E_3)} = \frac{P(E)}{P(E_3)}$$

ここで

$$P(E_1) = P(E_2) = P(E_3) = \frac{5}{6}$$

だから，p_1，p_2，p_3 の間の大小関係は，$p_1 = p_2 = p_3$（ ⑥ ）である。

解説

(1) 「少なくとも一方が…」という事象の確率を求める場合には，余事象の確率を用いる方法が有効である。

(2) 事象 E の確率を求めるだけであれば難しくないが，事象 E を3つの排反な事象の和事象で表さなければならず，排反事象についてしっかりと理解できていなければ難しい。⓪から⑤までの選択肢はすべてはずれのくじを引く事象なので，事象 E をはずれのくじを引く事象で表すことを中心に考えていけばよい。

(3) 事象 X が起こったときに事象 Y が起こる条件付き確率 $P_X(Y)$ は

$$P_X(Y) = \frac{P(X \cap Y)}{P(X)}$$

で与えられる。本問では $E_1 \cap E = E$ が成り立つことに気付くと簡明である。

(4) この問題では全体を通して，あたりのくじが2本，はずれのくじが2本の合計4本からなるくじであることを常に意識しておかなければならない。その状況がしっかりと理解できていれば，A，B，Cの3人が全員あたりのくじを引くことも，全員はずれのくじを引くこともないことがわかるし，あたりのくじを引くことを○，はずれのくじを引くことを×で表せば，A，B，Cがくじを引く場合の数は右の6通りしかないこともわかる。

	A	B	C
(ア)	○	×	×
(イ)	○	○	×
(ウ)	○	×	○
(エ)	×	○	×
(オ)	×	○	○
(カ)	×	×	○

B，Cの少なくとも一方があたりのくじを引く事象 E_2 は(イ)〜(カ)だから，事象 E_2 は，Aがはずれのくじを引く事象(エ)(オ)(カ)，Bだけがはずれのくじを引く事象(ウ)，Cだけがはずれのくじを引く事象(イ)の和事象で表せる。

(ア)〜(カ)の6通りしかないことが最初からわかるのであれば，(ア)〜(カ)を使って解答していく方が間違いも少なく，迅速に処理できるだろう。

(5) (3)と同様にして考えれば，$E_2 \cap E = E$，$E_3 \cap E = E$ だから，p_2，p_3 の値を求めなくとも $p_1 = p_2 = p_3$ であることがわかる。

第4問 《倍数判定，約数の個数，2進法》

(1) $37a$ が 4 で割り切れるためには，下 2 桁が 4 の倍数であればよいから，$7a$ が 4 の倍数となればよい。$a=0, 1, \cdots, 9$ であることに注意すれば，そのような $7a$ は 72 と 76 であるから，a の値は

$$a = \boxed{2}, \boxed{6}$$

(2) (1)と同様にすれば，$7b5c$ が 4 で割り切れるためには，$5c$ が 4 の倍数となればよい。$c=0, 1, \cdots, 9$ であることに注意すれば，そのような $5c$ は 52 と 56 であるから，c の値は

$$c = 2, 6$$

また，$7b5c$ が 9 で割り切れるためには，各位の数の和が 9 の倍数であればよいから，$7+b+5+c$，すなわち，$12+b+c$ が 9 の倍数となればよい。$b=0, 1, \cdots, 9$ であることに注意すれば

- $c=2$ のとき

   $12+b+c=14+b$ が 9 の倍数となるのは　　$b=4$

- $c=6$ のとき

   $12+b+c=18+b$ が 9 の倍数となるのは　　$b=0, 9$

よって，$7b5c$ が 4 でも 9 でも割り切れる b, c の組は，全部で

$$(b, c) = (4, 2), (0, 6), (9, 6)$$

の $\boxed{3}$ 個ある。

このとき，$7b5c$ は

$$7b5c = 7452, 7056, 7956$$

となるから，$7b5c$ の値が最小になるのは $b=\boxed{0}$，$c=\boxed{6}$ のときで，$7b5c$ の値が最大になるのは $b=\boxed{9}$，$c=\boxed{6}$ のときである。

また

$$7b5c = (6 \times n)^2 = 36 \times n^2 = 4 \times 9 \times n^2$$

だから，$7b5c = (6 \times n)^2$ となるとき $7b5c$ は 4 でも 9 でも割り切れるので，b, c は，上で求めた

$$(b, c) = (4, 2), (0, 6), (9, 6)$$

のいずれかである。このとき，$7b5c$ は

$$7452 = 4 \times 9 \times 207 = 4 \times 9 \times (3^2 \times 23)$$
$$7056 = 4 \times 9 \times 196 = 4 \times 9 \times 14^2$$
$$7956 = 4 \times 9 \times 221 = 4 \times 9 \times (13 \times 17)$$

となるから，$7b5c = 4 \times 9 \times n^2$ となるのは，$7056 = 4 \times 9 \times 14^2$ である。

したがって，$7b5c=(6\times n)^2$ となる b，c と自然数 n は
$$b=\boxed{0},\ c=\boxed{6},\ n=\boxed{14}$$

(3) $1188=2^2\times 3^3\times 11$ より，1188 の正の約数は全部で
$$(2+1)(3+1)(1+1)=3\cdot 4\cdot 2=\boxed{24}\ 個$$
これらのうち，2 の倍数は，$1188=2\times(2\times 3^3\times 11)$ より，$2\times 3^3\times 11$ の部分の約数の個数を考えて
$$(1+1)(3+1)(1+1)=2\cdot 4\cdot 2=\boxed{16}\ 個$$
4 の倍数は，$1188=2^2\times(3^3\times 11)$ より，$3^3\times 11$ の部分の約数の個数を考えて
$$(3+1)(1+1)=4\cdot 2=\boxed{8}\ 個$$
1188 のすべての正の約数の積について，素因数 2 の個数を求めると，上の結果より

　　1188 の正の約数のうち 2 の倍数は 16 個
　　1188 の正の約数のうち 4（$=2^2$）の倍数は 8 個

4 の倍数は素因数 2 を 2 個もつが，2 の倍数として 1 個，4 の倍数としてもう 1 個と数えればよいので，素因数 2 の個数は
$$16+8=24\ 個$$
よって，1188 のすべての正の約数の積を 2 進法で表すと，末尾には 0 が連続して $\boxed{24}$ 個並ぶ。

別解 (3) $1188=2^2\times 3^3\times 11$ の正の約数は
　　　(i) $2^0\times 3^k\times 11^\ell$　(ii) $2^1\times 3^k\times 11^\ell$　(iii) $2^2\times 3^k\times 11^\ell$
　　　($k=0,\ 1,\ 2,\ 3,\ \ell=0,\ 1$)

のいずれかの形で表される。
(i)〜(iii) の形で表される正の約数の個数は，いずれも $3^k\times 11^\ell$ の約数の個数に等しく，k が 0 から 3 までの 4 通り，ℓ が 0，1 の 2 通りだから，$4\times 2=8$ 個ずつある。
よって，1188 の正の約数は全部で $8+8+8=24$ 個ある。
これらのうち，2 の倍数は (ii) と (iii) の形で表されるから $8+8=16$ 個，4 の倍数は (iii) の形で表されるから 8 個ある。
1188 のすべての正の約数の積は，1188 の正の約数が (i)〜(iii) のいずれかの形で表され，それぞれ 8 個ずつあるので，1188 のすべての正の約数の積の形を実際に書き表せば
$$(2^0)^8\times(2^1)^8\times(2^2)^8\times 3^m\times 11^n=2^{24}\times 3^m\times 11^n\ (m,\ n：正の整数)$$
と表せる。
よって，1188 のすべての正の約数の積を 2 進法で表すと，末尾には 0 が連続して 24 個並ぶ。

解 説

(1)・(2) 4の倍数と9の倍数の判定法は次のようになる。

　　　4の倍数…下2桁が4の倍数である。

　　　9の倍数…各位の数の和が9の倍数である。

$7b5c$ は4でも9でも割り切れるから，$7b5c$ が4の倍数となることで c の値が定まり，$7b5c$ が9の倍数となることと先に求めた c の値を用いることで b の値も定まる。その際，a, b, c は0から9までの整数であることに注意が必要である。ここで求めた b, c の組を実際に当てはめれば，$7b5c$ の値が最大・最小となる b, c の組は簡単に求まる。

また，$7b5c=(6\times n)^2=4\times 9\times n^2$ となるから，$7b5c$ が4でも9でも割り切れることがわかり，上で求めた b, c の組を利用することができる。それがわかれば，b, c の組は全部で3個なので，$7b5c$ に b, c の値を当てはめて36で割ることで積の形に変形すれば，$7b5c=4\times 9\times n^2$ の形に変形できる自然数 n が求まる。

(3) 一般に，自然数 N の素因数分解が $N=\alpha^p \cdot \beta^q \cdot \gamma^r \cdots$ （α, β, γ, $\cdots$ は相異なる素数）となるとき，N の約数の個数は $(p+1)(q+1)(r+1)\cdots$ である。

1188のすべての正の約数の積が

$$2^p \times 3^q \times 11^r \quad (p, q, r：正の整数)$$

と表せたとすると，$3^q \times 11^r$ は奇数だから，2進法で表すと，末尾には0が連続して p 個並ぶことになる。

教科書や問題集では，10進法の桁数についての問題が扱われていることが多いが，本問は2進法の桁数についての問題である。桁数の問題を，本質を理解せずにやり方だけを覚えるような解き方をしていると，まったく歯が立たなかっただろう。〔解答〕では，1188のすべての正の約数の積について素因数2の個数が求まればよいから，例えば，下の表のようにして考えれば，2の倍数は素因数2を1個，4の倍数は素因数2を2個もつから，○の数を，2の倍数は2の倍数として1回，4の倍数は2の倍数として1回，4の倍数として1回の計2回数えることになる。

	2^1	2^2	$2^1 \cdot 3^1$	$2^2 \cdot 3^1$	$2^1 \cdot 3^2$	$2^1 \cdot 11^1$	$\cdots$	$2^2 \cdot 3^3 \cdot 11^1$
2の倍数	○	○	○	○	○	○		○
4の倍数		○		○				○

〔別解〕では，1188の正の約数が(i)～(iii)のいずれかの形で表せることから，1188のすべての正の約数の積を実際に書き表して，末尾に連続して並ぶ0の個数を求めた。

第5問　易　《方べきの定理，メネラウスの定理，余弦定理，内接円》

(1) CD = AC − AD = 7 − 3 = 4 より，△ABC に方べきの定理を用いて

$$CE \cdot CB = CD \cdot CA$$
$$= 4 \cdot 7$$
$$= 28$$

よって　BC·CE = $\boxed{28}$

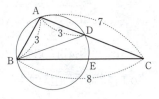

BC = 8 だから

$$CE = \frac{1}{BC} \cdot 28 = \frac{1}{8} \cdot 28 = \boxed{\frac{7}{2}}$$

△ABC と直線 DE についてメネラウスの定理を用いれば，BE = BC − CE = $8 - \frac{7}{2} = \frac{9}{2}$ より

$$\frac{EC}{BE} \cdot \frac{DA}{CD} \cdot \frac{FB}{AF} = 1$$

$$\frac{\frac{7}{2}}{\frac{9}{2}} \cdot \frac{3}{4} \cdot \frac{FB}{AF} = 1 \quad \frac{BF}{AF} = \boxed{\frac{12}{7}}$$

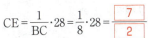

これより，AF : BF = 7 : 12 だから

$$AF : AB = AF : (BF − AF) = 7 : (12 − 7) = 7 : 5$$

なので

$$AF = \frac{7}{5} AB = \frac{7}{5} \cdot 3 = \boxed{\frac{21}{5}}$$

(2) △ABC に余弦定理を用いて

$$\cos \angle ABC = \frac{AB^2 + BC^2 - CA^2}{2AB \cdot BC} = \frac{3^2 + 8^2 - 7^2}{2 \cdot 3 \cdot 8} = \frac{24}{48}$$
$$= \frac{1}{2}$$

0° < ∠ABC < 180° なので

∠ABC = $\boxed{60}$°

これより，△ABC の面積を S とすると

$$S = \frac{1}{2} \cdot AB \cdot BC \cdot \sin \angle ABC = \frac{1}{2} \cdot 3 \cdot 8 \cdot \frac{\sqrt{3}}{2} = 6\sqrt{3}$$

△ABC の内接円の半径を r とすれば，$S = \frac{1}{2} r (AB + BC + CA)$ を用いて

$$6\sqrt{3} = \frac{1}{2}r(3+8+7)$$

$$6\sqrt{3} = 9r$$

$$\therefore\ r = \frac{\boxed{2}\sqrt{\boxed{3}}}{\boxed{3}}$$

△ABC の内接円と辺 BC の接点を H とすると，∠BHI ＝ 90°であり，HI は内接円の半径より　　$HI = \frac{2\sqrt{3}}{3}$

点 I は内心より，線分 BI は∠ABC の二等分線だから

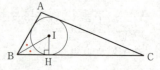

$$\angle IBH = \frac{1}{2}\angle ABC = \frac{1}{2} \times 60° = 30°$$

したがって，△BHI は内角が 30°，60°，90°の直角三角形となるから
BI : HI ＝ 2 : 1 なので

$$BI = 2HI = 2 \cdot \frac{2\sqrt{3}}{3} = \frac{\boxed{4}\sqrt{\boxed{3}}}{\boxed{3}}$$

解説

(1) 方べきの定理とメネラウスの定理を用いることに気付ければよい。正しい図が描ければ，易しい問題である。普段，問題を解くときから，図が速く・正しく描けるように練習しておくべきである。

(2) 「数学Ⅰ」の「図形と計量」で扱う余弦定理や，三角形の内接円と面積の公式が利用できる。「数学Ａ」の「図形の性質」の単元にしぼって考えてしまうと迷ってしまうこともあるだろう。近年では珍しいが，旧課程では「図形と計量」の分野との融合問題として出題されていたため，今後も注意しておく必要があるだろう。

数学Ⅱ・数学B 本試験

問題番号 (配点)	解答記号	正解	配点	チェック
第1問 (30)	$\dfrac{アイ}{ウエ}$	$\dfrac{17}{15}$	3	
	オ	4	2	
	$\dfrac{カ}{キ}$	$\dfrac{4}{5}$	3	
	$\dfrac{ク}{ケ}$	$\dfrac{1}{3}$	3	
	$\dfrac{コ\sqrt{サ}}{シ}$	$\dfrac{2\sqrt{5}}{5}$	2	
	$\dfrac{ス\sqrt{セ}}{ソ}$	$\dfrac{-\sqrt{3}}{3}$	2	
	タ	0	2	
	$\dfrac{チ}{ツ}$	$\dfrac{1}{3}$	2	
	$\dfrac{テ}{ト}\log_2 p +ナ$	$\dfrac{1}{3}\log_2 p +1$	2	
	$\dfrac{ニ}{ヌ}q^{ネ}$	$\dfrac{1}{8}q^3$	3	
	$ノ\sqrt{ハ}$	$6\sqrt{6}$	2	
	$ヒ\sqrt{フ}$	$2\sqrt{6}$	2	
	ヘ	⑥	2	

問題番号 (配点)	解答記号	正解	配点	チェック
第2問 (30)	ア	2	2	
	イ	1	1	
	$t^2-ウat+エa-オ$	$t^2-2at+2a-1$	2	
	$カa-キ$	$2a-1$	1	
	ク	1	1	
	ケ	1	1	
	$(コa-サ)x-シa^2+スa$	$(4a-2)x-4a^2+4a$	2	
	セ	2	2	
	$ソ<a<タ$	$0<a<1$	2	
	$チ(a^{ツ}-a^{テ})$	$2(a^2-a^3)$	3	
	$\dfrac{ト}{ナ}$	$\dfrac{2}{3}$	3	
	$\dfrac{ニ}{ヌネ}$	$\dfrac{8}{27}$	3	
	$\dfrac{ノ}{ハ}a^3-ヒa^2$	$\dfrac{7}{3}a^3-3a^2$	3	
	フ	a	1	
	ヘ	②	3	

2017年度：数学Ⅱ・B/本試験〈解答〉

問題番号(配点)	解答記号	正解	配点
第3問 (20)	ア	8	2
	イ	7	2
	ウ	a	2
	エr^2+(オ−カ)r+キ	$ar^2+(a-b)r+a$	3
	クa^2+ケ$ab-b^2$	$3a^2+2ab-b^2$	2
	コ	4	2
	サシ	16	2
	ス, セ	1, 1	2
	$\dfrac{ソn+タ}{チ}$, ツ	$\dfrac{3n+2}{9}$, 2	2
	$\dfrac{テト}{ナ}$	$\dfrac{32}{9}$	1
第4問 (20)	ア, $\sqrt{イ}$	1, $\sqrt{3}$	1
	−ウ	−2	1
	$-\dfrac{エ}{オ}$, $\dfrac{\sqrt{カ}}{キ}$	$-\dfrac{5}{2}$, $\dfrac{\sqrt{3}}{2}$	2
	ク, $\sqrt{ケ}$	1, $\sqrt{3}$	2
	$\dfrac{コ}{サ}$	$\dfrac{4}{3}$	2
	$\dfrac{シ}{ス}$	$\dfrac{2}{3}$	2
	$-\dfrac{セ}{ソ}$, $\dfrac{タ\sqrt{チ}}{ツ}$	$-\dfrac{4}{3}$, $\dfrac{2\sqrt{3}}{3}$	2
	テ, ト+$\sqrt{ナ}$	2, $a+\sqrt{3}$	2
	$\dfrac{ニa^ヌ+ネ}{ノ}$, ハ	$\dfrac{-a^2+1}{2}$, a	3
	±$\dfrac{ヒ}{フへ}$	±$\dfrac{5}{12}$	3

問題番号(配点)	解答記号	正解	配点
第5問 (20)	アイウ	152	3
	$\dfrac{エ}{オカ}$	$\dfrac{8}{27}$	3
	キ.クケ	1.25	3
	0.コサ	0.89	3
	$\dfrac{シ}{ス}$	$\dfrac{1}{8}$	2
	$\dfrac{セ}{ソ}$	$\dfrac{a}{3}$	3
	$\dfrac{タチ}{ツ}$	$\dfrac{2a}{3}$	2
	テ	7	1

（注）　第1問，第2問は必答。第3問～第5問のうちから2問選択。計4問を解答。

自己採点欄 / 100点

（平均点：52.07点）

第1問 —— 三角関数，指数・対数関数，図形と方程式

〔1〕 標準 《三角方程式》

連立方程式

$$\begin{cases} \cos 2\alpha + \cos 2\beta = \dfrac{4}{15} & \cdots\cdots① \\ \cos\alpha\cos\beta = -\dfrac{2\sqrt{15}}{15} & \cdots\cdots② \end{cases}$$

において，$0 \leq \alpha \leq \pi$，$0 \leq \beta \leq \pi$ であり，$\alpha < \beta$ かつ

$$|\cos\alpha| \geq |\cos\beta| \quad \cdots\cdots③$$

が成り立つ。

2倍角の公式 $\cos 2\theta = 2\cos^2\theta - 1$ を用いると，①から

$$(2\cos^2\alpha - 1) + (2\cos^2\beta - 1) = \dfrac{4}{15}$$

$$2(\cos^2\alpha + \cos^2\beta) = \dfrac{4}{15} + 2$$

$$\therefore \quad \cos^2\alpha + \cos^2\beta = \boxed{\dfrac{17}{15}} \quad \cdots\cdots Ⓐ$$

が得られる。また，②の両辺を平方すると

$$(\cos\alpha\cos\beta)^2 = \left(-\dfrac{2\sqrt{15}}{15}\right)^2 = \dfrac{2^2 \times 15}{15^2} = \dfrac{4}{15}$$

$$\therefore \quad \cos^2\alpha\cos^2\beta = \boxed{\dfrac{4}{15}} \quad \cdots\cdots Ⓑ$$

である。ⒶとⒷより，$\cos^2\alpha$，$\cos^2\beta$ は t についての2次方程式

$$t^2 - \dfrac{17}{15}t + \dfrac{4}{15} = 0$$

の解である。この2次方程式を解くと

$$\left(t - \dfrac{4}{5}\right)\left(t - \dfrac{1}{3}\right) = 0$$

より，$t = \dfrac{4}{5}, \dfrac{1}{3}$ を得るが，③より，$\cos^2\alpha \geq \cos^2\beta$ であるから

$$\cos^2\alpha = \boxed{\dfrac{4}{5}}, \quad \cos^2\beta = \boxed{\dfrac{1}{3}}$$

$$\therefore \quad \cos\alpha = \pm\sqrt{\dfrac{4}{5}}, \quad \cos\beta = \pm\sqrt{\dfrac{1}{3}}$$

ここで，条件 $0≦α≦π$，$0≦β≦π$，$α<β$ から，$\cosα>\cosβ$ であり，また②より $\cosα$ と $\cosβ$ は異符号であるから

$$\cosα = \sqrt{\dfrac{4}{5}} = \dfrac{2}{\sqrt{5}} = \dfrac{2\sqrt{5}}{5}$$

$$\cosβ = -\sqrt{\dfrac{1}{3}} = \dfrac{-1}{\sqrt{3}} = \dfrac{-\sqrt{3}}{3}$$

解説

コサインの加法定理（基本中の基本，必ず覚える）

$$\cos(A+B) = \cos A\cos B - \sin A\sin B$$

において，$A=B=θ$ とすると

$$\cos 2θ = \cos^2 θ - \sin^2 θ$$
$$= 2\cos^2 θ - 1 \quad (\sin^2 θ = 1 - \cos^2 θ)$$
$$= 1 - 2\sin^2 θ \quad (\cos^2 θ = 1 - \sin^2 θ)$$

となる。これがコサインの2倍角の公式である。覚えておきたい。

未知数 x，y について，$x+y=a$，$xy=b$ であれば，x，y は2次方程式

$$t^2 - at + b = 0$$

の解である（解と係数の関係により $x+y=a$，$xy=b$ となる）。この解を $t=t_1$，t_2 ($t_1 ≠ t_2$) とすれば

$$(x, y) = (t_1, t_2),\ (t_2, t_1)$$

である。本問では x，y がそれぞれ $\cos^2 α$，$\cos^2 β$ である。

$|A|≧|B|$ のとき両辺正であるから $|A|^2≧|B|^2$ が成り立つ。$|A|^2 = A^2$，$|B|^2 = B^2$ であるので，結局 $A^2≧B^2$ である。本問では $|\cosα|≧|\cosβ|$ より $\cos^2 α ≧ \cos^2 β$ となる。

$y=\cosθ$ のグラフは，$0≦θ≦π$ で単調に減少するから

$$0≦α≦π,\quad 0≦β≦π,\quad α<β$$

であれば

$$\cosα > \cosβ$$

である。

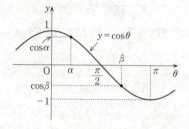

[2] 標準 《対数方程式，対数の計算》

3点 $A\left(0, \dfrac{3}{2}\right)$, $B(p, \log_2 p)$, $C(q, \log_2 q)$ において，線分 AB を $1:2$ に内分する点が C である。
真数の条件により，$p>$ `0` ，$q>0$ である。
線分 AB を $1:2$ に内分する点の座標は，その x 座標，y 座標がそれぞれ

$$\dfrac{2\times 0 + 1\times p}{1+2} = \dfrac{p}{3}, \quad \dfrac{2\times \dfrac{3}{2} + 1\times \log_2 p}{1+2} = \dfrac{3+\log_2 p}{3} = \dfrac{1}{3}\log_2 p + 1$$

と計算されるから

$$\left(\boxed{\dfrac{1}{3}}p, \ \boxed{\dfrac{1}{3}}\log_2 p + \boxed{1}\right)$$

と表され，これが C の座標と一致するので

$$\begin{cases} \dfrac{1}{3}p = q & \cdots\cdots ④ \\ \dfrac{1}{3}\log_2 p + 1 = \log_2 q & \cdots\cdots ⑤ \end{cases}$$

が成り立つ。
⑤を変形すると

$\log_2 p + 3 = 3\log_2 q$ （両辺を 3 倍）
$\log_2 p + \log_2 2^3 = \log_2 q^3$ （$3 = 3\times 1 = 3\times \log_2 2 = \log_2 2^3$）
$\log_2(p \times 2^3) = \log_2 q^3$ （$\log_2 A + \log_2 B = \log_2 AB$）
$8p = q^3$ ∴ $p = \boxed{\dfrac{1}{8}}q^{\boxed{3}}$ ……⑥

④と⑥より p を消去すると

$$\dfrac{1}{3}\times \dfrac{1}{8}q^3 = q \quad q^3 - 24q = 0 \quad q(q^2-24) = 0$$

$q>0$ より　　$q = \sqrt{24} = 2\sqrt{6}$
このとき，④より
$$p = 3q = 3\times 2\sqrt{6} = 6\sqrt{6}$$

したがって，求める p, q の値は
$$p = \boxed{6}\sqrt{\boxed{6}}, \quad q = \boxed{2}\sqrt{\boxed{6}}$$

このとき，C の y 座標 $\log_2 q$ の値は
$$\log_2 q = \log_2 2\sqrt{6} = \log_2 2 + \log_2 \sqrt{6}$$

$$= 1 + \log_2 6^{\frac{1}{2}} = 1 + \frac{1}{2}\log_2 6$$

$$= 1 + \frac{1}{2}\log_2(2\times 3) = 1 + \frac{1}{2}(\log_2 2 + \log_2 3)$$

$$= 1 + \frac{1}{2}\left(1 + \frac{\log_{10}3}{\log_{10}2}\right) = \frac{3}{2} + \frac{1}{2}\times\frac{0.4771}{0.3010}$$

$$= \frac{3}{2} + \frac{1}{2}\times\frac{4771}{3010} = 1.5 + \frac{4771}{6020} = 1.5 + 0.79\cdots$$

$$= 2.29\cdots$$

より,小数第2位を四捨五入して小数第1位まで求めると2.3となる。(⑥)

解説

内分点Cの座標を求めるには次の公式を用いる。

ポイント　内分点,外分点の座標

2点 (x_1, y_1),(x_2, y_2) を $m:n$ の比に分ける点の座標は

$$\left(\frac{nx_1 + mx_2}{m+n},\ \frac{ny_1 + my_2}{m+n}\right)$$

$mn>0$ なら内分点であり,$mn<0$ なら外分点である。

なお,本問の内容を図にすると下図のようになる。

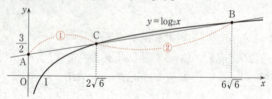

対数の計算では次の性質が使われている。

ポイント　対数の性質

$a>0$,$a\neq 1$,$M>0$,$N>0$ とする。

$$\log_a MN = \log_a M + \log_a N,\quad \log_a \frac{M}{N} = \log_a M - \log_a N$$

$$\log_a M^k = k\log_a M\quad(k\text{ は実数})$$

$$\log_a b = \frac{\log_c b}{\log_c a}\quad(\text{底の変換公式},\ b>0,\ c>0,\ c\neq 1)$$

$\log_2 q$ の値は $\log_2 3$ の値がわかれば求まるが,問題文の最後に与えられている値は常用対数(10を底とする対数)であるから,どうしても底の変換公式を用いなければならず,面倒な割り算が避けられない。

第2問 　標準 　《接線，面積，関数の増減》

(1) 点 $P(a, 2a)$ を通り，放物線 $C: y = x^2 + 1$ に接する直線の方程式を求める。

C 上の点 (t, t^2+1) における接線の方程式は，$y' = 2x$ より傾きは $2t$ となるので

$$y - (t^2+1) = 2t(x-t)$$

∴ $y = \boxed{2}tx - t^2 + \boxed{1}$

であり，この直線が P を通るとすると，t は方程式

$$2a = 2ta - t^2 + 1$$

∴ $t^2 - \boxed{2}at + \boxed{2}a - \boxed{1} = 0$

を満たすから，左辺の因数分解

$$(t-1)\{t - (2a-1)\} = 0$$

より，$t = \boxed{2}a - \boxed{1}, \boxed{1}$ である。$2a-1 = 1 \iff a = 1$ のときは 2 つの接点が一致するから接線は 1 本である。よって，$a \neq \boxed{1}$ のとき，P を通る C の接線は 2 本あり，それらの方程式は

$$y = 2(2a-1)x - (2a-1)^2 + 1 \quad \text{と} \quad y = 2 \times 1 \times x - 1^2 + 1$$

すなわち

$$y = (\boxed{4}a - \boxed{2})x - \boxed{4}a^2 + \boxed{4}a \quad \cdots\cdots ①$$

と

$$y = \boxed{2}x$$

である。

(2) 方程式①で表される直線 ℓ と y 軸との交点を $R(0, r)$ とすると

$$r = (4a-2) \times 0 - 4a^2 + 4a = -4a^2 + 4a$$

である。$r > 0$ となるのは，$-4a^2 + 4a > 0$ より $-4a(a-1) > 0$ すなわち $a(a-1) < 0$ が成り立つときであるから，$\boxed{0} < a < \boxed{1}$ のときである。

このとき，三角形 OPR の面積 S は，右図より

$$S = \frac{1}{2}ar = \frac{1}{2}a(-4a^2 + 4a)$$
$$= -2a^3 + 2a^2$$
$$= \boxed{2}(a^{\boxed{2}} - a^{\boxed{3}})$$

となる。

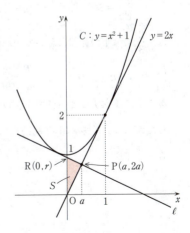

$\dfrac{dS}{da} = 2(2a - 3a^2) = -6a\left(a - \dfrac{2}{3}\right)$

であるから，$0 < a < 1$ における S の増減は右表のようになる．

したがって，S は，$a = \dfrac{\boxed{2}}{\boxed{3}}$ で最大値

$2\left\{\left(\dfrac{2}{3}\right)^2 - \left(\dfrac{2}{3}\right)^3\right\} = 2 \times \left(\dfrac{2}{3}\right)^2\left(1 - \dfrac{2}{3}\right) = \dfrac{8}{9} \times \dfrac{1}{3}$

$= \dfrac{\boxed{8}}{\boxed{27}}$

をとる．

(3) $0 < a < 1$ のとき，放物線 C と直線 ℓ および 2 直線 $x = 0$，$x = a$ で囲まれた図形の面積 T は，右図より

$T = \displaystyle\int_0^a \{(x^2 + 1) - (4a - 2)x + 4a^2 - 4a\}\,dx$

$= \left[\dfrac{x^3}{3} + x - (2a - 1)x^2 + (4a^2 - 4a)x\right]_0^a$

$= \dfrac{a^3}{3} + a - (2a - 1)a^2 + (4a^2 - 4a)a$

$= \dfrac{\boxed{7}}{\boxed{3}}a^3 - \boxed{3}a^2 + \boxed{a}$

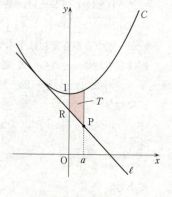

である．

$\dfrac{dT}{da} = 7a^2 - 6a + 1 = 7\left(a - \dfrac{3}{7}\right)^2 - \dfrac{2}{7}$

は，$\dfrac{2}{3} \leqq a < 1$ の範囲においてつねに正である．

（これは，$a = \dfrac{2}{3}$ のとき，$\dfrac{dT}{da} = \dfrac{28}{9} - 4 + 1 = \dfrac{1}{9} > 0$ であることに注意すると，右図よりわかる）

したがって，$\dfrac{2}{3} \leqq a < 1$ の範囲において，T は増加する．（$\boxed{②}$）

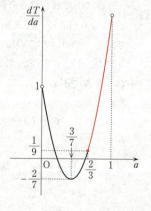

解説

(1) 点 $P(a, 2a)$ が直線 $y=2x$ 上の点であることに気付けば図は描きやすい。

接線の方程式については次のことが基本である。

> **ポイント** 接線の方程式
> 曲線 $y=f(x)$ 上の点 $(t, f(t))$ における接線の方程式は
> $$y-f(t)=f'(t)(x-t)$$

点 P を通る接線の方程式を求めるには、接点の座標を $(t, f(t))$ などとおいて、接線の方程式をつくり、点 P の座標がその方程式を満たすと考えて t の値を求める、とするのが定石である。

$t^2-2at+2a-1$ は、$t=1$ を代入すると 0 になるから、$t-1$ を因数にもつことがわかる（因数定理）。a について整理しても因数分解できる。

(2) 三角形 OPR の面積は、底辺 r、高さ a と考えると簡単に求まる。a についての 3 次関数になるから、微分法を用いて面積の増減を調べる。

(3) ここでの面積計算には定積分の計算をしなければならないが、C と ℓ との上下関係は変化しないから難しい部分はない。

最後の設問に答えるとき、増減表を利用してもよい。

$\dfrac{dT}{da}=0$ を解くと、$a=\dfrac{3\pm\sqrt{2}}{7}$ を得るから、$0<a<1$ で増減表をつくる。

a	0	...	$\dfrac{3-\sqrt{2}}{7}$	...	$\dfrac{3+\sqrt{2}}{7}$	...	1
$\dfrac{dT}{da}$	/	+	0	−	0	+	/
T	/	↗	極大	↘	極小	↗	/

$\dfrac{2}{3}-\dfrac{3+\sqrt{2}}{7}=\dfrac{5-3\sqrt{2}}{21}=\dfrac{\sqrt{25}-\sqrt{18}}{21}>0$ すなわち $\dfrac{3+\sqrt{2}}{7}<\dfrac{2}{3}$ (<1) であるから、

$\dfrac{2}{3}\leq a<1$ では $\dfrac{dT}{da}>0$ であることがわかる。

第3問　《等比数列，いろいろな数列の和》

(1) 等比数列 $\{s_n\}$ の初項が 1 であるから $s_1=1$，公比が 2 であるから
$s_2=2s_1=2\times 1=2$，$s_3=2s_2=2\times 2=4$ である。よって
$$s_1 s_2 s_3 = 1\times 2\times 4 = \boxed{8}$$
$$s_1+s_2+s_3=1+2+4=\boxed{7}$$

(2) 等比数列 $\{s_n\}$ は初項が x，公比が r であり
$$s_1 s_2 s_3 = a^3 \quad (a\neq 0) \quad \cdots\cdots ①$$
$$s_1+s_2+s_3 = b \quad \cdots\cdots ②$$
を満たす。$s_1=x$, $s_2=xr$, $s_3=xr^2$ であるから，①より
$$x\times xr \times xr^2 = a^3 \quad \therefore\ (xr)^3 = a^3$$
が成り立ち，x, r, a はすべて実数であるから
$$xr = \boxed{a} \quad \cdots\cdots ③$$
である。②は
$$x+xr+xr^2 = b \quad \therefore\ x(1+r+r^2)=b$$
となるが，③より $x=\dfrac{a}{r}$ （$a\neq 0$ より $r\neq 0$）であるから
$$\dfrac{a}{r}(1+r+r^2) = b \qquad a+ar+ar^2 = br$$
となり，r, a, b の満たす関係式
$$\boxed{a}r^2 + (\boxed{a}-\boxed{b})r + \boxed{a} = 0 \quad \cdots\cdots ④$$
を得る。④を満たす実数 r が存在するので，r についての2次方程式④の判別式は 0 以上であるから
$$(a-b)^2 - 4a\times a \geq 0 \qquad a^2 - 2ab + b^2 - 4a^2 \geq 0$$
$$\therefore\ \boxed{3}a^2 + \boxed{2}ab - b^2 \leq 0 \quad \cdots\cdots ⑤$$

(3) $a=64$，$b=336$ のとき，(2)の条件①，②を満たし，公比が 1 より大きい等比数列 $\{s_n\}$ を考える。この a, b は⑤を満たすから，③，④より r, x が求まる。④より
$$64r^2 + (64-336)r + 64 = 0$$
両辺を 64 と 336 の最大公約数 16 で割ると
$$4r^2 + (4-21)r + 4 = 0 \qquad 4r^2 - 17r + 4 = 0$$
$$(4r-1)(r-4)=0 \quad \therefore\ r=\dfrac{1}{4},\ 4$$

いま，$r>1$ であるから，$r=\dfrac{1}{4}$ は不適で，$r=\boxed{4}$，③より $x=\dfrac{a}{r}=\dfrac{64}{4}=\boxed{16}$ である。

$\{s_n\}$ を用いて，数列 $\{t_n\}$ を
$$t_n = s_n \log_4 s_n \quad (n=1, 2, 3, \cdots)$$
と定める。いま $s_n = xr^{n-1} = 16 \times 4^{n-1} = 4^2 \times 4^{n-1} = 4^{n+1}$ であるので，$\{t_n\}$ の一般項は
$$t_n = 4^{n+1} \log_4 4^{n+1} = 4^{n+1}(n+1)\log_4 4 = (n+\boxed{1}) \cdot 4^{n+\boxed{1}}$$
である。$\{t_n\}$ の初項から第 n 項までの和 U_n は
$$U_n = 2 \times 4^2 + 3 \times 4^3 + 4 \times 4^4 + \cdots + n \times 4^n + (n+1) \times 4^{n+1}$$
と表され
$$4U_n = 2 \times 4^3 + 3 \times 4^4 + 4 \times 4^5 + \cdots + n \times 4^{n+1} + (n+1) \times 4^{n+2}$$
であるから，$U_n - 4U_n$ を計算すれば
$$-3U_n = 2 \times 4^2 + 4^3 + 4^4 + \cdots + 4^{n+1} - (n+1) \times 4^{n+2}$$
$$= 12 + 4(1 + 4 + 4^2 + 4^3 + \cdots + 4^n) - (n+1) \times 4^{n+2}$$
$$(2 \times 4^2 = 32 = 12 + 4 + 4^2 \text{ より})$$
$$= 12 + 4 \times \frac{4^{n+1} - 1}{4-1} - (n+1) \times 4^{n+2}$$
$$= -(n+1) \times 4^{n+2} + \frac{4^{n+2} - 4}{3} + 12$$
$$= \frac{-(3n+2)}{3} \cdot 4^{n+2} + \frac{32}{3}$$
となる。両辺を -3 で割ることによって
$$U_n = \frac{\boxed{3}n + \boxed{2}}{\boxed{9}} \cdot 4^{n+\boxed{2}} - \frac{\boxed{32}}{\boxed{9}}$$

参考 数列 $\{a_n\}$ を等差数列（初項 a，公差 d），数列 $\{b_n\}$ を等比数列（初項 b，公比 r，$r \neq 1$）とするとき，数列 $\{a_n b_n\}$ の初項から第 n 項までの和 S_n を求めてみよう。
$$S_n = a_1 b_1 + a_2 b_2 + a_3 b_3 + \cdots + a_n b_n$$
$$= ab + (a+d)br + (a+2d)br^2 + \cdots + \{a+(n-1)d\}br^{n-1}$$
の両辺に $\{b_n\}$ の公比 r をかけると
$$rS_n = abr + (a+d)br^2 + (a+2d)br^3 + \cdots + \{a+(n-2)d\}br^{n-1}$$
$$+ \{a+(n-1)d\}br^n$$
となるから，r の同次の項に着目して S_n から rS_n を辺々引いて
$$S_n - rS_n = ab + dbr + dbr^2 + \cdots + dbr^{n-1} - \{a+(n-1)d\}br^n$$
$$(1-r)S_n = ab + dbr\frac{1-r^{n-1}}{1-r} - \{a+(n-1)d\}br^n$$
より，両辺を $1-r$ で割ればよい。結果はきれいにまとまらないが，r で整理すると

$$S_n = \frac{a - (a-d)r - (a+nd)r^n + \{a+(n-1)d\}r^{n+1}}{(1-r)^2} \times b$$

となる。$a=2$, $d=1$, $b=16$, $r=4$ を代入すると(3)の U_n が求まる。

解 説

(1) (2)のための準備である。とくに問題はないだろう。

(2) 等比数列については，次のことが基本である。

> **ポイント** 等比数列の一般項と和
>
> 等比数列 $\{a_n\}$ の初項を a，公比を r とすると
>
> $a_n = ar^{n-1}$　$(a_1 = a)$
>
> $\underbrace{a_1 + a_2 + \cdots + a_n}_{n個} = a + ar + \cdots + ar^{n-1}$
>
> $= \begin{cases} \dfrac{a(r^n-1)}{r-1} = \dfrac{a(1-r^n)}{1-r} & (r \neq 1 \text{ のとき}) \\ na & (r = 1 \text{ のとき}) \end{cases}$

$s_n = xr^{n-1}$ であるから，①は $(xr)^3 = a^3$ となるが，x, r, a $(a \neq 0)$ が実数のとき

$(xr)^3 - a^3 = 0$　　$(xr-a)\{(xr)^2 + (xr)a + a^2\} = 0$

において，$(xr)^2 + (xr)a + a^2 = \left\{(xr) + \dfrac{a}{2}\right\}^2 + \dfrac{3}{4}a^2 > 0$ であるから，$xr = a$ となる。

(3) $a = 64 = 4 \times 16$, $b = 336 = 21 \times 16$ が⑤を満たすことは次のように確かめられる。
$3a^2 + 2ab - b^2 = (3a-b)(a+b)$ であり，$3a - b = 12 \times 16 - 21 \times 16 < 0$, $a + b > 0$ であるから，$3a^2 + 2ab - b^2 < 0$ である。

対数の性質 $\log_a M^k = k \log_a M$, $\log_a a = 1$ $(a>0, a \neq 1, M>0, k$ は実数) を用いれば，$\log_4 s_n = \log_4 4^{n+1} = (n+1) \log_4 4 = (n+1) \times 1 = n+1$ となる。数列 $\{t_n\}$ の一般項は $t_n = (n+1) \cdot 4^{n+1}$ である。これは（等差×等比）型の数列で，この型の数列の和を求めることは入試では頻出である。〔参考〕をよく勉強しておくこと。

第4問 　標準　《平面ベクトル》

(1) 座標平面上に点 A(2, 0) をとり，原点Oを中心とする半径2の円周上に点B，C，D，E，Fを，点A，B，C，D，E，Fが順に正六角形の頂点となるようにとる（ただし，点Bは第1象限にとる）と，右図のようになるから，点Bの座標は ($\boxed{1}$, $\sqrt{\boxed{3}}$)．点Dの座標は (−$\boxed{2}$, 0) である。

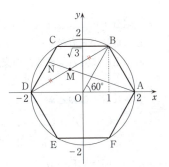

(2) 線分 BD の中点Mの座標は

$$\left(\frac{1-2}{2},\ \frac{\sqrt{3}+0}{2}\right) \quad \text{すなわち} \quad M\left(-\frac{1}{2},\ \frac{\sqrt{3}}{2}\right)$$

である。直線 AM と直線 CD の交点をNとすると，$\vec{ON}$ は実数 r，s を用いて，$\vec{ON}=\vec{OA}+r\vec{AM}$，$\vec{ON}=\vec{OD}+s\vec{DC}$ と2通りに表すことができる。ここで

$$\vec{OA}=(2,\ 0)$$

$$\vec{AM}=\vec{OM}-\vec{OA}=\left(-\frac{1}{2},\ \frac{\sqrt{3}}{2}\right)-(2,\ 0)=\left(-\frac{\boxed{5}}{\boxed{2}},\ \frac{\sqrt{\boxed{3}}}{\boxed{2}}\right)$$

$$\vec{OD}=(-2,\ 0)$$

$$\vec{DC}=\vec{OB}=(\boxed{1},\ \sqrt{\boxed{3}})$$

であるから，先の2通りは

$$\vec{ON}=\vec{OA}+r\vec{AM}=(2,\ 0)+r\left(-\frac{5}{2},\ \frac{\sqrt{3}}{2}\right)=\left(-\frac{5}{2}r+2,\ \frac{\sqrt{3}}{2}r\right)$$

$$\vec{ON}=\vec{OD}+s\vec{DC}=(-2,\ 0)+s(1,\ \sqrt{3})=(-2+s,\ \sqrt{3}s)$$

となり，これらが等しいことより

$$-\frac{5}{2}r+2=-2+s,\quad \frac{\sqrt{3}}{2}r=\sqrt{3}s$$

後者より　　$s=\dfrac{1}{2}r$

これを前者に代入すると　　$-\dfrac{5}{2}r+2=-2+\dfrac{1}{2}r$

∴　$r=\dfrac{\boxed{4}}{\boxed{3}}$，$s=\dfrac{\boxed{2}}{\boxed{3}}$

よって

$$\vec{ON} = \left(-2+\frac{2}{3},\ \sqrt{3}\times\frac{2}{3}\right) = \left(-\frac{\boxed{4}}{\boxed{3}},\ \frac{\boxed{2}\sqrt{\boxed{3}}}{\boxed{3}}\right)$$

(3) 線分 BF 上に点 P をとり，その y 座標を a と
し，点 P から直線 CE に引いた垂線と，点 C から
直線 EP に引いた垂線との交点を H とするとき，
右図より，H の座標は実数 x を用いて $(x,\ a)$ と
表される。このとき

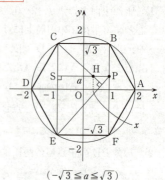

$$\vec{CH} = \vec{OH} - \vec{OC} = (x,\ a) - (-1,\ \sqrt{3})$$
$$= (x+1,\ a-\sqrt{3})$$
$$\vec{EP} = \vec{OP} - \vec{OE} = (1,\ a) - (-1,\ -\sqrt{3})$$
$$= (\boxed{2},\ \boxed{a} + \sqrt{\boxed{3}})$$

($-\sqrt{3} \leqq a \leqq \sqrt{3}$)

と表せ，$CH \perp EP$ より $\vec{CH} \cdot \vec{EP} = 0$ であるので

$$(x+1,\ a-\sqrt{3})\cdot(2,\ a+\sqrt{3}) = 0$$
$$(x+1)\times 2 + (a-\sqrt{3})(a+\sqrt{3}) = 0$$
$$2x+2+a^2-3 = 0 \quad \therefore\ x = \frac{-a^2+1}{2}$$

となる。したがって，H の座標を a を用いて表すと

$$H\left(\frac{\boxed{-}a^{\boxed{2}}+\boxed{1}}{\boxed{2}},\ \boxed{a}\right)$$

さらに，$\vec{OP}$ と $\vec{OH}$ のなす角 θ が，$\cos\theta = \dfrac{12}{13}$ のとき

$$\vec{OP}\cdot\vec{OH} = |\vec{OP}||\vec{OH}|\cos\theta = \sqrt{1+a^2}\sqrt{x^2+a^2}\times\frac{12}{13}$$

一方，内積を成分で計算すると

$$\vec{OP}\cdot\vec{OH} = (1,\ a)\cdot(x,\ a) = 1\times x + a\times a = x+a^2$$

これらが等しいことより

$$\frac{12}{13}\sqrt{1+a^2}\sqrt{x^2+a^2} = x+a^2$$

$x = \dfrac{-a^2+1}{2}$ を代入すると

$$x^2+a^2 = \frac{a^4-2a^2+1}{4}+a^2 = \frac{a^4+2a^2+1}{4} = \left(\frac{a^2+1}{2}\right)^2,\quad x+a^2 = \frac{1+a^2}{2}$$

より

$$\frac{12}{13}\sqrt{1+a^2}\,\frac{a^2+1}{2} = \frac{1+a^2}{2}$$

$$\frac{12}{13}\sqrt{1+a^2}=1 \qquad 1+a^2=\frac{13^2}{12^2} \qquad a^2=\frac{13^2-12^2}{12^2}=\frac{5^2}{12^2}$$

$$\therefore \quad a=\pm\boxed{\frac{5}{12}}$$

(注1) 〔解答〕の図において，三角形 EPS と三角形 HCS は相似である（どちらも直角三角形であることに注意）。よって，$\dfrac{SE}{SP}=\dfrac{SH}{SC}$ が成り立つから

$$SH=\frac{SE}{SP}\times SC=\frac{a+\sqrt{3}}{2}\times(\sqrt{3}-a)=\frac{3-a^2}{2} \quad (a<0 \text{ でも問題ない})$$

が成り立つ。したがって

$$(H \text{ の } x \text{ 座標})=-1+SH=-1+\frac{3-a^2}{2}=\frac{-a^2+1}{2}$$

(注2) $\cos\theta=\dfrac{12}{13}$ のときの a の値は，三角形 OPH に余弦定理を用いてもよい。

$$PH^2=OP^2+OH^2-2OP\cdot OH\cos\theta$$

$$(1-x)^2=(1^2+a^2)+(x^2+a^2)-2\sqrt{1^2+a^2}\sqrt{x^2+a^2}\times\frac{12}{13}$$

$$-2x=2a^2-\frac{24}{13}\sqrt{(1+a^2)(x^2+a^2)}$$

$$\frac{12}{13}\sqrt{(1+a^2)(x^2+a^2)}=x+a^2$$

以降，〔解答〕と同じ。

解 説

(1) 正六角形はなじみの図形で，作図も簡単である。図を描けば答えられる。

(2) 問題文の誘導に従えば自然にできるだろう。ベクトルを成分の形で利用するので，M の座標 $\left(-\dfrac{1}{2},\dfrac{\sqrt{3}}{2}\right)$ から $\overrightarrow{OM}=\left(-\dfrac{1}{2},\dfrac{\sqrt{3}}{2}\right)$ なのであり，$\overrightarrow{AM}=\left(-\dfrac{1}{2},\dfrac{\sqrt{3}}{2}\right)$ などと勘違いしないよう注意しよう。

(3) H の座標を (x,a) とおくところがポイントになる。
条件 CH⊥EP では内積が想起されなければならない。

ポイント ベクトルの垂直と内積

$\vec{a}\neq\vec{0},\ \vec{b}\neq\vec{0}$ のとき

$\vec{a}\cdot\vec{b}=0 \Longleftrightarrow \vec{a}\perp\vec{b}$

なお，Hの座標は，(注1)のように，相似な三角形に気付くと簡単に求まる。最後の $\cos\theta = \dfrac{12}{13}$ から a の値を求める部分では，内積を利用してもよいし，(注2)のように余弦定理を用いてもよい。いずれの方法でも計算がやや複雑になるので，上手に処理しなければならない。

ポイント　ベクトルの内積

$\vec{a} = (a_1, a_2)$, $\vec{b} = (b_1, b_2)$ $(\vec{a} \neq \vec{0}, \vec{b} \neq \vec{0})$ に対して，$\vec{a}$ と $\vec{b}$ のなす角を θ とするとき，$\vec{a}$ と $\vec{b}$ の内積 $\vec{a} \cdot \vec{b}$ は次のように定義される。

$$\vec{a} \cdot \vec{b} = |\vec{a}||\vec{b}|\cos\theta \quad (|\vec{a}| = \sqrt{a_1{}^2 + a_2{}^2},\ |\vec{b}| = \sqrt{b_1{}^2 + b_2{}^2})$$

成分で表すと

$$\vec{a} \cdot \vec{b} = a_1 b_1 + a_2 b_2$$

右図に余弦定理を用いると

$$|\vec{b} - \vec{a}|^2 = |\vec{a}|^2 + |\vec{b}|^2 - 2|\vec{a}||\vec{b}|\cos\theta$$

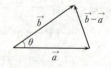

$\vec{b} - \vec{a} = (b_1, b_2) - (a_1, a_2) = (b_1 - a_1, b_2 - a_2)$ であるから

$$|\vec{b} - \vec{a}|^2 = (b_1 - a_1)^2 + (b_2 - a_2)^2$$

よって

$$\begin{aligned}|\vec{a}||\vec{b}|\cos\theta &= \dfrac{1}{2}(|\vec{a}|^2 + |\vec{b}|^2 - |\vec{b} - \vec{a}|^2) \\ &= \dfrac{1}{2}\{a_1{}^2 + a_2{}^2 + b_1{}^2 + b_2{}^2 - (b_1{}^2 - 2a_1 b_1 + a_1{}^2) - (b_2{}^2 - 2a_2 b_2 + a_2{}^2)\} \\ &= a_1 b_1 + a_2 b_2\end{aligned}$$

〔解答〕の方法と(注2)は本質的に同じことなのである。

第5問　《二項分布，正規分布表，確率密度関数》

(1) 1回の試行において，事象 A の起こる確率が p，起こらない確率が $1-p$ であり，この試行を n 回繰り返すとき，事象 A の起こる回数を W とするのであるから，確率変数 W は，二項分布 $B(n, p)$ に従う。W の平均（期待値）m が $\dfrac{1216}{27}$，標準偏差 σ が $\dfrac{152}{27}$ であることから，$m = E(W) = np$，$\sigma = \sigma(W) = \sqrt{np(1-p)}$ より

$$np = \frac{1216}{27} \quad \cdots\cdots ①, \quad \sqrt{np(1-p)} = \frac{152}{27} \quad \cdots\cdots ②$$

が成り立つ。②の両辺を平方し，①で辺々割ると

$$\frac{np(1-p)}{np} = \frac{152^2}{27^2} \times \frac{27}{1216} \quad (1216 = 152 \times 8, \ 152 = 19 \times 8)$$

$$1 - p = \frac{19}{27} \quad \therefore \quad p = 1 - \frac{19}{27} = \frac{8}{27}$$

①より，$n = \dfrac{1216}{27} \times \dfrac{1}{p} = \dfrac{1216}{27} \times \dfrac{27}{8} = 152$ であるから

$$n = \boxed{152}, \quad p = \boxed{\dfrac{8}{27}}$$

(2) $W \geq 38$ のとき

$$\frac{W-m}{\sigma} = \frac{W - \dfrac{1216}{27}}{\dfrac{152}{27}} \geq \frac{38 - \dfrac{1216}{27}}{\dfrac{152}{27}} = \frac{38 \times 27 - 1216}{152} = \frac{19 \times 2 \times 27 - 19 \times 64}{19 \times 8}$$

$$= \frac{27 - 32}{4} = -\frac{5}{4} = -1.25$$

であるから

$$P(W \geq 38) = P\left(\frac{W-m}{\sigma} \geq -\boxed{1}.\boxed{25}\right)$$

と変形できる。ここで，$Z = \dfrac{W-m}{\sigma}$ とおき，W の分布を正規分布で近似すると，正規分布表から W が 38 以上となる確率の近似値は次のように求められる。

$$P(Z \geq -1.25) = P(Z \geq 0) + P(-1.25 \leq Z \leq 0)$$
$$= P(Z \geq 0) + P(0 \leq Z \leq 1.25)$$
$$= 0.5 + 0.3944 \quad (正規分布表より)$$
$$= 0.\boxed{89}$$

(3) 連続型確率変数 X のとり得る値 x の範囲が $-a \leqq x \leqq 2a$ $(a>0)$ で,確率密度関数が

$$f(x) = \begin{cases} \dfrac{2}{3a^2}(x+a) & (-a \leqq x \leqq 0 \text{ のとき}) \\ \dfrac{1}{3a^2}(2a-x) & (0 \leqq x \leqq 2a \text{ のとき}) \end{cases}$$

であるとき,分布曲線 $y=f(x)$ は右図のようになる。このとき,$a \leqq X \leqq \dfrac{3}{2}a$ となる確率 $P\left(a \leqq X \leqq \dfrac{3}{2}a\right)$ は図の赤色部分の面積であるから

$$P\left(a \leqq X \leqq \dfrac{3}{2}a\right) = \dfrac{1}{2} \times (2a-a) \times f(a) - \dfrac{1}{2} \times \left(2a - \dfrac{3}{2}a\right) \times f\left(\dfrac{3}{2}a\right)$$

$$= \dfrac{1}{2}a \times \dfrac{1}{3a} - \dfrac{1}{4}a \times \dfrac{1}{6a} = \dfrac{1}{6} - \dfrac{1}{24} = \boxed{\dfrac{1}{8}}$$

また,X の平均 $E(X)$ は

$$E(X) = \int_{-a}^{2a} x f(x) dx = \int_{-a}^{0} x \times \dfrac{2}{3a^2}(x+a) dx + \int_{0}^{2a} x \times \dfrac{1}{3a^2}(2a-x) dx$$

$$= \dfrac{2}{3a^2} \int_{-a}^{0} (x^2 + ax) dx + \dfrac{1}{3a^2} \int_{0}^{2a} (2ax - x^2) dx$$

$$= \dfrac{2}{3a^2} \left[\dfrac{x^3}{3} + \dfrac{a}{2}x^2\right]_{-a}^{0} + \dfrac{1}{3a^2} \left[ax^2 - \dfrac{x^3}{3}\right]_{0}^{2a}$$

$$= \dfrac{2}{3a^2} \left(\dfrac{a^3}{3} - \dfrac{a^3}{2}\right) + \dfrac{1}{3a^2} \left(4a^3 - \dfrac{8a^3}{3}\right)$$

$$= -\dfrac{2}{3a^2} \times \dfrac{a^3}{6} + \dfrac{1}{3a^2} \times \dfrac{4a^3}{3} = -\dfrac{1}{9}a + \dfrac{4}{9}a = \boxed{\dfrac{a}{3}}$$

$Y = 2X + 7$ のとき,Y の平均 $E(Y)$ は次のようになる。

$$E(Y) = E(2X + 7) = 2E(X) + 7 = 2 \times \dfrac{a}{3} + 7 = \boxed{\dfrac{2a}{3}} + \boxed{7}$$

解 説

(1) 確率変数 W は二項分布 $B(n, p)$ に従う。このことが見抜けなければならない。

ポイント 二項分布の平均,標準偏差

確率変数 X が二項分布 $B(n, p)$ に従うとき,X の平均 $E(X)$,分散 $V(X)$,標準偏差 $\sigma(X)$ は

$$E(X) = np, \quad V(X) = np(1-p), \quad \sigma(X) = \sqrt{np(1-p)}$$

(2) 二項分布 $B(n, p)$ に従う確率変数 W は，n が大きいとき，近似的に正規分布 $N(np, np(1-p))$ すなわち $N(m, \sigma^2)$ に従う。

このとき，$Z = \dfrac{W-m}{\sigma}$ とおくと，確率変数 Z は標準正規分布 $N(0, 1)$ に従う。

すなわち

$$P(W \geqq 38) = P\left(\dfrac{W-m}{\sigma} \geqq -1.25\right)$$
$$= P(Z \geqq -1.25)$$

となり，正規分布表が利用できることになる。

頭の中で下図のように考えるとすぐに表が引けるだろう。

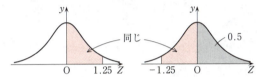

(3) 連続型確率変数についてはあまり練習していないと思われる。しかし，本問は，教科書に書かれていることを理解していれば決して難しくはない。

確率 $P\left(a \leqq X \leqq \dfrac{3}{2}a\right)$ は，$y = f(x)$ のグラフと x 軸および 2 直線 $x = a$，$x = \dfrac{3}{2}a$ で囲まれた部分の面積のことである。$P(-a \leqq X \leqq 2a) = 1$ となることは，グラフから容易にわかるであろう。

> **ポイント** 連続型確率変数の平均（期待値）と分散，標準偏差
>
> 確率変数 X $(a \leqq X \leqq b)$ の確率密度関数が $f(x)$ のとき，X の平均 $E(X)$ と分散 $V(X)$ は次のように定義される。
>
> $$E(X) = \int_a^b x f(x)\,dx, \quad V(X) = \int_a^b (x-m)^2 f(x)\,dx \quad (m = E(X))$$
>
> 標準偏差 $\sigma(X)$ は，$\sigma(X) = \sqrt{V(X)}$ と定義される。

$Y = 2X + 7$ とおくときの Y の平均 $E(Y)$ については，次のことを用いる。

> **ポイント** 確率変数の変換
>
> 確率変数 X と定数 a，b に対して，$Y = aX + b$ とおくと，Y も確率変数となり
>
> $$E(Y) = E(aX + b) = aE(X) + b$$
>
> が成り立つ。

数学Ⅰ・数学A 本試験

2016年度

問題番号 (配点)	解答記号	正解	配点	チェック
第1問 (30)	$-\mathcal{ア}a+\mathcal{イ}$	$-3a+1$	2	
	$\mathcal{ウ}a+\mathcal{エ}$	$2a+1$	2	
	$\mathcal{オ}a+\mathcal{カ}$	$-a+2$	2	
	$\dfrac{\mathcal{キ}}{\mathcal{ク}}$	$\dfrac{1}{4}$	2	
	$\dfrac{\mathcal{ケ}}{\mathcal{コ}}$	$\dfrac{2}{5}$	2	
	サ,シ	③,⓪	2	
	ス,セ	⑤,④	2	
	ソ	①	3	
	タ	③	3	
	チツテ	-20	3	
	ト$\mathcal{ナ}a$,ニ	$-4a, 0$	3	
	ヌ	5	4	
第2問 (30)	ア	7	3	
	イ$\sqrt{\mathcal{ウエ}}$	$3\sqrt{21}$	3	
	オ$\sqrt{\mathcal{カ}}$	$7\sqrt{3}$	3	
	キク	14	3	
	$\dfrac{\mathcal{ケコ}\sqrt{\mathcal{サ}}}{\mathcal{シ}}$	$\dfrac{49\sqrt{3}}{2}$	3	
	ス,セ	⓪,③ (解答の順序は問わない)	3	
	ソ	⑤	3	
	タ,チ	①,③ (解答の順序は問わない)	3	
	ツ	⑨	2	
	テ	⑧	2	
	ト	⑦	2	

問題番号 (配点)	解答記号	正解	配点	チェック
第3問 (20)	$\dfrac{\mathcal{アイ}}{\mathcal{ウエ}}$	$\dfrac{28}{33}$	3	
	$\dfrac{\mathcal{オ}}{\mathcal{カキ}}$	$\dfrac{5}{33}$	3	
	$\dfrac{\mathcal{ク}}{\mathcal{ケコ}}$	$\dfrac{5}{11}$	3	
	$\dfrac{\mathcal{サ}}{\mathcal{シス}}$	$\dfrac{5}{44}$	3	
	$\dfrac{\mathcal{セ}}{\mathcal{ソタ}}$	$\dfrac{5}{12}$	4	
	$\dfrac{\mathcal{チ}}{\mathcal{ツテ}}$	$\dfrac{4}{11}$	4	
第4問 (20)	アイ	15	3	
	ウエ	-7	3	
	オカキ	-47	2	
	クケ	22	2	
	コサシ	123	4	
	ス,セ,ソ	⓪,③,⑤ (解答の順序は問わない)	6	
第5問 (20)	ア	⓪	2	
	$\dfrac{\mathcal{イ}}{\mathcal{ウ}}$	$\dfrac{1}{2}$	3	
	$\dfrac{\mathcal{エ}}{\mathcal{オ}}$	$\dfrac{1}{3}$	3	
	カ	3	3	
	キ$\sqrt{\mathcal{ク}}$	$2\sqrt{7}$	3	
	ケ	4	2	
	コサ°	30°	2	
	シ	2	2	

（注）第1問，第2問は必答，第3問～第5問の うちから2問選択，計4問を解答。

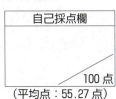

自己採点欄 100点

（平均点：55.27点）

第1問 ── 1次関数（最小値），1次不等式，集合，命題，2次不等式

〔1〕 **標準** 《1次関数（最小値），1次不等式》

$$f(x) = (1+2a)(1-x) + (2-a)x$$
$$= (-1-2a+2-a)x + 1 + 2a$$
$$= (-\boxed{3}a + \boxed{1})x + 2a + 1$$

(1) $-3a+1 \geqq 0$ つまり $a \leqq \dfrac{1}{3}$ のとき，$y=f(x)$ のグラフは，傾きが正または0の直線となるから，$0 \leqq x \leqq 1$ における $f(x)$ の最小値は，$f(0) = \boxed{2}a + \boxed{1}$ である。

$-3a+1 < 0$ つまり $a > \dfrac{1}{3}$ のとき，$y=f(x)$ のグラフは，傾きが負の直線となるから，$0 \leqq x \leqq 1$ における $f(x)$ の最小値は，$f(1) = \boxed{-}a + \boxed{2}$ である。

(2) $0 \leqq x \leqq 1$ における $f(x)$ の最小値が $\dfrac{2(a+2)}{3}$ 以上となればよい。そのための条件は

$a \leqq \dfrac{1}{3}$ のとき

$$2a+1 \geqq \dfrac{2(a+2)}{3}$$

$$6a+3 \geqq 2(a+2) \quad \therefore \quad a \geqq \dfrac{1}{4}$$

$$a \leqq \dfrac{1}{3} \text{ より} \quad \dfrac{1}{4} \leqq a \leqq \dfrac{1}{3} \quad \cdots\cdots ①$$

$a > \dfrac{1}{3}$ のとき

$$-a+2 \geqq \dfrac{2(a+2)}{3}$$

$$-3a+6 \geqq 2(a+2) \quad \therefore \quad a \leqq \dfrac{2}{5}$$

$$a > \dfrac{1}{3} \text{ より} \quad \dfrac{1}{3} < a \leqq \dfrac{2}{5} \quad \cdots\cdots ②$$

①，②より，求める a の範囲は

$$\dfrac{\boxed{1}}{\boxed{4}} \leqq a \leqq \dfrac{\boxed{2}}{\boxed{5}}$$

[別解] (2) $y=f(x)$ のグラフは直線だから，$0 \leqq x \leqq 1$ で常に $f(x) \geqq \dfrac{2(a+2)}{3}$ となる

条件は，$f(0) \geqq \dfrac{2(a+2)}{3}$, $f(1) \geqq \dfrac{2(a+2)}{3}$ がともに成り立つことである．

$$f(0) \geqq \dfrac{2(a+2)}{3} \text{ より } \quad 2a+1 \geqq \dfrac{2(a+2)}{3} \quad \therefore \quad a \geqq \dfrac{1}{4}$$

$$f(1) \geqq \dfrac{2(a+2)}{3} \text{ より } \quad -a+2 \geqq \dfrac{2(a+2)}{3} \quad \therefore \quad a \leqq \dfrac{2}{5}$$

これより，求める a の範囲は

$$\dfrac{1}{4} \leqq a \leqq \dfrac{2}{5}$$

解 説

(1) $f(x)$ は x の 1 次関数（グラフは直線）だから，$p \leqq x \leqq q$ の範囲においては

　　　　　$f(x)$ の傾きが正または 0 のとき，最小値は $f(p)$
　　　　　$f(x)$ の傾きが負のとき，最小値は $f(q)$

となる．

(2) (1)で求めた結果を使う．つまり，$a \leqq \dfrac{1}{3}$ のときには，$0 \leqq x \leqq 1$ における最小値は $2a+1$ だから，$2a+1 \geqq \dfrac{2(a+2)}{3}$ であれば，条件が満たされる．

$a > \dfrac{1}{3}$ のときは，同様に，$-a+2 \geqq \dfrac{2(a+2)}{3}$ であれば，条件が満たされる．

ただし，$f(x)$ のグラフが直線であることに着目すれば，(1)の結果を使わなくても，〔別解〕のように，$f(0) \geqq \dfrac{2(a+2)}{3}$, $f(1) \geqq \dfrac{2(a+2)}{3}$ がともに満たされればよいことがわかる．

[2] やや難 《集合，命題》

(1) (i) 0 は有理数の 1 つだから，$A \supset \{0\}$ である．（ ③ ）
　　(ii) $\sqrt{28} = 2\sqrt{7}$ で，これは無理数だから，$\sqrt{28} \in \bar{B}$ である．（ ⓪ ）
　　(iii) (i)より $\{0\}$ は A の部分集合だから，$A = \{0\} \cup A$ である．（ ⑤ ）
　　(iv) A と B には共通部分はないから，$\varnothing = A \cap B$ である．（ ④ ）

(2) $p \Longrightarrow q$ は成り立たない．なぜなら，たとえば $x = \sqrt{7}$（無理数）のとき

$$x + \sqrt{28} = \sqrt{7} + 2\sqrt{7} = 3\sqrt{7}$$

となり，$x + \sqrt{28}$ は無理数となる．

$q \Longrightarrow p$ は成り立つ。なぜなら，q のとき，もし p が成り立たないとすると，$x+\sqrt{28}$（$=y$ とする）と x は，ともに有理数である。そのとき，$\sqrt{28}=y-x$ の左辺は無理数，右辺は有理数となり，これは矛盾である。よって，$q \Longrightarrow p$ は成り立つ。
以上より，p は q であるための**必要条件であるが，十分条件でない。**（ ① ）
$p \Longrightarrow r$ は成り立たない。なぜなら，たとえば $x=\sqrt{2}$（無理数）のとき
$$\sqrt{28}x = \sqrt{28}\cdot\sqrt{2} = 2\sqrt{14}$$
となり，$\sqrt{28}x$ は無理数となる。
$r \Longrightarrow p$ も成り立たない。なぜなら，$x=0$ のとき，$\sqrt{28}x$（$=0$）は有理数だが，x は無理数ではない。
以上より，p は r であるための**必要条件でも十分条件でもない。**（ ③ ）

解 説

(1) (i) $\{0\}$ は，0 という 1 個の要素からなる集合だから，$A \supset \{0\}$ である。0 は A の要素だが，$\{0\}$ は A の要素ではないから，$A \ni \{0\}$ はまちがいである。
　(ii) $\sqrt{28}$（無理数）は B に属する要素であるから，$\sqrt{28} \in B$ である。
　(iii) 一般に B が A の部分集合のとき，$B \cup A = A$ である。
　(iv) 有理数でもあり無理数でもある数はないから，$A \cap B = \varnothing$ である。

(2) $p \Longrightarrow q$ が成り立たないのは，たとえば $x=\sqrt{7}$ という反例があることからわかる。
$q \Longrightarrow p$ は成り立つ。その証明には，背理法を用いるのがわかりやすい。つまり，q が成り立つにもかかわらず p が成り立たないとすると，$\sqrt{28}=y-x$ の左辺は無理数，右辺は有理数となって，矛盾が生じるのである。
$p \Longrightarrow r$ が成り立たないのは，たとえば $x=\sqrt{2}$ という反例があることからわかる。ただし，$\sqrt{28}x=2\sqrt{14}$ が無理数であることは，ここでは自明であるものとしておく（証明問題ではないので，それでよい）。ちなみに，$\sqrt{14}$ が無理数であることを厳密に証明しようとすれば，$\sqrt{14}$ が有理数であると仮定して矛盾を導くという，背理法を使うことになる。つまり，$\sqrt{14}=\dfrac{m}{n}$（m，n は互いに素な整数）とおいて，これを $14n^2=m^2$ と変形し，ここから m，n とも 14 の倍数になる（互いに素でない）ことを導くのである。
$r \Longrightarrow p$ が成り立たないことは，$x=0$ という反例が存在することからわかる。なお，x が 0 以外の有理数だと，$\sqrt{28}x$ は有理数にならない。したがって，反例は $x=0$ しかない。

〔3〕 標準 《2次不等式》

①より
$$(x+20)(x-a^2) \leq 0$$
$a^2 > -20$ であるから，上の不等式の解は
$$\boxed{-20} \leq x \leq a^2 \quad \cdots\cdots ①'$$

②より
$$x(x+4a) \geq 0$$
$a \geq 1$ より $-4a < 0$ であるから，上の不等式の解は
$$x \leq \boxed{-4}a, \quad \boxed{0} \leq x \quad \cdots\cdots ②'$$

連立不等式を満たす負の実数解が存在するような①'，②'を図示すると下図のようになる。

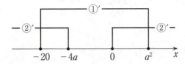

よって
$$-20 \leq -4a \quad \therefore \quad a \leq 5$$
ただし，仮定より $a \geq 1$ であるから
$$1 \leq a \leq \boxed{5}$$

解 説

2次不等式を解くためには，まず①，②の左辺を因数分解する必要がある。
なお，一般に2次不等式 $(x-p)(x-q) \geq 0$ の解は，p と q の大小によって

$p \geq q$ のとき　　$x \leq q$, $p \leq x$
$p \leq q$ のとき　　$x \leq p$, $q \leq x$

となるが，本問の場合は，$a \geq 1$ という条件によって，p と q に相当する数の大小は確定している。
最後は，①'と②'の範囲を数直線上に図示してみるとよい。$x < 0$ の範囲に両者の重なりができるための条件を，図を使って調べるのである。

第2問 ── 三角比，データの散らばり，データの相関

〔1〕 やや難 《三角比》

△ABC の外接円の半径を R とすると，正弦定理より

$$2R = \frac{7\sqrt{3}}{\sin 60°} = \frac{7\sqrt{3}}{\frac{\sqrt{3}}{2}} = 14 \quad \therefore \quad R = \boxed{7}$$

(1) 円周角の性質より，$\angle APB = 60°$ である。

PA $= x$ とおくと，条件より PB $= \dfrac{2}{3}x$ である。

△PAB に対する余弦定理より

$$(7\sqrt{3})^2 = x^2 + \left(\frac{2}{3}x\right)^2 - 2x \cdot \frac{2}{3}x \cos 60° = \frac{7}{9}x^2$$

$$x^2 = 189$$

$x > 0$ より　　$x = \boxed{3}\sqrt{\boxed{21}}$

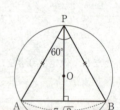

(2) △PAB の面積が最大になるのは，P から辺 AB までの高さが最大になるときで，それは，P が弧 AB の中点になるとき（P から AB への垂線が円の中心 O を通るとき）である。そのとき，PA = PB となり，また $\angle APB = 60°$ であるから，△PAB は正三角形となる。よって，△PAB の面積が最大になるとき

$$PA = AB = \boxed{7}\sqrt{\boxed{3}}$$

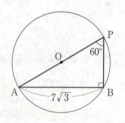

(3) $0° < \angle PBA < 120°$ であるから，$\sin \angle PBA$ が最大になるのは，$\angle PBA = 90°$ のときである。つまり，AP が円 O の直径になるときである。そのとき　　PA $= \boxed{14}$

また，このとき，△PAB は $\angle APB = 60°$，$\angle PAB = 30°$ の直角三角形となるので，PB $= \dfrac{1}{2} AP = 7$ である。よって

$$\triangle PAB = \frac{1}{2} \cdot 7 \cdot 7\sqrt{3} = \frac{\boxed{49}\sqrt{\boxed{3}}}{\boxed{2}}$$

[別解] (2) PA = x, PB = y とすると

$$\triangle PAB = \frac{1}{2}xy\sin 60° = \frac{\sqrt{3}}{4}xy$$

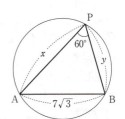

よって，$\triangle PAB$ が最大になるのは，xy が最大になるときである。また，余弦定理より

$$(7\sqrt{3})^2 = x^2 + y^2 - 2xy\cos 60°$$
$$x^2 + y^2 - xy = 147$$
$$x^2 - 2xy + y^2 + xy = 147$$
$$\therefore xy = 147 - (x-y)^2 \quad \cdots\cdots ①$$

よって，xy が最大になるのは $(x-y)^2$ が最小になるとき，すなわち $x=y$ のときである。そのとき，①より

$$x^2 = 147 \quad \therefore \quad x = 7\sqrt{3}$$

ゆえに，$\triangle PAB$ が最大になるのは $PA = 7\sqrt{3}$ のときである。

解説

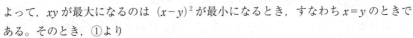

最初の設問には正弦定理を用いるとよい。

(1) 円周角の性質から $\angle APB = 60°$ であることに，まず気づく必要がある。あとは，$PA = x$, $PB = \dfrac{2}{3}x$ とおいて，余弦定理を用いる。余弦定理で解けることには，案外気づきにくいかもしれない。

(2) P からの高さが最大になればよいとの発想に立てば，図形的に処理できて，最小の計算で済む。それに気づかず，計算に頼ろうとすると，なかなか難しい。〔別解〕に一例を示しているが，気づくのは簡単ではない。

(3) $0° < \angle PBA < 120°$ の範囲で $\sin\angle PBA$ が最大になるのは，$\angle PBA = 90°$ のときである。これに気づけば，あとは比較的平易な問題になる。

〔2〕 易 《データの散らばり》

⓪ 「平均最高気温と購入額」の散布図は右上がりの傾向を示しているから，⓪は正しい。

① 「1日あたり平均降水量と購入額」の散布図には右上がりの傾向は認められない。よって①は正しくない。

② 「平均湿度と購入額」の散布図を見ると，湿度が大きくなるほど，上下のばらつきが大きくなる傾向が読み取れる。よって②は正しくない。

③ 「25℃以上の日数の割合と購入額」の散布図を見ると，25℃以上の日数の割合が

80％未満の部分には，購入額が30円以上の点は存在しない。よって③は正しい。

④ 正の相関（右上がりの傾向）が読み取れるのは，「平均最高気温と購入額」，「平均湿度と購入額」，「25℃以上の日数の割合と購入額」の3つである。よって④は正しくない。

以上より，正しいのは ⑩ と ③ である。

解説

4つの散布図を見れば，⑩と③が正しいことは容易に判断できる。

[3] 標準 《データの散らばり，データの相関》

(1) 最低気温に着目する。東京は0℃〜5℃の間にあるから，cである。N市は−10℃〜−5℃の間にあるから，bである。M市は5℃〜10℃の間にあるから，aである。ゆえに，正しいのは ⑤ である。

(2) ⑩ 「東京・N市」の散布図は右上がりの傾向（正の相関）を示しているが，「東京・M市」の散布図は右下がりの傾向（負の相関）を示しているから，⑩は正しくない。

① 上のことから，①は正しい。

② 同様に，②は正しくない。

③ 「東京・O市」，「東京・N市」とも右上がりの傾向を示しているが，「東京・O市」の方が，中心線のまわりの密集度が高い。よって③は正しい。

④ 上のことから，④は正しくない。

よって，正しいのは ① と ③ である。

(3) 東京（摂氏）のデータを $x_1, x_2, \cdots, x_{365}$ とし，N市（摂氏）のデータを $y_1, y_2, \cdots, y_{365}$ とする。また，それぞれの平均値を E_x, E_y とする。そのとき，N市（華氏）のデータは $\frac{9}{5}y_1+32, \frac{9}{5}y_2+32, \cdots, \frac{9}{5}y_{365}+32$ で，その平均値は $\frac{9}{5}E_y+32$ となる。よって

$$X = \frac{1}{365}\{(y_1-E_y)^2+(y_2-E_y)^2+\cdots+(y_{365}-E_y)^2\}$$

$$Y = \frac{1}{365}\left[\left\{\frac{9}{5}y_1+32-\left(\frac{9}{5}E_y+32\right)\right\}^2+\left\{\frac{9}{5}y_2+32-\left(\frac{9}{5}E_y+32\right)\right\}^2\right.$$
$$\left.+\cdots+\left\{\frac{9}{5}y_{365}+32-\left(\frac{9}{5}E_y+32\right)\right\}^2\right]$$

$$=\frac{1}{365}\cdot\frac{81}{25}\{(y_1-E_y)^2+(y_2-E_y)^2+\cdots+(y_{365}-E_y)^2\} = \frac{81}{25}X$$

$$\therefore \quad \frac{Y}{X} = \frac{81}{25} \quad (\boxed{⑨})$$

また

$$Z = \frac{1}{365}\{(x_1-E_x)(y_1-E_y) + (x_2-E_x)(y_2-E_y)$$
$$+ \cdots + (x_{365}-E_x)(y_{365}-E_y)\}$$

$$W = \frac{1}{365}\left[(x_1-E_x)\left\{\frac{9}{5}y_1+32-\left(\frac{9}{5}E_y+32\right)\right\}\right.$$
$$\left. + \cdots + (x_{365}-E_x)\left\{\frac{9}{5}y_{365}+32-\left(\frac{9}{5}E_y+32\right)\right\}\right]$$

$$= \frac{1}{365}\cdot\frac{9}{5}\{(x_1-E_x)(y_1-E_y)+\cdots+(x_{365}-E_x)(y_{365}-E_y)\}$$

$$= \frac{9}{5}Z$$

$$\therefore \quad \frac{W}{Z} = \frac{9}{5} \quad (\boxed{⑧})$$

東京（摂氏）の分散を T とすると

$$U = \frac{Z}{\sqrt{T}\sqrt{X}}$$

$$V = \frac{W}{\sqrt{T}\sqrt{Y}} = \frac{\frac{9}{5}Z}{\sqrt{T}\sqrt{\frac{81}{25}X}} = \frac{Z}{\sqrt{T}\sqrt{X}}$$

$$\therefore \quad \frac{V}{U} = 1 \quad (\boxed{⑦})$$

解説

(1) 最低気温から判別できる。ちなみに，最高気温で見ると，東京とＮ市の区別がつかない。

(2) ⓪，①，②の真偽は，散布図が右上がりの傾向を示しているか，右下がりの傾向を示しているかを見ればわかる。③，④は，同じ右上がりでも，密集の度合いが違うことに着目すればよい（中心線のまわりの密集度が高いほど，相関は強い）。

(3) 〔解答〕で行った計算は，次のように簡略化して表現することができる。

変量 X が x_1, x_2, $\cdots$, x_n の n 個の値をとるとき，X の平均値 $\frac{1}{n}(x_1+x_2+\cdots+x_n)$ を $E[X]$ と表すことにする。この表現を用いると，分散 $V[X]$ は

$$V[X] = E[(X-E[X])^2]$$

と定義されることになる。したがって，変量 $aX+b$ の分散 $V[aX+b]$ は

$$V[aX+b] = E[(aX+b-E[aX+b])^2]$$
$$= E[(aX+b-aE[X]-b)^2]$$
$$= a^2 E[(X-E[X])^2]$$
$$= a^2 V[X]$$

となる。これで1番目の設問 ツ が解ける。

次に，2つの変量 X，Y の共分散を $C(X, Y)$ と表すことにすると

$$C(X, Y) = E[(X-E[X])(Y-E[Y])]$$

と定義されることになる。したがって，X と $aY+b$ の共分散は

$$C(X, aY+b) = E[(X-E[X])(aY+b-E[aY+b])]$$
$$= E[(X-E[X])(aY+b-aE[Y]-b)]$$
$$= aE[(X-E[X])(Y-E[Y])]$$
$$= aC(X, Y)$$

となる。これで2番目の設問 テ が解ける。

次に，X と Y の相関係数を r とすると

$$r = \frac{C(X, Y)}{\sqrt{V[X]}\sqrt{V[Y]}}$$

と定義されている。したがって，X と $aY+b$ ($a \neq 0$) の相関係数 r' は

$$r' = \frac{C(X, aY+b)}{\sqrt{V[X]}\sqrt{V[aY+b]}}$$
$$= \frac{aC(X, Y)}{\sqrt{V[X]}\sqrt{a^2 V[Y]}} = \frac{a}{|a|} r = \begin{cases} r & (a>0 \text{ のとき}) \\ -r & (a<0 \text{ のとき}) \end{cases}$$

となる。これで3番目の設問 ト が解ける（本問では $a = \frac{9}{5} > 0$）。

第3問 　標準　《確　率》

(1) 2人とも赤球，青球を取り出さない（つまり，2人とも白球を取り出す）確率は

$$\frac{5}{12} \cdot \frac{4}{11} = \frac{5}{33}$$

よって，求める確率は

$$1 - \frac{5}{33} = \boxed{\frac{28}{33}}$$

(2) Aが赤球を，Bが白球を取り出す確率は

$$\frac{4}{12} \cdot \frac{5}{11} = \boxed{\frac{5}{33}}$$

Aが赤球を取り出す事象を A_r，Bが白球を取り出す事象を B_w と表すことにすると，求める条件付き確率は

$$\frac{P(A_r \text{かつ} B_w)}{P(A_r)} = \frac{\frac{5}{33}}{\frac{4}{12}} = \boxed{\frac{5}{11}}$$

（注） 次のように求めることもできる。

Aが取り出した球が赤球であったとき，残った球の総数は11個で，そのうち白球は5個である。よって，求める確率は $\dfrac{5}{11}$

(3) Aが赤球を取り出し，Bが白球を取り出す確率は(2)で計算したとおり，$\dfrac{5}{33}$ である。Aが青球を取り出し，Bが白球を取り出す確率は

$$\frac{3}{12} \cdot \frac{5}{11} = \boxed{\frac{5}{44}}$$

Aが白球を取り出し，Bが白球を取り出す確率は(1)で計算したとおり，$\dfrac{5}{33}$ である。

よって，Bが白球を取り出す確率は

$$\frac{5}{33} + \frac{5}{44} + \frac{5}{33} = \boxed{\frac{5}{12}}$$

Aが白球を取り出す事象を A_w と表すことにすると，求める条件付き確率は

$$\frac{P(A_w \text{かつ} B_w)}{P(B_w)} = \frac{\frac{5}{33}}{\frac{5}{12}} = \boxed{\frac{4}{11}}$$

解説

(1) 余事象（2人とも白球を取り出す）の確率を先に求めるのがわかりやすい。ちなみに，余事象に着目せず，直接計算すると，たとえば次のようになる。

（Aが赤または青）かつ（Bは何でもよい） $\longrightarrow \dfrac{7}{12} \cdot 1 = \dfrac{7}{12}$

（Aが白）かつ（Bが赤または青） $\longrightarrow \dfrac{5}{12} \cdot \dfrac{7}{11} = \dfrac{35}{132}$

この2つの事象は互いに排反であるから，求める確率は

$$\dfrac{7}{12} + \dfrac{35}{132} = \dfrac{28}{33}$$

(2) 2つの事象 E, F があったとき，E が生じた条件のもとで F が生じる確率（条件付き確率）を $P_E(F)$ と表すことにすると

$$P_E(F) = \dfrac{P(E \text{かつ} F)}{P(E)}$$

である。これは条件付き確率の基本公式だから，必ず覚えておくこと。

(3) 事が起こる順序に惑わされず，条件付き確率の公式にあてはめればよい。求める確率は

$$\dfrac{P((\text{Bが白}) \text{かつ} (\text{Aが白}))}{P(\text{Bが白})} \left(= \dfrac{P((\text{Aが白}) \text{かつ} (\text{Bが白}))}{P(\text{Bが白})} \right)$$

である。

第4問 [標準] 《不定方程式，n進法》

(1) ユークリッドの互除法により
$$197 = 92 \cdot 2 + 13 \quad \therefore \quad 13 = 197 - 92 \cdot 2$$
$$92 = 13 \cdot 7 + 1 \quad \therefore \quad 1 = 92 - 13 \cdot 7$$

上の2式より
$$1 = 92 - (197 - 92 \cdot 2) \cdot 7 = 15 \cdot 92 - 7 \cdot 197$$

すなわち
$$92 \cdot 15 + 197 \cdot (-7) = 1 \quad \cdots\cdots ①$$

これと $92x + 197y = 1$ の辺々を引くと
$$92(x-15) + 197(y+7) = 0$$
$$92(x-15) = 197(-y-7)$$

92 と 197 は互いに素だから
$$x - 15 = 197k, \quad -y - 7 = 92k \quad (k \text{ は整数})$$

よって，x, y は
$$x = 197k + 15, \quad y = -92k - 7$$

このうち，x の絶対値が最小になるのは $k = 0$ のときで，そのとき
$$x = \boxed{15}, \quad y = \boxed{-7}$$

① より
$$92 \cdot 150 + 197 \cdot (-70) = 10$$

これと $92x + 197y = 10$ の辺々を引くと
$$92(x - 150) + 197(y + 70) = 0$$
$$92(x - 150) = 197(-y - 70)$$

92 と 197 は互いに素だから
$$x - 150 = 197m, \quad -y - 70 = 92m \quad (m \text{ は整数})$$
$$\therefore \quad x = 197m + 150, \quad y = -92m - 70$$

x の絶対値が最小になるのは $m = -1$ のときで，そのとき
$$x = \boxed{-47}, \quad y = \boxed{22}$$

(2) $11011_{(2)} = 2^4 + 2^3 + 2 + 1 = 1 \cdot 4^2 + 2 \cdot 4 + 3 = \boxed{123}_{(4)}$

⓪ $0.3_{(6)} = 3 \cdot \dfrac{1}{6} = \dfrac{1}{2}$ （有限小数）

① $0.4_{(6)} = 4 \cdot \dfrac{1}{6} = \dfrac{2}{3}$ （有限小数でない）

② $0.33_{(6)} = 3\cdot\dfrac{1}{6} + 3\cdot\dfrac{1}{6^2} = \dfrac{7}{12}$ （有限小数でない）

③ $0.43_{(6)} = 4\cdot\dfrac{1}{6} + 3\cdot\dfrac{1}{6^2} = \dfrac{3}{4}$ （有限小数）

④ $0.033_{(6)} = \dfrac{1}{6}\cdot 0.33_{(6)} = \dfrac{1}{6}\cdot\dfrac{7}{12} = \dfrac{7}{72}$ （有限小数でない）

⑤ $0.043_{(6)} = \dfrac{1}{6}\cdot 0.43_{(6)} = \dfrac{1}{6}\cdot\dfrac{3}{4} = \dfrac{1}{8}$ （有限小数）

以上より，10進法で表すと有限小数になるのは ⓪ , ③ , ⑤ である。

解 説

(1) ユークリッドの互除法を用いて，余りが1になるまで何度も割り算をくり返し，余りが1になったなら，その過程を逆にたどって，1を92と197で表す式を作る。これが（2元1次）不定方程式を解く際の基本手順である。手順はいつも同じだから，何度も練習して習熟すること。後半では，前半で得られた式（①）を10倍した式を用いる。

(2) 一般に，n進法で $\overbrace{ab\cdots cd}^{p個}.\overbrace{ef\cdots g}^{q個}{}_{(n)}$ と表される数を A とすると

$$A = an^{p-1} + bn^{p-2} + \cdots + cn + d + e\cdot\dfrac{1}{n} + f\cdot\dfrac{1}{n^2} + \cdots + g\cdot\dfrac{1}{n^q}$$

である。n が2でも4でも6でも10でも，この原理に変わりはない。

第5問 やや難 《平面図形》

△DAC は DA = DC の二等辺三角形だから，∠DAC = ∠DCA であり，また，それぞれと同じ円周角を持つ角を探すことにより，∠DAC と等しい角は ∠DCA と ∠DBC と ∠ABD（ **⓪** ）である。
このことより，BE は △ABC における ∠ABC の二等分線である。よって

$$\frac{EC}{AE} = \frac{BC}{AB} = \frac{2}{4} = \boxed{\frac{1}{2}}$$

次に，△ACD と直線 FE にメネラウスの定理を適用すると

$$\frac{DF}{FA} \cdot \frac{AE}{EC} \cdot \frac{CG}{GD} = 1$$

$$\frac{3}{2} \cdot \frac{2}{1} \cdot \frac{CG}{GD} = 1 \quad \therefore \quad \frac{GC}{DG} = \boxed{\frac{1}{3}}$$

(1) △AGD にチェバの定理を適用すると

$$\frac{DF}{FA} \cdot \frac{AB}{BG} \cdot \frac{GC}{CD} = 1$$

$$\frac{3}{2} \cdot \frac{4}{BG} \cdot \frac{1}{2} = 1$$

$$\therefore \quad BG = \boxed{3}$$

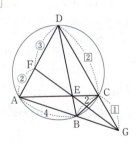

方べきの定理より

$$GC \cdot GD = GB \cdot GA$$

すなわち

$$\frac{1}{2}DC \cdot \frac{3}{2}DC = 3 \cdot 7$$

$$DC^2 = 28 \quad \therefore \quad DC = \sqrt{28} = \boxed{2}\sqrt{\boxed{7}}$$

(2) 四角形 ABCD の外接円の半径を R とすると，△ABC に正弦定理を適用して

$$2R = \frac{AB}{\sin \angle ACB} = \frac{4}{\sin \angle ACB}$$

ゆえに，直径が最小になるのは $\sin \angle ACB$ が最大になるとき，すなわち，∠ACB = 90° のときであり，そのとき AB は直径になるから，

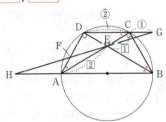

外接円の直径は $\boxed{4}$ である。さらに仮定より
$$AB : BC = 4 : 2 = 2 : 1$$
であるから，△ABC は
$$\angle BAC = \boxed{30}°, \quad \angle ABC = 60°$$
の直角三角形である。BD は∠ABC の二等分線だから
$$\angle ABD = \angle DBC = 30°$$
円周角の性質より
$$\angle ACD = \angle ABD = 30°$$
ゆえに，∠BAC = ∠ACD = 30° が成り立ち，錯角が等しいので
$$AB \parallel CD$$
よって
$$\triangle EAB \backsim \triangle ECD, \quad \triangle EAH \backsim \triangle ECG$$
いずれも相似比は
$$EA : EC = 2 : 1$$
であるから
$$AB : AH = 2CD : 2CG = CD : CG = 2 : 1$$
したがって
$$AH = \frac{1}{2}AB = \frac{1}{2} \cdot 4 = \boxed{2}$$

[別解] (1) BG の長さを，△CAG と直線 DB に対するメネラウスの定理で求めることもできる。すなわち
$$\frac{CE}{EA} \cdot \frac{AB}{BG} \cdot \frac{GD}{DC} = 1$$
$$\frac{1}{2} \cdot \frac{4}{BG} \cdot \frac{3}{2} = 1 \quad \therefore \quad BG = 3$$

解説

$\boxed{ア}$ は，同じ弧に対する円周角が等しいことを使う。

$\dfrac{EC}{AE}$ は，三角形の角の二等分線の性質から求める。

$\dfrac{GC}{DG}$ は，メネラウスの定理を使って求める。「△ACD と直線 FE に着目する」と書かれていることから，メネラウスの定理を使うことに気づかなければいけない。

(1) BG の長さは，チェバの定理で求められる。ただし，〔別解〕のように，メネラウスの定理で求めることもできる。

DC の長さは，方べきの定理で求める。

(2) AB=4が固定されているから，正弦定理を使えば，外接円の直径が最小になるのは∠ACB=90°のときであるとわかる。つまり，ABが直径になるときである。しかも，AB：BC=2：1であるから，△ABCは，∠BAC=30°，∠ABC=60°の直角三角形なのである。さらに，BDが∠ABCの二等分線であることを使うと，図に現れるほぼすべての角が求まってしまう。結果として，四角形ABCDは2つの底角が60°の等脚台形となる。

最後は，△EAB∽△ECD，△EAH∽△ECGに着目すればよい。

本問は，平面図形のさまざまな定理を駆使しなければならず，なかなか難しい問題と言える。

数学Ⅱ・数学B 本試験

問題番号(配点)	解答記号	正解	配点	チェック
第1問 (30)	ア√イ	$4\sqrt{2}$	2	
	$\dfrac{ウエ}{オ}$	$\dfrac{-2}{3}$	2	
	カ	②	1	
	キ	③	1	
	ク	①	1	
	ケ	①	1	
	t^2-コ$t+$サ	t^2-6t+7	2	
	シ	③	2	
	ス, セ	3, 8	2	
	ソタ	-2	1	
	$\dfrac{\sin^2 2x}{チ}$	$\dfrac{\sin^2 2x}{4}$	3	
	$\dfrac{\pi}{ツ}$	$\dfrac{\pi}{4}$	2	
	$\dfrac{テ}{ト}$	$\dfrac{1}{4}$	2	
	ナ	3	2	
	ニ	1	2	
	$\dfrac{ヌ}{ネ}$	$\dfrac{4}{5}$	1	
	$\dfrac{ノハ}{ヒ}$	$\dfrac{-3}{5}$	1	
	$\dfrac{\sqrt{ラ}}{ヘ}$	$\dfrac{\sqrt{5}}{5}$	2	

問題番号(配点)	解答記号	正解	配点	チェック
第2問 (30)	$\dfrac{1}{ア}x^2+\dfrac{1}{イ}$	$\dfrac{1}{4}x^2+\dfrac{1}{2}$	2	
	$\dfrac{a^2}{ウ}+\dfrac{a}{エ}$	$\dfrac{a^2}{4}+\dfrac{a}{4}$	3	
	$\dfrac{オ}{カキ}$	$\dfrac{7}{12}$	3	
	$\dfrac{クケ}{コ}$	$\dfrac{-1}{2}$	2	
	$\dfrac{サシ}{スセ}$	$\dfrac{25}{48}$	3	
	±ソ	±1	2	
	±タ	±2	1	
	チ	2	2	
	ツ	①	2	
	$\dfrac{a^3}{テ}$	$\dfrac{a^3}{6}$	2	
	$\dfrac{a^2}{ト}$	$\dfrac{a^2}{2}$	2	
	$-\dfrac{a^3}{ナ}-\dfrac{a^2}{ニ}+\dfrac{a}{ヌ}$	$-\dfrac{a^3}{6}-\dfrac{a^2}{4}+\dfrac{a}{4}$	3	
	$\dfrac{ネノ+\sqrt{ハ}}{ヒ}$	$\dfrac{-1+\sqrt{3}}{2}$	3	

2016年度：数学Ⅱ・B／本試験〈解答〉

問題番号 (配点)	解答記号	正解	配点	チェック
第3問 (20)	$\frac{ア}{イ}$	$\frac{5}{6}$	2	
	$a^{ウエ}$	a^{22}	2	
	$\frac{オ}{カ}k^2 - \frac{キ}{ク}k + ケ$	$\frac{1}{2}k^2 - \frac{3}{2}k + 2$	2	
	$\frac{コ}{サ}k^2 - \frac{シ}{ス}k$	$\frac{1}{2}k^2 - \frac{1}{2}k$	2	
	$\frac{セソ}{タチ}$	$\frac{13}{15}$	4	
	$\frac{ツ}{テ}k - \frac{ト}{ナ}$	$\frac{1}{2}k - \frac{1}{2}$	2	
	$\frac{ニ}{ヌ}k^2 - \frac{ネ}{ノ}$	$\frac{1}{4}k^2 - \frac{1}{4}$	2	
	$\frac{ハヒフ}{ヘホ}$	$\frac{507}{10}$	4	
第4問 (20)	ア	3	1	
	イ	2	1	
	$(ウs-エ)^2$	$(3s-1)^2$	2	
	$(オt-カ)^2$	$(2t-1)^2$	2	
	キ	2	1	
	$\frac{ク}{ケ}$	$\frac{1}{3}$	1	
	$\frac{コ}{サ}$	$\frac{1}{2}$	1	
	$\sqrt{シ}$	$\sqrt{2}$	1	
	ス	0	1	
	セソ°	90°	1	
	$\sqrt{タ}$	$\sqrt{2}$	2	
	$\frac{チ}{ツ}\overrightarrow{OA} + \frac{テ}{ト}\overrightarrow{OQ}$	$\frac{1}{3}\overrightarrow{OA} + \frac{2}{3}\overrightarrow{OQ}$	2	
	ナ:1	2:1	2	
	$\frac{\sqrt{ニ}}{ヌ}$	$\frac{\sqrt{2}}{3}$	2	

問題番号 (配点)	解答記号	正解	配点	チェック
第5問 (20)	$-$ア,イ,ウ	$-2, 2, 6$	1	
	$\frac{エ}{オ}$	$\frac{4}{9}$	1	
	カ	4	1	
	キ	1	1	
	$クn + ケY$	$-n + 4Y$	1	
	コ	⓪	1	
	サ	①	1	
	シ	⑨	1	
	ス	⑧	2	
	セソタ	300	1	
	チツ	15	1	
	テ.トナ	2.00	2	
	0.ニヌネ	0.023	2	
	0.ノハヒ	0.380	2	
	0.フヘホ	0.420	2	

（注）第1問，第2問は必答，第3問〜第5問のうちから2問選択，計4問を解答。

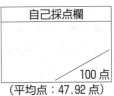

自己採点欄

100点

（平均点：47.92点）

第1問 —— 指数・対数関数，三角関数

〔1〕 標準 《指数・対数計算，グラフ，最小値》

(1) $8^{\frac{5}{6}} = (2^3)^{\frac{5}{6}} = 2^{3 \times \frac{5}{6}} = 2^{\frac{5}{2}} = 2^{2+\frac{1}{2}} = 2^2 \times 2^{\frac{1}{2}} = \boxed{4}\sqrt{\boxed{2}}$

$\log_{27}\dfrac{1}{9} = \log_{27} 3^{-2} = \log_{27}(27^{\frac{1}{3}})^{-2} = \log_{27} 27^{-\frac{2}{3}} = -\dfrac{2}{3}\log_{27} 27 = \boxed{\dfrac{-2}{3}}$

(2) $y = \left(\dfrac{1}{2}\right)^x = (2^{-1})^x = 2^{-x}$ のグラフは，$y = 2^x$ のグラフと y 軸に関して対称であるから，$\boxed{カ}$ に当てはまるものは $\boxed{②}$ である。

一般に，$y = a^x$ $(a > 0, a \neq 1)$ のグラフと $y = \log_a x$ のグラフは直線 $y = x$ に関して対称であるから，$\boxed{キ}$ に当てはまるものは $\boxed{③}$ である。

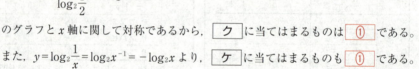

$y = \log_{\frac{1}{2}} x = \dfrac{\log_2 x}{\log_2 \frac{1}{2}} = \dfrac{\log_2 x}{-1} = -\log_2 x$ のグラフは，$y = \log_2 x$

のグラフと x 軸に関して対称であるから，$\boxed{ク}$ に当てはまるものは $\boxed{①}$ である。

また，$y = \log_2 \dfrac{1}{x} = \log_2 x^{-1} = -\log_2 x$ より，$\boxed{ケ}$ に当てはまるものも $\boxed{①}$ である。

(3) $y = \left(\log_2 \dfrac{x}{4}\right)^2 - 4\log_4 x + 3$ $(x > 0)$ ……(∗)

において

$\log_2 \dfrac{x}{4} = \log_2 x - \log_2 4 = \log_2 x - 2$

$\log_4 x = \dfrac{\log_2 x}{\log_2 4} = \dfrac{\log_2 x}{2}$

であるから，$t = \log_2 x$ $(x = 2^t)$ とおくと，(∗)は

$y = (t-2)^2 - 4 \times \dfrac{t}{2} + 3 = t^2 - \boxed{6}t + \boxed{7}$

$= (t-3)^2 - 2$ ……(∗∗)

となる。また，x が $x > 0$ の範囲を動くとき，$t (= \log_2 x)$ のとり得る値の範囲は，上図より，実数全体である。$\boxed{シ}$ に当てはまるものは $\boxed{③}$ である。

したがって，(∗∗)より，y は $t = \boxed{3}$ のとき，すなわち $x = 2^3 = \boxed{8}$ のとき，

最小値 $\boxed{-2}$ をとる。

解説

(1) 底の変換公式を用いると

$$\log_{27}\frac{1}{9} = \frac{\log_3 \frac{1}{9}}{\log_3 27} = \frac{\log_3 3^{-2}}{\log_3 3^3} = \frac{-2\log_3 3}{3\log_3 3} = -\frac{2}{3}$$

となる。あるいは，$\log_{27}\frac{1}{9} = x$ とおけば，$27^x = \frac{1}{9}$ となるから，$(3^3)^x = 3^{-2}$ より

$3x = -2$ すなわち $x = -\frac{2}{3}$ が求まる。

(2) グラフの位置関係の問題は目新しい。

> **ポイント** 軸や原点に関する対称
> $y = f(x)$ のグラフと $y = f(-x)$ のグラフは y 軸に関して対称
> $y = f(x)$ のグラフと $y = -f(x)$ のグラフは x 軸に関して対称
> $y = f(x)$ のグラフと $y = -f(-x)$ のグラフは原点に関して対称

$y = \log_a x$ 上の点 (p, q) は $q = \log_a p$ すなわち $p = a^q$ を満たすから，点 (q, p) は $y = a^x$ 上にある。逆に，$y = a^x$ 上の点 (p, q) は $q = a^p$ すなわち $p = \log_a q$ を満たすから，点 (q, p) は $y = \log_a x$ 上にある。2点 (p, q)，(q, p) は直線 $y = x$ に関して対称であるから，$y = a^x$ のグラフと $y = \log_a x$ のグラフは直線 $y = x$ に関して対称なのである。〔解答〕に掲げた図は，いつでも描けるようにしておきたい。

(3) (*)は，$t = \log_2 x$ の置き換えによって2次関数 $y = t^2 - 6t + 7$ に帰着する。2次関数の最小値を求めることは基本的であるが，t の範囲には注意しなければならない。(2)の図の $y = \log_2 x$ のグラフを見れば，x が $x > 0$ の範囲で動くとき，y（いまは t）は実数全体を動くことがわかる。ちなみに $x > 1$ なら $t > 0$ である。

変数の置き換えをした場合は，新しい変数のとり得る値の範囲に注意することを習慣化してほしい。

〔2〕 やや難 《三角方程式》

$$\cos^2 x - \sin^2 x + k\left(\frac{1}{\cos^2 x} - \frac{1}{\sin^2 x}\right) = 0 \quad (k > 0) \quad \cdots\cdots ①$$

(1) $0 < x < \frac{\pi}{2}$ とする。①の両辺に $\sin^2 x \cos^2 x$（>0）をかけると

$$(\cos^2 x - \sin^2 x)\sin^2 x \cos^2 x + k(\sin^2 x - \cos^2 x) = 0$$
$$(\sin^2 x \cos^2 x - k)(\cos^2 x - \sin^2 x) = 0$$

2倍角の公式より $\sin x \cos x = \dfrac{1}{2}\sin 2x$, $\cos^2 x - \sin^2 x = \cos 2x$ であるから

$$\left(\dfrac{\sin^2 2x}{\boxed{4}} - k\right)\cos 2x = 0 \quad \cdots\cdots ②$$

$$\sin^2 2x = 4k \quad \text{または} \quad \cos 2x = 0$$

したがって，k の値に関係なく，$x = \dfrac{\pi}{\boxed{4}}$ ($\cos 2x = 0$, $0 < 2x < \pi$ より，$2x = \dfrac{\pi}{2}$ すなわち $x = \dfrac{\pi}{4}$) のときはつねに①が成り立つ．また，$0 < x < \dfrac{\pi}{2}$ の範囲で，$0 < \sin^2 2x \leqq 1$ であるから，$k > \dfrac{\boxed{1}}{\boxed{4}}$ のとき，①を満たす x は $\dfrac{\pi}{4}$ のみである．一方，$0 < k < \dfrac{1}{4}$ のとき

$$\sin^2 2x = 4k \quad \text{すなわち} \quad \sin 2x = \pm 2\sqrt{k} \quad \left(0 < x < \dfrac{\pi}{2},\ 0 < 2\sqrt{k} < 1\right)$$

を満たす x は，右図より，$0 < x < \dfrac{\pi}{4}$, $\dfrac{\pi}{4} < x < \dfrac{\pi}{2}$ の範囲に1個ずつあるから，このとき，①を満たす x の個数は，先の $x = \dfrac{\pi}{4}$ を含めて $\boxed{3}$ 個であり，$k = \dfrac{1}{4}$ のときは $\boxed{1}$ 個である ($\sin^2 2x = 4k = 1$ を満たす x は $\dfrac{\pi}{4}$ のみである)．

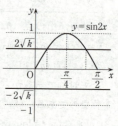

(2) $k = \dfrac{4}{25}$, $\dfrac{\pi}{4} < x < \dfrac{\pi}{2}$ とする．このとき，$\cos 2x \neq 0$ であるから，②により

$$\dfrac{\sin^2 2x}{4} - \dfrac{4}{25} = 0 \quad \sin^2 2x = \dfrac{16}{25}$$

$\dfrac{\pi}{2} < 2x < \pi$ より $\sin 2x > 0$ であるから

$$\sin 2x = \dfrac{\boxed{4}}{\boxed{5}}$$

よって，右図より

$$\cos 2x = \dfrac{\boxed{-3}}{\boxed{5}}$$

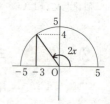

である．したがって

$$-\frac{3}{5} = \cos 2x = 2\cos^2 x - 1 \quad (2倍角の公式)$$

$$\cos^2 x = \frac{1}{5}$$

$\dfrac{\pi}{4} < x < \dfrac{\pi}{2}$ より $\cos x > 0$ であるから

$$\cos x = \frac{1}{\sqrt{5}} = \frac{\sqrt{\boxed{5}}}{\boxed{5}}$$

解説

(1) ①を②に変形する際に2倍角の公式を用いるよう問題文に指示がある。

> **ポイント　2倍角の公式**
> $$\sin 2\alpha = 2\sin\alpha\cos\alpha$$
> $$\cos 2\alpha = \cos^2\alpha - \sin^2\alpha$$
> $$ = 2\cos^2\alpha - 1 \quad (\sin^2\alpha = 1 - \cos^2\alpha)$$
> $$ = 1 - 2\sin^2\alpha \quad (\cos^2\alpha = 1 - \sin^2\alpha)$$
> $$\tan 2\alpha = \frac{2\tan\alpha}{1 - \tan^2\alpha}$$

②から次の2つの方程式を解くことになる。

$$\sin^2 2x = 4k \quad \cdots\cdots(\text{i}), \quad \cos 2x = 0 \quad \cdots\cdots(\text{ii})$$

(ii)の三角方程式は基本である。(i)の方は k の値によって解の様子が変わるので、グラフを利用するとよい。$y = \sin^2 2x$ のグラフを描いてもよいが、$y = \sin 2x$ のグラフは簡単に描けるので、$\sin 2x = \pm 2\sqrt{k}$ としておく方がよいだろう。結局、$0 < x < \dfrac{\pi}{2}$ のとき、①の解の個数は、k の値によって次のように分類される。

	(i)の解	(ii)の解	①の解の個数
$0 < k < \dfrac{1}{4}$	$x = \theta,\ \dfrac{\pi}{2} - \theta$ $\left(0 < \theta < \dfrac{\pi}{4}\right)$	$x = \dfrac{\pi}{4}$	3
$k = \dfrac{1}{4}$	$x = \dfrac{\pi}{4}$	$x = \dfrac{\pi}{4}$	1
$\dfrac{1}{4} < k$	なし	$x = \dfrac{\pi}{4}$	1

(2) (1)に比べれば簡単であろう。$\cos 2x < 0$, $\cos x > 0$ に注意しよう。

第2問 標準 《面積，最大・最小》

$$C_1: y = \frac{1}{2}x^2 + \frac{1}{2}$$

$$C_2: y = \frac{1}{4}x^2$$

(1) 右図の赤く塗られた部分 D の面積 S は

$$S = \int_a^{a+1} \left\{\left(\frac{1}{2}x^2 + \frac{1}{2}\right) - \frac{1}{4}x^2\right\} dx$$

$$= \int_a^{a+1} \left(\frac{1}{\boxed{4}}x^2 + \frac{1}{\boxed{2}}\right) dx$$

$$= \left[\frac{1}{12}x^3 + \frac{1}{2}x\right]_a^{a+1} = \frac{(a+1)^3 - a^3}{12} + \frac{(a+1) - a}{2}$$

$$= \frac{3a^2 + 3a + 1}{12} + \frac{1}{2}$$

$$= \frac{a^2}{\boxed{4}} + \frac{a}{\boxed{4}} + \frac{\boxed{7}}{\boxed{12}} = \frac{1}{4}\left(a + \frac{1}{2}\right)^2 + \frac{25}{48}$$

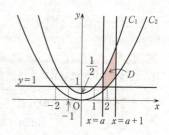

である。S は $a = \dfrac{\boxed{-1}}{\boxed{2}}$ で最小値 $\dfrac{\boxed{25}}{\boxed{48}}$ をとる。

(2) 上図より，直線 $y = 1$ は，C_1 と $(\pm \boxed{1}, 1)$ で，C_2 と $(\pm \boxed{2}, 1)$ で交わることがわかる。a が $a \geq 0$ の範囲を動くとき，4点 $(a, 0)$, $(a+1, 0)$, $(a+1, 1)$, $(a, 1)$ を頂点とする正方形 R と(1)の図形 D の共通部分については，a の値に応じて右図のようになる。したがって，正方形 R と図形 D の共通部分（図の赤く塗られた部分）が空集合にならないのは $0 \leq a \leq \boxed{2}$ のときである。

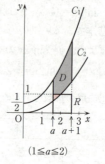
($1 \leq a \leq 2$)

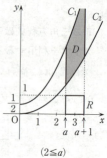
($2 \leq a$)

$1 \leq a \leq 2$ のとき，正方形 R は放物線 C_1 と x 軸の間にあり，この範囲で a が増加するとき，R と D の共通部分の面積 T は減少する。$\boxed{ツ}$ に当てはまるものは $\boxed{①}$ である。
したがって，T が最大になる a の値は，$0 \leq a \leq 1$ の範囲にあ

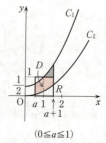
($0 \leq a \leq 1$)

る。$0 \leq a \leq 1$ のとき，(1)の図形 D のうち，正方形 R の外側にある部分（図のグレーに塗られた部分）は，図より，C_1 と 2 直線 $y=1$，$x=a+1$ で囲まれた図形であるから，その面積 U は

$$U = \int_1^{a+1} \left\{\left(\frac{1}{2}x^2 + \frac{1}{2}\right) - 1\right\} dx = \int_1^{a+1} \left(\frac{1}{2}x^2 - \frac{1}{2}\right) dx$$

$$= \left[\frac{1}{6}x^3 - \frac{1}{2}x\right]_1^{a+1} = \frac{(a+1)^3 - 1^3}{6} - \frac{(a+1) - 1}{2}$$

$$= \frac{a^3 + 3a^2 + 3a}{6} - \frac{a}{2} = \frac{a^3}{\boxed{6}} + \frac{a^2}{\boxed{2}}$$

である。よって，$0 \leq a \leq 1$ において

$$T = S - U = \frac{a^2}{4} + \frac{a}{4} + \frac{7}{12} - \left(\frac{a^3}{6} + \frac{a^2}{2}\right)$$

$$= -\frac{a^3}{\boxed{6}} - \frac{a^2}{\boxed{4}} + \frac{a}{\boxed{4}} + \frac{7}{12} \quad \cdots\cdots ①$$

①の右辺の増減を調べる。

$$\frac{dT}{da} = -\frac{1}{2}a^2 - \frac{1}{2}a + \frac{1}{4} = -\frac{1}{4}(2a^2 + 2a - 1) \quad (0 \leq a \leq 1)$$

$\frac{dT}{da} = 0$ より，$a = \frac{-1 \pm \sqrt{3}}{2}$ であるから $0 \leq a \leq 1$ における T の増減は右表のようになる。よって，T は

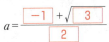

a	0	$\cdots$	$\frac{-1+\sqrt{3}}{2}$	$\cdots$	1
$\frac{dT}{da}$		$+$	0	$-$	
T	$\frac{7}{12}$	↗	極大	↘	$\frac{5}{12}$

$$a = \frac{\boxed{-1} + \sqrt{\boxed{3}}}{\boxed{2}}$$

で最大値をとることがわかる。

解 説

(1) C_1 はつねに C_2 の上側にあるので S を与える定積分の立式は簡単である。また，定積分の計算結果は a の 2 次式であるから，S の最小値を求めることも容易である。

(2) 図をていねいに描いて，R と D の共通部分を正しく把握することが肝心である。$a = 2$ のとき R と D の共通部分は点 $(2, 1)$ のみであり，$a > 2$ に対しては共通部分はなくなる。また，$1 \leq a \leq 2$ のとき，共通部分の面積は，a の増加とともに減少することも図から容易にわかる。

本問では最大値を求める必要はないが，最大値も求められるようにしておきたい。

①に $a = \frac{-1 + \sqrt{3}}{2}$ を直接代入することはすすめられない。次のようにするのが定石

である。$a=\dfrac{-1+\sqrt{3}}{2}$ のとき $2a+1=\sqrt{3}$ であるから，両辺を平方して整理すると，$a^2=-a+\dfrac{1}{2}$ であるので，$a^3=-a^2+\dfrac{1}{2}a=-\left(-a+\dfrac{1}{2}\right)+\dfrac{1}{2}a=\dfrac{3}{2}a-\dfrac{1}{2}$ となる。これらを用いて

$$T=-\dfrac{1}{6}\left(\dfrac{3}{2}a-\dfrac{1}{2}\right)-\dfrac{1}{4}\left(-a+\dfrac{1}{2}\right)+\dfrac{1}{4}a+\dfrac{7}{12}$$

$$=\dfrac{1}{4}a+\dfrac{13}{24}=\dfrac{1}{4}\times\dfrac{-1+\sqrt{3}}{2}+\dfrac{13}{24}=\dfrac{10+3\sqrt{3}}{24} \quad (最大値)$$

このように，a の次数を落としてから，数値を代入するとよい。

第3問 やや難 《群数列》

(1) 真分数を分母の小さい順に，分母が同じ場合には分子の小さい順に並べてできる数列 $\{a_n\}$ を，次のように群に分け，左から第1群，第2群，…とよぶことにする。第 k 群（k は自然数）に含まれる項の数は k である。

$$\frac{1}{2} \mid \frac{1}{3}, \frac{2}{3} \mid \frac{1}{4}, \frac{2}{4}, \frac{3}{4} \mid \frac{1}{5}, \frac{2}{5}, \frac{3}{5}, \frac{4}{5} \mid \frac{1}{6}, \frac{2}{6}, \frac{3}{6}, \frac{4}{6}, \frac{5}{6} \mid \frac{1}{7}, \cdots$$

この数列の第15項は $\frac{5}{6}$ であるから，$a_{15} = \boxed{\dfrac{5}{6}}$ である。また，分母に初めて8が現れる項は，第7群の初項であり，第6群までの項数が $1+2+3+4+5+6=21$ であることから，その項は $a_{\boxed{22}}$ である。

(2) 数列 $\{a_n\}$ において，$\dfrac{1}{k}$（$k=2, 3, 4, \cdots$）が初めて現れる項すなわち第 M_k 項は，第 $(k-1)$ 群の初項に当たる。$M_2=1$ であり，$k \geq 3$ のときは

$$M_k = \{第 (k-2) 群までの項数\} + 1$$
$$= \{1+2+3+\cdots+(k-2)\} + 1$$
$$= \frac{1}{2}(k-2)(k-1) + 1$$
$$= \boxed{\dfrac{1}{2}} k^2 - \boxed{\dfrac{3}{2}} k + \boxed{2} \quad (この結果は k=2 でも成り立つ)$$

$\dfrac{k-1}{k}$ が初めて現れる項すなわち第 N_k 項は，第 M_{k+1} 項の1つ前に当たるので

$$N_k = M_{k+1} - 1 = \frac{1}{2}(k+1)^2 - \frac{3}{2}(k+1) + 2 - 1$$
$$= \boxed{\dfrac{1}{2}} k^2 - \boxed{\dfrac{1}{2}} k$$

次に，a_{104} が第何群に属するかを知るために，不等式 $M_k \leq 104 \leq N_k$ を満たす k を求める。

$$\frac{1}{2}k^2 - \frac{3}{2}k + 2 \leq 104 \leq \frac{1}{2}k^2 - \frac{1}{2}k$$

$$k^2 - 3k + 4 \leq 208 \leq k^2 - k = (k-1)k$$

を満たす自然数を求めると，$k=15$ を得る。よって，a_{104} は第14群に属する。

第14群：$\dfrac{1}{15}, \dfrac{2}{15}, \dfrac{3}{15}, \dfrac{4}{15}, \dfrac{5}{15}, \dfrac{6}{15}, \dfrac{7}{15}, \dfrac{8}{15}, \dfrac{9}{15}, \dfrac{10}{15}, \dfrac{11}{15}, \dfrac{12}{15}, \dfrac{13}{15}, \dfrac{14}{15}$

において，$\dfrac{14}{15}$ は $N_{15}=105$ 項目に当たるから，$a_{104}=\boxed{\dfrac{13}{15}}$ である。

(3) $k=2, 3, 4, \cdots$ のとき，数列 $\{a_n\}$ の第 M_k 項から第 N_k 項までの和は

$$\dfrac{1}{k}+\dfrac{2}{k}+\dfrac{3}{k}+\cdots+\dfrac{k-1}{k}=\dfrac{1}{k}\{1+2+3+\cdots+(k-1)\}=\dfrac{1}{k}\times\dfrac{1}{2}(k-1)k$$

$$=\boxed{\dfrac{1}{2}}k-\boxed{\dfrac{1}{2}}$$

である。したがって，数列 $\{a_n\}$ の初項から第 N_k 項までの和は

$$\sum_{i=2}^{k}\left(\dfrac{1}{2}i-\dfrac{1}{2}\right)=\sum_{i=2}^{k}\dfrac{1}{2}(i-1)=\dfrac{1}{2}\sum_{i=2}^{k}(i-1)=\dfrac{1}{2}\{1+2+3+\cdots+(k-1)\}$$

$$=\dfrac{1}{2}\times\dfrac{1}{2}(k-1)k=\boxed{\dfrac{1}{4}}k^2-\boxed{\dfrac{1}{4}}k$$

である。第 103 項の分母が 15 であることは(2)よりわかるので

$$\sum_{n=1}^{103}a_n=(初項から第 N_{14} 項までの和)+\dfrac{1}{15}+\dfrac{2}{15}+\dfrac{3}{15}+\cdots+\dfrac{12}{15}\quad\left(a_{103}=\dfrac{12}{15}\right)$$

$$=\left(\dfrac{1}{4}\times14^2-\dfrac{1}{4}\times14\right)+\dfrac{1}{15}(1+2+\cdots+12)$$

$$=\dfrac{1}{4}\times14\times13+\dfrac{1}{15}\times\dfrac{1}{2}\times12\times13$$

$$=\dfrac{7}{2}\times13+\dfrac{2}{5}\times13=\dfrac{39}{10}\times13=\boxed{\dfrac{507}{10}}$$

である。

解 説

(1) 数列 $\{a_n\}$ を具体的に書き出すとよい。分母が k である分数は $k-1$ 個あることに気付くはずである。

(2) 分母が k である真分数を小さい順に書き出すと

$$\dfrac{1}{k},\ \dfrac{2}{k},\ \dfrac{3}{k},\ \cdots,\ \dfrac{k-1}{k}$$

であり，$\dfrac{1}{k}$ が数列 $\{a_n\}$ の第 M_k 項，$\dfrac{k-1}{k}$ が第 N_k 項である。(1)で書き出したものから，$M_2=1$, $M_3=2$, $M_4=4$, $M_5=7$, $N_2=1$, $N_3=3$, $N_4=6$, $N_5=10$ などがわかる。これらは，自分で求めた計算結果の確認に使える。
$\{a_n\}$ はたしかに群数列であるが，第 k 群に含まれる項の分母が $k+1$ なので間違いやすい。「群」という語を使わない方がわかりやすいかもしれない。

$$M_k = (\text{分母が2の分数の個数}) + (\text{分母が3の分数の個数})$$
$$+ \cdots + (\text{分母が}k-1\text{の分数の個数}) + 1$$

と表せばよい。N_k については，$N_k = M_{k+1} - 1$ として計算できるが

$$N_k = (\text{分母が2の分数の個数}) + (\text{分母が3の分数の個数})$$
$$+ \cdots + (\text{分母が}k\text{の分数の個数})$$

として計算しても簡単である。

> **ポイント** 自然数の和
> $$1 + 2 + 3 + \cdots + n = \frac{1}{2}n(n+1)$$

a_{104} の値を求めるには，まず第104項の分母が何であるかを考える。

$$M_k \leq 104 \leq N_k$$

を満たす k がその分母である。この k の値を求めるには，適当な数値を代入してみるのがよい。不等式

$$k^2 - 3k + 4 \leq 208 \leq (k-1)k$$

を解くのは時間がかかるので，右表のような代入計算をすると，$k = 15$ が求まる。k が自然数であることを利用するのである。

k	$k^2 - 3k + 4$	$k^2 - k$
14		182
15	184	210
16	212	

(3) 数列 $\{a_n\}$ の第 M_k 項から第 N_k 項までの和 $\frac{1}{2}k - \frac{1}{2}$ は簡単に求まる。この式を利用すると，数列 $\{a_n\}$ の初項から第 N_k 項（分母が k の分数の最後の項）までの和は

(分母が2の分数の和) + (分母が3の分数の和) + ⋯ + (分母が k の分数の和)

であるから

$$\left(\frac{1}{2} \times 2 - \frac{1}{2}\right) + \left(\frac{1}{2} \times 3 - \frac{1}{2}\right) + \cdots + \left(\frac{1}{2} \times k - \frac{1}{2}\right)$$
$$= \frac{1}{2}(2 + 3 + \cdots + k) - \frac{1}{2} \times (k-1) = \frac{1}{4}k^2 - \frac{1}{4}k$$

となる。これを Σ を用いて表せば〔解答〕のようになる。

この式を用いて $\sum_{n=1}^{103} a_n$ を計算するのであるが，第103項は，(2)より，分母が15の分数の途中（12項目）にあるので，計算は少し面倒になる。

第4問 　標準　《空間ベクトル》

(1) 右図の四面体 OABC において，$|\overrightarrow{OA}| = 3$，$|\overrightarrow{OB}| = |\overrightarrow{OC}| = 2$，$\angle AOB = \angle BOC = \angle COA = 60°$ であり，$\overrightarrow{OA} = \vec{a}$，$\overrightarrow{OB} = \vec{b}$，$\overrightarrow{OC} = \vec{c}$ とおく．

$$\vec{a} \cdot \vec{b} = \overrightarrow{OA} \cdot \overrightarrow{OB} = |\overrightarrow{OA}||\overrightarrow{OB}|\cos\angle AOB$$
$$= 3 \times 2 \times \cos 60° = 6 \times \frac{1}{2} = 3$$

同様に

$$\vec{a} \cdot \vec{c} = 3 \times 2 \times \cos 60° = 3, \quad \vec{b} \cdot \vec{c} = 2 \times 2 \times \cos 60° = 2$$

すなわち

$$\vec{a} \cdot \vec{b} = \vec{a} \cdot \vec{c} = \boxed{3}, \quad \vec{b} \cdot \vec{c} = \boxed{2}$$

であるから

$$\overrightarrow{OP} = s\vec{a} \quad (0 \leq s \leq 1)$$
$$\overrightarrow{OQ} = (1-t)\vec{b} + t\vec{c} \quad (0 \leq t \leq 1)$$

と表すとき

$$|\overrightarrow{PQ}|^2 = |\overrightarrow{OQ} - \overrightarrow{OP}|^2 = |(1-t)\vec{b} + t\vec{c} - s\vec{a}|^2$$
$$= \{(1-t)\vec{b} + t\vec{c} - s\vec{a}\} \cdot \{(1-t)\vec{b} + t\vec{c} - s\vec{a}\}$$
$$= (1-t)^2|\vec{b}|^2 + t^2|\vec{c}|^2 + s^2|\vec{a}|^2$$
$$\quad + 2t(1-t)\vec{b} \cdot \vec{c} - 2st\vec{a} \cdot \vec{c} - 2s(1-t)\vec{a} \cdot \vec{b}$$
$$= 4(1-t)^2 + 4t^2 + 9s^2 + 4t(1-t) - 6st - 6s(1-t)$$
$$= 4 - 8t + 4t^2 + 4t^2 + 9s^2 + 4t - 4t^2 - 6st - 6s + 6st$$
$$= 9s^2 - 6s + 4t^2 - 4t + 4$$
$$= (\boxed{3}s - \boxed{1})^2 + (\boxed{2}t - \boxed{1})^2 + \boxed{2}$$

となる．したがって，$|\overrightarrow{PQ}|$ が最小となるのは $s = \dfrac{\boxed{1}}{\boxed{3}}$，$t = \dfrac{\boxed{1}}{\boxed{2}}$ （これらは，$0 \leq s \leq 1$，$0 \leq t \leq 1$ を満たす）のときであり，このとき $|\overrightarrow{PQ}| = \sqrt{\boxed{2}}$ となる．

(2) $|\overrightarrow{PQ}| = \sqrt{2}$ すなわち $s = \dfrac{1}{3}$，$t = \dfrac{1}{2}$ とするから，$\overrightarrow{OP} = \dfrac{1}{3}\vec{a}$，$\overrightarrow{OQ} = \dfrac{1}{2}\vec{b} + \dfrac{1}{2}\vec{c}$ であるので

$$\overrightarrow{OA} \cdot \overrightarrow{PQ} = \overrightarrow{OA} \cdot (\overrightarrow{OQ} - \overrightarrow{OP})$$
$$= \vec{a} \cdot \left(\frac{1}{2}\vec{b} + \frac{1}{2}\vec{c} - \frac{1}{3}\vec{a}\right)$$
$$= \frac{1}{2}\vec{a}\cdot\vec{b} + \frac{1}{2}\vec{a}\cdot\vec{c} - \frac{1}{3}|\vec{a}|^2$$
$$= \frac{1}{2}\times 3 + \frac{1}{2}\times 3 - \frac{1}{3}\times 3^2 = \boxed{0}$$

よって，∠APQ = $\boxed{90}$ °である．したがって，三角形 APQ の面積は，$s = \frac{1}{3}$ より $\overrightarrow{PA} = \frac{2}{3}\vec{a}$ であるから

$$\frac{1}{2}\times|\overrightarrow{PA}|\times|\overrightarrow{PQ}| = \frac{1}{2}\times\frac{2}{3}|\vec{a}|\times|\overrightarrow{PQ}|$$
$$= \frac{1}{2}\times\frac{2}{3}\times 3\times\sqrt{2} = \sqrt{\boxed{2}}$$

である．三角形 ABC の重心を G とすると

$$\overrightarrow{OG} = \frac{\overrightarrow{OA}+\overrightarrow{OB}+\overrightarrow{OC}}{3} = \frac{1}{3}\overrightarrow{OA} + \frac{1}{3}(\vec{b}+\vec{c}) = \frac{1}{3}\overrightarrow{OA} + \frac{1}{3}\times 2\overrightarrow{OQ}$$
$$= \frac{\boxed{1}}{\boxed{3}}\overrightarrow{OA} + \frac{\boxed{2}}{\boxed{3}}\overrightarrow{OQ} = \frac{\overrightarrow{OA}+2\overrightarrow{OQ}}{2+1}$$

であるので，点 G は線分 AQ を $\boxed{2}$: 1 に内分する点である．

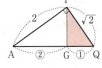

よって，三角形 GPQ の面積は，三角形 APQ の面積の $\frac{1}{3}$ 倍であるので

$$\frac{1}{3}\times\sqrt{2} = \frac{\sqrt{\boxed{2}}}{\boxed{3}}$$

である．

解説

(1) 内積については次のことが基本である。

> **ポイント** 内積の定義と基本性質
>
> 定義　$\overrightarrow{OA} \cdot \overrightarrow{OB} = |\overrightarrow{OA}||\overrightarrow{OB}|\cos\angle AOB$
>
> 計算法則　$\vec{a} \cdot \vec{b} = \vec{b} \cdot \vec{a}$
>
> $\vec{a} \cdot (\vec{b} + \vec{c}) = \vec{a} \cdot \vec{b} + \vec{a} \cdot \vec{c}$
>
> $(m\vec{a}) \cdot \vec{b} = \vec{a} \cdot (m\vec{b}) = m(\vec{a} \cdot \vec{b})$　（m は実数）
>
> ベクトルの大きさと内積の関係（重要）
>
> $\vec{a} \cdot \vec{a} = |\vec{a}|^2$

$|\overrightarrow{PQ}|^2$ の計算は次のようにしてもよい。

$$|\overrightarrow{PQ}|^2 = |\overrightarrow{OQ} - \overrightarrow{OP}|^2 = (\overrightarrow{OQ} - \overrightarrow{OP}) \cdot (\overrightarrow{OQ} - \overrightarrow{OP})$$
$$= |\overrightarrow{OQ}|^2 - 2(\overrightarrow{OP} \cdot \overrightarrow{OQ}) + |\overrightarrow{OP}|^2$$

ここに

$$|\overrightarrow{OP}|^2 = |s\vec{a}|^2 = s^2|\vec{a}|^2 = 9s^2$$
$$|\overrightarrow{OQ}|^2 = |(1-t)\vec{b} + t\vec{c}|^2 = (1-t)^2|\vec{b}|^2 + 2t(1-t)\vec{b} \cdot \vec{c} + t^2|\vec{c}|^2$$
$$= 4(1-t)^2 + 4t(1-t) + 4t^2 = 4t^2 - 4t + 4$$
$$\overrightarrow{OP} \cdot \overrightarrow{OQ} = s\vec{a} \cdot \{(1-t)\vec{b} + t\vec{c}\}$$
$$= s(1-t)\vec{a} \cdot \vec{b} + st\vec{a} \cdot \vec{c}$$
$$= 3s(1-t) + 3st = 3s$$

を代入する。

(2) $\overrightarrow{OQ} = \dfrac{1}{2}\vec{b} + \dfrac{1}{2}\vec{c}$ であるから，点 Q は線分 BC の中点である。したがって，三角形 ABC の重心 G は，AQ を 2：1 に内分する点である。しかし，問題の流れは，次のことを用いるようにみえる。

> **ポイント** 重心の位置ベクトル
>
> 三角形 ABC の重心を G とすると
>
> $$\overrightarrow{OG} = \frac{\overrightarrow{OA} + \overrightarrow{OB} + \overrightarrow{OC}}{3}$$

PQ = $\sqrt{2}$ は，ねじれの位置にある 2 直線 OA，BC 上の各点間の距離の最小値であり，「2 直線 OA，BC 間の距離」を表す値である。このとき，OA⊥PQ，BC⊥PQ が成り立つ。

: 2016年度：数学Ⅱ・B／本試験〈解答〉 33

第5問   標準   《二項分布，正規分布表，信頼区間》

(1) 点Aは，原点Oから出発して数直線上を2回移動する。1回ごとに，確率 $\frac{1}{3}$ で正の向きに3だけ移動（<+3>で表す）し，確率 $1-\frac{1}{3}=\frac{2}{3}$ で負の向きに1だけ移動（<-1>で表す）する。起こり得る移動の仕方をすべて書き出すと

（1回目）	（2回目）	（確率）	（2回移動した後の点Aの座標 X）
<+3>	<+3>	$\frac{1}{3}\times\frac{1}{3}=\frac{1}{9}$	$3+3=6$
<+3>	<-1>	$\frac{1}{3}\times\frac{2}{3}=\frac{2}{9}$	$3-1=2$
<-1>	<+3>	$\frac{2}{3}\times\frac{1}{3}=\frac{2}{9}$	$-1+3=2$
<-1>	<-1>	$\frac{2}{3}\times\frac{2}{3}=\frac{4}{9}$	$-1-1=-2$

となるから，確率変数 X のとり得る値は，小さい順に $-\boxed{2}$, $\boxed{2}$, $\boxed{6}$ であり，これらの値をとる確率は，それぞれ $\frac{\boxed{4}}{9}$, $\frac{\boxed{4}}{9}$, $\frac{\boxed{1}}{9}$ である

$\left(X=2\text{となる確率は } \frac{2}{9}+\frac{2}{9}=\frac{4}{9} \right)$。

(2) 点Aは，原点Oから出発して数直線上を n 回移動（n は自然数）する。1回ごとに，確率 p （$0<p<1$）で正の向きに3だけ移動（<+3>）し，確率 $1-p$ で負の向きに1だけ移動（<-1>）する。<+3>は Y 回起こり（$0\leq Y\leq n$），<-1>は $n-Y$ 回起こる。n 回移動した後の点Aの座標が X であるから

$$X=Y\times 3+(n-Y)\times(-1)=\boxed{-}n+\boxed{4}Y$$

の関係が成り立つ。

$Y=k$ （$k=0, 1, 2, \cdots, n$）となる確率は ${}_nC_k p^k q^{n-k}$ （$q=1-p$）であるから，確率変数 Y は二項分布 $B(n, p)$ に従うので，Y の平均（期待値）$E(Y)$ は np，分散 $V(Y)$ は $npq=np(1-p)$ である。$\boxed{コ}$, $\boxed{サ}$ に当てはまるものは，それぞれ $\boxed{⓪}$, $\boxed{①}$ である。このとき，$X=-n+4Y$ より

$$E(X)=E(-n+4Y)=-n+4E(Y)=-n+4np$$
$$V(X)=V(-n+4Y)=4^2 V(Y)=16np(1-p)$$

である。$\boxed{シ}$, $\boxed{ス}$ に当てはまるものは，それぞれ $\boxed{⑨}$, $\boxed{⑧}$ である。

(3) $p = \dfrac{1}{4}$, $n = 1200$ のとき，$X \geqq 120$ となる確率の近似値を求める。(2)により，Y の平均は $1200 \times \dfrac{1}{4} = \boxed{300}$，標準偏差は $\sqrt{1200 \times \dfrac{1}{4} \times \dfrac{3}{4}} = \boxed{15}$ である。

$n = 1200$ は十分に大きいので，Y は近似的に正規分布 $N(300,\ 15^2)$ に従い，さらに，$\dfrac{Y-300}{15}$ は標準正規分布 $N(0,\ 1)$ に従う。$X = -1200 + 4Y$ より，求める確率は

$$P(X \geqq 120) = P(-1200 + 4Y \geqq 120) = P(Y - 300 \geqq 30)$$
$$= P\left(\dfrac{Y-300}{15} \geqq \boxed{2}\ .\ \boxed{00}\right)$$

いま，標準正規分布 $N(0,\ 1)$ に従う確率変数を $Z\left(= \dfrac{Y-300}{15}\right)$ とすると，求める確率の近似値は，正規分布表から次のように求められる。

$$P(Z \geqq 2.00) = 0.5 - P(0 \leqq Z \leqq 2.00) = 0.5 - 0.4772$$
$$= 0.0228 \fallingdotseq 0.\boxed{023}$$

(4) $n = 2400$, $X = 1440$ のとき，p に対する信頼度 95％ の信頼区間を求める。n 回移動したときに Y がとる値を y とし，$r = \dfrac{y}{n}$ とおくと，n が十分に大きいならば，確率変数 $R = \dfrac{Y}{n}$ は近似的に平均 $E(R) = E\left(\dfrac{Y}{n}\right) = \dfrac{1}{n} E(Y) = \dfrac{1}{n} \times np = p$，分散 $V(R) = V\left(\dfrac{Y}{n}\right) = \dfrac{1}{n^2} V(Y) = \dfrac{1}{n^2} \times np(1-p) = \dfrac{p(1-p)}{n}$ の正規分布 $N\left(p,\ \dfrac{p(1-p)}{n}\right)$ に従う。

よって，$Z = \dfrac{R - p}{\sqrt{\dfrac{p(1-p)}{n}}}$ とおくと，確率変数 Z は標準正規分布 $N(0,\ 1)$ に従う。

正規分布表から，$P(0 \leqq Z \leqq z_0) = \dfrac{0.95}{2} = 0.475$ となる z_0 は，$z_0 = 1.96$ であるから，$P(|Z| \leqq 1.96) \fallingdotseq 0.95$ である。したがって

$$P\left(\left|\dfrac{R-p}{\sqrt{\dfrac{p(1-p)}{n}}}\right| \leqq 1.96\right) \fallingdotseq 0.95$$

が成り立つから，p に対する信頼度 95％ の信頼区間は

$$R - 1.96\sqrt{\dfrac{p(1-p)}{n}} \leqq p \leqq R + 1.96\sqrt{\dfrac{p(1-p)}{n}} \quad \cdots\cdots ①$$

となる。

X と Y の関係式 $X=-n+4Y$ において，$n=2400$，$X=1440$ であるから

$$Y=\frac{X+n}{4}=\frac{1440+2400}{4}=960$$

したがって，Y のとる値 y は $y=960$，このとき $r=\frac{y}{n}=\frac{960}{2400}=\frac{2}{5}$ であり，これを標本比率と考える。よって，R は値 $r=\frac{2}{5}$，ここで $n=2400$ は十分に大きいので，

p の代わりに標本比率 r を用いて分散 $\frac{p(1-p)}{n}$ は $\frac{r(1-r)}{n}=\frac{\frac{2}{5}\times\frac{3}{5}}{2400}=\frac{1}{100^2}$ で置き換えることができるから，①より

$$\frac{2}{5}-1.96\times\frac{1}{100}\leqq p\leqq\frac{2}{5}+1.96\times\frac{1}{100}$$

$$\therefore\ 0.3804\leqq p\leqq 0.4196$$

求める信頼区間は $0.\boxed{380}\leqq p\leqq 0.\boxed{420}$ となる。

解 説

(1) 確率変数 Y の確率分布（右表）をつくる方が，(2)への準備としてはよいかもしれないが，ここは，問題の設定を理解するための設問と考え，素朴な解答にしておいた。

Y	0	1	2	計
P	$\frac{2}{3}\times\frac{2}{3}$	$\frac{2}{3}\times\frac{1}{3}+\frac{1}{3}\times\frac{2}{3}$	$\frac{1}{3}\times\frac{1}{3}$	1
X	-2	2	6	

(2) Y が二項分布 $B(n, p)$ に従うことに気付かなければならない。

Y	0	1	$\cdots$	k	$\cdots$	n	計
P	${}_nC_0 q^n$	${}_nC_1 pq^{n-1}$	$\cdots$	${}_nC_k p^k q^{n-k}$	$\cdots$	${}_nC_n p^n$	1

ポイント 二項分布の平均，分散

確率変数 X が二項分布 $B(n, p)$ に従うとき

$$E(X)=np,\ V(X)=np(1-p)$$

確率変数の変換については次のことを知っていなければならない。

ポイント 確率変数の変換

確率変数 X，Y の間に $Y=aX+b$（a，b は定数）の関係があるとき

$$E(Y)=aE(X)+b,\ V(Y)=a^2V(X)$$

(3) 二項分布 $B(n, p)$ に従う確率変数 X は，n が大きいとき，近似的に正規分布

$N(np,\ np(1-p))$ に従う。$Z=\dfrac{X-np}{\sqrt{np(1-p)}}$ とおくと，確率変数 Z は標準正規分布 $N(0,\ 1)$ に従うから，正規分布表の利用が可能になる。

なお，確率変数 X の標準偏差 $\sigma(X)$ は，分散 $V(X)$ の正の平方根のことである ($\sigma(X)=\sqrt{V(X)}$)。

(4) 本問は，標本比率から母比率を推定する問題で，次のことを覚えていれば，すぐに解決する。

> **ポイント** 母比率の推定
>
> 標本の大きさ n が大きいとき，標本比率を $\bar{p}$ とすれば，母比率 p に対する信頼度 95％ の信頼区間は
> $$\bar{p}-1.96\sqrt{\dfrac{\bar{p}(1-\bar{p})}{n}} \leq p \leq \bar{p}+1.96\sqrt{\dfrac{\bar{p}(1-\bar{p})}{n}}$$

標本比率 $\bar{p}$ を $r=\dfrac{y}{n}=\dfrac{960}{2400}=\dfrac{2}{5}$ として，$n=2400$ とともに公式に代入すればよい。

数学Ⅰ・数学A 本試験

2015年度

問題番号(配点)	解答記号	正解	配点
第1問 (20)	(ア, イ)	(1, 3)	5
	ウ, エ	③, 1	5
	オ, カ	②, 2	5
	$\dfrac{キク}{ケ}$	$\dfrac{-1}{2}$	2
	$\dfrac{コサ}{シ}$	$\dfrac{13}{4}$	3
第2問 (25)	ア	①	4
	イ	3	3
	ウエ	29	3
	オ	7	3
	$\dfrac{\sqrt{カ}}{キ}$	$\dfrac{\sqrt{3}}{2}$	3
	$\dfrac{ク\sqrt{ケ}}{コサ}$	$\dfrac{3\sqrt{3}}{14}$	3
	$\dfrac{シ}{ス}$	$\dfrac{7}{2}$	3
	セ	7	3
第3問 (15)	ア	④	3
	イ, ウ, エ, オ	⓪, ②, ③, ⑤ (解答の順序は問わない)	4
	カ, キ	⓪, ② (解答の順序は問わない)	6
	ク	⑦	2

問題番号(配点)	解答記号	正解	配点
第4問 (20)	アイ	48	3
	ウエ	12	2
	オ	2	3
	カ	4	3
	キ	4	2
	クケ	12	2
	コサ	16	2
	シス	26	3
第5問 (20)	$2^{ア}\cdot3^{イ}\cdot ウ$	$2^2\cdot3^3\cdot7$	3
	エオ	24	3
	カキ	21	3
	クケコ	126	3
	サ	9	2
	シスセ	103	2
	ソタチツ	1701	4
第6問 (20)	アイ	10	3
	$\sqrt{ウ}$	$\sqrt{5}$	3
	$\dfrac{エオ}{カ}$	$\dfrac{10}{3}$	3
	$\dfrac{キ}{ク}$	$\dfrac{3}{5}$	4
	ケ$\sqrt{コ}$	$2\sqrt{5}$	4
	$\dfrac{サ\sqrt{シ}}{ス}$	$\dfrac{5\sqrt{5}}{4}$	3

(注) 第1問～第3問は必答，第4問～第6問のうちから2問選択，計5問を解答。

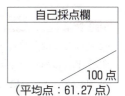

(平均点：61.27点)

第1問 《平行移動，最大・最小，2次不等式》

$$y = -x^2 + 2x + 2 = -(x-1)^2 + 3 \quad \cdots\cdots ①$$

より，頂点の座標は（ 1 , 3 ）である。

(1) ①のグラフは上に凸の放物線だから，$y=f(x)$ のグラフも上に凸の放物線で，また $y=f(x)$ の頂点の座標は，題意より $(1+p, 3+q)$ である。
$2 \leq x \leq 4$ における $f(x)$ の最大値が $f(2)$ になるのは，$y=f(x)$ のグラフが右図のようになったときであり，そのための条件は

$$1+p \leq 2$$

$$\therefore \ p \leq 1 \quad (\text{ウ は ③})$$

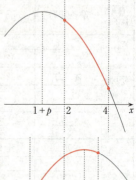

同様に，$2 \leq x \leq 4$ における $f(x)$ の最小値が $f(2)$ になるのは，$y=f(x)$ のグラフが右図のようになったときであり，そのための条件は

$$1+p \geq 3$$

$$\therefore \ p \geq 2 \quad (\text{オ は ②})$$

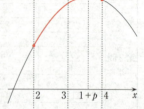

(2) $f(x) > 0$ の解が $-2 < x < 3$ になるのは

$$f(x) = -(x+2)(x-3)$$

のときである。そのとき

$$f(x) = -(x+2)(x-3) = -x^2 + x + 6$$
$$= -\left(x - \frac{1}{2}\right)^2 + \frac{25}{4}$$

より，$y=f(x)$ の頂点は $\left(\dfrac{1}{2}, \dfrac{25}{4}\right)$ である。

一方，$y=f(x)$ の頂点は $(1+p, 3+q)$ だから

$$1+p = \frac{1}{2}, \quad 3+q = \frac{25}{4}$$

$$\therefore \ p = \frac{-1}{2}, \quad q = \frac{13}{4}$$

解説

与えられた2次関数のグラフは，$(1, 3)$ を頂点とする，上に凸の放物線であるから，それを平行移動した $y=f(x)$ のグラフは，$(1+p, 3+q)$ を頂点とする，上に凸の放物線である。まず，この点を把握しておくこと。

(1) 条件を満たすためには $y=f(x)$ のグラフがどのようなものでなければならないかを，図を描いて確認すること。それが確認できれば，次には，そのようなグラフになるための条件を調べる。そのとき，放物線の軸の x 座標（つまり，頂点の x 座標）が，条件を決定づける重要な要素であることに気づかねばならない。

(2) $a<b$ とするとき，$-(x-a)(x-b)>0$ の解は $a<x<b$ である。したがって，$f(x)>0$ の解が $-2<x<3$ になるとき，$f(x)=-(x+2)(x-3)$ である。このグラフの頂点が $(1+p, 3+q)$ に一致するように，p, q の値を定めればよい。

第2問 ── 集合と論理，図形と計量

〔1〕 《命題，対偶，反例》

(1) $(p_1$ かつ $p_2) \Longrightarrow (q_1$ かつ $q_2)$ の対偶は
$$\overline{q_1 \text{ かつ } q_2} \Longrightarrow \overline{p_1 \text{ かつ } p_2}$$
である。これはド・モルガンの法則を用いて，次のように書き換えられる。
$$(\overline{q_1} \text{ または } \overline{q_2}) \Longrightarrow (\overline{p_1} \text{ または } \overline{p_2}) \quad (\boxed{①})$$

(2) $1 \leqq n \leqq 30$ を満たす自然数 n で，n と $n+2$ が共に素数となるのは
$$(n, n+2) = (3, 5), (5, 7), (11, 13), (17, 19), (29, 31)$$
である。つまり，$(p_1$ かつ $p_2)$ を満たす n は
$$n = 3, 5, 11, 17, 29$$
である。そのとき
$$n+1 = 4, 6, 12, 18, 30$$
であり，そのうち，$(\overline{q_1}$ かつ $q_2)$ が成り立たないもの，言い換えれば，$(\overline{q_1}$ かつ $q_2)$ の否定である $(q_1$ または $\overline{q_2})$ が成り立つもの，さらに言い換えれば，「$n+1$ が 5 の倍数であるか，または 6 の倍数でない」ものは
$$n+1 = 4, 30 \quad (このとき, n=3, 29)$$
である。ゆえに，与えられた命題の反例となる n は
$$n = \boxed{3}, \boxed{29}$$
である。

解説

(1) 一般に，命題「$p \Longrightarrow q$」の対偶は「$\overline{q} \Longrightarrow \overline{p}$」である。
また，命題の否定に関して，次のド・モルガンの法則が成り立つ。
$$\overline{p \text{ かつ } q} \Longleftrightarrow (\overline{p} \text{ または } \overline{q}), \quad \overline{p \text{ または } q} \Longleftrightarrow (\overline{p} \text{ かつ } \overline{q})$$

(2) 命題「$(p_1$ かつ $p_2) \Longrightarrow (\overline{q_1}$ かつ $q_2)$」の反例となる n とは，$(p_1$ かつ $p_2)$ を満たすにもかかわらず，$(\overline{q_1}$ かつ $q_2)$ を満たさない n のことである。
$(p_1$ かつ $p_2)$ を満たすことは，n と $n+2$ が共に素数であることを意味する。$1 \leqq n \leqq 30$ の範囲で，そのような n と $n+2$ のペアを調べると，1 は素数でないことから
$$(n, n+2) = (3, 5), (5, 7), (11, 13), (17, 19), (29, 31)$$
となる。ちなみに，n と $n+2$ が共に素数であるペアのことを双子素数と呼び，そのような双子素数が無数に存在するかどうかは，いまだに数学の世界で未解決の謎である。

上の 5 個の n の中から，$(\overline{q_1}$ かつ $q_2)$ が成り立たないものを探せばよい．なお，$(\overline{q_1}$ かつ $q_2)$ が成り立たないことは，$\overline{\overline{q_1} \text{ かつ } q_2}$ が成り立つことを意味し，それはド・モルガンの法則を用いれば，$(q_1$ または $\overline{q_2})$ が成り立つことを意味する．つまり，「$n+1$ が 5 の倍数であるか，または 6 の倍数でない」ことを意味する．
$n+1 = 4, 6, 12, 18, 30$ の中から，そのような $n+1$ を探せばよい．

[2] 標準 《余弦定理，正弦定理》

余弦定理より

$$AC^2 = AB^2 + BC^2 - 2AB \cdot BC \cos\angle ABC$$
$$= 3^2 + 5^2 - 2 \cdot 3 \cdot 5 \cos 120°$$
$$= 9 + 25 - 30 \cdot \left(-\frac{1}{2}\right) = 49$$

∴ $AC = \boxed{7}$

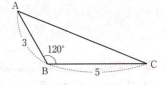

また

$$\sin\angle ABC = \sin 120° = \frac{\sqrt{\boxed{3}}}{\boxed{2}}$$

正弦定理より

$$\frac{3}{\sin\angle BCA} = \frac{7}{\sin\angle ABC}$$

∴ $\sin\angle BCA = \frac{3}{7}\sin\angle ABC = \frac{3}{7} \cdot \frac{\sqrt{3}}{2} = \frac{\boxed{3}\sqrt{\boxed{3}}}{\boxed{14}}$

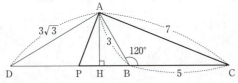

△APC の外接円の半径が R だから，正弦定理より

$$2R = \frac{AP}{\sin\angle PCA} = \frac{AP}{\frac{3\sqrt{3}}{14}} = \frac{14\sqrt{3}}{9}AP$$

∴ $R = \frac{7\sqrt{3}}{9}AP$ ……①

そこで，AP のとりうる値の範囲を求める．A から BD に垂線 AH を引くと

$$AH = AB\sin\angle ABH = 3\sin 60° = \frac{3\sqrt{3}}{2}$$

ゆえに，AP の最小値は $\frac{3\sqrt{3}}{2}$ である。

また，$AD = 3\sqrt{3}$，$AB = 3$ より，AP の最大値は $3\sqrt{3}$ である。よって

$$\frac{3\sqrt{3}}{2} \leqq AP \leqq 3\sqrt{3} \quad \cdots\cdots ②$$

①，② より

$$\frac{7\sqrt{3}}{9} \cdot \frac{3\sqrt{3}}{2} \leqq R \leqq \frac{7\sqrt{3}}{9} \cdot 3\sqrt{3}$$

$$\therefore \quad \boxed{\frac{7}{2}} \leqq R \leqq \boxed{7}$$

解説

AC は余弦定理で求まる。$\sin\angle BCA$ は正弦定理で求まる。
最後の設問は，正弦定理によって

$$R = \frac{7\sqrt{3}}{9} AP$$

とわかるから，AP のとりうる値の範囲を求める問題に行き着く。
A から BD に垂線 AH を引くと，$\angle ADC$ が鋭角であることより，H は線分 BD 上にある。したがって，AP のとりうる値の範囲は

$$AH \leqq AP \leqq (AD と AB の大きい方)$$

となる。

第3問 —— データの分析

[1] 標準 《ヒストグラム，四分位数，箱ひげ図》

(1) 40人のデータを $x_1, x_2, \cdots, x_{40}$（ただし $x_1 \leq x_2 \leq \cdots \leq x_{39} \leq x_{40}$）としたとき，第3四分位数は $\dfrac{x_{30}+x_{31}}{2}$ である。与えられたヒストグラムより $25 \leq x_{30} \leq x_{31} < 30$ であるから，$25 \leq \dfrac{x_{30}+x_{31}}{2} < 30$ となり，第3四分位数が含まれる階級は ④ である。

(2) ヒストグラムより

$$\left.\begin{array}{l} 5 \leq 最小値 < 10 \\ 15 \leq 第1四分位数 < 20 \\ 20 \leq 中央値 < 25 \\ 25 \leq 第3四分位数 < 30 \\ 45 \leq 最大値 < 50 \end{array}\right\} \cdots\cdots(*)$$

とわかる。この条件を満たさない箱ひげ図は ⓪ ， ② ， ③ ， ⑤ である。

(3) Aの場合。1回目の結果(*)より，2回目では，第1四分位数<20 とならねばならないが，a はそれを満たさない。よって，A–a の組合せは矛盾する。

Bの場合。1回目の結果(*)より，2回目では

$5 \leq$最小値，　$15 \leq$第1四分位数，　$20 \leq$中央値，

$25 \leq$第3四分位数，　$45 \leq$最大値

とならねばならないが，b の箱ひげ図はそれと矛盾しない。

Cの場合。最大値は1回目より大きくなるから $45 \leq$最大値 を満たさねばならないが，c の箱ひげ図はそのようになっていない。よって，C–c の組合せは矛盾する。

Dの場合。最小値と第1四分位数は1回目より小さくなり，最大値と第3四分位数は1回目より大きくなる。d の箱ひげ図はそれと矛盾しない。

以上より，矛盾するのは ⓪ ， ② である。

解説

(1) 40 個のデータ $x_1 \leqq x_2 \leqq \cdots \leqq x_{39} \leqq x_{40}$ の場合

$$第1四分位数 = \frac{x_{10} + x_{11}}{2}$$

$$中央値 = \frac{x_{20} + x_{21}}{2}$$

$$第3四分位数 = \frac{x_{30} + x_{31}}{2}$$

階級	度数	累積度数	
0～5	0	0	
5～10	1	1	
10～15	4	5	
15～20	6	11	→第1四分位数
20～25	11	22	→中央値
25～30	9	31	→第3四分位数
30～35	4	35	
35～40	3	38	
40～45	1	39	
45～50	1	40	

である。ヒストグラムから累積度数分布を求めておくとわかりやすい。

(2) ⓪の箱ひげ図は，25≦第3四分位数<30 に反する。

②および③の箱ひげ図は，15≦第1四分位数<20，25≦第3四分位数<30 に反する。

⑤の箱ひげ図は，15≦第1四分位数<20 に反する。

(3) 上位 $\frac{1}{3}$ の生徒の記録がすべて伸びると，第3四分位数と最大値が大きくなる。

また，下位 $\frac{1}{3}$ の生徒の記録がすべて下がると，最小値と第1四分位数が小さくなる。

[2] 標準 《相関係数》

与えられた表より，1回目のデータと2回目のデータの相関係数は

$$\frac{54.30}{8.21 \times 6.98} \fallingdotseq 0.95 \quad (\;⑦\;)$$

解説

1回目のデータと2回目のデータの標準偏差をそれぞれ s_x, s_y とし，両者の共分散を s_{xy} とすると，相関係数 r は，$r = \dfrac{s_{xy}}{s_x s_y}$ である。

第4問　[標準]　《色の塗り分け》

|A|B|C|D|E|

(1) 左端から順に，正方形の板にA，B，C，D，Eの名前をつける。Aの正方形の塗り方は3通り。そのそれぞれに対して，Bの正方形の塗り方は2通り。以下同様にC，D，Eの正方形の塗り方も2通りずつあるから，塗り方は全部で

$$3 \cdot 2^4 = \boxed{48} \text{ 通り}$$

(2) A，B，Cの正方形の塗り方は$3 \cdot 2^2$通りある。また，左右対称であることより，A，B，Cの塗り方が決まれば，D，Eの塗り方は1通りに決まる。よって，左右対称となる塗り方は

$$3 \cdot 2^2 = \boxed{12} \text{ 通り}$$

(3) Aの正方形の塗り方は2通りあり，それに応じて，B〜Eの正方形の塗り方は1通りに決まる。よって，青色と緑色の2色だけで塗り分ける方法は $\boxed{2}$ 通り。

(4) 赤色の正方形が3枚のとき，その赤色はA，C，Eの正方形に限られる。そのとき，B，Dの正方形は赤以外の何色で塗ってもよく，その塗り方は2通りずつあるから，条件を満たす塗り方は

$$2 \cdot 2 = \boxed{4} \text{ 通り}$$

(5) Aの正方形が赤色のとき，残るB〜Eの正方形は青色と緑色だけで塗ることになる。Bの正方形の塗り方は2通りあり，それに応じてC〜Eの正方形の塗り方は1通りに決まるから，その塗り方は2通りある。Eの正方形が赤色のときも，同様に2通りある。よって，どちらかの端の1枚が赤色に塗られるのは

$$2 + 2 = \boxed{4} \text{ 通り}$$

端以外の1枚が赤色のとき，その両隣はどちらも2通りずつの塗り方があり，そのそれぞれに対して，残りの塗り方は1通りに決まるから，その塗り方は$2 \cdot 2$通りある。また，赤色に塗る正方形はB，C，Dの3通りあるから，端以外の1枚が赤色に塗られるのは

$$2 \cdot 2 \cdot 3 = \boxed{12} \text{ 通り}$$

以上より，赤色に塗られる正方形が1枚であるのは

$$4 + 12 = \boxed{16} \text{ 通り}$$

(6) 赤色に塗られる正方形が4枚以上になることはないから，赤色に塗られる正方形が2枚であるのは，(1)，(3)，(4)，(5)の結果を用いて

$$48 - (2 + 4 + 16) = \boxed{26} \text{ 通り}$$

別解 (6) (i) AとCが赤色のとき，BとDの塗り方はそれぞれ2通りずつあり，それに応じてEの塗り方は1通りに決まる。よって，塗り方は2·2通り。

(ii) AとDが赤色のとき，CとEの塗り方はそれぞれ2通りずつあり，それに応じてBの塗り方は1通りに決まる。よって，塗り方は2·2通り。

(iii) AとEが赤色のとき，Bの塗り方は2通りあり，それに応じてC，Dの塗り方は1通りに決まる。よって，塗り方は2通り。

(iv) BとDが赤色のとき，A，C，Eの塗り方はそれぞれ2通りずつある。よって，塗り方は2·2·2通り。

(v) BとEが赤色のときは，(ii)と同様に2·2通りある。

(vi) CとEが赤色のときは，(i)と同様に2·2通りある。

以上より，赤色に塗られる正方形が2枚であるのは
$$2·2+2·2+2+2·2·2+2·2+2·2=26 通り$$

解説

(1) 端から順に塗り方を決めていくとよい。

(2) A，B，Cの塗り方に応じて，D，Eの塗り方は1通りに決まる。

(3) これも，端から順に決めていく。

(4) 赤色が3枚になるのは，A，C，Eが赤色のときだけである。

(5) 赤色の隣は2通りが可能。それが決まると，残りは1通りに決まる。

(6) 赤色の枚数は0枚，1枚，2枚，3枚しかないから，0枚，1枚，3枚の場合がすでに求まっていることに着目すると，2枚の場合は，直接計算しなくても求められる。ただし，〔別解〕のように，直接計算することも可能である。ただ，赤色が2枚の場合はパターンが多いから，少々煩雑になる。

第5問 　標準　《素因数分解，不定方程式》

(1) 　　　　　　　$a = 756 = 2^{\boxed{2}} \cdot 3^{\boxed{3}} \cdot \boxed{7}$

であるから，a の正の約数の個数は

$$(2+1) \cdot (3+1) \cdot (1+1) = \boxed{24} \text{ 個}$$

(2) $\sqrt{am}$ が自然数となるのは $am = 2^2 \cdot 3^3 \cdot 7 \cdot m$ が平方数のときだから，そのような自然数 m の最小値は

$$3 \cdot 7 = \boxed{21}$$

$\sqrt{am}$ が自然数となるとき，$m = 21k^2$ となるから

$$\sqrt{am} = \sqrt{2^2 \cdot 3^3 \cdot 7 \cdot 21k^2} = \sqrt{2^2 \cdot 3^4 \cdot 7^2 k^2} = 2 \cdot 3^2 \cdot 7k = \boxed{126}\, k$$

(3) 1次不定方程式 $126k - 11\ell = 1$ ……① をユークリッドの互除法を用いて解く。
そのために，$126 = A$，$11 = B$ とおくと

$126 = 11 \cdot 11 + 5$ 　∴　$5 = 126 - 11 \cdot 11 = A - 11B$
$11 = 5 \cdot 2 + 1$ 　　∴　$1 = 11 - 5 \cdot 2 = B - 2(A - 11B) = -2A + 23B$

すなわち

$$126 \cdot (-2) - 11 \cdot (-23) = 1 \quad \cdots\cdots ②$$

よって，①の整数解の1組は $(-2, -23)$ である。①-② より

$126(k+2) - 11(\ell + 23) = 0$
$126(k+2) = 11(\ell + 23)$

126 と 11 は互いに素であるから

$$k + 2 = 11n, \quad \ell + 23 = 126n \quad (n \text{ は整数})$$

と表すことができる。ゆえに，①のすべての整数解は

$$(k, \ell) = (-2 + 11n, -23 + 126n) \quad (n \text{ は整数})$$

k が最小の正の整数となるのは $n = 1$ のときであり，そのとき

$$k = -2 + 11 = \boxed{9}, \quad \ell = -23 + 126 = \boxed{103}$$

(4) $\sqrt{am}$ が 11 で割ると 1 余る自然数となるとき，(3)の結果より，$m\ (= 21k^2)$ が最小になるのは $k = 9$ のときで，そのとき

$$m = 21 \cdot 9^2 = \boxed{1701}$$

解説

(1) 　一般に，自然数 A が

$$A = p^m q^n \cdots s^k \quad (p,\ q,\ \cdots,\ s \text{ は相異なる素数})$$

と素因数分解されるとき，A の正の約数の個数は

$$(m+1)(n+1)\cdots(k+1) \text{ 個}$$

である。

(2) $\sqrt{am}$ が自然数となるのは，am が平方数のときである。すなわち，am を素因数分解したとき，どの素因数も偶数個含まれるときである。

(3) 1次不定方程式 $126k - 11\ell = 1$ を解くには，まず，その整数解のうちの1組（特殊解）を求める必要がある。それには，ユークリッドの互除法を用いるのが簡明である。

(4) $\sqrt{am} = 126k = 11\ell + 1$ において，$m = 21k^2$ が最小になるのは，k が最小の正の整数になるときで，それは(3)より $k = 9$ のときである。

第6問 標準 《方べきの定理，重心，メネラウスの定理，相似》

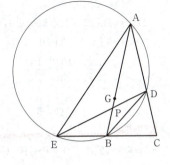

方べきの定理より
$$CE \cdot CB = CA \cdot CD = 5 \cdot 2 = \boxed{10}$$
すなわち
$$CE \cdot \sqrt{5} = 10 \quad \therefore \quad CE = 2\sqrt{5}$$
よって
$$BE = CE - CB = 2\sqrt{5} - \sqrt{5} = \sqrt{\boxed{5}}$$

CB = BE (= $\sqrt{5}$) より，B は CE の中点である。
よって，△ACE の重心 G は AB を 2：1 に内分する点である。ゆえに
$$AG = \frac{2}{3}AB = \frac{2}{3} \cdot 5 = \frac{\boxed{10}}{\boxed{3}}$$

△CDE と直線 AB に関してメネラウスの定理を用いると
$$\frac{CA}{DA} \cdot \frac{DP}{EP} \cdot \frac{EB}{CB} = 1$$
$$\frac{5}{3} \cdot \frac{DP}{EP} \cdot \frac{\sqrt{5}}{\sqrt{5}} = 1 \quad \therefore \quad \frac{DP}{EP} = \frac{\boxed{3}}{\boxed{5}} \quad \cdots\cdots ①$$

△ABC と △EDC において，∠CAB = ∠CED (円周角) で，∠C は共通だから
$$\triangle ABC \infty \triangle EDC$$

△ABC は AB = AC の二等辺三角形であるから，△EDC も二等辺三角形であり
$$DE = CE = \boxed{2}\sqrt{\boxed{5}} \quad \cdots\cdots ②$$

①，②より
$$\frac{2\sqrt{5} - EP}{EP} = \frac{3}{5}$$
$$\frac{2\sqrt{5}}{EP} = \frac{8}{5} \quad \therefore \quad EP = \frac{\boxed{5}\sqrt{\boxed{5}}}{\boxed{4}}$$

別解 $\dfrac{DP}{EP}$ を，メネラウスの定理を用いないで，次のように求めることもできる。

DからBCに平行な直線を引き，ABと交わる点をFとする。△PEB∽△PDF より

$$\dfrac{DP}{EP} = \dfrac{FD}{BE} = \dfrac{FD}{BC}$$
$$= \dfrac{AD}{AC} = \dfrac{3}{5} \quad (\triangle AFD \backsim \triangle ABC)$$

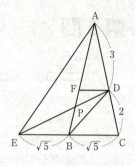

解説

- 方べきの定理より CE·CB = CA·CD が成り立つ。
- CB = BE = $\sqrt{5}$ より，ABは△ACEにおける，Aから引いた中線である。また，重心Gは中線ABを2：1に内分する点である。
- $\dfrac{DP}{EP}$ は，△CDEと直線ABに対するメネラウスの定理から求まる。また，〔別解〕のような平行線を引いて，平行線に関する比例関係から求めることもできる（DからABに平行な直線を引いてもよい）。
- △ABC∽△EDC から DE の長さが求まる。

数学Ⅱ・数学B 本試験

問題番号 (配点)	解答記号	正解	配点	チェック
第1問 (30)	ア	2	1	
	イ	1	1	
	ウ	5	1	
	エ	4	1	
	オθ	6θ	2	
	$\dfrac{\pi}{カ}, \sqrt{キ}$	$\dfrac{\pi}{4}, \sqrt{5}$	2	
	ク	③	1	
	$\dfrac{\pi}{ケ}$	$\dfrac{\pi}{6}$	2	
	$\sqrt{コ}$	$\sqrt{3}$	1	
	$\dfrac{サ}{シ}\pi$	$\dfrac{2}{9}\pi$	3	
	ス, セソ	2, -3	3	
	タ, $\dfrac{チツ}{テ}$	2, $\dfrac{-2}{3}$	3	
	トナ	-2	2	
	ニ	2	2	
	$\sqrt{ヌ}$	$\sqrt{2}$	2	
	$\dfrac{ネノ}{ハ}$	$\dfrac{-5}{4}$	3	

問題番号 (配点)	解答記号	正解	配点	チェック
第2問 (30)	ア$+\dfrac{h}{イ}$	$a+\dfrac{h}{2}$	2	
	ウ	0	2	
	エ	a	1	
	オ$x-\dfrac{1}{カ}a^2$	$ax-\dfrac{1}{2}a^2$	3	
	$\dfrac{a}{ク}$	$\dfrac{a}{2}$	1	
	$\dfrac{ケコ}{サ}x+\dfrac{シ}{ス}$	$\dfrac{-1}{a}x+\dfrac{1}{2}$	3	
	セ, ソ	1, 8	4	
	タ, チツ	3, 12	5	
	テ, トナ	3, 24	2	
	$\sqrt{ニ}$	$\sqrt{3}$	2	
	ヌ	1	2	
	$\dfrac{ネノ}{ハヒ}$	$\dfrac{-1}{12}$	3	

2015年度：数学Ⅱ・B／本試験〈解答〉

問題番号 (配点)	解答記号	正 解	配点	チェック
第3問 (20)	ア, イ, ウ, エ	4, 8, 6, 2	2	
	オ	⓪ 又は ③	1	
	カ	8	2	
	$3 \cdot 2^{キ}$	$3 \cdot 2^7$	2	
	$\dfrac{ク}{ケ}$	$\dfrac{3}{2}$	1	
	$\dfrac{コ}{サ}$	$\dfrac{3}{2}$	1	
	$\dfrac{シ}{ス}$	$\dfrac{1}{2}$	1	
	$\dfrac{セ}{ソ}$	$\dfrac{1}{2}$	1	
	タ, チ	6, 6	3	
	ツ, テ	4, 4	2	
	$トm^2 - ナm$	$2m^2 - 2m$	3	
	ニ, ヌネ	8, 13	1	
第4問 (20)	$\dfrac{ア}{イ} \cdot ウ$	$\dfrac{1}{3}, 2$	2	
	エ	—	1	
	$\dfrac{オ}{カ}$	$\dfrac{1}{2}$	1	
	キ	0	1	
	$\dfrac{ク}{ケ}$	$\dfrac{5}{4}$	2	
	$\dfrac{\sqrt{コ}}{サ}$	$\dfrac{\sqrt{7}}{3}$	1	
	$\dfrac{\sqrt{シス}}{セ}$	$\dfrac{\sqrt{21}}{4}$	1	
	$\dfrac{ソ\sqrt{タ}}{チツ}$	$\dfrac{7\sqrt{3}}{24}$	2	
	$\dfrac{テ}{ト}$	$\dfrac{7}{9}$	2	
	$\dfrac{ナ}{ニ}$	$\dfrac{1}{3}$	2	
	$\dfrac{ヌネ}{ノハ}\vec{a} + \dfrac{ヒ}{フ}\vec{b}$	$\dfrac{-7}{36}\vec{a} + \dfrac{7}{9}\vec{b}$	2	
	ヘホ	21	3	

問題番号 (配点)	解答記号	正 解	配点	チェック
第5問 (20)	$\dfrac{ア}{イウ}$	$\dfrac{1}{35}$	2	
	エオ	12	2	
	カキ	18	2	
	ク	4	2	
	$\dfrac{ケコ}{サ}$	$\dfrac{12}{7}$	3	
	$\dfrac{シス}{セソ}$	$\dfrac{24}{49}$	3	
	タ	③	2	
	チ.ツ	1.3	2	
	テ.ト	0.5	2	

（注）1．第1問，第2問は必答，第3問～第5問のうちから2問選択，計4問を解答。

2．第3問［オ］については，⓪又は③を正解とする。

【理由】
　第3問全体で考えれば選択肢③が適切な解答である。しかし，(1)を独立の問題と考えたときは選択肢⓪も当てはまるため，これも正解とした。

自己採点欄

100点

（平均点：39.31点）

第1問 — 三角関数，指数関数

〔1〕 標準 《三角関数，点と直線》

(1) 2点 $P(2\cos\theta,\ 2\sin\theta)$, $Q(2\cos\theta+\cos 7\theta,\ 2\sin\theta+\sin 7\theta)$ に対して

$$OP^2 = (2\cos\theta)^2 + (2\sin\theta)^2 = 4(\cos^2\theta + \sin^2\theta) = 4$$
$$PQ^2 = (2\cos\theta+\cos 7\theta-2\cos\theta)^2 + (2\sin\theta+\sin 7\theta-2\sin\theta)^2$$
$$= \cos^2 7\theta + \sin^2 7\theta = 1$$
$$\therefore\ OP = \boxed{2},\quad PQ = \boxed{1}$$

また

$$OQ^2 = (2\cos\theta+\cos 7\theta)^2 + (2\sin\theta+\sin 7\theta)^2$$
$$= 4\cos^2\theta + 4\cos\theta\cos 7\theta + \cos^2 7\theta + 4\sin^2\theta + 4\sin\theta\sin 7\theta + \sin^2 7\theta$$
$$= 4(\cos^2\theta + \sin^2\theta) + (\cos^2 7\theta + \sin^2 7\theta) + 4(\cos\theta\cos 7\theta + \sin\theta\sin 7\theta)$$
$$= 4 + 1 + 4(\cos 7\theta\cos\theta + \sin 7\theta\sin\theta)$$
$$= \boxed{5} + \boxed{4}(\cos 7\theta\cos\theta + \sin 7\theta\sin\theta)$$
$$= 5 + 4\cos(7\theta - \theta)$$
$$= 5 + 4\cos(\boxed{6}\theta)$$

$\dfrac{\pi}{8} \leqq \theta \leqq \dfrac{\pi}{4}$ より $\dfrac{3}{4}\pi \leqq 6\theta \leqq \dfrac{3}{2}\pi$ であるから，

$-1 \leqq \cos 6\theta \leqq 0$ であるので，OQ は $6\theta = \dfrac{3}{2}\pi$ すなわち

$\theta = \dfrac{\pi}{\boxed{4}}$ のとき最大値 $\sqrt{5+4\times 0} = \sqrt{\boxed{5}}$

をとる。

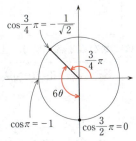

(2) 直線 OP は原点を通り，傾きが $\dfrac{2\sin\theta}{2\cos\theta} = \dfrac{\sin\theta}{\cos\theta}$

$\left(\dfrac{\pi}{8} \leqq \theta \leqq \dfrac{\pi}{4}\ \text{より}\ \cos\theta \neq 0\right)$ であるから，その方程式は $y = \dfrac{\sin\theta}{\cos\theta}x$，変形して

$(\sin\theta)x - (\cos\theta)y = 0$ である。 $\boxed{ク}$ に当てはまるものは $\boxed{③}$ である。

3点 O, P, Q が一直線上にあるのは，点 Q が直線 OP 上にあるときである。それは

$$\sin\theta(2\cos\theta+\cos 7\theta) - \cos\theta(2\sin\theta+\sin 7\theta) = 0$$
$$2\sin\theta\cos\theta + \sin\theta\cos 7\theta - 2\sin\theta\cos\theta - \cos\theta\sin 7\theta = 0$$
$$\sin 7\theta\cos\theta - \cos 7\theta\sin\theta = 0$$

加法定理により

$$\sin(7\theta - \theta) = 0 \quad \text{すなわち} \quad \sin 6\theta = 0$$

が成り立つときであり，$\dfrac{3}{4}\pi \leqq 6\theta \leqq \dfrac{3}{2}\pi$ であるから $6\theta = \pi$ のときである。よって，

3 点 O，P，Q が一直線上にあるのは $\theta = \dfrac{\pi}{\boxed{6}}$ のときである。

(3) ∠OQP が直角となるのは，$\mathrm{OP}^2 = \mathrm{OQ}^2 + \mathrm{PQ}^2$ が成り立つ（三平方の定理）ときで，(1)より OP = 2，PQ = 1 であるから OQ = $\sqrt{\boxed{3}}$ のときである。したがって，$\dfrac{\pi}{8} \leqq \theta \leqq \dfrac{\pi}{4}$ の範囲で ∠OQP が直角となる θ の値は，(1)より

$$(\sqrt{3})^2 = 5 + 4\cos 6\theta \quad \cos 6\theta = -\dfrac{1}{2} \quad 6\theta = \dfrac{4}{3}\pi$$

$$\therefore \quad \theta = \dfrac{\boxed{2}}{\boxed{9}}\pi$$

解説

(1) 2 点 (x_1, y_1)，(x_2, y_2) の間の距離は $\sqrt{(x_2-x_1)^2 + (y_2-y_1)^2}$ である。

ポイント 余弦の加法定理

$$\cos(\alpha + \beta) = \cos\alpha\cos\beta - \sin\alpha\sin\beta$$
$$\cos(\alpha - \beta) = \cos\alpha\cos\beta + \sin\alpha\sin\beta$$

(2) 異なる 2 点 $(0, 0)$，(x_1, y_1) を通る直線の方程式は $y_1 x - x_1 y = 0$ である。

ポイント 正弦の加法定理

$$\sin(\alpha + \beta) = \sin\alpha\cos\beta + \cos\alpha\sin\beta$$
$$\sin(\alpha - \beta) = \sin\alpha\cos\beta - \cos\alpha\sin\beta$$

(3) ∠OQP が直角であることは，$\overrightarrow{\mathrm{OQ}}$ と $\overrightarrow{\mathrm{PQ}}$ のなす角が 90°，すなわち $\overrightarrow{\mathrm{OQ}} \cdot \overrightarrow{\mathrm{PQ}} = 0$ とも考えられるが，ここでは OQ の長さを求める設問があるので，三平方の定理を用いるのがよいだろう。

〔2〕 標準 《連立指数方程式，相加平均・相乗平均》

(1) 連立方程式

$$(*)\begin{cases} x\sqrt{y^3} = a & \cdots\cdots ① \\ \sqrt[3]{xy} = b & \cdots\cdots ② \end{cases}$$

を解く。ただし，a，b，x，yは正の実数である。
①の両辺を2乗し，②の両辺を3乗すると，$(*)$は

$$\begin{cases} x^2 y^3 = a^2 & \cdots\cdots ③ \\ xy^3 = b^3 & \cdots\cdots ④ \end{cases}$$

$\dfrac{③}{④}$ より　　$x = \dfrac{a^2}{b^3} = a^{\boxed{2}} b^{\boxed{-3}}$

④より　　$y^3 = \dfrac{b^3}{x} = \dfrac{b^3}{a^2 b^{-3}} = a^{-2} b^6$

$\therefore\ y = (a^{-2} b^6)^{\frac{1}{3}} = a^p b^{\boxed{2}}$，ただし，$p = \boxed{\dfrac{-2}{3}}$

(2) $b = 2\sqrt[3]{a^4} = 2a^{\frac{4}{3}}$ であるから，$(*)$を満たす正の実数x，yは，aを用いて

$$x = a^2 (2a^{\frac{4}{3}})^{-3} = a^2 \cdot 2^{-3} \cdot a^{-4} = 2^{-3} a^{\boxed{-2}}$$
$$y = a^{-\frac{2}{3}} (2a^{\frac{4}{3}})^2 = a^{-\frac{2}{3}} \cdot 2^2 \cdot a^{\frac{8}{3}} = 2^2 a^{\boxed{2}}$$

と表される。したがって，相加平均と相乗平均の関係を利用すると

$$x + y \geqq 2\sqrt{xy} = 2\sqrt{2^{-3} a^{-2} \cdot 2^2 a^2} = 2\sqrt{2^{-1}} = \sqrt{2}$$

ここで，等号が成立するのは，$x = y$ すなわち

$$2^{-3} a^{-2} = 2^2 a^2 \qquad a^4 = 2^{-5} \qquad a = 2^{-\frac{5}{4}}$$

のときである。すなわち，$x + y$は，$a = 2^q$ のとき最小値 $\sqrt{\boxed{2}}$ をとる。ただし，$q = \boxed{\dfrac{-5}{4}}$ である。

解　説

(1) $a > 0$，m，nは正の整数，rが正の実数のとき

$$a^{\frac{m}{n}} = \sqrt[n]{a^m}, \quad a^{-r} = \dfrac{1}{a^r}, \quad a^0 = 1$$

と定められている。指数の計算では，次のことが基本となる。

> **ポイント** 指数法則
> $a>0$, $b>0$, r, s が実数のとき
> $$a^r a^s = a^{r+s}, \quad \frac{a^r}{a^s} = a^{r-s}, \quad (a^r)^s = a^{rs}, \quad (ab)^r = a^r b^r$$

連立方程式(*)は，①，②それぞれ，両辺の常用対数（底10は省略）をとって

$$\begin{cases} \log x\sqrt{y^3} = \log a & \cdots\cdots ①' \\ \log \sqrt[3]{x}\,y = \log b & \cdots\cdots ②' \end{cases}$$

として解いてもよい。①'，②' をそれぞれ対数の性質を用いて変形すると

$$\log x + \frac{3}{2}\log y = \log a \quad \therefore \quad 2\log x + 3\log y = 2\log a$$

$$\frac{1}{3}\log x + \log y = \log b \quad \therefore \quad \log x + 3\log y = 3\log b$$

これらから

$$\log x = 2\log a - 3\log b = \log a^2 + \log b^{-3} = \log a^2 b^{-3}$$

$$\therefore \quad x = a^2 b^{-3}$$

$$\log y = \log b - \frac{1}{3}\log x = \log b + \log (a^2 b^{-3})^{-\frac{1}{3}} = \log a^{-\frac{2}{3}} b^2$$

$$\therefore \quad y = a^{-\frac{2}{3}} b^2$$

(2) b が a で表されているから，x も y も a のみで表される。

> **ポイント** 相加平均と相乗平均の関係
> $x \geqq 0$, $y \geqq 0$ のとき，つねに
> $$\frac{x+y}{2} \geqq \sqrt{xy} \quad \text{すなわち} \quad x+y \geqq 2\sqrt{xy}$$
> が成り立つ。等号が成り立つのは $x=y$ のときである。

第2問 《微分係数の定義，接線，面積，最小値》

(1) x が a から $a+h$ ($h \neq 0$) まで変化するときの $f(x) = \frac{1}{2}x^2$ の平均変化率は

$$\frac{f(a+h)-f(a)}{h} = \frac{1}{h}\left\{\frac{1}{2}(a+h)^2 - \frac{1}{2}a^2\right\}$$

$$= \frac{1}{2h}(2ah + h^2) = \boxed{a} + \frac{h}{\boxed{2}}$$

であるから，微分係数 $f'(a)$ は

$$f'(a) = \lim_{h \to \boxed{0}}\left(a + \frac{h}{2}\right) = \boxed{a}$$

(2) 放物線 $C: y = \frac{1}{2}x^2$ 上の点 $P\left(a, \frac{1}{2}a^2\right)$ ($a > 0$) における C の接線 ℓ の方程式は

$y - \frac{1}{2}a^2 = f'(a)(x-a)$ とかけるから，(1)より

$$\ell: y = a(x-a) + \frac{1}{2}a^2 = \boxed{a}x - \frac{1}{\boxed{2}}a^2$$

である。直線 ℓ と x 軸との交点 Q の x 座標は，ℓ の方程式で $y=0$ とおくと，

$ax = \frac{1}{2}a^2$ ($a \neq 0$) より $x = \frac{1}{2}a$ であるから，Q の座標は

$$Q\left(\frac{\boxed{a}}{\boxed{2}},\ 0\right)$$

である。点 Q を通り ℓ に垂直な直線 m の方程式は，m の傾きが $-\frac{1}{a}$（ℓ の傾きが a で $a \neq 0$ より）であることより，$y - 0 = -\frac{1}{a}\left(x - \frac{a}{2}\right)$ とかけるから

$$m: y = \frac{\boxed{-1}}{\boxed{a}}x + \frac{\boxed{1}}{\boxed{2}}$$

である。直線 m と y 軸との交点 A の座標は $\left(0, \frac{1}{2}\right)$ であるから

$$AQ^2 = \left(\frac{a}{2}\right)^2 + \left(\frac{1}{2}\right)^2 = \frac{1}{4}(a^2+1)$$

$$\therefore\ AQ = \frac{1}{2}\sqrt{a^2+1}$$

また

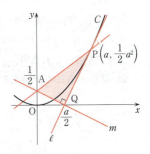

$$PQ^2 = \left(a - \frac{a}{2}\right)^2 + \left(\frac{1}{2}a^2 - 0\right)^2 = \frac{a^2}{4} + \frac{a^4}{4} = \frac{a^2}{4}(a^2+1)$$

$$\therefore \ PQ = \frac{1}{2}a\sqrt{a^2+1}$$

∠AQP＝90°であるので，三角形 APQ の面積 S は

$$S = \frac{1}{2} \times AQ \times PQ = \frac{1}{2} \times \frac{1}{2}\sqrt{a^2+1} \times \frac{1}{2}a\sqrt{a^2+1} = \frac{a(a^2+\boxed{1})}{\boxed{8}}$$

となる。直線 AP の方程式は，$a \neq 0$ より

$$y - \frac{1}{2} = \frac{\frac{1}{2}a^2 - \frac{1}{2}}{a - 0}(x - 0) \quad \text{よって} \quad y = \frac{a^2 - 1}{2a}x + \frac{1}{2}$$

であるから，y 軸と線分 AP および曲線 C によって囲まれた図形の面積 T は

$$T = \int_0^a \left(\frac{a^2-1}{2a}x + \frac{1}{2} - \frac{1}{2}x^2\right)dx = \left[\frac{a^2-1}{4a}x^2 + \frac{1}{2}x - \frac{1}{6}x^3\right]_0^a$$

$$= \frac{a^2-1}{4a}a^2 + \frac{1}{2}a - \frac{1}{6}a^3 = \frac{1}{4}a(a^2-1) + \frac{1}{2}a - \frac{1}{6}a^3$$

$$= \frac{1}{12}a^3 + \frac{1}{4}a = \frac{a(a^2+\boxed{3})}{\boxed{12}}$$

となる。よって

$$S - T = \frac{a(a^2+1)}{8} - \frac{a(a^2+3)}{12} = \frac{a}{24}\{3(a^2+1) - 2(a^2+3)\}$$

$$= \frac{a(a^2 - \boxed{3})}{\boxed{24}}$$

である。$S - T > 0$ となるような a のとり得る値の範囲は，$a > 0$ であることより

$$a^2 - 3 > 0 \quad \text{すなわち} \quad a < -\sqrt{3}, \ \sqrt{3} < a$$

であるが，$a > 0$ より，$a > \sqrt{\boxed{3}}$ である。

$g(a) = a(a^2-3) = a^3 - 3a$ とおくと，$S - T = \dfrac{g(a)}{24}$ である。

$g'(a) = 3a^2 - 3 = 3(a+1)(a-1)$

であるから，$a > 0$ における $g(a)$ の増減は右表のようになる。これより，$g(a)$ は，$a = 1$ のとき最小値 -2 をとることがわかる。したがって，$S - T$ は

a	0	$\cdots$	1	$\cdots$
$g'(a)$		$-$	0	$+$
$g(a)$		$\searrow$	-2	$\nearrow$

$$a = \boxed{1} \text{ で最小値 } \frac{-2}{24} = \boxed{\frac{-1}{12}}$$

をとることがわかる。

解 説

(1) 微分係数や導関数の定義式は忘れてはならない。

> **ポイント** 微分係数の定義式
>
> 関数 $y=f(x)$ の $x=a$ における微分係数 $f'(a)$ は
>
> $$f'(a) = \lim_{h \to 0} \frac{f(a+h) - f(a)}{h}$$
>
> と定義される。a を x で置き換えれば導関数である。

(2) ・接線の方程式は必出である。

> **ポイント** 接線の方程式
>
> 関数 $y=f(x)$ 上の点 $(a, f(a))$ における $y=f(x)$ の接線の方程式は
>
> $$y - f(a) = f'(a)(x-a)$$

・三角形 APQ の面積 S は、台形 OAPR の面積（R の座標は $(a, 0)$）から、2 つの三角形 OAQ, PQR の面積を引いて求めてもよい。

$$S = (台形\mathrm{OAPR}の面積) - (\triangle \mathrm{OAQ}の面積) - (\triangle \mathrm{PQR}の面積)$$

$$= \frac{1}{2} a \left(\frac{1}{2} a^2 + \frac{1}{2} \right) - \frac{1}{2} \times \frac{a}{2} \times \frac{1}{2} - \frac{1}{2} \times \frac{a}{2} \times \frac{1}{2} a^2$$

$$= \frac{1}{4} a^3 + \frac{1}{4} a - \frac{1}{8} a - \frac{1}{8} a^3 = \frac{a(a^2+1)}{8}$$

この方法によると、面積 T の方は、次のように簡単に計算できる。

$$T = (台形\mathrm{OAPR}の面積) - \int_0^a \frac{1}{2} x^2 dx = \frac{1}{4} a(a^2+1) - \left[\frac{1}{6} x^3 \right]_0^a$$

$$= \frac{1}{4} a(a^2+1) - \frac{1}{6} a^3 = \frac{a(a^2+3)}{12}$$

・$S - T$ は a の 3 次関数であるから、不等式 $S - T > 0$ は 3 次不等式になるが、$a > 0$ であるから、2 次不等式 $a^2 - 3 > 0$ を解けばよい。
$S - T$ の増減は 3 次関数の増減になるから、微分法を用いる。
$S - T$ のグラフは右図のようになる。この図から $a > 0$ で、$S - T > 0$ となる a の範囲は $a > \sqrt{3}$ であることがわかる。

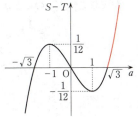

第3問 《項が循環する数列，漸化式，数列の和》

(1) 自然数 n に対し，数列 $\{2^n\}$ は

$$2, 4, 8, 16, 32, \cdots$$

であるから，この数列の各項の一の位の数を順に並べた数列 $\{a_n\}$ は

$$a_1=2, \quad a_2=\boxed{4}, \quad a_3=\boxed{8}, \quad a_4=\boxed{6}, \quad a_5=\boxed{2}, \quad \cdots$$

である。この数列 $\{a_n\}$ は，$2, 4, 8, 6, 2, \cdots$ となり，「$2, 4, 8, 6$」をこの順に繰り返す（循環する）数列であるから，a_n はつねに4つ後の項 a_{n+4} と等しくなる。
したがって，すべての自然数 n に対して $a_{n+4}=a_n$ となることがわかるから，$\boxed{\text{オ}}$ には $\boxed{③}$ が入る。

(注) なお，このことから，一般に $a_{n+4i}=a_n$ $(i=1, 2, \cdots)$ が成り立つから，$i=n$ とすると，$a_{5n}=a_n$ もすべての自然数 n に対して成り立つことがわかる。
よって，$\boxed{\text{オ}}$ には $\boxed{⓪}$ が入るとすることもできる。

(2)
$$b_1=1, \quad b_{n+1}=\frac{a_n b_n}{4} \quad (n=1, 2, 3, \cdots) \quad \cdots\cdots ①$$

より，これを繰り返し用いると

$$b_{n+4}=\frac{a_{n+3}}{4}b_{n+3}=\frac{a_{n+3}}{4}\times\frac{a_{n+2}}{4}b_{n+2}=\frac{a_{n+3}}{4}\times\frac{a_{n+2}}{4}\times\frac{a_{n+1}}{4}b_{n+1}$$

$$=\frac{a_{n+3}}{4}\times\frac{a_{n+2}}{4}\times\frac{a_{n+1}}{4}\times\frac{a_n}{4}b_n$$

$$=\frac{a_{n+3}a_{n+2}a_{n+1}a_n}{2^{\boxed{8}}}b_n \quad (n=1, 2, 3, \cdots)$$

が成り立ち，$a_{n+3}a_{n+2}a_{n+1}a_n$ は，2と4と8と6の積に等しいことから

$$a_{n+3}a_{n+2}a_{n+1}a_n=2\times 2^2\times 2^3\times 2\times 3=3\cdot 2^{\boxed{7}}$$

であるので

$$b_{n+4}=\frac{3\cdot 2^7}{2^8}b_n=\frac{\boxed{3}}{\boxed{2}}b_n$$

が成り立つ。このことから，自然数 k に対して

$$b_{4k-3}=\frac{3}{2}b_{4(k-1)-3}=\left(\frac{3}{2}\right)^2 b_{4(k-2)-3}=\cdots$$

$$=\left(\frac{3}{2}\right)^{k-1}b_{4\{k-(k-1)\}-3} \left(=\left(\frac{3}{2}\right)^{k-1}b_1\right)$$

$$=\left(\frac{\boxed{3}}{\boxed{2}}\right)^{k-1} \quad (\because \quad b_1=1)$$

$$b_{4k-2} = \frac{3}{2} b_{4(k-1)-2} = \left(\frac{3}{2}\right)^2 b_{4(k-2)-2} = \cdots$$
$$= \left(\frac{3}{2}\right)^{k-1} b_{4\{k-(k-1)\}-2} \left(= \left(\frac{3}{2}\right)^{k-1} b_2\right)$$
$$= \boxed{\frac{1}{2}} \left(\frac{3}{2}\right)^{k-1} \left(\because b_2 = \frac{a_1 b_1}{4} = \frac{2 \times 1}{4} = \frac{1}{2}\right)$$

$$b_{4k-1} = \frac{3}{2} b_{4(k-1)-1} = \left(\frac{3}{2}\right)^2 b_{4(k-2)-1} = \cdots$$
$$= \left(\frac{3}{2}\right)^{k-1} b_{4\{k-(k-1)\}-1} \left(= \left(\frac{3}{2}\right)^{k-1} b_3\right)$$
$$= \boxed{\frac{1}{2}} \left(\frac{3}{2}\right)^{k-1} \left(\because b_3 = \frac{a_2 b_2}{4} = \frac{4 \times \frac{1}{2}}{4} = \frac{1}{2}\right)$$

$$b_{4k} = \frac{3}{2} b_{4(k-1)} = \left(\frac{3}{2}\right)^2 b_{4(k-2)} = \cdots$$
$$= \left(\frac{3}{2}\right)^{k-1} b_{4\{k-(k-1)\}} \left(= \left(\frac{3}{2}\right)^{k-1} b_4\right)$$
$$= \left(\frac{3}{2}\right)^{k-1} \left(\because b_4 = \frac{a_3 b_3}{4} = \frac{8 \times \frac{1}{2}}{4} = 1\right)$$

である。

(3) $S_n = \sum_{j=1}^{n} b_j$ とおくとき，自然数 m に対して
$$S_{4m} = (b_1 + b_2 + b_3 + b_4) + (b_5 + b_6 + b_7 + b_8) + \cdots$$
$$+ (b_{4m-3} + b_{4m-2} + b_{4m-1} + b_{4m})$$
$$= \sum_{k=1}^{m} (b_{4k-3} + b_{4k-2} + b_{4k-1} + b_{4k})$$

となるが，ここで，(2)の結果を用いると
$$b_{4k-3} + b_{4k-2} + b_{4k-1} + b_{4k} = \left(\frac{3}{2}\right)^{k-1} + \frac{1}{2}\left(\frac{3}{2}\right)^{k-1} + \frac{1}{2}\left(\frac{3}{2}\right)^{k-1} + \left(\frac{3}{2}\right)^{k-1}$$
$$= 3 \times \left(\frac{3}{2}\right)^{k-1}$$

であるから
$$S_{4m} = \sum_{k=1}^{m} 3 \times \left(\frac{3}{2}\right)^{k-1} = 3\left\{1 + \frac{3}{2} + \left(\frac{3}{2}\right)^2 + \cdots + \left(\frac{3}{2}\right)^{m-1}\right\}$$

$$= 3 \times \frac{\left(\frac{3}{2}\right)^m - 1}{\frac{3}{2} - 1} = \boxed{6}\left(\frac{3}{2}\right)^m - \boxed{6}$$

である。

(4) 自然数 k に対して，(2)より

$$b_{4k-3}b_{4k-2}b_{4k-1}b_{4k} = \left(\frac{3}{2}\right)^{k-1} \times \frac{1}{2}\left(\frac{3}{2}\right)^{k-1} \times \frac{1}{2}\left(\frac{3}{2}\right)^{k-1} \times \left(\frac{3}{2}\right)^{k-1}$$

$$= \frac{1}{\boxed{4}}\left(\frac{3}{2}\right)^{\boxed{4}(k-1)}$$

となるから，$T_n = b_1 b_2 \cdots b_n$ のとき，自然数 m に対して

$$T_{4m} = b_1 b_2 b_3 b_4 \times b_5 b_6 b_7 b_8 \times \cdots \times b_{4m-3} b_{4m-2} b_{4m-1} b_{4m}$$

$$= \frac{1}{4}\left(\frac{3}{2}\right)^0 \times \frac{1}{4}\left(\frac{3}{2}\right)^4 \times \cdots \times \frac{1}{4}\left(\frac{3}{2}\right)^{4(m-1)}$$

$$= \left(\frac{1}{4}\right)^m \left(\frac{3}{2}\right)^{0+4+\cdots+4(m-1)}$$

$$= \left(\frac{1}{4}\right)^m \left(\frac{3}{2}\right)^{4\{1+2+\cdots+(m-1)\}}$$

$$= \left(\frac{1}{4}\right)^m \left(\frac{3}{2}\right)^{4 \times \frac{1}{2}(m-1)m} = \frac{1}{4^m}\left(\frac{3}{2}\right)^{\boxed{2}m^2 - \boxed{2}m}$$

である。ここで $m = 2$ とおくと

$$T_8 = \frac{1}{4^2}\left(\frac{3}{2}\right)^{8-4} = \frac{1}{4^2}\left(\frac{3}{2}\right)^4$$

であり，(2)より $b_9 = b_{4 \times 3 - 3} = \left(\frac{3}{2}\right)^{3-1} = \left(\frac{3}{2}\right)^2$，$b_{10} = b_{4 \times 3 - 2} = \frac{1}{2}\left(\frac{3}{2}\right)^2$ であるから

$$T_{10} = b_1 b_2 \cdots b_8 b_9 b_{10} = T_8 \times b_9 \times b_{10}$$

$$= \frac{1}{4^2}\left(\frac{3}{2}\right)^4 \times \left(\frac{3}{2}\right)^2 \times \frac{1}{2}\left(\frac{3}{2}\right)^2 = \frac{1}{2^4} \times \frac{3^4}{2^4} \times \frac{3^2}{2^2} \times \frac{1}{2} \times \frac{3^2}{2^2} = \frac{3^{\boxed{8}}}{2^{\boxed{13}}}$$

である。

解説

(1) $a_{4 \times 2 + 1} = a_9 = 2 \neq 4 = a_2$，$a_{1+3} = a_4 = 6 \neq 2 = a_1$，$a_{1+5} = a_6 = 4 \neq 2 = a_1$ であるから，$\boxed{\text{オ}}$ に当てはまるものとして ①，②，④ は不適である。なお，大学入試センターから③のほかに⓪も正解とする旨の発表があった。

(2) 「①を繰り返し用いる」とは，b_{n+4} を b_{n+3}，b_{n+3} を b_{n+2}，b_{n+2} を b_{n+1}，b_{n+1} を b_n で表すという意味である。

数列 $\{a_n\}$ は，2，4，8，6，2，4，8，6，… であるから，連続する4項を

取り出せば，その項の積は一定になる．

$b_{n+4} = \dfrac{3}{2} b_n$ から，数列 b_1, b_5, b_9, … は公比が $\dfrac{3}{2}$ の等比数列となる．この数列の第 k 項は b_{4k-3} である（等差数列 1, 5, 9, … の第 k 項は $1+(k-1) \times 4 = 4k-3$）から

$$b_{4k-3} = b_1 \times \left(\dfrac{3}{2}\right)^{k-1} = 1 \times \left(\dfrac{3}{2}\right)^{k-1}$$

となる．

同様に，$\{b_{4k-2}\}$, $\{b_{4k-1}\}$, $\{b_{4k}\}$ は初項がそれぞれ b_2, b_3, b_4 で，公比 $\dfrac{3}{2}$ の等比数列であるから

$$b_{4k-2} = b_2 \left(\dfrac{3}{2}\right)^{k-1} = \dfrac{1}{2}\left(\dfrac{3}{2}\right)^{k-1}$$

$$b_{4k-1} = b_3 \left(\dfrac{3}{2}\right)^{k-1} = \dfrac{1}{2}\left(\dfrac{3}{2}\right)^{k-1}$$

$$b_{4k} = b_4 \left(\dfrac{3}{2}\right)^{k-1} = \left(\dfrac{3}{2}\right)^{k-1}$$

と求めることができる．

(3) (2)の結果より

$$b_{4k-3} + b_{4k-2} + b_{4k-1} + b_{4k} = 3\left(\dfrac{3}{2}\right)^{k-1}$$

である．この式の $k=1$ から $k=m$ までの和が S_{4m} である．

> **ポイント　等比数列の和**
> 初項が a，公比が r の等比数列において
> $$\underbrace{a + ar + ar^2 + \cdots + \underset{\text{第}n\text{項}}{ar^{n-1}}}_{n\text{個}} = \begin{cases} \dfrac{a(1-r^n)}{1-r} = \dfrac{a(r^n-1)}{r-1} & (r \neq 1 \text{のとき}) \\ na & (r=1 \text{のとき}) \end{cases}$$

(4) (2)の結果より

$$b_{4k-3} b_{4k-2} b_{4k-1} b_{4k} = \dfrac{1}{4}\left(\dfrac{3}{2}\right)^{4(k-1)}$$

である．この式の $k=1$ から $k=m$ までの積が T_{4m} である．指数の部分が等差数列の和となる．

> **ポイント　自然数の和**
> $$1 + 2 + 3 + \cdots + n = \dfrac{1}{2}n(n+1)$$

第4問 《平面ベクトル》

(1) 点Pは辺 AB を 2:1 に内分するから

$$\overrightarrow{OP} = \frac{1 \times \overrightarrow{OA} + 2 \times \overrightarrow{OB}}{2+1} = \frac{1}{3}\overrightarrow{OA} + \frac{2}{3}\overrightarrow{OB}$$

$$= \boxed{\frac{1}{3}}\vec{a} + \boxed{\frac{2}{3}}\vec{b}$$

である。点Qは直線 BC 上にあるから，実数 t を用いて $\overrightarrow{OQ} = (1-t)\overrightarrow{OB} + t\overrightarrow{OC}$ と表され，四角形 OABC はひし形（平行四辺形の一種）であることから

$$\overrightarrow{OC} = \overrightarrow{AB} = \overrightarrow{OB} - \overrightarrow{OA} = \vec{b} - \vec{a}$$

であるので

$$\overrightarrow{OQ} = (1-t)\vec{b} + t(\vec{b} - \vec{a}) = \boxed{-}t\vec{a} + \vec{b}$$

である。ここで，$\angle AOB = \frac{1}{2}\angle AOC = \frac{1}{2} \times 120° = 60°$ より

$$\vec{a} \cdot \vec{b} = |\overrightarrow{OA}||\overrightarrow{OB}|\cos\angle AOB = 1 \times 1 \times \cos 60° \quad (\triangle OAB は正三角形)$$

$$= \boxed{\frac{1}{2}}$$

また，$\overrightarrow{OP} \perp \overrightarrow{OQ}$ より $\overrightarrow{OP} \cdot \overrightarrow{OQ} = \boxed{0}$ であることから

$$\overrightarrow{OP} \cdot \overrightarrow{OQ} = \left(\frac{1}{3}\vec{a} + \frac{2}{3}\vec{b}\right) \cdot (-t\vec{a} + \vec{b}) = 0$$

$$(\vec{a} + 2\vec{b}) \cdot (-t\vec{a} + \vec{b}) = 0$$

$$-t|\vec{a}|^2 + (1-2t)\vec{a} \cdot \vec{b} + 2|\vec{b}|^2 = 0$$

$$-t + (1-2t) \times \frac{1}{2} + 2 = 0 \quad \left(|\vec{a}| = |\vec{b}| = 1, \ \vec{a} \cdot \vec{b} = \frac{1}{2}\right)$$

$$\frac{5}{2} - 2t = 0$$

$$\therefore \ t = \boxed{\frac{5}{4}}, \quad \overrightarrow{OQ} = -\frac{5}{4}\vec{a} + \vec{b}$$

である。これらのことから

$$|\overrightarrow{OP}|^2 = \left(\frac{1}{3}\vec{a} + \frac{2}{3}\vec{b}\right) \cdot \left(\frac{1}{3}\vec{a} + \frac{2}{3}\vec{b}\right) = \frac{1}{9}|\vec{a}|^2 + \frac{4}{9}\vec{a} \cdot \vec{b} + \frac{4}{9}|\vec{b}|^2$$

$$= \frac{1}{9} \times 1 + \frac{4}{9} \times \frac{1}{2} + \frac{4}{9} \times 1 = \frac{7}{9}$$

∴ $|\overrightarrow{\mathrm{OP}}| = \sqrt{\dfrac{\boxed{7}}{\boxed{3}}}$

$|\overrightarrow{\mathrm{OQ}}|^2 = \left(-\dfrac{5}{4}\vec{a}+\vec{b}\right)\cdot\left(-\dfrac{5}{4}\vec{a}+\vec{b}\right) = \dfrac{25}{16}|\vec{a}|^2 - \dfrac{5}{2}\vec{a}\cdot\vec{b} + |\vec{b}|^2$

$= \dfrac{25}{16}\times 1 - \dfrac{5}{2}\times\dfrac{1}{2} + 1 = \dfrac{21}{16}$

∴ $|\overrightarrow{\mathrm{OQ}}| = \sqrt{\dfrac{\boxed{21}}{\boxed{4}}}$

がわかるから，∠POQ = 90° より，三角形 OPQ の面積 S_1 は

$S_1 = \dfrac{1}{2}\times \mathrm{OP}\times \mathrm{OQ} = \dfrac{1}{2}|\overrightarrow{\mathrm{OP}}||\overrightarrow{\mathrm{OQ}}| = \dfrac{1}{2}\times\dfrac{\sqrt{7}}{3}\times\dfrac{\sqrt{21}}{4}$

$= \dfrac{\boxed{7}\sqrt{\boxed{3}}}{\boxed{24}}$

である。

(2) 点 R は辺 BC を 1 : 3 に内分するから

$\overrightarrow{\mathrm{OR}} = \overrightarrow{\mathrm{OB}} + \overrightarrow{\mathrm{BR}} = \overrightarrow{\mathrm{OB}} + \dfrac{1}{4}\overrightarrow{\mathrm{BC}}$

$= \overrightarrow{\mathrm{OB}} + \dfrac{1}{4}\overrightarrow{\mathrm{AO}} = \overrightarrow{\mathrm{OB}} + \dfrac{1}{4}(-\overrightarrow{\mathrm{OA}})$

$= -\dfrac{1}{4}\vec{a} + \vec{b}$

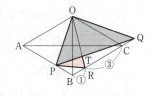

点 T は直線 OR と直線 PQ の交点であるから，T は直線 OR 上の点であり，直線 PQ 上の点でもある。よって，実数 r, s を用いて

$\overrightarrow{\mathrm{OT}} = r\overrightarrow{\mathrm{OR}} = (1-s)\overrightarrow{\mathrm{OP}} + s\overrightarrow{\mathrm{OQ}}$ ……①

と表せる。

$r\overrightarrow{\mathrm{OR}} = r\left(-\dfrac{1}{4}\vec{a}+\vec{b}\right) = -\dfrac{1}{4}r\vec{a} + r\vec{b}$ ……②

$(1-s)\overrightarrow{\mathrm{OP}} + s\overrightarrow{\mathrm{OQ}} = (1-s)\left(\dfrac{1}{3}\vec{a}+\dfrac{2}{3}\vec{b}\right) + s\left(-\dfrac{5}{4}\vec{a}+\vec{b}\right)$

$= \left(\dfrac{1-s}{3} - \dfrac{5}{4}s\right)\vec{a} + \left\{\dfrac{2(1-s)}{3} + s\right\}\vec{b}$

$= \dfrac{4-19s}{12}\vec{a} + \dfrac{2+s}{3}\vec{b}$ ……③

$\vec{a} \not\parallel \vec{b}$，$\vec{a}\neq\vec{0}$，$\vec{b}\neq\vec{0}$ であるから，①，②，③ より

$-\dfrac{1}{4}r = \dfrac{4-19s}{12}$, $r = \dfrac{2+s}{3}$

が成り立つ．これを解くと

$$r = \boxed{\dfrac{7}{9}}, \quad s = \boxed{\dfrac{1}{3}}$$

となるから，①，②より

$$\overrightarrow{OT} = -\dfrac{1}{4} \times \dfrac{7}{9}\vec{a} + \dfrac{7}{9}\vec{b} = \boxed{\dfrac{-7}{36}}\vec{a} + \boxed{\dfrac{7}{9}}\vec{b}$$

である．このとき，①は，$\overrightarrow{OT} = \dfrac{7}{9}\overrightarrow{OR} = \dfrac{2}{3}\overrightarrow{OP} + \dfrac{1}{3}\overrightarrow{OQ}$ であるから次図を得る．

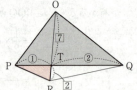

$S_1 = (\triangle OPQ\text{の面積})$
$\quad = 3(\triangle OPT\text{の面積})$
$\quad = 3 \times \dfrac{7}{2}(\triangle PRT\text{の面積}) = \dfrac{21}{2}S_2$

より，$S_1 : S_2 = \boxed{21} : 2$ である．

解 説

(1) $\overrightarrow{OP}$, $\overrightarrow{OQ}$ をそれぞれ $\overrightarrow{OA} = \vec{a}$, $\overrightarrow{OB} = \vec{b}$ だけで表すことが基本になる．$\overrightarrow{OP} = \dfrac{1}{3}\vec{a} + \dfrac{2}{3}\vec{b}$ は簡単に求まる．$\overrightarrow{OQ}$ については，点Qが直線BC上にあることから，$\overrightarrow{OQ} = (1-t)\overrightarrow{OB} + t\overrightarrow{OC}$ とおけるので，$\overrightarrow{OC} = -\vec{a} + \vec{b}$ を用いれば，$\overrightarrow{OQ}$ も $\vec{a}$, $\vec{b}$ だけで表せる．$|\vec{a}| = |\vec{b}| = 1$ であり，$\vec{a} \cdot \vec{b} = \dfrac{1}{2}$ は容易に求まるから，実数 t は，$\angle POQ = 90°$ すなわち内積 $\overrightarrow{OP} \cdot \overrightarrow{OQ}$ が0になることより求まる．

> **ポイント** 直線AB上の点P
>
> 点Pが線分ABを $t:(1-t)$ の比に分けると考えて（t は実数）
>
> $$\overrightarrow{OP} = \dfrac{(1-t)\overrightarrow{OA} + t\overrightarrow{OB}}{t + (1-t)} = (1-t)\overrightarrow{OA} + t\overrightarrow{OB}$$
>
> と表せる．

$|\overrightarrow{OP}|$ や $|\overrightarrow{OQ}|$ を求めるには，内積の性質 $|\vec{a}|^2 = \vec{a} \cdot \vec{a}$ を用いる．面積 S_1 は直角三角形の面積であるから普通に計算すればよい．

(2) 点Tは直線OR上にあるから，上のポイントにより，実数 r を用いて

$$\overrightarrow{OT} = (1-r)\overrightarrow{OO} + r\overrightarrow{OR} = r\overrightarrow{OR}$$

と表せる．また，Tは直線PQ上の点でもあるから，同様に，実数 s を用いて

$$\overrightarrow{OT} = (1-s)\overrightarrow{OP} + s\overrightarrow{OQ}$$

と表せる．これらをいずれも $\vec{a}$, $\vec{b}$ だけで表すと②，③のようになり，$\vec{a}$, $\vec{b}$ が1次

独立 ($\vec{a} \neq \vec{0}$, $\vec{b} \neq \vec{0}$ かつ $\vec{a}$ と $\vec{b}$ が平行でない) であることより，r, s が求まる。2直線の交点の位置ベクトルを求めるこの方法は定石であるから，しっかりマスターしよう。

面積の比 $S_1 : S_2$ を求める部分は，問題文の「r, s の値から」の意味を読み取ることが大切である。$r = \dfrac{7}{9}$ は OT : TR = 7 : 2 を，$s = \dfrac{1}{3}$ は PT : TQ = 1 : 2 を表すから，比の計算だけで $S_1 : S_2$ が求まるので，面積 S_2 を直接求めようとしないことである。

第5問 《平均，分散，正規分布表，信頼区間》

(1) 7個の球（白球4個，赤球3個）から同時に3個を取り出す仕方は $_7C_3$ 通りであり，白球0個赤球3個を取り出す仕方は $_3C_3$ 通り，白球1個赤球2個を取り出す仕方は $_4C_1 \times _3C_2$ 通り，白球2個赤球1個を取り出す仕方は $_4C_2 \times _3C_1$ 通り，白球3個赤球0個を取り出す仕方は $_4C_3$ 通りである。

よって，取り出される白球の個数 W について

$$P(W=0) = \frac{_3C_3}{_7C_3} = \frac{1}{\frac{7\times 6\times 5}{3\times 2\times 1}} = \boxed{\frac{1}{35}}$$

$$P(W=1) = \frac{_4C_1 \times _3C_2}{_7C_3} = \frac{4\times 3}{35} = \boxed{\frac{12}{35}}$$

$$P(W=2) = \frac{_4C_2 \times _3C_1}{_7C_3} = \frac{\frac{4\times 3}{2\times 1}\times 3}{35} = \boxed{\frac{18}{35}}$$

$$P(W=3) = \frac{_4C_3}{_7C_3} = \boxed{\frac{4}{35}}$$

確率変数 W の確率分布は右のようになるから，W の期待値（平均）$E(W)$ と分散 $V(W)$ は

W	0	1	2	3	計
P	$\frac{1}{35}$	$\frac{12}{35}$	$\frac{18}{35}$	$\frac{4}{35}$	1

$$E(W) = 0\times \frac{1}{35} + 1\times \frac{12}{35} + 2\times \frac{18}{35} + 3\times \frac{4}{35}$$

$$= \frac{1}{35}(12+36+12) = \frac{60}{35} = \boxed{\frac{12}{7}}$$

$$V(W) = \left(0-\frac{12}{7}\right)^2 \times \frac{1}{35} + \left(1-\frac{12}{7}\right)^2 \times \frac{12}{35} + \left(2-\frac{12}{7}\right)^2 \times \frac{18}{35} + \left(3-\frac{12}{7}\right)^2 \times \frac{4}{35}$$

$$= \frac{1}{7^2 \times 35}\{(-12)^2 \times 1 + (-5)^2 \times 12 + 2^2 \times 18 + 9^2 \times 4\}$$

$$= \frac{1}{7^2 \times 35}(144+300+72+324)$$

$$= \frac{840}{7^2 \times 35} = \boxed{\frac{24}{49}}$$

（注）分散 $V(W)$ は「(2乗の平均) − (平均の2乗)」から求めることもできる。

$$V(W) = E(W^2) - \{E(W)\}^2$$

$$= \left(0^2 \times \frac{1}{35} + 1^2 \times \frac{12}{35} + 2^2 \times \frac{18}{35} + 3^2 \times \frac{4}{35}\right) - \left(\frac{12}{7}\right)^2$$

$$= \frac{1}{35}(12+72+36) - \frac{144}{49} = \frac{24}{49}$$

(2) 確率変数 Z が標準正規分布に従うとき，$P(-z_0 \leqq Z \leqq z_0) = 0.99$ であるとすると

$$P(-z_0 \leqq Z \leqq z_0) = P(-z_0 \leqq Z \leqq 0) + P(0 \leqq Z \leqq z_0)$$
$$= P(0 \leqq Z \leqq z_0) + P(0 \leqq Z \leqq z_0)$$
$$= 2P(0 \leqq Z \leqq z_0) = 0.99$$

より

$$P(0 \leqq Z \leqq z_0) = \frac{1}{2} \times 0.99 = 0.495$$

この式を満たす z_0 を正規分布表で求めればよい。表より

$$P(0 \leqq Z \leqq 2.57) = 0.4949$$
$$P(0 \leqq Z \leqq 2.58) = 0.4951$$

であるから，$z_0 = 2.57$ または 2.58 である。よって，タ に当てはまる最も適切なものは ③ である。

(3) 母標準偏差 σ の母集団から，大きさ n（十分大きい）の無作為標本を抽出したとき，この標本から得られる母平均 m の信頼度（信頼係数）95％の信頼区間は，標本平均を $\overline{X}$ として

$$A \leqq m \leqq B \quad \left(A = \overline{X} - 1.96 \times \frac{\sigma}{\sqrt{n}}, \ B = \overline{X} + 1.96 \times \frac{\sigma}{\sqrt{n}} \right)$$

であるから

$$L_1 = B - A = 2 \times 1.96 \times \frac{\sigma}{\sqrt{n}}$$

99％の信頼区間は，(2)の $z_0 = 2.58$ より

$$C \leqq m \leqq D \quad \left(C = \overline{X} - 2.58 \times \frac{\sigma}{\sqrt{n}}, \ D = \overline{X} + 2.58 \times \frac{\sigma}{\sqrt{n}} \right)$$

であるから

$$L_2 = D - C = 2 \times 2.58 \times \frac{\sigma}{\sqrt{n}}$$

よって

$$\frac{L_2}{L_1} = \frac{2 \times 2.58 \times \frac{\sigma}{\sqrt{n}}}{2 \times 1.96 \times \frac{\sigma}{\sqrt{n}}} = \frac{258}{196} = \frac{129}{98} = 1.31 \fallingdotseq 1.3$$

同じ母集団から，大きさ $4n$ の無作為標本を抽出して得られる母平均 m の信頼度95％の信頼区間は

$$E \leq m \leq F \quad \left(E = \overline{X} - 1.96 \times \frac{\sigma}{\sqrt{4n}}, \ F = \overline{X} + 1.96 \times \frac{\sigma}{\sqrt{4n}}\right)$$

であるから

$$L_3 = F - E = 2 \times 1.96 \times \frac{\sigma}{\sqrt{4n}}$$

よって

$$\frac{L_3}{L_1} = \frac{2 \times 1.96 \times \dfrac{\sigma}{2\sqrt{n}}}{2 \times 1.96 \times \dfrac{\sigma}{\sqrt{n}}} = \frac{1}{2} = \boxed{0} \ . \ \boxed{5}$$

解説

(1) 確率変数 X が確率分布

X	x_1	x_2	$\cdots$	x_n	計
P	p_1	p_2	$\cdots$	p_n	1

に従うとき，X の期待値（平均）$E(X)$ と X の分散 $V(X)$ は，次のように定義される。

> **ポイント** 期待値（平均）と分散
> $E(X) = x_1 p_1 + x_2 p_2 + \cdots + x_n p_n$
> $V(X) = (x_1 - m)^2 p_1 + (x_2 - m)^2 p_2 + \cdots + (x_n - m)^2 p_n \quad (E(X) = m \ とおいた)$

(3) $P(-z_0 \leq Z \leq z_0) = 0.95$ を満たす z_0 を求めてみよう。

$$2P(0 \leq Z \leq z_0) = 0.95 \quad \text{より} \quad P(0 \leq Z \leq z_0) = 0.475$$

であるから，正規分布表より $z_0 = 1.96$ とわかる。

母平均 m，母標準偏差 σ をもつ母集団から，大きさ n（十分大きい）の無作為標本を抽出したとき，この標本の標本平均 $\overline{X}$ は，近似的に正規分布 $N\left(m, \dfrac{\sigma^2}{n}\right)$ に従う。変換 $Z = \dfrac{\overline{X} - m}{\dfrac{\sigma}{\sqrt{n}}}$ による確率変数 Z は，近似的に標準正規分布 $N(0, 1)$ に従う。上で求めたことより

$$P(-1.96 \leq Z \leq 1.96) = 0.95$$

つまり

$$P\left(-1.96 \leq \frac{\overline{X} - m}{\dfrac{\sigma}{\sqrt{n}}} \leq 1.96\right) = 0.95$$

変形すると
$$P\left(\overline{X}-1.96\times\frac{\sigma}{\sqrt{n}}\leq m\leq \overline{X}+1.96\times\frac{\sigma}{\sqrt{n}}\right)=0.95$$

つまり，m が範囲 $\overline{X}-1.96\times\frac{\sigma}{\sqrt{n}}\leq m\leq \overline{X}+1.96\times\frac{\sigma}{\sqrt{n}}$ に含まれる確率は 0.95 である。これを信頼度 95％の信頼区間という。次のことは記憶しておくべきである。

> **ポイント** 母平均の推定
>
> 母平均 m の信頼度 95％の信頼区間は
> $$\overline{X}-1.96\times\frac{\sigma}{\sqrt{n}}\leq m\leq \overline{X}+1.96\times\frac{\sigma}{\sqrt{n}}$$
> $\begin{pmatrix} m：母平均, \ \sigma：母標準偏差 \\ \overline{X}：標本平均, \ n：標本数 \end{pmatrix}$

問題の(2)で求めた
$$P(-2.58\leq Z\leq 2.58)=0.99$$
を用いると，同様にして，信頼度 99％の信頼区間は
$$\overline{X}-2.58\times\frac{\sigma}{\sqrt{n}}\leq m\leq \overline{X}+2.58\times\frac{\sigma}{\sqrt{n}}$$

であることがわかる。

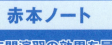

赤本ノート

過去問演習の効果を最大化
共通テスト対策の必須アイテム

マークシートに慣れる！＆実力分析ができる！

「共通テスト赤本シリーズ」・
「Smart Startシリーズ」と
セットで使える！ ※全科目対応

詳しい使い方はこちら

Smart Start シリーズ

共通テスト スマート対策 3訂版

受験を意識し始めてから試験直前期まで
分野別の演習問題で**基礎固め＆苦手克服**

共通テストを徹底分析！

選択科目もカバー
ラインナップ 全15点
2021年6月より順次刊行

苦手分野の重点対策に最適

書影はイメージです

目からウロコのコツが満載！

共通テスト 満点のコツ シリーズ

英語〔リスニング〕／古文／漢文

こんなふうに解けばいいのか！

2022年版
共通テスト
過去問研究

数学 I·A/II·B

問題編

教学社

問題編

<共通テスト>
- 2021年度　数学Ⅰ・A／Ⅱ・B　本試験(第1日程)
　　　　　　数学Ⅰ／Ⅱ　　　　本試験(第1日程)
- 2021年度　数学Ⅰ・A／Ⅱ・B　本試験(第2日程)
- 第2回　試行調査　数学Ⅰ・A／Ⅱ・B
- 第1回　試行調査　数学Ⅰ・A／Ⅱ・B

<センター試験>
- 2020年度　数学Ⅰ・A／Ⅱ・B　本試験・追試験
　　　　　　数学Ⅰ／Ⅱ　　　　本試験
- 2019年度　数学Ⅰ・A／Ⅱ・B　本試験・追試験
- 2018年度　数学Ⅰ・A／Ⅱ・B　本試験・追試験
- 2017年度　数学Ⅰ・A／Ⅱ・B　本試験
- 2016年度　数学Ⅰ・A／Ⅱ・B　本試験
- 2015年度　数学Ⅰ・A／Ⅱ・B　本試験

＊ 2021年度の共通テストは，新型コロナウイルス感染症の影響に伴う学業の遅れに対応する選択肢を確保するため，本試験が以下の2日程で実施されました。
第1日程：2021年1月16日(土)および17日(日)
第2日程：2021年1月30日(土)および31日(日)
＊ 第2回試行調査は2018年度に，第1回試行調査は2017年度に実施されたものです。
＊ 記述式の出題は見送りとなりましたが，試行調査で出題された記述問題は参考として掲載しています。

マークシート解答用紙　2回分
※本書に付属のマークシートは編集部で作成したものです。実際の試験とは異なる場合がありますが，ご了承ください。

共通テスト　解答上の注意〔数学Ⅰ・A／数学Ⅰ〕

1　解答は，解答用紙の問題番号に対応した解答欄にマークしなさい。

2　問題の文中の　ア　，　イウ　などには，符号（－，±）又は数字（0～9）が入ります。ア，イ，ウ，…の一つ一つは，これらのいずれか一つに対応します。それらを解答用紙のア，イ，ウ，…で示された解答欄にマークして答えなさい。

　　例　　アイウ　に －83 と答えたいとき

ア	● ⊕ ⓪ ① ② ③ ④ ⑤ ⑥ ⑦ ⑧ ⑨
イ	⊖ ⊕ ⓪ ① ② ③ ④ ⑤ ⑥ ⑦ ● ⑨
ウ	⊖ ⊕ ⓪ ① ② ● ④ ⑤ ⑥ ⑦ ⑧ ⑨

3　分数形で解答する場合，分数の符号は分子につけ，分母につけてはいけません。

　　例えば，$\dfrac{\boxed{エオ}}{\boxed{カ}}$ に $-\dfrac{4}{5}$ と答えたいときは，$\dfrac{-4}{5}$ として答えなさい。

　　また，それ以上約分できない形で答えなさい。

　　例えば，$\dfrac{3}{4}$ と答えるところを，$\dfrac{6}{8}$ のように答えてはいけません。

4　小数の形で解答する場合，指定された桁数の一つ下の桁を四捨五入して答えなさい。また，必要に応じて，指定された桁まで⓪にマークしなさい。

　　例えば，　キ　．　クケ　に 2.5 と答えたいときは，2.50 として答えなさい。

5　根号を含む形で解答する場合，根号の中に現れる自然数が最小となる形で答えなさい。

　　例えば，　コ　$\sqrt{\boxed{サ}}$ に $4\sqrt{2}$ と答えるところを，$2\sqrt{8}$ のように答えてはいけません。

6　根号を含む分数形で解答する場合，例えば $\dfrac{\boxed{シ}+\boxed{ス}\sqrt{\boxed{セ}}}{\boxed{ソ}}$ に $\dfrac{3+2\sqrt{2}}{2}$ と答えるところを，$\dfrac{6+4\sqrt{2}}{4}$ や $\dfrac{6+2\sqrt{8}}{4}$ のように答えてはいけません。

7　問題の文中の二重四角で表記された　タ　などには，選択肢から一つを選んで，答えなさい。

8　同一の問題文中に　チツ　，　テ　などが 2 度以上現れる場合，原則として，2 度目以降は，チツ　，　テ　のように細字で表記します。

共通テスト　解答上の注意〔数学Ⅱ・B／Ⅱ〕

1　解答は，解答用紙の問題番号に対応した解答欄にマークしなさい。
2　問題の文中の ア ， イウ などには，符号(−)，数字(0 ～ 9)，又は文字(a ～ d)が入ります。ア，イ，ウ，…の一つ一つは，これらのいずれか一つに対応します。それらを解答用紙のア，イ，ウ，…で示された解答欄にマークして答えなさい。

　　　例　 アイウ に −8a と答えたいとき

3　数と文字の積の形で解答する場合，数を文字の前にして答えなさい。
　　　例えば，3a と答えるところを，a3 と答えてはいけません。
4　分数形で解答する場合，分数の符号は分子につけ，分母につけてはいけません。
　　　例えば，$\dfrac{エオ}{カ}$ に $-\dfrac{4}{5}$ と答えたいときは，$\dfrac{-4}{5}$ として答えなさい。
　　また，それ以上約分できない形で答えなさい。
　　　例えば，$\dfrac{3}{4}$，$\dfrac{2a+1}{3}$ と答えるところを，$\dfrac{6}{8}$，$\dfrac{4a+2}{6}$ のように答えてはいけません。
5　小数の形で解答する場合，指定された桁数の一つ下の桁を四捨五入して答えなさい。また，必要に応じて，指定された桁まで⓪にマークしなさい。
　　　例えば， キ ． クケ に 2.5 と答えたいときは，2.50 として答えなさい。
6　根号を含む形で解答する場合，根号の中に現れる自然数が最小となる形で答えなさい。
　　　例えば，$4\sqrt{2}$，$\dfrac{\sqrt{13}}{2}$，$6\sqrt{2a}$ と答えるところを，$2\sqrt{8}$，$\dfrac{\sqrt{52}}{4}$，$3\sqrt{8a}$ のように答えてはいけません。
7　問題の文中の二重四角で表記された コ などには，選択肢から一つを選んで，答えなさい。
8　同一の問題文中に サシ ， ス などが2度以上現れる場合，原則として，2度目以降は， サシ ， ス のように細字で表記します。

共通テスト

本試験
（第1日程）

2021

- 数学Ⅰ・数学A … 2
- 数学Ⅱ・数学B … 29
- 数学Ⅰ …………… 48
- 数学Ⅱ …………… 72

数学Ⅰ・数学A／数学Ⅰ：
解答時間 70 分
配点 100 点

数学Ⅱ・数学B／数学Ⅱ：
解答時間 60 分
配点 100 点

数学Ⅰ・数学A

問　題	選　択　方　法
第1問	必　　答
第2問	必　　答
第3問	いずれか2問を選択し，解答しなさい。
第4問	
第5問	

第1問 (必答問題)(配点 30)

〔1〕 c を正の整数とする。x の2次方程式

$$2x^2 + (4c-3)x + 2c^2 - c - 11 = 0 \quad \cdots\cdots ①$$

について考える。

(1) $c = 1$ のとき，①の左辺を因数分解すると

$$\left(\boxed{ア}\,x + \boxed{イ}\right)\left(x - \boxed{ウ}\right)$$

であるから，①の解は

$$x = -\frac{\boxed{イ}}{\boxed{ア}},\ \boxed{ウ}$$

である。

(2) $c = 2$ のとき，①の解は

$$x = \frac{-\boxed{エ} \pm \sqrt{\boxed{オカ}}}{\boxed{キ}}$$

であり，大きい方の解を a とすると

$$\frac{5}{a} = \frac{\boxed{ク} + \sqrt{\boxed{ケコ}}}{\boxed{サ}}$$

である。また，$m < \dfrac{5}{a} < m+1$ を満たす整数 m は $\boxed{シ}$ である。

(3) 太郎さんと花子さんは，①の解について考察している。

太郎：①の解はcの値によって，ともに有理数である場合もあれば，ともに無理数である場合もあるね。cがどのような値のときに，解は有理数になるのかな。
花子：2次方程式の解の公式の根号の中に着目すればいいんじゃないかな。

①の解が異なる二つの有理数であるような正の整数cの個数は ス 個である。

〔2〕 右の図のように，△ABC の外側に辺 AB，BC，CA をそれぞれ1辺とする正方形 ADEB，BFGC，CHIA をかき，2点 E と F，G と H，I と D をそれぞれ線分で結んだ図形を考える。以下において

BC = a，CA = b，AB = c
∠CAB = A，∠ABC = B，∠BCA = C

とする。

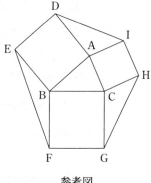

参考図

(1) $b = 6$，$c = 5$，$\cos A = \dfrac{3}{5}$ のとき，$\sin A = \dfrac{\boxed{セ}}{\boxed{ソ}}$ であり，△ABC の面積は $\boxed{タチ}$，△AID の面積は $\boxed{ツテ}$ である。

(2) 正方形 BFGC, CHIA, ADEB の面積をそれぞれ S_1, S_2, S_3 とする。このとき，$S_1 - S_2 - S_3$ は

- $0° < A < 90°$ のとき，　ト　。
- $A = 90°$ のとき，　ナ　。
- $90° < A < 180°$ のとき，　ニ　。

ト ～ ニ の解答群(同じものを繰り返し選んでもよい。)

⓪　0である
①　正の値である
②　負の値である
③　正の値も負の値もとる

(3) △AID, △BEF, △CGH の面積をそれぞれ T_1, T_2, T_3 とする。このとき，　ヌ　である。

ヌ の解答群

⓪　$a < b < c$ ならば，$T_1 > T_2 > T_3$
①　$a < b < c$ ならば，$T_1 < T_2 < T_3$
②　A が鈍角ならば，$T_1 < T_2$ かつ $T_1 < T_3$
③　a, b, c の値に関係なく，$T_1 = T_2 = T_3$

(4) △ABC, △AID, △BEF, △CGH のうち, 外接円の半径が最も小さいものを求める。

　　　$0° < A < 90°$ のとき, ID [ネ] BC であり

　　（△AID の外接円の半径）[ノ]（△ABC の外接円の半径）

であるから, 外接円の半径が最も小さい三角形は

- $0° < A < B < C < 90°$ のとき, [ハ] である。
- $0° < A < B < 90° < C$ のとき, [ヒ] である。

[ネ], [ノ] の解答群（同じものを繰り返し選んでもよい。）

　⓪　<　　　　①　=　　　　②　>

[ハ], [ヒ] の解答群（同じものを繰り返し選んでもよい。）

　⓪　△ABC　　①　△AID　　②　△BEF　　③　△CGH

第2問 (必答問題) (配点 30)

〔1〕 陸上競技の短距離 100 m 走では、100 m を走るのにかかる時間(以下、タイムと呼ぶ)は、1歩あたりの進む距離(以下、ストライドと呼ぶ)と1秒あたりの歩数(以下、ピッチと呼ぶ)に関係がある。ストライドとピッチはそれぞれ以下の式で与えられる。

$$\text{ストライド}(\text{m}/歩) = \frac{100(\text{m})}{100\,\text{m を走るのにかかった歩数}(歩)}$$

$$\text{ピッチ}(歩/秒) = \frac{100\,\text{m を走るのにかかった歩数}(歩)}{\text{タイム}(秒)}$$

ただし、100 m を走るのにかかった歩数は、最後の1歩がゴールラインをまたぐこともあるので、小数で表される。以下、単位は必要のない限り省略する。

例えば、タイムが 10.81 で、そのときの歩数が 48.5 であったとき、ストライドは $\frac{100}{48.5}$ より約 2.06、ピッチは $\frac{48.5}{10.81}$ より約 4.49 である。

なお、小数の形で解答する場合は、**解答上の注意**にあるように、指定された桁数の一つ下の桁を四捨五入して答えよ。また、必要に応じて、指定された桁まで**⓪**にマークせよ。

(1) ストライドをx, ピッチをzとおく。ピッチは1秒あたりの歩数, ストライドは1歩あたりの進む距離なので, 1秒あたりの進む距離すなわち平均速度は, xとzを用いて $\boxed{\text{ア}}$ (m/秒)と表される。

これより, タイムと, ストライド, ピッチとの関係は

$$\text{タイム} = \frac{100}{\boxed{\text{ア}}} \quad \cdots\cdots\cdots\cdots\cdots ①$$

と表されるので, $\boxed{\text{ア}}$ が最大になるときにタイムが最もよくなる。ただし, タイムがよくなるとは, タイムの値が小さくなることである。

$\boxed{\text{ア}}$ の解答群

- ⓪ $x + z$
- ① $z - x$
- ② xz
- ③ $\dfrac{x+z}{2}$
- ④ $\dfrac{z-x}{2}$
- ⑤ $\dfrac{xz}{2}$

(2) 男子短距離100m走の選手である太郎さんは，①に着目して，タイムが最もよくなるストライドとピッチを考えることにした。

次の表は，太郎さんが練習で100mを3回走ったときのストライドとピッチのデータである。

	1回目	2回目	3回目
ストライド	2.05	2.10	2.15
ピッチ	4.70	4.60	4.50

また，ストライドとピッチにはそれぞれ限界がある。太郎さんの場合，ストライドの最大値は2.40，ピッチの最大値は4.80である。

太郎さんは，上の表から，ストライドが0.05大きくなるとピッチが0.1小さくなるという関係があると考えて，ピッチがストライドの1次関数として表されると仮定した。このとき，ピッチzはストライドxを用いて

$$z = \boxed{イウ}\, x + \frac{\boxed{エオ}}{5} \quad \cdots\cdots\cdots ②$$

と表される。

②が太郎さんのストライドの最大値2.40とピッチの最大値4.80まで成り立つと仮定すると，xの値の範囲は次のようになる。

$$\boxed{カ}.\boxed{キク} \leq x \leq 2.40$$

$y = \boxed{\text{ア}}$ とおく。②を $y = \boxed{\text{ア}}$ に代入することにより，y を x の関数として表すことができる。太郎さんのタイムが最もよくなるストライドとピッチを求めるためには，$\boxed{\text{カ}}.\boxed{\text{キク}} \leqq x \leqq 2.40$ の範囲で y の値を最大にする x の値を見つければよい。このとき，y の値が最大になるのは $x = \boxed{\text{ケ}}.\boxed{\text{コサ}}$ のときである。

よって，太郎さんのタイムが最もよくなるのは，ストライドが $\boxed{\text{ケ}}.\boxed{\text{コサ}}$ のときであり，このとき，ピッチは $\boxed{\text{シ}}.\boxed{\text{スセ}}$ である。また，このときの太郎さんのタイムは，①により $\boxed{\text{ソ}}$ である。

$\boxed{\text{ソ}}$ については，最も適当なものを，次の⓪〜⑤のうちから一つ選べ。

⓪ 9.68	① 9.97	② 10.09
③ 10.33	④ 10.42	⑤ 10.55

〔2〕 就業者の従事する産業は，勤務する事業所の主な経済活動の種類によって，第1次産業(農業，林業と漁業)，第2次産業(鉱業，建設業と製造業)，第3次産業(前記以外の産業)の三つに分類される。国の労働状況の調査(国勢調査)では，47の都道府県別に第1次，第2次，第3次それぞれの産業ごとの就業者数が発表されている。ここでは都道府県別に，就業者数に対する各産業に就業する人数の割合を算出したものを，各産業の「就業者数割合」と呼ぶことにする。

(1) 図1は，1975年度から2010年度まで5年ごとの8個の年度（それぞれを時点という）における都道府県別の三つの産業の就業者数割合を箱ひげ図で表したものである。各時点の箱ひげ図は，それぞれ上から順に第1次産業，第2次産業，第3次産業のものである。

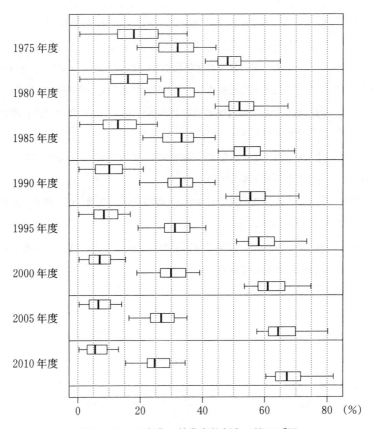

図1　三つの産業の就業者数割合の箱ひげ図

（出典：総務省のWebページにより作成）

次の⓪〜⑤のうち，図1から読み取れることとして**正しくない**ものは タ と チ である。

タ ， チ の解答群(解答の順序は問わない。)

⓪ 第1次産業の就業者数割合の四分位範囲は，2000年度までは，後の時点になるにしたがって減少している。

① 第1次産業の就業者数割合について，左側のひげの長さと右側のひげの長さを比較すると，どの時点においても左側の方が長い。

② 第2次産業の就業者数割合の中央値は，1990年度以降，後の時点になるにしたがって減少している。

③ 第2次産業の就業者数割合の第1四分位数は，後の時点になるにしたがって減少している。

④ 第3次産業の就業者数割合の第3四分位数は，後の時点になるにしたがって増加している。

⑤ 第3次産業の就業者数割合の最小値は，後の時点になるにしたがって増加している。

(2) (1)で取り上げた8時点の中から5時点を取り出して考える。各時点における都道府県別の，第1次産業と第3次産業の就業者数割合のヒストグラムを一つのグラフにまとめてかいたものが，次ページの五つのグラフである。それぞれの右側の網掛けしたヒストグラムが第3次産業のものである。なお，ヒストグラムの各階級の区間は，左側の数値を含み，右側の数値を含まない。

- 1985年度におけるグラフは ツ である。
- 1995年度におけるグラフは テ である。

ツ ， テ については，最も適当なものを，次の⓪〜④のうちから一つずつ選べ。ただし，同じものを繰り返し選んでもよい。

⓪

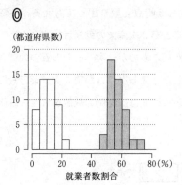

①

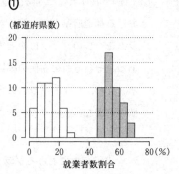

②

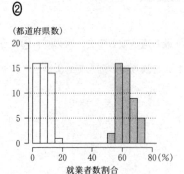

③

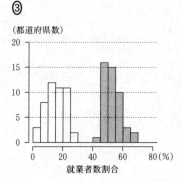

④

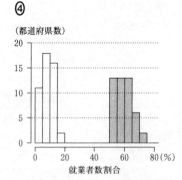

(出典：総務省のWebページにより作成)

(3) 三つの産業から二つずつを組み合わせて都道府県別の就業者数割合の散布図を作成した。図2の散布図群は、左から順に1975年度における第1次産業(横軸)と第2次産業(縦軸)の散布図、第2次産業(横軸)と第3次産業(縦軸)の散布図、および第3次産業(横軸)と第1次産業(縦軸)の散布図である。また、図3は同様に作成した2015年度の散布図群である。

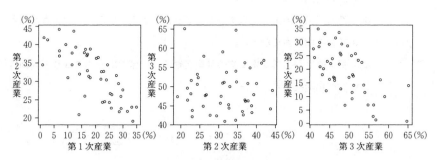

図2　1975年度の散布図群

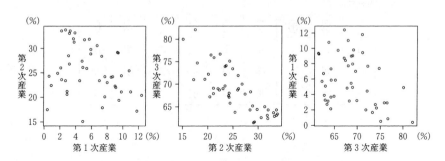

図3　2015年度の散布図群

(出典：図2、図3はともに総務省のWebページにより作成)

下の(I), (II), (III)は，1975年度を基準としたときの，2015年度の変化を記述したものである。ただし，ここで「相関が強くなった」とは，相関係数の絶対値が大きくなったことを意味する。

(I) 都道府県別の第1次産業の就業者数割合と第2次産業の就業者数割合の間の相関は強くなった。

(II) 都道府県別の第2次産業の就業者数割合と第3次産業の就業者数割合の間の相関は強くなった。

(III) 都道府県別の第3次産業の就業者数割合と第1次産業の就業者数割合の間の相関は強くなった。

(I), (II), (III) の正誤の組合せとして正しいものは ト である。

ト の解答群

	⓪	①	②	③	④	⑤	⑥	⑦
(I)	正	正	正	正	誤	誤	誤	誤
(II)	正	正	誤	誤	正	正	誤	誤
(III)	正	誤	正	誤	正	誤	正	誤

(4) 各都道府県の就業者数の内訳として男女別の就業者数も発表されている。そこで，就業者数に対する男性・女性の就業者数の割合をそれぞれ「男性の就業者数割合」，「女性の就業者数割合」と呼ぶことにし，これらを都道府県別に算出した。図4は，2015年度における都道府県別の，第1次産業の就業者数割合（横軸）と，男性の就業者数割合（縦軸）の散布図である。

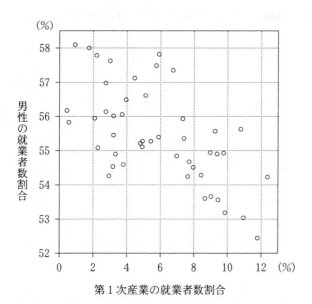

図4　都道府県別の，第1次産業の就業者数割合と，男性の就業者数割合の散布図

（出典：総務省のWebページにより作成）

各都道府県の，男性の就業者数と女性の就業者数を合計すると就業者数の全体となることに注意すると，2015年度における都道府県別の，第1次産業の就業者数割合(横軸)と，女性の就業者数割合(縦軸)の散布図は ナ である。

ナ については，最も適当なものを，下の⓪～③のうちから一つ選べ。なお，設問の都合で各散布図の横軸と縦軸の目盛りは省略しているが，横軸は右方向，縦軸は上方向がそれぞれ正の方向である。

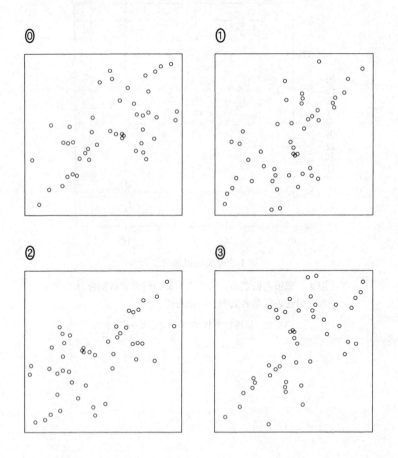

第3問 （選択問題）（配点 20）

中にくじが入っている箱が複数あり，各箱の外見は同じであるが，当たりくじを引く確率は異なっている．くじ引きの結果から，どの箱からくじを引いた可能性が高いかを，条件付き確率を用いて考えよう．

(1) 当たりくじを引く確率が $\dfrac{1}{2}$ である箱 A と，当たりくじを引く確率が $\dfrac{1}{3}$ である箱 B の二つの箱の場合を考える．

 (i) 各箱で，くじを1本引いてはもとに戻す試行を3回繰り返したとき

  箱 A において，3回中ちょうど1回当たる確率は $\dfrac{\boxed{ア}}{\boxed{イ}}$ … ①

  箱 B において，3回中ちょうど1回当たる確率は $\dfrac{\boxed{ウ}}{\boxed{エ}}$ … ②

である．

 (ii) まず，A と B のどちらか一方の箱をでたらめに選ぶ．次にその選んだ箱において，くじを1本引いてはもとに戻す試行を3回繰り返したところ，3回中ちょうど1回当たった．このとき，箱 A が選ばれる事象を A，箱 B が選ばれる事象を B，3回中ちょうど1回当たる事象を W とすると

$$P(A \cap W) = \dfrac{1}{2} \times \dfrac{\boxed{ア}}{\boxed{イ}}, \quad P(B \cap W) = \dfrac{1}{2} \times \dfrac{\boxed{ウ}}{\boxed{エ}}$$

である．$P(W) = P(A \cap W) + P(B \cap W)$ であるから，3回中ちょうど1回当たったとき，選んだ箱が A である条件付き確率 $P_W(A)$ は $\dfrac{\boxed{オカ}}{\boxed{キク}}$ となる．また，条件付き確率 $P_W(B)$ は $\dfrac{\boxed{ケコ}}{\boxed{サシ}}$ となる．

(2) (1)の $P_W(A)$ と $P_W(B)$ について，次の**事実(*)**が成り立つ。

事実(*)
$P_W(A)$ と $P_W(B)$ の ス は，①の確率と②の確率の ス に等しい。

ス の解答群

⓪ 和　　① 2乗の和　　② 3乗の和　　③ 比　　④ 積

(3) 花子さんと太郎さんは**事実(*)**について話している。

花子：**事実(*)**はなぜ成り立つのかな？
太郎：$P_W(A)$ と $P_W(B)$ を求めるのに必要な $P(A \cap W)$ と $P(B \cap W)$ の計算で，①，②の確率に同じ数 $\frac{1}{2}$ をかけているからだよ。
花子：なるほどね。外見が同じ三つの箱の場合は，同じ数 $\frac{1}{3}$ をかけることになるので，同様のことが成り立ちそうだね。

当たりくじを引く確率が，$\frac{1}{2}$ である箱A，$\frac{1}{3}$ である箱B，$\frac{1}{4}$ である箱Cの三つの箱の場合を考える。まず，A，B，Cのうちどれか一つの箱をでたらめに選ぶ。次にその選んだ箱において，くじを1本引いてはもとに戻す試行を3回繰り返したところ，3回中ちょうど1回当たった。このとき，選んだ箱がAである条件付き確率は $\dfrac{セソタ}{チツテ}$ となる。

(4)

> 花子：どうやら箱が三つの場合でも，条件付き確率の ス は各箱で 3 回中ちょうど 1 回当たりくじを引く確率の ス になっているみたいだね。
>
> 太郎：そうだね。それを利用すると，条件付き確率の値は計算しなくても，その大きさを比較することができるね。

当たりくじを引く確率が，$\dfrac{1}{2}$ である箱 A，$\dfrac{1}{3}$ である箱 B，$\dfrac{1}{4}$ である箱 C，$\dfrac{1}{5}$ である箱 D の四つの箱の場合を考える。まず，A，B，C，D のうちどれか一つの箱をでたらめに選ぶ。次にその選んだ箱において，くじを 1 本引いてはもとに戻す試行を 3 回繰り返したところ，3 回中ちょうど 1 回当たった。このとき，条件付き確率を用いて，どの箱からくじを引いた可能性が高いかを考える。可能性が高い方から順に並べると ト となる。

ト の解答群

⓪ A, B, C, D	① A, B, D, C	② A, C, B, D
③ A, C, D, B	④ A, D, B, C	⑤ B, A, C, D
⑥ B, A, D, C	⑦ B, C, A, D	⑧ B, C, D, A

第4問 （選択問題）（配点 20）

　円周上に15個の点 P_0, P_1, …, P_{14} が反時計回りに順に並んでいる。最初，点 P_0 に石がある。さいころを投げて偶数の目が出たら石を反時計回りに5個先の点に移動させ，奇数の目が出たら石を時計回りに3個先の点に移動させる。この操作を繰り返す。例えば，石が点 P_5 にあるとき，さいころを投げて6の目が出たら石を点 P_{10} に移動させる。次に，5の目が出たら点 P_{10} にある石を点 P_7 に移動させる。

(1) さいころを5回投げて，偶数の目が ア 回，奇数の目が イ 回出れば，点 P_0 にある石を点 P_1 に移動させることができる。このとき，$x =$ ア ，$y =$ イ は，不定方程式 $5x - 3y = 1$ の整数解になっている。

(2) 不定方程式

$$5x - 3y = 8 \quad \cdots\cdots\cdots\cdots ①$$

のすべての整数解 x, y は，k を整数として

$$x = \boxed{ア} \times 8 + \boxed{ウ}k,\ y = \boxed{イ} \times 8 + \boxed{エ}k$$

と表される。① の整数解 x, y の中で，$0 \leqq y < \boxed{エ}$ を満たすものは

$$x = \boxed{オ},\ y = \boxed{カ}$$

である。したがって，さいころを $\boxed{キ}$ 回投げて，偶数の目が $\boxed{オ}$ 回，奇数の目が $\boxed{カ}$ 回出れば，点 P_0 にある石を点 P_8 に移動させることができる。

(3) (2)において，さいころを キ 回より少ない回数だけ投げて，点P_0にある石を点P_8に移動させることはできないだろうか．

　　　　(＊) 石を反時計回りまたは時計回りに15個先の点に移動させると元の点に戻る．

(＊)に注意すると，偶数の目が ク 回，奇数の目が ケ 回出れば，さいころを投げる回数が コ 回で，点P_0にある石を点P_8に移動させることができる．このとき， コ ＜ キ である．

(4) 点P_1，P_2，…，P_{14} のうちから点を一つ選び，点P_0にある石をさいころを何回か投げてその点に移動させる．そのために必要となる，さいころを投げる最小回数を考える．例えば，さいころを1回だけ投げて点P_0にある石を点P_2へ移動させることはできないが，さいころを2回投げて偶数の目と奇数の目が1回ずつ出れば，点P_0にある石を点P_2へ移動させることができる．したがって，点P_2を選んだ場合には，この最小回数は2回である．

点P_1，P_2，…，P_{14} のうち，この最小回数が最も大きいのは点 サ であり，その最小回数は シ 回である．

サ の解答群

⓪ P_{10}　　① P_{11}　　② P_{12}　　③ P_{13}　　④ P_{14}

第5問 (選択問題)（配点 20）

△ABCにおいて，AB = 3，BC = 4，AC = 5 とする。
∠BACの二等分線と辺BCとの交点をDとすると

$$BD = \frac{\boxed{ア}}{\boxed{イ}}, \quad AD = \frac{\boxed{ウ}\sqrt{\boxed{エ}}}{\boxed{オ}}$$

である。

また，∠BACの二等分線と△ABCの外接円Oとの交点で点Aとは異なる点をEとする。△AECに着目すると

$$AE = \boxed{カ}\sqrt{\boxed{キ}}$$

である。

△ABCの2辺ABとACの両方に接し，外接円Oに内接する円の中心をPとする。円Pの半径を r とする。さらに，円Pと外接円Oとの接点をFとし，直線PFと外接円Oとの交点で点Fとは異なる点をGとする。このとき

$$AP = \sqrt{\boxed{ク}}\, r, \quad PG = \boxed{ケ} - r$$

と表せる。したがって，方べきの定理により $r = \dfrac{\boxed{コ}}{\boxed{サ}}$ である。

△ABC の内心を Q とする。内接円 Q の半径は シ で，AQ = √ス である。また，円 P と辺 AB との接点を H とすると，AH = セ/ソ である。

以上から，点 H に関する次の(a)，(b)の正誤の組合せとして正しいものは タ である。

(a) 点 H は 3 点 B，D，Q を通る円の周上にある。
(b) 点 H は 3 点 B，E，Q を通る円の周上にある。

タ の解答群

	⓪	①	②	③
(a)	正	正	誤	誤
(b)	正	誤	正	誤

数学Ⅱ・数学B

問　題	選　択　方　法
第1問	必　　答
第2問	必　　答
第3問	いずれか2問を選択し，解答しなさい。
第4問	
第5問	

第1問 （必答問題）（配点 30）

〔1〕
(1) 次の**問題A**について考えよう。

問題A 関数 $y = \sin\theta + \sqrt{3}\cos\theta \ \left(0 \leqq \theta \leqq \dfrac{\pi}{2}\right)$ の最大値を求めよ。

$$\sin\dfrac{\pi}{\boxed{\text{ア}}} = \dfrac{\sqrt{3}}{2}, \quad \cos\dfrac{\pi}{\boxed{\text{ア}}} = \dfrac{1}{2}$$

であるから，三角関数の合成により

$$y = \boxed{\text{イ}} \sin\left(\theta + \dfrac{\pi}{\boxed{\text{ア}}}\right)$$

と変形できる。よって，y は $\theta = \dfrac{\pi}{\boxed{\text{ウ}}}$ で最大値 $\boxed{\text{エ}}$ をとる。

(2) p を定数とし，次の**問題B**について考えよう。

問題B 関数 $y = \sin\theta + p\cos\theta \ \left(0 \leqq \theta \leqq \dfrac{\pi}{2}\right)$ の最大値を求めよ。

(i) $p = 0$ のとき，y は $\theta = \dfrac{\pi}{\boxed{\text{オ}}}$ で最大値 $\boxed{\text{カ}}$ をとる。

(ii) $p > 0$ のときは，加法定理

$$\cos(\theta - \alpha) = \cos\theta\cos\alpha + \sin\theta\sin\alpha$$

を用いると

$$y = \sin\theta + p\cos\theta = \sqrt{\boxed{キ}}\cos(\theta - \alpha)$$

と表すことができる。ただし，α は

$$\sin\alpha = \frac{\boxed{ク}}{\sqrt{\boxed{キ}}}, \quad \cos\alpha = \frac{\boxed{ケ}}{\sqrt{\boxed{キ}}}, \quad 0 < \alpha < \frac{\pi}{2}$$

を満たすものとする。このとき，y は $\theta = \boxed{コ}$ で最大値 $\sqrt{\boxed{サ}}$ をとる。

(iii) $p < 0$ のとき，y は $\theta = \boxed{シ}$ で最大値 $\boxed{ス}$ をとる。

$\boxed{キ}$ ～ $\boxed{ケ}$，$\boxed{サ}$，$\boxed{ス}$ の解答群（同じものを繰り返し選んでもよい。）

⓪ -1	① 1	② $-p$
③ p	④ $1-p$	⑤ $1+p$
⑥ $-p^2$	⑦ p^2	⑧ $1-p^2$
⑨ $1+p^2$	ⓐ $(1-p)^2$	ⓑ $(1+p)^2$

$\boxed{コ}$，$\boxed{シ}$ の解答群（同じものを繰り返し選んでもよい。）

⓪ 0	① α	② $\dfrac{\pi}{2}$

〔2〕 二つの関数 $f(x) = \dfrac{2^x + 2^{-x}}{2}$, $g(x) = \dfrac{2^x - 2^{-x}}{2}$ について考える。

(1) $f(0) = \boxed{セ}$, $g(0) = \boxed{ソ}$ である。また, $f(x)$ は相加平均と相乗平均の関係から, $x = \boxed{タ}$ で最小値 $\boxed{チ}$ をとる。

$g(x) = -2$ となる x の値は $\log_2 \left(\sqrt{\boxed{ツ}} - \boxed{テ} \right)$ である。

(2) 次の①〜④は, x にどのような値を代入してもつねに成り立つ。

$f(-x) = \boxed{ト}$ ……………… ①

$g(-x) = \boxed{ナ}$ ……………… ②

$\{f(x)\}^2 - \{g(x)\}^2 = \boxed{ニ}$ ……………… ③

$g(2x) = \boxed{ヌ} f(x)g(x)$ ……………… ④

$\boxed{ト}$, $\boxed{ナ}$ の解答群(同じものを繰り返し選んでもよい。)

　⓪ $f(x)$　　　① $-f(x)$　　　② $g(x)$　　　③ $-g(x)$

(3) 花子さんと太郎さんは，$f(x)$ と $g(x)$ の性質について話している。

> 花子：①～④ は三角関数の性質に似ているね。
> 太郎：三角関数の加法定理に類似した式(A)～(D)を考えてみたけど，つねに成り立つ式はあるだろうか。
> 花子：成り立たない式を見つけるために，式(A)～(D)の β に何か具体的な値を代入して調べてみたらどうかな。

太郎さんが考えた式

$$f(\alpha - \beta) = f(\alpha)g(\beta) + g(\alpha)f(\beta) \quad \cdots\cdots (A)$$
$$f(\alpha + \beta) = f(\alpha)f(\beta) + g(\alpha)g(\beta) \quad \cdots\cdots (B)$$
$$g(\alpha - \beta) = f(\alpha)f(\beta) + g(\alpha)g(\beta) \quad \cdots\cdots (C)$$
$$g(\alpha + \beta) = f(\alpha)g(\beta) - g(\alpha)f(\beta) \quad \cdots\cdots (D)$$

(1), (2)で示されたことのいくつかを利用すると，式(A)～(D)のうち，$\boxed{ネ}$ 以外の三つは成り立たないことがわかる。$\boxed{ネ}$ は左辺と右辺をそれぞれ計算することによって成り立つことが確かめられる。

$\boxed{ネ}$ の解答群

⓪ (A)　　① (B)　　② (C)　　③ (D)

第2問 (必答問題)(配点 30)

(1) 座標平面上で,次の二つの2次関数のグラフについて考える。

$$y = 3x^2 + 2x + 3 \quad \cdots\cdots①$$
$$y = 2x^2 + 2x + 3 \quad \cdots\cdots②$$

①,②の2次関数のグラフには次の**共通点**がある。

共通点

- y 軸との交点の y 座標は $\boxed{\text{ア}}$ である。
- y 軸との交点における接線の方程式は $y = \boxed{\text{イ}}\, x + \boxed{\text{ウ}}$ である。

次の ⓪ ~ ⑤ の2次関数のグラフのうち,y 軸との交点における接線の方程式が $y = \boxed{\text{イ}}\, x + \boxed{\text{ウ}}$ となるものは $\boxed{\text{エ}}$ である。

$\boxed{\text{エ}}$ の解答群

⓪	$y = 3x^2 - 2x - 3$	①	$y = -3x^2 + 2x - 3$
②	$y = 2x^2 + 2x - 3$	③	$y = 2x^2 - 2x + 3$
④	$y = -x^2 + 2x + 3$	⑤	$y = -x^2 - 2x + 3$

a, b, c を 0 でない実数とする。

曲線 $y = ax^2 + bx + c$ 上の点 $\left(0,\ \boxed{\text{オ}}\right)$ における接線を ℓ とすると,その方程式は $y = \boxed{\text{カ}}\, x + \boxed{\text{キ}}$ である。

接線 ℓ と x 軸との交点の x 座標は $\dfrac{\boxed{クケ}}{\boxed{コ}}$ である。

a, b, c が正の実数であるとき，曲線 $y = ax^2 + bx + c$ と接線 ℓ および直線 $x = \dfrac{\boxed{クケ}}{\boxed{コ}}$ で囲まれた図形の面積を S とすると

$$S = \dfrac{ac^{\boxed{サ}}}{\boxed{シ}\, b^{\boxed{ス}}} \quad\cdots\cdots\cdots\cdots\text{③}$$

である。

③において，$a = 1$ とし，S の値が一定となるように正の実数 b, c の値を変化させる。このとき，b と c の関係を表すグラフの概形は $\boxed{セ}$ である。

$\boxed{セ}$ については，最も適当なものを，次の ⓪～⑤ のうちから一つ選べ。

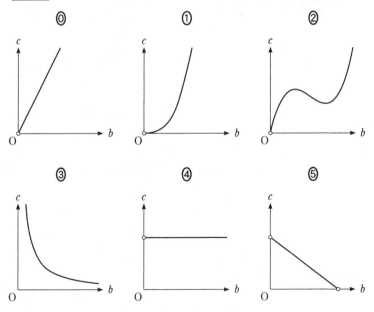

(2) 座標平面上で，次の三つの3次関数のグラフについて考える。

$$y = 4x^3 + 2x^2 + 3x + 5 \quad \cdots\cdots\cdots ④$$
$$y = -2x^3 + 7x^2 + 3x + 5 \quad \cdots\cdots\cdots ⑤$$
$$y = 5x^3 - x^2 + 3x + 5 \quad \cdots\cdots\cdots ⑥$$

④，⑤，⑥の3次関数のグラフには次の**共通点**がある。

> **共通点**
> - y 軸との交点の y 座標は ソ である。
> - y 軸との交点における接線の方程式は $y = $ タ $x + $ チ である。

a, b, c, d を0でない実数とする。

曲線 $y = ax^3 + bx^2 + cx + d$ 上の点 $\left(0, \boxed{ツ}\right)$ における接線の方程式は $y = \boxed{テ} x + \boxed{ト}$ である。

次に，$f(x) = ax^3 + bx^2 + cx + d$，$g(x) = \boxed{テ}\,x + \boxed{ト}$ とし，$f(x) - g(x)$ について考える。

$h(x) = f(x) - g(x)$ とおく。a, b, c, d が正の実数であるとき，$y = h(x)$ のグラフの概形は $\boxed{ナ}$ である。

$y = f(x)$ のグラフと $y = g(x)$ のグラフの共有点の x 座標は $\dfrac{\boxed{ニヌ}}{\boxed{ネ}}$ と $\boxed{ノ}$ である。また，x が $\dfrac{\boxed{ニヌ}}{\boxed{ネ}}$ と $\boxed{ノ}$ の間を動くとき，$|f(x) - g(x)|$ の値が最大となるのは，$x = \dfrac{\boxed{ハヒフ}}{\boxed{ヘホ}}$ のときである。

$\boxed{ナ}$ については，最も適当なものを，次の ⓪ ~ ⑤ のうちから一つ選べ。

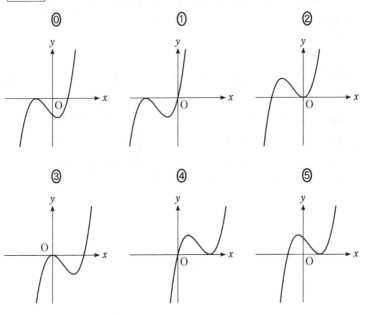

第3問 （選択問題）（配点 20）

以下の問題を解答するにあたっては，必要に応じて41ページの正規分布表を用いてもよい。

Q高校の校長先生は，ある日，新聞で高校生の読書に関する記事を読んだ。そこで，Q高校の生徒全員を対象に，直前の1週間の読書時間に関して，100人の生徒を無作為に抽出して調査を行った。その結果，100人の生徒のうち，この1週間に全く読書をしなかった生徒が36人であり，100人の生徒のこの1週間の読書時間(分)の平均値は204であった。Q高校の生徒全員のこの1週間の読書時間の母平均をm，母標準偏差を150とする。

(1) 全く読書をしなかった生徒の母比率を0.5とする。このとき，100人の無作為標本のうちで全く読書をしなかった生徒の数を表す確率変数をXとすると，Xは ア に従う。また，Xの平均(期待値)は イウ ，標準偏差は エ である。

ア については，最も適当なものを，次の⓪～⑤のうちから一つ選べ。

⓪ 正規分布 $N(0, 1)$ 　　① 二項分布 $B(0, 1)$
② 正規分布 $N(100, 0.5)$ 　③ 二項分布 $B(100, 0.5)$
④ 正規分布 $N(100, 36)$ 　　⑤ 二項分布 $B(100, 36)$

(2) 標本の大きさ 100 は十分に大きいので，100 人のうち全く読書をしなかった生徒の数は近似的に正規分布に従う。

全く読書をしなかった生徒の母比率を 0.5 とするとき，全く読書をしなかった生徒が 36 人以下となる確率を p_5 とおく。p_5 の近似値を求めると，$p_5 = \boxed{オ}$ である。

また，全く読書をしなかった生徒の母比率を 0.4 とするとき，全く読書をしなかった生徒が 36 人以下となる確率を p_4 とおくと，$\boxed{カ}$ である。

$\boxed{オ}$ については，最も適当なものを，次の ⓪～⑤ のうちから一つ選べ。

- ⓪ 0.001
- ① 0.003
- ② 0.026
- ③ 0.050
- ④ 0.133
- ⑤ 0.497

$\boxed{カ}$ の解答群

- ⓪ $p_4 < p_5$
- ① $p_4 = p_5$
- ② $p_4 > p_5$

(3) 1 週間の読書時間の母平均 m に対する信頼度 95％の信頼区間を $C_1 \leqq m \leqq C_2$ とする。標本の大きさ 100 は十分大きいことと，1 週間の読書時間の標本平均が 204，母標準偏差が 150 であることを用いると，$C_1 + C_2 = \boxed{キクケ}$，$C_2 - C_1 = \boxed{コサ}.\boxed{シ}$ であることがわかる。

また，母平均 m と C_1, C_2 については，$\boxed{ス}$。

$\boxed{ス}$ の解答群

- ⓪ $C_1 \leqq m \leqq C_2$ が必ず成り立つ
- ① $m \leqq C_2$ は必ず成り立つが，$C_1 \leqq m$ が成り立つとは限らない
- ② $C_1 \leqq m$ は必ず成り立つが，$m \leqq C_2$ が成り立つとは限らない
- ③ $C_1 \leqq m$ も $m \leqq C_2$ も成り立つとは限らない

(4) Q高校の図書委員長も，校長先生と同じ新聞記事を読んだため，校長先生が調査をしていることを知らずに，図書委員会として校長先生と同様の調査を独自に行った。ただし，調査期間は校長先生による調査と同じ直前の1週間であり，対象をQ高校の生徒全員として100人の生徒を無作為に抽出した。その調査における，全く読書をしなかった生徒の数を n とする。

校長先生の調査結果によると全く読書をしなかった生徒は36人であり，$\boxed{セ}$。

$\boxed{セ}$ の解答群

- ⓪ n は必ず 36 に等しい
- ① n は必ず 36 未満である
- ② n は必ず 36 より大きい
- ③ n と 36 との大小はわからない

(5) (4)の図書委員会が行った調査結果による母平均 m に対する信頼度95％の信頼区間を $D_1 \leqq m \leqq D_2$，校長先生が行った調査結果による母平均 m に対する信頼度95％の信頼区間を(3)の $C_1 \leqq m \leqq C_2$ とする。ただし，母集団は同一であり，1週間の読書時間の母標準偏差は150とする。

このとき，次の⓪～⑤のうち，正しいものは $\boxed{ソ}$ と $\boxed{タ}$ である。

$\boxed{ソ}$, $\boxed{タ}$ の解答群(解答の順序は問わない。)

- ⓪ $C_1 = D_1$ と $C_2 = D_2$ が必ず成り立つ。
- ① $C_1 < D_2$ または $D_1 < C_2$ のどちらか一方のみが必ず成り立つ。
- ② $D_2 < C_1$ または $C_2 < D_1$ となる場合もある。
- ③ $C_2 - C_1 > D_2 - D_1$ が必ず成り立つ。
- ④ $C_2 - C_1 = D_2 - D_1$ が必ず成り立つ。
- ⑤ $C_2 - C_1 < D_2 - D_1$ が必ず成り立つ。

正 規 分 布 表

次の表は，標準正規分布の分布曲線における右図の灰色部分の面積の値をまとめたものである。

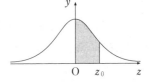

z_0	0.00	0.01	0.02	0.03	0.04	0.05	0.06	0.07	0.08	0.09
0.0	0.0000	0.0040	0.0080	0.0120	0.0160	0.0199	0.0239	0.0279	0.0319	0.0359
0.1	0.0398	0.0438	0.0478	0.0517	0.0557	0.0596	0.0636	0.0675	0.0714	0.0753
0.2	0.0793	0.0832	0.0871	0.0910	0.0948	0.0987	0.1026	0.1064	0.1103	0.1141
0.3	0.1179	0.1217	0.1255	0.1293	0.1331	0.1368	0.1406	0.1443	0.1480	0.1517
0.4	0.1554	0.1591	0.1628	0.1664	0.1700	0.1736	0.1772	0.1808	0.1844	0.1879
0.5	0.1915	0.1950	0.1985	0.2019	0.2054	0.2088	0.2123	0.2157	0.2190	0.2224
0.6	0.2257	0.2291	0.2324	0.2357	0.2389	0.2422	0.2454	0.2486	0.2517	0.2549
0.7	0.2580	0.2611	0.2642	0.2673	0.2704	0.2734	0.2764	0.2794	0.2823	0.2852
0.8	0.2881	0.2910	0.2939	0.2967	0.2995	0.3023	0.3051	0.3078	0.3106	0.3133
0.9	0.3159	0.3186	0.3212	0.3238	0.3264	0.3289	0.3315	0.3340	0.3365	0.3389
1.0	0.3413	0.3438	0.3461	0.3485	0.3508	0.3531	0.3554	0.3577	0.3599	0.3621
1.1	0.3643	0.3665	0.3686	0.3708	0.3729	0.3749	0.3770	0.3790	0.3810	0.3830
1.2	0.3849	0.3869	0.3888	0.3907	0.3925	0.3944	0.3962	0.3980	0.3997	0.4015
1.3	0.4032	0.4049	0.4066	0.4082	0.4099	0.4115	0.4131	0.4147	0.4162	0.4177
1.4	0.4192	0.4207	0.4222	0.4236	0.4251	0.4265	0.4279	0.4292	0.4306	0.4319
1.5	0.4332	0.4345	0.4357	0.4370	0.4382	0.4394	0.4406	0.4418	0.4429	0.4441
1.6	0.4452	0.4463	0.4474	0.4484	0.4495	0.4505	0.4515	0.4525	0.4535	0.4545
1.7	0.4554	0.4564	0.4573	0.4582	0.4591	0.4599	0.4608	0.4616	0.4625	0.4633
1.8	0.4641	0.4649	0.4656	0.4664	0.4671	0.4678	0.4686	0.4693	0.4699	0.4706
1.9	0.4713	0.4719	0.4726	0.4732	0.4738	0.4744	0.4750	0.4756	0.4761	0.4767
2.0	0.4772	0.4778	0.4783	0.4788	0.4793	0.4798	0.4803	0.4808	0.4812	0.4817
2.1	0.4821	0.4826	0.4830	0.4834	0.4838	0.4842	0.4846	0.4850	0.4854	0.4857
2.2	0.4861	0.4864	0.4868	0.4871	0.4875	0.4878	0.4881	0.4884	0.4887	0.4890
2.3	0.4893	0.4896	0.4898	0.4901	0.4904	0.4906	0.4909	0.4911	0.4913	0.4916
2.4	0.4918	0.4920	0.4922	0.4925	0.4927	0.4929	0.4931	0.4932	0.4934	0.4936
2.5	0.4938	0.4940	0.4941	0.4943	0.4945	0.4946	0.4948	0.4949	0.4951	0.4952
2.6	0.4953	0.4955	0.4956	0.4957	0.4959	0.4960	0.4961	0.4962	0.4963	0.4964
2.7	0.4965	0.4966	0.4967	0.4968	0.4969	0.4970	0.4971	0.4972	0.4973	0.4974
2.8	0.4974	0.4975	0.4976	0.4977	0.4977	0.4978	0.4979	0.4979	0.4980	0.4981
2.9	0.4981	0.4982	0.4982	0.4983	0.4984	0.4984	0.4985	0.4985	0.4986	0.4986
3.0	0.4987	0.4987	0.4987	0.4988	0.4988	0.4989	0.4989	0.4989	0.4990	0.4990

第4問 (選択問題)(配点 20)

初項 3,公差 p の等差数列を $\{a_n\}$ とし,初項 3,公比 r の等比数列を $\{b_n\}$ とする。ただし,$p \neq 0$ かつ $r \neq 0$ とする。さらに,これらの数列が次を満たすとする。

$$a_n b_{n+1} - 2a_{n+1} b_n + 3 b_{n+1} = 0 \quad (n = 1, 2, 3, \cdots) \quad \cdots\cdots ①$$

(1) p と r の値を求めよう。自然数 n について,a_n, a_{n+1}, b_n はそれぞれ

$$a_n = \boxed{\text{ア}} + (n-1)p \quad \cdots\cdots ②$$
$$a_{n+1} = \boxed{\text{ア}} + np \quad \cdots\cdots ③$$
$$b_n = \boxed{\text{イ}} \, r^{n-1}$$

と表される。$r \neq 0$ により,すべての自然数 n について,$b_n \neq 0$ となる。$\frac{b_{n+1}}{b_n} = r$ であることから,①の両辺を b_n で割ることにより

$$\boxed{\text{ウ}} \, a_{n+1} = r \left(a_n + \boxed{\text{エ}} \right) \quad \cdots\cdots ④$$

が成り立つことがわかる。④に②と③を代入すると

$$\left(r - \boxed{\text{オ}} \right) pn = r \left(p - \boxed{\text{カ}} \right) + \boxed{\text{キ}} \quad \cdots\cdots ⑤$$

となる。⑤がすべての n で成り立つことおよび $p \neq 0$ により,$r = \boxed{\text{オ}}$ を得る。さらに,このことから,$p = \boxed{\text{ク}}$ を得る。

以上から,すべての自然数 n について,a_n と b_n が正であることもわかる。

(2) $p = \boxed{ク}$, $r = \boxed{オ}$ であることから,$\{a_n\}$, $\{b_n\}$ の初項から第 n 項までの和は,それぞれ次の式で与えられる。

$$\sum_{k=1}^{n} a_k = \frac{\boxed{ケ}}{\boxed{コ}} n\left(n + \boxed{サ}\right)$$

$$\sum_{k=1}^{n} b_k = \boxed{シ}\left(\boxed{オ}^n - \boxed{ス}\right)$$

(3) 数列 $\{a_n\}$ に対して,初項 3 の数列 $\{c_n\}$ が次を満たすとする。
$$a_n c_{n+1} - 4a_{n+1}c_n + 3c_{n+1} = 0 \quad (n = 1, 2, 3, \cdots) \quad \cdots\cdots ⑥$$

a_n が正であることから,⑥ を変形して,$c_{n+1} = \dfrac{\boxed{セ} a_{n+1}}{a_n + \boxed{ソ}} c_n$ を得る。

さらに,$p = \boxed{ク}$ であることから,数列 $\{c_n\}$ は $\boxed{タ}$ ことがわかる。

$\boxed{タ}$ の解答群

⓪ すべての項が同じ値をとる数列である
① 公差が 0 でない等差数列である
② 公比が 1 より大きい等比数列である
③ 公比が 1 より小さい等比数列である
④ 等差数列でも等比数列でもない

(4) q, u は定数で,$q \neq 0$ とする。数列 $\{b_n\}$ に対して,初項 3 の数列 $\{d_n\}$ が次を満たすとする。
$$d_n b_{n+1} - q d_{n+1} b_n + u b_{n+1} = 0 \quad (n = 1, 2, 3, \cdots) \quad \cdots\cdots ⑦$$

$r = \boxed{オ}$ であることから,⑦ を変形して,$d_{n+1} = \dfrac{\boxed{チ}}{q}(d_n + u)$

を得る。したがって,数列 $\{d_n\}$ が,公比が 0 より大きく 1 より小さい等比数列となるための必要十分条件は,$q > \boxed{ツ}$ かつ $u = \boxed{テ}$ である。

第 5 問 (選択問題)(配点 20)

1 辺の長さが 1 の正五角形の対角線の長さを a とする。

(1) 1 辺の長さが 1 の正五角形 $OA_1B_1C_1A_2$ を考える。

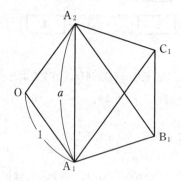

$\angle A_1C_1B_1 = \boxed{アイ}°$, $\angle C_1A_1A_2 = \boxed{アイ}°$ となることから, $\overrightarrow{A_1A_2}$ と $\overrightarrow{B_1C_1}$ は平行である。ゆえに

$$\overrightarrow{A_1A_2} = \boxed{ウ}\,\overrightarrow{B_1C_1}$$

であるから

$$\overrightarrow{B_1C_1} = \frac{1}{\boxed{ウ}}\overrightarrow{A_1A_2} = \frac{1}{\boxed{ウ}}\left(\overrightarrow{OA_2} - \overrightarrow{OA_1}\right)$$

また, $\overrightarrow{OA_1}$ と $\overrightarrow{A_2B_1}$ は平行で, さらに, $\overrightarrow{OA_2}$ と $\overrightarrow{A_1C_1}$ も平行であることから

$$\overrightarrow{B_1C_1} = \overrightarrow{B_1A_2} + \overrightarrow{A_2O} + \overrightarrow{OA_1} + \overrightarrow{A_1C_1}$$
$$= -\boxed{ウ}\,\overrightarrow{OA_1} - \overrightarrow{OA_2} + \overrightarrow{OA_1} + \boxed{ウ}\,\overrightarrow{OA_2}$$
$$= \left(\boxed{エ} - \boxed{オ}\right)\left(\overrightarrow{OA_2} - \overrightarrow{OA_1}\right)$$

となる。したがって

$$\frac{1}{\boxed{ウ}} = \boxed{エ} - \boxed{オ}$$

が成り立つ。$a > 0$ に注意してこれを解くと, $a = \dfrac{1+\sqrt{5}}{2}$ を得る。

(2) 下の図のような，1辺の長さが1の正十二面体を考える。正十二面体とは，どの面もすべて合同な正五角形であり，どの頂点にも三つの面が集まっているへこみのない多面体のことである。

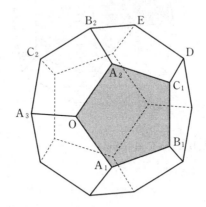

面 $OA_1B_1C_1A_2$ に着目する。$\overrightarrow{OA_1}$ と $\overrightarrow{A_2B_1}$ が平行であることから

$$\overrightarrow{OB_1} = \overrightarrow{OA_2} + \overrightarrow{A_2B_1} = \overrightarrow{OA_2} + \boxed{ウ}\,\overrightarrow{OA_1}$$

である。また

$$|\overrightarrow{OA_2} - \overrightarrow{OA_1}|^2 = |\overrightarrow{A_1A_2}|^2 = \frac{\boxed{カ} + \sqrt{\boxed{キ}}}{\boxed{ク}}$$

に注意すると

$$\overrightarrow{OA_1} \cdot \overrightarrow{OA_2} = \frac{\boxed{ケ} - \sqrt{\boxed{コ}}}{\boxed{サ}}$$

を得る。

ただし，$\boxed{カ}$ ～ $\boxed{サ}$ は，文字 a を用いない形で答えること。

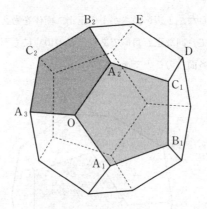

次に，面 $OA_2B_2C_2A_3$ に着目すると

$$\overrightarrow{OB_2} = \overrightarrow{OA_3} + \boxed{ウ}\ \overrightarrow{OA_2}$$

である。さらに

$$\overrightarrow{OA_2} \cdot \overrightarrow{OA_3} = \overrightarrow{OA_3} \cdot \overrightarrow{OA_1} = \frac{\boxed{ケ} - \sqrt{\boxed{コ}}}{\boxed{サ}}$$

が成り立つことがわかる。ゆえに

$$\overrightarrow{OA_1} \cdot \overrightarrow{OB_2} = \boxed{シ},\quad \overrightarrow{OB_1} \cdot \overrightarrow{OB_2} = \boxed{ス}$$

である。

$\boxed{シ}$，$\boxed{ス}$ の解答群(同じものを繰り返し選んでもよい。)

⓪ 0　　① 1　　② -1　　③ $\dfrac{1+\sqrt{5}}{2}$

④ $\dfrac{1-\sqrt{5}}{2}$　　⑤ $\dfrac{-1+\sqrt{5}}{2}$　　⑥ $\dfrac{-1-\sqrt{5}}{2}$　　⑦ $-\dfrac{1}{2}$

⑧ $\dfrac{-1+\sqrt{5}}{4}$　　⑨ $\dfrac{-1-\sqrt{5}}{4}$

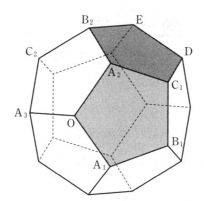

最後に,面 $A_2C_1DEB_2$ に着目する。
$$\vec{B_2D} = \boxed{\text{ウ}} \vec{A_2C_1} = \vec{OB_1}$$
であることに注意すると,4 点 O,B_1,D,B_2 は同一平面上にあり,四角形 OB_1DB_2 は $\boxed{\text{セ}}$ ことがわかる。

$\boxed{\text{セ}}$ の解答群

```
⓪ 正方形である
① 正方形ではないが,長方形である
② 正方形ではないが,ひし形である
③ 長方形でもひし形でもないが,平行四辺形である
④ 平行四辺形ではないが,台形である
⑤ 台形でない
```

ただし,少なくとも一組の対辺が平行な四角形を台形という。

数　学　I
（全問必答）

第1問 (配点 20)

〔1〕 c を正の整数とする。x の2次方程式
$$2x^2 + (4c-3)x + 2c^2 - c - 11 = 0 \quad \cdots\cdots\cdots ①$$
について考える。

(1) $c=1$ のとき，①の左辺を因数分解すると
$$\left(\boxed{ア}\,x + \boxed{イ}\right)\left(x - \boxed{ウ}\right)$$
であるから，①の解は
$$x = -\frac{\boxed{イ}}{\boxed{ア}}, \quad \boxed{ウ}$$
である。

(2) $c=2$ のとき，①の解は
$$x = \frac{-\boxed{エ} \pm \sqrt{\boxed{オカ}}}{\boxed{キ}}$$
であり，大きい方の解を a とすると
$$\frac{5}{a} = \frac{\boxed{ク} + \sqrt{\boxed{ケコ}}}{\boxed{サ}}$$
である。また，$m < \dfrac{5}{a} < m+1$ を満たす整数 m は $\boxed{シ}$ である。

(3) 太郎さんと花子さんは，①の解について考察している。

太郎：①の解は c の値によって，ともに有理数である場合もあれば，ともに無理数である場合もあるね。c がどのような値のときに，解は有理数になるのかな。
花子：2次方程式の解の公式の根号の中に着目すればいいんじゃないかな。

①の解が異なる二つの有理数であるような正の整数 c の個数は ス 個である。

〔2〕 U を全体集合とし，A, B, C を U の部分集合とする。また，A, B, C は

$$C = (A \cup B) \cap (\overline{A \cap B})$$

を満たすとする。ただし，U の部分集合 X に対し，$\overline{X}$ は X の補集合を表す。

(1) U, A, B の関係を図1のように表すと，$A \cap \overline{B}$ は図2の斜線部分である。

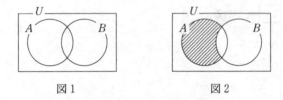

図1　　　　　図2

このとき，C は セ の斜線部分である。

セ については，最も適当なものを，次の⓪～③のうちから一つ選べ。

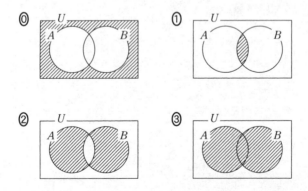

(2) 集合 U, A, C が

$U = \{x \mid x$ は 15 以下の正の整数$\}$

$A = \{x \mid x$ は 15 以下の正の整数で 3 の倍数$\}$

$C = \{2,\ 3,\ 5,\ 7,\ 9,\ 11,\ 13,\ 15\}$

であるとする。$A \cap B = A \cap \overline{C}$ であることに注意すると

$A \cap B = \{$ ソ , タチ $\}$

であることがわかる。また，B の要素は全部で ツ 個あり，そのうち最大のものは テト である。

さらに，U の要素 x について，条件 p, q を次のように定める。

p：x は $\overline{A} \cap B$ の要素である

q：x は 5 以上かつ 15 以下の素数である

このとき，p は q であるための ナ 。

ナ の解答群

⓪ 必要条件であるが，十分条件ではない

① 十分条件であるが，必要条件ではない

② 必要十分条件である

③ 必要条件でも十分条件でもない

第2問 (配点 30)

右の図のように，△ABC の外側に辺 AB，BC，CA をそれぞれ 1 辺とする正方形 ADEB，BFGC，CHIA をかき，2 点 E と F，G と H，I と D をそれぞれ線分で結んだ図形を考える。以下において

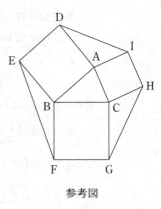

参考図

$BC = a$，$CA = b$，$AB = c$
$\angle CAB = A$，$\angle ABC = B$，$\angle BCA = C$

とする。

(1) $b = 6$，$c = 5$，$\cos A = \dfrac{3}{5}$ のとき，$\sin A = \dfrac{\boxed{ア}}{\boxed{イ}}$ であり，△ABC の面積は $\boxed{ウエ}$，△AID の面積は $\boxed{オカ}$ である。また，正方形 BFGC の面積は $\boxed{キク}$ である。

(2) 正方形 BFGC, CHIA, ADEB の面積をそれぞれ S_1, S_2, S_3 とする。このとき，$S_1 - S_2 - S_3$ は

- $0° < A < 90°$ のとき，ケ。
- $A = 90°$ のとき，コ。
- $90° < A < 180°$ のとき，サ。

ケ ～ サ の解答群(同じものを繰り返し選んでもよい。)

⓪ 0 である
① 正の値である
② 負の値である
③ 正の値も負の値もとる

(3) △AID, △BEF, △CGH の面積をそれぞれ T_1, T_2, T_3 とする。このとき，シ である。

シ の解答群

⓪ $a < b < c$ ならば，$T_1 > T_2 > T_3$
① $a < b < c$ ならば，$T_1 < T_2 < T_3$
② A が鈍角ならば，$T_1 < T_2$ かつ $T_1 < T_3$
③ a, b, c の値に関係なく，$T_1 = T_2 = T_3$

(4) どのような △ABC に対しても，六角形 DEFGHI の面積は b, c, A を用いて

$$2\left\{b^2+c^2+bc\left(\boxed{\text{ス}}\right)\right\}$$

と表せる。

ス の解答群

⓪ $\sin A + \cos A$　　① $\sin A - \cos A$　　② $2\sin A + \cos A$
③ $2\sin A - \cos A$　　④ $\sin A + 2\cos A$　　⑤ $\sin A - 2\cos A$

(5) △ABC, △AID, △BEF, △CGH のうち, 外接円の半径が**最も小さいもの**を求める。

　　　　$0°< A < 90°$ のとき, ID $\boxed{セ}$ BC であり

　　　　　（△AID の外接円の半径）$\boxed{ソ}$（△ABC の外接円の半径）

であるから, 外接円の半径が最も小さい三角形は

- $0°< A < B < C < 90°$ のとき, $\boxed{タ}$ である。
- $0°< A < B < 90°< C$ のとき, $\boxed{チ}$ である。

$\boxed{セ}$, $\boxed{ソ}$ の解答群（同じものを繰り返し選んでもよい。）

| ⓪ < | ① = | ② > |

$\boxed{タ}$, $\boxed{チ}$ の解答群（同じものを繰り返し選んでもよい。）

| ⓪ △ABC | ① △AID | ② △BEF | ③ △CGH |

(6) △ABC, △AID, △BEF, △CGH のうち, 内接円の半径が**最も大きい三角形**は

- $0°< A < B < C < 90°$ のとき, $\boxed{ツ}$ である。
- $0°< A < B < 90°< C$ のとき, $\boxed{テ}$ である。

$\boxed{ツ}$, $\boxed{テ}$ の解答群（同じものを繰り返し選んでもよい。）

| ⓪ △ABC | ① △AID | ② △BEF | ③ △CGH |

第3問 (配点 30)

〔1〕 k を実数とする。2次関数

$$y = 2x^2 - 4x + 5$$

のグラフを G とする。また，グラフ G を y 軸方向に k だけ平行移動したグラフを H とする。

(1) グラフ G の頂点の座標は $\left(\boxed{ア}, \boxed{イ}\right)$ である。

(2) グラフ H が x 軸と共有点をもたないような k の値の範囲は

$$k > \boxed{ウエ}$$

である。

(3) $k = -5$ のとき，グラフ H を x 軸方向に 1 だけ平行移動したものは，$2 \leqq x \leqq 6$ の範囲で x 軸と $\boxed{オ}$ 点で交わる。また，$k = -5$ のとき，グラフ H を x 軸方向に 3 だけ平行移動したものは，$2 \leqq x \leqq 6$ の範囲で x 軸と $\boxed{カ}$ 点で交わる。

(4) グラフ H が x 軸と異なる 2 点で交わるとき，その 2 点の間の距離は

$$\sqrt{\boxed{キク}\left(k+\boxed{ケ}\right)}$$

である。

したがって，グラフ H を x 軸方向に平行移動して，$2 \leqq x \leqq 6$ の範囲で x 軸と異なる 2 点で交わるようにできるとき，k のとり得る値の範囲は

$$\boxed{コサシ} \leqq k < \boxed{スセ}$$

である。

〔2〕 陸上競技の短距離100 m走では，100 mを走るのにかかる時間(以下，タイムと呼ぶ)は，1歩あたりの進む距離(以下，ストライドと呼ぶ)と1秒あたりの歩数(以下，ピッチと呼ぶ)に関係がある。ストライドとピッチはそれぞれ以下の式で与えられる。

$$\text{ストライド(m/歩)} = \frac{100\,(\text{m})}{100\,\text{mを走るのにかかった歩数(歩)}}$$

$$\text{ピッチ(歩/秒)} = \frac{100\,\text{mを走るのにかかった歩数(歩)}}{\text{タイム(秒)}}$$

ただし，100 mを走るのにかかった歩数は，最後の1歩がゴールラインをまたぐこともあるので，小数で表される。以下，単位は必要のない限り省略する。

例えば，タイムが10.81で，そのときの歩数が48.5であったとき，ストライドは $\frac{100}{48.5}$ より約2.06，ピッチは $\frac{48.5}{10.81}$ より約4.49である。

なお，小数の形で解答する場合は，**解答上の注意**にあるように，指定された桁数の一つ下の桁を四捨五入して答えよ。また，必要に応じて，指定された桁まで⓪にマークせよ。

(1) ストライドを x，ピッチを z とおく。ピッチは1秒あたりの歩数，ストライドは1歩あたりの進む距離なので，1秒あたりの進む距離すなわち平均速度は，x と z を用いて $\boxed{\text{ソ}}$ (m/秒)と表される。

これより，タイムと，ストライド，ピッチとの関係は

$$\text{タイム} = \frac{100}{\boxed{\text{ソ}}} \quad\cdots\cdots\cdots\cdots\cdots\cdots ①$$

と表されるので，$\boxed{\text{ソ}}$ が最大になるときにタイムが最もよくなる。ただし，タイムがよくなるとは，タイムの値が小さくなることである。

$\boxed{\text{ソ}}$ の解答群

⓪ $x + z$ ① $z - x$ ② xz

③ $\dfrac{x+z}{2}$ ④ $\dfrac{z-x}{2}$ ⑤ $\dfrac{xz}{2}$

(2) 男子短距離 100 m 走の選手である太郎さんは，①に着目して，タイムが最もよくなるストライドとピッチを考えることにした。

次の表は，太郎さんが練習で 100 m を 3 回走ったときのストライドとピッチのデータである。

	1回目	2回目	3回目
ストライド	2.05	2.10	2.15
ピッチ	4.70	4.60	4.50

また，ストライドとピッチにはそれぞれ限界がある。太郎さんの場合，ストライドの最大値は 2.40，ピッチの最大値は 4.80 である。

太郎さんは，上の表から，ストライドが 0.05 大きくなるとピッチが 0.1 小さくなるという関係があると考えて，ピッチがストライドの 1 次関数として表されると仮定した。このとき，ピッチ z はストライド x を用いて

$$z = \boxed{タチ}\, x + \frac{\boxed{ツテ}}{5} \quad \cdots\cdots\cdots ②$$

と表される。

② が太郎さんのストライドの最大値 2.40 とピッチの最大値 4.80 まで成り立つと仮定すると，x の値の範囲は次のようになる。

$$\boxed{ト}.\boxed{ナニ} \leq x \leq 2.40$$

$y = \boxed{ソ}$ とおく。②を $y = \boxed{ソ}$ に代入することにより，y を x の関数として表すことができる。太郎さんのタイムが最もよくなるストライドとピッチを求めるためには，$\boxed{ト}.\boxed{ナニ} \leqq x \leqq 2.40$ の範囲で y の値を最大にする x の値を見つければよい。このとき，y の値が最大になるのは $x = \boxed{ヌ}.\boxed{ネノ}$ のときである。

よって，太郎さんのタイムが最もよくなるのは，ストライドが $\boxed{ヌ}.\boxed{ネノ}$ のときであり，このとき，ピッチは $\boxed{ハ}.\boxed{ヒフ}$ である。また，このときの太郎さんのタイムは，①により $\boxed{ヘ}$ である。

$\boxed{ヘ}$ については，最も適当なものを，次の⓪〜⑤のうちから一つ選べ。

⓪ 9.68　　　① 9.97　　　② 10.09
③ 10.33　　④ 10.42　　⑤ 10.55

第 4 問 (配点 20)

就業者の従事する産業は，勤務する事業所の主な経済活動の種類によって，第1次産業(農業，林業と漁業)，第2次産業(鉱業，建設業と製造業)，第3次産業(前記以外の産業)の三つに分類される。国の労働状況の調査(国勢調査)では，47の都道府県別に第1次，第2次，第3次それぞれの産業ごとの就業者数が発表されている。ここでは都道府県別に，就業者数に対する各産業に就業する人数の割合を算出したものを，各産業の「就業者数割合」と呼ぶことにする。

(1) 図1は，2015年度における都道府県別の第2次産業の就業者数割合のヒストグラムである。なお，ヒストグラムの各階級の区間は，左側の数値を含み，右側の数値を含まない。

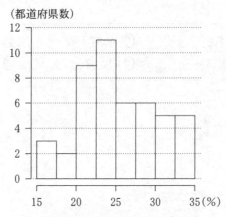

図1 2015年度における第2次産業の就業者数割合のヒストグラム

(出典：総務省のWebページにより作成)

図1のヒストグラムから次のことが読み取れる。

- 最頻値は階級 ア の階級値である。
- 中央値が含まれる階級は イ である。
- 第1四分位数が含まれる階級は ウ である。
- 第3四分位数が含まれる階級は エ である。
- 最大値が含まれる階級は オ である。

ア ～ オ の解答群（同じものを繰り返し選んでもよい。）

⓪ 15.0 以上 17.5 未満	① 17.5 以上 20.0 未満
② 20.0 以上 22.5 未満	③ 22.5 以上 25.0 未満
④ 25.0 以上 27.5 未満	⑤ 27.5 以上 30.0 未満
⑥ 30.0 以上 32.5 未満	⑦ 32.5 以上 35.0 未満

(2) 図 2 は，1975 年度から 2010 年度まで 5 年ごとの 8 個の年度(それぞれを時点という)における都道府県別の三つの産業の就業者数割合を箱ひげ図で表したものである。各時点の箱ひげ図は，それぞれ上から順に第 1 次産業，第 2 次産業，第 3 次産業のものである。

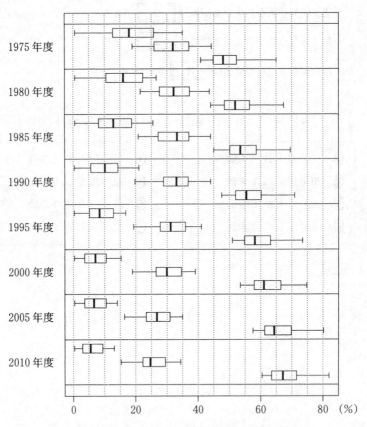

図 2　三つの産業の就業者数割合の箱ひげ図

(出典：総務省の Web ページにより作成)

次の⓪~⑤のうち，図2から読み取れることとして**正しくないもの**は カ と キ である。

カ ， キ の解答群（解答の順序は問わない。）

⓪ 第1次産業の就業者数割合の四分位範囲は，2000年度までは，後の時点になるにしたがって減少している。
① 第1次産業の就業者数割合について，左側のひげの長さと右側のひげの長さを比較すると，どの時点においても左側の方が長い。
② 第2次産業の就業者数割合の中央値は，1990年度以降，後の時点になるにしたがって減少している。
③ 第2次産業の就業者数割合の第1四分位数は，後の時点になるにしたがって減少している。
④ 第3次産業の就業者数割合の第3四分位数は，後の時点になるにしたがって増加している。
⑤ 第3次産業の就業者数割合の最小値は，後の時点になるにしたがって増加している。

(3) (2)で取り上げた8時点の中から5時点を取り出して考える。各時点における都道府県別の，第1次産業と第3次産業の就業者数割合のヒストグラムを一つのグラフにまとめてかいたものが，次ページの五つのグラフである。それぞれの右側の網掛けしたヒストグラムが第3次産業のものである。なお，ヒストグラムの各階級の区間は，左側の数値を含み，右側の数値を含まない。

- 1985年度におけるグラフは ク である。
- 1995年度におけるグラフは ケ である。

ク ， ケ については，最も適当なものを，次の⓪〜④のうちから一つずつ選べ。ただし，同じものを繰り返し選んでもよい。

⓪

(都道府県数)

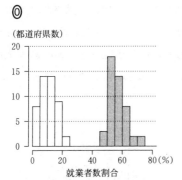
就業者数割合

①

(都道府県数)

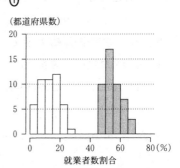
就業者数割合

②

(都道府県数)

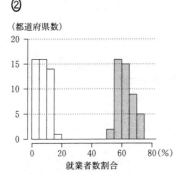
就業者数割合

③

(都道府県数)

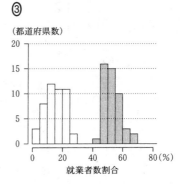
就業者数割合

④

(都道府県数)

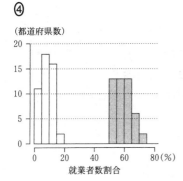
就業者数割合

(出典：総務省の Web ページにより作成)

(4) 三つの産業から二つずつを組み合わせて都道府県別の就業者数割合の散布図を作成した．図 3 の散布図群は，左から順に 1975 年度における第 1 次産業 (横軸) と第 2 次産業 (縦軸) の散布図，第 2 次産業 (横軸) と第 3 次産業 (縦軸) の散布図，および第 3 次産業 (横軸) と第 1 次産業 (縦軸) の散布図である．また，図 4 は同様に作成した 2015 年度の散布図群である．

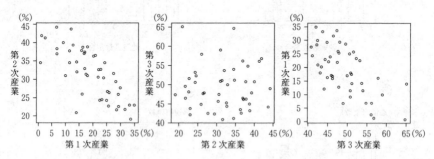

図 3　1975 年度の散布図群

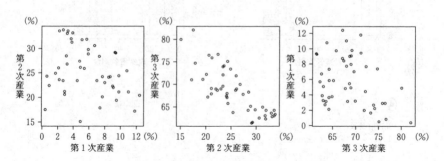

図 4　2015 年度の散布図群

(出典：図 3，図 4 はともに総務省の Web ページにより作成)

下の(I), (II), (III)は，1975年度を基準としたときの，2015年度の変化を記述したものである。ただし，ここで「相関が強くなった」とは，相関係数の絶対値が大きくなったことを意味する。

(I) 都道府県別の第1次産業の就業者数割合と第2次産業の就業者数割合の間の相関は強くなった。
(II) 都道府県別の第2次産業の就業者数割合と第3次産業の就業者数割合の間の相関は強くなった。
(III) 都道府県別の第3次産業の就業者数割合と第1次産業の就業者数割合の間の相関は強くなった。

(I), (II), (III) の正誤の組合せとして正しいものは コ である。

コ の解答群

	⓪	①	②	③	④	⑤	⑥	⑦
(I)	正	正	正	正	誤	誤	誤	誤
(II)	正	正	誤	誤	正	正	誤	誤
(III)	正	誤	正	誤	正	誤	正	誤

(5) 各都道府県の就業者数の内訳として男女別の就業者数も発表されている。そこで，就業者数に対する男性・女性の就業者数の割合をそれぞれ「男性の就業者数割合」，「女性の就業者数割合」と呼ぶことにし，これらを都道府県別に算出した。図5は，2015年度における都道府県別の，第1次産業の就業者数割合(横軸)と，男性の就業者数割合(縦軸)の散布図である。

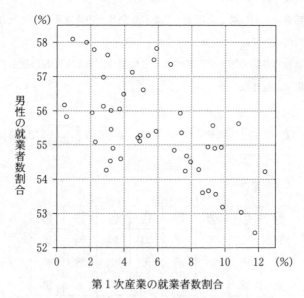

図5　都道府県別の，第1次産業の就業者数割合と，男性の就業者数割合の散布図

(出典：総務省のWebページにより作成)

各都道府県の，男性の就業者数と女性の就業者数を合計すると就業者数の全体となることに注意すると，2015 年度における都道府県別の，第 1 次産業の就業者数割合(横軸)と，女性の就業者数割合(縦軸)の散布図は サ である。

サ については，最も適当なものを，下の ⓪ ~ ③ のうちから一つ選べ。なお，設問の都合で各散布図の横軸と縦軸の目盛りは省略しているが，横軸は右方向，縦軸は上方向がそれぞれ正の方向である。

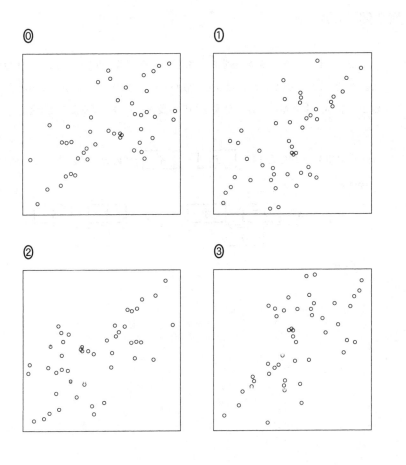

数 学 II
（全問必答）

第1問 数学II・数学Bの第1問に同じ。 ア ～ ネ （配点 30）

第2問 数学II・数学Bの第2問に同じ。 ア ～ ホ （配点 30）

第3問 （配点 20）

a は $a > 1$ を満たす定数とする。また，座標平面上に点 $M(2, -1)$ がある。M と異なる点 $P(s, t)$ に対して，点 Q を，3点 M，P，Q がこの順に同一直線上に並び，線分 MQ の長さが線分 MP の長さの a 倍となるようにとる。

(1) 点 P は線分 MQ を $1 : \left(\boxed{ア} - \boxed{イ}\right)$ に内分する。よって，点 Q の座標を (x, y) とすると

$$s = \dfrac{x + \boxed{ウエ} - \boxed{オ}}{\boxed{カ}}, \quad t = \dfrac{y - \boxed{キ} + \boxed{ク}}{\boxed{ケ}}$$

である。

(2) 座標平面上に原点 O を中心とする半径 1 の円 C がある。点 P が C 上を動くとき，点 Q の軌跡を考える。

点 P が C 上にあるとき
$$s^2 + t^2 = 1$$
が成り立つ。

点 Q の座標を (x, y) とすると，x, y は
$$\left(x + \boxed{コサ} - \boxed{シ}\right)^2 + \left(y - \boxed{ス} + \boxed{セ}\right)^2 = \boxed{ソ}^2 \quad \cdots\cdots ①$$

を満たすので，点 Q は $\left(-\boxed{コサ} + \boxed{シ},\ \boxed{ス} - \boxed{セ}\right)$ を中心とする半径 $\boxed{ソ}$ の円上にある。

(3) k を正の定数とし，直線 $\ell : x + y - k = 0$ と円 $C : x^2 + y^2 = 1$ は接しているとする。このとき，$k = \sqrt{\boxed{タ}}$ である。

点 P が ℓ 上を動くとき，点 Q(x, y) の軌跡の方程式は
$$x + y + \left(\boxed{チ} - \sqrt{\boxed{ツ}}\right)a - \boxed{テ} = 0 \quad \cdots\cdots ②$$

であり，点 Q の軌跡は ℓ と平行な直線である。

(4) (2)の①が表す円を C_a, (3)の②が表す直線を ℓ_a とする。C_a の中心と ℓ_a の距離は ト であり，C_a と ℓ_a は ナ 。

ト の解答群

- ⓪ $a+1$
- ① $a-1$
- ② a
- ③ $\dfrac{\sqrt{2}}{2}a$
- ④ $\dfrac{\sqrt{2}}{2}(a+1)$
- ⑤ $\dfrac{\sqrt{2}}{2}(a-1)$
- ⑥ $\dfrac{2+\sqrt{2}}{2}a$
- ⑦ $\dfrac{2-\sqrt{2}}{2}a$

ナ の解答群

- ⓪ a の値によらず，2点で交わる
- ① a の値によらず，接する
- ② a の値によらず，共有点をもたない
- ③ a の値によらず共有点をもつが，a の値によって，2点で交わる場合と接する場合がある
- ④ a の値によって，共有点をもつ場合と共有点をもたない場合がある

第4問 (配点 20)

k を実数とし，x の整式 $P(x)$ を
$$P(x) = x^4 + (k-1)x^2 + (6-2k)x + 3k$$
とする。

(1) $k = 0$ とする。このとき
$$P(x) = x\left(x^3 - x + \boxed{\text{ア}}\right)$$
である。また，$P(-2) = \boxed{\text{イ}}$ である。これらのことにより，$P(x)$ は
$$P(x) = x\left(x + \boxed{\text{ウ}}\right)(x^2 - 2x + 3)$$
と因数分解できる。

また，方程式 $P(x) = 0$ の虚数解は $\boxed{\text{エ}} \pm \sqrt{\boxed{\text{オ}}}\, i$ である。

(2) $k = 3$ とすると，$P(x)$ を $x^2 - 2x + 3$ で割ることにより
$$P(x) = \left(x^2 + \boxed{\text{カ}}\, x + \boxed{\text{キ}}\right)(x^2 - 2x + 3)$$
が成り立つことがわかる。

(3) (1),(2)の結果を踏まえると,次の**予想**が立てられる。

予想

k がどのような実数であっても,$P(x)$ は $x^2 - 2x + 3$ で割り切れる。

この**予想**が正しいとすると,ある実数 m, n に対して
$$P(x) = (x^2 + mx + n)(x^2 - 2x + 3)$$
が成り立つ。この式の x^3 の係数に着目することにより,$m = \boxed{ク}$ が得られる。また,定数項に着目することにより,$n = k$ が得られる。

このとき,実際に
$$\left(x^2 + \boxed{ク}\, x + k\right)(x^2 - 2x + 3)$$
$$= x^4 + (k-1)x^2 + (6-2k)x + 3k$$
が成り立つことが計算により確かめられ,この**予想**が正しいことがわかる。

(4) 方程式 $P(x) = 0$ が実数解をもたないような k の値の範囲は
$$k > \boxed{ケ}$$
である。

共通テスト

本試験
(第2日程)

2021

数学Ⅰ・数学A … 78

数学Ⅱ・数学B … 100

数学Ⅰ・数学A：
解答時間 70分
配点 100点

数学Ⅱ・数学B：
解答時間 60分
配点 100点

数学Ⅰ・数学A

問　題	選　択　方　法
第 1 問	必　　答
第 2 問	必　　答
第 3 問	いずれか 2 問を選択し，解答しなさい。
第 4 問	
第 5 問	

第1問 （必答問題）（配点 30）

〔1〕 a, b を定数とするとき，x についての不等式

$$|ax - b - 7| < 3 \quad \cdots\cdots\cdots\cdots\cdots ①$$

を考える。

(1) $a = -3$，$b = -2$ とする。①を満たす整数全体の集合を P とする。この集合 P を，要素を書き並べて表すと

$$P = \{\boxed{アイ}, \boxed{ウエ}\}$$

となる。ただし，$\boxed{アイ}$，$\boxed{ウエ}$ の解答の順序は問わない。

(2) $a = \dfrac{1}{\sqrt{2}}$ とする。

(i) $b = 1$ のとき，①を満たす整数は全部で $\boxed{オ}$ 個である。

(ii) ①を満たす整数が全部で $\left(\boxed{オ} + 1\right)$ 個であるような正の整数 b のうち，最小のものは $\boxed{カ}$ である。

〔2〕 平面上に2点A, Bがあり, AB = 8 である。直線AB上にない点Pをとり, △ABPをつくり, その外接円の半径をRとする。

太郎さんは, 図1のように, コンピュータソフトを使って点Pをいろいろな位置にとった。

図1は, 点Pをいろいろな位置にとったときの△ABPの外接円をかいたものである。

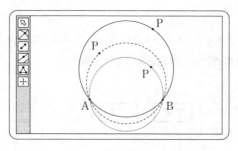

図　1

(1) 太郎さんは, 点Pのとり方によって外接円の半径が異なることに気づき, 次の問題1を考えることにした。

問題1　点Pをいろいろな位置にとるとき, 外接円の半径Rが最小となる△ABPはどのような三角形か。

正弦定理により, $2R = \dfrac{\boxed{キ}}{\sin \angle APB}$ である。よって, Rが最小となるのは $\angle APB = \boxed{クケ}°$ の三角形である。このとき, $R = \boxed{コ}$ である。

(2) 太郎さんは，図2のように，**問題1**の点Pのとり方に条件を付けて，次の**問題2**を考えた。

> **問題2** 直線ABに平行な直線をℓとし，直線ℓ上で点Pをいろいろな位置にとる。このとき，外接円の半径Rが最小となる$\triangle$ABPはどのような三角形か。

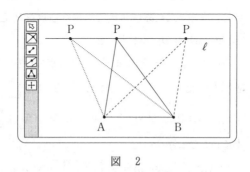

図　2

太郎さんは，この問題を解決するために，次の構想を立てた。

問題2の解決の構想

問題1の考察から，線分ABを直径とする円をCとし，円Cに着目する。直線ℓは，その位置によって，円Cと共有点をもつ場合ともたない場合があるので，それぞれの場合に分けて考える。

直線ABと直線ℓとの距離をhとする。直線ℓが円Cと共有点をもつ場合は，$h \leq \boxed{\text{サ}}$のときであり，共有点をもたない場合は，$h > \boxed{\text{サ}}$のときである。

(i) $h \leq $ サ のとき

直線 ℓ が円Cと共有点をもつので，R が最小となる $\triangle ABP$ は，$h < $ サ のとき シ であり，$h = $ サ のとき直角二等辺三角形である。

(ii) $h > $ サ のとき

線分ABの垂直二等分線を m とし，直線 m と直線 ℓ との交点を P_1 とする。直線 ℓ 上にあり点 P_1 とは異なる点を P_2 とするとき $\sin \angle AP_1B$ と $\sin \angle AP_2B$ の大小を考える。

$\triangle ABP_2$ の外接円と直線 m との共有点のうち，直線ABに関して点 P_2 と同じ側にある点を P_3 とすると，$\angle AP_3B$ ス $\angle AP_2B$ である。また，$\angle AP_3B < \angle AP_1B < 90°$ より $\sin \angle AP_3B$ セ $\sin \angle AP_1B$ である。このとき

($\triangle ABP_1$ の外接円の半径) ソ ($\triangle ABP_2$ の外接円の半径)

であり，R が最小となる $\triangle ABP$ は タ である。

シ ， タ については，最も適当なものを，次の ⓪〜④ のうちから一つずつ選べ。ただし，同じものを繰り返し選んでもよい。

| ⓪ 鈍角三角形 | ① 直角三角形 | ② 正三角形 |
| ③ 二等辺三角形 | ④ 直角二等辺三角形 | |

ス 〜 ソ の解答群 (同じものを繰り返し選んでもよい。)

| ⓪ < | ① = | ② > |

(3) 問題2の考察を振り返って，$h=8$ のとき，△ABPの外接円の半径 R が最小である場合について考える。このとき，$\sin \angle APB = \dfrac{\boxed{\text{チ}}}{\boxed{\text{ツ}}}$ であり，$R = \boxed{\text{テ}}$ である。

第 2 問 （必答問題）（配点 30）

〔1〕 花子さんと太郎さんのクラスでは，文化祭でたこ焼き店を出店することになった。二人は1皿あたりの価格をいくらにするかを検討している。次の表は，過去の文化祭でのたこ焼き店の売り上げデータから，1皿あたりの価格と売り上げ数の関係をまとめたものである。

1皿あたりの価格(円)	200	250	300
売り上げ数(皿)	200	150	100

(1) まず，二人は，上の表から，1皿あたりの価格が50円上がると売り上げ数が50皿減ると考えて，売り上げ数が1皿あたりの価格の1次関数で表されると仮定した。このとき，1皿あたりの価格を x 円とおくと，売り上げ数は

$$\boxed{アイウ} - x \qquad \cdots\cdots\cdots\cdots ①$$

と表される。

(2) 次に，二人は，利益の求め方について考えた。

> 花子：利益は，売り上げ金額から必要な経費を引けば求められるよ。
> 太郎：売り上げ金額は，1皿あたりの価格と売り上げ数の積で求まるね。
> 花子：必要な経費は，たこ焼き用器具の賃貸料と材料費の合計だね。材料費は，売り上げ数と1皿あたりの材料費の積になるね。

二人は，次の三つの条件のもとで，1皿あたりの価格 x を用いて利益を表すことにした。

(条件1) 1皿あたりの価格が x 円のときの売り上げ数として①を用いる。

(条件2) 材料は，①により得られる売り上げ数に必要な分量だけ仕入れる。

(条件3) 1皿あたりの材料費は160円である。たこ焼き用器具の賃貸料は6000円である。材料費とたこ焼き用器具の賃貸料以外の経費はない。

利益を y 円とおく。y を x の式で表すと

$$y = -x^2 + \boxed{エオカ} x - \boxed{キ} \times 10000 \quad \cdots\cdots\cdots ②$$

である。

(3) 太郎さんは利益を最大にしたいと考えた。②を用いて考えると，利益が最大になるのは1皿あたりの価格が $\boxed{クケコ}$ 円のときであり，そのときの利益は $\boxed{サシスセ}$ 円である。

(4) 花子さんは，利益を7500円以上となるようにしつつ，できるだけ安い価格で提供したいと考えた。②を用いて考えると，利益が7500円以上となる1皿あたりの価格のうち，最も安い価格は $\boxed{ソタチ}$ 円となる。

〔2〕 総務省が実施している国勢調査では都道府県ごとの総人口が調べられており，その内訳として日本人人口と外国人人口が公表されている。また，外務省では旅券(パスポート)を取得した人数を都道府県ごとに公表している。加えて，文部科学省では都道府県ごとの小学校に在籍する児童数を公表している。

そこで，47都道府県の，人口1万人あたりの外国人人口(以下，外国人数)，人口1万人あたりの小学校児童数(以下，小学生数)，また，日本人1万人あたりの旅券を取得した人数(以下，旅券取得者数)を，それぞれ計算した。

(1) 図1は，2010年における47都道府県の，旅券取得者数(横軸)と小学生数(縦軸)の関係を黒丸で，また，旅券取得者数(横軸)と外国人数(縦軸)の関係を白丸で表した散布図である。

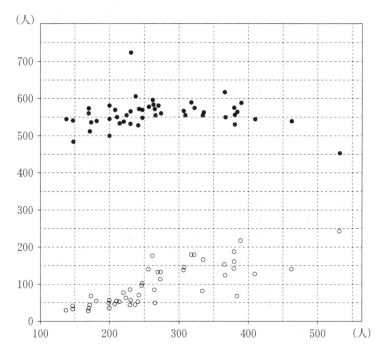

図1　2010年における，旅券取得者数と小学生数の散布図(黒丸)，旅券取得者数と外国人数の散布図(白丸)

(出典：外務省，文部科学省および総務省のWebページにより作成)

次の(I), (II), (III)は図1の散布図に関する記述である。

(I) 小学生数の四分位範囲は，外国人数の四分位範囲より大きい。

(II) 旅券取得者数の範囲は，外国人数の範囲より大きい。

(III) 旅券取得者数と小学生数の相関係数は，旅券取得者数と外国人数の相関係数より大きい。

(I), (II), (III)の正誤の組合せとして正しいものは ツ である。

ツ の解答群

	⓪	①	②	③	④	⑤	⑥	⑦
(I)	正	正	正	正	誤	誤	誤	誤
(II)	正	正	誤	誤	正	正	誤	誤
(III)	正	誤	正	誤	正	誤	正	誤

(2) 一般に，度数分布表

階級値	x_1	x_2	x_3	x_4	⋯	x_k	計
度数	f_1	f_2	f_3	f_4	⋯	f_k	n

が与えられていて，各階級に含まれるデータの値がすべてその階級値に等しいと仮定すると，平均値 $\bar{x}$ は

$$\bar{x} = \frac{1}{n}(x_1 f_1 + x_2 f_2 + x_3 f_3 + x_4 f_4 + \cdots + x_k f_k)$$

で求めることができる。さらに階級の幅が一定で，その値が h のときは

$$x_2 = x_1 + h,\ x_3 = x_1 + 2h,\ x_4 = x_1 + 3h,\ \cdots,\ x_k = x_1 + (k-1)h$$

に注意すると

$$\bar{x} = \boxed{\text{テ}}$$

と変形できる。

$\boxed{\text{テ}}$ については，最も適当なものを，次の⓪〜④のうちから一つ選べ。

⓪ $\dfrac{x_1}{n}(f_1 + f_2 + f_3 + f_4 + \cdots + f_k)$

① $\dfrac{h}{n}(f_1 + 2f_2 + 3f_3 + 4f_4 + \cdots + kf_k)$

② $x_1 + \dfrac{h}{n}(f_2 + f_3 + f_4 + \cdots + f_k)$

③ $x_1 + \dfrac{h}{n}\{f_2 + 2f_3 + 3f_4 + \cdots + (k-1)f_k\}$

④ $\dfrac{1}{2}(f_1 + f_k)x_1 - \dfrac{1}{2}(f_1 + kf_k)$

図2は，2008年における47都道府県の旅券取得者数のヒストグラムである。なお，ヒストグラムの各階級の区間は，左側の数値を含み，右側の数値を含まない。

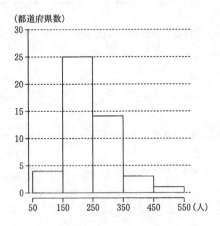

図2　2008年における旅券取得者数のヒストグラム
（出典：外務省のWebページにより作成）

図2のヒストグラムに関して，各階級に含まれるデータの値がすべてその階級値に等しいと仮定する。このとき，平均値 $\bar{x}$ は小数第1位を四捨五入すると トナニ である。

(3) 一般に，度数分布表

階級値	x_1	x_2	$\cdots$	x_k	計
度数	f_1	f_2	$\cdots$	f_k	n

が与えられていて，各階級に含まれるデータの値がすべてその階級値に等しいと仮定すると，分散 s^2 は

$$s^2 = \frac{1}{n}\left\{(x_1-\bar{x})^2 f_1 + (x_2-\bar{x})^2 f_2 + \cdots + (x_k-\bar{x})^2 f_k\right\}$$

で求めることができる。さらに s^2 は

$$s^2 = \frac{1}{n}\left\{(x_1^2 f_1 + x_2^2 f_2 + \cdots + x_k^2 f_k) - 2\bar{x} \times \boxed{ヌ} + (\bar{x})^2 \times \boxed{ネ}\right\}$$

と変形できるので

$$s^2 = \frac{1}{n}(x_1^2 f_1 + x_2^2 f_2 + \cdots + x_k^2 f_k) - \boxed{ノ} \quad \cdots\cdots\cdots ①$$

である。

$\boxed{ヌ}$ ～ $\boxed{ノ}$ の解答群(同じものを繰り返し選んでもよい。)

| ⓪ n | ① n^2 | ② $\bar{x}$ | ③ $n\bar{x}$ | ④ $2n\bar{x}$ |
| ⑤ $n^2\bar{x}$ | ⑥ $(\bar{x})^2$ | ⑦ $n(\bar{x})^2$ | ⑧ $2n(\bar{x})^2$ | ⑨ $3n(\bar{x})^2$ |

図3は，図2を再掲したヒストグラムである。

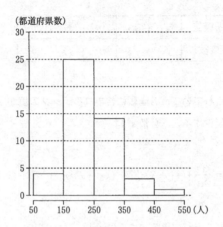

図3　2008年における旅券取得者数のヒストグラム

（出典：外務省のWebページにより作成）

図3のヒストグラムに関して，各階級に含まれるデータの値がすべてその階級値に等しいと仮定すると，平均値 $\bar{x}$ は(2)で求めた トナニ である。 トナニ の値と式①を用いると，分散 s^2 は ハ である。

ハ については，最も近いものを，次の⓪〜⑦のうちから一つ選べ。

| ⓪ 3900 | ① 4900 | ② 5900 | ③ 6900 |
| ④ 7900 | ⑤ 8900 | ⑥ 9900 | ⑦ 10900 |

第3問 (選択問題)（配点 20）

二つの袋A，Bと一つの箱がある。Aの袋には赤球2個と白球1個が入っており，Bの袋には赤球3個と白球1個が入っている。また，箱には何も入っていない。

(1) A，Bの袋から球をそれぞれ1個ずつ同時に取り出し，球の色を調べずに箱に入れる。

(i) 箱の中の2個の球のうち少なくとも1個が赤球である確率は $\dfrac{アイ}{ウエ}$ である。

(ii) 箱の中をよくかき混ぜてから球を1個取り出すとき，取り出した球が赤球である確率は $\dfrac{オカ}{キク}$ であり，取り出した球が赤球であったときに，それがBの袋に入っていたものである条件付き確率は $\dfrac{ケ}{コサ}$ である。

(2) A，Bの袋から球をそれぞれ2個ずつ同時に取り出し，球の色を調べずに箱に入れる。

(i) 箱の中の4個の球のうち，ちょうど2個が赤球である確率は $\dfrac{シ}{ス}$ である。また，箱の中の4個の球のうち，ちょうど3個が赤球である確率は $\dfrac{セ}{ソ}$ である。

(ii) 箱の中をよくかき混ぜてから球を2個同時に取り出すとき，どちらの球も赤球である確率は $\dfrac{タチ}{ツテ}$ である。また，取り出した2個の球がどちらも赤球であったときに，それらのうちの1個のみがBの袋に入っていたものである条件付き確率は $\dfrac{トナ}{ニヌ}$ である。

第4問 (選択問題)(配点 20)

正の整数 m に対して

$$a^2 + b^2 + c^2 + d^2 = m, \quad a \geqq b \geqq c \geqq d \geqq 0 \quad \cdots\cdots\cdots ①$$

を満たす整数 a, b, c, d の組がいくつあるかを考える。

(1) $m = 14$ のとき、①を満たす整数 a, b, c, d の組 (a, b, c, d) は

$$(\boxed{ア}, \boxed{イ}, \boxed{ウ}, \boxed{エ})$$

のただ一つである。

また、$m = 28$ のとき、①を満たす整数 a, b, c, d の組の個数は $\boxed{オ}$ 個である。

(2) a が奇数のとき、整数 n を用いて $a = 2n+1$ と表すことができる。このとき、$n(n+1)$ は偶数であるから、次の条件がすべての奇数 a で成り立つような正の整数 h のうち、最大のものは $h = \boxed{カ}$ である。

条件:$a^2 - 1$ は h の倍数である。

よって、a が奇数のとき、a^2 を $\boxed{カ}$ で割ったときの余りは 1 である。

また、a が偶数のとき、a^2 を $\boxed{カ}$ で割ったときの余りは、0 または 4 のいずれかである。

(3) (2)により，$a^2+b^2+c^2+d^2$ が カ の倍数ならば，整数 a, b, c, d のうち，偶数であるものの個数は キ 個である。

(4) (3)を用いることにより，m が カ の倍数であるとき，①を満たす整数 a, b, c, d が求めやすくなる。

例えば，$m=224$ のとき，①を満たす整数 a, b, c, d の組 (a, b, c, d) は

$$\left(\boxed{クケ}, \boxed{コ}, \boxed{サ}, \boxed{シ}\right)$$

のただ一つであることがわかる。

(5) 7 の倍数で 896 の約数である正の整数 m のうち，①を満たす整数 a, b, c, d の組の個数が オ 個であるものの個数は ス 個であり，そのうち最大のものは $m = $ セソタ である。

第 5 問　(選択問題)（配点　20）

　点 Z を端点とする半直線 ZX と半直線 ZY があり，0° < ∠XZY < 90° とする。また，0° < ∠SZX < ∠XZY かつ 0° < ∠SZY < ∠XZY を満たす点 S をとる。点 S を通り，半直線 ZX と半直線 ZY の両方に接する円を作図したい。

　円 O を，次の (Step 1) ～ (Step 5) の**手順**で作図する。

手順

(Step 1)　∠XZY の二等分線 ℓ 上に点 C をとり，下図のように半直線 ZX と半直線 ZY の両方に接する円 C を作図する。また，円 C と半直線 ZX との接点を D，半直線 ZY との接点を E とする。

(Step 2)　円 C と直線 ZS との交点の一つを G とする。

(Step 3)　半直線 ZX 上に点 H を DG//HS を満たすようにとる。

(Step 4)　点 H を通り，半直線 ZX に垂直な直線を引き，ℓ との交点を O とする。

(Step 5)　点 O を中心とする半径 OH の円 O をかく。

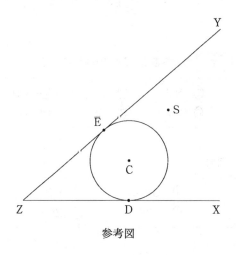

参考図

(1) (Step 1)～(Step 5)の手順で作図した円 O が求める円であることは，次の構想に基づいて下のように説明できる．

> **構想**
>
> 円 O が点 S を通り，半直線 ZX と半直線 ZY の両方に接する円であることを示すには，OH ＝ ア が成り立つことを示せばよい．

作図の手順より，△ZDG と △ZHS との関係，および △ZDC と △ZHO との関係に着目すると

$$DG : \boxed{イ} = \boxed{ウ} : \boxed{エ}$$
$$DC : \boxed{オ} = \boxed{ウ} : \boxed{エ}$$

であるから，DG : イ ＝ DC : オ となる．

ここで，3 点 S, O, H が一直線上にない場合は，∠CDG ＝ ∠ カ であるので，△CDG と △ カ との関係に着目すると，CD ＝ CG より OH ＝ ア であることがわかる．

なお，3 点 S, O, H が一直線上にある場合は，DG ＝ キ DC となり，DG : イ ＝ DC : オ より OH ＝ ア であることがわかる．

ア ～ オ の解答群（同じものを繰り返し選んでもよい．）

⓪ DH	① HO	② HS	③ OD	④ OG
⑤ OS	⑥ ZD	⑦ ZH	⑧ ZO	⑨ ZS

カ の解答群

⓪ OHD	① OHG	② OHS	③ ZDS
④ ZHG	⑤ ZHS	⑥ ZOS	⑦ ZCG

(2) 点Sを通り，半直線ZXと半直線ZYの両方に接する円は二つ作図できる。特に，点Sが∠XZYの二等分線ℓ上にある場合を考える。半径が大きい方の円の中心をO_1とし，半径が小さい方の円の中心をO_2とする。また，円O_2と半直線ZYが接する点をIとする。円O_1と半直線ZYが接する点をJとし，円O_1と半直線ZXが接する点をKとする。

作図をした結果，円O_1の半径は5，円O_2の半径は3であったとする。このとき，IJ = $2\sqrt{15}$ である。さらに，円O_1と円O_2の接点Sにおける共通接線と半直線ZYとの交点をLとし，直線LKと円O_1との交点で点Kとは異なる点をMとすると

$$\mathrm{LM} \cdot \mathrm{LK} = 15$$

である。

また，ZI = $3\sqrt{15}$ であるので，直線LKと直線ℓとの交点をNとすると

$$\frac{\mathrm{LN}}{\mathrm{NK}} = \frac{4}{5}, \quad \mathrm{SN} = \frac{5}{3}$$

である。

数学Ⅱ・数学B

問　題	選　択　方　法
第1問	必　　答
第2問	必　　答
第3問	いずれか2問を選択し，解答しなさい。
第4問	
第5問	

第 1 問　(必答問題)（配点　30）

〔1〕

(1) $\log_{10} 10 = \boxed{\text{ア}}$ である。また、$\log_{10} 5$, $\log_{10} 15$ をそれぞれ $\log_{10} 2$ と $\log_{10} 3$ を用いて表すと

$\log_{10} 5 = \boxed{\text{イ}} \log_{10} 2 + \boxed{\text{ウ}}$

$\log_{10} 15 = \boxed{\text{エ}} \log_{10} 2 + \log_{10} 3 + \boxed{\text{オ}}$

となる。

(2) 太郎さんと花子さんは，15^{20} について話している。

以下では，$\log_{10} 2 = 0.3010$，$\log_{10} 3 = 0.4771$ とする。

太郎：15^{20} は何桁の数だろう。

花子：15 の 20 乗を求めるのは大変だね。$\log_{10} 15^{20}$ の整数部分に着目してみようよ。

$\log_{10} 15^{20}$ は

$$\boxed{カキ} < \log_{10} 15^{20} < \boxed{カキ} + 1$$

を満たす。よって，15^{20} は $\boxed{クケ}$ 桁の数である。

太郎：15^{20} の最高位の数字も知りたいね。だけど，$\log_{10} 15^{20}$ の整数部分にだけ着目してもわからないな。

花子：$N \cdot 10^{\boxed{カキ}} < 15^{20} < (N+1) \cdot 10^{\boxed{カキ}}$ を満たすような正の整数 N に着目してみたらどうかな。

$\log_{10} 15^{20}$ の小数部分は $\log_{10} 15^{20} - \boxed{カキ}$ であり

$$\log_{10} \boxed{コ} < \log_{10} 15^{20} - \boxed{カキ} < \log_{10}\left(\boxed{コ} + 1\right)$$

が成り立つので，15^{20} の最高位の数字は $\boxed{サ}$ である。

〔2〕 座標平面上の原点を中心とする半径1の円周上に3点 P($\cos\theta$, $\sin\theta$), Q($\cos\alpha$, $\sin\alpha$), R($\cos\beta$, $\sin\beta$) がある。ただし, $0 \leq \theta < \alpha < \beta < 2\pi$ とする。このとき, s と t を次のように定める。

$$s = \cos\theta + \cos\alpha + \cos\beta, \quad t = \sin\theta + \sin\alpha + \sin\beta$$

(1) △PQR が正三角形や二等辺三角形のときの s と t の値について考察しよう。

──考察 1──
△PQR が正三角形である場合を考える。

この場合, α, β を θ で表すと

$$\alpha = \theta + \frac{\boxed{シ}}{3}\pi, \quad \beta = \theta + \frac{\boxed{ス}}{3}\pi$$

であり, 加法定理により

$$\cos\alpha = \boxed{セ}, \quad \sin\alpha = \boxed{ソ}$$

である。同様に, $\cos\beta$ および $\sin\beta$ を, $\sin\theta$ と $\cos\theta$ を用いて表すことができる。

これらのことから, $s = t = \boxed{タ}$ である。

$\boxed{セ}$, $\boxed{ソ}$ の解答群(同じものを繰り返し選んでもよい。)

⓪ $\frac{1}{2}\sin\theta + \frac{\sqrt{3}}{2}\cos\theta$ ① $\frac{\sqrt{3}}{2}\sin\theta + \frac{1}{2}\cos\theta$

② $\frac{1}{2}\sin\theta - \frac{\sqrt{3}}{2}\cos\theta$ ③ $\frac{\sqrt{3}}{2}\sin\theta - \frac{1}{2}\cos\theta$

④ $-\frac{1}{2}\sin\theta + \frac{\sqrt{3}}{2}\cos\theta$ ⑤ $-\frac{\sqrt{3}}{2}\sin\theta + \frac{1}{2}\cos\theta$

⑥ $-\frac{1}{2}\sin\theta - \frac{\sqrt{3}}{2}\cos\theta$ ⑦ $-\frac{\sqrt{3}}{2}\sin\theta - \frac{1}{2}\cos\theta$

> **考察 2**
> △PQR が PQ = PR となる二等辺三角形である場合を考える。

例えば，点 P が直線 $y = x$ 上にあり，点 Q, R が直線 $y = x$ に関して対称であるときを考える。このとき，$\theta = \dfrac{\pi}{4}$ である。また，α は $\alpha < \dfrac{5}{4}\pi$，β は $\dfrac{5}{4}\pi < \beta$ を満たし，点 Q, R の座標について，$\sin\beta = \cos\alpha$，$\cos\beta = \sin\alpha$ が成り立つ。よって

$$s = t = \sqrt{\dfrac{\boxed{チ}}{\boxed{ツ}}} + \sin\alpha + \cos\alpha$$

である。

ここで，三角関数の合成により

$$\sin\alpha + \cos\alpha = \sqrt{\boxed{テ}} \sin\left(\alpha + \dfrac{\pi}{\boxed{ト}}\right)$$

である。したがって

$$\alpha = \dfrac{\boxed{ナニ}}{12}\pi, \quad \beta = \dfrac{\boxed{ヌネ}}{12}\pi$$

のとき，$s = t = 0$ である。

(2) 次に，s と t の値を定めたときの θ, α, β の関係について考察しよう。

考察 3

$s = t = 0$ の場合を考える。

この場合，$\sin^2\theta + \cos^2\theta = 1$ により，α と β について考えると

$$\cos\alpha\cos\beta + \sin\alpha\sin\beta = \frac{\boxed{ノハ}}{\boxed{ヒ}}$$

である。

同様に，θ と α について考えると

$$\cos\theta\cos\alpha + \sin\theta\sin\alpha = \frac{\boxed{ノハ}}{\boxed{ヒ}}$$

であるから，θ, α, β の範囲に注意すると

$$\beta - \alpha = \alpha - \theta = \frac{\boxed{フ}}{\boxed{ヘ}}\pi$$

という関係が得られる。

(3) これまでの考察を振り返ると，次の⓪～③のうち，正しいものは ホ であることがわかる。

ホ の解答群

⓪ △PQR が正三角形ならば $s=t=0$ であり，$s=t=0$ ならば △PQR は正三角形である。

① △PQR が正三角形ならば $s=t=0$ であるが，$s=t=0$ であっても △PQR が正三角形でない場合がある。

② △PQR が正三角形であっても $s=t=0$ でない場合があるが，$s=t=0$ ならば △PQR は正三角形である。

③ △PQR が正三角形であっても $s=t=0$ でない場合があり，$s=t=0$ であっても △PQR が正三角形でない場合がある。

第 2 問 (必答問題)(配点 30)

〔1〕 a を実数とし，$f(x)=(x-a)(x-2)$ とおく。また，$F(x)=\int_0^x f(t)dt$ とする。

(1) $a=1$ のとき，$F(x)$ は $x=\boxed{\text{ア}}$ で極小になる。

(2) $a=\boxed{\text{イ}}$ のとき，$F(x)$ はつねに増加する。また，$F(0)=\boxed{\text{ウ}}$ であるから，$a=\boxed{\text{イ}}$ のとき，$F(2)$ の値は $\boxed{\text{エ}}$ である。

$\boxed{\text{エ}}$ の解答群

⓪ 0 　　　① 正 　　　② 負

(3) $a >$ | イ | とする。

b を実数とし，$G(x) = \int_b^x f(t)\,dt$ とおく。

関数 $y = G(x)$ のグラフは，$y = F(x)$ のグラフを | オ | 方向に | カ | だけ平行移動したものと一致する。また，$G(x)$ は $x =$ | キ | で極大になり，$x =$ | ク | で極小になる。

$G(b) =$ | ケ | であるから，$b =$ | キ | のとき，曲線 $y = G(x)$ と x 軸との共有点の個数は | コ | 個である。

| オ | の解答群

| ⓪ x 軸 | ① y 軸 |

| カ | の解答群

| ⓪ b | ① $-b$ | ② $F(b)$ |
| ③ $-F(b)$ | ④ $F(-b)$ | ⑤ $-F(-b)$ |

〔2〕 $g(x) = |x|(x+1)$ とおく。

点 P$(-1, 0)$ を通り，傾きが c の直線を ℓ とする。$g'(-1) = \boxed{サ}$ であるから，$0 < c < \boxed{サ}$ のとき，曲線 $y = g(x)$ と直線 ℓ は 3 点で交わる。そのうちの 1 点は P であり，残りの 2 点を点 P に近い方から順に Q, R とすると，点 Q の x 座標は $\boxed{シス}$ であり，点 R の x 座標は $\boxed{セ}$ である。

また，$0 < c <$ サ のとき，線分 PQ と曲線 $y = g(x)$ で囲まれた図形の面積を S とし，線分 QR と曲線 $y = g(x)$ で囲まれた図形の面積を T とすると

$$S = \frac{\boxed{ソ}c^3 + \boxed{タ}c^2 - \boxed{チ}c + 1}{\boxed{ツ}}$$

$$T = c^{\boxed{テ}}$$

である。

第3問 （選択問題）（配点 20）

以下の問題を解答するにあたっては，必要に応じて114ページの正規分布表を用いてもよい。

ある大学には，多くの留学生が在籍している。この大学の留学生に対して学習や生活を支援する留学生センターでは，留学生の日本語の学習状況について関心を寄せている。

(1) この大学では，留学生に対する授業として，以下に示す三つの日本語学習コースがある。

　　初級コース：1週間に10時間の日本語の授業を行う
　　中級コース：1週間に8時間の日本語の授業を行う
　　上級コース：1週間に6時間の日本語の授業を行う

すべての留学生が三つのコースのうち，いずれか一つのコースのみに登録することになっている。留学生全体における各コースに登録した留学生の割合は，それぞれ

　　　初級コース：20%，中級コース：35%，上級コース：　アイ　%

であった。ただし，数値はすべて正確な値であり，四捨五入されていないものとする。

この留学生の集団において，一人を無作為に抽出したとき，その留学生が1週間に受講する日本語学習コースの授業の時間数を表す確率変数を X とする。X の平均（期待値）は $\dfrac{\boxed{ウエ}}{2}$ であり，X の分散は $\dfrac{\boxed{オカ}}{20}$ である。

次に，留学生全体を母集団とし，a 人を無作為に抽出したとき，初級コースに登録した人数を表す確率変数を Y とすると，Y は二項分布に従う。このとき，Y の平均 $E(Y)$ は

$$E(Y) = \frac{\boxed{キ}}{\boxed{ク}}$$

である。

また，上級コースに登録した人数を表す確率変数を Z とすると，Z は二項分布に従う。Y，Z の標準偏差をそれぞれ $\sigma(Y)$，$\sigma(Z)$ とすると

$$\frac{\sigma(Z)}{\sigma(Y)} = \frac{\boxed{ケ}\sqrt{\boxed{コサ}}}{\boxed{シ}}$$

である。

ここで，$a = 100$ としたとき，無作為に抽出された留学生のうち，初級コースに登録した留学生が 28 人以上となる確率を p とする。$a = 100$ は十分大きいので，Y は近似的に正規分布に従う。このことを用いて p の近似値を求めると，$p = \boxed{ス}$ である。

$\boxed{ス}$ については，最も適当なものを，次の ⓪〜⑤ のうちから一つ選べ。

⓪ 0.002	① 0.023	② 0.228
③ 0.477	④ 0.480	⑤ 0.977

(2) 40人の留学生を無作為に抽出し，ある1週間における留学生の日本語学習コース以外の日本語の学習時間(分)を調査した。ただし，日本語の学習時間は母平均 m，母分散 σ^2 の分布に従うものとする。

母分散 σ^2 を640と仮定すると，標本平均の標準偏差は セ となる。調査の結果，40人の学習時間の平均値は120であった。標本平均が近似的に正規分布に従うとして，母平均 m に対する信頼度95％の信頼区間を $C_1 \leqq m \leqq C_2$ とすると

$$C_1 = \boxed{ソタチ}.\boxed{ツテ},\quad C_2 = \boxed{トナニ}.\boxed{ヌネ}$$

である。

(3) (2)の調査とは別に，日本語の学習時間を再度調査することになった。そこで，50人の留学生を無作為に抽出し，調査した結果，学習時間の平均値は120であった。

母分散 σ^2 を640と仮定したとき，母平均 m に対する信頼度95％の信頼区間を $D_1 \leqq m \leqq D_2$ とすると，$\boxed{ノ}$ が成り立つ。

一方，母分散 σ^2 を960と仮定したとき，母平均 m に対する信頼度95％の信頼区間を $E_1 \leqq m \leqq E_2$ とする。このとき，$D_2 - D_1 = E_2 - E_1$ となるためには，標本の大きさを50の $\boxed{ハ}.\boxed{ヒ}$ 倍にする必要がある。

$\boxed{ノ}$ の解答群

- ⓪ $D_1 < C_1$ かつ $D_2 < C_2$
- ① $D_1 < C_1$ かつ $D_2 > C_2$
- ② $D_1 > C_1$ かつ $D_2 < C_2$
- ③ $D_1 > C_1$ かつ $D_2 > C_2$

正 規 分 布 表

次の表は，標準正規分布の分布曲線における右図の灰色部分の面積の値をまとめたものである．

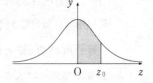

z_0	0.00	0.01	0.02	0.03	0.04	0.05	0.06	0.07	0.08	0.09
0.0	0.0000	0.0040	0.0080	0.0120	0.0160	0.0199	0.0239	0.0279	0.0319	0.0359
0.1	0.0398	0.0438	0.0478	0.0517	0.0557	0.0596	0.0636	0.0675	0.0714	0.0753
0.2	0.0793	0.0832	0.0871	0.0910	0.0948	0.0987	0.1026	0.1064	0.1103	0.1141
0.3	0.1179	0.1217	0.1255	0.1293	0.1331	0.1368	0.1406	0.1443	0.1480	0.1517
0.4	0.1554	0.1591	0.1628	0.1664	0.1700	0.1736	0.1772	0.1808	0.1844	0.1879
0.5	0.1915	0.1950	0.1985	0.2019	0.2054	0.2088	0.2123	0.2157	0.2190	0.2224
0.6	0.2257	0.2291	0.2324	0.2357	0.2389	0.2422	0.2454	0.2486	0.2517	0.2549
0.7	0.2580	0.2611	0.2642	0.2673	0.2704	0.2734	0.2764	0.2794	0.2823	0.2852
0.8	0.2881	0.2910	0.2939	0.2967	0.2995	0.3023	0.3051	0.3078	0.3106	0.3133
0.9	0.3159	0.3186	0.3212	0.3238	0.3264	0.3289	0.3315	0.3340	0.3365	0.3389
1.0	0.3413	0.3438	0.3461	0.3485	0.3508	0.3531	0.3554	0.3577	0.3599	0.3621
1.1	0.3643	0.3665	0.3686	0.3708	0.3729	0.3749	0.3770	0.3790	0.3810	0.3830
1.2	0.3849	0.3869	0.3888	0.3907	0.3925	0.3944	0.3962	0.3980	0.3997	0.4015
1.3	0.4032	0.4049	0.4066	0.4082	0.4099	0.4115	0.4131	0.4147	0.4162	0.4177
1.4	0.4192	0.4207	0.4222	0.4236	0.4251	0.4265	0.4279	0.4292	0.4306	0.4319
1.5	0.4332	0.4345	0.4357	0.4370	0.4382	0.4394	0.4406	0.4418	0.4429	0.4441
1.6	0.4452	0.4463	0.4474	0.4484	0.4495	0.4505	0.4515	0.4525	0.4535	0.4545
1.7	0.4554	0.4564	0.4573	0.4582	0.4591	0.4599	0.4608	0.4616	0.4625	0.4633
1.8	0.4641	0.4649	0.4656	0.4664	0.4671	0.4678	0.4686	0.4693	0.4699	0.4706
1.9	0.4713	0.4719	0.4726	0.4732	0.4738	0.4744	0.4750	0.4756	0.4761	0.4767
2.0	0.4772	0.4778	0.4783	0.4788	0.4793	0.4798	0.4803	0.4808	0.4812	0.4817
2.1	0.4821	0.4826	0.4830	0.4834	0.4838	0.4842	0.4846	0.4850	0.4854	0.4857
2.2	0.4861	0.4864	0.4868	0.4871	0.4875	0.4878	0.4881	0.4884	0.4887	0.4890
2.3	0.4893	0.4896	0.4898	0.4901	0.4904	0.4906	0.4909	0.4911	0.4913	0.4916
2.4	0.4918	0.4920	0.4922	0.4925	0.4927	0.4929	0.4931	0.4932	0.4934	0.4936
2.5	0.4938	0.4940	0.4941	0.4943	0.4945	0.4946	0.4948	0.4949	0.4951	0.4952
2.6	0.4953	0.4955	0.4956	0.4957	0.4959	0.4960	0.4961	0.4962	0.4963	0.4964
2.7	0.4965	0.4966	0.4967	0.4968	0.4969	0.4970	0.4971	0.4972	0.4973	0.4974
2.8	0.4974	0.4975	0.4976	0.4977	0.4977	0.4978	0.4979	0.4979	0.4980	0.4981
2.9	0.4981	0.4982	0.4982	0.4983	0.4984	0.4984	0.4985	0.4985	0.4986	0.4986
3.0	0.4987	0.4987	0.4987	0.4988	0.4988	0.4989	0.4989	0.4989	0.4990	0.4990

第4問 (選択問題)(配点 20)

〔1〕 自然数 n に対して，$S_n = 5^n - 1$ とする。さらに，数列 $\{a_n\}$ の初項から第 n 項までの和が S_n であるとする。このとき，$a_1 = \boxed{\text{ア}}$ である。また，$n \geqq 2$ のとき

$$a_n = \boxed{\text{イ}} \cdot \boxed{\text{ウ}}^{n-1}$$

である。この式は $n = 1$ のときにも成り立つ。

上で求めたことから，すべての自然数 n に対して

$$\sum_{k=1}^{n} \frac{1}{a_k} = \frac{\boxed{\text{エ}}}{\boxed{\text{オカ}}} \left(1 - \boxed{\text{キ}}^{-n} \right)$$

が成り立つことがわかる。

〔2〕 太郎さんは和室の畳を見て，畳の敷き方が何通りあるかに興味を持った。ちょうど手元にタイルがあったので，畳をタイルに置き換えて，数学的に考えることにした。

縦の長さが1，横の長さが2の長方形のタイルが多数ある。それらを縦か横の向きに，隙間も重なりもなく敷き詰めるとき，その敷き詰め方をタイルの「配置」と呼ぶ。

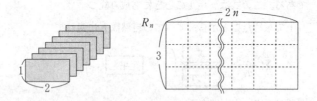

上の図のように，縦の長さが3，横の長さが$2n$の長方形をR_nとする。$3n$枚のタイルを用いたR_n内の配置の総数をr_nとする。

$n = 1$のときは，下の図のように$r_1 = 3$である。

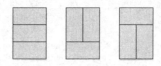

また，$n = 2$のときは，下の図のように$r_2 = 11$である。

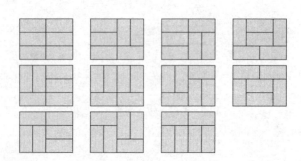

(1) 太郎さんは次のような図形 T_n 内の配置を考えた。

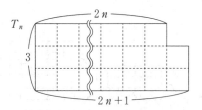

$(3n+1)$ 枚のタイルを用いた T_n 内の配置の総数を t_n とする。$n=1$ のときは，$t_1 = \boxed{ク}$ である。

さらに，太郎さんは T_n 内の配置について，右下隅のタイルに注目して次のような図をかいて考えた。

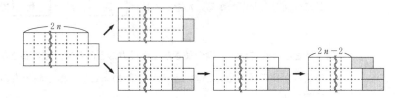

この図から，2以上の自然数 n に対して

$t_n = Ar_n + Bt_{n-1}$

が成り立つことがわかる。ただし，$A = \boxed{ケ}$, $B = \boxed{コ}$ である。

以上から，$t_2 = \boxed{サシ}$ であることがわかる。

同様に，R_n の右下隅のタイルに注目して次のような図をかいて考えた。

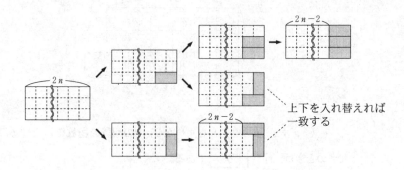

この図から，2以上の自然数 n に対して
$$r_n = Cr_{n-1} + Dt_{n-1}$$
が成り立つことがわかる。ただし，$C = \boxed{\text{ス}}$，$D = \boxed{\text{セ}}$ である。

(2) 畳を縦の長さが1，横の長さが2の長方形とみなす。縦の長さが3，横の長さが6の長方形の部屋に畳を敷き詰めるとき，敷き詰め方の総数は $\boxed{\text{ソタ}}$ である。

また，縦の長さが3，横の長さが8の長方形の部屋に畳を敷き詰めるとき，敷き詰め方の総数は $\boxed{\text{チツテ}}$ である。

第5問 (選択問題)(配点 20)

Oを原点とする座標空間に2点A$(-1, 2, 0)$, B$(2, p, q)$がある。ただし，$q > 0$とする。線分ABの中点Cから直線OAに引いた垂線と直線OAの交点Dは，線分OAを9：1に内分するものとする。また，点Cから直線OBに引いた垂線と直線OBの交点Eは，線分OBを3：2に内分するものとする。

(1) 点Bの座標を求めよう。

$|\overrightarrow{OA}|^2 = \boxed{\text{ア}}$ である。また，$\overrightarrow{OD} = \dfrac{\boxed{\text{イ}}}{\boxed{\text{ウエ}}}\overrightarrow{OA}$ であることにより，

$\overrightarrow{CD} = \dfrac{\boxed{\text{オ}}}{\boxed{\text{カ}}}\overrightarrow{OA} - \dfrac{\boxed{\text{キ}}}{\boxed{\text{ク}}}\overrightarrow{OB}$ と表される。$\overrightarrow{OA} \perp \overrightarrow{CD}$ から

$\overrightarrow{OA} \cdot \overrightarrow{OB} = \boxed{\text{ケ}}$ ……………………………… ①

である。同様に，$\overrightarrow{CE}$ を $\overrightarrow{OA}$, $\overrightarrow{OB}$ を用いて表すと，$\overrightarrow{OB} \perp \overrightarrow{CE}$ から

$|\overrightarrow{OB}|^2 = 20$ ……………………………… ②

を得る。

①と②，および $q > 0$ から，Bの座標は $\left(2, \boxed{\text{コ}}, \sqrt{\boxed{\text{サ}}}\right)$ である。

(2) 3点 O, A, B の定める平面を α とし，点 $(4, 4, -\sqrt{7})$ を G とする。また，α 上に点 H を $\overrightarrow{GH} \perp \overrightarrow{OA}$ と $\overrightarrow{GH} \perp \overrightarrow{OB}$ が成り立つようにとる。$\overrightarrow{OH}$ を $\overrightarrow{OA}$, $\overrightarrow{OB}$ を用いて表そう。

H が α 上にあることから，実数 s, t を用いて
$$\overrightarrow{OH} = s\overrightarrow{OA} + t\overrightarrow{OB}$$
と表される。よって
$$\overrightarrow{GH} = \boxed{シ}\overrightarrow{OG} + s\overrightarrow{OA} + t\overrightarrow{OB}$$
である。これと，$\overrightarrow{GH} \perp \overrightarrow{OA}$ および $\overrightarrow{GH} \perp \overrightarrow{OB}$ が成り立つことから，
$$s = \frac{\boxed{ス}}{\boxed{セ}}, \quad t = \frac{\boxed{ソ}}{\boxed{タチ}}$$
が得られる。ゆえに
$$\overrightarrow{OH} = \frac{\boxed{ス}}{\boxed{セ}}\overrightarrow{OA} + \frac{\boxed{ソ}}{\boxed{タチ}}\overrightarrow{OB}$$
となる。また，このことから，H は $\boxed{ツ}$ であることがわかる。

$\boxed{ツ}$ の解答群

- ⓪ 三角形 OAC の内部の点
- ① 三角形 OBC の内部の点
- ② 点 O，C と異なる，線分 OC 上の点
- ③ 三角形 OAB の周上の点
- ④ 三角形 OAB の内部にも周上にもない点

共通テスト
第2回 試行調査

第2回 試行

数学Ⅰ・数学A … 2
数学Ⅱ・数学B … 29

数学Ⅰ・数学A：
解答時間 70分
配点 100点

数学Ⅱ・数学B：
解答時間 60分
配点 100点

第2回試行調査 解答上の注意 〔数学Ⅰ・数学A〕

〔マーク式の解答について〕

1 問題の文中の ア ， イウ などには，特に指示がないかぎり，符号(−，±)又は数字(0〜9)が入ります。ア，イ，ウ，…の一つ一つは，これらのいずれか一つに対応します。それらを解答用紙のア，イ，ウ，…で示された解答欄にマークして答えなさい。

(例1) アイウ に −83 と答えたいとき

ア	⊖ ± ⓪ ① ② ③ ④ ⑤ ⑥ ⑦ ⑧ ⑨
イ	⊖ ± ⓪ ① ② ③ ④ ⑤ ⑥ ⑦ ⑧ ⑨
ウ	⊖ ± ⓪ ① ② ③ ④ ⑤ ⑥ ⑦ ⑧ ⑨

なお，同一の問題文中に ア ， イウ などが2度以上現れる場合，原則として，2度目以降は， ア ， イウ のように細字で表記します。

また，「すべて選べ」と指示のある問いに対して，複数解答する場合は，同じ解答欄に符号又は数字を**複数マーク**しなさい。例えば， エ と表示のある問いに対して①，④と解答する場合は，次の(例2)のように**解答欄エの①，④**にそれぞれマークしなさい。

(例2)

| エ | ⊖ ± ⓪ ① ② ③ ④ ⑤ ⑥ ⑦ ⑧ ⑨ |

2 分数形で解答する場合，分数の符号は分子につけ，分母につけてはいけません。

例えば， $\dfrac{\text{オカ}}{\text{キ}}$ に $-\dfrac{4}{5}$ と答えたいときは， $\dfrac{-4}{5}$ として答えなさい。

また，それ以上約分できない形で答えなさい。

例えば， $\dfrac{3}{4}$ と答えるところを， $\dfrac{6}{8}$ のように答えてはいけません。

3 小数の形で解答する場合，指定された桁数の一つ下の桁を四捨五入して答えなさい。また，必要に応じて，指定された桁まで⓪にマークしなさい。

例えば， ク ． ケコ に 2.5 と答えたいときには，2.50 として答えなさい。

4 根号を含む形で解答する場合，根号の中に現れる自然数が最小となる形で答えなさい。

例えば，$\boxed{サ}\sqrt{\boxed{シ}}$ に $4\sqrt{2}$ と答えるところを，$2\sqrt{8}$ のように答えてはいけません。

★〔記述式の解答について〕

解答欄 (あ)，(い) などには，特に指示がないかぎり，枠内に数式や言葉を判読ができるよう丁寧な文字で記述して答えなさい。記述は複数行になってもよいが，枠内に入るようにしなさい。枠外に記述している解答は，採点の対象外とします。

（注）記述式問題については，導入が見送られることになりました。本書では，出題内容や場面設定の参考としてそのまま掲載しています（該当の問題には★印を付けています）。

数学Ⅰ・数学A

問　題	選　択　方　法
第1問	必　　答
第2問	必　　答
第3問	いずれか2問を選択し，解答しなさい。
第4問	
第5問	

第1問 （必答問題）（配点 25）

〔1〕 有理数全体の集合を A，無理数全体の集合を B とし，空集合を $\emptyset$ と表す。このとき，次の問いに答えよ。

★ (1) 「集合 A と集合 B の共通部分は空集合である」という命題を，記号を用いて表すと次のようになる。

$$A \cap B = \emptyset$$

「1のみを要素にもつ集合は集合 A の部分集合である」という命題を，記号を用いて表せ。解答は，解答欄 （あ） に記述せよ。

(2) 命題「$x \in B$，$y \in B$ ならば，$x + y \in B$ である」が偽であることを示すための反例となる x，y の組を，次の ⓪ 〜 ⑤ のうちから二つ選べ。必要ならば，$\sqrt{2}$，$\sqrt{3}$，$\sqrt{2} + \sqrt{3}$ が無理数であることを用いてもよい。ただし，解答の順序は問わない。 ア ， イ

- ⓪ $x = \sqrt{2}$，$y = 0$
- ① $x = 3 - \sqrt{3}$，$y = \sqrt{3} - 1$
- ② $x = \sqrt{3} + 1$，$y = \sqrt{2} - 1$
- ③ $x = \sqrt{4}$，$y = -\sqrt{4}$
- ④ $x = \sqrt{8}$，$y = 1 - 2\sqrt{2}$
- ⑤ $x = \sqrt{2} - 2$，$y = \sqrt{2} + 2$

〔2〕 関数 $f(x) = a(x-p)^2 + q$ について，$y = f(x)$ のグラフをコンピュータのグラフ表示ソフトを用いて表示させる。

このソフトでは，a, p, q の値を入力すると，その値に応じたグラフが表示される。さらに，それぞれの □ の下にある ● を左に動かすと値が減少し，右に動かすと値が増加するようになっており，値の変化に応じて関数のグラフが画面上で変化する仕組みになっている。

最初に，a, p, q をある値に定めたところ，図1のように，x 軸の負の部分と2点で交わる下に凸の放物線が表示された。

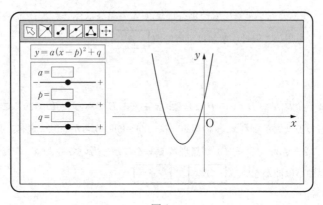

図1

(1) 図1の放物線を表示させる a, p, q の値に対して，方程式 $f(x) = 0$ の解について正しく記述したものを，次の⓪～④のうちから一つ選べ。　ウ

⓪　方程式 $f(x) = 0$ は異なる二つの正の解をもつ。
①　方程式 $f(x) = 0$ は異なる二つの負の解をもつ。
②　方程式 $f(x) = 0$ は正の解と負の解をもつ。
③　方程式 $f(x) = 0$ は重解をもつ。
④　方程式 $f(x) = 0$ は実数解をもたない。

(2) 次の操作A，操作P，操作Qのうち，いずれか一つの操作を行い，不等式 $f(x) > 0$ の解を考える。

> 操作A：図1の状態から p, q の値は変えず，a の値だけを変化させる。
>
> 操作P：図1の状態から a, q の値は変えず，p の値だけを変化させる。
>
> 操作Q：図1の状態から a, p の値は変えず，q の値だけを変化させる。

このとき，操作A，操作P，操作Qのうち，「不等式 $f(x) > 0$ の解がすべての実数となること」が起こり得る操作は　エ　。また，「不等式 $f(x) > 0$ の解がないこと」が起こり得る操作は　オ　。

　エ　，　オ　に当てはまるものを，次の⓪〜⑦のうちから一つずつ選べ。ただし，同じものを選んでもよい。

⓪　ない
①　操作Aだけである
②　操作Pだけである
③　操作Qだけである
④　操作Aと操作Pだけである
⑤　操作Aと操作Qだけである
⑥　操作Pと操作Qだけである
⑦　操作Aと操作Pと操作Qのすべてである

★〔3〕 久しぶりに小学校に行くと，階段の一段一段の高さが低く感じられることがある。これは，小学校と高等学校とでは階段の基準が異なるからである。学校の階段の基準は，下のように建築基準法によって定められている。

高等学校の階段では，蹴上げが 18 cm 以下，踏面が 26 cm 以上となっており，この基準では，傾斜は最大で約 35° である。

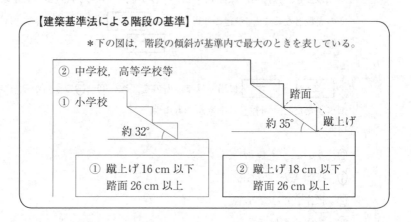

【建築基準法による階段の基準】
＊下の図は，階段の傾斜が基準内で最大のときを表している。

① 小学校　約 32°
① 蹴上げ 16 cm 以下　踏面 26 cm 以上

② 中学校，高等学校等　約 35°
② 蹴上げ 18 cm 以下　踏面 26 cm 以上

階段の傾斜をちょうど 33° とするとき，蹴上げを 18 cm 以下にするためには，踏面をどのような範囲に設定すればよいか。踏面を x cm として，x のとり得る値の範囲を求めるための不等式を，33° の三角比と x を用いて表せ。解答は，解答欄 (い) に記述せよ。ただし，踏面と蹴上げの長さはそれぞれ一定であるとし，また，踏面は水平であり，蹴上げは踏面に対して垂直であるとする。

(本問題の図は，「建築基準法の階段に係る基準について」(国土交通省)をもとに作成している。)

〔4〕 三角形 ABC の外接円を O とし，円 O の半径を R とする。辺 BC，CA，AB の長さをそれぞれ a，b，c とし，∠CAB，∠ABC，∠BCA の大きさをそれぞれ A，B，C とする。

太郎さんと花子さんは三角形 ABC について

$$\frac{a}{\sin A} = \frac{b}{\sin B} = \frac{c}{\sin C} = 2R \quad \cdots\cdots(*)$$

の関係が成り立つことを知り，その理由について，まず直角三角形の場合を次のように考察した。

$C = 90°$ のとき，円周角の定理より，線分 AB は円 O の直径である。よって，

$$\sin A = \frac{\mathrm{BC}}{\mathrm{AB}} = \frac{a}{2R}$$

であるから，

$$\frac{a}{\sin A} = 2R$$

となる。
同様にして，

$$\frac{b}{\sin B} = 2R$$

である。
また，$\sin C = 1$ なので，

$$\frac{c}{\sin C} = \mathrm{AB} = 2R$$

である。
よって，$C = 90°$ のとき $(*)$ の関係が成り立つ。

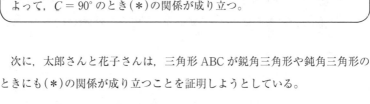

次に，太郎さんと花子さんは，三角形 ABC が鋭角三角形や鈍角三角形のときにも $(*)$ の関係が成り立つことを証明しようとしている。

(1) 三角形 ABC が鋭角三角形の場合についても(＊)の関係が成り立つことは，直角三角形の場合に(＊)の関係が成り立つことをもとにして，次のような太郎さんの構想により証明できる。

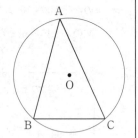

─ 太郎さんの証明の構想 ─
点 A を含む弧 BC 上に点 A′ をとると，円周角の定理より
$$\angle CAB = \angle CA'B$$
が成り立つ。
特に， カ を点 A′ とし，三角形 A′BC に対して $C = 90°$ の場合の考察の結果を利用すれば，
$$\frac{a}{\sin A} = 2R$$
が成り立つことを証明できる。
$\dfrac{b}{\sin B} = 2R$, $\dfrac{c}{\sin C} = 2R$ についても同様に証明できる。

カ に当てはまる最も適当なものを，次の⓪～④のうちから一つ選べ。

⓪ 点 B から辺 AC に下ろした垂線と，円 O との交点のうち点 B と異なる点
① 直線 BO と円 O との交点のうち点 B と異なる点
② 点 B を中心とし点 C を通る円と，円 O との交点のうち点 C と異なる点
③ 点 O を通り辺 BC に平行な直線と，円 O との交点のうちの一つ
④ 辺 BC と直交する円 O の直径と，円 O との交点のうちの一つ

(2) 三角形 ABC が $A > 90°$ である鈍角三角形の場合についても $\dfrac{a}{\sin A} = 2R$ が成り立つことは，次のような花子さんの構想により証明できる。

―― 花子さんの証明の構想 ――

右図のように，線分 BD が円 O の直径となるように点 D をとると，三角形 BCD において
$$\sin \boxed{キ} = \dfrac{a}{2R}$$
である。
このとき，四角形 ABDC は円 O に内接するから，
$$\angle \text{CAB} = \boxed{ク}$$
であり，
$$\sin \angle \text{CAB} = \sin \left(\boxed{ク} \right) = \sin \boxed{キ}$$
となることを用いる。

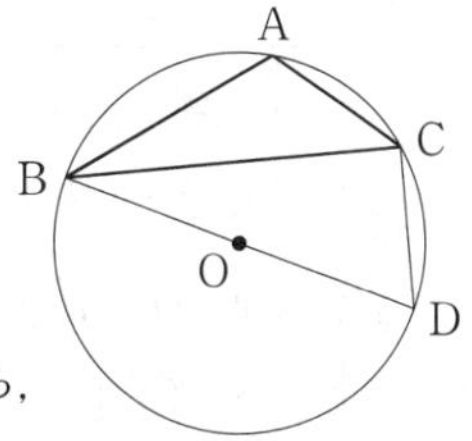

$\boxed{キ}$，$\boxed{ク}$ に当てはまるものを，次の各解答群のうちから一つずつ選べ。

$\boxed{キ}$ の解答群

⓪ $\angle \text{ABC}$　　① $\angle \text{ABD}$　　② $\angle \text{ACB}$　　③ $\angle \text{ACD}$
④ $\angle \text{BCD}$　　⑤ $\angle \text{BDC}$　　⑥ $\angle \text{CBD}$

$\boxed{ク}$ の解答群

⓪ $90° + \angle \text{ABC}$　　　① $180° - \angle \text{ABC}$
② $90° + \angle \text{ACB}$　　　③ $180° - \angle \text{ACB}$
④ $90° + \angle \text{BDC}$　　　⑤ $180° - \angle \text{BDC}$
⑥ $90° + \angle \text{ABD}$　　　⑦ $180° - \angle \text{CBD}$

第2問 （必答問題）（配点 35）

〔1〕 $\angle \mathrm{ACB} = 90°$ である直角三角形 ABC と，その辺上を移動する3点P，Q，R がある。点P，Q，R は，次の規則に従って移動する。

- 最初，点P，Q，R はそれぞれ点A，B，C の位置にあり，点P，Q，R は同時刻に移動を開始する。
- 点P は辺 AC 上を，点Q は辺 BA 上を，点R は辺 CB 上を，それぞれ向きを変えることなく，一定の速さで移動する。ただし，点P は毎秒1の速さで移動する。
- 点P，Q，R は，それぞれ点C，A，B の位置に同時刻に到達し，移動を終了する。

次の問いに答えよ。

(1) 図1の直角三角形 ABC を考える。

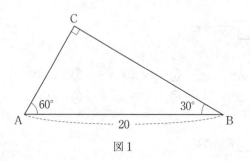

図1

(i) 各点が移動を開始してから2秒後の線分 PQ の長さと三角形 APQ の面積 S を求めよ。

$$\mathrm{PQ} = \boxed{ア}\sqrt{\boxed{イウ}}, \quad S = \boxed{エ}\sqrt{\boxed{オ}}$$

(ii) 各点が移動する間の線分 PR の長さとして，とり得ない値，一回だけとり得る値，二回だけとり得る値を，次の⓪〜④のうちからそれぞれ**すべて**選べ。ただし，移動には出発点と到達点も含まれるものとする。

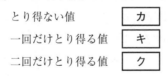

⓪ $5\sqrt{2}$　　① $5\sqrt{3}$　　② $4\sqrt{5}$　　③ 10　　④ $10\sqrt{3}$

★ (iii) 各点が移動する間における三角形 APQ，三角形 BQR，三角形 CRP の面積をそれぞれ S_1, S_2, S_3 とする。各時刻における S_1, S_2, S_3 の間の大小関係と，その大小関係が時刻とともにどのように変化するかを答えよ。解答は，解答欄 (う) に記述せよ。

(2) 直角三角形 ABC の辺の長さを右の図 2 のように変えたとき，三角形 PQR の面積が 12 となるのは，各点が移動を開始してから何秒後かを求めよ。

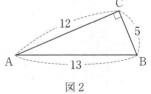

図 2

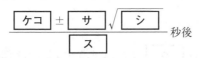

秒後

〔2〕 太郎さんと花子さんは二つの変量 x, y の相関係数について考えている。二人の会話を読み，下の問いに答えよ。

花子：先生からもらった表計算ソフトの A 列と B 列に値を入れると，E 列には D 列に対応する正しい値が表示されるよ。

太郎：最初は簡単なところで二組の値から考えてみよう。

花子：2 行目を $(x, y) = (1, 2)$，3 行目を $(x, y) = (2, 1)$ としてみるね。

このときのコンピュータの画面のようすが次の図である。

	A	B	C	D	E
1	変量 x	変量 y		(x の平均値) =	セ
2	1	2		(x の標準偏差) =	ソ
3	2	1		(y の平均値) =	セ
4				(y の標準偏差) =	ソ
5					
6				(x と y の相関係数) =	タ
7					

(1) セ ， ソ ， タ に当てはまるものを，次の⓪〜⑨のうちから一つずつ選べ。ただし，同じものを繰り返し選んでもよい。

⓪ -1.50 ① -1.00 ② -0.50 ③ -0.25 ④ 0.00
⑤ 0.25 ⑥ 0.50 ⑦ 1.00 ⑧ 1.50 ⑨ 2.00

> 太郎：3行目の変量 y の値を 0 や -1 に変えても相関係数の値は $\boxed{タ}$ になったね。
>
> 花子：今度は，3行目の変量 y の値を 2 に変えてみよう。
>
> 太郎：エラーが表示されて，相関係数は計算できないみたいだ。

(2) 変量 x と変量 y の値の組を変更して，$(x, y) = (1, 2), (2, 2)$ としたときには相関係数が計算できなかった。その理由として最も適当なものを，次の ⓪〜③ のうちから一つ選べ。$\boxed{チ}$

⓪ 値の組の個数が 2 個しかないから。
① 変量 x の平均値と変量 y の平均値が異なるから。
② 変量 x の標準偏差の値と変量 y の標準偏差の値が異なるから。
③ 変量 y の標準偏差の値が 0 であるから。

> 花子：3行目の変量 y の値を 3 に変更してみよう。相関係数の値は 1.00 だね。
>
> 太郎：3行目の変量 y の値が 4 のときも 5 のときも，相関係数の値は 1.00 だ。
>
> 花子：相関係数の値が 1.00 になるのはどんな特徴があるときかな。
>
> 太郎：値の組の個数を多くすると何かわかるかもしれないよ。

花子：じゃあ，次に値の組の個数を3としてみよう。

太郎：$(x, y) = (1, 1)$，$(2, 2)$，$(3, 3)$とすると相関係数の値は1.00だ。

花子：$(x, y) = (1, 1)$，$(2, 2)$，$(3, 1)$とすると相関係数の値は0.00になった。

太郎：$(x, y) = (1, 1)$，$(2, 2)$，$(2, 2)$とすると相関係数の値は1.00だね。

花子：まったく同じ値の組が含まれていても相関係数の値は計算できることがあるんだね。

太郎：思い切って，値の組の個数を100にして，1個だけ$(x, y) = (1, 1)$で，99個は$(x, y) = (2, 2)$としてみるね……。相関係数の値は1.00になったよ。

花子：値の組の個数が多くても，相関係数の値が1.00になるときもあるね。

(3) 相関係数の値についての記述として**誤っているもの**を，次の⓪～④のうちから一つ選べ。 ツ

⓪ 値の組の個数が2のときには相関係数の値が0.00になることはない。

① 値の組の個数が3のときには相関係数の値が-1.00となることがある。

② 値の組の個数が4のときには相関係数の値が1.00となることはない。

③ 値の組の個数が50であり，1個の値の組が$(x, y) = (1, 1)$，残りの49個の値の組が$(x, y) = (2, 0)$のときは相関係数の値は-1.00である。

④ 値の組の個数が100であり，50個の値の組が$(x, y) = (1, 1)$，残りの50個の値の組が$(x, y) = (2, 2)$のときは相関係数の値は1.00である。

花子：値の組の個数が2のときは，相関係数の値は1.00か タ ，または計算できない場合の3通りしかないね。

太郎：値の組を散布図に表したとき，相関係数の値はあくまで散布図の点が テ 程度を表していて，値の組の個数が2の場合に，花子さんが言った3通りに限られるのは ト からだね。値の組の個数が多くても値の組が2種類のときはそれらにしかならないんだね。

花子：なるほどね。相関係数は，そもそも値の組の個数が多いときに使われるものだから，組の個数が極端に少ないときなどにはあまり意味がないのかもしれないね。

太郎：値の組の個数が少ないときはもちろんのことだけど，基本的に散布図と相関係数を合わせてデータの特徴を考えるとよさそうだね。

(4) テ ， ト に当てはまる最も適当なものを，次の各解答群のうちから一つずつ選べ。

テ の解答群

⓪ x軸に関して対称に分布する
① 変量x, yのそれぞれの中央値を表す点の近くに分布する
② 変量x, yのそれぞれの平均値を表す点の近くに分布する
③ 円周に沿って分布する
④ 直線に沿って分布する

ト の解答群

⓪ 変量xの中央値と平均値が一致する
① 変量xの四分位数を考えることができない
② 変量x, yのそれぞれの平均値を表す点からの距離が等しい
③ 平面上の異なる2点は必ずある直線上にある
④ 平面上の異なる2点を通る円はただ1つに決まらない

第3問 （選択問題）（配点 20）

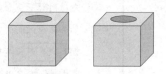

くじが100本ずつ入った二つの箱があり，それぞれの箱に入っている当たりくじの本数は異なる。これらの箱から二人の人が順にどちらかの箱を選んで1本ずつくじを引く。ただし，引いたくじはもとに戻さないものとする。

また，くじを引く人は，最初にそれぞれの箱に入れる当たりくじの本数は知っているが，それらがどちらの箱に入っているかはわからないものとする。

今，1番目の人が一方の箱からくじを1本引いたところ，当たりくじであったとする。2番目の人が当たりくじを引く確率を大きくするためには，1番目の人が引いた箱と同じ箱，異なる箱のどちらを選ぶべきかを考察しよう。

最初に当たりくじが多く入っている方の箱を A，もう一方の箱を B とし，1番目の人がくじを引いた箱が A である事象を A，B である事象を B とする。このとき，$P(A) = P(B) = \dfrac{1}{2}$ とする。また，1番目の人が当たりくじを引く事象を W とする。

太郎さんと花子さんは，箱 A，箱 B に入っている当たりくじの本数によって，2番目の人が当たりくじを引く確率がどのようになるかを調べている。

(1) 箱 A には当たりくじが10本入っていて，箱 B には当たりくじが5本入っている場合を考える。

> 花子：1番目の人が当たりくじを引いたから，その箱が箱 A である可能性が高そうだね。その場合，箱 A には当たりくじが9本残っているから，2番目の人は，1番目の人と同じ箱からくじを引いた方がよさそうだよ。
>
> 太郎：確率を計算してみようよ。

1番目の人が引いた箱が箱 A で，かつ当たりくじを引く確率は，

$$P(A \cap W) = P(A) \cdot P_A(W) = \frac{\boxed{ア}}{\boxed{イウ}}$$

である。一方で，1番目の人が当たりくじを引く事象 W は，箱 A から当たりくじを引くか箱 B から当たりくじを引くかのいずれかであるので，その確率は，

$$P(W) = \frac{\boxed{エ}}{\boxed{オカ}}$$

である。

よって，1番目の人が当たりくじを引いたという条件の下で，その箱が箱 A であるという条件付き確率 $P_W(A)$ は，

$$P_W(A) = \frac{P(A \cap W)}{P(W)} = \frac{\boxed{キ}}{\boxed{ク}}$$

と求められる。

また，1番目の人が当たりくじを引いた後，同じ箱から2番目の人がくじを引くとき，そのくじが当たりくじである確率は，

$$P_W(A) \times \frac{9}{99} + P_W(B) \times \frac{\boxed{ケ}}{99} = \frac{\boxed{コ}}{\boxed{サシ}}$$

である。

それに対して，1番目の人が当たりくじを引いた後，異なる箱から2番目の人がくじを引くとき，そのくじが当たりくじである確率は，$\dfrac{\boxed{ス}}{\boxed{セソ}}$ である。

花子：やっぱり1番目の人が当たりくじを引いた場合は，同じ箱から引いた方が当たりくじを引く確率が大きいよ。

太郎：そうだね。でも，思ったより確率の差はないんだね。もう少し当たりくじの本数の差が小さかったらどうなるのだろう。

花子：1番目の人が引いた箱が箱Aの可能性が高いから，箱Bの当たりくじの本数が8本以下だったら，同じ箱のくじを引いた方がよいのではないかな。

太郎：確率を計算してみようよ。

(2) 今度は箱Aには当たりくじが10本入っていて，箱Bには当たりくじが7本入っている場合を考える。

1番目の人が当たりくじを引いた後，同じ箱から2番目の人がくじを引くとき，そのくじが当たりくじである確率は $\dfrac{タ}{チツ}$ である。それに対して異なる箱からくじを引くとき，そのくじが当たりくじである確率は $\dfrac{7}{85}$ である。

太郎：今度は異なる箱から引く方が当たりくじを引く確率が大きくなったね。

花子：最初に当たりくじを引いた箱の方が箱Aである確率が大きいのに不思議だね。計算してみないと直観ではわからなかったな。

太郎：二つの箱に入っている当たりくじの本数の差が小さくなれば，最初に当たりくじを引いた箱がAである確率とBである確率の差も小さくなるよ。最初に当たりくじを引いた箱がBである場合は，もともと当たりくじが少ない上に前の人が1本引いてしまっているから当たりくじはなおさら引きにくいね。

花子：なるほどね。箱Aに入っている当たりくじの本数は10本として，箱Bに入っている当たりくじが何本であれば同じ箱から引く方がよいのかを調べてみよう。

(3) 箱Aに当たりくじが10本入っている場合，1番目の人が当たりくじを引いたとき，2番目の人が当たりくじを引く確率を大きくするためには，1番目の人が引いた箱と同じ箱，異なる箱のどちらを選ぶべきか。箱Bに入っている当たりくじの本数が4本，5本，6本，7本のそれぞれの場合において選ぶべき箱の組み合わせとして正しいものを，次の⓪～④のうちから一つ選べ。 テ

	箱Bに入っている当たりくじの本数			
	4本	5本	6本	7本
⓪	同じ箱	同じ箱	同じ箱	同じ箱
①	同じ箱	同じ箱	同じ箱	異なる箱
②	同じ箱	同じ箱	異なる箱	異なる箱
③	同じ箱	異なる箱	異なる箱	異なる箱
④	異なる箱	異なる箱	異なる箱	異なる箱

第4問 （選択問題）（配点 20）

ある物体Xの質量を天秤ばかりと分銅を用いて量りたい。天秤ばかりは支点の両側に皿A, Bが取り付けられており，両側の皿にのせたものの質量が等しいときに釣り合うように作られている。分銅は3gのものと8gのものを何個でも使うことがで

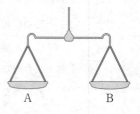

き，天秤ばかりの皿の上には分銅を何個でものせることができるものとする。以下では，物体Xの質量をM(g)とし，Mは自然数であるとする。

(1) 天秤ばかりの皿Aに物体Xをのせ，皿Bに3gの分銅3個をのせたところ，天秤ばかりはBの側に傾いた。さらに，皿Aに8gの分銅1個をのせたところ，天秤ばかりはAの側に傾き，皿Bに3gの分銅2個をのせると天秤ばかりは釣り合った。このとき，皿A, Bにのせているものの質量を比較すると

$$M + 8 \times \boxed{\text{ア}} = 3 \times \boxed{\text{イ}}$$

が成り立ち，$M = \boxed{\text{ウ}}$ である。上の式は

$$3 \times \boxed{\text{イ}} + 8 \times \left(-\boxed{\text{ア}}\right) = M$$

と変形することができ，$x = \boxed{\text{イ}}$ ，$y = -\boxed{\text{ア}}$ は，方程式 $3x + 8y = M$ の整数解の一つである。

(2) $M=1$ のとき，皿Aに物体Xと8gの分銅 エ 個をのせ，皿Bに3gの分銅3個をのせると釣り合う。

よって，M がどのような自然数であっても，皿Aに物体Xと8gの分銅 オ 個をのせ，皿Bに3gの分銅 カ 個をのせることで釣り合うことになる。 オ ， カ に当てはまるものを，次の⓪～⑤のうちから一つずつ選べ。ただし，同じものを選んでもよい。

⓪ $M-1$　　①　M　　②　$M+1$
③ $M+3$　　④　$3M$　　⑤　$5M$

(3) $M=20$ のとき，皿Aに物体Xと3gの分銅 p 個を，皿Bに8gの分銅 q 個をのせたところ，天秤ばかりが釣り合ったとする。このような自然数の組 (p, q) のうちで，p の値が最小であるものは $p=$ キ ，$q=$ ク であり，方程式 $3x+8y=20$ のすべての整数解は，整数 n を用いて

$$x = \boxed{ケコ} + \boxed{サ} n,\ y = \boxed{ク} - \boxed{シ} n$$

と表すことができる。

(4) $M=$ ウ とする。3gと8gの分銅を，他の質量の分銅の組み合わせに変えると，分銅をどのようにのせても天秤ばかりが釣り合わない場合がある。この場合の分銅の質量の組み合わせを，次の⓪～③のうちから**すべて選べ**。ただし，2種類の分銅は，皿A，皿Bのいずれにも何個でものせることができるものとする。 ス

⓪ 3gと14g　　　①　3gと21g
② 8gと14g　　　③　8gと21g

(5) 皿Aには物体Xのみをのせ，3gと8gの分銅は皿Bにしかのせられないとすると，天秤ばかりを釣り合わせることではMの値を量ることができない場合がある。このような自然数Mの値は ｾ 通りあり，そのうち最も大きい値は ｿﾀ である。

ここで，$M >$ ｿﾀ であれば，天秤ばかりを釣り合わせることでMの値を量ることができる理由を考えてみよう。xを0以上の整数とするとき，

(i) $3x + 8 \times 0$ は0以上であって，3の倍数である。
(ii) $3x + 8 \times 1$ は8以上であって，3で割ると2余る整数である。
(iii) $3x + 8 \times 2$ は16以上であって，3で割ると1余る整数である。

ｿﾀ より大きなMの値は，(i), (ii), (iii)のいずれかに当てはまることから，0以上の整数x, yを用いて$M = 3x + 8y$と表すことができ，3gの分銅x個と8gの分銅y個を皿BにのせることでMの値を量ることができる。

このような考え方で，0以上の整数x, yを用いて$3x + 2018y$と表すことができないような自然数の最大値を求めると， ﾁﾂﾃﾄ である。

第5問 （選択問題）（配点 20）

ある日，太郎さんと花子さんのクラスでは，数学の授業で先生から次の**問題1**が宿題として出された。下の問いに答えよ。なお，円周上に異なる2点をとった場合，弧は二つできるが，本問題において，弧は二つあるうちの小さい方を指す。

問題1　正三角形 ABC の外接円の弧 BC 上に点 X があるとき，
　　　　AX = BX + CX が成り立つことを証明せよ。

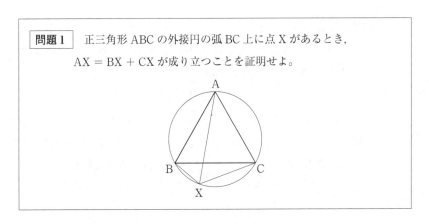

(1) **問題1**は次のような構想をもとにして証明できる。

　　線分 AX 上に BX = B′X となる点 B′ をとり，B と B′ を結ぶ。
　　AX = AB′ + B′X なので，AX = BX + CX を示すには，AB′ = CX を示せばよく，AB′ = CX を示すには，二つの三角形 ｜ア｜ と ｜イ｜ が合同であることを示せばよい。

｜ア｜，｜イ｜に当てはまるものを，次の⓪〜⑦のうちから一つずつ選べ。ただし，｜ア｜，｜イ｜の解答の順序は問わない。

⓪ △ABB′　　① △AB′C　　② △ABX　　③ △AXC
④ △BCB′　　⑤ △BXB′　　⑥ △B′XC　　⑦ △CBX

太郎さんたちは，次の日の数学の授業で**問題1**を証明した後，点 X が弧 BC 上にないときについて先生に質問をした。その質問に対して先生は，一般に次の**定理**が成り立つことや，その**定理**と**問題1**で証明したことを使うと，下の**問題2**が解決できることを教えてくれた。

定理　平面上の点 X と正三角形 ABC の各頂点からの距離 AX，BX，CX について，点 X が三角形 ABC の外接円の弧 BC 上にないときは，AX < BX + CX が成り立つ。

問題2　三角形 PQR について，各頂点からの距離の和 PY + QY + RY が最小になる点 Y はどのような位置にあるかを求めよ。

(2) 太郎さんと花子さんは**問題2**について，次のような会話をしている。

花子：**問題1**で証明したことは，二つの線分BXとCXの長さの和を一つの線分AXの長さに置き換えられるってことだよね。

太郎：例えば，下の図の三角形PQRで辺PQを1辺とする正三角形をかいてみたらどうかな。ただし，辺QRを最も長い辺とするよ。辺PQに関して点Rとは反対側に点Sをとって，正三角形PSQをかき，その外接円をかいてみようよ。

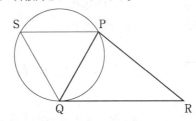

花子：正三角形PSQの外接円の弧PQ上に点Tをとると，PTとQTの長さの和は線分　ウ　の長さに置き換えられるから，PT + QT + RT =　ウ　+ RTになるね。

太郎：**定理**と**問題1**で証明したことを使うと**問題2**の点Yは，点　エ　と点　オ　を通る直線と　カ　との交点になることが示せるよ。

花子：でも，∠QPRが　キ　°より大きいときは，点　エ　と点　オ　を通る直線と　カ　が交わらないから，∠QPRが　キ　°より小さいときという条件がつくよ。

太郎：では，∠QPRが　キ　°より大きいときは，点Yはどのような点になるのかな。

(i) 　ウ　に当てはまるものを，次の⓪〜⑤のうちから一つ選べ。

⓪ PQ　　　　　① PS　　　　　② QS
③ RS　　　　　④ RT　　　　　⑤ ST

(ii) エ ， オ に当てはまるものを，次の⓪〜④のうちから一つずつ選べ。ただし， エ ， オ の解答の順序は問わない。

⓪ P ① Q ② R ③ S ④ T

(iii) カ に当てはまるものを，次の⓪〜⑤のうちから一つ選べ。

⓪ 辺PQ ① 辺PS ② 辺QS
③ 弧PQ ④ 弧PS ⑤ 弧QS

(iv) キ に当てはまるものを，次の⓪〜⑥のうちから一つ選べ。

⓪ 30 ① 45 ② 60 ③ 90
④ 120 ⑤ 135 ⑥ 150

(v) ∠QPR が キ °より「小さいとき」と「大きいとき」の点Yについて正しく述べたものを，それぞれ次の⓪〜⑥のうちから一つずつ選べ。ただし，同じものを選んでもよい。

小さいとき ク   大きいとき ケ

⓪ 点Yは，三角形PQRの外心である。
① 点Yは，三角形PQRの内心である。
② 点Yは，三角形PQRの重心である。
③ 点Yは，∠PYR = ∠QYP = ∠RYQ となる点である。
④ 点Yは，∠PQY + ∠PRY + ∠QPR = 180° となる点である。
⑤ 点Yは，三角形PQRの三つの辺のうち，最も短い辺を除く二つの辺の交点である。
⑥ 点Yは，三角形PQRの三つの辺のうち，最も長い辺を除く二つの辺の交点である。

第2回試行調査　解答上の注意　〔数学Ⅱ・数学B〕

1　解答は，解答用紙の問題番号に対応した解答欄にマークしなさい。

2　問題の文中の　ア　，　イウ　などには，特に指示がないかぎり，符号(－)，数字(0～9)，又は文字(a～d)が入ります。ア，イ，ウ，…の一つ一つは，これらのいずれか一つに対応します。それらを解答用紙のア，イ，ウ，…で示された解答欄にマークして答えなさい。

(例1)　アイウ　に $-8a$ と答えたいとき

ア	⊖ ⓪ ① ② ③ ④ ⑤ ⑥ ⑦ ⑧ ⑨ ⓐ ⓑ ⓒ ⓓ
イ	⊖ ⓪ ① ② ③ ④ ⑤ ⑥ ⑦ ⑧ ⑨ ⓐ ⓑ ⓒ ⓓ
ウ	⊖ ⓪ ① ② ③ ④ ⑤ ⑥ ⑦ ⑧ ⑨ ⓐ ⓑ ⓒ ⓓ

なお，同一の問題文中に　ア　，　イウ　などが2度以上現れる場合，原則として，2度目以降は，　ア　，　イウ　のように細字で表記します。

また，「すべて選べ」と指示のある問いに対して，複数解答する場合は，同じ解答欄に符号，数字又は文字を**複数マーク**しなさい。例えば，　エ　と表示のある問いに対して①，④と解答する場合は，次の(例2)のように**解答欄エ**の①，④にそれぞれマークしなさい。

(例2)

| エ | ⊖ ⓪ ① ② ③ ④ ⑤ ⑥ ⑦ ⑧ ⑨ ⓐ ⓑ ⓒ ⓓ |

3　分数形で解答する場合，分数の符号は分子につけ，分母につけてはいけません。

例えば，$\dfrac{\boxed{オカ}}{\boxed{キ}}$ に $-\dfrac{4}{5}$ と答えたいときは，$\dfrac{-4}{5}$ として答えなさい。

また，それ以上約分できない形で答えなさい。

例えば，$\dfrac{3}{4}$ と答えるところを，$\dfrac{6}{8}$ のように答えてはいけません。

4　小数の形で解答する場合，指定された桁数の一つ下の桁を四捨五入して答えなさい。また，必要に応じて，指定された桁まで⓪にマークしなさい。

例えば，　ク　．　ケコ　に2.5と答えたいときには，2.50として答えなさい。

5 根号を含む形で解答する場合，根号の中に現れる自然数が最小となる形で答えなさい。

例えば，$\boxed{サ}\sqrt{\boxed{シ}}$ に $4\sqrt{2}$ と答えるところを，$2\sqrt{8}$ のように答えてはいけません。

数学Ⅱ・数学B

問　題	選　択　方　法
第1問	必　答
第2問	必　答
第3問	いずれか2問を選択し，解答しなさい。
第4問	
第5問	

第1問 (必答問題) (配点 30)

〔1〕 Oを原点とする座標平面上に，点 A(0, −1) と，中心が O で半径が 1 の円 C がある。円 C 上に y 座標が正である点 P をとり，線分 OP と x 軸の正の部分とのなす角を θ $(0 < \theta < \pi)$ とする。また，円 C 上に x 座標が正である点 Q を，つねに $\angle POQ = \dfrac{\pi}{2}$ となるようにとる。次の問いに答えよ。

(1) P，Q の座標をそれぞれ θ を用いて表すと

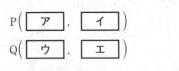

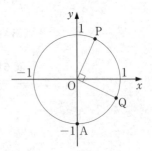

である。 ア ～ エ に当てはまるものを，次の⓪～⑤のうちから一つずつ選べ。ただし，同じものを繰り返し選んでもよい。

⓪ $\sin\theta$　　　　① $\cos\theta$　　　　② $\tan\theta$

③ $-\sin\theta$　　　④ $-\cos\theta$　　　⑤ $-\tan\theta$

(2) θ は $0 < \theta < \pi$ の範囲を動くものとする。このとき線分 AQ の長さ ℓ は θ の関数である。関数 ℓ のグラフとして最も適当なものを，次の ⓪〜⑨ のうちから一つ選べ。 オ

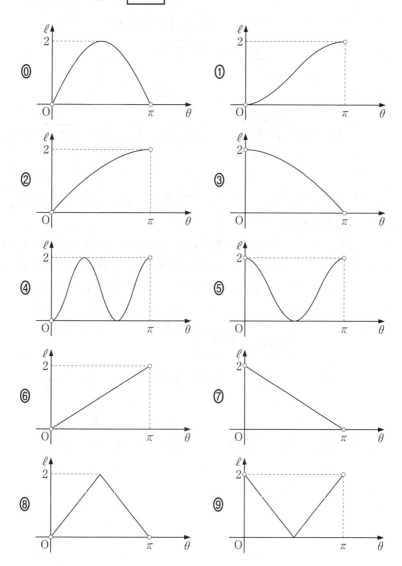

〔2〕 3次関数 $f(x)$ は,$x=-1$ で極小値 $-\dfrac{4}{3}$ をとり,$x=3$ で極大値をとる。また,曲線 $y=f(x)$ は点 $(0, 2)$ を通る。

(1) $f(x)$ の導関数 $f'(x)$ は カ 次関数であり,$f'(x)$ は
$$\left(x+\boxed{\text{キ}}\right)\left(x-\boxed{\text{ク}}\right)$$
で割り切れる。

(2) $f(x) = \dfrac{\boxed{\text{ケコ}}}{\boxed{\text{サ}}} x^3 + \boxed{\text{シ}} x^2 + \boxed{\text{ス}} x + \boxed{\text{セ}}$ である。

(3) 方程式 $f(x)=0$ は,三つの実数解をもち,そのうち負の解は ソ 個である。

また,$f(x)=0$ の解を $a, b, c\ (a<b<c)$ とし,曲線 $y=f(x)$ の $a \leqq x \leqq b$ の部分と x 軸とで囲まれた図形の面積を S,曲線 $y=f(x)$ の $b \leqq x \leqq c$ の部分と x 軸とで囲まれた図形の面積を T とする。

このとき
$$\int_a^c f(x)\,dx = \boxed{\text{タ}}$$
である。 タ に当てはまるものを,次の⓪～⑧のうちから一つ選べ。

⓪ 0 ① S ② T ③ $-S$ ④ $-T$
⑤ $S+T$ ⑥ $S-T$ ⑦ $-S+T$ ⑧ $-S-T$

〔3〕

(1) $\log_{10} 2 = 0.3010$ とする。このとき, $10^{\boxed{チ}} = 2$, $2^{\boxed{ツ}} = 10$ となる。$\boxed{チ}$, $\boxed{ツ}$ に当てはまるものを, 次の ⓪～⑧ のうちから一つずつ選べ。ただし, 同じものを選んでもよい。

- ⓪ 0
- ① 0.3010
- ② -0.3010
- ③ 0.6990
- ④ -0.6990
- ⑤ $\dfrac{1}{0.3010}$
- ⑥ $-\dfrac{1}{0.3010}$
- ⑦ $\dfrac{1}{0.6990}$
- ⑧ $-\dfrac{1}{0.6990}$

(2) 次のようにして**対数ものさし A** を作る。

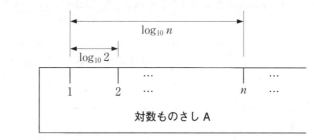

対数ものさし A

2以上の整数 n のそれぞれに対して, 1の目盛りから右に $\log_{10} n$ だけ離れた場所に n の目盛りを書く。

対数ものさし A

(i) **対数ものさし A** において, 3の目盛りと4の目盛りの間隔は, 1の目盛りと2の目盛りの間隔 $\boxed{テ}$。$\boxed{テ}$ に当てはまるものを, 次の ⓪～② のうちから一つ選べ。

- ⓪ より大きい
- ① に等しい
- ② より小さい

また，次のようにして**対数ものさしB**を作る。

---**対数ものさしB**------

2以上の整数 n のそれぞれに対して，1の目盛りから左に $\log_{10} n$ だけ離れた場所に n の目盛りを書く。

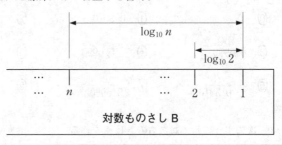

(ii) 次の図のように，**対数ものさしA**の2の目盛りと**対数ものさしB**の1の目盛りを合わせた。このとき，**対数ものさしB**の b の目盛りに対応する**対数ものさしA**の目盛りは a になった。

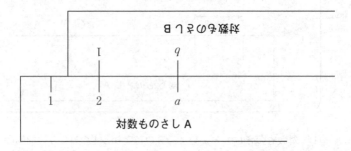

a と b の関係について，いつでも成り立つ式を，次の⓪〜③のうちから一つ選べ。 ト

⓪ $a = b + 2$ ① $a = 2b$
② $a = \log_{10}(b+2)$ ③ $a = \log_{10} 2b$

さらに，次のようにしてものさしCを作る。

> **ものさしC**
>
> 自然数 n のそれぞれに対して，0 の目盛りから左に $n\log_{10}2$ だけ離れた場所に n の目盛りを書く。
>
>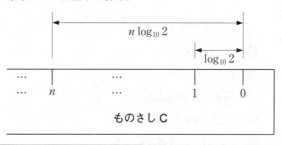

(iii) 次の図のように**対数ものさしAの1の目盛りとものさしCの0の目盛りを合わせた**。このとき，**ものさしCの c の目盛りに対応する対数ものさしAの目盛りは d になった**。

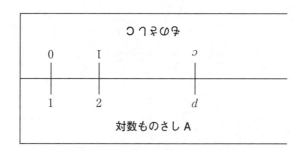

c と d の関係について，いつでも成り立つ式を，次の⓪〜③のうちから一つ選べ。　ナ

⓪ $d = 2c$ 　　　　　　　① $d = c^2$

② $d = 2^c$ 　　　　　　③ $c = \log_{10}d$

(iv) 対数ものさしAと対数ものさしBの目盛りを一度だけ合わせるか，対数ものさしAとものさしCの目盛りを一度だけ合わせることにする。このとき，適切な箇所の目盛りを読み取るだけで実行できるものを，次の⓪〜⑤のうちからすべて選べ。 ニ

⓪ 17に9を足すこと。
① 23から15を引くこと。
② 13に4をかけること。
③ 63を9で割ること。
④ 2を4乗すること。
⑤ $\log_2 64$ の値を求めること。

第2問 （必答問題）（配点 30）

〔1〕 100 g ずつ袋詰めされている食品 A と B がある。1 袋あたりのエネルギーは食品 A が 200 kcal，食品 B が 300 kcal であり，1 袋あたりの脂質の含有量は食品 A が 4 g，食品 B が 2 g である。

(1) 太郎さんは，食品 A と B を食べるにあたり，エネルギーは 1500 kcal 以下に，脂質は 16 g 以下に抑えたいと考えている。食べる量(g)の合計が最も多くなるのは，食品 A と B をどのような量の組合せで食べるときかを調べよう。ただし，一方のみを食べる場合も含めて考えるものとする。

 (i) 食品 A を x 袋分，食品 B を y 袋分だけ食べるとする。このとき，x, y は次の条件①，②を満たす必要がある。

  摂取するエネルギー量についての条件　　 ア 　……… ①
  摂取する脂質の量についての条件　　 イ 　……… ②

 ア ， イ に当てはまる式を，次の各解答群のうちから一つずつ選べ。

  ア の解答群

  ⓪ $200x + 300y \leq 1500$　　　① $200x + 300y \geq 1500$
  ② $300x + 200y \leq 1500$　　　③ $300x + 200y \geq 1500$

  イ の解答群

  ⓪ $2x + 4y \leq 16$　　　① $2x + 4y \geq 16$
  ② $4x + 2y \leq 16$　　　③ $4x + 2y \geq 16$

(ii) x, y の値と条件①，②の関係について正しいものを，次の⓪〜③のうちから二つ選べ。ただし，解答の順序は問わない。 ウ ， エ

⓪ $(x, y) = (0, 5)$ は条件①を満たさないが，条件②は満たす。
① $(x, y) = (5, 0)$ は条件①を満たすが，条件②は満たさない。
② $(x, y) = (4, 1)$ は条件①も条件②も満たさない。
③ $(x, y) = (3, 2)$ は条件①と条件②をともに満たす。

(iii) 条件①，②をともに満たす (x, y) について，食品 A と B を食べる量の合計の最大値を二つの場合で考えてみよう。

食品 A，B が 1 袋を小分けにして食べられるような食品のとき，すなわち x，y のとり得る値が実数の場合，食べる量の合計の最大値は オカキ g である。このときの (x, y) の組は，

$$(x, y) = \left(\frac{ク}{ケ}, \frac{コ}{サ} \right)$$ である。

次に，食品 A，B が 1 袋を小分けにして食べられないような食品のとき，すなわち x，y のとり得る値が整数の場合，食べる量の合計の最大値は シスセ g である。このときの (x, y) の組は ソ 通りある。

(2) 花子さんは，食品 A と B を合計 600 g 以上食べて，エネルギーは 1500 kcal 以下にしたい。脂質を最も少なくできるのは，食品 A，B が 1 袋を小分けにして食べられない食品の場合，A を タ 袋，B を チ 袋食べるときで，そのときの脂質は ツテ g である。

[2]
(1) 座標平面上に点 A をとる。点 P が放物線 $y = x^2$ 上を動くとき，線分 AP の中点 M の軌跡を考える。

(i) 点 A の座標が $(0, -2)$ のとき，点 M の軌跡の方程式として正しいものを，次の⓪～⑤のうちから一つ選べ。 ト

⓪ $y = x^2 - 1$ ① $y = 2x^2 - 1$ ② $y = \dfrac{1}{2}x^2 - 1$

③ $y = |x| - 1$ ④ $y = 2|x| - 1$ ⑤ $y = \dfrac{1}{2}|x| - 1$

(ii) p を実数とする。点 A の座標が $(p, -2)$ のとき，点 M の軌跡は(i)の軌跡を x 軸方向に ナ だけ平行移動したものである。 ナ に当てはまるものを，次の⓪～⑤のうちから一つ選べ。

⓪ $\dfrac{1}{2}p$ ① p ② $2p$

③ $-\dfrac{1}{2}p$ ④ $-p$ ⑤ $-2p$

(iii) p, q を実数とする。点 A の座標が (p, q) のとき，点 M の軌跡と放物線 $y = x^2$ との共有点について正しいものを，次の⓪～⑤のうちからすべて選べ。 ニ

⓪ $q = 0$ のとき，共有点はつねに 2 個である。
① $q = 0$ のとき，共有点が 1 個になるのは $p = 0$ のときだけである。
② $q = 0$ のとき，共有点は 0 個，1 個，2 個のいずれの場合もある。
③ $q < p^2$ のとき，共有点はつねに 0 個である。
④ $q = p^2$ のとき，共有点はつねに 1 個である。
⑤ $q > p^2$ のとき，共有点はつねに 0 個である。

(2) ある円 C 上を動く点 Q がある。下の図は定点 $O(0, 0)$, $A_1(-9, 0)$, $A_2(-5, -5)$, $A_3(5, -5)$, $A_4(9, 0)$ に対して，線分 OQ, A_1Q, A_2Q, A_3Q, A_4Q のそれぞれの中点の軌跡である。このとき，円 C の方程式として最も適当なものを，下の⓪〜⑦のうちから一つ選べ。 ヌ

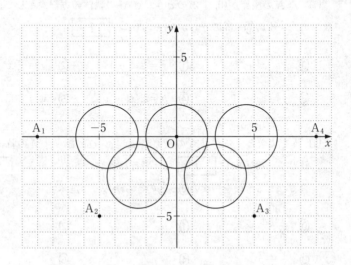

- ⓪ $x^2 + y^2 = 1$
- ① $x^2 + y^2 = 2$
- ② $x^2 + y^2 = 4$
- ③ $x^2 + y^2 = 16$
- ④ $x^2 + (y + 1)^2 = 1$
- ⑤ $x^2 + (y + 1)^2 = 2$
- ⑥ $x^2 + (y + 1)^2 = 4$
- ⑦ $x^2 + (y + 1)^2 = 16$

第3問 (選択問題) (配点 20)

昨年度実施されたある調査によれば，全国の大学生の1日あたりの読書時間の平均値は24分で，全く読書をしない大学生の比率は50％とのことであった。大規模P大学の学長は，P大学生の1日あたりの読書時間が30分以上であって欲しいと考えていたので，この調査結果に愕然とした。そこで今年度，P大学生から400人を標本として無作為抽出し，読書時間の実態を調査することにした。次の問いに答えよ。ただし，必要に応じて46ページの正規分布表を用いてもよい。

(1) P大学生のうち全く読書をしない学生の母比率が，昨年度の全国調査の結果と同じ50％であると仮定する。

標本400人のうち全く読書をしない学生の人数の平均(期待値)は アイウ 人である。

また，標本の大きさ400は十分に大きいので，標本のうち全く読書をしない学生の比率の分布は，平均(期待値)0. エ ，標準偏差0. オカキ の正規分布で近似できる。

(2) P大学生の読書時間は，母平均が昨年度の全国調査結果と同じ24分であると仮定し，母標準偏差をσ分とおく。

(i) 標本の大きさ400は十分に大きいので，読書時間の標本平均の分布は，平均(期待値) クケ 分，標準偏差 $\dfrac{\sigma}{\boxed{コサ}}$ 分の正規分布で近似できる。

(ii) $\sigma = 40$ とする。読書時間の標本平均が30分以上となる確率は
0.シスセソ である。
また，タ となる確率は，およそ0.1587である。タ に当てはまる最も適当なものを，次の⓪〜⑤のうちから一つ選べ。

⓪ 大きさ400の標本とは別に無作為抽出する一人の学生の読書時間が26分以上

① 大きさ400の標本とは別に無作為抽出する一人の学生の読書時間が64分以下

② P大学の全学生の読書時間の平均が26分以上

③ P大学の全学生の読書時間の平均が64分以下

④ 標本400人の読書時間の平均が26分以上

⑤ 標本400人の読書時間の平均が64分以下

(3) P大学生の読書時間の母標準偏差をσとし，標本平均を$\overline{X}$とする。P大学生の読書時間の母平均mに対する信頼度95％の信頼区間を$A \leqq m \leqq B$とするとき，標本の大きさ400は十分に大きいので，Aは$\overline{X}$とσを用いて　チ　と表すことができる。

(i) 　チ　に当てはまる式を，次の⓪〜⑦のうちから一つ選べ。

⓪ $\overline{X} - 0.95 \times \dfrac{\sigma}{20}$　　　　① $\overline{X} - 0.95 \times \dfrac{\sigma}{400}$

② $\overline{X} - 1.64 \times \dfrac{\sigma}{20}$　　　　③ $\overline{X} - 1.64 \times \dfrac{\sigma}{400}$

④ $\overline{X} - 1.96 \times \dfrac{\sigma}{20}$　　　　⑤ $\overline{X} - 1.96 \times \dfrac{\sigma}{400}$

⑥ $\overline{X} - 2.58 \times \dfrac{\sigma}{20}$　　　　⑦ $\overline{X} - 2.58 \times \dfrac{\sigma}{400}$

(ii) 母平均mに対する信頼度95％の信頼区間$A \leqq m \leqq B$の意味として，最も適当なものを，次の⓪〜⑤のうちから一つ選べ。　ツ　

⓪ 標本400人のうち約95％の学生は，読書時間がA分以上B分以下である。

① P大学生全体のうち約95％の学生は，読書時間がA分以上B分以下である。

② P大学生全体から95％程度の学生を無作為抽出すれば，読書時間の標本平均は，A分以上B分以下となる。

③ 大きさ400の標本を100回無作為抽出すれば，そのうち95回程度は標本平均がmとなる。

④ 大きさ400の標本を100回無作為抽出すれば，そのうち95回程度は信頼区間がmを含んでいる。

⑤ 大きさ400の標本を100回無作為抽出すれば，そのうち95回程度は信頼区間が$\overline{X}$を含んでいる。

正 規 分 布 表

次の表は，標準正規分布の分布曲線における右図の灰色部分の面積の値をまとめたものである。

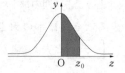

z_0	0.00	0.01	0.02	0.03	0.04	0.05	0.06	0.07	0.08	0.09
0.0	0.0000	0.0040	0.0080	0.0120	0.0160	0.0199	0.0239	0.0279	0.0319	0.0359
0.1	0.0398	0.0438	0.0478	0.0517	0.0557	0.0596	0.0636	0.0675	0.0714	0.0753
0.2	0.0793	0.0832	0.0871	0.0910	0.0948	0.0987	0.1026	0.1064	0.1103	0.1141
0.3	0.1179	0.1217	0.1255	0.1293	0.1331	0.1368	0.1406	0.1443	0.1480	0.1517
0.4	0.1554	0.1591	0.1628	0.1664	0.1700	0.1736	0.1772	0.1808	0.1844	0.1879
0.5	0.1915	0.1950	0.1985	0.2019	0.2054	0.2088	0.2123	0.2157	0.2190	0.2224
0.6	0.2257	0.2291	0.2324	0.2357	0.2389	0.2422	0.2454	0.2486	0.2517	0.2549
0.7	0.2580	0.2611	0.2642	0.2673	0.2704	0.2734	0.2764	0.2794	0.2823	0.2852
0.8	0.2881	0.2910	0.2939	0.2967	0.2995	0.3023	0.3051	0.3078	0.3106	0.3133
0.9	0.3159	0.3186	0.3212	0.3238	0.3264	0.3289	0.3315	0.3340	0.3365	0.3389
1.0	0.3413	0.3438	0.3461	0.3485	0.3508	0.3531	0.3554	0.3577	0.3599	0.3621
1.1	0.3643	0.3665	0.3686	0.3708	0.3729	0.3749	0.3770	0.3790	0.3810	0.3830
1.2	0.3849	0.3869	0.3888	0.3907	0.3925	0.3944	0.3962	0.3980	0.3997	0.4015
1.3	0.4032	0.4049	0.4066	0.4082	0.4099	0.4115	0.4131	0.4147	0.4162	0.4177
1.4	0.4192	0.4207	0.4222	0.4236	0.4251	0.4265	0.4279	0.4292	0.4306	0.4319
1.5	0.4332	0.4345	0.4357	0.4370	0.4382	0.4394	0.4406	0.4418	0.4429	0.4441
1.6	0.4452	0.4463	0.4474	0.4484	0.4495	0.4505	0.4515	0.4525	0.4535	0.4545
1.7	0.4554	0.4564	0.4573	0.4582	0.4591	0.4599	0.4608	0.4616	0.4625	0.4633
1.8	0.4641	0.4649	0.4656	0.4664	0.4671	0.4678	0.4686	0.4693	0.4699	0.4706
1.9	0.4713	0.4719	0.4726	0.4732	0.4738	0.4744	0.4750	0.4756	0.4761	0.4767
2.0	0.4772	0.4778	0.4783	0.4788	0.4793	0.4798	0.4803	0.4808	0.4812	0.4817
2.1	0.4821	0.4826	0.4830	0.4834	0.4838	0.4842	0.4846	0.4850	0.4854	0.4857
2.2	0.4861	0.4864	0.4868	0.4871	0.4875	0.4878	0.4881	0.4884	0.4887	0.4890
2.3	0.4893	0.4896	0.4898	0.4901	0.4904	0.4906	0.4909	0.4911	0.4913	0.4916
2.4	0.4918	0.4920	0.4922	0.4925	0.4927	0.4929	0.4931	0.4932	0.4934	0.4936
2.5	0.4938	0.4940	0.4941	0.4943	0.4945	0.4946	0.4948	0.4949	0.4951	0.4952
2.6	0.4953	0.4955	0.4956	0.4957	0.4959	0.4960	0.4961	0.4962	0.4963	0.4964
2.7	0.4965	0.4966	0.4967	0.4968	0.4969	0.4970	0.4971	0.4972	0.4973	0.4974
2.8	0.4974	0.4975	0.4976	0.4977	0.4977	0.4978	0.4979	0.4979	0.4980	0.4981
2.9	0.4981	0.4982	0.4982	0.4983	0.4984	0.4984	0.4985	0.4985	0.4986	0.4986
3.0	0.4987	0.4987	0.4987	0.4988	0.4988	0.4989	0.4989	0.4989	0.4990	0.4990

第4問 (選択問題) (配点 20)

太郎さんと花子さんは,数列の漸化式に関する**問題A**, **問題B**について話している。二人の会話を読んで,下の問いに答えよ。

(1)

> **問題A** 次のように定められた数列 $\{a_n\}$ の一般項を求めよ。
> $$a_1 = 6, \quad a_{n+1} = 3a_n - 8 \quad (n = 1, 2, 3, \cdots)$$

> 花子:これは前に授業で学習した漸化式の問題だね。まず,k を定数として,$a_{n+1} = 3a_n - 8$ を $a_{n+1} - k = 3(a_n - k)$ の形に変形するといいんだよね。
> 太郎:そうだね。そうすると公比が3の等比数列に結びつけられるね。

(i) k の値を求めよ。

$$k = \boxed{\text{ア}}$$

(ii) 数列 $\{a_n\}$ の一般項を求めよ。

$$a_n = \boxed{\text{イ}} \cdot \boxed{\text{ウ}}^{n-1} + \boxed{\text{エ}}$$

(2)

> **問題 B** 次のように定められた数列 $\{b_n\}$ の一般項を求めよ。
> $$b_1 = 4, \ b_{n+1} = 3b_n - 8n + 6 \quad (n = 1, 2, 3, \cdots)$$

> 花子：求め方の方針が立たないよ。
> 太郎：そういうときは，$n = 1, 2, 3$ を代入して具体的な数列の様子をみてみよう。
> 花子：$b_2 = 10$, $b_3 = 20$, $b_4 = 42$ となったけど…。
> 太郎：階差数列を考えてみたらどうかな。

数列 $\{b_n\}$ の階差数列 $\{p_n\}$ を，$p_n = b_{n+1} - b_n (n = 1, 2, 3, \cdots)$ と定める。

(i) p_1 の値を求めよ。

$$p_1 = \boxed{オ}$$

(ii) p_{n+1} を p_n を用いて表せ。

$$p_{n+1} = \boxed{カ} p_n - \boxed{キ}$$

(iii) 数列 $\{p_n\}$ の一般項を求めよ。

$$p_n = \boxed{ク} \cdot \boxed{ケ}^{n-1} + \boxed{コ}$$

(3) 二人は**問題 B** について引き続き会話をしている。

> 太郎：解ける道筋はついたけれど，漸化式で定められた数列の一般項の求め方は一通りではないと先生もおっしゃっていたし，他のやり方も考えてみようよ。
> 花子：でも，授業で学習した問題は，**問題 A** のタイプだけだよ。
> 太郎：では，**問題 A** の式変形の考え方を**問題 B** に応用してみようよ。**問題 B** の漸化式 $b_{n+1} = 3b_n - 8n + 6$ を，定数 s, t を用いて
> $$\boxed{サ} = 3\left(\boxed{シ}\right)$$
> の式に変形してはどうかな。

(i) $q_n = \boxed{シ}$ とおくと，太郎さんの変形により数列 $\{q_n\}$ が公比 3 の等比数列とわかる。このとき，$\boxed{サ}$，$\boxed{シ}$ に当てはまる式を，次の ⓪ 〜 ③ のうちから一つずつ選べ。ただし，同じものを選んでもよい。

⓪ $b_n + sn + t$
① $b_{n+1} + sn + t$
② $b_n + s(n+1) + t$
③ $b_{n+1} + s(n+1) + t$

(ii) s, t の値を求めよ。

$$s = \boxed{スセ}, \quad t = \boxed{ソ}$$

(4) **問題B**の数列は，(2)の方法でも(3)の方法でも一般項を求めることができる。数列 $\{b_n\}$ の一般項を求めよ。

$$b_n = \boxed{タ}^{n-1} + \boxed{チ}n - \boxed{ツ}$$

(5) 次のように定められた数列 $\{c_n\}$ がある。

$$c_1 = 16, \quad c_{n+1} = 3c_n - 4n^2 - 4n - 10 \quad (n = 1, 2, 3, \cdots)$$

数列 $\{c_n\}$ の一般項を求めよ。

$$c_n = \boxed{テ} \cdot \boxed{ト}^{n-1} + \boxed{ナ}n^2 + \boxed{ニ}n + \boxed{ヌ}$$

第5問 (選択問題) (配点 20)

(1) 右の図のような立体を考える。ただし，六つの面 OAC, OBC, OAD, OBD, ABC, ABD は 1 辺の長さが 1 の正三角形である。この立体の ∠COD の大きさを調べたい。

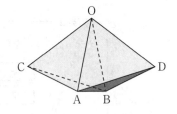

線分 AB の中点を M，線分 CD の中点を N とおく。

$\vec{OA} = \vec{a}$, $\vec{OB} = \vec{b}$, $\vec{OC} = \vec{c}$, $\vec{OD} = \vec{d}$ とおくとき，次の問いに答えよ。

(i) 次の ア ～ エ に当てはまる数を求めよ。

$$\vec{OM} = \frac{\boxed{ア}}{\boxed{イ}}(\vec{a} + \vec{b}), \quad \vec{ON} = \frac{\boxed{ア}}{\boxed{イ}}(\vec{c} + \vec{d})$$

$$\vec{a} \cdot \vec{b} = \vec{a} \cdot \vec{c} = \vec{a} \cdot \vec{d} = \vec{b} \cdot \vec{c} = \vec{b} \cdot \vec{d} = \frac{\boxed{ウ}}{\boxed{エ}}$$

(ii) 3 点 O, N, M は同一直線上にある。内積 $\vec{OA} \cdot \vec{CN}$ の値を用いて，$\vec{ON} = k\vec{OM}$ を満たす k の値を求めよ。

$$k = \frac{\boxed{オ}}{\boxed{カ}}$$

(iii) ∠COD = θ とおき，$\cos\theta$ の値を求めたい。次の**方針1** または **方針2** について，　キ　～　シ　に当てはまる数を求めよ。

┌─ **方針1** ─────────────────────
│ $\vec{d}$ を $\vec{a}$, $\vec{b}$, $\vec{c}$ を用いて表すと，
│
│ $$\vec{d} = \frac{\boxed{キ}}{\boxed{ク}}\vec{a} + \frac{\boxed{ケ}}{\boxed{コ}}\vec{b} - \vec{c}$$
│
│ であり，$\vec{c} \cdot \vec{d} = \cos\theta$ から $\cos\theta$ が求められる。
└───────────────────────────

┌─ **方針2** ─────────────────────
│ $\overrightarrow{OM}$ と $\overrightarrow{ON}$ のなす角を考えると，$\overrightarrow{OM} \cdot \overrightarrow{ON} = |\overrightarrow{OM}||\overrightarrow{ON}|$ が成り立つ。
│ $|\overrightarrow{ON}|^2 = \dfrac{\boxed{サ}}{\boxed{シ}} + \dfrac{1}{2}\cos\theta$ であるから，$\overrightarrow{OM} \cdot \overrightarrow{ON}$, $|\overrightarrow{OM}|$ の値を用いると，$\cos\theta$ が求められる。
└───────────────────────────

(iv) **方針1** または **方針2** を用いて $\cos\theta$ の値を求めよ。

$$\cos\theta = \frac{\boxed{スセ}}{\boxed{ソ}}$$

(2) (1)の図形から，四つの面 OAC，OBC，OAD，OBD だけを使って，下のような図形を作成したところ，この図形は ∠AOB を変化させると，それにともなって ∠COD も変化することがわかった。

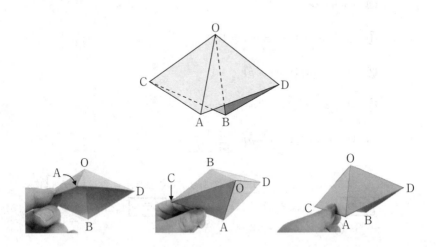

∠AOB = α，∠COD = β とおき，$\alpha > 0$，$\beta > 0$ とする。このときも，線分 AB の中点と線分 CD の中点および点 O は一直線上にある。

(i) α と β が満たす関係式は(1)の**方針2**を用いると求めることができる。その関係式として正しいものを，次の⓪〜④のうちから一つ選べ。 タ

⓪ $\cos\alpha + \cos\beta = 1$

① $(1+\cos\alpha)(1+\cos\beta) = 1$

② $(1+\cos\alpha)(1+\cos\beta) = -1$

③ $(1+2\cos\alpha)(1+2\cos\beta) = \dfrac{2}{3}$

④ $(1-\cos\alpha)(1-\cos\beta) = \dfrac{2}{3}$

(ii) $\alpha = \beta$ のとき，$\alpha = \boxed{チツ}°$ であり，このとき，点 D は $\boxed{テ}$ にある。$\boxed{チツ}$ に当てはまる数を求めよ。また，$\boxed{テ}$ に当てはまるものを，次の⓪〜②のうちから一つ選べ。

⓪ 平面 ABC に関して O と同じ側

① 平面 ABC 上

② 平面 ABC に関して O と異なる側

共通テスト

第1回 試行調査

第1回 試行

数学Ⅰ・数学A … 2

数学Ⅱ・数学B … 35

数学Ⅰ・数学A：
解答時間 70分
配点 100点

数学Ⅱ・数学B：
解答時間 60分
配点 100点

第1回試行調査 解答上の注意 〔数学Ⅰ・数学A〕

〔マークシート式の解答欄について〕

1 問題の文中の ア ， イウ などには，特に指示がない限り，符号 (−，±) 又は数字(0～9)が入ります。ア，イ，ウ，…の一つ一つは，これらのいずれか一つに対応します。それらを解答用紙のア，イ，ウ，…で示された解答欄にマークして答えなさい。

(例1) アイウ に −83 と答えたいとき

ア	⊖ ± ⓪ ① ② ③ ④ ⑤ ⑥ ⑦ ⑧ ⑨
イ	⊖ ± ⓪ ① ② ③ ④ ⑤ ⑥ ⑦ ● ⑨
ウ	⊖ ± ⓪ ① ② ● ④ ⑤ ⑥ ⑦ ⑧ ⑨

なお，同一の問題文中に ア ， イウ などが2度以上現れる場合，原則として，2度目以降は， ア ， イウ のように細字で表記します。

また，「すべて選べ」や「二つ選べ」などの指示のある問いに対して複数解答する場合は，同じ解答欄に符号又は数字を**複数マーク**しなさい。

例えば， エ と表示のある問いに対して①，④と解答する場合は，次の(例2)のように**解答欄エの①，④にそれぞれマーク**しなさい。

(例2)

| エ | ⊖ ± ⓪ ● ② ③ ④ ● ⑥ ⑦ ⑧ ⑨ |

2 分数形で解答する場合，分数の符号は分子につけ，分母につけてはいけません。

例えば， $\dfrac{オカ}{キ}$ に $-\dfrac{4}{5}$ と答えたいときは， $\dfrac{-4}{5}$ として答えなさい。

また，それ以上約分できない形で答えなさい。

例えば， $\dfrac{3}{4}$ と答えるところを， $\dfrac{6}{8}$ のように答えてはいけません。

3 小数の形で解答する場合，指定された桁数の一つ下の桁を四捨五入して答えなさい。また，必要に応じて，指定された桁まで⓪にマークしなさい。

例えば， ク ． ケコ に 2.5 と答えたいときは，2.50 として答えなさい。

4 根号を含む形で解答する場合，根号の中に現れる自然数が最小となる形で答えなさい。

例えば，$\boxed{サ}\sqrt{\boxed{シ}}$ に $4\sqrt{2}$ と答えるところを，$2\sqrt{8}$ のように答えてはいけません。

★〔記述式の解答欄について〕

　　$\boxed{(あ)}$，$\boxed{(い)}$ などには，特に指示がない限り，枠内に数式や言葉を記述して答えなさい。記述は複数行になってもよいが，枠内に入るようにしなさい。枠外に記述している答案は採点の対象外とします。

（注）記述式問題については，導入が見送られることになりました。本書では，出題内容や場面設定の参考としてそのまま掲載しています（該当の問題には★印を付けています）。

数学Ⅰ・数学A

問　題	選　択　方　法
第1問	必　　答
第2問	必　　答
第3問	いずれか2問を選択し，解答しなさい。
第4問	
第5問	

第1問　(必答問題)

〔1〕 数学の授業で，2次関数 $y = ax^2 + bx + c$ についてコンピュータのグラフ表示ソフトを用いて考察している。

このソフトでは，図1の画面上の　A　，　B　，　C　にそれぞれ係数 a, b, c の値を入力すると，その値に応じたグラフが表示される。さらに，　A　，　B　，　C　それぞれの下にある●を左に動かすと係数の値が減少し，右に動かすと係数の値が増加するようになっており，値の変化に応じて2次関数のグラフが座標平面上を動く仕組みになっている。

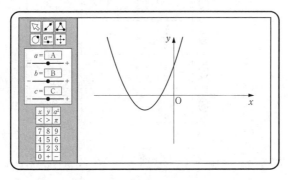

図1

また，座標平面は x 軸，y 軸によって四つの部分に分けられる。これらの各部分を「象限」といい，右の図のように，それぞれを「第1象限」「第2象限」「第3象限」「第4象限」という。ただし，座標軸上の点は，どの象限にも属さないものとする。

このとき，次の問いに答えよ。

(1) はじめに，図1の画面のように，頂点が第3象限にあるグラフが表示された。このときの a, b, c の値の組合せとして最も適当なものを，次の⓪〜⑤のうちから一つ選べ。 ア

	a	b	c
⓪	2	1	3
①	2	-1	3
②	-2	3	-3
③	$\frac{1}{2}$	3	3
④	$\frac{1}{2}$	-3	3
⑤	$-\frac{1}{2}$	3	-3

(2) 次に，a, b の値を(1)の値のまま変えずに，c の値だけを変化させた。このときの頂点の移動について正しく述べたものを，次の⓪〜③のうちから一つ選べ。 イ

⓪ 最初の位置から移動しない。　　① x 軸方向に移動する。

② y 軸方向に移動する。　　③ 原点を中心として回転移動する。

(3) また，b，c の値を(1)の値のまま変えずに，a の値だけをグラフが下に凸の状態を維持するように変化させた。このとき，頂点は，$a = \dfrac{b^2}{4c}$ のときは ウ にあり，それ以外のときは エ を移動した。ウ ，エ に当てはまるものを，次の⓪〜⑧のうちから一つずつ選べ。ただし，同じものを選んでもよい。

⓪ 原点　　　　　　　　① x 軸上　　　　　　　② y 軸上
③ 第3象限のみ　　　　　④ 第1象限と第3象限
⑤ 第2象限と第3象限　　⑥ 第3象限と第4象限
⑦ 第2象限と第3象限と第4象限　⑧ すべての象限

★ (4) 最初の a，b，c の値を変更して，下の図2のようなグラフを表示させた。このとき，a，c の値をこのまま変えずに，b の値だけを変化させても，頂点は第1象限および第2象限には移動しなかった。

その理由を，頂点の y 座標についての不等式を用いて説明せよ。解答は，解答欄 (あ) に記述せよ。

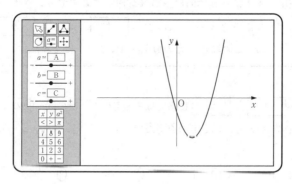

図2

〔2〕 以下の問題では，△ABC に対して，∠A，∠B，∠C の大きさをそれぞれ A，B，C で表すものとする。

ある日，太郎さんと花子さんのクラスでは，数学の授業で先生から次のような宿題が出された。

> **宿題** △ABC において $A = 60°$ であるとする。このとき，
> $$X = 4\cos^2 B + 4\sin^2 C - 4\sqrt{3}\cos B \sin C$$
> の値について調べなさい。

放課後，太郎さんと花子さんは出された宿題について会話をした。二人の会話を読んで，下の問いに答えよ。

> 太郎：A は $60°$ だけど，B も C も分からないから，方針が立たないよ。
> 花子：まずは，具体的に一つ例を作って考えてみようよ。もし $B = 90°$ であるとすると，$\cos B = \boxed{オ}$，$\sin C = \boxed{カ}$ だね。だから，この場合の X の値を計算すると 1 になるね。

(1) $\boxed{オ}$，$\boxed{カ}$ に当てはまるものを，次の ⓪〜⑧ のうちから一つずつ選べ。ただし，同じものを選んでもよい。

⓪ 0 ① 1 ② -1 ③ $\dfrac{1}{2}$ ④ $\dfrac{\sqrt{2}}{2}$

⑤ $\dfrac{\sqrt{3}}{2}$ ⑥ $-\dfrac{1}{2}$ ⑦ $-\dfrac{\sqrt{2}}{2}$ ⑧ $-\dfrac{\sqrt{3}}{2}$

太郎：$B = 13°$ にしてみよう。数学の教科書に三角比の表があるから，それを見ると，$\cos B = 0.9744$ で，$\sin C$ は……あれっ？ 表には $0°$ から $90°$ までの三角比の値しか載っていないから分からないね。

花子：そういうときは，　キ　という関係を利用したらいいよ。この関係を使うと，教科書の三角比の表から $\sin C =$ 　ク　だと分かるよ。

太郎：じゃあ，この場合の X の値を電卓を使って計算してみよう。$\sqrt{3}$ は 1.732 として計算すると……あれっ？ ぴったりにはならなかったけど，小数第 4 位を四捨五入すると，X は 1.000 になったよ！ (a)これで，$A = 60°$，$B = 13°$ のときに $X = 1$ になることが証明できたことになるね。さらに，(b)「$A = 60°$ ならば $X = 1$」という命題が真であると証明できたね。

花子：本当にそうなのかな？

(2) 　キ　，　ク　に当てはまる最も適当なものを，次の各解答群のうちから一つずつ選べ。

　キ　の解答群：

⓪ $\sin(90° - \theta) = \sin\theta$ 　　① $\sin(90° - \theta) = -\sin\theta$

② $\sin(90° - \theta) = \cos\theta$ 　　③ $\sin(90° - \theta) = -\cos\theta$

④ $\sin(180° - \theta) = \sin\theta$ 　　⑤ $\sin(180° - \theta) = -\sin\theta$

⑥ $\sin(180° - \theta) = \cos\theta$ 　　⑦ $\sin(180° - \theta) = -\cos\theta$

　ク　の解答群：

⓪ -3.2709　　① -0.9563　　② 0.9563　　③ 3.2709

(3) 太郎さんが言った下線部(a), (b)について，その正誤の組合せとして正しいものを，次の⓪～③のうちから一つ選べ。　ケ

⓪　下線部(a), (b)ともに正しい。
①　下線部(a)は正しいが，(b)は誤りである。
②　下線部(a)は誤りであるが，(b)は正しい。
③　下線部(a), (b)ともに誤りである。

花子：$A = 60°$ ならば $X = 1$ となるかどうかを，数式を使って考えてみようよ。△ABC の外接円の半径を R とするね。すると，$A = 60°$ だから，BC $= \sqrt{\boxed{コ}}\,R$ になるね。

太郎：AB $= \boxed{サ}$，AC $= \boxed{シ}$ になるよ。

---

(4) $\boxed{コ}$ に当てはまる数を答えよ。また，$\boxed{サ}$，$\boxed{シ}$ に当てはまるものを，次の⓪～⑦のうちから一つずつ選べ。ただし，同じものを選んでもよい。

⓪　$R \sin B$　　①　$2R \sin B$　　②　$R \cos B$　　③　$2R \cos B$
④　$R \sin C$　　⑤　$2R \sin C$　　⑥　$R \cos C$　　⑦　$2R \cos C$

花子：まず，B が鋭角の場合を考えてみたよ。

＜花子さんのノート＞

点 C から直線 AB に垂線 CH を引くと
$$AH = \underline{AC \cos 60°}_{①}$$
$$BH = \underline{BC \cos B}_{②}$$
である。AB を AH，BH を用いて表すと
$$AB = \underline{AH + BH}_{③}$$
であるから
$$AB = \boxed{ス} \sin B + \boxed{セ} \cos B_{④}$$
が得られる。

太郎：さっき，$AB = \boxed{サ}$ と求めたから，④の式とあわせると，$X = 1$ となることが証明できたよ。

花子：B が直角のときは，すでに $X = 1$ となることを計算したね。
　　　(c)$\underline{B が鈍角のときは，証明を少し変えれば，やはり X = 1 である}$ことが示せるね。

(5) ス , セ に当てはまるものを，次の⓪〜⑧のうちから一つずつ選べ。ただし，同じものを選んでもよい。

⓪ $\dfrac{1}{2}R$ ① $\dfrac{\sqrt{2}}{2}R$ ② $\dfrac{\sqrt{3}}{2}R$ ③ R ④ $\sqrt{2}R$

⑤ $\sqrt{3}R$ ⑥ $2R$ ⑦ $2\sqrt{2}R$ ⑧ $2\sqrt{3}R$

★ (6) 下線部(c)について，B が鈍角のときには下線部①〜③の式のうち修正が必要なものがある。修正が必要な番号についてのみ，修正した式をそれぞれ答えよ。解答は，解答欄 (い) に記述せよ。

花子：今まではずっと $A = 60°$ の場合を考えてきたんだけど，$A = 120°$ で $B = 30°$ の場合を考えてみたよ。$\cos B$ と $\sin C$ の値を求めて，X の値を計算したら，この場合にも 1 になったんだよね。

太郎：わっ，本当だ。計算してみたら X の値は 1 になるね。

---

(7) △ABC について，次の条件 p, q を考える。

$p : A = 60°$

$q : 4\cos^2 B + 4\sin^2 C - 4\sqrt{3}\cos B \sin C = 1$

これまでの太郎さんと花子さんが行った考察をもとに，正しいと判断できるものを，次の⓪〜③のうちから一つ選べ。 ソ

⓪ p は q であるための必要十分条件である。

① p は q であるための必要条件であるが，十分条件でない。

② p は q であるための十分条件であるが，必要条件でない。

③ p は q であるための必要条件でも十分条件でもない。

第2問 （必答問題）

〔1〕 ◯◯高校の生徒会では，文化祭でTシャツを販売し，その利益をボランティア団体に寄付する企画を考えている。生徒会執行部では，できるだけ利益が多くなる価格を決定するために，次のような手順で考えることにした。

――価格決定の手順――

(i) アンケート調査の実施

　200人の生徒に，「Tシャツ1枚の価格がいくらまでであればTシャツを購入してもよいと思うか」について尋ね，500円，1000円，1500円，2000円の四つの金額から一つを選んでもらう。

(ii) 業者の選定

　無地のTシャツ代とプリント代を合わせた「製作費用」が最も安い業者を選ぶ。

(iii) Tシャツ1枚の価格の決定

　価格は「製作費用」と「見込まれる販売数」をもとに決めるが，販売時に釣り銭の処理で手間取らないよう50の倍数の金額とする。

　下の表1は，アンケート調査の結果である。生徒会執行部では，例えば，価格が1000円のときには1500円や2000円と回答した生徒も1枚購入すると考えて，それぞれの価格に対し，その価格以上の金額を回答した生徒の人数を「累積人数」として表示した。

表1

Tシャツ1枚の価格(円)	人数(人)	累積人数(人)
2000	50	50
1500	43	93
1000	61	154
500	46	200

このとき，次の問いに答えよ。

(1) 売上額は

$$（売上額）=（Ｔシャツ１枚の価格）\times（販売数）$$

と表せるので，生徒会執行部では，アンケートに回答した200人の生徒について，調査結果をもとに，表1にない価格の場合についても販売数を予測することにした。そのために，Ｔシャツ１枚の価格を x 円，このときの販売数を y 枚とし，x と y の関係を調べることにした。

表1のＴシャツ１枚の価格と ア の値の組を (x, y) として座標平面上に表すと，その４点が直線に沿って分布しているように見えたので，この直線を，Ｔシャツ１枚の価格 x と販売数 y の関係を表すグラフとみなすことにした。

このとき，y は x の イ であるので，売上額を $S(x)$ とおくと，$S(x)$ は x の ウ である。このように考えると，表1にない価格の場合についても売上額を予測することができる。

ア ， イ ， ウ に入るものとして最も適当なものを，次の ⓪～⑥ のうちから一つずつ選べ。ただし，同じものを繰り返し選んでもよい。

⓪ 人数　　　① 累積人数　　② 製作費用　　③ 比例
④ 反比例　　⑤ 1次関数　　⑥ 2次関数

生徒会執行部が(1)で考えた直線は，表1を用いて座標平面上にとった４点のうち x の値が最小の点と最大の点を通る直線である。この直線を用いて，次の問いに答えよ。

(2) 売上額 $S(x)$ が最大になる x の値を求めよ。 エオカキ

(3) Ｔシャツ１枚当たりの「製作費用」が400円の業者に120枚を依頼することにしたとき，利益が最大になるＴシャツ１枚の価格を求めよ。
クケコサ 円

〔2〕 地方の経済活性化のため，太郎さんと花子さんは観光客の消費に着目し，その拡大に向けて基礎的な情報を整理することにした。以下は，都道府県別の統計データを集め，分析しているときの二人の会話である。会話を読んで下の問いに答えよ。ただし，東京都，大阪府，福井県の3都府県のデータは含まれていない。また，以後の問題文では「道府県」を単に「県」として表記する。

太郎：各県を訪れた観光客数を x 軸，消費総額を y 軸にとり，散布図をつくると図1のようになったよ。
花子：消費総額を観光客数で割った消費額単価が最も高いのはどこかな。
太郎：元のデータを使って県ごとに割り算をすれば分かるよ。
　　　北海道は……。44回も計算するのは大変だし，間違えそうだな。
花子：図1を使えばすぐ分かるよ。

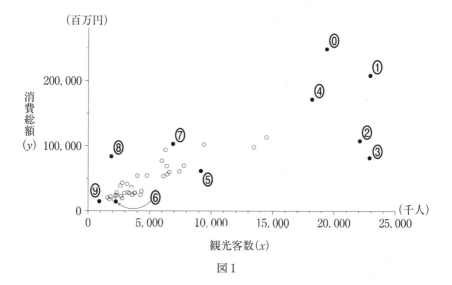

図1

(1) 図1の観光客数と消費総額の間の相関係数に最も近い値を，次の⓪〜④のうちから一つ選べ。 シ

⓪ −0.85 ① −0.52 ② 0.02 ③ 0.34 ④ 0.83

★ (2) 44県それぞれの消費額単価を計算しなくても，図1の散布図から消費額単価が最も高い県を表す点を特定することができる。その方法を，「直線」という単語を用いて説明せよ。解答は，解答欄 (う) に記述せよ。

(3) 消費額単価が最も高い県を表す点を，図1の⓪〜⑨のうちから一つ選べ。 ス

花子：元のデータを見ると消費額単価が最も高いのは沖縄県だね。沖縄県の消費額単価が高いのは，県外からの観光客数の影響かな。

太郎：県内からの観光客と県外からの観光客とに分けて44県の観光客数と消費総額を箱ひげ図で表すと図2のようになったよ。

花子：私は県内と県外からの観光客の消費額単価をそれぞれ横軸と縦軸にとって図3の散布図をつくってみたよ。沖縄県は県内，県外ともに観光客の消費額単価は高いね。それに，北海道，鹿児島県，沖縄県は全体の傾向から外れているみたい。

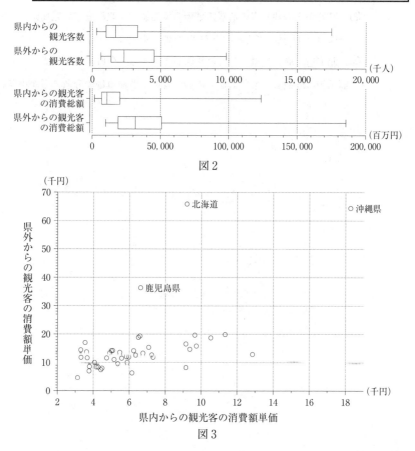

(4) 図2，図3から読み取れる事柄として正しいものを，次の⓪～④のうちから二つ選べ。 セ

⓪ 44県の半分の県では，県内からの観光客数よりも県外からの観光客数の方が多い。

① 44県の半分の県では，県内からの観光客の消費総額よりも県外からの観光客の消費総額の方が高い。

② 44県の4分の3以上の県では，県外からの観光客の消費額単価の方が県内からの観光客の消費額単価より高い。

③ 県外からの観光客の消費額単価の平均値は，北海道，鹿児島県，沖縄県を除いた41県の平均値の方が44県の平均値より小さい。

④ 北海道，鹿児島県，沖縄県を除いて考えると，県内からの観光客の消費額単価の分散よりも県外からの観光客の消費額単価の分散の方が小さい。

(5) 二人は県外からの観光客に焦点を絞って考えることにした。

> 花子：県外からの観光客数を増やすには，イベントなどを増やしたらいいんじゃないかな。
> 太郎：44県の行祭事・イベントの開催数と県外からの観光客数を散布図にすると，図4のようになったよ。

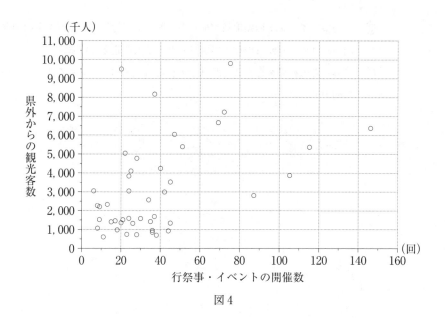

図4

図4から読み取れることとして最も適切な記述を，次の⓪～④のうちから一つ選べ。 ソ

⓪ 44県の行祭事・イベント開催数の中央値は，その平均値よりも大きい。
① 行祭事・イベントを多く開催し過ぎると，県外からの観光客数は減ってしまう傾向がある。
② 県外からの観光客数を増やすには行祭事・イベントの開催数を増やせばよい。
③ 行祭事・イベントの開催数が最も多い県では，行祭事・イベントの開催一回当たりの県外からの観光客数は6,000千人を超えている。
④ 県外からの観光客数が多い県ほど，行祭事・イベントを多く開催している傾向がある。

(本問題の図は，「共通基準による観光入込客統計」(観光庁)をもとにして作成している。)

第3問 (選択問題)

高速道路には，渋滞状況が表示されていることがある。目的地に行く経路が複数ある場合は，渋滞中を示す表示を見て経路を決める運転手も少なくない。太郎さんと花子さんは渋滞中の表示と車の流れについて，仮定をおいて考えてみることにした。

A地点(入口)からB地点(出口)に向かって北上する高速道路には，図1のように分岐点A，C，Eと合流点B，Dがある。①，②，③は主要道路であり，④，⑤，⑥，⑦は迂回道路である。ただし，矢印は車の進行方向を表し，図1の経路以外にA地点からB地点に向かう経路はないとする。また，各分岐点A，C，Eには，それぞれ①と④，②と⑦，⑤と⑥の渋滞状況が表示される。

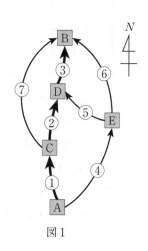

図1

太郎さんと花子さんは，まず渋滞中の表示がないときに，A，C，Eの各分岐点において運転手がどのような選択をしているか調査した。その結果が表1である。

表1

調査日	地点	台数	選択した道路	台数
5月10日	A	1183	①	1092
			④	91
5月11日	C	1008	②	882
			⑦	126
5月12日	E	496	⑤	248
			⑥	248

これに対して太郎さんは，運転手の選択について，次のような仮定をおいて確率を使って考えることにした。

太郎さんの仮定

(i) 表1の選択の割合を確率とみなす。

(ii) 分岐点において，二つの道路のいずれにも渋滞中の表示がない場合，またはいずれにも渋滞中の表示がある場合，運転手が道路を選択する確率は(i)でみなした確率とする。

(iii) 分岐点において，片方の道路にのみ渋滞中の表示がある場合，運転手が渋滞中の表示のある道路を選択する確率は(i)でみなした確率の $\frac{2}{3}$ 倍とする。

ここで，(i)の選択の割合を確率とみなすとは，例えばA地点の分岐において④の道路を選択した割合 $\frac{91}{1183} = \frac{1}{13}$ を④の道路を選択する確率とみなすということである。

太郎さんの仮定のもとで，次の問いに答えよ。

(1) すべての道路に渋滞中の表示がない場合，A地点の分岐において運転手が①の道路を選択する確率を求めよ。$\frac{アイ}{ウエ}$

(2) すべての道路に渋滞中の表示がない場合，A地点からB地点に向かう車がD地点を通過する確率を求めよ。$\frac{オカ}{キク}$

(3) すべての道路に渋滞中の表示がない場合，A地点からB地点に向かう車でD地点を通過した車が，E地点を通過していた確率を求めよ。$\frac{ケ}{コサ}$

(4) ①の道路にのみ渋滞中の表示がある場合，A地点からB地点に向かう車がD地点を通過する確率を求めよ。$\frac{シス}{セソ}$

各道路を通過する車の台数が1000台を超えると車の流れが急激に悪くなる。一方で各道路の通過台数が1000台を超えない限り，主要道路である①，②，③をより多くの車が通過することが社会の効率化に繋がる。したがって，各道路の通過台数が1000台を超えない範囲で，①，②，③をそれぞれ通過する台数の合計が最大になるようにしたい。

　このことを踏まえて，花子さんは，太郎さんの仮定を参考にしながら，次のような仮定をおいて考えることにした。

---花子さんの仮定---

(i) 分岐点において，二つの道路のいずれにも渋滞中の表示がない場合，またはいずれにも渋滞中の表示がある場合，それぞれの道路に進む車の割合は表1の割合とする。

(ii) 分岐点において，片方の道路にのみ渋滞中の表示がある場合，渋滞中の表示のある道路に進む車の台数の割合は表1の割合の $\frac{2}{3}$ 倍とする。

　過去のデータから5月13日にA地点からB地点に向かう車は1560台と想定している。そこで，花子さんの仮定のもとでこの台数を想定してシミュレーションを行った。このとき，次の問いに答えよ。

(5) すべての道路に渋滞中の表示がない場合，①を通過する台数は タチツテ 台となる。よって，①の通過台数を 1000 台以下にするには，①に渋滞中の表示を出す必要がある。

①に渋滞中の表示を出した場合，①の通過台数は トナニ 台となる。

(6) 各道路の通過台数が 1000 台を超えない範囲で，①，②，③をそれぞれ通過する台数の合計を最大にするには，渋滞中の表示を ヌ のようにすればよい。 ヌ に当てはまるものを，次の⓪～③のうちから一つ選べ。

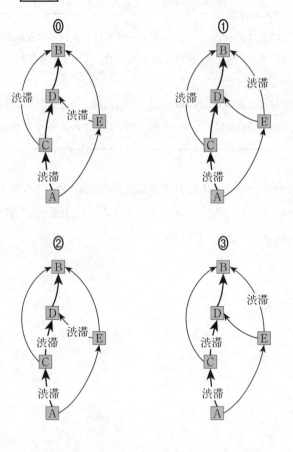

第4問 （選択問題）

　花子さんと太郎さんは，正四面体 ABCD の各辺の中点を次の図のように E，F，G，H，I，J としたときに成り立つ性質について，コンピュータソフトを使いながら，下のように話している。二人の会話を読んで，下の問いに答えよ。

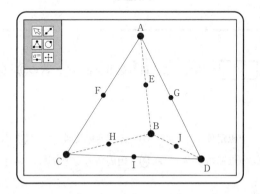

花子：四角形 FHJG は平行四辺形に見えるけれど，正方形ではないかな。
太郎：4辺の長さが等しいことは，簡単に証明できそうだよ。

(1) 太郎さんは四角形FHJGの4辺の長さが等しいことを，次のように証明した。

> ─ 太郎さんの証明 ─
> 　　ア　により，四角形FHJGの各辺の長さはいずれも正四面体ABCDの1辺の長さの　イ　倍であるから，4辺の長さが等しくなる。

(i)　ア　に当てはまる最も適当なものを，次の⓪〜④のうちから一つ選べ。

⓪ 中線定理　　　① 方べきの定理　　　② 三平方の定理
③ 中点連結定理　　④ 円周角の定理

(ii)　イ　に当てはまるものを，次の⓪〜④のうちから一つ選べ。

⓪ 2　　① $\dfrac{3}{4}$　　② $\dfrac{2}{3}$　　③ $\dfrac{1}{2}$　　④ $\dfrac{1}{3}$

(2) 花子さんは，太郎さんの考えをもとに，正四面体をいろいろな方向から見て，四角形 FHJG が正方形であることの証明について，下のような構想をもとに，実際に証明した。

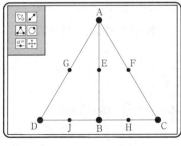
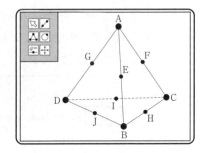
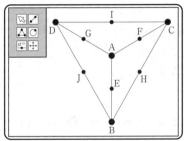

──花子さんの構想──

　四角形において，4辺の長さが等しいことは正方形であるための ウ 。さらに，対角線 FJ と GH の長さが等しいことがいえれば，四角形 FHJG が正方形であることの証明となるので，△FJC と △GHD が合同であることを示したい。

　しかし，この二つの三角形が合同であることの証明は難しいので，別の三角形の組に着目する。

> **花子さんの証明**
>
> 　点F，点Gはそれぞれ AC，AD の中点なので，二つの三角形 エ と オ に着目する。エ と オ は3辺の長さがそれぞれ等しいので合同である。このとき，エ と オ は カ で，FとGはそれぞれ AC，AD の中点なので，FJ = GH である。
> 　よって，四角形 FHJG は，4辺の長さが等しく対角線の長さが等しいので正方形である。

(i) ウ に当てはまるものを，次の⓪〜③のうちから一つ選べ。

⓪　必要条件であるが十分条件でない
①　十分条件であるが必要条件でない
②　必要十分条件である
③　必要条件でも十分条件でもない

(ii) エ ， オ に当てはまるものが，次の⓪〜⑤の中にある。当てはまるものを一つずつ選べ。ただし，エ と オ の解答の順序は問わない。

⓪　△AGH　　　①　△AIB　　　②　△AJC
③　△AHD　　　④　△AHC　　　⑤　△AJD

(iii) カ に当てはまるものを，次の⓪〜③のうちから一つ選べ。

⓪　正三角形　　　　　　　①　二等辺三角形
②　直角三角形　　　　　　③　直角二等辺三角形

四角形 FHJG が正方形であることを証明した太郎さんと花子さんは，さらに，正四面体 ABCD において成り立つ他の性質を見いだし，下のように話している。

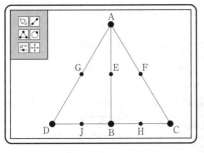
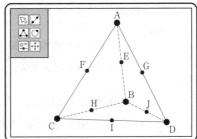

花子：線分 EI と辺 CD は垂直に交わるね。

太郎：そう見えるだけかもしれないよ。証明できる？

花子：(a)辺 CD は線分 AI とも BI とも垂直だから，(b)線分 EI と辺 CD は垂直といえるよ。

太郎：そうか……。ということは，(c)この性質は，四面体 ABCD が正四面体でなくても成り立つ場合がありそうだね。

(3) 下線部(a)から下線部(b)を導く過程で用いる性質として正しいものを，次の ⓪ ～ ④ のうちから**すべて選べ**。　キ

⓪ 平面 α 上にある直線 ℓ と平面 α 上にない直線 m が平行ならば，$\alpha \mathbin{/\mkern-2mu/} m$ である。

① 平面 α 上にある直線 ℓ，m が点 P で交わっているとき，点 P を通り平面 α 上にない直線 n が直線 ℓ，m に垂直ならば，$\alpha \perp n$ である。

② 平面 α と直線 ℓ が点 P で交わっているとき，$\alpha \perp \ell$ ならば，平面 α 上の点 P を通るすべての直線 m に対して，$\ell \perp m$ である。

③ 平面 α 上にある直線 ℓ，m がともに平面 α 上にない直線 n に垂直ならば，$\alpha \perp n$ である。

④ 平面 α 上に直線 ℓ，平面 β 上に直線 m があるとき，$\alpha \perp \beta$ ならば，$\ell \perp m$ である。

(4) 下線部(c)について，太郎さんと花子さんは正四面体でない場合についても考えてみることにした。

四面体 ABCD において，AB，CD の中点をそれぞれ E，I とするとき，下線部(b)が常に成り立つ条件について，次のように考えた。

　　太郎さんが考えた条件： AC = AD，BC = BD
　　花子さんが考えた条件： BC = AD，AC = BD

四面体 ABCD において，下線部(b)が成り立つ条件について正しく述べているものを，次の⓪〜③のうちから一つ選べ。 ク

⓪ 太郎さんが考えた条件，花子さんが考えた条件のどちらにおいても常に成り立つ。
① 太郎さんが考えた条件では常に成り立つが，花子さんが考えた条件では必ずしも成り立つとは限らない。
② 太郎さんが考えた条件では必ずしも成り立つとは限らないが，花子さんが考えた条件では常に成り立つ。
③ 太郎さんが考えた条件，花子さんが考えた条件のどちらにおいても必ずしも成り立つとは限らない。

第5問 （選択問題）

n を3以上の整数とする。紙に正方形のマスが縦横とも $(n-1)$ 個ずつ並んだマス目を書く。その $(n-1)^2$ 個のマスに，以下の**ルール**に従って数字を一つずつ書き込んだものを「方盤」と呼ぶことにする。なお，横の並びを「行」，縦の並びを「列」という。

ルール：上から k 行目，左から ℓ 列目のマスに，k と ℓ の積を n で割った余りを記入する。

$n=3$，$n=4$ のとき，方盤はそれぞれ下の図1，図2のようになる。

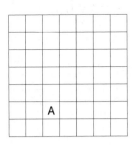

1	2
2	1

図1

1	2	3
2	0	2
3	2	1

図2

例えば，図2において，上から2行目，左から3列目には，$2 \times 3 = 6$ を4で割った余りである2が書かれている。このとき，次の問いに答えよ。

(1)　$n=8$ のとき，下の図3の方盤のAに当てはまる数を答えよ。［ア］

		A				

図3

また，図3の方盤の上から5行目に並ぶ数のうち，1が書かれているのは左から何列目であるかを答えよ。左から［イ］列目

(2) $n=7$ のとき，下の図 4 のように，方盤のいずれのマスにも 0 が現れない。

1	2	3	4	5	6
2	4	6	1	3	5
3	6	2	5	1	4
4	1	5	2	6	3
5	3	1	6	4	2
6	5	4	3	2	1

図 4

このように，方盤のいずれのマスにも 0 が現れないための，n に関する必要十分条件を，次の ⓪ 〜 ⑤ のうちから一つ選べ。　ウ

⓪ n が奇数であること。
① n が 4 で割って 3 余る整数であること。
② n が 2 の倍数でも 5 の倍数でもない整数であること。
③ n が素数であること。
④ n が素数ではないこと。
⑤ $n-1$ と n が互いに素であること。

(3) n の値がもっと大きい場合を考えよう。方盤においてどの数字がどのマスにあるかは，整数の性質を用いると簡単に求めることができる。

$n = 56$ のとき，方盤の上から 27 行目に並ぶ数のうち，1 は左から何列目にあるかを考えよう。

(i) 方盤の上から 27 行目，左から ℓ 列目の数が 1 であるとする（ただし，$1 \leqq \ell \leqq 55$）。ℓ を求めるためにはどのようにすれば良いか。正しいものを，次の ⓪～③ のうちから一つ選べ。 エ

⓪ 1 次不定方程式 $27\ell - 56m = 1$ の整数解のうち，$1 \leqq \ell \leqq 55$ を満たすものを求める。

① 1 次不定方程式 $27\ell - 56m = -1$ の整数解のうち，$1 \leqq \ell \leqq 55$ を満たすものを求める。

② 1 次不定方程式 $56\ell - 27m = 1$ の整数解のうち，$1 \leqq \ell \leqq 55$ を満たすものを求める。

③ 1 次不定方程式 $56\ell - 27m = -1$ の整数解のうち，$1 \leqq \ell \leqq 55$ を満たすものを求める。

(ii) (i)で選んだ方法により，方盤の上から 27 行目に並ぶ数のうち，1 は左から何列目にあるかを求めよ。左から オカ 列目

(4) $n = 56$ のとき,方盤の各行にそれぞれ何個の 0 があるか考えよう。

(i) 方盤の上から 24 行目には 0 が何個あるか考える。

左から ℓ 列目が 0 であるための必要十分条件は,24ℓ が 56 の倍数であること,すなわち,ℓ が キ の倍数であることである。したがって,上から 24 行目には 0 が ク 個ある。

(ii) 上から 1 行目から 55 行目までのうち,0 の個数が最も多いのは上から何行目であるか答えよ。上から ケコ 行目

(5) $n = 56$ のときの方盤について,正しいものを,次の⓪~⑤のうちからすべて選べ。 サ

⓪ 上から 5 行目には 0 がある。
① 上から 6 行目には 0 がある。
② 上から 9 行目には 1 がある。
③ 上から 10 行目には 1 がある。
④ 上から 15 行目には 7 がある。
⑤ 上から 21 行目には 7 がある。

第1回試行調査　解答上の注意　〔数学Ⅱ・数学B〕

1　解答は，解答用紙の問題番号に対応した解答欄にマークしなさい。

2　問題の文中の ア ， イウ などには，特に指示がない限り，符号($-$)，数字($0 \sim 9$)，又は文字($a \sim d$)が入ります。ア，イ，ウ，…の一つ一つは，これらのいずれか一つに対応します。それらを解答用紙のア，イ，ウ，…で示された解答欄にマークして答えなさい。

　　（例1）　アイウ に $-8a$ と答えたいとき

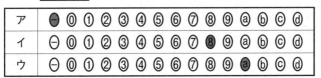

　　なお，同一の問題文中に ア ， イウ などが2度以上現れる場合，原則として，2度目以降は， ア ， イウ のように細字で表記します。

　　また，「すべて選べ」や「二つ選べ」などの指示のある問いに対して複数解答する場合は，同じ解答欄に符号，数字又は文字を**複数マーク**しなさい。

　　例えば， エ と表示のある問いに対して①，④と解答する場合は，次の（例2）のように**解答欄エの①，④にそれぞれマーク**しなさい。

　　（例2）

　　エ　⊖ ⓪ ❶ ② ③ ❹ ⑤ ⑥ ⑦ ⑧ ⑨ ⓐ ⓑ ⓒ ⓓ

3　分数形で解答する場合，分数の符号は分子につけ，分母につけてはいけません。

　　例えば，$\dfrac{オカ}{キ}$ に $-\dfrac{4}{5}$ と答えたいときは，$\dfrac{-4}{5}$ として答えなさい。

　　また，それ以上約分できない形で答えなさい。

　　例えば，$\dfrac{3}{4}$ と答えるところを，$\dfrac{6}{8}$ のように答えてはいけません。

4　小数の形で解答する場合，指定された桁数の一つ下の桁を四捨五入して答えなさい。また，必要に応じて，指定された桁まで⓪をマークしなさい。

　　例えば， ク ． ケコ に 2.5 と答えたいときには，2.50 として答えなさい。

5 根号を含む形で解答する場合，根号の中に現れる自然数が最小となる形で答えなさい．

例えば，$\boxed{サ}\sqrt{\boxed{シ}}$ に $4\sqrt{2}$ と答えるところを，$2\sqrt{8}$ のように答えてはいけません．

数学Ⅱ・数学B

問　題	選　択　方　法
第1問	必　　　答
第2問	必　　　答
第3問	いずれか2問を選択し，解答しなさい。
第4問	
第5問	

第1問　（必答問題）

〔1〕 a を定数とする。座標平面上に，原点を中心とする半径 5 の円 C と，直線 $\ell : x + y = a$ がある。

　C と ℓ が異なる 2 点で交わるための条件は，

$$-\boxed{\text{ア}}\sqrt{\boxed{\text{イ}}} < a < \boxed{\text{ア}}\sqrt{\boxed{\text{イ}}} \quad \cdots\cdots\cdots ①$$

である。①の条件を満たすとき，C と ℓ の交点の一つを $\mathrm{P}(s, t)$ とする。このとき，

$$st = \frac{a^2 - \boxed{\text{ウエ}}}{\boxed{\text{オ}}}$$

である。

〔2〕 a を 1 でない正の実数とする。(i)～(iii)のそれぞれの式について，正しいものを，下の⓪～③のうちから一つずつ選べ。ただし，同じものを繰り返し選んでもよい。

(i) $\sqrt[4]{a^3} \times a^{\frac{2}{3}} = a^2$ 　　カ

(ii) $\dfrac{(2a)^6}{(4a)^2} = \dfrac{a^3}{2}$ 　　キ

(iii) $4(\log_2 a - \log_4 a) = \log_{\sqrt{2}} a$ 　　ク

⓪ 式を満たす a の値は存在しない。
① 式を満たす a の値はちょうど一つである。
② 式を満たす a の値はちょうど二つである。
③ どのような a の値を代入しても成り立つ式である。

〔3〕

(1) 下の図の点線は $y=\sin x$ のグラフである。(i),(ii)の三角関数のグラフが実線で正しくかかれているものを，下の⓪〜⑨のうちから一つずつ選べ。ただし，同じものを選んでもよい。

(i) $y=\sin 2x$　ケ

(ii) $y=\sin\left(x+\dfrac{3}{2}\pi\right)$　コ

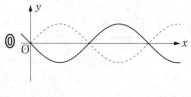
⓪

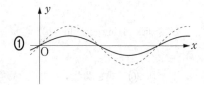
①

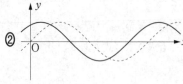
②

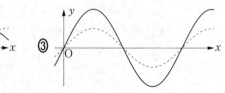
③

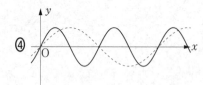
④

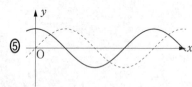
⑤

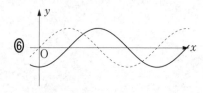
⑥

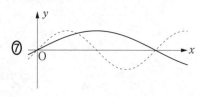
⑦

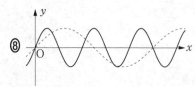
⑧

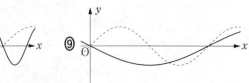
⑨

(2) 次の図はある三角関数のグラフである。その関数の式として正しいものを，下の⓪〜⑦のうちからすべて選べ。 サ

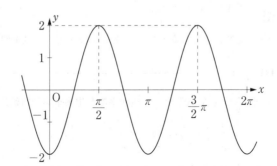

⓪ $y = 2\sin\left(2x + \dfrac{\pi}{2}\right)$ ① $y = 2\sin\left(2x - \dfrac{\pi}{2}\right)$

② $y = 2\sin 2\left(x + \dfrac{\pi}{2}\right)$ ③ $y = \sin 2\left(2x - \dfrac{\pi}{2}\right)$

④ $y = 2\cos\left(2x + \dfrac{\pi}{2}\right)$ ⑤ $y = 2\cos 2\left(x - \dfrac{\pi}{2}\right)$

⑥ $y = 2\cos 2\left(x + \dfrac{\pi}{2}\right)$ ⑦ $y = \cos 2\left(2x - \dfrac{\pi}{2}\right)$

〔4〕 先生と太郎さんと花子さんは，次の問題とその解答について話している。三人の会話を読んで，下の問いに答えよ。

【問題】

x, y を正の実数とするとき，$\left(x+\dfrac{1}{y}\right)\left(y+\dfrac{4}{x}\right)$ の最小値を求めよ。

【解答A】

$x>0$, $\dfrac{1}{y}>0$ であるから，相加平均と相乗平均の関係により

$$x+\dfrac{1}{y} \geqq 2\sqrt{x\cdot\dfrac{1}{y}}=2\sqrt{\dfrac{x}{y}} \qquad \cdots\cdots\cdots ①$$

$y>0$, $\dfrac{4}{x}>0$ であるから，相加平均と相乗平均の関係により

$$y+\dfrac{4}{x} \geqq 2\sqrt{y\cdot\dfrac{4}{x}}=4\sqrt{\dfrac{y}{x}} \qquad \cdots\cdots\cdots ②$$

である。①，②の両辺は正であるから，

$$\left(x+\dfrac{1}{y}\right)\left(y+\dfrac{4}{x}\right) \geqq 2\sqrt{\dfrac{x}{y}}\cdot 4\sqrt{\dfrac{y}{x}}=8$$

よって，求める最小値は8である。

【解答B】

$$\left(x+\dfrac{1}{y}\right)\left(y+\dfrac{4}{x}\right)=xy+\dfrac{4}{xy}+5$$

であり，$xy>0$ であるから，相加平均と相乗平均の関係により

$$xy+\dfrac{4}{xy} \geqq 2\sqrt{xy\cdot\dfrac{4}{xy}}=4$$

である。すなわち，

$$xy+\dfrac{4}{xy}+5 \geqq 4+5=9$$

よって，求める最小値は9である。

先生 「同じ問題なのに，解答 A と解答 B で答えが違っていますね。」
太郎 「計算が間違っているのかな。」
花子 「いや，どちらも計算は間違えていないみたい。」
太郎 「答えが違うということは，どちらかは正しくないということだよね。」
先生 「なぜ解答 A と解答 B で違う答えが出てしまったのか，考えてみましょう。」
花子 「実際に x と y に値を代入して調べてみよう。」
太郎 「例えば $x=1$, $y=1$ を代入してみると，$\left(x+\dfrac{1}{y}\right)\left(y+\dfrac{4}{x}\right)$ の値は 2×5 だから 10 だ。」
花子 「$x=2$, $y=2$ のときの値は $\dfrac{5}{2}\times 4=10$ になった。」
太郎 「$x=2$, $y=1$ のときの値は $3\times 3=9$ になる。」

（太郎と花子，いろいろな値を代入して計算する）

花子 「先生，ひょっとして シ ということですか。」
先生 「そのとおりです。よく気づきましたね。」
花子 「正しい最小値は ス ですね。」

(1) シ に当てはまるものを，次の⓪〜③のうちから一つ選べ。

⓪ $xy+\dfrac{4}{xy}=4$ を満たす x, y の値がない

① $x+\dfrac{1}{y}=2\sqrt{\dfrac{x}{y}}$ かつ $xy+\dfrac{4}{xy}=4$ を満たす x, y の値がある

② $x+\dfrac{1}{y}=2\sqrt{\dfrac{x}{y}}$ かつ $y+\dfrac{4}{x}=4\sqrt{\dfrac{y}{x}}$ を満たす x, y の値がない

③ $x+\dfrac{1}{y}=2\sqrt{\dfrac{x}{y}}$ かつ $y+\dfrac{4}{x}=4\sqrt{\dfrac{y}{x}}$ を満たす x, y の値がある

(2) ス に当てはまる数を答えよ。

第2問 （必答問題）

a を定数とする。関数 $f(x)$ に対し，$S(x) = \int_a^x f(t)dt$ とおく。このとき，関数 $S(x)$ の増減から $y = f(x)$ のグラフの概形を考えよう。

(1) $S(x)$ は 3 次関数であるとし，$y = S(x)$ のグラフは次の図のように，2 点 $(-1, 0)$，$(0, 4)$ を通り，点 $(2, 0)$ で x 軸に接しているとする。

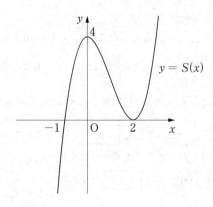

このとき，
$$S(x) = \left(x + \boxed{\text{ア}}\right)\left(x - \boxed{\text{イ}}\right)^{\boxed{\text{ウ}}}$$

である。$S(a) = \boxed{\text{エ}}$ であるから，a を負の定数とするとき，$a = \boxed{\text{オカ}}$ である。

関数 $S(x)$ は $x=\boxed{キ}$ を境に増加から減少に移り，$x=\boxed{ク}$ を境に減少から増加に移っている。したがって，関数 $f(x)$ について，$x=\boxed{キ}$ のとき $\boxed{ケ}$ であり，$x=\boxed{ク}$ のとき $\boxed{コ}$ である。また，$\boxed{キ}<x<\boxed{ク}$ の範囲では $\boxed{サ}$ である。

$\boxed{ケ}$，$\boxed{コ}$，$\boxed{サ}$ については，当てはまるものを，次の⓪〜④のうちから一つずつ選べ。ただし，同じものを繰り返し選んでもよい。

⓪ $f(x)$ の値は 0　　① $f(x)$ の値は正　　② $f(x)$ の値は負
③ $f(x)$ は極大　　④ $f(x)$ は極小

$y=f(x)$ のグラフの概形として最も適当なものを，次の⓪〜⑤のうちから一つ選べ。$\boxed{シ}$

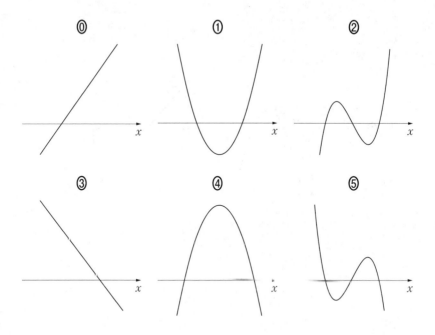

(2) (1)からわかるように，関数 $S(x)$ の増減から $y=f(x)$ のグラフの概形を考えることができる。

$a=0$ とする。次の⓪〜④は $y=S(x)$ のグラフの概形と $y=f(x)$ のグラフの概形の組である。このうち，$S(x)=\int_0^x f(t)dt$ の関係と**矛盾するもの**を二つ選べ。 ス

⓪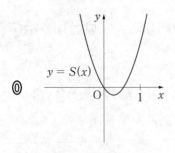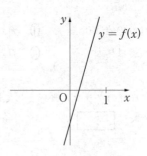

①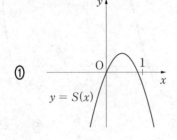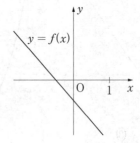

②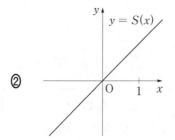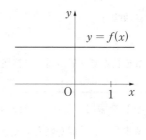

③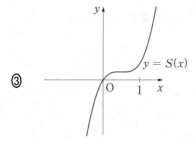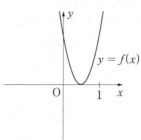

④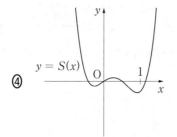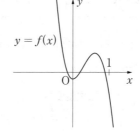

第3問 (選択問題)

次の文章を読んで，下の問いに答えよ。

> ある薬Dを服用したとき，有効成分の血液中の濃度(血中濃度)は一定の割合で減少し，T 時間が経過すると $\frac{1}{2}$ 倍になる。薬Dを1錠服用すると，服用直後の血中濃度は P だけ増加する。時間0で血中濃度が P であるとき，血中濃度の変化は次のグラフで表される。適切な効果が得られる血中濃度の最小値を M，副作用を起こさない血中濃度の最大値を L とする。
>
>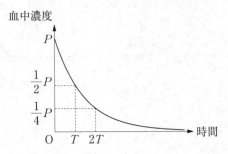
>
> 薬Dについては，$M = 2$，$L = 40$，$P = 5$，$T = 12$ である。

(1) 薬Dについて，12時間ごとに1錠ずつ服用するときの血中濃度の変化は次のグラフのようになる。

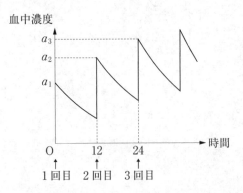

n を自然数とする。a_n は n 回目の服用直後の血中濃度である。a_1 は P と一致すると考えてよい。第 $(n+1)$ 回目の服用直前には，血中濃度は第 n 回目の服用直後から時間の経過に応じて減少しており，薬を服用した直後に血中濃度が P だけ上昇する。この血中濃度が a_{n+1} である。

$P = 5$, $T = 12$ であるから，数列 $\{a_n\}$ の初項と漸化式は

$$a_1 = \boxed{ア}, \quad a_{n+1} = \frac{\boxed{イ}}{\boxed{ウ}} a_n + \boxed{エ} \quad (n = 1, 2, 3, \cdots)$$

となる。

数列 $\{a_n\}$ の一般項を求めてみよう。

---【考え方1】---

数列 $\{a_n - d\}$ が等比数列となるような定数 d を求める。$d = \boxed{オカ}$ に対して，数列 $\{a_n - d\}$ が公比 $\dfrac{\boxed{キ}}{\boxed{ク}}$ の等比数列になることを用いる。

---【考え方2】---

階差数列をとって考える。数列 $\{a_{n+1} - a_n\}$ が公比 $\dfrac{\boxed{ケ}}{\boxed{コ}}$ の等比数列になることを用いる。

いずれの考え方を用いても，一般項を求めることができ，

$$a_n = \boxed{サシ} - \boxed{ス} \left(\frac{\boxed{セ}}{\boxed{ソ}} \right)^{n-1} \quad (n = 1, 2, 3, \cdots)$$

である。

(2) 薬Dについては，$M = 2$，$L = 40$ である。薬Dを12時間ごとに1錠ずつ服用する場合，n回目の服用直前の血中濃度が $a_n - P$ であることに注意して，正しいものを，次の⓪～⑤のうちから二つ選べ。 タ

⓪ 4回目の服用までは血中濃度が L を超えないが，5回目の服用直後に血中濃度が L を超える。

① 5回目の服用までは血中濃度が L を超えないが，服用し続けるといつか必ず L を超える。

② どれだけ継続して服用しても血中濃度が L を超えることはない。

③ 1回目の服用直後に血中濃度が P に達して以降，血中濃度が M を下回ることはないので，1回目の服用以降は適切な効果が持続する。

④ 2回目までは服用直前に血中濃度が M 未満になるが，2回目の服用以降は，血中濃度が M を下回ることはないので，適切な効果が持続する。

⑤ 5回目までは服用直前に血中濃度が M 未満になるが，5回目の服用以降は，血中濃度が M を下回ることはないので，適切な効果が持続する。

(3) (1)と同じ服用量で，服用間隔の条件のみを24時間に変えた場合の血中濃度を調べよう。薬Dを24時間ごとに1錠ずつ服用するときの，n回目の服用直後の血中濃度を b_n とする。n回目の服用直前の血中濃度は $b_n - P$ である。最初の服用から $24n$ 時間経過後の服用直前の血中濃度である $a_{2n+1} - P$ と $b_{n+1} - P$ を比較する。$b_{n+1} - P$ と $a_{2n+1} - P$ の比を求めると，

$$\frac{b_{n+1} - P}{a_{2n+1} - P} = \frac{\boxed{チ}}{\boxed{ツ}}$$

となる。

(4) 薬Dを24時間ごとにk錠ずつ服用する場合には，最初の服用直後の血中濃度はkPとなる。服用量を変化させてもTの値は変わらないものとする。

薬Dを12時間ごとに1錠ずつ服用した場合と24時間ごとにk錠ずつ服用した場合の血中濃度を比較すると，最初の服用から$24n$時間経過後の各服用直前の血中濃度が等しくなるのは，$k = \boxed{\text{テ}}$のときである。したがって，24時間ごとにk錠ずつ服用する場合の各服用直前の血中濃度を，12時間ごとに1錠ずつ服用する場合の血中濃度以上とするためには$k \geq \boxed{\text{テ}}$でなくてはならない。

また，24時間ごとの服用量を$\boxed{\text{テ}}$錠にするとき，正しいものを，次の⓪～③のうちから一つ選べ。$\boxed{\text{ト}}$

⓪ 1回目の服用以降，服用直後の血中濃度が常にLを超える。

① 4回目の服用直後までの血中濃度はL未満だが，5回目以降は服用直後の血中濃度が常にLを超える。

② 9回目の服用直後までの血中濃度はL未満だが，10回目以降は服用直後の血中濃度が常にLを超える。

③ どれだけ継続して服用しても血中濃度がLを超えることはない。

第4問 （選択問題）

四面体 OABC について，OA ⊥ BC が成り立つための条件を考えよう．次の問いに答えよ．ただし，$\vec{OA} = \vec{a}$，$\vec{OB} = \vec{b}$，$\vec{OC} = \vec{c}$ とする．

(1) O(0, 0, 0)，A(1, 1, 0)，B(1, 0, 1)，C(0, 1, 1) のとき，$\vec{a} \cdot \vec{b} =$ ア となる．$\vec{OA} \neq \vec{0}$，$\vec{BC} \neq \vec{0}$ であることに注意すると，$\vec{OA} \cdot \vec{BC} =$ イ により OA ⊥ BC である．

(2) 四面体 OABC について，OA ⊥ BC となるための必要十分条件を，次の ⓪〜③ のうちから一つ選べ． ウ

⓪ $\vec{a} \cdot \vec{b} = \vec{b} \cdot \vec{c}$ 　　① $\vec{a} \cdot \vec{b} = \vec{a} \cdot \vec{c}$
② $\vec{b} \cdot \vec{c} = 0$ 　　　③ $|\vec{a}|^2 = \vec{b} \cdot \vec{c}$

(3) OA ⊥ BC が常に成り立つ四面体を，次の ⓪〜⑤ のうちから一つ選べ． エ

⓪ OA = OB かつ ∠AOB = ∠AOC であるような四面体 OABC
① OA = OB かつ ∠AOB = ∠BOC であるような四面体 OABC
② OB = OC かつ ∠AOB = ∠AOC であるような四面体 OABC
③ OB = OC かつ ∠AOC = ∠BOC であるような四面体 OABC
④ OC = OA かつ ∠AOC = ∠BOC であるような四面体 OABC
⑤ OC = OA かつ ∠AOB = ∠BOC であるような四面体 OABC

(4) OC = OB = AB = AC を満たす四面体 OABC について，OA ⊥ BC が成り立つことを下のように証明した。

【証明】

線分 OA の中点を D とする。

$\vec{BD} = \dfrac{1}{2}(\boxed{オ} + \boxed{カ})$, $\vec{OA} = \boxed{オ} - \boxed{カ}$ により

$\vec{BD} \cdot \vec{OA} = \dfrac{1}{2}\{|\boxed{オ}|^2 - |\boxed{カ}|^2\}$ である。

また，$|\boxed{オ}| = |\boxed{カ}|$ により $\vec{OA} \cdot \vec{BD} = 0$ である。

同様に，$\boxed{キ}$ により $\vec{OA} \cdot \vec{CD} = 0$ である。

このことから $\vec{OA} \neq \vec{0}$, $\vec{BC} \neq \vec{0}$ であることに注意すると，

$\vec{OA} \cdot \vec{BC} = \vec{OA} \cdot (\vec{BD} - \vec{CD}) = 0$ により OA ⊥ BC である。

(i) $\boxed{オ}$, $\boxed{カ}$ に当てはまるものを，次の⓪〜③のうちからそれぞれ一つずつ選べ。ただし，同じものを選んでもよい。

⓪ $\vec{BA}$　　① $\vec{BC}$　　② $\vec{BD}$　　③ $\vec{BO}$

(ii) $\boxed{キ}$ に当てはまるものを，次の⓪〜④のうちから一つ選べ。

⓪ $|\vec{CO}| = |\vec{CB}|$　　① $|\vec{CO}| = |\vec{CA}|$　　② $|\vec{OB}| = |\vec{OC}|$

③ $|\vec{AB}| = |\vec{AC}|$　　④ $|\vec{BO}| = |\vec{BA}|$

(5) (4)の証明は，OC = OB = AB = AC のすべての等号が成り立つことを条件として用いているわけではない。このことに注意して，OA ⊥ BC が成り立つ四面体を，次の⓪〜③のうちから一つ選べ。 ク

⓪ OC = AC かつ OB = AB かつ OB ≠ OC であるような四面体 OABC
① OC = AB かつ OB = AC かつ OC ≠ OB であるような四面体 OABC
② OC = AB = AC かつ OC ≠ OB であるような四面体 OABC
③ OC = OB = AC かつ OC ≠ AB であるような四面体 OABC

第5問 (選択問題)

　ある工場では，内容量が100 gと記載されたポップコーンを製造している。のり子さんが，この工場で製造されたポップコーン1袋を購入して調べたところ，内容量は98 gであった。のり子さんは「記載された内容量は誤っているのではないか」と考えた。そこで，のり子さんは，この工場で製造されたポップコーンを100袋購入して調べたところ，標本平均は104 g，標本の標準偏差は2 gであった。

　以下の問題を解答するにあたっては，必要に応じて58ページの正規分布表を用いてもよい。

(1)　ポップコーン1袋の内容量を確率変数Xで表すこととする。のり子さんの調査の結果をもとに，Xは平均104 g，標準偏差2 gの正規分布に従うものとする。

　このとき，Xが100 g以上106 g以下となる確率は0.「アイウ」であり，Xが98 g以下となる確率は0.「エオカ」である。この98 g以下となる確率は，「コインを「キ」枚同時に投げたとき，すべて表が出る確率」に近い確率であり，起こる可能性が非常に低いことがわかる。「キ」については，最も適当なものを，次の⓪～④のうちから一つ選べ。

　　⓪　6　　①　8　　②　10　　③　12　　④　14

のり子さんがポップコーンを購入した店では，この工場で製造されたポップコーン2袋をテープでまとめて売っている。ポップコーンを入れる袋は1袋あたり5gであることがわかっている。テープでまとめられたポップコーン2袋分の重さを確率変数 Y で表すとき，Y の平均を m_Y，標準偏差を σ とおけば，$m_Y = $ クケコ である。ただし，テープの重さはないものとする。

また，標準偏差 σ と確率変数 X，Y について，正しいものを，次の⓪〜⑤のうちから一つ選べ。 サ

⓪ $\sigma = 2$ であり，Y について $m_Y - 2 \leqq Y \leqq m_Y + 2$ となる確率は，X について $102 \leqq X \leqq 106$ となる確率と同じである。

① $\sigma = 2\sqrt{2}$ であり，Y について $m_Y - 2\sqrt{2} \leqq Y \leqq m_Y + 2\sqrt{2}$ となる確率は，X について $102 \leqq X \leqq 106$ となる確率と同じである。

② $\sigma = 2\sqrt{2}$ であり，Y について $m_Y - 2\sqrt{2} \leqq Y \leqq m_Y + 2\sqrt{2}$ となる確率は，X について $102 \leqq X \leqq 106$ となる確率の $\sqrt{2}$ 倍である。

③ $\sigma = 4$ であり，Y について $m_Y - 2 \leqq Y \leqq m_Y + 2$ となる確率は，X について $102 \leqq X \leqq 106$ となる確率と同じである。

④ $\sigma = 4$ であり，Y について $m_Y - 4 \leqq Y \leqq m_Y + 4$ となる確率は，X について $102 \leqq X \leqq 106$ となる確率と同じである。

⑤ $\sigma = 4$ であり，Y について $m_Y - 4 \leqq Y \leqq m_Y + 4$ となる確率は，X について $102 \leqq X \leqq 106$ となる確率の4倍である。

(2) 次にのり子さんは，内容量が 100 g と記載されたポップコーンについて，内容量の母平均 m の推定を行った。

のり子さんが調べた 100 袋の標本平均 104 g，標本の標準偏差 2 g をもとに考えるとき，小数第 2 位を四捨五入した信頼度(信頼係数)95 % の信頼区間を，次の ⓪～⑤ のうちから一つ選べ。 シ

⓪ $100.1 \leq m \leq 107.9$ ① $102.0 \leq m \leq 106.0$
② $103.0 \leq m \leq 105.0$ ③ $103.6 \leq m \leq 104.4$
④ $103.8 \leq m \leq 104.2$ ⑤ $103.9 \leq m \leq 104.1$

同じ標本をもとにした信頼度 99 % の信頼区間について，正しいものを，次の ⓪～② のうちから一つ選べ。 ス

⓪ 信頼度 95 % の信頼区間と同じ範囲である。
① 信頼度 95 % の信頼区間より狭い範囲になる。
② 信頼度 95 % の信頼区間より広い範囲になる。

母平均 m に対する信頼度 D % の信頼区間を $A \leq m \leq B$ とするとき，この信頼区間の幅を $B - A$ と定める。

のり子さんは信頼区間の幅を シ と比べて半分にしたいと考えた。そのための方法は 2 通りある。

一つは，信頼度を変えずに標本の大きさを セ 倍にすることであり，もう一つは，標本の大きさを変えずに信頼度を ソタ . チ % にすることである。

正 規 分 布 表

次の表は，標準正規分布の分布曲線における右図の灰色部分の面積の値をまとめたものである。

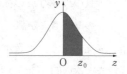

z_0	0.00	0.01	0.02	0.03	0.04	0.05	0.06	0.07	0.08	0.09
0.0	0.0000	0.0040	0.0080	0.0120	0.0160	0.0199	0.0239	0.0279	0.0319	0.0359
0.1	0.0398	0.0438	0.0478	0.0517	0.0557	0.0596	0.0636	0.0675	0.0714	0.0753
0.2	0.0793	0.0832	0.0871	0.0910	0.0948	0.0987	0.1026	0.1064	0.1103	0.1141
0.3	0.1179	0.1217	0.1255	0.1293	0.1331	0.1368	0.1406	0.1443	0.1480	0.1517
0.4	0.1554	0.1591	0.1628	0.1664	0.1700	0.1736	0.1772	0.1808	0.1844	0.1879
0.5	0.1915	0.1950	0.1985	0.2019	0.2054	0.2088	0.2123	0.2157	0.2190	0.2224
0.6	0.2257	0.2291	0.2324	0.2357	0.2389	0.2422	0.2454	0.2486	0.2517	0.2549
0.7	0.2580	0.2611	0.2642	0.2673	0.2704	0.2734	0.2764	0.2794	0.2823	0.2852
0.8	0.2881	0.2910	0.2939	0.2967	0.2995	0.3023	0.3051	0.3078	0.3106	0.3133
0.9	0.3159	0.3186	0.3212	0.3238	0.3264	0.3289	0.3315	0.3340	0.3365	0.3389
1.0	0.3413	0.3438	0.3461	0.3485	0.3508	0.3531	0.3554	0.3577	0.3599	0.3621
1.1	0.3643	0.3665	0.3686	0.3708	0.3729	0.3749	0.3770	0.3790	0.3810	0.3830
1.2	0.3849	0.3869	0.3888	0.3907	0.3925	0.3944	0.3962	0.3980	0.3997	0.4015
1.3	0.4032	0.4049	0.4066	0.4082	0.4099	0.4115	0.4131	0.4147	0.4162	0.4177
1.4	0.4192	0.4207	0.4222	0.4236	0.4251	0.4265	0.4279	0.4292	0.4306	0.4319
1.5	0.4332	0.4345	0.4357	0.4370	0.4382	0.4394	0.4406	0.4418	0.4429	0.4441
1.6	0.4452	0.4463	0.4474	0.4484	0.4495	0.4505	0.4515	0.4525	0.4535	0.4545
1.7	0.4554	0.4564	0.4573	0.4582	0.4591	0.4599	0.4608	0.4616	0.4625	0.4633
1.8	0.4641	0.4649	0.4656	0.4664	0.4671	0.4678	0.4686	0.4693	0.4699	0.4706
1.9	0.4713	0.4719	0.4726	0.4732	0.4738	0.4744	0.4750	0.4756	0.4761	0.4767
2.0	0.4772	0.4778	0.4783	0.4788	0.4793	0.4798	0.4803	0.4808	0.4812	0.4817
2.1	0.4821	0.4826	0.4830	0.4834	0.4838	0.4842	0.4846	0.4850	0.4854	0.4857
2.2	0.4861	0.4864	0.4868	0.4871	0.4875	0.4878	0.4881	0.4884	0.4887	0.4890
2.3	0.4893	0.4896	0.4898	0.4901	0.4904	0.4906	0.4909	0.4911	0.4913	0.4916
2.4	0.4918	0.4920	0.4922	0.4925	0.4927	0.4929	0.4931	0.4932	0.4934	0.4936
2.5	0.4938	0.4940	0.4941	0.4943	0.4945	0.4946	0.4948	0.4949	0.4951	0.4952
2.6	0.4953	0.4955	0.4956	0.4957	0.4959	0.4960	0.4961	0.4962	0.4963	0.4964
2.7	0.4965	0.4966	0.4967	0.4968	0.4969	0.4970	0.4971	0.4972	0.4973	0.4974
2.8	0.4974	0.4975	0.4976	0.4977	0.4977	0.4978	0.4979	0.4979	0.4980	0.4981
2.9	0.4981	0.4982	0.4982	0.4983	0.4984	0.4984	0.4985	0.4985	0.4986	0.4986
3.0	0.4987	0.4987	0.4987	0.4988	0.4988	0.4989	0.4989	0.4989	0.4990	0.4990

センター試験

本試験

2020

数学Ⅰ・A ……………… 2
数学Ⅱ・B ……………… 20
数学Ⅰ ……………………… 34
数学Ⅱ ……………………… 50

各科目とも　60分　100点

数学Ⅰ・数学A

問　題	選　択　方　法
第1問	必　　答
第2問	必　　答
第3問	いずれか2問を選択し，解答しなさい。
第4問	
第5問	

第1問　(必答問題)（配点 30）

〔1〕 a を定数とする。

(1) 直線 $\ell : y = (a^2 - 2a - 8)x + a$ の傾きが負となるのは，a の値の範囲が

$$\boxed{アイ} < a < \boxed{ウ}$$

のときである。

(2) $a^2 - 2a - 8 \neq 0$ とし，(1)の直線 ℓ と x 軸との交点の x 座標を b とする。

　$a > 0$ の場合，$b > 0$ となるのは $\boxed{エ} < a < \boxed{オ}$ のときである。

　$a \leq 0$ の場合，$b > 0$ となるのは $a < \boxed{カキ}$ のときである。

　また，$a = \sqrt{3}$ のとき

$$b = \frac{\boxed{ク}\sqrt{\boxed{ケ}} - \boxed{コ}}{\boxed{サシ}}$$

である。

〔2〕 自然数 n に関する三つの条件 p, q, r を次のように定める。

p：n は4の倍数である
q：n は6の倍数である
r：n は24の倍数である

条件 p, q, r の否定をそれぞれ $\bar{p}, \bar{q}, \bar{r}$ で表す。

条件 p を満たす自然数全体の集合を P とし，条件 q を満たす自然数全体の集合を Q とし，条件 r を満たす自然数全体の集合を R とする。自然数全体の集合を全体集合とし，集合 P, Q, R の補集合をそれぞれ $\bar{P}, \bar{Q}, \bar{R}$ で表す。

(1) 次の ス に当てはまるものを，下の⓪～⑤のうちから一つ選べ。

$32 \in$ ス である。

⓪ $P \cap Q \cap R$　　① $P \cap Q \cap \bar{R}$　　② $P \cap \bar{Q}$
③ $\bar{P} \cap Q$　　④ $\bar{P} \cap \bar{Q} \cap R$　　⑤ $\bar{P} \cap \bar{Q} \cap \bar{R}$

(2) 次の タ に当てはまるものを，下の⓪～④のうちから一つ選べ。

　　$P \cap Q$ に属する自然数のうち最小のものは セソ である。
　　また，セソ タ R である。

　　⓪ $=$　　① $\subset$　　② $\supset$　　③ $\in$　　④ $\notin$

(3) 次の チ に当てはまるものを，下の⓪～③のうちから一つ選べ。

　　自然数 セソ は，命題 チ の反例である。

　　⓪ 「$(p \text{かつ} q) \Longrightarrow \bar{r}$」　　① 「$(p \text{または} q) \Longrightarrow \bar{r}$」
　　② 「$r \Longrightarrow (p \text{かつ} q)$」　　③ 「$(p \text{かつ} q) \Longrightarrow r$」

〔3〕 cを定数とする。2次関数 $y = x^2$ のグラフを，2点 $(c, 0)$，$(c+4, 0)$ を通るように平行移動して得られるグラフを G とする。

(1) G をグラフにもつ2次関数は，c を用いて

$$y = x^2 - 2\left(c + \boxed{ツ}\right)x + c\left(c + \boxed{テ}\right)$$

と表せる。

2点 $(3, 0)$，$(3, -3)$ を両端とする線分と G が共有点をもつような c の値の範囲は

$$-\boxed{ト} \leqq c \leqq \boxed{ナ}, \quad \boxed{ニ} \leqq c \leqq \boxed{ヌ}$$

である。

(2) $\boxed{ニ} \leqq c \leqq \boxed{ヌ}$ の場合を考える。G が点 $(3, -1)$ を通るとき，G は2次関数 $y = x^2$ のグラフを x 軸方向に $\boxed{ネ} + \sqrt{\boxed{ノ}}$，$y$ 軸方向に $\boxed{ハヒ}$ だけ平行移動したものである。また，このとき G と y 軸との交点の y 座標は $\boxed{フ} + \boxed{ヘ}\sqrt{\boxed{ホ}}$ である。

第2問 （必答問題）（配点 30）

〔1〕 △ABCにおいて，BC = $2\sqrt{2}$ とする。∠ACBの二等分線と辺ABの交点をDとし，CD = $\sqrt{2}$, $\cos \angle BCD = \dfrac{3}{4}$ とする。このとき，BD = $\boxed{\text{ア}}$ であり

$$\sin \angle ADC = \dfrac{\sqrt{\boxed{\text{イウ}}}}{\boxed{\text{エ}}}$$

である。$\dfrac{AC}{AD} = \sqrt{\boxed{\text{オ}}}$ であるから

$$AD = \boxed{\text{カ}}$$

である。また，△ABCの外接円の半径は $\dfrac{\boxed{\text{キ}}\sqrt{\boxed{\text{ク}}}}{\boxed{\text{ケ}}}$ である。

〔2〕

(1) 次の コ ， サ に当てはまるものを，下の⓪〜⑤のうちから一つずつ選べ。ただし，解答の順序は問わない。

99個の観測値からなるデータがある。四分位数について述べた記述で，どのようなデータでも成り立つものは コ と サ である。

⓪ 平均値は第1四分位数と第3四分位数の間にある。
① 四分位範囲は標準偏差より大きい。
② 中央値より小さい観測値の個数は49個である。
③ 最大値に等しい観測値を1個削除しても第1四分位数は変わらない。
④ 第1四分位数より小さい観測値と，第3四分位数より大きい観測値とをすべて削除すると，残りの観測値の個数は51個である。
⑤ 第1四分位数より小さい観測値と，第3四分位数より大きい観測値とをすべて削除すると，残りの観測値からなるデータの範囲はもとのデータの四分位範囲に等しい。

(2) 図1は，平成27年の男の市区町村別平均寿命のデータを47の都道府県 P1, P2, …, P47 ごとに箱ひげ図にして，並べたものである。

次の(I), (II), (III)は図1に関する記述である。

(I) 四分位範囲はどの都道府県においても1以下である。
(II) 箱ひげ図は中央値が小さい値から大きい値の順に上から下へ並んでいる。
(III) P1のデータのどの値とP47のデータのどの値とを比較しても1.5以上の差がある。

次の シ に当てはまるものを，下の⓪〜⑦のうちから一つ選べ。

(I), (II), (III)の正誤の組合せとして正しいものは シ である。

	⓪	①	②	③	④	⑤	⑥	⑦
(I)	正	正	正	誤	正	誤	誤	誤
(II)	正	正	誤	正	誤	正	誤	誤
(III)	正	誤	正	正	誤	誤	正	誤

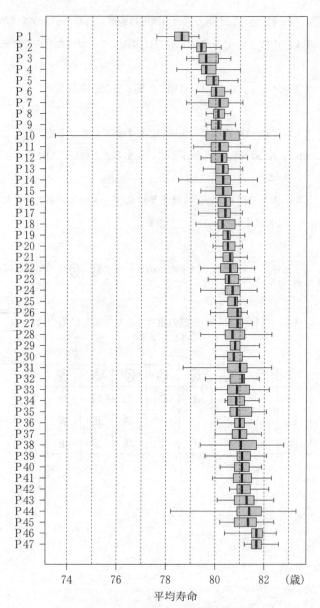

図1　男の市区町村別平均寿命の箱ひげ図
（出典：厚生労働省のWebページにより作成）

(3) ある県は 20 の市区町村からなる。図 2 はその県の男の市区町村別平均寿命のヒストグラムである。なお，ヒストグラムの各階級の区間は，左側の数値を含み，右側の数値を含まない。

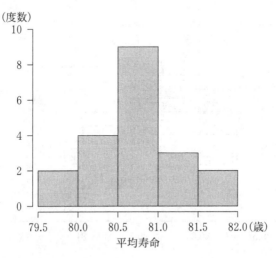

図 2 　市区町村別平均寿命のヒストグラム

（出典：厚生労働省の Web ページにより作成）

次の ス に当てはまるものを，下の⓪〜⑦のうちから一つ選べ。

図2のヒストグラムに対応する箱ひげ図は ス である。

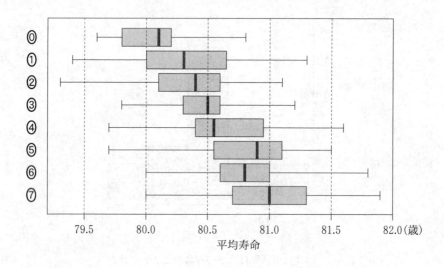

(4) 図3は，平成27年の男の都道府県別平均寿命と女の都道府県別平均寿命の散布図である。2個の点が重なって区別できない所は黒丸にしている。図には補助的に切片が5.5から7.5まで0.5刻みで傾き1の直線を5本付加している。

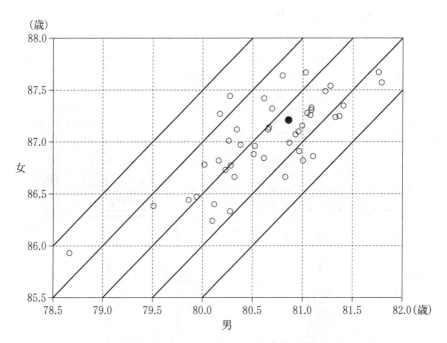

図3　男と女の都道府県別平均寿命の散布図

(出典：厚生労働省のWebページにより作成)

次の セ に当てはまるものを，下の⓪〜③のうちから一つ選べ。

都道府県ごとに男女の平均寿命の差をとったデータに対するヒストグラムは セ である。なお，ヒストグラムの各階級の区間は，左側の数値を含み，右側の数値を含まない。

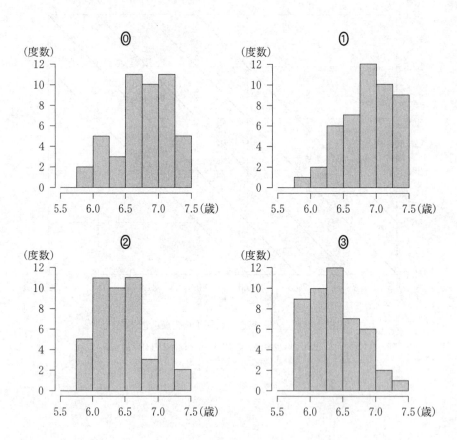

第3問 （選択問題）（配点 20）

〔1〕 次の ア ， イ に当てはまるものを，下の⓪～③のうちから一つずつ選べ。ただし，解答の順序は問わない。

正しい記述は ア と イ である。

⓪ 1枚のコインを投げる試行を5回繰り返すとき，少なくとも1回は表が出る確率を p とすると，$p > 0.95$ である。

① 袋の中に赤球と白球が合わせて8個入っている。球を1個取り出し，色を調べてから袋に戻す試行を行う。この試行を5回繰り返したところ赤球が3回出た。したがって，1回の試行で赤球が出る確率は $\dfrac{3}{5}$ である。

② 箱の中に「い」と書かれたカードが1枚，「ろ」と書かれたカードが2枚，「は」と書かれたカードが2枚の合計5枚のカードが入っている。同時に2枚のカードを取り出すとき，書かれた文字が異なる確率は $\dfrac{4}{5}$ である。

③ コインの面を見て「オモテ(表)」または「ウラ(裏)」とだけ発言するロボットが2体ある。ただし，どちらのロボットも出た面に対して正しく発言する確率が0.9，正しく発言しない確率が0.1であり，これら2体は互いに影響されることなく発言するものとする。いま，ある人が1枚のコインを投げる。出た面を見た2体が，ともに「オモテ」と発言したときに，実際に表が出ている確率を p とすると，$p \leq 0.9$ である。

〔2〕 1枚のコインを最大で5回投げるゲームを行う。このゲームでは，1回投げるごとに表が出たら持ち点に2点を加え，裏が出たら持ち点に−1点を加える。はじめの持ち点は0点とし，ゲーム終了のルールを次のように定める。

- 持ち点が再び0点になった場合は，その時点で終了する。
- 持ち点が再び0点にならない場合は，コインを5回投げ終わった時点で終了する。

(1) コインを2回投げ終わって持ち点が−2点である確率は $\dfrac{\boxed{ウ}}{\boxed{エ}}$ である。また，コインを2回投げ終わって持ち点が1点である確率は $\dfrac{\boxed{オ}}{\boxed{カ}}$ である。

(2) 持ち点が再び0点になることが起こるのは，コインを $\boxed{キ}$ 回投げ終わったときである。コインを $\boxed{キ}$ 回投げ終わって持ち点が0点になる確率は $\dfrac{\boxed{ク}}{\boxed{ケ}}$ である。

(3) ゲームが終了した時点で持ち点が4点である確率は $\dfrac{\boxed{コ}}{\boxed{サシ}}$ である。

(4) ゲームが終了した時点で持ち点が4点であるとき，コインを2回投げ終わって持ち点が1点である条件付き確率は $\dfrac{\boxed{ス}}{\boxed{セ}}$ である。

第4問　(選択問題)（配点　20）

(1) x を循環小数 $2.\dot{3}\dot{6}$ とする。すなわち

$$x = 2.363636 \cdots\cdots$$

とする。このとき

$$100 \times x - x = 236.\dot{3}\dot{6} - 2.\dot{3}\dot{6}$$

であるから，x を分数で表すと

$$x = \frac{\boxed{アイ}}{\boxed{ウエ}}$$

である。

(2) 有理数 y は，7 進法で表すと，二つの数字の並び ab が繰り返し現れる循環小数 $2.\dot{a}\dot{b}_{(7)}$ になるとする。ただし，a, b は 0 以上 6 以下の **異なる** 整数である。このとき

$$49 \times y - y = 2ab.\dot{a}\dot{b}_{(7)} - 2.\dot{a}\dot{b}_{(7)}$$

であるから

$$y = \frac{\boxed{オカ} + 7 \times a + b}{\boxed{キク}}$$

と表せる。

(i) y が，分子が奇数で分母が 4 である分数で表されるのは

$$y = \frac{\boxed{ケ}}{4} \quad または \quad y = \frac{\boxed{コサ}}{4}$$

のときである。$y = \dfrac{\boxed{コサ}}{4}$ のときは，$7 \times a + b = \boxed{シス}$ であるから

$$a = \boxed{セ}, \quad b = \boxed{ソ}$$

である。

(ii) $y - 2$ は，分子が 1 で分母が 2 以上の整数である分数で表されるとする。このような y の個数は，全部で $\boxed{タ}$ 個である。

第5問 (選択問題)(配点 20)

△ABC において，辺 BC を 7：1 に内分する点を D とし，辺 AC を 7：1 に内分する点を E とする。線分 AD と線分 BE の交点を F とし，直線 CF と辺 AB の交点を G とすると

$$\frac{GB}{AG} = \boxed{ア}, \quad \frac{FD}{AF} = \frac{\boxed{イ}}{\boxed{ウ}}, \quad \frac{FC}{GF} = \frac{\boxed{エ}}{\boxed{オ}}$$

である。したがって

$$\frac{\triangle CDG \text{ の面積}}{\triangle BFG \text{ の面積}} = \frac{\boxed{カ}}{\boxed{キク}}$$

となる。

4 点 B, D, F, G が同一円周上にあり，かつ FD = 1 のとき

$$AB = \boxed{ケコ}$$

である。さらに，AE = $3\sqrt{7}$ とするとき，AE・AC = $\boxed{サシ}$ であり

$$\angle AEG = \boxed{ス}$$

である。$\boxed{ス}$ に当てはまるものを，次の ⓪〜③ のうちから一つ選べ。

⓪ ∠BGE   ① ∠ADB   ② ∠ABC   ③ ∠BAD

数学Ⅱ・数学B

問　題	選　択　方　法
第1問	必　　答
第2問	必　　答
第3問	いずれか2問を選択し，解答しなさい。
第4問	
第5問	

第1問 (必答問題)(配点 30)

〔1〕

(1) $0 \leqq \theta < 2\pi$ のとき

$$\sin\theta > \sqrt{3}\cos\left(\theta - \frac{\pi}{3}\right) \quad \cdots\cdots\cdots\cdots\cdots ①$$

となる θ の値の範囲を求めよう。

加法定理を用いると

$$\sqrt{3}\cos\left(\theta - \frac{\pi}{3}\right) = \frac{\sqrt{\boxed{ア}}}{\boxed{イ}}\cos\theta + \frac{\boxed{ウ}}{\boxed{イ}}\sin\theta$$

である。よって，三角関数の合成を用いると，①は

$$\sin\left(\theta + \frac{\pi}{\boxed{エ}}\right) < 0$$

と変形できる。したがって，求める範囲は

$$\frac{\boxed{オ}}{\boxed{カ}}\pi < \theta < \frac{\boxed{キ}}{\boxed{ク}}\pi$$

である。

(2) $0 \leq \theta \leq \dfrac{\pi}{2}$ とし，k を実数とする。$\sin\theta$ と $\cos\theta$ は x の 2 次方程式 $25x^2 - 35x + k = 0$ の解であるとする。このとき，解と係数の関係により $\sin\theta + \cos\theta$ と $\sin\theta\cos\theta$ の値を考えれば，$k = \boxed{ケコ}$ であることがわかる。

さらに，θ が $\sin\theta \geq \cos\theta$ を満たすとすると，$\sin\theta = \dfrac{\boxed{サ}}{\boxed{シ}}$，$\cos\theta = \dfrac{\boxed{ス}}{\boxed{セ}}$ である。このとき，θ は $\boxed{ソ}$ を満たす。$\boxed{ソ}$ に当てはまるものを，次の ⓪ 〜 ⑤ のうちから一つ選べ。

⓪ $0 \leq \theta < \dfrac{\pi}{12}$ ① $\dfrac{\pi}{12} \leq \theta < \dfrac{\pi}{6}$ ② $\dfrac{\pi}{6} \leq \theta < \dfrac{\pi}{4}$

③ $\dfrac{\pi}{4} \leq \theta < \dfrac{\pi}{3}$ ④ $\dfrac{\pi}{3} \leq \theta < \dfrac{5}{12}\pi$ ⑤ $\dfrac{5}{12}\pi \leq \theta \leq \dfrac{\pi}{2}$

〔2〕

(1) t は正の実数であり，$t^{\frac{1}{3}} - t^{-\frac{1}{3}} = -3$ を満たすとする。このとき
$$t^{\frac{2}{3}} + t^{-\frac{2}{3}} = \boxed{タチ}$$
である。さらに
$$t^{\frac{1}{3}} + t^{-\frac{1}{3}} = \sqrt{\boxed{ツテ}}, \quad t - t^{-1} = \boxed{トナニ}$$
である。

(2) x, y は正の実数とする。連立不等式
$$\begin{cases} \log_3(x\sqrt{y}) \leqq 5 & \cdots\cdots ② \\ \log_{81}\dfrac{y}{x^3} \leqq 1 & \cdots\cdots ③ \end{cases}$$
について考える。

$X = \log_3 x$, $Y = \log_3 y$ とおくと，② は
$$\boxed{ヌ}\,X + Y \leqq \boxed{ネノ} \quad\cdots\cdots ④$$
と変形でき，③ は
$$\boxed{ハ}\,X - Y \geqq \boxed{ヒフ} \quad\cdots\cdots ⑤$$
と変形できる。

X, Y が ④ と ⑤ を満たすとき，Y のとり得る最大の整数の値は $\boxed{ヘ}$ である。また，x, y が ②，③ と $\log_3 y = \boxed{ヘ}$ を同時に満たすとき，x のとり得る最大の整数の値は $\boxed{ホ}$ である。

第2問 (必答問題) (配点 30)

$a > 0$ とし，$f(x) = x^2 - (4a-2)x + 4a^2 + 1$ とおく。座標平面上で，放物線 $y = x^2 + 2x + 1$ を C，放物線 $y = f(x)$ を D とする。また，ℓ を C と D の両方に接する直線とする。

(1) ℓ の方程式を求めよう。

ℓ と C は点 $(t,\ t^2 + 2t + 1)$ において接するとすると，ℓ の方程式は

$$y = \left(\boxed{\text{ア}}\,t + \boxed{\text{イ}}\right)x - t^2 + \boxed{\text{ウ}} \quad \cdots\cdots\cdots\cdots ①$$

である。また，ℓ と D は点 $(s,\ f(s))$ において接するとすると，ℓ の方程式は

$$y = \left(\boxed{\text{エ}}\,s - \boxed{\text{オ}}\,a + \boxed{\text{カ}}\right)x$$
$$\quad - s^2 + \boxed{\text{キ}}\,a^2 + \boxed{\text{ク}} \quad \cdots\cdots\cdots\cdots ②$$

である。ここで，①と②は同じ直線を表しているので，$t = \boxed{\text{ケ}}$，$s = \boxed{\text{コ}}\,a$ が成り立つ。

したがって，ℓ の方程式は $y = \boxed{\text{サ}}\,x + \boxed{\text{シ}}$ である。

(2) 二つの放物線 C, D の交点の x 座標は $\boxed{ス}$ である。

C と直線 ℓ, および直線 $x = \boxed{ス}$ で囲まれた図形の面積を S とすると,

$$S = \frac{a^{\boxed{セ}}}{\boxed{ソ}}$$ である。

(3) $a \geqq \dfrac{1}{2}$ とする。二つの放物線 C, D と直線 ℓ で囲まれた図形の中で

$0 \leqq x \leqq 1$ を満たす部分の面積 T は, $a > \boxed{タ}$ のとき, a の値によらず

$$T = \frac{\boxed{チ}}{\boxed{ツ}}$$

であり, $\dfrac{1}{2} \leqq a \leqq \boxed{タ}$ のとき

$$T = -\boxed{テ}a^3 + \boxed{ト}a^2 - \boxed{ナ}a + \frac{\boxed{ニ}}{\boxed{ヌ}}$$

である。

(4) 次に, (2), (3) で定めた S, T に対して, $U = 2T - 3S$ とおく。a が

$\dfrac{1}{2} \leqq a \leqq \boxed{タ}$ の範囲を動くとき, U は $a = \dfrac{\boxed{ネ}}{\boxed{ノ}}$ で最大値 $\dfrac{\boxed{ハ}}{\boxed{ヒフ}}$

をとる。

第 3 問 （選択問題）（配点 20）

数列 $\{a_n\}$ は，初項 a_1 が 0 であり，$n = 1, 2, 3, \cdots$ のとき次の漸化式を満たすものとする。

$$a_{n+1} = \frac{n+3}{n+1}\{3a_n + 3^{n+1} - (n+1)(n+2)\} \quad \cdots\cdots\cdots\cdots ①$$

(1) $a_2 = \boxed{\text{ア}}$ である。

(2) $b_n = \dfrac{a_n}{3^n(n+1)(n+2)}$ とおき，数列 $\{b_n\}$ の一般項を求めよう。

$\{b_n\}$ の初項 b_1 は $\boxed{\text{イ}}$ である。①の両辺を $3^{n+1}(n+2)(n+3)$ で割ると

$$b_{n+1} = b_n + \frac{\boxed{\text{ウ}}}{\left(n+\boxed{\text{エ}}\right)\left(n+\boxed{\text{オ}}\right)} - \left(\frac{1}{\boxed{\text{カ}}}\right)^{n+1}$$

を得る。ただし，$\boxed{\text{エ}} < \boxed{\text{オ}}$ とする。

したがって

$$b_{n+1} - b_n = \left(\frac{\boxed{\text{キ}}}{n+\boxed{\text{エ}}} - \frac{\boxed{\text{キ}}}{n+\boxed{\text{オ}}}\right) - \left(\frac{1}{\boxed{\text{カ}}}\right)^{n+1}$$

である。

n を 2 以上の自然数とするとき

$$\sum_{k=1}^{n-1}\left(\frac{\boxed{キ}}{k+\boxed{エ}}-\frac{\boxed{キ}}{k+\boxed{オ}}\right)=\frac{1}{\boxed{ク}}\left(\frac{n-\boxed{ケ}}{n+\boxed{コ}}\right)$$

$$\sum_{k=1}^{n-1}\left(\frac{1}{\boxed{カ}}\right)^{k+1}=\frac{\boxed{サ}}{\boxed{シ}}-\frac{\boxed{ス}}{\boxed{セ}}\left(\frac{1}{\boxed{カ}}\right)^{n}$$

が成り立つことを利用すると

$$b_n=\frac{n-\boxed{ソ}}{\boxed{タ}\left(n+\boxed{チ}\right)}+\frac{\boxed{ス}}{\boxed{セ}}\left(\frac{1}{\boxed{カ}}\right)^{n}$$

が得られる。これは $n=1$ のときも成り立つ。

(3) (2)により，$\{a_n\}$ の一般項は

$$a_n=\boxed{ツ}^{n-\boxed{テ}}\left(n^2-\boxed{ト}\right)+\frac{\left(n+\boxed{ナ}\right)\left(n+\boxed{ニ}\right)}{\boxed{ヌ}}$$

で与えられる。ただし，$\boxed{ナ}<\boxed{ニ}$ とする。

このことから，すべての自然数 n について，a_n は整数となることがわかる。

(4) k を自然数とする。a_{3k}, a_{3k+1}, a_{3k+2} を 3 で割った余りはそれぞれ $\boxed{ネ}$, $\boxed{ノ}$, $\boxed{ハ}$ である。また，$\{a_n\}$ の初項から第 2020 項までの和を 3 で割った余りは $\boxed{ヒ}$ である。

第4問 （選択問題）（配点 20）

点Oを原点とする座標空間に2点
$$A(3, 3, -6), \quad B(2+2\sqrt{3}, 2-2\sqrt{3}, -4)$$
をとる。3点O，A，Bの定める平面をαとする。また，αに含まれる点Cは
$$\overrightarrow{OA} \perp \overrightarrow{OC}, \quad \overrightarrow{OB} \cdot \overrightarrow{OC} = 24 \quad \cdots\cdots\cdots\cdots\cdots ①$$
を満たすとする。

(1) $|\overrightarrow{OA}| = \boxed{ア}\sqrt{\boxed{イ}}$, $|\overrightarrow{OB}| = \boxed{ウ}\sqrt{\boxed{エ}}$ であり，

$\overrightarrow{OA} \cdot \overrightarrow{OB} = \boxed{オカ}$ である。

(2) 点Cは平面α上にあるので，実数s, tを用いて，$\overrightarrow{OC} = s\overrightarrow{OA} + t\overrightarrow{OB}$と表すことができる。このとき，①から$s = \dfrac{\boxed{キク}}{\boxed{ケ}}$, $t = \boxed{コ}$である。したがって，$|\overrightarrow{OC}| = \boxed{サ}\sqrt{\boxed{シ}}$である。

(3) $\overrightarrow{CB} = \left(\boxed{ス}, \boxed{セ}, \boxed{ソタ}\right)$ である。したがって，平面 α 上の四角形 OABC は $\boxed{チ}$ 。$\boxed{チ}$ に当てはまるものを，次の ⓪～④ のうちから一つ選べ。ただし，少なくとも一組の対辺が平行な四角形を台形という。

⓪ 正方形である
① 正方形ではないが，長方形である
② 長方形ではないが，平行四辺形である
③ 平行四辺形ではないが，台形である
④ 台形ではない

$\overrightarrow{OA} \perp \overrightarrow{OC}$ であるので，四角形 OABC の面積は $\boxed{ツテ}$ である。

(4) $\overrightarrow{OA} \perp \overrightarrow{OD}$, $\overrightarrow{OC} \cdot \overrightarrow{OD} = 2\sqrt{6}$ かつ z 座標が 1 であるような点 D の座標は

$$\left(\boxed{ト} + \frac{\sqrt{\boxed{ナ}}}{\boxed{ニ}}, \boxed{ヌ} - \frac{\sqrt{\boxed{ネ}}}{\boxed{ノ}}, 1\right)$$

である。このとき $\angle \text{COD} = \boxed{ハヒ}°$ である。

3 点 O，C，D の定める平面を β とする。α と β は垂直であるので，三角形 ABC を底面とする四面体 DABC の高さは $\sqrt{\boxed{フ}}$ である。したがって，四面体 DABC の体積は $\boxed{ヘ}\sqrt{\boxed{ホ}}$ である。

第5問 （選択問題）（配点 20）

以下の問題を解答するにあたっては，必要に応じて33ページの正規分布表を用いてもよい。

ある市の市立図書館の利用状況について調査を行った。

(1) ある高校の生徒720人全員を対象に，ある1週間に市立図書館で借りた本の冊数について調査を行った。

その結果，1冊も借りなかった生徒が612人，1冊借りた生徒が54人，2冊借りた生徒が36人であり，3冊借りた生徒が18人であった。4冊以上借りた生徒はいなかった。

この高校の生徒から1人を無作為に選んだとき，その生徒が借りた本の冊数を表す確率変数をXとする。

このとき，Xの平均(期待値)は$E(X) = \dfrac{\boxed{ア}}{\boxed{イ}}$であり，$X^2$の平均は$E(X^2) = \dfrac{\boxed{ウ}}{\boxed{エ}}$である。よって，$X$の標準偏差は$\sigma(X) = \dfrac{\sqrt{\boxed{オ}}}{\boxed{カ}}$である。

(2) 市内の高校生全員を母集団とし，ある1週間に市立図書館を利用した生徒の割合（母比率）を p とする．この母集団から 600 人を無作為に選んだとき，その1週間に市立図書館を利用した生徒の数を確率変数 Y で表す．

$p = 0.4$ のとき，Y の平均は $E(Y) = \boxed{キクケ}$，標準偏差は $\sigma(Y) = \boxed{コサ}$ になる．ここで，$Z = \dfrac{Y - \boxed{キクケ}}{\boxed{コサ}}$ とおくと，標本数 600 は十分に大きいので，Z は近似的に標準正規分布に従う．このことを利用して，Y が 215 以下となる確率を求めると，その確率は $0.\boxed{シス}$ になる．

また，$p = 0.2$ のとき，Y の平均は $\boxed{キクケ}$ の $\dfrac{1}{\boxed{セ}}$ 倍，標準偏差は $\boxed{コサ}$ の $\dfrac{\sqrt{\boxed{ソ}}}{3}$ 倍である．

(3) 市立図書館に利用者登録のある高校生全員を母集団とする。1 回あたりの利用時間(分)を表す確率変数を W とし，W は母平均 m，母標準偏差 30 の分布に従うとする。この母集団から大きさ n の標本 $W_1, W_2, \cdots, W_n$ を無作為に抽出した。

利用時間が 60 分をどの程度超えるかについて調査するために
$$U_1 = W_1 - 60, \quad U_2 = W_2 - 60, \quad \cdots, \quad U_n = W_n - 60$$
とおくと，確率変数 $U_1, U_2, \cdots, U_n$ の平均と標準偏差はそれぞれ
$$E(U_1) = E(U_2) = \cdots = E(U_n) = m - \boxed{タチ}$$
$$\sigma(U_1) = \sigma(U_2) = \cdots = \sigma(U_n) = \boxed{ツテ}$$
である。

ここで，$t = m - 60$ として，t に対する信頼度 95 % の信頼区間を求めよう。この母集団から無作為抽出された 100 人の生徒に対して $U_1, U_2, \cdots, U_{100}$ の値を調べたところ，その標本平均の値が 50 分であった。標本数は十分大きいことを利用して，この信頼区間を求めると
$$\boxed{トナ} . \boxed{ニ} \leq t \leq \boxed{ヌネ} . \boxed{ノ}$$
になる。

正 規 分 布 表

次の表は，標準正規分布の分布曲線における右図の灰色部分の面積の値をまとめたものである。

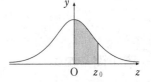

z_0	0.00	0.01	0.02	0.03	0.04	0.05	0.06	0.07	0.08	0.09
0.0	0.0000	0.0040	0.0080	0.0120	0.0160	0.0199	0.0239	0.0279	0.0319	0.0359
0.1	0.0398	0.0438	0.0478	0.0517	0.0557	0.0596	0.0636	0.0675	0.0714	0.0753
0.2	0.0793	0.0832	0.0871	0.0910	0.0948	0.0987	0.1026	0.1064	0.1103	0.1141
0.3	0.1179	0.1217	0.1255	0.1293	0.1331	0.1368	0.1406	0.1443	0.1480	0.1517
0.4	0.1554	0.1591	0.1628	0.1664	0.1700	0.1736	0.1772	0.1808	0.1844	0.1879
0.5	0.1915	0.1950	0.1985	0.2019	0.2054	0.2088	0.2123	0.2157	0.2190	0.2224
0.6	0.2257	0.2291	0.2324	0.2357	0.2389	0.2422	0.2454	0.2486	0.2517	0.2549
0.7	0.2580	0.2611	0.2642	0.2673	0.2704	0.2734	0.2764	0.2794	0.2823	0.2852
0.8	0.2881	0.2910	0.2939	0.2967	0.2995	0.3023	0.3051	0.3078	0.3106	0.3133
0.9	0.3159	0.3186	0.3212	0.3238	0.3264	0.3289	0.3315	0.3340	0.3365	0.3389
1.0	0.3413	0.3438	0.3461	0.3485	0.3508	0.3531	0.3554	0.3577	0.3599	0.3621
1.1	0.3643	0.3665	0.3686	0.3708	0.3729	0.3749	0.3770	0.3790	0.3810	0.3830
1.2	0.3849	0.3869	0.3888	0.3907	0.3925	0.3944	0.3962	0.3980	0.3997	0.4015
1.3	0.4032	0.4049	0.4066	0.4082	0.4099	0.4115	0.4131	0.4147	0.4162	0.4177
1.4	0.4192	0.4207	0.4222	0.4236	0.4251	0.4265	0.4279	0.4292	0.4306	0.4319
1.5	0.4332	0.4345	0.4357	0.4370	0.4382	0.4394	0.4406	0.4418	0.4429	0.4441
1.6	0.4452	0.4463	0.4474	0.4484	0.4495	0.4505	0.4515	0.4525	0.4535	0.4545
1.7	0.4554	0.4564	0.4573	0.4582	0.4591	0.4599	0.4608	0.4616	0.4625	0.4633
1.8	0.4641	0.4649	0.4656	0.4664	0.4671	0.4678	0.4686	0.4693	0.4699	0.4706
1.9	0.4713	0.4719	0.4726	0.4732	0.4738	0.4744	0.4750	0.4756	0.4761	0.4767
2.0	0.4772	0.4778	0.4783	0.4788	0.4793	0.4798	0.4803	0.4808	0.4812	0.4817
2.1	0.4821	0.4826	0.4830	0.4834	0.4838	0.4842	0.4846	0.4850	0.4854	0.4857
2.2	0.4861	0.4864	0.4868	0.4871	0.4875	0.4878	0.4881	0.4884	0.4887	0.4890
2.3	0.4893	0.4896	0.4898	0.4901	0.4904	0.4906	0.4909	0.4911	0.4913	0.4916
2.4	0.4918	0.4920	0.4922	0.4925	0.4927	0.4929	0.4931	0.4932	0.4934	0.4936
2.5	0.4938	0.4940	0.4941	0.4943	0.4945	0.4946	0.4948	0.4949	0.4951	0.4952
2.6	0.4953	0.4955	0.4956	0.4957	0.4959	0.4960	0.4961	0.4962	0.4963	0.4964
2.7	0.4965	0.4966	0.4967	0.4968	0.4969	0.4970	0.4971	0.4972	0.4973	0.4974
2.8	0.4974	0.4975	0.4976	0.4977	0.4977	0.4978	0.4979	0.4979	0.4980	0.4981
2.9	0.4981	0.4982	0.4982	0.4983	0.4984	0.4984	0.4985	0.4985	0.4986	0.4986
3.0	0.4987	0.4987	0.4987	0.4988	0.4988	0.4989	0.4989	0.4989	0.4990	0.4990

数　　学　Ⅰ
（全　問　必　答）

第1問　(配点　25)

〔1〕 a を定数とする。

(1) 直線 $\ell : y = (a^2 - 2a - 8)x + a$ の傾きが負となるのは，a の値の範囲が

$$\boxed{アイ} < a < \boxed{ウ}$$

のときである。

(2) $a^2 - 2a - 8 \neq 0$ とし，(1)の直線 ℓ と x 軸との交点の x 座標を b とする。

$a > 0$ の場合，$b > 0$ となるのは $\boxed{エ} < a < \boxed{オ}$ のときである。

$a \leqq 0$ の場合，$b > 0$ となるのは $a < \boxed{カキ}$ のときである。

また，$a = \sqrt{3}$ のとき

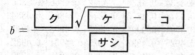

である。

(3) $f(x) = (a^2 - 2a - 8)x + a$ とおく。$a < 0$ かつ $|f(1) + f(-1)| = 1$ を満たす a の値は

$$a = \frac{\boxed{スセ}}{\boxed{ソ}}$$

である。また，このとき $-2 \leqq x \leqq 2$ における $f(x)$ のとり得る値の範囲は

$$\boxed{タチツ} \leqq f(x) \leqq \boxed{テト}$$

である。

〔2〕 自然数 n に関する三つの条件 p, q, r を次のように定める。

p：n は 4 の倍数である
q：n は 6 の倍数である
r：n は 24 の倍数である

条件 p, q, r の否定をそれぞれ $\bar{p}$, $\bar{q}$, $\bar{r}$ で表す。

条件 p を満たす自然数全体の集合を P とし，条件 q を満たす自然数全体の集合を Q とし，条件 r を満たす自然数全体の集合を R とする。自然数全体の集合を全体集合とし，集合 P，Q，R の補集合をそれぞれ $\bar{P}$，$\bar{Q}$，$\bar{R}$ で表す。

(1) 次の ナ ， ニ に当てはまるものを，下の⓪～⑤のうちから一つずつ選べ。ただし，同じものを繰り返し選んでもよい。

$32 \in$ ナ である。また，$50 \in$ ニ である。

⓪ $P \cap Q \cap R$ ① $P \cap Q \cap \bar{R}$ ② $P \cap \bar{Q}$
③ $\bar{P} \cap Q$ ④ $\bar{P} \cap \bar{Q} \cap R$ ⑤ $\bar{P} \cap \bar{Q} \cap \bar{R}$

(2) 次の ノ に当てはまるものを，下の⓪〜④のうちから一つ選べ。

$P \cap Q$ に属する自然数のうち最小のものは ヌネ である。
また， ヌネ ノ R である。

⓪ =　　① ⊂　　② ⊃　　③ ∈　　④ ∉

(3) 次の ハ に当てはまるものを，下の⓪〜③のうちから一つ選べ。

自然数 ヌネ は，命題 ハ の反例である。

⓪ 「$(p$ かつ $q) \Longrightarrow \bar{r}$」　　① 「$(p$ または $q) \Longrightarrow \bar{r}$」
② 「$r \Longrightarrow (p$ かつ $q)$」　　③ 「$(p$ かつ $q) \Longrightarrow r$」

第2問 (配点 25)

〔1〕

(1) a, b を定数とし, 2次関数 $y = x^2 + ax + b$ のグラフを F とする。次の ア , イ に当てはまるものを, 下の⓪~⑤のうちから一つずつ選べ。ただし, 解答の順序は問わない。

F について述べた文として正しいものは ア と イ である。

⓪ F は, 上に凸の放物線である。
① F は, 下に凸の放物線である。
② $a^2 > 4b$ のとき, F と x 軸は共有点をもたない。
③ $a^2 < 4b$ のとき, F と x 軸は共有点をもたない。
④ $a^2 > 4b$ のとき, F と y 軸は共有点をもたない。
⑤ $a^2 < 4b$ のとき, F と y 軸は共有点をもたない。

(2) 次の ウ に当てはまるものを, 下の⓪~⑦のうちから一つ選べ。

2次関数 $y = x^2 + 2x - 1$ の, $-3 \leqq x \leqq 2$ における最小値と最大値の組合せとして正しいものは ウ である。

	⓪	①	②	③	④	⑤	⑥	⑦
最小値	4	2	0	0	−1	−1	−2	−2
最大値	9	7	9	4	8	7	7	2

〔2〕 c を定数とする。2次関数 $y = x^2$ のグラフを，2点 $(c, 0)$，$(c+4, 0)$ を通るように平行移動して得られるグラフを G とする。

(1) G をグラフにもつ2次関数は，c を用いて

$$y = x^2 - 2\left(c + \boxed{\text{エ}}\right)x + c\left(c + \boxed{\text{オ}}\right)$$

と表せる。G が点 $(3, k)$ を通るとき，k は c を用いて

$$k = \left(c - \boxed{\text{カ}}\right)^2 - \boxed{\text{キ}}$$

と表せる。したがって，c が実数全体を動くとき，k のとり得る値の最小値は $\boxed{\text{クケ}}$ である。また，$-3 \leqq k \leqq 0$ であるような c の値の範囲は

$$-\boxed{\text{コ}} \leqq c \leqq \boxed{\text{サ}}, \quad \boxed{\text{シ}} \leqq c \leqq \boxed{\text{ス}}$$

である。

(2) $\boxed{\text{シ}} \leqq c \leqq \boxed{\text{ス}}$ の場合を考える。G が点 $(3, -1)$ を通るとき，G は2次関数 $y = x^2$ のグラフを x 軸方向に $\boxed{\text{セ}} + \sqrt{\boxed{\text{ソ}}}$，$y$ 軸方向に $\boxed{\text{タチ}}$ だけ平行移動したものである。また，このとき G と y 軸との交点の y 座標は $\boxed{\text{ツ}} + \boxed{\text{テ}}\sqrt{\boxed{\text{ト}}}$ である。

第3問 (配点 30)

(1) △ABC において，AB = 5，BC = 6，CA = $\sqrt{21}$ とする。このとき

$$\cos \angle ABC = \frac{\boxed{\text{ア}}}{\boxed{\text{イ}}}, \quad \sin \angle ABC = \frac{\sqrt{\boxed{\text{ウ}}}}{\boxed{\text{エ}}}$$

であり，△ABC の面積は $\boxed{\text{オ}}\sqrt{\boxed{\text{カ}}}$ である。

(2) 1辺の長さが 8 の正方形 DEFG において，辺 EF 上の点 H と辺 FG 上の点 I は $\cos \angle DIG = \dfrac{3}{5}$，$\tan \angle FIH = 2$ を満たすとする。

(i) 次の $\boxed{\text{キ}}$，$\boxed{\text{ク}}$ に当てはまるものを，下の⓪〜③のうちから一つずつ選べ。ただし，同じものを繰り返し選んでもよい。

DI = $\boxed{\text{キ}}$，HI = $\boxed{\text{ク}}$ である。

⓪ $\sqrt{5}$ ① $2\sqrt{5}$ ② 5 ③ 10

(ii) 次の ケ ， コ に当てはまるものを，下の⓪～⑤のうちから一つずつ選べ。

△DEH，△DGI，△DHI のうち △HFI と相似なものは ケ の二つのみである。また，∠DIG コ ∠DIH である。

⓪ △DEH と △DGI　　① △DEH と △DHI　　② △DGI と △DHI
③ <　　　　　　　④ =　　　　　　　⑤ >

(iii) △DHI の外接円の半径は サ であり，△DHI の内接円の半径は シ√ ス − セ である。

(3) (2)の △DHI を含む平面上にない点 J を HJ⊥HD，HJ⊥HI，HJ = 8 を満たすようにとり，四面体 JDHI を考える。(1)を考慮すると，△IDJ の面積は ソタ√ チ である。したがって，点 H から △IDJ に下ろした垂線 HK の長さは $\dfrac{ツ\sqrt{テ}}{ト}$ である。

第4問 (配点 20)

(1) 次の ア ， イ に当てはまるものを，下の ⓪〜⑤ のうちから一つずつ選べ。ただし，解答の順序は問わない。

99個の観測値からなるデータがある。四分位数について述べた記述で，どのようなデータでも成り立つものは ア と イ である。

⓪ 平均値は第1四分位数と第3四分位数の間にある。
① 四分位範囲は標準偏差より大きい。
② 中央値より小さい観測値の個数は49個である。
③ 最大値に等しい観測値を1個削除しても第1四分位数は変わらない。
④ 第1四分位数より小さい観測値と，第3四分位数より大きい観測値とをすべて削除すると，残りの観測値の個数は51個である。
⑤ 第1四分位数より小さい観測値と，第3四分位数より大きい観測値とをすべて削除すると，残りの観測値からなるデータの範囲はもとのデータの四分位範囲に等しい。

(2) 図1は，平成27年の男の市区町村別平均寿命のデータを47の都道府県 P1，P2，…，P47 ごとに箱ひげ図にして，並べたものである。

次の(I)，(II)，(III)は図1に関する記述である。

(I) 四分位範囲はどの都道府県においても1以下である。

(II) 箱ひげ図は中央値が小さい値から大きい値の順に上から下へ並んでいる。

(III) P1のデータのどの値とP47のデータのどの値とを比較しても1.5以上の差がある。

次の ウ に当てはまるものを，下の⓪〜⑦のうちから一つ選べ。

(I)，(II)，(III)の正誤の組合せとして正しいものは ウ である。

	⓪	①	②	③	④	⑤	⑥	⑦
(I)	正	正	正	誤	正	誤	誤	誤
(II)	正	正	誤	正	誤	正	誤	誤
(III)	正	誤	正	正	誤	誤	正	誤

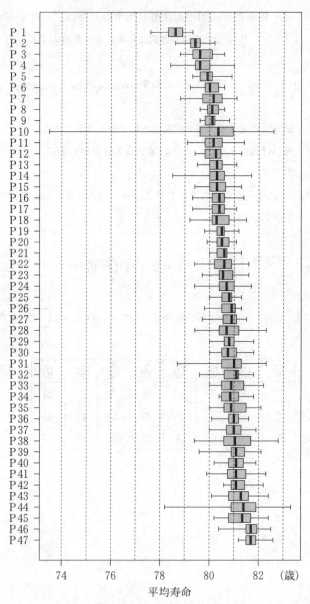

図1 男の市区町村別平均寿命の箱ひげ図
(出典:厚生労働省のWebページにより作成)

(3) ある県は 20 の市区町村からなる。図 2 はその県の男の市区町村別平均寿命のヒストグラムである。なお，ヒストグラムの各階級の区間は，左側の数値を含み，右側の数値を含まない。

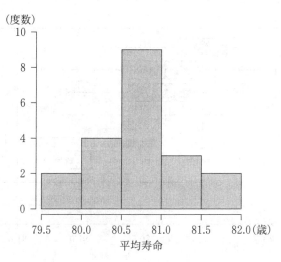

図 2　市区町村別平均寿命のヒストグラム

（出典：厚生労働省の Web ページにより作成）

次の エ に当てはまるものを，下の⓪〜⑦のうちから一つ選べ。

図2のヒストグラムに対応する箱ひげ図は エ である。

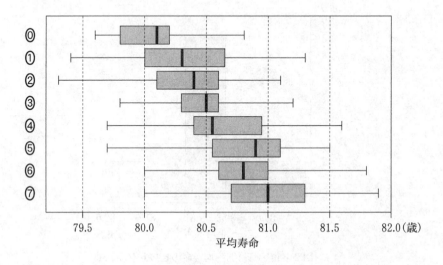

(4) 図3は，平成27年の男の都道府県別平均寿命と女の都道府県別平均寿命の散布図である．2個の点が重なって区別できない所は黒丸にしている．図には補助的に切片が5.5から7.5まで0.5刻みで傾き1の直線を5本付加している．

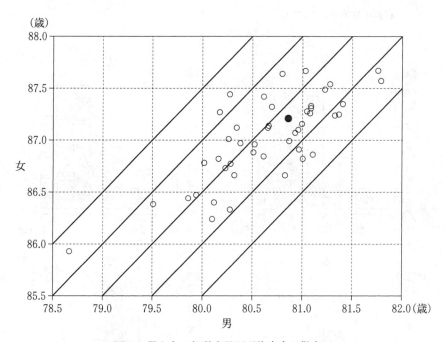

図3　男と女の都道府県別平均寿命の散布図

(出典：厚生労働省のWebページにより作成)

次の オ に当てはまるものを，下の⓪～③のうちから一つ選べ。

都道府県ごとに男女の平均寿命の差をとったデータに対するヒストグラムは オ である。なお，ヒストグラムの各階級の区間は，左側の数値を含み，右側の数値を含まない。

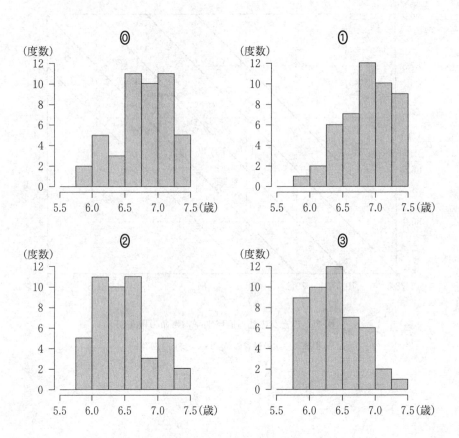

(5) 0 または正の値だけとるデータの散らばりの大きさを比較するために

$$変動係数 = \frac{標準偏差}{平均値}$$

で定義される「変動係数」を用いる。ただし，平均値は正の値とする。

昭和 25 年と平成 27 年の国勢調査の女の年齢データから表 1 を得た。

表 1 平均値，標準偏差および変動係数

	人　数(人)	平均値(歳)	標準偏差(歳)	変動係数
昭和 25 年	42,385,487	27.2	20.1	V
平成 27 年	63,403,994	48.1	24.5	0.509

次の カ に当てはまるものを，下の ⓪ ～ ② のうちから一つ選べ。

昭和 25 年の変動係数 V と平成 27 年の変動係数との大小関係は カ である。

⓪ $V < 0.509$ ① $V = 0.509$ ② $V > 0.509$

次の キ ， ク に当てはまる最も適切なものを，下の ⓪ ～ ③ のうちから一つずつ選べ。ただし，同じものを繰り返し選んでもよい。

・平成 27 年の年齢データの値すべてを 100 倍する。このとき，変動係数は キ 。

・平成 27 年の年齢データの値すべてに 100 を加える。このとき，変動係数は ク 。

⓪ 小さくなる　① 変わらない　② 10 倍になる　③ 100 倍になる

数　学　Ⅱ
（全問必答）

第1問 数学Ⅱ・数学Bの第1問に同じ。　ア　～　ホ　（配点　30）

第2問 数学Ⅱ・数学Bの第2問に同じ。　ア　～　フ　（配点　30）

第3問　（配点　20）

Oを原点とする座標平面上に点A(0, 6)がある。点Aを通る傾きmの直線をℓとし，中心が点(0, 2)でx軸に接する円をCとする。

(1) 直線ℓの方程式は$y = mx +$　ア　である。また，円Cの方程式は$x^2 + \left(y -\boxed{イ}\right)^2 = \boxed{ウ}$である。

(2) $m = \pm\sqrt{\boxed{エ}}$のとき，直線ℓと円Cは接する。$m = -\sqrt{\boxed{エ}}$のときの接点の座標は$\left(\sqrt{\boxed{オ}},\ \boxed{カ}\right)$である。

(3) 直線ℓと円Cが異なる2点で交わるようなmのうち，最小の正の整数は　キ　である。

(4) 直線 ℓ が点 B(3, 0) を通るとき, $m = \boxed{クケ}$ である。さらに, 直線 ℓ と円 C の二つの交点を点 A に近い方から順に点 D, 点 E とすれば, 座標はそれぞれ

$$D\left(\frac{\boxed{コ}}{\boxed{サ}}, \frac{\boxed{シス}}{\boxed{セ}}\right), \quad E\left(\boxed{ソ}, \boxed{タ}\right)$$

である。

このとき, 次のように △ODE の面積 S を求めよう。まず, △OAB の面積は $\boxed{チ}$ である。また, 点 A, D, E, B の各 x 座標の値により, 三つの線分 AD, DE, EB の長さの比は

$$AD : DE : EB = \boxed{ツ} : \boxed{テ} : 5$$

であることがわかる。このことから, $S = \dfrac{\boxed{トナ}}{\boxed{ニ}}$ である。

第4問 (配点 20)

4次の整式 $P(x) = 2x^4 - 7x^3 + 8x^2 - 21x + 18$ について考える。

(1) 方程式 $P(x) = 0$ の解を求めよう。

$P(0) \neq 0$ であるから，$x = 0$ は $P(x) = 0$ の解ではない。そこで，$P(x) = 0$ の両辺を x^2 で割ると

$$2x^2 - 7x + 8 - \frac{21}{x} + \frac{18}{x^2} = 0 \quad \cdots\cdots ①$$

を得る。$t = x + \dfrac{3}{x}$ とおき，①の左辺を t を用いて表すことにより

$$\boxed{ア}\, t^2 - \boxed{イ}\, t - \boxed{ウ} = 0$$

を得る。これを解くと，$t = \boxed{エ}$，$\dfrac{\boxed{オカ}}{\boxed{キ}}$ となる。

$t = \boxed{エ}$ のとき，$x = \boxed{ク}$，$\boxed{ケ}$ である。ただし，$\boxed{ク} < \boxed{ケ}$ とする。

また，$t = \dfrac{\boxed{オカ}}{\boxed{キ}}$ のとき，$x = \dfrac{\boxed{コサ} \pm \sqrt{\boxed{シス}}\, i}{\boxed{セ}}$ である。

(2) $a = 1 - \sqrt{3}\,i$ に対して，$P(a)$ の値を求めよう．

$(a-1)^2 = \boxed{ソタ}$ である．これを整理すると

$$a^2 - \boxed{チ}\,a + \boxed{ツ} = 0$$

である．

$P(x)$ を $x^2 - \boxed{チ}\,x + \boxed{ツ}$ で割ると，商は

$$\boxed{テ}\,x^2 - \boxed{ト}\,x - \boxed{ナ}$$

で，余りは

$$\boxed{ニヌネ}\left(x - \boxed{ノ}\right)$$

である．

したがって，$P(a) = \boxed{ハヒ}\left(\boxed{フ} + \sqrt{3}\,i\right)$ である．

2020

追試験

数学Ⅰ・A ……………… 56
数学Ⅱ・B ……………… 77

各科目とも 60分 100点

数学Ⅰ・数学A

問　題	選　択　方　法
第1問	必　　答
第2問	必　　答
第3問	いずれか2問を選択し，解答しなさい。
第4問	
第5問	

第1問 (必答問題)(配点 30)

〔1〕 $(19+5\sqrt{13})(19-5\sqrt{13}) = \boxed{アイ}$ であるから，$19-5\sqrt{13}$ は正の実数である。$19+5\sqrt{13}$ の正の平方根を α とし，$19-5\sqrt{13}$ の正の平方根を β とする。このとき

$$\alpha^2 + \beta^2 = \boxed{ウエ}, \quad \alpha\beta = \boxed{オ}$$

であり

$$(\alpha+\beta)^2 = \boxed{カキ}, \quad (\alpha-\beta)^2 = \boxed{クケ}$$

である。したがって

$$\alpha = \frac{\boxed{コ}\sqrt{\boxed{サ}} + \sqrt{\boxed{シス}}}{\boxed{セ}}$$

$$\beta = \frac{\boxed{コ}\sqrt{\boxed{サ}} - \sqrt{\boxed{シス}}}{\boxed{セ}}$$

である。

〔2〕 a を定数とする。実数 x に関する二つの条件 p, q を次のように定める。

$p : -1 \leqq x \leqq 3$
$q : |x - a| > 3$

条件 p, q の否定をそれぞれ $\bar{p}$, $\bar{q}$ で表す。

(1) 命題「$p \Longrightarrow q$」が真であるような a の値の範囲は

$$a < \boxed{ソタ} , \quad \boxed{チ} < a$$

である。

(2) $a = \boxed{チ}$ のとき，$x = \boxed{ツ}$ は命題「$p \Longrightarrow q$」の反例である。

(3) 実数 x に関する条件 r を次のように定める。

$r : 3 < x \leqq 4$

次の テ に当てはまるものを，下の⓪～③のうちから一つ選べ。

$a = 1$ のとき，条件「$\bar{p}$ かつ $\bar{q}$」は条件 r であるための テ 。

⓪ 必要条件であるが，十分条件ではない
① 十分条件であるが，必要条件ではない
② 必要十分条件である
③ 必要条件でも十分条件でもない

〔3〕 a を 4 以上の定数とし，$f(x)=(x-a)(x-4)+4$ とおく。

(1) 2次関数 $y=f(x)$ の最小値は $\dfrac{\boxed{トナ}}{\boxed{ニ}}a^2+\boxed{ヌ}a$ である。

(2) 2次関数 $y=f(x)$ の $a-2 \leqq x \leqq a+2$ における最大値は $\boxed{ネ}a$ である。

また，2次関数 $y=f(x)$ の $a-2 \leqq x \leqq a+2$ における最小値は

$4 \leqq a \leqq \boxed{ノ}$ のとき，$\dfrac{\boxed{トナ}}{\boxed{ニ}}a^2+\boxed{ヌ}a$ であり，

$\boxed{ノ}<a$ のとき，$\boxed{ハヒ}a+\boxed{フヘ}$ である。

第2問 (必答問題)(配点 30)

〔1〕 △ABPにおいて，AP = 6，BP = $2\sqrt{17}$，$\sin \angle PAB = \dfrac{2\sqrt{2}}{3}$，AB < AP とする。

次の イ に当てはまるものを，下の⓪〜②のうちから一つ選べ。

AB = ア であり，∠PAB は イ である。

⓪ 鋭角　　　　　① 直角　　　　　② 鈍角

直線 AB 上に点 C を，3点 A, B, C がこの順に並び，かつ CP = $3\sqrt{17}$ となるようにとる。このとき

AC = ウ ，　BC = エ

である。したがって，△PBC の外接円の半径 R は

$R = \dfrac{\boxed{オカ}\sqrt{\boxed{キ}}}{\boxed{ク}}$

である。この外接円の中心を O とすると

$AO^2 - R^2 = \boxed{ケコ}$

である。

〔2〕 高等学校(中等教育学校を含む)の卒業者のうち，大学または短期大学に進学した者の割合(以下，進学率)と，就職した者の割合(以下，就職率)が47の都道府県別に公表されている。

(1) 図1は2016年度における都道府県別の進学率のヒストグラムであり，図2は2016年度における都道府県別の就職率の箱ひげ図である。なお，ヒストグラムの各階級の区間は，左側の数値を含み，右側の数値を含まない。

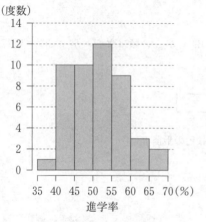
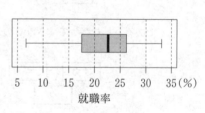

図1　2016年度における進学率のヒストグラム

図2　2016年度における就職率の箱ひげ図

(出典：文部科学省のWebページにより作成)

次の サ に当てはまるものを，下の⓪〜③のうちから一つ選べ。

2016年度における都道府県別の進学率(横軸)と就職率(縦軸)の散布図は サ である。

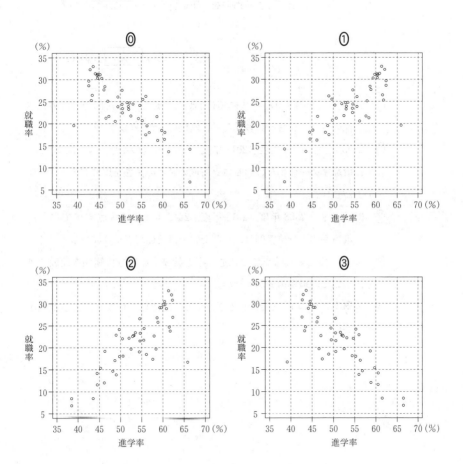

(2) 図 3 は，1973 年度から 2018 年度まで，5 年ごとの 10 個の年度(それぞれを時点という)における都道府県別の進学率(上側)と就職率(下側)を箱ひげ図で表したものである。ただし，設問の都合で 1993 年度における箱ひげ図は表示していない。

次の シ に当てはまるものを，下の⓪〜④のうちから一つ選べ。

図 3 から読み取れることとして，正しい記述は シ である。

⓪ 1993 年度を除く 9 時点すべてにおいて，進学率の左側のひげの長さと右側のひげの長さを比較すると，右側の方が長い。
① 2003 年度，2008 年度，2013 年度，2018 年度の 4 時点すべてにおいて，就職率の左側のひげの長さと右側のひげの長さを比較すると，左側の方が長い。
② 2003 年度，2008 年度，2013 年度，2018 年度の 4 時点すべてにおいて，就職率の四分位範囲は，それぞれの直前の時点より減少している。
③ 1993 年度を除く時点ごとに進学率と就職率の四分位範囲を比較すると，つねに就職率の方が大きい。
④ 就職率について，1993 年度を除くどの時点においても最大値は最小値の 2 倍以上である。

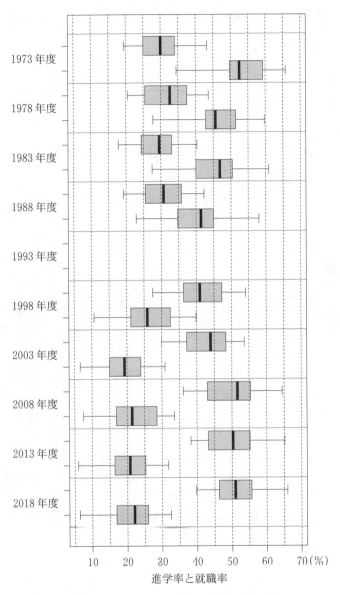

図3　進学率(上側)と就職率(下側)の箱ひげ図

(出典：文部科学省のWebページにより作成)

(3) 図4は，1993年度における都道府県別の進学率(横軸)と就職率(縦軸)の散布図である。

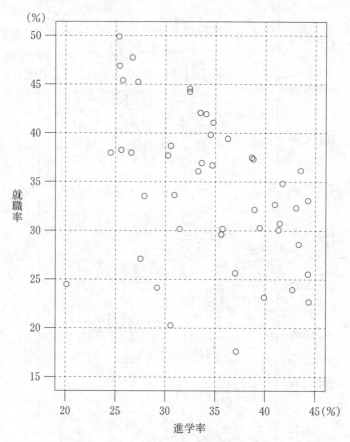

図4　1993年度における進学率と就職率の散布図
(出典：文部科学省のWebページにより作成)

次の ス , セ に当てはまる最も適当なものを，それぞれの解答群から一つずつ選べ。

1993年度における就職率の ス は34.8％である。

また，1993年度における進学率の ス は セ ％である。

ス の解答群

⓪ 最小値　　　① 中央値　　　② 最大値
③ 第1四分位数　④ 第3四分位数　⑤ 四分位範囲

セ の解答群

⓪ 10.0　　① 20.1　　② 29.7
③ 34.5　　④ 39.7　　⑤ 44.4

(4) 図4に示した1993年度における都道府県別の進学率と就職率の相関係数を計算したところ，-0.41 であった。就職率が 45 % を超えている5都道府県を黒丸で示したのが図5である。

次の ソ に当てはまるものを，下の ⓪〜⑤ のうちから一つ選べ。

就職率が 45 % を超えている5都道府県を除外したときの相関係数を r とおくと， ソ である。

⓪ $r < -0.41$ ① $r = -0.41$ ② $-0.41 < r < 0$
③ $r = 0$ ④ $0 < r < 0.41$ ⑤ $r \geqq 0.41$

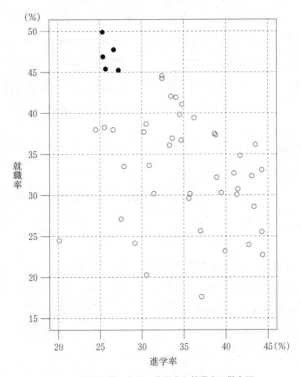

図5 1993年度における進学率と就職率の散布図

(5) 1993年度における進学率 X, 就職率 Y について, X の平均値の2乗の値を求めたい. X^2 の平均値, Y の平均値と標準偏差, X と Y の共分散と相関係数は表1のとおりであった. ただし, X と Y の共分散とは, X の偏差と Y の偏差の積の平均値である. なお, 表1の数値は正確な値であり, 四捨五入されていないものとする.

表1　2乗の平均値, 平均値, 標準偏差, 共分散, および相関係数

X^2 の平均値	Y の平均値	Y の標準偏差	X と Y の共分散	X と Y の相関係数
1223	34	7.6	-20	-0.41

また, 必要であれば以下の事実を用いてもよい.
n を自然数とする. 実数値のデータ $u_1, u_2, \cdots, u_n$ に対して, 平均値を $\bar{u}$, 分散を s^2 とおくと

$$s^2 = \frac{u_1^2 + u_2^2 + \cdots + u_n^2}{n} - (\bar{u})^2$$

が成り立つ.

X の標準偏差は, 小数第2位を四捨五入すると, タ ． チ である.

次の ツ に当てはまる数値として最も近いものを, 下の ⓪ ～ ⑦ のうちから一つ選べ.

X の平均値の2乗の値は ツ である.

⓪ 1122　　① 1156　　② 1182　　③ 1223
④ 1260　　⑤ 1296　　⑥ 1332　　⑦ 1369

第3問 (選択問題)（配点 20）

つぼの中に6個の赤玉と4個の白玉の合計10個の玉が入っている。このつぼから，玉を1個ずつ10回続けて取り出す。ただし，一度取り出した玉はもとに戻さないものとする。

(1) 1回目と2回目に連続して赤玉が取り出される確率は $\dfrac{ア}{イ}$ である。

(2) i を2から9までの整数とし，i 回目と $(i+1)$ 回目に連続して赤玉が取り出される確率 p_i を考える。同じ色の玉は区別しない場合，10個すべての玉の取り出し方は，取り出した玉を1列に並べる並べ方の総数に等しく，ウエオ 通りである。それらのうち，8回目の取り出しを終えた時点で白玉がすべて取り出されている取り出し方は カキ 通りである。よって，p_9 の値は $\dfrac{ク}{ケ}$ である。また，p_3 の値は $\dfrac{コ}{サ}$ である。

(3) 4回目の取り出しを終えた時点で赤玉が2個以上取り出されている確率は $\dfrac{シス}{セソ}$ である。よって，4回目の取り出しを終えた時点で赤玉が2個以上取り出されていたとき，1回目と2回目に連続して赤玉が取り出されている条件付き確率は $\dfrac{タチ}{ツテ}$ である。

(4) 4回目の取り出しを終えた時点で赤玉が2個以上取り出されていたとき，9回目と10回目に連続して赤玉が取り出される条件付き確率は $\dfrac{\boxed{トナ}}{\boxed{ニヌネ}}$ である。

(5) つぼからまず3個の玉を同時に取り出して，玉の色は確認せずに印をつけてつぼに戻したのち，改めて玉を1個ずつ10回続けて取り出す。一度取り出した玉はもとに戻さない。9回目と10回目に連続して印のついた赤玉が取り出される確率は $\dfrac{\boxed{ノ}}{\boxed{ハヒ}}$ である。

第4問 （選択問題）（配点 20）

(1) 不定方程式

$$7x - 31y = 1 \quad \cdots\cdots\cdots\cdots\cdots\cdots ①$$

を満たす自然数 x, y の組の中で, x が最小のものは

$$x = \boxed{\text{ア}}, \quad y = \boxed{\text{イ}}$$

であり, 不定方程式①のすべての整数解は, k を整数として

$$x = \boxed{\text{ウエ}}k + \boxed{\text{ア}}, \quad y = \boxed{\text{オ}}k + \boxed{\text{イ}}$$

と表せる。

(2) 自然数 n に対し，n^2 を オ で割った余りが イ となるのは，n を オ で割った余りが，カ または キ のときである。ただし，カ ，キ の解答の順序は問わない。

(3) 不定方程式①の整数解 y のうち，ある自然数 n を用いて $y = n^2$ と表せるものを小さい方から四つ並べると

   ク ，ケコ ，サシス ，セソタ

である。

(4) $\sqrt{31(7x-1)}$ が整数であるような自然数 x のうち，$x \geq 1000$ を満たす最小のものは チツテ である。x が チツテ のとき，$\sqrt{31(7x-1)}$ の値は ナニヌ である。

第5問 (選択問題)（配点 20）

△PBD の辺 PB 上に2点 P, B のいずれとも異なる点 A をとり，辺 PD 上に2点 P, D のいずれとも異なる点 C をとる．4点 A, B, C, D が同一円周上にあり，AB = 2，PC = 2，PD = 12 のとき，PA = $\boxed{ア}$ である．

点 M を線分 AB の中点とし，点 N を線分 CD の中点とする．線分 AB を直径とする円と線分 CD を直径とする円が点 E で接していて，3点 M, E, N が一直線上にこの順に並んでいるとする．このとき

$$MN = \boxed{イ}, \quad PE = \boxed{ウ}\sqrt{\boxed{エ}}$$

である．また

$$\cos \angle MPN = \frac{\boxed{オカ}}{\boxed{キク}}$$

である．

線分 PN 上に点 F を直線 MF と直線 PN が垂直に交わるようにとり，線分 PM 上に点 G を直線 NG と直線 PM が垂直に交わるようにとる。このとき

$$PF = \frac{ケコ}{サ}, \quad PG = \frac{シス}{セ}$$

である。さらに，線分 MF と線分 NG の交点を J とする。このとき

$$JE = \frac{ソ\sqrt{タ}}{チツ}$$

である。

数学Ⅱ・数学B

問　題	選　択　方　法
第1問	必　　答
第2問	必　　答
第3問	いずれか2問を選択し，解答しなさい。
第4問	
第5問	

第1問 (必答問題)(配点 30)

〔1〕 関数 $y = -2^{2x} + 2^{x+4} - 48$ について考える。

(1) $t = 2^x$ とおく。y を t の式で表すと
$$y = \boxed{\text{ア}}\left(t - \boxed{\text{イ}}\right)^2 + \boxed{\text{ウエ}}$$
となる。

$x = 1$ のとき，$y = \boxed{\text{オカキ}}$ である。$x \geqq 1$ のとき，y は $x = \boxed{\text{ク}}$ で最大値 $\boxed{\text{ケコ}}$ をとる。

(2) $k > 1$ とする。x が $1 \leqq x \leqq k$ の範囲を動くとき，y の最小値が $\boxed{\text{オカキ}}$ であるような k の値の範囲は
$$1 < k \leqq \log_2 \boxed{\text{サシ}}$$
である。この範囲に含まれる最大の整数の値は $\boxed{\text{ス}}$ である。

(3) $y = 0$ を満たす x は二つある。そのうちの小さい方は $\boxed{\text{セ}}$ である。また，大きい方は $\boxed{\text{ソ}}$ を満たす。$\boxed{\text{ソ}}$ に当てはまるものを，次の ⓪〜⑨ のうちから一つ選べ。ただし，$\log_{10} 2 = 0.3010$, $\log_{10} 3 = 0.4771$ とする。

⓪ $1 < x < 1.2$　　① $1.2 < x < 1.3$　　② $1.5 < x < 1.6$
③ $2.4 < x < 2.5$　　④ $2.5 < x < 2.6$　　⑤ $2.6 < x < 2.8$
⑥ $3.5 < x < 3.6$　　⑦ $3.6 < x < 3.8$　　⑧ $4.2 < x < 4.4$
⑨ $x > 10$

〔2〕 関数 $f(x)=\sqrt{3}\cos\left(3x+\dfrac{\pi}{3}\right)+\sqrt{3}\cos 3x$ について考える。

(1) 三角関数の加法定理および合成を用いると

$$f(x)=-\dfrac{\boxed{タ}}{\boxed{チ}}\sin 3x+\dfrac{\boxed{ツ}\sqrt{\boxed{テ}}}{\boxed{チ}}\cos 3x$$

$$=\boxed{ト}\sin\left(3x+\dfrac{\boxed{ナ}}{\boxed{ニ}}\pi\right)$$

と表される。ただし，$0<\dfrac{\boxed{ナ}}{\boxed{ニ}}\pi\leqq 2\pi$ とする。

したがって，$f(x)$ の最大値は $\boxed{ヌ}$ である。また，$f(x)$ の正の周期のうち最小のものは $\dfrac{\boxed{ネ}}{\boxed{ノ}}\pi$ である。

(2) $f(x)$ を $0\leqq x\leqq 2\pi$ の範囲で考えたとき，実数 t に対して $f(x)=t$ となる x の値の個数 N を調べよう。$3x+\dfrac{\boxed{ナ}}{\boxed{ニ}}\pi$ のとり得る値の範囲に注意すると，次のことがわかる。

$|t|>\boxed{ヌ}$ のとき，$N=\boxed{ハ}$ である。

$t=\boxed{ヌ}$ のとき，$N=\boxed{ヒ}$ である。

$t=f(0)$ のとき，$N=\boxed{フ}$ である。

$|t|<\boxed{ヌ}$ かつ $t\neq f(0)$ のとき，$N=\boxed{ヘ}$ である。

$t=-\boxed{ヌ}$ のとき，$N=\boxed{ホ}$ である。

第2問 （必答問題）（配点 30）

a, b, c を実数とし，関数 $f(x) = x^3 - 1$, $g(x) = x^3 + ax^2 + bx + c$ を考える。座標平面上の曲線 $y = f(x)$ を C_1 とし，曲線 $y = g(x)$ を C_2 とする。C_2 は点 $A(-1, -2)$ を通り，C_2 の A における接線は C_1 の A における接線と一致するものとする。

(1) 曲線 C_1 の点 A における接線を ℓ とする。$f'(-1) = \boxed{ア}$ により，ℓ の方程式は $y = \boxed{イ} x + \boxed{ウ}$ である。また，原点 O と直線 ℓ の距離は $\dfrac{\sqrt{\boxed{エオ}}}{\boxed{エオ}}$ である。

(2) 曲線 C_2 の点 A における接線は(1)の直線 ℓ と一致しているので，$g'(-1) = \boxed{カ}$ である。したがって，b, c を a を用いて表すと，$b = \boxed{キ} a$, $c = \boxed{ク} - \boxed{ケ}$ となる。

(3) $a=-2$のとき，関数$g(x)$は$x=\dfrac{\boxed{コサ}}{\boxed{シ}}$で極大値$\dfrac{\boxed{スセソ}}{\boxed{タチ}}$をとり，

$x=\boxed{ツ}$で極小値$\boxed{テトナ}$をとる。

(4) $a<0$とする。$-2\leqq x\leqq -1$において，曲線C_1とC_2および直線$x=-2$で囲まれた図形の面積をS_1とする。また，$-1\leqq x\leqq 1$において，曲線C_1とC_2および直線$x=1$で囲まれた図形の面積をS_2とする。このとき，$S=S_1+S_2$とおくと，$S=\boxed{ニ}$と表される。$\boxed{ニ}$に当てはまるものを，次の⓪～③のうちから一つ選べ。

⓪ $\displaystyle\int_{-2}^{-1}\{g(x)-f(x)\}dx+\int_{-1}^{1}\{f(x)-g(x)\}dx$

① $\displaystyle\int_{-2}^{-1}\{f(x)-g(x)\}dx+\int_{-1}^{1}\{g(x)-f(x)\}dx$

② $\displaystyle\int_{-2}^{1}\{g(x)-f(x)\}dx$

③ $\displaystyle\int_{-2}^{1}\{f(x)-g(x)\}dx$

これを計算することにより，$S=\boxed{ヌネ}\,a$となる。

第3問 (選択問題)（配点 20）

初項 a_1 が1であり，次の条件①，②によって定まる数列 $\{a_n\}$ を考えよう。

$$a_{2n} = a_n \quad (n = 1, 2, 3, \cdots) \quad \cdots\cdots\cdots\cdots① $$
$$a_{2n+1} = a_n + a_{n+1} \quad (n = 1, 2, 3, \cdots) \quad \cdots\cdots\cdots\cdots② $$

(1) ①により $a_2 = a_1$ となるので $a_2 = 1$ であり，②により $a_3 = a_1 + a_2$ となるので $a_3 = 2$ である。同様に

$$a_4 = \boxed{ア}, \ a_5 = \boxed{イ}, \ a_6 = \boxed{ウ}, \ a_7 = \boxed{エ}$$

である。

また，a_{18} については，$a_{18} = a_9$ により $a_{18} = \boxed{オ}$ であり，a_{38} については，$a_{38} = a_{19} = a_9 + a_{10}$ により $a_{38} = \boxed{カ}$ である。

(2) k を自然数とする。①により $\{a_n\}$ の第 $3 \cdot 2^k$ 項は $\boxed{キ}$ である。

(3) 数列 $\{a_n\}$ の第3項以降を次のように群に分ける。ただし，第 k 群は 2^k 個の項からなるものとする。

$$a_3, a_4 \mid a_5, a_6, a_7, a_8 \mid a_9, \cdots, a_{16} \mid a_{17}, \cdots$$
第1群　　　第2群　　　　第3群

2以上の自然数 k に対して，$\sum_{j=1}^{k-1} 2^j = \boxed{ク}^{\boxed{ケ}} - \boxed{コ}$ なので，第 k 群の最初の項は，$\{a_n\}$ の第 $\left(\boxed{ク}^{\boxed{ケ}} + \boxed{サ}\right)$ 項であり，第 k 群の最後の項は，$\{a_n\}$ の第 $\boxed{ク}^{\boxed{シ}}$ 項である。ただし，$\boxed{ケ}$，$\boxed{シ}$ については，当てはまるものを，次の⓪〜④のうちから一つずつ選べ。同じものを選んでもよい。

⓪ $k-2$　　① $k-1$　　② k　　③ $k+1$　　④ $k+2$

第 k 群に含まれるすべての項の和を S_k，第 k 群に含まれるすべての奇数番目の項の和を T_k，第 k 群に含まれるすべての偶数番目の項の和を U_k とする。たとえば

$S_1 = a_3 + a_4$,　　　　　$T_1 = a_3$,　　$U_1 = a_4$

$S_2 = a_5 + a_6 + a_7 + a_8$,　$T_2 = a_5 + a_7$,　$U_2 = a_6 + a_8$

であり

$S_1 = \boxed{ス}$,　$S_2 = \boxed{セ}$,　$T_2 = \boxed{ソ}$,　$U_2 = \boxed{タ}$

である。

(4) (3)で定めた数列$\{S_k\}$, $\{T_k\}$, $\{U_k\}$の一般項をそれぞれ求めよう。

①により$U_{k+1} = \boxed{チ}$ となる。また, $\{a_n\}$の第2^k項と第2^{k+1}項が等しいことを用いると, ②により$T_{k+1} = \boxed{ツ}$ となる。したがって, $S_{k+1} = T_{k+1} + U_{k+1}$を用いると, $S_{k+1} = \boxed{テ}$ となる。$\boxed{チ}$, $\boxed{ツ}$, $\boxed{テ}$ に当てはまるものを, 次の⓪~⑨のうちから一つずつ選べ。ただし, 同じものを繰り返し選んでもよい。

⓪ S_k ① $S_k + 3k$ ② T_k
③ U_k ④ $2S_k$ ⑤ $2T_k$
⑥ $2T_k + 2k - 1$ ⑦ $2T_k + k(k+1)$ ⑧ $3S_k$
⑨ $3S_k + (k-1)(k-2)$

以上のことから
$S_k = \boxed{ト}$, $T_k = \boxed{ナ}$, $U_k = \boxed{ニ}$
である。$\boxed{ト}$, $\boxed{ナ}$, $\boxed{ニ}$ に当てはまるものを, 次の⓪~ⓑのうちから一つずつ選べ。ただし, 同じものを繰り返し選んでもよい。

⓪ $2k^2 - 4k + 3$ ① 3^{k-1}
② $2^{k+1} - 2k - 1$ ③ $2^{k+2} - 2k^2 - 5$
④ $4k^2 - 8k + 6$ ⑤ $2 \cdot 3^{k-1}$
⑥ $2^{k+2} - 4k - 2$ ⑦ $2^{k+3} - 4k^2 - 10$
⑧ $6k^2 - 12k + 9$ ⑨ 3^k
ⓐ $3 \cdot 2^{k+1} - 6k - 3$ ⓑ $3 \cdot 2^{k+2} - 6k^2 - 15$

第4問　(選択問題)（配点　20）

1辺の長さが1のひし形ABCDにおいて，∠BAD > 90°とする。直線BC上に，点Cとは異なる点Eを，$|\overrightarrow{DE}| = 1$を満たすようにとる。以下，$\overrightarrow{AB} = \vec{p}$，$\overrightarrow{AD} = \vec{q}$とし，$\vec{p} \cdot \vec{q} = x$とおく。

(1) $|\overrightarrow{BD}|^2 = \boxed{ア} - \boxed{イ}x$である。

(2) $\overrightarrow{AD}$と$\overrightarrow{BE}$は平行なので，実数sを用いて$\overrightarrow{AE} = \vec{p} + s\vec{q}$と表すことができる。$|\overrightarrow{DE}| = 1$であることと，点Eは点Cと異なる点であることにより，$s = \boxed{ウエ}x + \boxed{オ}$である。

(3) $|\overrightarrow{BD}| = |\overrightarrow{BE}|$を満たす$x$の値を求めよう。

(2)により，$\overrightarrow{AE} = \vec{p} + \left(\boxed{ウエ}x + \boxed{オ} \right)\vec{q}$である。$|\overrightarrow{BD}| = |\overrightarrow{BE}|$と∠BAD > 90°により，$x = \dfrac{\boxed{カ} - \sqrt{\boxed{キ}}}{\boxed{ク}}$が得られる。

したがって

$$\overrightarrow{AE} = \vec{p} + \dfrac{\boxed{ケ} + \sqrt{\boxed{コ}}}{\boxed{サ}}\vec{q} \quad \cdots\cdots ①$$

である。

(4) x を(3)で求めた値とし，点 F を直線 AC に関して点 E と対称な点とする。$|\overrightarrow{EF}|$ を求めよう。

点 B と点 D が直線 AC に関して対称な点であることに注意すると，①により，$\overrightarrow{AF} = \dfrac{\boxed{シ} + \sqrt{\boxed{ス}}}{\boxed{セ}}\vec{p} + \vec{q}$ と表せる。したがって，

$\overrightarrow{EF} = \dfrac{\boxed{ソタ} + \sqrt{\boxed{チ}}}{\boxed{ツ}}\overrightarrow{DB}$ である。

また，$|\overrightarrow{BD}| = |\overrightarrow{BE}|$ であり，(2)により $\overrightarrow{BE} = \left(\boxed{ウエ}\,x + \boxed{オ}\right)\vec{q}$ となるので，$|\overrightarrow{BD}| = \dfrac{\boxed{テ} + \sqrt{\boxed{ト}}}{\boxed{ナ}}$ を得る。ゆえに，$|\overrightarrow{EF}| = \boxed{ニ}$ である。

(5) x を(3)で求めた値とし，点 R を △ABD の外接円の中心とする。$\overrightarrow{AR}$ を $\vec{p}$ と $\vec{q}$ を用いて表そう。

△ABD は AB = AD を満たす二等辺三角形であるから，点 R は直線 AC 上にある。点 F を(4)で定めた点とし，線分 AD の中点を M とする。(4)の結果を用いることにより，$\overrightarrow{AD}$ と $\overrightarrow{FM}$ は垂直であることが確かめられる。よって，点 R は直線 AC と直線 FM の交点であり，実数 t を用いて $\overrightarrow{AR} = t\overrightarrow{AF} + (1-t)\overrightarrow{AM}$ と表すことができる。t を求めることにより，

$\overrightarrow{AR} = \dfrac{\boxed{ヌ} + \sqrt{\boxed{ネ}}}{\boxed{ノハ}}(\vec{p} + \vec{q})$ が得られる。

第5問 （選択問題）（配点 20）

以下の問題を解答するにあたっては，必要に応じて90ページの正規分布表を用いてもよい。

有権者数が1万人を超えるある地域において，選挙が実施された。

(1) 今回実施された選挙の有権者全員を対象として，今回の選挙と前回の選挙のそれぞれについて，投票したか，棄権した（投票しなかった）かを調査した。今回の選挙については

　　　　今回投票，今回棄権

の2通りのどちらであるかを調べ，前回の選挙については，選挙権がなかった者が含まれているので

　　　　前回投票，前回棄権，前回選挙権なし

の3通りのいずれであるかを調べた。この調査の結果は下の表のようになった。たとえば，この有権者全体において，今回棄権かつ前回投票の人の割合は10 % であることを示している。このとき，今回投票かつ前回棄権の人の割合は アイ % である。

	前回投票	前回棄権	前回選挙権なし
今回投票	45 %	アイ %	3 %
今回棄権	10 %	29 %	1 %

この有権者全体から無作為に1人を選ぶとき，今回投票の人が選ばれる確率は 0. ウエ であり，前回投票の人が選ばれる確率は 0. オカ である。

また，今回の有権者全体から 900 人を無作為に抽出したとき，その中で，今回棄権かつ前回投票の人数を表す確率変数を X とする。このとき，X は二項分布 $B\left(900,\ 0.\boxed{キク}\right)$ に従うので，X の平均(期待値)は $\boxed{ケコ}$，標準偏差は $\boxed{サ}.\boxed{シ}$ である。

次に，X が 105 以上になる確率を求めよう。$Z = \dfrac{X - \boxed{ケコ}}{\boxed{サ}.\boxed{シ}}$ とおくと，標本数は十分に大きいので，Z は近似的に標準正規分布に従う。よって，この確率は $0.\boxed{スセ}$ と求められる。

(2) 今回の有権者全体を母集団とし，支持する政党がある人の割合(母比率)pを推定したい。このとき，調査する有権者数について考えよう。

母集団からn人を無作為に抽出したとき，その中で，支持する政党がある人の割合(標本比率)を確率変数Rで表すと，Rは近似的に平均p，標準偏差$\sqrt{\dfrac{p(1-p)}{n}}$の正規分布に従う。

実際に，n人を無作為に抽出して得られた標本比率の値をrとすると，nが十分に大きいとすれば，標準偏差を$\sqrt{\dfrac{r(1-r)}{n}}$で置き換えることにより，pに対する信頼度95％の信頼区間$C \leqq p \leqq D$を求めることができる。その信頼区間の幅は$L = D - C = 1.96 \times \boxed{ソ}$になる。$\boxed{ソ}$に当てはまる最も適当なものを，次の⓪〜⑤のうちから一つ選べ。

⓪ $\dfrac{\sqrt{r(1-r)}}{n}$　　① $\dfrac{\sqrt{2r(1-r)}}{n}$　　② $\dfrac{2\sqrt{r(1-r)}}{n}$

③ $\sqrt{\dfrac{r(1-r)}{n}}$　　④ $\sqrt{\dfrac{2r(1-r)}{n}}$　　⑤ $2\sqrt{\dfrac{r(1-r)}{n}}$

過去の調査から，母比率はおよそ50％と予想されることから，$r = 0.5$とする。このとき，$L = 0.1$になるようなnの値を求めると，$n = \boxed{タチツ}$であり，このnの値は十分に大きいと考えられる。ただし，$1.96^2 = 3.84$として計算すること。

$\boxed{タチツ}$人を調査して，pに対する信頼度95％の信頼区間を求めると，この信頼区間の幅Lは$\boxed{テ}$。$\boxed{テ}$に当てはまる最も適当なものを，次の⓪〜②から一つ選べ。

⓪ rの値によって変化せず，一定である
① rの値によって変化して，$r = 0.5$のとき最大となる
② rの値によって変化して，$r = 0.5$のとき最小となる

正 規 分 布 表

次の表は，標準正規分布の分布曲線における右図の灰色部分の面積の値をまとめたものである。

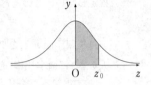

z_0	0.00	0.01	0.02	0.03	0.04	0.05	0.06	0.07	0.08	0.09
0.0	0.0000	0.0040	0.0080	0.0120	0.0160	0.0199	0.0239	0.0279	0.0319	0.0359
0.1	0.0398	0.0438	0.0478	0.0517	0.0557	0.0596	0.0636	0.0675	0.0714	0.0753
0.2	0.0793	0.0832	0.0871	0.0910	0.0948	0.0987	0.1026	0.1064	0.1103	0.1141
0.3	0.1179	0.1217	0.1255	0.1293	0.1331	0.1368	0.1406	0.1443	0.1480	0.1517
0.4	0.1554	0.1591	0.1628	0.1664	0.1700	0.1736	0.1772	0.1808	0.1844	0.1879
0.5	0.1915	0.1950	0.1985	0.2019	0.2054	0.2088	0.2123	0.2157	0.2190	0.2224
0.6	0.2257	0.2291	0.2324	0.2357	0.2389	0.2422	0.2454	0.2486	0.2517	0.2549
0.7	0.2580	0.2611	0.2642	0.2673	0.2704	0.2734	0.2764	0.2794	0.2823	0.2852
0.8	0.2881	0.2910	0.2939	0.2967	0.2995	0.3023	0.3051	0.3078	0.3106	0.3133
0.9	0.3159	0.3186	0.3212	0.3238	0.3264	0.3289	0.3315	0.3340	0.3365	0.3389
1.0	0.3413	0.3438	0.3461	0.3485	0.3508	0.3531	0.3554	0.3577	0.3599	0.3621
1.1	0.3643	0.3665	0.3686	0.3708	0.3729	0.3749	0.3770	0.3790	0.3810	0.3830
1.2	0.3849	0.3869	0.3888	0.3907	0.3925	0.3944	0.3962	0.3980	0.3997	0.4015
1.3	0.4032	0.4049	0.4066	0.4082	0.4099	0.4115	0.4131	0.4147	0.4162	0.4177
1.4	0.4192	0.4207	0.4222	0.4236	0.4251	0.4265	0.4279	0.4292	0.4306	0.4319
1.5	0.4332	0.4345	0.4357	0.4370	0.4382	0.4394	0.4406	0.4418	0.4429	0.4441
1.6	0.4452	0.4463	0.4474	0.4484	0.4495	0.4505	0.4515	0.4525	0.4535	0.4545
1.7	0.4554	0.4564	0.4573	0.4582	0.4591	0.4599	0.4608	0.4616	0.4625	0.4633
1.8	0.4641	0.4649	0.4656	0.4664	0.4671	0.4678	0.4686	0.4693	0.4699	0.4706
1.9	0.4713	0.4719	0.4726	0.4732	0.4738	0.4744	0.4750	0.4756	0.4761	0.4767
2.0	0.4772	0.4778	0.4783	0.4788	0.4793	0.4798	0.4803	0.4808	0.4812	0.4817
2.1	0.4821	0.4826	0.4830	0.4834	0.4838	0.4842	0.4846	0.4850	0.4854	0.4857
2.2	0.4861	0.4864	0.4868	0.4871	0.4875	0.4878	0.4881	0.4884	0.4887	0.4890
2.3	0.4893	0.4896	0.4898	0.4901	0.4904	0.4906	0.4909	0.4911	0.4913	0.4916
2.4	0.4918	0.4920	0.4922	0.4925	0.4927	0.4929	0.4931	0.4932	0.4934	0.4936
2.5	0.4938	0.4940	0.4941	0.4943	0.4945	0.4946	0.4948	0.4949	0.4951	0.4952
2.6	0.4953	0.4955	0.4956	0.4957	0.4959	0.4960	0.4961	0.4962	0.4963	0.4964
2.7	0.4965	0.4966	0.4967	0.4968	0.4969	0.4970	0.4971	0.4972	0.4973	0.4974
2.8	0.4974	0.4975	0.4976	0.4977	0.4977	0.4978	0.4979	0.4979	0.4980	0.4981
2.9	0.4981	0.4982	0.4982	0.4983	0.4984	0.4984	0.4985	0.4985	0.4986	0.4986
3.0	0.4987	0.4987	0.4987	0.4988	0.4988	0.4989	0.4989	0.4989	0.4990	0.4990

本試験

2019

数学Ⅰ・A ……………… 2
数学Ⅱ・B ……………… 19

各科目とも 60分 100点

数学Ⅰ・数学A

問　題	選　択　方　法
第1問	必　答
第2問	必　答
第3問	いずれか2問を選択し，解答しなさい。
第4問	
第5問	

第1問 (必答問題) (配点 30)

〔1〕 a を実数とする。

$$9a^2 - 6a + 1 = (\boxed{\text{ア}}\,a - \boxed{\text{イ}})^2$$

である。次に

$$A = \sqrt{9a^2 - 6a + 1} + |a + 2|$$

とおくと

$$A = \sqrt{(\boxed{\text{ア}}\,a - \boxed{\text{イ}})^2} + |a + 2|$$

である。

次の三つの場合に分けて考える。

- $a > \dfrac{1}{3}$ のとき，$A = \boxed{\text{ウ}}\,a + \boxed{\text{エ}}$ である。

- $-2 \leqq a \leqq \dfrac{1}{3}$ のとき，$A = \boxed{\text{オカ}}\,a + \boxed{\text{キ}}$ である。

- $a < -2$ のとき，$A = -\boxed{\text{ウ}}\,a - \boxed{\text{エ}}$ である。

$A = 2a + 13$ となる a の値は

$$\boxed{\text{ク}},\quad \dfrac{\boxed{\text{ケコ}}}{\boxed{\text{サ}}}$$

である。

〔2〕 二つの自然数 m, n に関する三つの条件 p, q, r を次のように定める。

p：m と n はともに奇数である
q：$3mn$ は奇数である
r：$m + 5n$ は偶数である

また，条件 p の否定を $\bar{p}$ で表す。

(1) 次の シ ， ス に当てはまるものを，下の⓪～②のうちから一つずつ選べ。ただし，同じものを繰り返し選んでもよい。

二つの自然数 m, n が条件 $\bar{p}$ を満たすとする。このとき，m が奇数ならば n は シ 。また，m が偶数ならば n は ス 。

⓪ 偶数である
① 奇数である
② 偶数でも奇数でもよい

(2) 次の セ ， ソ ， タ に当てはまるものを，下の⓪〜③のうちから一つずつ選べ。ただし，同じものを繰り返し選んでもよい。

p は q であるための セ 。

p は r であるための ソ 。

$\bar{p}$ は r であるための タ 。

⓪ 必要十分条件である
① 必要条件であるが，十分条件ではない
② 十分条件であるが，必要条件ではない
③ 必要条件でも十分条件でもない

〔3〕 a と b はともに正の実数とする。x の2次関数

$$y = x^2 + (2a - b)x + a^2 + 1$$

のグラフを G とする。

(1) グラフ G の頂点の座標は

$$\left(\frac{b}{\boxed{\text{チ}}} - a, \ -\frac{b^2}{\boxed{\text{ツ}}} + ab + \boxed{\text{テ}} \right)$$

である。

(2) グラフ G が点 $(-1, 6)$ を通るとき，b のとり得る値の最大値は $\boxed{\text{ト}}$ であり，そのときの a の値は $\boxed{\text{ナ}}$ である。

$b = \boxed{\text{ト}}$，$a = \boxed{\text{ナ}}$ のとき，グラフ G は2次関数 $y = x^2$ のグラフを x 軸方向に $\dfrac{\boxed{\text{ニ}}}{\boxed{\text{ヌ}}}$，$y$ 軸方向に $\dfrac{\boxed{\text{ネノ}}}{\boxed{\text{ハ}}}$ だけ平行移動したものである。

第2問 (必答問題)（配点 30）

〔1〕 △ABCにおいて，AB = 3，BC = 4，AC = 2 とする。

次の $\boxed{エ}$ には，下の⓪〜②のうちから当てはまるものを一つ選べ。

$$\cos \angle BAC = \frac{\boxed{アイ}}{\boxed{ウ}}$$ であり，∠BACは $\boxed{エ}$ である。また，

$$\sin \angle BAC = \frac{\sqrt{\boxed{オカ}}}{\boxed{キ}}$$ である。

⓪ 鋭角　　　① 直角　　　② 鈍角

線分ACの垂直二等分線と直線ABの交点をDとする。

$$\cos \angle CAD = \frac{\boxed{ク}}{\boxed{ケ}}$$ であるから，AD = $\boxed{コ}$ であり，△DBCの面積

は $\dfrac{\boxed{サ}\sqrt{\boxed{シス}}}{\boxed{セ}}$ である。

〔2〕 全国各地の気象台が観測した「ソメイヨシノ（桜の種類）の開花日」や，「モンシロチョウの初見日（初めて観測した日）」，「ツバメの初見日」などの日付を気象庁が発表している。気象庁発表の日付は普通の月日形式であるが，この問題では該当する年の1月1日を「1」とし，12月31日を「365」（うるう年の場合は「366」）とする「年間通し日」に変更している。例えば，2月3日は，1月31日の「31」に2月3日の3を加えた「34」となる。

(1) 図1は全国48地点で観測しているソメイヨシノの2012年から2017年までの6年間の開花日を，年ごとに箱ひげ図にして並べたものである。

図2はソメイヨシノの開花日の年ごとのヒストグラムである。ただし，順番は年の順に並んでいるとは限らない。なお，ヒストグラムの各階級の区間は，左側の数値を含み，右側の数値を含まない。

次の ソ ， タ に当てはまるものを，図2の⓪～⑤のうちから一つずつ選べ。

- 2013年のヒストグラムは ソ である。
- 2017年のヒストグラムは タ である。

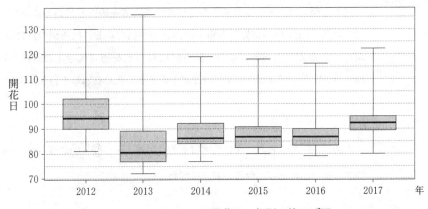

図1 ソメイヨシノの開花日の年別の箱ひげ図

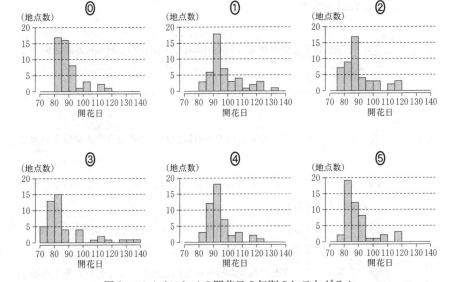

図2 ソメイヨシノの開花日の年別のヒストグラム

(出典:図1,図2は気象庁「生物季節観測データ」Webページにより作成)

(2) 図3と図4は，モンシロチョウとツバメの両方を観測している41地点における，2017年の初見日の箱ひげ図と散布図である。散布図の点には重なった点が2点ある。なお，散布図には原点を通り傾き1の直線(実線)，切片が−15および15で傾きが1の2本の直線(破線)を付加している。

次の チ ， ツ に当てはまるものを，下の⓪〜⑦のうちから一つずつ選べ。ただし，解答の順序は問わない。

図3，図4から読み取れることとして正しくないものは， チ ， ツ である。

⓪ モンシロチョウの初見日の最小値はツバメの初見日の最小値と同じである。
① モンシロチョウの初見日の最大値はツバメの初見日の最大値より大きい。
② モンシロチョウの初見日の中央値はツバメの初見日の中央値より大きい。
③ モンシロチョウの初見日の四分位範囲はツバメの初見日の四分位範囲の3倍より小さい。
④ モンシロチョウの初見日の四分位範囲は15日以下である。
⑤ ツバメの初見日の四分位範囲は15日以下である。
⑥ モンシロチョウとツバメの初見日が同じ所が少なくとも4地点ある。
⑦ 同一地点でのモンシロチョウの初見日とツバメの初見日の差は15日以下である。

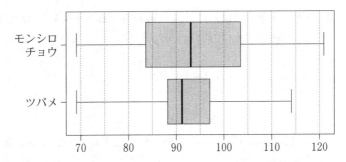

図3 モンシロチョウとツバメの初見日(2017年)の箱ひげ図

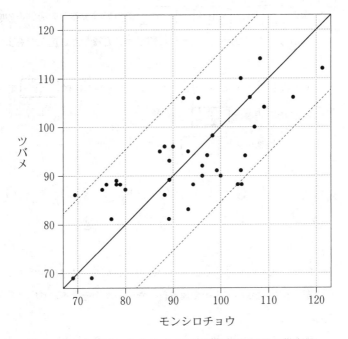

図4 モンシロチョウとツバメの初見日(2017年)の散布図

(出典:図3,図4は気象庁「生物季節観測データ」Webページにより作成)

(3) 一般に n 個の数値 $x_1, x_2, \cdots, x_n$ からなるデータ X の平均値を $\bar{x}$, 分散を s^2, 標準偏差を s とする。各 x_i に対して

$$x'_i = \frac{x_i - \bar{x}}{s} \quad (i = 1, 2, \cdots, n)$$

と変換した $x'_1, x'_2, \cdots, x'_n$ をデータ X' とする。ただし，$n \geqq 2$, $s > 0$ とする。

次の テ ， ト ， ナ に当てはまるものを，下の⓪〜⑧のうちから一つずつ選べ。ただし，同じものを繰り返し選んでもよい。

- X の偏差 $x_1 - \bar{x}, x_2 - \bar{x}, \cdots, x_n - \bar{x}$ の平均値は テ である。
- X' の平均値は ト である。
- X' の標準偏差は ナ である。

⓪ 0 ① 1 ② -1 ③ $\bar{x}$ ④ s
⑤ $\dfrac{1}{s}$ ⑥ s^2 ⑦ $\dfrac{1}{s^2}$ ⑧ $\dfrac{\bar{x}}{s}$

図 4 で示されたモンシロチョウの初見日のデータ M とツバメの初見日のデータ T について上の変換を行ったデータをそれぞれ M', T' とする。

次の ニ に当てはまるものを，図 5 の⓪〜③のうちから一つ選べ。

変換後のモンシロチョウの初見日のデータ M' と変換後のツバメの初見日のデータ T' の散布図は，M' と T' の標準偏差の値を考慮すると ニ である。

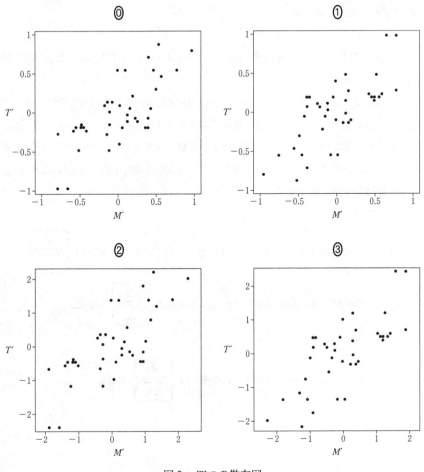

図5　四つの散布図

第3問 (選択問題)(配点 20)

　赤い袋には赤球2個と白球1個が入っており，白い袋には赤球1個と白球1個が入っている。

　最初に，さいころ1個を投げて，3の倍数の目が出たら白い袋を選び，それ以外の目が出たら赤い袋を選び，選んだ袋から球を1個取り出して，球の色を確認してその袋に戻す。ここまでの操作を1回目の操作とする。2回目と3回目の操作では，直前に取り出した球の色と同じ色の袋から球を1個取り出して，球の色を確認してその袋に戻す。

(1) 1回目の操作で，赤い袋が選ばれ赤球が取り出される確率は $\dfrac{ア}{イ}$ であり，白い袋が選ばれ赤球が取り出される確率は $\dfrac{ウ}{エ}$ である。

(2) 2回目の操作が白い袋で行われる確率は $\dfrac{オ}{カキ}$ である。

(3) 1回目の操作で白球を取り出す確率を p で表すと，2回目の操作で白球が取り出される確率は $\dfrac{ク}{ケ}p + \dfrac{1}{3}$ と表される。

よって，2回目の操作で白球が取り出される確率は $\dfrac{コサ}{シスセ}$ である。

同様に考えると，3回目の操作で白球が取り出される確率は $\dfrac{ソタチ}{ツテト}$ である。

(4) 2回目の操作で取り出した球が白球であったとき，その球を取り出した袋の色が白である条件付き確率は $\dfrac{ナニ}{ヌネ}$ である。

また，3回目の操作で取り出した球が白球であったとき，はじめて白球が取り出されたのが3回目の操作である条件付き確率は $\dfrac{ノハ}{ヒフヘ}$ である。

第4問 （選択問題）（配点 20）

(1) 不定方程式

$$49x - 23y = 1$$

の解となる自然数 x, y の中で，x の値が最小のものは

$$x = \boxed{ア}, \quad y = \boxed{イウ}$$

であり，すべての整数解は，k を整数として

$$x = \boxed{エオ}k + \boxed{ア}, \quad y = \boxed{カキ}k + \boxed{イウ}$$

と表せる。

(2) 49 の倍数である自然数 A と 23 の倍数である自然数 B の組 (A, B) を考える。A と B の差の絶対値が 1 となる組 (A, B) の中で，A が最小になるのは

$$(A, B) = \left(49 \times \boxed{ク}, \quad 23 \times \boxed{ケコ}\right)$$

である。また，A と B の差の絶対値が 2 となる組 (A, B) の中で，A が最小になるのは

$$(A, B) = \left(49 \times \boxed{サ}, \quad 23 \times \boxed{シス}\right)$$

である。

(3) 連続する三つの自然数 $a, a+1, a+2$ を考える。

a と $a+1$ の最大公約数は 1
$a+1$ と $a+2$ の最大公約数は 1
a と $a+2$ の最大公約数は 1 または セ

である。
　また，次の条件がすべての自然数 a で成り立つような自然数 m のうち，最大のものは $m =$ ソ である。

条件：$a(a+1)(a+2)$ は m の倍数である。

(4) 6762 を素因数分解すると

$$6762 = 2 \times \boxed{タ} \times 7^{\boxed{チ}} \times \boxed{ツテ}$$

である。
　b を，$b(b+1)(b+2)$ が 6762 の倍数となる最小の自然数とする。このとき，$b, b+1, b+2$ のいずれかは $7^{\boxed{チ}}$ の倍数であり，また，$b, b+1, b+2$ のいずれかは ツテ の倍数である。したがって，$b =$ トナニ である。

第5問 (選択問題)（配点 20）

△ABC において，AB = 4，BC = 7，AC = 5 とする。

このとき，$\cos \angle BAC = -\dfrac{1}{5}$，$\sin \angle BAC = \dfrac{2\sqrt{6}}{5}$ である。

△ABC の内接円の半径は $\dfrac{\sqrt{\boxed{ア}}}{\boxed{イ}}$ である。

この内接円と辺 AB との接点を D，辺 AC との接点を E とする。

$$AD = \boxed{ウ}, \quad DE = \dfrac{\boxed{エ}\sqrt{\boxed{オカ}}}{\boxed{キ}}$$

である。

線分 BE と線分 CD の交点を P，直線 AP と辺 BC の交点を Q とする。

$$\dfrac{BQ}{CQ} = \dfrac{\boxed{ク}}{\boxed{ケ}}$$

であるから，BQ = $\boxed{コ}$ であり，△ABC の内心を I とすると

$$IQ = \dfrac{\sqrt{\boxed{サ}}}{\boxed{シ}}$$

である。また，直線 CP と△ABC の内接円との交点で D とは異なる点を F とすると

$$\cos \angle DFE = \dfrac{\sqrt{\boxed{スセ}}}{\boxed{ソ}}$$

である。

数学Ⅱ・数学B

問 題	選 択 方 法
第1問	必 答
第2問	必 答
第3問	いずれか2問を選択し，解答しなさい。
第4問	
第5問	

第 1 問 （必答問題）（配点 30）

〔1〕 関数 $f(\theta) = 3\sin^2\theta + 4\sin\theta\cos\theta - \cos^2\theta$ を考える。

(1) $f(0) = \boxed{\text{アイ}}$，$f\left(\dfrac{\pi}{3}\right) = \boxed{\text{ウ}} + \sqrt{\boxed{\text{エ}}}$ である。

(2) 2倍角の公式を用いて計算すると，$\cos^2\theta = \dfrac{\cos 2\theta + \boxed{\text{オ}}}{\boxed{\text{カ}}}$ となる。さらに，$\sin 2\theta$，$\cos 2\theta$ を用いて $f(\theta)$ を表すと

$$f(\theta) = \boxed{\text{キ}}\sin 2\theta - \boxed{\text{ク}}\cos 2\theta + \boxed{\text{ケ}} \quad \cdots\cdots \text{①}$$

となる。

(3) θ が $0 \leqq \theta \leqq \pi$ の範囲を動くとき，関数 $f(\theta)$ のとり得る最大の整数の値 m とそのときの θ の値を求めよう。

　三角関数の合成を用いると，① は

$$f(\theta) = \boxed{\text{コ}}\sqrt{\boxed{\text{サ}}}\sin\left(2\theta - \dfrac{\pi}{\boxed{\text{シ}}}\right) + \boxed{\text{ケ}}$$

と変形できる。したがって，$m = \boxed{\text{ス}}$ である。

　また，$0 \leqq \theta \leqq \pi$ において，$f(\theta) = \boxed{\text{ス}}$ となる θ の値は，小さい順に，$\dfrac{\pi}{\boxed{\text{セ}}}$，$\dfrac{\pi}{\boxed{\text{ソ}}}$ である。

〔2〕 連立方程式

$$\begin{cases} \log_2(x+2) - 2\log_4(y+3) = -1 & \cdots\cdots\cdots\cdots ② \\ \left(\dfrac{1}{3}\right)^y - 11\left(\dfrac{1}{3}\right)^{x+1} + 6 = 0 & \cdots\cdots\cdots\cdots ③ \end{cases}$$

を満たす実数 x, y を求めよう。

真数の条件により，x, y のとり得る値の範囲は　タ　である。　タ　に当てはまるものを，次の⓪〜⑤のうちから一つ選べ。ただし，対数 $\log_a b$ に対し，a を底といい，b を真数という。

⓪ $x > 0$, $y > 0$　　　① $x > 2$, $y > 3$　　　② $x > -2$, $y > -3$
③ $x < 0$, $y < 0$　　　④ $x < 2$, $y < 3$　　　⑤ $x < -2$, $y < -3$

底の変換公式により

$$\log_4(y+3) = \frac{\log_2(y+3)}{\boxed{チ}}$$

である。よって，②から

$$y = \boxed{ツ} x + \boxed{テ} \quad\cdots\cdots\cdots\cdots ④$$

が得られる。

次に、$t = \left(\dfrac{1}{3}\right)^x$ とおき、④を用いて③を t の方程式に書き直すと

$$t^2 - \boxed{トナ}\, t + \boxed{ニヌ} = 0 \quad \cdots\cdots\cdots\cdots\cdots ⑤$$

が得られる。また、x が $\boxed{タ}$ における x の範囲を動くとき、t のとり得る値の範囲は

$$\boxed{ネ} < t < \boxed{ノ} \quad \cdots\cdots\cdots\cdots\cdots ⑥$$

である。

⑥の範囲で方程式⑤を解くと、$t = \boxed{ハ}$ となる。したがって、連立方程式②、③を満たす実数 x, y の値は

$$x = \log_3 \dfrac{\boxed{ヒ}}{\boxed{フ}}, \quad y = \log_3 \dfrac{\boxed{ヘ}}{\boxed{ホ}}$$

であることがわかる。

第 2 問 （必答問題）（配点 30）

p，q を実数とし，関数 $f(x) = x^3 + px^2 + qx$ は $x = -1$ で極値 2 をとるとする。また，座標平面上の曲線 $y = f(x)$ を C，放物線 $y = -kx^2$ を D，放物線 D 上の点 $(a, -ka^2)$ を A とする。ただし，$k > 0$，$a > 0$ である。

(1) 関数 $f(x)$ が $x = -1$ で極値をとるので，$f'(-1) = \boxed{ア}$ である。これと $f(-1) = 2$ より，$p = \boxed{イ}$，$q = \boxed{ウエ}$ である。よって，$f(x)$ は $x = \boxed{オ}$ で極小値 $\boxed{カキ}$ をとる。

(2) 点 A における放物線 D の接線を ℓ とする。D と ℓ および x 軸で囲まれた図形の面積 S を a と k を用いて表そう。

ℓ の方程式は

$$y = \boxed{クケ}kax + ka\boxed{コ} \quad \cdots\cdots\cdots ①$$

と表せる。ℓ と x 軸の交点の x 座標は $\dfrac{\boxed{サ}}{\boxed{シ}}$ であり，D と x 軸および直線 $x = a$ で囲まれた図形の面積は $\dfrac{k}{\boxed{ス}}a^{\boxed{セ}}$ である。よって，

$$S = \dfrac{k}{\boxed{ソタ}}a^{\boxed{セ}}$$

である。

(3) さらに，点 A が曲線 C 上にあり，かつ(2)の接線 ℓ が C にも接するとする。このときの(2)の S の値を求めよう。

A が C 上にあるので，$k = \dfrac{\boxed{チ}}{\boxed{ツ}} - \boxed{テ}$ である。

ℓ と C の接点の x 座標を b とすると，ℓ の方程式は b を用いて

$$y = \boxed{ト}\left(b^2 - \boxed{ナ}\right)x - \boxed{ニ}b^3 \quad \cdots\cdots ②$$

と表される。②の右辺を $g(x)$ とおくと

$$f(x) - g(x) = \left(x - \boxed{ヌ}\right)^2\left(x + \boxed{ネ}b\right)$$

と因数分解されるので，$a = -\boxed{ネ}b$ となる。①と②の表す直線の傾きを比較することにより，$a^2 = \dfrac{\boxed{ノハ}}{\boxed{ヒ}}$ である。

したがって，求める S の値は $\dfrac{\boxed{フ}}{\boxed{ヘホ}}$ である。

第3問 （選択問題）（配点 20）

初項が3，公比が4の等比数列の初項から第n項までの和をS_nとする。また，数列$\{T_n\}$は，初項が-1であり，$\{T_n\}$の階差数列が数列$\{S_n\}$であるような数列とする。

(1) $S_2 = \boxed{\text{アイ}}$，$T_2 = \boxed{\text{ウ}}$ である。

(2) $\{S_n\}$と$\{T_n\}$の一般項は，それぞれ

$$S_n = \boxed{\text{エ}}^{\boxed{\text{オ}}} - \boxed{\text{カ}}$$

$$T_n = \frac{\boxed{\text{キ}}^{\boxed{\text{ク}}}}{\boxed{\text{ケ}}} - n - \frac{\boxed{\text{コ}}}{\boxed{\text{サ}}}$$

である。ただし，$\boxed{\text{オ}}$ と $\boxed{\text{ク}}$ については，当てはまるものを，次の⓪〜④のうちから一つずつ選べ。同じものを選んでもよい。

⓪ $n-1$　　① n　　② $n+1$　　③ $n+2$　　④ $n+3$

(3) 数列 $\{a_n\}$ は，初項が -3 であり，漸化式
$$na_{n+1} = 4(n+1)a_n + 8T_n \quad (n = 1, 2, 3, \cdots)$$
を満たすとする。$\{a_n\}$ の一般項を求めよう。

そのために，$b_n = \dfrac{a_n + 2T_n}{n}$ により定められる数列 $\{b_n\}$ を考える。$\{b_n\}$ の初項は $\boxed{シス}$ である。

$\{T_n\}$ は漸化式
$$T_{n+1} = \boxed{セ} T_n + \boxed{ソ} n + \boxed{タ} \quad (n = 1, 2, 3, \cdots)$$
を満たすから，$\{b_n\}$ は漸化式
$$b_{n+1} = \boxed{チ} b_n + \boxed{ツ} \quad (n = 1, 2, 3, \cdots)$$
を満たすことがわかる。よって，$\{b_n\}$ の一般項は
$$b_n = \boxed{テト} \cdot \boxed{チ}^{\boxed{ナ}} - \boxed{ニ}$$
である。ただし，$\boxed{ナ}$ については，当てはまるものを，次の⓪~④のうちから一つ選べ。

⓪ $n-1$　　① n　　② $n+1$　　③ $n+2$　　④ $n+3$

したがって，$\{T_n\}$，$\{b_n\}$ の一般項から $\{a_n\}$ の一般項を求めると
$$a_n = \dfrac{\boxed{ヌ}\left(\boxed{ネ}n + \boxed{ノ}\right)\boxed{チ}^{\boxed{ナ}} + \boxed{ハ}}{\boxed{ヒ}}$$
である。

第4問 (選択問題)(配点 20)

四角形 ABCD を底面とする四角錐 OABCD を考える。四角形 ABCD は，辺 AD と辺 BC が平行で，AB = CD，∠ABC = ∠BCD を満たすとする。さらに，$\vec{OA} = \vec{a}$, $\vec{OB} = \vec{b}$, $\vec{OC} = \vec{c}$ として

$$|\vec{a}| = 1, \quad |\vec{b}| = \sqrt{3}, \quad |\vec{c}| = \sqrt{5}$$

$$\vec{a} \cdot \vec{b} = 1, \quad \vec{b} \cdot \vec{c} = 3, \quad \vec{a} \cdot \vec{c} = 0$$

であるとする。

(1) ∠AOC = $\boxed{アイ}$ ° により，三角形 OAC の面積は $\dfrac{\sqrt{\boxed{ウ}}}{\boxed{エ}}$ である。

(2) $\vec{BA} \cdot \vec{BC} = \boxed{オカ}$，$|\vec{BA}| = \sqrt{\boxed{キ}}$，$|\vec{BC}| = \sqrt{\boxed{ク}}$ であるから，∠ABC = $\boxed{ケコサ}$ °である。さらに，辺 AD と辺 BC が平行であるから，∠BAD = ∠ADC = $\boxed{シス}$ °である。よって，$\vec{AD} = \boxed{セ}\vec{BC}$ であり

$$\vec{OD} = \vec{a} - \boxed{ソ}\vec{b} + \boxed{タ}\vec{c}$$

と表される。また，四角形 ABCD の面積は $\dfrac{\boxed{チ}\sqrt{\boxed{ツ}}}{\boxed{テ}}$ である。

(3) 三角形 OAC を底面とする三角錐 BOAC の体積 V を求めよう。

3点 O, A, C の定める平面 α 上に，点 H を $\overrightarrow{BH} \perp \vec{a}$ と $\overrightarrow{BH} \perp \vec{c}$ が成り立つようにとる。$|\overrightarrow{BH}|$ は三角錐 BOAC の高さである。H は α 上の点であるから，実数 s, t を用いて $\overrightarrow{OH} = s\vec{a} + t\vec{c}$ の形に表される。

$\overrightarrow{BH} \cdot \vec{a} = \boxed{ト}$, $\overrightarrow{BH} \cdot \vec{c} = \boxed{ト}$ により，$s = \boxed{ナ}$, $t = \dfrac{\boxed{ニ}}{\boxed{ヌ}}$

である。よって，$|\overrightarrow{BH}| = \dfrac{\sqrt{\boxed{ネ}}}{\boxed{ノ}}$ が得られる。したがって，(1)により，

$V = \dfrac{\boxed{ハ}}{\boxed{ヒ}}$ であることがわかる。

(4) (3)の V を用いると，四角錐 OABCD の体積は $\boxed{フ} V$ と表せる。さらに，

四角形 ABCD を底面とする四角錐 OABCD の高さは $\dfrac{\sqrt{\boxed{ヘ}}}{\boxed{ホ}}$ である。

第5問 （選択問題）（配点 20）

以下の問題を解答するにあたっては，必要に応じて 32 ページの正規分布表を用いてもよい。

(1) ある食品を摂取したときに，血液中の物質 A の量がどのように変化するか調べたい。食品摂取前と摂取してから 3 時間後に，それぞれ一定量の血液に含まれる物質 A の量（単位は mg）を測定し，その変化量，すなわち摂取後の量から摂取前の量を引いた値を表す確率変数を X とする。X の期待値（平均）は $E(X) = -7$，標準偏差は $\sigma(X) = 5$ とする。

このとき，X^2 の期待値は $E(X^2) = \boxed{\text{アイ}}$ である。

また，測定単位を変更して $W = 1000X$ とすると，その期待値は $E(W) = -7 \times 10^{\boxed{\text{ウ}}}$，分散は $V(W) = 5^{\boxed{\text{エ}}} \times 10^{\boxed{\text{オ}}}$ となる。

(2) (1)の X が正規分布に従うとするとき，物質Aの量が減少しない確率 $P(X \geqq 0)$ を求めよう．この確率は

$$P(X \geqq 0) = P\left(\frac{X+7}{5} \geqq \boxed{カ} . \boxed{キ}\right)$$

であるので，標準正規分布に従う確率変数を Z とすると，正規分布表から，次のように求められる．

$$P\left(Z \geqq \boxed{カ} . \boxed{キ}\right) = 0. \boxed{クケ} \quad \cdots\cdots\cdots\cdots\cdots ①$$

無作為に抽出された50人がこの食品を摂取したときに，物質Aの量が減少するか，減少しないかを考え，物質Aの量が減少しない人数を表す確率変数を M とする．M は二項分布 $B(50, 0.\boxed{クケ})$ に従うので，期待値は $E(M) = \boxed{コ} . \boxed{サ}$，標準偏差は $\sigma(M) = \sqrt{\boxed{シ} . \boxed{ス}}$ となる．ただし，$0.\boxed{クケ}$ は①で求めた小数第2位までの値とする．

(3) (1)の食品摂取前と摂取してから3時間後に，それぞれ一定量の血液に含まれる別の物質Bの量(単位はmg)を測定し，その変化量，すなわち摂取後の量から摂取前の量を引いた値を表す確率変数をYとする。Yの母集団分布は母平均m，母標準偏差6をもつとする。mを推定するため，母集団から無作為に抽出された100人に対して物質Bの変化量を測定したところ，標本平均$\overline{Y}$の値は-10.2であった。

このとき，$\overline{Y}$の期待値は$E(\overline{Y})=m$，標準偏差は$\sigma(\overline{Y})=\boxed{セ}.\boxed{ソ}$である。$\overline{Y}$の分布が正規分布で近似できるとすれば，$Z=\dfrac{\overline{Y}-m}{\boxed{セ}.\boxed{ソ}}$は近似的に標準正規分布に従うとみなすことができる。

正規分布表を用いて$|Z|\leqq 1.64$となる確率を求めると$0.\boxed{タチ}$となる。このことを利用して，母平均mに対する信頼度$\boxed{タチ}$%の信頼区間，すなわち，$\boxed{タチ}$%の確率でmを含む信頼区間を求めると，$\boxed{ツ}$となる。

$\boxed{ツ}$に当てはまる最も適当なものを，次の⓪~③のうちから一つ選べ。

⓪ $-11.7\leqq m\leqq -8.7$　　① $-11.4\leqq m\leqq -9.0$

② $-11.2\leqq m\leqq -9.2$　　③ $-10.8\leqq m\leqq -9.6$

正 規 分 布 表

次の表は，標準正規分布の分布曲線における右図の灰色部分の面積の値をまとめたものである。

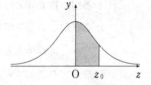

z_0	0.00	0.01	0.02	0.03	0.04	0.05	0.06	0.07	0.08	0.09
0.0	0.0000	0.0040	0.0080	0.0120	0.0160	0.0199	0.0239	0.0279	0.0319	0.0359
0.1	0.0398	0.0438	0.0478	0.0517	0.0557	0.0596	0.0636	0.0675	0.0714	0.0753
0.2	0.0793	0.0832	0.0871	0.0910	0.0948	0.0987	0.1026	0.1064	0.1103	0.1141
0.3	0.1179	0.1217	0.1255	0.1293	0.1331	0.1368	0.1406	0.1443	0.1480	0.1517
0.4	0.1554	0.1591	0.1628	0.1664	0.1700	0.1736	0.1772	0.1808	0.1844	0.1879
0.5	0.1915	0.1950	0.1985	0.2019	0.2054	0.2088	0.2123	0.2157	0.2190	0.2224
0.6	0.2257	0.2291	0.2324	0.2357	0.2389	0.2422	0.2454	0.2486	0.2517	0.2549
0.7	0.2580	0.2611	0.2642	0.2673	0.2704	0.2734	0.2764	0.2794	0.2823	0.2852
0.8	0.2881	0.2910	0.2939	0.2967	0.2995	0.3023	0.3051	0.3078	0.3106	0.3133
0.9	0.3159	0.3186	0.3212	0.3238	0.3264	0.3289	0.3315	0.3340	0.3365	0.3389
1.0	0.3413	0.3438	0.3461	0.3485	0.3508	0.3531	0.3554	0.3577	0.3599	0.3621
1.1	0.3643	0.3665	0.3686	0.3708	0.3729	0.3749	0.3770	0.3790	0.3810	0.3830
1.2	0.3849	0.3869	0.3888	0.3907	0.3925	0.3944	0.3962	0.3980	0.3997	0.4015
1.3	0.4032	0.4049	0.4066	0.4082	0.4099	0.4115	0.4131	0.4147	0.4162	0.4177
1.4	0.4192	0.4207	0.4222	0.4236	0.4251	0.4265	0.4279	0.4292	0.4306	0.4319
1.5	0.4332	0.4345	0.4357	0.4370	0.4382	0.4394	0.4406	0.4418	0.4429	0.4441
1.6	0.4452	0.4463	0.4474	0.4484	0.4495	0.4505	0.4515	0.4525	0.4535	0.4545
1.7	0.4554	0.4564	0.4573	0.4582	0.4591	0.4599	0.4608	0.4616	0.4625	0.4633
1.8	0.4641	0.4649	0.4656	0.4664	0.4671	0.4678	0.4686	0.4693	0.4699	0.4706
1.9	0.4713	0.4719	0.4726	0.4732	0.4738	0.4744	0.4750	0.4756	0.4761	0.4767
2.0	0.4772	0.4778	0.4783	0.4788	0.4793	0.4798	0.4803	0.4808	0.4812	0.4817
2.1	0.4821	0.4826	0.4830	0.4834	0.4838	0.4842	0.4846	0.4850	0.4854	0.4857
2.2	0.4861	0.4864	0.4868	0.4871	0.4875	0.4878	0.4881	0.4884	0.4887	0.4890
2.3	0.4893	0.4896	0.4898	0.4901	0.4904	0.4906	0.4909	0.4911	0.4913	0.4916
2.4	0.4918	0.4920	0.4922	0.4925	0.4927	0.4929	0.4931	0.4932	0.4934	0.4936
2.5	0.4938	0.4940	0.4941	0.4943	0.4945	0.4946	0.4948	0.4949	0.4951	0.4952
2.6	0.4953	0.4955	0.4956	0.4957	0.4959	0.4960	0.4961	0.4962	0.4963	0.4964
2.7	0.4965	0.4966	0.4967	0.4968	0.4969	0.4970	0.4971	0.4972	0.4973	0.4974
2.8	0.4974	0.4975	0.4976	0.4977	0.4977	0.4978	0.4979	0.4979	0.4980	0.4981
2.9	0.4981	0.4982	0.4982	0.4983	0.4984	0.4984	0.4985	0.4985	0.4986	0.4986
3.0	0.4987	0.4987	0.4987	0.4988	0.4988	0.4989	0.4989	0.4989	0.4990	0.4990

2019

追試験

数学 I・A ……………………… 34
数学 II・B ……………………… 54

各科目とも 60分 100点

数学Ⅰ・数学A

問　題	選　択　方　法
第1問	必　答
第2問	必　答
第3問	いずれか2問を選択し，解答しなさい。
第4問	
第5問	

第1問 (必答問題) (配点 30)

〔1〕 a を実数とする。x の関数

$$f(x) = (1+\sqrt{2})x - \sqrt{3}\,a$$

を考える。

(1) $f(0) \leqq 6$ となるような a の値の範囲は

$$a \geqq \boxed{アイ}\sqrt{\boxed{ウ}}$$

であり,$f(6) \geqq 0$ となるような a の値の範囲は

$$a \leqq \boxed{エ}\sqrt{\boxed{オ}} + \boxed{カ}\sqrt{\boxed{キ}}$$

である。ただし,$\boxed{エ}\sqrt{\boxed{オ}}$, $\boxed{カ}\sqrt{\boxed{キ}}$ の解答の順序は問わない。

(2) 数直線において,実数 $\boxed{アイ}\sqrt{\boxed{ウ}}$ を表す点をPとし,実数 $\boxed{エ}\sqrt{\boxed{オ}} + \boxed{カ}\sqrt{\boxed{キ}}$ を表す点をQとするとき,線分 PQ の中点に対応する実数は $\sqrt{\boxed{ク}}$ である。

(3) 一般に，実数 u と，0以上の実数 r に対し

$$|u| \leqq r \iff -r \leqq u \leqq r$$

が成り立つことに注意すると，$f(0) \leqq 6$ かつ $f(6) \geqq 0$ となるような a の値の範囲は，絶対値を含む不等式

$$\left|a - \sqrt{\boxed{ケ}}\right| \leqq \sqrt{\boxed{コ}} + \boxed{サ}\sqrt{\boxed{シ}}$$

を満たす a の値の範囲に一致する。

〔2〕 c を 4 以上の整数とする．整数 n に関する二つの条件 p, q を次のように定める．

$p : n^2 - 8n + 15 = 0$
$q : n > 2$ かつ $n < c$

(1) 次の ス ， セ に当てはまるものを，下の ⓪〜⑤ のうちから一つずつ選べ．ただし，同じものを繰り返し選んでもよい．

命題「$p \Longrightarrow q$」の逆は「 ス 」である．また，命題「$p \Longrightarrow q$」の対偶は「 セ 」である．

⓪ $n^2 - 8n + 15 \neq 0 \Longrightarrow (n \leq 2$ または $n \geq c)$
① $n^2 - 8n + 15 \neq 0 \Longrightarrow (n \leq 2$ かつ $n \geq c)$
② $(n \leq 2$ または $n \geq c) \Longrightarrow n^2 - 8n + 15 \neq 0$
③ $(n > 2$ かつ $n < c) \Longrightarrow n^2 - 8n + 15 \neq 0$
④ $(n \leq 2$ または $n \geq c) \Longrightarrow n^2 - 8n + 15 = 0$
⑤ $(n > 2$ かつ $n < c) \Longrightarrow n^2 - 8n + 15 = 0$

(2) 整数 c が 5 以上のとき，p は q であるための **必要条件ではない**。なぜならば，整数 c が 5 以上のとき，整数 $n =$ ソ はつねに命題「$q \Longrightarrow p$」の反例となるからである。

(3) 次の タ に当てはまるものを，下の ⓪〜③ のうちから一つ選べ。

　　整数 c が タ を満たすとき，p は q であるための **十分条件ではない**。

　⓪ $c = 4$　　① $c > 5$　　② $c = 6$　　③ $c > 7$

(4) 整数全体の集合を全体集合とし，その部分集合 A, B を

$$A = \{k \mid k > 2\}, \quad B = \{k \mid k \geqq c\}$$

と定める。集合 A, B の補集合をそれぞれ $\overline{A}$, $\overline{B}$ で表す。

　　次の チ に当てはまるものを，下の ⓪〜⑤ のうちから一つ選べ。

　　整数 n に関する次の条件のうち，q と同値である条件は チ である。

　⓪ $n \in A \cap B$　　　① $n \in A \cap \overline{B}$　　　② $n \in \overline{A} \cap B$
　③ $n \in A \cup B$　　　④ $n \in A \cup \overline{B}$　　　⑤ $n \in \overline{A} \cup B$

〔3〕 a と b はいずれも 0 でない実数とする。x の方程式

$$bx^2 + 2(2a-b)x + b - 4a + 3 = 0 \quad \cdots\cdots\cdots\cdots ①$$

を考える。

(1) 方程式①が異なる二つの実数解をもつのは

$$b < \frac{\boxed{ツ}}{\boxed{テ}} a^2$$

のときである。このとき，二つの実数解は

$$x = \frac{b - \boxed{ト}a \pm \sqrt{\boxed{ツ}a^2 - \boxed{テ}b}}{b}$$

である。

(2) $b = a^2$ とする。方程式①が異なる二つの実数解をもち，それらの一方が正の解で他方が負の解であるような a の値の範囲は

$$\boxed{ナ} < a < \boxed{ニ}$$

である。また，方程式①が異なる二つの実数解をもち，それらがいずれも正の解であるような a の値の範囲は

$$a < \boxed{ヌ}, \quad a > \boxed{ネ}$$

である。

第2問 (必答問題)(配点 30)

〔1〕 △ABCにおいて，BC = 12, cos∠ABC = $\frac{1}{3}$, cos∠ACB = $\frac{7}{9}$ とする。このとき

$$AB \cdot \cos\angle ABC + AC \cdot \cos\angle ACB = \boxed{アイ}, \quad \frac{AB}{AC} = \frac{\boxed{ウ}}{\boxed{エ}}$$

である。

したがって

$$AB = \boxed{オ}, \quad AC = \boxed{カキ}$$

であり，辺BCの中点をDとするとAD = $\boxed{ク}\sqrt{\boxed{ケコ}}$ である。

〔2〕 疾病 A に関するいくつかのデータについて考える。

(1) 図 1 は，47 都道府県の 40 歳以上 69 歳以下を対象とした「疾病 A の検診の受診率」のヒストグラムである。なお，ヒストグラムの各階級の区間は，左側の数値を含み，右側の数値を含まない。

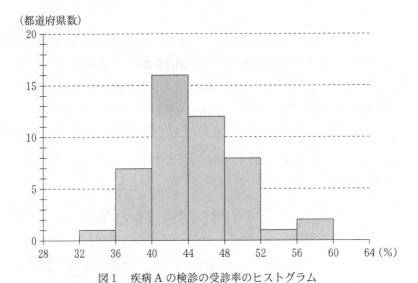

図 1 　疾病 A の検診の受診率のヒストグラム

(出典：国立がん研究センター Web ページにより作成)

次の サ に当てはまるものを，下の ⓪ ～ ⑤ のうちから一つ選べ。

疾病 A の検診の受診率の中央値として図 1 のヒストグラムと矛盾しないものは サ である。

⓪ 16.0 　　　① 24.0 　　　② 35.6
③ 43.4 　　　④ 44.7 　　　⑤ 46.0

(2) 疾病Aの「調整済み死亡数」が毎年，都道府県ごとに算出されている。なお，この調整済み死亡数は年齢構成などを考慮した10万人あたりの死亡数であり，例えば5.3のように小数になることもある。

図2は，各都道府県の疾病Aによる調整済み死亡数Yを，年ごとに箱ひげ図にして並べたものである。

図2に関する次の記述(I), (II), (III)について正誤を判定する。

(I) 1996年から2009年までの間における各年のYの中央値は，前年より小さくなる年もあるが，この間は全体として増加する傾向にある。

(II) Yの最大値が最も大きい年とYの最大値が最も小さい年とを比べた場合，これら二つの年における最大値の差は2以下である。

(III) 1996年と2014年で，Yが9以下の都道府県数を比べると，2014年は1996年の$\frac{1}{2}$以下である。

次の シ に当てはまるものを，下の⓪〜⑦のうちから一つ選べ。

(I), (II), (III)の記述の正誤について正しい組合せは シ である。

	⓪	①	②	③	④	⑤	⑥	⑦
(I)	正	正	正	誤	正	誤	誤	誤
(II)	正	正	誤	正	誤	正	誤	誤
(III)	正	誤	正	正	誤	誤	正	誤

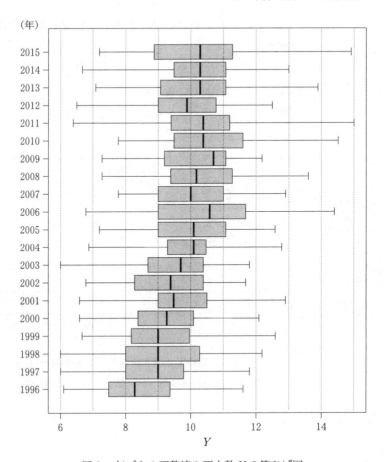

図2　年ごとの調整済み死亡数 Y の箱ひげ図

(出典：国立がん研究センター Web ページにより作成)

(3) 図3は，ある年の47都道府県の喫煙率 X と同じ年の調整済み死亡数 Y との関係を表している。

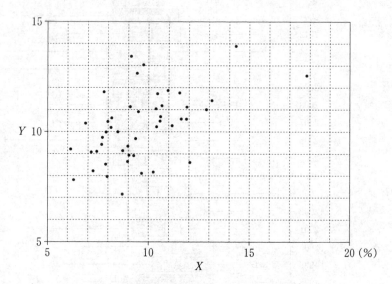

図3　喫煙率 X と調整済み死亡数 Y の散布図
（出典：国立がん研究センター Web ページにより作成）

次の ス に当てはまるものを,下の⓪~③のうちから一つ選べ。

Y のヒストグラムとして最も適切なものは ス である。

⓪
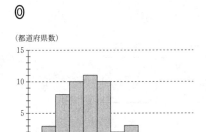

①
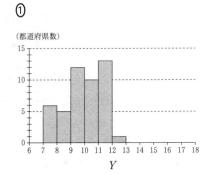

②
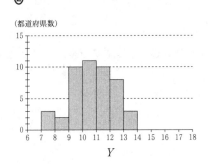

③
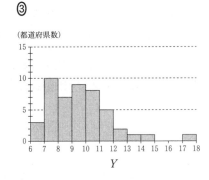

(4) 表1は，図3に表されている喫煙率 X と調整済み死亡数 Y の平均値，分散および共分散を計算したものである。ただし，共分散とは「X の偏差と Y の偏差の積の平均値」である。なお，表1の数値は四捨五入していない正確な値とする。

表1 平均値，分散，共分散

	平均値	分 散	共分散
X	9.6	4.8	1.75
Y	10.2	2.4	

喫煙率 X のとる値を x，調整済み死亡数 Y のとる値を y とする。次の x と y の関係式（*）はデータの傾向を知るためによく使われる式である。

$$y - \bar{y} = \frac{s_{XY}}{s_X^2}(x - \bar{x}) \quad \cdots\cdots\cdots\cdots\cdots (*)$$

ここで，$\bar{x}, \bar{y}$ はそれぞれ X, Y の平均値，s_X^2 は X の分散，s_{XY} は X と Y の共分散を表す。

次の セ ， ソ ， タ それぞれに当てはまる数値として最も近いものを，下の⓪～⑨のうちから一つずつ選べ。

図3の散布図に対する関係式(＊)は $y = \boxed{セ} x + \boxed{ソ}$ であり，図4はこの関係式を図3に当てはめたものである。

喫煙率が3％から20％の間では同じ傾向があると考えたとき，上で求めた式を用いると，喫煙率が4％であれば調整済み死亡数は タ である。

⓪ 0.36　　① 0.53　　② 0.80　　③ 1.26　　④ 2.77
⑤ 5.13　　⑥ 6.74　　⑦ 8.18　　⑧ 8.87　　⑨ 9.95

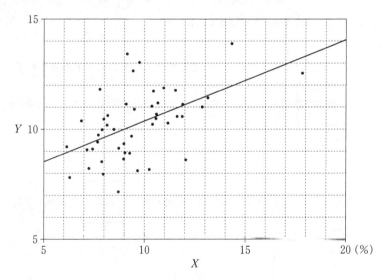

図4　図3に関係式を当てはめた図

第3問 (選択問題)（配点 20）

机が三つあり，各机の上には白のカードが1枚，各机の下には箱が一つ置かれている。いずれの箱の中にも白のカード1枚，青のカード2枚，合計3枚のカードが入っている。次の操作Sを行うため，各机の前に一人ずつ配置する。

S：机の下に置かれた箱の中から無作為に取り出したカード1枚と，同じ机の上に置かれたカードとを交換することを，3人が同時に行う。

この操作Sを2回繰り返す。また，状態A, Bを次のように定める。

A：すべての机の上に同色のカードが置かれている。

B：二つの机の上に同色のカードが置かれ，残りの一つの机の上には別の色のカードが置かれている。

(1) 1回目の終了時に，すべての机の上に白のカードが置かれている確率は $\dfrac{ア}{イウ}$ であり，すべての机の上に青のカードが置かれている確率は $\dfrac{エ}{オカ}$ である。

(2) 1回目の終了時に，状態Aになる確率は $\dfrac{キ}{ク}$ であり，状態Bになる確率は $\dfrac{ケ}{コ}$ である。

(3) 1回目の終了時に二つの机の上に白のカードが置かれ，残りの一つの机の上に青のカードが置かれていたとき，2回目の終了時には状態Aになる条件付き確率は $\dfrac{サ}{シ}$ である。

また，1回目の終了時に二つの机の上に青のカードが置かれ，残りの一つの机の上に白のカードが置かれていたとき，2回目の終了時には状態Aになる条件付き確率は $\dfrac{サ}{シ}$ である。

(4) 2回目の終了時に状態Aになる確率は $\dfrac{ス}{セソ}$ である。

(5) 2回目の終了時に状態Bになったとき，1回目の終了時も状態Bである条件付き確率は $\dfrac{タ}{チツ}$ である。

第4問 （選択問題）（配点 20）

560 の約数で2の累乗であるもののうち，最大のものは16であり

$$560 = 16 \times \boxed{アイ} \quad \cdots\cdots\cdots ①$$

である。また

$$560 = 13 \times \boxed{ウエ} + 1 \quad \cdots\cdots\cdots ②$$

である。

(1) ①と②より，$x = \boxed{アイ}$，$y = \boxed{ウエ}$ は不定方程式

$$16x = 13y + 1$$

の一つの整数解となる。

c を整数とするとき，不定方程式

$$16x = 13y + c$$

のすべての整数解は，s を整数として

$$x = \boxed{オカ}s + \boxed{アイ}c, \quad y = \boxed{キク}s + \boxed{ウエ}c$$

と表せる。

以下の(2), (3), (4)では，560^2 で割った商が 1 であるような自然数 k を考え，k を 560^2 で割った余りを ℓ とし，さらに ℓ を 560 で割った商を q，余りを r とする．このとき

$$k = 560^2 + 560 q + r$$

と表せる．

(2) k が 16 の倍数であるのは，r が $\boxed{ケコ}$ の倍数のときである．また，560^2 を 13 で割った余りは $\boxed{サ}$ であるので，k が 13 の倍数であるのは，$\boxed{サ} + q + r$ が $\boxed{シス}$ の倍数のときである．

(3) k は，16 でも 13 でも割り切れるような最小のものとする．このとき，$q = \boxed{セ}$，$r = \boxed{ソタ}$ である．

(4) $\sqrt{k}$ が自然数となるとき，k は，0 以上のある整数 m により

$$k = (560 + m)^2$$

と表せる．

　k は，16 でも 13 でも割り切れ，かつ $\sqrt{k}$ が自然数となるような最小のものとする．このとき，$m = \boxed{チツ}$ であり，$q = \boxed{テト}$，$r = \boxed{ナニヌ}$ である．

第5問 （選択問題）（配点 20）

△ABC において，$AB = \sqrt{6}$，$BC = 4$，$\cos \angle ABC = \dfrac{\sqrt{6}}{9}$ とする。

辺 BC 上の点 D を BD = 1 となるようにとり，△ACD の外接円と辺 AB の交点で，点 A とは異なる点を E とする。このとき

$$BE \cdot BA = \boxed{ア}$$

であるから，$BE = \dfrac{\boxed{イ}\sqrt{\boxed{ウ}}}{\boxed{エ}}$ である。

線分 AD と線分 EC の交点を P とすると

$$\dfrac{AP}{PD} = \dfrac{\boxed{オ}}{\boxed{カ}}$$

である。$AD = \dfrac{\sqrt{\boxed{キク}}}{\boxed{ケ}}$ であるから，$PD = \dfrac{\sqrt{\boxed{コサ}}}{\boxed{シ}}$ である。また，

$\cos \angle ADB = \dfrac{\sqrt{\boxed{スセ}}}{\boxed{ソタ}}$ である。

次に，△AEPの外接円と直線BPの交点で，点Pとは異なる点をLとする．
$$BP \cdot BL = \boxed{チ}$$
である．
$$BD \cdot BC = 4$$
であるから，$\tan \angle BLC = \boxed{ツ} \sqrt{\boxed{テ}}$ である．

数学Ⅱ・数学B

問　題	選　択　方　法
第1問	必　　答
第2問	必　　答
第3問	いずれか2問を選択し，解答しなさい。
第4問	
第5問	

第1問 (必答問題)(配点 30)

〔1〕 a を実数とする。座標平面上で,点 $(3, 1)$ を中心とする半径 1 の円を C とし,直線 $y = ax$ を ℓ とする。

(1) 円 C の方程式は
$$x^2 + y^2 - \boxed{ア}\, x - \boxed{イ}\, y + \boxed{ウ} = 0$$
である。

(2) 円 C と直線 ℓ が接するのは
$$a = \boxed{エ},\ \ \frac{\boxed{オ}}{\boxed{カ}}$$
のときである。

$a = \dfrac{\boxed{オ}}{\boxed{カ}}$ のとき,C と ℓ の接点を通り,ℓ に垂直な直線の方程式は
$$y = \frac{\boxed{キク}}{\boxed{ケ}}\, x + \boxed{コ}$$
である。ただし,$\boxed{キク}$,$\boxed{ケ}$,$\boxed{コ}$ は,文字 a を用いない形で答えること。

(3) 円Cと直線ℓが異なる2点A，Bで交わるとき，二つの交点を結ぶ線分ABの長さは

$$\boxed{サ}\sqrt{\dfrac{\boxed{シ}a-\boxed{ス}a^2}{a^2+1}}$$

である。また，ABの長さが2となるのは

$$a=\dfrac{\boxed{セ}}{\boxed{ソ}}$$

のときである。

〔2〕

(1) $\log_2 \boxed{タ} = 0$, $\log_2 \boxed{チ} = 1$ である。また，100以下の自然数 x で $\log_2 x$ が整数になるものは全部で $\boxed{ツ}$ 個ある。

(2) $r = \log_2 3$ とおく。このとき，$\log_2 54$ を r を用いて表すと
$$\log_2 54 = \boxed{テ} r + \boxed{ト}$$
となる。また，$\log_2 5$ と $\dfrac{r+3}{2}$，$\log_{\frac{1}{2}} \dfrac{1}{\sqrt{3}}$ と r の大きさをそれぞれ比較すると
$$\log_2 5 \boxed{ナ} \dfrac{r+3}{2}, \quad \log_{\frac{1}{2}} \dfrac{1}{\sqrt{3}} \boxed{ニ} r$$
である。$\boxed{ナ}$，$\boxed{ニ}$ に当てはまるものを，次の ⓪〜② のうちから一つずつ選べ。ただし，同じものを選んでもよい。

　⓪ $<$ 　　　① $=$ 　　　② $>$

(3) k を 3 以上の整数とする。$\log_k 2$ の値を調べよう。

$n \leqq \log_k 2 < n+1$ を満たす整数 n は $\boxed{ヌ}$ である。

また，整数 m について，不等式 $\dfrac{m}{10} \leqq \log_k 2$ は $\boxed{ネ}$ と書き直せることから，$\log_k 2$ を小数で表したときの小数第 1 位の数字を求めることができる。$\boxed{ネ}$ に当てはまるものを，次の⓪～⑤のうちから一つ選べ。

⓪ $km \leqq 20$　　　① $k^m \leqq 20$　　　② $m^k \leqq 20$
③ $km \leqq 2^{10}$　　④ $k^m \leqq 2^{10}$　　⑤ $m^k \leqq 2^{10}$

たとえば，$\log_7 2$ の小数第 1 位の数字は $\boxed{ノ}$ であり，$\log_k 2$ の小数第 1 位の数字が 2 となる k の値のうち最小のものは $\boxed{ハヒ}$ であることがわかる。

第2問 (必答問題)(配点 30)

p, q, r を実数とし,$p > 0$ とする。関数 $f(x) = px^3 + qx$ は $x = 1$ で極値をとるとする。曲線 $y = f(x)$ を C,直線 $y = -x + r$ を ℓ とする。

(1) $f'(1) = \boxed{\text{ア}}$ であるから,$q = \boxed{\text{イウ}} p$ である。また,点 $(s, f(s))$ における曲線 C の接線は

$$y = \left(\boxed{\text{エ}} ps^2 - \boxed{\text{オ}} p\right)x - \boxed{\text{カ}} ps^3 \quad \cdots\cdots\cdots ①$$

と表せる。よって,C の接線の傾きは,$s = \boxed{\text{キ}}$ のとき最小値 $\boxed{\text{クケ}} p$ をとる。

(2) 曲線 C と直線 $y = -x$ の共有点の個数は,$\boxed{\text{クケ}} p \geqq \boxed{\text{コサ}}$ のとき $\boxed{\text{シ}}$ 個で,$\boxed{\text{クケ}} p < \boxed{\text{コサ}}$ のとき $\boxed{\text{ス}}$ 個となる。

C と直線 ℓ の共有点の個数が,r の値によらず $\boxed{\text{セ}}$ 個となるのは $0 < p \leqq \dfrac{\boxed{\text{ソ}}}{\boxed{\text{タ}}}$ のときであり,$p > \dfrac{\boxed{\text{ソ}}}{\boxed{\text{タ}}}$ のときは C と ℓ の共有点の個数が,r の値によって1個,2個および3個の場合がある。

(3) $p > \dfrac{\boxed{ソ}}{\boxed{タ}}$ とし，曲線 C と直線 ℓ が3個の共有点をもつような r の値の範囲を p を用いて表そう。点 $(s, f(s))$ における C の接線の傾きが -1 となるのは $s = \pm\sqrt{\dfrac{\boxed{チ}p - \boxed{ツ}}{\boxed{テ}p}}$ のときである。したがって，傾きが -1 となる C の接線は2本あり，ℓ がこれらの接線のどちらかに一致するとき，C と ℓ の共有点は $\boxed{ト}$ 個となる。①を用いて，これら2本の接線と y 軸との交点を求めれば，C と ℓ が3個の共有点をもつような r の絶対値の範囲は

$$|r| < \dfrac{\boxed{ナ}p - \boxed{ニ}}{\boxed{ヌ}}\sqrt{\dfrac{\boxed{チ}p - \boxed{ツ}}{\boxed{テ}p}}$$

であることがわかる。

(4) u を1以上の実数とする。t が $t > u$ の範囲を動くとき，曲線 $y = x^2 - 1$ と x 軸および2直線 $x = u$, $x = t$ で囲まれた図形の面積が $f(t)$ とつねに等しいとする。このとき，$p = \dfrac{\boxed{ネ}}{\boxed{ノ}}$ であり，$u = \sqrt{\boxed{ハ}}$ となる。

第3問 (選択問題)（配点 20）

数列 $\{a_n\}$ を次のように定める。
$$a_1 = -5, \quad na_{n+1} = (n+2)a_n + 4(n+1) \quad (n=1, 2, 3, \cdots)$$

(1) $\{a_n\}$ の一般項を求めよう。

$b_n = \dfrac{a_n}{n(n+1)}$ とおくと，$b_1 = \dfrac{\boxed{アイ}}{\boxed{ウ}}$ である。さらに，b_n と b_{n+1} は

関係式 $b_{n+1} - b_n = \dfrac{\boxed{エ}}{n\left(n+\boxed{オ}\right)}$ を満たす。

ここで，すべての自然数 k に対して

$$\dfrac{\boxed{エ}}{k\left(k+\boxed{オ}\right)} = \boxed{カ}\left(\dfrac{1}{k} - \dfrac{1}{k+\boxed{オ}}\right)$$

が成り立つから，2以上の自然数 n に対して

$$\sum_{k=1}^{n-1} \dfrac{\boxed{エ}}{k\left(k+\boxed{オ}\right)} = \dfrac{\boxed{キ}n^2 - n - \boxed{ク}}{n\left(n+\boxed{ケ}\right)}$$

である。これを用いて数列 $\{b_n\}$ の一般項を求めることにより

$$a_n = \dfrac{n^2 - \boxed{コ}n - \boxed{サ}}{\boxed{シ}}$$

であることがわかる。

(2) 数列 $\{c_n\}$ の初項から第 n 項までの和 S_n が

$$S_n = n\left(\boxed{シ}\,a_n - 24\right)$$

で与えられるとき，$\{c_n\}$ の一般項と，c_1 から c_{10} までの各項の絶対値の和 $\sum_{n=1}^{10} |c_n|$ を求めよう。

$c_1 = \boxed{スセソ}$ である。また，$n \geqq 2$ のとき

$$c_n = \left(n + \boxed{タ}\right)\left(\boxed{チ}\,n - \boxed{ツテ}\right) \quad \cdots\cdots\cdots ①$$

である。① は $n = 1$ のときにも成り立つから，$\{c_n\}$ の一般項は ① である。

① から，$1 \leqq n \leqq \boxed{ト}$ のとき $c_n < 0$ であり，$n > \boxed{ト}$ のとき $c_n > 0$ である。よって

$$\sum_{n=1}^{10} |c_n| = \boxed{ナニ}\,S_{\boxed{ト}} + S_{10} = \boxed{ヌネノ}$$

である。

第4問 （選択問題）（配点 20）

点Oを原点とする座標空間に3点P(0, 6, 3), Q(4, -2, -5), R(12, 0, -3)がある。3点O, P, Qの定める平面をαとし，α上で$\angle$POQの二等分線ℓを考える。ℓ上に点Aを，$|\overrightarrow{OA}| = 9$かつ$x$座標が正であるようにとる。また，$\alpha$上に点Hを，$\overrightarrow{HR} \perp \overrightarrow{OP}$, $\overrightarrow{HR} \perp \overrightarrow{OQ}$であるようにとる。

(1) $|\overrightarrow{OP}| = \boxed{ア}\sqrt{\boxed{イ}}$, $|\overrightarrow{OQ}| = \boxed{ウ}\sqrt{\boxed{エ}}$であるから，Aの座標は$\left(\boxed{オ}, \boxed{カ}, \boxed{キク}\right)$であることがわかる。

(2) 点Hの座標と線分HRの長さを求めよう。$\overrightarrow{OP} \perp \vec{n}$, $\overrightarrow{OQ} \perp \vec{n}$であるベクトル$\vec{n} = \left(2, \boxed{ケコ}, \boxed{サ}\right)$に対し，$\overrightarrow{HR} = k\vec{n}$とおくと$\overrightarrow{OH} = \overrightarrow{OR} - k\vec{n}$である。$\overrightarrow{OH} \cdot \vec{n} = \boxed{シ}$であるから，$k = \boxed{ス}$である。したがって，Hの座標は$\left(\boxed{セ}, \boxed{ソ}, \boxed{タチ}\right)$であり，HRの長さは$\boxed{ツ}$である。

(3) 平面α上で点Aを中心とする半径1の円Cを考える。点BがC上を動くとき，線分RBの長さの最大値と，そのときのBの座標を求めよう。

AとHの間の距離は$\boxed{テ}$である。よって，RBの長さの最大値は$\sqrt{\boxed{トナ}}$である。また，RBの長さが最大となるBは$\overrightarrow{HB} = \dfrac{\boxed{ニ}}{\boxed{ヌ}}\overrightarrow{HA}$を満たすから，求めるBの座標は

である。

第5問 (選択問題) (配点 20)

以下の問題を解答するにあたっては，必要に応じて66ページの正規分布表を用いてもよい。

全国規模の検定試験が毎年度行われており，この試験の満点は200点で，点数が100点以上の人が合格となる。今年度行われた第1回目の試験と第2回目の試験について考える。

(1) 第1回目の試験については，受験者全体での平均点が95点，標準偏差が20点であることだけが公表されている。受験者全体での点数の分布を正規分布とみなして，この試験の合格率を求めよう。試験の点数を表す確率変数を X としたとき，$Z = \dfrac{X - \boxed{アイ}}{\boxed{ウエ}}$ が標準正規分布に従うことを利用すると

$$P(X \geq 100) = P\left(Z \geq \boxed{オ} . \boxed{カキ}\right)$$

により，合格率は $\boxed{クケ}$ %である。

また，点数が受験者全体の上位10%の中に入る受験者の最低点はおよそ $\boxed{コ}$ である。$\boxed{コ}$ に当てはまる最も適当なものを，次の⓪〜⑤のうちから一つ選べ。

⓪ 116点　　① 121点　　② 126点
③ 129点　　④ 134点　　⑤ 142点

(2) 第1回目の試験の受験者全体から無作為に19名を選んだとき，その中で点数が受験者全体の上位10％に入る人数を表す確率変数を Y とする。

Y の分布を二項分布とみなすと，Y の期待値は サ . シ ，分散は ス . セソ である。

また，$Y = 1$ となる確率を p_1，$Y = 2$ となる確率を p_2 とする。このとき，$\dfrac{p_1}{p_2} =$ タ である。タ に当てはまるものを，次の⓪〜④のうちから一つ選べ。

⓪ $\dfrac{1}{9}$　　① $\dfrac{1}{2}$　　② 1　　③ 2　　④ 9

(3) 第2回目の試験の受験者全体の平均点と標準偏差はまだ公表されていない。第2回目の試験の受験者全体を母集団としたときの母平均 m を推定するため，この受験者から無作為に抽出された96名の点数を調べたところ，標本平均の値は99点であった。

母標準偏差の値を第1回目の試験と同じ20点であるとすると，標本平均の分布が正規分布で近似できることを用いて，m に対する信頼度95％の信頼区間は

チツ $\leq m \leq$ テトナ

となり，この信頼区間の幅は ニ である。ただし，$\sqrt{6} = 2.45$ とする。

また，母標準偏差の値が15点であるとすると，m に対する信頼度95％の信頼区間の幅は ヌ となる。

正 規 分 布 表

次の表は，標準正規分布の分布曲線における右図の灰色部分の面積の値をまとめたものである。

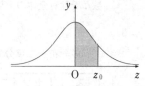

z_0	0.00	0.01	0.02	0.03	0.04	0.05	0.06	0.07	0.08	0.09
0.0	0.0000	0.0040	0.0080	0.0120	0.0160	0.0199	0.0239	0.0279	0.0319	0.0359
0.1	0.0398	0.0438	0.0478	0.0517	0.0557	0.0596	0.0636	0.0675	0.0714	0.0753
0.2	0.0793	0.0832	0.0871	0.0910	0.0948	0.0987	0.1026	0.1064	0.1103	0.1141
0.3	0.1179	0.1217	0.1255	0.1293	0.1331	0.1368	0.1406	0.1443	0.1480	0.1517
0.4	0.1554	0.1591	0.1628	0.1664	0.1700	0.1736	0.1772	0.1808	0.1844	0.1879
0.5	0.1915	0.1950	0.1985	0.2019	0.2054	0.2088	0.2123	0.2157	0.2190	0.2224
0.6	0.2257	0.2291	0.2324	0.2357	0.2389	0.2422	0.2454	0.2486	0.2517	0.2549
0.7	0.2580	0.2611	0.2642	0.2673	0.2704	0.2734	0.2764	0.2794	0.2823	0.2852
0.8	0.2881	0.2910	0.2939	0.2967	0.2995	0.3023	0.3051	0.3078	0.3106	0.3133
0.9	0.3159	0.3186	0.3212	0.3238	0.3264	0.3289	0.3315	0.3340	0.3365	0.3389
1.0	0.3413	0.3438	0.3461	0.3485	0.3508	0.3531	0.3554	0.3577	0.3599	0.3621
1.1	0.3643	0.3665	0.3686	0.3708	0.3729	0.3749	0.3770	0.3790	0.3810	0.3830
1.2	0.3849	0.3869	0.3888	0.3907	0.3925	0.3944	0.3962	0.3980	0.3997	0.4015
1.3	0.4032	0.4049	0.4066	0.4082	0.4099	0.4115	0.4131	0.4147	0.4162	0.4177
1.4	0.4192	0.4207	0.4222	0.4236	0.4251	0.4265	0.4279	0.4292	0.4306	0.4319
1.5	0.4332	0.4345	0.4357	0.4370	0.4382	0.4394	0.4406	0.4418	0.4429	0.4441
1.6	0.4452	0.4463	0.4474	0.4484	0.4495	0.4505	0.4515	0.4525	0.4535	0.4545
1.7	0.4554	0.4564	0.4573	0.4582	0.4591	0.4599	0.4608	0.4616	0.4625	0.4633
1.8	0.4641	0.4649	0.4656	0.4664	0.4671	0.4678	0.4686	0.4693	0.4699	0.4706
1.9	0.4713	0.4719	0.4726	0.4732	0.4738	0.4744	0.4750	0.4756	0.4761	0.4767
2.0	0.4772	0.4778	0.4783	0.4788	0.4793	0.4798	0.4803	0.4808	0.4812	0.4817
2.1	0.4821	0.4826	0.4830	0.4834	0.4838	0.4842	0.4846	0.4850	0.4854	0.4857
2.2	0.4861	0.4864	0.4868	0.4871	0.4875	0.4878	0.4881	0.4884	0.4887	0.4890
2.3	0.4893	0.4896	0.4898	0.4901	0.4904	0.4906	0.4909	0.4911	0.4913	0.4916
2.4	0.4918	0.4920	0.4922	0.4925	0.4927	0.4929	0.4931	0.4932	0.4934	0.4936
2.5	0.4938	0.4940	0.4941	0.4943	0.4945	0.4946	0.4948	0.4949	0.4951	0.4952
2.6	0.4953	0.4955	0.4956	0.4957	0.4959	0.4960	0.4961	0.4962	0.4963	0.4964
2.7	0.4965	0.4966	0.4967	0.4968	0.4969	0.4970	0.4971	0.4972	0.4973	0.4974
2.8	0.4974	0.4975	0.4976	0.4977	0.4977	0.4978	0.4979	0.4979	0.4980	0.4981
2.9	0.4981	0.4982	0.4982	0.4983	0.4984	0.4984	0.4985	0.4985	0.4986	0.4986
3.0	0.4987	0.4987	0.4987	0.4988	0.4988	0.4989	0.4989	0.4989	0.4990	0.4990

本試験

2018

数学Ⅰ・A ………………… 2
数学Ⅱ・B ………………… 18

各科目とも　60分　100点

数学Ⅰ・数学A

問　題	選　択　方　法
第1問	必　　答
第2問	必　　答
第3問	いずれか2問を選択し，解答しなさい。
第4問	
第5問	

第 1 問 (必答問題)(配点 30)

〔1〕 x を実数とし

$$A = x(x+1)(x+2)(5-x)(6-x)(7-x)$$

とおく。整数 n に対して

$$(x+n)(n+5-x) = x(5-x) + n^2 + \boxed{\text{ア}}\, n$$

であり，したがって，$X = x(5-x)$ とおくと

$$A = X\left(X + \boxed{\text{イ}}\right)\left(X + \boxed{\text{ウエ}}\right)$$

と表せる。

$x = \dfrac{5+\sqrt{17}}{2}$ のとき，$X = \boxed{\text{オ}}$ であり，$A = 2^{\boxed{\text{カ}}}$ である。

〔2〕

(1) 全体集合 U を $U = \{x \mid x は 20 以下の自然数\}$ とし，次の部分集合 A, B, C を考える。

$A = \{x \mid x \subset U かつ x は 20 の約数\}$

$B = \{x \mid x \in U かつ x は 3 の倍数\}$

$C = \{x \mid x \in U かつ x は偶数\}$

集合 A の補集合を $\overline{A}$ と表し，空集合を $\varnothing$ と表す。

次の キ に当てはまるものを，下の⓪～③のうちから一つ選べ。

集合の関係

(a) $A \subset C$

(b) $A \cap B = \varnothing$

の正誤の組合せとして正しいものは キ である。

	⓪	①	②	③
(a)	正	正	誤	誤
(b)	正	誤	正	誤

次の ク に当てはまるものを，下の⓪〜③のうちから一つ選べ。

集合の関係

(c) $(A \cup C) \cap B = \{6, 12, 18\}$
(d) $(\overline{A} \cap C) \cup B = \overline{A} \cap (B \cup C)$

の正誤の組合せとして正しいものは ク である。

	⓪	①	②	③
(c)	正	正	誤	誤
(d)	正	誤	正	誤

(2) 実数 x に関する次の条件 p, q, r, s を考える。

$p : |x-2| > 2, \quad q : x < 0, \quad r : x > 4, \quad s : \sqrt{x^2} > 4$

次の ケ ， コ に当てはまるものを，下の⓪〜③のうちからそれぞれ一つ選べ。ただし，同じものを繰り返し選んでもよい。

q または r であることは，p であるための ケ 。また，s は r であるための コ 。

⓪ 必要条件であるが，十分条件ではない
① 十分条件であるが，必要条件ではない
② 必要十分条件である
③ 必要条件でも十分条件でもない

〔3〕 a を正の実数とし

$$f(x) = ax^2 - 2(a+3)x - 3a + 21$$

とする。2次関数 $y = f(x)$ のグラフの頂点の x 座標を p とおくと

$$p = \boxed{サ} + \frac{\boxed{シ}}{a}$$

である。

$0 \leqq x \leqq 4$ における関数 $y = f(x)$ の最小値が $f(4)$ となるような a の値の範囲は

$$0 < a \leqq \boxed{ス}$$

である。

また，$0 \leqq x \leqq 4$ における関数 $y = f(x)$ の最小値が $f(p)$ となるような a の値の範囲は

$$\boxed{セ} \leqq a$$

である。

したがって，$0 \leqq x \leqq 4$ における関数 $y = f(x)$ の最小値が 1 であるのは

$$a = \frac{\boxed{ソ}}{\boxed{タ}} \quad \text{または} \quad a = \frac{\boxed{チ} + \sqrt{\boxed{ツテ}}}{\boxed{ト}}$$

のときである。

第2問 (必答問題)(配点 30)

〔1〕 四角形 ABCD において，3辺の長さをそれぞれ AB = 5，BC = 9，CD = 3，対角線 AC の長さを AC = 6 とする。このとき

$$\cos \angle ABC = \frac{\boxed{ア}}{\boxed{イ}}, \quad \sin \angle ABC = \frac{\boxed{ウ}\sqrt{\boxed{エ}}}{\boxed{オ}}$$

である。

ここで，四角形 ABCD は台形であるとする。

次の ヵ には下の⓪～②から，キ には③・④から当てはまるものを一つずつ選べ。

CD ヵ AB・sin∠ABC であるから キ である。

⓪ < ① = ② >
③ 辺 AD と辺 BC が平行 ④ 辺 AB と辺 CD が平行

したがって

$$BD = \boxed{ク}\sqrt{\boxed{ケコ}}$$

である。

〔2〕 ある陸上競技大会に出場した選手の身長(単位は cm)と体重(単位は kg)のデータが得られた。男子短距離, 男子長距離, 女子短距離, 女子長距離の四つのグループに分けると, それぞれのグループの選手数は, 男子短距離が 328 人, 男子長距離が 271 人, 女子短距離が 319 人, 女子長距離が 263 人である。

(1) 次ページの図1および図2は, 男子短距離, 男子長距離, 女子短距離, 女子長距離の四つのグループにおける, 身長のヒストグラムおよび箱ひげ図である。

次の サ , シ に当てはまるものを, 下の⓪〜⑥のうちから一つずつ選べ。ただし, 解答の順序は問わない。

図1および図2から読み取れる内容として正しいものは, サ , シ である。

⓪ 四つのグループのうちで範囲が最も大きいのは, 女子短距離グループである。
① 四つのグループのすべてにおいて, 四分位範囲は 12 未満である。
② 男子長距離グループのヒストグラムでは, 度数最大の階級に中央値が入っている。
③ 女子長距離グループのヒストグラムでは, 度数最大の階級に第1四分位数が入っている。
④ すべての選手の中で最も身長の高い選手は, 男子長距離グループの中にいる。
⑤ すべての選手の中で最も身長の低い選手は, 女子長距離グループの中にいる。
⑥ 男子短距離グループの中央値と男子長距離グループの第3四分位数は, ともに 180 以上 182 未満である。

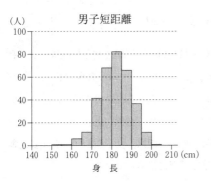
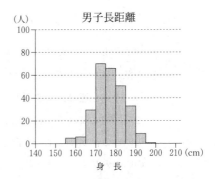
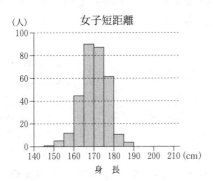
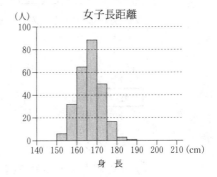

図1　身長のヒストグラム

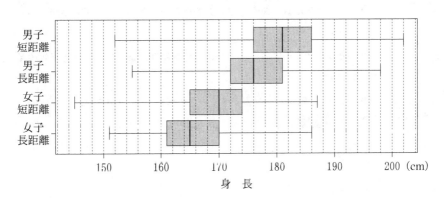

図2　身長の箱ひげ図

(出典：図1，図2はガーディアン社のWebページにより作成)

(2) 身長をH，体重をWとし，Xを$X = \left(\dfrac{H}{100}\right)^2$で，$Z$を$Z = \dfrac{W}{X}$で定義する。次ページの図3は，男子短距離，男子長距離，女子短距離，女子長距離の四つのグループにおけるXとWのデータの散布図である。ただし，原点を通り，傾きが15，20，25，30である四つの直線l_1，l_2，l_3，l_4も補助的に描いている。また，次ページの図4の(a)，(b)，(c)，(d)で示すZの四つの箱ひげ図は，男子短距離，男子長距離，女子短距離，女子長距離の四つのグループのいずれかの箱ひげ図に対応している。

次の ス ， セ に当てはまるものを，下の⓪〜⑤のうちから一つずつ選べ。ただし，解答の順序は問わない。

図3および図4から読み取れる内容として正しいものは， ス ， セ である。

⓪ 四つのグループのすべてにおいて，XとWには負の相関がある。

① 四つのグループのうちでZの中央値が一番大きいのは，男子長距離グループである。

② 四つのグループのうちでZの範囲が最小なのは，男子長距離グループである。

③ 四つのグループのうちでZの四分位範囲が最小なのは，男子短距離グループである。

④ 女子長距離グループのすべてのZの値は25より小さい。

⑤ 男子長距離グループのZの箱ひげ図は(c)である。

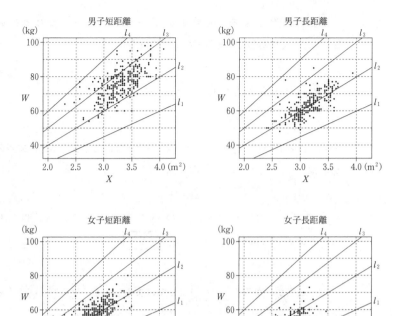

図3 X と W の散布図

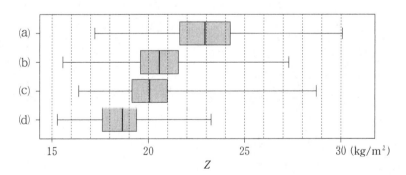

図4 Z の箱ひげ図

(出典：図3，図4はガーディアン社の Web ページにより作成)

(3) n を自然数とする。実数値のデータ $x_1, x_2, \cdots, x_n$ および $w_1, w_2, \cdots, w_n$ に対して,それぞれの平均値を

$$\bar{x} = \frac{x_1 + x_2 + \cdots + x_n}{n}, \quad \bar{w} = \frac{w_1 + w_2 + \cdots + w_n}{n}$$

とおく。等式 $(x_1 + x_2 + \cdots + x_n)\bar{w} = n\bar{x}\bar{w}$ などに注意すると,偏差の積の和は

$$(x_1 - \bar{x})(w_1 - \bar{w}) + (x_2 - \bar{x})(w_2 - \bar{w}) + \cdots + (x_n - \bar{x})(w_n - \bar{w})$$
$$= x_1 w_1 + x_2 w_2 + \cdots + x_n w_n - \boxed{ソ}$$

となることがわかる。$\boxed{ソ}$ に当てはまるものを,次の⓪〜③のうちから一つ選べ。

⓪ $\bar{x}\bar{w}$　　　① $(\bar{x}\bar{w})^2$　　　② $n\bar{x}\bar{w}$　　　③ $n^2\bar{x}\bar{w}$

第 3 問 (選択問題)(配点 20)

一般に,事象 A の確率を $P(A)$ で表す。また,事象 A の余事象を $\overline{A}$ と表し,二つの事象 A, B の積事象を $A \cap B$ と表す。

大小 2 個のさいころを同時に投げる試行において

A を「大きいさいころについて,4 の目が出る」という事象
B を「2 個のさいころの出た目の和が 7 である」という事象
C を「2 個のさいころの出た目の和が 9 である」という事象

とする。

(1) 事象 A,B,C の確率は,それぞれ

$$P(A) = \frac{\boxed{ア}}{\boxed{イ}}, \quad P(B) = \frac{\boxed{ウ}}{\boxed{エ}}, \quad P(C) = \frac{\boxed{オ}}{\boxed{カ}}$$

である。

(2) 事象 C が起こったときの事象 A が起こる条件付き確率は $\dfrac{\boxed{キ}}{\boxed{ク}}$ であり,

事象 A が起こったときの事象 C が起こる条件付き確率は $\dfrac{\boxed{ケ}}{\boxed{コ}}$ である。

(3) 次の サ ， シ に当てはまるものを，下の⓪〜②のうちからそれぞれ一つ選べ。ただし，同じものを繰り返し選んでもよい。

$P(A \cap B)$ サ $P(A)P(B)$
$P(A \cap C)$ シ $P(A)P(C)$

⓪ <　　　① =　　　② >

(4) 大小2個のさいころを同時に投げる試行を2回繰り返す。1回目に事象 $A \cap B$ が起こり，2回目に事象 $\overline{A} \cap C$ が起こる確率は $\dfrac{\text{ス}}{\text{セソタ}}$ である。三つの事象 A, B, C がいずれもちょうど1回ずつ起こる確率は $\dfrac{\text{チ}}{\text{ツテ}}$ である。

第4問 （選択問題）（配点 20）

(1) 144 を素因数分解すると

$$144 = 2^{\boxed{ア}} \times \boxed{イ}^{\boxed{ウ}}$$

であり，144 の正の約数の個数は $\boxed{エオ}$ 個である。

(2) 不定方程式

$$144x - 7y = 1$$

の整数解 $x,\ y$ の中で，x の絶対値が最小になるのは

$$x = \boxed{カ}, \quad y = \boxed{キク}$$

であり，すべての整数解は，k を整数として

$$x = \boxed{ケ}k + \boxed{カ}, \quad y = \boxed{コサシ}k + \boxed{キク}$$

と表される。

(3) 144 の倍数で，7 で割ったら余りが 1 となる自然数のうち，正の約数の個数が 18 個である最小のものは $144 \times \boxed{ス}$ であり，正の約数の個数が 30 個である最小のものは $144 \times \boxed{セソ}$ である。

第5問 （選択問題）（配点 20）

△ABCにおいてAB = 2，AC = 1，∠A = 90°とする。

∠Aの二等分線と辺BCとの交点をDとすると，BD = $\dfrac{\boxed{ア}\sqrt{\boxed{イ}}}{\boxed{ウ}}$

である。

点Aを通り点Dで辺BCに接する円と辺ABとの交点でAと異なるものをEとすると，AB・BE = $\dfrac{\boxed{エオ}}{\boxed{カ}}$ であるから，BE = $\dfrac{\boxed{キク}}{\boxed{ケ}}$ である。

次の コ には下の⓪~②から，サ には③・④から当てはまるものを一つずつ選べ。

$\dfrac{BE}{BD}$ コ $\dfrac{AB}{BC}$ であるから，直線 AC と直線 DE の交点は辺 AC の端点 サ の側の延長上にある。

⓪ < ① = ② > ③ A ④ C

その交点を F とすると，$\dfrac{CF}{AF} = \dfrac{シ}{ス}$ であるから，CF $= \dfrac{セ}{ソ}$ である。したがって，BF の長さが求まり，$\dfrac{CF}{AC} = \dfrac{BF}{AB}$ であることがわかる。

次の タ には下の⓪~③から当てはまるものを一つ選べ。

点 D は△ABF の タ 。

⓪ 外心である ① 内心である ② 重心である
③ 外心，内心，重心のいずれでもない

数学Ⅱ・数学B

問　題	選　択　方　法
第1問	必　　答
第2問	必　　答
第3問	いずれか2問を選択し，解答しなさい。
第4問	
第5問	

第 1 問 (必答問題)(配点 30)

〔1〕

(1) 1ラジアンとは，アのことである。アに当てはまるものを，次の⓪〜③のうちから一つ選べ。

⓪ 半径が1，面積が1の扇形の中心角の大きさ
① 半径がπ，面積が1の扇形の中心角の大きさ
② 半径が1，弧の長さが1の扇形の中心角の大きさ
③ 半径がπ，弧の長さが1の扇形の中心角の大きさ

(2) 144°を弧度で表すと $\dfrac{イ}{ウ}\pi$ ラジアンである。また，$\dfrac{23}{12}\pi$ ラジアンを度で表すと エオカ ° である。

(3) $\dfrac{\pi}{2} \leqq \theta \leqq \pi$ の範囲で

$$2\sin\left(\theta + \dfrac{\pi}{5}\right) - 2\cos\left(\theta + \dfrac{\pi}{30}\right) = 1 \quad \cdots\cdots\cdots ①$$

を満たす θ の値を求めよう。

$x = \theta + \dfrac{\pi}{5}$ とおくと，① は

$$2\sin x - 2\cos\left(x - \dfrac{\pi}{\boxed{キ}}\right) = 1$$

と表せる。加法定理を用いると，この式は

$$\sin x - \sqrt{\boxed{ク}} \cos x = 1$$

となる。さらに，三角関数の合成を用いると

$$\sin\left(x - \dfrac{\pi}{\boxed{ケ}}\right) = \dfrac{1}{\boxed{コ}}$$

と変形できる。$x = \theta + \dfrac{\pi}{5}$，$\dfrac{\pi}{2} \leqq \theta \leqq \pi$ だから，$\theta = \dfrac{\boxed{サシ}}{\boxed{スセ}}\pi$ である。

〔2〕 c を正の定数として，不等式

$$x^{\log_3 x} \geqq \left(\frac{x}{c}\right)^3 \quad \cdots\cdots\cdots\cdots\cdots\cdots ②$$

を考える。

3 を底とする ② の両辺の対数をとり，$t = \log_3 x$ とおくと

$$t^{\boxed{ソ}} - \boxed{タ} t + \boxed{タ} \log_3 c \geqq 0 \quad \cdots\cdots\cdots\cdots\cdots\cdots ③$$

となる。ただし，対数 $\log_a b$ に対し，a を底といい，b を真数という。

$c = \sqrt[3]{9}$ のとき，② を満たす x の値の範囲を求めよう。③ により

$$t \leqq \boxed{チ}, \quad t \geqq \boxed{ツ}$$

である。さらに，真数の条件を考えて

$$\boxed{テ} < x \leqq \boxed{ト}, \quad x \geqq \boxed{ナ}$$

となる。

次に，② が $x > \boxed{テ}$ の範囲でつねに成り立つような c の値の範囲を求めよう。

x が $x > \boxed{テ}$ の範囲を動くとき，t のとり得る値の範囲は $\boxed{ニ}$ である。$\boxed{ニ}$ に当てはまるものを，次の ⓪〜③ のうちから一つ選べ。

⓪ 正の実数全体　　　① 負の実数全体
② 実数全体　　　　　③ 1 以外の実数全体

この範囲の t に対して，③ がつねに成り立つための必要十分条件は，$\log_3 c \geqq \dfrac{\boxed{ヌ}}{\boxed{ネ}}$ である。すなわち，$c \geqq \sqrt[\boxed{ノ}]{\boxed{ハヒ}}$ である。

第2問 (必答問題)(配点 30)

〔1〕 $p > 0$ とする。座標平面上の放物線 $y = px^2 + qx + r$ を C とし，直線 $y = 2x - 1$ を ℓ とする。C は点 $A(1, 1)$ において ℓ と接しているとする。

(1) q と r を，p を用いて表そう。放物線 C 上の点 A における接線 ℓ の傾きは $\boxed{ア}$ であることから，$q = \boxed{イウ}p + \boxed{エ}$ がわかる。さらに，C は点 A を通ることから，$r = p - \boxed{オ}$ となる。

(2) $v > 1$ とする。放物線 C と直線 ℓ および直線 $x = v$ で囲まれた図形の面積 S は $S = \dfrac{p}{\boxed{カ}}\left(v^3 - \boxed{キ}v^2 + \boxed{ク}v - \boxed{ケ}\right)$ である。

また，x 軸と ℓ および 2 直線 $x = 1$，$x = v$ で囲まれた図形の面積 T は，$T = v^{\boxed{コ}} - v$ である。

$U = S - T$ は $v = 2$ で極値をとるとする。このとき，$p = \boxed{サ}$ であり，$v > 1$ の範囲で $U = 0$ となる v の値を v_0 とすると，$v_0 = \dfrac{\boxed{シ} + \sqrt{\boxed{ス}}}{\boxed{セ}}$ である。$1 < v < v_0$ の範囲で U は $\boxed{ソ}$。

$\boxed{ソ}$ に当てはまるものを，次の⓪~④のうちから一つ選べ。

⓪ つねに増加する　① つねに減少する　② 正の値のみをとる
③ 負の値のみをとる　④ 正と負のどちらの値もとる

$p = \boxed{サ}$ のとき，$v > 1$ における U の最小値は $\boxed{タチ}$ である。

〔2〕 関数 $f(x)$ は $x \geqq 1$ の範囲でつねに $f(x) \leqq 0$ を満たすとする。$t > 1$ のとき，曲線 $y = f(x)$ と x 軸および 2 直線 $x = 1$，$x = t$ で囲まれた図形の面積を W とする。t が $t > 1$ の範囲を動くとき，W は，底辺の長さが $2t^2 - 2$，他の 2 辺の長さがそれぞれ $t^2 + 1$ の二等辺三角形の面積とつねに等しいとする。このとき，$x > 1$ における $f(x)$ を求めよう。

$F(x)$ を $f(x)$ の不定積分とする。一般に，$F'(x) = \boxed{ツ}$，$W = \boxed{テ}$ が成り立つ。$\boxed{ツ}$，$\boxed{テ}$ に当てはまるものを，次の ⓪ ～ ⑧ のうちから一つずつ選べ。ただし，同じものを選んでもよい。

⓪ $-F(t)$　　① $F(t)$　　② $F(t) - F(1)$
③ $F(t) + F(1)$　　④ $-F(t) + F(1)$　　⑤ $-F(t) - F(1)$
⑥ $-f(x)$　　⑦ $f(x)$　　⑧ $f(x) - f(1)$

したがって，$t > 1$ において

$$f(t) = \boxed{トナ} t^{\boxed{ニ}} + \boxed{ヌ}$$

である。よって，$x > 1$ における $f(x)$ がわかる。

第3問 （選択問題）（配点 20）

　第4項が30，初項から第8項までの和が288である等差数列を$\{a_n\}$とし，$\{a_n\}$の初項から第n項までの和をS_nとする。また，第2項が36，初項から第3項までの和が156である等比数列で公比が1より大きいものを$\{b_n\}$とし，$\{b_n\}$の初項から第n項までの和をT_nとする。

(1)　$\{a_n\}$の初項は　アイ　，公差は　ウエ　であり
$$S_n = \boxed{オ}\,n^2 - \boxed{カキ}\,n$$
である。

(2)　$\{b_n\}$の初項は　クケ　，公比は　コ　であり
$$T_n = \boxed{サ}\left(\boxed{シ}^{\,n} - \boxed{ス}\right)$$
である。

(3) 数列 $\{c_n\}$ を次のように定義する。

$$c_n = \sum_{k=1}^{n} (n-k+1)(a_k - b_k)$$
$$= n(a_1 - b_1) + (n-1)(a_2 - b_2) + \cdots + 2(a_{n-1} - b_{n-1}) + (a_n - b_n)$$
$$(n = 1, 2, 3, \cdots)$$

たとえば

$$c_1 = a_1 - b_1, \quad c_2 = 2(a_1 - b_1) + (a_2 - b_2)$$
$$c_3 = 3(a_1 - b_1) + 2(a_2 - b_2) + (a_3 - b_3)$$

である。数列 $\{c_n\}$ の一般項を求めよう。

$\{c_n\}$ の階差数列を $\{d_n\}$ とする。$d_n = c_{n+1} - c_n$ であるから，$d_n = \boxed{セ}$ を満たす。$\boxed{セ}$ に当てはまるものを，次の⓪〜⑦のうちから一つ選べ。

⓪ $S_n + T_n$ 　　① $S_n - T_n$ 　　② $-S_n + T_n$
③ $-S_n - T_n$ 　④ $S_{n+1} + T_{n+1}$ 　⑤ $S_{n+1} - T_{n+1}$
⑥ $-S_{n+1} + T_{n+1}$ 　⑦ $-S_{n+1} - T_{n+1}$

したがって，(1)と(2)により

$$d_n = \boxed{ソ} n^2 - 2 \cdot \boxed{タ}^{n+\boxed{チ}}$$

である。$c_1 = \boxed{ツテ}$ であるから，$\{c_n\}$ の一般項は

$$c_n = \boxed{ナ} n^3 - \boxed{ニ} n^2 + n + \boxed{ヌ} - \boxed{タ}^{n+\boxed{ネ}}$$

である。

第4問 （選択問題）（配点 20）

a を $0 < a < 1$ を満たす定数とする。三角形 ABC を考え，辺 AB を $1:3$ に内分する点を D，辺 BC を $a:(1-a)$ に内分する点を E，直線 AE と直線 CD の交点を F とする。$\vec{FA} = \vec{p},\ \vec{FB} = \vec{q},\ \vec{FC} = \vec{r}$ とおく。

(1) $\vec{AB} = \boxed{\ \text{ア}\ }$ であり

$$|\vec{AB}|^2 = |\vec{p}|^2 - \boxed{\ \text{イ}\ }\vec{p}\cdot\vec{q} + |\vec{q}|^2 \quad \cdots\cdots\cdots ①$$

である。ただし，$\boxed{\ \text{ア}\ }$ については，当てはまるものを，次の ⓪ ～ ③ のうちから一つ選べ。

⓪ $\vec{p} + \vec{q}$ ① $\vec{p} - \vec{q}$ ② $\vec{q} - \vec{p}$ ③ $-\vec{p} - \vec{q}$

(2) $\vec{FD}$ を $\vec{p}$ と $\vec{q}$ を用いて表すと

$$\vec{FD} = \frac{\boxed{\ \text{ウ}\ }}{\boxed{\ \text{エ}\ }}\vec{p} + \frac{\boxed{\ \text{オ}\ }}{\boxed{\ \text{カ}\ }}\vec{q} \quad \cdots\cdots\cdots ②$$

である。

(3) s, t をそれぞれ $\vec{FD} = s\vec{r}$, $\vec{FE} = t\vec{p}$ となる実数とする。s と t を a を用いて表そう。

$\vec{FD} = s\vec{r}$ であるから，② により

$$\vec{q} = \boxed{キク}\vec{p} + \boxed{ケ}s\vec{r} \quad \cdots\cdots\cdots\cdots\cdots \text{③}$$

である。また，$\vec{FE} = t\vec{p}$ であるから

$$\vec{q} = \frac{t}{\boxed{コ} - \boxed{サ}}\vec{p} - \frac{\boxed{シ}}{\boxed{コ} - \boxed{サ}}\vec{r} \quad \cdots\cdots \text{④}$$

である。③ と ④ により

$$s = \frac{\boxed{スセ}}{\boxed{ソ}\left(\boxed{コ} - \boxed{サ}\right)}, \quad t = \boxed{タチ}\left(\boxed{コ} - \boxed{サ}\right)$$

である。

(4) $|\vec{AB}| = |\vec{BE}|$ とする。$|\vec{p}| = 1$ のとき，$\vec{p}$ と $\vec{q}$ の内積を a を用いて表そう。

① により

$$|\vec{AB}|^2 = 1 - \boxed{イ}\vec{p}\cdot\vec{q} + |\vec{q}|^2$$

である。また

$$|\vec{BE}|^2 = \boxed{ツ}\left(\boxed{コ} - \boxed{サ}\right)^2$$
$$+ \boxed{テ}\left(\boxed{コ} - \boxed{サ}\right)\vec{p}\cdot\vec{q} + |\vec{q}|^2$$

である。したがって

$$\vec{p}\cdot\vec{q} = \frac{\boxed{トナ} - \boxed{ニ}}{\boxed{ヌ}}$$

である。

第 5 問　(選択問題)（配点　20）

以下の問題を解答するにあたっては，必要に応じて 31 ページの正規分布表を用いてもよい．

(1) a を正の整数とする．$2, 4, 6, \cdots, 2a$ の数字がそれぞれ一つずつ書かれた a 枚のカードが箱に入っている．この箱から 1 枚のカードを無作為に取り出すとき，そこに書かれた数字を表す確率変数を X とする．このとき，$X = 2a$ となる確率は $\dfrac{\boxed{ア}}{\boxed{イ}}$ である．

$a = 5$ とする．X の平均（期待値）は $\boxed{ウ}$，X の分散は $\boxed{エ}$ である．また，s, t は定数で $s > 0$ のとき，$sX + t$ の平均が 20，分散が 32 となるように s, t を定めると，$s = \boxed{オ}$，$t = \boxed{カ}$ である．このとき，$sX + t$ が 20 以上である確率は $0.\boxed{キ}$ である．

(2) (1)の箱のカードの枚数 a は3以上とする。この箱から3枚のカードを同時に取り出し，それらのカードを横1列に並べる。この試行において，カードの数字が左から小さい順に並んでいる事象を A とする。このとき，事象 A の起こる確率は $\dfrac{\boxed{ク}}{\boxed{ケ}}$ である。

この試行を180回繰り返すとき，事象 A が起こる回数を表す確率変数を Y とすると，Y の平均 m は $\boxed{コサ}$，Y の分散 σ^2 は $\boxed{シス}$ である。ここで，事象 A が18回以上36回以下起こる確率の近似値を次のように求めよう。

試行回数180は大きいことから，Y は近似的に平均 $m = \boxed{コサ}$，標準偏差 $\sigma = \sqrt{\boxed{シス}}$ の正規分布に従うと考えられる。ここで，$Z = \dfrac{Y - m}{\sigma}$ とおくと，求める確率の近似値は次のようになる。

$$P(18 \leqq Y \leqq 36) = P\left(-\boxed{セ}.\boxed{ソタ} \leqq Z \leqq \boxed{チ}.\boxed{ツテ}\right)$$
$$= 0.\boxed{トナ}$$

(3) ある都市での世論調査において，無作為に 400 人の有権者を選び，ある政策に対する賛否を調べたところ，320 人が賛成であった。この都市の有権者全体のうち，この政策の賛成者の母比率 p に対する信頼度 95 ％ の信頼区間を求めたい。

この調査での賛成者の比率（以下，これを標本比率という）は 0.　ニ　である。標本の大きさが 400 と大きいので，二項分布の正規分布による近似を用いると，p に対する信頼度 95 ％ の信頼区間は

$$0.\boxed{ヌネ} \leqq p \leqq 0.\boxed{ノハ}$$

である。

母比率 p に対する信頼区間 $A \leqq p \leqq B$ において，$B - A$ をこの信頼区間の幅とよぶ。以下，R を標本比率とし，p に対する信頼度 95 ％ の信頼区間を考える。

上で求めた信頼区間の幅を L_1

標本の大きさが 400 の場合に $R = 0.6$ が得られたときの信頼区間の幅を L_2

標本の大きさが 500 の場合に $R = 0.8$ が得られたときの信頼区間の幅を L_3

とする。このとき，L_1, L_2, L_3 について　ヒ　が成り立つ。　ヒ　に当てはまるものを，次の ⓪ 〜 ⑤ のうちから一つ選べ。

⓪ $L_1 < L_2 < L_3$　　① $L_1 < L_3 < L_2$　　② $L_2 < L_1 < L_3$

③ $L_2 < L_3 < L_1$　　④ $L_3 < L_1 < L_2$　　⑤ $L_3 < L_2 < L_1$

正 規 分 布 表

次の表は，標準正規分布の分布曲線における右図の灰色部分の面積の値をまとめたものである。

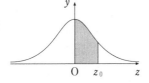

z_0	0.00	0.01	0.02	0.03	0.04	0.05	0.06	0.07	0.08	0.09
0.0	0.0000	0.0040	0.0080	0.0120	0.0160	0.0199	0.0239	0.0279	0.0319	0.0359
0.1	0.0398	0.0438	0.0478	0.0517	0.0557	0.0596	0.0636	0.0675	0.0714	0.0753
0.2	0.0793	0.0832	0.0871	0.0910	0.0948	0.0987	0.1026	0.1064	0.1103	0.1141
0.3	0.1179	0.1217	0.1255	0.1293	0.1331	0.1368	0.1406	0.1443	0.1480	0.1517
0.4	0.1554	0.1591	0.1628	0.1664	0.1700	0.1736	0.1772	0.1808	0.1844	0.1879
0.5	0.1915	0.1950	0.1985	0.2019	0.2054	0.2088	0.2123	0.2157	0.2190	0.2224
0.6	0.2257	0.2291	0.2324	0.2357	0.2389	0.2422	0.2454	0.2486	0.2517	0.2549
0.7	0.2580	0.2611	0.2642	0.2673	0.2704	0.2734	0.2764	0.2794	0.2823	0.2852
0.8	0.2881	0.2910	0.2939	0.2967	0.2995	0.3023	0.3051	0.3078	0.3106	0.3133
0.9	0.3159	0.3186	0.3212	0.3238	0.3264	0.3289	0.3315	0.3340	0.3365	0.3389
1.0	0.3413	0.3438	0.3461	0.3485	0.3508	0.3531	0.3554	0.3577	0.3599	0.3621
1.1	0.3643	0.3665	0.3686	0.3708	0.3729	0.3749	0.3770	0.3790	0.3810	0.3830
1.2	0.3849	0.3869	0.3888	0.3907	0.3925	0.3944	0.3962	0.3980	0.3997	0.4015
1.3	0.4032	0.4049	0.4066	0.4082	0.4099	0.4115	0.4131	0.4147	0.4162	0.4177
1.4	0.4192	0.4207	0.4222	0.4236	0.4251	0.4265	0.4279	0.4292	0.4306	0.4319
1.5	0.4332	0.4345	0.4357	0.4370	0.4382	0.4394	0.4406	0.4418	0.4429	0.4441
1.6	0.4452	0.4463	0.4474	0.4484	0.4495	0.4505	0.4515	0.4525	0.4535	0.4545
1.7	0.4554	0.4564	0.4573	0.4582	0.4591	0.4599	0.4608	0.4616	0.4625	0.4633
1.8	0.4641	0.4649	0.4656	0.4664	0.4671	0.4678	0.4686	0.4693	0.4699	0.4706
1.9	0.4713	0.4719	0.4726	0.4732	0.4738	0.4744	0.4750	0.4756	0.4761	0.4767
2.0	0.4772	0.4778	0.4783	0.4788	0.4793	0.4798	0.4803	0.4808	0.4812	0.4817
2.1	0.4821	0.4826	0.4830	0.4834	0.4838	0.4842	0.4846	0.4850	0.4854	0.4857
2.2	0.4861	0.4864	0.4868	0.4871	0.4875	0.4878	0.4881	0.4884	0.4887	0.4890
2.3	0.4893	0.4896	0.4898	0.4901	0.4904	0.4906	0.4909	0.4911	0.4913	0.4916
2.4	0.4918	0.4920	0.4922	0.4925	0.4927	0.4929	0.4931	0.4932	0.4934	0.4936
2.5	0.4938	0.4940	0.4941	0.4943	0.4945	0.4946	0.4948	0.4949	0.4951	0.4952
2.6	0.4953	0.4955	0.4956	0.4957	0.4959	0.4960	0.4961	0.4962	0.4963	0.4964
2.7	0.4965	0.4966	0.4967	0.4968	0.4969	0.4970	0.4971	0.4972	0.4973	0.4974
2.8	0.4974	0.4975	0.4976	0.4977	0.4977	0.4978	0.4979	0.4979	0.4980	0.4981
2.9	0.4981	0.4982	0.4982	0.4983	0.4984	0.4984	0.4985	0.4985	0.4986	0.4986
3.0	0.4987	0.4987	0.4987	0.4988	0.4988	0.4989	0.4989	0.4989	0.4990	0.4990

2018

追試験

数学Ⅰ・A …………………… 34
数学Ⅱ・B …………………… 53

各科目とも　60分　100点

数学Ⅰ・数学A

問　題	選　択　方　法
第1問	必　　答
第2問	必　　答
第3問	いずれか2問を選択し，解答しなさい。
第4問	
第5問	

第1問 (必答問題) (配点 30)

〔1〕 $a = \dfrac{4}{4-\sqrt{7}}$ とする。a の分母を有理化すると

$$a = \dfrac{\boxed{アイ} + \boxed{ウ}\sqrt{\boxed{エ}}}{\boxed{オ}}$$

となる。

また, r を有理数とし

$$\beta = \dfrac{9 - (r^2 - 3r)\sqrt{7}}{5}$$

とする。

(1) 一般に, $\sqrt{7}$ が無理数であることから, 有理数 p, q に対して

$$p + q\sqrt{7} = 0 \iff p = q = \boxed{カ}$$

が成り立つ。

(2) $a - \beta$ が有理数ならば, r は

$$\dfrac{\boxed{ウ}}{\boxed{オ}} + \dfrac{r^2 - 3r}{\boxed{キ}} = 0$$

を満たす。このとき

$$r = \dfrac{\boxed{ク}}{\boxed{ケ}} \quad \text{または} \quad r = \dfrac{\boxed{コ}}{\boxed{サ}}$$

である。ただし, $\dfrac{\boxed{ク}}{\boxed{ケ}}$ と $\dfrac{\boxed{コ}}{\boxed{サ}}$ の解答の順序は問わない。

〔2〕 a を正の実数とする．このとき，実数 x に関する次の条件 p, q, r を考える．

$$p: |x-1| \leqq a, \quad q: |x| \leqq \frac{5}{2}, \quad r: x^2 - 2x \leqq a$$

(1) 次の シ ， ス に当てはまるものを，下の⓪〜③のうちからそれぞれ一つ選べ．ただし，同じものを繰り返し選んでもよい．

$a=1$ のとき，p は q であるための シ ．また，$a=3$ のとき，p は q であるための ス ．

⓪ 必要条件であるが，十分条件ではない
① 十分条件であるが，必要条件ではない
② 必要十分条件である
③ 必要条件でも十分条件でもない

(2) 命題「$p \Longrightarrow q$」が真となるような a の最大値は $\dfrac{セ}{ソ}$ である．

また，命題「$q \Longrightarrow p$」が真となるような a の最小値は $\dfrac{タ}{チ}$ である．

(3) 命題「$r \Longrightarrow q$」が真となるような a の最大値は $\dfrac{ツ}{テ}$ である．

〔3〕 実数 a は2次不等式 $a^2-3<a$ を満たすとする。このとき a のとり得る値の範囲は

$$\frac{\boxed{ト}-\sqrt{\boxed{ナニ}}}{\boxed{ヌ}}<a<\frac{\boxed{ト}+\sqrt{\boxed{ナニ}}}{\boxed{ヌ}}$$

である。

x の2次関数

$$f(x)=-x^2+1$$

を考える。

$a^2-3 \leqq x \leqq a$ における関数 $y=f(x)$ の最大値が1であるような a の値の範囲は

$$\boxed{ネ} \leqq a \leqq \sqrt{\boxed{ノ}}$$

である。

また,$a^2-3 \leqq x \leqq a$ における関数 $y=f(x)$ の最大値が1で,最小値が $f(a)$ であるような a の値の範囲は

$$\frac{\boxed{ハヒ}+\sqrt{\boxed{フヘ}}}{\boxed{ホ}} \leqq a \leqq \sqrt{\boxed{ノ}}$$

である。

第2問 (必答問題)(配点 30)

〔1〕 △ABCはAB = 4，BC = $10\sqrt{3}$，AC = 14を満たす。

(1) $\cos \angle B = \dfrac{\sqrt{\boxed{ア}}}{\boxed{イ}}$ である。辺BC上に点Dを取り，△ABDの外接円の半径をRとするとき，$\dfrac{AD}{R} = \boxed{ウ}$ であり，点Dを点Bから点Cまで移動させるとき，Rの最小値は $\boxed{エ}$ である。

ただし，点Dは点Bとは異なる点とする。

(2) △ABDの外接円の中心が辺BC上にあるとき，

$R = \dfrac{\boxed{オ}\sqrt{\boxed{カ}}}{\boxed{キ}}$ であり，△ACDの面積は $\dfrac{\boxed{クケ}\sqrt{\boxed{コ}}}{\boxed{サ}}$ である。

〔2〕 高校生のKさんは，ニュースで「為替レート（1米ドルは何円か）」および「日経平均株価」と呼ばれている数値が日々変化していることに興味をもったので，これらの数値を入手して調べてみることにした。

為替レートを100で割ったものをXとする。例えば，1米ドルが123円のときXは1.23となる。また，日経平均株価を10,000で割ったものをYとする。例えば，日経平均株価が16,500円のときYは1.65となる。

図1は，X，Yの日々の変化を描いたものである。ただし，土曜日，日曜日，祝日などデータのない日は除いている。全期間を次の二つの期間に分けて考察する。

　　期間A：2013年1月4日～2014年11月28日(468日分のデータ)
　　期間B：2014年12月1日～2016年1月29日(284日分のデータ)

図2は，期間Aと期間BにおけるX，Yのデータの散布図である。

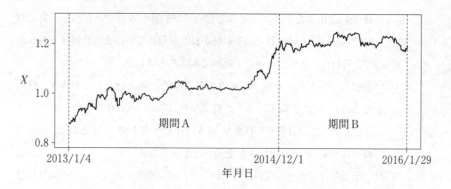

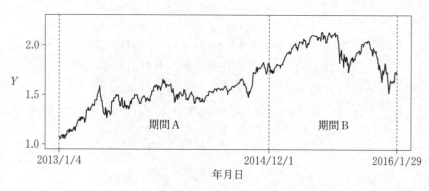

図1 X, Y の日々の変化

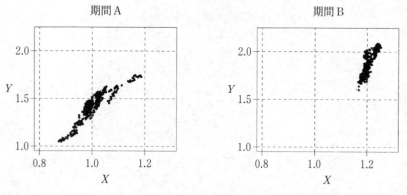

図2 X, Y のデータの散布図

(1) 表1は，XとYについて平均値，標準偏差および共分散を計算し，有効数字3桁で表したものである。ただし，XとYの共分散とは，Xの偏差とYの偏差の積の平均値である。

表1 平均値，標準偏差および共分散

	期間 A	期間 B	全期間
Xの平均値	1.01	1.21	1.08
Yの平均値	1.44	1.90	1.61
Xの標準偏差	0.0522	0.0209	0.105
Yの標準偏差	0.144	0.118	0.260
XとYの共分散	0.00685	0.00203	0.0263

次の シ に当てはまるものを，下の⓪〜⑤のうちから一つ選べ。

表1を用いて，期間 A，期間 B におけるXとYの相関係数を求め，小数第3位を四捨五入すると，それぞれ 0.91 と 0.82 である。全期間におけるXとYの相関係数をrとすると シ である。

⓪ $r \leqq 0$ 　① $0 < r < 0.82$ 　② $r = 0.82$
③ $0.82 < r < 0.91$ 　④ $r = 0.91$ 　⑤ $0.91 < r$

(2) X のデータの t 番目の値を x_t とする。期間 A に対応するのは $t = 1$, 2, $\cdots$, 468 であり，期間 B に対応するのは $t = 469, 470, \cdots, 752$ である。X が日々どのように変化しているか調べるために，次の式によって定義される u_t を計算する。

$$u_t = \frac{x_{t+1} - x_t}{x_t} \times 100$$

ただし，期間 A の最終日 $(t = 468)$ と期間 B の最終日 $(t = 752)$ については u_t を計算しない。$u_1, \cdots, u_{467}$ および $u_{469}, \cdots, u_{751}$ を U のデータと呼ぶ。

　図 3 および図 4 は，期間 A，期間 B における U のデータのヒストグラムおよび箱ひげ図である。期間 A における中央値は 0.0584 であり，期間 B における中央値は 0.0252 であった。

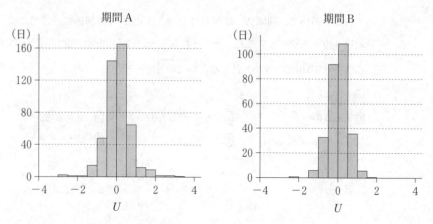

図 3　U のデータのヒストグラム

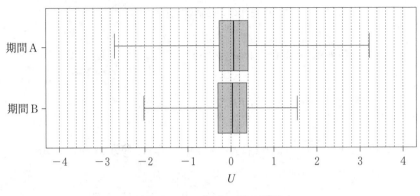

図 4　U のデータの箱ひげ図

次の ス , セ に当てはまるものを，下の⓪~⑥のうちから一つずつ選べ。ただし，解答の順序は問わない。

図 3 および図 4 から U のデータについて読み取れることとして正しいものは， ス , セ である。

⓪ 期間 A における最大値は，期間 B における最大値より小さい。

① 期間 A における第 1 四分位数は，期間 B における第 1 四分位数より小さい。

② 期間 A における四分位範囲と期間 B における四分位範囲の差は 0.2 より大きい。

③ 期間 A における範囲は，期間 B における範囲より小さい。

④ 期間 A，期間 B の両方において，四分位範囲は中央値の絶対値の 8 倍より大きい。

⑤ 期間 A において，第 3 四分位数は度数が最大の階級に入っている。

⑥ 期間 B において，第 1 四分位数は度数が最大の階級に入っている。

(3) X, Y から X', Y' を次の式によって定義する。

$$X' = aX + b, \quad Y' = cY + d$$

ただし，a, b, c, d は定数であり，$a \neq 0$ かつ $c \neq 0$ とする。

次の ソ に当てはまるものを，下の⓪～⑧のうちから一つ選べ。

X' と Y' の相関係数は，X と Y の相関係数の ソ 倍である。

⓪ 1 ① a ② a^2

③ ac ④ $\dfrac{ac}{|ac|}$ ⑤ b

⑥ b^2 ⑦ bd ⑧ $|bd|$

(4) 次ページの図 5 の三つの散布図について考える。散布図 1 で表される V と W の 2 種類のデータの相関係数，散布図 2 で表される V' と W' の 2 種類のデータの相関係数，および散布図 3 で表される V'' と W'' の 2 種類のデータの相関係数をそれぞれ r_1，r_2 および r_3 とする。これらは，小数第 3 位を四捨五入して小数第 2 位まで求めると，-0.76，0.10，0.98 のいずれかであることがわかっている。

次の タ に当てはまるものを，下の⓪〜⑤のうちから一つ選べ。

r_1，r_2 および r_3 の値の組合せとして正しいものは タ である。

	⓪	①	②	③	④	⑤
r_1	-0.76	-0.76	0.10	0.10	0.98	0.98
r_2	0.10	0.98	-0.76	0.98	-0.76	0.10
r_3	0.98	0.10	0.98	-0.76	0.10	-0.76

散布図1

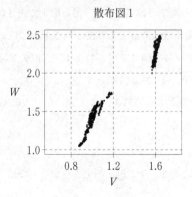

散布図2

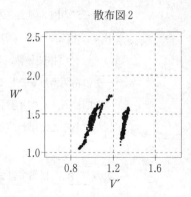

散布図3

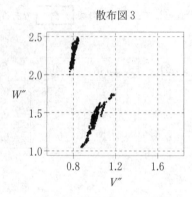

図5 三つの散布図

第3問 （選択問題）（配点 20）

数字1が書かれたカードが4枚，数字2が書かれたカードが2枚，数字5が書かれたカードが2枚，合計8枚のカードがある。

(1) 8枚のカードを一列に並べて8桁の整数をつくる。

このときできる8桁の整数の個数は全部で $\boxed{アイウ}$ 個である。さらに，次の条件（＊）が満たされるときにできる8桁の整数を考える。

（＊） 数字1が書かれた4枚のカードのどの2枚のカードも隣り合わない。

この条件（＊）は，例えば，$\boxed{1}\boxed{2}\boxed{1}\boxed{5}\boxed{1}\boxed{2}\boxed{1}\boxed{5}$ のとき満たされる。条件（＊）が満たされるときにできる8桁の整数の個数は全部で $\boxed{エオ}$ 個である。

(2) 一般に，事象 A の確率を $P(A)$ で表す。また，二つの事象 A, B の積事象を $A \cap B$ と表す。

8枚のカードからでたらめに3枚を取り出して袋に入れるという試行を T_1 とし，さらに，その3枚のカードが入った袋からでたらめに1枚のカードを取り出すという試行を T_2 とする。

試行 T_1 において，袋の中の数字5が書かれたカードの枚数が0枚である事象を A_0, 1枚である事象を A_1, 2枚である事象を A_2 とすると

$$P(A_0) = \frac{\boxed{カ}}{\boxed{キク}}, \quad P(A_1) = \frac{\boxed{ケコ}}{\boxed{サシ}}, \quad P(A_2) = \frac{\boxed{ス}}{\boxed{セソ}}$$

である。

試行 T_2 において数字 5 が書かれたカードが取り出されるという事象を B とすると

$$P(A_1 \cap B) = \frac{\boxed{タ}}{\boxed{チツ}}, \quad P(A_2 \cap B) = \frac{\boxed{テ}}{\boxed{トナ}}$$

である。

以上のことから，試行 T_2 において数字 5 が書かれたカードが取り出されたとき，袋の中にもう 1 枚の数字 5 が書かれたカードが入っている条件付き確率は $\dfrac{\boxed{ニ}}{\boxed{ヌ}}$ である。

第4問 （選択問題）（配点 20）

〔1〕 不定方程式

$$23x - 31y = 2$$

の解となる自然数 x, y の組で，x が最小になるのは

$$x = \boxed{アイ}, \quad y = \boxed{ウエ}$$

である。

$n = 31 \times \boxed{ウエ}$ とする。自然数 n^3 を 23 で割ると余りは $\boxed{オカ}$ である。

〔2〕

(1) 10進法の分数 $\dfrac{\boxed{キ}}{9}$ を10進法の小数で表すと循環小数 $0.\dot{5}$ となり，3進法の小数で表すと有限小数 $0.\boxed{クケ}_{(3)}$ となる。

(2) ある有理数 x を2進法で表すと循環小数 $0.\dot{1}\dot{0}_{(2)}$ となった。このとき，$4x$ を2進法で表すと $\boxed{コサ}.\dot{1}\dot{0}_{(2)}$ となる。2進法の $\boxed{コサ}_{(2)}$ を10進法で表すと $\boxed{シ}$ となるので，$4x-x$ を10進法で表すと $\boxed{シ}$ となる。したがって，x を10進法の分数で表すと $\dfrac{\boxed{ス}}{\boxed{セ}}$ となる。

(3) 3進法で表すと小数第3位までで終わる有理数 x のうち，$x^2 < \dfrac{1}{7}$ を満たす最大の x を3進法で表すと $0.\boxed{ソタチ}_{(3)}$ となる。

第 5 問　(選択問題)（配点　20）

〔1〕 円に内接する四角形 ABCD の辺 AB の端点 A の側の延長と辺 CD の端点 D 側の延長が点 P で交わるとする。さらに，PA = x，PB = $\sqrt{10}$ および PD = 1 とする。このとき

$$CD = \sqrt{\boxed{アイ}\, x - \boxed{ウ}}$$

である。

対角線 AC と BD の交点を Q，直線 PQ と辺 BC の交点を R とし

$$\frac{RC}{BR} = 2$$

とする。このとき

$$x = \frac{\boxed{エ}\sqrt{\boxed{オカ}}}{\boxed{キ}}$$

である。

〔2〕 一般の凸多面体(へこみのない多面体)の頂点の数 v, 辺の数 e, 面の数 f について $v - e + f$ の値を考える。例えば，立方体の場合で考えると，この値は ク である。

以下では $v : e = 2 : 5$ かつ $f = 38$ であるような凸多面体について考える。オイラーの多面体定理により $v - e + f =$ ク であることがわかるので，$v =$ ケコ ，$e =$ サシ である。

さらに，この凸多面体は x 個の正三角形の面と y 個の正方形の面で構成されていて，各頂点に集まる辺の数はすべて同じ ℓ であるとする。このとき $3x + 4y =$ スセソ であることから $x =$ タチ であり，さらに $\ell =$ ツ である。

数学Ⅱ・数学B

問　題	選　択　方　法
第1問	必　　答
第2問	必　　答
第3問	いずれか2問を選択し，解答しなさい。
第4問	
第5問	

第1問 （必答問題）（配点 30）

〔1〕 座標平面上に点 $A(1, 0)$, $P(\cos 2\theta, \sin 2\theta)$, $Q(2\cos 3\theta, 2\sin 3\theta)$ をとる。θ が $\dfrac{\pi}{3} \leqq \theta < \pi$ の範囲を動くとき，$AP^2 + PQ^2$ の最大値と最小値を求めよう。

AP^2 は

$$AP^2 = \boxed{ア} - \boxed{イ}\cos 2\theta$$

$$= \boxed{ウ} - \boxed{エ}\cos^2\theta$$

である。また，PQ^2 は

$$PQ^2 = \boxed{オ} - \boxed{カ}\cos\theta$$

である。

$\dfrac{\pi}{3} \leqq \theta < \pi$ であるから，$\boxed{キク} < \cos\theta \leqq \dfrac{\boxed{ケ}}{\boxed{コ}}$ である。したがって，$AP^2 + PQ^2$ は，$\theta = \dfrac{\boxed{サ}}{\boxed{シ}}\pi$ のとき最大値 $\boxed{スセ}$ をとり，$\theta = \dfrac{\pi}{\boxed{ソ}}$ のとき最小値 $\boxed{タ}$ をとる。

〔2〕 a を定数とする。x の方程式
$$4^{x+a} - 2^{x+a} + a = 0 \quad \cdots\cdots\cdots ①$$
がただ一つの解をもつとき，その解を求めよう。

(1) $X = 2^x$ とおくと，X のとり得る値の範囲は $\boxed{\text{チ}}$ である。$\boxed{\text{チ}}$ に当てはまるものを，次の⓪〜③のうちから一つ選べ。

⓪ $X \geqq 0$　　① $X > 0$　　② $X \geqq 1$　　③ $X > 1$

また，①を X を用いて表すと，X の2次方程式
$$2^{\boxed{\text{ツテ}}} X^2 - 2^{\boxed{\text{ト}}} X + a = 0 \quad \cdots\cdots\cdots ②$$
となる。この2次方程式の判別式を D とすると
$$D = 2^{\boxed{\text{ツテ}}}\left(\boxed{\text{ナ}} - \boxed{\text{ニ}}\, a\right)$$
である。

(2) $a = \dfrac{ナ}{ニ}$ のとき，② は $\boxed{チ}$ の範囲でただ一つの解をもつ。したがって，① もただ一つの解をもち，その解は $x = \dfrac{ヌネ}{ノ}$ である。

(3) $a \neq \dfrac{ナ}{ニ}$ のとき，② が $\boxed{チ}$ の範囲でただ一つの解をもつための必要十分条件は，$\boxed{ハ}$ である。$\boxed{ハ}$ に当てはまるものを，次の ⓪〜⑤ のうちから一つ選べ。

⓪ $a > 0$ ① $a < 0$
② $a \geqq 0$ ③ $a \leqq 0$
④ $a > \dfrac{ナ}{ニ}$ ⑤ $a < \dfrac{ナ}{ニ}$

$\boxed{ハ}$ のとき，① もただ一つの解をもち，その解は
$$x = \boxed{ヒ}a - \boxed{フ} + \log_2\left(\boxed{ヘ} + \sqrt{\boxed{ナ} - \boxed{ニ}a}\right)$$
である。

第2問 (必答問題)(配点 30)

a を正の実数とし,放物線 $y = 3x^2$ を C_1,放物線 $y = 2x^2 + a^2$ を C_2 とする。C_1 と C_2 の二つの共有点を x 座標の小さい順に A,B とする。また,C_1 と C_2 の両方に第1象限で接する直線を ℓ とする。

(1) B の座標を a を用いて表すと $\left(\boxed{ア},\ \boxed{イ}a^{\boxed{ウ}}\right)$ である。

直線 ℓ と二つの放物線 C_1,C_2 の接点の x 座標をそれぞれ $s,\ t$ とおく。ℓ は $x = s$ で C_1 と接するので,ℓ の方程式は

$$y = \boxed{エ}sx - \boxed{オ}s^{\boxed{カ}}$$

と表せる。同様に,ℓ は $x = t$ で C_2 と接するので,ℓ の方程式は

$$y = \boxed{キ}tx - \boxed{ク}t^{\boxed{カ}} + a^2$$

とも表せる。これらにより,$s,\ t$ は

$$s = \frac{\sqrt{\boxed{ケ}}}{\boxed{コ}}a,\quad t = \frac{\sqrt{\boxed{ケ}}}{\boxed{サ}}a$$

である。

放物線 C_1 の $s \leqq x \leqq \boxed{ア}$ の部分,放物線 C_2 の $\boxed{ア} \leqq x \leqq t$ の部分,x 軸,および 2 直線 $x = s,\ x = t$ で囲まれた図形の面積は

$$\frac{\boxed{シ}\sqrt{\boxed{ス}} - \boxed{セ}}{\boxed{ソ}}a^{\boxed{タ}}$$

である。

(2) 実数 p, q, r に対し，関数 $f(x) = x^3 + px^2 + qx + r$ を考える。$f(x)$ は $x = -4$ で極値をとるとする。また，曲線 $y = f(x)$ は点 A, B および原点を通るとする。

このとき，$p = \boxed{\text{チ}}$, $q = \boxed{\text{ツテト}}$, $r = \boxed{\text{ナ}}$ であり，$f(x)$ の極小値は $\boxed{\text{ニヌネ}}$ である。

また，$a = \boxed{\text{ノ}} \sqrt{\boxed{\text{ハ}}}$ であり，曲線 $y = f(x)$ と放物線 C_2 の共有点のうち，A, B と異なる点の座標は $\left(\boxed{\text{ヒフ}}, \boxed{\text{ヘホ}} \right)$ である。

第3問 （選択問題）（配点 20）

s を定数とし，数列 $\{a_n\}$ を次のように定義する。

$$a_1 = \frac{1}{2}, \quad a_{n+1} = \frac{2a_n + s}{a_n + 2} \quad (n = 1, 2, 3, \cdots) \quad \cdots\cdots\cdots ①$$

(1) $s = 4$ とする。$a_2 = \boxed{\text{ア}}$，$a_{100} = \boxed{\text{イ}}$ である。

(2) $s = 0$ とする。$b_n = \dfrac{1}{a_n}$ とおくと，$b_1 = \boxed{\text{ウ}}$ である。さらに，b_n と b_{n+1} は関係式 $b_{n+1} = b_n + \dfrac{\boxed{\text{エ}}}{\boxed{\text{オ}}}$ を満たすから，$\{a_n\}$ の一般項は

$$a_n = \frac{\boxed{\text{カ}}}{n + \boxed{\text{キ}}}$$

である。

(3) $s = 1$ とする。$c_n = \dfrac{1 + a_n}{1 - a_n}$ とおくと，$c_1 = \boxed{\text{ク}}$ である。さらに，c_n と c_{n+1} の関係式を求め，数列 $\{c_n\}$ の一般項を求めることにより，$\{a_n\}$ の一般項は

$$a_n = \boxed{\text{ケ}} - \frac{\boxed{\text{コ}}}{\boxed{\text{サ}}^{\boxed{\text{シ}}} + 1}$$

であることがわかる。ただし，$\boxed{\text{シ}}$ については，当てはまるものを，次の ⓪〜④ のうちから一つ選べ。

⓪ $n - 2$ ① $n - 1$ ② n ③ $n + 1$ ④ $n + 2$

(4) (3)の数列$\{c_n\}$について

$$\sum_{k=1}^{n} c_k c_{k+1} = \frac{\boxed{スセ}}{\boxed{ソ}}\left(\boxed{タ}^{n} - 1\right)$$

である。

次に，(3)の数列$\{a_n\}$について考える。$s=1$であることに注意して，①の漸化式を変形すると

$$a_n a_{n+1} = \boxed{チ}(a_n - a_{n+1}) + \boxed{ツ}$$

である。ゆえに

$$\sum_{k=1}^{n} a_k a_{k+1} = \boxed{テ} + \frac{\boxed{ト}}{\boxed{サ}\boxed{ナ} + \boxed{ニ}}$$

である。ただし，$\boxed{テ}$と$\boxed{ナ}$については，当てはまるものを，次の⓪〜④のうちから一つずつ選べ。同じものを選んでもよい。

⓪ $n-2$ ① $n-1$ ② n ③ $n+1$ ④ $n+2$

第4問 （選択問題）（配点 20）

点Oを原点とする座標空間に4点A$(6, -1, 1)$, B$(1, 6, 2)$, P$(2, -1, -1)$, Q$(0, 1, -1)$がある。3点O, P, Qを通る平面をαとし，$\overrightarrow{\text{OP}} = \vec{p}$, $\overrightarrow{\text{OQ}} = \vec{q}$とおく。平面$\alpha$上に点Mをとり，$|\overrightarrow{\text{AM}}| + |\overrightarrow{\text{MB}}|$が最小となるときの点Mの座標を求めよう。

(1) $|\vec{p}| = \sqrt{\boxed{\text{ア}}}$, $|\vec{q}| = \sqrt{\boxed{\text{イ}}}$である。また，$\vec{p}$と$\vec{q}$のなす角は$\boxed{\text{ウエ}}$°である。

(2) $\vec{p}$および$\vec{q}$と垂直であるベクトルの一つとして
$$\vec{n} = \left(1, \boxed{\text{オ}}, \boxed{\text{カ}}\right)$$
をとる。

$\overrightarrow{\text{OA}}$を実数$r$, s, tを用いて$\overrightarrow{\text{OA}} = r\vec{n} + s\vec{p} + t\vec{q}$の形に表したときの$r$, s, tを求めよう。

$\overrightarrow{\text{OA}} \cdot \vec{n} = \boxed{\text{キ}}$, $\vec{n} \cdot \vec{n} = \boxed{\text{ク}}$, $\vec{n} \perp \vec{p}$, $\vec{n} \perp \vec{q}$であることから，$r = \boxed{\text{ケ}}$となる。また，$\overrightarrow{\text{OA}} \cdot \vec{p}$, $\overrightarrow{\text{OA}} \cdot \vec{q}$を考えることにより，$s = \boxed{\text{コ}}$, $t = \boxed{\text{サシ}}$であることがわかる。

同様に，$\overrightarrow{\text{OB}}$を実数$u$, v, wを用いて$\overrightarrow{\text{OB}} = u\vec{n} + v\vec{p} + w\vec{q}$の形に表したとき，$u = \boxed{\text{ス}}$である。

(3) r, s, t を(2)で求めた値であるとし，点 C は $\vec{OC} = -r\vec{n} + s\vec{p} + t\vec{q}$ となる点とする。C の座標は

$$\left(\boxed{セ}, \boxed{ソタ}, \boxed{チツ} \right)$$

である。また，線分 BC と平面 α との交点は，BC を $3 : \boxed{テ}$ に内分する。

$\vec{n} \perp \vec{p}$, $\vec{n} \perp \vec{q}$, $\vec{OA} = r\vec{n} + s\vec{p} + t\vec{q}$, $\vec{OC} = -r\vec{n} + s\vec{p} + t\vec{q}$ であることにより，線分 AC は平面 α に垂直であり，その中点は α 上にある。よって，α 上の点 M について，$|\vec{AM}| = |\vec{CM}|$ が成り立ち，$|\vec{AM}| + |\vec{MB}|$ が最小となる M は線分 BC 上にある。したがって，求める M の座標は

$$\left(\dfrac{\boxed{ト}}{\boxed{ナ}}, \dfrac{\boxed{ニヌ}}{\boxed{ネ}}, \boxed{ノハ} \right)$$

である。

第5問 (選択問題) (配点 20)

以下の問題を解答するにあたっては，必要に応じて66ページの正規分布表を用いてもよい。

ある菓子工場で製造している菓子1個あたりの重さ(単位はg)を表す確率変数をXとし，Xは平均m，標準偏差σの正規分布$N(m, \sigma^2)$に従っているとする。

(1) 平均mが50.2で，標準偏差σが0.4のとき，この菓子工場で製造される菓子1個あたりの重さが50 g未満となる確率は，$Z = \dfrac{X-m}{\sigma}$が標準正規分布に従うので

$$P(X < 50) = P\left(Z < -\boxed{\text{ア}}.\boxed{\text{イ}}\right) = 0.\boxed{\text{ウエ}}$$

である。

(2) 標準偏差σが0.4のとき，製造される菓子1個あたりの重さが50 g未満となる確率が0.04となるようにmの値を定めることを考える。まず，標準正規分布に従う確率変数Zについて，$P(Z < z)$が最も0.04に近い値をとるzを正規分布表から求めると$P\left(Z < -\boxed{\text{オ}}.\boxed{\text{カキ}}\right) = 0.0401$であることがわかり，$z = -\boxed{\text{オ}}.\boxed{\text{カキ}}$となる。よって

$$P\left(Z < -\boxed{\text{オ}}.\boxed{\text{カキ}}\right) = P(X < 50)$$

と考えることにより，mを$\boxed{\text{クケ}}.\boxed{\text{コ}}$とすればよい。

(3) この菓子工場では，製造された菓子を無作為に9個選び箱に詰めて1個の商品としている。9個の菓子の重さ(単位はg)を表す確率変数を $X_1, X_2, \cdots, X_9$ とし，平均 m は 50.2，標準偏差 σ は 0.4，また，箱の重さはすべて同じで 80 g とする。商品1個あたりの重さ(単位はg)を表す確率変数を Y とすると，Y の平均は サシ.セ，Y の標準偏差は ソ.タ である。

$X_1, X_2, \cdots, X_9$ の標本平均 $\overline{X}$ が 50 未満である確率を求めよう。標本平均の分布が正規分布であることを利用すると，$\overline{X}$ の標準偏差が $\dfrac{0.4}{\boxed{チ}}$ であるので，確率は 0.ツテ となる。

(4) この菓子工場では，新しい機械を導入した。新しい機械については，標準偏差 σ は 0.2 であるが，平均 m はわかっていない。m を推定するために，この機械で 100 個の菓子を試験的に製造したところ，それらの菓子の重さの標本平均は $50.10\,\mathrm{g}$ であった。このとき，m に対する信頼度 95 % の信頼区間は

$$50.\boxed{トナ} \leqq m \leqq 50.\boxed{ニヌ}$$

となる。

 平均 m に対する信頼区間 $A \leqq m \leqq B$ において，$B - A$ をこの信頼区間の幅とよぶ。信頼度と標準偏差 σ は変わらないものとして，上で求めた信頼区間の幅を半分にするには，標本の大きさを $\boxed{ネ}$ にすればよい。$\boxed{ネ}$ に当てはまるものを，次の ⓪ ～ ⑤ のうちから一つ選べ。

⓪ 25   ① 50   ② 150

③ 200   ④ 300   ⑤ 400

正 規 分 布 表

次の表は，標準正規分布の分布曲線における右図の灰色部分の面積の値をまとめたものである。

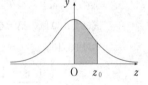

z_0	0.00	0.01	0.02	0.03	0.04	0.05	0.06	0.07	0.08	0.09
0.0	0.0000	0.0040	0.0080	0.0120	0.0160	0.0199	0.0239	0.0279	0.0319	0.0359
0.1	0.0398	0.0438	0.0478	0.0517	0.0557	0.0596	0.0636	0.0675	0.0714	0.0753
0.2	0.0793	0.0832	0.0871	0.0910	0.0948	0.0987	0.1026	0.1064	0.1103	0.1141
0.3	0.1179	0.1217	0.1255	0.1293	0.1331	0.1368	0.1406	0.1443	0.1480	0.1517
0.4	0.1554	0.1591	0.1628	0.1664	0.1700	0.1736	0.1772	0.1808	0.1844	0.1879
0.5	0.1915	0.1950	0.1985	0.2019	0.2054	0.2088	0.2123	0.2157	0.2190	0.2224
0.6	0.2257	0.2291	0.2324	0.2357	0.2389	0.2422	0.2454	0.2486	0.2517	0.2549
0.7	0.2580	0.2611	0.2642	0.2673	0.2704	0.2734	0.2764	0.2794	0.2823	0.2852
0.8	0.2881	0.2910	0.2939	0.2967	0.2995	0.3023	0.3051	0.3078	0.3106	0.3133
0.9	0.3159	0.3186	0.3212	0.3238	0.3264	0.3289	0.3315	0.3340	0.3365	0.3389
1.0	0.3413	0.3438	0.3461	0.3485	0.3508	0.3531	0.3554	0.3577	0.3599	0.3621
1.1	0.3643	0.3665	0.3686	0.3708	0.3729	0.3749	0.3770	0.3790	0.3810	0.3830
1.2	0.3849	0.3869	0.3888	0.3907	0.3925	0.3944	0.3962	0.3980	0.3997	0.4015
1.3	0.4032	0.4049	0.4066	0.4082	0.4099	0.4115	0.4131	0.4147	0.4162	0.4177
1.4	0.4192	0.4207	0.4222	0.4236	0.4251	0.4265	0.4279	0.4292	0.4306	0.4319
1.5	0.4332	0.4345	0.4357	0.4370	0.4382	0.4394	0.4406	0.4418	0.4429	0.4441
1.6	0.4452	0.4463	0.4474	0.4484	0.4495	0.4505	0.4515	0.4525	0.4535	0.4545
1.7	0.4554	0.4564	0.4573	0.4582	0.4591	0.4599	0.4608	0.4616	0.4625	0.4633
1.8	0.4641	0.4649	0.4656	0.4664	0.4671	0.4678	0.4686	0.4693	0.4699	0.4706
1.9	0.4713	0.4719	0.4726	0.4732	0.4738	0.4744	0.4750	0.4756	0.4761	0.4767
2.0	0.4772	0.4778	0.4783	0.4788	0.4793	0.4798	0.4803	0.4808	0.4812	0.4817
2.1	0.4821	0.4826	0.4830	0.4834	0.4838	0.4842	0.4846	0.4850	0.4854	0.4857
2.2	0.4861	0.4864	0.4868	0.4871	0.4875	0.4878	0.4881	0.4884	0.4887	0.4890
2.3	0.4893	0.4896	0.4898	0.4901	0.4904	0.4906	0.4909	0.4911	0.4913	0.4916
2.4	0.4918	0.4920	0.4922	0.4925	0.4927	0.4929	0.4931	0.4932	0.4934	0.4936
2.5	0.4938	0.4940	0.4941	0.4943	0.4945	0.4946	0.4948	0.4949	0.4951	0.4952
2.6	0.4953	0.4955	0.4956	0.4957	0.4959	0.4960	0.4961	0.4962	0.4963	0.4964
2.7	0.4965	0.4966	0.4967	0.4968	0.4969	0.4970	0.4971	0.4972	0.4973	0.4974
2.8	0.4974	0.4975	0.4976	0.4977	0.4977	0.4978	0.4979	0.4979	0.4980	0.4981
2.9	0.4981	0.4982	0.4982	0.4983	0.4984	0.4984	0.4985	0.4985	0.4986	0.4986
3.0	0.4987	0.4987	0.4987	0.4988	0.4988	0.4989	0.4989	0.4989	0.4990	0.4990

本試験

2017

数学Ⅰ・A ……………………… 2
数学Ⅱ・B ……………………… 18

各科目とも　60分　100点

数学Ⅰ・数学A

問 題	選 択 方 法
第1問	必　答
第2問	必　答
第3問	いずれか2問を選択し，解答しなさい。
第4問	
第5問	

第 1 問 (必答問題)（配点 30）

〔1〕 x は正の実数で，$x^2 + \dfrac{4}{x^2} = 9$ を満たすとする。このとき

$$\left(x + \dfrac{2}{x}\right)^2 = \boxed{アイ}$$

であるから，$x + \dfrac{2}{x} = \sqrt{\boxed{アイ}}$ である。さらに

$$x^3 + \dfrac{8}{x^3} = \left(x + \dfrac{2}{x}\right)\left(x^2 + \dfrac{4}{x^2} - \boxed{ウ}\right)$$

$$= \boxed{エ}\sqrt{\boxed{オカ}}$$

である。また

$$x^4 + \dfrac{16}{x^4} = \boxed{キク}$$

である。

〔2〕 実数 x に関する2つの条件 p, q を

$$p: x = 1$$
$$q: x^2 = 1$$

とする。また，条件 p, q の否定をそれぞれ $\bar{p}$, $\bar{q}$ で表す。

(1) 次の ケ ， コ ， サ ， シ に当てはまるものを，下の ⓪〜③ のうちから一つずつ選べ。ただし，同じものを繰り返し選んでもよい。

q は p であるための ケ 。
$\bar{p}$ は q であるための コ 。
(p または $\bar{q}$) は q であるための サ 。
($\bar{p}$ かつ q) は q であるための シ 。

⓪ 必要条件だが十分条件でない
① 十分条件だが必要条件でない
② 必要十分条件である
③ 必要条件でも十分条件でもない

(2) 実数 x に関する条件 r を

$r : x > 0$

とする。次の ス に当てはまるものを，下の⓪〜⑦のうちから一つ選べ。

3つの命題

A：「$(p\text{ かつ } q) \Longrightarrow r$」
B：「$q \Longrightarrow r$」
C：「$\bar{q} \Longrightarrow \bar{p}$」

の真偽について正しいものは ス である。

⓪ Aは真，Bは真，Cは真
① Aは真，Bは真，Cは偽
② Aは真，Bは偽，Cは真
③ Aは真，Bは偽，Cは偽
④ Aは偽，Bは真，Cは真
⑤ Aは偽，Bは真，Cは偽
⑥ Aは偽，Bは偽，Cは真
⑦ Aは偽，Bは偽，Cは偽

〔3〕 a を定数とし，$g(x) = x^2 - 2(3a^2+5a)x + 18a^4+30a^3+49a^2+16$ とおく．2次関数 $y=g(x)$ のグラフの頂点は

$$\left(\boxed{3}a^2 + \boxed{5}a,\ \boxed{9}a^4 + \boxed{24}a^2 + \boxed{16}\right)$$

である．

a が実数全体を動くとき，頂点の x 座標の最小値は $-\dfrac{25}{12}$ である．

次に，$t=a^2$ とおくと，頂点の y 座標は

$$\boxed{9}t^2 + \boxed{24}t + \boxed{16}$$

と表せる．したがって，a が実数全体を動くとき，頂点の y 座標の最小値は $\boxed{16}$ である．

第2問 (必答問題)(配点 30)

〔1〕 △ABC において,AB = $\sqrt{3} - 1$,BC = $\sqrt{3} + 1$,∠ABC = 60° とする。

(1) AC = $\sqrt{\boxed{ア}}$ であるから,△ABC の外接円の半径は $\sqrt{\boxed{イ}}$ であり

$$\sin \angle BAC = \frac{\sqrt{\boxed{ウ}} + \sqrt{\boxed{エ}}}{\boxed{オ}}$$

である。ただし,$\boxed{ウ}$,$\boxed{エ}$ の解答の順序は問わない。

(2) 辺 AC 上に点 D を,△ABD の面積が $\frac{\sqrt{2}}{6}$ になるようにとるとき

$$AB \cdot AD = \frac{\boxed{カ}\sqrt{\boxed{キ}} - \boxed{ク}}{\boxed{ケ}}$$

であるから,AD = $\frac{\boxed{コ}}{\boxed{サ}}$ である。

〔2〕 スキージャンプは，飛距離および空中姿勢の美しさを競う競技である。選手は斜面を滑り降り，斜面の端から空中に飛び出す。飛距離 D (単位は m) から得点 X が決まり，空中姿勢から得点 Y が決まる。ある大会における 58 回のジャンプについて考える。

(1) 得点 X，得点 Y および飛び出すときの速度 V (単位は km/h) について，図 1 の 3 つの散布図を得た。

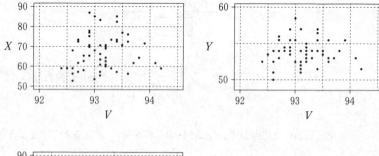

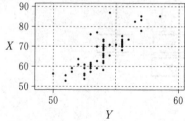

図　1

(出典：国際スキー連盟の Web ページにより作成)

次の シ ， ス ， セ に当てはまるものを，下の⓪～⑥のうちから一つずつ選べ。ただし，解答の順序は問わない。

図1から読み取れることとして正しいものは， シ ， ス ， セ である。

⓪ XとVの間の相関は，XとYの間の相関より強い。
① XとYの間には正の相関がある。
② Vが最大のジャンプは，Xも最大である。
③ Vが最大のジャンプは，Yも最大である。
④ Yが最小のジャンプは，Xは最小ではない。
⑤ Xが80以上のジャンプは，すべてVが93以上である。
⑥ Yが55以上かつVが94以上のジャンプはない。

(2) 得点 X は，飛距離 D から次の計算式によって算出される。

$$X = 1.80 \times (D - 125.0) + 60.0$$

次の ソ ， タ ， チ にそれぞれ当てはまるものを，下の ⓪〜⑥のうちから一つずつ選べ。ただし，同じものを繰り返し選んでもよい。

- X の分散は，D の分散の ソ 倍になる。

- X と Y の共分散は，D と Y の共分散の タ 倍である。ただし，共分散は，2つの変量のそれぞれにおいて平均値からの偏差を求め，偏差の積の平均値として定義される。

- X と Y の相関係数は，D と Y の相関係数の チ 倍である。

⓪ -125 ① -1.80 ② 1 ③ 1.80
④ 3.24 ⑤ 3.60 ⑥ 60.0

(3) 58回のジャンプは29名の選手が2回ずつ行ったものである。1回目の $X+Y$(得点Xと得点Yの和)の値に対するヒストグラムと2回目の $X+Y$の値に対するヒストグラムは図2のA，Bのうちのいずれかである。また，1回目の$X+Y$の値に対する箱ひげ図と2回目の$X+Y$の値に対する箱ひげ図は図3のa，bのうちのいずれかである。ただし，1回目の$X+Y$の最小値は108.0であった。

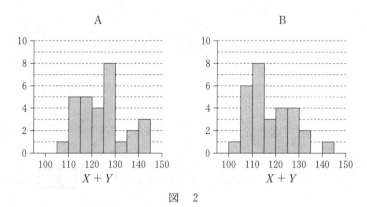

図　2

(出典：国際スキー連盟のWebページにより作成)

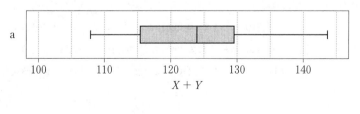

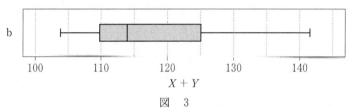

図　3

(出典：国際スキー連盟のWebページにより作成)

次の ツ に当てはまるものを，下の表の⓪～③のうちから一つ選べ。

1回目の $X+Y$ の値について，ヒストグラムおよび箱ひげ図の組合せとして正しいものは， ツ である。

	⓪	①	②	③
ヒストグラム	A	A	B	B
箱ひげ図	a	b	a	b

次の テ に当てはまるものを，下の⓪～③のうちから一つ選べ。

図3から読み取れることとして正しいものは， テ である。

⓪ 1回目の $X+Y$ の四分位範囲は，2回目の $X+Y$ の四分位範囲より大きい。
① 1回目の $X+Y$ の中央値は，2回目の $X+Y$ の中央値より大きい。
② 1回目の $X+Y$ の最大値は，2回目の $X+Y$ の最大値より小さい。
③ 1回目の $X+Y$ の最小値は，2回目の $X+Y$ の最小値より小さい。

第3問 （選択問題）（配点 20）

あたりが2本，はずれが2本の合計4本からなるくじがある。A，B，Cの3人がこの順に1本ずつくじを引く。ただし，1度引いたくじはもとに戻さない。

(1) A，Bの少なくとも一方があたりのくじを引く事象 E_1 の確率は，$\dfrac{\text{ア}}{\text{イ}}$ である。

(2) 次の $\boxed{\text{ウ}}$，$\boxed{\text{エ}}$，$\boxed{\text{オ}}$ に当てはまるものを，下の⓪～⑤のうちから一つずつ選べ。ただし，解答の順序は問わない。

A，B，Cの3人で2本のあたりのくじを引く事象 E は，3つの排反な事象 $\boxed{\text{ウ}}$，$\boxed{\text{エ}}$，$\boxed{\text{オ}}$ の和事象である。

⓪ A がはずれのくじを引く事象
① A だけがはずれのくじを引く事象
② B がはずれのくじを引く事象
③ B だけがはずれのくじを引く事象
④ C がはずれのくじを引く事象
⑤ C だけがはずれのくじを引く事象

また，その和事象の確率は $\dfrac{\text{カ}}{\text{キ}}$ である。

(3) 事象 E_1 が起こったときの事象 E の起こる条件付き確率は，$\dfrac{\text{ク}}{\text{ケ}}$ である。

(4) 次の コ ， サ ， シ に当てはまるものを，下の⓪〜⑤のうちから一つずつ選べ。ただし，解答の順序は問わない。

B，Cの少なくとも一方があたりのくじを引く事象E_2は，3つの排反な事象 コ ， サ ， シ の和事象である。

⓪ Aがはずれのくじを引く事象
① Aだけがはずれのくじを引く事象
② Bがはずれのくじを引く事象
③ Bだけがはずれのくじを引く事象
④ Cがはずれのくじを引く事象
⑤ Cだけがはずれのくじを引く事象

また，その和事象の確率は $\dfrac{\text{ス}}{\text{セ}}$ である。他方，A，Cの少なくとも一方があたりのくじをひく事象E_3の確率は，$\dfrac{\text{ソ}}{\text{タ}}$ である。

(5) 次の チ に当てはまるものを，下の⓪〜⑥のうちから一つ選べ。

事象E_1が起こったときの事象Eの起こる条件付き確率p_1，事象E_2が起こったときの事象Eの起こる条件付き確率p_2，事象E_3が起こったときの事象Eの起こる条件付き確率p_3の間の大小関係は， チ である。

⓪ $p_1 < p_2 < p_3$　　① $p_1 > p_2 > p_3$　　② $p_1 < p_2 = p_3$
③ $p_1 > p_2 = p_3$　　④ $p_1 = p_2 < p_3$　　⑤ $p_1 = p_2 > p_3$
⑥ $p_1 = p_2 = p_3$

第4問 （選択問題）（配点 20）

(1) 百の位の数が3，十の位の数が7，一の位の数がaである3桁の自然数を $37a$ と表記する。

$37a$ が4で割り切れるのは

$$a = \boxed{ア}, \quad \boxed{イ}$$

のときである。ただし，$\boxed{ア}$，$\boxed{イ}$ の解答の順序は問わない。

(2) 千の位の数が7，百の位の数がb，十の位の数が5，一の位の数がcである4桁の自然数を $7b5c$ と表記する。

$7b5c$ が4でも9でも割り切れる b, c の組は，全部で $\boxed{ウ}$ 個ある。これらのうち，$7b5c$ の値が最小になるのは $b = \boxed{エ}$，$c = \boxed{オ}$ のときで，$7b5c$ の値が最大になるのは $b = \boxed{カ}$，$c = \boxed{キ}$ のときである。

また，$7b5c = (6 \times n)^2$ となる b, c と自然数 n は

$$b = \boxed{ク}, \quad c = \boxed{ケ}, \quad n = \boxed{コサ}$$

である。

(3) 1188 の正の約数は全部で シス 個ある。

これらのうち，2の倍数は セソ 個，4の倍数は タ 個ある。

1188 のすべての正の約数の積を 2 進法で表すと，末尾には 0 が連続して チツ 個並ぶ。

第 5 問 （選択問題）（配点 20）

△ABC において，AB = 3，BC = 8，AC = 7 とする。

(1) 辺 AC 上に点 D を AD = 3 となるようにとり，△ABD の外接円と直線 BC の交点で B と異なるものを E とする。このとき，BC・CE = $\boxed{アイ}$ であるから，CE = $\dfrac{\boxed{ウ}}{\boxed{エ}}$ である。

直線 AB と直線 DE の交点を F とするとき，$\dfrac{BF}{AF} = \dfrac{\boxed{オカ}}{\boxed{キ}}$ であるから，AF = $\dfrac{\boxed{クケ}}{\boxed{コ}}$ である。

(2) ∠ABC = $\boxed{サシ}$° である。△ABC の内接円の半径は $\dfrac{\boxed{ス}\sqrt{\boxed{セ}}}{\boxed{ソ}}$ であり，△ABC の内心を I とすると BI = $\dfrac{\boxed{タ}\sqrt{\boxed{チ}}}{\boxed{ツ}}$ である。

数学Ⅱ・数学B

問 題	選 択 方 法
第1問	必　答
第2問	必　答
第3問	いずれか2問を選択し，解答しなさい。
第4問	
第5問	

第1問 （必答問題）（配点 30）

〔1〕 連立方程式

$$\begin{cases} \cos 2\alpha + \cos 2\beta = \dfrac{4}{15} & \cdots\cdots\cdots ① \\ \cos\alpha \cos\beta = -\dfrac{2\sqrt{15}}{15} & \cdots\cdots\cdots ② \end{cases}$$

を考える。ただし，$0 \leqq \alpha \leqq \pi$，$0 \leqq \beta \leqq \pi$ であり，$\alpha < \beta$ かつ

$$|\cos\alpha| \geqq |\cos\beta| \quad \cdots\cdots\cdots ③$$

とする。このとき，$\cos\alpha$ と $\cos\beta$ の値を求めよう。

2倍角の公式を用いると，①から

$$\cos^2\alpha + \cos^2\beta = \frac{\boxed{アイ}}{\boxed{ウエ}}$$

が得られる。また，②から，$\cos^2\alpha \cos^2\beta = \dfrac{\boxed{オ}}{15}$ である。

したがって，条件③を用いると

$$\cos^2\alpha = \frac{\boxed{カ}}{\boxed{キ}}, \quad \cos^2\beta = \frac{\boxed{ク}}{\boxed{ケ}}$$

である。よって，②と条件 $0 \leqq \alpha \leqq \pi$，$0 \leqq \beta \leqq \pi$，$\alpha < \beta$ から

$$\cos\alpha = \frac{\boxed{コ}\sqrt{\boxed{サ}}}{\boxed{シ}}, \quad \cos\beta = \frac{\boxed{ス}\sqrt{\boxed{セ}}}{\boxed{ソ}}$$

である。

〔2〕 座標平面上に点 $A\left(0, \dfrac{3}{2}\right)$ をとり，関数 $y = \log_2 x$ のグラフ上に2点 $B(p, \log_2 p)$，$C(q, \log_2 q)$ をとる。線分 AB を $1:2$ に内分する点が C であるとき，p，q の値を求めよう。

真数の条件により，$p > \boxed{タ}$，$q > \boxed{タ}$ である。ただし，対数 $\log_a b$ に対し，a を底といい，b を真数という。

線分 AB を $1:2$ に内分する点の座標は，p を用いて

$$\left(\dfrac{\boxed{チ}}{\boxed{ツ}} p, \ \dfrac{\boxed{テ}}{\boxed{ト}} \log_2 p + \boxed{ナ}\right)$$

と表される。これが C の座標と一致するので

$$\begin{cases} \dfrac{\boxed{チ}}{\boxed{ツ}} p = q & \cdots\cdots ④ \\ \dfrac{\boxed{テ}}{\boxed{ト}} \log_2 p + \boxed{ナ} = \log_2 q & \cdots\cdots ⑤ \end{cases}$$

が成り立つ。

⑤は

$$p = \frac{\boxed{ニ}}{\boxed{ヌ}} q^{\boxed{ネ}} \quad \cdots\cdots\cdots\cdots\cdots ⑥$$

と変形できる。④と⑥を連立させた方程式を解いて，$p > \boxed{タ}$，$q > \boxed{タ}$ に注意すると

$$p = \boxed{ノ}\sqrt{\boxed{ハ}}, \quad q = \boxed{ヒ}\sqrt{\boxed{フ}}$$

である。

また，C の y 座標 $\log_2\left(\boxed{ヒ}\sqrt{\boxed{フ}}\right)$ の値を，小数第 2 位を四捨五入して小数第 1 位まで求めると，$\boxed{ヘ}$ である。$\boxed{ヘ}$ に当てはまるものを，次の⓪〜ⓑのうちから一つ選べ。ただし，$\log_{10} 2 = 0.3010$，$\log_{10} 3 = 0.4771$，$\log_{10} 7 = 0.8451$ とする。

⓪ 0.3　① 0.6　② 0.9　③ 1.3　④ 1.6　⑤ 1.9
⑥ 2.3　⑦ 2.6　⑧ 2.9　⑨ 3.3　ⓐ 3.6　ⓑ 3.9

第2問 （必答問題）（配点 30）

Oを原点とする座標平面上の放物線 $y = x^2 + 1$ を C とし，点 $(a, 2a)$ を P とする。

(1) 点 P を通り，放物線 C に接する直線の方程式を求めよう。

C 上の点 $(t, t^2 + 1)$ における接線の方程式は

$$y = \boxed{ア} tx - t^2 + \boxed{イ}$$

である。この直線が P を通るとすると，t は方程式

$$t^2 - \boxed{ウ} at + \boxed{エ} a - \boxed{オ} = 0$$

を満たすから，$t = \boxed{カ} a - \boxed{キ}, \boxed{ク}$ である。よって，$a \neq \boxed{ケ}$ のとき，P を通る C の接線は2本あり，それらの方程式は

$$y = (\boxed{コ} a - \boxed{サ})x - \boxed{シ} a^2 + \boxed{ス} a \quad \cdots\cdots\text{①}$$

と

$$y = \boxed{セ} x$$

である。

(2) (1)の方程式①で表される直線を ℓ とする。ℓ と y 軸との交点を $R(0, r)$ とすると，$r = -\boxed{シ} a^2 + \boxed{ス} a$ である。$r > 0$ となるのは，$\boxed{ソ} < a < \boxed{タ}$ のときであり，このとき，三角形 OPR の面積 S は

$$S = \boxed{チ} \left(a^{\boxed{ツ}} - a^{\boxed{テ}}\right)$$

となる。

$\boxed{ソ} < a < \boxed{タ}$ のとき，S の増減を調べると，S は $a = \dfrac{\boxed{ト}}{\boxed{ナ}}$

で最大値 $\dfrac{\boxed{ニ}}{\boxed{ヌネ}}$ をとることがわかる。

(3) $\boxed{ソ} < a < \boxed{タ}$ のとき，放物線 C と(2)の直線 ℓ および 2 直線 $x = 0$, $x = a$ で囲まれた図形の面積を T とすると

$$T = \dfrac{\boxed{ノ}}{\boxed{ハ}} a^3 - \boxed{ヒ} a^2 + \boxed{フ}$$

である。$\dfrac{\boxed{ト}}{\boxed{ナ}} \leqq a < \boxed{タ}$ の範囲において，T は $\boxed{ヘ}$ 。$\boxed{ヘ}$

に当てはまるものを，次の⓪〜⑤のうちから一つ選べ。

⓪ 減少する　　　　　① 極小値をとるが，極大値はとらない

② 増加する　　　　　③ 極大値をとるが，極小値はとらない

④ 一定である　　　　⑤ 極小値と極大値の両方をとる

第3問 （選択問題）（配点 20）

以下において考察する数列の項は，すべて実数であるとする。

(1) 等比数列 $\{s_n\}$ の初項が 1，公比が 2 であるとき
$$s_1 s_2 s_3 = \boxed{ア}, \quad s_1 + s_2 + s_3 = \boxed{イ}$$
である。

(2) $\{s_n\}$ を初項 x，公比 r の等比数列とする。a, b を実数（ただし $a \neq 0$）とし，$\{s_n\}$ の最初の 3 項が

$$s_1 s_2 s_3 = a^3 \quad \cdots\cdots ①$$
$$s_1 + s_2 + s_3 = b \quad \cdots\cdots ②$$

を満たすとする。このとき

$$xr = \boxed{ウ} \quad \cdots\cdots ③$$

である。さらに，②，③を用いて r, a, b の満たす関係式を求めると

$$\boxed{エ} r^2 + \left(\boxed{オ} - \boxed{カ}\right)r + \boxed{キ} = 0 \quad \cdots\cdots ④$$

を得る。④を満たす実数 r が存在するので

$$\boxed{ク} a^2 + \boxed{ケ} ab - b^2 \leqq 0 \quad \cdots\cdots ⑤$$

である。

逆に，a, b が⑤を満たすとき，③，④を用いて r, x の値を求めることができる。

(3) $a = 64$, $b = 336$ のとき，(2)の条件①，②を満たし，公比が 1 より大きい等比数列 $\{s_n\}$ を考える。③，④を用いて $\{s_n\}$ の公比 r と初項 x を求めると，$r = \boxed{コ}$, $x = \boxed{サシ}$ である。

$\{s_n\}$ を用いて，数列 $\{t_n\}$ を
$$t_n = s_n \log_{\boxed{コ}} s_n \quad (n = 1, 2, 3, \cdots)$$

と定める。このとき，$\{t_n\}$ の一般項は $t_n = \left(n + \boxed{ス}\right) \cdot \boxed{コ}^{n+\boxed{セ}}$ である。$\{t_n\}$ の初項から第 n 項までの和 U_n は，$U_n - \boxed{コ} U_n$ を計算することにより

$$U_n = \frac{\boxed{ソ} n + \boxed{タ}}{\boxed{チ}} \cdot \boxed{コ}^{n+\boxed{ツ}} - \frac{\boxed{テト}}{\boxed{ナ}}$$

であることがわかる。

第4問 （選択問題）（配点 20）

座標平面上に点 A(2, 0) をとり，原点 O を中心とする半径が 2 の円周上に点 B, C, D, E, F を，点 A, B, C, D, E, F が順に正六角形の頂点となるようにとる。ただし，B は第 1 象限にあるとする。

(1) 点 B の座標は $\left(\boxed{ア}, \sqrt{\boxed{イ}}\right)$，点 D の座標は $\left(-\boxed{ウ}, 0\right)$ である。

(2) 線分 BD の中点を M とし，直線 AM と直線 CD の交点を N とする。$\overrightarrow{ON}$ を求めよう。

$\overrightarrow{ON}$ は実数 r, s を用いて，$\overrightarrow{ON} = \overrightarrow{OA} + r\overrightarrow{AM}$, $\overrightarrow{ON} = \overrightarrow{OD} + s\overrightarrow{DC}$ と 2 通りに表すことができる。ここで

$$\overrightarrow{AM} = \left(-\frac{\boxed{エ}}{\boxed{オ}}, \frac{\sqrt{\boxed{カ}}}{\boxed{キ}}\right)$$

$$\overrightarrow{DC} = \left(\boxed{ク}, \sqrt{\boxed{ケ}}\right)$$

であるから

$$r = \frac{\boxed{コ}}{\boxed{サ}}, \quad s = \frac{\boxed{シ}}{\boxed{ス}}$$

である。よって

$$\overrightarrow{ON} = \left(-\frac{\boxed{セ}}{\boxed{ソ}}, \frac{\boxed{タ}\sqrt{\boxed{チ}}}{\boxed{ツ}}\right)$$

である。

(3) 線分 BF 上に点 P をとり，その y 座標を a とする．点 P から直線 CE に引いた垂線と，点 C から直線 EP に引いた垂線との交点を H とする．

$\overrightarrow{EP}$ が

$$\overrightarrow{EP} = \left(\boxed{テ}, \boxed{ト} + \sqrt{\boxed{ナ}} \right)$$

と表せることにより，H の座標を a を用いて表すと

$$\left(\frac{\boxed{ニ} a \boxed{ヌ} + \boxed{ネ}}{\boxed{ノ}}, \boxed{ハ} \right)$$

である．

さらに，$\overrightarrow{OP}$ と $\overrightarrow{OH}$ のなす角を θ とする．$\cos\theta = \dfrac{12}{13}$ のとき，a の値は

$$a = \pm \frac{\boxed{ヒ}}{\boxed{フ}\boxed{ヘ}}$$

である．

第5問 (選択問題)（配点 20）

以下の問題を解答するにあたっては，必要に応じて 30 ページの正規分布表を用いてもよい。

(1) 1回の試行において，事象 A の起こる確率が p，起こらない確率が $1-p$ であるとする。この試行を n 回繰り返すとき，事象 A の起こる回数を W とする。確率変数 W の平均（期待値） m が $\dfrac{1216}{27}$，標準偏差 σ が $\dfrac{152}{27}$ であるとき，

$n = \boxed{\text{アイウ}}$, $p = \dfrac{\boxed{\text{エ}}}{\boxed{\text{オカ}}}$ である。

(2) (1)の反復試行において，W が 38 以上となる確率の近似値を求めよう。

いま

$$P(W \geq 38) = P\left(\dfrac{W-m}{\sigma} \geq -\boxed{\text{キ}} \cdot \boxed{\text{クケ}}\right)$$

と変形できる。ここで，$Z = \dfrac{W-m}{\sigma}$ とおき，W の分布を正規分布で近似すると，正規分布表から確率の近似値は次のように求められる。

$$P\left(Z \geq -\boxed{\text{キ}} \cdot \boxed{\text{クケ}}\right) = 0.\boxed{\text{コサ}}$$

(3) 連続型確率変数 X のとり得る値 x の範囲が $s \leqq x \leqq t$ で，確率密度関数が $f(x)$ のとき，X の平均 $E(X)$ は次の式で与えられる．

$$E(X) = \int_s^t x f(x) dx$$

a を正の実数とする．連続型確率変数 X のとり得る値 x の範囲が $-a \leqq x \leqq 2a$ で，確率密度関数が

$$f(x) = \begin{cases} \dfrac{2}{3a^2}(x+a) & (-a \leqq x \leqq 0 \text{ のとき}) \\ \dfrac{1}{3a^2}(2a-x) & (0 \leqq x \leqq 2a \text{ のとき}) \end{cases}$$

であるとする．このとき，$a \leqq X \leqq \dfrac{3}{2}a$ となる確率は $\dfrac{\boxed{シ}}{\boxed{ス}}$ である．

また，X の平均は $\dfrac{\boxed{セ}}{\boxed{ソ}}$ である．さらに，$Y = 2X + 7$ とおくと，Y の平均は $\dfrac{\boxed{タチ}}{\boxed{ツ}} + \boxed{テ}$ である．

正 規 分 布 表

次の表は，標準正規分布の分布曲線における右図の灰色部分の面積の値をまとめたものである。

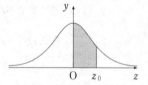

z_0	0.00	0.01	0.02	0.03	0.04	0.05	0.06	0.07	0.08	0.09
0.0	0.0000	0.0040	0.0080	0.0120	0.0160	0.0199	0.0239	0.0279	0.0319	0.0359
0.1	0.0398	0.0438	0.0478	0.0517	0.0557	0.0596	0.0636	0.0675	0.0714	0.0753
0.2	0.0793	0.0832	0.0871	0.0910	0.0948	0.0987	0.1026	0.1064	0.1103	0.1141
0.3	0.1179	0.1217	0.1255	0.1293	0.1331	0.1368	0.1406	0.1443	0.1480	0.1517
0.4	0.1554	0.1591	0.1628	0.1664	0.1700	0.1736	0.1772	0.1808	0.1844	0.1879
0.5	0.1915	0.1950	0.1985	0.2019	0.2054	0.2088	0.2123	0.2157	0.2190	0.2224
0.6	0.2257	0.2291	0.2324	0.2357	0.2389	0.2422	0.2454	0.2486	0.2517	0.2549
0.7	0.2580	0.2611	0.2642	0.2673	0.2704	0.2734	0.2764	0.2794	0.2823	0.2852
0.8	0.2881	0.2910	0.2939	0.2967	0.2995	0.3023	0.3051	0.3078	0.3106	0.3133
0.9	0.3159	0.3186	0.3212	0.3238	0.3264	0.3289	0.3315	0.3340	0.3365	0.3389
1.0	0.3413	0.3438	0.3461	0.3485	0.3508	0.3531	0.3554	0.3577	0.3599	0.3621
1.1	0.3643	0.3665	0.3686	0.3708	0.3729	0.3749	0.3770	0.3790	0.3810	0.3830
1.2	0.3849	0.3869	0.3888	0.3907	0.3925	0.3944	0.3962	0.3980	0.3997	0.4015
1.3	0.4032	0.4049	0.4066	0.4082	0.4099	0.4115	0.4131	0.4147	0.4162	0.4177
1.4	0.4192	0.4207	0.4222	0.4236	0.4251	0.4265	0.4279	0.4292	0.4306	0.4319
1.5	0.4332	0.4345	0.4357	0.4370	0.4382	0.4394	0.4406	0.4418	0.4429	0.4441
1.6	0.4452	0.4463	0.4474	0.4484	0.4495	0.4505	0.4515	0.4525	0.4535	0.4545
1.7	0.4554	0.4564	0.4573	0.4582	0.4591	0.4599	0.4608	0.4616	0.4625	0.4633
1.8	0.4641	0.4649	0.4656	0.4664	0.4671	0.4678	0.4686	0.4693	0.4699	0.4706
1.9	0.4713	0.4719	0.4726	0.4732	0.4738	0.4744	0.4750	0.4756	0.4761	0.4767
2.0	0.4772	0.4778	0.4783	0.4788	0.4793	0.4798	0.4803	0.4808	0.4812	0.4817
2.1	0.4821	0.4826	0.4830	0.4834	0.4838	0.4842	0.4846	0.4850	0.4854	0.4857
2.2	0.4861	0.4864	0.4868	0.4871	0.4875	0.4878	0.4881	0.4884	0.4887	0.4890
2.3	0.4893	0.4896	0.4898	0.4901	0.4904	0.4906	0.4909	0.4911	0.4913	0.4916
2.4	0.4918	0.4920	0.4922	0.4925	0.4927	0.4929	0.4931	0.4932	0.4934	0.4936
2.5	0.4938	0.4940	0.4941	0.4943	0.4945	0.4946	0.4948	0.4949	0.4951	0.4952
2.6	0.4953	0.4955	0.4956	0.4957	0.4959	0.4960	0.4961	0.4962	0.4963	0.4964
2.7	0.4965	0.4966	0.4967	0.4968	0.4969	0.4970	0.4971	0.4972	0.4973	0.4974
2.8	0.4974	0.4975	0.4976	0.4977	0.4977	0.4978	0.4979	0.4979	0.4980	0.4981
2.9	0.4981	0.4982	0.4982	0.4983	0.4984	0.4984	0.4985	0.4985	0.4986	0.4986
3.0	0.4987	0.4987	0.4987	0.4988	0.4988	0.4989	0.4989	0.4989	0.4990	0.4990

本試験

2016

数学Ⅰ・A ……………………… 2
数学Ⅱ・B ……………………… 17

各科目とも　60分　100点

数学Ⅰ・数学A

問　題	選　択　方　法
第1問	必　　答
第2問	必　　答
第3問	いずれか2問を選択し，解答しなさい。
第4問	
第5問	

第1問 (必答問題) (配点 30)

〔1〕 a を実数とする。x の関数

$$f(x) = (1 + 2a)(1 - x) + (2 - a)x$$

を考える。

$$f(x) = \left(-\boxed{ア}\,a + \boxed{イ}\right)x + 2a + 1$$

である。

(1) $0 \leqq x \leqq 1$ における $f(x)$ の最小値は，

$a \leqq \dfrac{\boxed{イ}}{\boxed{ア}}$ のとき，$\boxed{ウ}\,a + \boxed{エ}$ であり，

$a > \dfrac{\boxed{イ}}{\boxed{ア}}$ のとき，$\boxed{オ}\,a + \boxed{カ}$ である。

(2) $0 \leqq x \leqq 1$ において，常に $f(x) \geqq \dfrac{2(a+2)}{3}$ となる a の値の範囲は，

$\dfrac{\boxed{キ}}{\boxed{ク}} \leqq a \leqq \dfrac{\boxed{ケ}}{\boxed{コ}}$ である。

〔2〕 次の問いに答えよ。必要ならば，$\sqrt{7}$ が無理数であることを用いてよい。

(1) A を有理数全体の集合，B を無理数全体の集合とする。空集合を $\emptyset$ と表す。

次の(i)〜(iv)が真の命題になるように，サ〜セに当てはまるものを，下の⓪〜⑤のうちから一つずつ選べ。ただし，同じものを繰り返し選んでもよい。

(i) A サ $\{0\}$ 　　(ii) $\sqrt{28}$ シ B
(iii) $A = \{0\}$ ス A 　　(iv) $\emptyset = A$ セ B

⓪ $\in$　① $\ni$　② $\subset$　③ $\supset$　④ $\cap$　⑤ $\cup$

(2) 実数 x に対する条件 p, q, r を次のように定める。

$p : x$ は無理数
$q : x + \sqrt{28}$ は有理数
$r : \sqrt{28}\, x$ は有理数

次のソ，タに当てはまるものを，下の⓪〜③のうちから一つずつ選べ。ただし，同じものを繰り返し選んでもよい。

p は q であるためのソ。
p は r であるためのタ。

⓪ 必要十分条件である
① 必要条件であるが，十分条件でない
② 十分条件であるが，必要条件でない
③ 必要条件でも十分条件でもない

〔3〕 a を 1 以上の定数とし，x についての連立不等式

$$\begin{cases} x^2 + (20 - a^2)x - 20\,a^2 \leqq 0 & \cdots\cdots\cdots\cdots\cdots\text{①} \\ x^2 + 4\,ax \geqq 0 & \cdots\cdots\cdots\cdots\cdots\text{②} \end{cases}$$

を考える。このとき，不等式①の解は $\boxed{\text{チツテ}} \leqq x \leqq a^2$ である。また，不等式②の解は $x \leqq \boxed{\text{トナ}}\,a,\ \boxed{\text{ニ}} \leqq x$ である。

この連立不等式を満たす負の実数が存在するような a の値の範囲は

$$1 \leqq a \leqq \boxed{\text{ヌ}}$$

である。

第2問 (必答問題)(配点 30)

〔1〕 △ABC の辺の長さと角の大きさを測ったところ，AB = $7\sqrt{3}$ および ∠ACB = 60° であった。したがって，△ABC の外接円 O の半径は ア である。

外接円 O の，点 C を含む弧 AB 上で点 P を動かす。

(1) 2PA = 3PB となるのは PA = イ$\sqrt{ウエ}$ のときである。

(2) △PAB の面積が最大となるのは PA = オ$\sqrt{カ}$ のときである。

(3) sin∠PBA の値が最大となるのは PA = キク のときであり，このとき △PAB の面積は $\dfrac{ケコ\sqrt{サ}}{シ}$ である。

〔2〕 次の4つの散布図は，2003年から2012年までの120か月の東京の月別データをまとめたものである。それぞれ，1日の最高気温の月平均(以下，平均最高気温)，1日あたり平均降水量，平均湿度，最高気温25℃以上の日数の割合を横軸にとり，各世帯の1日あたりアイスクリーム平均購入額(以下，購入額)を縦軸としてある。

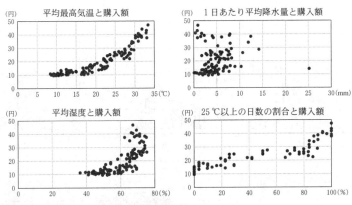

出典：総務省統計局(2013)『家計調査年報』，『過去の気象データ』(気象庁Webページ)などにより作成

次の ス ， セ に当てはまるものを，下の⓪～④のうちから一つずつ選べ。ただし，解答の順序は問わない。

これらの散布図から読み取れることとして正しいものは， ス と セ である。

⓪ 平均最高気温が高くなるほど購入額は増加する傾向がある。
① 1日あたり平均降水量が多くなるほど購入額は増加する傾向がある。
② 平均湿度が高くなるほど購入額の散らばりは小さくなる傾向がある。
③ 25℃以上の日数の割合が80％未満の月は，購入額が30円を超えていない。
④ この中で正の相関があるのは，平均湿度と購入額の間のみである。

〔3〕 世界4都市(東京, O市, N市, M市)の2013年の365日の各日の最高気温のデータについて考える。

(1) 次のヒストグラムは, 東京, N市, M市のデータをまとめたもので, この3都市の箱ひげ図は下のa, b, cのいずれかである。

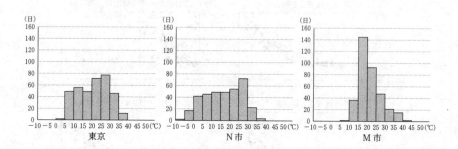

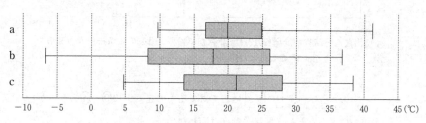

出典:『過去の気象データ』(気象庁Webページ)などにより作成

次の ソ に当てはまるものを, 下の⓪~⑤のうちから一つ選べ。

都市名と箱ひげ図の組合せとして正しいものは, ソ である。

⓪ 東京 — a, N市 — b, M市 — c　① 東京 — a, N市 — c, M市 — b
② 東京 — b, N市 — a, M市 — c　③ 東京 — b, N市 — c, M市 — a
④ 東京 — c, N市 — a, M市 — b　⑤ 東京 — c, N市 — b, M市 — a

(2) 次の3つの散布図は，東京，O市，N市，M市の2013年の365日の各日の最高気温のデータをまとめたものである。それぞれ，O市，N市，M市の最高気温を縦軸にとり，東京の最高気温を横軸にとってある。

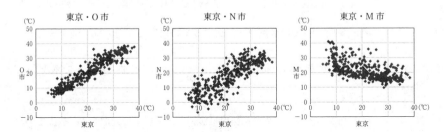

出典：『過去の気象データ』(気象庁Webページ)などにより作成

次の タ ， チ に当てはまるものを，下の⓪〜④のうちから一つずつ選べ。ただし，解答の順序は問わない。

これらの散布図から読み取れることとして正しいものは， タ と チ である。

⓪ 東京とN市，東京とM市の最高気温の間にはそれぞれ正の相関がある。
① 東京とN市の最高気温の間には正の相関，東京とM市の最高気温の間には負の相関がある。
② 東京とN市の最高気温の間には負の相関，東京とM市の最高気温の間には正の相関がある。
③ 東京とO市の最高気温の間の相関の方が，東京とN市の最高気温の間の相関より強い。
④ 東京とO市の最高気温の間の相関の方が，東京とN市の最高気温の間の相関より弱い。

(3) 次の ツ ， テ ， ト に当てはまるものを，下の⓪～⑨のうちから一つずつ選べ。ただし，同じものを繰り返し選んでもよい。

N市では温度の単位として摂氏(℃)のほかに華氏(°F)も使われている。華氏(°F)での温度は，摂氏(℃)での温度を $\dfrac{9}{5}$ 倍し，32 を加えると得られる。例えば，摂氏 10 ℃ は，$\dfrac{9}{5}$ 倍し 32 を加えることで華氏 50 °F となる。

したがって，N市の最高気温について，摂氏での分散を X，華氏での分散を Y とすると，$\dfrac{Y}{X}$ は ツ になる。

東京(摂氏)とN市(摂氏)の共分散を Z，東京(摂氏)とN市(華氏)の共分散を W とすると，$\dfrac{W}{Z}$ は テ になる(ただし，共分散は2つの変量のそれぞれの偏差の積の平均値)。

東京(摂氏)とN市(摂氏)の相関係数を U，東京(摂氏)とN市(華氏)の相関係数を V とすると，$\dfrac{V}{U}$ は ト になる。

⓪ $-\dfrac{81}{25}$ ① $-\dfrac{9}{5}$ ② -1 ③ $-\dfrac{5}{9}$ ④ $-\dfrac{25}{81}$

⑤ $\dfrac{25}{81}$ ⑥ $\dfrac{5}{9}$ ⑦ 1 ⑧ $\dfrac{9}{5}$ ⑨ $\dfrac{81}{25}$

第3問 （選択問題）（配点 20）

　　赤球4個，青球3個，白球5個，合計12個の球がある。これら12個の球を袋の中に入れ，この袋からAさんがまず1個取り出し，その球をもとに戻さずに続いてBさんが1個取り出す。

(1) AさんとBさんが取り出した2個の球のなかに，赤球か青球が少なくとも1個含まれている確率は $\dfrac{\boxed{アイ}}{\boxed{ウエ}}$ である。

(2) Aさんが赤球を取り出し，かつBさんが白球を取り出す確率は $\dfrac{\boxed{オ}}{\boxed{カキ}}$ である。これより，Aさんが取り出した球が赤球であったとき，Bさんが取り出した球が白球である条件付き確率は $\dfrac{\boxed{ク}}{\boxed{ケコ}}$ である。

(3) Aさんは1球取り出したのち，その色を見ずにポケットの中にしまった。Bさんが取り出した球が白球であることがわかったとき，Aさんが取り出した球も白球であった条件付き確率を求めたい。

Aさんが赤球を取り出し，かつBさんが白球を取り出す確率は $\dfrac{オ}{カキ}$ であり，Aさんが青球を取り出し，かつBさんが白球を取り出す確率は $\dfrac{サ}{シス}$ である。同様に，Aさんが白球を取り出し，かつBさんが白球を取り出す確率を求めることができ，これらの事象は互いに排反であるから，Bさんが白球を取り出す確率は $\dfrac{セ}{ソタ}$ である。

よって，求める条件付き確率は $\dfrac{チ}{ツテ}$ である。

第4問 （選択問題）（配点 20）

(1) 不定方程式

$$92x + 197y = 1$$

をみたす整数 x, y の組の中で, x の絶対値が最小のものは

$$x = \boxed{アイ}, \quad y = \boxed{ウエ}$$

である。不定方程式

$$92x + 197y = 10$$

をみたす整数 x, y の組の中で, x の絶対値が最小のものは

$$x = \boxed{オカキ}, \quad y = \boxed{クケ}$$

である。

(2) 2進法で$11011_{(2)}$と表される数を4進法で表すと $\boxed{コサシ}_{(4)}$ である。

次の⓪～⑤の6進法の小数のうち，10進法で表すと有限小数として表せるのは，$\boxed{ス}$，$\boxed{セ}$，$\boxed{ソ}$である。ただし，解答の順序は問わない。

⓪ $0.3_{(6)}$　　① $0.4_{(6)}$

② $0.33_{(6)}$　　③ $0.43_{(6)}$

④ $0.033_{(6)}$　　⑤ $0.043_{(6)}$

第 5 問 （選択問題）（配点 20）

　　四角形 ABCD において，AB ＝ 4，BC ＝ 2，DA ＝ DC であり，4 つの頂点 A，B，C，D は同一円周上にある．対角線 AC と対角線 BD の交点を E，線分 AD を 2：3 の比に内分する点を F，直線 FE と直線 DC の交点を G とする．

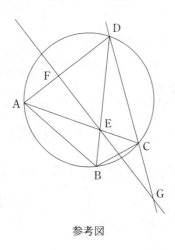

参考図

　　次の ア には，下の ⓪ ～ ④ のうちから当てはまるものを一つ選べ．

　　∠ABC の大きさが変化するとき四角形 ABCD の外接円の大きさも変化することに注意すると，∠ABC の大きさがいくらであっても，∠DAC と大きさが等しい角は，∠DCA と∠DBC と ア である．

⓪ ∠ABD　　　① ∠ACB　　　② ∠ADB
③ ∠BCG　　　④ ∠BEG

　　このことより $\dfrac{EC}{AE} = \dfrac{イ}{ウ}$ である．次に，△ACD と直線 FE に着目すると，$\dfrac{GC}{DG} = \dfrac{エ}{オ}$ である．

(1) 直線 AB が点 G を通る場合について考える。

　　このとき，△AGD の辺 AG 上に点 B があるので，BG = □カ□ である。

　　また，直線 AB と直線 DC が点 G で交わり，4 点 A，B，C，D は同一円周上にあるので，DC = □キ□ √□ク□ である。

(2) 四角形 ABCD の外接円の直径が最小となる場合について考える。

　　このとき，四角形 ABCD の外接円の直径は □ケ□ であり，∠BAC = □コサ□° である。

　　また，直線 FE と直線 AB の交点を H とするとき，$\dfrac{GC}{DG} = \dfrac{\boxed{エ}}{\boxed{オ}}$ の関係に着目して AH を求めると，AH = □シ□ である。

数学Ⅱ・数学B

問　題	選　択　方　法
第1問	必　答
第2問	必　答
第3問	いずれか2問を選択し，解答しなさい。
第4問	
第5問	

第1問 (必答問題) (配点 30)

〔1〕

(1) $8^{\frac{5}{6}} = \boxed{ア}\sqrt{\boxed{イ}}$, $\log_{27}\dfrac{1}{9} = \dfrac{\boxed{ウエ}}{\boxed{オ}}$ である。

(2) $y = 2^x$ のグラフと $y = \left(\dfrac{1}{2}\right)^x$ のグラフは $\boxed{カ}$ である。

$y = 2^x$ のグラフと $y = \log_2 x$ のグラフは $\boxed{キ}$ である。

$y = \log_2 x$ のグラフと $y = \log_{\frac{1}{2}} x$ のグラフは $\boxed{ク}$ である。

$y = \log_2 x$ のグラフと $y = \log_2 \dfrac{1}{x}$ のグラフは $\boxed{ケ}$ である。

$\boxed{カ} \sim \boxed{ケ}$ に当てはまるものを,次の⓪~③のうちから一つずつ選べ。ただし,同じものを繰り返し選んでもよい。

⓪ 同一のもの ① x 軸に関して対称
② y 軸に関して対称 ③ 直線 $y = x$ に関して対称

(3) $x > 0$ の範囲における関数 $y = \left(\log_2 \dfrac{x}{4}\right)^2 - 4\log_4 x + 3$ の最小値を求めよう。

$t = \log_2 x$ とおく。このとき，$y = t^2 - \boxed{コ}\, t + \boxed{サ}$ である。また，x が $x > 0$ の範囲を動くとき，t のとり得る値の範囲は $\boxed{シ}$ である。$\boxed{シ}$ に当てはまるものを，次の⓪〜③のうちから一つ選べ。

⓪ $t > 0$　　　　　　　　① $t > 1$
② $t > 0$ かつ $t \neq 1$　　　③ 実数全体

したがって，y は $t = \boxed{ス}$ のとき，すなわち $x = \boxed{セ}$ のとき，最小値 $\boxed{ソタ}$ をとる。

〔2〕 k を正の定数として

$$\cos^2 x - \sin^2 x + k\left(\frac{1}{\cos^2 x} - \frac{1}{\sin^2 x}\right) = 0 \qquad \cdots\cdots\cdots ①$$

を満たす x について考える。

(1) $0 < x < \dfrac{\pi}{2}$ の範囲で ① を満たす x の個数について考えよう。

① の両辺に $\sin^2 x \cos^2 x$ をかけ，2倍角の公式を用いて変形すると

$$\left(\frac{\sin^2 2x}{\boxed{\text{チ}}} - k\right)\cos 2x = 0 \qquad \cdots\cdots\cdots ②$$

を得る。したがって，k の値に関係なく，$x = \dfrac{\pi}{\boxed{\text{ツ}}}$ のときはつねに ① が成り立つ。また，$0 < x < \dfrac{\pi}{2}$ の範囲で $0 < \sin^2 2x \leqq 1$ であるから，$k > \dfrac{\boxed{\text{テ}}}{\boxed{\text{ト}}}$ のとき，① を満たす x は $\dfrac{\pi}{\boxed{\text{ツ}}}$ のみである。一方，

$0 < k < \dfrac{\boxed{\text{テ}}}{\boxed{\text{ト}}}$ のとき，① を満たす x の個数は $\boxed{\text{ナ}}$ 個であり，

$k = \dfrac{\boxed{\text{テ}}}{\boxed{\text{ト}}}$ のときは $\boxed{\text{ニ}}$ 個である。

(2) $k = \dfrac{4}{25}$ とし，$\dfrac{\pi}{4} < x < \dfrac{\pi}{2}$ の範囲で①を満たす x について考えよう。

②により $\sin 2x = \dfrac{\boxed{ヌ}}{\boxed{ネ}}$ であるから

$$\cos 2x = \dfrac{\boxed{ノハ}}{\boxed{ヒ}}$$

である。したがって

$$\cos x = \dfrac{\sqrt{\boxed{フ}}}{\boxed{ヘ}}$$

である。

第2問 (必答問題) (配点 30)

座標平面上で，放物線 $y = \dfrac{1}{2}x^2 + \dfrac{1}{2}$ を C_1 とし，放物線 $y = \dfrac{1}{4}x^2$ を C_2 とする。

(1) 実数 a に対して，2直線 $x = a$, $x = a + 1$ と C_1, C_2 で囲まれた図形 D の面積 S は

$$S = \int_a^{a+1} \left(\dfrac{1}{\boxed{ア}} x^2 + \dfrac{1}{\boxed{イ}} \right) dx$$

$$= \dfrac{a^2}{\boxed{ウ}} + \dfrac{a}{\boxed{エ}} + \dfrac{\boxed{オ}}{\boxed{カキ}}$$

である。S は $a = \dfrac{\boxed{クケ}}{\boxed{コ}}$ で最小値 $\dfrac{\boxed{サシ}}{\boxed{スセ}}$ をとる。

(2) 4点 $(a, 0)$, $(a+1, 0)$, $(a+1, 1)$, $(a, 1)$ を頂点とする正方形を R で表す。a が $a \geqq 0$ の範囲を動くとき，正方形 R と(1)の図形 D の共通部分の面積を T とおく。T が最大となる a の値を求めよう。

直線 $y = 1$ は，C_1 と $\left(\pm \boxed{ソ}, 1 \right)$ で，C_2 と $\left(\pm \boxed{タ}, 1 \right)$ で交わる。したがって，正方形 R と図形 D の共通部分が空集合にならないのは，$0 \leqq a \leqq \boxed{チ}$ のときである。

$\boxed{ソ} \leq a \leq \boxed{チ}$ のとき，正方形 R は放物線 C_1 と x 軸の間にあり，この範囲で a が増加するとき，T は $\boxed{ツ}$ 。$\boxed{ツ}$ に当てはまるものを，次の⓪〜②のうちから一つ選べ。

⓪ 増加する　　　① 減少する　　　② 変化しない

したがって，T が最大になる a の値は，$0 \leq a \leq \boxed{ソ}$ の範囲にある。

$0 \leq a \leq \boxed{ソ}$ のとき，(1)の図形 D のうち，正方形 R の外側にある部分の面積 U は

$$U = \frac{a^3}{\boxed{テ}} + \frac{a^2}{\boxed{ト}}$$

である。よって，$0 \leq a \leq \boxed{ソ}$ において

$$T = -\frac{a^3}{\boxed{ナ}} - \frac{a^2}{\boxed{ニ}} + \frac{a}{\boxed{ヌ}} + \frac{\boxed{オ}}{\boxed{カキ}} \quad \cdots\cdots\cdots ①$$

である。①の右辺の増減を調べることにより，T は

$$a = \frac{\boxed{ネノ} + \sqrt{\boxed{ハ}}}{\boxed{ヒ}}$$

で最大値をとることがわかる。

第3問 （選択問題）（配点 20）

真分数を分母の小さい順に，分母が同じ場合には分子の小さい順に並べてできる数列

$$\frac{1}{2},\ \frac{1}{3},\ \frac{2}{3},\ \frac{1}{4},\ \frac{2}{4},\ \frac{3}{4},\ \frac{1}{5},\ \cdots$$

を $\{a_n\}$ とする。真分数とは，分子と分母がともに自然数で，分子が分母より小さい分数のことであり，上の数列では，約分できる形の分数も含めて並べている。以下の問題に分数形で解答する場合は，**解答上の注意**にあるように，それ以上約分できない形で答えよ。

(1) $a_{15} = \dfrac{\boxed{ア}}{\boxed{イ}}$ である。また，分母に初めて 8 が現れる項は，$a_{\boxed{ウエ}}$ である。

(2) k を 2 以上の自然数とする。数列 $\{a_n\}$ において，$\dfrac{1}{k}$ が初めて現れる項を第 M_k 項とし，$\dfrac{k-1}{k}$ が初めて現れる項を第 N_k 項とすると

$$M_k = \dfrac{\boxed{オ}}{\boxed{カ}} k^2 - \dfrac{\boxed{キ}}{\boxed{ク}} k + \boxed{ケ}$$

$$N_k = \dfrac{\boxed{コ}}{\boxed{サ}} k^2 - \dfrac{\boxed{シ}}{\boxed{ス}} k$$

である。よって，$a_{104} = \dfrac{\boxed{セソ}}{\boxed{タチ}}$ である。

(3) k を 2 以上の自然数とする。数列 $\{a_n\}$ の第 M_k 項から第 N_k 項までの和は，

$$\frac{\boxed{ツ}}{\boxed{テ}}k - \frac{\boxed{ト}}{\boxed{ナ}}$$

である。したがって，数列 $\{a_n\}$ の初項から第 N_k 項までの和は

$$\frac{\boxed{ニ}}{\boxed{ヌ}}k^2 - \frac{\boxed{ネ}}{\boxed{ノ}}k$$

である。よって

$$\sum_{n=1}^{103} a_n = \frac{\boxed{ハヒフ}}{\boxed{ヘホ}}$$

である。

第4問 （選択問題）（配点 20）

四面体 OABC において，$|\vec{OA}| = 3$，$|\vec{OB}| = |\vec{OC}| = 2$，$\angle AOB = \angle BOC = \angle COA = 60°$ であるとする。また，辺 OA 上に点 P をとり，辺 BC 上に点 Q をとる。以下，$\vec{OA} = \vec{a}$，$\vec{OB} = \vec{b}$，$\vec{OC} = \vec{c}$ とおく。

(1) $0 \leqq s \leqq 1$，$0 \leqq t \leqq 1$ であるような実数 s, t を用いて $\vec{OP} = s\vec{a}$，$\vec{OQ} = (1-t)\vec{b} + t\vec{c}$ と表す。$\vec{a} \cdot \vec{b} = \vec{a} \cdot \vec{c} = \boxed{ア}$，$\vec{b} \cdot \vec{c} = \boxed{イ}$ であることから

$$|\vec{PQ}|^2 = \left(\boxed{ウ}\,s - \boxed{エ}\right)^2 + \left(\boxed{オ}\,t - \boxed{カ}\right)^2 + \boxed{キ}$$

となる。したがって，$|\vec{PQ}|$ が最小となるのは $s = \dfrac{\boxed{ク}}{\boxed{ケ}}$，$t = \dfrac{\boxed{コ}}{\boxed{サ}}$ のときであり，このとき $|\vec{PQ}| = \sqrt{\boxed{シ}}$ となる。

(2) 三角形 ABC の重心を G とする。$|\vec{PQ}| = \sqrt{\boxed{シ}}$ のとき，三角形 GPQ の面積を求めよう。

$\vec{OA} \cdot \vec{PQ} = \boxed{ス}$ から，$\angle APQ = \boxed{セソ}°$ である。したがって，三角形 APQ の面積は $\sqrt{\boxed{タ}}$ である。また

$$\vec{OG} = \dfrac{\boxed{チ}}{\boxed{ツ}}\vec{OA} + \dfrac{\boxed{テ}}{\boxed{ト}}\vec{OQ}$$

であり，点 G は線分 AQ を $\boxed{ナ} : 1$ に内分する点である。

以上のことから，三角形 GPQ の面積は $\dfrac{\sqrt{\boxed{ニ}}}{\boxed{ヌ}}$ である。

第5問 （選択問題）（配点 20）

n を自然数とする。原点 O から出発して数直線上を n 回移動する点 A を考える。点 A は，1回ごとに，確率 p で正の向きに 3 だけ移動し，確率 $1-p$ で負の向きに 1 だけ移動する。ここで，$0 < p < 1$ である。n 回移動した後の点 A の座標を X とし，n 回の移動のうち正の向きの移動の回数を Y とする。

以下の問題を解答するにあたっては，必要に応じて 30 ページの正規分布表を用いてもよい。

(1) $p = \dfrac{1}{3}$，$n = 2$ のとき，確率変数 X のとり得る値は，小さい順に $-\boxed{\text{ア}}$，$\boxed{\text{イ}}$，$\boxed{\text{ウ}}$ であり，これらの値をとる確率は，それぞれ $\dfrac{\boxed{\text{エ}}}{\boxed{\text{オ}}}$，$\dfrac{\boxed{\text{カ}}}{\boxed{\text{オ}}}$，$\dfrac{\boxed{\text{キ}}}{\boxed{\text{オ}}}$ である。

(2) n 回移動したとき，X と Y の間に

$$X = \boxed{ク} n + \boxed{ケ} Y$$

の関係が成り立つ．

確率変数 Y の平均(期待値)は $\boxed{コ}$，分散は $\boxed{サ}$ なので，X の平均は $\boxed{シ}$，分散は $\boxed{ス}$ である．$\boxed{コ}$ 〜 $\boxed{ス}$ に当てはまるものを，次の ⓪〜ⓑ のうちから一つずつ選べ．ただし，同じものを繰り返し選んでもよい．

⓪ np　　　　　　① $np(1-p)$　　　　　② $\dfrac{p(1-p)}{n}$

③ $2np$　　　　　 ④ $2np(1-p)$　　　　 ⑤ $p(1-p)$

⑥ $4np$　　　　　 ⑦ $4np(1-p)$　　　　 ⑧ $16np(1-p)$

⑨ $4np - n$　　　 ⓐ $4np(1-p) - n$　　 ⓑ $16np(1-p) - n$

(3) $p = \dfrac{1}{4}$ のとき，1200 回移動した後の点 A の座標 X が 120 以上になる確率の近似値を求めよう．

(2)により，Y の平均は $\boxed{セソタ}$，標準偏差は $\boxed{チツ}$ であり，求める確率は次のようになる．

$$P(X \geqq 120) = P\left(\dfrac{Y - \boxed{セソタ}}{\boxed{チツ}} \geqq \boxed{テ} \cdot \boxed{トナ} \right)$$

いま，標準正規分布に従う確率変数を Z とすると，$n = 1200$ は十分に大きいので，求める確率の近似値は正規分布表から次のように求められる．

$$P\left(Z \geqq \boxed{テ} \cdot \boxed{トナ} \right) = 0.\boxed{ニヌネ}$$

(4) p の値がわからないとする．2400 回移動した後の点 A の座標が $X = 1440$ のとき，p に対する信頼度 95% の信頼区間を求めよう．

n 回移動したときに Y がとる値を y とし，$r = \dfrac{y}{n}$ とおくと，n が十分に大きいならば，確率変数 $R = \dfrac{Y}{n}$ は近似的に平均 p，分散 $\dfrac{p(1-p)}{n}$ の正規分布に従う．

$n = 2400$ は十分に大きいので，このことを利用し，分散を $\dfrac{r(1-r)}{n}$ で置き換えることにより，求める信頼区間は

$$0.\boxed{ノハヒ} \leqq p \leqq 0.\boxed{フヘホ}$$

となる．

正 規 分 布 表

次の表は，標準正規分布の分布曲線における右図の灰色部分の面積の値をまとめたものである。

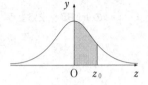

z_0	0.00	0.01	0.02	0.03	0.04	0.05	0.06	0.07	0.08	0.09
0.0	0.0000	0.0040	0.0080	0.0120	0.0160	0.0199	0.0239	0.0279	0.0319	0.0359
0.1	0.0398	0.0438	0.0478	0.0517	0.0557	0.0596	0.0636	0.0675	0.0714	0.0753
0.2	0.0793	0.0832	0.0871	0.0910	0.0948	0.0987	0.1026	0.1064	0.1103	0.1141
0.3	0.1179	0.1217	0.1255	0.1293	0.1331	0.1368	0.1406	0.1443	0.1480	0.1517
0.4	0.1554	0.1591	0.1628	0.1664	0.1700	0.1736	0.1772	0.1808	0.1844	0.1879
0.5	0.1915	0.1950	0.1985	0.2019	0.2054	0.2088	0.2123	0.2157	0.2190	0.2224
0.6	0.2257	0.2291	0.2324	0.2357	0.2389	0.2422	0.2454	0.2486	0.2517	0.2549
0.7	0.2580	0.2611	0.2642	0.2673	0.2704	0.2734	0.2764	0.2794	0.2823	0.2852
0.8	0.2881	0.2910	0.2939	0.2967	0.2995	0.3023	0.3051	0.3078	0.3106	0.3133
0.9	0.3159	0.3186	0.3212	0.3238	0.3264	0.3289	0.3315	0.3340	0.3365	0.3389
1.0	0.3413	0.3438	0.3461	0.3485	0.3508	0.3531	0.3554	0.3577	0.3599	0.3621
1.1	0.3643	0.3665	0.3686	0.3708	0.3729	0.3749	0.3770	0.3790	0.3810	0.3830
1.2	0.3849	0.3869	0.3888	0.3907	0.3925	0.3944	0.3962	0.3980	0.3997	0.4015
1.3	0.4032	0.4049	0.4066	0.4082	0.4099	0.4115	0.4131	0.4147	0.4162	0.4177
1.4	0.4192	0.4207	0.4222	0.4236	0.4251	0.4265	0.4279	0.4292	0.4306	0.4319
1.5	0.4332	0.4345	0.4357	0.4370	0.4382	0.4394	0.4406	0.4418	0.4429	0.4441
1.6	0.4452	0.4463	0.4474	0.4484	0.4495	0.4505	0.4515	0.4525	0.4535	0.4545
1.7	0.4554	0.4564	0.4573	0.4582	0.4591	0.4599	0.4608	0.4616	0.4625	0.4633
1.8	0.4641	0.4649	0.4656	0.4664	0.4671	0.4678	0.4686	0.4693	0.4699	0.4706
1.9	0.4713	0.4719	0.4726	0.4732	0.4738	0.4744	0.4750	0.4756	0.4761	0.4767
2.0	0.4772	0.4778	0.4783	0.4788	0.4793	0.4798	0.4803	0.4808	0.4812	0.4817
2.1	0.4821	0.4826	0.4830	0.4834	0.4838	0.4842	0.4846	0.4850	0.4854	0.4857
2.2	0.4861	0.4864	0.4868	0.4871	0.4875	0.4878	0.4881	0.4884	0.4887	0.4890
2.3	0.4893	0.4896	0.4898	0.4901	0.4904	0.4906	0.4909	0.4911	0.4913	0.4916
2.4	0.4918	0.4920	0.4922	0.4925	0.4927	0.4929	0.4931	0.4932	0.4934	0.4936
2.5	0.4938	0.4940	0.4941	0.4943	0.4945	0.4946	0.4948	0.4949	0.4951	0.4952
2.6	0.4953	0.4955	0.4956	0.4957	0.4959	0.4960	0.4961	0.4962	0.4963	0.4964
2.7	0.4965	0.4966	0.4967	0.4968	0.4969	0.4970	0.4971	0.4972	0.4973	0.4974
2.8	0.4974	0.4975	0.4976	0.4977	0.4977	0.4978	0.4979	0.4979	0.4980	0.4981
2.9	0.4981	0.4982	0.4982	0.4983	0.4984	0.4984	0.4985	0.4985	0.4986	0.4986
3.0	0.4987	0.4987	0.4987	0.4988	0.4988	0.4989	0.4989	0.4989	0.4990	0.4990

本試験

数学Ⅰ・A ·················· 2
数学Ⅱ・B ·················· 13

各科目とも 60分 100点

2015

数学Ⅰ・数学A

問　題	選 択 方 法
第1問	必　　答
第2問	必　　答
第3問	必　　答
第4問	いずれか2問を選択し，解答しなさい。
第5問	
第6問	

第1問 (必答問題)(配点 20)

2次関数
$$y = -x^2 + 2x + 2 \quad \cdots\cdots\cdots ①$$
のグラフの頂点の座標は $\left(\boxed{ア}, \boxed{イ}\right)$ である。また
$$y = f(x)$$
は x の2次関数で，そのグラフは，①のグラフを x 軸方向に p，y 軸方向に q だけ平行移動したものであるとする。

(1) 下の $\boxed{ウ}$，$\boxed{オ}$ には，次の⓪〜④のうちから当てはまるものを一つずつ選べ。ただし，同じものを繰り返し選んでもよい。

⓪ $>$ ① $<$ ② $\geqq$ ③ $\leqq$ ④ $\neq$

$2 \leqq x \leqq 4$ における $f(x)$ の最大値が $f(2)$ になるような p の値の範囲は
$$p \boxed{ウ} \boxed{エ}$$
であり，最小値が $f(2)$ になるような p の値の範囲は
$$p \boxed{オ} \boxed{カ}$$
である。

(2) 2次不等式 $f(x) > 0$ の解が $-2 < x < 3$ になるのは
$$p = \frac{\boxed{キク}}{\boxed{ケ}}, \quad q = \frac{\boxed{コサ}}{\boxed{シ}}$$
のときである。

第2問 （必答問題）（配点 25）

〔1〕 条件 p_1, p_2, q_1, q_2 の否定をそれぞれ $\overline{p_1}$, $\overline{p_2}$, $\overline{q_1}$, $\overline{q_2}$ と書く。

(1) 次の ア に当てはまるものを，下の ⓪〜③ のうちから一つ選べ。

命題「$(p_1$ かつ $p_2) \implies (q_1$ かつ $q_2)$」の対偶は ア である。

⓪ $(\overline{p_1}$ または $\overline{p_2}) \implies (\overline{q_1}$ または $\overline{q_2})$
① $(\overline{q_1}$ または $\overline{q_2}) \implies (\overline{p_1}$ または $\overline{p_2})$
② $(\overline{q_1}$ かつ $\overline{q_2}) \implies (\overline{p_1}$ かつ $\overline{p_2})$
③ $(\overline{p_1}$ かつ $\overline{p_2}) \implies (\overline{q_1}$ かつ $\overline{q_2})$

(2) 自然数 n に対する条件 p_1, p_2, q_1, q_2 を次のように定める。
　　p_1：n は素数である
　　p_2：$n+2$ は素数である
　　q_1：$n+1$ は 5 の倍数である
　　q_2：$n+1$ は 6 の倍数である
　30 以下の自然数 n のなかで イ と ウエ は

命題「$(p_1$ かつ $p_2) \implies (q_1$ かつ $q_2)$」

の反例となる。

〔2〕 △ABCにおいて，AB = 3，BC = 5，∠ABC = 120°とする。

このとき，AC = $\boxed{オ}$ ，sin∠ABC = $\dfrac{\sqrt{\boxed{カ}}}{\boxed{キ}}$ であり，

sin∠BCA = $\dfrac{\boxed{ク}\sqrt{\boxed{ケ}}}{\boxed{コサ}}$ である。

直線BC上に点Dを，AD = $3\sqrt{3}$ かつ∠ADCが鋭角，となるようにとる。点Pを線分BD上の点とし，△APCの外接円の半径をRとすると，Rのとり得る値の範囲は $\dfrac{\boxed{シ}}{\boxed{ス}} \leqq R \leqq \boxed{セ}$ である。

第3問 (必答問題)(配点 15)

〔1〕 ある高校3年生1クラスの生徒40人について,ハンドボール投げの飛距離のデータを取った。次の図1は,このクラスで最初に取ったデータのヒストグラムである。

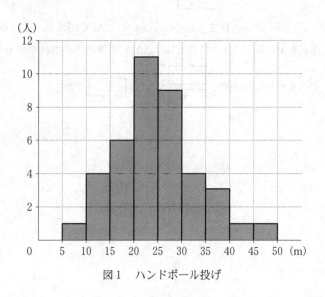

図1 ハンドボール投げ

(1) 次の ア に当てはまるものを,下の⓪~⑧のうちから一つ選べ。

この40人のデータの第3四分位数が含まれる階級は, ア である。

- ⓪ 5m 以上 10m 未満
- ① 10m 以上 15m 未満
- ② 15m 以上 20m 未満
- ③ 20m 以上 25m 未満
- ④ 25m 以上 30m 未満
- ⑤ 30m 以上 35m 未満
- ⑥ 35m 以上 40m 未満
- ⑦ 40m 以上 45m 未満
- ⑧ 45m 以上 50m 未満

(2) 次の イ ～ オ に当てはまるものを，下の⓪～⑤のうちから一つずつ選べ。ただし，イ ～ オ の解答の順序は問わない。

このデータを箱ひげ図にまとめたとき，図1のヒストグラムと**矛盾する**ものは，イ , ウ , エ , オ である。

(3) 次の文章中の カ , キ に入れるものとして最も適当なものを，下の⓪〜③のうちから一つずつ選べ。ただし， カ , キ の解答の順序は問わない。

　後日，このクラスでハンドボール投げの記録を取り直した。次に示したA〜Dは，最初に取った記録から今回の記録への変化の分析結果を記述したものである。a〜dの各々が今回取り直したデータの箱ひげ図となる場合に，⓪〜③の組合せのうち分析結果と箱ひげ図が**矛盾する**ものは， カ , キ である。

⓪ A-a　　　① B-b　　　② C-c　　　③ D-d

A：どの生徒の記録も下がった。
B：どの生徒の記録も伸びた。
C：最初に取ったデータで上位 $\frac{1}{3}$ に入るすべての生徒の記録が伸びた。
D：最初に取ったデータで上位 $\frac{1}{3}$ に入るすべての生徒の記録は伸び，下位 $\frac{1}{3}$ に入るすべての生徒の記録は下がった。

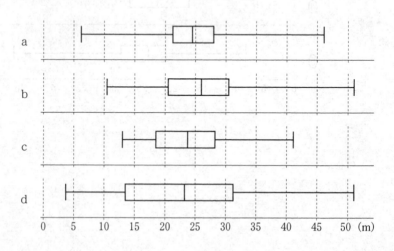

〔2〕 ある高校2年生40人のクラスで一人2回ずつハンドボール投げの飛距離のデータを取ることにした。次の図2は、1回目のデータを横軸に、2回目のデータを縦軸にとった散布図である。なお、一人の生徒が欠席したため、39人のデータとなっている。

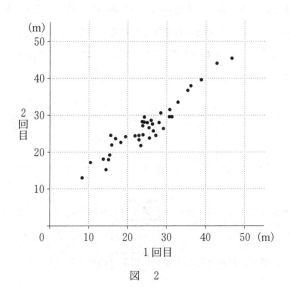

図　2

	平均値	中央値	分　散	標準偏差
1回目のデータ	24.70	24.30	67.40	8.21
2回目のデータ	26.90	26.40	48.72	6.98

1回目のデータと2回目のデータの共分散	54.30

(共分散とは1回目のデータの偏差と2回目のデータの偏差の積の平均である)

次の ク に当てはまるものを、下の⓪～⑨のうちから一つ選べ。

1回目のデータと2回目のデータの相関係数に最も近い値は、 ク である。

⓪ 0.67　① 0.71　② 0.75　③ 0.79　④ 0.83
⑤ 0.87　⑥ 0.91　⑦ 0.95　⑧ 0.99　⑨ 1.03

第4問 (選択問題)(配点 20)

同じ大きさの5枚の正方形の板を一列に並べて,図のような掲示板を作り,壁に固定する。赤色,緑色,青色のペンキを用いて,隣り合う正方形どうしが異なる色となるように,この掲示板を塗り分ける。ただし,塗り分ける際には,3色のペンキをすべて使わなければならないわけではなく,2色のペンキだけで塗り分けることがあってもよいものとする。

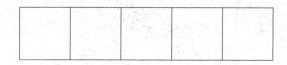

(1) このような塗り方は,全部で ア イ 通りある。

(2) 塗り方が左右対称となるのは, ウ エ 通りある。

(3) 青色と緑色の2色だけで塗り分けるのは, オ 通りある。

(4) 赤色に塗られる正方形が3枚であるのは, カ 通りある。

(5) 赤色に塗られる正方形が1枚である場合について考える。

・どちらかの端の1枚が赤色に塗られるのは, キ 通りある。

・端以外の1枚が赤色に塗られるのは, ク ケ 通りある。

よって,赤色に塗られる正方形が1枚であるのは, コ サ 通りある。

(6) 赤色に塗られる正方形が2枚であるのは, シ ス 通りある。

第5問 (選択問題) (配点 20)

以下では，$a = 756$ とし，m は自然数とする。

(1) a を素因数分解すると
$$a = 2^{\boxed{ア}} \cdot 3^{\boxed{イ}} \cdot \boxed{ウ}$$
である。

a の正の約数の個数は $\boxed{エオ}$ 個である。

(2) $\sqrt{am}$ が自然数となる最小の自然数 m は $\boxed{カキ}$ である。$\sqrt{am}$ が自然数となるとき，m はある自然数 k により，$m = \boxed{カキ} k^2$ と表される数であり，そのときの $\sqrt{am}$ の値は $\boxed{クケコ} k$ である。

(3) 次に，自然数 k により $\boxed{クケコ} k$ と表される数で，11 で割った余りが 1 となる最小の k を求める。1 次不定方程式
$$\boxed{クケコ} k - 11 \ell = 1$$
を解くと，$k > 0$ となる整数解 (k, ℓ) のうち k が最小のものは，$k = \boxed{サ}$，$\ell = \boxed{シスセ}$ である。

(4) $\sqrt{am}$ が 11 で割ると 1 余る自然数となるとき，そのような自然数 m のなかで最小のものは $\boxed{ソタチツ}$ である。

第6問 (選択問題)(配点 20)

△ABC において,AB = AC = 5,BC = $\sqrt{5}$ とする。辺 AC 上に点 D を AD = 3 となるようにとり,辺 BC の B の側の延長と△ABD の外接円との交点で B と異なるものを E とする。

CE・CB = $\boxed{アイ}$ であるから,BE = $\sqrt{\boxed{ウ}}$ である。

△ACE の重心を G とすると,AG = $\dfrac{\boxed{エオ}}{\boxed{カ}}$ である。

AB と DE の交点を P とすると

$$\dfrac{DP}{EP} = \dfrac{\boxed{キ}}{\boxed{ク}} \quad \cdots\cdots\cdots ①$$

である。

△ABC と△EDC において,点 A,B,D,E は同一円周上にあるので ∠CAB = ∠CED で,∠C は共通であるから

$$DE = \boxed{ケ}\sqrt{\boxed{コ}} \quad \cdots\cdots\cdots ②$$

である。

①,②から,EP = $\dfrac{\boxed{サ}\sqrt{\boxed{シ}}}{\boxed{ス}}$ である。

数学Ⅱ・数学B

問　題	選　択　方　法
第1問	必　　答
第2問	必　　答
第3問	いずれか2問を選択し，解答しなさい。
第4問	
第5問	

第1問 (必答問題)(配点 30)

〔1〕 O を原点とする座標平面上の 2 点 P($2\cos\theta$, $2\sin\theta$), Q($2\cos\theta + \cos 7\theta$, $2\sin\theta + \sin 7\theta$)を考える。ただし, $\dfrac{\pi}{8} \leqq \theta \leqq \dfrac{\pi}{4}$ とする。

(1) OP = $\boxed{\text{ア}}$, PQ = $\boxed{\text{イ}}$ である。また

$$OQ^2 = \boxed{\text{ウ}} + \boxed{\text{エ}} (\cos 7\theta \cos\theta + \sin 7\theta \sin\theta)$$

$$= \boxed{\text{ウ}} + \boxed{\text{エ}} \cos\left(\boxed{\text{オ}}\theta\right)$$

である。

よって, $\dfrac{\pi}{8} \leqq \theta \leqq \dfrac{\pi}{4}$ の範囲で, OQ は $\theta = \dfrac{\pi}{\boxed{\text{カ}}}$ のとき最大値 $\sqrt{\boxed{\text{キ}}}$ をとる。

(2) 3点 O, P, Q が一直線上にあるような θ の値を求めよう。

直線 OP を表す方程式は ク である。 ク に当てはまるものを，次の⓪~③のうちから一つ選べ。

⓪ $(\cos\theta)x + (\sin\theta)y = 0$ ① $(\sin\theta)x + (\cos\theta)y = 0$

② $(\cos\theta)x - (\sin\theta)y = 0$ ③ $(\sin\theta)x - (\cos\theta)y = 0$

このことにより，$\dfrac{\pi}{8} \leqq \theta \leqq \dfrac{\pi}{4}$ の範囲で，3点 O, P, Q が一直線上にあるのは $\theta = \dfrac{\pi}{ケ}$ のときであることがわかる。

(3) ∠OQP が直角となるのは OQ = $\sqrt{コ}$ のときである。したがって，$\dfrac{\pi}{8} \leqq \theta \leqq \dfrac{\pi}{4}$ の範囲で，∠OQP が直角となるのは $\theta = \dfrac{サ}{シ}\pi$ のときである。

〔2〕 a, b を正の実数とする。連立方程式

$$(*)\begin{cases} x\sqrt{y^3} = a \\ \sqrt[3]{x}\, y = b \end{cases}$$

を満たす正の実数 x, y について考えよう。

(1) 連立方程式 $(*)$ を満たす正の実数 x, y は

$$x = a^{\boxed{ス}} b^{\boxed{セソ}}, \quad y = a^p b^{\boxed{タ}}$$

となる。ただし

$$p = \dfrac{\boxed{チツ}}{\boxed{テ}}$$

である。

(2) $b = 2\sqrt[3]{a^4}$ とする。a が $a > 0$ の範囲を動くとき，連立方程式 $(*)$ を満たす正の実数 x, y について，$x + y$ の最小値を求めよう。

$b = 2\sqrt[3]{a^4}$ であるから，$(*)$ を満たす正の実数 x, y は，a を用いて

$$x = 2^{\boxed{セソ}} a^{\boxed{トナ}}, \quad y = 2^{\boxed{タ}} a^{\boxed{ニ}}$$

と表される。したがって，相加平均と相乗平均の関係を利用すると，$x + y$ は $a = 2^q$ のとき最小値 $\sqrt{\boxed{ヌ}}$ をとることがわかる。ただし

$$q = \dfrac{\boxed{ネノ}}{\boxed{ハ}}$$

である。

第2問 (必答問題)(配点 30)

(1) 関数 $f(x) = \dfrac{1}{2}x^2$ の $x = a$ における微分係数 $f'(a)$ を求めよう。h が 0 でないとき, x が a から $a+h$ まで変化するときの $f(x)$ の平均変化率は

$$\boxed{\text{ア}} + \dfrac{h}{\boxed{\text{イ}}}$$

である。したがって, 求める微分係数は

$$f'(a) = \lim_{h \to \boxed{\text{ウ}}} \left(\boxed{\text{ア}} + \dfrac{h}{\boxed{\text{イ}}} \right) = \boxed{\text{エ}}$$

である。

(2) 放物線 $y = \dfrac{1}{2}x^2$ を C とし, C 上に点 $\mathrm{P}\left(a, \dfrac{1}{2}a^2\right)$ をとる。ただし, $a > 0$ とする。点 P における C の接線 ℓ の方程式は

$$y = \boxed{\text{オ}}\,x - \dfrac{1}{\boxed{\text{カ}}}a^2$$

である。直線 ℓ と x 軸との交点 Q の座標は $\left(\dfrac{\boxed{\text{キ}}}{\boxed{\text{ク}}},\ 0\right)$ である。点 Q を通り ℓ に垂直な直線を m とすると, m の方程式は

$$y = \dfrac{\boxed{\text{ケコ}}}{\boxed{\text{サ}}}x + \dfrac{\boxed{\text{シ}}}{\boxed{\text{ス}}}$$

である。

直線 m と y 軸との交点を A とする。三角形 APQ の面積を S とおくと

$$S = \frac{a\left(a^2 + \boxed{セ}\right)}{\boxed{ソ}}$$

となる。また，y 軸と線分 AP および曲線 C によって囲まれた図形の面積を T とおくと

$$T = \frac{a\left(a^2 + \boxed{タ}\right)}{\boxed{チツ}}$$

となる。

$a > 0$ の範囲における $S - T$ の値について調べよう。

$$S - T = \frac{a\left(a^2 - \boxed{テ}\right)}{\boxed{トナ}}$$

である。$a > 0$ であるから，$S - T > 0$ となるような a のとり得る値の範囲は $a > \sqrt{\boxed{ニ}}$ である。また，$a > 0$ のときの $S - T$ の増減を調べると，

$S - T$ は $a = \boxed{ヌ}$ で最小値 $\dfrac{\boxed{ネノ}}{\boxed{ハヒ}}$ をとることがわかる。

第3問 （選択問題）（配点 20）

自然数 n に対し，2^n の一の位の数を a_n とする。また，数列 $\{b_n\}$ は

$$b_1 = 1, \quad b_{n+1} = \frac{a_n b_n}{4} \quad (n = 1, 2, 3, \cdots) \cdots\cdots\cdots ①$$

を満たすとする。

(1) $a_1 = 2$, $a_2 = \boxed{ア}$, $a_3 = \boxed{イ}$, $a_4 = \boxed{ウ}$, $a_5 = \boxed{エ}$ である。このことから，すべての自然数 n に対して，$a_{\boxed{オ}} = a_n$ となることがわかる。$\boxed{オ}$ に当てはまるものを，次の ⓪ 〜 ④ のうちから一つ選べ。

⓪ $5n$ ① $4n+1$ ② $n+3$ ③ $n+4$ ④ $n+5$

(2) 数列 $\{b_n\}$ の一般項を求めよう。① を繰り返し用いることにより

$$b_{n+4} = \frac{a_{n+3} a_{n+2} a_{n+1} a_n}{2^{\boxed{カ}}} b_n \quad (n = 1, 2, 3, \cdots)$$

が成り立つことがわかる。ここで，$a_{n+3} a_{n+2} a_{n+1} a_n = 3 \cdot 2^{\boxed{キ}}$ であることから，$b_{n+4} = \dfrac{\boxed{ク}}{\boxed{ケ}} b_n$ が成り立つ。このことから，自然数 k に対して

$$b_{4k-3} = \left(\frac{\boxed{コ}}{\boxed{サ}}\right)^{k-1}, \quad b_{4k-2} = \frac{\boxed{シ}}{\boxed{ス}} \left(\frac{\boxed{コ}}{\boxed{サ}}\right)^{k-1}$$

$$b_{4k-1} = \frac{\boxed{セ}}{\boxed{ソ}} \left(\frac{\boxed{コ}}{\boxed{サ}}\right)^{k-1}, \quad b_{4k} = \left(\frac{\boxed{コ}}{\boxed{サ}}\right)^{k-1}$$

である。

(3) $S_n = \sum_{j=1}^{n} b_j$ とおく．自然数 m に対して

$$S_{4m} = \boxed{タ}\left(\frac{\boxed{コ}}{\boxed{サ}}\right)^m - \boxed{チ}$$

である．

(4) 積 $b_1 b_2 \cdots b_n$ を T_n とおく．自然数 k に対して

$$b_{4k-3} b_{4k-2} b_{4k-1} b_{4k} = \frac{1}{\boxed{ツ}}\left(\frac{\boxed{コ}}{\boxed{サ}}\right)^{\boxed{テ}(k-1)}$$

であることから，自然数 m に対して

$$T_{4m} = \frac{1}{\boxed{ツ}^m}\left(\frac{\boxed{コ}}{\boxed{サ}}\right)^{\boxed{ト}m^2 - \boxed{ナ}m}$$

である．また，T_{10} を計算すると，$T_{10} = \dfrac{3^{\boxed{ニ}}}{2^{\boxed{ヌネ}}}$ である．

第4問 (選択問題) (配点 20)

1辺の長さが1のひし形OABCにおいて，∠AOC = 120°とする。辺ABを2：1に内分する点をPとし，直線BC上に点Qを$\overrightarrow{OP}\perp\overrightarrow{OQ}$となるようにとる。以下，$\overrightarrow{OA} = \vec{a}$，$\overrightarrow{OB} = \vec{b}$とおく。

(1) 三角形OPQの面積を求めよう。$\overrightarrow{OP} = \dfrac{\boxed{ア}}{\boxed{イ}}\vec{a} + \dfrac{\boxed{ウ}}{\boxed{イ}}\vec{b}$である。実数 t を用いて $\overrightarrow{OQ} = (1-t)\overrightarrow{OB} + t\overrightarrow{OC}$ と表されるので，$\overrightarrow{OQ} = \boxed{エ}\,ta + \vec{b}$ である。ここで，$\vec{a}\cdot\vec{b} = \dfrac{\boxed{オ}}{\boxed{カ}}$，$\overrightarrow{OP}\cdot\overrightarrow{OQ} = \boxed{キ}$ であることから，

$t = \dfrac{\boxed{ク}}{\boxed{ケ}}$ である。

これらのことから，$|\overrightarrow{OP}| = \dfrac{\sqrt{\boxed{コ}}}{\boxed{サ}}$，$|\overrightarrow{OQ}| = \dfrac{\sqrt{\boxed{シス}}}{\boxed{セ}}$ である。

よって，三角形OPQの面積 S_1 は，$S_1 = \dfrac{\boxed{ソ}\sqrt{\boxed{タ}}}{\boxed{チツ}}$ である。

(2) 辺 BC を 1 : 3 に内分する点を R とし，直線 OR と直線 PQ との交点を T とする。$\overrightarrow{OT}$ を $\vec{a}$ と $\vec{b}$ を用いて表し，三角形 OPQ と三角形 PRT の面積比を求めよう。

T は直線 OR 上の点であり，直線 PQ 上の点でもあるので，実数 r, s を用いて

$$\overrightarrow{OT} = r\overrightarrow{OR} = (1-s)\overrightarrow{OP} + s\overrightarrow{OQ}$$

と表すと，$r = \dfrac{\boxed{テ}}{\boxed{ト}}$, $s = \dfrac{\boxed{ナ}}{\boxed{ニ}}$ となることがわかる。よって，

$\overrightarrow{OT} = \dfrac{\boxed{ヌネ}}{\boxed{ノハ}}\vec{a} + \dfrac{\boxed{ヒ}}{\boxed{フ}}\vec{b}$ である。

上で求めた r, s の値から，三角形 OPQ の面積 S_1 と，三角形 PRT の面積 S_2 との比は，$S_1 : S_2 = \boxed{ヘホ} : 2$ である。

第5問 (選択問題)(配点 20)

以下の問題を解答するにあたっては，必要に応じて 25 ページの正規分布表を用いてもよい。

また，小数の形で解答する場合，指定された桁数の一つ下の桁を四捨五入し，解答せよ。途中で割り切れた場合，指定された桁まで⓪にマークすること。

(1) 袋の中に白球が 4 個，赤球が 3 個入っている。この袋の中から同時に 3 個の球を取り出すとき，白球の個数を W とする。確率変数 W について

$$P(W=0) = \frac{\boxed{ア}}{\boxed{イウ}}, \quad P(W=1) = \frac{\boxed{エオ}}{\boxed{イウ}}$$

$$P(W=2) = \frac{\boxed{カキ}}{\boxed{イウ}}, \quad P(W=3) = \frac{\boxed{ク}}{\boxed{イウ}}$$

であり，期待値(平均)は $\dfrac{\boxed{ケコ}}{\boxed{サ}}$，分散は $\dfrac{\boxed{シス}}{\boxed{セソ}}$ である。

(2) 確率変数 Z が標準正規分布に従うとき
$$P\left(-\boxed{タ} \leq Z \leq \boxed{タ}\right) = 0.99$$
が成り立つ． $\boxed{タ}$ に当てはまる最も適切なものを，次の⓪〜③のうちから一つ選べ．

⓪ 1.64　　① 1.96　　② 2.33　　③ 2.58

(3) 母標準偏差 σ の母集団から，大きさ n の無作為標本を抽出する．ただし，n は十分に大きいとする．この標本から得られる母平均 m の信頼度（信頼係数）95 % の信頼区間を $A \leq m \leq B$ とし，この信頼区間の幅 L_1 を $L_1 = B - A$ で定める．

この標本から得られる信頼度 99 % の信頼区間を $C \leq m \leq D$ とし，この信頼区間の幅 L_2 を $L_2 = D - C$ で定めると
$$\frac{L_2}{L_1} = \boxed{チ}.\boxed{ツ}$$
が成り立つ．また，同じ母集団から，大きさ $4n$ の無作為標本を抽出して得られる母平均 m の信頼度 95 % の信頼区間を $E \leq m \leq F$ とし，この信頼区間の幅 L_3 を $L_3 = F - E$ で定める．このとき
$$\frac{L_3}{L_1} = \boxed{テ}.\boxed{ト}$$
が成り立つ．

正 規 分 布 表

次の表は，標準正規分布の分布曲線における右図の灰色部分の面積の値をまとめたものである。

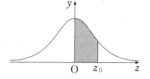

z_0	0.00	0.01	0.02	0.03	0.04	0.05	0.06	0.07	0.08	0.09
0.0	0.0000	0.0040	0.0080	0.0120	0.0160	0.0199	0.0239	0.0279	0.0319	0.0359
0.1	0.0398	0.0438	0.0478	0.0517	0.0557	0.0596	0.0636	0.0675	0.0714	0.0753
0.2	0.0793	0.0832	0.0871	0.0910	0.0948	0.0987	0.1026	0.1064	0.1103	0.1141
0.3	0.1179	0.1217	0.1255	0.1293	0.1331	0.1368	0.1406	0.1443	0.1480	0.1517
0.4	0.1554	0.1591	0.1628	0.1664	0.1700	0.1736	0.1772	0.1808	0.1844	0.1879
0.5	0.1915	0.1950	0.1985	0.2019	0.2054	0.2088	0.2123	0.2157	0.2190	0.2224
0.6	0.2257	0.2291	0.2324	0.2357	0.2389	0.2422	0.2454	0.2486	0.2517	0.2549
0.7	0.2580	0.2611	0.2642	0.2673	0.2704	0.2734	0.2764	0.2794	0.2823	0.2852
0.8	0.2881	0.2910	0.2939	0.2967	0.2995	0.3023	0.3051	0.3078	0.3106	0.3133
0.9	0.3159	0.3186	0.3212	0.3238	0.3264	0.3289	0.3315	0.3340	0.3365	0.3389
1.0	0.3413	0.3438	0.3461	0.3485	0.3508	0.3531	0.3554	0.3577	0.3599	0.3621
1.1	0.3643	0.3665	0.3686	0.3708	0.3729	0.3749	0.3770	0.3790	0.3810	0.3830
1.2	0.3849	0.3869	0.3888	0.3907	0.3925	0.3944	0.3962	0.3980	0.3997	0.4015
1.3	0.4032	0.4049	0.4066	0.4082	0.4099	0.4115	0.4131	0.4147	0.4162	0.4177
1.4	0.4192	0.4207	0.4222	0.4236	0.4251	0.4265	0.4279	0.4292	0.4306	0.4319
1.5	0.4332	0.4345	0.4357	0.4370	0.4382	0.4394	0.4406	0.4418	0.4429	0.4441
1.6	0.4452	0.4463	0.4474	0.4484	0.4495	0.4505	0.4515	0.4525	0.4535	0.4545
1.7	0.4554	0.4564	0.4573	0.4582	0.4591	0.4599	0.4608	0.4616	0.4625	0.4633
1.8	0.4641	0.4649	0.4656	0.4664	0.4671	0.4678	0.4686	0.4693	0.4699	0.4706
1.9	0.4713	0.4719	0.4726	0.4732	0.4738	0.4744	0.4750	0.4756	0.4761	0.4767
2.0	0.4772	0.4778	0.4783	0.4788	0.4793	0.4798	0.4803	0.4808	0.4812	0.4817
2.1	0.4821	0.4826	0.4830	0.4834	0.4838	0.4842	0.4846	0.4850	0.4854	0.4857
2.2	0.4861	0.4864	0.4868	0.4871	0.4875	0.4878	0.4881	0.4884	0.4887	0.4890
2.3	0.4893	0.4896	0.4898	0.4901	0.4904	0.4906	0.4909	0.4911	0.4913	0.4916
2.4	0.4918	0.4920	0.4922	0.4925	0.4927	0.4929	0.4931	0.4932	0.4934	0.4936
2.5	0.4938	0.4940	0.4941	0.4943	0.4945	0.4946	0.4948	0.4949	0.4951	0.4952
2.6	0.4953	0.4955	0.4956	0.4957	0.4959	0.4960	0.4961	0.4962	0.4963	0.4964
2.7	0.4965	0.4966	0.4967	0.4968	0.4969	0.4970	0.4971	0.4972	0.4973	0.4974
2.8	0.4974	0.4975	0.4976	0.4977	0.4977	0.4978	0.4979	0.4979	0.4980	0.4981
2.9	0.4981	0.4982	0.4982	0.4983	0.4984	0.4984	0.4985	0.4985	0.4986	0.4986
3.0	0.4987	0.4987	0.4987	0.4988	0.4988	0.4989	0.4989	0.4989	0.4990	0.4990

数学①解答用紙・第1面

注意事項

1. 問題番号は4 5 6の解答欄は、この用紙の第2面にあります。
2. 選択問題は、選択した問題番号の解答欄に解答しなさい。
3. 訂正は、消しゴムできれいに消し、消しくずを残してはいけません。
4. 所定欄以外にはマークしたり、記入したりしてはいけません。
5. 汚したり、折りまげたりしてはいけません。

- 1科目だけマークしなさい。
- 解答科目欄が無マーク又は複数マークの場合は、0点となります。

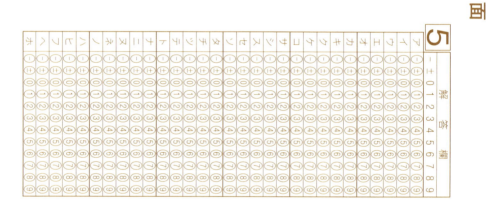

数学②解答用紙・第1面

注意事項

1. 問題番号①②③の解答欄は、この用紙の第2面にあります。
2. 選択問題は、選択した問題番号の解答欄に解答しなさい。
3. 訂正は、消しゴムできれいに消し、消しくずを残してはいけません。
4. 所定欄以外にはマークしたり、記入したりしてはいけません。
5. 汚したり、折り曲げたりしてはいけません。

- 1科目だけマークしなさい。
- 解答科目欄がマーク又は複数マークの場合は、0点となります。

解答科目欄	
数学Ⅱ	○
数学Ⅱ・B	○
簿記・会計	○
情報関係基礎	○

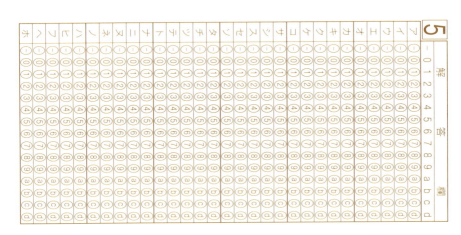
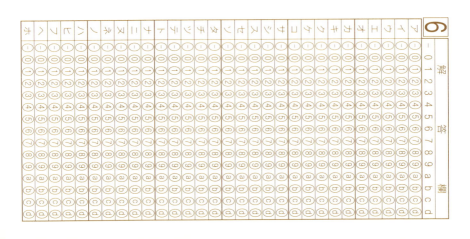

2022